海洋水色水温遥感应用科学与技术

潘德炉　何贤强　主编

U0202298

海洋出版社

2014年·北京

图书在版编目（CIP）数据

海洋水色水温遥感应用科学与技术/潘德炉，何贤强主编．
—北京：海洋出版社，2014.9
ISBN 978－7－5027－8925－1

Ⅰ.①海…　Ⅱ.①潘…②何…　Ⅲ.①水色－卫星遥感
②海水温度－卫星遥感　Ⅳ.①P731.1

中国版本图书馆CIP数据核字（2014）第151192号

责任编辑：杨传霞
责任印制：赵麟苏
海洋出版社　出版发行
http://www.oceanpress.com.cn
北京市海淀区大慧寺路8号　邮编：100081
北京画中画印刷有限公司印刷　新华书店北京发行所经销
2014年9月第1版　2014年9月第1次印刷
开本：889mm×1194mm　1/16　印张：36
字数：900千字　定价：198.00元
发行部：62132549　邮购部：68038093　总编室：62114335
海洋版图书印、装错误可随时退换

前　言

20 多年前，我们出海做试验，吃住在位于浙江嵊泗岛的渔民家，淳朴的渔民总是把各种海鲜让我们品尝和享用。用餐间，出于好奇和对知识的追求，我们向船老大请教了一个问题："你们怎么知道在茫茫大海哪里有鱼，何时撒网?"他不假思索地告诉我们"听其音，观其色"。中国传统渔民就是靠他们敏锐的耳朵听潮流声、明亮的眼睛看海面水色，在海上捕鱼，养育了一代又一代的渔家子孙。随着科技的发展，当今，人们已用声呐"测其音"，用遥感卫星"观其色"。利用人造卫星"观其色"捕鱼，仅仅是海洋遥感应用的冰山一角。其实，水色可以帮助研究和认知许许多多变化无穷的海洋现象和奥秘。

人眼所看到的海洋水色主要由海水的光学特性所决定，卫星水色遥感是通过卫星遥感器测量来自水体的光谱信号来反演海洋水色因子，如叶绿素、悬浮泥沙和其他带色物质，所以海洋水色遥感也称为海洋可见光遥感。但卫星遥感器接收到的总能量不仅仅来自水体，更多的来自大气，其中来自水体的辐射量仅占5%～15%。因此，海洋水色遥感的首要任务是去掉大气辐射的干扰，即大气校正；其二，从去掉大气辐射后微小的海洋辐射量中反演海洋水体的固有光学量和海洋水色因子；其三，将反演得到的水色因子产品，应用到海洋环境监测、海洋资源的利用与保护、海洋灾害监测和海洋权益维护中。于是，大气校正、水色因子反演和遥感产品应用成为了卫星海洋水色遥感科学技术的三部曲。茫茫大海水色变化与风浪流密切相关，要想认知一望无际的海面水色多彩变化的过程和成因，就要结合探测海洋风、浪和流等动力特征的微波遥感技术；水色与微波遥感的互融应用，构成了观察海洋的"千里眼"。近 10 年来，我团队培养的水色和微波遥感博士研究生们克服晕船等重重困难，活跃在我国近海，开展星地同步的遥感实验，不畏艰苦挖掘遥感信息之源，同时又敢想敢做，打开了遥感产品服务之门。他们通过辛勤的劳动，以深奥的科技音符谱写了优美动听的水色遥感三部曲和微波遥感曲——博士论文。现将它们连同少数几篇优秀硕士论文汇集成书，希望为我国海洋水色和微波遥感科学的发展推波助澜。

《海洋水色水温遥感应用科学与技术》一书包括 6 篇博士论文，阅完该书，读者一定会为卫星遥感这双千里眼在探测海洋复杂水体生态环境中的作用而感叹，更会体会到卫星海洋遥感应用技术之奥秘。

张霄宇博士论文《基于海洋水色遥感产品的沿海水质评价研究》（2006 年）吸收了美国 NEEA 和欧洲富营养化概念模型，从营养盐的输入、富营养化初级表征和次级表征三个层次提出了适用于我国沿海水质遥感评价指标，建立了沿海区域性营养盐反演模型，同时以悬浮物和溶解有机物（黄色物质）吸收系数作为区域性水质遥感评价参数的分类标准，经验证，效果良好，为沿海的水质遥感跨出了第一步。

雷惠博士论文《基于固有光学量的东海赤潮遥感提取算法研究》（2011 年）从水体固有光学特性入手，通过将卫星遥感获得的水面反射率与水体固有光学量相结合，以东海为研究区，基于实测和卫星探测到的赤潮水体与非赤潮水体的光学特性比较分析为基础，分别从色素吸收比重、叶绿素比吸收系数、散射－吸收比和后向散射比 4 种吸收和散射特性，建立了分步识别法的赤潮卫星遥感反演模型。对近年来发生在东海的 16 次大型硅藻和甲藻赤潮事件进行了卫星遥感提取，实现了对赤潮水体的中心位置和范围的较正确提取。更值得一提的是，该文对赤潮的不同藻种的判别进行了探讨，取得了很好的效果，迈开了赤潮遥感的新一步。

郝增周博士论文《黄渤海海雾遥感辐射特性及卫星监测研究》（2007 年）利用 NOAA 卫星 AVHRR 资料及黄渤海海雾的先验数据和辐射传输模拟数据，对海雾及其他目标（水体，中、高云系等）的遥感辐射特性进行分析，发现了海雾的主要辐射特性；在此基础上，提出了一个富有物理意义的海雾监测算法，普适性好，经长时间序列遥感资料应用验证，结果表明算法实用性强，并应用到我国自主气象卫星 FY－1D 海雾产品提取；同时探索了 5 个海雾微物理辐射特性的遥感反演技术。

邓学良博士论文《卫星遥感中国海域气溶胶光学特性及其辐射强迫研究》（2008 年）充分利用多颗卫星传感器的遥感资料（MODIS 气溶胶产品与 CERES 辐射通量数据）系统地分析了中国海域气溶胶的光学特性和辐射强迫。论文进行了 MODIS 气溶胶产品的验证；结合气象场和化学成分数据，分别从气象因素和化学组成两个方面分析了我国海域气溶胶的形成原因。发现我国海域气溶胶主要来源于我国沿海的陆地源，受到风场和降雨的共同作用，形成了明显的时空分布特征；利用 MODIS 气溶胶产品中的 AOT 和 FMF 关系，得到了沙尘气溶胶和人为气溶胶的计算公式，可从卫星数据中区分出沙尘气溶胶和人为气溶胶成分；结合多颗传感器的卫星数据，直接获得气溶胶瞬时直接辐射强迫，并利用辐射传输模式，将瞬时直接辐射强迫转化为日平均直接辐射强迫，同时证实了中国海域气溶胶的间接效应的存在。

付东洋博士论文《基于卫星遥感研究台风对西北太平洋海域水色水温环境的影响》（2009年）利用叶绿素a浓度及海表温度等卫星遥感产品基于滑动窗口均值融合算法，建立了台风后叶绿素a浓度、海表温度与台风参量之间的统计模型，从而定量地回答了西北太平洋海域叶绿素a浓度及海表温度对台风的响应程度。同时，将遥感资料、CTD及船只实测数据及数值模拟手段相结合，分析了台风对西北太平洋海域叶绿素a浓度及海表温度影响的物理与生化机制，发现台风期间强大的上升流和海水强烈的垂直混合是叶绿素浓度增长的根本动力。

陈正华博士论文《基于遥感资料的浙江省海岸带生态系统健康研究》（2009年）采用遥感动态监测数据和地理信息系统技术手段，考虑人类在海岸带生态系统中的作用，以压力—状态—响应模型框架，选择切实能够表征海岸带生态系统健康的指标，建立了基于遥感资料的浙江省海岸带生态系统健康评价体系；将具有表征海岸带生态系统健康能力的岸线变化和水体环境等遥感参数输入到评价体系，得到了海岸带生态系统健康状况空间的变化，为遥感在海洋生态系统健康评价中的应用迈开了新的一步。

本书是一本反映海洋水色水温遥感在海洋环境监测与评价应用中的科学与技术的选编论文集。在导师们的苦心指导下，各论文作者将点滴辛勤汗水洒在海洋水色水温遥感研究中，结出了累累硕果。我们欣喜地看到他们正在茁壮成长，青出于蓝而胜于蓝。同时也要指出，他们的成长过程中难免有不足，也自然反映在论文中，敬请读者指正。

编者

2014年5月

CONTENTS 目次

论文一：基于海洋水色遥感产品的沿海水质评价研究

1 引言 …… (3)
1.1 开展沿海水质遥感监测评价的紧迫性 …… (3)
1.1.1 高频度、大范围卫星遥感监测是沿海水质监测的必然发展趋势 …… (3)
1.1.2 为政府管理决策提供准确的水质信息 …… (4)
1.1.3 对推动浙江省水质遥感监测系统业务化运行的重要意义 …… (5)
1.2 卫星遥感技术在河口海岸带水环境监测中的应用动态分析 …… (6)
1.2.1 在海洋生物资源的可持续利用和保护中的应用 …… (6)
1.2.2 海洋突发事件监测中的遥感实时监控 …… (7)
1.2.3 在海岸带资源的综合管理和可持续发展中的应用 …… (7)
1.3 水环境质量监测中的遥感技术应用 …… (8)
1.3.1 国外研究前沿 …… (8)
1.3.2 国内研究前沿 …… (10)
1.4 近岸海洋监测发展趋势（Coastal GOOS） …… (11)
1.5 本项研究工作前提和任务 …… (11)
1.6 研究区域 …… (11)
1.7 预期结果 …… (12)
1.8 已有的基础上所解决的问题 …… (12)
1.9 研究内容和研究目标 …… (12)
1.10 研究技术路线 …… (13)

2　数据和方法 …… (14)
2.1　EOS/MODIS 简介 …… (14)
2.1.1　地球观测系统 EOS (Earth Observation System) …… (14)
2.1.2　MODIS 技术参数 …… (14)
2.1.3　MODIS 数据特点 …… (16)
2.1.4　MODIS 与 SeaWiFS、AVHRR 比较 …… (17)
2.2　海洋遥感水色产品的获取 …… (18)
2.2.1　国家海洋局第二海洋研究所卫星接收处理系统 …… (18)
2.2.2　国家海洋局第二海洋研究所海洋水色遥感产品 …… (20)
2.3　研究海域参数获取 …… (21)
2.3.1　站位分布 …… (21)
2.3.2　参数获取 …… (21)
3　富营养化水体水质遥感评价体系 …… (23)
3.1　水质遥感监测的空间取样密度 …… (23)
3.2　水质遥感监测频率的设计 …… (25)
3.3　水质遥感评价参数的选择 …… (26)
3.4　水质遥感评价方法和标准 …… (30)
4　营养盐的遥感反演机理研究 …… (33)
4.1　磷酸盐在研究海域的地球化学特性 …… (33)
4.1.1　磷酸盐在研究海域的分布特征 …… (33)
4.1.2　磷酸盐在河口的缓冲机制 …… (33)
4.1.3　磷酸盐在低浑浊区的理想行为 …… (34)
4.2　颗粒态磷酸盐遥感试反演 …… (35)
4.2.1　采样与方法 …… (36)
4.2.2　区域内水质参数特征分析 …… (37)
4.2.3　实测光谱和悬浮物相关性分析 …… (38)
4.2.4　悬浮物含量遥感信息提取 …… (38)
4.2.5　颗粒态总磷含量遥感信息提取 …… (39)
4.3　水体中总磷的遥感反演 …… (41)
4.3.1　试验区内特征分析 …… (41)
4.3.2　水团运动轨迹的卫星遥感观测 …… (43)
4.3.3　总磷和悬浮物的相关性分析 …… (44)
4.3.4　研究海域内 TP 的遥感反演和悬浮物评价标准的确定 …… (46)
4.4　溶解无机氮在研究海域的地球化学特性 …… (46)

4.4.1 溶解无机氮在研究海域的分布特征 …………………… (46)
4.4.2 研究海域内溶解无机氮的保守性 …………………… (47)
4.4.3 研究海域内 DIN 的遥感反演及 ACD 间接评价标准的确定 …………………… (50)
5 遥感水质评价精度校验 …………………… (51)
5.1 水环境质量现状评价 …………………… (51)
5.1.1 评价范围 …………………… (51)
5.1.2 评价水质参数 …………………… (51)
5.1.3 评价方法及标准 …………………… (51)
5.1.4 评价结果 …………………… (52)
5.2 卫星遥感水质评价及精度校验 …………………… (55)
5.2.1 卫星遥感数据 …………………… (55)
5.2.2 卫星遥感水质方法及标准 …………………… (55)
5.2.3 卫星遥感水质评价结果分析 …………………… (56)
6 研究海域水质遥感评价 …………………… (57)
6.1 浙江省海域水质遥感评价 …………………… (57)
6.1.1 评价范围 …………………… (57)
6.1.2 环境质量状况 …………………… (57)
6.1.3 环境质量状况月度变化 …………………… (57)
6.2 上海市海域水质遥感评价 …………………… (59)
6.2.1 评价范围 …………………… (59)
6.2.2 上海海域环境质量状况 …………………… (59)
6.2.3 上海海域环境质量状况月度变化 …………………… (60)
7 HAB 的遥感反演模式 …………………… (63)
7.1 赤潮概述 …………………… (63)
7.1.1 赤潮现象及分类 …………………… (63)
7.1.2 赤潮分布区判别模型 …………………… (63)
7.1.3 试验区内赤潮发生基本情况 …………………… (64)
7.1.4 研究区域内环境特征 …………………… (64)
7.2 赤潮反演算法 …………………… (65)
7.2.1 研究区域内赤潮光谱特征 …………………… (65)
7.2.2 赤潮反演的方法 …………………… (66)
7.3 试验区内赤潮事件遥感反演研究 …………………… (68)
8 结论和展望 …………………… (73)
8.1 本文完成的主要研究工作 …………………… (73)

8.2 创新点 …… (74)
8.3 几点结论 …… (74)
8.4 进一步的研究工作 …… (74)
参考文献 …… (76)

论文二：基于固有光学量的东海赤潮遥感提取算法研究

1 绪论 …… (85)
1.1 研究背景和意义 …… (85)
1.2 国内外研究现状 …… (86)
1.2.1 赤潮遥感提取算法 …… (86)
1.2.2 赤潮藻种识别与固有光学量研究发展现状 …… (89)
1.3 主要研究内容和技术路线 …… (92)
2 东海赤潮特征分析 …… (94)
2.1 研究区域和数据 …… (94)
2.1.1 研究区域概况 …… (94)
2.1.2 数据和方法 …… (96)
2.2 东海赤潮发生发展特征分析 …… (101)
2.2.1 东海赤潮时空分布及发展趋势 …… (101)
2.2.2 东海赤潮主要藻种特征 …… (103)
2.2.3 东海赤潮发生发展的生化物理机制分析 …… (106)
2.3 小结 …… (107)
3 东海环境水体与赤潮水体的固有光学性质分析 …… (108)
3.1 东海环境水体固有光学性质 …… (108)
3.1.1 东海环境水体吸收性质 …… (108)
3.1.2 东海环境水体散射性质 …… (122)
3.2 东海赤潮水体固有光学性质 …… (126)
3.2.1 赤潮水体吸收性质 …… (126)
3.2.2 赤潮水体散射性质 …… (128)
3.3 小结 …… (132)
4 基于固有光学量的赤潮识别算法研究 …… (134)
4.1 基于水体吸收系数的赤潮识别算法 …… (134)
4.1.1 色素吸收比重法 …… (135)
4.1.2 叶绿素比吸收系数法 …… (136)
4.2 基于水体后向散射系数的赤潮识别算法 …… (138)

4.2.1 散射—吸收比值法 …… (138)
4.2.2 后向散射比率法 …… (139)
4.3 基于光谱高度法的赤潮卫星遥感识别算法 …… (141)
4.4 综合赤潮卫星遥感识别算法 …… (145)
4.5 小结 …… (148)
5 东海特征赤潮卫星遥感提取结果分析 …… (150)
5.1 东海赤潮卫星遥感提取结果 …… (150)
5.2 遥感提取效果评价 …… (164)
5.3 赤潮误判分析 …… (166)
5.4 小结 …… (167)
6 总结与展望 …… (168)
6.1 论文工作总结 …… (168)
6.2 论文创新点 …… (168)
6.3 展望 …… (169)
参考文献 …… (170)

论文三：黄渤海海雾遥感辐射特性及卫星监测研究

1 绪论 …… (181)
1.1 研究的目的和意义 …… (181)
1.2 国内外研究现状 …… (182)
1.3 研究内容和技术路线 …… (185)
1.3.1 拟解决的关键科学问题 …… (185)
1.3.2 研究内容、章节安排和主要结论 …… (185)
2 基本知识和研究数据 …… (187)
2.1 雾的定义 …… (187)
2.2 雾的生成过程和分类 …… (187)
2.3 黄渤海海雾的分布特点 …… (189)
2.4 研究数据和辐射传输模式 …… (190)
2.4.1 NOAA17 - AVHRR3（先进的甚高分辨率辐射计） …… (190)
2.4.2 研究、验证和应用数据 …… (191)
2.4.3 Streamer 辐射传输模式 …… (193)
2.5 本章小结 …… (194)
3 海雾的卫星遥感和辐射模拟波谱特征 …… (195)
3.1 卫星观测地球大气辐射原理 …… (195)

3.1.1 卫星高度处的可见光、近红外遥感信息 …………………… (196)
3.1.2 卫星高度处的红外遥感信息 …………………… (196)
3.2 卫星遥感观测信息分析 …………………… (197)
3.2.1 剖线分析 …………………… (197)
3.2.2 频谱分析 …………………… (200)
3.3 辐射传输模拟云雾辐射特性 …………………… (204)
3.4 本章小结 …………………… (209)
4 卫星遥感监测海雾算法设计 …………………… (210)
4.1 概述 …………………… (210)
4.2 海雾监测算法设计 …………………… (210)
4.2.1 云地分离 …………………… (211)
4.2.2 相态判别 …………………… (213)
4.2.3 粒径判断 …………………… (219)
4.2.4 图像特征分析 …………………… (221)
4.2.5 高度分析 …………………… (223)
4.2.6 修补漏点 …………………… (223)
4.3 实例监测结果 …………………… (226)
4.4 本章小结 …………………… (227)
5 海雾微物理性质反演 …………………… (229)
5.1 海雾的微物理性质 …………………… (229)
5.2 查询表的建立 …………………… (231)
5.3 雾层光学厚度和雾滴有效半径 …………………… (231)
5.4 雾水含量和雾中能见度 …………………… (232)
5.5 雾滴谱分布 …………………… (237)
5.5.1 均匀分布情况 …………………… (238)
5.5.2 gamma 雾滴尺度分布模型 …………………… (238)
5.6 本章小结 …………………… (241)
6 监测算法的验证和应用 …………………… (242)
6.1 监测算法的先验实例验证 …………………… (242)
6.2 监测算法的应用验证 …………………… (246)
6.3 推广应用试验— FY－1D …………………… (255)
6.4 本章小结 …………………… (256)
7 总结与展望 …………………… (257)
7.1 论文工作总结 …………………… (257)
7.2 创新点分析 …………………… (258)

7.3 研究展望 …… (258)
附录：符号和公式 …… (260)
参考文献 …… (261)

论文四：卫星遥感中国海域气溶胶光学特性及其辐射强迫研究

1 绪论 …… (269)
1.1 研究目的和意义 …… (269)
1.2 国内外研究现状 …… (271)
1.2.1 地面观测 …… (271)
1.2.2 模式分析 …… (273)
1.2.3 卫星遥感 …… (275)
1.3 研究内容和技术路线 …… (277)
1.3.1 拟解决的关键科学问题 …… (277)
1.3.2 研究内容、章节安排和主要结论 …… (278)
2 中国海域 MODIS 气溶胶数据验证 …… (279)
2.1 介绍 …… (279)
2.2 船测数据验证 …… (280)
2.2.1 试验介绍 …… (280)
2.2.2 测量和数据处理方法 …… (281)
2.2.3 数据验证结果 …… (283)
2.3 AERONET 数据验证 …… (284)
2.3.1 数据介绍 …… (284)
2.3.2 数据验证方法 …… (285)
2.3.3 数据验证结果 …… (287)
2.4 本章小结 …… (290)
3 中国海域气溶胶特性分析 …… (291)
3.1 介绍 …… (291)
3.2 数据介绍 …… (291)
3.3 气溶胶光学厚度和小颗粒比例的时间变化 …… (292)
3.3.1 季节变化 …… (292)
3.3.2 时间序列 …… (293)
3.4 气溶胶光学厚度和小颗粒比例的空间分布 …… (294)
3.5 原因分析 …… (296)
3.5.1 气象场分析 …… (296)

3.5.2 实测数据分析 …… (298)
3.6 本章小结 …… (302)
4 中国海域沙尘和人为气溶胶特性分析 …… (303)
4.1 介绍 …… (303)
4.2 数据介绍 …… (303)
4.3 研究方法 …… (304)
4.4 人为气溶胶和沙尘气溶胶的时间变化 …… (305)
4.4.1 季节变化 …… (305)
4.4.2 时间序列 …… (306)
4.5 人为气溶胶和沙尘气溶胶的空间分布 …… (308)
4.6 本章小结 …… (310)
5 卫星遥感中国海域气溶胶直接辐射强迫 …… (311)
5.1 介绍 …… (311)
5.2 研究区域与数据 …… (312)
5.3 算法设计 …… (313)
5.4 气溶胶瞬时直接辐射强迫 …… (315)
5.4.1 确定晴空区，剔除云区 …… (315)
5.4.2 Fclr 查找表的建立 …… (316)
5.4.3 有气溶胶晴空条件下大气顶的辐射通量（Faero）和 AOT550 …… (320)
5.4.4 气溶胶瞬时直接辐射强迫的时空分布 …… (323)
5.5 日平均气溶胶直接辐射强迫（$SWARF_{diurnal}$） …… (325)
5.5.1 修正因子 …… (326)
5.5.2 日平均气溶胶直接辐射强迫时空分布 …… (328)
5.6 误差分析 …… (331)
5.7 本章小结 …… (332)
6 中国海域气溶胶间接效应 …… (334)
6.1 介绍 …… (334)
6.2 数据和方法介绍 …… (335)
6.3 结果分析 …… (335)
6.3.1 全年 …… (335)
6.3.2 夏季 …… (337)
6.3.3 春季 …… (338)
6.4 本章小结 …… (339)

7 中国海域气溶胶直接辐射强迫数值模拟 …………………………… (341)
7.1 介绍 …………………………………………………………… (341)
7.2 模式介绍 ……………………………………………………… (341)
7.3 模拟方案和资料 ……………………………………………… (342)
7.4 结果分析 ……………………………………………………… (342)
7.5 本章小结 ……………………………………………………… (345)
8 总结与展望 ……………………………………………………… (346)
8.1 论文工作总结 ………………………………………………… (346)
8.2 创新点分析 …………………………………………………… (347)
8.3 研究展望 ……………………………………………………… (348)
参考文献 …………………………………………………………… (349)

论文五：基于卫星遥感研究台风对西北太平洋海域水色水温环境的影响

引言 ………………………………………………………………… (361)
1 概述 ……………………………………………………………… (363)
1.1 前言 …………………………………………………………… (363)
1.2 台风概述 ……………………………………………………… (363)
1.2.1 台风等级分类 ……………………………………………… (363)
1.2.2 台风利弊 …………………………………………………… (363)
1.2.3 西北太平洋台风概述 ……………………………………… (364)
1.3 海洋水色遥感概述 …………………………………………… (365)
1.4 台风对海洋环境影响的研究现状 …………………………… (365)
1.5 研究背景与意义 ……………………………………………… (367)
2 典型台风对西北太平洋海域环境影响的遥感研究 ……………… (370)
2.1 研究对象 ……………………………………………………… (370)
2.2 资料来源和处理方法 ………………………………………… (371)
2.2.1 卫星遥感数据 ……………………………………………… (371)
2.2.2 滑动窗口均值融合算法流程 ……………………………… (371)
2.3 200116 号台风“百合”对东海海域的影响 ………………… (372)
2.3.1 台风“百合”对东海海域叶绿素浓度的贡献 …………… (372)
2.3.2 台风“百合”对东海海域海表温度的影响 ……………… (378)
2.3.3 台风“百合”对东海海域海水透明度的影响 …………… (380)
2.3.4 台风“百合”前后叶绿素 a 浓度、海表温度、
海水透明度变化关系分析 ……………………………………… (381)

2.4 200601号台风“珍珠”对南海海域的影响 ……………… (382)
2.4.1 台风“珍珠”对南海海域叶绿素a浓度的影响……… (382)
2.4.2 台风“珍珠”对海表温度的影响……………………… (387)
2.4.3 海面风场及埃克曼抽吸速度 …………………………… (391)
2.5 两次典型台风对东南海域影响的比较分析 ……………… (392)
2.5.1 两次典型台风的相同点 ………………………………… (392)
2.5.2 两次典型台风的不同点 ………………………………… (393)
2.6 结论 ………………………………………………………… (393)
3 海表温度受台风影响的关键要素研究 ……………………… (395)
3.1 前言 ………………………………………………………… (395)
3.2 研究区域、数据和方法 …………………………………… (396)
3.2.1 研究区域 ………………………………………………… (396)
3.2.2 数据及处理方法 ………………………………………… (396)
3.3 结果与分析 ………………………………………………… (398)
3.3.1 近10年西北太平洋海域所选研究台风统计 ………… (398)
3.3.2 大尺度下台风对SST影响的关键要素分析 ………… (399)
3.3.3 小尺度台风中心区域SST变化与分析 ……………… (404)
3.4 讨论 ………………………………………………………… (407)
3.5 小结 ………………………………………………………… (408)
4 叶绿素a浓度受台风影响的关键要素研究 ………………… (409)
4.1 引言 ………………………………………………………… (409)
4.2 研究区域、数据和方法 …………………………………… (409)
4.3 结果与分析 ………………………………………………… (411)
4.3.1 大尺度下台风对叶绿素a浓度影响的关键要素 ……… (411)
4.3.2 影响小尺度台风中心区域叶绿素a浓度的关键要素 …………………………………………………………… (420)
4.3.3 一类、二类水体叶绿素a浓度对台风响应差异性 …… (423)
4.3.4 台风对叶绿素a浓度影响的延迟效应 ………………… (424)
4.4 叶绿素a浓度响应的统合综效 …………………………… (425)
4.5 讨论 ………………………………………………………… (427)
4.5.1 延迟效应的生化及物理机理探讨 ……………………… (427)
4.5.2 叶绿素a浓度与海表温度对台风响应的比较 ………… (428)
4.6 结论 ………………………………………………………… (428)
5 水色水温受台风影响的机制探讨 …………………………… (430)
5.1 引言 ………………………………………………………… (430)

5.2 研究区域及数据来源 …………………………………………………………(430)
5.3 数学模型简介 ………………………………………………………………(430)
5.4 结果与分析 …………………………………………………………………(431)
5.4.1 200712 号台风“百合”对 SST 的影响 ………………………………(431)
5.4.2 200712 号台风“百合”对叶绿素 a 浓度的影响 ……(433)
5.4.3 200712 号台风“百合”期间 CTD 实测数据分析 ……(434)
5.4.4 台风所致上升流的数值计算 ………………………………………(436)
5.4.5 2007 年春季出海实测资料分析……………………………………(437)
5.5 讨论 …………………………………………………………………………(440)
5.5.1 遥感与数值模拟的比较分析 ………………………………………(440)
5.5.2 出海船测资料的讨论 ………………………………………………(441)
5.6 小结 …………………………………………………………………………(441)
6 结论与展望 ……………………………………………………………………(443)
6.1 结论 …………………………………………………………………………(443)
6.2 本论文研究的创新点 ………………………………………………………(445)
6.3 本论文研究的不足 …………………………………………………………(445)
6.4 建议与展望 …………………………………………………………………(446)
参考文献 …………………………………………………………………………(447)

论文六：基于遥感资料的浙江省海岸带生态系统健康研究

1 绪论 ……………………………………………………………………………(455)
1.1 研究背景 ……………………………………………………………………(455)
1.2 研究意义 ……………………………………………………………………(456)
1.3 国内外研究现状 ……………………………………………………………(457)
1.3.1 海岸带生态系统健康概念 …………………………………………(457)
1.3.2 海岸带生态系统健康评价方法 ……………………………………(459)
1.4 论文逻辑结构 ………………………………………………………………(461)
2 浙江省海岸带生态系统健康研究 ……………………………………………(463)
2.1 论文研究内容 ………………………………………………………………(463)
2.2 研究区概况与数据来源 ……………………………………………………(463)
2.2.1 研究区概况 …………………………………………………………(463)
2.2.2 数据来源 ……………………………………………………………(464)
2.3 研究方法与技术路线 ………………………………………………………(465)
2.3.1 影响海岸带生态系统健康状况的因素 ……………………………(465)

2.3.2 遥感和地理信息系统在海岸带生态系统健康研究的优势 …… (468)
2.3.3 研究方法与技术路线 …… (469)
2.3.4 理论模型筛选 …… (469)
3 沿海陆域子系统对生态系统健康的影响 …… (472)
3.1 遥感数据收集与处理 …… (472)
3.1.1 归一化植被指数简介 …… (472)
3.1.2 数据集介绍 …… (474)
3.1.3 数据集重建 …… (474)
3.2 沿海陆域子系统指标的年际变化 …… (477)
3.2.1 活力 …… (478)
3.2.2 组织力 …… (481)
3.2.3 恢复力 …… (486)
3.3 沿海陆域子系统变化对生态系统健康评价 …… (488)
3.4 小结 …… (489)
4 海岸线子系统对生态系统健康的影响 …… (491)
4.1 遥感数据收集与处理 …… (491)
4.1.1 数据介绍 …… (491)
4.1.2 数据处理技术路线 …… (492)
4.2 海岸线子系统变迁研究 …… (495)
4.2.1 海岸线变迁的结果 …… (495)
4.2.2 海岸线变化较大区域 …… (497)
4.2.3 海岸线分维数研究 …… (500)
4.3 海岸线子系统中典型围垦区对生态系统健康影响分析 …… (502)
4.3.1 围垦的经济效益 …… (503)
4.3.2 围垦对水沙动力的影响 …… (503)
4.3.3 围垦对水环境的影响 …… (503)
4.3.4 围垦对生物的影响 …… (504)
4.4 海岸线子系统变化对生态系统健康的影响 …… (504)
4.5 小结 …… (506)
5 水域子系统对生态系统健康的影响 …… (507)
5.1 遥感反演水质参数 …… (507)
5.1.1 遥感反演水质参数方法 …… (507)
5.1.2 时间序列水质数据缺值处理 …… (515)
5.2 遥感反演水质参数对生态系统健康的影响 …… (517)

5.2.1 悬浮泥沙浓度的生态效应和时空变化 ……………………… (517)
5.2.2 叶绿素浓度的生态效应和时空变化 ……………………… (519)
5.2.3 赤潮的生态效应和时空监测 ……………………… (521)
5.2.4 海水透明度的生态效应和时空变化 ……………………… (522)
5.2.5 海水温度的生态效应和时空变化 ……………………… (524)
5.3 非遥感反演参数对生态系统健康的影响 ……………………… (526)
5.3.1 海洋倾倒的生态效应 ……………………… (526)
5.3.2 河流物质输送的生态效应 ……………………… (526)
5.3.3 排污口的生态效应 ……………………… (527)
5.3.4 港口与航道的生态效应 ……………………… (528)
5.3.5 生物资源变化 ……………………… (529)
5.4 空间化的浙江省水体生态系统健康评价 ……………………… (531)
5.4.1 空间化的浙江省沿海水体生态系统健康指标权重 …… (531)
5.4.2 空间化的浙江省沿海水体生态系统健康指标分级和计算 ……………………… (531)
5.4.3 空间化的浙江省沿海水体生态系统健康结果及分析 ……………………… (533)
5.4.4 与其他研究结果的对比研究 ……………………… (534)
5.5 小结 ……………………… (534)
6 浙江省海岸带生态系统健康综合评价 ……………………… (537)
6.1 浙江省海岸带生态系统健康评价体系 ……………………… (537)
6.1.1 浙江省海岸带生态系统健康综合评价指数的建立 …… (537)
6.1.2 评价指标体系建立原则 ……………………… (538)
6.1.3 评价指标基准值确定 ……………………… (538)
6.1.4 评价指标体系 ……………………… (539)
6.1.5 评价指标权重 ……………………… (540)
6.2 浙江省海岸带生态系统健康综合评价结果 ……………………… (544)
6.3 浙江省海岸带生态系统健康恢复的对策建议 ……………………… (546)
7 结论与展望 ……………………… (547)
7.1 结论 ……………………… (547)
7.2 论文创新点 ……………………… (548)
7.3 存在的问题与展望 ……………………… (548)
参考文献 ……………………… (550)

论文一：基于海洋水色遥感产品的沿海水质评价研究

作　　者：张霄宇
指导教师：潘德炉

作者简介：张霄宇，女，1972年出生，博士。2006年毕业于中国科学院上海技术物理研究所，获电磁场与微波技术学科工学博士学位。现在浙江大学理学院工作。

摘　要：近年来，海洋重大环境污染和生态破坏事故不断发生对海洋水体环境质量监测提出了更高的要求，常规的水质监测方法成本高、耗时长、同步性差，不能给出水质参数实时的时空分布状况。基于遥感的水质监测弥补了传统的站点监测和数学模型模拟的缺陷，能够提供水质参数实时的空间分布，已经成为近年来遥感应用的热点之一。但是由于遥感水质监测受大气、辐射和水体周围环境的影响很大，并且水体中化学成分复杂、浓度低，因此技术难度很大。

本次研究基于国家海洋局第二海洋研究所已有的卫星接收处理系统，以EOS/MODIS、NOAA/AVHRR、FY－1D等多颗卫星资料融合处理后生成的L3A、L3B等海洋水色遥感产品为数据源，抓住典型海域内陆源营养盐过量输入造成的水体富营养化特征，研究各类水质参数之间的耦合关系，进行了营养盐污染参数的遥感反演机理研究；建立了典型海域内基于海洋水色遥感产品的富营养化水体遥感水质评价模式；对实验海区内的遥感水质评价结果进行误差分析表明遥感水质评价的精度有希望控制在30%左右；以上海海域和浙江海域为研究对象，进行了2005年全年月度遥感水质监测评价，制作遥感水质专题图；针对研究海域内赤潮旺发现象，采用EOS/MODIS NDVI、温度、叶绿素的月平均与日产品的比较发现异常，进行研究区域内赤潮监测的可行性研究。从而对研究海域内的富营养化过程从陆源营养盐输入、初级表征以及次级表征三个层次进行全面的遥感水质监测评价，研究表明基于海洋水色遥感产品的沿海水质遥感监测模式适应性强，可以用于典型海域水质遥感评价的实际运行，为浙江海洋水质遥感实时监视和速报系统中水质评价模块的开发提供实用的算法。

关键词：海洋水色遥感产品；营养盐反演；水质遥感评价模式；水质遥感评价专题产品

1 引言

1.1 开展沿海水质遥感监测评价的紧迫性

1.1.1 高频度、大范围卫星遥感监测是沿海水质监测的必然发展趋势

我国是一个海洋大国，管辖海域辽阔，海岸带和海洋资源丰富，沿海经济发展潜力巨大。但是近年来，沿海地区经济高速发展，沿海地区城市化加剧，海洋资源开发强度加大，给海岸带和海洋环境造成了严重的影响，严重制约了海洋经济可持续发展。

在我国几个主要海区和沿海省市中，位于东海海区的上海市和浙江省的局部海域污染程度日趋严重，主要表现如下。

（1）水质污染状况呈逐年上升趋势

历史资料表明，1992 年以前，海域内为二类海水水质，主要污染物为营养盐类、油类和有机物。1994 年开始，海域内无机氮和无机磷的污染程度有所增加，杭州湾、舟山渔场、长江口海域的营养盐含量远超过国家三类海水水质标准（表 1.1），区域内监测到的水质溶解氧最低值仅为 1.40 mg/L，低于国家三类海水水质标准。

表 1.1 20 世纪 90 年代研究海域内水质变化情况

年份	黄海南部	长江口	杭州湾	舟山群岛海域	浙江沿岸	东海南部
1990 年	A_1	A_1	A_2	A_1	–	A_1
1992 年	A_1	B_1	B_2	B_1	–	A_2
1996 年	A_1	C_2	C_1	B_2	A_2	–

注：A 为一类海水；B 为二类海水；C 为三类海水；D 为劣于三类海水；下标 1 为接近该级标准下限值；下标 2 为接近该级标准上限值；“ – ” 表示无数据。

至 1998 年，东海近岸区无机氮的超标率高达 78%，平均测值为 0.60 mg/L，超过四类海水水质标准；最高测值高达 4.0 mg/L，超过四类海水水质标准的 7 倍。

（2）污染严重程度位居几大海区之首

2005 年，东海海域未达到清洁海水水质标准的面积约为 6.5×10^4 km^2，占我国未达到清洁海水标准全海域面积的 47%，其中严重污染、中度污染、轻度污染和较清洁海域面积分别为 2.3×10^4 km^2、1.1×10^4 km^2、1.0×10^4 km^2 和 2.1×10^4 km^2，分别占我国同类水质全海域面积的 40%、32%、56% 和 72%，严重污染海域主要集中在长江口、杭州湾和宁波近岸。

(3) 陆源营养盐的过量排放是主要原因

长江径流以及沿岸发达的工农业生产产生的大量污染物入海，是造成东海大面积污染的主要原因（表1.2）。

浙江省超标排放的入海排污口数量占入海排污口数量的比例超过90%。表1.3为2003年浙江省废水及化学需氧量（COD）排放情况（浙江省环境状况公报，2003年）。

表1.2　2005年中国主要河流径流携带排放入海的污染物　　单位：t

时间	河流	COD	氨氮	磷酸盐	重金属	砷	油类	污染物总量
2005年	长江	5 126 446	89 582	44 127	27 682	2 613	33 586	5 324 036
	黄河	579 349	75 146	580	810	35	–	655 920
	珠江	1 830 000	108 000	22 800	6 808	2 840	42 400	2 012 848
	钱塘江	639 600	39 960	1 964	875	47	4 916	687 362

表1.3　2003年浙江省废水及COD排放状况

年份	废水（$\times 10^8$ t）			COD（$\times 10^4$ t）		
	总量	工业废水	生活污水	总量	工业COD	生活COD
2003年	27.0	16.8	10.2	56.2	25.6	30.6

(4) 陆源入海污染物对海洋环境的影响

河流径流以及排海污水中营养盐的高浓度导致近70%的海域富营养化严重，无机氮和活性磷酸盐含量均超过四类海水水质标准。这对海洋生态环境造成了严重的破坏，大面积赤潮和有毒赤潮的次数增加，赤潮发生的频度和强度都为全国海区之最。近两年主要赤潮发生区表现为赤潮次数减少，但发生面积增大，连续创历史最高水平。

实时、正确地监测、评价研究海域内水环境质量，对于区域海洋环境管理、海洋经济可持续发展具有举足轻重的作用。遥感技术较传统的船测采样分析技术具有观测范围广、成本低、观测周期短、数据时效性强等优点，并且随着传感器种类日益丰富、空间分辨率逐渐提高，利用卫星遥感技术对海洋水质实行高频度、大范围实时监视和速报是海洋环境监测的必然发展趋势。

1.1.2　为政府管理决策提供准确的水质信息

海域污染的日益加剧，导致海洋生态环境日趋退化、渔业资源严重衰退，严重影响水产品质量安全和人们身体健康，影响海洋经济的可持续发展，因而，海洋环境保护工作引起沿海各省市的高度重视，都提出了加强海洋生态环境保护与治理的具体措施。2005年在进行全国海洋环境监测中动用各类监测船只180余艘，航时16 000多小时，总航程15余万海里；共设立各类监测站位8 000多个，海监飞机近300架次，航时600多小时，总航程近20×10^4 km；监测车辆100余辆，行驶总里程超过200×10^4 km；为国家环境决策、规划与管理服务提供了大量环境信息（见图1.1）。

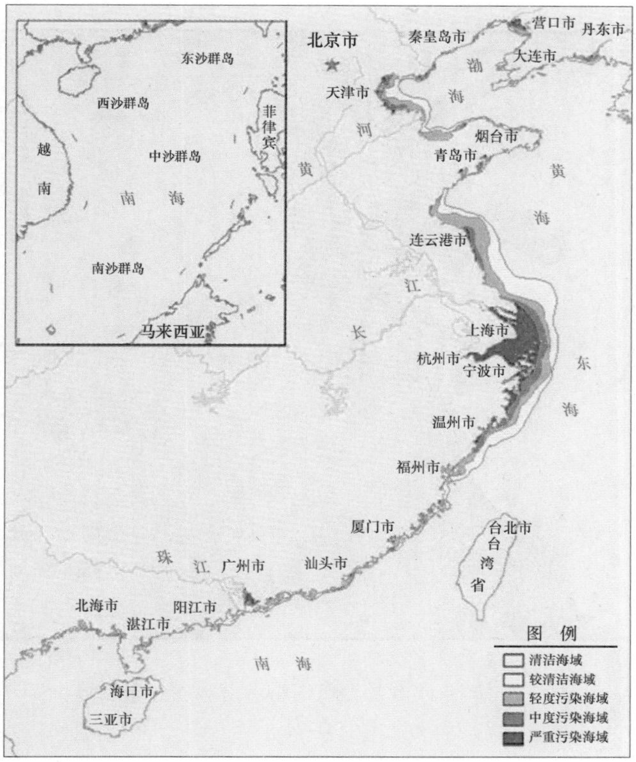

图 1.1　2005 年污染海域分布示意图

2005 年累计接收 13 000 余条轨道卫星数据，处理数据量约 500 GB，获得近 160 万组海洋环境监测数据。卫星遥感数据在海洋水质、生态环境监测中的应用才刚刚起步，以海水质量趋势性监测为例，每年的全海域环境质量状况还是依靠大量的船测和监测站来完成。

引进遥感技术，利用卫星大范围、快速探测海洋环境技术，实现高频度、大范围监视，能及时地向政府部门和海洋生产单位提供连续、长期、动态的水质环境状况和趋势（见图 1.2），为行政管理部门的管理和决策提供快速、准确的水质信息。

1.1.3　对推动浙江省水质遥感监测系统业务化运行的重要意义

基于国家海洋局第二海洋研究所已有的卫星接收处理系统建立的浙江海洋水质遥感实时监视和速报系统已经完成基础硬件建设，并已投入实际试运行。功能上可以自动接收 EOS/MODIS、NOAA/AVHRR、FY－1D 等多颗卫星资料，生成各类海洋水色遥感产品，通过 Internet 网络向浙江省政府相关部门速报及供海洋有关单位网络查询。主要水质参数产品技术指标（在满足可见光和红外遥感天气条件下的相对误差）目前可以达到：温度小于 0.8℃；悬浮泥沙小于 30%；赤潮（面积大于 100 km^2 条件下）监视速报出位置、范围，接收到 EOS、NOAA 等卫星资料后在满足可见光和红外遥感天气条件下，在 3 小时内速报水质异常；目前迫切需要综合各类水质参数进行研究海域内水质的遥感评价，从评价频率上由目前每年一次的海域内水环境质量趋势性监测提高到每月一次，大大降低沿海水环境质量趋势监测的成本，为海洋环境管理和决策服务。

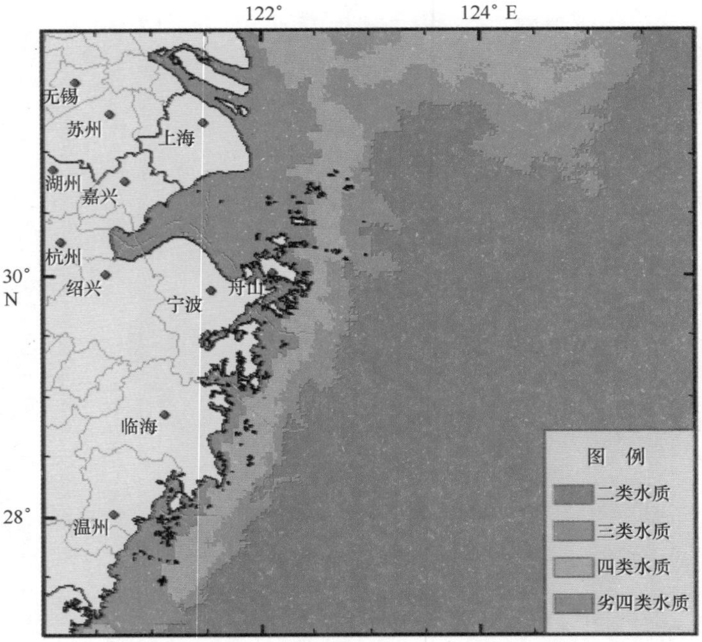

图 1.2　2004 年 6 月卫星遥感沿海水质分布趋势

1.2　卫星遥感技术在河口海岸带水环境监测中的应用动态分析

目前世界上掌握了空间技术的国家相继走上了发展和应用卫星探测海洋的技术道路。自美国 1978 年发射海洋卫星 1 和雨云 7 以来，经历了 20 世纪 90 年代海洋卫星大发展时期，海洋水色卫星已成为海洋环境探测的有力手段。

1.2.1　在海洋生物资源的可持续利用和保护中的应用

海洋鱼类的生长发育、分布与迁移均与其生活的海洋环境密切相关，通过卫星遥感技术能够获取海水温度、盐度等渔场环境相关信息，分析海洋环境及其变化情况并结合渔业捕捞数据，分析、判断、速报渔场位置，为渔业生产提供服务（郑新江，1997）。

自 20 世纪 80 年代中期美国西南及东南渔业研究中心（WSFSC、ESFSC）将遥感技术应用于加利福尼亚沿岸金枪鱼和墨西哥湾的鲳鱼和稚幼鱼资源分布及渔场调查研究开始至今（Breaker L C，1981），美国已发展了一系列的渔船监测系统，包括 ARGOS、Boatrace、Eutelsat、INMARST 等（樊伟，2002）。

日本农林水产厅自 20 世纪 80 年代以来以气象卫星遥感信息为主为日本海洋捕捞进行定期渔场渔情服务。目前，日本已经建立了一个完善的海洋渔业服务系统（http：//www. jafic. or. jp），技术水平处于国际领先地位。

我国海洋渔业遥感应用研究始于 20 世纪 80 年代，国家海洋局第二海洋研究所研制开发的基于船载北太平洋渔场海温速报系统，以 SeaWiFS、MODIS 和 HY－1 等遥感资料生成水色产品，以 NOAA 系列、FY－1C/FY－1D 等遥感资料生成海表温产品，进行渔场海温速报和海面叶绿素浓度专题图等产品的制作（潘德炉、毛志华等，2003）。

1.2.2 海洋突发事件监测中的遥感实时监控

利用遥感技术参与应急监测系统，可以实现对环境污染事故的跟踪调查，准确预报事故发生，正确、及时、全面地监测重大环境污染事故涉及的面积和强度等指标，估算污染造成的损失并提出相应的对策，把造成的损失降低到最低程度。

目前采用遥感技术进行溢油应急响应监测已进入实用化阶段，一些海上油气资源开发国家已经建立溢油漂移数值预报模型和卫星监测技术结合的预警体系，如挪威的 Sea Watch 系统（Espdal H A，1999）。

在我国，海上溢油应急预警和指挥信息系统预警系统已经应用到海事管理部门（李四海，2004；张存智，1997）。中国海监航空大队现已使用机载多光谱仪进行常规业务飞行监测海上溢油事故（俞沅，1998）。应用船舶雷达探测以及航空激光遥感技术监测海面溢油的研究也已经全面开展（林彬，2004），逐步实现对海上溢油的全天候、立体化的实时监视和监测。

我国沿海每年由赤潮导致的直接经济损失多达 10 亿元人民币以上。国家“863”及“973”基金已资助了好几个与赤潮预警及监测有关的科研项目，但有效的业务化赤潮预警及监控还是难点。

目前的赤潮遥感监测系统多以连续、稳定、低运行费用卫星数据的卫星（FY－1D、NOAA 系列、SeaStar、EOS、MODIS）为数据源，利用与赤潮发生相关的水环境因子的异常变化，判断赤潮发生全过程以及赤潮扩散漂移方向等信息（赵冬至，2003；唐军武，2004；毛显谋，2003；Chuanmin Hu，2005）。中国海洋监测中心研制的赤潮遥感信息提取软件已在渤海等海域开始运行应用；东海海域赤潮业务化监测体系也于 2001 年开始建设，逐步形成包括船舶、飞机、卫星、浮标、台站、实验室在内的立体监测体系及预警预报系统。

1.2.3 在海岸带资源的综合管理和可持续发展中的应用

多光谱影像是海岸带的海岛岸线、潮滩及河口三角洲动态调查研究中应用最广泛的遥感资料。

利用历史遥感资料可对河口水域悬浮泥沙进行遥感监测（潘德炉，2004），分析浅滩迁移，河口拦门沙的演变，河道、水槽的淤积状况等水下动力地貌，为港湾的建设、港口的保护、海岸保护及河口三角洲开发利用提供重要的信息（江文胜，2005）。

利用遥感数据还可以进行流域生态环境的动态调查分析，估算各时期流域内非点源污染负荷，寻找出流域内非点源污染负荷变化原因，建立流域生态环境与水体水质之间的相关性研究（Nandish M Mattikalli，1996；Lubos Matejicek et al.，2003）。

尽管目前对遥感监测红树林面积是否准确尚存在争议，但是利用高分辨率遥感数据能够快速得到红树林分布的变化情况，为更加详细地实地调查提供靶区，为对红树林进行有效保护、海岸带环境保护规划管理提供依据（李春干，2003；李天宏，2002）。

1.3 水环境质量监测中的遥感技术应用

常规的水质监测方法成本高、耗时长、同步性差，不能给出水质参数空间的实时分布状况。基于遥感的水质监测弥补了传统的站点监测和数学模型模拟的缺陷，能够提供水质变量的空间分布，逐渐广泛地应用到水质监测和评价当中。因此，遥感水质监测已成为近年来遥感应用的热点之一。但是由于遥感监测受大气、辐射和水体周围环境的影响很大，并且水体中化学成分复杂、浓度低，因此技术难度很大。

国外早在1970年就开始从事水质遥感研究，国内水质遥感监测研究始于20世纪80年代，基本方法都是通过建立航空或卫星遥感数据与实测水质数据基于统计相关的经验模型，对不同水质水体进行定性研究。随着对物质光谱特征研究的深入，遥感在水质指标中的研究应用从最初单纯的水域识别发展到对水质指标进行遥感监测、制图和预测，监测的水质指标包括悬浮物含量、水体透明度、叶绿素a浓度、溶解性有机物、水中入射与出射光的垂直衰减系数等。利用不同物质之间的相关关系间接进行遥感分析，还可以获得溶解性有机碳（DOC）、水温、透明度、溶解氧（DO）、化学需氧量（COD）、五日生化需氧量（BOD_5）、总氮（TN）、总磷（TP）等水质参数，以及一些综合污染指标，如营养状态指数等。随着遥感可监测指标的日益丰富，水质遥感监测成为常规水质监测中的一项重要手段，由单项指标的监测发展到对水质综合遥感评价，并且进入遥感水质监测的业务化阶段。

目前国内外对于水质遥感监测主要集中在对以下两个方面的研究：①对非光学活性参数的遥感反演；②对水质综合指标的遥感监测评价。

1.3.1 国外研究前沿

（1）海洋初级生产力的估算是海洋水色遥感的一个重要运用。Behrenfeld 和 Falkowski 提出了 VGPM 模型（Harding L W，2002），该模型由于其中重要的参数都可由遥感资料获得，因而得到了广泛的应用。

（2）目前对新生产力遥感监测主要是集中在上升流区域，由于水体在上升过程中 NO_3^--N 浓度变化与 SST 有着很强的相关性，通过区域内 SST 的变化来获取 NO_3^--N 浓度，进一步建立 f 与 NO_3^--N 浓度之间的关系来求取外源 N 输入生长的新生产力。Richard C Dugdale（1989）在 Cap Blanc，northwest Africa 上升流区采用 AVHRR 的 SST 资料和 CZCS 的 Chl a 资料，采用温度－NO_3^-－新生产力模型进行新生产力估算。

（3）Shbha Sathyendranath 等（1991）在 Georges Bank 通过“复合遥感”的方法，从 NOAA/AVHRR 温度数据得到了区域的硝酸盐分布，从 CZCS 水色数据获得总生产力，并且认为区域内 f 值可通过遥感得到的硝酸盐获得，从而得到区域内新生产力。

（4）Morin P 等（1993）采用 NOAA/AVHRR 的温度数据建立了 Ushant 潮汐锋表层和次表层的温度和硝酸盐浓度之间的相关性，并进行了分析研究，由此获得了区域的硝酸盐浓度分布，与实测数据吻合很好，遥感获得的不同季节的硝酸盐浓度差与硝酸盐吸收速率以及浮游植物生产力一致。

（5）对一些海域的现场叶绿素 a 和营养盐浓度测定表明，两者间存在着区域相关性，因而可以从叶绿素 a 图像中得到营养盐的分布。Joaquim I Goes 等（1999，2000）利用 OCTS 的温度和叶绿素资料在北太平洋进行了大范围、年内尺度的表层海水硝酸盐含量卫星遥感反演。

（6）河口或海岸带区域输入海洋的陆源物质具有时空扩散特性，尤其是一些保守型的混合性物质，虽然不具有光学活性，但往往可以利用其与一些光学活性物质建立相关性，以获取其区域的时空分布特征。Seawan M J Baban（1993，1997）利用 TM 图像，采用经验回归的方法，进行英国 Norfolk Broads 区域和 Breydon Water Estuary 叶绿素浓度、总磷、透明度、悬浮物、盐度和温度等水质参数的遥感反演。

（7）Lathrop 等（1986）利用 Landsat－5 的 TM 数据评价了 Green Bay 南部和 Lake Michigan 中央湖区的水质情况，透明度、叶绿素浓度、浊度、表层温度和 TM 数据之间相关性良好，获得的相关模式可用于区域内水质参数的定量化反演。

（8）Gitelson（1993）为了获得水质光学模型，对世界范围内各种不同营养状态水体进行数百次的反射光谱测量和水质浓度采样分析，叶绿素 a 浓度从 0.1 μg/L 至 350 μg/L，悬浮质浓度从 0.1 mg/L 至 66 mg/L，以及可溶性有机物质等，由于所研究地区范围和水质变幅都比较大，因此可以认为所建立的水质模型具有普适性。

（9）Yuanzhi Zhang 等（2002）采用 TM 和 ERS－2 SAR 数据，以神经网络技术代替传统的回归方法，建立 Finlang 湾水质模型，同时认为微波技术作为光学探测的补充手段，有助于提高水表面水质模型的准确度。

（10）Steven M Kloiber 等（2002）对采用 TM 和 MSS 数据进行了湖泊清澈度业务化监测的可行性进行了研究，并提出了基于多波段三元回归算法。

（11）Arnone 等（2000）成功地用 CDOM 和盐度的关系从 SeaWiFS 图像建立海区的盐度分布图。由于这种相关性表示河口与近岸的 CDOM 主要来源于陆源的输入，可用于示踪陆源输入大小与程度，因而也可直接用于监测陆源污染的分布。

（12）Paul Lavery 等（1993）采用 TM 数据，对 Australian 河口的叶绿素浓度、透明度和盐度进行了遥感监测，对采用 TM 进行常规监测的可行性进行了评价。

富营养化评价其实是水质评价的一个方面，但是由于富营养化现象的普遍性，富营养化过程中水环境变化具有明显的特征性，在进行遥感水质评价时，由于叶绿素 a 往往与水体的富营养化程度相联系，因此从卫星测定叶绿素 a 和透明度的分布常常可用来监测海洋受污染的程度和变化，或者是它们的衍生产品，如透明度、浊度、清澈度、色度或 CDOM/TOC/DOC、生物量以及一些综合指标，如 TSI 富营养化指数等。

（13）Zilioli 等（1994，1997）用 TM 的可见光波谱信息对 Garda 湖不同营养状态的水体（从岸边到湖心、两个子湖盆的水体）进行了水质评价，探索在缺少相应地面实测资料的情况下，用 TM 的波谱信息评价 Garda 湖不同子湖和不同时间的营养状况的可能性，并且通过沉积物分析，从时间序列上分析了湖泊富营养化演化历史。

（14）Sabine Thiemann 等（2000）采用印度 IRS/LISS－Ⅲ的多时相遥感数据，波段根据叶绿素在 678 nm 具有最大吸收和 705 nm 的反射峰，采用绿光的波段高度、最大监督似然和线性波段分解三种方法进行叶绿素浓度反演并比较，采用 TSI 富营养指数进行研究水域的富营养化遥感监测评价。

（15）Sampsa Koponen 等（2002）利用 AISA 高光谱模拟 MERIS 通道进行芬兰南部湖泊的遥感水质分类研究，水质参数选用透明度、浊度、叶绿素 a、总磷，采用了两种评价分类体系，研究表明，对于前三种参数分类精度分别为 90%、79% 和 78%。

（16）Rijkswaterstaat 建立了一套基于高光谱成像扫描仪的水质产品制作程序，已安装在 Dutch 海岸警备飞机上，并进行了产品的验证与误差分析。

1.3.2 国内研究前沿

目前国内在水质遥感监测方面已经进行了很多研究，主要叙述如下。

（1）Yunpeng Wang（2004）利用 LANDSAT/TM 1－4 波段资料，建立了深圳市周边水库有机物指标（如 BOD、TOC、COD）和反射率之间的相关关系，进行遥感水质监测方法研究。

（2）张霄宇（2002）利用长江河口磷的缓冲机制，建立了河流输入悬浮泥沙和 TPP 之间的关系模型，通过遥感长江口悬浮泥沙扩散分布获取了长江口 TPP 扩散分布趋势及特征。

（3）何贤强等（2004）根据水下光辐射传输理论及对比度传输理论，建立了海水透明度的半分析定量遥感模式，并利用建立的模式和 SeaWiFS 卫星资料制作了我国海域 1999 年的月平均透明度遥感产品。

（4）台湾大学陈克胜和雷楚强在利用陆地卫星的 TM 数据进行水库营养状态的评价研究中发现，叶绿素 a、总磷和透明度 3 个水质参数与波段 1、波段 2、波段 3 和波段 4 的变换的光谱特征具有高度相关性，并由此采用 TM 数据生成水库的营养状态指数图。

（5）何执兼等（1999）对珠江口、大亚湾不同水色背景的海区进行 COD 和油质量浓度的波谱测试，并采用灰色系统理论提取 COD 和油的遥感信息，取得了一定的成果。

（6）李旭文等（1993）利用苏州地区陆地卫星 TM 数据和同期的地面水质监测资料建立 TM 图像遥感水质模型，并将该模型应用于 TM 可见光彩色合成图像的分割处理，得到了苏州地区水质空间分布。

（7）王学军（2000）和刘瑞民（2001）采用单因子相关分析、波段组合分析和主成分分析，建立了太湖主要水质参数的估算方式，利用估算式对监测点参数值进行估算，然后利用 ArcView 软件进行空间结构分析和克里格插值，生成了各监测参数的等值线图[12]。

（8）张海林等（1999）利用武汉东湖各子湖多年地面监测资料和 1999 年 TM 各波段卫星遥感数据，建立各子湖营养状态指数与 TM b5 图像上灰度值之间的线性关系模型，并运用该模型对武汉各主要湖泊进行富营养化评价[14]。

随着研究的深入，遥感在水质监测中已经有了如下的很多应用实例。

如用 CBERS－1 CCD 数据资料进行双台子河口实测污染分部曲线与遥感数据相关性分析污染的扩展方向、透明度与污染水体的关系，以及水中氮、磷含量与遥感数据的相关性。

通过分类算法及定性水质评价方法，将黄河三角洲的水质定性和半定性地分为无污染或轻度污染水体、中等（轻）污染水体、中等（重）污染水体和重污染水体。

平仲良应用陆地卫星 4～7 波段的资料研究渤海湾海河口的污染和污染等级划分，取得一定的成果。

“八五”期间，中国科学院、国家海洋局等单位开展了近海富营养化评价和赤潮预测技术研究，建立了水域富营养化的评价方法和评价指标体系。在太湖、巢湖的水环境质量的遥感监测中，建立了水质数据与遥感数据的相关模型。

利用遥感像元分解技术，采用改进的线性混合像元分解方法获得滇池水体中藻类、悬浮泥沙等物质的相对丰度在全湖的空间分布并进行快速评价。

以“863”机载高光谱成像系统和神舟飞船中分辨率成像光谱仪可见光或近红外波段为监测手段，进行太湖流域、长江口和杭州湾的高光谱水质监测示范研究。

总而言之，水质遥感监测已开始在实际生产中应用，方法也在不断地发展与成熟。现在运用GIS、遥感技术与地面有限的监测断面配合，对重要流域如长江、淮河、太湖、滇池等的水污染动态监测和评价与污染趋势预报已成为当务之急，为我国“三河三湖”治理规划和管理提供科学依据。

1.4 近岸海洋监测发展趋势（Coastal GOOS）

海洋监测的总趋势是从空中、水面、水下、沿岸对海洋的物理、气象、化学和生物指标进行立体监测。各种手段优势互补，构成完整的立体监测系统。逐渐形成了以卫星遥感数据为更新手段，以地理信息系统技术为平台，以海上自动浮标、海洋站为数据源的多方位立体海洋环境监测网。

GOOS（全球海洋观测系统）是立体监测构想的典型，并列入了《21世纪议程》，我国也将GOOS计划列入《中国21世纪议程》。已运行的立体监测系统有IGOSS、GLOSS、XBT、TAO和DBCP等。

欧美具有近海海洋立体环境监测系统的代表有切萨皮克湾监测系统（Chesapeake Bay Observing System，CBOS；http：//www. cbos. org/），C－MAN系统（Coastal－Marine Automated Network；http：//www. ndbc. noaa. gov/cman. php），SEAWATCH EUROPE（http：//www. geos. com/services/monitoring/seawatch. asp）和MERMAID（Marine Environmental Remote－controlled Measuring and Integrated Detection；http：//www. ucc. ie/hfrg/projects/mermaid/index. html）等。

1.5 本项研究工作前提和任务

基于上海市和浙江省海域日益严峻的海洋水环境质量恶化趋势，如何对沿海水体质量进行高频率、准实时的动态监测已经成为海洋环境质量监测的重要议题，在这样紧迫的应用要求背景下，本次研究得到了“863”国家高新科技计划“遥感海岸带水质速报及业务化运行的关键技术研究”以及浙江省重大科技攻关项目“浙江海洋水质实时监视和速报系统”等项目的大力资助。本研究以沿海水质为主要地物目标，开展水环境监测评价和水环境异常速报的遥感关键技术研究和软件开发，构建沿海水环境遥感业务运行试验系统，以解决水质趋势性遥感评价的关键技术。

1.6 研究区域

本次研究区域位于27°—32°N，120°—124°E之间，整体位于东海陆架，从行政区划上主要属于上海市和浙江省管辖海域以及江苏省部分海域，陆域属于沿海地区三大经济圈——“珠三角”地区、“长三角”地区和环渤海经济圈中的“长三角”地区，是我国经济实力最雄厚、市场环境最好、最具有发展潜力的经济区域。海域内的舟山渔场是中国最大的渔场，也是我国海洋渔业生产力最高、渔业资源最丰富的海域。因此，对这一海域进行海洋环境遥感监测研究，无论对海洋环境质量保护和管理，还是海洋生态环境可持续发展以及陆－海交互区域物质地球化学循环，均有重要的社会意义和科学价值。

1.7 预期结果

预期建立一套实用的基于海洋水色遥感产品的沿海水环境质量评价体系。利用这一评价体系对研究海域进行试验性评价，生成遥感水质专题图，水质分类评价误差小于30%。

1.8 已有的基础上所解决的问题

国家海洋局第二海洋研究所海洋遥感与数值预测研究中心在海洋遥感技术方面有很好的基础，尤其是海洋水色水温遥感应用技术在国内处于领先水平，已经形成各类水色系列产品。本次研究是在已有的水色产品基础上，进行研究区域内主要营养盐污染物遥感监测研究，建立基于海洋水色遥感产品的水环境质量评价模式，在试验海域进行遥感水环境质量评价。

1.9 研究内容和研究目标

为保证科研能应用于社会，研究内容努力与国家“十一五”海洋环境监测工作相衔接，拟进行遥感在沿海水体环境质量趋势性监测评价中的应用研究，研究包括以下4个方面。

（1）建立实用的基于海洋水色遥感产品的富营养化水体遥感水质评价体系；

（2）水质评价参数的选取，选取的海洋水色遥感产品要能够直接或间接地反映沿海水体的主要水质状况；

（3）建立研究海域内水体中总磷和溶解无机氮的遥感反演模式，用于遥感水质评价；

（4）建立实用的赤潮反演模式。

1.10 研究技术路线

本次研究采用的技术路线如图 1.3 所示。

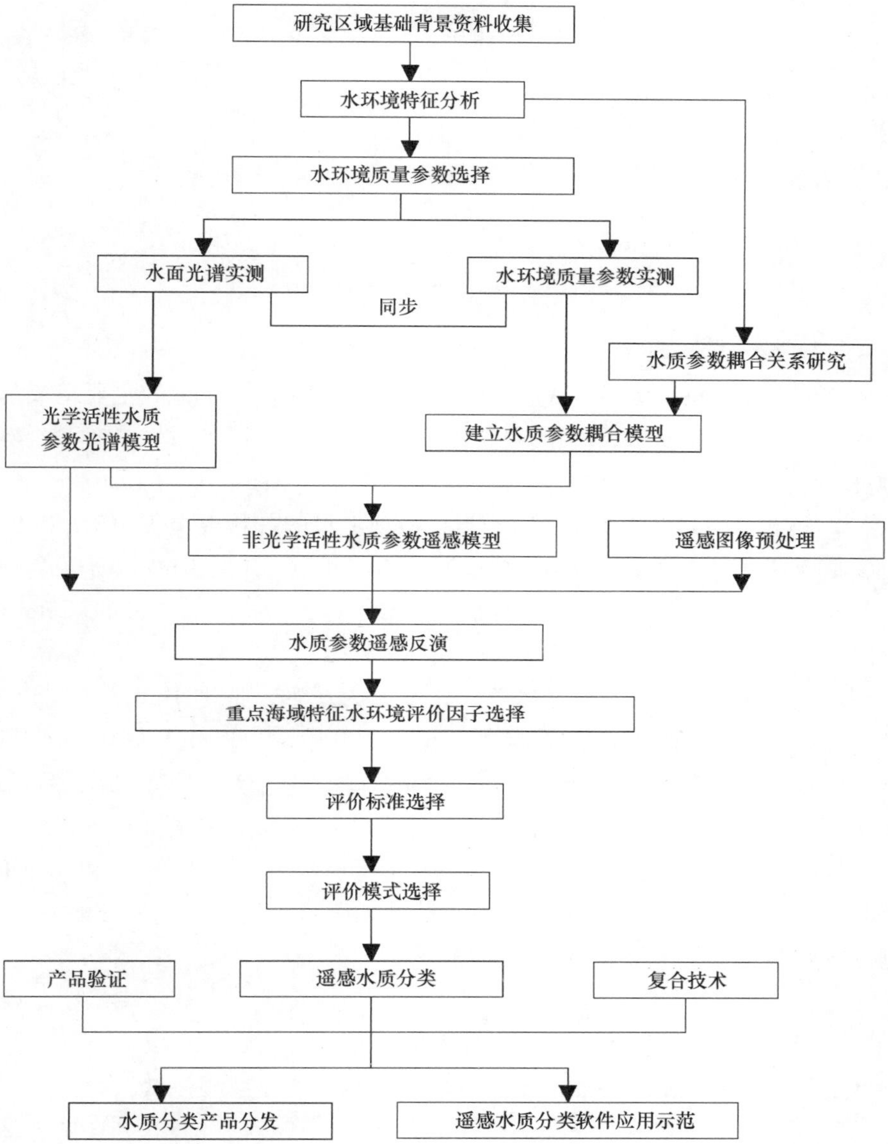

图 1.3　本次研究采用的技术路线

2 数据和方法

2.1 EOS/MODIS 简介

2.1.1 地球观测系统 EOS（Earth Observation System）

EOS 是英文“Earth Observation System”的缩写，是美国国家航空航天局（National Aeronautics and Space Administration，NASA）开展的“地球科学计划”中的主要组成部分。该计划将发射一系列极轨卫星，从事长期全球陆地、生物圈、岩石圈、大气、海洋观测，最终提高人类对地球气候、环境发生变化及其原因的认识（http：//eospso. gsfc. nasa. gov/）。

1999 年 12 月 18 日，地球观测系统（EOS）系列卫星的首颗卫星 TERRA（EOS AM－1）从美国加利福尼亚范登堡空军基地发射升空，2000 年 2 月 24 日 TERRA 开始采集、发送遥感探测数据，标志着为期 15 年的行星地球观测计划正式开始（Michael D. King & Reynold Greenstone，1999）。

在一系列对地观测卫星中，TERRA 和 AQUA 成为系列，特别引起遥感应用界的瞩目。TERRA 卫星发射成功标志着人类对地观测新的里程的开始，“TERRA 是科学家对具有 45 亿年历史的地球的健康状况第一次进行全面检查和综合诊断的科学工具”。由于 TERRA 卫星每日地方时上午 10：30 过境，因此也把它称作地球观测第一颗上午星（EOS－AM1）。AQUA（拉丁文为“水”的意思）卫星保留了 TERRA 卫星上已经有了的 CERES 和 MODIS 传感器，并在数据采集时间上与 TERRA 形成补充。它也是太阳同步极轨卫星，每日地方时下午过境，因此称作地球观测第一颗下午星（EOS－PM1）。

2.1.2 MODIS 技术参数

MODIS 数据是搭载在 TERRA 和 AQUA 系列卫星上的主要探测仪器，它是地球观测系统中很有特色的数据，采用免费直接广播的形式下行数据，从数据资源开发利用和经济核算综合平衡的角度来看，也是非常值得世界各国普遍关注的。MODIS 是当前世界上新一代“图谱合一”的光学遥感仪器，在 0.4～14 μm 的电磁波谱范围内设有 36 个通道，波段涉及陆地、海洋、大气等综合信息，其中 2 个通道（可见光 0.62～0.67 nm、近红外 0.841～0.876 nm）的空间分辨率为 250 m，5 个可见光、远红外通道空间分辨率为 500 m，其余 29 个通道空间分辨率为 1 km。波段范围和主要用途见表 2.1 和表 2.2。MODIS 扫描宽度 2 300 km，每 1～2 天可以获取一次全球地表观测数据。TERRA 与 AQUA 上的 MODIS 数据在时间更新频率上相配合，加上晚间过境数据，可以得到每天最少 2 次白天和 2 次黑夜更新数据。这样的数据更新频率对实时地球观测系统的研究有非常重要的实用价值。MODIS 的设计寿命为 5 年，将计划发射4颗，因此，MODIS将提供至少15年的对地球观测数据，这些数据对于开展自然灾害与生态环境监测、全球环境和气候变化研究以及进行全球变化的综合性研究等将是非常有意义的（http：//modis. gsfc. nasa. gov/）。

表2.1　MODIS中分辨率成像光谱仪专业技术数据

参数	技术数据	参数	技术数据
轨道	705 km高，近极地太阳同步圆形轨道 TERRA上午10：30降轨 AQUA下午1：30升轨	数据速率	11 Mbit/s（白天峰值）
扫描速度	20. 3 r/min	量化等级	12 bit
扫描宽度	2 230 km（横跨轨迹）×10 km（星下点沿轨迹方向）	空间分辨率/星下点	250 m（通道1~2） 500 m（通道3~7） 1 000 m（通道8~36）
望远镜	主镜直径17. 78 cm	设计寿命	5年
仪器尺寸	1. 0 m×1. 6 m×1. 0 m	扫描宽度	2 330 km
重量	250 kg	码速率	10. 6 Mbit/s
功率	225 W（轨道平均数）	设计寿命	6年

表2.2　MODIS传感器各通道参数及其用途

基本用途	通道	波宽	光谱辐射率	信噪比（SNR）	基本用途	通道	波宽	光谱辐射率	信噪比（SNR）
陆地/云/烟雾边界	1	620~670	21. 8	128					
	2	841~876	24. 7	201	地表/云温度	20	3. 660~3. 840	0. 45（300K）	0. 05（NET）
陆地/云/气溶胶特性	3	459~479	35. 3	243		21	3. 929~3. 989	2. 38（335K）	2. 00（NET）
	4	545~565	29. 0	228		22	3. 929~3. 989	0. 67（300K）	0. 07（NET）
	5	1 230~1 250	5. 4	74		23	4. 020~4. 080	0. 79（300K）	0. 07（NET）
	6	1 628~1 652	7. 3	275	大气温度	24	4. 433~4. 498	0. 17（250K）	0. 25（NET）
	7	2 105~2 155	1. 0	110		25	4. 482~4. 549	0. 59（275K）	0. 25（NET）
海洋颜色/浮游生物/生物地球化学	8	405~420	44. 9	880	卷云水汽	26	1. 360~1. 390	6. 00	150（SNR）
	9	438~448	41. 9	838		27	6. 535~6. 895	1. 16（240K）	0. 25（NET）
	10	483~493	32. 1	802		28	7. 175~7. 475	2. 18（250K）	0. 25（NET）
	11	526~536	27. 9	754	云特性	29	8. 400~8. 700	9. 58（300K）	0. 05（NET）
	12	546~556	21. 0	750	臭氧	30	9. 580~9. 880	3. 69（250K）	0. 25（NET）
	13	662~672	9. 5	910	地表/云温度	31	10. 780~11. 280	9. 55（300K）	0. 05（NET）
	14	673~683	8. 7	1 087		32	11. 770~12. 270	8. 94（300K）	0. 05（NET）
	15	743~753	10. 2	586	云顶高度	33	13. 185~13. 485	4. 52（260K）	0. 25（NET）
	16	862~877	6. 2	516		34	13. 485~13. 785	3. 76（250K）	0. 25（NET）
大气水汽	17	890~920	10. 0	165		35	13. 785~14. 085	3. 11（240K）	0. 25（NET）
	18	931~941	3. 6	57		36	14. 085~14. 385	2. 08（220K）	0. 35（NET）
	19	915~965	15. 0	250					

注：（1）通道1~19波宽单位为纳米，通道20~36单位为微米；

（2）光谱辐射率单位为W/（m^2·μm·sr）；

（3）NET为噪声等价温度变化。

2.1.3 MODIS 数据特点

MODIS 数据主要有以下三个特点。

1）数据的易获得性

NASA 对 MODIS 数据实行全球免费接收的政策。提供无偿网络共享的数据涵盖了全球每天的数据。在线数据保持 10 天，10 天以前的数据通过订购获得。主网址（http://modis.gsfc.nasa.gov/）采用图的方式连接了与 MODIS 算法、格式标准、技术、软件以及相关进展报道的网站。

2）高精度观测

MODIS 传感器是目前世界上最高精度的辐射观测仪器。主要体现在两方面：首先，仪器的辐射分辨率达到 12 bit，温度分辨率可达 0.03℃，量化等级比 LANDSAT－7 上 ETM＋（8 bit）高 16 倍；其次，仪器上首次使用了复杂的星上校准技术，系统运行稳定可靠，抗干扰能力强。

3）综合性

指的是较宽的光谱范围和空间范围，以及长期连续提供观测信息。

（1）MODIS 提供全球陆地、海洋和大气过程及相互作用的综合探测，实现多学科对自然界的一体化探测。

（2）每两天将地球整个表面扫描一次。可以得到每天最少 2 次白天和 2 次晚上更新数据，对实时地球观测和灾害监测有较大的实用价值。

（3）用 36 个光谱波段探测整个地球表面，生成大约 40 种分析全球变化所需要的数据产品。已经或正在由其他卫星传感器或（传统仪器）探测的在上述光谱范围的测值，也将“综合性”地不断采集，其中包括用于气象学科并监测海洋表面温度、覆冰及植被的先进的甚高分辨率辐射计（AVHRR）和用于监测海洋生物量和海洋环流型海岸带水色扫描计（CZCS）数据等。

（4）成像面积大，有利于获得宏观同步信息。MODIS 的扫描宽度是 2 330 km，一幅 MODIS 影像可以完全覆盖中国大部分海岸带区域，可以比较容易地得到完全同步的影像。

（5）提供长时间序列的观测信息。每个 MODIS 仪器的设计寿命是 5 年（实际预期会更长），在 1998—2006 年间预计发射 4 个装有这种仪器的平台，可以为综合性全球变化研究提供 15 年数据，另外作为海洋水色探测器 SeaWiFS 的后继遥感器，以及先进甚高分辨率辐射计 AVHRR 的换代仪器，MODIS 形成长时间序列的系列产品。

4）存在问题

（1）MODIS 图像在其扫描线宽度方向由扫描条带组成，条带宽度为 10 个像素（1 000 m 分辨率）、20 个像素（500 m 分辨率）和 40 个像素（250 m 分辨率），地球的球面特性会导致扫描带两端产生数据重叠现象，形成所谓的“蝴蝶结”效应（“bowtie”现象），从而造成边沿像素对象区域的重叠现象以及沿扫描方向图像的压缩失真。因此，要想获取较高质量的数据，就应尽可能选择 ±30°扫描角以内的数据或者经过严格的校正。

（2）MODIS 只有垂直扫描一种方式，受太阳耀斑污染非常严重，影响了资料利用率和业务化运行。

2.1.4　MODIS 与 SeaWiFS、AVHRR 比较

MODIS 兼有先进甚高分辨率辐射计 AVHRR－3 和海洋水色探测器 SeaWiFS 的特性，它们间的性能比较具体见表 2.3。

表 2.3　MODIS 与 AVHRR、SeaWiFS 的性能比较

项目	AVHRR－3	SeaWiFS	MODIS	MODIS 特性说明
卫星	NOAA－17	SeaStar	Terra 和 Aqua	将在后继卫星上装载
发射时间	2002－06－24	1997－08	1999－12/2002－05	在轨
波谱范围（nm）	580～12 500	402～885	402～14.385	覆盖了 AVHRR－3 和 SeaWiFS 波谱区
波段数目	5（6）	8	36	涵盖了 AVHRR－3 和 SeaWiFS 波段
波段宽度（nm）	100	20、40	20	最小波段宽度与 SeaWiFS 相同
绝对辐射精度（%）	5	5	5	相同
等效噪声温差/K	0.12	无	0.07	测温灵敏度比 AVHRR－3 高
信噪比	9～20	≥500	≥500	信噪比与 SeaWiFS 相同，比 AVHRR 高得多
地面分辨率（km）	1.1	1.1	0.25/0.50/1	地面分辨率高，海岸带和陆地观测效果好
刈幅（km）	2 700	2 081	2 330	与 SeaWiFS 几乎相同
全球覆盖天数	1	2	2（单星）1（双星）	与 SeaWiFS 相同

MODIS 在数据波段数目和数据应用范围、数据分辨率、数据接收和数据格式等方面都做了相当大的改进。

（1）光谱分辨率的提高

NOAA－AVHRR（14）是 5 个波段；SeaWiFS 共有 8 个波段；MODIS 被设计成 36 个波段（http：//noaasis.noaa.gov/NOAASIS/ml/avhrr.html）。

（2）地面分辨率的提高

AVHRR 数据的分辨率是 1.09 km；SeaWiFS 地面分辨率为 1.1 km；MODIS 在 36 个波段中有 2 个波段分辨率是 250 m，5 个波段是 500 m，其余 29 个波段是 1 000 m，其中 250 m 分辨率的两个波段主要是对陆地的观测。

（3）信息量增加

由于 MODIS 数据在波段和分辨率方面的改进，使得 MODIS 数据量大幅度地增加（大约相当于 AVHRR 同期数据量的 18 倍左右）。

（4）数据传输技术改进

NASA 对 MODIS 数据在接收、处理和使用方面继承了 NOAA 对 AVHRR 的政策，即在全世界范围内免费接收和鼓励推广使用的政策。增加了数据在星上存储的功能和将存储的数据一次性向地面传输的功能。保障了美国获得全球数据将不用再依赖于类似 NOAA 的地面交换的方式，而是可以每天直接一次性接收到全球数据。同时也保持了世界各地均可以通过地面接收站获取到卫星通过该地区的数据的功能。NOAA/AVHRR 数据是采用 L 波段向陆地发送

的。MODIS 改用 X 波段向陆地发送，并在数据发送上增加了大量纠错能力，以保证用户可用较小的天线就可以得到优质的信号。

（5）数据格式的改进

NOAA－AVHRR 是采用串符型数据格式存储，例如 BIP、BSQ、FIL 等格式存储。这样存储的格式比较简单，容易操作。MODIS 在数据格式方面做了较大的改进。MODIS 除了采用在美国空间通信方面通用的空间数据结构集团（Consulting Consortium of Space Data System，CCSDS）的数据通信方式外，还采用分层次的串块型数据格式（Hierarchical Data Format，HDF）。这样的数据格式适用于大数据量的快速传输、存储和提取。

这些改进构成了 MODIS 成为 AVHRR 的换代产品。

SeaWiFS（Sea Viewing Wide Field of View Sensor）是装载在美国 SeaStar 卫星上的第二代海色遥感传感器，1997 年 8 月发射成功，运行状况良好（http：//oceancolor. gsfc. nasa. gov/SeaWiFS/）。

SeaWiFS 在 CZCS 基础上进行了以下两个方面的改进和提高。

（1）增加了光谱通道，即 412 nm、490 nm、865 nm。其中，412 nm 针对于二类水域 DOM 的提取，490 nm 与漫衰减系数相对应，865 nm 用于精确的大气校正。

（2）提高了辐射灵敏度，Sea WiFS 灵敏度约为 CZCS 的 2 倍。在 CZCS 反演算法中被忽略因子的影响，如多次散射、粗糙海面、臭氧层浓度变化、海表面大气压变化、海面白帽等，都在 SeaWiFS 反演算法中做了考虑。

在海洋应用方面，MODIS 具有 SeaWiFS 的技术特性。因此，NASA 已将 MODIS 作为 SeaWiFS 的后继遥感器。

2.2 海洋遥感水色产品的获取

2.2.1 国家海洋局第二海洋研究所卫星接收处理系统

国家海洋局第二海洋研究所卫星海洋遥感应用系统能实时自动接收和预处理 EOS/TERRE、EOS/AQUA 系列、NOAA 系列、FY－1 系列、SeaStar 等业务卫星数据，以海洋作为主要研究、探测目标，为海洋环境监测、海洋资源保护和开发以及在其他领域的研究提供了连续、长期、稳定的空间信息源。

卫星海洋遥感应用系统从功能上具备以下 6 点。

（1）全自动接收处理美国 EOS/MODIS（Terra 上午星和 Aqua 下午星）数据；

（2）全自动接收处理美国 NOAA/AVHRR 极轨气象卫星数据；

（3）全自动接收处理中国 FY－1 系列极轨气象卫星数据；

（4）全自动接收美国 SeaStar 的 SeaWiFS 海洋卫星数据；

（5）具有接收 X 波段工作频率为 8.0～8.5 G HY－1 系列等其他业务卫星的扩展能力；

（6）具有接收 L 波段工作频率为 1.7 G ±20 M 等其他业务卫星的扩展能力。

系统总体功能结构由以下 5 个子系统组成。

（1）L 波段数据接收和预处理子系统，负责接收和预处理 FY－1C/1D、NOAA 系列卫星和 SeaStar 卫星的 SeaWiFS 数据；

（2）X 波段数据接收和预处理子系统，负责接收和预处理 TERRA 卫星和 AQUA 卫星的 MODIS 数据；

（3）运行控制子系统包括运控消息服务器模块、运控消息接收器模块和运控消息发送器模块，负责各类各级数据处理及产品制作的消息接收和发送功能；

（4）卫星遥感数据处理和专题产品制作子系统负责 X/L 波段单轨卫星遥感专题产品，X/L 波段多遥感器多时相数据融合遥感专题产品，X/L 波段多遥感器多时相数据融合及云替补遥感专题产品和各环境因子的等值线遥感专题产品和海洋动力遥感产品；

（5）卫星遥感数据和专题产品可视化子系统负责各级遥感数据和专题产品显示、查询和应用示范功能。

图 2.1 为卫星海洋遥感应用系统的逻辑框图。

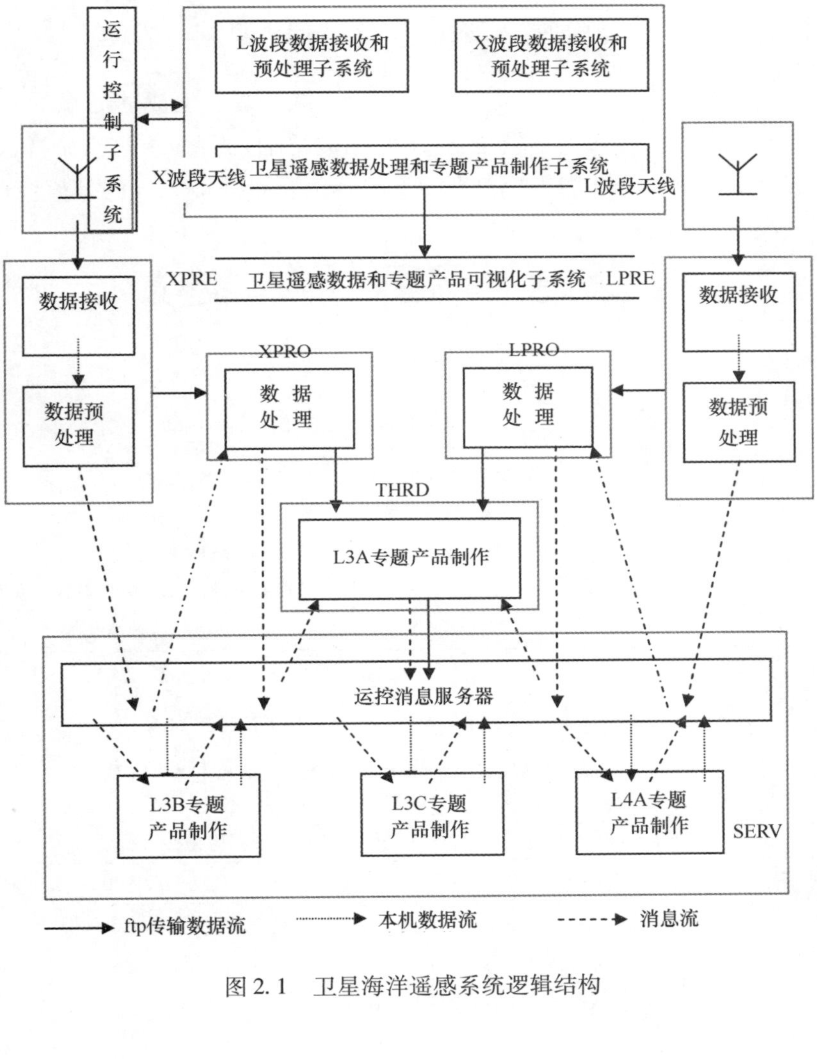

图 2.1　卫星海洋遥感系统逻辑结构

系统的数据和消息流程如图 2.2 所示。

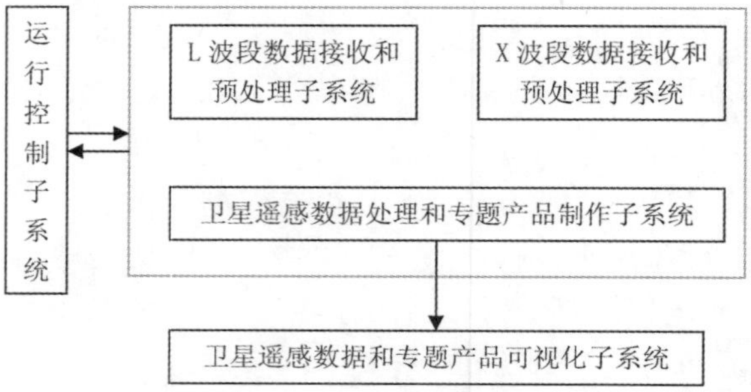

图 2.2　系统的数据和消息流程

2.2.2　国家海洋局第二海洋研究所海洋水色遥感产品

系统每天实时生成 1 B 产品约 10 G 数据量。经系统处理后生成的遥感专题产品主要有：单轨卫星遥感专题产品（L3A）；多遥感器、多时相数据融合遥感专题产品（L3B）；多遥感器、多时相及云替补数据融合遥感专题产品（L3C）以及各环境因子的等值线遥感专题产品和海洋动力遥感产品（L4A）。对各级产品的定义见表 2.4。

表 2.4　由卫星海洋遥感应用系统生成的各级产品

产品级别	过程定义
L0	卫星地面站接收的原始数据流
L1A	L0 经过冗余信息去除后的数据，L1A 只对 SeaWiFS 定义
L1B	L0 经过冗余信息去除、地理定位和辐射定标后的数据
L2 或 L2A	由 L1B 反演得到的地球物理要素信息数据
L3A	由 L2A 经地图投影和数据重采样得到的单轨遥感专题产品
L3B	具有固定时间周期的多轨 L3A 数据融合得到的遥感专题产品
L4A	在 L3B 数据基础上制作的水质参数等直线遥感专题图

表 2.5 和表 2.6 分别列出了国家海洋局第二海洋研究所海洋环境卫星遥感处理系统每天实时接收各遥感器对应的遥感专题产品以及经系统处理的各级遥感专题产品。

表 2.5　各遥感器对应的遥感专题产品

产品	AVHRR	MVISR	SeaWiFS	MODIS	产品	AVHRR	MVISR	SeaWiFS	MODIS
SST	√	√		√	TAU		√	√	√
SDD		√	√	√	KD3			√	√
ODD		√	√	√	ACD			√	√
COL			√	√	TOA				√
PIC	√	√	√	√	BBP			√	√
VIS		√	√	√	FLU				√
CHL		√	√	√	NDVI	√	√	√	√
SSC		√	√	√	–	–	–	–	–

表 2.6　经系统处理的各级遥感专题产品

参数	L3A	L3B	L3C	L4A
海表温度（SST）	√	√	√	√
流场分布图（VEL）				√
透明度（SDD）	√	√	√	√
潜艇光学隐蔽深度（ODD）	√	√	√	√
水色主波长（COL）	√	√	√	√
云分布（PIC）	√			
海面气象能见度（VIS）	√	√	√	√
叶绿素浓度（CHL）	√	√	√	√
悬浮泥沙浓度（SSC）	√	√	√	√
气溶胶浓度（TAU）	√	√	√	√
水体漫射衰减系数（KD3）	√	√	√	√
水体黄色物质吸收系数（ACD）	√	√	√	√
水体吸收系数（TOA）	√	√	√	√
水体后向散射率（BBP）	√	√	√	√
荧光辐亮度（FLU）	√	√	√	√
植被指数（NDVI）	√	√	√	√

注：单轨卫星遥感专题产品 L3A；多遥感器、多时相数据融合遥感专题产品（L3B）；多遥感器、多时相及云替补数据融合遥感专题产品（L3C）；等值线遥感专题产品和海洋动力遥感产品（L4A）。

2.3　研究海域参数获取

2.3.1　站位分布

研究海域的实测数据主要由国家海洋局东海分局提供，本次研究共收集到了从 1999 年秋季至 2005 年春季水质实测数据。将历年实测站位汇总，站位位置如图 2.3 所示。

2.3.2　参数获取

1999 年秋季长江口内、杭州湾，水质参数包括水色、水温、盐度、悬浮物、化学需氧量、活性磷酸盐、亚硝酸盐氮、硝酸盐氮、氨氮。

2000 年 9 月长江口，水质参数包括水色、水温、盐度、化学需氧量、活性磷酸盐、亚硝酸盐氮、硝酸盐氮、氨氮。

2001 年 11 月长江口和乐清湾，水质参数包括水深、水色、水温、盐度、悬浮物、溶解氧、化学需氧量、活性磷酸盐、亚硝酸盐、硝酸盐、氨氮、叶绿素。

2002 年 8 月长江口内，水质参数包括水深、水温、盐度、悬浮物、溶解氧、化学需氧量、活性磷酸盐、硝酸盐、亚硝酸盐、氨氮、叶绿素。

2002 年 9 月象山港，水质参数包括水深、盐度、悬浮物、化学需氧量、活性磷酸盐、亚硝酸盐、硝酸盐、氨氮、叶绿素。

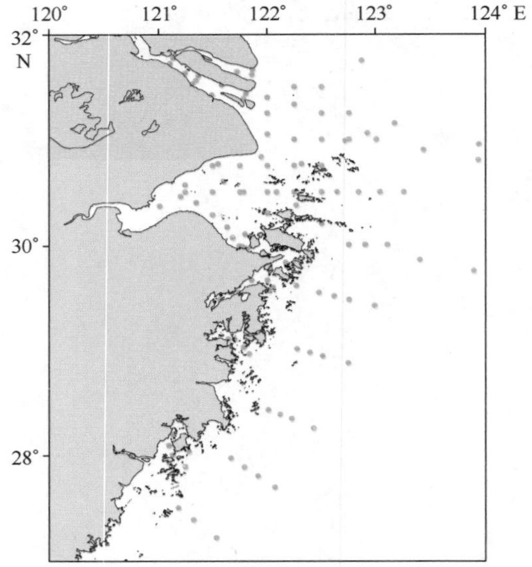

图 2.3 研究海域内营养盐历史监测站位分布汇总

2003 年 11 月长江口及杭州湾北部，水质参数包括水深、悬浮物、化学需氧量、活性磷酸盐、亚硝酸盐氮、硝酸盐氮、氨氮、叶绿素。

2004 年 2 月、6 月、8 月、11 月，水质参数包括水温、盐度、悬浮物、化学需氧量、活性磷酸盐、亚硝酸盐、硝酸盐、氨氮、叶绿素。

2005 年春季浙江省近海海域，水质参数包括亚硝酸盐氮、硝酸盐氮、氨氮、硅酸盐、磷酸盐和叶绿素。

提供资料中的主要近海水质参数的监测方法参照《海水水质标准》（GB 3097—1997）和《海洋监测规范》执行，具体监测分析方法见表 2.7。

表 2.7 海水水质参数分析方法

序号	参数	分析方法	依据标准
01	水温	温度计法	GB 12763.2—1991
02	盐度	盐度计法	GB 17378.4
03	悬浮物	重量法	GB 11901—1989
04	化学需氧量（COD_{Mn}）	碱性高锰酸钾法	HY 003.4—1991
05	氨氮	水杨酸分光光度法	GB 7481—1987
06	硝酸盐 - 氮	酚二磺酸分光光度法	GB 7480—1987
07	亚硝酸盐 - 氮	分光光度法	GB 7493—1987
08	磷酸盐	钼酸铵分光光度法	GB 11893—1989
09	叶绿素 a	荧光分光光度法	GB 17378.7

3 富营养化水体水质遥感评价体系

河口、海岸带富营养化水体评价一直以来沿用经典的淡水评价方法（Dillon et al.，1975；Jorgensen，1976；Vollenweider et al.，1998），通过对富营养化表征参量（如透明度、营养盐和叶绿素等）的监测进行评价，分类系统基于营养盐浓度的变化（Carlson，1977；Vollenweider et al.，1998）。

本次研究吸收 NEEA 和 OSPAR 的富营养化评价概念（Bricker S B，1999；Bricker S B，2003；OSPAR，2001），基于海洋遥感水色数据，尝试对试验区内水体富营养化程度进行评价，评价参数包括人为输入营养盐，水体营养盐过富后表现出来的富营养化初级和次级症状，从而从输入—初级响应—高级响应的富营养化过程比较全面地进行试验区内水体富营养化状况评价。

基于海洋遥感水色数据的富营养化水体遥感水质评价模式具备以下 4 个特点。

（1）以海洋水色遥感产品作为沿海水体富营养化程度的评价参数；

（2）仅对表层水体的富营养化表征进行评价；

（3）适用于河口海岸带等明显受陆源营养盐排放污染的海域，并且营养盐的分布主要受稀释扩散作用的影响；

（4）定期对沿海水体进行评价。

评价模式的建立主要包括以下 4 个方面的内容。

（1）水质遥感监测的空间取样密度；

（2）水质遥感监测频率的设计；

（3）水质遥感评价参数的选择；

（4）水质遥感评价标准和方法。

3.1 水质遥感监测的空间取样密度

采用遥感手段进行海域水质评价与传统的现场实测的海域水质评价方法在空间采样密度布设上具有很大的优越性。

常规的海域环境质量评价中对于面积在 $n \times 10^3 \sim n \times 10^4\ km^2$ 被评价海域，一般采用 $n \times 10^2 \sim n \times 10^3\ km^2$ 网格作为评价单元（郦桂芬，1994），见表 3.1。

表 3.1　不同区域类型环境质量评价各环境要素的取样密度

评价类型	评价地区面积（km^2）	取样密度		
		水	底泥	水生生物
沿海海域环境质量评价	$n\times10^3\sim n\times10^4$	$n\times10^2\sim n\times10^3$	$n\times10^2$	$n\times10^2$
小流域环境质量评价	$n\times10^2$	$n\times10^2$	$n\times10$	$n\times10$
中等流域环境质量评价	$n\times10^3\sim n\times10^4$	$n\times10^2\sim n\times10^3$	$n\times10^2$	$n\times10^2$
大流域环境质量评价	$n\times10^4\sim n\times10^5$	$n\times10^3$	$n\times10^2$	$n\times10^2$

目前可用于水质遥感的传感器种类较多，不同遥感器技术参数的设置有很大的不同，不同的水质监测目的对于遥感影像的地面分辨率和光谱段及获取周期等都各有不同的要求（王桥，2005），见表 3.2。

表 3.2　不同监测目的对于遥感影像地面和光谱分辨率等的不同要求

遥感参数测定项目	地面分辨率（m）	光谱分辨率（μm）	波长范围（nm）	摄影周期	视场角/离铅直方向的角度	摄影范围（km×km）
石油污染	10、30～300	–	紫外、可见、微波	2～4 h/ 1 d	注意光晕	200×200/ 20×20
悬浮泥沙	20～500	0.15～0.15	350～800/ 400～700	2 h/ 1 d	0°～+15°/ −5°～+30°	350×100/ 10×10
固体废物	10～200	0.15～0.15	350～800/ 400～700	5 h/ 10 d	0°～+15°/ −5°～+30°	35×35/ 10×10
热污染	30～500	±0.2℃/ 温度分辨率	10～20 μm/ 10～14 μm	2 h/ 10 d	–	35×35/ 10×10
富营养化	100～2 000	0.05～0.15	400～700	2 d/ 14 d	0°～+15°/ 0°～+30°	350×350/ 35×35
赤潮	30～2 000	0.015～0.015	400～700	5 h/ 2 d	0°～+15°/ −5°～+30°	350×350/ 20×100

注：表内数字是指理想值，括弧内的数字是最低限度允许值。

因此，对研究区域范围内水体富营养化趋势分布的遥感监测评价采用地面分辨率在 2 000 m 以下范围内的卫星遥感数据都是适用的。

本次研究试验区域评价范围包括从 27°—32°N 的上海市和浙江省沿海以及江苏部分海域，如果采用 TM 或 SPOT 等地面分辨率较高的传感器数据，其扫描宽度分别为 TM 的 185 km，SPOT 的 117 km，显然单幅的陆地卫星遥感影像不能覆盖全部研究区域，如果采用多幅拼接，一方面从成本上、从经济核算角度来说不尽合理，另一方面陆地卫星 16 天左右的重复观测周期使得没有办法在较高的时间频段内保证得到区域内无云图像，从时间分辨率上无法达到较高频率的定期评价要求，另外陆地卫星的带宽和波段设置特点也使得它们没有办法获得等同于水色卫星的可遥感参数，限制了其在沿海水质遥感中的应用。

EOS/MODIS 的扫描宽度为 2 330 km，NOAA/AVHRR 的扫描带宽约 2 700 km，SeaStar/SeaWiFS 刈幅宽度为 2 801 km，一幅遥感影像即可以覆盖整个研究区域，而且这几颗星每天都有数据接收，不仅满足时间分辨率的要求，而且可以比较容易获得同一地区无云图像数据。目前国家海洋局第二海洋研究所海洋环境卫星遥感处理系统每天实时生成的水色遥感产品的空间分辨率都在 1 km 左右，与传统沿海海域环境质量评价比较，这样的采样密度是常规水质监测无法达到的。本次研究设定采用 $1' \times 1'$ 网格单元作为遥感水质评价的采样密度，完全可以满足水质监测评价的要求。

3.2 水质遥感监测频率的设计

监测频率即监测次数，一般要求在水质可能发生变化期间进行采样，以较小代价最大程度地反映出水质的变化。

在确定采样时间和频率时一般依据以下原则（张从，2002）。

（1）以最小工作量满足反映环境信息所需资料；

（2）技术上的可能性和可行性；

（3）能够真实地反映出环境要素变化特征；

（4）尽量考虑采样时间的连续性。

采样时间和频率的确定与评价目的和对象有很大的关系，《海洋监测规范（1991）》针对基线调查、趋势调查、常规调查和定点调查以及应急监测和专项调查等不同的监测内容均做了相应的明确规定。

（1）基线调查初始 1 次；

（2）趋势调查每 5 年 1 次；

（3）常规水质监测频率每年 2～4 次，按季度（4 次）；按丰水期、平水期、枯水期（3 次）；或按丰水期、枯水期（2 次）。

在芬兰，每隔 4 年由芬兰环境管理局对全境范围内的湖泊、河流和海岸带区域进行水质监测和评价分类（Sampsa Koponen，2002）；美国国家环保局每年对全国境内河口的水体进行监测评价（http：//www. epa. gov）。

我国国家海洋局每年组织实施全国海洋环境调查、监测和监视。由于涉及范围广，水质监测项目多，需要大量的人力、物力和财力。以 2005 年为例，承担全国海洋环境监测任务的业务机构达 150 余个。动用各类监测船只 180 余艘，总航程 15 余万海里；海监飞机近 300 架次，总航程近 20×10^4 km；监测车辆 100 余辆，行驶总里程 200 余万千米；共设立各类监测站位 8 000 多个（2005 年中国海洋环境质量公报）。不同的沿海省市对海洋监测的投入力度也有很大差别，在水环境趋势性监测中，有些沿海省市只能保证一年度一次，有的省市则在丰、枯、平水期各监测一次，或按季度进行监测。

国家海洋局第二海洋研究所海洋环境卫星遥感处理系统每天实时生成各类产品（L3A）约 16 种，其中包含了大量海域环境质量信息，但是受云覆盖等天气的影响，L3A 遥感产品不能完全满足评价区域内水质监测评价的要求，因此 L3A 产品必须再经多遥感器多时相数据融合、云替补技术实现后，得到一定周期内水环境因子分布信息（L3B 产品）。目前 L3B 遥感产品包括周、旬、月等各级产品，从时间分辨率来看都可以用来进行沿海域水环境质量趋势监测和评价，在本次研究中，采用月度融合的 L3B 产品进行研究区域的水质监测。

根据历年遥感资料的统计分析表明，以月为周期的遥感水色产品的融合完全可以保证在一个月内试验区内有数据质量较好的无云影像，可以满足业务化运行的水质遥感评价要求。

月度融合 L3B 水环境因子遥感产品是非常成熟的产品，已经形成业务化产品，产品较易获得。

每月一次区域内水质进行监测评价，从监测频率上考虑完全可以满足水质监测评价的要求。可以进行试验区内不同水期和不同季度水环境质量变化情况，探讨气象水文条件等因素对水质变化的影响，寻找水质变化的规律。

3.3 水质遥感评价参数的选择

海洋水体环境质量监测要素包括：

(1) 海洋水文气象基本参数；

(2) 水体中重要理化参数、营养盐类、有毒有害物质和放射性核素；

(3) 沉积物中有关物理参数和有毒有害物质；

(4) 生物体中有关生物学参数残毒及生态。

在实际进行评价时，不可能也没有必要对所有的参数都进行监测，往往要对评价参数有所筛选，水质参数的筛选应遵循以下原则。

(1) 根据评价的对象和目的进行选择；

(2) 根据评价区域排入的有害污染物的特点进行选择；

(3) 应尽量选择国家规定的监测项目。

一般来说：基线调查应是多介质且项目尽量取全；常规监测应选基线调查中得出的对监测海域环境质量敏感的项目；定点监测为水质的 pH、浊度、溶解氧、化学需氧量、营养盐类、石油等；应急监测和专项调查酌情自定；常规性的海洋环境质量状况评价在选择水质评价参数时，首先参考海水水质标准（GB 3097—1997）中规定的 35 项监测指标。

本次研究在选取评价参数的时候主要考虑以下两方面的因素：

(1) 评价参数是否具备遥感可获得性？

(2) 评价参数是否能够反映研究海域内水质的基本状况？

对研究海域内已有的水质监测资料的调查表明，研究海域内水质现状主要表现为：

(1) 陆源营养盐过量输入，主要污染物是磷酸盐和溶解无机氮；

(2) 研究海域内赤潮频发，频率和强度都为全国各海区之首；

(3) 严重富营养化是研究海域内主要的水质现状，已经成为严重的环境问题，危害着沿海海洋生态环境健康。

美国的 NEEA（National Estuarine Eutrophication Assessment）（Bricker et al.，1999）和 OSPAR 综合程序（OSPAR，2001）河口海岸带富营养化概念模型中，将富营养化水体采用 OEC 指数（Overall Eutrophic Condition）来进行逻辑意义上的评价，综合了从陆源营养盐输入到水体富营养化过程的初级和次级症状三个层次进行综合评价，同时还考虑了未来政府对河口海岸带的环境管理决策。

本次研究借鉴美国 NEEA 和 OSPAR 综合程序的富营养化概念模型，尝试从陆源营养盐输入—富营养化初级生态响应—富营养化次级生态响应三个层次上进行研究海域内水质评价参数的选取。

由于评价参数的选择受到遥感器可遥感参数的限制，因此在选择海洋水色遥感产品进行水体环境质量评价时要求海洋水色遥感产品具备如下条件：

（1）针对目前试验区内由于陆源营养盐过量输入造成水体富营养化这一关键的水质问题，选择的海洋水色遥感产品参数能够反映水体的富营养化过程中的某些关键症状；

（2）由于营养盐等参量在水体中不具备光学活性，以目前的遥感技术还不能直接获得水体中营养盐信息，因此除了要选择能够直接反映水体富营养化状况的水质参数外，还必须利用已有的遥感资料进行水体中营养盐等不具备光学活性参数的信息反演。因此，必须选择那些能够间接反映水体中营养盐含量的水色遥感产品。

表3.3列出了国家海洋局第二海洋研究所海洋环境卫星遥感处理系统每天实时接收各遥感器对应的遥感专题产品以及经系统处理的各级遥感专题产品。

表3.3　各级遥感专题产品

参数	L3A	L3B	L3C	L4A
海表温度（SST）	√	√	√	√
流场分布图（VEL）				√
透明度（SDD）	√	√	√	√
潜艇光学隐蔽深度（ODD）	√	√	√	√
水色主波长（COL）	√	√	√	√
云分布（PIC）	√			
海面气象能见度（VIS）	√	√	√	√
叶绿素浓度（CHL）	√	√	√	√
悬浮泥沙浓度（SSC）	√	√	√	√
气溶胶浓度（TAU）	√	√	√	√
水体漫射衰减系数（KD3）	√	√	√	√
水体黄色物质吸收系数（ACD）	√	√	√	√
水体吸收系数（TOA）	√	√	√	√
水体后向散射率（BBP）	√	√	√	√
荧光辐亮度（FLU）	√	√	√	√
植被指数（NDVI）	√	√	√	√

其中我们选择了如下产品作为我们进行富营养化水体水质遥感评价的数据源，见表3.4。

表3.4　选用的海洋水色产品

参数	L3A	L3B
悬浮物浓度（SS）		√
黄色物质吸收系数（ACD）		√
叶绿素浓度（CHL）	√	√
透明度（SDD）		√
海表温度（SST）	√	√
植被指数（NDVI）	√	√

（1）L3B 悬浮物浓度（Suspended Sediment，SS）

悬浮物浓度以及与悬浮物浓度相关的衍生产品如浊度、清澈度等，是评价水体质量的一项重要指标，也是一项成熟的海洋水色遥感产品，广泛应用于海洋水质监测。在河口海岸带等海域，受河流和地表径流携带大量陆源无机颗粒进入沿海水体的影响，这些区域内悬浮物本底含量较高。目前水环境质量评价的主要目的是评价人类活动对水体环境质量的影响，因此在我国的国家海水水质标准（GB 3097—1997）并没有将水体中悬浮物的绝对含量作为水质评价指标，而是采用人为增加量作为悬浮物指标，以反映人类活动对水环境质量的影响，见表 3.5，在实际监测中对悬浮物质“人为增加量”进行定量监测意味着必须有水体中悬浮物质的背景含量。

表 3.5　国家海水水质标准（GB 3097—1997）中对于悬浮物质的分类规定

项目	第一类	第二类	第三类	第四类
悬浮物质（mg/L）	人为增加的量≤10		人为增加的量≤100	人为增加的量≤150

悬浮物在水体中影响着光在水体中的传输过程，悬浮物对水体中水生生物具有光限制作用，悬浮物浓度越高，光限制作用越强。从这个意义上来说，悬浮物的存在对水体富营养化过程起着遏制作用。表现在一些海域，尤其是在近岸二类水体中，虽然水体中营养盐浓度很高，但由于强烈的光抑制，导致这些区域生产力并不高，表现为高含量营养盐、低生物量的现象，水体中悬浮物含量和叶绿素浓度之间不具有明显的相关性（张霄宇，2005）。由此可见，在悬浮物以无机悬浮泥沙为主的近岸海域中，悬浮物浓度本身并不宜直接用于监测评价水体富营养化程度。

但是研究发现研究海域区内悬浮浓度与人为营养盐陆源输入，尤其是几种形态磷之间，有着密切的联系，因此，通过建立起某种磷和悬浮物浓度之间的相关性，就可以采用悬浮物浓度作为研究海域内水体中人为输入形态磷含量的间接评价参数。

（2）L3B 水体黄色物质吸收系数（ACD）

水体中的黄色物质（Yellow Substance，或 Gelbstoff，或 Gilvin）是海水中溶解有机物的主要成分。黄色物质本身并不呈现为黄色，但是由于黄色物质在短波波段的强烈吸收，使得含有黄色物质的海水由蓝色变为黄色，故称其为黄色物质。黄色物质在 350 ~ 700 nm 波长区间具有典型的吸收特性，其光谱吸收系数随波长增加而减少。黄色物质在海水中的化学性质比较稳定，是重要的水质参数之一。按其来源可以分为海洋生物有机体就地降解产生的和陆源产生的两种。外海海水中以就地降解产生的黄色物质为主，而近岸海水中的黄色物质则以陆源的为主。在以陆源黄色物质为主的近岸海域，黄色物质直接代表了水体中溶解态的有机物质，对海水中污染物质的形态、毒性、运移产生重要影响，可以作为海水污染程度的“指示剂”。在海陆相互作用研究中，黄色物质可以作为陆地向海洋的化学物质输送量的代表性参数之一（Vodacek A，1995；Giovanni M Ferrari，1996；Green S A，1994）。

近年来有研究表明，由于黄色物质在河口海岸带的保守性，可以和水体中溶解态的无机氮之间建立一定程度的相关关系，通过黄色物质分布可以间接地反映出溶解态无机氮在研究海域内的趋势性分布（陈志强，2001）。

另外，由于黄色物质吸收系数可以直接指示水体中有机物质的富含程度，因此，黄色物质的吸光性本身也可以用来进行水质评价，如在 ISO7887 中规定，如果水色大于 50 mg Pt/L（相当于 $a_{CDOM_{400}}=6\ m^{-1}$），在分类上水质自然由 excellent 划归为 good 类（Sampsa Koponen，2002）。

（3）L3B 叶绿素浓度（CHL）

虽然不同地区的水体由于环境背景的差异，富营养化过程的表现不尽相同，但是一般来讲，富营养化水体最直接的反映就是浮游植物生物量的增加，从而造成叶绿素浓度升高。本次研究拟采用 L3B 叶绿素浓度产品作为研究海域内水体富营养化过程初级症状的评价参数。

（4）L3B 透明度（SDD）

水体中营养盐过富造成浮游植物旺发，叶绿素浓度增加，水体透明度下降，是表明水体富营养化的重要的次生症状。但是在试验区内，尤其是在近岸，透明度很低，但是造成透明度降低的原因并非浮游生物的大量繁育，而是河流、地表径流输送大量的陆源悬浮物，或已沉积在海底受到扰动后再悬浮颗粒，皆以无机颗粒为主，因此，虽然近岸海域透明度很低（曾经在杭州湾测到只有 5 cm 的透明度）（张霄宇，2005），但是不能用来指示水体富营养化程度。本次研究在采用透明度产品进行研究海区内水质富营养化评价时，规定当悬浮物浓度小于 50 mg/L 时，才对透明度值进行分类评价。

（5）L3A 叶绿素浓度（CHL）

L3A 叶绿素浓度产品一方面可以直接用来实时监测水体中叶绿素浓度，发现水色异常，监控赤潮发生的可能性；另一方面，配合 L3B 叶绿素浓度月度产品，通过比较实时叶绿素浓度和时段平均叶绿素浓度之间的差异，采用叶绿素浓度阈值法进行研究海域内赤潮事件的反演。

（6）L3A/L3B 海表温度（SST）

海表温度不能直接表征水体富营养化，但是海水温度的升高却能促进水体富营养化程度的发展。由于海水温度直接影响了水生生物的生存环境，因此在我国的海水水质标准（GB 3097—1997）中对海表温度做了明确的规定，见表 3.6，用于监测人为活动，包括一些热电、核电工业的废热水排放等。

表 3.6　海水水质标准（GB 3097—1997）对海表温度的规定

项目	第一类	第二类	第三类	第四类
水温（℃）	人为造成的海水温升夏季不超过当时当地 1.0℃，其他季节不超过 2.0℃		人为造成的海水升温不超过当时当地 4.0℃	

海表温度也是指示赤潮发生的重要参数，本次研究选择 L3A 温度产品和 L3B 月度温度产品，采用温度和温度阈值法拟进行试验区内赤潮事件的反演。与评价时采用海水水质标准作为评价标准不同，在采用温度和温度阈值法进行赤潮反演时，采用的是区域内诱发赤潮发生的温度阈值。

（7）L3A/L3B 波段比值（NDVI）

对赤潮敏感的特征波段进行组合，获得实时的 L3A NDVI 产品，并且与月度 L3B NDVI 产品进行差异比较，发现研究海域内的水色异常，进行赤潮的监测。

以上遥感产品的选择从 OHI 和 OEC 两方面反映了河口海岸带水体富营养化程度，基本满足富营养化评价的参数要求。悬浮物浓度（SS）和水体黄色物质吸收系数（ACD）是作为海域内陆源输入营养盐（Overall Human Influence，OHI）的间接指示，将叶绿素浓度和水体黄色物质吸收系数（ACD）作为水体富营养化程度的初级症状表征（由于没有关于不同营养状况下初级生产力分类的报道，暂不考虑），将透明度和赤潮作为水体富营养化的次级症状（Overall Eutrophic Condition，OEC），从而对研究区域进行全面的富营养化程度评价，见表3.7。

表3.7　选用的参数对富营养化的表征意义

营养盐输入		初级症状				次级症状		
ACD (L3B)	SSC (L3B)	叶绿素浓度 (L3B)	黄色物质 (L3B)	初级生产力 (L3B)	透明度 (L3B)	叶绿素浓度 (L3A/L3B)	温度 (L3A/L3B)	波段离水辐射率 (L3A/L3B)
DIN	TP					赤潮		

3.4　水质遥感评价方法和标准

截至目前，虽然国内外关于河口海岸带水体富营养化评价的方法很多，但迄今尚未有统一的方法和标准可循。

水体的富营养化评价模型可以分为两大类：一类模型是对水生系统的详细模拟，这类模型往往设置很高的空间分辨率，以动力学模型为基础，进行生物产量的时空模拟，这类方法属研究模型（Sohma et al.，2001；Chau and Jin，2002；Lee et al.，2002），可以很好地模拟在特定条件下的生态响应；另一类称为筛选模型（screening models），是通过一系列的诊断参数来反映系统的整体富营养化状态，一般包括物理、化学和生物参数（Bricker et al.，1999；OSPAR，2001；Vollenweider et al.，1998）。

目前在水质评价中较多使用的评价模式有单一参数评价指数方法和多参数的综合评价方法。单一参数评价指数方法如特征法、参数法（张从，2002）、营养状态指数法（金相灿，1998）和生物指标评价法（李清雪，1999），多参数的综合评价方法有函数法、统计评分法、模糊综合评判法、层次分析法（马仲文，1989）。单一参数评价指数方法虽然简单、明确，但结果与富营养化状态的真实状况尚有差别；多参数的综合评价方法效果较好，但需要详尽的监测资料，过程较繁琐，对大范围的水域监测费时费力。目前指数评价法是评价水体富营养化的主要方法。

指数评价法是将大量的监测数据和资料经过整理、分析和归纳，建立富营养化环境指数来表征水体的富营养化状况，可以比较不同水体富营养化程度或同一水体富营养化的变化趋势。指数评价法主要有单项指标法、营养状态指数法、数学模型法以及分级型指数法等。

目前国内较常采用单项指标分析和营养状态指数法进行海水水质的分析评价。

（1）单项指标法

单项指标法将每个评价因子与评价标准比较，确定各个评价因子的水质类别，其中的最高类别即为综合水质类别。这是目前海洋监测部门采用的主要方法，单项指标标准值参考国家《海水水质标准》（GB 3097—1997），见表3.8。当水体中的主要污染物质为营养盐时，也可以认为是对水体富营养化状态的评价。

表 3.8　海水水质标准（GB 3097—1997）

项目（mg/L）	第一类	第二类	第三类	第四类
化学需氧量（COD）≤	2	3	4	5
无机氮（以 N 计）≤	0.20	0.30	0.40	0.50
活性磷酸盐（以 P 计）≤	0.015	0.030		0.045

（2）营养状态指数

营养状态指数法是目前海洋富营养化评价时较常用的方法，但是不同的研究采用的表述和评价标准有所不同。本次研究在对研究海域采用实测参数进行水质评价时，也采用这一评价方法作为比较，计算公式如式（3.1），评价标准见表 3.9。

$$E = \frac{COD \times IN \times IP}{4\ 500} \times 10^6 \tag{3.1}$$

表 3.9　营养状态指数法评价标准

参数	正常	轻度富营养化	富营养化	超富营养化
营养状态指数	<6	6 ~ 10	10 ~ 25	>25

在海洋生态环境监测中将营养状态质量指数计算公式规定为式（3.2）：

$$NQI = C_{COD}/C'_{COD} + C_{TN}/C'_{TN} + C_{TP}/C'_{TP} \tag{3.2}$$

式中：C_{COD}——水体中化学需氧量的测量浓度；

C'_{COD}——水体中化学需氧量的评价标准，取 3.0 mg/L；

C_{TN}——水体中总氮的测量浓度；

C'_{TN}——水体总氮的评价标准，取 0.6 mg/L；

C_{TP}——水体中总磷的测量浓度；

C'_{TP}——水体总磷的评价标准，取 0.03 mg/L。

表 3.10 中规定了营养状态指数法的评价标准。

表 3.10　海洋生态环境监测营养状态指数法评价标准

指数	贫营养	中营养	富营养
营养状态质量指数（NQI）	<2	≥2，≤3	>3

总的说来，鉴于目前富营养化评价方法和标准的多样性和不统一性，本次研究在选择富营养化评价方法时，尽量与目前海洋部门常规评价方法统一。

在评价方法上采用单项指标法。

试验区内包括两种生态系统：一种是与近海水域相连的地表水河口水域；另一种是近海水功能区水域。在进行常规水域环境管理过程中，两类系统所采用的评价参数、评价方法和评价标准都不同的。目前我国海洋监测管理部门在进行常规评价中，对这两个水生系统并没有分开，为了使遥感评价结果与实际评价结果具有可比性，本次研究对两个系统采用统一的方法和标准进行评价。

本次研究采用的遥感评价参数没有在同一标准中有规定，受可遥感水质参数的限制，目前只是对 DIN 和 TP 的遥感反演做了一些探索性研究，DIN 在海水水质标准（GB 3097—1997）中有体现，而 TP 在地表水环境质量标准中有规定。所以在选择评价标准时，按照以下选择原则。

（1）我国已经颁布的环境质量标准；

（2）我国环境质量未规定的项目，可以选用一些地区性或国内外相应地区的环境质量标准，或者是背景值作为评价的参考标准；

（3）对于国内没有规定的，选择国外标准；

（4）目前被国内外同行专家认可的，并已有应用实例的阈值。

由此本次研究拟将水体的富营养化程度划分为四个等级：正常水体、轻度富营养化水体、中度富营养化水体、高度富营养化水体。

针对本次研究采用的 DIN、TP、叶绿素浓度、黄色物质、透明度等参数，分别采用如下判断标准，见表 3.11。

表 3.11　本次研究采用的富营养化评价标准

参数	正常水体	轻度富营养化	中度富营养化	高度富营养化	来源
DIN（mg/L）	≤0.2	>0.2，≤0.3	>0.3，≤0.4	>0.4	GB 3097—1997
TP（mg/L）	≤0.025	>0.025，≤0.05	>0.05，≤0.10	>0.10	GB 3838—2002
叶绿素浓度（μg/L）	≤5	>5，≤20	>20，≤60	>60	美国 NEEA 评价标准
透明度（m）	>15	>4，≤15	>2.5，≤4	≤2.5	GHZB 1—1999
黄色物质（m）	≤6	>6			ISO7887

4　营养盐的遥感反演机理研究

4.1　磷酸盐在研究海域的地球化学特性

4.1.1　磷酸盐在研究海域的分布特征

研究区域内磷酸盐总体分布趋势主要表现如下几个显著特征，见图 4.1。

（1）磷酸盐浓度近岸高，远岸低；

（2）长江口、杭州湾水体为磷酸盐严重污染，大部分海域超过四类海水标准；象山港、三门湾、乐清湾等部分海域磷酸盐浓度超过海水水质三类标准；

（3）咸淡水交互锋面上磷酸盐浓度下降幅度大，锋面上等值线分布密集；

（4）不同水团之间磷酸盐含量特征不同，外海海水磷酸盐浓度低，长江冲淡水磷酸盐浓度高，因此在磷酸盐浓度分布图上明显反映出几个水团的相互作用。

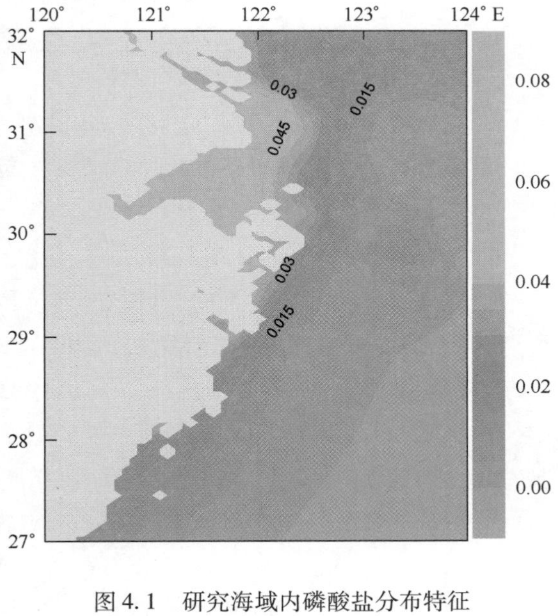

图 4.1　研究海域内磷酸盐分布特征

4.1.2　磷酸盐在河口的缓冲机制

磷酸盐浓度在上海市海域表现出明显的非保守性，磷酸盐浓度受河口海岸带的缓冲作用机制的强烈影响：总体上磷酸盐浓度随着盐度的升高而逐渐降低；盐度在 10～20 以下海域内水体中磷酸盐浓度维持在0.03 mg/L以上的较高水平，并且有一定的随盐度的增加而上升的趋势；当盐度超过20后，磷酸盐浓度表现为随盐度增加的逐渐下降趋势（图4.2）。

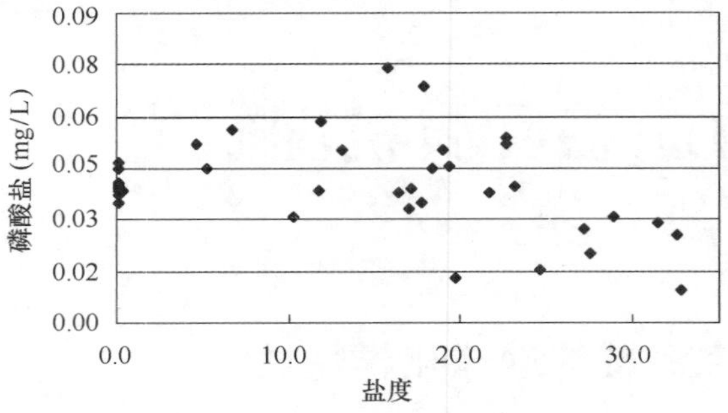

图4.2　2004年8月上海海域磷酸盐随盐度变化趋势

磷酸盐浓度的这种变化行为与悬浮物浓度在区域内行为有密切的相关性，上海海域内盐度20以下水体中，悬浮物平均浓度远高于盐度大于20的水体，并且在盐度20左右的区域范围内，有一悬浮物高浓度区存在（图4.3）。

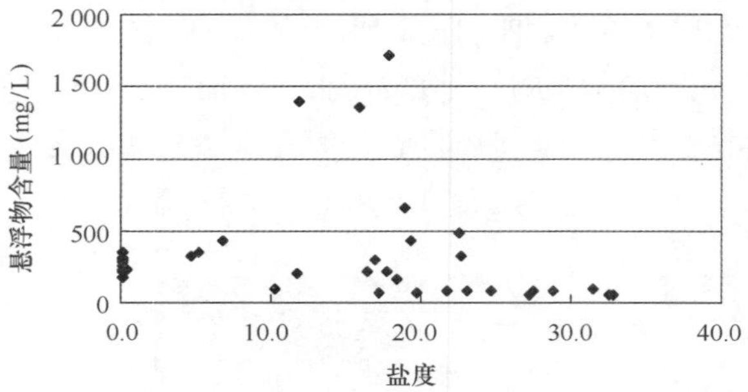

图4.3　2004年8月上海海域悬浮物浓度随盐度变化趋势

对悬浮物浓度和磷酸盐浓度的相关性表明，在研究海域内，悬浮物的大量存在对磷酸盐浓度分布起着重要的作用，尤其是在盐度为20以下的区域范围内，悬浮物含量控制着水体中磷酸盐的浓度（Meyer J L，1979；Tanaka K，1988；林荣根，1994；陈松，1996）：大量的磷酸盐从悬浮物表面的吸附态被解吸释放进入水体，维持水体中磷酸盐浓度在较高水平（Stirling H P，Wormald A P，1977；Lewis E Fox，Shawn L，1985）。相关性分析表明，水体中磷酸盐浓度随着悬浮物的增加急剧升高，达到一定程度后增加速率减少，曲线变得平缓，并有逐渐趋于饱和的趋势，这显然符合简单的吸附等温线（Philip N Froelich，1988；石晓勇，1999；石晓勇，2000）。两者之间相关性显著，相关性系数为0.64（见图4.4）。显然研究区域内磷酸盐浓度受缓冲机制的控制。

4.1.3　磷酸盐在低浑浊区的理想行为

虽然在上海海域观测到了显著的磷酸盐缓冲作用，实测数据分析表明，在浙江省海域，尤其是在象山港、乐清湾等悬浮物浓度较低的海域，磷酸盐含量变化表现为随盐度的增加而逐渐下降的趋势（见图4.5），显示磷酸盐含量变化受稀释扩散作用的控制，表现出了一定的

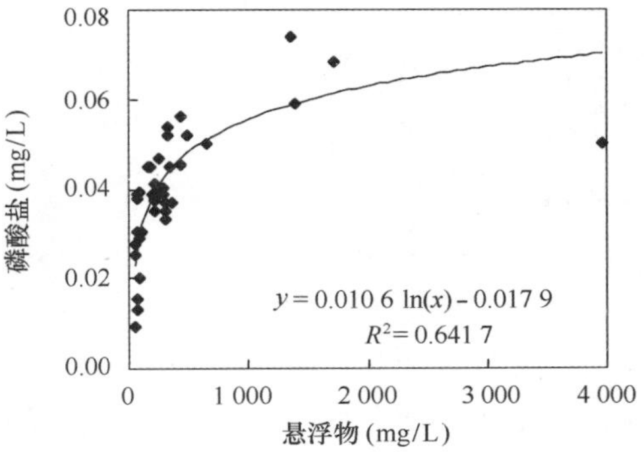

图 4.4　2004 年 8 月上海海域内悬浮物浓度与磷酸盐相关性

理想扩散的行为特性。由于浙江省海域内悬浮物浓度比上海近岸海域低，因此，颗粒物对磷的缓冲机制在这一区域内表现没有上海海域强烈。

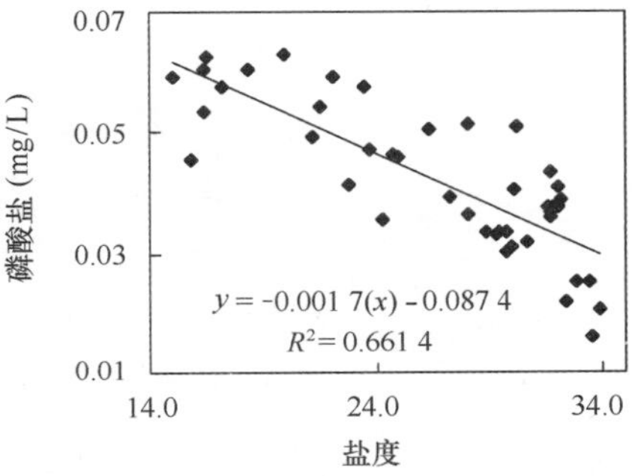

图 4.5　2004 年浙江省近岸海域磷酸盐与盐度相关性

因此，研究海域内磷酸盐的含量变化主要受两种作用的控制，在上海海域盐度为 20 以内水体中，磷酸盐含量主要受缓冲效应的控制，在当盐度大于 20 时，受咸淡水混合稀释扩散作用的控制，磷酸盐浓度逐渐降低。而在浙江省海域，尤其是在象山港、乐清湾等悬浮物浓度较低的海域，磷酸盐含量变化表现为理想行为。

由此可见，在河流径流与海水混合区，磷酸盐发生了明显的转移现象，这种转移现象可能受 4 种因素的影响：①淡水与海水混合过程中化学和生物效应的影响；②水体中的悬浮颗粒物质对磷酸盐的吸附和解吸作用；③生物对磷酸盐的吸收等；④细菌和浮游生物的共同作用等促进了不同形态磷酸盐之间的相互转化，从而也可能改变水体中活性磷酸盐的含量。在这 4 种效应中，我们认为水体中的悬浮颗粒物对磷酸盐的吸附和解吸作用所产生的磷酸盐缓冲机制对于调整水体中 DRP 保持着一个近似稳定的常数是最重要的。在浙江省近岸海域，与盐度负相关性明显，磷酸盐含量变化主要受咸淡水稀释扩散效应的控制。

4.2　颗粒态磷酸盐遥感试反演

以往在研究磷对河口和近海生态环境的影响中，只采用溶解态磷的大小来估算磷对浮游植物的影响，而涉及颗粒态生物可利用磷的研究较少（刘新成等，2002）。长江是我国第一、世界第三大河流，长江年径流量占全国总径流量的1/3，每年输送颗粒态悬浮物约4.53×10^8 t（Zhang et al.，2003），这些悬浮物中含有丰富的营养盐，如果忽视长江这样的大河流输送颗粒态磷的监测，将大大低估河流输送磷的通量，从而导致对相关海域富营养化程度的误判，从地球化学角度来看也会造成相应碳、氮循环通量的低估。

我国LOICZ和JGOFS在中国在长江口物质通量、长江口及邻近海域环流与物质输运、细颗粒物质的循环沉积过程、东海的营养盐循环和初级生产力的限制因子方面进行了深入的分析研究。研究表明通过长江大通站平均每天输送的颗粒态磷（Suspended Sediment Phosphorus，SSP）总量达5.99×10^5 kg（王凡和许炯心，2004），对大通站悬浮物藻类培养试验（Algal Growth Procedure，AGP）表明颗粒物中生物可利用磷占了水体中总的生物可利用磷的60%左右。因此，颗粒磷对长江河口及近海区营养盐的贡献是不容忽视的（王凡和许炯心，2004）。

4.2.1 采样与方法

2002年4月和6月分别在杭州湾和嵊泗列岛海域按照《海洋监测规范》进行了采样和实测，监测项目包括海表温度、悬浮物浓度、透明度、叶绿素浓度、颗粒态磷含量。表层水样由有机玻璃采水器采集后立即用0.45 μm醋酸微孔滤膜过滤。滤膜上的悬浮物按常规方法烘干、称重、研磨、过筛，置于干燥器中备用。采用氢氧化钠碱熔法测定颗粒态总磷，采用磷钼蓝分光光度法测量活性磷（扈传昱，1999），用荧光萃取法测量叶绿素浓度，用直径为30 cm的塞氏圆盘测量透明度，采用水温温度计测量海表温度。

光谱实测选用中国科学院上海技术物理研究所研制的72波段波谱仪，可在波长为400～1 100 nm的可见光－近红外区作连续扫描测量，每个采样点波长间隔为2.5 nm。测试时选择在自然光场稳定的条件下。在09：00—15：00时段里，当船只到达测点后，首先用辐射计对准经标定的硫酸钡白板和配制的灰板各扫描一次，然后在船体光照均匀、水体比较平静的一侧分3次做垂直或近于垂直的测量。以美国SEASTAR卫星装载的SeaWiFS海洋水色遥感传感器作为长江河口及近海悬浮物遥感数据源。

站位布设如图4.6所示。

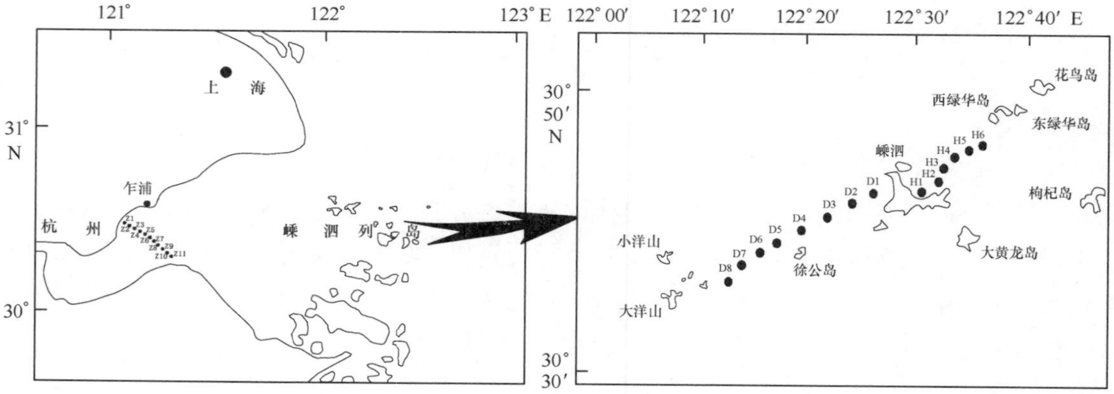

图4.6 站位布设示意图

4.2.2 区域内水质参数特征分析

表4.1为悬浮物浓度、透明度、叶绿素浓度和颗粒态总磷含量的实测数据特征值。可以看出，悬浮物含量、透明度和叶绿素含量随时间和海域的不同稍有不同：①与嵊泗海域相比，乍浦海域悬浮物含量高，变动范围大，6月最大值达到1 555 mg/L，悬浮物浓度在300 mg/L以上的样品均位于离岸最近的Z1、Z2、Z3站位，这与乍浦海域离岸较近、沉积物易受海水扰动是一致的。透明度低，4月平均值为0.4 m，6月更低，平均为0.23 m，最小值仅为0.05 m；叶绿素含量比嵊泗海域略低；总磷含量高，6月总磷含量远大于嵊泗海域，最大值达13.94 μmol/L，由于6月乍浦海域悬浮物的平均含量比嵊泗海域高很多，说明长江径流带来的悬浮物以及再悬浮沉积物是磷的主要赋存场所；②两个海域6月悬浮物浓度、叶绿素含量均高于4月，这与6月长江径流量较4月增加、春夏之交浮游植物旺发有关；嵊泗海域6月颗粒态总磷含量较低，可能与此时悬浮物中浮游植物比例增加有关。

表4.1 水色要素实测数据特征值

日期	特征值	乍浦				嵊泗			
		悬浮物（mg/L）	透明度（m）	叶绿素（mg/m）	颗粒态总磷（μmol/L）	悬浮物（mg/L）	透明度（m）	叶绿素（mg/m）	颗粒态总磷（μmol/L）
4月	最大值	1 122	0.90	2.93	3.98	299	1.50	3.04	2.08
	最小值	14	0.16	0.16	0.02	6	0.15	0.14	0.29
	平均值	142	0.40	0.90	1.17	104	0.58	0.91	0.85
6月	最大值	1 555	0.45	3.98	13.94	283	1.55	3.83	1.32
	最小值	21	0.05	0.42	0.98	52	0.25	0.27	0.22
	平均值	260	0.23	1.15	3.91	125	0.49	1.24	0.45

表4.2为两个海域分别在4月和6月各水色要素之间的相关性分析，结果表明：①乍浦海域4月和6月悬浮物含量和透明度之间呈现较强的负相关关系；叶绿素含量与透明度之间也有明显的负相关性，但较前者稍弱，叶绿素与透明度的相关性，在嵊泗海域比乍浦海域强，这说明悬浮物是影响乍浦海域透明度的主要因素。②嵊泗海域4月悬浮物浓度和透明度之间的负相关性强于6月，而叶绿素含量和透明度之间的负相关性6月比4月稍为显著，可能与6月嵊泗海域内浮游植物生长、叶绿素含量增加有关。

表4.2 调查海域水色要素相关性分析

相关性	乍浦		嵊泗	
	4月	6月	4月	6月
SSC—透明度	-0.7	-0.7	-0.79	-0.5
叶绿素—透明度	-0.5	-0.53	-0.71	-0.74

总的来说，乍浦和嵊泗海域水色要素量级上差别不大，两个海域均受长江冲淡水扩展的强烈影响，具有悬浮物浓度高、透明度低和叶绿素含量低的特征，是典型的二类水体，可以采用同一种模式进行悬浮物遥感研究。

4.2.3 实测光谱和悬浮物相关性分析

将实测的光谱反射率数据平均处理后，根据水色卫星划分波段的原则（罗滨逊，1989），提取了6个波段的亮度值。不同站位的实测光谱在波段1~5均有逐渐升高的趋势，并且各波段光谱反射率有随着悬浮物浓度增高而增高的趋势，随着浓度的进一步增大，反射率增大的速度变慢并逐渐呈饱和的趋势。

研究海区悬浮物浓度值主要集中在200 mg/L以下。以往的研究表明，当悬浮物浓度在20 mg/L和200 mg/L浓度范围内，光谱反射率的微小改变反映悬浮物浓度的较大变化，采用遥感方法进行悬浮物浓度分布研究应能取得较好的结果（乐华福，2000）。

图4.7给出了实测的悬浮物浓度资料和实测光谱资料之间的反演模式。这条曲线是采用最小二乘法求得的，表明悬浮物含量和实测光谱波段组合反射率之间呈指数关系：

$$Y_{SS} = 0.382\,6\exp[4.974\,8(R_{670}/R_{555})] \tag{4.1}$$

式中：R为相关参数，$R^2=0.917\,9$；

Y_{SS}——悬浮浓度，mg/L；

R_{670}、R_{555}——波段670 nm和555 nm的反射率值。

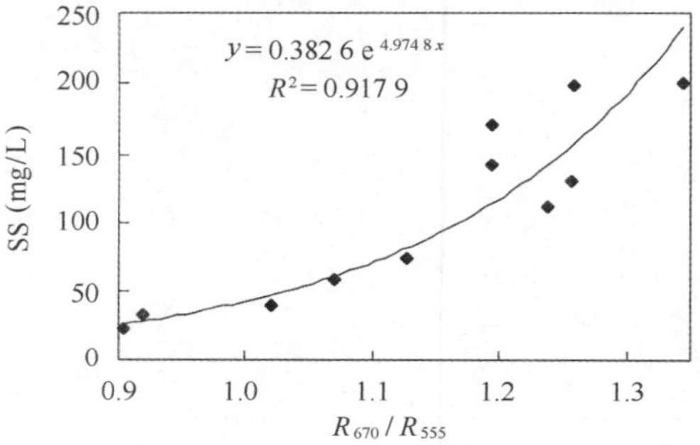

图4.7 实测波段比值与悬浮物相关性分析

4.2.4 悬浮物含量遥感信息提取

理论上讲，水体的实测光谱反射率与卫星获得的遥感反射率具有“比值波段组合等效性”（陈楚群，2003）。因此，可以将根据实测光谱资料建立的反演模式应用于遥感资料的信息反演，估算海水悬浮物浓度。在布设的25个站位中，有11个站位数据用来进行建立悬浮物遥感反演模型，其余14个站位用于模式验证，由于云剔除等原因，实际用于验证的站位10个，其中与卫星同步站位6个，将10个站位悬浮物浓度遥感计算值与实测值进行对比分析，得到平均相对偏差为18.1%，最大相对误差为67.2%。

图4.8是采用SeaWiFS 2002年6月7日的卫星数据来反演得到的长江口春季悬浮物的分布及扩散图。由图可见：①悬浮物浓度由高至低从长江口和杭州湾向东南和南部海域扩散，呈一个明显的双舌分布，浓度小于10 mg/L的悬浮物分布范围广；②长江口外122°E以西，悬浮物浓度大于100 mg/L，属长江口浑水区。长江口门附近海域有一高浊度水体呈舌状分布，并向北扩散，受苏北沿岸水的影响，在123°30′E处呈向东南扩散趋势；③苏北浅滩附近海域高浊度水体向南扩展的趋势与黄海沿岸流进入东海的路径基本吻合；④长江沿岸水沿浙

闽沿岸一直扩散到台湾海峡以南。这表明长江径流携带的悬浮物质大部分在河口区经历了反复的悬浮—沉降—再悬浮—沉降过程后，堆积在长江河口区域，少部分继续悬浮（高抒，1999）。

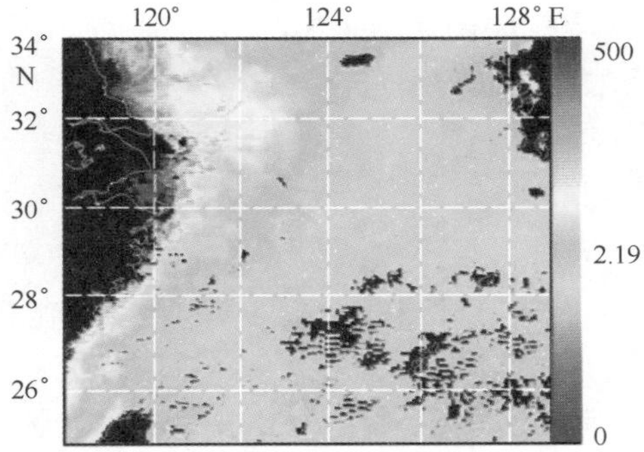

图 4.8　卫星资料获得的长江口悬浮物浓度分布

4.2.5　颗粒态总磷含量遥感信息提取

水体中颗粒态 P 主要有以下三种来源：①原生或次生矿物的风化产物；②无机磷直接沉淀形成的自生矿物；③浮游动植物和细菌的细胞物质以及一些有机碎屑形成的有机颗粒磷。因此，颗粒磷既可能以晶格形式或无定形形式直接存在于矿物中，也可能以吸附态或有机态等存在（Maher W，1998）。磷酸钙等天然碎屑成因磷和以 C－O－P 或 C－P 键结合的有机磷在通常环境条件下难以再生利用，而其他无机磷，主要是指颗粒表面松散吸附态、水合氧化物表面吸附态以及磷酸铁、铝和磷铝石等矿物态磷可潜在地被生物吸收利用（杨逸萍，1996）。由于海水体系中磷酸盐含量、固体粒子性质和水溶液组成有其自身特点，其磷酸盐液—固界面作用与土壤中的明显不同（后者可以用 Langmuir 型、Freundlich 型及它们的复合型来描述相应的吸附界面等温式）。赵宏宾等在实验室获得了 NaCl 溶液中磷酸盐液—固界面作用等温线，发现磷酸盐在针铁矿、δ－氧化锰、高岭石和伊利石上的交换等温线表现为台阶型等温线，即等温线上有一个拐点、两个台阶。并建立相应的阴离子分级离子/配位子交换等温式来拟合获得的等温线（赵宏宾，1997）。林荣根等则认为磷酸盐吸附量与悬浮物粒度关系密切，悬浮物粒度越小，其表面积越大，可交换的“活性点位”越多，吸附量和解吸量也就越大（林荣根，1994）。石晓勇利用黄河口悬浮颗粒物进行悬浮物对磷酸盐的吸附和解吸模拟实验，发现吸附量和解吸量均随悬浮物含量的增加呈指数下降趋势，符合指数方程 $Y=aX^b$，$b<0$（石晓勇，2000）。陈松等 1992—1993 年 4 个航次的调查研究表明，九龙江河口区总磷的分布和转移受悬浮物含量明显控制，TP 和 SPM 含量之间存在着强烈的正相关关系。当 SPM 含量低时，其迁移行为接近理想行为，SPM 含量高时则为非理想行为（陈松，1997）。

将调查得到的悬浮物浓度对颗粒态总磷进行相关性分析发现，研究海域悬浮物浓度与颗粒态总磷均呈强的正相关关系，增加 2001 年“973”航次中关于悬浮物浓度和其中颗粒态总磷含量数据对拟合结果影响不大（见图 4.9），表明在区域范围内，悬浮物浓度与颗粒态总磷含量之间的关系是稳定的，这与国内学者对于一些河口的研究结果是一致的（沈志良，1997；Lin Yi’an，2001；韦蔓新，2001；Fraser A I，1999）。对悬浮物含量和颗粒态总磷浓度进行最小二乘法拟合，得到以下线性方程式：

$$C_{TPP} = 0.0002 C_{SS} + 0.0071 \quad (4.2)$$

$$R^2 = 0.720, \quad N = 41$$

式中：C_{TPP}——水体中颗粒态总磷的浓度，mg/L；

C_{SS}——水体中悬浮物浓度，mg/L。

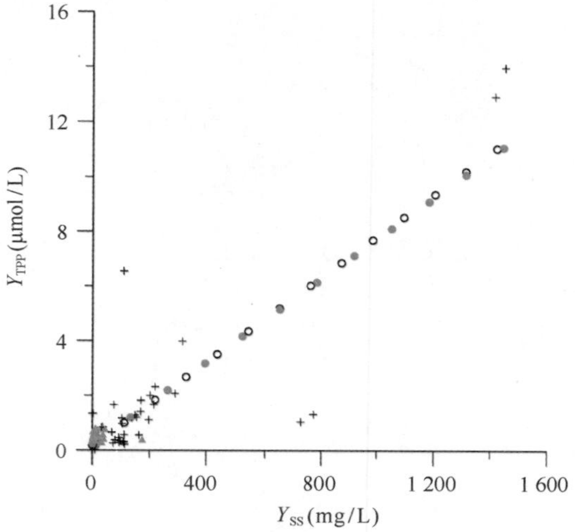

图 4.9　2002 年春季长江口 SS 与 TPP 相关性分析

由以上分析建立起颗粒态总磷含量与可遥感悬浮物浓度之间的关系，从而进一步得到了长江口及附近海域颗粒态总磷分布特征遥感图像（图 4.10）。从图 4.10 可以看出，颗粒态总磷在长江口及其邻近海域分布和扩展特征与悬浮物相似，河口沿岸含量较高，口门外含量迅速降低，这可能与悬浮颗粒物在口门的大量沉降和堆积有关。在口门外有明显的双舌分布，这与黄自强于 1994 年的研究是一致的（章守宇，2000；黄自强，1994）。

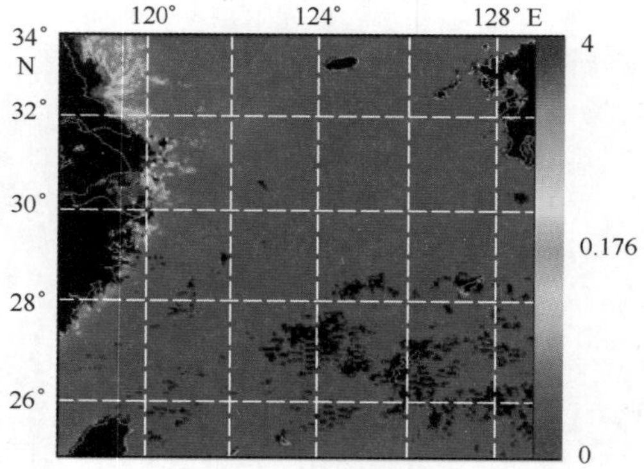

图 4.10　卫星资料获得的长江口颗粒态总磷含量分布

根据以上研究结果表明：

（1）水体中磷酸盐浓度受到与颗粒物解吸附机制的控制，也就是说水体中磷酸盐浓度与颗粒物上吸附的磷密切相关。

（2）水体中颗粒态磷含量主要受水体中悬浮物浓度的影响，两者之间存在着强的正相关关系。

（3）长江每日输送的颗粒态磷含量占总磷含量的比例为 14.8% ~92.5%，与世界其他河流的研究成果有可比性。

4.3 水体中总磷的遥感反演

既然颗粒物上的磷影响着水体中磷酸盐的浓度，并且在研究区域内颗粒态磷占了总磷的大部分，而颗粒态磷和悬浮物之间存在着良好的相关性，因此有理由相信在河口海岸带区域总磷的浓度应该与悬浮物浓度之间存在着一定的相关性。

以 2001 年春季数据为例，研究海域内 TP 和悬浮物含量之间的相关性分析。

研究区域内营养盐和悬浮物的表层浓度分布表现为显著的区域特征（见图 4.11）。所有参数在长江冲淡水活动范围内表现为高值，在长江冲淡水与台湾暖流交互区域参数急剧降低，锋区内等值线密集分布。研究区域内数据总体表现较分散（表 4.3），表明不同性质的水体共同存在。在 F2、F3、F4 和 G4、G5 等站位 N/P 比均大于 30，表明研究海域内磷是主要的限制性营养元素。

表 4.3　研究区域内营养盐与 SS 特征值

参数	最大值	最小值	均值	标准偏差
PO_4^{3-}（μmol/L）	0.59	0.00	0.29	0.23
DTP（μmol/L）	0.70	0.08	0.35	0.23
TP（μmol/L）	1.42	0.36	0.82	0.33
TPP（μmol/L）	0.81	0.17	0.47	0.20
SiO_4^{3-}（μmol/L）	93.70	4.00	41.65	34.91
NO_3^-（μmol/L）	13.38	1.16	6.63	3.63
DIN（μmol/L）	13.94	2.55	7.59	3.62
SS（mg/L）	42.70	1.60	9.70	10.04
NO_3^-/PO_4^{3-}	543.10	5.10	80.00	167.5

4.3.1　试验区内特征分析

图 4.11（a）反映了 SiO_4^{3-} 的分布特征，从中可看出，研究区域内从北到南 SiO_4^{3-} 浓度逐渐降低，整个 E 断面上浓度均大于 70 μmol/L。低的 SiO_4^{3-} 值前锋平坦分布在 31°N 附近，受 SiO_4^{3-} 高值海水挤压呈平坦面状分布，在 32.5°N，123.5°E 附近，等值线上有微小突起，由低值指向高值，表明有含 SiO_4^{3-} 低值海水在这个区域的入侵。

图 4.11（b）显示低溶解无机氮含量水体大部分受阻隔分布在南部海域，部分绕过长江口一直往北—北西方向运动，前锋达到 32.5°N，123.5°E，甚至更远。将北部海域分隔成两个高值区，一个位于西部海域，一个位于北东海域。123.5°E 位置上等值线密度最大，表明两个性质截然不同的水团锋面上物质快速扩散效应的发生。

图 4.11（c）表明 PO_4^{3-} 的分布特征与 SiO_4^{3-}、NO_3^- 稍有不同，PO_4^{3-} 低值区主要位于中部

及西南海域。在30.5°N，122°E附近受挤压，部分海水向西部方向运移，穿过长江口，达到30.5°N，122°E，呈舌状插入高值区，部分向北运动，达到32.5°N，123.5°E甚至更远。

研究海域内表层悬浮物分布趋势见图4.11（d）。在北—北西海域，有悬浮物高值区分布，最高值达42 mg/L，向东南方向急剧降低。悬浮物的这种分布状态与PO_4^{3-}更接近。锋面位于123°E以西。表明长江冲淡水携带的大量的悬浮物在进入研究区域之前就已经发生了快速的沉降作用。

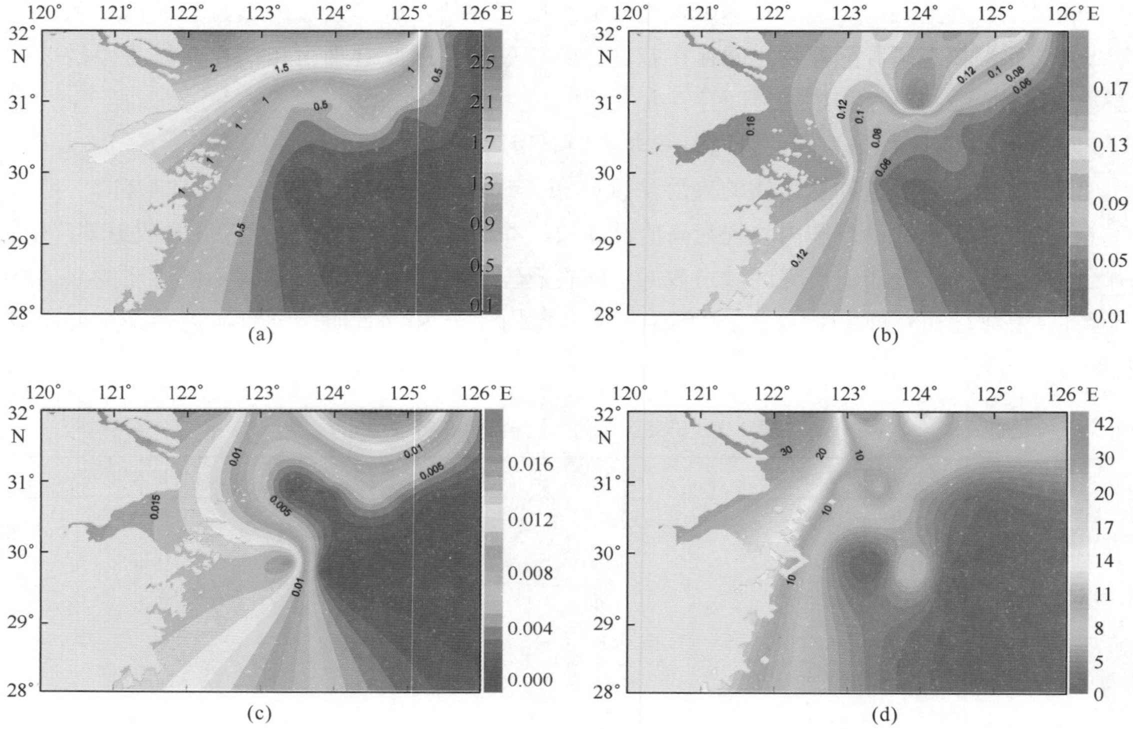

图4.11　2001年春季航次主要水质参数分布趋势

（a）2001年春季“973”航次硅酸盐分布趋势；（b）2001年春季“973”航次DIN分布趋势；（c）2001年春季“973”航次磷酸盐分布趋势；（d）2001年春季“973”航次悬浮物分布趋势

以上分析表明长江冲淡水和台湾暖流相遇时锋面大概位于31°N，123°E附近。浙江海岸线外侧的水下河谷可能是台湾暖流上升区域。

各个参数在区域内的分布特征可能与不同性质水团交互时锋面上的快速扩散作用、沉降效应以及生物转移等生物地球化学性质有关。一般来说，长江冲淡水在北东—东向主轴扩散至长江口区域时，发生变向，向南—东方向扩散，与高盐低营养低悬浮物的台湾暖流相遇。两个水团交互作用产生的锋面强烈地阻挡长江冲淡水东向扩展，迫使长江冲淡水向北东—北移动，这往往与季节内长江径流量较小有关。部分的台湾暖流甚至穿过长江口向北运动。羽状锋的位置在123°E附近（朱建荣，2003；浦泳修，1983），这与本次的研究是一致的。

研究表明，除了采用温度和盐度来进行陆架环流和中尺度海洋现象的描述来，营养盐和悬浮物也能够提供关于水团的有效信息（Meyer A，2002）。水团交互作用过程中，锋面区域发生着强烈的能量和物质的转移，各个参数等值线密度在这里最高，表明物质由高值区向低值区的快速扩散和转移。必须注意到区域内营养盐含量高，局部水体表现出一定的富营养化特征。

4.3.2 水团运动轨迹的卫星遥感观测

NOAA SST 图像（图 4.12）提供了强有力的证据表明研究区域内几个水团在季节内保持较稳定的活动性质。由于没有与实测资料同步的卫星数据，我们选择了覆盖实测前、中、后时间范围内的 6 幅图像：分别为 2001 年 3 月 29 日、2001 年 3 月 30 日、2001 年 4 月 1 日、2001 年 4 月 12 日、2001 年 4 月 16 日以及 2001 年 4 月 26 日。图像中带箭头的黑色曲线大致代表了台湾暖流沿浙闽沿岸北上，在 28°N 附近有黑潮支流加入，前锋可一直绕过长江口达到 32°N，甚至更北，强度与长江冲淡水呈显著的相互消长关系，锋区位于 123°E 左右。研究区域内卫星观测温度分布与实测营养盐以及悬浮物分布特征基本一致。

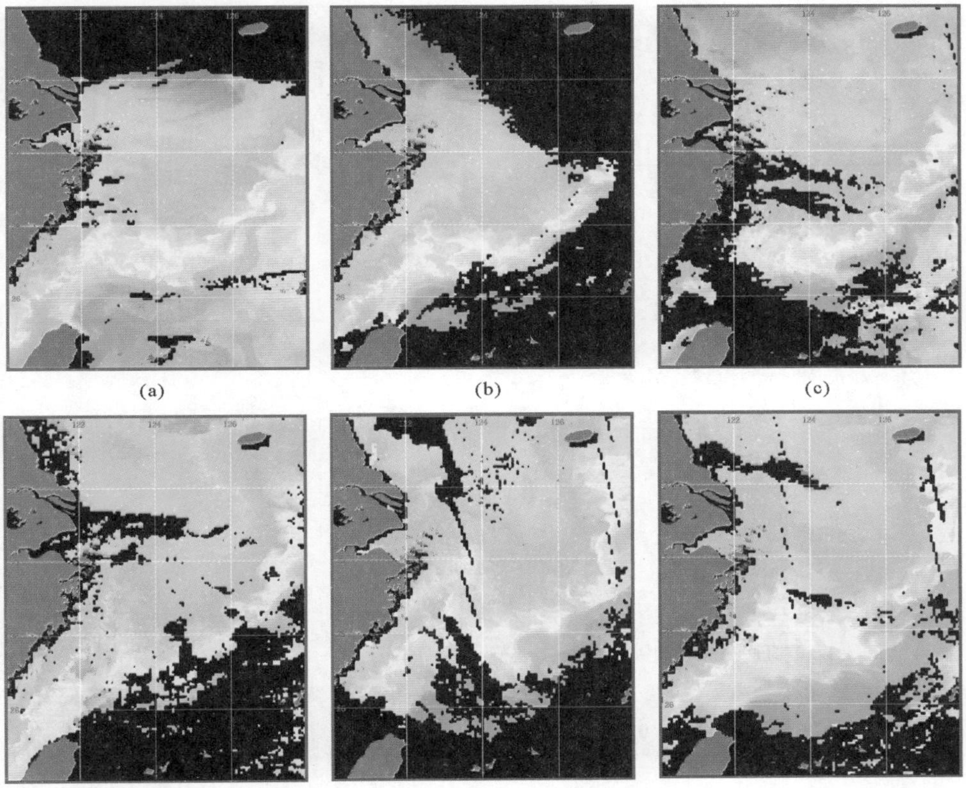

图 4.12 水团分布及活动范围的 NOAA SST 图像

（a）2001 年 3 月 29 日；（b）2001 年 3 月 30 日；（c）2001 年 4 月 1 日；（d）2001 年 4 月 12 日；（e）2001 年 4 月 16 日；（f）2001 年 4 月 26 日

既然实测营养盐、悬浮物和卫星观测数据都能够反映水环境参数在区域内分布的一些基本特性，那么有可能通过建立可遥感光学参数与营养盐之间的相互关系来尝试获得区域内营养盐表层分布特征，从而可以获得较实测方法空间分布上更详细、时间重复覆盖率更高、花费少的营养盐分布信息，可以对区域内水环境质量进行快速的评价。

4.3.3 总磷和悬浮物的相关性分析

由于磷都是非光学活性参数，无法直接从遥感数据中得到营养盐的定量信息，因此必须找到中间变量来间接获得营养盐的遥感信息，为此，对不同的磷的形态之间以及悬浮物浓度和 TP 之间的相互关系进行了重点分析探讨。

图 4.13 中对于 PO_4^{3-} 与 DTP 之间的相关性分析表明，PO_4^{3-} 是 DTP 中的主要组成成分。

将所有站位 DTP 和 TPP 在 TP 中的百分含量取算术平均后发现 DTP 是研究区域内 TP 中的主要组成部分，占了 60% 左右（图 4.14）。并且 DTP 和 TP 之间的相关性强于 TPP 和 TP 的相关性，如图 4.15 和图 4.16 所示。

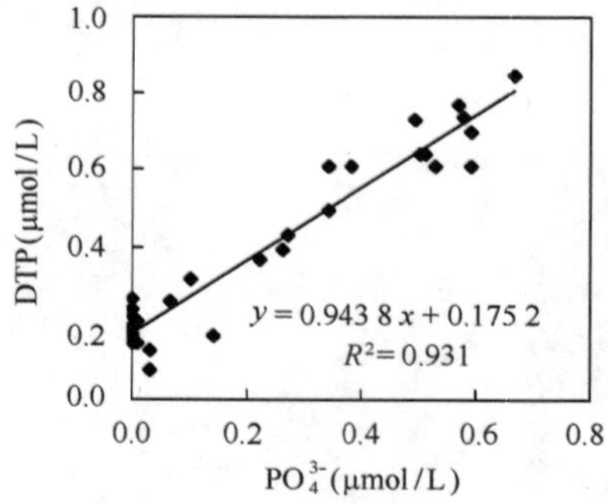

图 4.13 DTP 与 PO_4^{3-} 的相关性分析

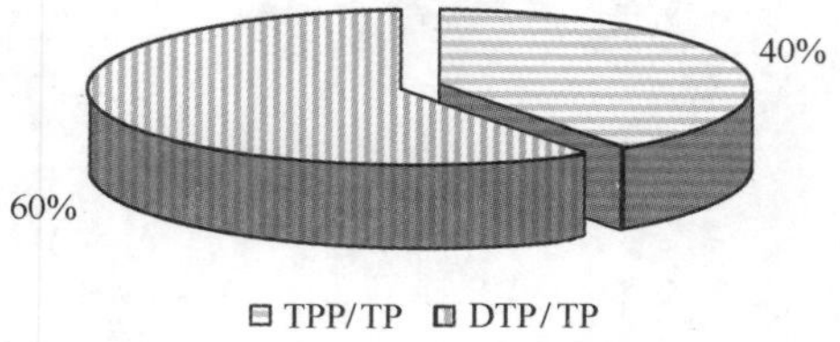

图 4.14 TPP 和 DTP 在 TP 中的含量组成

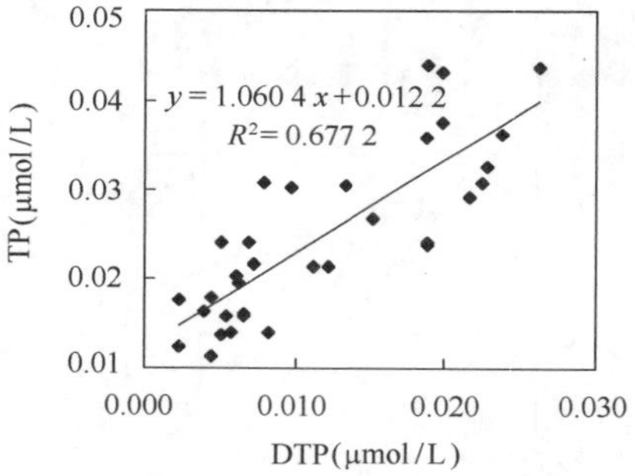

图 4.15 DTP 与 TP 的相关性分析

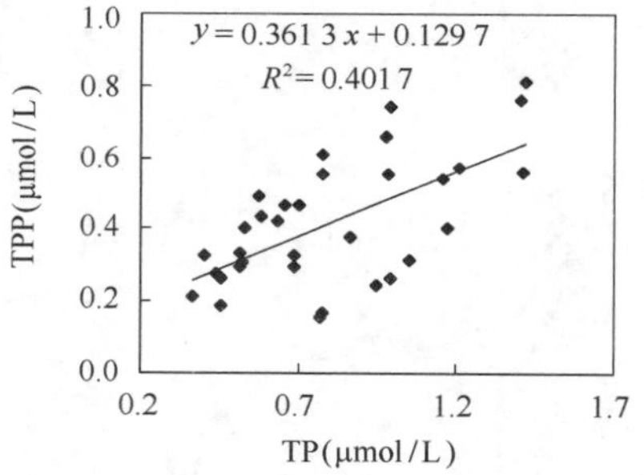

图 4.16 TPP 与 TP 的相关性分析

为了获得更多的关于 TP 组成信息，将所有所有站位的实测 PO_4^{3-}、DTP 以及 TPP 数据列于图 4.17 中。发现除了 E3、E4、E6、F5 和 G3 站位，其余站位的 TP 组成中 TPP 较 DTP 有着更重要的作用，平均 TPP/TP 由原来的 40% 增加到 65%，TPP 与 TP 的相关性强，如图 4.18 所示。

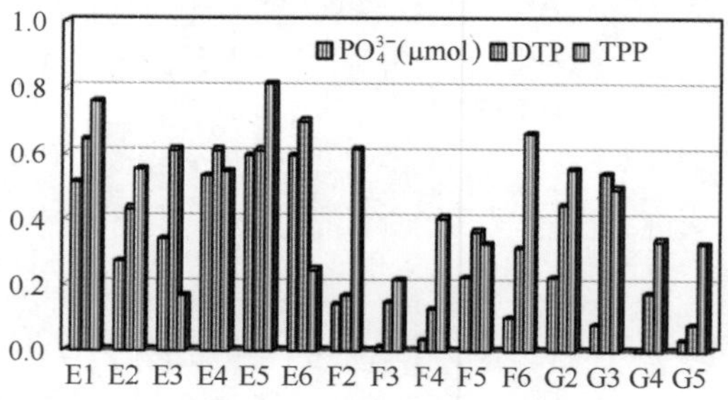

图 4.17 不同站位总磷形态分析

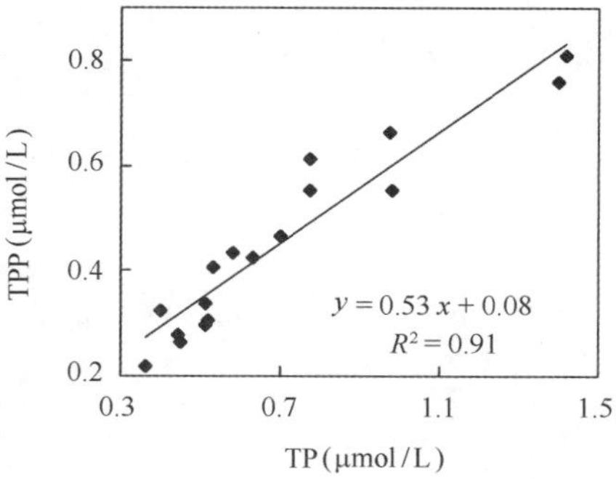

图 4. 18　剔除部分站位后 TPP 与 TP 的相关性分析

由于 E3、E4、E6、F5 和 G3 站位位于水体相对悬浮物含量低的区域（图 4. 19），因此 TPP 总量相对长江冲淡水低很多。但是以上研究表明 TPP 依然是水体中总磷的主要组成部分。

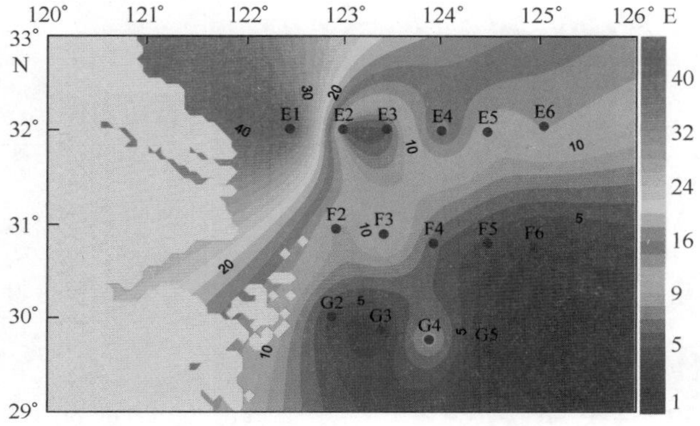

图 4. 19　低磷酸盐含量站位分布

已有的研究表明，河口区域水体中磷酸盐含量受悬浮物上吸附—解吸机制的控制，存在着显著的缓冲行为，但由于悬浮物组成结构的复杂性、磷形态的多样性，至今还没有理论能够直接将水体中磷酸盐浓度与悬浮物各种形态磷直接联系起来。但是研究发现，河口区域颗粒态总磷（TPP）与悬浮物浓度、总磷（TP）与悬浮物浓度之间存在着良好的相关性。因此，本次研究也尝试进行 TP 与 SS 之间的相关性分析（图 4. 20）。

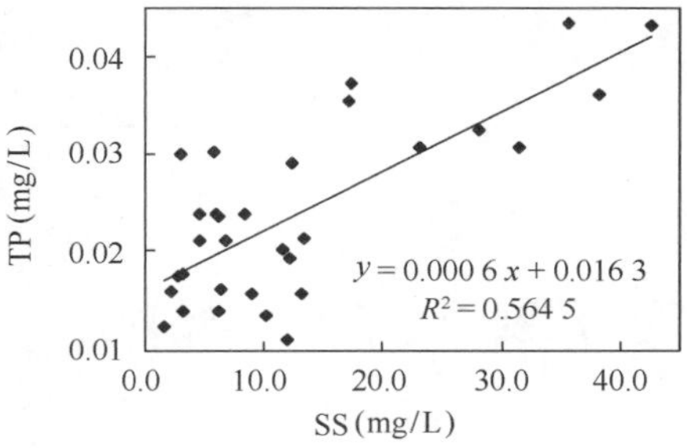

图 4. 20　实测总磷与遥感悬浮物的相关性分析

显然，研究区域内 TP 与 SS 之间有明显的正相关关系。

$$C_{TP} = 0.0006 \times C_{SS_{SAT}} + 0.0163 \qquad (4.3)$$
$$R^2 = 0.5645, \quad n = 32$$

式中：C_{TP}——TP浓度，mg/L；

C_{SS}——悬浮物浓度，mg/L。

4.3.4 研究海域内TP的遥感反演和悬浮物评价标准的确定

以上模型被分别用于进行研究海域内TP浓度水平分布的SeaWiFS遥感反演，同时被用来确定悬浮物浓度作为研究海域内陆源输入营养盐浓度的间接评价标准。TP的遥感反演结果如图4.21所示，表明TP的高值区主要位于122.7°E以西，在这个范围内TP大于1.50 μmol/L。越过这一范围，两者的表层浓度急剧降低，TP的减少主要受悬浮物快速沉降的影响。根据国家海水水质标准（GB 3097—1997），显然研究区域内部分海域营养盐含量超标，水体富营养化严重，对区域生态环境造成严重影响。

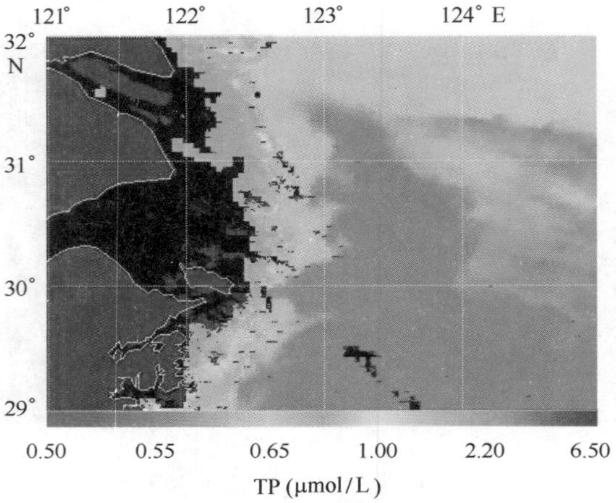

图4.21 SeaWiFS反演TP浓度分布

由此，通过以上总磷浓度与悬浮物含量之间的相关性分析，得到了研究海域内悬浮物作为水体中陆源磷输入间接指标的评价标准，见表4.4。

表4.4 悬浮物浓度水质评价的间接标准

参数	正常水体	轻度富营养化	中度富营养化	高度富营养化
SS（mg/L）	≤14.5	>14.5，≤56.2	>56.2，≤139.5	>139.5

4.4 溶解无机氮在研究海域的地球化学特性

4.4.1 溶解无机氮在研究海域的分布特征

对研究海域实测数据整理分析后表明，区域内溶解态无机氮在研究海域的分布主要表现为如下4个显著的特点。

（1）研究海域内 DIN 趋势分布表明 DIN 浓度总体上表现为由近岸的淡水端向远岸的海水端逐渐下降的趋势，如图 4. 22 所示。

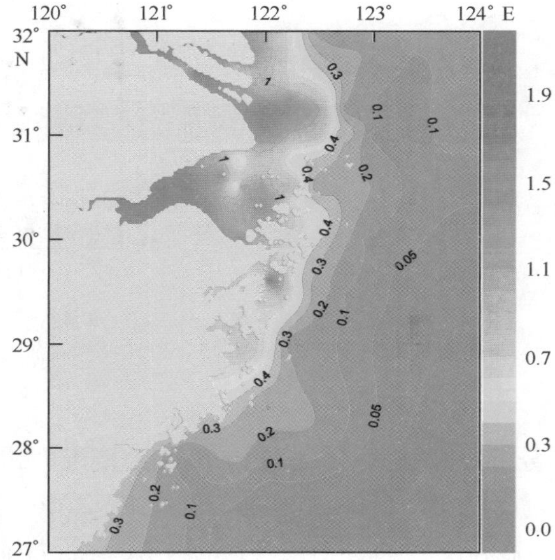

图 4. 22　研究海域内 DIN 分布趋势

（2）溶解无机氮严重污染主要分布在长江口、杭州湾以及象山港等区域。

（3）外海海水溶解无机氮含量低，在无机溶解氮高值区域有低值的外海海水的侵入。

（4）锋面上等值线分布密集，表现为溶解无机氮的快速混合扩散行为。

4. 4. 2　研究海域内溶解无机氮的保守性

研究海域内溶解无机氮表现为显著的保守性特征：

（1）研究海域内 DIN 分布趋势表明淡水端溶解态无机氮的含量明显高于海水端，如图 4. 22 所示。

（2）三态氮中硝酸盐含量最高，在三态氮中占主导地位，硝酸盐含量占溶解无机氮总量 78%，这与区域内前人的研究结果是一致的，两者呈强烈的正相关性，如图 4. 23 所示。

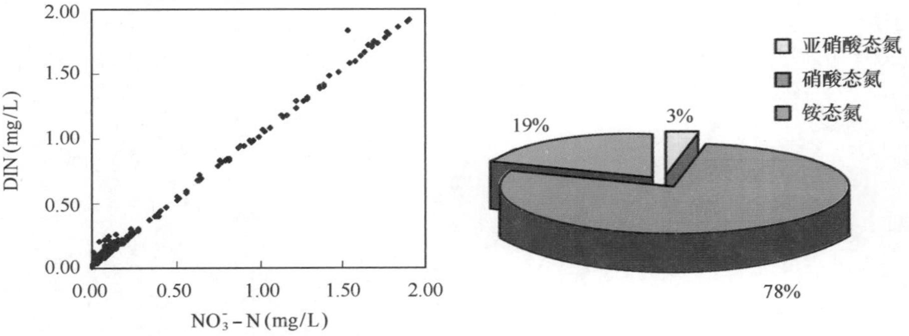

图 4. 23　研究海域内溶解无机氮形态组成分析

（3）无机氮的含量与盐度的相关计算表明，无机氮的含量与盐度具有显著的线性负相关的关系，如图 4. 24 和图 4. 25 所示。

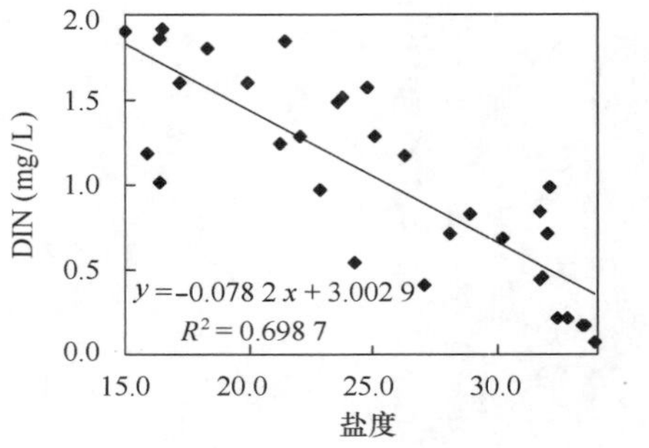

图 4. 24　2004 年上海海域 DIN 与盐度相关性分析

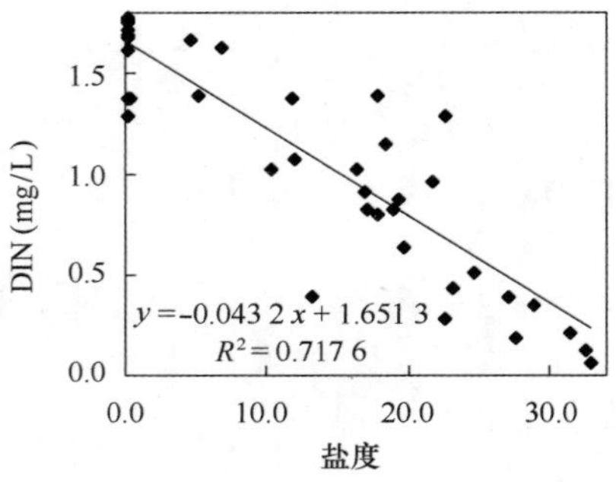

图 4. 25　2004 年浙江省海域 DIN 与盐度相关性分析

（4）对上海海域实测分析数据表明，在盐度为 20 左右范围内，叶绿素浓度较高。研究表明叶绿素浓度高值并不对应相应溶解无机氮盐的低值，如图 4. 26 所示，硝酸盐在研究区域内与盐度呈良好的负相关，在盐度为 20 左右的区域范围内，硝酸盐浓度并没有表现出明显的降低，而铵态氮则表现为在叶绿素浓度高的站位，铵态氮浓度也较高，如图 4. 27 所示。另外铵态氮在盐度低的淡水端有高值分布，表明铵态氮的陆源输入属性。这表明研究海域内生物活动会影响水体中溶解态无机氮的含量，但由于研究海域内溶解无机氮含量非常高，因此这种生物转移作用在近岸区域其作用远远小于物理混合稀释作用，如图 4. 28 所示。并且虽然这一区域内悬浮物浓度很高，但是由于在咸淡水交互地带丰富的营养盐以及适宜的温盐等理化环境，对于浮游植物生长还是起到了促进作用。

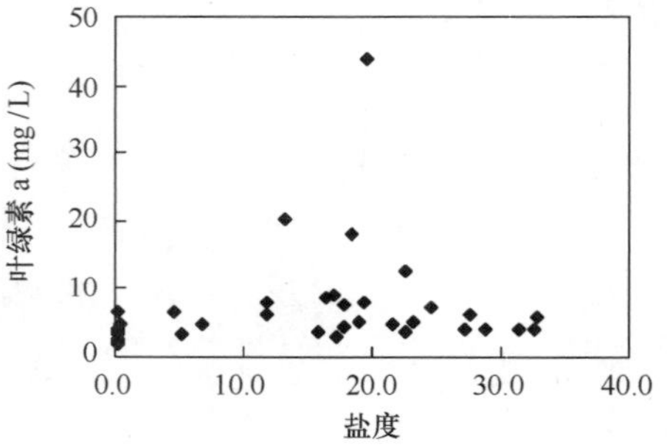

图 4. 26　2004 年上海海域叶绿素浓度随盐度变化

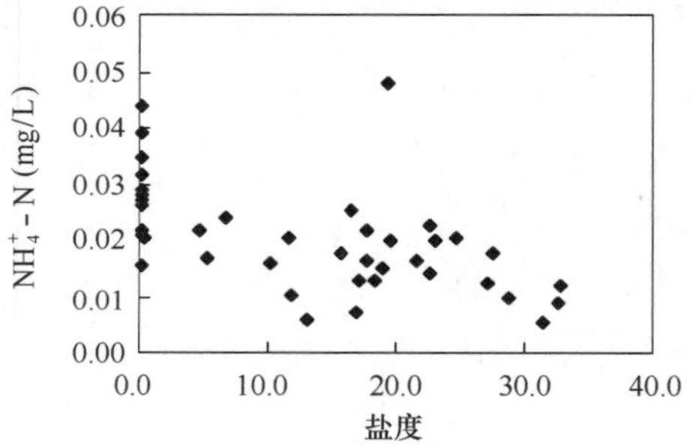

图 4. 27　2004 年上海海域铵态氮随盐度变化

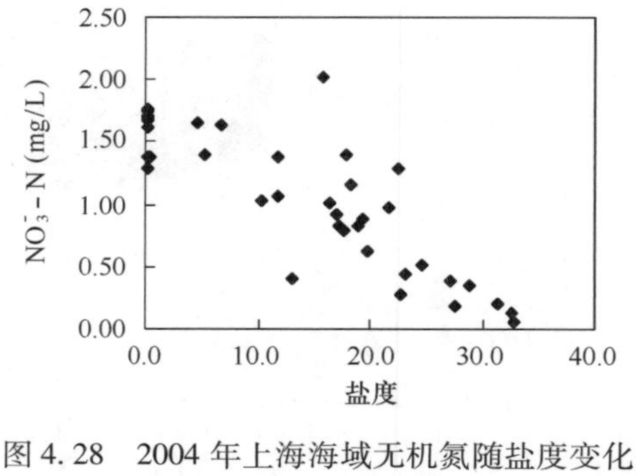

图 4. 28　2004 年上海海域无机氮随盐度变化

（5）在 F6、G3、G4 和 G5 站位，NO_3^- 含量很低，如图 4.29 所示，这可能与外海海水尤其是台湾暖流营养盐浓度相对较低有关，因此水团之间物理混合是造成的区域内硝酸盐浓度变化的一个重要因素。

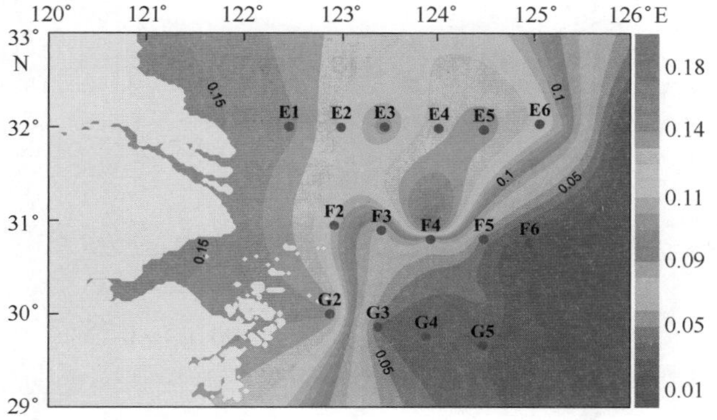

图 4.29　低硝酸盐含量站位分布

以上研究表明，DIN 在研究区域内呈明显的保守性特征，因此可以认为 DIN 主要来源于长江冲淡水输入，其浓度变化主要受长江冲淡水和外海海水相遇后的物理混合作用控制。季节性的生物活动可能会影响 DIN 含量，但是这种生物转移作用在近岸海域相对很弱，基本上可忽略不计。

除了由于水团之间物理混合造成的浓度差异外，不同水体环境下形态营养盐之间的变化对生物地球化学行为也是一个重要驱动因素。

由于 DIN 不具备光学活性，我们无法直接从遥感器上获取关于 DIN 的信息，但是鉴于 DIN 在研究海域内的特殊化学行为，我们认为可以建立 DIN 与光学活性参数，主要是 CDOM 与叶绿素之间的关系来进行遥感反演，即将 DIN 表征为 CDOM 和叶绿素的函数，DIN = f（CDOM，Chl a，others），从而间接地通过遥感来获取 DIN 信息。CDOM 代表了可溶解态有机物，直接地与水体中的污染物质相关联。此外，在近岸海区 CDOM 主要来源于陆域河流的输入，具有很强的稳定性，与盐度有很好的相关性，因而 CDOM 可作为河口区水体混合过程和污染物在河口和海洋中扩散途径的示踪剂，可以用来示踪陆源输入的大小和程度。

水体中的黄色物质在 350～700 nm 波长区间具有典型的吸收特性，其光谱吸收系数随波长增加而减少，光谱衰减系数 a_y（λ）可以用式（4.4）表示：

$$a_{y(\lambda)} = a_{y(\lambda_0)}\exp[-s(\lambda - \lambda_0)] \tag{4.4}$$

式中：$a_{y(\lambda_0)}$——任选波长 λ_0 区间范围内的吸收系数；

s——吸收衰减系数对波长的比例系数，一般取值 $s = 0.014\ \text{nm}^{-1}$，其标准偏差为 $0.003\,2\ \text{nm}^{-1}$。

黄色物质的吸光系数除与波长有关外，还与水体中黄色物质的浓度有关，浓度越高，吸光系数越大，两者呈正比关系。两者的关系可用下式表示：

$$a_{y(\lambda)} = Y\exp(-0.015\lambda) \tag{4.5}$$

本次现场实测没有进行 CDOM 测试，因此直接采用实测时间范围内卫星 ACD L3B 融合数据来与现场实测 DIN 进行相关性分析和线性拟合，结果如图 4.30 所示。

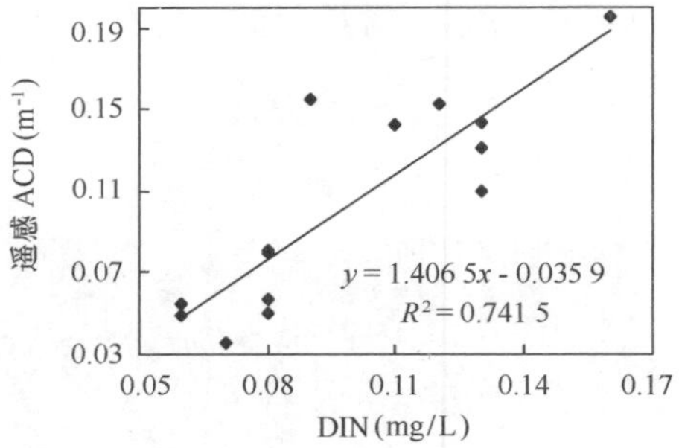

图 4.30　遥感 ACD 数据与实测 DIN 相关性分析

$$C_{\mathrm{DIN}} = 1.406\,5 \times A_{\mathrm{ACD_{SAT}}} - 0.035\,9 \tag{4.6}$$

式中：$R^2 = 0.741\,5, n = 16$；

C_{DIN}——水体中溶解无机氮的浓度，mg/L；

$A_{\mathrm{ACD_{SAT}}}$——卫星遥感获得的 CDOM 吸光系数，m^{-1}。

4.4.3　研究海域内 DIN 的遥感反演及 ACD 间接评价标准的确定

以上模型被分别用于研究海域内 DIN 水平分布的 SeaWiFS 遥感反演，结果如图 4.31 所示，DIN 的高值区主要位于 122.7°E 以西，其中，DIN > 30.00 μmol/L。越过这一范围，DIN 浓度急剧降低，DIN 的减少主要受不同水团之间混合稀释扩散作用的影响。根据国家海水水质标准（GB 3097—1997）（表 4.5），研究区域内部分海域营养盐含量超标，造成部分水体富营养化，对区域生态环境造成严重影响。

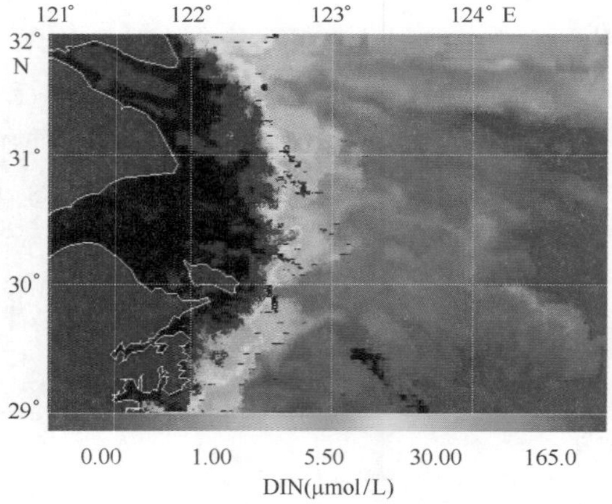

图 4.31　SeaWiFS 反演 DIN 浓度分布

表 4.5　ACD 吸光性水质评价的间接标准

参数	正常水体	轻度富营养化	中度富营养化	高度富营养化
ACD（m^{-1}）	≤0.17	>0.17，≤0.24	>0.24，≤0.31	>0.31

5　遥感水质评价精度校验

5.1　水环境质量现状评价

5.1.1　评价范围

本次评价范围为位于30.5°—32°N，121°—123°E之间的上海市近岸及邻近海域，在评价海域范围内共布设监测41个站位（图5.1）。走航实测的时间是在2005年8月中下旬，从8月12日开始至8月30日结束。

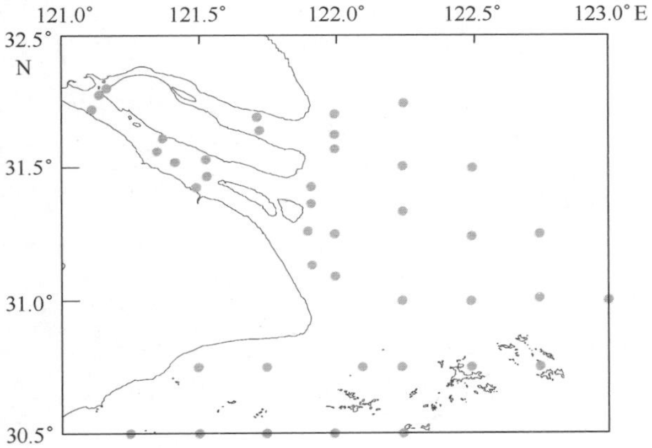

图5.1　2005年8月上海海域实测站位分布

5.1.2　评价水质参数

参加上海海域水质现状评价的水质参数包括COD_{Mn}、$PO_4^{3-}-P$、DIN、Chl a四个参数。同时将温度、盐度和悬浮物数据作为区域内水质现状评价的水文环境条件参数。

5.1.3　评价方法及标准

分别采用单因子评价法和营养状态指数法两种方法进行上海海域的水质现状评价。

（1）单因子评价法

将每个评价因子与评价标准比较，确定各个评价因子的水质类别，其中的最高类别即为综合水质类别。计算式为

$$P_i = M_i/S_i \tag{5.1}$$

式中：P_i——污染物的污染指数；

M_i——污染物的浓度，mg/L；

S_i——污染物的水质评价标准，mg/L。

采用《海水水质标准》（GB 3097—1997）作为 COD_{Mn}、$PO_4^{3-}-P$、DIN 的评价标准，见表5.1。

表5.1　海水水质标准（GB 3097—1997）

参数	第一类	第二类	第三类	第四类
化学需氧量（COD）≤	2	3	4	5
无机氮（以N计）≤	0.20	0.30	0.40	0.50
活性磷酸盐（以P计）≤	0.015	0.030		0.045

对叶绿素的评价标准采用美国 NEEA 的评价标准，见表5.2。

表5.2　叶绿素浓度评价标准

参数	第一类	第二类	第三类	第四类	来源
叶绿素浓度（μg/L）	≤5	>5，≤20	>20，≤60	>60	美国 NEEA 评价标准

（2）营养状态指数法

$$E=\frac{COD\times DIN\times DIP}{1\ 500}\times 10^6 \qquad (5.2)$$

这是目前国内常用的海水富营养水平评价方法，采用的评价标准见表5.3。

表5.3　营养状态指数法评价标准

参数	正常	轻度富营养化	富营养化	超富营养化
营养状态指数	<6	6~10	10~25	>25

5.1.4　评价结果

（1）温盐分布

评价海域内温度在24~30℃之间，盐度在0.1~30之间。海域北部有一低温低盐水团入侵，前锋到达启东嘴附近。温度显示，这一水团的前锋穿过长江口门，南端到达南汇嘴附近，可能是黄海冷水团夏季在南黄海西侧形成的南向沿岸流在评价海域的分布；东南部受到低温高盐的外海水压迫，受这两种水团的影响，温度分布趋势图上显示在口门启东嘴附近在嵊泗附近分别有向北和向南的流向，如图5.2和图5.3所示。

（2）叶绿素浓度分布

从研究海域内叶绿素浓度分布趋势图5.4可以看出，叶绿素浓度在评价海域内有三个高值区，分别分布在：①长江北支至长江口门区域；②嵊泗海域；③崎岖列岛附近海域。叶绿素浓度的高值区和长江冲淡水和其他水团的交汇锋面的分布一致。另外，叶绿素浓度分布在一定程度上还受悬浮物浓度分布的影响，如图5.5所示。在30.5°N，121.5°E悬浮物浓度较高区域，对应着叶绿素浓度的低值区。

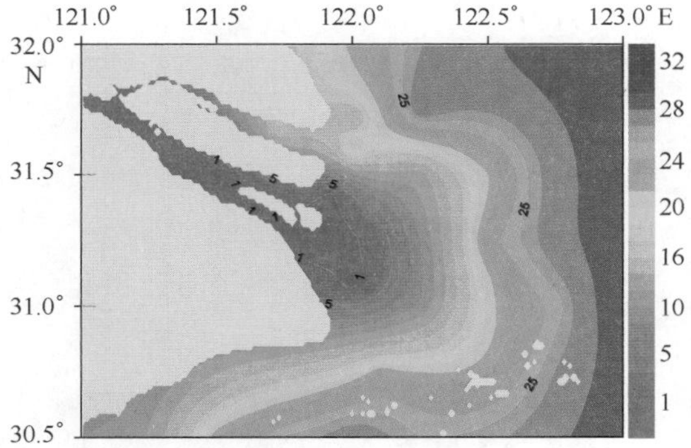

图 5.2　2005 年 8 月上海海域盐度分布趋势

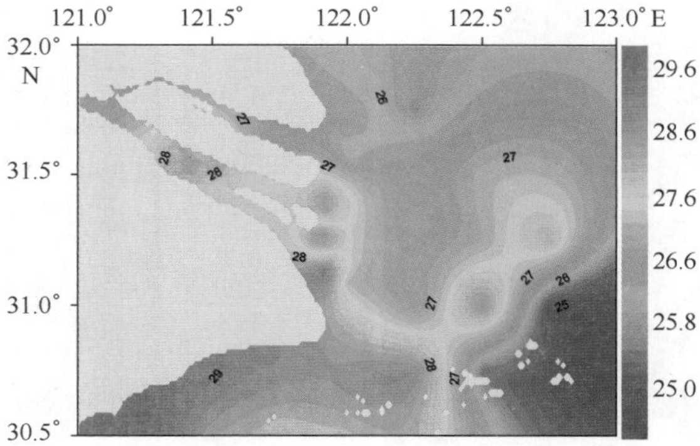

图 5.3　2005 年 8 月上海海域温度分布趋势

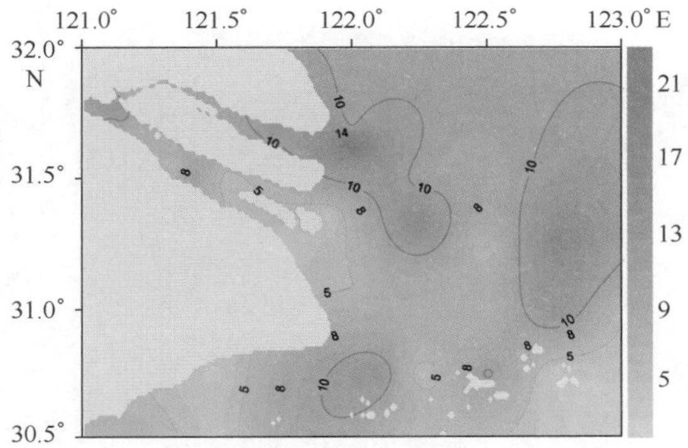

图 5.4　2005 年 8 月上海海域叶绿素浓度分布趋势

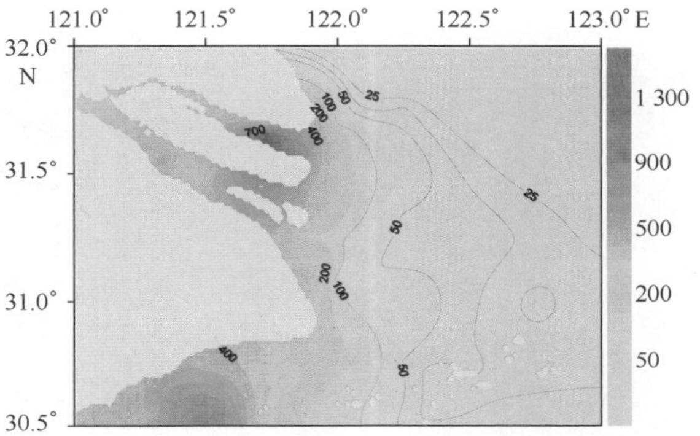

图 5.5　2005 年 8 月上海海域悬浮物分布趋势

对叶绿素浓度的评价表明，海域内水体属于轻度富营养化，这可能是研究海域内悬浮物总体浓度较高，影响了浮游植物生长对光能量的吸收作用，造成海域内浮游植物生产力低。如果仅采用叶绿素浓度作为水体富营养化程度的评价参数，则会低估研究海域富营养化状况。

（3）磷酸盐分布

研究海域内磷酸盐严重超标，大部分海域都高于海水水质四类标准，磷酸盐严重超标，如图 5.6 所示。

（4）COD 分布

对研究海域内水体中 COD 浓度的分析表明，研究海域内 COD 在长江口内几个排污河流的河口处有高值，表明研究海域内 COD 的陆域来源，但是整个研究海域内没有明显的 COD 超标状况，基本上都符合海水水质一类标准，如图 5.7 所示。因此，COD 不是研究海域内主要的富营养化污染物。

（5）DIN 分布

研究海域内 DIN 污染严重，大部分海域超过四类海水标准，DIN 的分布趋势明显受到硝酸盐浓度的控制。铵态氮的高值主要分布在长江口内陆源排污河流的河口处，如图 5.8（a）所示。在叶绿素浓度分布较高的区域，铵态氮也表现为高值分布，显示部分铵态氮的生物来源。

评价表明，研究海域内主要的污染物质是活性磷酸盐和 DIN。

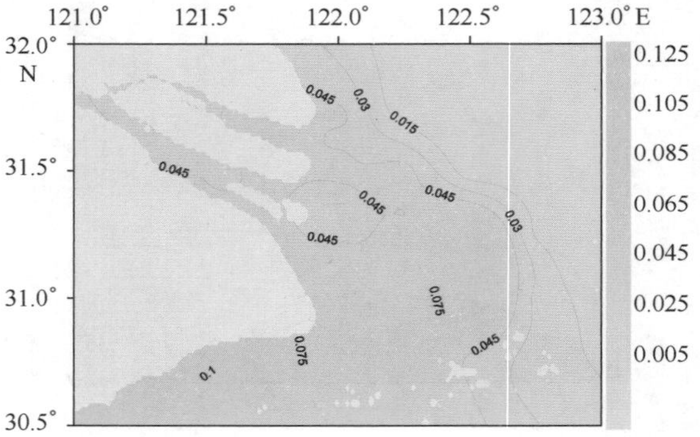

图 5.6　2005 年 8 月上海海域磷酸盐分布趋势

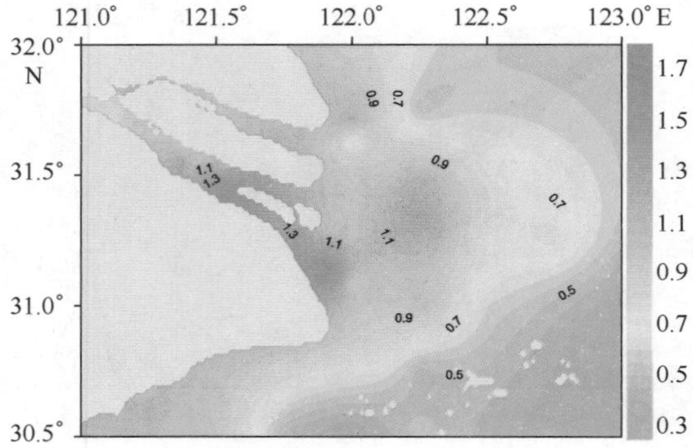

图 5.7　2005 年 8 月上海海域 COD 分布趋势

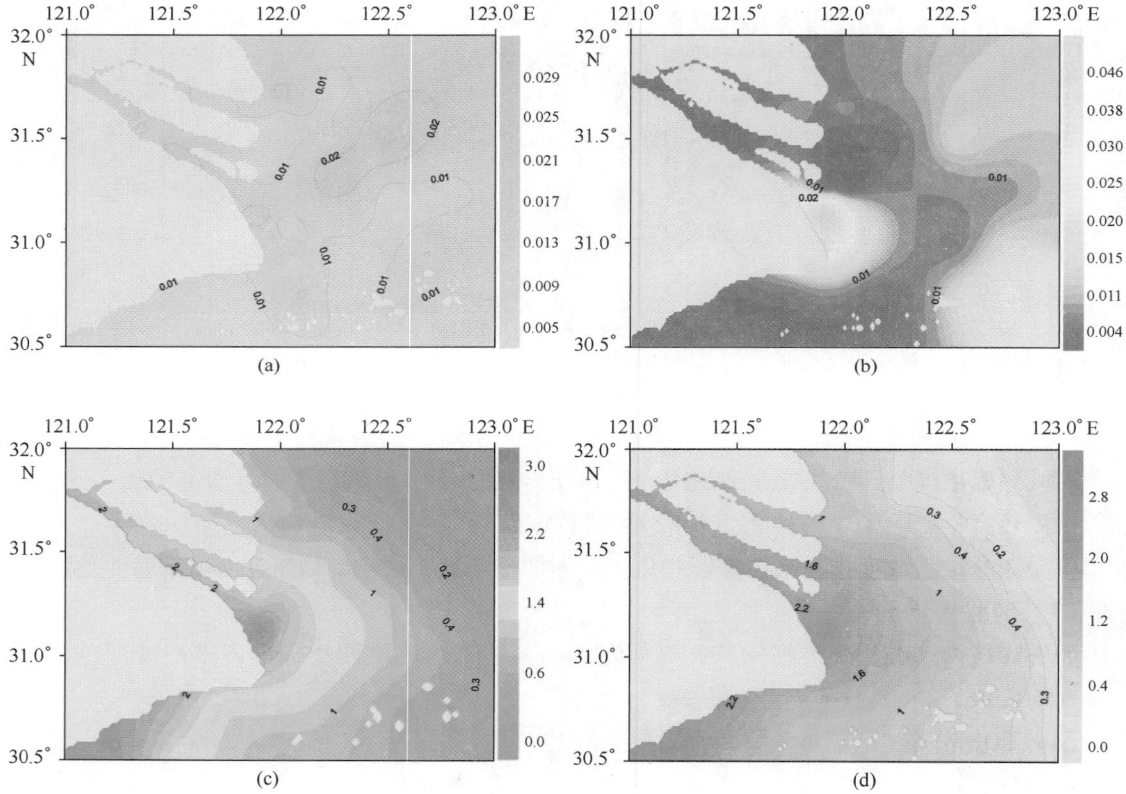

图 5.8　2005 年 8 月上海海域各类溶解无机氮分布趋势

（a）2005 年 8 月上海海域氨态氮分布趋势；（b）2005 年 8 月上海海域亚硝酸盐分布趋势；（c）2005 年 8 月上海海域硝酸盐分布趋势；（d）2005 年 8 月上海海域 DIN 分布趋势

（6）水质分类

采用单因子评价和营养状态指数法分别对海域内水体的富营养化状态进行评价，得到不同水质类别在海域内的分布，如图 5.9 和图 5.10 所示。两种方法的评价结果在趋势分布上有一致性，但是不同水质面积差异很大，主要表现为由单因子评价法得到的未达到清洁海水标准以及严重污染水质面积均远远大于采用营养状态指数评价得到的，这可能是由于营养状态指数的计算过程中引进了 COD 指标，而 COD 在整个海域内值的分布都较低，因此可能降低对富营养化程度的估算。

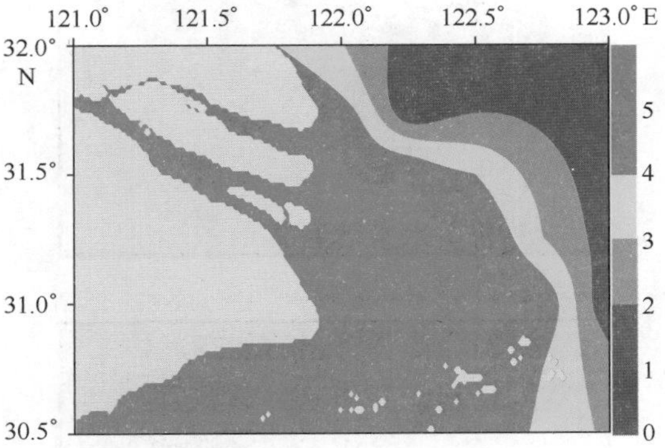

图 5.9　2005 年 8 月上海海域水质分布趋势

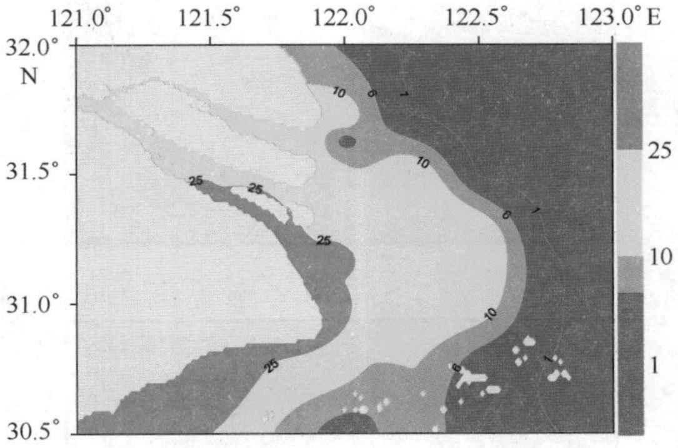

图 5.10　2005 年 8 月上海海域营养状态指数分类

5.2　卫星遥感水质评价及精度校验

5.2.1　卫星遥感数据

为了获得和海面实测数据在时间上相对一致的卫星遥感数据，以提高数据比对的可靠性，对国家海洋局第二海洋研究所地面站卫星遥感数据档案库进行搜索，发现与走航实测时间最接近、数据质量良好的卫星遥感数据是在 2005 年 8 月 12 日，当天各颗星遥感图像显示整个研究海域内无云。

将卫星遥感原始资料在国家海洋局第二海洋研究所卫星遥感处理系统处理后生成 L3A 数据产品，包括 L3A SDD、L3A SS、L3A ACD、L3A Chl a 等数据产品，如图 5.11 所示。

5.2.2　卫星遥感水质方法及标准

将卫星遥感得到的海洋水色产品作为研究海域水质评价的数据源，采用单因子评价法，按照表 5.4 设定的标准值进行研究区域内水质分类。

表 5.4　卫星遥感水质评价标准

参数	正常水体	轻度富营养化	中度富营养化	高度富营养化	来源
ACD（m^{-1}）	≤0.17	>0.17，≤0.24	>0.24，≤0.31	>0.31	本次研究
SS（mg/L）	≤14.5	>14.5，≤56.2	>56.2，≤139.5	>139.5	本次研究
叶绿素浓度（μg/L）	≤5	>5，≤20	>20，≤60	>60	美国 NEEA 评价标准
透明度（m）	>15	≥4，≤15	>2.5，<4	≤2.5	GHZB 1—1999
黄色物质（m^{-1}）	<6	>6	>6	>6	ISO7887

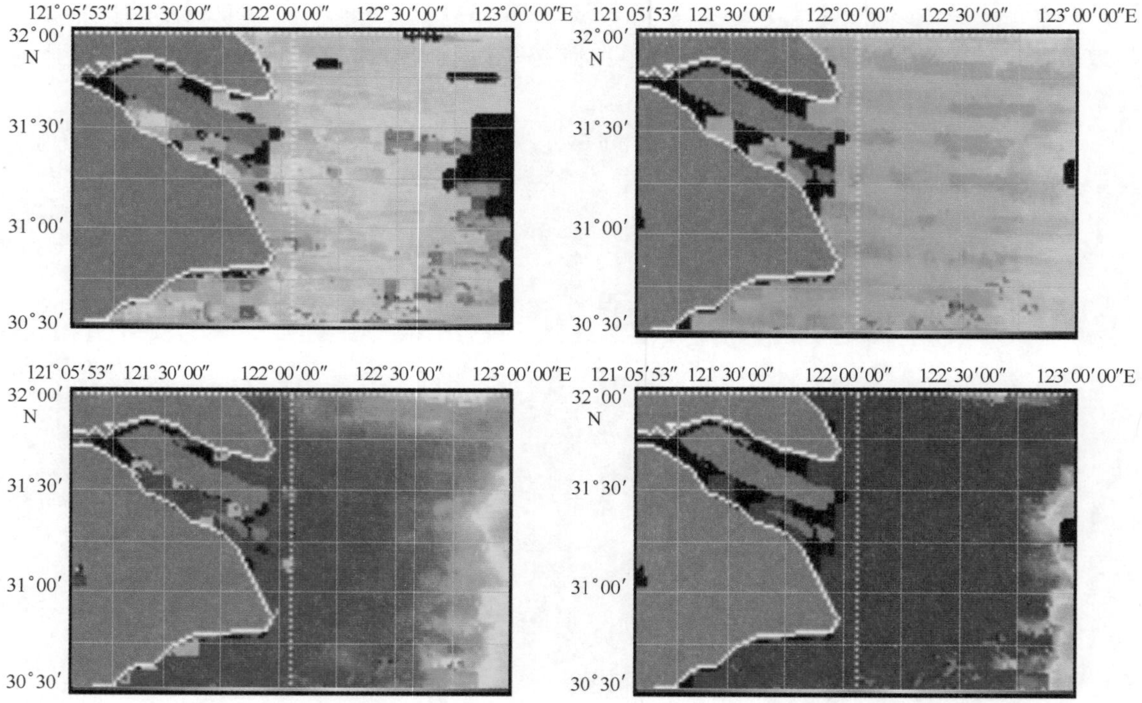

图 5.11　2005 年 8 月 12 日海洋水色遥感产品

5.2.3　卫星遥感水质评价结果分析

对遥感水质评价结果和实测评价进行比较，如图 5.12 和表 5.5 对卫星遥感数据和实测数据的比对，主要对分类面积和趋势性分布进行比较。

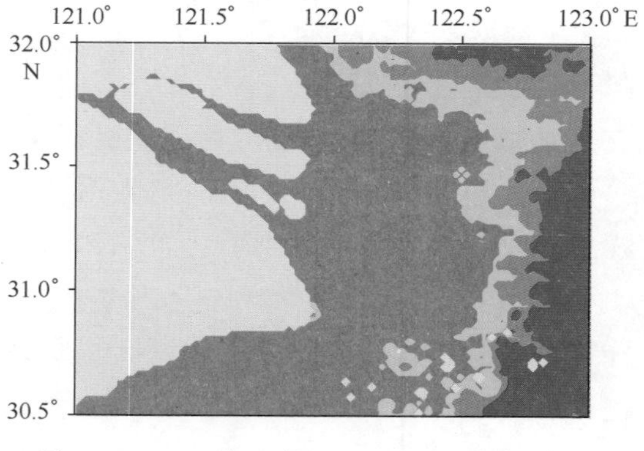

图 5.12　2005 年 8 月 12 日卫星遥感水质评价

表 5.5　2005 年 8 月实测和卫星水质评价各类水质面积比较　　单位：10^4 km^2

时间	数据来源	四类及四类以上	三类	二类	一类
2005 年 8 月中下旬	走航实测	1.281 3	0.214 3	0.219 0	0.322 6
2005 年 8 月 12 日	卫星遥感	1.186 4	0.268 1	0.241 5	0.318 6
误差分析		7.4%	25%	10.3%	1.2%

对面积的比对结果表明，卫星遥感在探测严重污染水体和清洁水体时，面积测算和实测数据吻合较好，而在进行中度污染和一般污染水体时，面积测算相对误差较大。

6 研究海域水质遥感评价

将研究海域分为浙江省和上海市两个区域进行遥感水质评价，采用的海洋水色遥感产品包括 L3B SS、L3B SDD、L3B ACD、L3B CHL 等，评价时间为 2005 年 1 月至 12 月，评价频率为每月一次。

6.1 浙江省海域水质遥感评价

6.1.1 评价范围

对浙江省近岸海域 27°—31°N 范围进行水质环境遥感监测，北界从浙沪交界的金丝娘桥起往海上延伸到领海外界，南界从浙闽交界的虎头鼻经七星岛（星仔）南端至 27°N 往东延伸到领海外界。

6.1.2 环境质量状况

卫星遥感监测结果表明，2005 年度浙江省近岸海域水质环境略有好转，较清洁海域面积达到 $1.46 \times 10^4\ km^2$，占浙江省整个近岸海域面积的 32.3%，比 2004 年增加 1.2%；中度污染海域面积较 2004 年减少约 $0.80 \times 10^4\ km^2$，约占未达到较清洁海域面积的 15.4%；严重污染海域面积较 2004 年增加约 $0.30 \times 10^4\ km^2$，约占全海域面积的 35.5%；轻度污染海域面积增加约 $0.51 \times 10^4\ km^2$，约占 17.9%，见表 6.1。

表 6.1　2003—2005 年浙江省近岸海域不同污染程度海域面积统计

年度	资料来源	较清洁 面积（km²）	较清洁 百分比（%）	轻度污染 面积（km²）	轻度污染 百分比（%）	中度污染 面积（km²）	中度污染 百分比（%）	严重污染 面积（km²）	严重污染 百分比（%）
2003	实测	8 802	19.5	4 423	9.8	12 097	26.8	19 816	43.9
2004	实测	14 039	31.1	3 024	6.7	15 032	33.3	13 045	28.9
2005	遥感	14 582	32.3	8 097	17.9	6 943	15.4	16 018	35.5

污染海域主要分布在杭州湾、象山港、椒江口、乐清湾等局部海域；近海大部分海域符合清洁海域水质标准；远海海域水质保持良好状态。近岸海域海水中的主要污染物是无机氮和总磷酸盐。大部分陆源污染物入海河流河口水质超标，对其邻近海域环境污染严重。按照评价标准，影响浙江省近岸海域水质的主要污染因子是无机氮和总磷酸盐。

6.1.3 环境质量状况月度变化

2005 年度内，浙江省海域内各类水质状况有较明显的季节变化趋势，总的来说，夏季未达到清洁及较清洁海域面积最少，6 月受污染海域面积只有 $1.88\times10^4\ km^2$，如图 6.1 所示，其中严重污染海域面积为 $0.91\times10^4\ km^2$，中等污染海域面积为 $0.23\times10^4\ km^2$，轻度污染海域面积为 $0.74\times10^4\ km^2$，严重污染和中度污染均为全年度最低水平；7 月受污染海域较 6 月有所增加，但总的受污染面积在 $2.5\times10^4\ km^2$ 以下，属于全年较低水平；秋冬季节海域内污染严重，污染最严重的季节出现在 10 月，未达到较清洁标准的海域面积达 $4.39\times10^4\ km^2$，几乎整个浙江省近岸海域都受到污染，其中中度污染海域面积为 $0.48\times10^4\ km^2$，属于全年较低水平，但是严重污染海域面积达 $2.67\times10^4\ km^2$，轻度污染面积达 $1.23\times10^4\ km^2$，较 9 月均有大幅上升；11 月情况有所好转，不同程度污染面积均达到年平均水平，但是 12 月污染面积又有大幅上升，严重污染海域面积仅次于 10 月，为 $1.96\times10^4\ km^2$，中度污染海域面积为 $1.42\times10^4\ km^2$，为全年最高，但轻度污染海域面积却为全年最低水平，只有 $0.66\times10^4\ km^2$，可能为陆源污染物排放与清洁海水的快速混合所致。

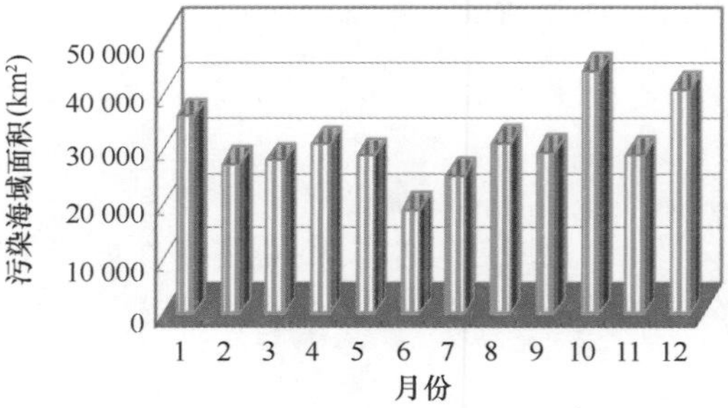

图 6.1　浙江省海域未达到较清洁标准海域面积月度变化

不同污染程度海域面积在 2005 年度内也有较明显的变化，如图 6.2 和图 6.3 所示。

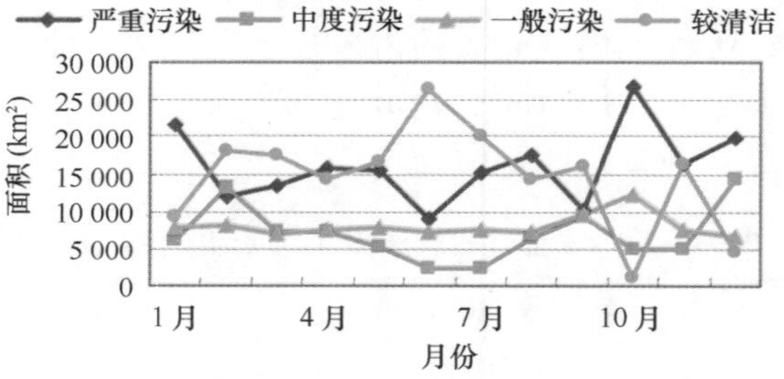

图 6.2　2005 年浙江省全海域各类水质面积月度变化

严重污染海域面积表现为明显的季节变化特征：春夏季节受污染海域面积少于秋冬季节，6 月严重污染海域面积最小，只有 10 月的 1/3，少了约 $1.77\times10^4\ km^2$；其中 2 月较 1 月急剧减少到 $1.2\times10^4\ km^2$，2 月到 4 月呈平稳小幅上升趋势，增加至 $1.6\times10^4\ km^2$，5 月较 4 月有小幅下降，为 $1.5\times10^4\ km^2$，6 月则迅速下降至 $0.9\times10^4\ km^2$。海域内严重污染海域面积总体呈现春夏季节平稳、秋冬季节大幅增高的趋势。

中度污染海域面积主要表现为先逐月减少后增加的趋势，虽然 2 月较 1 月有较明显的增加，达到 $1.3\times10^4\ km^2$，3 月、4 月和 5 月中度污染面积有小幅波动，总体呈现下降趋势，6 月和 7 月迅速降低至 $0.2\times10^4\ km^2$，7 月以后面积持续上升，10 月至 11 月虽有所下降，但 12 月迅速上升至全年最高值。

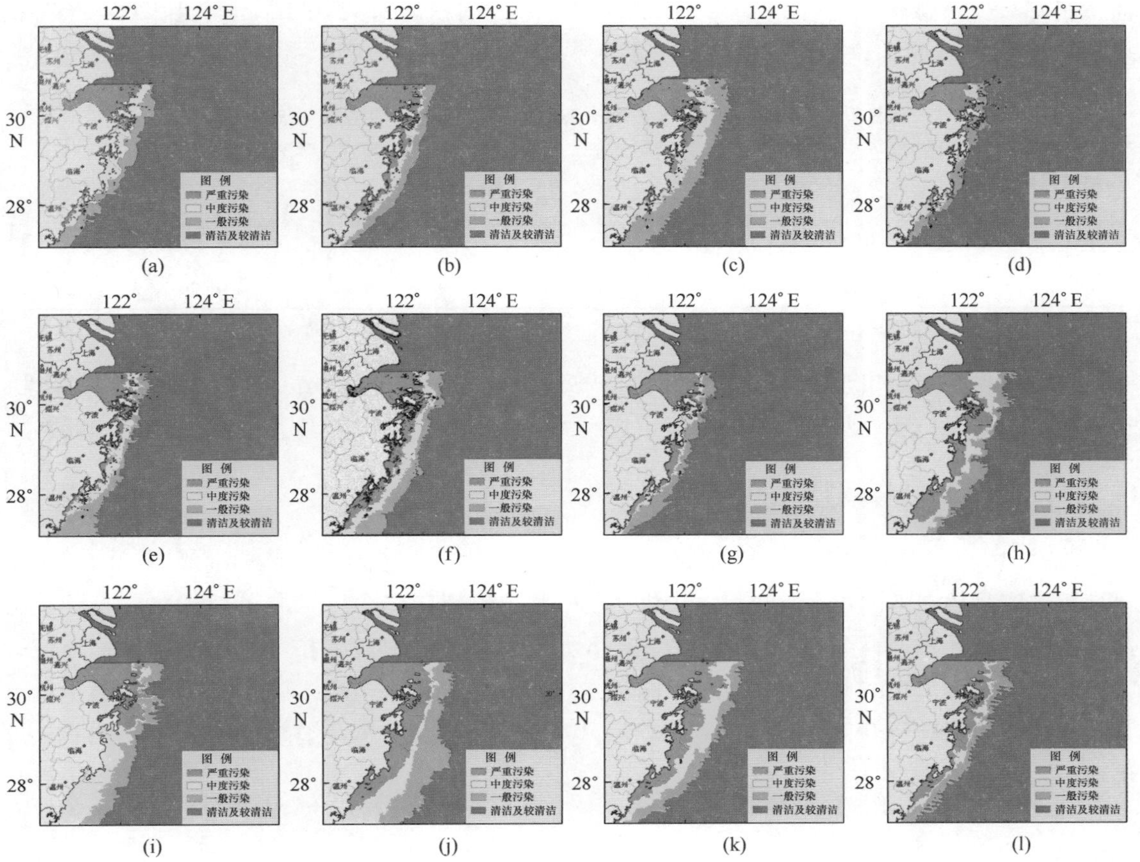

图 6.3　2005 年浙江省全海域水质状况

(a) 1 月；(b) 2 月；(c) 3 月；(d) 4 月；(e) 5 月；(f) 6 月；(g) 7 月；(h) 8 月；(i) 9 月；(j) 10 月；(k) 11 月；(l) 12 月

轻度污染海域面积在各个月份没有明显的变化，基本上维持在 $0.7\times10^4\sim0.8\times10^4$ km^2。

较清洁海域在 2005 年上半年间有明显的变化，面积逐月扩大，面积最大的 6 月较最小的 1 月增加了将近 1.7×10^4 km^2，增加了 1.8 倍。

6.2　上海市海域水质遥感评价

6.2.1　评价范围

对上海市近岸及邻近海域 30.5°—32°N 范围进行水质环境遥感监测。

6.2.2　上海海域环境质量状况

卫星遥感监测结果表明，2005 年，上海市近岸海域水质环境与 2004 年相比基本持平，但是严重污染海域面积有较大程度增加，比 2004 年增加了 1 509 km^2，增幅为 20%；在未达到清洁海域总面积中的占的比重由 2004 年的 43.6% 增加到 52.3%；中度污染海域面积有较大幅度的减少，较 2004 年减少了 902 km^2；轻度污染海域面积有所增加，较清洁及清洁海域面积略有减少。海域内总的未达到较清洁标准的海域面积为 1.43 $\times 10^4$ km^2，比 2004 年略微增加 0.07 $\times 10^4$ km^2。详细数据见表 6.2。

表 6.2　2004—2005 年上海市海域不同污染程度海域面积统计

年度	较清洁		轻度污染		中度污染		严重污染	
	面积（km^2）	百分比（%）	面积（km^2）	百分比（%）	面积（km^2）	百分比（%）	面积（km^2）	百分比（%）
2004	4 128	23.9	1 965	11.4	3 650	21.1	7 520	43.6
2005	3 079	17.8	3 052	17.7	2 748	15.9	9 029	52.3

总的来说，上海市整个近岸海域无清洁海水；近海大部分海域符合清洁海域水质标准；远海海域水质保持良好状态。影响上海市近岸海域水质的主要污染因子是无机氮和总磷酸盐。

6.2.3　上海海域环境质量状况月度变化

2005 年度内，海域内各类水质状况有较明显的变化，未达到较清洁标准的海域面积总体呈现减少的趋势，如图 6.4 所示。污染最严重的状况出现在 8 月、11 月和 12 月，未达到较清洁标准的海域面积都在 1.8 $\times 10^4$ km^2 左右；3 月海域内未达到较清洁标准的海域面积有较大幅度的减少，为 1.07 $\times 10^4$ km^2，较 2 月减少了 0.56 $\times 10^4$ km^2，减少幅度达 34.4%；3 月至 7 月之间污染面积有所变化，8 月出现最大值，9 月大幅回落后，又逐渐上升，至 11 月和 12 月出现极大值。

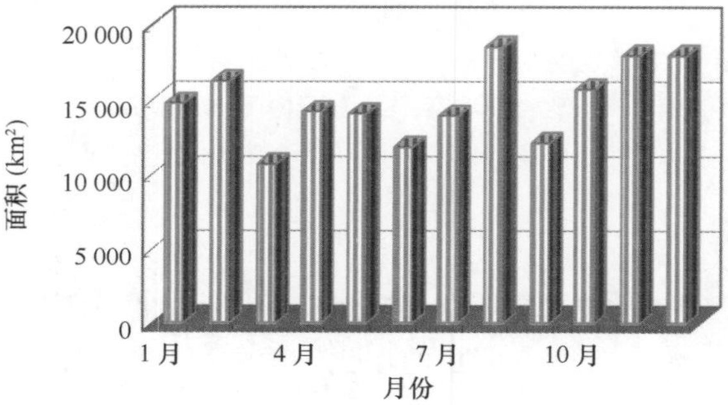

图 6.4　上海海域未达到较清洁标准海域面积月度变化

不同污染程度海域面积在 2005 年内有较明显的变化，如图 6.5 所示。

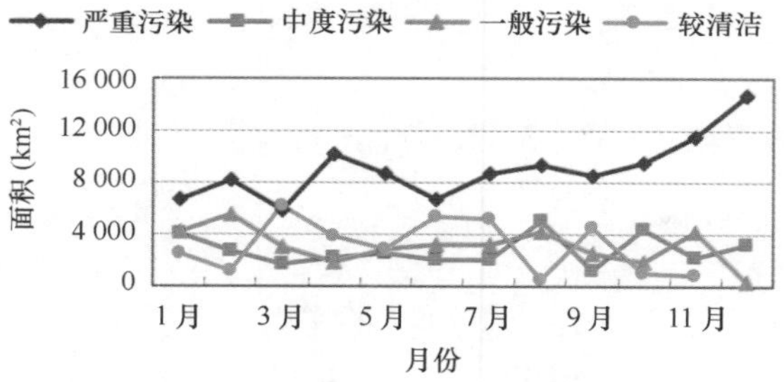

图 6.5　2005 年上海海域各类水质面积月度变化

图6.6为2005年上海海域水质状况遥感监测图像。

总的来说，冬季受污染总面积大于春夏秋季节，在15 000 km^2左右，但在8月观察到了年内受污染总面积的最大值，达18 530 km^2。

严重污染海域面积变化幅度大。严重污染海域面积最大的12月比最小的月份增加了约0.8×10^4 km^2，增加了1倍多；11月和12月严重污染面积达到全年最大，分别为1.16×10^4 km^2和1.46×10^4 km^2，秋冬季节高于春夏季节。

中度污染海域面积总体季节变化不明显，在个别月份有较大幅度变化，8月达到$5\ 055\times10^4$ km^2，比7月高了将近0.3×10^4 km^2，在9月又有较大幅度的降低，减少了0.38×10^4 km^2。

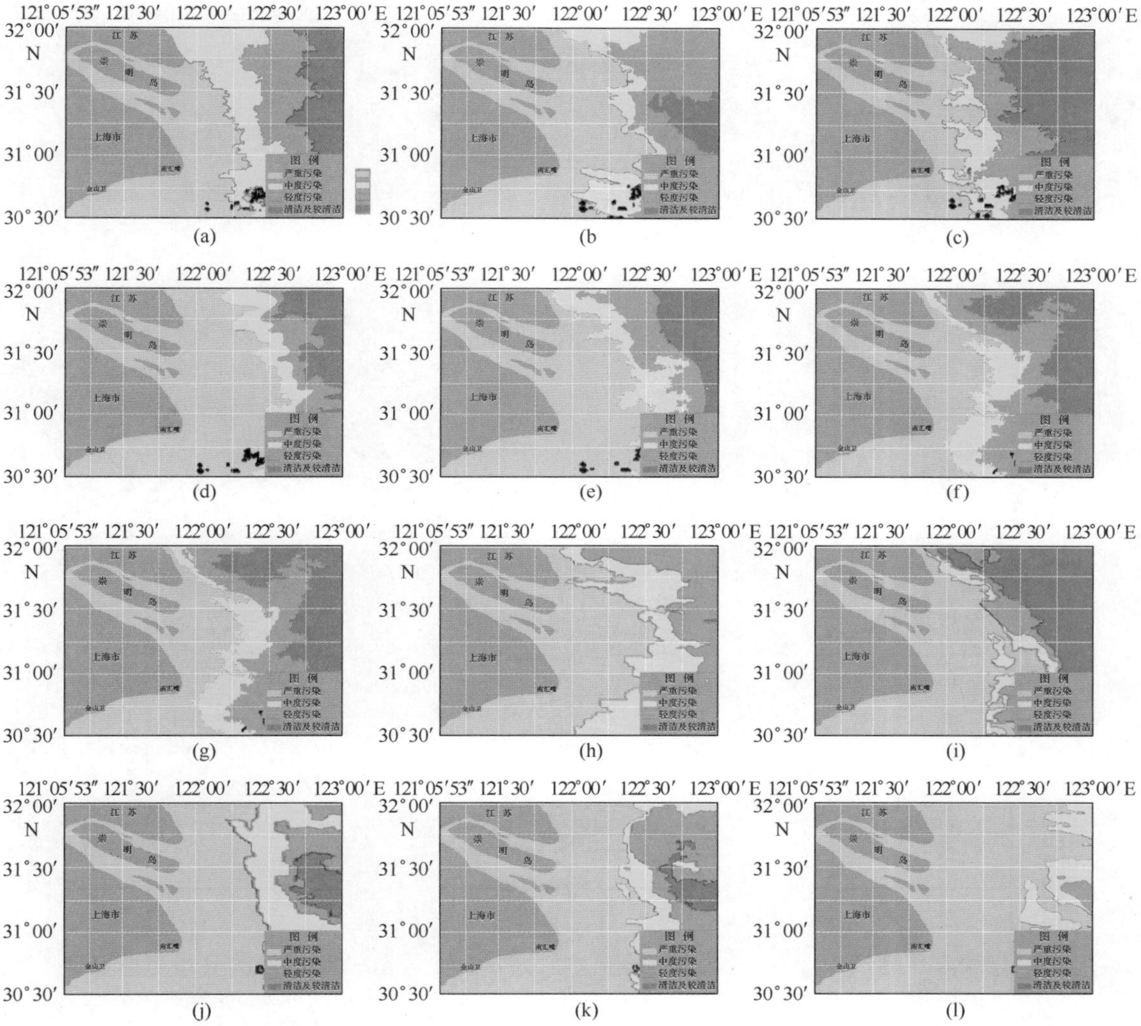

图6.6 2005年上海海域水质状况遥感监测图像

(a) 1月；(b) 2月；(c) 3月；(d) 4月；(e) 5月；(f) 6月；(g) 7月；(h) 8月；(i) 9月；(j) 10月；(k) 11月；(l) 12月

轻度污染海域面积的月度变化规律性不强，与中度污染面积一样，呈无规律跳跃性变化。2月面积最大，达到0.55×10^4 km^2，比1月增加了0.14×10^4 km^2；3月较2月显著下降了

$0.25\times10^4\ km^2$，下降幅度将近45%；4月连续下降至最低值，为$0.18\times10^4\ km^2$；5月较4月有明显增加，增加了约$0.1\times10^4\ km^2$；6月与5月基本持平。12月有最小值。

较清洁海域面积在2005年变化较大，变化趋势与严重污染面积的月度变化呈相反的趋势，总体呈下降趋势。12月最低，整个海域几乎都没有达到较清洁标准；2月仅为$0.12\times10^4\ km^2$，比1月减少了约$0.14\times10^4\ km^2$；3月较清洁海域面积大幅上升，达到$0.62\times10^4\ km^2$；4月和5月连续减少至$0.28\times10^4\ km^2$；6月有大幅增加，达到$0.53\times10^4\ km^2$。12月海域内几乎没有较清洁水体。

7 HAB的遥感反演模式

7.1 赤潮概述

7.1.1 赤潮现象及分类

赤潮是指由于海洋浮游生物的过度繁殖造成海水变色的现象。由于引起海水变色的赤潮藻（有时是原生动物）不同，造成海水颜色不都是红色，如一些定鞭藻（*Premnesiophyceae*）可引起海水呈现褐色，称为“褐潮”，微绿球藻（*Nannochloris oculata*）可造成海水呈绿色，称为“绿潮”，现在把由石莼（*Ulva*）过度繁殖造成的也称为“绿潮”。另外还有“橘红潮”等。

对赤潮进行分类的方法很多，根据赤潮藻有无毒性，可以将赤潮分为无毒赤潮、有毒赤潮以及对人无害但对鱼类及无脊椎动物有害的赤潮等。根据赤潮发生的区域，将赤潮分为河口、近岸、内湾型赤潮，外海（或外洋）型赤潮，外来型赤潮以及养殖区型赤潮等。根据赤潮的发生和海水中营养状况的关系的分类原则，可将赤潮分为以下三大类。

第一类是海水富营养化有关的赤潮，即由于海水中氮、磷等营养物质含量过高而发生的赤潮。

第二类是在营养充足的情况下，在赤潮藻细胞密度并不高时发生的有毒赤潮，如一些可以引起腹泻性贝毒的鳍甲藻赤潮，就可以在低密度时发生危害作用。

第三类是有些有毒赤潮不必在有高密度细胞时才会发生危害，但这类赤潮并不一定与海水中营养状况有关系。

近年来，赤潮特别是有毒有害赤潮在全球范围内发生的频度、强度和地理分布都在增加，如引起麻痹性贝毒的赤潮1970—1990年间在全球快速扩展，20世纪70年代亚历山大藻仅知在欧洲及北美、日本等温带海域出现，至90年代就扩展到了南半球。另外有毒有害的赤潮种类也逐渐在增加（齐雨藻，2003）。

7.1.2 赤潮分布区判别模型

赤潮发生过程中，浮游生物的生态特征发生明显的变化，主要表现为：浮游植物数量异常增长，细胞为正常时的$10^2 \sim 10^4$倍，为同期非赤潮区域的$20 \sim 10^3$倍，赤潮过后，浮游植物细胞数急剧下降，仅为赤潮时的$10^{-5} \sim 10^{-3}$倍。另外，赤潮发生时多为1~2个赤潮优势种在浮游植物群落中占有绝对优势（徐兆礼，1992）。

由于赤潮发生过程中明显的生态特征变化，可以提出定量化的指标（大都为生物学指标）判断赤潮事件的发生与否。

（1）赤潮生物细胞数指标

浮游植物种类不同，形成赤潮时细胞数的高低与赤潮生物的类型和体径大小有关，因此赤潮形成的基准数和阈值（ $\log_{10}A$ ）也就不同（安达六郎，1976）。

（2）赤潮浮游植物细胞数指数公式（赵冬至，2003）

$$F = \mathrm{Phy}/A \tag{7.1}$$

取对数后得

$$\log_{10}F = \log_{10}\mathrm{Phy} - \log_{10}A \tag{7.2}$$

式中：Phy——赤潮生物细胞数；

A ——赤潮生物基准细胞数阈值。

当某种生物的细胞数指数 F 值大于 1 时，表示此种生物赤潮出现的规模和程度大小，F 值越大，则赤潮的规模越大。因此，利用浮游植物细胞数公式计算出的海表面浮游植物数后，根据发生的赤潮种类，确定赤潮生物细胞数阈值 $\log_{10}A$ 。

7.1.3 试验区内赤潮发生基本情况

20 世纪 80 年代初以来，长江口及其邻近海域（28°00′—34°00′N，124°00′E 以西）赤潮频繁发生。对 1986—1993 年期间记载的 91 次赤潮资料统计分析表明，30°30′—32°00′N，122°15′—123°15′E 海域赤潮发生的次数占记载总数的 74.4%，其中又以马鞍列岛北部的花鸟山和东南部的嵊山、枸杞岛一带海域最为频繁，约占多发区赤潮发生总数的 60%（洪君超，1989；徐韧，1994）。赤潮多发季节为 5—8 月，最早发生赤潮的时间是 1992 年 4 月 26 日；最晚一次在 1989 年 11 月 2 日。全年发生赤潮频率最高为 19 次，发生累计天数约 60 天。

已引发赤潮的生物种类有：铁氏束毛藻、红海束毛藻、骨条藻、夜光藻、海洋原甲藻、尖叶原甲藻、具齿原甲藻、简单裸甲藻和棱形裸甲藻 10 种。其中以夜光藻、骨条藻赤潮最为频繁，两者约占长江口及其邻近海域赤潮发生总数的 82%。赤潮发生时，常见海水温、盐度、pH 和 DO 发生变化。赤潮区在 0 ~ 5 m 明显存在低盐、高温的水文特征。赤潮发生时，表层海水盐度平均为 18.5，比未发生赤潮时平均低 7.0。赤潮区表层水温平均为 25.5℃，比邻近非赤潮区平均水温高 3.6℃。夜光藻和骨条藻赤潮均呈现出表层海水 pH 和 DO 的上升，但升幅不同，pH 仅分别上升 0.02 和 1.2，DO 分别上升 0.72 mg/L 和 3.94 mg/L。

7.1.4 研究区域内环境特征

1）浮游植物丰度高

在赤潮多发季节的 5—8 月，浮游植物密度极高，5 月，浮游植物量为 $1.5\times10^3 \sim 2.5\times10^3$ 个/L；8 月出现比 5 月更高值的浮游植物量（7.3×10^5 个/L）（任广法，1992）。浮游植物密集区均落在赤潮多发区。

2）生产力高和富营养

长江口区的初级生产力比我国其他河口及海域均高，年初级生产力为 7.21×10^5 t 碳，中心位置在 31°00′N，123°00′E 区域范围内，为 911.63 g/（cm · a）（郭玉洁，1992）。年、日初级生产力的最高值均分布在赤潮多发区内。

长江的无机氮和磷酸盐输出量达 8.88×10^5 t/a，氮磷比在长江口区异常高值。

3）长江冲淡水锋面

长江径流入海后，在 122°10′E 以东海区显著层化，然后在长江冲淡水和外海高盐度区之间形成明显的锋面，并有一定宽度的锋区。一般认为有毒赤潮与世界大洋高潮能区之间关系密切。

4）上升流现象

长江口区在31°N以北、122°30′E以东海域明显地存在着一大片孤立的低温高盐水区，是变性后的台湾深层水在这一区域逆波涌升的结果。该上升流区域大约以31°30′N，125°45′E为中心，在春、夏季节，来自深层的高盐水可以到达5 m以上的水层（赵保仁，1992）。相应地有低氧、浮游植物总量较高的现象。

上升流可把含营养丰富的次表层、底层水体带到表层，为赤潮生物的生长和繁殖提供物质条件，也可将甲藻孢囊从海底带到适光层，并为其萌发、增殖提供营养盐，同时也使藻类得以扩散。赤潮多发区坐落在上升流的中心区（洪君超，1989；洪君超，1994）。

7.2 赤潮反演算法

7.2.1 研究区域内赤潮光谱特征

（1）典型的赤潮光谱特征

浮游植物光合作用过程主要是叶绿素对可见光的蓝光部分吸收效应，浮游植物密度增大，蓝光部分的吸收就增多，绿光部分则被反射得多，从而引起海水后向散射光谱中蓝光波段辐射量的明显减少以及绿光波段辐射量的相对增大。在赤潮生物密度较低的海域上，光谱反射率值蓝光波段和绿光波段较高，而在红光波段则较低。随着浮游植物密度的升高，蓝光、绿光波段的反射率值趋于降低，而红光波段的反射率值则迅速升高。这表明，赤潮生物密度的变化在海水后向散射光谱的变化上得到明显反映；随赤潮生物密度的加大，海水后向散射蓝光和绿光波段的辐射量明显减小，而红光波段的辐射量则相应增大（图7.1）。

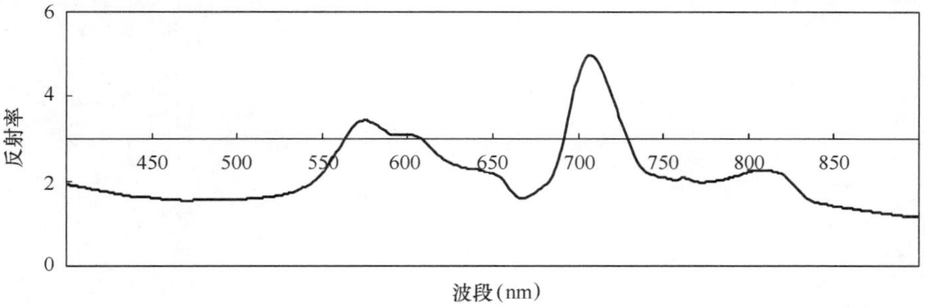

图7.1 赤潮光谱曲线

典型的赤潮光谱曲线由两个显著的波峰组成，分别位于560～580 nm和690～710 nm处。其中，440～460 nm和656～670 nm处的光谱吸收峰由叶绿素的吸收所致，560～580 nm处的反射峰源于有机溶解物质和浮游植物等的强反射，690～710 nm处的反射峰是赤潮水体的特征反射峰，亦称为叶绿素荧光峰，对于光学遥感方法探测赤潮水体具有特殊意义，是区分赤潮水体与非赤潮水体的特征波段。

（2）赤潮特征光谱曲线与悬浮物以及叶绿素以及干净海水光谱差异

由于试验区位于河口近岸海域，水体浑浊，含沙量高，悬浮泥沙的存在给赤潮遥感带来很大的难度。赤潮水体光谱与叶绿素 a 光谱之间存在着内在的联系。分析比较三者的光谱差异，将有助于赤潮遥感最佳波段的选择和从遥感图像上区分赤潮、泥沙和叶绿素。

悬浮泥沙的水体反射率在 400 ~ 570 nm 之间随波长的增大而迅速增加。清水（包括低含沙量水体）在 560 nm 处有一个反射峰，随着水体含沙量的增加，反射峰逐渐向长波方向移动，从 560 nm 移至 690 nm，并在 750 nm 处出现一个反射谷，随后在 805 nm 处出现一个反射次峰。

将不同悬浮泥沙含量水体的归一于 555 nm 的相对反射率光谱特性曲线表明，在 400 ~ 555 nm 波长范围内，相对反射率随波长增加而呈线性增加，即使水体中悬浮质浓度少于 20 mg/m^3 也具有该特征。而赤潮水体光谱相对反射率在该波长范围内分别为两个反射峰（405 ~ 415 nm 和 555 ~ 570 nm）和一个吸收峰（460 ~ 500 nm 处），在 656 ~ 666 nm 之间波段范围为另一个赤潮特征吸收峰，690 ~ 710 nm 之间波段范围的反射峰为赤潮水体另一个特征反射峰，两个特征吸收峰主要是高浓度叶绿素强烈吸收所产生。

叶绿素 a 光谱的两个吸收峰分别位于 440 ~ 460 nm 和 656 ~ 670 nm，第一个反射峰在 540 ~ 580 nm，与赤潮水体光谱的两个吸收峰和第一个反射峰基本一致，二者的形成机制也相同。与赤潮水体第二个反射峰 690 ~ 710 nm 不同的是，叶绿素 a 的第二个反射峰为 685 nm，即所谓的荧光激发峰（黄韦艮和丁德文，2004）。

7.2.2 赤潮反演的方法

尽管遥感技术仅能探测部分赤潮相关因子，但由于赤潮发生时，海水水色、海水叶绿素和海面温度肯定会有异常的变化，因此利用遥感进行赤潮监测主要以赤潮生态学及其光谱性质为基础，主要分为两大类：环境参数法与特征波段组合法。

7.2.2.1 环境参数法

（1）温度法

赤潮发生时，海表面聚集的生物细胞、细胞分泌的黏液形成一道易于吸收太阳辐射、又阻隔辐射能发散的屏障，使赤潮水体的表面温度高于非赤潮水体，因此可以根据卫星的海表面温度数据产品进行赤潮遥感：

$$SSTvrs \geq SSTvt \text{ 且 } \Delta SST \geq 2℃$$

其中，SSTvrs 为根据卫星温度产品数据计算得到的前后两幅图像海表面温度变化率，SSTvt 为海表面温度变化速率阈值，ΔSST 为若干天内遥感海面温度上升值。

利用海面温度绝对值提取赤潮信息需要对具体海区海面温度场有深刻了解，SSTvt 和 ΔSST 因海区和赤潮种类不同而有差异，需要根据赤潮研究结果确定。

（2）叶绿素法

赤潮的发生将引起海区叶绿素 a 含量的变化。因此，通过海水叶绿素 a 浓度在赤潮过程中的变化可以反演赤潮的发生，该算法又可分为浓度绝对值法和增加速率法。前者是通过判断叶绿素浓度的含量来判断海洋藻类水华。例如，骨条藻赤潮发生的叶绿素 a 临界值为 6 mg/m^3，异弯藻赤潮发生的叶绿素 a 临界值为 17 mg/m^3。实际上当赤潮发生时，表层海水的叶绿素 a 含量通常达到 10 mg/m^3 以上，高者可达每立方米几十毫克，甚至每立方米几百毫克。

另外，在赤潮形成过程中，表层海水叶绿素 a 浓度呈持续或螺旋状上升，而总的趋势都是较快地上升到赤潮峰值，非赤潮海水的叶绿素 a 浓度虽然也会增加，其含量也比无赤潮形成的冬季高，但增加速度缓慢，而且只增加到一个相对较低水平，二者变化速率有明显差别。因此，根据叶绿素 a 浓度在藻类水华前后的增加速率，建立赤潮遥感算法：

当 $avrs \geqslant avt$ 且 $ars \geqslant a-r$ 即发生赤潮

其中，*avrs* 为根据卫星叶绿素 a 数据产品计算的前后两幅图像的叶绿素 a 变化速率，*avt* 为海水叶绿素 a 浓度变化速率阈值，*ars* 为卫星叶绿素 a 浓度，$a-r$ 为赤潮时叶绿素 a 的浓度。*avt* 和 $a-r$ 实际上是赤潮临界值，随海区不同、赤潮藻类不同而有变化，需要根据实际情况决定。

7.2.2.2 特征波段组合法

（1）多光谱法

采用陆地卫星 TM 数据作为研究数据，由于赤潮生物的叶绿素 a 在红光区的吸收作用，TM3 的反射率低于浑浊海水，而在 TM4 波段的反射率的下降比浑浊海水慢，因此利用赤潮水体和清洁水体及浑浊水的 TM 影像在 TM3 和 TM4 波段存在灰度差异，据此可以判断赤潮的发生（陈晓翔，邓孺孺，何执兼等，2001）。

赤潮时 AVHRR 1 波段反射光谱有增加，因此利用气象卫星 AVHRR 的 1，2 波段数据和热红外影像可以对赤潮发生情况进行探测。

（2）多波段差值法

随着遥感技术的发展，根据各水色传感器对于赤潮特征波段的设置，采用各种波段组合法，进行遥感赤潮监控研究。光谱遥感算法已经成功地用于 AVHRR、SeaWiFS、HY－1 等卫星数据的赤潮遥感。

多波段离水辐射率差值模型的赤潮遥感算法：

$$(\mathrm{Lwn}\ 3+\mathrm{Lwn}\ 5-2\times \mathrm{Lwn}\ 4)>C$$

其中，Lwn 3、Lwn 4、Lwn 5 分别为 SeaWiFS 和 HY－1 在 3、4、5 波段的归一化离水辐射率，C 为一个常数，其具体值随不同海区和不同类型的赤潮而变化，需要根据具体情况加以判断。

（3）多波段差值比值法

$$R=(R_1-R_3)/(R_5-R_3)$$

其中，R_1、R_3 和 R_5 分别为波段 SeaWiFS 1、3 和 5 的反射率。当 $R>0$ 时，所监测海区为赤潮区；当 $R\leqslant 0$ 时，所监测海区为非赤潮区。此方法既可应用于清水区的赤潮监测，也可应用于高悬浮泥沙区的赤潮监测。这对我国海区的赤潮监测特别重要，因为我国大部分近岸海区的悬浮泥沙含量都较高。

赤潮水体在 690 nm 处有一个明显的反射峰，与非赤潮水体明显不同。它的出现预示赤潮的发生，提出了 $(\mathrm{Lwn5}-\mathrm{Lwn4})/(\mathrm{Lwn4}-\mathrm{Lwn3})>C$ 的经验公式。

（4）双波段比值法

用与反射率 *R*（690～710 nm）和 *R*（660～670 nm）比值方法可探测赤潮水华的强度，如 $r=$ Lwn（443 nm）/Lwn（670 nm），比值 *r* 越大则反映出叶绿素浓度也越高，出现赤潮的可能性也越大。但是，670 nm 也是悬浮泥沙较灵敏的波段。采用中心波长 443 nm 和 670 nm 双波段比值法获得结果，极可能是海洋悬浮泥沙的干扰结果而不是海洋水体高浓度叶绿素的信息。因此，适合大洋水体（一类水体）叶绿素浓度探测的此方法，在理论上探测赤潮是可行的，实际难以直接有效地应用于我国大多数高含沙量的近海海域（黄韦艮和丁德文，2004）。

（5）NDVI（归一化植被指数）

根据近岸水体中浮游植物和悬浮物的光谱机理特性，采用归一化植被指数（NDVI）来区分水体中的浮游植物和无机的悬浮物。结果表明，赤潮区的植被指数趋向于0，而河口附近的植被指数趋向于-1。随叶绿素浓度的增加，蓝光波段的反射率减低而红光波段的反射率增强，荧光峰的高度也随之增加。而在红光波段，悬浮物的吸收特性很少变化。对于任意给定的悬浮物浓度，叶绿素浓度的增加将降低红光波段的反射率，因此有效地抑制了浊度变化的影响。

基于NOAA的NDVI指数计算如下：NDVI =（NIR - RED）/（NIR + RED）。这个指标的变化范围为-1 ~ +1。植被覆盖的陆地表面趋于正值，裸露的土地接近0，开阔的水体为负值。利用AVHRR数据得到的植被指数建立的浮游植物植物细胞数的遥感模型能直接确定赤潮的发生范围、赤潮面积以及赤潮生物分布的密集区。由于近岸二类水体的复杂性和赤潮生物的多样性，具有一定的使用范围。

（6）高光谱

在用高光谱数据进行赤潮水体判断时，根据协方差最大、相关性最小的原则，限定波段之间的中心波长距离，遴选出3个通道的图像进行假彩色合成，对合成的高光谱假彩色图像进行人工判读，确定异常区域，提取异常区域的反射率曲线，通过与正常海水和赤潮水体的反射率曲线比较，特别是观察其在赤潮水体的特征光谱波段处（680 ~ 710 nm）有无第二反射峰出现，就可以判断是否有赤潮发生。

目前为止，AVHRR的SST产品已经成为赤潮监控预测预报中最有用的方法之一（M. Sacau Cuadrado，2003）。SeaWiFS的1 km分辨率的Chlorophyll数据产品也已成功地应用于海岸带赤潮的早期预警中。因此，AVHRR/SST和SeaWiFS/Chl a结合使用无疑已经成为赤潮监控的最有效手段（Chang et al.，2001）。多波段方法也是监控赤潮的有效方法，特征波段及其组合已被成功地应用于AVHRR、SeaWiFS、HY-1等传感器的赤潮监控（毛显谋和黄韦艮，2003）。

7.3 试验区内赤潮事件遥感反演研究

本次研究基于NOAA/AVHRR和EOS/MODIS遥感水色产品进行试验区内赤潮事件的反演研究，根据前人研究结果，NOAA/AVHRR已经在赤潮事件的监控和预报中发挥重要作用，因此本次研究除了采用环境参数法与特征波段组合法结合进行试验区内赤潮事件反演外，拟进行如下两个问题的研究：

（1）EOS/MODIS是否适用于试验区内赤潮的实时反演和预测？

（2）MODIS NDVI产品异常是否可以作为判定赤潮发生的依据？

本次研究主要采用了MODIS的NDVI（归一化植被指数法）产品和AVHRR的波段比值法，结合温度法和叶绿素浓度法来共同监测研究海域内的赤潮发生、发展及消亡过程，由于两种卫星都具有周期短、可实时接收等优点，对于实时监测100 km以上的赤潮事件无疑具有TM、SeaWiFS、COCTS等海洋水色传感器无可比拟的优越性。图7.2为从MODIS LEVEL4B产品中选取的 MODIS 实时监测赤潮事件图像。

NDVI 归一化植被指数（Standard Normalized Difference Vegetation Index）是植被指数 VI（Vegetation Index）的一种，是陆上生物量和初级生产力估算的常用算法。其理论基础来自于植物叶面典型光谱反射信号，这个指数对提取在近红外波段的高反射、红光波段的低反射特征（如陆地植被）和红光波段低反射、近红外波段更低反射率（如水）的物质信息具有十分明显的优势。研究结果表明，植物在近红外区的光谱反射率与各种生物量（干生物量、湿生物量、绿生物量和褐生物量）间存在线性关系。近红外波段与被叶绿素强吸收的红光波段的比值（植被数函数）是植物生长状态及植被空间分布数的最佳指示因子。由于具有光合作用能力的色素在蓝光波段（470 nm）和红光波段（670 nm）最为敏感，因此植物在可见光范围内反射很低几乎所有的近红外辐射都被散射了，几乎没有吸收，因此，红光和近红外的光谱响应比值是衡量植物总量的最佳波段组合，茂盛的植被具有最大的红外—近红外差值，植被很少的土壤或裸土这个差值很小，计算公式如下：

$$\text{NDVI} = (\text{NIR} - \text{VIS}) / (\text{NIR} + \text{VIS})$$

对于给定像素点 NDVI 的计算生成的值一般在 $-1 \sim +1$ 之间，裸土的 NDVI 值接近 0，而大量植被的 NDVI 值接近 +1，通常在 0.8 ~ 0.9 之间，NDVI 从 0 变化到 1 代表了植物的生物量由低到高，开阔洋面的 NDVI 值是负的。将 NDVI 遥感影像直接与赤潮发生时的细胞浓度进行比对是很困难的，因为很少有这方面的研究报道。

采用 MODIS 的 NDVI 进行赤潮事件的监控研究的一个优势是可以生成与 NOAA/AVHRR 的 NDVI 长期的 NDVI 的时间序列，第一个 MODIS 传感器上天的时候，已经有了将近 20 年的 NOAA/AVHRR 的 NDVI 序列（1981—1999 年）。因此，可以延伸到 MODIS 数据进行赤潮监控研究（http：//modis. gsfc. nasa. govdataatbd/atbd_ mod13. pdf；赵冬至，2003；顾德裕，2003）。

由于试验区有云天气较多，因此拟采用渤海湾进行海区的赤潮监控研究。

NDVI 图像上的 NDVI 异常是指，单天图像与当天前一个星期前一个月平均值之间差值的异常。例如，如果在 5 月 14 日那天获得一幅图像，那么异常就是指与 4 月 8 日到 5 月 14 日之间平均 NDVI 值之间的差值异常。设计一个的时间前置是为了防止一次较长持续时间的赤潮事件可能会污染平均值，设计一个月的平均值是认为时间足够长，可以生成比较稳定有效的季节性平均值，还可以减少由于云覆盖等原因造成的图片数量的减少，减少一些突发事件的影响，可以代表季节特性（Stumpf et al.，2003）。在计算异常之前，必须有足够的遥感影像用于计算平均值。

监测到的第一次赤潮事件发生在 2004 年 5 月 22 日，位于渤海湾的北部，现场实测表明，主要的赤潮藻类是夜光藻（*Noctiluca scintillans*），海水呈现深红色，这也是当年监控到的发生在渤海湾的第一次赤潮事件。

一个星期的 NDVI 月平均影像如图 7.2（a）所示。从图片上可以看出，渤海湾的 NDVI 值分布特征具有显著的 3 个特点：①海湾内平均 NDVI 为 −0.213 3，分布范围为 −0.420 0 ~ 0.093 0；②较低的 NDVI 值（趋向 −0.5）主要分布在海湾南部和北部岸带；③高值（趋向 0）主要分布在中央区域。由于河流携带大量营养盐向海湾输入，因此岸带的营养盐负荷高于中央区域，并且温度较高，从而容易诱发了藻类的大量生长，因此岸带的生物产量应明显高于中央区域。赵冬至（2003）在采用 NOAA/AVHRR 归一化差值进行渤海北部的辽东湾海域叶绿素浓度探测时发现，现场实测的叶绿素 a 和 AVHRR 计算的归一化差值回归分析结果表明，二者呈负相关，相关系数为 0.85（*SD* 为 0.13，$P<0.0001$）。模型预测值与现场实测值之间的误差介于 -39.8% ~ 57.3% 之间，最小为 0.6%。

2004 年 5 月 22 日在渤海湾北部观测到了低的 NDVI 值，为 -0.497 0，如图 7.2（b）所示，表明有赤潮的发生，平均异常为 NDVI 值为 -0.458 0，分布范围在 -0.420 0 到 -0.497 0 之间，远远低于一个月的平均值，如图 7.2（a）所示。同时在海湾的南部，在天津和塘沽之间，存在着一片 DNVI 异常值，异常值的分布范围在 -0.448 0 和 -0.403 0 之间。这个值位于月平均的低端，但是高于海湾北部的赤潮发生区的值。这是否意味着另外一次赤潮的发生？带着这个问题，对随后几天的 NDVI 遥感影像和其他环境参数的 MODIS 遥感影像进行了进一步的研究，发现猜测被证实了：飞机和船测均发现这个海域发生了迄今为止在这个海域发现的最大的一次赤潮，主要的藻种是 *Phaeocystis* sp.，面积将近 2 000 km^2，同时还有鱼类死亡的报道。随后在 2004 年 5 月 31 日，如图 7.2（c）所示，在塘沽市北部海域到黄河口河口南部的海域分布着大片的 NDVI 低值区，范围在 -0.495 0 到 -0.405 0 之间。这次赤潮事件延续了将近一个月，在 2004 年 6 月 25 日，在 NDVI 遥感影像上依然观测到了低的 NDVI 值。而发生在渤海湾北部的第一次赤潮事件在同一遥感影像上表明正逐渐消退，北部的 NDVI 值由最低的 -0.497 0 发展为 -0.443 0。

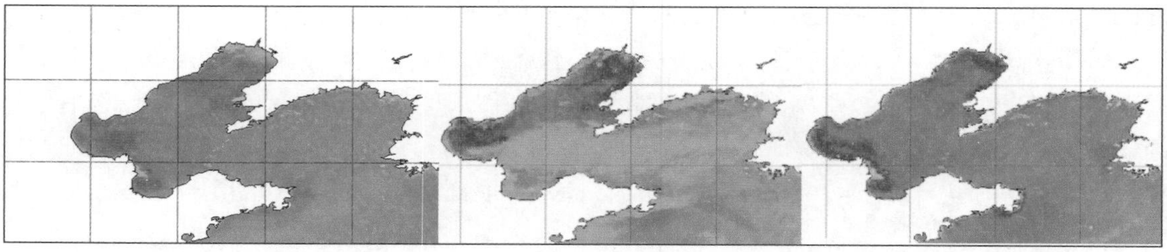

(a) (b) (c)

图 7.2　赤潮发生过程中的 NDVI 值变化趋势

（a）月平均值；（b）2004 年 5 月 22 日值；（c）2004 年 5 月 31 日值

由于云覆盖的影响，区域内没有连续时间段内的 SST 和 Chl a 遥感数据，但是我们发现获得的几幅 MODIS 的 SST 和 Chl a 影像还是可以反映海域内发生的赤潮事件。SST 和 chlorophyll 的变化规律和 NDVI 相反。在赤潮发生海域 SST 和 Chl a 值表现为高，对应着 NDVI 的低值。SST 和 Chl a 遥感数据表明在赤潮发生过程中，环境参数也发生了显著的变化，可以指示赤潮发生的不同阶段。

同样采用了 3 种 SST 卫星数据：①前一个月的平均温度数据（从 2004 年 4 月 15 日到 2004 年 5 月 15 日）（图 7.3（a））；②2004 年 5 月 13 日单天数据（图 7.3（b））；③2004 年 5 月 22 日数据（图 7.3（c））。图中绿色像素点代表了温度低于 15℃ 的区域，主要分布在近岸边的区域，由于和湾中央较冷水体的扩散混合，温度由岸边往外逐渐降低。图像中黄色像素点主要位于渤海湾的北部和南部，代表水体温度在 18℃左右，这种水体温度由岸向外海逐渐降低的过程符合这个季节陆源径流水体入海扩散的一般规律。

由于云的覆盖，在 2004 年 5 月 14 日到 2004 年 5 月 21 日期间，没有赤潮发生区水体的温度遥感数据。与 2004 年 5 月 22 日最接近的可以利用的温度数据在 2004 年 5 月 22 日，比赤潮

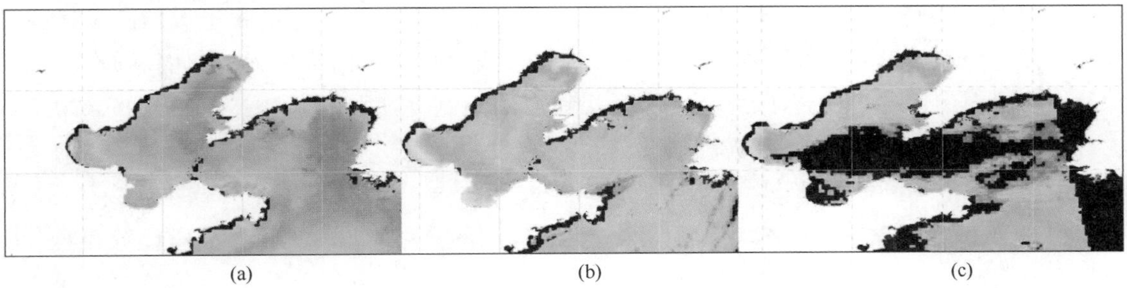

图 7.3　一次赤潮过程中 SST 变化趋势

（a）前一个月平均温度；（b）2004 年 5 月 13 日数据；（c）2004 年 5 月 22 日数据

发生的时间提前了 9 天。2004 年 5 月 13 日的遥感图像显示，赤潮发生区域的 SST 的水体温度有着显著的提高，高于周围海水的温度。2004 年 5 月 22 日的温度数据表明，赤潮发生区水体温度达到了 25℃。

2004 年 4 月 15 日到 2004 年 5 月 15 日的平均温度分布趋势可以认为是这个季节水体的正常温度分布趋势，因此，可以认为 5 月 22 日的温度异常不是由于河口水体排出造成的，而是由于赤潮发生期间发生的温度增值。

另外，这个时间段内 Chl a 也发生了同样的变化规律，高叶绿素含量带位于海湾的北部，与温度图像分布一致，并且在温度异常区域，也发生有叶绿素的异常。

将研究成果运用于东海，东海海域是全中国海域中赤潮爆发强度和频度最盛的海域，本次研究采用 NDVI 算法成功进行 2004 年春季一次大型赤潮爆发过程及运移的监控（图 7.4）。

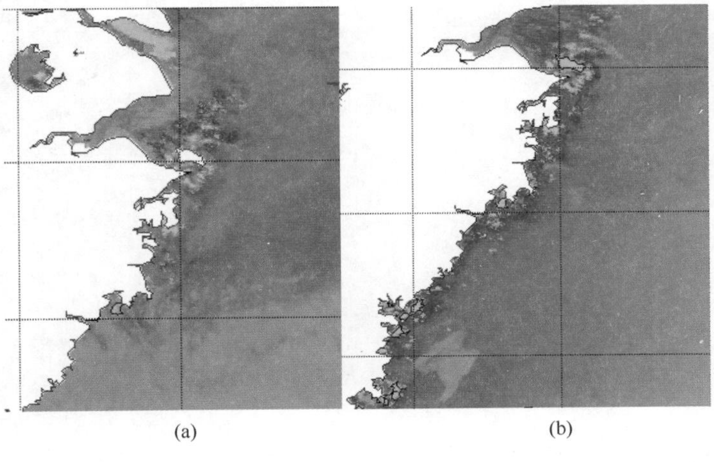

图 7.4　2004 年 5 月研究海域赤潮 MODIS NDVI 实时监测图像

（a）2004 年 5 月 6 日；（b）2004 年 5 月 10 日

赤潮事件首先被发现在 2004 年 5 月 6 日的 NDVI 卫星图片上，位于浙江沿岸的东北位置上，在 2004 年 5 月 10 日的 NDVI 卫星图片上，就发现异常区域已向东转移，并且沿着浙江省沿岸向南发展，那么这到底是两次发生在不同区域的不同的赤潮事件，还是同一次赤潮事件地点的转移？这个问题以目前的遥感技术还没有办法回答，但是实测资料表明，这是发生在 2004 年的区域内最大的一次赤潮，主要的赤潮藻种是 *Skeletone macostatum* 和 *Prorocentrum dentatum*，这两种藻类没有贝毒毒素，因此赤潮发生后没有鱼类死亡的报道。赤潮的迁移可能与长江冲淡水的运移有关。在春夏季节，长江冲淡水自口门向南进入杭州湾和舟山海域，部分向沿岸向南运移，挟带了大量的营养盐和赤潮细胞（王保栋，1998；浦泳修，2002）。在合适的环境中，这些赤潮细胞就大量繁殖，再次发生赤潮。

由此，我们得到如下结论：

（1）MODIS 数据在进行赤潮遥感监测中具有广阔的应用前景，无论在波段设置和实时性上都适合实时监测。

（2）NDVI 指数以及异常为监测赤潮提供了一种手段，赤潮区域往往具有较低的 NDVI 值，与目前国内外通用的判断标准不同，其中原因有待于进一步研究。

（3）由于各个海区赤潮发生时藻类不同，强度不同，目前还没有办法确定精确的阈值范围。

（4）随着传感器技术的日益先进，海洋水色产品日益丰富，环境参数法与特征波段组合法方法无疑是今后赤潮反演的一个方向。

8 结论和展望

8.1 本文完成的主要研究工作

（1）建立了基于海洋水色遥感产品的富营养化水体遥感水质评价方法

本次研究吸收 NEEA 和 OSPAR 的富营养化评价概念，抓住研究海域内陆源人为营养盐过量输入造成的水体富营养化特征，从营养盐输入—富营养化初级表征—富营养化次级表征三个层次入手，在国家海洋局第二海洋研究所卫星海洋遥感应用系统生成的各级产品中，选择 L3B 悬浮物浓度和 L3B 水体黄色物质吸收系数作为陆源人为营养盐输入的间接评价参数；选择 L3B 叶绿素浓度作为水体富营养化的初级表征；选择 L3A/L3B 叶绿素浓度、L3A/L3B 海表温度和 L3A/L3B 波段比值进行研究海域内赤潮事件的反演，和 L3B 透明度参数一起作为富营养化次级表征的评价指标；评价采用单项指标法，以 1′×1′网格单元的采样密度，监测评价的频率采用每月一次。

（2）研究各类水质参数之间的耦合关系，选择水体中总磷和溶解无机氮作为营养盐污染的评价参数

历史资料表明研究海域内主要的污染物是磷酸盐和溶解无机氮。对磷酸盐地球化学行为的研究表明：①研究海域内磷酸盐表现为复杂的多元化地球化学行为：在高浑浊的河口区域，磷酸盐浓度受磷酸盐缓冲机制的强烈控制，使一定盐度范围内的磷酸盐含量维持在一定的浓度上；在悬浮物含量较低的海域，磷酸盐含量受稀释扩散作用的控制，表现为由近岸向外海的逐渐降低趋势。②研究海域内颗粒态生物磷含量远大于水体中活性磷酸盐含量，如果单纯考虑磷酸盐作为水体富营养化评价指标，势必低估研究海域内生物可利用磷的含量，从而低估研究海域内实际的营养盐输入通量。在综合考虑营养盐遥感反演模式的稳定性和研究海域实际富营养程度的基础上，采用 TP 和 DIN 作为研究海域的营养盐污染评价指标。

（3）建立研究海域内水体中总磷和溶解无机氮的遥感反演模式

研究海域内 DIN 基本表现为保守性的化学行为：①淡水端溶解态无机氮的含量明显高于海水端；②三态氮中硝酸盐含量最高，起主导地位；③无机氮的含量与盐度具有显著的线性负相关的关系；④生物转移作用在近岸区域其作用远远小于物理混合稀释作用。采用 CDOM 作为河口区水体混合过程和污染物在河口和海洋中扩散途径的示踪剂，用来示踪陆源输入的大小和程度。在研究海域内建立 DIN 与光学活性参数之间的关系，在不考虑生物转移和其他作用的情况下，$C_{\mathrm{DIN}} = 1.4065 \times A_{\mathrm{ACD_{SAT}}} - 0.0359$，从而得到研究海域内海洋水色遥感产品 ACD 作为溶解无机氮间接评价指标的分类评价标准。

由于河口近岸海域悬浮颗粒物对磷酸盐的吸附和解吸作用，研究海域内颗粒态总磷与悬浮物之间存在良好的相关性，总磷的分布和转移受悬浮物含量明显控制，TP 与 SPM 含量之

间存在着正相关关系，接近理想行为，获得拟合关系式，$C_{TP}=0.0006\times C_{SS_{SAT}}+0.0163$，用于研究海域内海洋水色遥感产品 SS 作为总磷间接评价指标的分类标准的确定。

（4）误差分析

对实验海区内的遥感水质评价结果进行误差分析表明遥感水质评价的精度在 30% 以内。

由于 SS 和 ACD 遥感产品都是用于指示陆源输入营养盐的间接指标，对两者的分类评价基于 SS 与 TP 浓度、ACD 与 DIN 之间的相关性。研究海域的遥感水质评价与实测评价的结果比较表明各类水体的面积误差在 30% 以内，水质类别分布趋势性一致。

（5）研究海域内遥感水质专题图制作

以上海海域和浙江海域为研究对象，进行了 2005 年全年月度遥感水质监测评价，制作遥感水质专题图。

（6）赤潮反演

采用植被指数、温度和叶绿素浓度进行研究海域内赤潮事件的反演。

8.2 创新点

综合本次研究工作，创新性主要体现在以下 3 个方面。

（1）建立了基于海洋水色遥感产品的沿海水质评价模式，为我国沿海利用卫星遥感实现业务化水质速报打下了十分扎实的技术基础。

（2）吸收美国 NEEA 和欧洲 OSPAR 富营养化概念模型，从营养盐输入——富营养化初级表征——富营养化次级表征三个层次提出了适用于沿海水质遥感评价的评价指标。

（3）通过建立水质参数之间的相互耦合关系，获得了研究海域内营养盐的反演模型，间接得到了悬浮物和 ACD 作为水质评价参数的分类标准。

8.3 几点结论

纵观全文，可以得到以下几点结论。

（1）以海洋水色遥感产品作为监测评价水质参数的数据源，进行沿海富营养化水体的水质评价和分类，其理论和技术方法是可行的。

（2）基于 NEEA 和 OSPAR 富营养化概念模型，选择陆源输入营养盐作为沿海水体人为生态压力的指标、叶绿素浓度作为富营养化初级症状、透明度和赤潮作为富营养化次级症状进行沿海水质遥感评价，思路是合理的、正确的，并且是实用的。对于当前海洋质量环境评价中普遍存在的评价方法混乱的现状，具有启发和借鉴意义。

（3）将悬浮物浓度作为 TP 的间接评价指标，将 ACD 作为 DIN 的间接评价指标的方法是正确的。实际应用说明，间接评价标准在沿海水质分类上具有极强的实用性，能够满足海洋环境监测应用部门的迫切需求。

8.4 进一步的研究工作

遥感技术在海洋水环境质量评价中的应用具有广阔的应用前景，本研究在这方面做了一些尝试，取得了一定的成果，但还有大量的后续研究工作需要继续进行，进一步的研究工作概括如下。

（1）对营养盐反演算法的进一步的完善和改进，目前的营养盐反演算法主要用于建立悬浮物和 ACD 间接水质分类评价标准，离真正进行水体中营养盐的浓度遥感反演还有差距，因此重点需要进一步研究营养盐在水体中的地球化学行为特性，提高营养盐遥感反演精度；

（2）目前这一评价模式已经用于某些海域的水质评价，模式的普适性还有待于进一步验证和提高；

（3）模式的自动化程度还有待于进一步提高，以适应目前的海洋水环境监测的迫切需要。

参考文献

安达六郎 . 1976. 赤潮生物和赤潮生态 [J]. 水产土木 .

安居白，张永宁 . 2002. 发达国家海上溢油遥感监测现状分析 [J]. 交通环保，23 (3)：27 – 29.

陈楚群，潘志林，施平 . 2003. 海水光谱模拟及其在黄色物质遥感反演中的应用 [J]. 热带海洋学报，22 (5)：33 – 39.

陈松，廖文卓，骆柄坤，等 . 1993. 九龙江河口区磷的转移和入海通量 [J]. 台湾海峡，15 (2)：137 – 142.

陈松，廖文卓，许爱玉 . 1997. 九龙江口磷的界面分配和转移 [J]. 台湾海峡，16 (3)：293 – 298.

陈志强 . 2001. 环境污染的遥感监测技术研究 [R]. 研究报告 .

樊伟，周甦芳，崔雪森，等 . 2002. 海洋渔业卫星遥感的研究应用及发展 [J]. 海洋技术，21 (1)：15 – 21.

高抒，程鹏，汪亚平，等 . 1999. 长江口外海域 1998 年夏季悬沙浓度特征 [J]. 海洋通报，18 (6)：44 – 50.

郭玉洁，杨则禹 . 1992. 长江口区浮游植物的数量变动及生态分析 [J]. 海洋科学集刊，39：167 – 169.

国家海洋局 . 1991. 海洋监测规范 [M]. 北京：海洋出版社.

国家海洋局南海分局 . 1996. 大鹏湾环境与赤潮的研究 [M]. 北京：海洋出版社.

何贤强，潘德炉，黄二辉，等 . 2004. 中国海透明度卫星遥感监测 [J]. 中国工程科学，6 (9)：33 – 38.

何执兼，邓孺孺，王兴玲，等 . 1999. 应用水色卫星对海水油及 COD 的遥感探测 [J]. 中山大学学报 (自然科学版)，38 (3)：81 – 84.

洪君超，黄秀清，蒋晓山 . 1994. 长江口中肋骨条藻赤潮发生过程环境要素分析——营养状况 [J]. 海洋与湖沼，25 (2)：179 – 184.

洪君超，黄秀清，袁永进 . 1989. 长江口外及邻近海区赤潮多发区的分析与探讨 [J]. 暨南大学学报，40 – 50.

扈传昱，王正方，吕海燕 . 1999. 海水和海洋沉积物中总磷的测定 [J]. 海洋环境科学，18 (3)：48 – 52.

黄海军，樊辉 . 2004. 黄河三角洲潮滩潮沟近期变化遥感监测 [J]. 地理学报，59 (5)：723 – 730.

黄韦艮，丁德文 . 2004. 赤潮灾害预报机理与技术 [M]. 北京：海洋出版社 .

黄自强，暨卫东 . 1994. 长江口水中总磷、有机磷、磷酸盐的变化特征及相互关系 [J]. 海洋学报，16 (1)：51 – 60.

江文胜，王厚杰 . 2005. 莱州湾悬浮泥沙分布形态及其与底质分布的关系 [J]. 海洋与湖沼，36 (2)：97 – 103.

金相灿，等 . 1998. 中国湖泊环境 [M]. 北京：海洋出版社 .

乐华福，林寿仁，赵太初，等 . 2000. 近海Ⅱ类海水反射率与表面悬浮物相关性的研究 [J]. 国土资源遥感，43 (1)：34 – 39.

李春干，谭必增 . 2003. 基于“3S”的红树林资源调查方法研究 [J]. 自然资源学报，18 (2)：215 – 221.

李清血，陶建华 . 1999. 应用浮游植物群落结构指数评价海域富营养化 [J]. 中国环境科学，19 (6)，548 – 551.

李四海 . 2004. 海上溢油遥感探测技术及其应用进展 [J]. 遥感信息，53 – 57.

李天宏，赵智杰，韩鹏 . 2002. 深圳河河口红树林变化的多时相遥感分析 [J]. 遥感学报，6 (5)：364 – 369.

李旭文，季耿善，杨静 . 1993. 苏州运河水质的 TM 分析 [J]. 环境遥感，8 (1)：36 – 44.

郦桂芬 . 1994. 环境质量评价 [M]. 北京：中国环境科学出版社 .

林彬，安居白 . 2004. 海面溢油油种激光遥感 ANN 探测方法的研究 [J]. 海洋环境科学，47 – 49，10 – 19.

林荣根，吴景阳 . 1994. 黄河口沉积物对磷酸盐的吸附和释放 [J]. 海洋学报，16 (4)：82 – 90.

林以安，唐仁友，李炎．1996. 长江口区 C、N、P 的生物地球化学变化对悬浮体絮凝沉降的影响//张经．中国主要河口的生物地球化学研究：化学物质的迁移与环境［M］．北京：海洋出版社．
林昱，林荣澄．1999. 厦门西港引发有害硅藻水华磷的阈值研究［J］．海洋与湖沼，30（4）：391－395.
刘瑞民，王学军．2001. 太湖污染与环境动态监测信息系统研究［J］．中国环境监测，17（3）：2－5.
刘新成，沈焕庭，黄清辉．2002. 长江入河口区生源要素的浓度变化及通量估算［J］．海洋与湖沼，33（5）：332－340.
罗滨逊．1989. 卫星海洋学［M］．吴克勤等，译．北京：海洋出版社．
马仲文，张奭．1990. 环境评价［M］．上海：同济大学出版社．
毛显谋，黄韦艮．2003. 多波段卫星遥感海洋赤潮水华的方法研究［J］．应用生态学报，14（7）：1200－1202.
毛志华，朱乾坤，潘德炉，等．2003. 卫星遥感速报北太平洋渔场海温方法研究［J］．中国水产科学，10（6）：502－506.
美国国家环保局．http：//www. epa. gov.
潘德炉，王迪峰．2004. 我国海洋光学遥感应用科学研究的新进展［J］．地球科学进展，19（4）：506－512.
浦泳修．1983. 夏季长江冲淡水扩展机制的初析［J］．东海海洋，1：43－51.
齐雨藻．2003. 中国沿海赤潮［M］．北京：科学出版社．
任广法．1992. 长江口及其邻近海域溶解氧的分布变化［J］．海洋科学集刊，39：139－151.
日本渔情信息服务预报系统．http：//www. jafic. or. jp.
沈志良．1997. 长江干流营养盐通量的初步研究［J］．海洋与湖沼，28（5）：522－527.
石晓勇，史致丽，余恒，等．1999. 黄河口磷酸盐缓冲机制的探讨——Ⅰ．黄河口悬浮物对磷酸盐的吸附－解吸研究［J］．海洋与湖沼，30（2）：192－198.
石晓勇，史致丽．2000. 黄河口磷酸盐缓冲机制的探讨．Ⅲ．磷酸盐交叉缓冲图及“稳定 pH 范围”［J］．海洋与湖沼，31（4）：441－447.
宋金明，罗廷馨，李鹏程．2000. 渤海沉积物—海水界面附近磷与硅的生物地球化学循环模式［J］．海洋科学，24（12）：30－33.
唐军武，丁静，王其茂，等．2004. 大气散射对采用归一化植被指数进行赤潮遥感监测的影响研究［J］．海洋学报，26（3）：136－142.
王保栋．1998. 长江冲淡水的扩展及其营养盐的输运［J］．黄渤海海洋，16（2）：41－47.
王凡，许炯心，等．2004. 长江、黄河口及邻近海域陆海相互作用若干重要问题［M］．北京：海洋出版社．
王明翠，刘雪芹，张建辉．2002. 湖泊富营养化评价方法及分级标准［J］．中国环境监测，18（5）：47－49.
王桥，杨一鹏，黄家柱，等．2003. 环境遥感［M］．北京：科学出版社．
王学军，马廷．2000. 应用遥感技术监测和评价太湖水质状况［J］．环境科学，21（6）：65－68.
韦蔓新，童万平，何本茂．2001. 北海湾磷的化学形态及其分布转化规律［J］．海洋科学，25（2）：50－53.
徐兆礼．2008. 象山港赤潮期浮游生物生态特征的分析［J］．海洋通报，11（5）：46－52.
杨逸萍，宋瑞星，胡明辉．1996. 河口悬浮物与海洋近岸表层沉积物种磷的海洋浮游藻类生物测定［J］．厦门大学学报（自然科学版），35（4）：574－580.
俞沅．1998. 机载遥感海上溢油监测系统的设计与研究［J］．海洋技术，17（4）：24－29.
俞志明，马锡年，谢阳．1995. 黏土矿物对海水中主要营养盐的吸附研究［J］．海洋与湖沼，26（2）：208－213.
张从．2002. 环境评价教程［M］．北京：中国环境科学出版社．
张存智，窦振兴，韩康，等．1997. 三维溢油动态预报模式［J］．海洋环境科学，16（1）：22－29.
张海林，何报寅，丁国平．2002. 武汉湖泊富营养化遥感调查与评价［J］．长江流域资源与环境，11（1）：36－39.

张平，沈志良 . 2001. 营养盐限制的水域性特征［J］. 海洋科学，25（6）：16－19.
张霄宇，潘德炉，等 . 2005. 遥感技术在河口颗粒态总磷分布及扩散研究中的应用初探［J］. 海洋学报，27（1）：51－56.
张永宁，丁倩，高超 . 2000. 油膜波谱特征分析与遥感监测溢油［J］. 海洋环境科学，19（3）：5－10.
章守宇，杨红，刘洪生 . 2000. 东海物质输送及其影响因素分析［J］. 上海水产大学学报，9（2）：152－156.
赵保仁 . 1992b. 长江冲淡水锋面变动及其与径流量的关系［J］. 海洋科学集刊，39：27－49.
赵保仁 . 1992a. 长江口海域温、盐度分布的基本特征和上升流现象［J］. 海洋科学集刊，39：15－26.
赵冬至 . 2003. AVHRR 遥感数据在海表赤潮细胞数探测中的应用［J］. 海洋环境科学，22（1）：10－19.
赵宏宾，刘莲生，张正斌 . 1997. 海水中磷酸盐在固体粒子上阴离子交换作用［J］. 海洋与湖沼，28（3）：294－301.
郑新江，范天锡 . 1997. 气象卫星在海洋渔业遥感中的应用［J］. 中国航天，03：3－4.
中国 21 世纪议程［M］. 2000. 哈尔滨：黑龙江出版社 .
朱建荣，丁平兴，胡敦欣 . 2003. 2000 年 8 月长江口外海区冲淡水和羽状锋的观测［J］. 海洋与湖沼，34（3）：249－255.
1990 年中国海洋环境质量公报 . http：//www. coi. gov. cnhygbindex. html.
1991 年中国海洋环境质量公报 . http：//www. coi. gov. cn/hygb/index. html.
1992 年中国海洋环境质量公报 . http：//www. coi. gov. cn/hygb/index. html.
1993 年中国海洋环境质量公报 . http：//www. coi. gov. cn/hygb/index. html.
1994 年中国海洋环境质量公报 . http：//www. coi. gov. cn/hygb/index. html.
1995 年中国海洋环境质量公报 . http：//www. coi. gov. cn/hygb/index. html.
1996 年中国海洋环境质量公报 . http：//www. coi. gov. cn/hygb/index. html.
1997 年中国海洋环境质量公报 . http：//www. coi. gov. cn/hygb/index. html.
1999 年中国海洋环境质量公报 . http：//www. coi. gov. cn/hygb/index. html.
2000 年中国海洋环境质量公报 . http：//www. coi. gov. cn/hygb/index. html.
2001 年中国海洋环境质量公报 . http：//www. coi. gov. cn/hygb/index. html.
2002 年中国海洋环境质量公报 . http：//www. coi. gov. cn/hygb/index. html.
2003 年浙江省环境状况公报 . http：//www. zjep. gov. cn/hj/model. asp？ item＝itemb&year＝2003.
2003 年中国海洋环境质量公报 . http：//www. coi. gov. cn/hygb/index. html.
2004 年中国海洋环境质量公报 . http：//www. coi. gov. cn/hygb/index. html.
2005 年中国海洋环境质量公报 . http：//www. coi. gov. cn/hygb/index. html.
Arnone R A，Gould R W，Jr D A，et al. . 2000. Optics signatures of coastal salinity：Linkage with remote sensing ocean color［R］. Proceedings of the Sixth International Conference：Remote Sensing for Marine and Coastal Environments：Vol. 1，Charleston，South Carolina，USA，28－29.
Aston S R. 1980. Nutrients，dissolved gases，and general biogeochemistry in estuary. In：Alausson E，Cato I ed. Chemistry and biogeochemistry of estuaries. Wiley Press，233－257.
Barrow N J. 1983. A mechanistic model for describing the sorption by soils［J］. J. Soil Sci，34（b）：751－758.
Breaker L C. 1981. The applications of satellite remote sensing to west coast fisheries［J］. Mar. Tech. Soc. J，15（3）：32－40.
Bricker S B，Clement C G，Pirhalla D E，et al. . 1999. National Estuarine eutrophication Assessment，Effects of Nutrient Enrichment in the Nation's Estuaries［R］. NOAA－NOS Special Projects Office.
Bricker S B，Ferreira J G，Simas T. 2003. An integrated methodology for assessment of estuarine trophic status［J］.

Ecological Modelling, 169: 39 - 60.

Carlson R E. 1977. A trophic state index for lakes. Limnol [J]. Oceanogr, 1977, 22: 361 - 369.

Carritt D E S. 1954. Goodgal, Sorption reactions and some ecological implications [J]. Deep Sea Res, 1: 224 - 243.

Chau K W, Jin H. 2002. Two - layered, 2D unsteady eutrophication model in boundary - fitted coordinate system [J]. Marine Pollution Bulletin, 45 (12): 300 - 310.

Chuanmin Hu, Frank E. Muller - Karger, Charles (Judd) Taylor, et al.. 2005. Red tide detection and tracing using MODIS fluorescence data: A regional example in SW Florida coastal waters [J]. Remote Sensing of Environment, 97: 311 - 321.

Dillon P J, Rigler F H. 1975. A simple method for predicting the capacity of a lake for development based on lake trophic status [J]. Journal of the Fisheries Research Board of Canada, 32: 1519 - 1531.

Dugdale R C, Morel A, Bricand A, et al. 1989. Modeling new production in upwelling centers: A case study of modeling new production from remotely sensing temperature and color [J]. Journal of Geophysical Research, 94: 18, 119 - 18, 132.

Espdal. H A, Wahl T. 1999. Satellite SAR oil spill detection using wind history information [J]. International journal of Remote Sensing, 20 (1): 49 - 65.

Ferrari G M, Dowell M D. 1998. CDOM Absorption Characteristics with Relation to Fluorescence and Salinity in Coastal Areas of the Southern Baltic Sea [J]. Estuarine, Coastal and Shelf Science, 47: 91 - 105.

Fitzgerald G P. 1970. Aerobic lake muds for the removal of phosphorus from lake waters [J]. Limnol Oceanogr, 15: 550 - 555.

Fraser A I, Harrod T R, Haygarth P M. 1999. The effect of rainfall intensity on soil erosion and particulate phosphorus transfer from arable soil [J]. Water science and technology, 39 (12): 41 - 45.

Giovanni M Ferrari, Mark D Dowell, Stefania Grossi, et al. 1996. Relationship between the optical properties of chromophoric dissolved organic matter and total concentration of dissolved organic carbon in the southern Baltic Sea region [J]. Marine Chemistry, 55: 299 - 316.

Gitelson A, Garbuzov G, Szilagyi F, et al.. 1993. Quantitative remote sensing methods for real - time monitoring of inland waters quality [J]. INT. J. REMOTE SENSING, 14 (7): 1269 - 1295.

Green S A, Blough N V. 1994. Optical absorption and fluorescence properties of chromophoric dissolved organic matter in natural water [J]. Limnology & Oceanography, 39 (8): 1903 - 1916.

Grobberaer J U. 1983. Availability to algal of N and P adsorbed on suspended solids in turbid waters of the Amazon River [J]. Arch. Hydrobiol, 96 (3): 302 - 316.

Hans Hakvoort, Johan de Haan, Rob Jordans, et al.. 2002. Towards airborne remote sensing of water quality in the Netherland - validation and error analysis [J]. ISPRS Journal of Photogrammetry & Remote Sensing, 57: 171 - 183.

Harding L W, Mallonee M E, Perry E S. 2002. Toward a Predictive Understanding of Primary Productivity in a Temperate, Partially Stratified Estuary, Estuarine [J]. Coastal and Shelf Science, 55: 437 - 463.

http: //eospso. gsfc. nasa. gov/

http: //modis. gsfc. nasa. gov/

http: //noaasis. noaa. gov/NOAASIS/ml/avhrr. html

http: //oceancolor. gsfc. nasa. gov/SeaWiFS/

http: //www. cbos. org/

http: //www. epa. gov

http: //www. geos. com/services/monitoring/seawatch. asp

http: //www. ndbc. noaa. gov/cman. php

http: //www. ucc. ie/hfrg/projects/mermaid/index. html

Jan Aure, Didrik Danielssen, Roald Sætre. 1996. Assessment of eutrophication in Skagerrak coastal waters using oxygen consumption in fjordic basins [J]. ICES Journal of Marine Science, 53: 589 – 595.

Joaquim I Goes, Toshiro Saino, Hiromi Oaku, et al. 1999. A method for estimating sea surface nitrate concentrations from remotely sensed SST and Chlorophyll a – A case study for the North Pacific Ocean using OCTS/ADEOS data [R]. IEEE transactions on Geoscience Remote Sensing, 37 (3): 1633 – 1644.

Joaquim I Goes, Toshiro Saino, Hiromi Oaku, et al.. 2000. Basin scale estimates of sea surface nitrate and new production from remotely sensed sea surface temperature and chlorophyll [J]. Geophysical research letters, 27 (9): 1263 – 1266.

Krom M D, Benner R A. 1980. Adsorption of phosphate in anoxic marine sediment [J]. Limnol. Oceanogr, 1980, 25 (5): 797 – 806.

Lee J Y, Tett P, Jones K, et al. 2002. The PROWQM physical – biological model with benthic – pelagic coupling applied to the northern North Sea [J]. Journal of Sea Research, 48: 287 – 331.

Lewis E Fox, Shawn L. 1985. factors controlling the concentrations of soluble phosphorus in the Mississippi estuary [J]. Limno Oceangor, 30 (4): 826 – 832.

Lin Yi'an, Tang Renyou, Pan Jianming, et al.. 2001. Variation of nutrient element and its effect on ecological environment off the Changjiang Estuarine waters [J]. Acta Oceanoligica Sinica, 20 (2): 197 – 207.

Lubos Matejicek, Libuse Benesová, Jaroslav Tonika. 2003. Ecological modelling of nitrate pollution in small river basins by spreadsheets and GIS [J]. Ecological Modelling, 170: 245 – 263.

Macpherson L B. 1958. The effect of pH on the patron of inorganic phosphate between water and oxidized mud or its ash [J]. Limnol Oceanogr, 3 (3): 318 – 326.

Maher W, Woo L. 1998. Procedures for the storage and digestion of natural waters for the determination of filterable reactive phosphorus, total filterable phosphorus and total phosphorus [J]. Analytica Chimica Acta, 375: 5 – 47.

Meyer A, Lutjeharms J R E, Villiers S de. 2002. The nutrient characteristics of the Natal Bight [J]. South Africa Journal of Marine Systems, 35: 11 – 37.

Meyer J L. 1979. The role of sediments and bryophytes in phosphorus dynamics in a headwater stream ecosystem [J]. Limno Oceangor, 24: 365 – 375.

Michael D King, Reynold Greenstone. 1999. EOS Reference Handbook [M]. A Guide to NASA's Earth Science Enterprise and the Earth Observing System.

Morin P, Wafar M V M, Le Corre P, et al.. 1993. Estimation of nitrate flux in a tidal front from satellite derived temperature data [J]. Journal of Geophysical Research, 98 (C3): 4689 – 4695.

Nandish M Mattikalli, Keith S Richards. 1996. Estimation of Surface Water Quality Changes in Response to Land Use Change: Application of the Export Coefficient Model Using Remote Sensing and Geographical Information System [J]. Journal of Environmental Management, 48: 263 – 282.

OSPAR. 2001. Draft Common Assessment Criteria and their Application within the Comprehensive Procedure of the Common Procedure, Meeting of the eutrophication task group (ETG) [R]. London, OSPAR convention for the protection of the marine environment of the North – East Atlantic.

Pattiaratchi C, Larery P, Wylli A, et al.. 1994. Estimate of water quality of coastal water using multi – date landsat thematic mapper data [J]. International Journal of remote sensing, 15 (8): 1571 – 1584.

Paul Lavery, Charitha Pattiatatchi, Alex Wyllie, et al. 1993. Water quality monitoring in estuarine waters using the landsat Thematic Mapper [J]. Remote sensing of environment, 46: 268 – 280.

Philip N Froelich. 1988. Kinetic control of dissolved phosphate in natural rivers and estuaries: A primer on the phosphate buffer mechanism [J]. Limnol. Oceanogr, 33: 649 – 667.

Pomeroy L R, Smith E E, Grant C M. 1965. The exchange of phosphate between estuarine water and sediments. Limnol. Oceanogr. 10: 167 – 172.

Richard G Lathrop, Thomas M Lillesand. 1986. Use of Thematic Mapper data to assess water quality in Green Bay and Central Lake Michigan [J]. Photogrammetric Engineering and Remote Sensing, 52 (5): 671 – 680.

Sabine Thiemann, Hermann Kaufmann. 2000. Determination of chlorophyll content and trophic state of lakes using field spectrometer and IRS – 1C satellite data in the Mecklenburg Lake District, Germany [J]. Remote Sensing Environment, 73: 227 – 235.

Sagher A. 1976. Availability of soil runoff phosphorus to algal, city of Madison, Wisconsin [D]. University of Wisconsin – Medison.

Sampsa Koponen, Jouni Pulliainen, Kari Kallio, et al. 2002. Lake water quality classification with airborne hyperspectral spectrometer and simulated MERIS data [J]. Remote Sensing of Environment, 79: 51 – 59.

Serwan M J Baban. 1993. Detecting water quality parameters in the Norfolk Broads, U. K. , using Landsat imagery [J]. INT. J. REMOTE SENSING, 14 (7): 1247 – 1267.

Serwan M J Baban. 1997. Environmental monitoring of estuaries: estimating and mapping various environmental indicators in Breydon Water Estuary, U. K. , using Landsat TM imagery [J]. Estuarine, Coastal and Shelf Science, 44: 589 – 598.

Shbha Sathyendranath, Trevor Platt, Edward P W Horne, et al. 1991. Estimation of new production in the ocean by compound remote sensing [J]. Nature, 353: 129 – 133.

Sohma A, Sekiguchi Y, Yamada H, et al. . 2001. A new coastal marine ecosystem model study coupled with hydrodynamics and tidal flat ecosystem effect [J]. Marine Pollution Bulletin, 43 (7 – 12): 187 – 208.

Steven M Kloiber, Patrick L Brezonik, Leif G Olmanson, et al. 2002. A procedure for regional lake water clarity assessment using Landsat multispectral data [J]. Remote Sensing of Environment, 82: 38 – 47.

Stirling H P, Wormald A P. 1997. Phosphate/sediment interaction in Tolo and Long Harbours, Hongkong, and its role in estusrine phosphorus availability [J]. Estua Coast Mar Sci, 5: 631 – 642.

Tanaka K. 1998. Phosphate adsorption and desorption by the sediment in the Chikuga River estuary, Japan [J]. Bull Seikai Reg Fish Res Lab, 66: 1 – 12.

Tony A. Lowery. 1998. Modelling estuarine eutrophication in the context of hypoxia, nitrogen loadings, stratification and nutrient ratios [J]. Journal of Environmental Management, 52: 289 – 305.

Vodacek A, Hoge F E, Swift R N, et al. . 1995. The use of situ and airborne fluorescence measurements to determine UV absorption coefficients and DOC concentrations in surface waters [J]. Limnology & Oceanography, 40 (2): 411 – 415.

Vollenweider R A, Giovanardi F, Montanari G, et al. 1998. Characterisation of the trophic conditions of marine coastal waters with special reference to the NW Adriatic Sea: proposal for a trophic scale, turbidity and generalised water quality index [J]. Environmetrics, 9: 329 – 357.

White R E, Taylor A W. 1997. Reactions of soluble phosphate with acid soil: The interpretation of adsorption – desorption isotherm [J]. J Soil Sci, 28: 314 – 328.

Yuanzhi Zhang, Jouni Pullianinen, Sampsa Koponen, et al. 2002. Application of an empirical neural network to surface water quality estimation in the Gulf of Finland using combined optical data and microwave data [J]. Remote Sensing of Environment, 81: 327 – 336.

Yunpeng Wang, Hao Xia, Jiamo Fu, et al. 2004. Water quality change in reservoirs of Shenzhen, China: detection using LANDSATyTM data [J]. Science of the Total Environment, 328: 195 - 206.

Zhang S, Ji H B, Yan W J, et al. 2003. Composition and flux of nutrients transport to the Changjiang Estuary [J]. Journal of Geographical Scieces, 13 (1): 3 - 12.

Zilioli E, Brivio P A, Gomarasca M A. 1994. A correlation between optical properties from satellite data and some indicators of eutrophication in Lake Garda (Italy) [J]. The Science of the Total Environment, 158: 127 - 133.

Zilioli E, Brivio P A. 1997. The satellite derived optical information for the comparative assessment of lacustrine water quality [J]. The Science of the Total Environment, (196): 229 - 245.

论文二：基于固有光学量的东海赤潮遥感提取算法研究

作　　者：雷　惠
指导教师：潘德炉

作者简介：雷惠，女，1982 年出生，博士。2005 年毕业于厦门大学海洋与环境学院海洋学系，获理学学士学位；2008 年毕业于国家海洋局第二海洋研究所，获物理海洋学理学硕士学位；2011 年获浙江大学理学院地球科学系与国家海洋局第二海洋研究所卫星海洋环境动力学国家重点实验室联合培养理学博士学位。

摘　要： 赤潮是东海主要海洋灾害之一，建立准确的遥感赤潮提取算法是对其及时有效的监测，降低危害的重要前提。目前海洋赤潮的遥感提取算法主要是叶绿素浓度异常或直接的光谱（表观光学量）算法。东海赤潮高发区水体光学性质复杂，受水体有色溶解有机物、悬浮颗粒等的干扰，已有的赤潮光谱提取算法在该海域的应用往往失效。为有效提取该海域的赤潮，需要结合赤潮藻类粒径、生理特性等，从固有光学量入手对水体性质进行分析，以实现对该海域赤潮水体的有效提取。对于赤潮的防范和治理，人们不仅需要对其发生范围进行有效监测，还应更加关注有害赤潮类型的准确识别与预警，目前国内在这方面的研究工作还较少展开。

固有光学量能够直接反映水体物质的生理生化特性，随水体物质的变化而表现出差异，在有效排除近岸水体物质干扰，实现赤潮水体与非赤潮水体的有效区分和赤潮藻种识别方面有着巨大的潜力。因此，本文从水体固有光学量入手，对东海的赤潮与非赤潮水体，以及甲藻和硅藻赤潮进行分析，建立适用于该海区的赤潮提取算法。主要研究内容和成果为：

（1）论文首先利用2009年东海海域夏季和冬季两个大型调查航次实测数据，系统分析了海区水体吸收和散射系数等固有光学要素在季节上和空间上的分布与变化情况，获得了东海赤潮的固有光学量背景场。发现在中等浑浊水体中，陆源输入的有色溶解有机物和非藻类碎屑颗粒对色素吸收光谱存在明显干扰。

（2）对东海近10年来发生的赤潮事件进行分析，发现东海典型赤潮藻种以甲藻（东海原甲藻、米氏凯伦藻）和硅藻（中肋骨条藻）等类型为主，其中甲藻类常形成有毒赤潮。论文分析了长江口与温州南麂列岛海域观测到的硅藻与甲藻赤潮事件水体固有光学性质参数，获得了东海赤潮与非赤潮环境水体吸收系数与散射系数的固有光学性质差异，发现甲藻类与硅藻类赤潮水体在实测固有光学性质上可以实现区分。

（3）论文分别从实测数据和遥感赤潮数据对东海典型赤潮事件固有光学量参数进行对比分析，建立了用以识别赤潮水体以及区分甲藻与硅藻类不同赤潮的算法模型，包括色素吸收比重、叶绿素比吸收系数、散射－吸收比值和后向散射比率四种吸收和散射固有光学性质赤潮模型，并开发了基于遥感反射率的赤潮水体光谱高度法识别模型。在此基础上，建立了综合的赤潮卫星遥感识别算法，可用于对东海赤潮水体的提取和甲藻与硅藻赤潮的判别。

（4）将建立的基于固有光学量赤潮识别算法模型应用于近年来东海大型赤潮事件卫星遥感数据集，实现了对赤潮水体发生范围和具体藻种门类的准确识别，总体获得了良好的效果。在试验的16次样本中，对赤潮藻种门类的判别准确率达到了92%。

本文研究的主要创新点为：

（1）在深化认识赤潮水体区别于正常水体的固有光学特性的基础上，发现了东海甲藻与硅藻赤潮水体的固有光学性质差异，对相关赤潮发生、发展和消亡等的科学研究有重要意义。

（2）基于赤潮水体以及甲藻与硅藻间的固有光学特征，建立了光谱高度法、色素比重法和后向散射比值法三种卫星遥感监测赤潮模型以及两藻种的分类模型，验证表明该模型有实用性，对自动化监测赤潮有应用价值。

关键词： 赤潮；固有光学量；遥感；东海

1 绪论

1.1 研究背景和意义

赤潮是水体中藻类短期内大量聚集或爆发性增殖引起的一种海洋现象，英文表示为 Algal Bloom 或 Red Tide，部分引起赤潮的藻种还能分泌毒素。当赤潮发生在近岸特别是养殖区，危害到渔业、养殖业、旅游业甚至人类社会的经济和生命安全时，则定义为有害赤潮（Harmful Algal Bloom）。通常我们所关注的赤潮即为近岸海域有害赤潮。赤潮的危害主要体现在：大量藻类的增殖会遮蔽阳光，藻类细胞堵塞鱼鳃，藻类死亡分解时耗尽水体中溶氧使鱼类等窒息而死；有毒藻种还可分泌神经性、麻痹性、腹泻性毒素等，毒素富集于贝类等体内被人类误食而发生中毒事件等。

我国是世界上海洋养殖业最发达的国家之一，因此，赤潮对我国海洋环境和沿海经济有着重要的影响。我国自 1933 年起便有关于赤潮事件的报道，正式记录是 1952 年发生在黄河口的夜光藻赤潮。由于沿海富营养化，每年都会因赤潮灾害造成严重的经济损失，如 1997—1998 年福建南部和广东北部海域爆发的球形棕囊藻赤潮，造成了约 1.8 亿元的经济损失；2004—2005 年浙江海域大规模的亚历山大藻赤潮，使生态系统遭受到严重破坏[1]。赤潮已成为我国沿海主要海洋生态灾害之一。

东海作为我国主要的边缘海，拥有广阔的海岸线和丰富的海洋资源，承载着“长三角”经济区的高速发展。同时，东海也是我国赤潮灾害最严重的海区，其发生面积和次数均为全国海域之最。据统计[2]，近年来我国海域赤潮藻种主要类型有中肋骨条藻、具齿原甲藻、夜光藻、米氏凯伦藻（有毒）和棕囊藻（有毒）等，且多由两种或两种以上的藻种共同形成，常见的伴生情况为东海原甲藻与长崎裸甲藻等。东海海域赤潮主要藻种为具齿原甲藻、中肋骨条藻、夜光藻和米氏凯伦藻等。其中甲藻类赤潮往往会产生毒素，因此更需引起额外的关注。

为减少赤潮灾害所造成的损失，对赤潮的有效防治是最首要和迫切的解决方案。为此，沿海许多地区采取了诸如减少工业、农业和生活污水的排放，加强科学养殖与管理，改善养殖区和赤潮高发区底质环境，以及控制外来有害赤潮物种的引入等措施。但由于赤潮发生机理的复杂性，该部分工作总体成效还需要长期的检验。目前对赤潮灾害的防治总体上还是在加大监控力度上，通过对赤潮事件进行实时有效的监测，从赤潮灾害的预报、预警和实时监测方面降低其所带来的损失，是当前降低其危害的有效手段[1]。

赤潮常规监测手段主要是，建立赤潮监控区，对赤潮发生、发展和消亡过程的水体生化参数、赤潮物种等进行采样测量与分析，实现对赤潮事件的监测；除此之外，对沿海赤潮的观测记录主要来自于海监飞机、渔民、志愿者等及时发现与上报。这些监测手段容易受到赤潮爆发不确定性以及时间空间等的诸多限制，且产生的费用也通常较高。相比之下，卫星遥感具有覆盖范围广、重复率高、成本低廉等优势，近年来已是赤潮监测不可或缺的重要手段。我国目前已有多项针对赤潮监测的项目启动和实施，如，由北海分局承担、以北海监测中心为牵头单位组织开展的国内首个“赤潮重点监控区监控预警系统”（2005—2006 年），国家海洋局东海环境监测中心与国家海洋局第二海洋研究所等单位联合承担的国家“863”计划重点项目“重大海洋赤潮灾害实时监测与预警项目”（2008—2013 年）等，使得赤潮监测“由被动的报告型向主动的探测型转换”，并开发了一系列的遥感提取算法和预报预警模型，如物理－生物耦合模型、动力学模型、统计学模型、神经网络模型等[3]。

赤潮水体所表现出来的光谱性质是赤潮藻细胞、细胞间相互作用、水体溶解和悬浮物质、甚至底质等多种因素共同作用的结果。目前常用的赤潮水色遥感识别方法主要关注水体光谱的总体表现，受当时当地水体环境的生化、物理和水文动力等条件限制作用明显，可移植性较弱。水体固有光学量是表征水体本身物质对光的响应的参量，与光场的外部环境如光照强度、入射出射角度等无关，能够更直接地反映水体物质的根本性质，因此，从固有光学特性出发开发识别算法正逐渐成为水色遥感的发展方向。本文基于这一趋势，研究分析赤潮的固有光学特征，建立适用于东海海域常见赤潮藻种的固有光学量遥感提取算法，提高赤潮遥感监测的精度。

1.2 国内外研究现状

早在 1974 年，Strong 便利用陆地卫星 Landsat（传感器多光谱扫描仪 Multispectral Scanner，MSS）第 6 波段（10.4～12.5 μm）的单波段数据进行了湖泊赤潮的探测[4]。自 1978 年美国雨云卫星 Nimbus－7 搭载的第一个水色传感器（海岸带扫描仪，Coastal Zone Color Scanner，CZCS）成功运行开始，国内外海洋水色领域专家逐渐开始了各种全球和区域性赤潮遥感提取算法的开发。其后宽视场扫描仪 SeaWiFS（Sea-viewing Wide Field-of-view Sensor，卫星 SeaStar）和中分辨率成像光谱仪 MODIS（Moderate Resolution Imaging Spectroradiometer，卫星 EOS-Terra/Aqua）的在轨运行更为海洋赤潮遥感监测提供了丰富的卫星资料来源。到目前为止已经形成了多种通用型或针对性的赤潮可见光提取算法。下面对这些算法的发展进行简要介绍。

1.2.1 赤潮遥感提取算法

经过 30 多年的努力，目前针对海洋赤潮的识别算法已由最初的单波段算法发展为多种类提取算法，但多数算法仍处于案例研究阶段，算法的适用性及稳定性还有待提高。

（1）温度法

各类赤潮藻都有其最适宜生长的温度范围，一方面，当海水温度增高到藻种生长的适温范围时，在其他条件合适的前提下便容易引发赤潮；另一方面，当赤潮发生时，往往伴随海水温度的异常升高。温度法即基于赤潮水体的这一特性提出。黄韦艮和楼琇林于 2003 年基于赤潮水体温度变化的特征建立了人工神经网络法[5]，从 1999 年 7 月的 NOAA/AVHRR 数据实现了对渤海夜光藻赤潮信息的提取。除赤潮发生时海表温度随之发生异常升温等变化外，上升流区由于营养盐的补充也往往对应赤潮高发区，因此也有许多研究通过海表温度降低监测上升流的方法间接实现对赤潮区的提取[6]。由于温度改变受环境等多种因素的影响，此类利用温度提取赤潮的方法具有很大的局限性。

（2）叶绿素浓度法

大多数赤潮藻为以光合作用为主要能量来源的自养藻类，细胞内普遍存在丰富的叶绿素，因此当藻类大量增殖引发赤潮时，其水体的叶绿素浓度必然随之明显增大，通过监测海表叶绿素浓度的异常增高可实现识别赤潮的目的。如 Steidinger 和 Haddad 在 1981 年借助于 CZCS 的叶绿素算法，对佛罗里达陆架西部水域的短裸甲藻赤潮进行了成功识别[7]。总体来说，叶绿素法识别赤潮更多的应用于以浮游藻类为主的大洋一类水体。国际通用的一类水体标准叶绿素赤潮提取算法有[8]：

SeaWiFS 全球算法——最大波段比值海洋叶绿素（OC4 算法）经验算法

$$R = \log_{10}\left(\frac{\mathrm{Max}(R_{rs}(443,490,510))}{R_{rs}(555)}\right) \tag{1.1}$$
$$\log_{10}(\mathrm{Chl\ a}) = 0.366 - 3.067R + 1.930R^2 + 0.649R^3 - 1.532R^4$$

MODIS 经验算法（OC3 算法）

$$R = \log_{10}\left(\frac{\mathrm{Max}(R_{rs}(443,488))}{R_{rs}(551)}\right) \tag{1.2}$$
$$\log_{10}(\mathrm{Chl\ a}) = 0.283 - 2.753R + 0.659R^2 + 0.649R^3 - 1.403R^4$$

根据相关分析，OC4 算法在 Chl a 小于 1 μg/L 时表现很好，而 OC3 算法在这一区间则存在低估，同时两种算法对近岸二类水体的 Chl a 会产生高估，进而影响赤潮的识别。

相比全球性的监测，许多学者在赤潮水体识别方面更希望对特定海区内危害性大、范围广的区域性赤潮实现准确识别与预警。在这方面已开展了许多相关工作，除前文提及的 Steidinger 和 Haddad 在 1981 年对佛罗里达陆架西部水域的短裸甲藻赤潮识别外[7]，在 SeaWiFS 广泛应用之后，也有许多学者开始尝试基于遥感叶绿素浓度的赤潮区域提取，包括 Stumpf 对墨西哥湾的短裸甲藻赤潮[9]，Chang 等对新西兰海域链状裸甲藻赤潮[10]，Chen 等对长江口塔玛亚历山大藻赤潮[11]，以及唐丹玲等对 1998 年秋季珠江口链状裸甲藻赤潮的提取等[12]。Gitelson 等专门针对河口高浑浊、高生产力水体建立了波段组合算法用以提取叶绿素浓度，实现了对河口区典型二类水体较高精度的叶绿素提取[13]。相比一类大洋水体的标准叶绿素算法，以上这些针对近岸二类水体的区域性赤潮提取算法都在不同海域之间的通用性普遍较弱。

以上这些案例大多以叶绿素浓度为关键识别因子，而遥感提取叶绿素信息容易受到大气校正、近岸 CDOM 和颗粒物以及浅海水底等的影响。有时一些非赤潮种也会引起高色素浓度，而同时一些低光合性质的赤潮种也不会产生高叶绿素信号。因此，借助叶绿素浓度异常来提取赤潮尤其是某种有害赤潮的方法很多时候显得有些力不从心。

（3）特征波段组合法

赤潮识别特征波段组合法主要包括单波段法、多波段组合算法、归一化植被指数法和高光谱法等。多波段组合算法又可以进一步分为双波段比值法、多波段差值比值法和归一化植被指数法等。

Groom 与 Holligan 在 1987 年以 Strong 1974 年提出的概念模型为基础，利用 NOAA/AVHRR 第 1 波段（580～680 nm）反射率设定阈值，实现了对颗石藻赤潮的成功提取，即是单波段算法的典型应用[14]。

双波段比值法由 Holligan 于 1983 年针对 CZCS 提出，对第 1、第 3 波段（443 nm 和 550 nm）反射率的比值设定阈值，应用于 1982 年欧洲陆架西北边缘海域的赫氏球石藻赤潮的提取[15]。另外 Stumpf 与 Tyler 也在 1988 年基于 AVHRR 第 1、第 2 波段建立了相似的双波段比值法，对 1981—1982 年切桑比克湾的春季赤潮进行了有效提取，该算法可应用于反射率在 0.01 ~0.07 之间的部分浑浊水体。但以上算法建立的根本基础还是叶绿素浓度的高低[16]。

多波段差值比值法则是基于水体叶绿素浓度、悬浮泥沙以及有色溶解有机物等水体要素的光谱差异来实现对赤潮水体的识别。Gower 在 AVHRR 双波段比值算法的基础上进行了改进，形成双波段差值比值算法，以修正算法在高亮度水体中的过饱和问题，并将算法在全球多个近岸水体中进行了成功应用[17]。

毛显谋和黄韦艮根据东海海区实测赤潮藻相对反射率光谱曲线，提出理论上理想的三波段组合算法，用于排除悬浮泥沙干扰提取赤潮水体信息[18]：

$$\begin{aligned} R(555\ \mathrm{nm})/R(660 \sim 670\ \mathrm{nm}) &> C_1 \\ R(690 \sim 710\ \mathrm{nm})/R(660 \sim 670\ \mathrm{nm}) &> C_2 \end{aligned} \tag{1.3}$$

式中，C_1、C_2 为大于 1 的比值系数，C_2 越大反映出赤潮的强度越大。

同时，针对 SeaWiFS 和 FY－1D 的卫星波段设置，结合不同悬沙含量水体的光谱特性，提出了适用于叶绿素型赤潮的三波段差值比值判别方法。

植被指数法又称为归一化差异指数法（Normalized Difference Vegetation Index，NDVI），是双波段差值比值法的一种特定形式，用以表征地表绿色植被的生长情况。Prangsma 和 Roozekrans 于 1989 年将其引入海洋监测领域，实现了对赤潮水体的识别[19]。该算法具体设定为

$$\mathrm{NDVI} = \frac{R_{\mathrm{nir}} - R_{\mathrm{red}}}{R_{\mathrm{nir}} + R_{\mathrm{red}}} \tag{1.4}$$

式中，R_{nir}和 R_{red}分别是 AVHRR 近红外和红光波段的反射率值。

由于以上这些波段组合算法在全球特别是近岸海域内都未能实现对赤潮水体的普遍适用，而大多数对人类的生产生活产生直接影响的赤潮主要发生在各类近岸海域，因此提高针对近岸水体的区域性赤潮提取算法就成为人们更加关注的方向。

（4）荧光法

浮游植物叶绿素在吸收太阳光后会释放荧光，且该荧光峰的高度与叶绿素浓度存在一定的正相关关系，因此许多学者尝试通过测量水体荧光信号的强度来实现对赤潮水体的识别。Gower 在 1980 年首次通过船测数据建立了两者之间的线性关系[20]。现在已有专门测量荧光信号的荧光线成像仪（Fluorescence Line Imager，FLI），而荧光遥感算法也逐渐成为水色遥感的热点和前沿。

其他用于区分赤潮和非赤潮水体的方法还有借助于数学分析法的监督分类法、主成分分析法、神经网络法等[21,22]，但这些算法的具体实现步骤往往较为复杂，实测输入参数的多少直接决定了此类算法的有效性。

（5）多源数据综合分析法

经过多年来海洋生物、化学、生态以及动力等方面的深入研究，赤潮的暴发已被认为是多种因素综合诱发的结果，在其发生发展和消亡过程中伴随着各种生化物理因子的特殊变化。因此，近年来国内外学者在赤潮卫星遥感方面也逐渐由单一方法转向多因子综合分析，充分结合水体光学信号、海面温度、风场以及气象等参数来实现对赤潮事件的监测和预警预报。

黄韦艮等利用 NOAA/AVHRR 资料通过设定水色和水温双阈值的方法对 2002 年厦门海域发生的赤潮进行了跟踪预报[23]。

在综合多源数据进行赤潮监测与分析方面，Shanmugam 等 2008 年利用海表叶绿素指数、海面高度、流场、海表温度、风场等遥感资料与现场观察数据，综合分析了 1998—2006 年间包括我国东海、黄海以及韩国和日本近岸在内的西北太平洋陆架—陆坡区部分赤潮事件[24]。

唐丹玲等通过对越南东南海岸处发生的球形棕囊藻（*phaeocystis globosa* Scherffel）赤潮的综合分析后发现，赤潮发生时叶绿素浓度显著升高，海表温度的变化由自近岸向外海的低温冲淡水引起[25]。同时伴随有与岸线平行的较强西南风，说明该赤潮是由离岸流引起的深海营养盐向上补充而引发。提出了通过卫星遥感叶绿素浓度、海表温度和风场数据，以及海岸带等深线信息与现场观察相结合来获得该类赤潮的深层机制的建议[25]。

邓素清等利用 2002 年 5—6 月赤潮发生前的气象要素观测资料如温度、降水、海面气压、风速等，分析了浙江海域赤潮发生前期的有关气象要素特征，并利用其作为赤潮预报因子建立了浙江北部和南部海区的赤潮预报方案[26]。

Stumpf 等通过结合风场数据、月或周尺度的海表温度以及叶绿素浓度等遥感信息监测鉴别是否发生赤潮、已有赤潮动向、预测赤潮动向和环境预警赤潮发生四种方式对 1999 年起佛罗里达沿岸的赤潮进行了监测和预报[27]。

多源参数的综合分析从机理上更有利于对赤潮事件的预警预报，在大范围的赤潮监测过程中水色卫星遥感是其中最核心和不可或缺的识别手段。

总体来说，目前已有的赤潮识别算法主要集中在叶绿素浓度异常和水体反射率光谱性质的研究利用上，在近岸光学复杂水体中对赤潮的识别正确率较低，并且未能实现对赤潮水体的自动化识别和对赤潮实际发生类型的判断。

1.2.2 赤潮藻种识别与固有光学量研究发展现状

鉴于叶绿素浓度方法在针对性识别特定有害赤潮方面的不足，有学者开始转而通过寻找特定藻种的独特光学性质来实现对其所引发赤潮的识别。如 Brown 与 Yoder 借助 CZCS 影像资料，对 1979—1986 年间北大西洋西部海域的球石藻赤潮进行分析，获得了该藻种的特征光谱信息，并成功实现了对该种赤潮发生范围的识别[28]；Subramaniam 等通过 1998 年南大西洋湾现场实测束毛藻赤潮光谱和模型计算的束毛藻与其他藻种的遥感反射率光谱差异，利用 SeaWiFS 数据建立了多光谱识别算法[29]。这些针对性赤潮提取算法在特定海域对特定藻种都有较好的提取效果，为我们建立东海海域主要赤潮藻种的赤潮识别算法提供了经验依据。

太阳光经大气传输达到水面，经水体表面的反射、水体物质的吸收与散射后出射，再次经大气传输后成为水色卫星所接收到的水体辐射信号。因此，除大气传输和海表状况会对辐射信号产生影响外，最重要的部分来自于水体物质的组成和变化，直接影响离水辐射率的表现。尽管上文已经介绍了许多前人关于赤潮识别的工作，但这些大多依赖于赤潮水体的表观光学特性建立的识别算法，相对缺乏对特定藻种赤潮的物理和生物学机制的深入分析。

水体固有光学量（Inherent Optical Properties，IOPs）是表征水体本身物质对光的响应的参量，与光场的外部环境如光照强度、入射出射角度等无关，能够更直接地反映水体物质的根本性质，主要包括水体吸收与散射两个方面[30]。具体来说，对水体光吸收起主要作用的物质包括纯海水、水中有色溶解有机物（黄色物质）、浮游植物藻类颗粒以及非藻类碎屑。散射的主要贡献者有纯海水和水中颗粒态物质。其中，与遥感直接相关的参数为水体总吸收系数 a（λ）和后向散射系数 b_b（λ），可用公式表示为

$$a(\lambda) = a_w(\lambda) + a_{CDOM}(\lambda) + a_{NAP}(\lambda) + a_{phy}(\lambda) \tag{1.5}$$

$$b_b(\lambda) = b_{bw}(\lambda) + b_{bp}(\lambda) \tag{1.6}$$

$$R_{rs} \approx \frac{b_{bw} + b_{bp}}{a_w + a_{phy} + a_{NAP} + a_{CDOM} + b_{bw} + b_{bp}} \tag{1.7}$$

下标 w，CDOM，NAP，phy 和 p 分别表示纯水、黄色物质、非藻类颗粒、藻类颗粒以及水中总颗粒物。其中黄色物质（Chromophoric Dissolved Organic Matter，CDOM）是水体中有色的溶解有机物质，也曾以 gelbstoff 或 yellow substance 来表示，主要由土壤和水生植物等降解产生，成分复杂，能够反映水体的来源和组成[30]。非藻类颗粒（Non-algal particles，NAP）包括水体中的非生命颗粒有机物、细菌等生物颗粒以及无机矿物成分等[30]。

CDOM 和 NAP 光谱性质均表现为随波长增加的指数衰减，在水色遥感算法中通常较难实现对两者的有效区分，因此一般将二者看作同一部分，称之为有色溶解和颗粒有机物（CDM）。CDOM，NAP 和 CDM 的光谱性质可以用以下数学函数表达：

$$a(\lambda) = a(\lambda_0)\exp[-S(\lambda - \lambda_0)] \tag{1.8}$$

式中，a（λ_0）为参考波段 λ_0 处的吸收系数；S 为 e 指数衰减在参考波段处的斜率，不同水体间 S 值存在差异，在遥感算法中通常取全球或特定海域的经验值。

藻类颗粒（Phytoplankton，phy）对光的吸收为其细胞内多种色素共同作用的结果，一般以叶绿素 a（Chl a）为主，其吸收光谱的性质并不能通过简单的数学关系来表达，因此许多学者通过不同的方式，建立起多种类型的光谱模型，最简单的有

$$a_{phy}(\lambda) = \text{Chl a} \times a^*_{phy}(\lambda) \tag{1.9}$$

式中，a^*_{phy}（λ）为单位叶绿素浓度下的吸收系数。

在遥感算法中，颗粒物的后向散射系数通常表示为

$$b_{bp}(\lambda) = b_{bp}(\lambda_0)(\lambda_0/\lambda)^{-Y} \tag{1.10}$$

式中，b_{bp}（λ_0）为参考波段处的颗粒物后向散射系数值，通常取经验值。

一般来说，纯海水对光的吸收和散射都是相对稳定的，可以作为已知参量进行计算，因此对于式（1.9）和式（1.10）关注的重点在于除纯水以外的部分。

在 NASA 水色遥感算法中，除经验算法以外，另一类半分析算法即是将水体辐射传输的理论模型与经验模型结合起来，其中的参数可以根据具体水体环境的不同而做出适应性调整，以获得更准确的遥感结果，也因此使算法得以推广到近岸光学性质复杂的二类水体。代表性的有 GSM 和 QAA 算法两种[30]。

GSM（Garver－Siegel－Maritorena）半分析算法基于 Gordon 等 1988 年的模型[31]：

$$R_{rs}(\lambda) = \frac{t^2}{n_w^2}\sum_{i=1}^{2} g_i\left(\frac{b_b(\lambda)}{b_b(\lambda) + a(\lambda)}\right)^i \tag{1.11}$$

建立遥感反射率与固有光学量吸收系数和散射系数的关系，其中经验常数取 $g_1 = 0.0949$，$g_2 = 0.0794$。

然后，分别将后向散射系数和吸收系数以式（1.8）、式（1.9）和式（1.10）展开，参数 Y、S 和 a^*_{phy}（λ）通过对实测数据集的适应化调整设定，参考波段取 443 nm，则最终未知参量为 Chl a、b_{bp}（443）和 a_{CDM}（443）。最后，通过建立与大于或等于 4 个波段的 R_{rs}（λ）之间的

非线性拟合关系，取得未知参量的反演结果。

QAA（Quasi-Analytical Algorithm）半分析算法主要是针对深海水体提取固有光学性质而开发，将反演过程分为两部分，首先提取水体总的吸收系数和散射系数，再将其进一步分解为各水色要素部分。模型在第一部分针对大洋水体和近岸水体分别设定了不同的参考波段，并考虑了两者在衔接时的过渡。第二部分则通过引入 410 nm 和 440 nm 波段的比值实现水色要素组分的分解，最终反演结果包括水体总吸收系数 a（λ），颗粒物后向散射系数 b_{bp}（λ），浮游植物色素吸收 a_{phy}（λ）和有色溶解和颗粒有机物的吸收 a_{CDM}（λ）。

由于在实际应用中，模型会进行一定的简化处理，将相关的变化参数设定为常数，以上模型结果在近岸的光学性质复杂水体可信度会下降[32]。汪文琦和 Shanmugam 等分别在 2009 年和 2010 年对韩国周边以及福建沿海和南海的近岸水体进行了实测与遥感反演的相关实验，都认为两种算法在对近岸海域水体固有光学量的反演效果中存在明显的误差，建议对两种算法的有关参数做进一步优化，以获得更适合的区域性反演结果[33,34]。

随着对水体光学性质研究的不断深入，水体物质对光的作用过程和机理正逐步被揭示，固有光学性质也越来越受到研究人员的关注，并在赤潮水色遥感算法中起到重要的作用。

Cannizzaro 等根据短凯伦藻（*K. brevis*）比其他硅藻、腰鞭毛藻具有更低后向散射的特性，提出了利用后向散射与叶绿素浓度比值算法区分该种有害赤潮，但是这些算法只有在低含量 CDOM 和颗粒物水体中才有效[35]。Barocio Leon 等在对 2003 年 6 月南加利福尼亚州沿岸的一次赤潮水体吸收性质进行研究后发现，甲藻胞囊具有与活体甲藻相当的甲藻素百分比，其光学性质与活体细胞表现相似，同时由于甲藻胞囊与硅藻的高比例关系，会造成吸收系数光谱在 480 ~ 500 nm 间量值很高，进而得出 443 ~ 488 nm 间的吸收光谱斜率是指示高含量甲藻（胞囊）的很好参数[36]。

利用高光谱遥感数据也可以实现对浮游植物生物量、种群构成以及细胞粒径的监测。Roesler 等在本格拉海流南部海域借助高光谱遥感算法实现了对包括硅藻、甲藻、红色中缢虫、鳍藻和绿藻在内的 5 种不同赤潮藻的识别和区分，算法的依据是不同种群的吸收系数量值与生物量呈正相关[37]。

建立反演模型的前提是光谱反射率理论上可以由水色要素吸收和后向散射系数表达，如 Gordon 等在 1983 年建立的关系式（式 1.7），其中后向散射部分包括藻类和非藻类颗粒的贡献。Roesler 与 Boss 在 2003 年对该模型进行了修订，其中的颗粒后向散射可表示为与颗粒粒径有关的函数[38]。Roesler 等 2000 年利用浮游植物量、群落构成和粒径分布进行正向模拟反射率，公式的反演基于每一组分光谱形状的假定和二级求解[37]。对于模型公式的正向模拟，随藻类细胞浓度的增加，光谱形状和量值会发生显著变化，由于蓝光波段吸收和红光波段散射的增强，反射率光谱量值降低，水体颜色自蓝光向红光波段漂移。浮游植物群落组成色素的改变也会引起反射率的变化，高生物量时直观观测就很明显，较低浓度下可由仪器检测。

在不同浮游植物种群的识别上，一方面由于群落色素构成的差异，会表现出不同的光谱反射率。Roesler 等研究发现，蓝藻和隐滴虫藻胆素、叶绿素 b 特征最明显，最难区分的是硅藻和甲藻，因为其色素光谱存在重叠，但认为仍可实现区分[37]。另一方面，藻类细胞粒径分布也在很大程度上决定了水体的颜色，单纯由粒径差异引起的反射率光谱差异十分显著，一般小粒径在蓝光散射强烈，大粒径全波段反射相对均一，个别情况下红光散射会增大，即粒径增大，长波反射率增加。例如，一种引发褐色赤潮的藻（*pelagophyte Aureococcus* sp.）其粒径仅为 2 μm 左右，而许多引发红色赤潮的甲藻粒径通常超过 25 μm。

由 Roesler 与 Boss 的反演模型估算的各种群对吸收的贡献，与从实测细胞计数所表征的生物量之间表现出了很好的吻合度，说明该模型在实际应用中的可行性，也充分反映出基于固有光学量的反演算法和高光谱遥感在赤潮监测与藻种识别中的巨大潜力。

国内对于水体固有光学性质的研究起步相对较晚，并且主要集中在对水体环境吸收与散射的测量分析以及区域性半分析算法的改进研究上，如曹文熙、唐军武等对黄东海二类水体固有光学特性的测量与区域性半分析算法的相关研究[39-44]和龚国庆、吴璟瑜、邢小罡等分别对东海、南海近岸和渤海的水体要素吸收和散射性质的测量分析[45-49]，或者从生物化学和碳循环角度出发而进行的一系列对近岸水体 CDOM 吸收性质的调查研究[50-52]。而对于赤潮水体固有光学特性研究还很少[53-56]，基本都是对固有光学算法在赤潮高叶绿素水体应用中的改进尝试，特别是赤潮藻种的识别方面，只局限于以实验室化学测量与分析为基础的多种色素构成细微差异方面[57,58]，对于目前的遥感应用则是近乎空白。

对赤潮发生藻种的遥感分类识别研究有助于对海区内有毒赤潮的识别及做好防范工作，还可以发掘赤潮遥感监测潜力，提高赤潮监测的业务化水平，因此具有十分重要的实际意义。

1.3 主要研究内容和技术路线

基于以上研究背景，本论文研究从固有光学量角度入手来建立适用于东海赤潮的遥感提取算法，重点集中在赤潮范围有效提取前提下的东海赤潮藻种类型的遥感识别算法研究，具体方案如下。

（1）东海赤潮特征的分析。

（2）东海海域环境水体的固有光学性质背景场情况调查，掌握水体吸收和散射要素在海区内的分布和变化情况。

（3）赤潮水体固有光学特征研究。从实测东海赤潮水体的吸收和散射性质分析其与环境水体以及不同赤潮类型水体间的区分，获得赤潮水体的吸收和散射特征光谱。

（4）基于 IOPs 的赤潮遥感算法开发。将上一步获得的现场实测赤潮水体固有光学特性推广到卫星遥感产品数据，建立适用于遥感固有光学参数的赤潮提取模型。

（5）基于 IOPs 的赤潮提取算法应用。将建立的提取算法对东海赤潮发生时的遥感数据进行验证，并检验模型的适应性与不足。

论文研究方案的技术路线如图 1.1 所示，包括 6 章内容，具体设置如下。

第 1 章：绪论。阐述了本论文的研究背景和意义，介绍了国内外在赤潮遥感提取方面的发展和研究现状。说明本文工作——通过固有光学量建立东海赤潮遥感算法的重要意义和可行性。

第 2 章：东海赤潮特征分析。介绍了研究海区的概况和文章所使用数据的来源，并对近年来东海赤潮发生发展的特征进行分析，为后续的赤潮案例分析打下基础。

第 3 章：东海环境水体与赤潮水体的固有光学性质分析。分别详细介绍了东海海域环境水体和赤潮水体的吸收和散射等固有光学特征，根据水体环境的复杂性，将海区进行分区。其中对赤潮水体性质的分析为建立基于固有光学量的赤潮遥感提取和甲藻与硅藻不同藻种门类区分算法提供了重要依据。

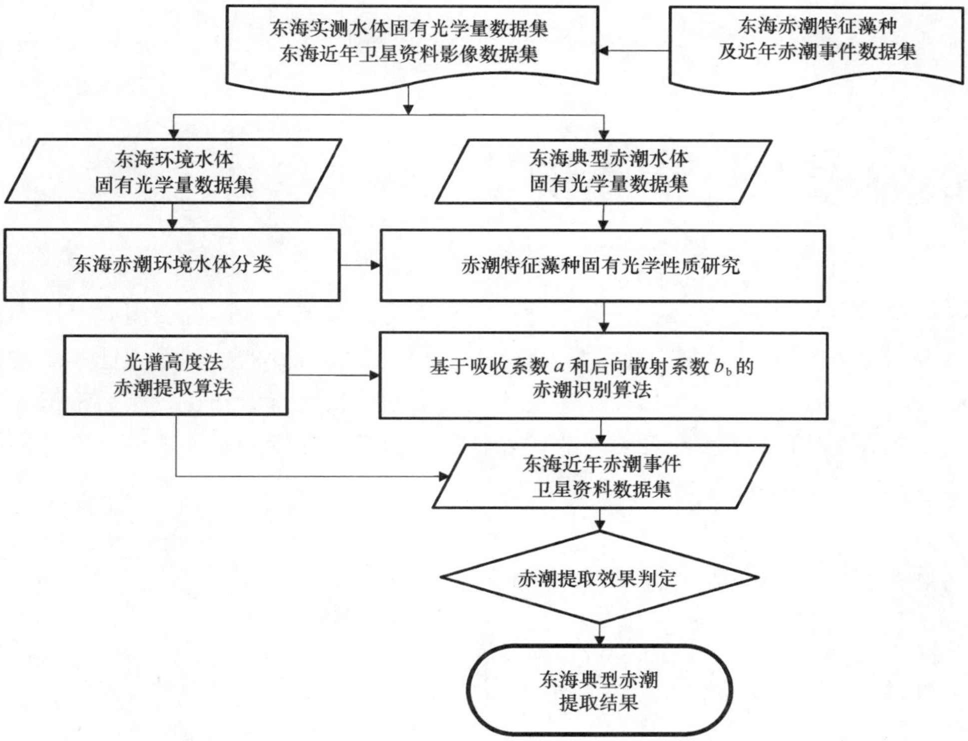

图 1.1　论文主要研究技术路线

第 4 章：基于固有光学量的赤潮提取算法研究。以上一章结果为依据，进一步对收集的近年东海主要赤潮事件所对应的遥感数据做相关统计分析，得出赤潮水体相对于非赤潮环境水体，以及两种不同藻种门类赤潮间的吸收和散射性质特征，并据此建立赤潮识别算法。

第 5 章：东海特征赤潮卫星遥感提取。将以上章节所建立的赤潮提取算法应用于卫星遥感数据，获得相应的赤潮提取结果，并对结果的准确度进行针对性分析。

第 6 章：总结与展望。对论文的整体工作进行总结，阐明工作的创新性，并提出论文的不足以及下一步研究的方向。

2 东海赤潮特征分析

东海是我国四大边缘海之一，同时也是我国赤潮灾害最严重的海区，因此对赤潮监测的需求也最为迫切。赤潮灾害的有效监测与防治必须基于对其特性的了解，因此本章首先介绍东海海域的水文环境状况，作为后续赤潮发生发展机制分析的背景知识，然后根据赤潮灾害的历史记录总结其在海区内发生和发展的主要特征，为后续开发针对性遥感提取算法做好相应准备。

2.1 研究区域和数据

2.1.1 研究区域概况

东海位于我国的东部，是西太平洋的一个边缘海，具体位置如图 2.1 所示。东海海区的具体界线为，西北接黄海，东北以韩国济州岛东南端至日本福江岛与长崎半岛野母崎角连线，与朝鲜海峡为界[59]，经朝鲜海峡与日本海沟通；东以日本九州、琉球群岛及我国台湾地区连线与太平洋相隔；西濒我国上海市、浙江省和福建省；南可至我国广东省南澳岛与台湾省南端猫头鼻连线与南海相通。经纬度范围在 21°54′—33°17′N，117°05′—131°03′E 之间，面积约 77×10^4 km^2。其海底地形呈西北向东南由高到低倾斜。平均水深 370 m，最大深度 2 940 m，依此趋势，可分为西部大陆架浅水区和东部大陆坡深水区。等深线的分布，从长江口外以弧状向外突出，大致与我国海岸平行[60-62]。

2.1.1.1 海区水团概况

东海表层水团，又称东海陆架混合水或者东海暖水，是东海陆架区表层的主要水团之一。分布在台湾暖流至对马暖流区的广阔海域内，随台湾暖流水和对马暖流水携带而来。其西南部主要是台湾暖流水，东北部主要是对马暖流源地水，中部主要是长江冲淡水和黄、东海混合水，因此，东海表层水团的性质和形成过程比较复杂。其温度、盐度条件，冬季分别为 13.0 ~ 19.0℃和 33.75 ~ 34.40；夏季分别为 26.0 ~ 29.5℃和 33.00 ~ 34.00[60,63]。

在浅海水团分析中，经常提到的沿岸水系和外海水系，就是只考虑盐度而划分的，前者指沿岸低盐水团的集合，后者指外海受到大陆径流影响较小的高盐水团的集合[64]。本文研究海区的流系结构如图 2.1 所示，主要包括长江冲淡水、闽浙沿岸流、台湾暖流和黑潮水等以及浙江沿岸的上升流。

（1）长江冲淡水

资料显示，注入东海的河流年径流量约为 11 699.32 × 10^8 m^3，输沙量为 63 059.63 × 10^4 t，对沿海许多方面影响巨大[65]。其中，长江平均年径流量为 9 240 × 10^8 m^3，约占流入东

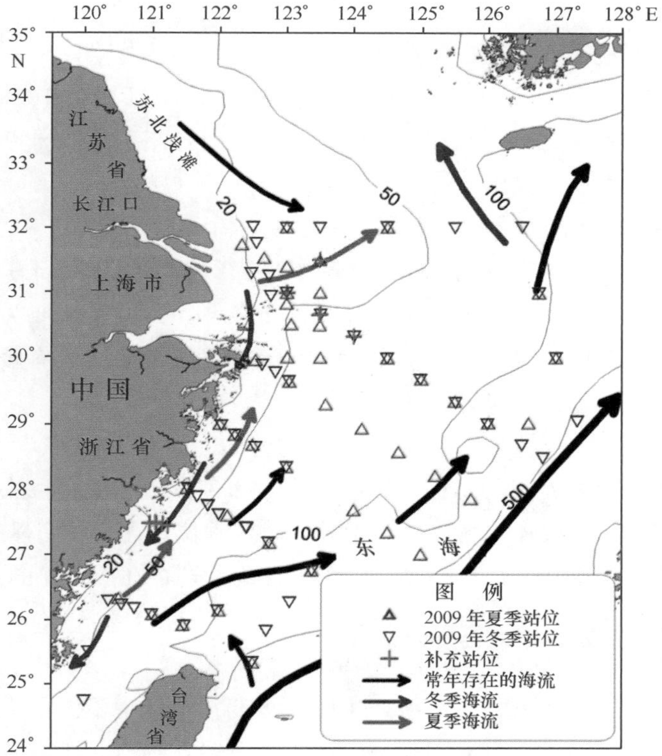

图 2.1　东海地理位置、主要流系及海区采样站位分布

海总水量的 80.5%，巨大的淡水入海，成为沪浙闽沿岸水团的重要来源，也是沪浙闽沿岸流的重要组成部分。长江径流有明显季节变化，5—10 月为洪水期，7 月最大，11 月至翌年 4 月为枯水期，2 月最小。

长江径流入海后与海水混合，形成东海最显著的水文特征之一：长江冲淡水[60,64,66]。长江冲淡水的界线划分，最先是由毛汉礼等[67]确定：东海西北部海域的表层盐度分布图上，从长江口、杭州湾附近开始，以 31.0 等盐线所包络的海域面积，看作是长江冲淡水的范围；但也有人以 32.0 等盐线来作为长江冲淡水的外围边界，并以 26.0 等盐线包络面积作为长江冲淡水的核心水体[68]。

一般长江冲淡水先朝东南方向运动，随后转向，春夏季（5—9 月）转向东北方向扩展；其他季节则穿过杭州湾口及舟山群岛一带沿岸南下，范围限于靠岸的狭带状海域[69,70,71]。但是冲淡水的路径并不是每年都相同，其范围、强度也会有所变化。概括地说，长江冲淡水是一个水平分布范围很广、厚度很薄的水块，具有盐度 4.0 ~ 31.0，温度 21 ~ 29℃，水色 15 ~ 5 号，透明度 1 ~ 15 m 等特征值，以低盐、高温、高氧、低磷、水色黄绿、透明度低为主要特色，尤其以低盐更为突出[67]。

（2）闽浙沿岸流

闽浙沿岸流主要分布在长江口以南的浙、闽沿岸，其来源为近岸径流经过河口混合后的冲淡水，具有明显的季节变化。冬季，冲淡水在偏北风的作用下，沿浙江沿岸南下达福建沿岸，与外侧的台湾暖流方向相反；入春后，该沿岸流向北退缩，至夏季改为顺岸边北上，与台湾暖流同向[72]，但是在长江口附近由于较强的浮力作用，仍有向南的余流[69]。

（3）沿岸上升流

浙江沿岸上升流形成于5月，6月开始增强，7—8月为鼎盛期，9—10月开始衰弱，是具有季节性特点的上升流[73]，属于海流—地形生成类，冷水区域位于28°—30°N，123.5°E以西沿岸海域，中心位置在29°N附近的近岸海域[74]。但是胡敦欣等推断，浙江近海的上升流，不仅夏季存在，冬季也可能出现[75]。

（4）台湾暖流

台湾暖流位于东海沿岸流和黑潮之间的陆架上，大致沿50～150 m等深线北上，终年存在，是东海陆架上最主要的海流，结构和起源较为复杂，动力因子主要为黑潮和台湾岛相互作用形成的压力场，同时风场也对其有重要影响，流幅夏宽冬窄，具有暖水的性质。其与东海沿岸流之间的界面构成闽浙沿岸锋[72]。

（5）黑潮

黑潮是北太平洋的西边界流，具有高温、高盐、水色发暗和流量巨大等特点。黑潮大致从台湾岛东岸进入东海，其表层水营养盐含量较低，主轴位置存在较明显的年际和季节差异，流幅一般春夏季较宽，冬季次之，秋季最窄，并且在局部还存在向东海的入侵[72,76]。

2.1.1.2 海区悬浮物概况

长江年平均输沙量4.86×10^8 t，高峰期集中在汛期，长江中下游最大含沙量大多出现在5—7月，这3个月的输沙量占全年输沙量的2/3。入海输沙约有一半沉积在口门附近，另一半则扩散在口门以外地区。发育了巨大的长江水下三角洲，也是东海西北部细粒泥沙的主要来源[72]。巨量的长江冲淡水为东海带来了极为丰富的陆源溶解和悬浮物质，对长江口及其附近海域水体的光学特征有着重要的影响。

在冬季，由于长江冲淡水水量降低、台湾暖流减弱、沿岸流向南和季风等的共同作用，近岸泥质沉积物大量再悬浮，使得近岸海域水体悬浮浓度高于夏季，在舟山附近可达1 000 mg/L以上[77]。根据泥沙的分类标准，粒径在0.05 mm以下的泥质沉积是东海陆架分布最广的沉积类型，长江水下三角洲、舟山群岛乃至浙江近岸区都是这类底质，在长江口至浙江中部近岸沿线形成典型的泥质区[72]。相关研究显示，长江口门处的泥沙平均中值粒径为0.008 6 mm，变化范围0.004 7～0.017 2 mm[78,79]。

2.1.2 数据和方法

本文所用分析数据主要包括现场实测和卫星遥感两部分，对赤潮事件的选择主要根据海洋环境质量公报[80]等相关资料整理获得。

2.1.2.1 实测部分

现场实测数据主要来自基于国家重点基础研究发展计划（“973”计划）“中国近海碳收支、调控机理及生态效益研究”项目在2009年至2010年夏季和冬季开展的两个东海大型航次，平台为东方红2号科考船。航次具体时间为2009年8月18日至9月1日和2009年12月23日至2010年2月4日。主要的站位分布如图2.1所示，主要分布在东海西部大陆架浅海区，经纬度范围24.5°—32.5°N，120°—127.5°E，较全面地覆盖了长江口冲淡水区、浙江近岸受陆源影响水体以及开阔外海清洁水体等多种类型。同时为便于综合分析，还结合了近年来东海近岸若干小航次的部分采样资料，包括2010年12月长江口和2010年3月、5月温州南麂列岛自然保护区调查等。

具体采样参数为水体表观光学量、固有光学量及相关参数的测量和分析结果。采样为多层采样，从结合卫星遥感的角度出发，本文仅分析表层样，实际采样深度根据海面具体情况一般在2～5 m不等。夏季站位57个，冬季74个，共获得有效样本数108套，具体如表2.1所示，其中，包括两次甲藻赤潮和一次硅藻水华事件，这里统一称为赤潮。

表2.1　现场实测参数信息

参数	方法	样本数
水面遥感反射率	ASD地物光谱仪表面法现场测量	26
水体总吸收/总衰减	水体吸收衰减仪ac－S现场测量	86
水体后向散射系数	后向散射仪HydroScat－6现场测量	86
水体总颗粒/非藻类颗粒吸收系数	分光光度计T－R法实验室测量	108
水体黄色物质吸收系数	分光光度计法实验室测量	99
叶绿素浓度	Turner荧光法实验室测量	106
总悬浮物/无机悬浮物浓度	称量法实验室测量	79

现场测量根据美国国家航空航天局（NASA）的相关光学调查规范及我国国家海洋监测规范等相关要求进行操作[81－89]，下面分别对各参数的采样及测量步骤进行简要介绍。

（1）水面遥感反射率R_{rs}

水体的遥感反射率由美国ASD HandField地物光谱仪通过水面之上法测量获得，航次前进行仪器定标。测量地点为船首甲板，防止受其他物体阴影的干扰，在首先检测暗电流的前提下分别测量水面、天空及标准反射板的反射率，以三次测量结果进行平均为测量值。

（2）水体总吸收/总衰减（a、c）

水体现场实测的总吸收与总衰减由美国Wetlab公司生产的ac－S多光谱后向散射仪通过船侧水下测量获得，直接测量参数为水体的总吸收a和总衰减c，相减可获得水体总散射b，测量波段范围400～750 nm，波段数达80余个，测量精度$\pm 0.01\ m^{-1}$。航次前进行仪器定标，并且在每次测量前都进行空气和纯水的定标检测。测量数据处理包括定标参数修正和温度盐度校正，其散射校正采样715～735 nm之间取平均进行基线校正。

（3）水体后向散射系数（b_b）

后向散射系数由美国HOBI公司生产的单角度（140°）6通道后向散射仪HydroScat－6（HS－6）测量获得，波段设置为420 nm，442 nm，470 nm，510 nm，590 nm，700 nm，测量精度$2\times10^{-4}\ m^{-1}$。航次前进行仪器定标，其测量数据的处理原理为，根据140°角散射相函数计算得到后向散射系数，计算公式为$b_{bp} = 2\pi \times 1.08\beta_P(140°)$，之后利用ac－S测得的水体吸收与散射系数进行Sigma校正[90]。

（4）总颗粒/非藻类颗粒吸收系数（$a_P(\lambda)$、$a_{NAP}(\lambda)$）

水体总颗粒与非藻类颗粒的吸收系数测量为现场采样过滤后获得膜样，于液氮生物容器内低温保存，在航次结束后实验室测量获得。由Niskin采水器采集海水水样，滤膜选用美国Whatman公司的GF/F玻璃纤维滤膜，直径25 mm，孔径0.7 μm，预先在0.2 μm过滤的新鲜海水或纯水中浸泡 1 ~ 2 h，置于过滤系统中在大约 120 mm Hg 压力下负压过滤得到总颗粒物膜样。实验室测量由美国 Perkin Elmer 公司的 Lambda750S 带积分球双光路分光光度计测量，测量方法为透射—反射法，扫描间隔 1 nm，分别测得膜样在 300 ~ 800 nm 间的相对反射率和透射率光谱，并由公式计算得到膜上总颗粒的吸收系数：

$$a_p(\lambda) = \frac{2.303A}{\beta V} OD_p(\lambda) \quad (2.1)$$

$$OD_p(\lambda) = -\log_{10}\left(1 - \frac{1 - \rho_T + R_f(\rho_T - \rho_R)}{1 + R_f \rho_T \tau}\right) \quad (2.2)$$

$$\beta = [C_1 + C_2 OD_p(\lambda)]^{-1} \quad (2.3)$$

式中，ρ_T、ρ_R、R_f 分别为膜样的透射率，反射率以及参比膜的反射率；常数 C_1、C_2 为经验参数，决定了光程放大因子 β 的值，这里取 1995 年 Tassan 的结果[91]。

将膜样放回过滤设备进行去除色素处理，得到非藻类颗粒膜样，再进行同样的测量和计算，得到非藻类颗粒吸收系数 a_{NAP}（λ），对一般样品选用甲醇去除色素，而含有丰富藻类色素的膜样则需要 NaClO 去除。总颗粒吸收与非藻类颗粒吸收之差即为藻类色素（phytoplankton pigment particle）的吸收系数 a_{phy}（λ）。

（5）黄色物质吸收系数（a_{CDOM}（λ））

水体黄色物质吸收系数为现场采样过滤后获得滤液，保存于带特氟龙（Teflon）镀膜垫片的棕色玻璃瓶，于 -20℃ 冰箱保存，在航次结束后实验室测量获得。由 Niskin 采水器采集海水水样，滤膜选用美国 Millipore 公司的聚碳酸酯滤膜，直径 47 mm，孔径 0.2 μm，预先在 10% HCl 中浸泡约 15 min，超纯水充分清洗后置于过滤系统中在约 120 mm Hg 压力下负压过滤得到滤液。实验室测量由美国 Perkin Elmer 公司的 Lambda 35 双光路分光光度计测量，扫描间隔 1 nm，测得滤液在 300 ~ 900 nm 间的吸光度，并由公式计算得到滤液的吸收系数：

$$a_{CDOM}(\lambda) = \frac{2.303}{l}[[OD_{CDOM}(\lambda) - OD_{Milli-Q}(\lambda)] - OD_{null}] \quad (2.4)$$

式中：l——测量比色皿的光路长度，这里为 0.1 m；

OD_{null}——长波处的残余校正，这里取 700 nm 附近 10 nm 的平均值。

（6）叶绿素浓度（Chl a）

水体叶绿素浓度为现场采样过滤后获得膜样，在船上实验室用荧光法测量获得。由 Niskin 采水器采集海水水样，滤膜选用美国 Whatman 公司的 GF/F 玻璃纤维滤膜，直径 25 mm，孔径 0.7 μm，预先在纯水中浸泡 1 ~ 2 h，置于过滤系统中在约 120 mm Hg 压力下负压过滤得到叶绿素膜样。膜样在 90% 丙酮溶液中进行约 24 h 萃取得到萃取液，测量由美国 Turner Designs 公司的 Trilogy 多功能荧光仪测量，测量精度 0.02 μg/L，测量方法为非酸化荧光法，读数即为水体叶绿素浓度。此部分工作为中科院海洋所完成。

（7）水体总悬浮浓度/无机悬浮物浓度（TSM 与 ISM）

总悬浮物浓度和无机悬浮物浓度英文分别表示为 Total Suspended Matter（TSM）和 Inorganic Suspended Matter（ISM）。

总悬浮物浓度为现场采样过滤后获得膜样，于 -20℃ 冰箱内冷冻保存，在航次结束后实验室测量获得。由 Niskin 采水器采集海水水样，滤膜选用德国 Sartorius 公司的醋酸纤维滤膜，直径 47 mm，孔径 0.45 μm，航次前在实验室用称量法预先测得干燥空膜的质量并标记，于过滤系统中在约120 mm Hg压力下负压过滤得到膜样。实验室测量由Sartorius分析天平测量，测量精度0.01 mg，滤膜预先在红外干燥箱内以45℃烘干8 h后于干燥器内静置平衡，记录称量读数，并进行第二次烘干，时间4 h，如此反复直至前后两次读数差不超过0.01 mg，即为总悬浮物质量，再根据过滤水样体积计算水体总悬浮物浓度TSM。

将总悬浮物膜样置于预先清洗灼烧并获得称量读数的小坩埚内，用分析纯酒精点燃并加盖，在马弗炉中以450℃高温灼烧2 h，放凉后平衡，称量其总质量，与坩埚本身质量之差即为无机悬浮物质量，再根据过滤体积获得水体无机悬浮物浓度ISM。TSM与ISM之差即为水体有机悬浮物浓度。

本文分析所用的赤潮事件水体实测数据如表2.2所示，包括1次甲藻和2次硅藻事件，测量参数有水体表观光学量部分的水面遥感反射率 R_{rs}（λ）和固有光学量部分的水体要素吸收系数 a（λ）与散射系数 b（λ）等。其中，2009年5月的甲藻赤潮发生位置为浙江南部温州南麂列岛自然保护区附近海域，具体藻种是东海原甲藻，水体呈现暗红色，采样叶绿素浓度范围在2～220 μg/L，各参数在不同浓度下分别测量，调查过程中由于未能进行ac－S和HS－6的配套测量，缺少散射系数光谱；2009年8月的硅藻赤潮发生位置为长江口外海域，具体藻种为诺氏海链藻，采样时总体已处在赤潮消亡期，采样叶绿素浓度在10 μg/L上下；2010年12月的硅藻赤潮发生位置为长江口外海域，具体藻种为柔弱角毛藻，实际分类为水华事件，水体颜色与周围相比明显偏暗，采样叶绿素浓度将近10 μg/L。总体上数据样本量相对偏少，且参数存在缺失问题，但对于东海典型的赤潮水体性质仍具有一定的参考价值。

表2.2　东海赤潮实测数据信息列表

门类	藻种	时间	遥感反射率	吸收系数	散射系数
甲藻	东海原甲藻	2009年5月	5条	7组	－
硅藻	诺氏海链藻	2009年8月	2条	8组	3组
硅藻	柔弱角毛藻	2010年12月	2条	7组	3组

2.1.2.2　卫星遥感部分

本文所使用的卫星遥感资料主要以美国NASA官方的海洋水色网站（http://oceancolor.gsfc.nasa.gov/）所提供的MODIS/AQUA 2级和3级产品为主，以国家海洋局第二海洋研究所（SIO）卫星地面站提供的MODIS/AQUA产品为补充，产品参数包括标准产品海表温度（Sea Surface Temperature，SST）、叶绿素浓度（OC3 Chlorophyll，Chl OC3）和遥感反射率（Remote sensing reflectance，R_{rs}），以及评估产品443 nm水体总吸收系数（Total absorption coefficient，a（443））、浮游植物吸收系数（Phytoplankton absorption coefficient，a_{ph}（443））和颗粒物后向散射系数（Particulate backscattering coefficient，b_{bp}（443））等，时间段为2005—2010年，从中选取东海近岸区无云覆盖和耀斑影响的有效数据。

NASA所提供的水色产品遥感提取半分析算法主要有Garver－Siegel Maritorena Algorithm（GSM）和Quasi－Analytical Algorithm（QAA）两种。GSM算法是由Garver and Siegel于1997年首先提出，并在2002年被Maitorena等改进的半分析算法，该算法是基于Gordon等1988年提出的遥感反射率与吸收系数和后向散射系数之间的解析关系[31]，以及各水色要素的数学模型，针对 SeaWiFS 而建。QAA 算法是李忠平等 2002 年建立的适用于光学深度较大水体的固有光学量提取算法[92]，分为总吸收与总散射系数提取和对水体吸收要素组分的进一步分解两部分。算法详细的步骤参见 IOCCG 2006 年报告[30]。无论哪种算法，都相对更适用于大洋一类水体，而在光学性质复杂的近岸水体或浮游植物含量丰富的水体中适用性有所下降。由于 NASA 所提供的评估产品中没有 GSM 算法的水体总吸收产品，本文选择 QAA 算法产品进行相关分析，分辨率为 4 km ×4 km。

国家海洋局第二海洋研究所制作的 MODIS/AQUA 产品所用大气校正算法与 NASA 标准产品有所不同。对一类水体，选用 Gordon 和 Wang（1994）算法[93]，即 MODIS 标准算法；对中等浑浊度的二类水体，采用红外/近红外波段迭代的方法处理；而对于高浑浊水体，则采用何贤强等提出的利用紫外波段辅助大气校正算法[94]，该算法的基本原理是：对于高浑浊的近海和湖泊水体，在蓝紫光波段由于黄色物质和有机颗粒的强烈吸收作用，抵消了由于颗粒散射增强所引起的离水辐亮度增大。因此，在这类水体中借鉴一类水体近红外波段离水辐亮度近似为零的设定，假定 412 nm 处离水辐亮度可以忽略，则该波段处反射率可用以外推 865 nm 处的气溶胶散射反射率。相关验证结果表明，该算法对 SeaWiFS 前 6 个波段的大气校正误差在 10% 以内。

2.1.2.3 其他资料

有关东海赤潮实际发生情况的资料主要来自中国海洋信息网海洋环境质量公报（http：//www. coi. gov. cn/hygb/）发布的相关信息以及浙江省海洋监测预报中心提供的近年来赤潮事件信息，其他如赵冬至等在《中国典型海域赤潮灾害发生规律》一书中，已对我国沿海 1933—2008 年间的赤潮事件进行了整理[2]，此类相关文献也是本文数据来源的重要方面。

将以上这些相关资料进行整理分类，最终形成了如下数据集。

（1）东海近年卫星资料影像数据集；

（2）东海近年赤潮事件数据集；

（3）东海特征赤潮藻种数据集；

（4）东海典型赤潮卫星资料数据集；

（5）东海典型赤潮实测固有光学量数据集。

下面从中选取若干个具代表性的赤潮事件进行深入分析（表 2.3）。

表 2.3　东海典型赤潮事件

时间	地点	面积（km^2）	藻种	门类
2005－05－25	长江口外海域	7 000	中肋骨条藻、海链藻	硅藻
2005－06－04	长江口至韭山列岛海域	2 000	具齿原甲藻、米氏凯伦藻	甲藻
2005－06－09	长江口—韭山—披山岛—南麂—洞头	1 300＋2 000＋500＋300	具齿原甲藻、米氏凯伦藻、长崎裸甲藻	甲藻
2005－06－16	长江口至舟山海域、南麂海域	1 300＋400＋300	具齿原甲藻、米氏凯伦藻、长崎裸甲藻 中肋骨条藻、圆海链藻	甲藻 硅藻
2006－06－21	渔山列岛、象山附近	1 000	米氏凯伦藻、红色中缢虫	甲藻

续表 2.3

时间	地点	面积（km^2）	藻种	门类
2007－04－11	舟山、韭山列岛海域	140＋160＋200	－	－
2007－06－29	韭山列岛东部	400	中肋骨条藻	硅藻
2007－07－26	象山港、朱家尖东部海域	170＋700	洛氏角毛藻、扁面角毛藻	硅藻
2007－08－27	象山港、渔山—韭山、洞头海域	350＋600＋400	中肋骨条藻	硅藻
2008－05－07	舟山外、温州海域	2 100＋200＋43	东海原甲藻、米氏凯伦藻	甲藻
2008－05－16	台州—温州海域	65＋30＋130	东海原甲藻	甲藻
2009－04－28	台州外侧海域	700	裸甲藻	甲藻
2009－05－01	渔山列岛—台州海域	1 330	－	－
2009－05－08	温州苍南海域	200	东海原甲藻	甲藻
2009－05－28	长江口海域	1 500	－	－
2010－12－04	长江口海域	－	柔弱角毛藻	硅藻

2.2 东海赤潮发生发展特征分析

本节根据前述收集的数据集对东海 2000—2010 年间所发生赤潮的时空分布、藻种特征和发展趋势及其生化物理机制进行系统分析，为基于固有光学量的东海赤潮遥感算法研究和开发打下基础。

2.2.1 东海赤潮时空分布及发展趋势

根据海洋环境质量公报所发布的赤潮灾害信息，近 10 年来我国海域赤潮发生面积和次数以东海最为严重（图 2.2），发生次数最低占总量的 40%（2000 年），最高占 73%（2003 年），面积上除最低的 2009 年为 46% 以外，其余年份均超过了 60%，最高的 2003 年更是达到了总面积的 89%。这其中又以上海和浙江近岸海域的赤潮为主。

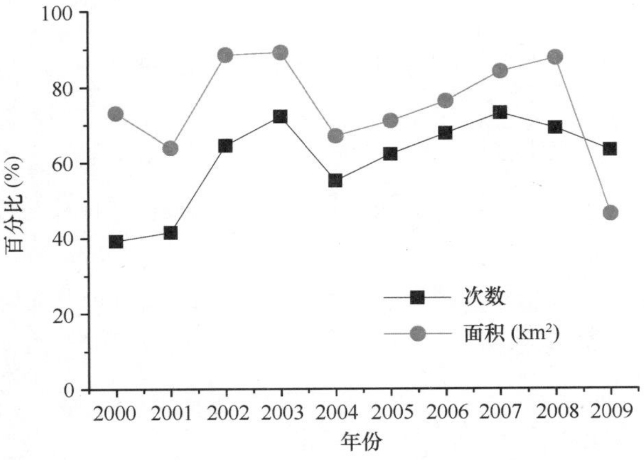

图 2.2　2000—2009 年东海赤潮发生次数及面积占全国海域的百分比

从 2001—2006 年地方海洋环境质量公报所公布的数据来看，上海海域的赤潮基本发生在长江口外、崇明岛以东和花鸟山附近海域，时间上集中在4—8月的春夏季节。该海域的赤潮每年大约发生3～4次，最多的2003年达到了11次，发生面积2～2 000 km^2 不等。

浙江海域的赤潮无论是发生次数还是面积在全国各沿海省份都最为严重。楼琇林[6]对2000—2009年浙江海域赤潮事件进行了系统性分析，统计得出浙江海域赤潮发生次数占全国海域的比重在25%～50%之间，平均为41%，累计发生10次以上的区域主要位于浙江中北部沿岸，以舟山和宁波海域最为集中，且在不同年份间存在一定的南北偏移；发生面积占全国的30%～70%，平均达55%，同样存在一定的年际变动，且不同月份间也有很大差别，每年最早从1月便有赤潮发生，但集中爆发的时间多在5月、6月，个别年份会有所推迟。同时还发现，赤潮的具体发生位置与海底地形有密切关系，基本都发生在50 m等深线以内海域，而频发区更是集中在30 m等深线以浅的水域中。

将2000年来上海和浙江沿岸的赤潮发生面积与位置标于图2.3，可以看出，赤潮发生区主要集中在长江口至台州外海的近岸沿线，自舟山群岛北部的花鸟山至大陈岛海域，另外温州的洞头至南麂列岛一带也是赤潮常发区。

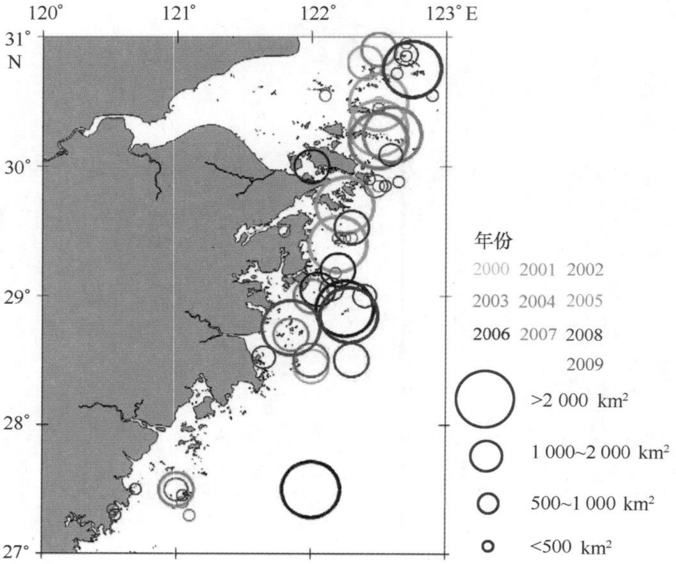

图2.3 2000年以来东海大型赤潮面积及分布

从东海海域近年赤潮发展的趋势来看（见图2.4），无论发生次数还是累积面积都与全国总体趋势十分一致，这也在一定程度上反映了东海赤潮在全国海域总量中的比重之高。次数上，自2000年的10余次，至2003年逐年增加，达到顶峰的近90次，之后呈现降低态势，但2006年和2007年又略有升高，近年来稳定在40～50次之间。面积上2000—2002年都在10 000 km^2 以下，之后开始显著增加，2005年达到了最高点19 270 km^2，之后逐年降低，但2008年比前一年略有增加。

对比图2.4中东海和全国赤潮两组数据，可以发现次数与面积的最高年份并不一致，这说明2003年海域内小面积赤潮的发生次数较多，而2005—2006年间则有更多的大型赤潮发生。另外，近10年来我国赤潮先升后降的发展趋势也从一个侧面反映了我国沿海经济发展与治理对海域生态环境的影响。

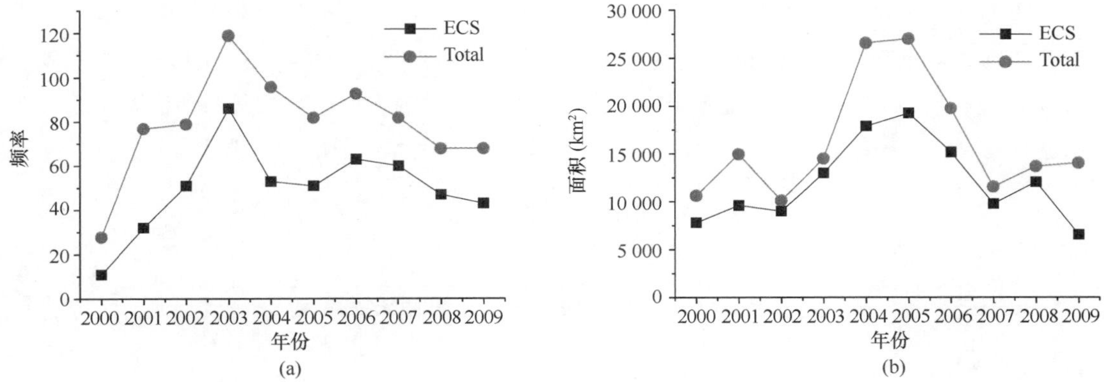

图 2.4　2000 年以来东海和全国赤潮发生面积及次数趋势

（a）频率变化；（b）面积变化

2.2.2　东海赤潮主要藻种特征

根据相关的赤潮藻类统计资料[95]，长江口区域已确定的赤潮生物有 92 种，隶属于 39 个属。其中，硅藻 51 种，占 55%；甲藻 34 种，占 37%；蓝藻 5 种，占 5%；隐藻、金藻各 1 种。而引发东海赤潮的藻种主要有：骨条藻、原甲藻、米氏凯伦藻、夜光藻、角毛藻、红色中缢虫等，尤其以具有毒害作用的米氏凯伦藻和无毒的具齿原甲藻、夜光藻和中肋骨条藻等赤潮居多[2]。

不同的藻种由于其生理生化特性的差异，在形成赤潮的判定上存在一定区别，从浙江省海洋环境监测网给出的《有害赤潮生物判断指标及基准》来看，赤潮发生时，需满足如下条件，见表 2.4。

表 2.4　有害赤潮生物判断指标及基准（部分）*

参数	分类	条件
Chl a	–	>10 μg/L
赤潮生物量	体长 <10 μm	$>10^7$ cell/L
	体长 10 ~ 29 μm	$>10^6$ cell/L
	体长 30 ~ 99 μm	$>3\times10^5$ cell/L
	体长 100 ~ 299 μm	$>10^5$ cell/L
	体长 300 ~ 1 000 μm	$>10^4$ cell/L

* 资料来源：浙江省海洋环境监测网。

在表 2.5 中列出了部分东海近年来主要赤潮藻的生理特征情况。具体来说，硅藻是单细胞种类，细胞壁高度硅质化形成坚硬的壳体，由果胶质和硅质组成的，没有纤维素，多为圆形、方形等规则形状。其细胞内的光合作用色素主要有叶绿素 a、叶绿素 c 和胡萝卜素、岩藻黄素、硅藻甲黄素等，因此呈黄绿色或黄褐色。种间个体差异大，从 3.5 μm 至 300 ~ 600 μm 不等。壳上的微孔与纹路会形成比平滑表面更多的表面积，从而使得硅藻的光合作用更有效率。硅藻细胞多形成长链，从而表现出相对较大的集群粒径。在营养盐浓度较高的海域往往占绝对优势，并能够适应不稳定的水体环境[2]。甲藻也是一类单细胞藻类，细胞壁由纤维素组成，具有两条鞭毛，又称“双鞭毛虫”，有球形或其他形状。色素有叶绿素 a 和 c、β－胡萝卜素、多甲藻（黄）素、硅甲藻素、甲藻素、硅藻黄素，由于黄色色素类的含量比叶绿素的含量大 4 倍，常呈黄绿色、橙黄色或褐色。由于甲藻赤潮往往会产生毒素，因此造成的危害要更加严重。

表 2.5　东海主要赤潮藻种资料[96－98]

门类	藻种	生理特性	细胞图
甲藻门	夜光藻 *Noctiluca scintillan*	近圆球形，细胞直径 150～2 000 μm。是世界性的赤潮生物，也是我国沿海引起赤潮最普遍的原因种。细胞壁透明，细胞内原生质淡红色	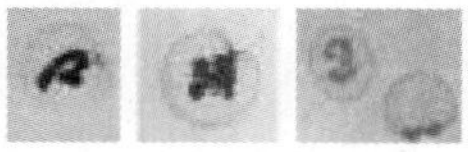
	塔玛亚历山大藻 *Alexandrium tamarense*	细胞球形，长略大于宽，细胞长 20～42 μm，宽 18～40 μm。分布较广，在较暖的海域里发生赤潮的频率较高。常形成有毒赤潮	
	米氏凯伦藻 *karenia mikimotoi*	单细胞，细胞背腹面观呈近圆形，但背腹略扁平，细胞长 15.6～31.2 μm，宽 13.2～24 μm。色素体 10～16 个。能分泌溶血性毒素和鱼毒素	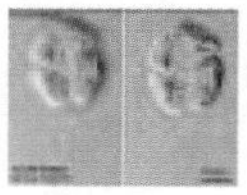
	东海原甲藻 *Prorocentrum donghaiense*	细胞长卵形，长度 16～22 μm，宽度 9.5～14 μm，单细胞，有时呈 2～4 个细胞链状。形成赤潮时海水呈现稀释酱油状	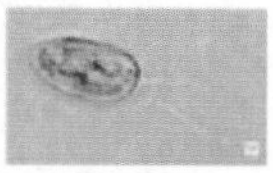
	具齿原甲藻 *Prorocentrum dentatum*	细胞上部一侧具显著三角形齿状突起，长度 50～60 μm，单细胞	
硅藻门	中肋骨条藻 *Skeletonema costatum*	细胞为透镜形或圆柱形。直径为 6～22 μm，与邻细胞相接组成长链。是常见的浮游种类，广温广盐的典型代表。分布极广，从北极到赤道，从外海高盐水团到沿岸低盐水团，甚至在半咸水中皆有，但以沿岸为最多	
	诺氏海链藻 *Thalassiosira nordenskioldi*	细胞壳环面八角形，壳面正圆形，直径 12～43 μm。壳面边缘有一圈向四周斜射的小刺。壳面中央凹入处胶质线将细胞连成群体。链直或弯曲，壳环面有领纹	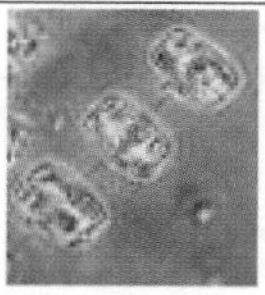
	旋链角毛藻 *Chaetoceros curvisetus*	细胞借角毛基部交叉组成螺旋状的群体，链较长。宽壳环面为四方形，宽 7～30 μm。是广温性沿岸种类，暖季分布较广。我国东海、黄海、渤海分布较多	
针胞藻门	赤潮异湾藻 *Heterosigma akashiwo* （*Hada*）	单细胞，细胞体黄褐色至褐色，无细胞壁，由周质膜包被，故细胞形状变化很大。藻体一般略呈椭圆形，长约 8～25 μm，宽约 6～15 μm。近细胞膜处，约有 8～20 个棕黄色的大盘状色素体	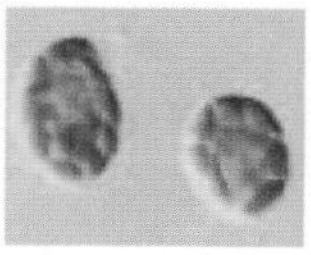
原生动物门	红色中缢虫 *Mesodinium rubrum*	细胞由前后 2 个不同的球体接合而成，长度一般为 30～50 μm。分布在温带到北极的河口水域	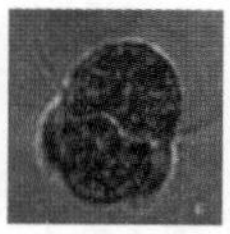

据海洋环境质量公报的统计，东海海域 2004 年主要赤潮生物为具齿原甲藻，由该种引发

的赤潮分别占到整个东海区赤潮累计发生次数和面积的76%和94%；2005年主要赤潮生物为有毒害作用的米氏凯伦藻和无毒性的具齿原甲藻、夜光藻和中肋骨条藻等，其中，由米氏凯伦藻形成或协同形成的赤潮分别占东海区赤潮累计发生次数和面积的41%和57%；2006年东海主要赤潮生物为具毒害作用的米氏凯伦藻和无毒性的具齿原甲藻、夜光藻和中肋骨条藻等，其中，由米氏凯伦藻形成或协同形成的赤潮分别占东海区赤潮累计发生次数和面积的38%和74%。对照表2.5中这些藻种的生理特性和表2.4中赤潮生物量判断标准来看，凯伦藻的粒径在10～29 μm级别，原甲藻粒径介于10～29 μm和30～99 μm级别之间，夜光藻大体属于100～299 μm和300～1 000 μm级别，而骨条藻由于多形成长链，粒径级别可归为10～299 μm不同等级，因此这些藻种所形成赤潮的判断标准也不相同。浙江省海洋环境监测网针对这几种具体藻种分别给出各自的赤潮形成时细胞基准密度为：凯伦藻大于1×10^6 cells/L，原甲藻大于5×10^5 cells/L，夜光藻大于5×10^4 cells/L，骨条藻大于5×10^6 cells/L。

东海2000年以来主要大型赤潮的发生位置及引发藻种情况见图2.5。总的来说，东海近年来引发赤潮的主要藻种为东海原甲藻（甲藻，无毒）、米氏凯伦藻（甲藻，有毒）和中肋骨条藻（硅藻，无毒）。中肋骨条藻属广温广盐型硅藻，最适温度范围为24～28℃，对盐度的要求较低，细胞增长需要较丰富的营养盐；而东海原甲藻的适合温度为20～27℃，盐度范围25～35，可以忍受低营养盐环境；米氏凯伦藻能分泌溶血性毒素和鱼毒素，适温范围较窄，大约为20.5～24℃，高温下不适宜生长，适盐范围27.9～30.5，因而适合在稳定的环境条件下增殖，常与东海原甲藻共存。在春季海域内营养盐含量相对较低，适于东海原甲藻的生长，随着丰水期的到来，陆源淡水及降雨的增加使得营养盐得到补充，环境变得对中肋骨条藻更为有利。因此，近年来浙江海域大面积的赤潮一般规律为：4—5月以东海原甲藻赤潮为主，6—8月则以中肋骨条藻赤潮为主[2]。

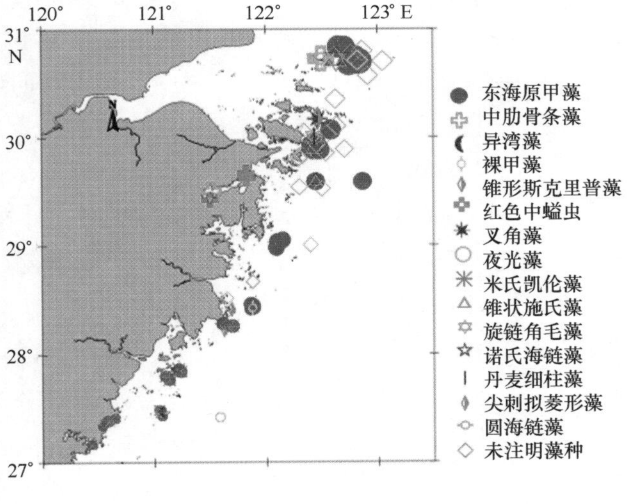

图2.5　2000年以来东海赤潮藻种及分布

若粗略以门类划分，将2000年以来浙江沿海实际发生赤潮的藻种门类情况进行简单统计，得到图2.6。可以看出，除未记录藻种外，浙江海域所发生的赤潮藻种以甲藻（*Dinoflagellates*，*Dino*）和硅藻（*Diatom*）占绝对优势，其他门类主要有原生动物和针胞藻门等。每年春夏季节都是硅藻和甲藻暴发的集中时段，并且硅藻相对于甲藻存在一定的滞后。同时，在一些年份的冬季也会发生赤潮事件，如2006年、2009年和2010年的1月。

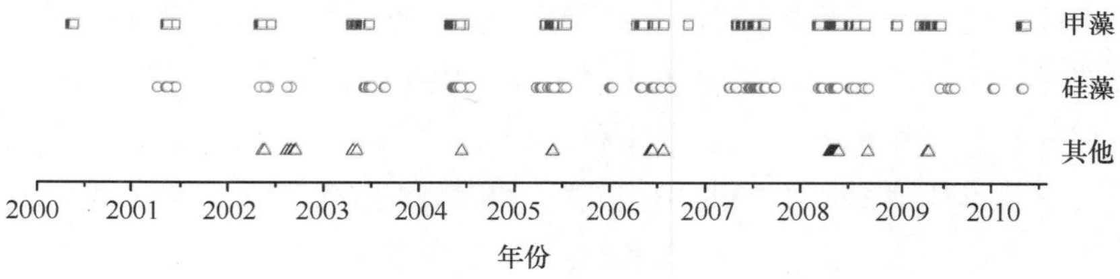

图2.6　2000年以来浙江沿岸实发赤潮藻种门类

2.2.3　东海赤潮发生发展的生化物理机制分析

赤潮的成因是多方面的，除最主要的水体富营养化外，其发生和发展还与水体环境的生化物理条件有着密切关系，因此掌握赤潮高发区的水文动力、温度、盐度以及营养盐等环境因子的分布和变化情况对于赤潮发生发展的机理研究有着十分重要的意义，近年来已有许多相关学者在这方面进行了深入系统的研究和探讨。

浮游植物的生长离不开水体营养盐的供应，作为主要营养成分的氮和磷，是影响赤潮藻大量增殖的首要制约条件。根据海洋环境质量公报的信息，赤潮频发海域多为受无机氮和磷酸盐污染较重的海域。萧云朴等[99]在对温州南麂列岛海域的采样分析中发现，此海域的硅藻赤潮对氮的消耗比较大，而甲藻赤潮则更多地消耗磷。而范丽等[100]通过对我国东海海域2000—2006年间的赤潮事件分析后认为，营养盐含量的年际变化对东海赤潮的发生具有重要影响。

温度是决定赤潮发生发展的另一个重要因素，一般来说，赤潮藻的大量增殖需要在适宜的温度条件下才能发生。陈炳章等[101]通过对具齿原甲藻的培养实验得出结论，藻类生长受温度的影响要明显大于盐度的影响，并且最适盐度会随温度升高出现向低偏移的趋势。邓素清等[26]统计发现，赤潮发生前三天的日平均水温在一定范围内时较易发生赤潮，其中对于浙北海区为17～21℃，浙南海区为19～23℃。赵冬至等[102]综合分析了多年海温观测资料和赤潮灾害记录，认为年海水积温与赤潮发生概率和面积都有一定关系。另外，许多研究也发现，赤潮发展过程中其水体温度也会出现异常的升高，如黄韦艮等[103]观测到浙江海域一次夜光藻赤潮发展过程中水体温度就出现了3.1℃的升高。

翟自强等[104]对1998—2002年间资料进行分析，总结了诱发赤潮的水文气象条件特征，得出：30°N以南的东海海区表层海温月平均值从5月上旬开始达到18℃以上；在偏暖的年份，4月下旬就可以达到18℃，往往进入5月经常有赤潮暴发，而东海在5月之前少有赤潮暴发，更没有大面积赤潮发生的记录。这说明赤潮暴发需要一定的水温条件，但只是诱发赤潮的必要条件。文中认为，在温度、藻种和富营养化条件具备的前提下，持续滞留的低压系统能导致海水涌升的形成或加剧，使其有足够的时间和速度将营养盐以及藻种带到能进行光合作用的透光层，促成适合赤潮暴发的环境，是赤潮发生最重要的气象背景。

邓素清等[26]总结了降水对赤潮的作用主要有降低盐度和增加溶氧两个方面。并且有相关文献[105]对两方面作用给出了具体佐证。同时强调适量的降雨而非大雨对赤潮暴发起积极作用。文章还认为，一定的风速和风向有利于赤潮生物的运输和聚集，尤其是聚合性和向着海岸方向的风，而风时的长短也对赤潮发生有影响。通过对浙江沿岸气象因子统计分析认为，浙北海区气压、温度、最高温度和风速是较好的赤潮预报因子，而对于浙南海区其气象预报因子则为最低温度、风速、能见度和降水。

吴玉霖等[106]通过对2001—2002年长江口多个航次的调查研究发现，长江口海域浮游植物种类组成和数量的季节变化与长江径流量有明显关系，东海夏季浮游植物密集区主要集中在长江口北部和浙江近岸上升流区，而春秋季则向南移。何琴燕[107]在其论文中通过东海赤潮高发区温度、盐度和流场的数值模拟，得出流场对东海大规模赤潮的形成有重要作用，即垂向的环流结构会使得赤潮生物聚集在跃层附近，而长江口附近春季的赤潮生物则有可能是随着海流自台湾北部输送而来。

许卫忆等[108,109]在对赤潮发生机制探讨研究中，根据赤潮暴发前赤潮藻密度与其分裂速度不可能形成赤潮暴发时的密度这一理论和事实基础，给出了"赤潮的发生过程主要不是赤潮藻的增殖而是赤潮藻在物理条件下的聚集，致使密度异常增值造成"的结论。即认为对于长江口外这一营养盐等生化条件满足的东海赤潮高发区，暴发赤潮的条件取决于上升流、海洋锋等引起的海水辐聚作用。徐家声[110]在对河北黄骅近岸的相关研究也表明，余流的辐聚作用有利于赤潮生物的繁殖和聚集，而海面稳定条件的破坏则会使赤潮生物分散，浓度降低。另外，楼琇林[6]通过对浙江沿岸上升流的遥感观测及其与赤潮关系的系统研究，探讨了浙江沿岸上升流对赤潮形成过程的作用。

总之，影响赤潮发生的生化和水文气象因子很多，并且影响机制复杂，在进行遥感赤潮监测时需要综合考虑各种因素的作用。

2.3 小结

东海赤潮在全国海域发生总量中无论是次数还是累积面积都最为严重，赤潮发生区域主要集中在长江口至台州外海域的近岸沿线，自舟山群岛北部的花鸟山至大陈岛海域，另外温州的洞头至南麂列岛一带也是赤潮常发区。东海近年来引发赤潮的主要藻种为东海原甲藻（甲藻，无毒）、米氏凯伦藻（甲藻，有毒）和中肋骨条藻（硅藻，无毒），从大的门类来看，以甲藻和硅藻占绝对优势。

赤潮的成因是多方面的，除最主要的水体富营养化外，其发生和发展还与水体环境的生化物理条件有着密切关系，因此掌握赤潮高发区的水文动力、温度盐度以及营养盐等环境因子的分布和变化情况对于赤潮发生发展的机理研究有着十分重要的意义，在进行遥感赤潮监测时需要综合考虑各种因素的作用。

作为论文工作中重要的前期部分，本章节收集了包括现场实测、卫星遥感和公报资料在内的多源数据，并整理提取形成多个数据集，为论文工作的顺利展开做好了充分准备。

3 东海环境水体与赤潮水体的固有光学性质分析

东海水体固有光学性质分析主要以2009年冬夏两个季节大范围实测数据为基础，讨论水体固有光学性质的吸收和散射两个主要方面。首先介绍东海海区的环境背景场情况，在此基础上，对几次特定的赤潮事件进行分析，为基于固有光学性质的东海赤潮水体遥感监测提出实测基础和理论依据。

3.1 东海环境水体固有光学性质

东海环境水体固有光学性质分析主要包括水体吸收三要素（包括溶解态部分CDOM、浮游植物部分的色素颗粒phy以及非藻类颗粒NAP部分）和水体总吸收系数以及水体散射两部分，囊括了东海吸收和散射固有光学量背景场的基本情况。

3.1.1 东海环境水体吸收性质

实测的水体吸收性质为300～800 nm的连续光谱信息，根据水体吸收要素的光谱性质，结合水色卫星波段设置，选择水体吸收信号较强的440 nm波段数据进行大面分布分析。图3.1为东海2009年夏季和冬季水体吸收三要素（黄色物质、非藻类颗粒和藻类色素颗粒）在440 nm的吸收系数分布情况。可以明显地看出，各要素吸收系数分布均遵循由近岸向外海逐渐降低的规律。下面具体对各要素来进行分析。

（1）黄色物质吸收系数

黄色物质（Chromophoric Dissolved Organic Matter，CDOM）是存在于水体中的有色溶解有机物质，也曾以gelbstoff或yellow substance来表示，主要由土壤和水生植物等降解产生，成分复杂，能够反映水体的来源和组成[30]。海水黄色物质有海源和陆源两类，前者主要以原生浮游植物和微生物等生物生产和降解为主，后者则由陆地径流输入和陆源生物降解产物两者共同作用。CDOM对水体总吸收有重要贡献，能有效地吸收对生物体有害的紫外辐射，在水体的生物和化学过程中都起着十分重要的作用。CDOM光学性质相对稳定，主要随组成成分变化，可以作为水团示踪因子，反映海水的来源与变化情况[111]。其光谱性质可以用以下数学函数表达：

$$a(\lambda) = a(\lambda_0)\exp[-S(\lambda - \lambda_0)] \tag{3.1}$$

式中：$a(\lambda_0)$——参考波段λ_0处的吸收系数，单位m^{-1}；

S——e指数衰减在参考波段处的斜率，单位nm^{-1}。

从图3.1（a）、（b）来看，本次测量获得的东海黄色物质吸收系数a_{CDOM}（440）夏季总

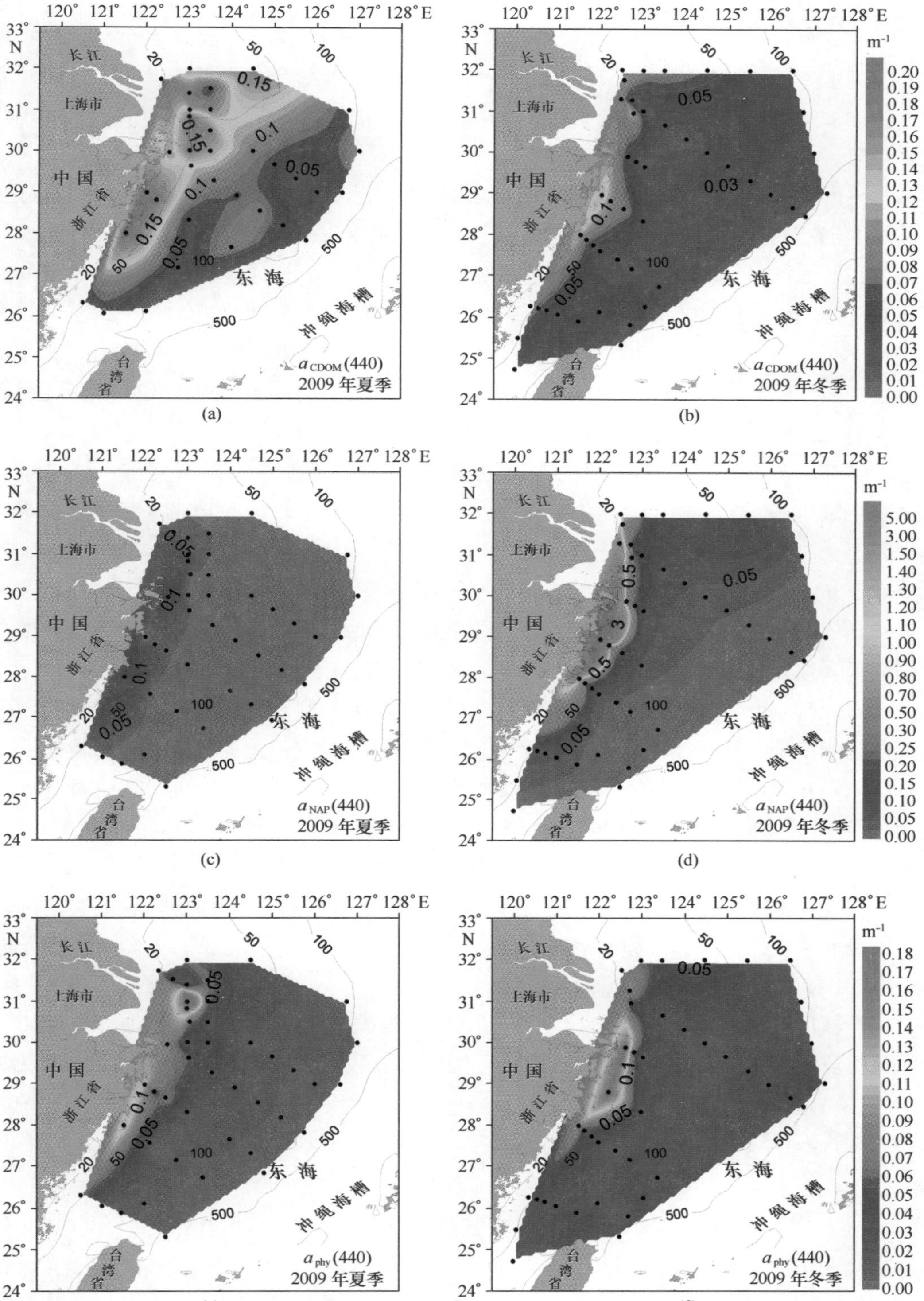

图 3.1　东海水体要素吸收性质分布

(a)、(b) a_{CDOM} (440) 分布；(c)、(d) a_{NAP} (440) 分布；(e)、(f) a_{phy} (440) 分布

体明显高于冬季。夏季在0.000 9 ~0.207 4 m^{-1}之间，平均值0.097 4 m^{-1}；冬季在0.011 6 ~0.144 4 m^{-1}之间，平均值0.050 6 m^{-1}。近岸黄色物质通常来自陆源输入，因此大面分布显示出明显的近岸高，外海低的趋势，最高值主要出现在浙江中部台州附近的沿岸水，而外海低值带大体位于外陆架处，与高盐黑潮水流经路线相符，这与龚国庆[112,113]和Tang[114]的观测结果基本一致。

通常来说，夏季陆源淡水输入量丰富，淡水密度相对于海水要小，因而易浮于海水之上，并借此扩展到较大范围，使表层水体的a_{CDOM}（440）呈现出高值。从a_{CDOM}（440）夏季分布图上来看，长江在丰水期淡水输入影响范围可直达陆架中部。近岸高值区有4个站位的值超过了0.2 m^{-1}，而大于0.05 m^{-1}的范围则一直扩展到100 m等深线附近，几乎覆盖了整个调查区域。同时长江口外有一个相对低值区，最低值点a_{CDOM}（440）仅为0.049 9 m^{-1}，位置在31.5°N，123.5°E处，陆架中部存在一个相对高值斑块，大约位于28°N，124°E附近。根据Yentch与Reiciieht[115]的研究，当藻类颗粒降解的时候，黄色物质吸收系数会相应升高，东海夏季陆架中部的这个a_{CDOM}（440）高值区很可能与浮游植物颗粒的降解有关。

冬季海区的a_{CDOM}（440）高值带被限制在长江口以南的沿岸狭长地带，最高值出现在渔山列岛附近，而整个陆架区a_{CDOM}（440）的量值都普遍不超过0.03 m^{-1}。因此，冬季a_{CDOM}（440）的梯度分布表现相对更加明显，最大梯度带大致在50 m等深线附近。长江口以北也存在一个高值带，大致与苏北浅滩受东南向沿岸流的扩散有关。另外，长江口外出现明显的低值区向内入侵现象，推测为台湾暖流入侵至此后爬升至长江口高密水的结果[116,117]。

总体来说，东海冬夏两季的流系结构差异较大程度上控制着陆源输入高值区的分布和走势。最明显的就是在长江径流量的变化影响下，夏季a_{CDOM}（440）的高值在近岸可达到冬季的3 ~10倍，并且使冬季高值带限制于岸线平行的狭长带内。

龚国庆[45]曾给出了1997—1998年之间东海四个季节的黄色物质325 nm吸收系数分布，从分布趋势上看，其结果与本文结果比较一致，也同样包括冬季长江口外的低值区和北部的高值带。但是在夏季的分布上存在一定差别，即高值区在1998年7月是向东扩展，而2009年8月则是向东南扩展。长江冲淡水夏季的扩散路径大部分都是东北方向，较少情况下会转向南[118]，而黄色物质吸收系数正反映了淡水输入的情况[119,120,121]。根据现场采样同步的CTD数据，实测盐度也表现出了东南向的水舌，2009年夏季长江冲淡水的扩散路径有偏南的趋势，黄色物质吸收系数与盐度在咸淡水混合区通常具有较好的线性相关，这说明该年长江冲淡水的扩散路径为偏东南走向。2009年8月8—10日，台风莫拉克先后登陆台湾岛和中国大陆，而此次长江口处的船测时间为8月2—24日，因此冲淡水的东南走向很可能是受台风影响的结果。

a_{CDOM}的e指数拟合斜率S_{CDOM}在夏季为0.005 0 ~0.026 4 nm^{-1}，均值0.012 4 nm^{-1}，冬季为0.008 2 ~0.043 7 nm^{-1}，均值0.017 0 nm^{-1}。将拟合斜率S_{CDOM}（440）与拟合参考波段的吸收系数a_{CDOM}（440）作散点关系图，得到图3.2（a）。两者在夏季表现出较弱的指数衰减关系，但在冬季没有明显的数学关系。拟合斜率的主要范围落在（0.015 ±0.007）nm^{-1}内，与全球其他海域的研究结果相似，如Babin等[122]2003年给出的欧洲海域的（0.017 6 ±0.002 0）nm^{-1}；Roesler等[123]1989年获得的全球多个海区范围0.014 ~0.019 nm^{-1}；Keith等[124]2002年在北美海域观测为0.020 nm^{-1}，以及洪华生等[121]2005年和杜翠芬等[125]2010在

东海近岸的观测结果分别为 0.013 8 ~ 0.018 4 nm^{-1} 和 0.016 9 nm^{-1} 等。但是，Kuwahara 等[126] 2000 年在日本近岸的测量结果却明显偏高（8 月为 0.020 4 nm^{-1}，12 月为 0.031 3 nm^{-1}），推断由不同陆源物质引起。

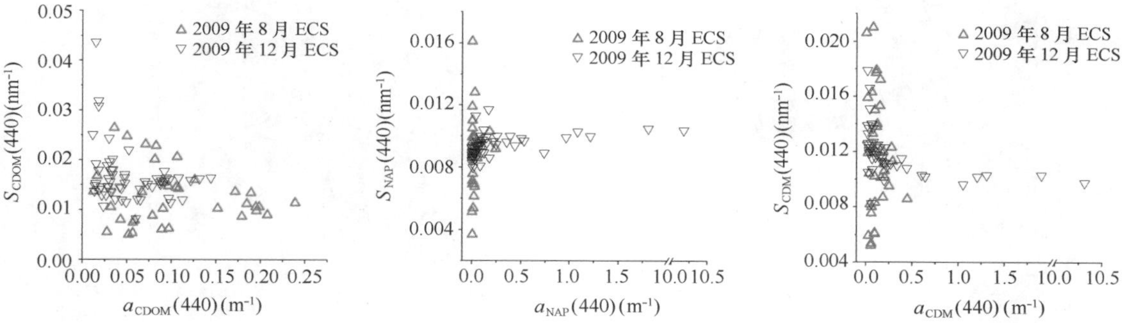

图 3.2　拟合斜率与参考波段吸收系数散点关系

（a）CDOM；（b）NAP；（c）CDM

东海冬夏两季的 S_{CDOM}（440）分布情况如图 3.3（a）、（b）所示，冬季整体比夏季要偏高。夏季陆架区大部分站位的量值都低于 0.012 nm^{-1}，只在中部大约 29.5°N，123.5°E 附近存在一个高值延伸带，另外在长江口和沿岸一带量值有超过 0.012 nm^{-1} 的站点。冬季除南端三个站点外，所有量值都高于 0.012 nm^{-1}，其中长江口区甚至超过了 0.02 nm^{-1}。本次测量结果总体与郭卫东等[127] 2003 年 8 月在该海域的研究结果相一致（(0.018 ± 0.000 4) nm^{-1}）。

根据龚国庆[45]在东海的研究认为，水体 CDOM 吸收系数光谱并不严格符合 e 指数关系，在不同的参考波段下会得到不同的拟合斜率值。而许多相关研究工作中所使用的拟合参考波段也不尽相同，有 325 nm、400 nm、440 nm 等，还有许多研究结果甚至没有给出具体参考波段，这也在一定程度上影响了不同研究结果的比较。一些针对 CDOM 的研究表明[111,128-130]，S_{CDOM} 值高于 0.02 nm^{-1} 的情况一般对应于生物活动产生的新 CDOM，而低于 0.016 nm^{-1} 时则反映水体 CDOM 的陆源输入属性。但这一结论并不能支持此次东海的测量结果。

本研究发现，夏季东海冲淡水区的 S_{CDOM} 值更高，而陆架区其量值却相对偏低。海水 CDOM 主要成分为富里酸（fulvic-acid）和腐殖酸（humic-acid）等，根据 Carder 等[111] 1989 年的分析，水体溶解有机质中腐殖酸部分在长波段的吸收相对更高，进行指数拟合时造成的斜率值会偏低，因此水体中富含富里酸成分时，CDOM 吸收系数的拟合斜率会偏高，比如南印度洋就属于这类情况；而富含腐殖酸的水体如波罗的海等拟合斜率则相对偏低。另外，陆源输入的有机质含量通常会随着离岸距离的增加而降低，因此冬季东海的高 S_{CDOM} 值很可能是由于富里酸在总 CDOM 中的比重增加造成的，而 S_{CDOM} 自近岸向外海的降低则可能是由于 CDOM 中海源有机物相对浓度降低导致。

（2）非藻类颗粒吸收系数

非藻类颗粒（Non-algal particles，NAP）包括水体中的非生命颗粒有机物、细菌等生物颗粒以及无机矿物成分等[30]。对于大洋水体，NAP 主要是由浮游植物死亡分解及降解产生的碎屑，与叶绿素浓度关系密切。近岸水体中，NAP 性质则要复杂得多，对光的吸收和散射与粒径和颗粒组成均有关，受多种因素影响。NAP 的光谱性质同样符合 e 指数衰减。

从图 3.1（c）、（d）来看，本次测量获得的东海非藻类颗粒吸收系数 a_{NAP}（440）夏季在

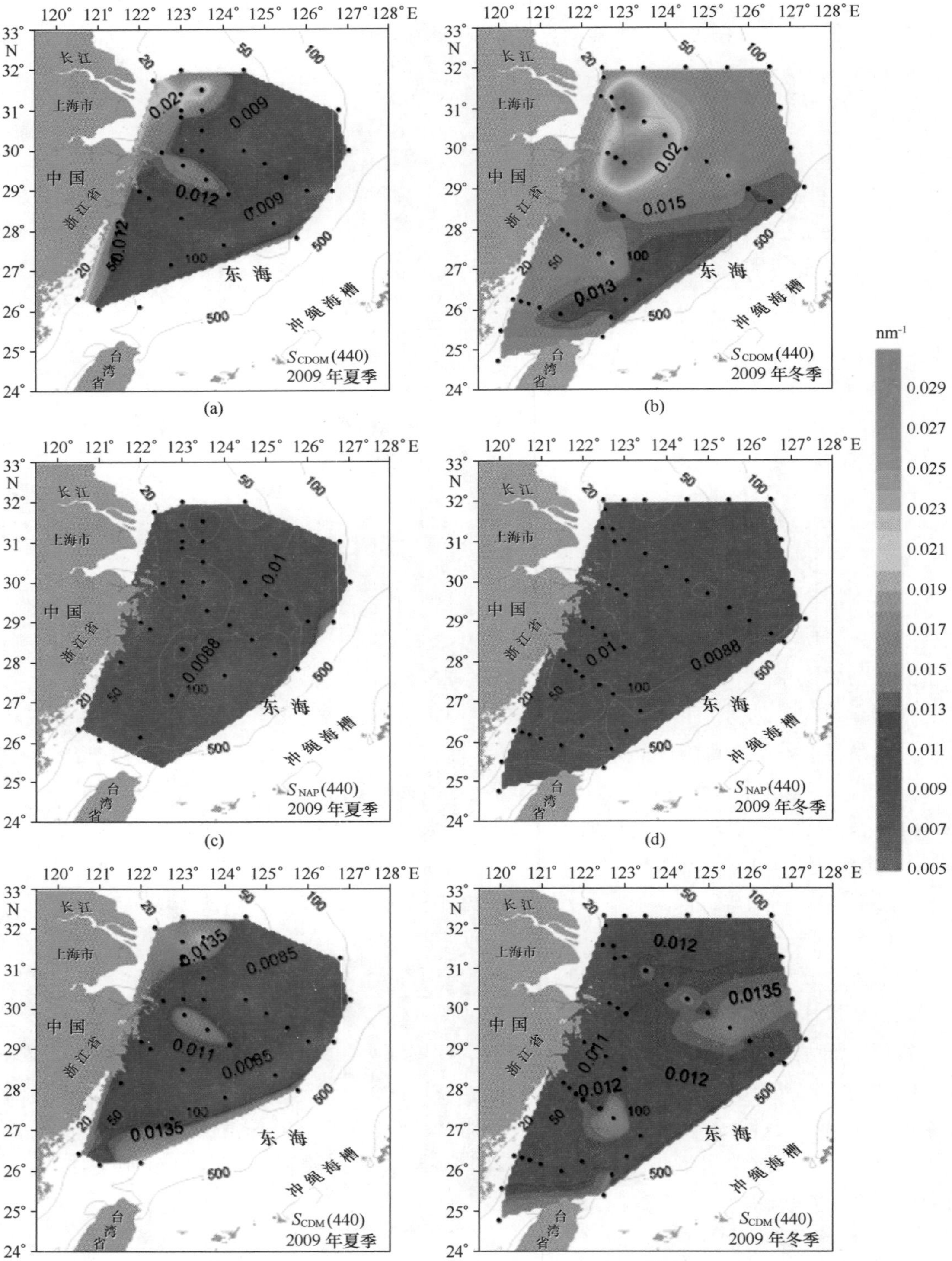

图 3.3　东海水体 CDOM，NAP 与 CDM 吸收系数拟合斜率分布

(a)、(b) S_{CDOM} (440) 分布；(c)、(d) S_{NAP} (440) 分布；(e)、(f) S_{CDM} (440) 分布

0.000 5 ~ 0.240 8 m^{-1}之间，平均值0.024 3 m^{-1}；冬季在0.001 7 ~ 10.173 7 m^{-1}之间，平均值0.380 3 m^{-1}。冬夏两季 a_{NAP}（440）的分布大体与黄色物质相反（见图3.1（a）、（b）），呈现夏季低冬季高的趋势，并且在近岸尤其明显。近岸非藻类颗粒与黄色物质相似，主要均来自于陆源输入。

夏季，颗粒物基本都在河口附近沉降，因此河口外存在一个 a_{NAP}（440）的相对高值区，但最大值不超过0.25 m^{-1}。而陆架中部和外部其 a_{NAP}（440）量值则普遍低于0.025 m^{-1}，部分站点的值甚至低于0.005 m^{-1}。夏季整个东海的 a_{NAP}（440）量级与包括赤道大洋水体在内的全球许多其他海区的结果相当[131]。

冬季 a_{NAP}（440）分布与 a_{CDOM}（440）类似，高值区集中在近岸的狭长带。有6个站位的吸收系数超过了0.5 m^{-1}。该 a_{NAP}（440）高值带与东海沉积物聚集带相对应，反映出非藻类颗粒吸收与水体悬浮物浓度之间的相关性[122,132]，即与冬季强混合作用下的近岸水体颗粒的再悬浮有关[133]。另外，调查区域北端同样也存在一高值带，与苏北浅滩东南向的延伸相符[134]。而对于外陆架区，冬季 a_{NAP}（440）的量值与夏季相差不大，也普遍低于0.05 m^{-1}，这与Babin等[122]1997年4月和1998年9月在大西洋陆架区的大洋水中所获得的测量结果比较相似，反映出东海外陆架区水体的大洋属性。

开阔大洋的非藻类颗粒吸收通常很低，且受浮游植物群落变化影响，而在近岸和内陆架区，则常与悬浮物浓度相关[122,135]。考虑到本次调查站位基本上都位于陆架上，因此将所有站点数据做 a_{NAP}（440）与总悬浮物浓度TSM的相关性分析，结果如图3.4所示。对横纵坐标均做对数变换，数据点零截距线性回归的斜率为0.036 7（图中虚线所示），略高于Babin等在欧洲不同类型水体所获得的斜率0.031，且用指数回归进行拟合的结果（图中实线）要优于线性回归。

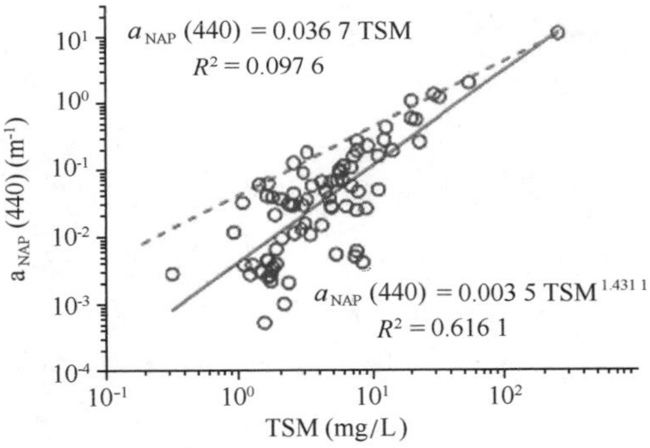

图3.4　东海水体非藻类颗粒吸收系数与总悬浮浓度相关关系

（实线为指数回归拟合结果，虚线为零截距线性回归拟合结果）

a_{NAP}的e指数拟合斜率 S_{NAP}（440）在夏季为0.003 7 ~ 0.016 1 nm^{-1}，均值0.008 8 nm^{-1}，冬季为0.008 0 ~ 0.011 7 nm^{-1}，均值0.009 4 nm^{-1}。将拟合斜率 S_{NAP}（440）与拟合参考波段的吸收系数 a_{NAP}（440）作散点关系图，得到图3.2（b）。对比可见，整体上 S_{NAP}（440）量值要明显低于 S_{CDOM}（440）。冬夏两季的散点关系呈十字格局，并且两组数据均不存在明显的数学关系。另外，冬夏两季之间也存在显著差异，夏季 S_{NAP}（440）波动范围较大，而冬季 S_{NAP}（440）则限定在一个相对较窄的范围内。本文所测 S_{NAP}（440）的变化范围落在全球不同类型水体的测量值范围内（均值0.011 nm^{-1}，包括华盛顿海域、秘鲁上升流区、马尾藻海等多种水体）[123,131]，并且本文冬季结果与王桂芬2003—2005年9月、10月期间在南海北部海区所测 S_{NAP}（440）结果也较为一致（0.005～0.013 nm^{-1}）。

东海冬夏两季的 S_{NAP}（440）分布情况如图3.3（c）、（d）所示。为了更直观地进行对比，使用统一色标，由于各参数拟合斜率量值差距较大，S_{NAP}（440）的分布呈现出十分均匀的规律。夏季在近岸和南部海域 S_{NAP}（440）量值普遍较低（<0.008 8 nm^{-1}），而大于0.01 nm^{-1}的高值区出现在北部以及陆架中部的小范围。冬季高值点出现在北部海域和浙江中部近岸一带，外陆架区量值较低。根据Babin等[122]的观察结果，S_{NAP}的量值在欧洲不同类型的水体间差别很大，并认为 S_{NAP}与矿物颗粒和有机颗粒之间的比重有关，据此，东海 S_{NAP}（440）低值区的水体应该含有相对较高的矿物颗粒，而高值区水体则偏向有机颗粒更多。本文数据 S_{NAP}（440）与颗粒物比重相关分析结果显示，本次采样中矿物颗粒的构成比重在冬季的陆架中部区整体比较均匀，但颗粒类型比重与 S_{NAP}（440）之间并没有明显的相关关系（数值详情未给出）。

由于CDOM和NAP光谱性质均表现为随波长增加的指数衰减，较难实现对两者的有效区分[123]，因此通常将二者合二为一，称之为有色溶解和颗粒有机物（CDM），其光谱性质同样以e指数表达[136]。

东海CDM 440 nm的吸收系数 a_{CDM}（440）夏季在0.007 0～0.308 6 m^{-1}之间，平均值0.042 6 m^{-1}；冬季在0.002 4～0.178 2 m^{-1}之间，平均值0.039 0 m^{-1}。光谱拟合斜率 S_{CDM}（440）夏季在0.005 2～0.021 0 nm^{-1}之间，平均值0.011 6 nm^{-1}；冬季在0.008 3～0.017 9 nm^{-1}之间，平均值0.012 0 nm^{-1}。将光谱拟合斜率与拟合参考波段的吸收系数 a 作散点关系图，得到图3.2（c），可以看出两者间存在明显的季节特征差异。夏季CDM（440）吸收系数总体变化不大，但拟合斜率波动范围较大，而冬季散点关系表现出e指数衰减的性质，与中大西洋湾7年的测量结果类似[137]。这一关系表明，CDM的光谱拟合斜率与其440 nm吸收系数之间存在负相关关系。

冬夏两季的 S_{CDM}（440）分布如图3.3（e）、（f）所示，其中夏季分布规律与 S_{CDOM}（440）相似，而冬季则表现出特有的性质。冬季CDM光谱拟合斜率的高值点主要集中在陆架东北部和南部两个区域。根据Roesler等1989年[123]的相关研究，CDM吸收系数的拟合斜率主要由其组成CDOM和NAP两部分的比重决定，CDOM相对含量越多，则斜率值越高，反之则越低；其文中所用的分析样本主要来自华盛顿附近的近海海水，并认为可以表征多种类型的海洋站点，Roesler认为443 nm处 S_{CDM}的波动范围会限制在CDOM主控的最大值0.016 nm^{-1}和NAP主控的最小值0.011 nm^{-1}之间。本文所测的 S_{CDM}（440）平均值结果为0.011 9 nm^{-1}，也落在了这一范围内，并且超过90%的样本点 S_{CDM}（440）值在 S_{CDOM}（440）与 S_{NAP}（440）之间，基本支持Roesler的观点。

（3）藻类颗粒吸收系数和单位叶绿素浓度比吸收系数

藻类颗粒（Phytoplankton，phy）对光的吸收是细胞内多种色素共同作用的结果。一般以叶绿素a为主（Chl a），在440 nm（蓝光）和665 nm（红光）附近有两个明显的吸收峰，且蓝光波段吸收峰值大约为红光波段的3倍，550～650 nm之间的吸收值很低[30]。

从图3.1（e）、（f）来看，本次测量获得的东海藻类颗粒吸收系数 a_{phy}（440），夏季在

0.004 4 ~ 0.448 2 m^{-1}之间，平均值 0.124 4 m^{-1}；冬季在 0.016 6 ~ 10.318 1 m^{-1}之间，平均值 0.430 9 m^{-1}。a_{phy}（440）冬夏两季的大面分布总体性质相似，大于 0.05 m^{-1}的站点主要集中在沿岸一带。夏季 a_{phy}（440）高值点主要出现在浙江中北部沿岸区，长江口附近一个站点采样时，刚好为一次赤潮事件末期，存在一个 0.3 m^{-1}的高值点。冬季 a_{phy}（440）最大值点位于中部近岸，量值达到了 0.17 m^{-1}。通常来说，高色素吸收与高生物量有关，在浙江沿岸这一狭长带水体中，陆源营养盐输入丰富，光照条件适宜，因此形成了相对较好的生物生长环境，成为东海生产力最高的区域[138,139]。而在陆架的中部和外部，a_{phy}（440）量值普遍低于 0.05m^{-1}，尽管受到黑潮高营养盐的输入影响，在局部会产生叶绿素浓度一定程度的增长，但这一海域生物量水平总体仍然较低[113]。

水体浮游植物单位叶绿素浓度吸收系数 a^*_{phy}（$a^*_{phy} = a_{phy}/\text{Chl a}$）是表征单位浓度 Chl a 所产生的色素吸收值，它是连接色素吸收与 Chl a 的重要参数，在水色遥感中具有重要意义。

本文工作测量获得的 a^*_{phy}光谱可以分为两类，如图 3.5 所示。其中图 3.5（a）和图 3.5（b）中的曲线在 438 nm 和 675 nm 处分别具有明显的双吸收峰，对应于叶绿素 a 在蓝光和红光波段的特征吸收峰[140]。而图 3.5（c）和图 3.5（d）中的吸收曲线则在 600 nm 以短的波长范围内呈现出指数衰减的性质，且蓝光波段范围内没有色素峰出现。这两类曲线所对应的站点分布有明显区别：双峰站位较多出现在夏季，且覆盖整个调查海域，这些站点的悬浮物浓度普遍较低，其 a_{phy}（440），a_{NAP}（440）和 a_{CDOM}（440）的平均相对比重分别为 21.1%、30% 和 43.3%；而单峰站位则更多出现在冬季，并且主要分布在 50 m 等深线以内的沿岸水域，其 a_{phy}（440）、a_{NAP}（440）和 a_{CDOM}（440）的平均相对比重为 11.7%、70.5% 和

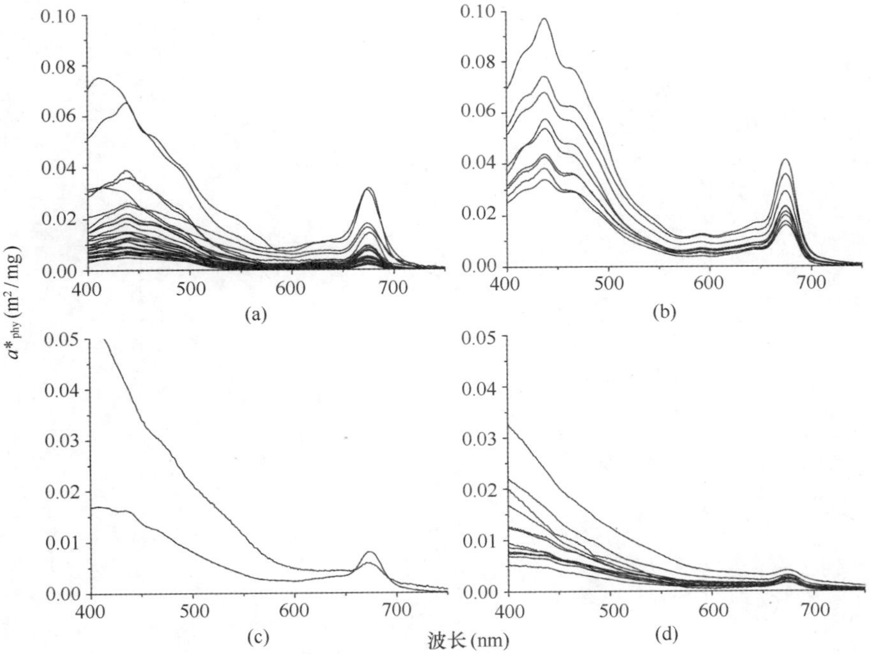

图 3.5　东海水体藻类色素比吸收系数光谱

（a）夏季双吸收峰曲线；（b）冬季双吸收峰曲线；（c）夏季单吸收峰曲线；（d）冬季单吸收峰曲线

16.9%，其中非藻类颗粒的比重普遍很高。因此，对这类单一色素吸收峰的站点，真正的藻类色素吸收部分会在一定程度上受到非藻类颗粒信号的干扰。

浮游植物色素吸收光谱可以通过高斯差分方法实现单一色素的线性或非线性重构，以实现对特定水体色素构成和藻种区分的目的[141,142,143,145]。本次采样所获得水体色素吸收光谱曲线中，在465 nm和623 nm附近存在吸收峰或肩峰（见图3.5），这很可能就是来自伴生色素的贡献。对比图中曲线与Bidigare等1990年[140]分离出的单一色素吸收光谱曲线，可以认为东海水体冬季的主要伴生色素为叶绿素b或叶绿素c等，而590 nm和623 nm附近的肩峰则可能是叶绿素c等价物的贡献。

根据东海水体的性质差异进行海区分区，将整个海区分为陆源直接影响的海岸带区（Coast），向外的中陆架区（Middle Shelf）和陆架边缘的外陆架区（Outer Shelf）；鉴于东海海区夏季受长江冲淡水直接影响区域的特殊性，将这一冲淡水区另外单独统计（Plume），具体分区位置如图3.6中红框所示。对各子区域的a^*_{phy}值做区域平均，得到图3.7所示的特征波段统计结果。可以直观看出，夏季水体色素比吸收系数整体明显低于冬季。夏季各分区内平均值相差不大，普遍低于0.025 m^2/mg；而冬季各分区之间差异明显，中陆架和外陆架区量值大约为夏季的3倍，海岸带区则是夏季的10倍。对比全球半分析模型GSM01的结果，除412 nm波段处GSM01模型为调整值偏低以外，其余443 nm、510 nm、555 nm和670 nm波段均与本研究东海冬季的中陆架和外陆架结果相当，而490 nm处则与夏季结果更接近。从图

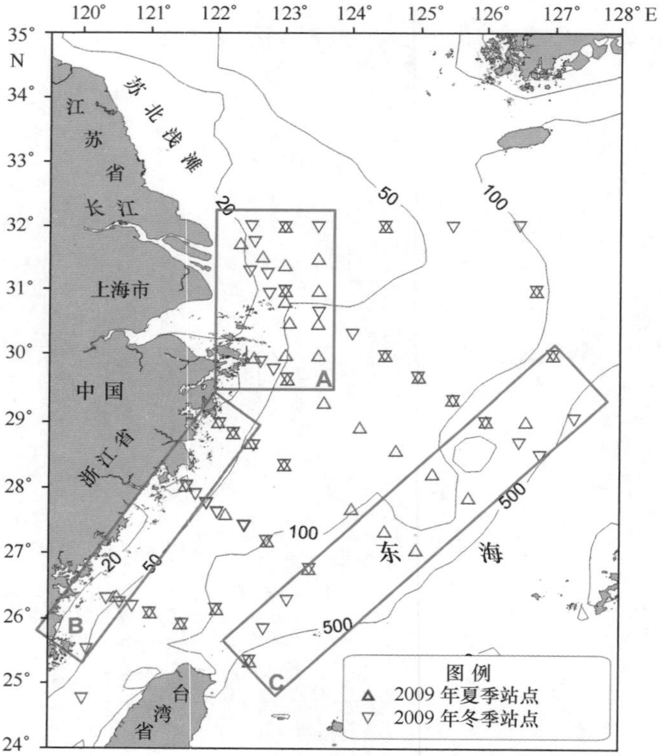

图3.6　东海水体光学性质分区

根据水体性质分区为A：冲淡水区；B：海岸带区；C：外陆架区；其他站点：中陆架区

3.1（e）、图3.1（f）中可知，东海冬夏两季蓝光波段水体色素吸收的分布趋势很相似，在近岸都存在一些高值区块，而叶绿素浓度在大部分站点则是夏季明显高于冬季（见图3.8），因此根据计算公式（$a_{phy}^* = a_{phy}/\text{Chl a}$）冬季色素比吸收系数的量值就明显高于夏季，这一点在近岸尤其突出。

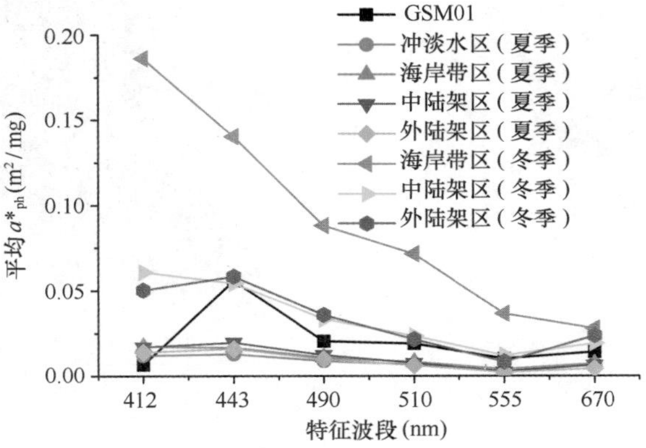

图3.7　东海水体色素比吸收系数特征波段分区平均结果

（黑方形为全球统计模型结果）

将叶绿素在蓝光和红光处两个特征吸收波段的色素比吸收系数 a_{phy}^*（440）和 a_{phy}^*（670）分布与相应的叶绿素浓度作图（见图3.8），可以看出，海区内冬季 a_{phy}^*（440）的量值大约是夏季的5倍。夏季高值区（a_{phy}^*（440）>0.02 m^2/mg 和 a_{phy}^*（670）>0.006 m^2/mg）位于陆架中部，向浙江南部近岸延伸；而冬季高值区（a_{phy}^*（440）>0.1 m^2/mg 和 a_{phy}^*（670）>0.03 m^2/mg）则转移到海岸带中北部以及调查区的东边界。

理论上，浮游植物体内的光保护色素在蓝光波段对光有强吸收作用，675 nm 附近的吸收则主要来自叶绿素 a 的贡献[140,144,145,147]，而高浓度的脱镁色素会导致蓝—红波段吸收比增大[122]。具有高 a_{phy}^*（440）值和相对低 a_{phy}^*（670）值的区域（如苏北浅滩东南方向的舌状延伸区），其水体很可能含有更高比例的光保护色素或脱镁色素。对比叶绿素浓度分布可见，低比吸收系数区对应于高叶绿素浓度，一定程度上反映了水体浮游植物色素的包裹效应，即相对更大的细胞粒径。根据中科院海洋所孙军研究组同航次尚未发表的生物量数据，东海夏季主要以微型（>20 μm）和微微型（2~20 μm）粒级浮游藻类的叶绿素为主，对应于更高的色素包裹效应。在冬季，东海除近岸中部区外，基本以微微型粒级占主导，而调查区南部和边缘区则主要为超微型（<2 μm）粒级主控。因此，东海海区整体上以微型和微微型粒级的浮游藻类对水体吸收性质起主要作用。

Morel 等 1981 年[146]根据试验数据结果，认为影响水体 a_{phy}^*大小的因素主要有三个方面：①与浮游植物细胞相伴所产生的海源有机碎屑会引起 a_{phy}^*吸收值的非线性变化；②细胞内光合色素与伴生色素的比例构成；③细胞粒径与细胞内色素浓度的分布情况。Bricaud 等 1995 年[147]（测试样本来自全球多种类型水体 815 组数据，叶绿素浓度范围 0.02~25 mg/m^3，计算得到蓝光波段最大吸收处 a_{phy}^*（λ）自寡营养区到富营养区的变化范围为 0.18~0.01 m^2/mg。）测量结果显示：包裹效应从寡营养到富营养水体，大约有 3 倍的变动，说明叶绿素 a 浓度和细胞吸收系数与粒径的乘积（或细胞内叶绿素 a 浓度与粒径的乘积）存在正相关关

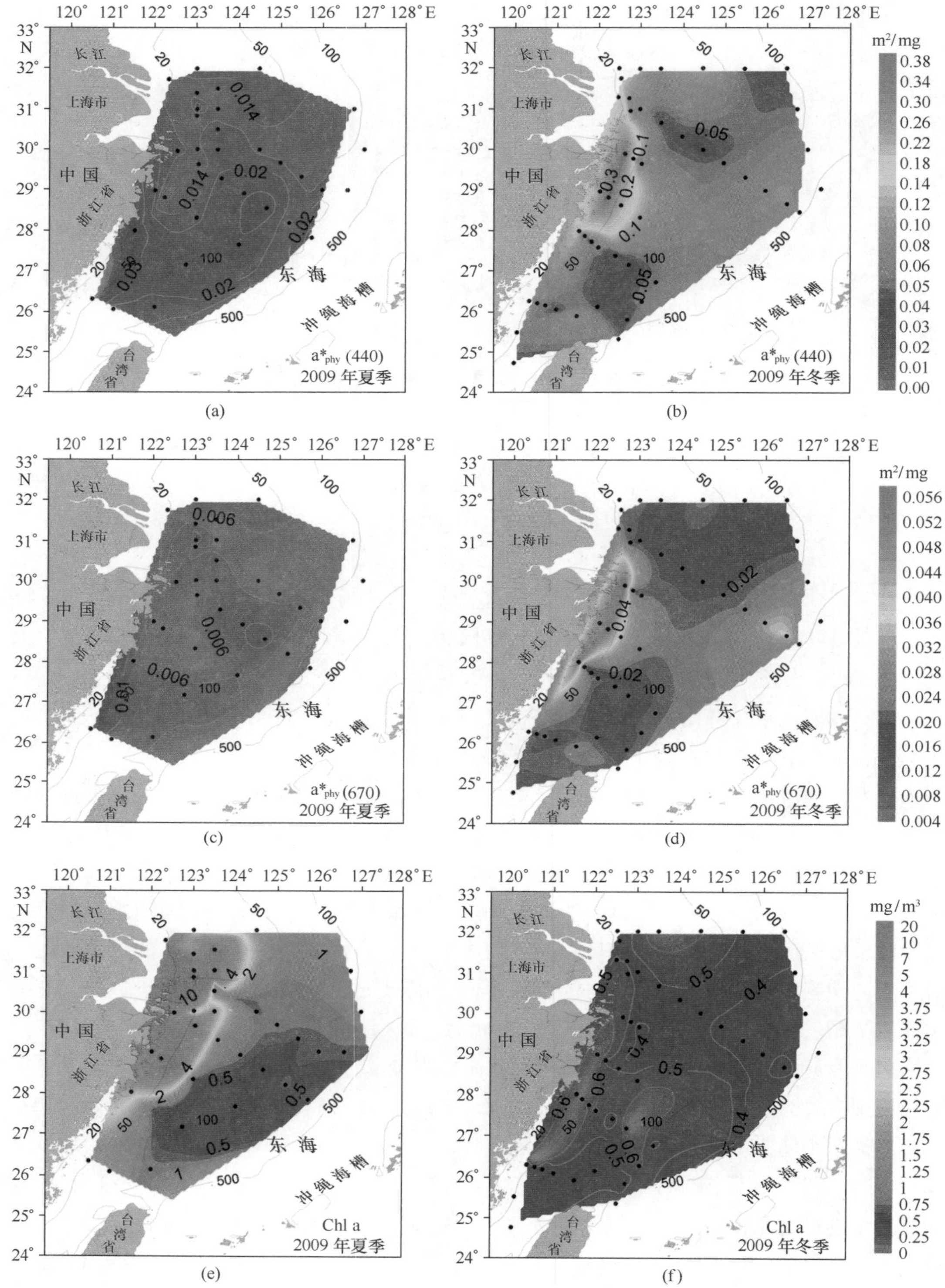

图 3.8　东海水体浮游植物色素比吸收系数及叶绿素浓度分布

系。另外，许多实验室和现场测量结果也均证实，包裹效应和伴生色素干扰是造成水体叶绿素比吸收系数在特征波长产生明显变化的主要原因[143,145,cxlviii]。高叶绿素浓度会引起 a_{phy}^* 降低，而伴生色素的作用在寡营养水体比近岸水体作用更显著[131,149-151]。

（4）水体总吸收系数

实验室测量水体各吸收要素结果求和得到水体总吸收系数，该总吸收系数还同时包含了纯海水的贡献部分，纯水吸收数据来自相关文献中的实测值[152,153]。

东海冬夏两季的表层水体 440 nm 总吸收系数分布 a_T（440）如图 3.9 所示，该波段的纯海水吸收系数为 0.006 3 m^{-1}，对总吸收的贡献很小，主要是以三要素的贡献为主。从图中可以看出，东海水体吸收自近岸向外海逐渐降低，冬季下降梯度大于夏季，同时表现出明显的区域差异。在 50 m 等深线以浅的海岸带区，夏季 a_T（440）大于 0.3 m^{-1}，而冬季高于 0.5 m^{-1} 的区域集中在浙江中部近岸区，且最大值达到 10.3 m^{-1}，超出夏季最大值的 10 倍。在研究海区的北部，苏北浅滩南部区，冬夏两季节均存在一个相对高值带。沿 50 m 等深线向外的海域水体 a_T（440）值整体变化不大，普遍低于 0.5 m^{-1}，而在外陆架区其值甚至低于 0.1 m^{-1}。

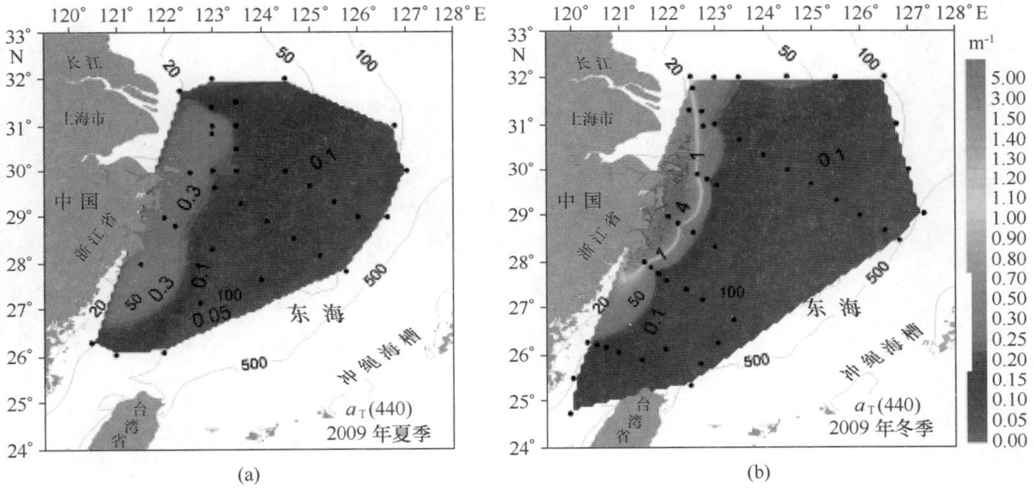

图 3.9　东海水体 440 nm 总吸收系数分布

（a）2009 年夏季；（b）2009 年冬季

根据前文分析，东海近岸高吸收值区主要来自三方面的贡献：陆源高溶解有机物和颗粒物的输入、浅海底层再悬浮作用以及季节性环流形成的锋面制约作用。冬季 a_T（440）极高值的出现主要是南向闽浙沿岸流这一季节性水文动力场的影响。同时在南向沿岸流与北向的台湾暖流之间形成锋面，制约了高吸收值区向外的扩散；北部高值延伸带则与高悬沙含量的苏北沿岸流相对应；长江口附近台湾暖流的抬升可以解释吸收系数向西的低值楔入；中陆架和外陆架的大部分吸收组分主要来自于陆源输入，尤其是长江的输入，在与低吸收外海水的混合稀释作用下，使得整个海区的总吸收系数向外海逐渐变低。

（5）水体吸收组分比例

水体吸收要素对总吸收的贡献可以通过其所占的百分比来表征，不同的比例组成反映了水体的特征差异；水体动力环境或生态状况的变化都可以在吸收组分的变化中得到表现。因此，了解水体吸收组分构成在不同区域的具体情况十分必要。

东海冬夏两季水体主要吸收要素（纯海水、CDOM、NAP 以及 phy）在 440 nm 对总吸收的贡献百分比及绝对量值的分布情况如图 3.10 所示。从图中可以看出，夏季整个海区以 a_{CDOM}（440）为主要组成部分，大约占总吸收的 60%；而冬季 a_{NAP}（440）的贡献则相对突出，在近岸区和北部海区达到约一半的比重。冬夏两季的显著差异反映了夏季长江冲淡水羽状锋的影响，以及冬季南向沿岸流和近岸底层再悬浮对水体要素吸收系数的重要作用。夏季冲淡水向东海输入巨量的淡水，带来丰富的陆源溶解有机物，使得 a_{CDOM}（440）量值明显增大，由于淡水浮于海水表层可输运较远距离，溶解态的 a_{CDOM}（440）信号远远高于颗粒态 a_{NAP}（440）。冬季，长江径流量明显降低，淡水输入被沿岸流所形成的锋面限制在离岸很近的范围内，同时垂向混合加剧，使得再悬浮颗粒物浓度显著升高，a_{NAP}（440）表现出极大值，成为总吸收系数的主控因子。

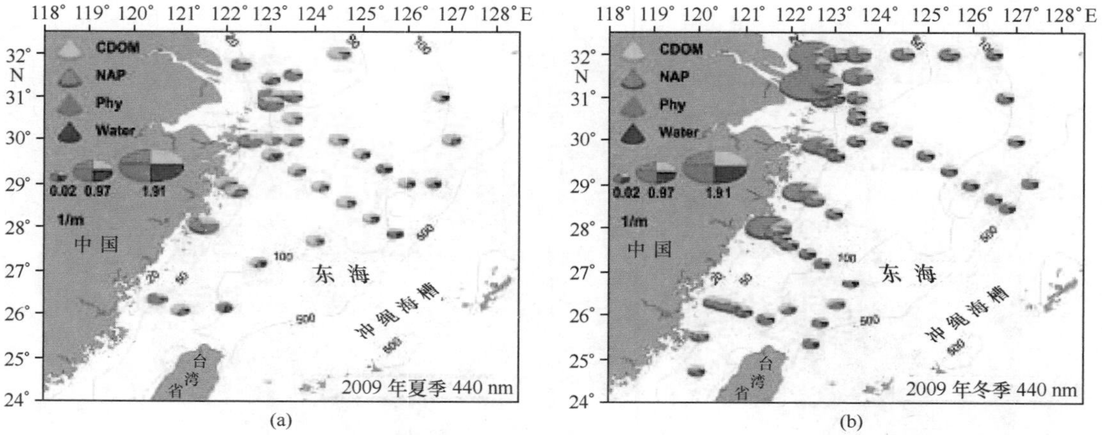

图 3.10　东海实测水体吸收要素 440 nm 吸收系数及贡献比例分布

（a）2009 年夏季；（b）2009 年冬季

在外陆架区，水体主要受黑潮的影响，而黑潮水所携带的非藻类颗粒含量通常很低，因此在这一区域 a_{NAP}（440）的比重普遍偏低。藻类颗粒吸收 a_{phy}（440）的比重在长江口区、台湾暖流区和黑潮主轴一带相对较高，最高可达 65%，并且与 a_{CDOM}（440）和 a_{NAP}（440）存在一定程度的相关关系。长江口外区域水体含有丰富的陆源营养盐输入和相对适宜的光照条件，适于浮游植物的生长；而台湾暖流和黑潮亦携带有较高的营养盐，有利于生物量的增加。因此这些区域表现出相对更高的藻类吸收贡献比。另外，在台湾岛的北部站点处，a_{phy}（440）对总吸收的贡献也很高，夏季可达 53%（同时 a_{CDOM}（440）比重仅有 3.8%），冬季更是占到 58%。这一海域为上升流区域，受台湾河流输入和黑潮入侵的影响[76]，通常营养盐含量也较丰富，因此 a_{phy}（440）比重表现较高。根据以上测量与分析结果进行统计，可以获得东海海区冬夏两季的区域性水体吸收要素贡献比较（见表 3.1）。将整个海区分为内陆架、中陆架和外陆架区三部分，各要素对水体总吸收的贡献在不同分区间有明显差异。内陆架区夏季 CDOM 占总吸收的 50%，冬季 NAP 占 60% 以上；外陆架区夏季 CDOM 比重约 66%，冬季 CDOM 和 phy 共同控制水的总吸收；而中陆架区性质在夏季与外陆架区相似，冬季更偏向内陆架区性质。该统计结果总体上进一步证明了陆源淡水输入和高浓度悬浮物对 a_{CDOM}（440）

和 a_{NAP}（440）的显著控制作用。因此，表 3.1 中的差异反映了淡水输入对夏季东海水体吸收的控制以及悬浮物浓度对冬季近岸水的重要影响。

表 3.1　东海水体不同分区的水体吸收要素 440 nm 比重构成情况

水体分区	内陆架			中陆架			外陆架		
季节	吸收要素								
	CDOM	NAP	phy	CDOM	NAP	phy	CDOM	NAP	phy
夏季	(51 ± 18.7)% (16) (0.134 ± 0.055) m^{-1}	(16 ± 12.6)% (0.052 ± 0.064) m^{-1}	(30 ± 14.2)% (0.085 ± 0.067) m^{-1}	(65 ± 21.8)% (13) (0.070 ± 0.047) m^{-1}	(7 ± 7.6)% (0.005 ± 0.005) m^{-1}	(18 ± 11.1)% (0.014 ± 0.007) m^{-1}	(66 ± 10.0)% (5) (0.051 ± 0.031) m^{-1}	(5 ± 2.5)% (0.004 ± 0.005) m^{-1}	(18 ± 5.8)% (0.012 ± 0.004) m^{-1}
冬季	(20 ± 14.6)% (20) (0.077 ± 0.037) m^{-1}	(64 ± 22.2)% (0.911 ± 2.177) m^{-1}	(14 ± 10.3)% (0.066 ± 0.049) m^{-1}	(34 ± 10.1)% (22) (0.037 ± 0.018) m^{-1}	(39 ± 18.5)% (0.052 ± 0.045) m^{-1}	(20 ± 12.2)% (0.024 ± 0.014) m^{-1}	(39 ± 10.5)% (9) (0.025 ± 0.014) m^{-1}	(7 ± 3.4)% (0.004 ± 0.002) m^{-1}	(43 ± 11.3)% (0.027 ± 0.011) m^{-1}

全球目前已有很多此类对海水吸收要素组成的研究。一般认为大洋性一类水体的组分与浮游植物有关，水体吸收系数比较容易通过遥感数据获取。但对于光学性质复杂的非一类水体，吸收性质十分多变，并且呈现出明显的区域性，要素之间并没有简单的相关关系[154]。Kuwahara 等[126]2000 年对日本近岸水体进行的短期测量结果显示，在 450 nm 波段水体要素吸收 a_{CDOM}（450）、a_{NAP}（450）和 a_{phy}（450）对总吸收的贡献在夏季和冬季分别为 35%、20%、35%（8 月）和 5%、15%、55%（12 月）。Schofield 等[155]2004 年在中大西洋湾近岸水体的测量结果显示，该海域夏季三要素在 440 nm 的贡献比相当。本文夏季测量结果与以上研究较为一致，但冬季的结果却相去甚远，这种差异可能是由于东海近岸区水体极高的悬浮颗粒物浓度造成的。其他海区的研究所给出不同水体类型非藻类颗粒吸收对总颗粒吸收的贡献比（a_{NAP}（440）/a_P（440））在 0.2 ~ 0.8 之间[131,150]，相比之下，本文测量结果所得到的该比值在 0.03 ~ 1.00 之间，波动范围相对更宽。

前人研究表明[156,126]，浮游植物降解过程会伴随 CDOM 的产生和 NAP 的增加。选取藻类颗粒吸收比例大于 30% 的样本，认为这些样本受陆源影响可忽略，主要反映了浮游植物与其伴生物的关系，将散点关系绘于图 3.11，图中散点反映出在藻类颗粒吸收贡献大于 30% 的情况下，

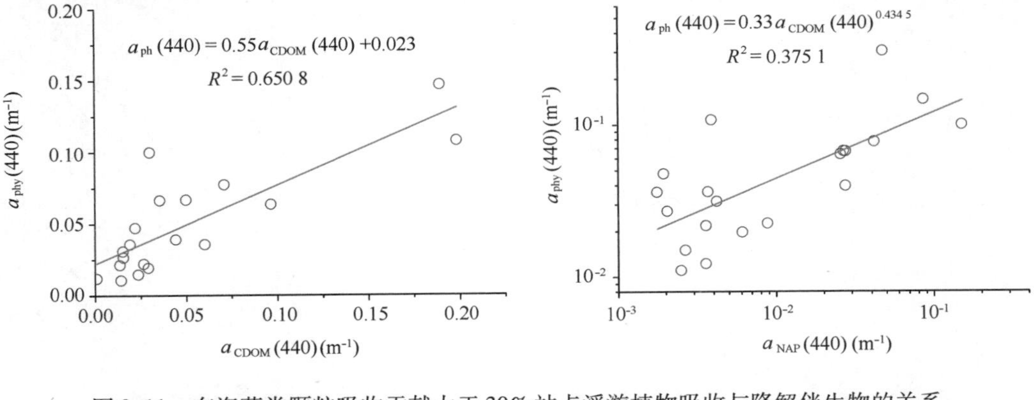

图 3.11　东海藻类颗粒吸收贡献大于 30% 站点浮游植物吸收与降解伴生物的关系

浮游植物对水体 IOPs 有明显影响。由于藻类色素贡献高的区域主要分布在夏季的冲淡水区和冬季的陆架区，则浮游植物活动在这些区域对水体 IOPs 的总体贡献必须引起足够的重视。

总的来说，水体吸收要素的构成变化由于水文和生物活动的影响，在东海海区存在明显的季节性差异。为了获得一个更直观的结果，将图 3.10 的表现形式进行区域平均，得到如图 3.12 的东海冬夏两季水体吸收组分贡献分布。该图进一步显示了东海海区复杂的固有光学特性分布。

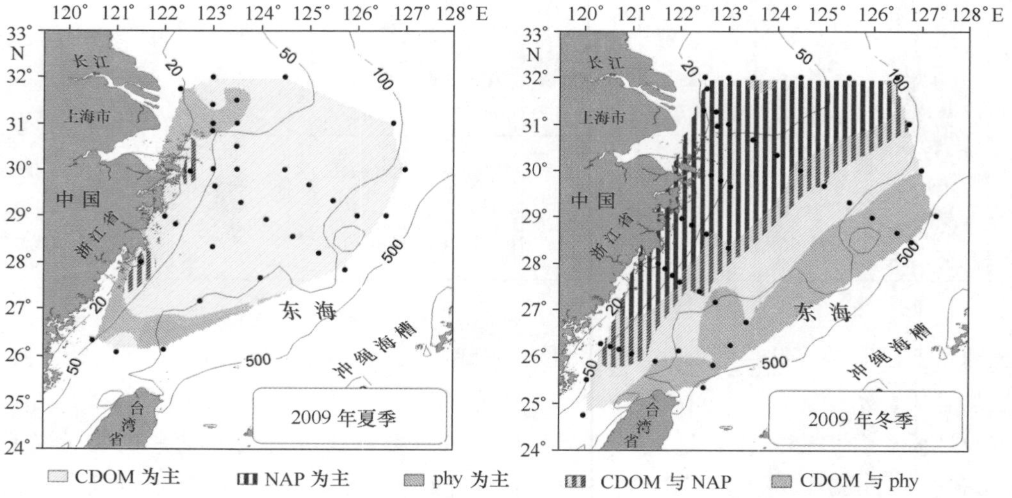

图 3.12　东海水体吸收要素 440 nm 对吸收系数贡献分布

3.1.2　东海环境水体散射性质

水体散射系数是指单位厚度的水体对入射光的散射量与入射光总量的比值，单位同样为 m^{-1}。包括与入射光同向的 0 ~ π/2 角度内的前向散射和与入射光反向的 π/2 ~ π 角度内的后向散射，后向散射是可以由传感器探测的含有水体物质信息的部分，因此对于遥感算法具有重要意义[157]。影响水体颗粒后向散射系数 b_{bp}（λ）的因素主要有颗粒物粒子的浓度、粒径大小、折射指数、形状以及结构等。折射指数越大，b_{bp}（λ）越大；对于给定的粒子浓度，粒径越大，b_{bp}（λ）也越大；而粒径越小，则后向散射与总散射的比 $R\_\ b_{bp}$（λ）越大[158]。来自小颗粒的散射可看作瑞利散射，其前向散射较小，且与波长有很大关系；来自较大颗粒的散射倾向于米氏散射，前向散射大，与波长关系较弱[8]。

作为水体辐射传输的重要参数之一，水面下反射比 R（λ，0_-）可以表达为水体散射与吸收的函数，在一定的简化条件下，R（λ，0_-）与水体后向散射 b_b（λ）和总吸收 a_T（λ）的比值成正比，更进一步的，遥感反射率 R_{rs}（λ）有如下表达式[8]：

$$R_{rs}(\lambda) = \frac{GT^2 b_b(\lambda)}{n^2 Q a_T(\lambda)} \tag{3.2}$$

式中：G——与入射光场分布和体散射函数有关的常数；

T——界面传输系数；

n——界面折射指数；

Q——离水辐射率系数。

Sathyendranath 与 Platt[159]基于垂向均匀水体，将 R（λ，0_-）表达为

$$R(\lambda,0_-) = \frac{sb_b(\lambda)}{\mu_d[K(\lambda)+\kappa(\lambda)]} \tag{3.3}$$

式中：K 和 κ——上行和下行漫衰减系数；

s——水体上行散射系数与后向散射系数的比，是与光场分布和体散射相函数有关的量。

后向散射系数与前向散射系数或总吸收系数的比值是对水体固有光学性质的重要表达，能够反映特定水体组成成分的变化，理论上应该可以作为区分不同类型水体的指示因子。水体后向散射主要由颗粒和纯水两部分贡献构成，由于纯水部分可以通过理论公式计算，因此具体研究中只针对颗粒部分进行。

本节所介绍的水体散射部分主要包括东海表层水体颗粒物总散射系数 b_p（λ），颗粒物后向散射系数 b_{bp}（λ）以及颗粒物后向散射比 R_ b_{bp}（λ）三部分，实测的 b_p（λ）和 b_{bp}（λ）光谱曲线如图 3.13 和图 3.14 所示。

b_p 随波长变化不大，部分量值较小的样本点其光谱曲线在 440 nm 和 670 nm 附近有低谷出现。总体看来，东海水体的散射性质存在较大差异。b_{bp}光谱在实测的 6 个波段间则有明显的变化，在 442 nm 或 470 nm 波段量值最大，之后随波长增加而降低。为便于与水体吸收性质的对比，对实测结果进行插值，同样选择 440 nm 波段进行海区水体散射性质分析。

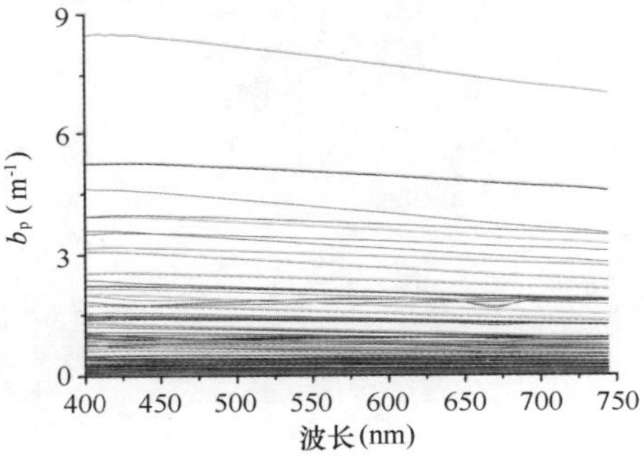

图 3.13　东海颗粒物总散射系数光谱曲线

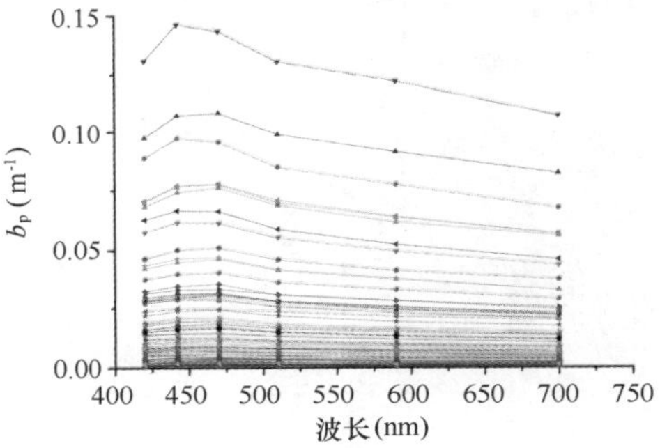

图 3.14　东海颗粒物后向散射系数光谱曲线

（1）大面分布规律

东海冬夏两季节表层水体 440 nm 总散射系数 b_p（440），后向散射系数 b_{bp}（440）以及后向散射比 R_ b_{bp}（440）的分布情况如图 3.15 所示。总体来说，b_p（440）和 b_{bp}（440）的分布趋势较为一致，自近岸向外海逐渐降低，最大值主要集中在长江口舟山海域的近岸区，陆架中部以内区域冬季量值明显大于夏季。

夏季 b_p（440）为 0.051 7 ~ 2.263 0 m^{-1}，均值 0.501 0 m^{-1}；冬季为 0.009 8 ~ 8.419 1 m^{-1}，均值 1.498 8 m^{-1}，量值变化较大，最高值点出现在舟山东南，另外长江口外 123°—126°E 一带存在散射系数大于 3 m^{-1}的高散射区，与苏北浅滩延伸带相对应。b_{bp}（440）与 b_p（440）的主要差异体现在两个地方：①夏季长江口附近叶绿素高值区，b_{bp}（440）量值与周围水体相比明显增大；②冬季陆架中部区，b_{bp}（440）总体在趋势上要略微偏高。

以上差异在两者的比值 R_ b_{bp}（440）上有更直观的体现，夏季 R_ b_{bp}（440）为 0.006 5 ~ 0.023 5，均值 0.013 1；冬季为 0.007 4 ~ 0.025 5，均值 0.019 5，冬季总体明显高于夏季。

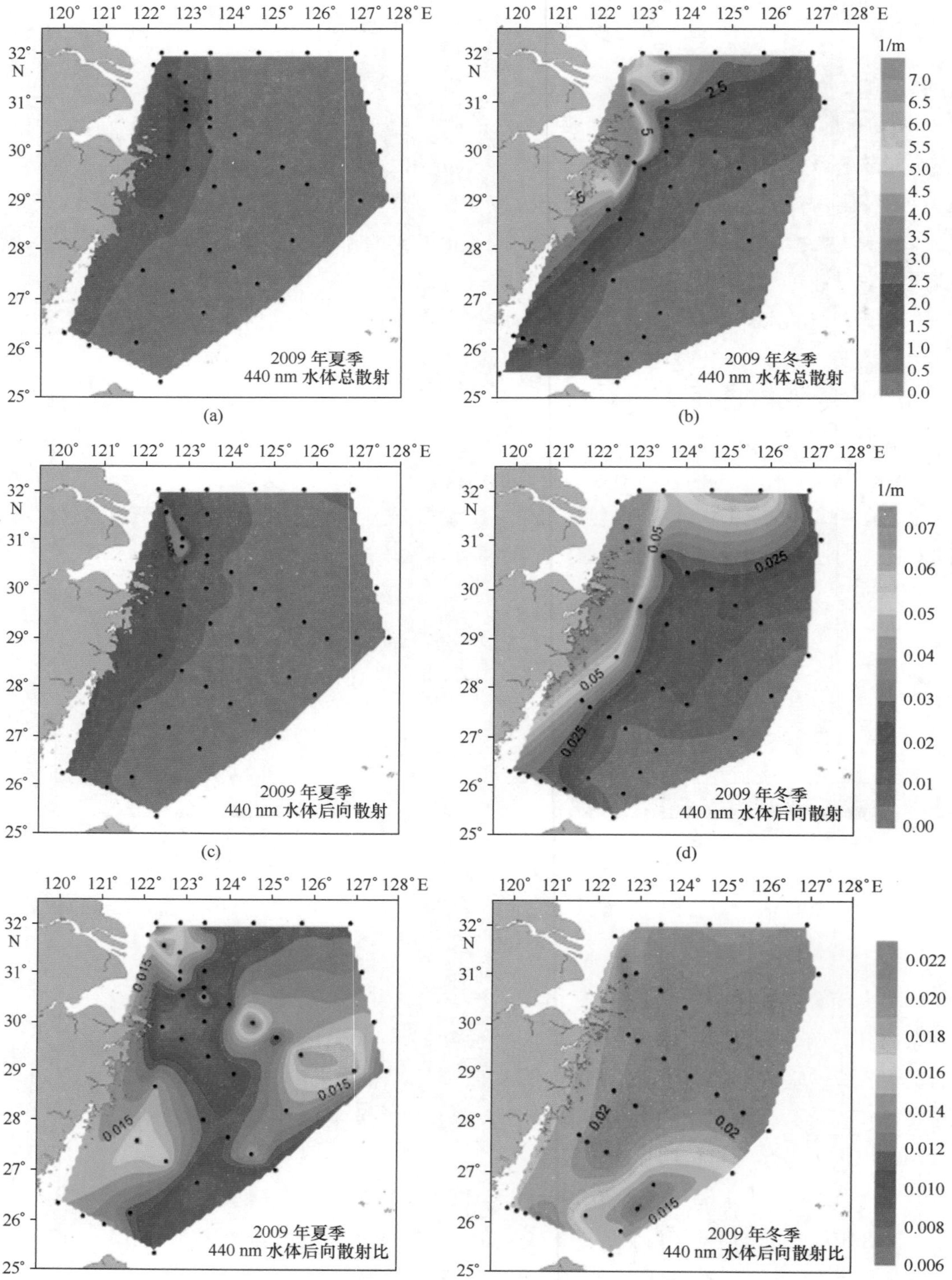

图 3.15　东海水体散射性质分布规律

(a)、(b) 总散射；(c)、(d) 后向散射；(e)、(f) 后向散射比

从分布上看，夏季 R_b_{bp}（440）存在几个大于0.015的高值区，分别位于长江口、南部中陆架区和北部外陆架区，之间形成了一个弯曲的低值带；夏季除台湾北部小范围外，比吸收系数大多高于0.015，近岸和苏北浅滩延伸区量值与外海比相对偏低（<0.020）。

（2）散射性质数据分析

各类相关研究的综合分析认为[160]，单位质量悬浮物浓度的散射系数 b_p^*（b_p/TSM）从近岸到外海存在系统性增大的特点。因此，悬浮物浓度增加会使水体总散射系数整体增大，冬季近岸水体由于高浑浊的性质表现出高散射性质。本文计算了440 nm东海水体单位质量悬浮物浓度的散射系数 b_p^*（440），结果如图3.16所示。

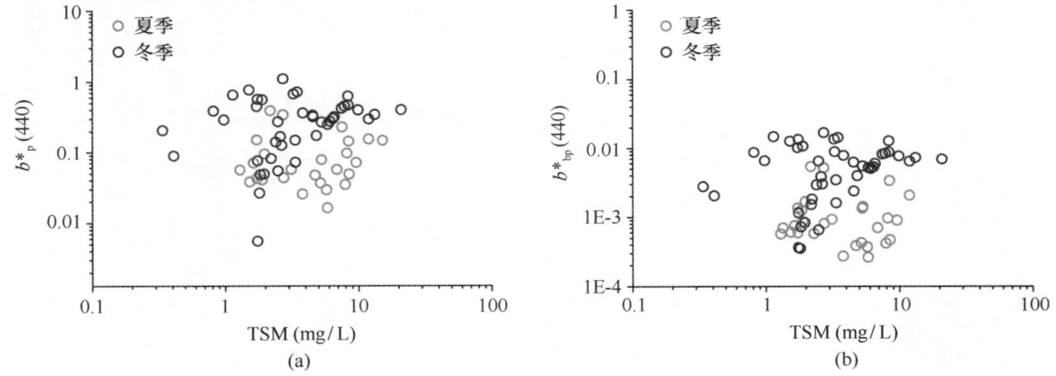

图3.16　单位质量颗粒总散射系数和后向散射系数与水体总悬浮浓度散点关系

可以看出，本次测量结果 b_p^*（440）总体上存在较明显的波动，超过了文献中黄东海水体的观察结果［（0.436±0.022 3）m²/g］，也涵盖了Baker和Lavellw（1984）与Hoffmanm和Dominik（1995）[160,161]分别测量的欧洲湖泊水体与近岸二类水体值（0.1~0.8 m²/g）以及Gordon和Morel于1983年[162]给出的开阔大洋水体值（1.0 m²/g），并且冬季平均要比夏季高，说明泥沙颗粒单位浓度散射系数要高于藻类颗粒。

从粒级上划分，水体藻类和悬浮泥沙颗粒对光的散射都可以看作米氏散射，根据Carder等[163]提出的模型，颗粒物后向散射系数符合如下关系：

$$b_{bp}(\lambda) = X\lambda^{-Y} \tag{3.4}$$

其中，X 与颗粒物浓度成正比，Y 与粒径分布有关，大颗粒 $Y\approx0$，小颗粒 $Y>0$。

因此，颗粒物含量丰富的近岸水体拥有比清洁水体更大的后向散射系数，而同等浓度下，大粒径的藻类细胞表现出明显更低的 b_{bp} 值。根据白雁[164]对黄东海固有光学量实测数据的分析结果，单位质量颗粒物后向散射系数 b_{bp}^*（488）随悬浮物浓度TSM增加而增大，而本文测量结果显示两者间并没有明显的正相关（图3.16）。

在图3.15中夏季颗粒后向散射比 R_b_{bp}（440）分布大体与藻类比吸收系数分布存在一定的相似性，因此推测本文数据中该参数含有较丰富的藻类信息。白雁[164]在对黄东海数据集的分析中，发现 R_b_{bp}（488）与 b_{bp}（488）之间存在良好的相关关系，并据此提出了从后向散射系数计算后向散射比的经验公式（BY_ algorithm）：

$$R\_b_{bp}(488) = 10^{a_0+a_1\cdot\log_{10}b_{bp}(488)},\ a_0 = -1.356\,7, a_1 = 0.310\,7 \tag{3.5}$$

由于 R_b_{bp}（λ）实测值随波段变化差异很小，因此可以将该公式中给出的转换关系直接应用于本文 440 nm 数据，结果发现，此次数据中两参数相关关系与黄东海数据集存在明显不同（图 3.17），并随 b_{bp}（440）值的降低差异增大，后向散射比相较黄东海数据集偏高。对比分布图，可以发现这类样本点基本位于陆架外部的清洁水体，因此推测两数据集采样水体性质的差异是造成这一差距的主要原因。鉴于黄东海数据集所代表的水体类型总体覆盖范围较广，数据量级跨度较大，本次测量结果中 b_{bp}（440）$>0.01\ m^{-1}$的点与黄东海数据关系表现也比较一致，认为公式（3.5）给出的经验关系式可在本文数据分析中应用，而由此造成的误差在近岸水体影响不大。

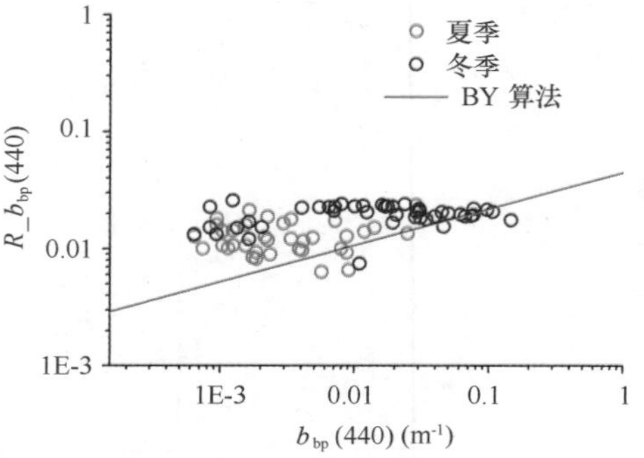

图 3.17 东海实测 $R_{b_{bp}(440)}$ 与 b_{bp}（440）散点关系

3.2 东海赤潮水体固有光学性质

赤潮发生时由于水体成分及构成随着浮游植物的快速增长而发生明显变化，因此必然会影响水体的固有光学性质。下面就东海实测的赤潮水体固有光学性质特征进行分析，并从中寻找赤潮水体与环境水体的识别特征。

此次分析所用数据的列表信息见表 3.2，从赤潮藻门类间的差异来看，硅藻和甲藻都是单细胞种类。其中甲藻细胞壁由纤维素组成，细胞有球形或其他形状，体内光和色素相对含量较高，常呈黄绿色、橙黄色或褐色。硅藻细胞壁高度硅质化形成坚硬的壳体，由果胶质和硅质组成，没有纤维素，多为圆形、方形等规则形状，体内光保护色素相对含量较高，常表现为黄绿色或黄褐色，壳上的微孔与纹路会形成比平滑表面更多的表面积，从而使得硅藻的光合作用更有效率，细胞多形成长链，从而表现出相对较大的集群粒径。

下面就表 3.2 中列出的实测赤潮数据分别从吸收、散射等方面进行深入分析。

3.2.1 赤潮水体吸收性质

实验室分光光度法测得的东海甲藻和硅藻赤潮时水体吸收系数光谱如图 3.18 所示，包括水体吸收三要素 CDOM、NAP 与浮游植物色素 phy 部分以及纯水的吸收贡献。

由于赤潮发生时藻类细胞大量增殖，水体色素含量明显增大，因此藻类颗粒吸收系数的量值远高于正常水体，色素比重也明显增大。从图 3.18 中可以看出，赤潮时 CDOM 和 phy 的构成比明显增大，phy 在短波段更是成为水体吸收的主要贡献者，400 ~ 450 nm 的蓝光波段以及 650 ~ 700 nm 的红光波段分别存在明显的藻类色素吸收峰。另外由于甲藻和硅藻细胞内色

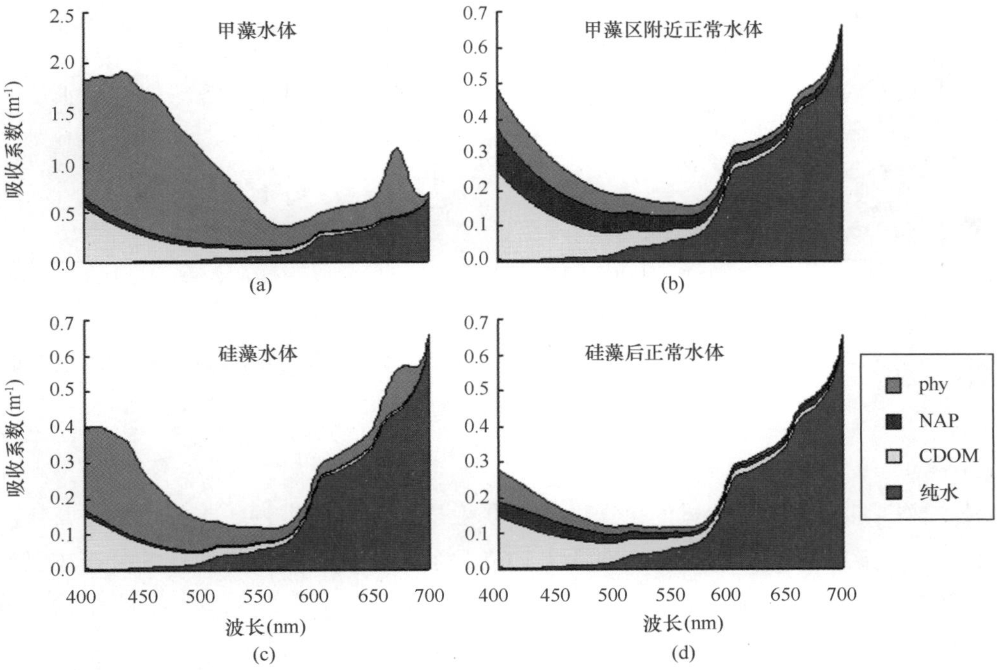

图 3.18　东海实测赤潮水体吸收光谱曲线

（a）、（b）浙江南部近岸 5 月样本；（c）、（d）长江口 12 月样本

素类型的差异，在吸收光谱中表现出一定的细节区别，从本文所获得的具体样本来看，甲藻水体色素吸收光谱中除 Chl a 外，还可以明显看出其他伴生色素的吸收峰；而硅藻水体在蓝光波段则不能区分色素特征峰，总体呈现出一个色素吸收的包络线。在 450 ~ 550 nm 之间甲藻色素光谱随波长变化的斜率明显高于硅藻，Barocio Leon 等[36]就曾经通过对加利福尼亚附近水体的观测，得出 443 ~ 488 nm 间的光谱斜率是实现区分高含量甲藻胞囊的很好指数的结论。

为便于进一步获得定量的赤潮水体吸收性质分析结果，将 440 nm 色素特征吸收峰的吸收值进行统计比较，得到东海典型赤潮与非赤潮水体样本的色素吸收对水体总吸收贡献比（见图 3.19）。从图中可以初步得出：赤潮水体 440 nm 的色素吸收比重 a_{phy}/a_T（440）一般要高于近岸高浑浊水体和清洁水体，其百分比约占 33% 以上，最高可超过 80%；相比之下，大部分浑浊水体色素吸收的比重在 10% ~ 40%，最高不超过 50%，而清洁水体该比值一般在 10% ~ 20% 之间。从所有赤潮样本的水体叶绿素浓度相关分析来看，随着赤潮程度的加剧，叶绿素浓度增加，色素吸收系数随之升高，色素吸收比重也相应增大，CDOM 和 NAP 的吸收比重则相应降低（见图 3.20）。

浮游植物细胞中的色素分布是不均匀的，存在于细胞的叶绿体中，并随着藻种的不同而变化，因此即使在相同的叶绿素浓度条件下，藻种的差异也会引起对入射光的不同反应[8]。有研究显示[145,165]，浮游植物吸收的变化与其种类、种类组合和附属色素等紧密相关，因此单位叶绿素浓度色素的比吸收系数 a^*_{phy}（λ）可以很好地反映水体浮游植物的种类差异。

将东海实测的甲藻和硅藻赤潮及其环境水体的色素吸收系数和比吸收系数光谱曲线列于图 3.21 中进行对比分析。

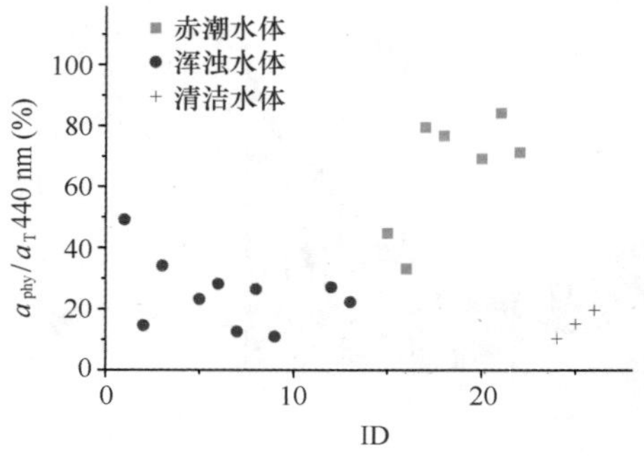

图 3.19　东海不同类型水体色素吸收比重

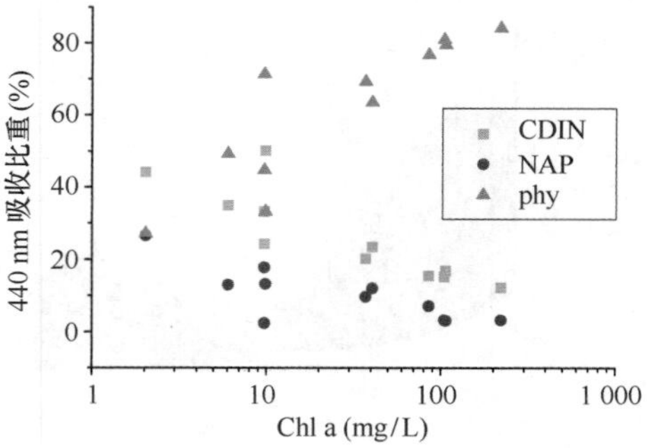

图 3.20　东海实测赤潮水体要素吸收比重随叶绿素浓度变化

总体来说，近岸高浑浊水体的色素吸收曲线由于受到非藻类颗粒等吸收的干扰，与其他水体有明显的光谱性质差异，这一点在 3.1.1 节对东海环境水体吸收性质的分析中已给出详细解释。而非赤潮类清洁水体的光谱性质与赤潮水体相似，均为典型的双峰结构，分别在 440 nm 附近的蓝光波段和 670 nm 附近的红光波段存在高吸收区。由于东海赤潮一般多发生在离岸一定距离内的近岸海域，其性质更多地受水体悬浮物的影响，有效区分赤潮水体与高浑浊的环境水体相比之下更为重要。

对于赤潮水体，随着 Chl a 浓度的增加（即赤潮程度的加剧），其吸收系数量值在整个测量波段范围内都相应增大，当 Chl a > 10 μg/L 时，明显超过了环境水体的量值。甲藻水体在 440 nm 的比吸收系数 a_{phy}^*（440）在不同 Chl a 浓度下量值变化不大，大致在 0.005 ~ 0.05 m^2/mg 之间，且明显低于临近的高浑浊环境水体（0.01 ~ 0.5 m^2/mg），硅藻的 a_{phy}^*（440）值总体上略大于甲藻，主要在 0.01 ~ 0.07 m^2/mg 范围内，量值与清洁水体（0.01 ~ 0.04 m^2/mg）相比大体相当或略有偏高（见图 3.22），说明本文所测样本中甲藻产生的单位浓度色素吸收要低于硅藻，即由于硅藻细胞粒径较小，细胞内光保护色素比重较大，因而量值偏高，但总体来说，两种赤潮水体与清洁水体的差别在叶绿素比吸收系数的差距上并不明显。因此，当赤潮发生时，水体 a_{phy}^*（440）值相比于高浑浊的环境水体会出现不同程度的降低，并且甲藻赤潮表现更加明显，但容易与清洁水体发生混淆。由于硅藻类赤潮藻对浑浊水体的适应度更高，因此，用叶绿素比吸收系数法识别这类赤潮应该相对更容易实现。

通过对图 3.20 中 phy 比重的进一步分析，发现同样存在单位叶绿素浓度下的藻种差异。具体为，硅藻色素吸收比重在单位对数 Chl a 浓度下明显高于甲藻（硅藻 70% ~85%，甲藻 30% ~45%），这主要是由于硅藻类细胞内光保护色素与光和色素的比重高于甲藻。赤潮水体的这些吸收特性可用以协助遥感赤潮水体的识别，并进一步在理论上提供了两种不同类型赤潮的区分方法，但具体还需要根据监测海域的背景场水体浑浊程度来判断。

3.2.2　赤潮水体散射性质

此次东海硅藻赤潮水体的吸收散射特性参数主要来自现场水体吸收衰减仪 ac - S（水体总吸收系数 a_T 和颗粒总散射系数 b_p）和后向散射仪 HydroScat - 6（颗粒后向散射系数 b_{bp}），选取硅藻水体及其环境水体共 6 个样本来进行分析（见图 3.23），采样点位于长江口附近海

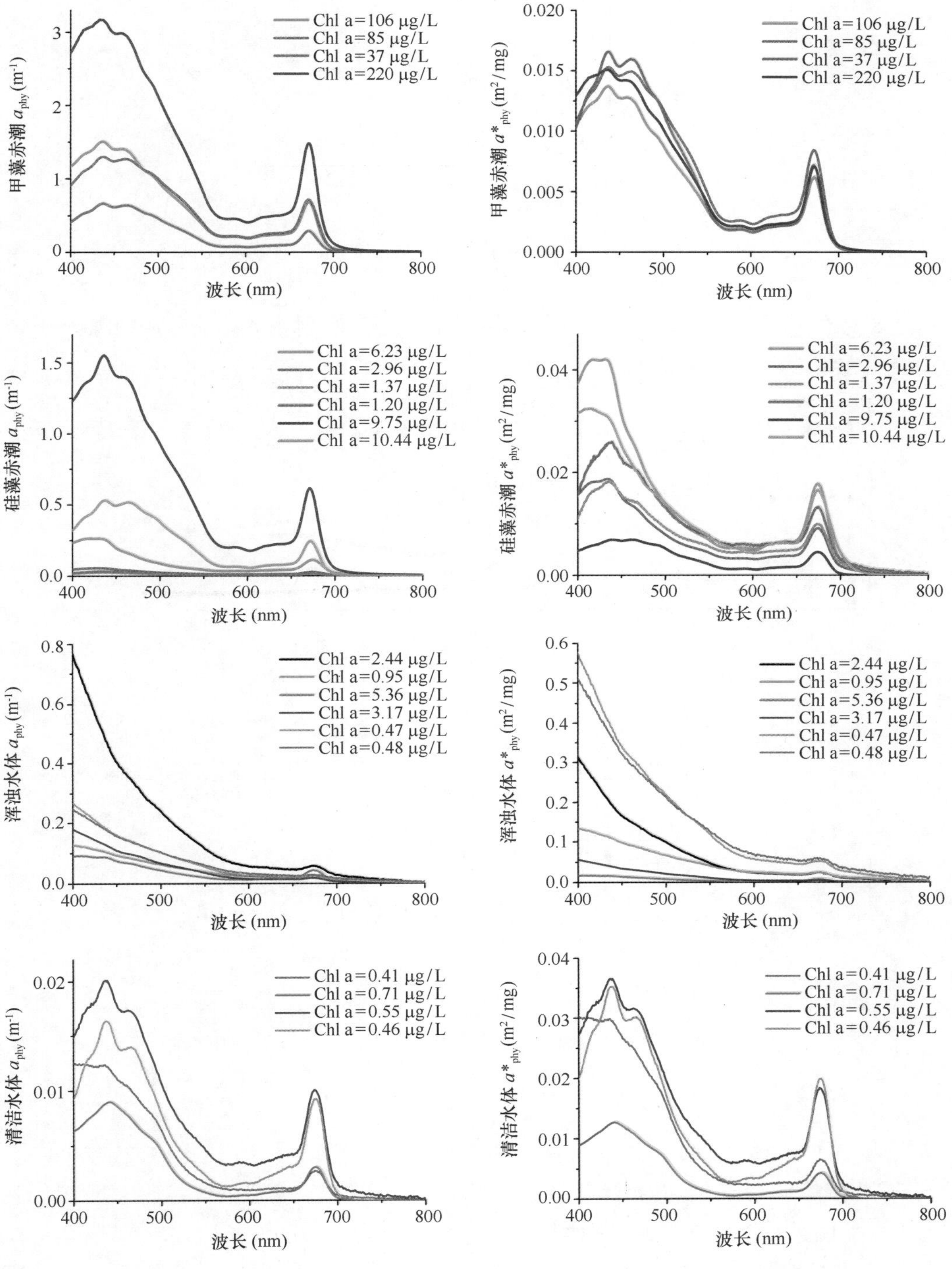

图 3.21　东海实测赤潮及其环境水体色素吸收和比吸收系数光谱曲线

(a) 甲藻赤潮；(b) 硅藻赤潮；(c) 浑浊水体；(d) 清洁水体

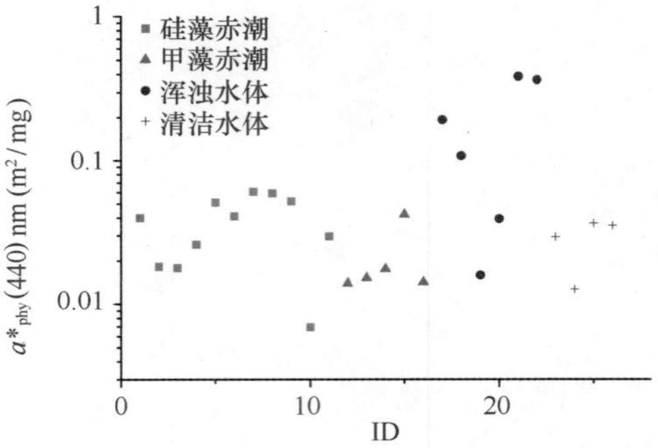

图 3.22　东海实测赤潮及其环境水体 440 nm 比吸收系数

域，包括 8 月和 12 月各 3 个样本。甲藻赤潮由于没有进行散射系数相关参数的现场测量，这里选用历史文献中近似数据做对比分析。

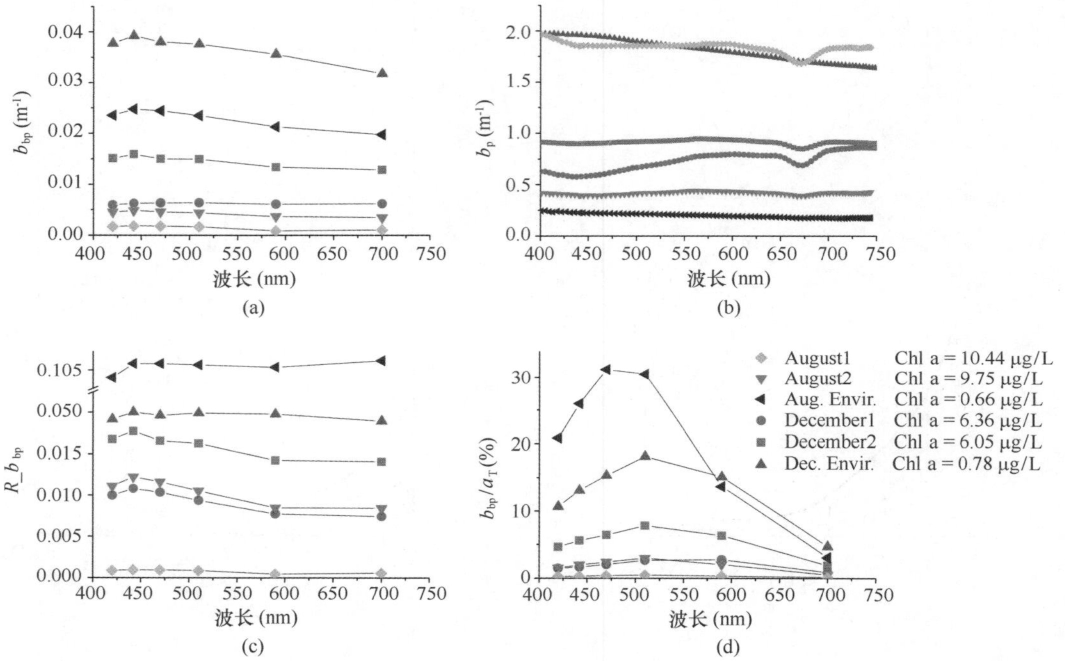

图 3.23　东海实测硅藻赤潮水体散射性质光谱

（a）b_{bp}变化；（b）b_p 变化；（c）R_{bbp}变化；（d）b_{bp}/a_T 变化

从实测 b_p（λ）光谱曲线上看，赤潮水体在整个波段范围内存在一定的波动。440 nm 附近量值偏低，之后随波长增加而升高，到 670 nm 附近再次出现明显的低谷，这两个散射谷分别对应于藻类色素的吸收峰。非赤潮水体散射系数光谱表现为随波长增加单纯下降趋势。赤潮水体中 12 月两个样本（December）量值较接近，大致在 0.6～1.0 m^{-1}之间，而 8 月两个样本（August）却表现出很大差异。Chl a 浓度稍高的样本其散射系数总体明显高于低 Chl a 样本，两者分布在 12 月样本曲线的上下两侧，这主要是由于 August 1 样本点的采样位置比 August 2 要靠近长江口，其所受的悬浮颗粒物影响大于后者，造成水体颗粒物总散射系数大大增加，12 月赤潮点采样位置在 8 月两个样本点之间。两个非赤潮样本点量值上的差距也是出于相似的原因，12 月样本的环境水体（Dec. Envir.）由于季节原因，水体浑浊度高，而 8 月环境水体（Aug. Envir.）处于夏季，水体相对清澈。图中曲线充分说明，水体浑浊度的高低在很大程度上控制着其散射光谱性质的具体表现。

b_{bp}（λ）结果受仪器测量波段数限制，每个样本只有 6 个波段的数据，波段间差异不大，在 440 nm 附近达到最高。整体看来，赤潮水体的 b_{bp}（λ）值明显低于环境水体，并且 8 月的量值总体低于 12 月，同时随 Chl a 浓度的增加而降低，即可以认为随细胞密度的增加而降低；两个非赤潮样本相比，浑浊度高的样本 b_{bp}（λ）值相对更高。根据 Cannizzaro 等[35]对佛罗里达腰鞭毛藻（甲藻）赤潮水体的观测，在细胞密度达到赤潮标准（$>10^4$ cells/L）时，水体 550 nm 波段的后向散射系数 b_{bp}（550）大体在 0.004 ~ 0.01 m^{-1}之间，量值与本文中 8 月硅藻赤潮结果大体相当，且随 Chl a 增加略微表现出增大的趋势。影响水体颗粒后向散射系数的因素主要有颗粒物的浓度、粒径大小、折射指数、形状以及结构等[158]，折射指数越大，b_{bp}（λ）越大。由于无机颗粒具有明显更高的折射指数，因此，一般来说，在这一海域赤潮水体后向散射系数要低于浑浊水体。对于给定的粒子浓度，粒径越大，b_{bp}（λ）也越大，藻类颗粒一般在几十微米以上，明显大于长江口海域的泥沙粒径（中值粒径 8.6 μm）[79]，而甲藻类细胞一般比硅藻类细胞要大，硅藻细胞虽然多形成长链，从而表现出相对较大的颗粒粒级，但在同等细胞密度情况下，硅藻赤潮后向散射系数并没有明显高于甲藻赤潮。

水体颗粒后向散射比率 $R\_\ b_{bp}$（λ）是后向散射系数与总散射系数的比值，综合以上对 b_p（λ）和 b_{bp}（λ）的分析，可以预想，图 3.23 中低 b_{bp}（λ）值和高 b_p（λ）值的 8 月赤潮样本应该具有最低的 $R\_\ b_{bp}$（λ）值，而其环境水体则量值最高。从 $R\_\ b_{bp}$（λ）6 个波段的结果来看，对于赤潮水体在 440 nm 附近有最高值，之后随波长增加而降低，但在 700 nm 附近又出现了抬升。赤潮水体 $R\_\ b_{bp}$（λ）值普遍低于非赤潮水体，说明水体颗粒后向散射比率由 b_{bp}（λ）和 b_p（λ）共同决定，亦即由颗粒粒径和浑浊度共同决定。Stramski 等[166]通过对从细菌到海洋原甲藻 18 种不同粒径大小和种类的浮游藻类固有光学性质的模拟，给出了后向散射比率 $R_\ b_{bp}$的光谱值，其中粒径最大的海洋原甲藻（平均直径 27.64 μm）$R_\ b_{bp}$值明显低于粒径相对较小的旋链角毛藻（平均直径 7.73 μm），在 440 nm 附近大约分别为 4×10^{-5} 和 2×10^{-4}，角毛藻的 $R\_\ b_{bp}$（440）值比本文实测数据偏低。周雯等[49]对大亚湾水体的调查研究结果显示，颗粒后向散射比率随着 Chl a 增加呈减小的趋势，高叶绿素浓度显著对应较低的 $R\_\ b_{bp}$（440）值。从图 3.23 中的具体量值上看，8 月赤潮水体 $R\_\ b_{bp}$（440）值仅为 0.001 ~ 0.013，12 月赤潮水体 $R\_\ b_{bp}$（440）值在 0.01 ~ 0.018 之间，而赤潮的环境水体则在 0.02 以上，若将 Aug. Envir. 样本看做是清洁环境水体，则此类水体有最高的 $R\_\ b_{bp}$（440）值（>1.0），这一结果与 Boss 等[158]给出的新泽西长期环境观测点 LEO15 的测量结果一致，即高浮游植物水体 $R\_\ b_{bp}$（440）约为 0.005，而高悬沙水体约为 0.02。

在图 3.23 中颗粒后向散射系数与水体总吸收系数的比值 b_{bp}/a_T（λ）总体来说在 400 ~ 500 nm 之间随波长增加而增大，之后迅速降低，至 700 nm 附近已基本不超过 5%，6 个样本在不同波段的比值与 $R\_\ b_{bp}$（λ）趋势表现一致。具体量值可以总结为，8 月赤潮水体 0.3% ~ 2%，12 月赤潮水体 1.6% ~ 5.8%，环境水体大于 13%，清洁水体大于 25%，根据 Stramski 等[166]的实测与模拟结果进行粗略计算，对于甲藻水体 b_{bp}/a_T（λ）大体在 1.2% 附近，与本文分析结果相符。由于赤潮水体与非赤潮水体之间的 b_{bp}/a_T（λ）值有明显差异，可以通过这一比值来实现对赤潮水体的识别。

一般来说，由于纯水的后向散射与前向散射相当[158]，后向散射比为已知的定值（1/2），水体颗粒后向散射比可以近似等同于水体总的后向散射比，因此可以认为，从水体散射性质入手来实现对赤潮与非赤潮水体的识别以及不同粒径赤潮藻的区分也同样具有可行性。

从以上的分析来看，由于生理、生化特性的差异，赤潮水体与非赤潮水体以及甲藻和硅藻赤潮水体之间在固有光学量上存在明显区别。为便于后续算法建立和业务化应用，这里根据分析设定阈值分类法，给出各固有光学参数对不同水体类型的识别阈值，具体设定见表3.2。

表3.2　固有光学量识别赤潮水体阈值设定

参数	甲藻赤潮	硅藻赤潮	浑浊水体	清洁水体	优先识别水体类型	优先识别赤潮类型
a_{phy}/a_T（440）	>33%	>33%	10% ~40%	10% ~20%	赤潮水体	
$\frac{a_{phy}/a_T\ (440)}{\log_{10}\text{Chl a}}$	30 ~45	70 ~85	–	–	–	硅藻
a^*_{phy}（440）	0.005 ~ 0.05 m^2/mg	0.01 ~ 0.07 m^2/mg	0.01 ~ 0.5 m^2/mg	0.01 ~ 0.04 m^2/mg	浑浊非赤潮水体	甲藻
b_{bp}/a_T（440）	<2%	<5.8%	>13%	>25%	赤潮水体	甲藻
$R\_\ b_{bp}$（440）	0.001 ~0.013	0.01 ~0.018	>0.02	>1.0	赤潮水体	甲藻

总体来说，从水体吸收和散射性质可以实现对赤潮与非赤潮水体的识别以及甲藻和硅藻两门类间的区分。表格中参数色素吸收比重 a_{phy}/a_T（440）对赤潮水体设定为33%以上，而非赤潮水体除近岸高浑浊区外，一般该比值都相对较低，因此大体上可以实现对赤潮与非赤潮水体的区分，再根据单位对数叶绿素的色素比重在甲藻与硅藻赤潮间的明显差异，即可实现对不同赤潮水体的识别，优先识别类型为硅藻赤潮。色素比吸收系数 a^*_{phy}（440）在浑浊非赤潮水体明显高出其他水体一个量级，可以用以区分此类水体，对于甲藻和硅藻赤潮水体也同样存在差异，在适当阈值的设定下可以作为不同水体识别的辅助参量，优先识别类型为甲藻赤潮。后向散射对总吸收的比值 b_{bp}/a_T（440）在赤潮与非赤潮水体间差异明显，其中赤潮水体的比率显著低于非赤潮水体，且两种不同赤潮类型间也存在量值上的区分，因此该参数可以用于赤潮门类的识别，优先识别甲藻赤潮。后向散射比率 $R\_\ b_{bp}$（440）同样对赤潮与非赤潮水体有明显区分，甲藻与硅藻赤潮间存在一定差异，该参数对甲藻优先识别。

3.3　小结

本章对东海实测的环境水体和赤潮水体的固有光学性质进行了分析，得出以下结论。

（1）东海水体固有光学性质由于水文和生物活动等的影响，在吸收系数、水体吸收要素的构成变化以及散射特性方面都存在明显的季节性和区域性差异。夏季长江冲淡水对整个海区基本起着控制性作用，即以CDOM吸收为主，但色素吸收的量值也相对较高，浮游植物的影响不可忽略；而冬季则更大程度上是沿岸流和季风等引起的底层再悬浮决定近岸水体的光学性质，体现在非藻类颗粒 NAP 对水体总吸收的绝对控制，以及水体总散射与后向散射系数的极高值。对这一海区赤潮识别算法的建立有着重要的影响。

（2）赤潮水体固有光学量与环境水体之间存在较明显差异，从吸收性质和散射性质两个方面可以实现对不同水体的识别。在具体藻种门类方面，甲藻与硅藻赤潮水体在多种固有光学量参数上都可以实现区分。

（3）赤潮水体色素吸收比重一般要高于近岸高浑浊水体和清洁水体，并且随 Chl a 浓度增加而增大，而硅藻色素吸收比重在同等对数 Chl a 浓度下表现高于甲藻。当赤潮发生时，水体的叶绿素比吸收系数 a_{phy}^* 相比于周围环境将出现不同程度的降低，并且硅藻赤潮表现更加明显。

（4）水体浑浊度的高低在很大程度上控制着其散射光谱的性质。在长江口海域甲藻赤潮水体后向散射比率 $R\_\ b_{bp}$（λ）要高于硅藻赤潮，但低于浑浊水体，可以借此进行藻种门类的区分。

4 基于固有光学量的赤潮识别算法研究

根据前文结论，不同类型的藻种所引发的赤潮具有明显不同的固有光学性质，为了检验以上分析结果对遥感应用的适用性，本章尝试将赤潮水体固有光学量研究推广到卫星遥感固有光学量产品数据，分别从吸收和散射两个方面建立卫星赤潮识别的算法。由于实测赤潮数据样本量较少，为了获得更具统计意义的固有光学量赤潮识别算法阈值，本章通过遥感数据获得的赤潮事件固有光学量数据进行分析，样本来源为表2.3中的8次不同事件，具体如表4.1所示。

表4.1 遥感固有光学量数据来源事件

时间	地点	面积（km^2）	藻种	门类
2005-06-04	长江口至韭山列岛海域	2 000	具齿原甲藻、米氏凯伦藻	甲藻
2005-06-16	长江口至舟山海域、南麂海域	1 300+400+300	具齿原甲藻、米氏凯伦藻、长崎裸甲藻 中肋骨条藻、圆海链藻	甲藻 硅藻
2007-06-29	韭山列岛东部	400	中肋骨条藻	硅藻
2007-07-26	象山港、朱家尖东部海域	170+700	洛氏角毛藻、扁面角毛藻	硅藻
2007-08-27	象山港、渔山—韭山、洞头海域	350+600+400	中肋骨条藻	硅藻
2008-05-16	台州—温州海域	65+30+130	东海原甲藻	甲藻
2009-04-28	台州外侧海域	700	裸甲藻	甲藻
2009-05-08	温州苍南海域	200	东海原甲藻	甲藻

NASA-QAA算法所提供的固有光学量产品数据空间分辨率仅为4 km×4 km，而对东海近岸高浑浊水体其算法适用性的不足使得离岸一定距离内的数据为无效，因此遥感固有光学量参数有效点所对应的水体类型主要是中等浑浊度水体和相对清洁的外海水体。

首先，结合OC3算法的Chl a产品数据计算获得水体色素吸收系数比值 a_{phy}/a_T（443）和叶绿素比吸收系数 a^*_{phy}（443）两个吸收性质参数，以及后向散射系数与总吸收比值 b_{bp}/a_T（443）和后向散射比率 $R\_\ b_{bp}$（443）两个散射性质参数。再参照表3.2固有光学量识别赤潮水体阈值设定确立适用于遥感固有光学量的识别算法，来实现对东海赤潮水体，特别是甲藻和硅藻两大门类的识别。

4.1 基于水体吸收系数的赤潮识别算法

依第3.2.1节对东海实测赤潮水体的吸收性质分析中可知，赤潮水体色素吸收比重一般要高于近岸高浑浊水体和清洁水体，且色素吸收比重随Chl a浓度增加而增大，而硅藻色素吸收比重在同等 Chl a 浓度下表现又高于甲藻。当 Chl a > 10 μg/L 时赤潮水体吸收系数量值在整个测量波段范围内明显超过环境水体的量值。赤潮发生时，水体比吸收系数 a_{phy}^{*} 相比于周围环境将出现不同程度的降低，并且硅藻赤潮表现更加明显。

因此，首先以东海典型赤潮卫星资料数据集中固有光学量参数色素吸收系数比值 a_{phy}/a_T（443）和叶绿素比吸收系数 a_{phy}^{*}（443）为对象进行赤潮水体光学性质的分析。

4.1.1 色素吸收比重法

根据赤潮藻的生理特性，东海的主要赤潮藻种可以判断为叶绿素型，即在形成赤潮时水体的叶绿素浓度会随细胞密度的增加而增大。这一性质有助于我们对比东海近年赤潮事件数据集和东海典型赤潮卫星资料数据集初步判定赤潮发生的具体位置，也便于相关提取算法的建立。

首先从表 4.1 所列各事件遥感固有光学量数据中，分别提取赤潮和邻近非赤潮区样本点的色素吸收与总吸收系数，计算得到色素吸收比重 a_{phy}/a_T（443）数据。图 4.1 为赤潮发生时水体色素吸收比重 a_{phy}/a_T（443）的遥感数据统计结果（这里认为 443 nm 等同于 440 nm）。由于卫星数据在近岸的缺失，这里将偏外海的低 Chl a 清洁水体设定为非赤潮的环境水体，而暂时忽略高浑浊水体的情况。

从图 4.1 中可以看出，硅藻（*Diatom*）赤潮点的比值大体分为两个极端：一类集中在 0.2 以下极窄的范围内；另一类比值较高，并且相当部分达到了最大的 0.6 以上。而甲藻（*Dino*）赤潮点的值则绝大部分都处在 0.2 以下，只有少数点相对均匀地分布在 0.2 ~ 0.4 之间。清洁水体（Clear）样本点的比值除部分位于最小值端，其余在整个分类轴的分布相对分散，较多地集中于 0.2 ~ 0.3 和 0.45 ~ 0.55 两部分，这很可能与样本点来源有关。

实际上，图 4.1 中分类轴两端的点数值基本都是等于 0.15 和 0.6 的单一值，因此有充分的理由认为这些数据点应该是由于在 QAA 算法[30]中第二部分计算的过程中参数设定原因产生的“溢出”，即推测该算法对水体色素 443 nm 吸收占总吸收的比重在 0.15 ~ 0.6 之间，超出范围则被截断。因此，色素吸收比值法在东海海域卫星赤潮识别的应用中存在较大局限性。

由实测数据分析可知，甲藻与硅藻水体单位对数叶绿素色素吸收比重的性质之间存在显著差异，在遥感数据中两类型的区别同样明显（图 4.2）。除去受算法溢出影响的部分外，甲藻大致分布于 10 ~ 45，硅藻在 35 ~ 75 之间，因此可以用于这两种门类的区分。色素吸收比重与水体吸收要

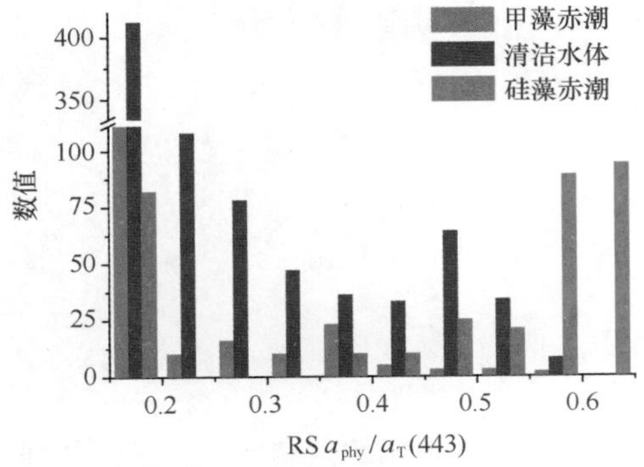

图 4.1 东海遥感赤潮水体色素吸收系数比重分类统计

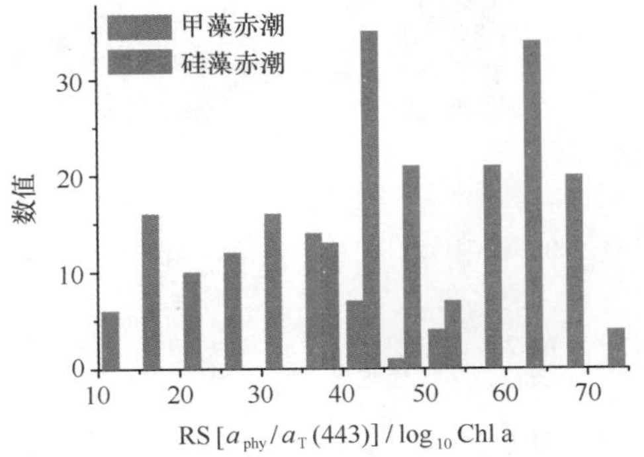

图 4.2 东海遥感甲藻与硅藻赤潮水体单位对数叶绿素色素吸收比重分类统计

素构成有关，藻类越丰富则色素比重越高。结合表3.2实测赤潮水体色素吸收比重的分析结果，可设定赤潮水体判别条件为 a_{phy}/a_T（443）>0.3；而对于赤潮藻种门类的进一步判断，则分别设定判别条件为满足 $0<\frac{a_{phy}/a_T\ (443)}{\log_{10}\mathrm{Chl\ a}}<40$ 的情况下属于甲藻，大于40则属于硅藻。

将这一判别条件应用于东海甲藻和硅藻典型赤潮案例中，得到如图4.3结果，同时给出NASA OC3算法的Chl a产品做对比。由于遥感色素吸收比重参数存在溢出现象，这里将整体比值上下限设定为0.15～0.60，图中绿色为甲藻赤潮区，红色为硅藻赤潮区。可以看出，该阈值对赤潮水体的识别存在一定的可信度，尤其在近岸当环境水体比值产生溢出时，基本可以判断为是色素含量偏高的赤潮水体；但同时该判别方法对偏外海的非赤潮区也较容易出现误判，并且对甲藻和硅藻赤潮的实际区分效果不够准确。

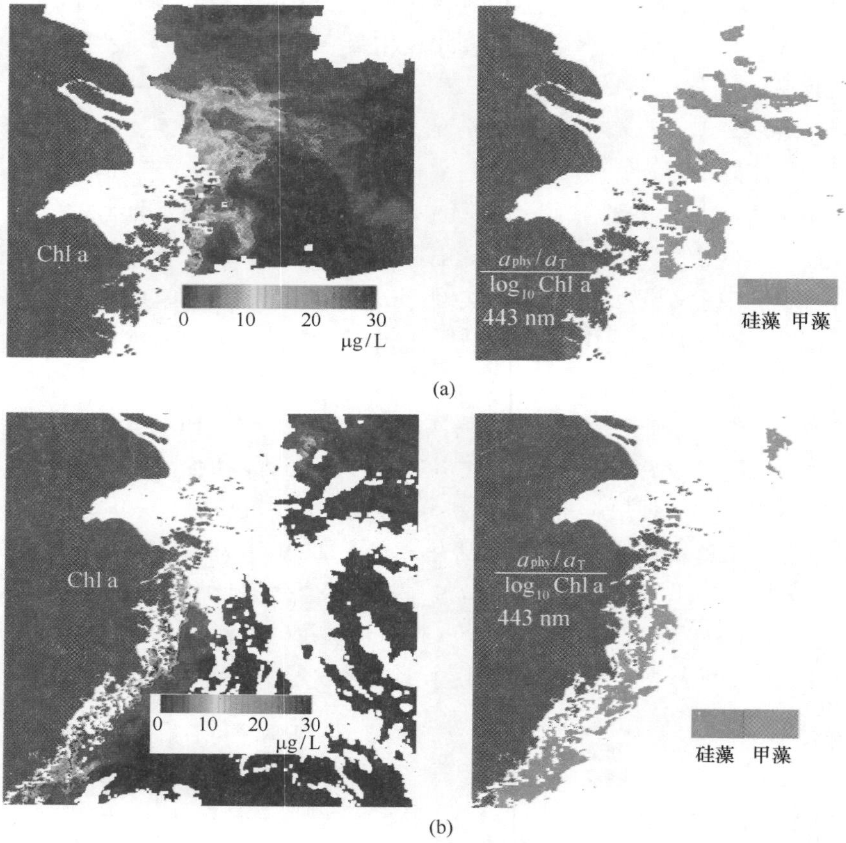

图4.3 东海赤潮水体色素吸收比重法提取结果示例

（a）2005年5月25日，长江口硅藻赤潮；（b）2005年6月9日，长江口—韭山—披山岛—南麂—洞头甲藻赤潮

4.1.2 叶绿素比吸收系数法

同样从硅藻和甲藻事例对应的遥感数据中分别提取赤潮和非赤潮区样本点的色素吸收与叶绿素浓度值，将遥感叶绿素比吸收系数计算结果 a_{phy}^*（443）进行统计，得到如图4.4所示的分布直方图。可以看出，遥感数据计算的 a_{phy}^*（443）值不存在如色素吸收比值 a_{phy}/a_T（443）那样的溢出现象。三种水体比吸收系数值都不符合标准高斯分布，其中硅藻（Diatom）和甲藻（Dino）的 a_{phy}^*（443）值都基本处在0.04 m^2/mg 的分类轴低半段，但两者有明

显不同的倾向性，甲藻偏向低端，而硅藻更偏向高端；环境水体（Clear）的量值基本在整个分类轴均有分布，与赤潮水体存在交叉，但最低不超过0.01 m^2/mg。

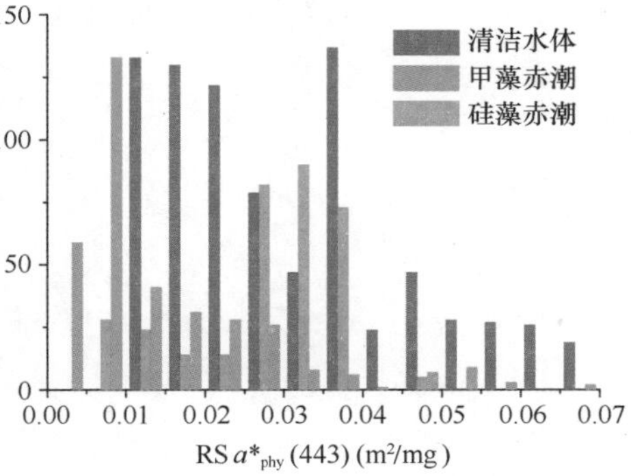

图4.4　东海赤潮水体比吸收系数分类统计

叶绿素比吸收系数与细胞粒径和细胞内色素有关，随色素增多和细胞减小量值增大，主要用于区分不同细胞类型。结合实测赤潮水体 a^*_{phy}（440）的分析结果，设定赤潮水体判别条件为 a^*_{phy}（443）<0.04 m^2/mg。在这一前提下，值越小，赤潮类型越倾向为甲藻，将两种类型的判别阈值设为0.025 m^2/mg。

将这一判别条件应用于东海甲藻和硅藻典型赤潮案例中，得到如图4.5结果，图中绿色

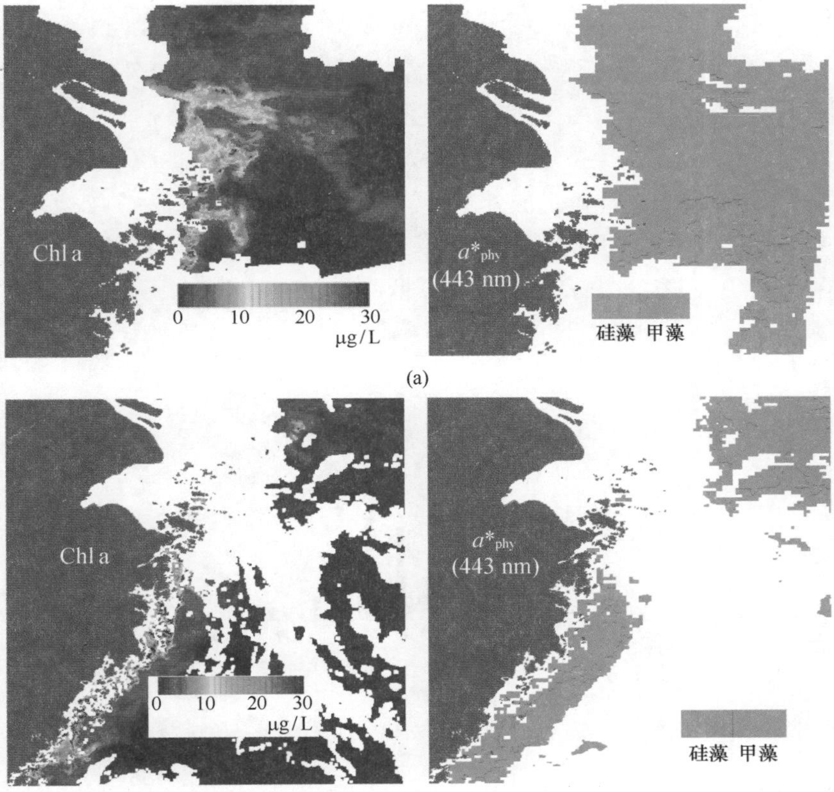

图4.5　东海赤潮水体叶绿素比吸收系数法提取结果示例

（a）2005年5月25日，长江口硅藻赤潮；（b）2005年6月9日，长江口—韭山—披山岛—南麂—洞头甲藻赤潮

为甲藻赤潮区，红色为硅藻赤潮区。可以看出，该阈值对案例中的赤潮水体识别存在较大不确信度，受环境水体信号干扰明显，但 a^*_{phy} （443） 小于 0.01 m^2/mg 的区域与赤潮区存在不错的契合度。对比图 4.5（a）、（b） 硅藻和甲藻两案例的提取效果，该叶绿素比吸收系数法应该相对更适用于甲藻赤潮的判定。

4.2 基于水体后向散射系数的赤潮识别算法

Morel 和 Prieur[1] 研究认为，卫星传感器所获取的水体有效信号主要是受水体后向散射 b_b 和吸收 a 的控制。要实现对不同藻种的有效区分，最根本的就是要实现对吸收和后向散射这两个水体参数在不同藻种情况下的有效判别。后向散射系数一般随波段的变化不大，因此很多学者研究赤潮水体遥感提取算法时，都把注意力放在水体的吸收系数变化上，而忽略了散射变化对水体总信号的作用。而事实上 b_b 的作用不可忽略，有时甚至起主要作用。例如，在相似浓度下，颗石藻（*Coccolithophore*）和束毛藻（*Trichodesmium*）等赤潮种通常具有明显更高的后向散射系数[2,3]，而美国近岸主要赤潮有害藻种短裸甲藻（*Karenia brevis*）则具有相对较低的后向散射[4,5]。Cannizzaro 等根据佛罗里达海湾实测数据[171]，认为引起短裸甲藻赤潮水体遥感反射率明显降低的主要原因在于其后向散射系数的降低，而与吸收系数没有明显关系。因此，从水体后向散射的角度出发识别赤潮具有重要意义和广阔前景。

4.2.1 散射—吸收比值法

本节研究思路与 4.1 节相同，首先从东海硅藻和甲藻典型赤潮事件所对应的卫星数据中，分别提取赤潮和非赤潮区样本点的后向散射系数与总吸收系数，计算得到水体颗粒后向散射系数与总吸收系数比值 b_{bp}/a_T（443），图 4.6 为 b_{bp}/a_T（443） 值的统计结果。可以看出，甲藻（Dino） 和硅藻（Diatom） 样本点的分布大体一致，但在低值端存在细微差异，其中甲藻在 b_{bp}/a_T（443） <0.02 的区间内更多，而硅藻的多数点分布在小于 0.03 的范围内；环境水体（Clear） 在 0 ~ 0.07 的区间内表现为中间低两端高的双峰分布，另外 b_{bp}/a_T（443） 值高于 0.07 的样本点都属于赤潮水体。

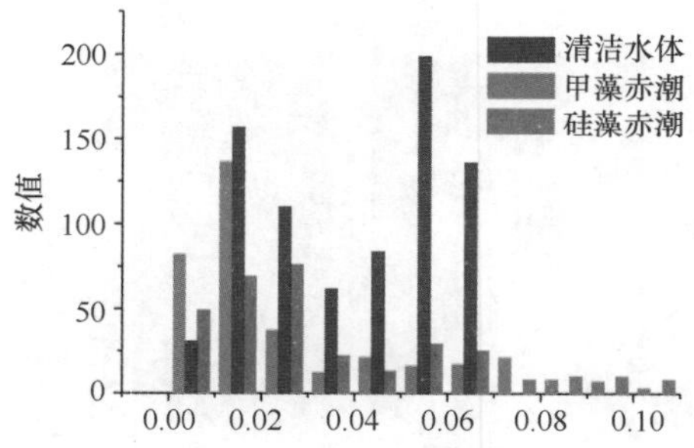

图 4.6　东海赤潮水体后向散射系数与总吸收系数比值分类统计

散射—吸收比是遥感反射率中与水体颗粒大小、类型、色素含量等直接相关的部分，主要区分于近岸浑浊水体。结合实测数据获得的赤潮水体后向散射系数与总吸收系数比的分析结果，首先设定赤潮水体判别条件为 b_{bp}/a_T（443） <0.10，且比值越大，赤潮类型越倾向为

硅藻，暂将两者的区分阈值设为0.02。

将这一判别条件应用于东海甲藻和硅藻典型赤潮案例中，得到如图4.7的提取结果，图中绿色为甲藻赤潮区，红色为硅藻赤潮区。可以看出，该散射—吸收比值的阈值设定对案例中的赤潮水体与环境水体的识别存在较大的不确定度，外海清洁水体几乎都判定为赤潮。这说明 b_{bp}/a_T（443） <0.10 的阈值设定在遥感数据提取中不适用，主要原因是实测数据样本量较少，不足以代表较全面的赤潮水体特征，因此该阈值需要做进一步调整。

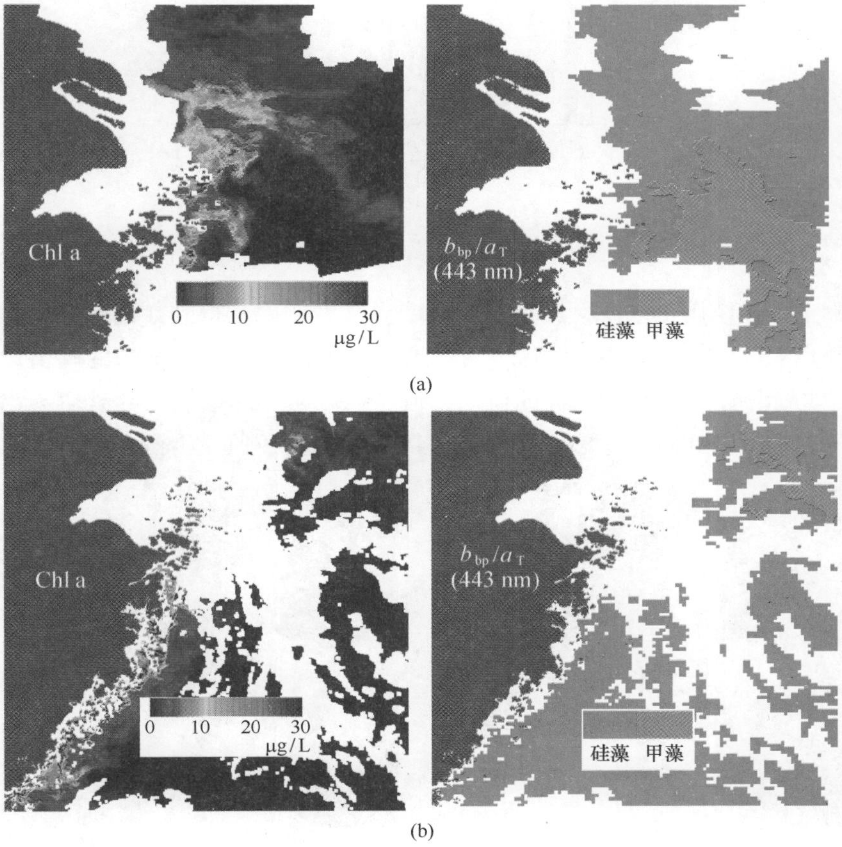

图4.7　东海赤潮水体散射—吸收比值法提取结果示例

（a）2005年5月25日，长江口硅藻赤潮；（b）2005年6月9日，长江口—韭山—披山岛—南麂—洞头甲藻赤潮

4.2.2　后向散射比率法

遥感后向散射比 $R\_\ b_{bp}$（443）的计算方法为，从东海硅藻和甲藻典型赤潮事件所对应的卫星数据中，分别提取赤潮和非赤潮区样本点的后向散射系数 b_{bp}（443），通过式（3.5）计算得到水体颗粒后向散射比 $R\_\ b_{bp}$（443），图4.8即为提取结果的统计情况。从图中可以明显看出，赤潮水体与环境水体（Clear）的样本点表现出完全不同的分布规律，赤潮水体的 $R\_\ b_{bp}$（443）值在0.008～0.020之间呈正态分布，主要区间为0.009～0.016，其中甲藻（Dino）总体上比硅藻（Diatom）略微偏低；而环境水体（Clear）则基本位于0.009以下。从统计图上看，$R\_\ b_{bp}$（443）值的这一差异可以很好地实现赤潮与非赤潮水体的区分。结合实

测赤潮水体后向散射比的分析结果，设定赤潮水体满足判别条件 0.008 < R_b_{bp} (443) < 0.02，并且比值越大，赤潮类型越倾向为硅藻，将两者阈值暂设为 0.013。

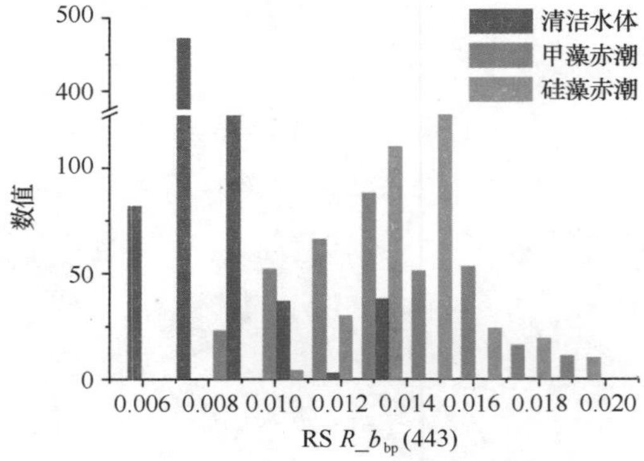

图 4.8　东海赤潮水体后向散射比分类统计

将这一判别条件应用于东海甲藻和硅藻典型赤潮案例中，得到如图 4.9 的提取结果，图中绿色为甲藻赤潮区，红色硅藻赤潮区。可以看出，该后向散射比率法的阈值设定可以较好地实现案例中的赤潮水体与环境水体的识别，但在赤潮与非赤潮的交界处容易出现误判，造成赤潮范围的夸大，因此需要考虑将 R_b_{bp} (443) 模型的阈值范围适当缩小。

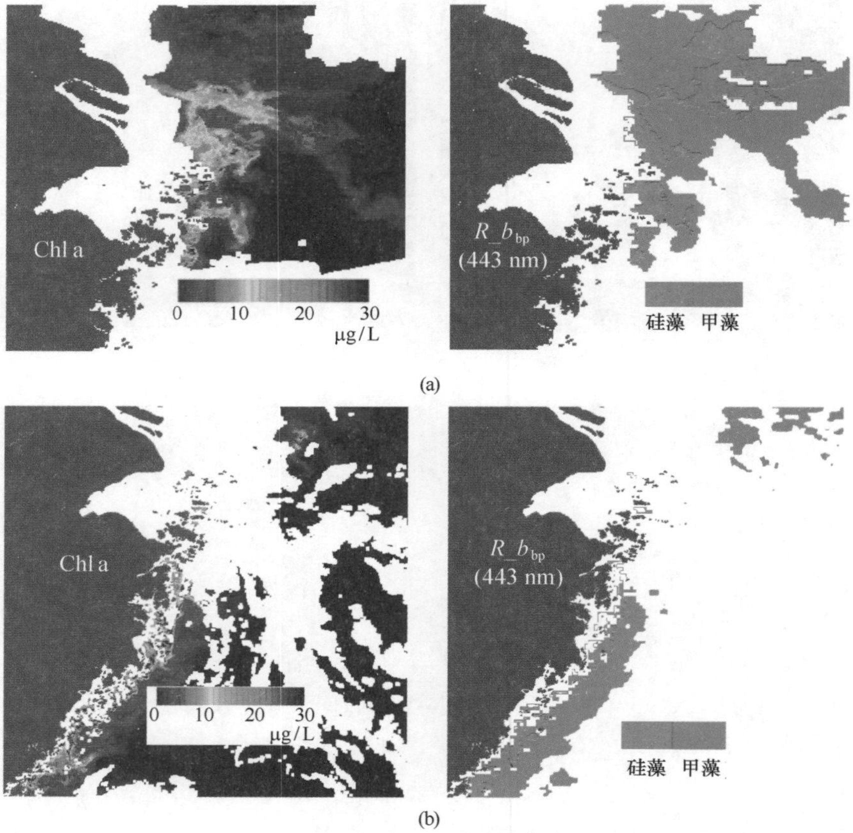

图 4.9　东海赤潮水体后向散射比率法提取结果示例

(a) 2005 年 5 月 25 日，长江口硅藻赤潮；(b) 2005 年 6 月 9 日，长江口—韭山—披山岛—南麂—洞头甲藻赤潮在藻种门类识别方面，该模型的检测结果同样存在较大的误判可能，这一点，从图 4.8 的分布中也可以解释。由于该遥感 $R\_\ b_{bp}$（443）值并非根据其定义从后向散射系数和总散射系数直接求得，而是通过式（3.5）计算得出，实际上反映的仅为后向散射系数 b_{bp}（443）的性质，因此对藻种门类差异的体现很可能受转换公式的影响，会在一定程度上弱化门类间的差异。但对比 Subramaniam 等[169-171]的研究结论，可以看出，硅藻类相比甲藻类确实具有相对更高的后向散射系数，因此通过公式转换获得的后向散射比应该也同样能够反映不同藻种门类间的散射性质差异。

4.3 基于光谱高度法的赤潮卫星遥感识别算法

基于以上章节的分析来看，不同的固有光学量参数无论是实测值还是遥感数据，对赤潮与赤潮水体，以及甲藻与硅藻赤潮的识别都具有一定的可信度。但单个赤潮水体固有光学参数均不足以体现赤潮与非赤潮水体的完全差异，特别是甲藻与硅藻两种类型间赤潮的有效区分，且容易受到高浑浊度和高叶绿素水体的干扰。赤潮遥感识别的步骤首先要实现对赤潮区的有效识别，其次才能进行藻种类型的判别，为提高赤潮监测业务化水平，论文研究除应用以上固有光学量参数外，再结合已有的其他遥感算法，提高最终的识别效果。因此尝试结合赤潮水体的其他光学性质如遥感反射率 R_{rs}或离水辐亮度 nLw 等特性作为辅助手段，共同提高对赤潮水体的提取效果。

以遥感反射率或离水辐亮度为输入参量进行波段组合反演算法提取赤潮是我国近海海区常用的卫星遥感赤潮提取算法[6,7,18]，通过各种差值比值转换突出赤潮与非赤潮水体的反射率光谱差异，实现对赤潮水体的识别。毛显谋和黄韦艮[18]通过分析东海海区现场实测的甲藻赤潮水体遥感反射率光谱曲线认为，可以通过可见光短波区 412 nm、490 nm、555 nm 三波段的差值比值方法进行波段组组合，实现对赤潮水体和高悬沙水体以及清洁水体的有效区分，具体如式（4.1）所示：

$$C = \frac{R_{rs}(412) - R_{rs}(490)}{R_{rs}(555) - R_{rs}(490)} \tag{4.1}$$

模型结果 C 大于零时判断为赤潮，小于零时为非赤潮水体。但由于该算法实际使用数据为未进行大气校正的遥感数据，不适用于业务化遥感产品的赤潮提取，因此本论文尝试对该算法进行再分析和必要的改进。

本次先利用现场实测水体遥感反射率光谱，包括典型的甲藻和硅藻赤潮水体类型进行分析。如图 4.10（a）所示，不同叶绿素含量的甲藻赤潮水体的光谱，在 400 ~ 550 nm 之间同样存在一个明显的反射谷，且该反射谷的相对深度随叶绿素浓度增加而增大；在 550 ~ 590 nm 以及 690 ~ 710 nm 之间还同时存在一个反射峰和荧光峰，两者之间的反射谷对应叶绿素特征吸收峰，该特征吸收峰与荧光峰的位置随叶绿素浓度的增加表现出红移现象。与之相对应，硅藻水华水体在该 400 ~ 550 nm 波段范围内反射谷不明显，这一方面与该硅藻水华藻类细胞浓度较低有关；另一方面也反映出不同藻种门类的光谱差异[37]。相比之下，非赤潮水体的遥感反射率光谱曲线在 400 ~ 500 nm 的短波段表现为随波长增加而增加的性质，而 570 nm 之后则表现为随波长增加而降低的趋势。

从以上的赤潮水体实测光谱分析可知，理论上来说，通过式（4.1）的差值比值方法可

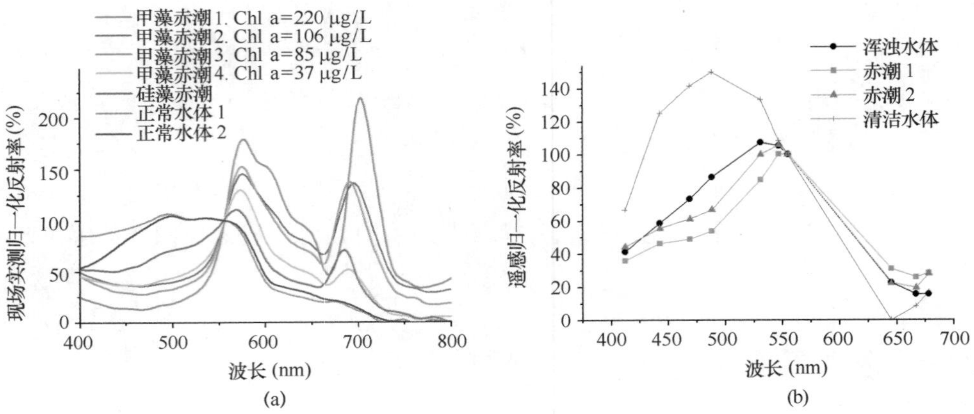

图 4.10　归一化遥感反射率光谱曲线

（a）现场实测；（b）卫星遥感

以很容易实现对赤潮与非赤潮水体的有效区分。但事实上卫星遥感所获得的水体遥感反射率信息在经过大气校正后会在蓝光波段造成很大偏差，如图 4.10（b）所示的东海一次赤潮事件 MODIS - AQUA 归一化水体遥感反射率光谱（2005 年 5 月 25 日长江口硅藻赤潮），赤潮水体光谱曲线在 412 ~ 531 nm 之间随波长减小而单调递减，并未表现出蓝光波段的抬升。因此将遥感信息直接应用于该算法，所得的差值比值结果必然与非赤潮水体一样为负值，在绝大部分情况下不能实现有效的赤潮水体识别。

根据图 4.10（b）中不同水体的遥感反射率光谱差异，可以考虑对该算法进行一定的改进，以达到识别赤潮水体的目的。从图 4.10（b）中可以看出，高叶绿素的赤潮水体与其他水体的一个重要区别是，赤潮水体在 443 ~ 555nm 之间存在一个反射谷，且反射谷的深度随叶绿素浓度的增加而增大，相比之下，在此波段范围内近岸高浑浊水体信号基本上随波长增加而线性递增，而清洁水体则存在一个反射峰。即 443 ~ 555 nm 波段范围内最大反射谷的相对深度与叶绿素浓度呈正相关关系。

由此，本文提出了光谱相对高度指数（RH）计算公式如下：

$$\mathrm{RH}=\frac{\left(R_{\mathrm{rs}}(555)-R_{\mathrm{rs}}(443)\right)\times\dfrac{(488-443)}{(555-443)}+R_{\mathrm{rs}}(443)-R_{\mathrm{rs}}(488)}{R_{\mathrm{rs}}(488)}\times 100\% \qquad (4.2)$$

该指数对含有反射谷的赤潮水体信号敏感，而对非赤潮水体之间的光谱差异反应不敏感。将该指数应用于东海实测水体归一化遥感反射率，得到图 4.11。

可以看出，水体归一化遥感反射率 488 nm 波段的相对高度在不同水体间具有明显差异，即近岸水体与外海清洁水体的相对高度基本在（-40%）范围内，而赤潮水体的相对高度则普遍高于零，最大可达 180%，可以较好地实现对赤潮水体的识别。对于赤潮信号较弱的点，其相对高度计算结果可能会出现低于零的情况，而高浑浊水体中由于藻类生长或其他色素吸收的干扰，也可能存在相对高度大于零的情况，因此该算法对个别区域的赤潮或许会出现一定的误判。

将赤潮水体计算得到的 488 nm 光谱相对高度（RH）与叶绿素浓度做相关性分析（图 4.12），发现 RH 表现出随叶绿素浓度增加而增大的性质。实测数据具有较好的线性正相关关

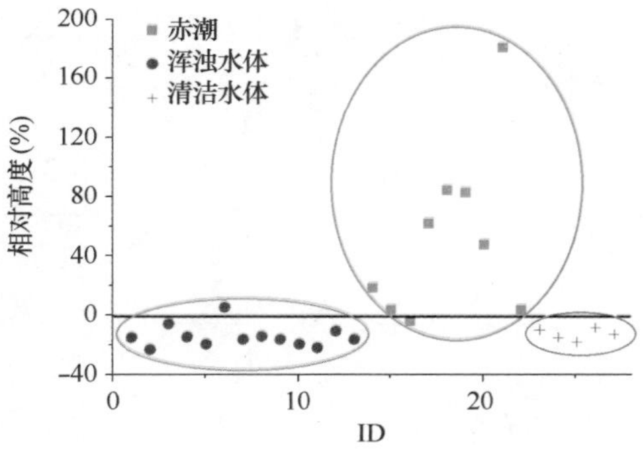

图 4.11　东海各类水体实测归一化遥感反射率 488 nm 相对高度

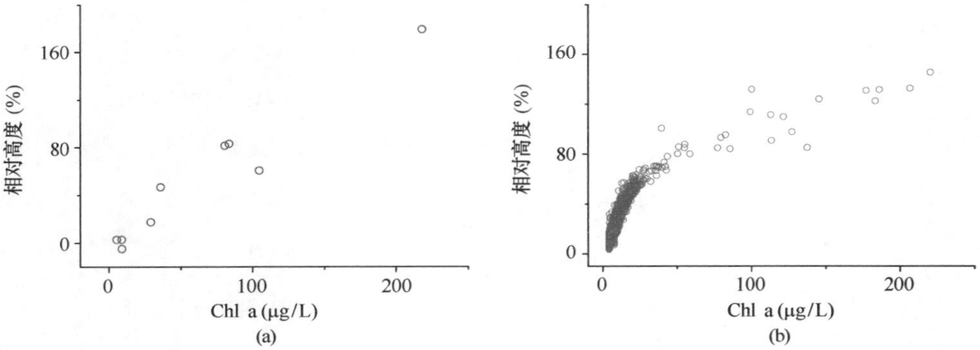

图 4.12　赤潮高叶绿素水体归一化遥感反射率 488 nm 相对高度与叶绿素浓度关系
（a）现场实测；（b）卫星遥感

系，而遥感数据则更偏向对数关系。因此，可以认为该相对高度算法能够表征赤潮水体的特征信息，通过适当的阈值设定可以区分赤潮与非赤潮水体，特别是清洁水体，实现对东海赤潮水体的识别。

下面将所建立的 RH 模型应用于遥感资料做实际验证。通过式（4.2）对东海近年来几次典型赤潮事件进行提取，获得了如图 4.13、图 4.14 和图 4.15 所示的赤潮范围分布图。从图中可以看出，赤潮提取范围与叶绿素浓度分布有很好的一致性。提取结果中，绿色区（>0）和黄色区（>15%）部分代表了高叶绿素或高悬沙区，而橙色区（>30%）和红色区（>60%）则代表了赤潮发生区，同时颜色的加深反映了水体赤潮程度的增强。

在不同藻种门类赤潮的识别差异上，该 RH 模型的效果没有明显区别，其主要原因应该是由于甲藻和硅藻类赤潮的遥感反射率光谱差异很小，不足以作为门类间区分的手段，这一点 Roesler 等[37]在对不同藻种光谱性质的相关研究中就曾经提到，认为在几种不同门类的赤潮藻之间，最难区分的是硅藻和甲藻，因为其色素光谱存在重叠。尽管如此，但通过水体遥感反射率相对高度可以实现对包括硅藻和甲藻在内的东海赤潮水体与非赤潮水体的粗略区分，该模型的提取结果可以作为固有光学量遥感赤潮提取算法的重要补充。

对各赤潮事件的识别面积进行计算，结果与实际公布面积对比见表 4.2。总体来说，遥感反射率相对高度 RH 法提取赤潮范围存在一定偏差，在个别事例中与实际公布面积有较大出入。但从图4.13至图4.15的提取效果来看，在赤潮发生位置上识别结果比较一致，基本上都能正确定位赤潮的主要发生海域。

表4.2　遥感反射率488 nm相对高度提取赤潮范围统计

时间	地点	门类	面积（km^2）	RH模型赤潮识别范围（km^2）
2005-05-25	长江口外海域	硅藻	7 000	3 256
2005-06-04	长江口至韭山列岛海域	甲藻	2 000	4 800
2005-06-09	长江口—韭山—披山岛—南麂—洞头	甲藻	1 300+2 000+500+300	4412
2005-06-16	长江口至舟山海域、南麂海域	甲藻 硅藻	1 300+400+300	670
2006-06-21	渔山列岛、象山附近	甲藻	1 000	3 940
2007-04-11	舟山、韭山列岛海域	-	140+160+200	-
2007-06-29	韭山列岛东部	硅藻	400	-
2007-07-26	象山港、朱家尖东部海域	硅藻	170+700	9 010
2007-08-27	象山港、渔山—韭山、洞头海域	硅藻	350+600+400	1 756
2008-05-07	舟山外、温州海域	甲藻	2 100+200+43	162
2008-05-16	台州—温州海域	甲藻	65+30+130	610
2009-04-28	台州外侧海域	甲藻	700	547
2009-05-01	渔山列岛—台州海域	-	1 330	1 609
2009-05-08	温州苍南海域	甲藻	200	685
2009-05-28	长江口海域	-	1 500	20
2010-12-04	长江口海域	硅藻	-	2 440

赤潮事件的公布面积由于受观测手段等的限制，对实际发生范围的估算往往偏小，而卫星遥感对整个赤潮发生范围的监测相对全面，空间分辨率一般较低，这是造成对赤潮面积识别偏大的主要原因。另外，该光谱高度法对赤潮发生面积的识别在个别事件中也存在误判的情况。例如，对2007年7月26日发生在象山港和朱家尖东部海域的硅藻赤潮提取结果虽然与叶绿素浓度的高值区分布相似，但与公布面积相比明显偏大；对2007年6月29日发生在韭山列岛东部海域的赤潮提取结果为零，对应的叶绿素浓度分布中在该海域量值普遍低于赤潮发生阈值的10 μg/L。这些误判的情况说明，在光谱高度法设定的赤潮判定阈值下（$RH > 30\%$），赤潮发生范围的识别总体上与叶绿素浓度分布符合较好，而与赤潮实际发生面积存在一定的差异。

因此，可以认为基于式（4.2）的遥感反射率相对高度赤潮检测方法在东海海域是可行的，通过对RH阈值的适当放宽，可以实现对包括硅藻和甲藻类在内的叶绿素型赤潮事件的定性和半定量判别。

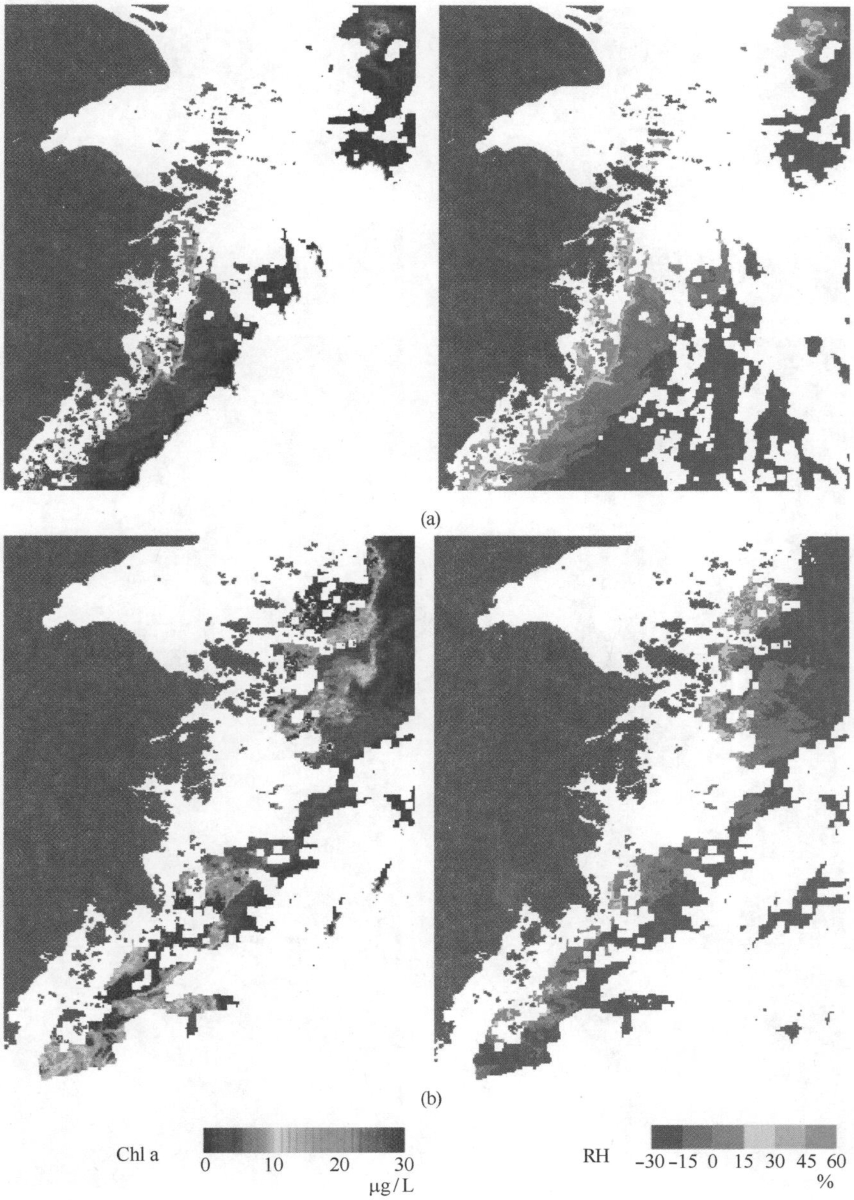

图 4.13　卫星遥感反射率光谱高度法甲藻赤潮区提取结果示例

左：叶绿素浓度；右：式（4.2）光谱相对高度；（a）2005 年 6 月 9 日，识别面积 4 412 km²；（b）2005 年 6 月 16 日，识别面积 670 km²

4.4　综合赤潮卫星遥感识别算法

综合以上各种赤潮提取算法，基于遥感反射率 R_{rs} 在 488 nm 波段的相对高度 RH 算法可以较好地实现对赤潮水体与清洁水体的区分，同时对高浑浊水体也具有一定的鉴别能力。为避免赤潮水体被 RH 算法误判为非赤潮水体而发生漏判，提高赤潮识别的总体效果，这里在初步提取赤潮范围时，需要将判断阈值适当放宽。因此，将 RH 模型判别结果作为固有光学

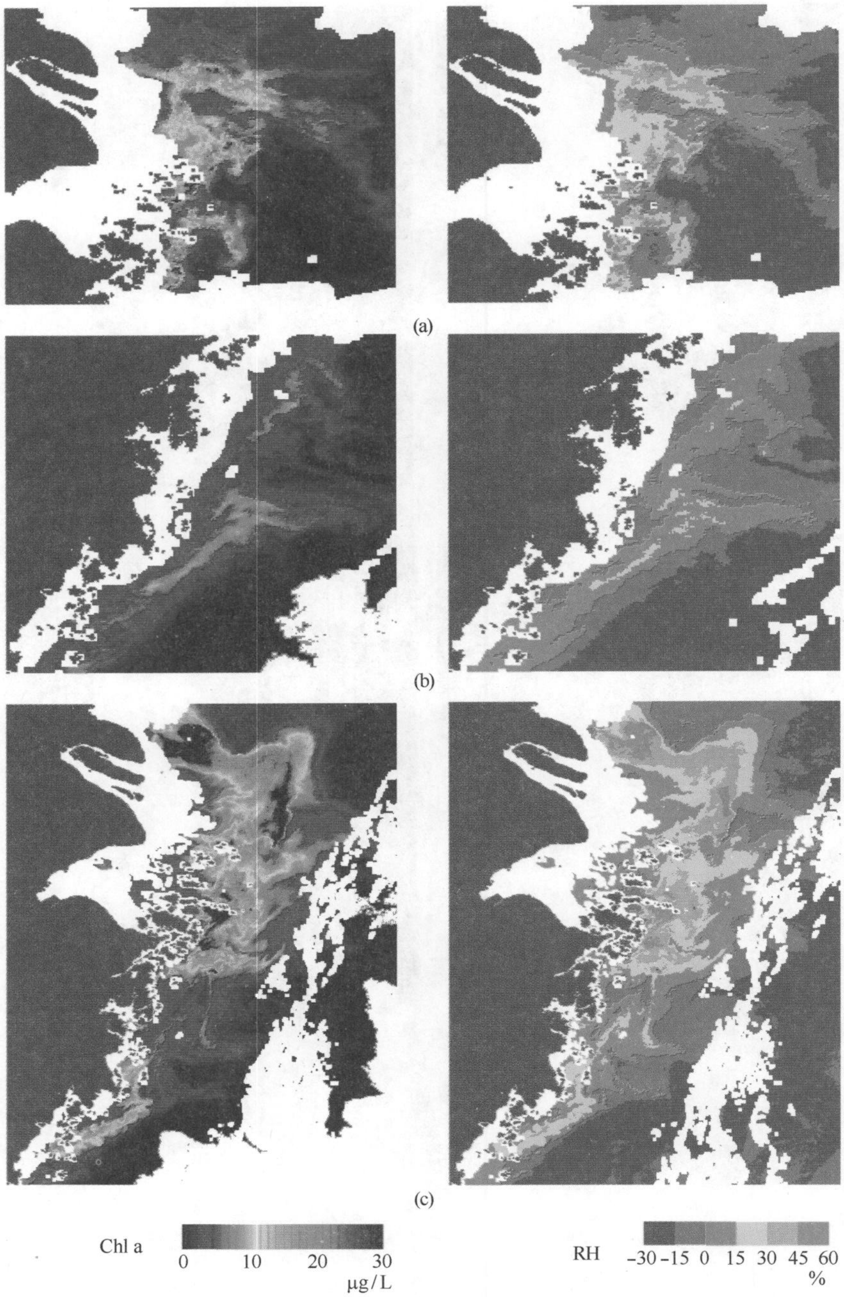

图 4.14 卫星遥感反射率光谱法硅藻赤潮区提取结果示例

左：叶绿素浓度；右：式（4.2）光谱相对高度；（a）2005 年 5 月 25 日，识别面积 3 256 km²；（b）2007 年 6 月 29 日，识别面积 0 km²；（c）2007 年 7 月 26 日，识别面积 9 010 km²

量算法赤潮识别的必要补充，以 RH > 15% 作为进一步判断的条件，首先排除大部分清洁水体，可以有效降低环境水体对固有光学量算法的干扰。其次，通过不同的固有光学量提取算法分别进行赤潮发生范围和藻种门类的判别。

下面结合第 3 章对赤潮水体与环境水体实测固有光学性质差异的相关结论，以表格的形

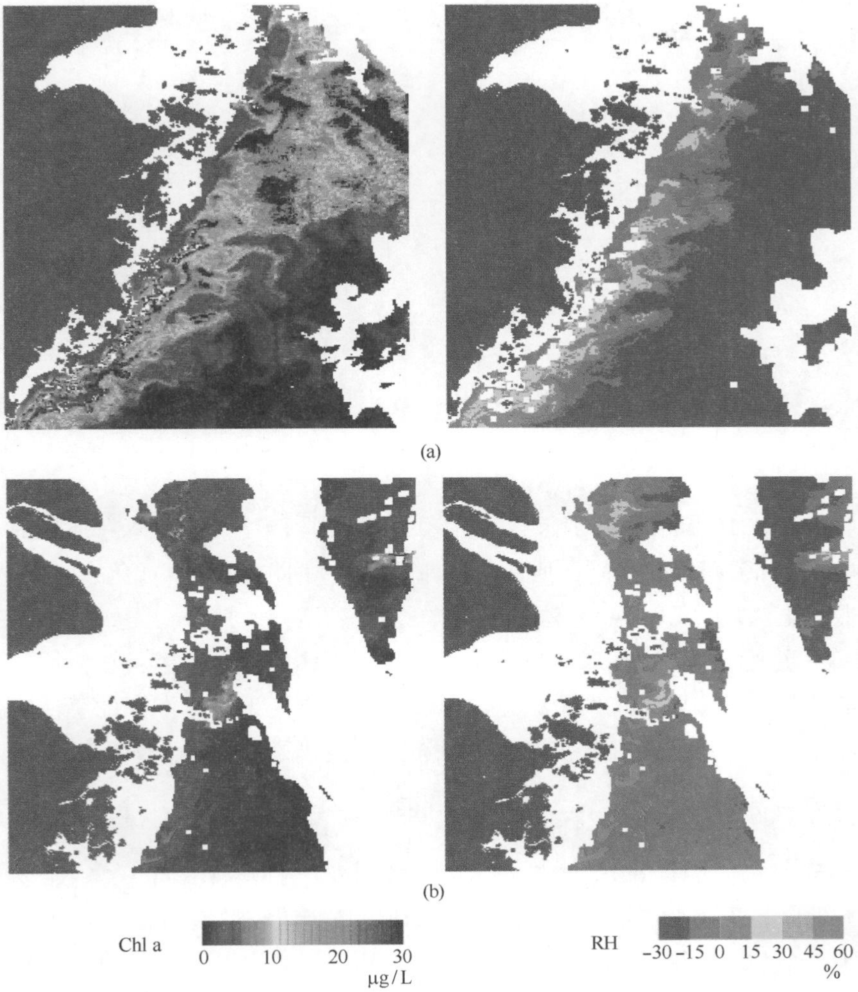

图 4.15　卫星遥感反射率光谱高度法未注明藻种赤潮区提取结果示例

左：叶绿素浓度；右：式（4.2）相对高度；（a）2009 年 5 月 1 日，识别面积 1 609 km^2；（b）2009 年 5 月 28 日，识别面积 20 km^2

式给出对综合赤潮卫星遥感识别算法的具体参数设置（表 4.3、表 4.4）。

表 4.3　遥感固有光学量综合算法赤潮区识别参数设定

模型	赤潮水体	非赤潮水体	模型作用	模型意义	反映赤潮水体生理特性
RH	≥15%	<15%	排除 清洁水体	蓝光波段 488 nm 反射率相对高度	叶绿素浓度高
a_{phy}/a_T（443）	≥30%	15% ~30%	排除 浑浊水体	特征峰 443 nm 处 色素吸收与水体总吸收比值	色素吸收比值大
b_{bp}/a_T（443）	≤10%	>10%	排除 浑浊水体	特征峰 443 nm 处 后向散射与总吸收比值	细胞粒径大 折射指数小 色素吸收高

表 4.4　遥感固有光学量综合算法赤潮藻种门类判别参数设定

模型	甲藻赤潮	硅藻赤潮	优先识别类型	模型意义	反映赤潮藻生理特性
$\frac{a_{phy}/a_T\ (443)}{\log_{10}\mathrm{Chl\ a}}$	<40	≥40	硅藻	单位对数叶绿素特征峰 443 nm 处色素吸收与总吸收比值	硅藻光保护色素相对含量高
a^*_{phy} (443)	≤0.025 m²/mg	>0.025 m²/mg	甲藻	单位叶绿素特征峰 443 nm 处色素吸收	甲藻细胞粒径大 甲藻光和色素相对含量高
$R\_\ b_{bp}$ (443)	≤0.013	>0.013	甲藻	特征峰 443 nm 处后向散射与总散射比值	甲藻细胞粒径大

判别流程如图 4.16 所示，分别包含对赤潮区的识别和对藻种类型判别两部分。具体来说，色素吸收比重 a_{phy}/a_T（443）法所基于的原理为赤潮水体叶绿素或色素含量的显著增高，而散射—吸收比值法 b_{bp}/a_T（443）法可以看作是遥感反射率的部分表达，两者总体上与光谱高度法相似，更主要的是体现在对赤潮水体与非赤潮水体的识别，但具体应用效果则偏向于对高浑浊水体的排除，因此将这两种模型与 RH 法共同作为识别赤潮区的算法部分，对模型分别检测的结果进行对比取交集，首先获得对赤潮区的识别。其次，另外三种固有光学量参数模型（单位对数色素比重$\frac{a_{phy}/a_T\ (443)}{\log_{10}\mathrm{Chl\ a}}$法、叶绿素比吸收系数 a^*_{phy}（443）法和后向散射比率 $R\_\ b_{bp}$（443）法）除对赤潮水体与非赤潮水体间差异的表现不同外，在甲藻和硅藻水体的区分上各有偏向，主要基于不同赤潮类型间水体物质吸收与散射固有光学性质差异的原理，因此将这三种模型共同应用于进一步的藻种门类判别，对各自的判别结果取加权平均，即以两种以上模型判断结果相同者为准，若三种模型判别结果完全相同，则具有更高的确信度，最终获得对赤潮事件藻种门类的判别。

4.5　小结

本章分别从水体吸收和散射的角度分析了遥感水体固有光学量参数在赤潮水体识别中的可行性。试验发现，不同的识别算法表现出来的优势各有不同。总体上来说，几种算法针对东海赤潮水体都具有一定的可识别度，可以用于赤潮水体的识别和藻种门类间的辅助判断。为更好地实现对赤潮水体的有效识别，提高整体识别度，本章还通过分析赤潮水体与非赤潮水体遥感反射率光谱性质的差异特征，建立了基于光谱高度法的识别算法，将这些算法进行组合，最终建立了综合赤潮卫星遥感识别算法，来实现固有光学量算法赤潮判别。

算法首先以水体遥感反射率光谱高度法和固有光学量算法色素吸收比重 a_{phy}/a_T（443）法与散射—吸收比值法 b_{bp}/a_T（443）法相结合，实现对赤潮与非赤潮水体的识别，再结合单位对数色素比重$\frac{a_{phy}/a_T\ (443)}{\log_{10}\mathrm{Chl\ a}}$法，叶绿素比吸收系数 a^*_{phy}（443）法，和后向散射比率 $R\_\ b_{bp}$（443）法三种固有光学量算法共同应用于进一步的藻种门类判别，实现对赤潮水体和藻种门

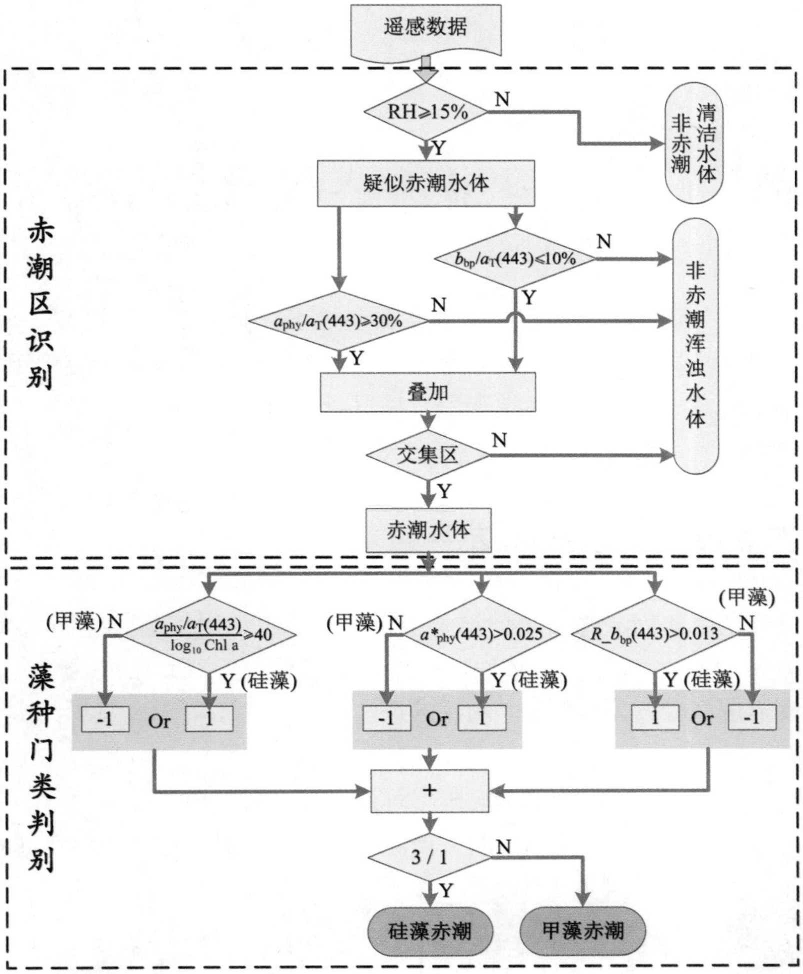

图 4.16　遥感固有光学量综合算法赤潮判别流程

类的最终判定。该综合识别算法结合了不同类型赤潮水体在吸收与散射方面与非赤潮环境水体的差异特性，从原理上以及实测和遥感数据的分析中均有利于对赤潮水体的识别。

5 东海特征赤潮卫星遥感提取结果分析

第3章和第4章分别对东海赤潮水体的实测和遥感固有光学特性进行了一系列的分析，获得了基于固有光学量的综合赤潮水体卫星遥感识别算法。本章该算法应用于东海典型赤潮卫星资料数据集，对东海近年来的主要赤潮事件进行提取分析，获得赤潮发生位置和藻种门类的遥感提取结果。

5.1 东海赤潮卫星遥感提取结果

根据本文开发的基于固有光学量的综合卫星赤潮遥感识别算法（见图4.16），对表2.3中东海近年来发生的16次大型赤潮事件进行提取，图5.1至图5.16即为算法提取结果，其中红色代表硅藻赤潮，绿色代表甲藻赤潮，颜色的加深反映了对赤潮藻种门类判别结果具有更高的确信度。

下面分别对各次赤潮事件的识别情况进行解读。

① 2005年5月25日长江口海域中肋骨条藻和海链藻赤潮（硅藻，7 000 km^2，图5.1）。

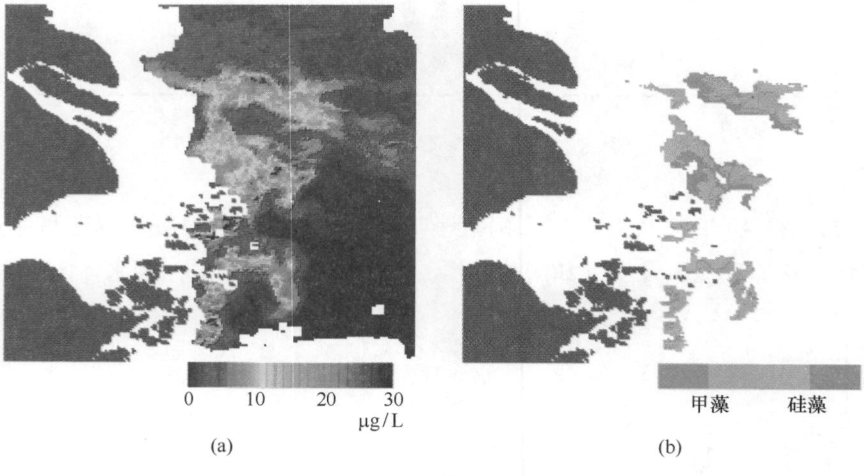

图5.1 2005年5月25日硅藻赤潮固有光学量算法提取结果

（a）叶绿素浓度；（b）赤潮区提取结果

在赤潮区识别步骤中，光谱高度RH算法和色素吸收比重 a_{phy}/a_T（443）法对赤潮区的提取范围比较相近，且两者都对赤潮发生位置的主体部分实现较完整的识别，其中RH法识别范围约为9 139 km^2；而散射—吸收比值法 b_{bp}/a_T（443）法将整个海区的大部分水体都识别为赤潮区。在RH法先行判断的前提下，a_{phy}/a_T（443）法和 b_{bp}/a_T（443）法对赤潮区的提取范围分别为6 959 km^2 和8 217 km^2。三种算法对赤潮发生位置的判断整体较为一致，赤潮发生范围综合识别面积为 6 642 km^2，略小于公布的赤潮区大小 7 000 km^2，具体位置自长江口门向外 31.7°N 平行延伸约 110 km 至 270 km 连线，向南至舟山岛东南约 50 km 的 29.65°N 一带。

在藻种门类判别上，$\frac{a_{phy}/a_T(443)}{\log_{10}\text{Chl a}}$ 法、a_{phy}^*（443）法和 $R\_\ b_{bp}$（443）法三种模型的判别结果并不一致。其中 $\frac{a_{phy}/a_T(443)}{\log_{10}\text{Chl a}}$ 法对南部赤潮水体判别为硅藻，而对北部判别为甲藻；a_{phy}^*（443）法对靠近河口高浑浊区的小范围赤潮区判别为硅藻，其余大部分判别为甲藻；$R\_\ b_{bp}$（443）法将偏向河口的大部分赤潮区判别为硅藻，对 Chl a 相对偏低的区域判别为甲藻。综合判别结果为部分甲藻部分硅藻，对赤潮发生程度最强的 Chl a 极高区判别最为准确，一致判别为硅藻，与公布的中肋骨条藻和海链藻硅藻赤潮存在一定偏差。

总体来说，基于固有光学量的赤潮遥感识别算法对此次长江口海域的硅藻赤潮提取结果在面积上与公布数据基本一致，能够很好地反映赤潮发生的具体范围，但在藻种门类判别上存在一定程度的混淆。

② 2005 年 6 月 4 日长江口至韭山列岛海域具齿原甲藻和米氏凯伦藻赤潮（甲藻，2000 km^2，图 5.2）。

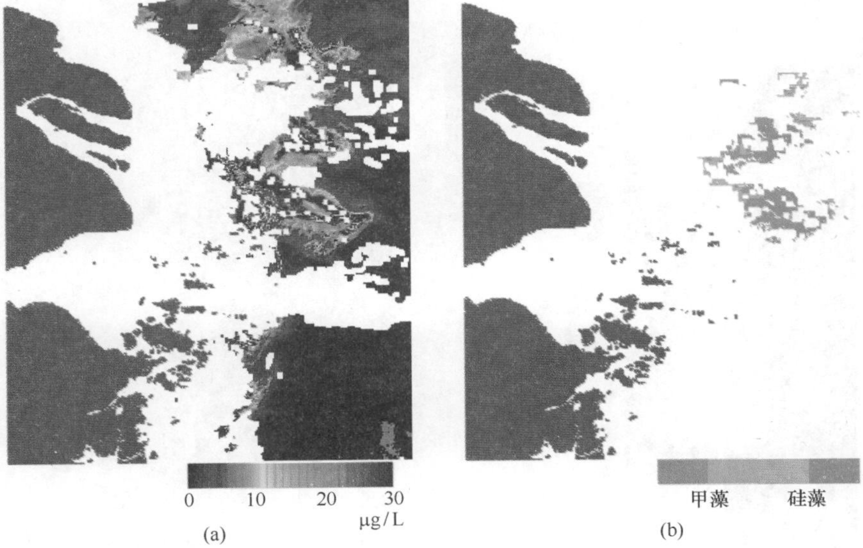

图 5.2　2005 年 6 月 4 日甲藻赤潮固有光学量算法提取结果

（a）叶绿素浓度；（b）赤潮区提取结果

在赤潮区识别步骤中，光谱高度 RH 算法对赤潮区的提取范围与高 Chl a 区比较相近，识别范围约为 9 234 km^2，对赤潮发生位置的主体部分实现了较完整的识别；而色素吸收比重 a_{phy}/a_T（443）法和散射—吸收比值法 b_{bp}/a_T（443）法都将整个海区的大部分水体识别为赤潮区，明显受清洁水体干扰，在此次赤潮区识别中为辅助参数。在 RH 法先行判断的前提下，a_{phy}/a_T（443）法和 b_{bp}/a_T（443）法对赤潮区的提取范围分别为 2 753 km^2 和 3 239 km^2，对 RH 法结果有明显调整作用，其中 a_{phy}/a_T（443）法判别过程产生低值溢出的面积约为

2 212 km^2。三种算法对赤潮发生位置的判断整体与高 Chl a 区较为一致，赤潮发生范围综合识别面积为 2 741 km^2，大于公布的赤潮区大小 2 000 km^2，具体位置自长江口门向外约 170 km 的 32°N 向南至嵊泗列岛东部约 40 km 的 30.7°N 一带，对韭山列岛附近海域的高 Chl a 区未能识别。

在藻种门类判别上，$\frac{a_{phy}/a_T(443)}{\log_{10}\text{Chl a}}$ 法、a_{phy}^*（443）法和 $R\_\ b_{bp}$（443）法三种模型的判别结果基本一致，都对大部分赤潮区判别为甲藻，只有东西部边界零星区域存在差异，其中 $\frac{a_{phy}/a_T(443)}{\log_{10}\text{Chl a}}$ 法和 a_{phy}^*（443）法对靠近河口高浑浊区的小范围赤潮水体判别为硅藻，而 $R\_\ b_{bp}$（443）法将东边界的少数赤潮点判别为硅藻。最终赤潮藻种门类综合判别结果为甲藻，与公布的具齿原甲藻和米氏凯伦藻甲藻赤潮一致，甲藻区的识别面积为 2 486 km^2，稍大于公布面积。

总体来说，基于固有光学量的赤潮遥感识别算法实现了对此次长江口海域甲藻赤潮的准确提取，但对韭山列岛附近海域的赤潮区未能实现有效识别，总体识别面积稍大于公布数据，能够很好地反映赤潮发生的具体范围，在藻种门类判别上很明确地判定为甲藻赤潮，与公布藻种一致。

③ 2005 年 6 月 9 日长江口—韭山—披山岛—南麂—洞头一线具齿原甲藻、米氏凯伦藻和长崎裸甲藻赤潮（甲藻，（1 300 + 2 000 + 500 + 300）km^2，图 5.3）。

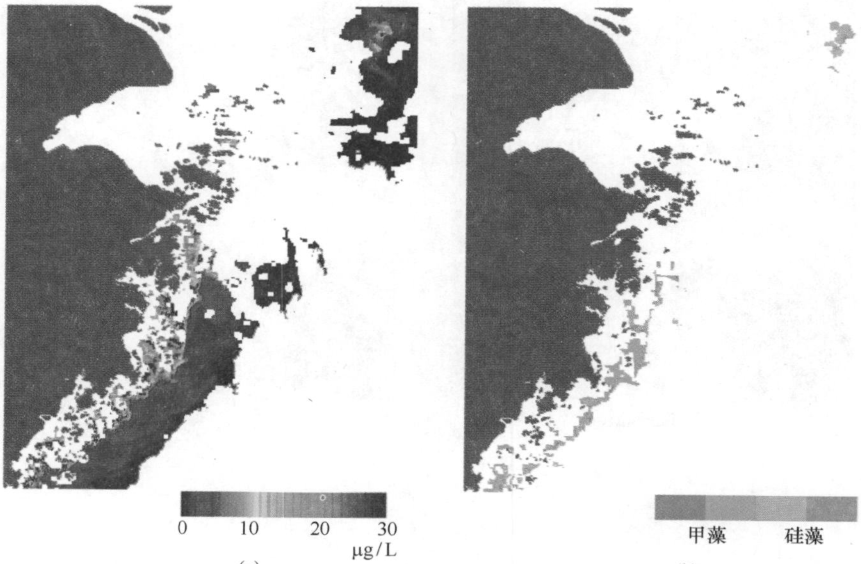

图 5.3　2005 年 6 月 9 日甲藻赤潮固有光学量算法提取结果

（a）叶绿素浓度；（b）赤潮区提取结果

在赤潮区识别步骤中，光谱高度 RH 算法对赤潮区的提取范围与高 Chl a 区比较一致，识别范围约为 7 651 km^2，对赤潮发生位置实现了较完整的识别；而色素吸收比重 a_{phy}/a_T（443）法和散射—吸收比值法 b_{bp}/a_T（443）法都将除近岸高浑浊水体外的整个海区识别为赤潮区，明显受清洁水体干扰，在此次赤潮区识别中为辅助参数。在 RH 法先行判断的前提下，

a_{phy}/a_T（443）法和 b_{bp}/a_T（443）法对赤潮区的提取范围分别为6 062 km^2 和5 192 km^2，对RH法结果有明显调整作用。三种算法对赤潮发生位置的判断整体与Chl a区较为一致，赤潮发生范围综合识别面积为5 163 km^2，大于公布的赤潮区4 100 km^2，具体位置自29.3°N的韭山列岛沿岸线直至27.5°N的温州海域以南，贯穿韭山列岛—大陈岛—披山岛—南麂列岛一线，但由于云的影响，长江口附近海域的赤潮区未能识别，另外，对长江口向外约170 km的一处Chl a高值区也识别为赤潮。总体上看，对赤潮发生区的识别与公布信息较为一致。

在藻种门类判别上，$\frac{a_{phy}/a_T(443)}{\log_{10}\text{Chl a}}$ 法和 a_{phy}^*（443）法的判别结果基本一致，对偏近岸的大部分赤潮区判别为甲藻，而 $R\_\ b_{bp}$（443）法判别结果则大体相反，甲藻判别区总体偏向外海。最终赤潮藻种门类综合判别结果为甲藻，与公布的具齿原甲藻、米氏凯伦藻和长崎裸甲藻赤潮一致，甲藻区的识别面积为2 838 km^2，与除长江口外的公布总面积十分一致。

总体来说，基于固有光学量的赤潮遥感识别算法实现了对此次长江口—韭山—披山岛—南麂—洞头一线海域甲藻赤潮的准确提取，但对长江口附近海域的赤潮区由于云的影响未能识别，总体识别面积与公布数据一致，准确地反映了赤潮发生的具体范围，在藻种门类判别上总体判定为甲藻赤潮，与公布藻种一致。

④ 2005年6月16日长江口至舟山海域的具齿原甲藻+米氏凯伦藻甲藻赤潮和中肋骨条藻+圆海链藻硅藻赤潮以及南麂海域具齿原甲藻+长崎裸甲藻赤潮（甲藻+硅藻，(1 300+400+300) km^2，图5.4）。

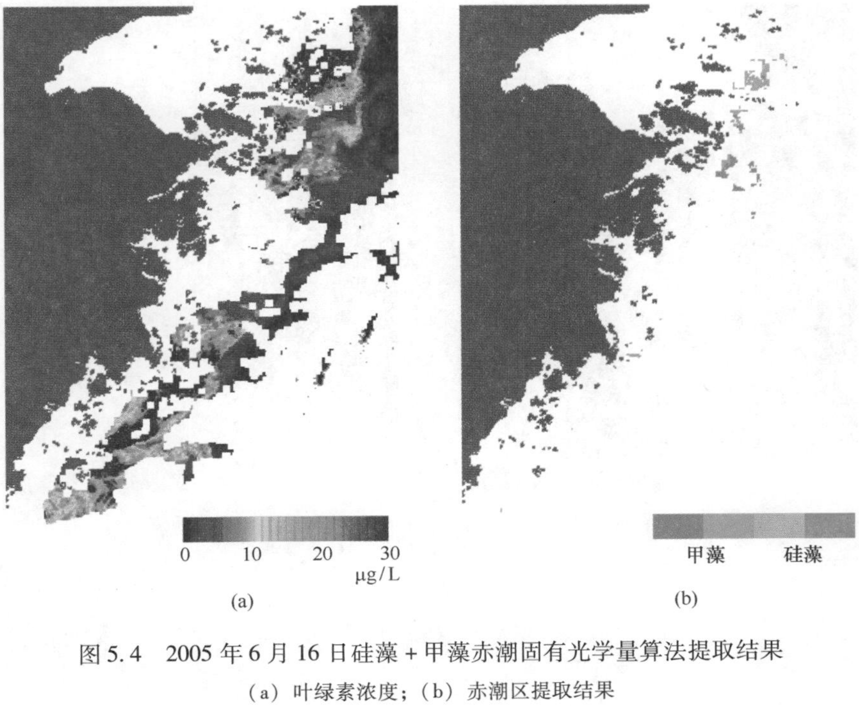

图5.4　2005年6月16日硅藻+甲藻赤潮固有光学量算法提取结果

（a）叶绿素浓度；（b）赤潮区提取结果

在赤潮区识别步骤中，光谱高度RH算法对赤潮区的提取范围与高Chl a区比较一致，识别范围约为1 575 km^2，对赤潮发生位置实现了较准确的识别；而色素吸收比重 a_{phy}/a_T（443）法和散射—吸收比值 b_{bp}/a_T（443）法都将除近岸高浑浊水体外的整个海区识别为赤潮区，明显受清洁水体干扰，在此次赤潮区识别中为辅助参数。在RH法先行判断的前提下，a_{phy}/a_T

（443）法和 b_{bp}/a_T（443）法对赤潮区的提取范围分别为 602 km^2 和 598 km^2，面积和位置都十分一致，对 RH 法结果有明显调整作用。三种算法对赤潮发生位置的判断在长江口海域整体与 Chl a 区较为一致，而在浙江中南部海域则与 Chl a 的分布明显不同，赤潮发生范围综合识别面积为 601 km^2，小于最大公布面积为 1 300 km^2，具体位置在舟山群岛以东的 30.3°N，122.8°E 至 29.6°N，122.4°E 一线海域，另外在大陈岛以南有零星分布，受云和分辨率的影响，南麂附近海域的赤潮区未能识别。总体上看，对赤潮发生区的识别与公布信息较为一致。

在藻种门类判别上，$\frac{a_{phy}/a_T(443)}{\log_{10}\text{Chl a}}$ 法和 a^*_{phy}（443）法的判别结果基本一致，对绝大部分赤潮区判别为甲藻，而 $R\_\ b_{bp}$（443）法对北部赤潮区的判别结果为硅藻。最终赤潮藻种门类综合判别结果为甲藻，与公布的具齿原甲藻 + 米氏凯伦藻和中肋骨条藻 + 圆海链藻甲藻硅藻混合赤潮一致，甲藻区的识别面积为 561 km^2，硅藻面积 40 km^2，小于长江口赤潮的最大公布总面积。

总体来说，基于固有光学量的赤潮遥感识别算法实现了对此次长江口至舟山海域甲藻硅藻混合赤潮的较准确提取，但对南麂附近海域的赤潮区由于云和分辨率的影响未能识别，总体识别面积与公布数据相比偏小，准确地反映了赤潮发生的主要范围，在藻种门类判别上总体判定为甲藻赤潮，与公布藻种一致。

⑤ 2006 年 6 月 21 日渔山列岛和象山附近米氏凯伦藻与红色中蠕虫赤潮（甲藻，1 000 km^2，图 5.5）。

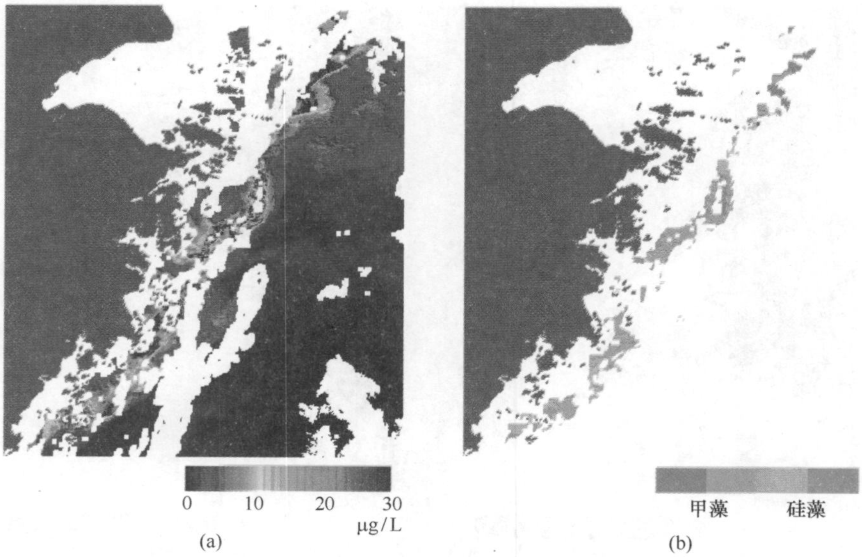

图 5.5　2006 年 6 月 21 日甲藻赤潮固有光学量算法提取结果

（a）叶绿素浓度；（b）赤潮区提取结果

在赤潮区识别步骤中，光谱高度 RH 算法对赤潮区的提取范围与高 Chl a 区比较一致，识别范围约为 6 728 km^2，对赤潮发生位置实现了较准确的识别；而色素吸收比重 a_{phy}/a_T（443）法和散射—吸收比值 b_{bp}/a_T（443）法都将除近岸高浑浊水体外的整个海区识别为赤潮区，明显受清洁水体干扰，在此次赤潮区识别中为辅助参数。在 RH 法先行判断的前提下，a_{phy}/a_T（443）法和 b_{bp}/a_T（443）法对赤潮区的提取范围分别为 4 027 km^2 和 4 322 km^2，面积和位置都十分一致，对 RH 法结果有明显调整作用。三种算法对赤潮发生位置的判断整体与 Chl a 区较为一致，赤潮发生范围综合识别面积为 4 115 km^2，远大于公布面积 1 000 km^2，具体位置自舟山群岛以东的 30. 8°N，123. 4°E 直至南麂列岛附近的 27. 5°N，120. 9°E 一线海域，包括了渔山列岛附近海域公布的赤潮区。总体上看，对赤潮发生区的识别超出了公布范围，但事实上，此次数据所对应的赤潮公布事件除韭山—渔山大型甲藻赤潮外，在嵊泗、大陈岛、玉环、洞头海域还有若干 100 km^2 以下的小范围甲藻和硅藻赤潮暴发，若将这些事件考虑在内，则此次赤潮范围提取结果与公布范围吻合度将大大提高，因此认为对此次赤潮发生区的识别有较好效果。

在藻种门类判别上，$\frac{a_{phy}/a_T(443)}{\log_{10}\text{Chl a}}$ 法和 a^*_{phy}（443）法的判别结果相对一致，对大部分赤潮区尤其韭山—渔山海域判别为甲藻，而 $R\_\ b_{bp}$（443）法对该海域大部分赤潮区判定为硅藻。最终此次赤潮藻种门类综合判别结果为甲藻，边缘海域同时存在硅藻结果，与公布的米氏凯伦藻—甲藻赤潮比较一致，甲藻区的识别总面积为 2 435 km^2，其中渔山列岛附近的甲藻识别面积为 976 km^2，与公布面积十分一致。

总体来说，基于固有光学量的赤潮遥感识别算法实现了对此次渔山列岛和象山附近海域米氏凯伦藻—甲藻赤潮的较准确提取，总体识别面积与公布数据十分一致，准确地反映了赤潮发生的主要范围，在藻种门类判别上总体判定为甲藻赤潮，与公布藻种一致。

⑥ 2007 年 4 月 11 日舟山至韭山列岛海域赤潮（未记录藻种，（140 + 160 + 200） km^2，图 5. 6）。

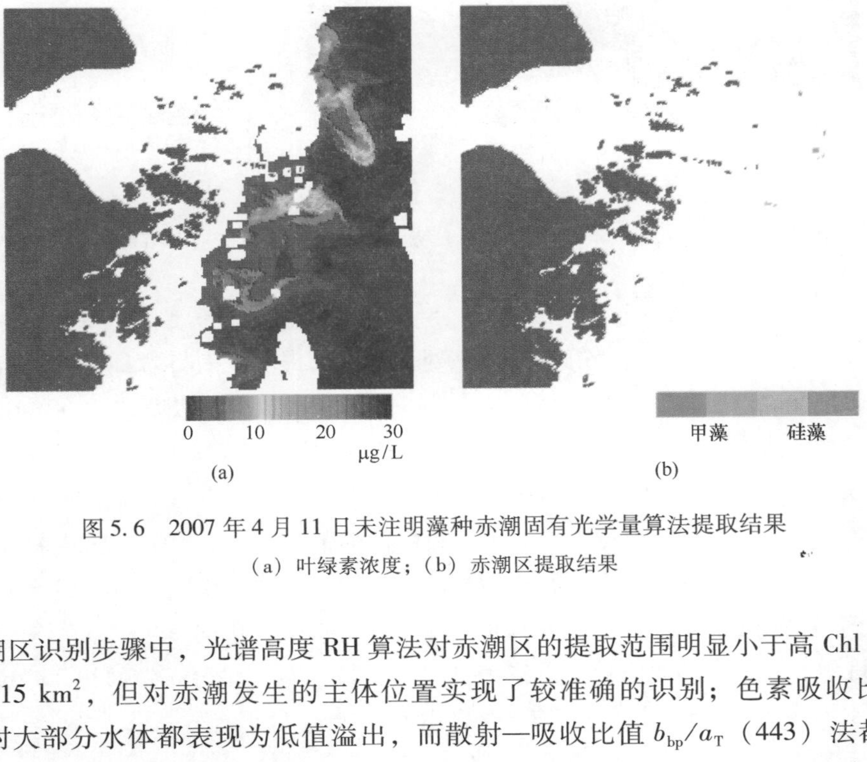

图 5. 6　2007 年 4 月 11 日未注明藻种赤潮固有光学量算法提取结果

（a）叶绿素浓度；（b）赤潮区提取结果

在赤潮区识别步骤中，光谱高度 RH 算法对赤潮区的提取范围明显小于高 Chl a 区，识别范围仅为 115 km^2，但对赤潮发生的主体位置实现了较准确的识别；色素吸收比重 a_{phy}/a_T（443）法对大部分水体都表现为低值溢出，而散射—吸收比值 b_{bp}/a_T（443）法都除近岸高浑浊水体外的整个海区识别为赤潮区，明显受清洁水体干扰，在此次赤潮区识别中两者都作为辅助参数。在 RH 法先行判断的前提下，a_{phy}/a_T（443）法和 b_{bp}/a_T（443）法对赤潮区的提取范围分别为 35 km^2 和 105 km^2，面积有所差异，主要位置十分一致，对 RH 法结果有明显调整作用。三种算法对赤潮发生位置的判断整体与 Chl a 高值区较为一致，赤潮发生范围综合识别面积为 35 km^2，远小于公布总面积 500 km^2，具体位置为舟山群岛以东的 29.9°—30.7°N，123°—123.4°E 之间海域，呈零星分布。总体上看，对赤潮发生区的识别远小于公布范围，可能与此次赤潮事件的 Chl a 值整体偏低有关。

在藻种门类判别上，$\frac{a_{\text{phy}}/a_{\text{T}}(443)}{\log_{10}\text{Chl a}}$ 法和 a^*_{phy}（443）法的判别结果基本一致，对整个赤潮区判别为甲藻，而 $R\_\ b_{\text{bp}}$（443）法对南部若干点的判别结果为硅藻。最终赤潮藻种门类综合判别结果为甲藻。

总体来说，基于固有光学量的赤潮遥感识别算法实现了对此次舟山至韭山列岛海域未注明藻种赤潮的较准确提取，总体识别位置与公布数据大体一致，但识别面积明显偏小，在藻种门类判别上总体判定为甲藻赤潮。

⑦ 2007 年 6 月 29 日韭山列岛东部海域中肋骨条藻赤潮（硅藻，400 km^2，图 5.7）。

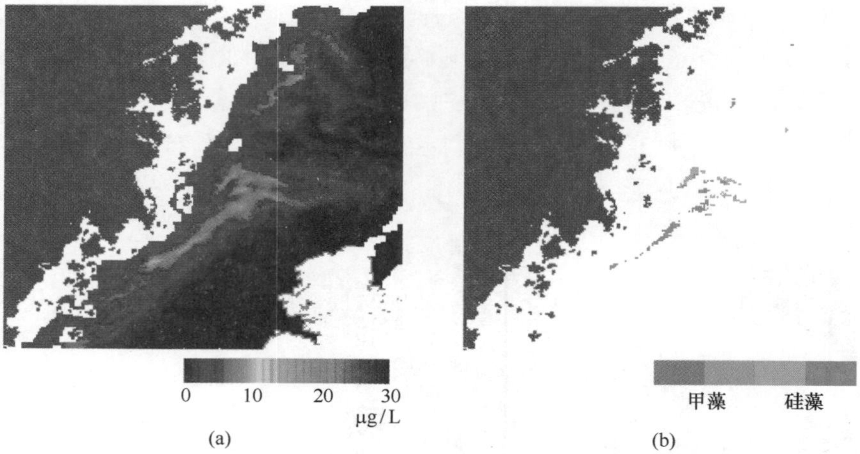

图 5.7　2007 年 6 月 29 日硅藻赤潮固有光学量算法提取结果

（a）叶绿素浓度；（b）赤潮区提取结果

在赤潮区识别步骤中，光谱高度 RH 算法对赤潮区的提取范围与高 Chl a 区比较一致，识别范围约为 841 km^2，而色素吸收比重 $a_{\text{phy}}/a_{\text{T}}$（443）法和散射—吸收比值 $b_{\text{bp}}/a_{\text{T}}$（443）法都将除近岸高浑浊水体外的大部分海区识别为赤潮区，明显受清洁水体干扰，在赤潮区识别中为辅助参数。在 RH 法先行判断的前提下，$a_{\text{phy}}/a_{\text{T}}$（443）法和 $b_{\text{bp}}/a_{\text{T}}$（443）法对赤潮区的提取范围分别为 523 km^2 和 448 km^2，面积和位置都十分一致，对 RH 法结果有调整作用。三种算法对赤潮发生位置的判断整体与 Chl a 区较为一致，赤潮发生范围综合识别面积为 448 km^2，大于公布面积 400 km^2，但具体位置在大陈岛以东的 28°—28.75°N，121.6°—122.6°E 海域，而与公布的韭山列岛以东海域对应区域仅有零星分布，面积 23 km^2。总体上看，对此次赤潮发生区的识别与公布信息存在出入。

在藻种门类判别上，$\frac{a_{\text{phy}}/a_{\text{T}}\ (443)}{\log_{10}\text{Chl a}}$法、$a^*_{\text{phy}}$（443）法和 $R\_\ b_{\text{bp}}$（443）法三种算法的判别结果总体一致，对大部分赤潮区判别为硅藻，只有 $R\_\ b_{\text{bp}}$（443）法对大陈岛海域北部的

少数点为甲藻。最终此次赤潮藻种门类综合判别结果为硅藻，韭山列岛以东零星分布赤潮点同样为硅藻，与公布的中肋骨条藻硅藻赤潮一致。

总体来说，基于固有光学量的赤潮遥感识别算法实现了对此次韭山列岛以东海域中肋骨条藻硅藻赤潮主体位置的较准确提取，另外还获得了大陈岛附近海域较大范围硅藻赤潮的识别。韭山列岛以东海域总体识别面积与公布数据相比明显偏小，但仍能准确反映赤潮发生的主要位置，在藻种门类判别上总体判定为硅藻赤潮，与公布藻种一致。

⑧ 2007 年 7 月 26 日象山港、朱家尖东部海域角毛藻赤潮（硅藻，（170 + 700）km^2，图 5.8）。

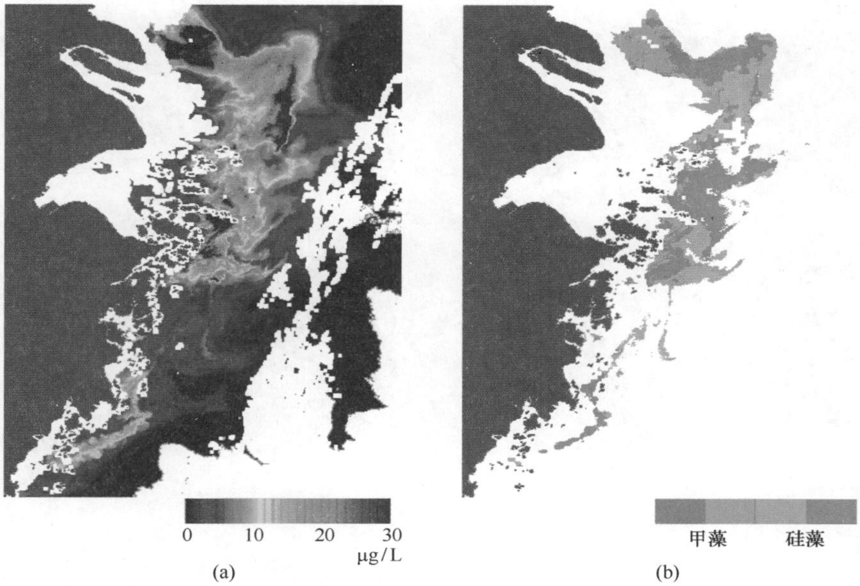

图 5.8　2007 年 7 月 26 日硅藻赤潮固有光学量算法提取结果

（a）叶绿素浓度；（b）赤潮区提取结果

在赤潮区识别步骤中，光谱高度 RH 算法对赤潮区的提取范围与高 Chl a 区比较一致，识别范围达 22 199 km^2，而色素吸收比重 a_{phy}/a_T（443）法和散射—吸收比值 b_{bp}/a_T（443）法都将除近岸高浑浊水体外的大部分海区识别为赤潮区，明显受清洁水体干扰，在赤潮区识别中作为辅助参数。在 RH 法先行判断的前提下，a_{phy}/a_T（443）法和 b_{bp}/a_T（443）法对赤潮区的提取范围分别为 21 314 km^2 和 19 919 km^2，面积和位置都十分一致，对 RH 法结果有一定调整作用。三种算法对赤潮发生位置的判断整体与 Chl a 区较为一致，但由于受分辨率的限制，不包括象山港海域的赤潮，赤潮发生范围综合识别面积为 19 900 km^2，远远大于公布面积 700 km^2，具体位置在长江口外自 32.25°N 至朱家尖南部 29.5°N 约 90 km 宽的范围，另外还包括韭山列岛至玉环一线。总体上看，对此次赤潮发生区的识别与公布信息相比范围明显偏大。

在藻种门类判别上，$\frac{a_{phy}/a_T\ (443)}{\log_{10}\mathrm{Chl\ a}}$法、$a^*_{phy}$（443）法和 $R\_\ b_{bp}$（443）法三种算法的判别结果总体一致，对大部分赤潮区判别为硅藻，只有$\frac{a_{phy}/a_T\ (443)}{\log_{10}\mathrm{Chl\ a}}$法对口门处和 $R\_\ b_{bp}$

(443) 法对朱家尖外部分区域判定为甲藻。最终此次赤潮藻种门类综合判别结果为硅藻，与公布的角毛藻硅藻赤潮一致。

总体来说，基于固有光学量的赤潮遥感识别算法实现了对此次朱家尖东部海域角毛藻硅藻赤潮的较准确提取，另外还获得了长江口外海域较大范围硅藻赤潮的识别，但对象山港海域由于像素分辨率限制未能识别。在藻种门类判别上总体判定为硅藻赤潮，与公布藻种一致。

⑨ 2007 年 8 月 27 日象山港、渔山—韭山以及洞头海域中肋骨条藻赤潮（硅藻，(350 + 600 +400) km^2，图 5.9）。

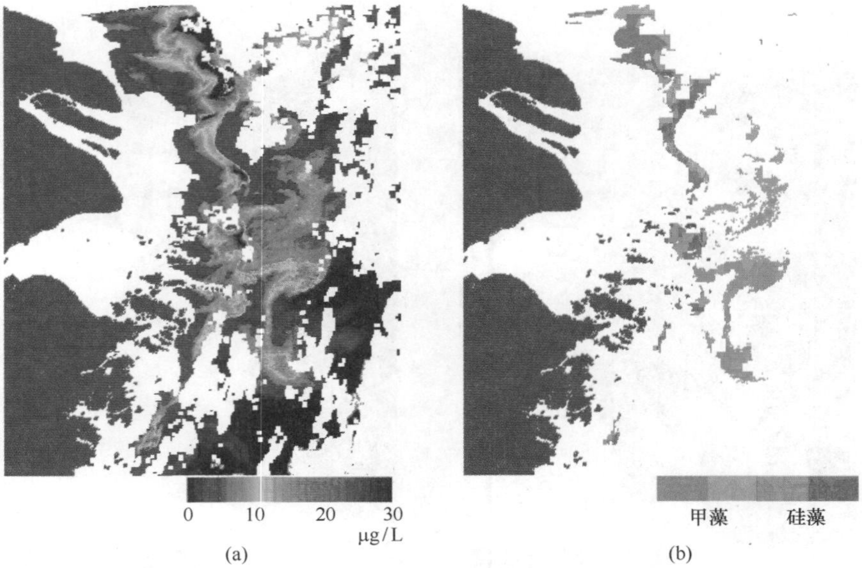

图 5.9　2007 年 8 月 27 日硅藻赤潮固有光学量算法提取结果
(a) 叶绿素浓度；(b) 赤潮区提取结果

在赤潮区识别步骤中，光谱高度 RH 算法对赤潮区的提取范围与高 Chl a 区比较一致，识别范围达 11 223 km^2，而色素吸收比重 a_{phy}/a_T (443) 法和散射—吸收比值法 b_{bp}/a_T (443) 法都将除近岸高浑浊水体外的大部分海区识别为赤潮区，明显受清洁水体干扰，在赤潮区识别中作为辅助参数。在 RH 法先行判断的前提下，a_{phy}/a_T (443) 法和 b_{bp}/a_T (443) 法对赤潮区的提取范围分别为 9 018 km^2 和 8 631 km^2，面积和位置都十分一致，对 RH 法结果有一定的调整作用。三种算法对赤潮发生位置的判断整体与 Chl a 区较为吻合，但由于受分辨率的限制，不包括象山港和洞头海域的赤潮，赤潮发生范围综合识别面积为 8 623 km^2，具体位置在长江口以北自 32.5°N 至朱家尖以东 29.7°N 一线海域和韭山至渔山列岛之间的部分，另外还包括了偏外海的部分中等 Chl a 浓度区，若仅比较韭山—渔山附近的赤潮区，则识别面积为 133 km^2，小于公布面积 600 km^2。总体上看，对此次赤潮发生区的识别与公布信息相比范围明显更大。

在藻种门类判别上，$\frac{a_{phy}/a_T\ (443)}{\log_{10}\text{Chl a}}$法、$a_{phy}^*$ (443) 法和 $R\_\ b_{bp}$ (443) 法三种算法的判别结果总体一致，对大部分赤潮区判别为硅藻，但 $R\_\ b_{bp}$ (443) 法对偏外海的中等 Chl a 浓度区部分判定为甲藻。最终此次赤潮藻种门类综合判别结果对为硅藻，与公布的中肋骨条藻硅藻赤潮一致。

总体来说，基于固有光学量的赤潮遥感识别算法实现了对此次韭山—渔山海域中肋骨条藻硅藻赤潮的较准确提取，但对象山港和洞头海域由于像素分辨率限制未能识别。在藻种门类判别上总体判定为硅藻赤潮，与公布藻种一致。

⑩ 2008 年 5 月 7 日舟山外海域和温州海域东海原甲藻与米氏凯伦藻赤潮（甲藻，(2 100 + 200 + 43) km^2，图 5. 10）。

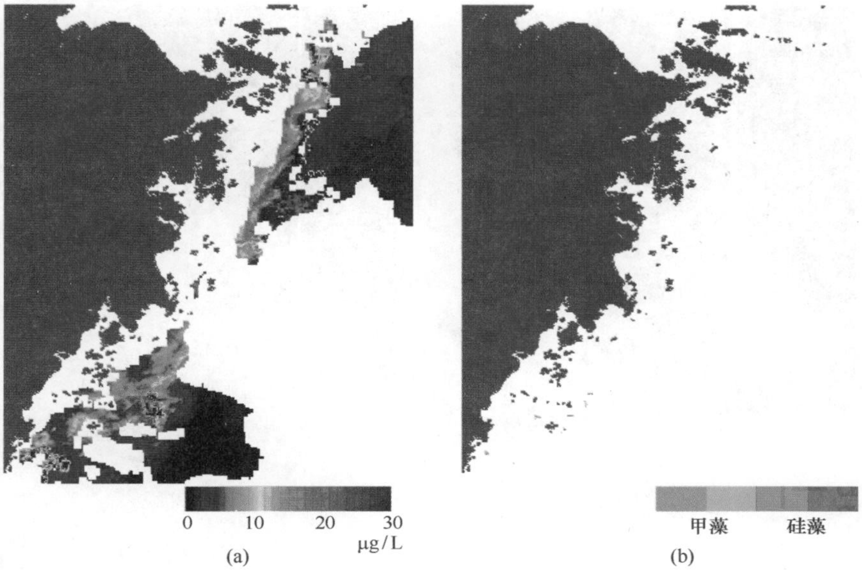

图 5. 10　2008 年 5 月 7 日甲藻赤潮固有光学量算法提取结果

（a）叶绿素浓度；（b）赤潮区提取结果

在赤潮区识别步骤中，光谱高度 RH 算法对赤潮区的提取范围与高 Chl a 区比较一致，但范围偏小，识别面积 770 km^2，而色素吸收比重 a_{phy}/a_T（443）法和散射—吸收比值 b_{bp}/a_T（443）法在识别过程中明显受外海清洁水体的干扰，因此在赤潮区识别中作为辅助参数。在 RH 法先行判断的前提下，a_{phy}/a_T（443）法和 b_{bp}/a_T（443）法对赤潮区的提取范围分别为 266 km^2 和 81 km^2，面积和位置都存在差别，对 RH 法结果有明显调整作用。三种算法对赤潮发生位置的判断在温州海域与 Chl a 高值区较为吻合，但在浙江中北部外海则存在差异，具体位置在温州海域的 27. 2°—27. 7°N，120. 6°—121. 4°E 范围内，呈零星分布，另外韭山列岛以东的少数点，而舟山外海域的大范围赤潮由于云覆盖等原因则未能识别，赤潮发生范围综合识别面积为 36 km^2，远小于公布面积 600 km^2。总体上看，对此次赤潮发生区的识别与公布信息相比范围明显偏小。

在藻种门类判别上，$\frac{a_{phy}/a_T\ (443)}{\log_{10}\text{Chl a}}$法、$a^*_{phy}$（443）法和 $R\_\ b_{bp}$（443）法三种算法对温州海域的判别结果较为一致，总体判别为硅藻，但对韭山列岛海域的判别存在差异，其中 $\frac{a_{phy}/a_T\ (443)}{\log_{10}\text{Chl a}}$法和 a^*_{phy}（443）法的判别以甲藻为主，但 $R\_\ b_{bp}$（443）法倾向于判定为硅藻。最终此次赤潮藻种门类综合判别结果以甲藻为主，与公布的东海原甲藻与米氏凯伦藻甲藻赤潮一致。

总体来说，基于固有光学量的赤潮遥感识别算法实现了对此次温州海域东海原甲藻与米氏凯伦藻甲藻赤潮关键位置的较准确提取，但识别范围明显偏小，另外舟山外海域大范围甲藻赤潮未能识别。在藻种门类判别上总体判定为甲藻赤潮，与公布藻种一致。

⑪ 2008 年 5 月 16 日台州—温州海域东海原甲藻赤潮（甲藻，（65 + 30 + 130） km^2，图 5.11）。

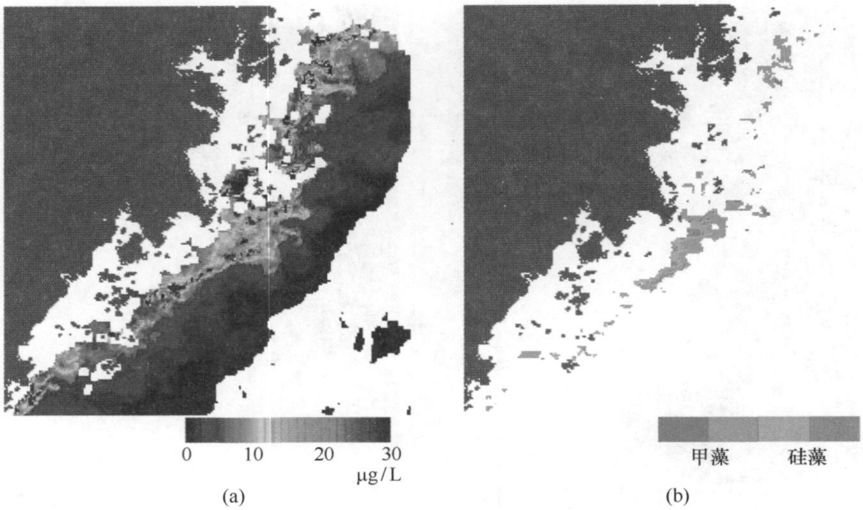

图 5.11　2008 年 5 月 16 日甲藻赤潮固有光学量算法提取结果

（a）叶绿素浓度；（b）赤潮区提取结果

在赤潮区识别步骤中，光谱高度 RH 算法对赤潮区的提取范围与高 Chl a 区比较一致，识别面积 3 206 km^2，色素吸收比重 a_{phy}/a_T（443）法识别结果相比略微偏大，但在外海部分区域受清洁水体干扰，而散射—吸收比值 b_{bp}/a_T（443）法在识别过程中明显受外海大部分清洁水体的干扰，因此在赤潮区识别中作为辅助参数。在 RH 法先行判断的前提下，a_{phy}/a_T（443）法和 b_{bp}/a_T（443）法对赤潮区的提取范围分别为 1 787 km^2 和 2 189 km^2，面积和位置比较一致，对 RH 法结果有调整作用。三种算法对赤潮发生位置的判断在温州海域与 Chl a 高值区较为吻合，但面积偏小，具体位置为自韭山列岛以南至温州南麂列岛一线海域，赤潮发生范围综合识别面积为 1 345 km^2，若仅计算台州—温州海域赤潮范围，则为 991 km^2，远大于公布面积 225 km^2。总体上看，对此次赤潮发生区的识别与公布信息相比范围明显偏大。

在藻种门类判别上，$\frac{a_{phy}/a_T\ (443)}{\log_{10}\text{Chl a}}$法、$a^*_{phy}$（443）法和 $R\_\ b_{bp}$（443）法三种算法的判别存在差异，其中$\frac{a_{phy}/a_T\ (443)}{\log_{10}\text{Chl a}}$法和 a^*_{phy}（443）法对除靠近温岭近岸的小范围水体外，大部分赤潮区判别为甲藻，但 $R\_\ b_{bp}$（443）法对整个识别区的判定为硅藻。最终此次赤潮藻种门类综合判别结果以甲藻为主，但温岭近岸一线为硅藻，与公布的东海原甲藻赤潮大体一致。

总体来说，基于固有光学量的赤潮遥感识别算法实现了对此次台州—温州海域东海原甲藻赤潮的较准确提取，但识别范围明显偏大，另外还识别出韭山—渔山一带的甲藻赤潮。在藻种门类判别上总体判定为甲藻赤潮，与公布藻种一致。

⑫ 2009 年 4 月 28 日台州外侧海域裸甲藻赤潮（甲藻，700 km^2，图 5.12）。

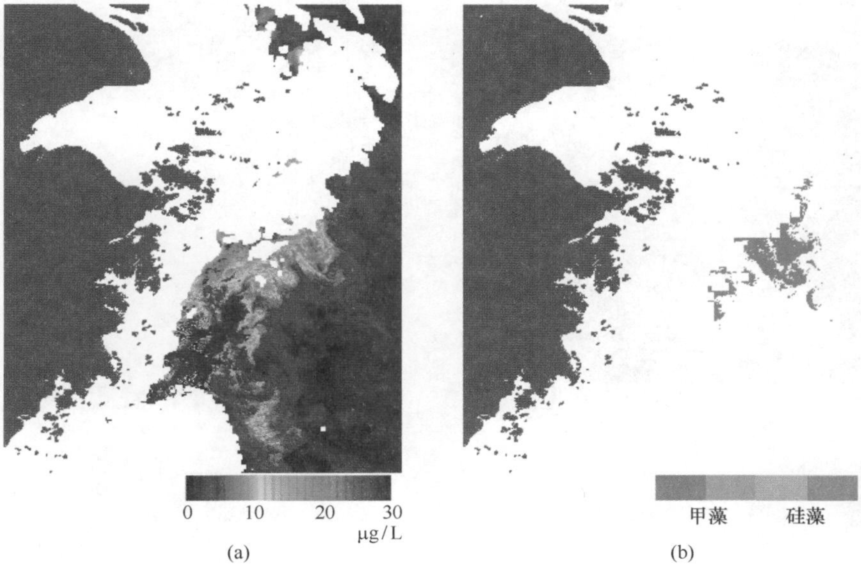

图 5.12　2009 年 4 月 28 日甲藻赤潮固有光学量算法提取结果

（a）叶绿素浓度；（b）赤潮区提取结果

在赤潮区识别步骤中，光谱高度 RH 算法对赤潮区的提取范围与高 Chl a 区比较一致，识别面积 7 336 km^2，而色素吸收比重 a_{phy}/a_T（443）法和散射—吸收比值法 b_{bp}/a_T（443）法在识别过程中明显受外海大部分清洁水体的干扰，并且 a_{phy}/a_T（443）法还存在低值溢出，因此在赤潮区识别中作为辅助参数。在 RH 法先行判断的前提下，a_{phy}/a_T（443）法和 b_{bp}/a_T（443）法对赤潮区的提取范围分别为 3 226 km^2 和 3 967 km^2，面积和位置比较一致，对 RH 法结果有明显调整作用。三种算法对赤潮发生位置的判断在温州海域与 Chl a 高值区较为吻合，但面积略偏小，具体位置为自韭山列岛以南至温州南麂列岛一线海域，赤潮发生范围综合识别面积为 3 036 km^2，远大于公布面积 700 km^2。总体上看，对此次赤潮发生区的识别与公布信息相比范围明显偏大。

在藻种门类判别上，$\frac{a_{phy}/a_T\ (443)}{\log_{10}\text{Chl a}}$法、$a_{phy}^*$（443）法和 $R\_\ b_{bp}$（443）法三种算法的判别十分一致，对整个识别区的判定均为甲藻。最终此次赤潮藻种门类综合判别结果为甲藻，与公布的裸甲藻赤潮一致。

总体来说，基于固有光学量的赤潮遥感识别算法实现了对此次台州外侧海域裸甲藻赤潮的较准确提取，但识别范围明显偏大，在藻种门类判别上总体判定为甲藻赤潮，与公布的藻种一致。

⑬ 2009 年 5 月 1 日渔山列岛—台州海域赤潮（未记录藻种，1 330 km^2，图 5.13）。

在赤潮区识别步骤中，光谱高度 RH 算法对赤潮区的提取范围与高 Chl a 区比较一致，识别面积 6 426 km^2，色素吸收比重 a_{phy}/a_T（443）法在识别过程中受外海部分清洁水体的干扰，而散射—吸收比值法 b_{bp}/a_T（443）法的识别范围明显偏小，因此两者在赤潮区识别中作为辅助参数。在 RH 法先行判断的前提下，a_{phy}/a_T（443）法和 b_{bp}/a_T（443）法对赤潮区的提取范围分

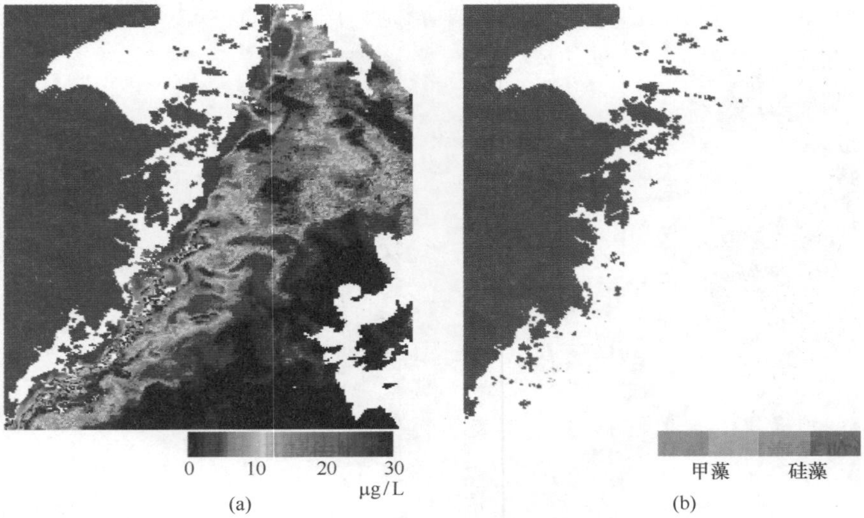

图 5.13　2009 年 5 月 1 日未注明藻种赤潮固有光学量算法提取结果

（a）叶绿素浓度；（b）赤潮区提取结果

别为 339 km^2 和 57 km^2，面积和位置存在明显差异，对 RH 法结果有明显限制作用。三种算法对赤潮发生位置的判断与 Chl a 高值区存在显著差异，具体位置为温州玉环以东海域，呈零星分布，赤潮发生范围综合识别面积仅为 40 km^2，远小于公布面积 1 330 km^2。总体上看，对此次赤潮发生区的识别与公布信息相比存在很大出入，未能实现对渔山—台州海域赤潮的识别。

⑭ 2009 年 5 月 8 日温州苍南海域东海原甲藻赤潮（甲藻，200 km^2，图 5.14）。

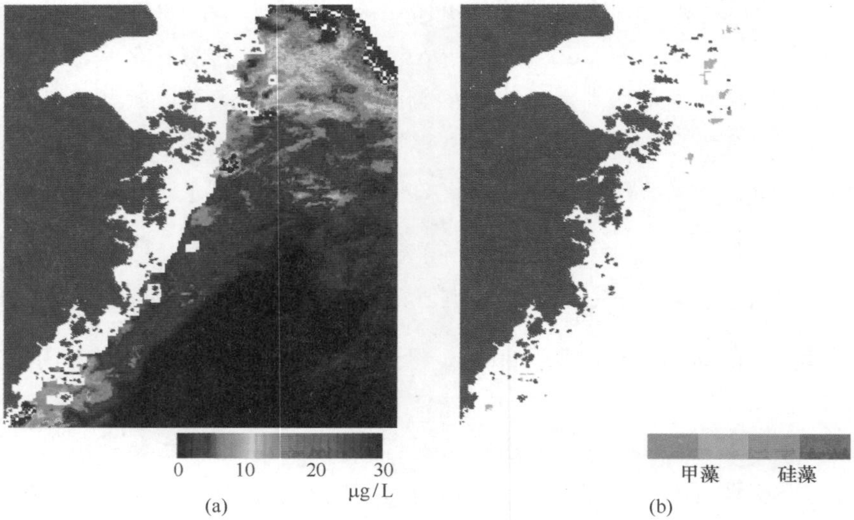

图 5.14　2009 年 5 月 8 日甲藻赤潮固有光学量算法提取结果

（a）叶绿素浓度；（b）赤潮区提取结果

在赤潮区识别步骤中，光谱高度 RH 算法对赤潮区的提取范围与高 Chl a 区比较一致，但在舟山群岛外海域明显偏小，识别面积 1 780 km^2，而色素吸收比重 a_{phy}/a_T（443）法和散射—吸

收比值 b_{bp}/a_T（443）法在识别过程中明显受外海大部分清洁水体的干扰，并且 a_{phy}/a_T（443）法还存在低值溢出，因此在赤潮区识别中作为辅助参数。在 RH 法先行判断的前提下，a_{phy}/a_T（443）法和 b_{bp}/a_T（443）法对赤潮区的提取范围分别为 426 km^2 和 419 km^2，面积和位置比较一致，对 RH 法结果有明显调整作用。三种算法对赤潮发生位置的判断在温州海域与 Chl a 高值区较为吻合，但面积明显偏小，具体位置为温州苍南和玉环附近小范围，以及舟山群岛以东沿线零散分布，赤潮发生范围综合识别面积为 407 km^2，若仅计算温州海域，则面积为 54 km^2，小于公布面积 200 km^2。总体上看，对此次赤潮发生区的识别与公布信息相比范围明显偏小。

在藻种门类判别上，$\frac{a_{phy}/a_T\ (443)}{\log_{10}\mathrm{Chl\ a}}$法和 a_{phy}^*（443）法对整个识别区的判定均为甲藻，而 $R\_\ b_{bp}$（443）法判别结果为硅藻。最终此次赤潮藻种门类综合判别结果为甲藻，与公布的东海原甲藻赤潮一致。

总体来说，基于固有光学量的赤潮遥感识别算法实现了对此次温州苍南海域东海原甲藻赤潮的较准确提取，但识别范围明显偏小，在藻种门类判别上总体判定为甲藻赤潮，与公布藻种一致。

⑮ 2009 年 5 月 28 日长江口海域赤潮（未注明藻种，1 500 km^2，图 5.15）。

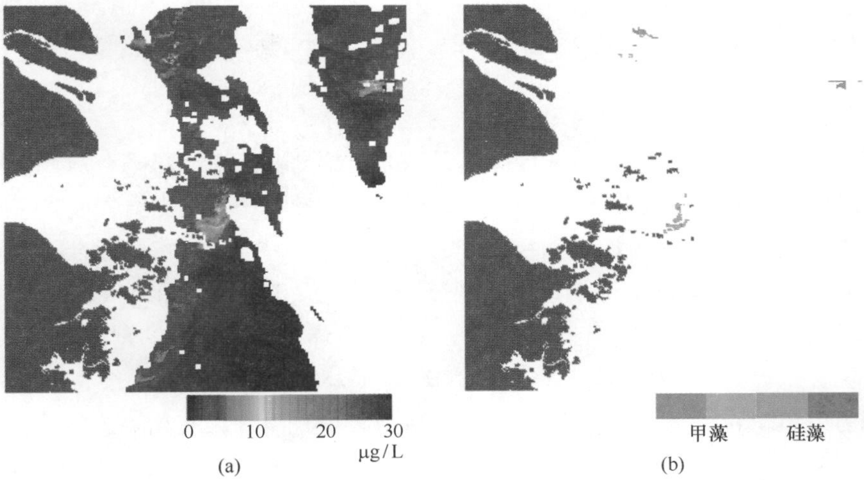

图 5.15　2009 年 5 月 28 日未注明藻种赤潮固有光学量算法提取结果

（a）叶绿素浓度；（b）赤潮区提取结果

在赤潮区识别步骤中，光谱高度 RH 算法对赤潮区的提取范围与高 Chl a 区比较一致，识别面积 614 km^2，而色素吸收比重 a_{phy}/a_T（443）法和散射—吸收比值法 b_{bp}/a_T（443）法在识别过程中明显受外海清洁水体的干扰，并且 a_{phy}/a_T（443）法还存在低值溢出，因此在赤潮区识别中作为辅助参数。在 RH 法先行判断的前提下，a_{phy}/a_T（443）法和 b_{bp}/a_T（443）法对赤潮区的提取范围分别为 301 km^2 和 496 km^2，面积和位置比较一致，对 RH 法结果有一定调整作用。三种算法对赤潮发生位置的判断与 Chl a 高值区较为吻合，具体位置为舟山以东和长江口外的 31.75°N，122.5°E 附近，另外在较远海的 31.45°N，124.1°E 处也有小范围分布，赤潮发生范围综合识别面积为 281 km^2，若仅计算长江口和舟山附近海域，则面积为 232 km^2，远小于公布面积 1 500 km^2。总体上看，对此次赤潮发生区的识别与公布信息相比范围明显偏小。

在藻种门类判别上，$\frac{a_{phy}/a_T\ (443)}{\log_{10}\text{Chl a}}$法和 $R\_\ b_{bp}$（443）法对长江口外赤潮判别为甲藻，舟山海域赤潮判别为硅藻，外海赤潮区判别为甲藻。而 a_{phy}^{*}（443）法对整个识别区的判定均为甲藻，因此最终此次赤潮藻种门类综合判别结果为长江口和外海是甲藻，舟山海域是硅藻。

总体来说，基于固有光学量的赤潮遥感识别算法实现了对此次长江口海域未注明藻种赤潮的较准确提取，但识别范围明显偏小，在藻种门类判别上分别判定为长江口甲藻赤潮和舟山海域硅藻赤潮。

⑯ 2010 年 12 月 4 日长江口海域柔弱角毛藻赤潮（硅藻，图 5. 16）。

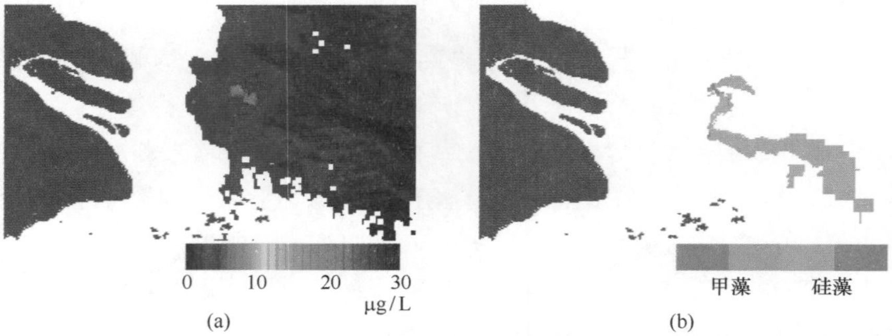

图 5. 16　2010 年 12 月 4 日硅藻赤潮固有光学量算法提取结果

（a）叶绿素浓度；（b）赤潮区提取结果

在赤潮区识别步骤中，光谱高度 RH 算法对赤潮区的提取范围与高 Chl a 区相比明显偏大，识别面积 3 772 km^2，而色素吸收比重 a_{phy}/a_T（443）法和散射—吸收比值法 b_{bp}/a_T（443）法在对赤潮区的提取范围大体一致，但存在一定偏差。在 RH 法先行判断的前提下，a_{phy}/a_T（443）法和 b_{bp}/a_T（443）法对赤潮区的提取范围分别为 2 734 km^2 和 2 565 km^2，面积和位置比较一致，对 RH 法结果有一定调整作用。三种算法对赤潮发生位置的判断均覆盖了 Chl a 高值区，具体位置为长江口外的 31. 7°N，122. 5°E 至 30. 8°N，123. 7°E 一线，赤潮发生范围综合识别面积为 2 565 km^2，由于此次对赤潮（实际为水华）事件没有相关的实际面积数据，这里不进行识别结果的评价，但相对于 Chl a 浓度来看识别面积明显偏大。

在藻种门类判别上，$\frac{a_{phy}/a_T\ (443)}{\log_{10}\text{Chl a}}$法和 a_{phy}^{*}（443）法对此次赤潮判别为硅藻，而 $R\_\ b_{bp}$（443）法对除 Chl a 最高值区的边缘外的赤潮区均判定为甲藻，因此最终此次赤潮藻种门类综合判别结果为硅藻，并且对于 Chl a 最高值区三种算法判别类型一致为硅藻。

总体来说，基于固有光学量的赤潮遥感识别算法实现了对此次长江口海域未注明藻种赤潮的较准确提取，但识别范围相对于 Chl a 浓度来看明显偏大，在藻种门类判别上判定为硅藻赤潮，与实测信息柔弱角毛藻硅藻赤潮一致。

5. 2　遥感提取效果评价

在上一节中，利用第 4 章所建立的基于赤潮固有光学量性质的综合赤潮遥感识别算法对表 2. 3 中近年来东海发生的 16 次大型赤潮事件进行了发生范围和主要藻种门类的提取，本节对以上提取效果分别从面积和藻种门类两个方面对识别效果进行评价和总结。

首先将第5.1节的东海赤潮卫星遥感提取结果参数赤潮识别范围和藻种门类识别结果分别列于表5.1，与实际公布的情况做相应对比。可以看出，总体上本文所用算法对赤潮范围的识别与实际公布面积存在一定差距，但从以上对各赤潮事件提取结果的详细分析来看，大部分赤潮范围的识别有较好的效果，对藻种门类的判断基本上符合实际公布情况。

在赤潮范围的识别上，除个别事件由于受云层覆盖影响造成遥感赤潮面积降低外，从具体发生海域的定位来看，本文基于固有光学量的赤潮识别算法对这些赤潮事件的识别效果较好。正常识别的赤潮范围与公布面积相比从0.07到28倍不等，差异较大的事件主要有：①2007年7月26日朱家尖东部海域硅藻赤潮；②2007年8月27日渔山—韭山海域的硅藻赤潮；③2009年5月1日渔山—台州海域赤潮；④2009年5月28日长江口海域的未记录藻种赤潮。根据历史记录，长江口北部海域较少发生赤潮事件，因此引起对事例①和②识别面积明显增大的原因有可能是卫星数据本身在该海域的异常引起，但这一推测需要对数据的进一步分析确认；从卫星影像上看，事例③的漏判应该是由于本文所用算法在此次数据中不适用造成；对于事例④，由于其叶绿素浓度分布总体偏低，远没有达到东海典型赤潮的阈值标准，且此次赤潮具体藻种也没有给出，因此推测该赤潮事件或许为非叶绿素型藻种引发。

表5.1　固有光学量算法提取赤潮信息统计

时间	地点	面积（km^2）	赤潮识别范围（km^2）	门类	藻种门类识别结果
2005-05-25	长江口外海域	7 000	6 642	硅藻	硅藻+甲藻
2005-06-04	长江口至韭山列岛海域	2 000	2 741	甲藻	甲藻
2005-06-09	长江口—韭山—披山岛—南麂—洞头	1 300+2 000+500+300	5 163	甲藻	甲藻
2005-06-16	长江口至舟山海域、南麂海域	1 300+400	601	甲藻	甲藻
		300	-	硅藻	-
2006-06-21	渔山列岛、象山附近	1 000	4115	甲藻	甲藻
2007-04-11	舟山、韭山列岛海域	140+160+200	35	-	甲藻
2007-06-29	韭山列岛东部	400	448	硅藻	硅藻
2007-07-26	象山港、朱家尖东部海域	170+700	19 900	硅藻	硅藻
2007-08-27	象山港、渔山—韭山洞头海域	350+600 400	8 623	硅藻	硅藻
2008-05-07	舟山外	2 100	-	甲藻	甲藻
	温州海域	200+43	36		
2008-05-16	台州—温州海域	65+30+130	1 345	甲藻	甲藻
2009-04-28	台州外侧海域	700	3 036	甲藻	甲藻
2009-05-01	渔山列岛—台州海域	1 330	5	-	-
2009-05-08	温州苍南海域	200	407	甲藻	甲藻
2009-05-28	长江口海域	1 500	232	-	甲藻+硅藻
2010-12-04	长江口海域	-	2 565	硅藻	硅藻

由于本文所用遥感数据分辨率相对较低（4 km×4 km），且识别算法给出的阈值范围为

基于统计的固定值，对于不同海域和时间内发生的赤潮事件，容易受水体光学环境背景场的变化等多种条件的影响，因此识别结果与实际情况存在一定出入在所难免。另外，从本文第4章的赤潮识别试验来看，单纯通过这些固有光学量算法提取赤潮区域相对比较困难，很容易受到非赤潮环境水体的干扰，必须借助于遥感反射率光谱共同识别；而为了降低对部分赤潮事件的漏判，对RH模型阈值的适当放宽应该也会对该模型算法的赤潮范围识别效果造成一定的影响。通过此次对不同年份和区域的赤潮事件识别效果来看，该识别算法对于东海赤潮水体的识别具有较高可信度。

在赤潮藻种门类的判别上，除三次未公布藻种鉴别结果的事例外，算法仅对2005年5月25日发生在长江口海域的中肋骨条藻和海链藻赤潮的判别存在一定程度的混淆，对其余12次可做对比的赤潮事件都给出了正确的藻种门类判别，识别正确率达到了92%以上(12/13)。因此，可以认为本文所建立的基于固有光学性质的赤潮藻种门类判别算法对东海海域的赤潮事件可以实现藻种门类的正确判别。另外，通过对各次赤潮事件的识别结果进行分析的过程可以看出，基于散射性质的藻种门类识别模型总体上不及基于吸收的识别模型效果好，这一方面可能是由于该模型的阈值设定不够准确，未能更有效地反映藻种间的性质差异；另一方面也与分析中所用的遥感后向散射比 $R\_\ b_{bp}$（443）的计算方法有关。此次藻种门类判别的应用效果再次证明，对不同赤潮藻种间的固有光学性质差异的充分了解是从根本上提高基于固有光学量赤潮识别算法的必要前提。

总体来说，本文所建立的基于固有光学量赤潮识别算法对东海典型甲藻和硅藻类赤潮的识别和藻种门类判别具有较好的应用效果。

5.3 赤潮误判分析

本文所用固有光学量算法对赤潮水体识别的误判情况总体上可以分为两类：一类是对大范围的非赤潮水体误判为赤潮水体，造成赤潮面积识别结果的严重偏大；另一类即是对赤潮藻种所属门类的错误判别。

在识别面积的误判方面，首先以2010年12月长江口海域的硅藻水华为例，可以看出在Chl a高值区的东南方向，存在一个遥感Chl a <3 μg/L而遥感反射率RH判断为明显赤潮的区域，将这一水体的555 nm归一化遥感反射率 R_{rs} 数据进行具体分析，其样本曲线如图5.17（a）所示。对比图4.10（b）中实测和遥感的典型赤潮与非赤潮水体光谱性质可见，这一区域水体的 R_{rs} 值在蓝光波段（412 nm和443 nm）并未呈现常规的近零值，而是明显高出所有波段的量值，达到了100%以上。再来看2009年5月1日渔山列岛以东的Chl a >10 μg/L的大范围高叶绿素区，水体555 nm归一化遥感反射率 R_{rs} 光谱如图5.17（b），412 nm波段的 R_{rs} 值普遍降低到了－50%以下，而488 nm波段的 R_{rs} 值也并没有位于反射谷处，而是与图4.10（b）中浑浊水体相似，具有较高的 R_{rs} 值，因此使得光谱高度指数RH计算结果为负值，水体判断为非赤潮区。另外，这些水体的遥感反射率 R_{rs} 绝对量值与近岸其他水体相比明显偏低，普遍低于0.004 sr^{-1}。根据何贤强等[8]的观测发现，长江口东南海域大约28°—31°N，122°—124°E处存在SeaWiFS各波段离水辐亮度均小于0.5 mW/（cm^2·μm·sr）的“黑水”区。分析其原因主要是由于特定的低颗粒物含量与极小的后向散射比条件下出现的一种光学现象。对比以上赤潮事件中误判水域的具体位置和光谱性质，可推测这些赤潮误判区即是典型的“黑水”区造成。说明长江口外的这一“黑水”区的遥感反射率光谱数据存在相对较大的不确定性，本文所建立的赤潮识别算法对于该区域的赤潮识别还有待进一步研究。

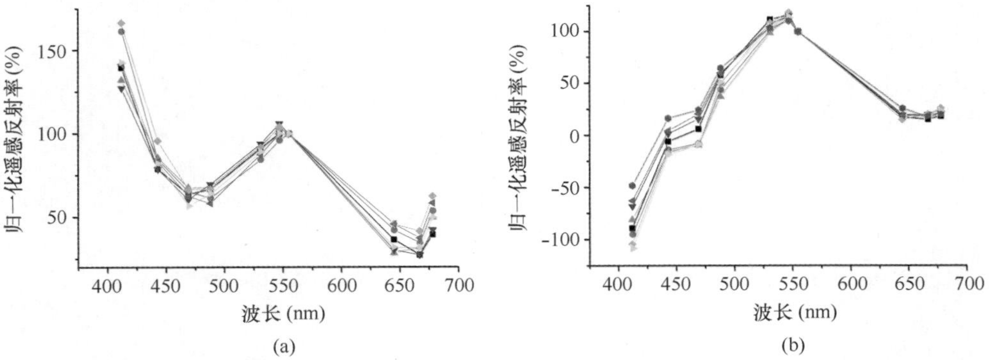

图 5.17　赤潮误判区卫星遥感归一化遥感反射率光谱曲线

（a）2010 年 12 月 4 日硅藻水华区邻近正常水体；（b）2009 年 5 月 1 日偏外海甲藻赤潮区

在藻种门类的误判方面，由于甲藻和硅藻水体光谱性质本身差异就很小[37]，在实际固有光学量性质的分析中还存在相当程度的重合区（见第3 章和第4 章），因此出现一定的误判在所难免；另外，从此次出现误判的具体事件来看，2008 年 5 月 16 日的赤潮范围本身较小，如台州附近公布的发生面积仅为 3 km^2 和 65 km^2，相比于遥感数据的分辨率 4 km × 4 km 来说，很容易出现误识别。

这些误判事例也充分反映了本文建立的基于固有光学量赤潮识别算法在实际应用中还存在一定的局限性，需要进一步改进和完善，以降低对赤潮事件的误判。

5.4　小结

本章将新建的多种基于固有光学量赤潮识别算法分别应用于东海近年来大型赤潮事件的遥感资料，获得了对这些赤潮事件的发生范围与藻种门类的遥感提取结果。从提取效果上看，通过遥感反射率光谱相对高度 RH 法与几种吸收和散射识别算法（色素吸收比重 a_{phy}/a_T（443）法、散射—吸收比值法 b_{bp}/a_T（443）法、单位对数叶绿素色素比值$\frac{a_{phy}/a_T\ (443)}{\log_{10}\mathrm{Chl\ a}}$法、叶绿素比吸收系数 a^*_{phy}（443）法和后向散射比率 $R\_\ b_{bp}$（443）法）共同判断，基本可以实现对赤潮区域和引发藻种门类的正确判断，其中 RH 法主要对赤潮发生范围起决定作用，而固有光学量算法对藻种门类的区分具有各自不同的敏感性。

因此，将这些赤潮提取算法进行结合，建立的基于固有光学量的综合赤潮提取模型，可以实现对东海特征赤潮的有效提取和藻种门类判别。

6 总结与展望

6.1 论文工作总结

赤潮是我国近海尤其是东海海域多发的自然灾害，每年给沿海经济、生态和旅游等造成严重危害，对东海赤潮的遥感提取算法目前主要集中在利用光谱（表观光学量）建立的一系列算法上，识别准确率低，并且难以获得对赤潮藻种的分类判别。同时对与赤潮藻类生理特性直接相关的水体固有光学量的研究还很少。

本文研究从赤潮水体固有光学特性入手，通过将卫星遥感获得的水体遥感反射率与固有光学量特性相结合的方法，以实测和卫星数据的东海赤潮水体与非赤潮环境水体光学性质分析为基础，建立了基于固有光学量的赤潮卫星遥感提取算法模型，对近年来东海发生的 16 次大型硅藻和甲藻赤潮事件进行卫星遥感提取，获得了较准确的赤潮发生范围与藻种门类识别结果。

（1）根据东海海区冬夏两季水体光学性质大面观测数据和甲藻、硅藻赤潮事件的光学调查数据，系统分析了东海赤潮与非赤潮环境水体包括水体组分吸收系数与散射系数的固有光学性质，发现：①藻类细胞粒径大，折射指数低，因而赤潮水体散射系数和后向散射均低于浑浊水体；②硅藻赤潮水体光保护色素比重高于甲藻，单体细胞小于甲藻，因而单位叶绿素浓度下色素吸收在蓝光波段高于甲藻，且后向散射比高于甲藻。基于此，建立了用以识别东海赤潮水体以及区分甲藻与硅藻类不同赤潮的固有光学量模型。

（2）在实测数据分析的基础上，对东海典型赤潮事件的遥感固有光学量数据进行对比分析，分别从色素吸收比重、叶绿素比吸收系数、散射—吸收比值和后向散射比率四种吸收和散射性质进行赤潮水体的判别。并结合赤潮水体与非赤潮环境水体在遥感反射率光谱性质上的差异，建立综合赤潮卫星遥感识别算法，实现了对赤潮水体的分步识别与藻种门类判别。

（3）将建立的基于固有光学量综合赤潮卫星遥感识别算法模型应用于近年来东海大型赤潮事件卫星遥感数据集，实现了对赤潮水体发生范围和藻种门类的准确识别，在试验样本集内藻种门类判别准确率达到 92% 以上，总体获得了良好效果。

总体来说，论文研究建立的基于固有光学量综合赤潮卫星遥感识别算法可以实现对东海特征赤潮的有效提取和藻种门类判别，在实际应用中将是对已有各类赤潮提取算法的有效补充。

6.2 论文创新点

为进一步系统掌握东海赤潮水体光学特性，逐步建立针对性识别特定有害赤潮的遥感算法，需要从赤潮本身的物理和生物学机制进行深入分析，来获得赤潮水体与环境水体以及不同藻类赤潮水体之间的光学性质差异。基于此考虑，本文的研究具有如下创新点。

（1）在深化认识赤潮水体区别于正常水体的固有光学特性的基础上，发现了东海甲藻与硅藻赤潮水体的固有光学性质差异，对相关赤潮发生、发展和消亡等的科学研究有重要意义。

（2）基于赤潮水体以及甲藻与硅藻间的固有光学特征，建立了光谱高度法、色素比重法和后向散射比值法三种卫星遥感监测赤潮模型以及两藻种的分类模型，验证表明该模型有实用性，对自动化监测赤潮有应用价值。

6.3 展望

水体固有光学量的研究起步较晚，但是随着研究的不断深入，已经有越来越多的人认识到水体固有光学量对遥感算法开发的重要意义。赤潮水体固有光学量的性质与水体物质含量、组成、藻类细胞大小和形状以及种群构成甚至藻类细胞的生长状态等都有着直接的联系，因而表现出十分复杂多变的属性，要实现利用固有光学量对海洋赤潮的高精度遥感反应，这一方向的研究还有很长的路要走，首先需要解决的问题主要有：

（1）形成赤潮的藻类并非处在固定不变的状态，而是处于一个不断增殖、稳定和消亡的过程，因此其固有光学性质必然随之不断变化，掌握赤潮整个生消过程水体的固有光学性质特征是实现对赤潮水体有效识别和监测、预报的重要前提。

（2）引发赤潮的藻种常常不是单一性质，而是存在多种类型，研究不同藻类之间相互作用对水体固有光学性质的影响也是十分必要的工作。

（3）赤潮发生的海域环境对水体总的固有光学性质有着重要影响，因此研究赤潮藻类在不同的环境条件下表现出的固有光学性质是对特定海区赤潮灾害有效监测的重要内容。

（4）前人多年的研究经验已经证实，单一方法识别赤潮的效果远不如多源数据相结合的成效显著。赤潮事件本身就是生物、化学、水文动力等多种因素共同作用的结果，因此在固有光学量研究的基础上，还必然要与海区的水文动力条件、风场变化等相结合，充分发挥卫星遥感监测的巨大优势。

参 考 文 献

[1] 张利民．中国赤潮研究与防治——中国海洋学会赤潮研究与防治学术研讨会论文集［M］．北京：海洋出版社，2005.

[2] 赵冬至，等．中国典型海域赤潮灾害发生规律［M］．北京：海洋出版社，2010.

[3] 李立新．中国赤潮研究与防治（二）——中国海洋学会赤潮研究与防治学术研讨会论文集［M］．北京：海洋出版社，2008.

[4] Strong A E. Remote Sensing of Algal Blooms by Aircraft and Satellite in Lake Erie and Lake Utah [J]. Remote Sensing of Environment, 1974, 3: 99 – 107.

[5] HUANG W G, LOU X L. AVHRR detection of red tides with neural networks [J]. International Journal of Remote Sensing, 2003, 24 (10): 1991—1996.

[6] 楼琇林．浙江沿岸上升流遥感观测及其与赤潮灾害关系研究［D］．博士学位论文，中国海洋大学，2010.

[7] Steidinger K A, Haddad K D. Biologic and hydrographic aspects of red tides [J]. Bioscience, 1981, 31: 814 – 819.

[8] Seelye Martin. 海洋遥感导论［M］．蒋兴伟等译．北京：海洋出版社，2008.

[9] Stumpf R P. Applications of satellite ocean color sensors for monitoring and predicting harmful algal blooms [J]. Journal of Human and Ecological Risk Assessment, 2001, 7: 1363 – 1368.

[10] Chang F H, Uddstrom M, Pinkerton M. Studies of the winter 2000 Gymnodinium catenatum outbreaks in New Zealand using remotely sensed sea surface temperature and chlorophyll a data from satellites [J]. Proceedings of the Marine Biotoxin Science Workshop, 2001, 15: 165 – 173.

[11] Chen C, Zhu J, Beardsley R C, et al. Physical – biological sources for dense algal blooms near the Changjiang River [J]. Geophysical Research Letters, 2003, 30.

[12] Tang D L, Kester D R, Ni I H, et al. Insitu and satellite observations of a harmful algal bloom and water condition at the Pearl River estuary in late autumn 1998 [J]. Harmful Algae News, 2003, 2: 89 – 99.

[13] Gitelson A A, Schalles J F, Hladik C M. Remote chlorophyll – a retrieval in turbid, productive estuaries: Chesapeake Bay case study [J]. Remote Sensing of Environment, 2007, 109 (4): 464 – 472.

[14] Groom S B, Holligan P M. Remote Sensing of Coccolithophore Blooms [J]. Advances in Space Research, 1987, 7 (2): 73 – 78.

[15] Holligan P M, Viollier M, Harbour D S, et al. Satellite and ship studies of coccolithophore production along a continental shelf edge [J]. Nature, 1983, 304 (5924): 339 – 342.

[16] Stumpf R P, Tyler M A. Satellite detection of bloom and pigment distributions in estuaries [J]. Remote Sensing of Environment, 1988, 24 (3): 385 – 404.

[17] Gower J F R. Red tide monitoring using AVHRR HRPT imagery from a local receiver [J]. Remote Sensing of Environment, 1994, 48 (3): 309 – 318.

[18] 毛显谋，黄韦艮．多波段卫星遥感海洋赤潮水华的方法研究［J］．应用生态学报，2003，14（7）.

[19] Prangsma G J, Roozekrans J N. Using NOAA AVHRR imagery in assessing water quality parameters [J]. International Journal of Remote Sensing, 1989, 10 (4): 811 – 818.

[20] Gower J F R. Observations of insitu fluorescence of chlorophyll – a in Saanich Inlet [J]. Boundary – Layer Meteorology, 1980, 18 (3): 235 – 245.

[21] Carder K L, Cannizzaro J P, Chen F R. et al. Detecting HAB's in the Gulf of Mexico: Problems with atmospheric correction and shallow waters [M].

[22] 黄韦良，丁德文．赤潮灾害预报机理与技术［C］，北京：海洋出版社，2004.

[23] 黄韦良，陈立娣，毛显谋，等．赤潮卫星遥感跟踪预报方法研究［A］．赤潮灾害预报机理与技术［C］．北京：海洋出版社，2004.

[24] Shanmugam P，Ahn Y，Ram P S. SeaWiFS sensing of hazardous algal blooms and their underlying mechanisms in shelf－slope waters of the Northwest Pacific during summer［J］. Remote Sensing of Environment，2008，112（7）：3248－3270.

[25] Tang D L，Kawamura H，Doan－Nhu H，et al. Remote sensing oceanography of a harmful algal bloom off the coast of southeastern Vietnam［J］. J. Geophys. Res.，2004，109（C3）：C3014.

[26] 邓素清，汤燕冰，邓霞君．浙江近海赤潮气象统计预报试验［J］．赤潮灾害预报机理与技术［C］．北京：海洋出版社，2004.

[27] Stumpf R P，Culver M E，Tester P A，et al. Monitoring Karenia brevis blooms in the Gulf of Mexico using satellite ocean color imagery and other data［J］. Harmful Algae，2003，2（2）：147－160.

[28] Brown C W，Yoder J A. Distribution pattern of coccolthophorid blooms in the western North Atlantic Ocean［J］. Continental Shelf Research，1994，14：175－197.

[29] Subramaniam A，Brown C W，Hood R R，et al. Detecting Trichodesmium blooms in SeaWiFS imagery［J］. Deep－Sea Research. Part 2. Topical Studies in Oceanography，2002，49：107－121.

[30] IOCCG Report 5：Remote sensing of inherent optical properties：Fundamental，testes of algorithms，and application，2006.

[31] Gordon H R，Brown O B，Evans R H，et al. semianalytic radiance model of ocean color［J］. Journal of Geophysics Research，1988，93：10，909－10，924.

[32] Devred E，Fuentes－Yaco C，Sathyendranath S，et al. A semi－analytic seasonal algorithm to retrieve chlorophyll－a concentration in the Northwest Atlantic Ocean from SeaWiFS data［J］. Indian Journal of Marine Sciences，2005，34（4）：356－367.

[33] 汪文琦，董强，商少凌，等．基于两种半分析算法的水体吸收系数反演［J］．热带海洋学报，2009，（5）：35－42.

[34] Shanmugam，Palanisamy，Ahn，et al. An Evaluation of Inversion Models for Retrieval of Inherent Optical Properties from Ocean Color in Coastal and Open Sea Waters around Korea［J］，2010，66（6）：16.

[35] Cannizzaro J P，Carder K L，Chen F R，et al. A novel technique for detection of the toxic dinoflagellate，Karenia brevis，in the Gulf of Mexico from remotely sensed ocean color data［J］. Continental Shelf Research，2008，28（1）：137－158.

[36] Barocio León Ó A，Millán－Núñez R，Santamaría－del－Ángel E，et al. Bio－optical characteristics of a phytoplankton bloom event off Baja California Peninsula（30－31°N）［J］. Continental Shelf Research，2008，28（4－5）：672－681.

[37] Roesler C S，Etheridge S M，Pitcher A G C. Application of an Ocean Color Algal Taxa Detection Model to Red Tides in the Southern Benguela［J］，2000.

[38] Roesler C S，Boss E. Spectral beam attenuation coefficient retrieved from ocean color inversion［J］. Geophys. Res. Lett.，2003，30（9）：1468.

[39] 曹文熙，杨跃忠，许晓强，等．珠江口悬浮颗粒物的吸收光谱及其区域模式［J］．科学通报，2003（17）.

[40] 唐军武，王晓梅，宋庆君，等．黄、东海二类水体水色要素的统计反演模式［J］．海洋科学进展，2004，22（B10）：1－7.

[41] 汪小勇，李铜基，杨安安．黄东海海区表观光学特性和固有光学特性春季模式研究［J］．海洋技术，

2004，23（4）.

[42] 王晓梅，唐军武，宋庆君，等．黄海、东海水体总吸收系数光谱特性及其统计反演模式研究［J］．海洋与湖沼，2006，37（3）：256－263.

[43] 宋庆君，唐军武．黄海、东海海区水体散射特性研究［J］．海洋学报（中文版），2006，28（4）：56－63.

[44] 林宏，董天临，马泳，等．海洋悬浮粒子的光学后向散射率特性研究［J］．大气与环境光学学报，2008，3（1）.

[45] Gong G. Absorption coefficients of colored dissolved organic matter in the surface waters of the East China Sea［J］．Atmospheric and Oceanic Sciences（TAO），2004，15（1）：75－87.

[46] 吴璟瑜．中国东南近海光吸收特性研究［D］．博士学位论文，厦门大学，2006.

[47] 吴璟瑜．南海西部水体光吸收特征及其对水色遥感的启示［M］．厦门：厦门大学，2009.

[48] 邢小罡，赵冬至，刘玉光，等．渤海非色素颗粒物和黄色物质的吸收特性研究［J］．海洋环境科学，2008，27（6）：595－598.

[49] 周雯，曹文熙，杨跃忠，等．大亚湾水体后向散射比率的光谱变化［J］．热带海洋学报，2010（2）：39－45.

[50] 韩宇超．近岸海域溶解有机物的光学性质研究［D］．硕士学位论文，厦门大学，2006.

[51] 周雯．不同类型水体有色溶解有机物质 CDOM 时间变化特征及其影响机制研究［D］．硕士学位论文，厦门大学，2007.

[52] 王福利．九龙江流域—河口 CDOM 吸收和荧光特性的季节性变化研究［D］．硕士学位论文，厦门大学，2009.

[53] 丘仲锋，席红艳，何宜军，等．东海赤潮高发区半分析算法色素浓度反演［J］．环境科学，2006（8）：1516－1521.

[54] 丘仲锋．东海赤潮高发区水色遥感算法及赤潮遥感监测研究［D］．博士学位论文，中国科学院研究生院（海洋研究所），2006.

[55] 许大志，曹文熙，王桂芬．南海北部水体叶绿素 a 浓度反演的生物光学模型［J］．热带海洋学报，2007（2）：15－21.

[56] 杨伟，陈晋，松下文经．基于生物光学模型的水体叶绿素浓度反演算法［J］．光谱学与光谱分析，2009，29（1）.

[57] 曲慧，马国平，陈敏，等．东海原甲藻的培养及色素分离分析［J］．烟台大学学报（自然科学与工程版），2008（3）：197－203.

[58] 姚鹏，邓春梅，于志刚．通过色素特征统计分析对海洋浮游硅藻进行分类［J］．中国科技论文在线.

[59] Edited by R W faribfidge. The Encyclopedia of Oceanography. Reinbold Publishing Corporation.

[60] 孙湘平．中国近海区域海洋．北京：海洋出版社，2006.

[61] 许东禹，等．中国近海简况．北京：地质出版社，1963.

[62] 编辑委员会．中国大百科全书——大气·海洋·水文卷．北京：中国大百科全书出版社，1987.

[63] 陈冠贤．中国海洋渔业环境．杭州：浙江科学技术出版社，1991.

[64] 冯士筰，李凤岐，李少菁．海洋科学导论．北京：高等教育出版社，1999.

[65] 程天文，赵楚年．我国沿岸入海河川径流量与输沙量的估算［J］．地理学报，1984，39（4）：412－426.

[66] 陈则实，等．渤、黄、东海海洋图集——水分分册．北京：海洋出版社，1992.

[67] 毛汉礼，任允武，孙国栋．南黄海和东海北部（28°—37°N）夏季的水文特征及海水类型（水系）的初步分析［M］．//毛汉礼著作选集．北京：学苑出版社，1996，147－202.

[68] 《中国海洋志》编委会．中国海洋志．郑州：大象出版社，2003.

[69] Bearsley R C, Limebumer R, Yu H, et al. Discharge of the Changjiang (Yangtze River) into the East China Sea [J]. Continental Shelf Research, 1985, 4 (1/2): 57 – 76.

[70] 苏纪兰 . 中国近海的环流动力机制研究 [J]. 海洋学报, 2001, 23 (4): 1 – 16.

[71] 袁耀初, 苏纪兰, 赵金山 . 东中国海陆架环流的单层模式 [J]. 海洋学报, 1982, 4 (1): 1 – 11.

[72] 苏纪兰 . 中国近海水文 [M]. 北京: 海洋出版社, 2005.

[73] 许建平, 苏纪兰, 仇德忠 . 黑潮入侵南海的水文分析 [J]. 中国海洋学文集 (第 6 集), 1996: 1 – 12.

[74] 颜延壮 . 中国沿岸上升流成因类型的初步分析这 [J]. 海洋通报, 1991, 10 (6): 1 – 6.

[75] 胡敦欣, 吕良洪, 熊庆成 . 关于浙江沿岸上升流的研究 [J]. 科学通报, 1980, 25 (25): 159 – 163.

[76] Chen C T A. Chemical and physical fronts in the Bohai, Yellow and East China seas [J]. Journal of Marine Systems, 2009, 78 (3): 394 – 410

[77] 金翔龙 . 东海海洋地质 [M]. 北京: 海洋出版社, 1992.

[78] 张志忠 . 长江口悬沙及其运移 [J]. 海洋科学, 1983 (5): 6 – 11.

[79] 张志忠 . 长江口细颗粒泥沙基本特性研究 [J]. 泥沙研究, 1996 (1).

[80] 国家海洋信息中心 . 海洋环境质量公报 [R]. 中国海洋信息网, http: //www. coi. gov. cn.

[81] Hooker S B, Zibordi G, Lazin G, et al. The SeaBOARR – 98 Field Campaign. NASA Tech. Memo. 1999 – 206892, Vol. 3, S. B. Hooker and E. R. Firestone, eds. , NASA Goddard Space Flight Center, Greenbelt, MD. 1999, 40.

[82] Toole D A, Siegel D A, Menzies D W, et al. Remote – sensing reflectance determinations in the coastal ocean environment: impact of instrumental characteristics and environmental variability [J]. Applied Optics. 2000, 39: 456 – 468.

[83] Mobley C D. Estimation of the remote – sensing reflectance from above – surface measurements [J]. Applied Optics, 1999, 38: 7442 – 7455.

[84] Fargion G S, Muller J L, 2003: Ocean Optics Protocols For Satellite Ocean Color Sensor Validation, Revision 4, NASA/TM – 2003 – 211621.

[85] Fougnie B, Frouin R, Lecomte P, Pierre – Yves Deschamps. Reduction of skylight reflection effects in the above – water measurement of diffuse marine reflectance [J]. Applied Optics, 1999, 38: 3844 – 3856.

[86] NASA. Protocols_ Ver4_ VolIV Inherent Optical Properties: Instruments, Characterizations, Field Measurements and Data Analysis Protocols [M], 2003.

[87] Greg Mitchell B, Annick Bricaud, Kendall Carder, et al. Ocean Optics Protocles For Satellite Ocean Color Sensor Validation, Revision 2, Chapter12.

[88] Tassan S, Ferrari G M. A sensitivity analysis of the "Transmittance – Reflectance" method for measuring light absorption by aquatic particles [J]. Journal of plankton research, 2002, 24, 757 – 774.

[89] 中国国家标准化管理委员会 . 海洋调查规范 第 8 部分——海洋地质地球物理调查 GB/T 12763. 8 [M], 2007.

[90] 宋庆军, 唐军武, 马超飞 . 黄东海区水体后向散射系数与总散射系数的关系 . 第 14 届全国遥感技术学术交流会, 2003, 10.

[91] Tassan S, Ferrari G M. Proposal for the measurement of backward and total scattering by mineral particles suspended in water [J]. Applied Optics, 1995, 34 (36): 8345 – 8353.

[92] Lee Z P, Carder K L, Arnone R. Deriving inherent optical properties from water color: A multi – band quasi – analytical algorithm for optically deep waters [J]. Applied Optics, 2002, 41: 5755 – 5772.

[93] Gordon H R, Wang M. Retrieval of water – leaving radiance and aerosol optical thickness over the oceans with

SeaWiFS: A preliminary algorithm [J], Applied Optics. , 1994, 33: 443 - 452.
[94] He Xianqiang, Pan Delu, Mao Zhihua. Atmospheric correction of SeaWiFS imagery for turbid coastal and inland waters [J]. Acta Oceanologica Sinica, 2004, 23 (4), 609 - 615.
[95] 齐雨藻，等．中国沿海赤潮［M］．北京：科学出版社，2003.
[96] 郭皓，等．中国近海赤潮生物图谱［DB/CD］．北京：海洋出版社，2004.
[97] 韩笑天．主要赤潮藻种名录及图谱．中国有害赤潮信息网.
[98] 陆斗定，齐雨藻，Goebel Jeanette，等．东海原甲藻修订及与相关原甲藻的分类学比较［J］．应用生态学报，2003，14.
[99] 萧云朴，李扬，李欢，等．温州南麂列岛海域硅藻、甲藻群落变化与环境因子的关系［J］．海洋环境科学，2009，28（2）：167 - 169.
[100] 范丽，程金平，王文华．我国东海海域赤潮发生年际变化趋势及其影响因素分析［J］．上海环境科学，2009，28（1）：15 - 17，23.
[101] 陈炳章，王宗灵，朱明远，等．温度、盐度对具齿原甲藻生长的影响及其与中肋骨条藻的比较［J］．海洋科学进展，2005，23（1）.
[102] 赵冬至，赵玲，张丰收．赤潮海水温度预报方法研究［A］//赤潮灾害预报机理与技术．北京：海洋出版社，2004.
[103] 黄韦艮，陈立娣，楼琇林，等．基于AVHRR的赤潮水色水温遥感方法［J］//赤潮灾害预报机理与技术．北京：海洋出版社，2004.
[104] 翟自强，王咏亮，缪国芳．诱发赤潮的水文气象条件［A］//赤潮灾害预报机理与技术．北京：海洋出版社，2004.
[105] 王正方，张庆，吕海燕，等．长江口溶解氧赤潮预报简易模式［J］．海洋学报（中文版），2000（4）：125 - 129.
[106] 吴玉霖，傅月娜，张永山，等．长江口海域浮游植物分布及其与径流的关系［J］．海洋与湖沼，2004（3）：246 - 251.
[107] 何琴燕．东海赤潮高发区温度、盐度与流场的数值研究［D］．硕士学位论文．杭州：国家海洋局第二海洋研究所，2007.
[108] 许卫忆，卜献卫，朱德弟，等．赤潮发生机制探讨Ⅰ［A］//赤潮灾害预报机理与技术．北京：海洋出版社，2004.
[109] 许卫忆，朱德弟，朱根海，等．赤潮发生机制探讨Ⅱ——象山港实例验证［A］//赤潮灾害预报机理与技术．北京：海洋出版社，2004.
[110] 徐家声．水动力状况与赤潮生物的聚集和扩散［J］．海洋环境科学，1994，13（3）.
[111] Carder K L, Steward R G, Harvey G R, et al. Marine humic and fulvic acids: Their effects on remote sensing of ocean chlorophyll [J]. Limnology and Oceanography, 1989, 34 (1): 68 - 81.
[112] Gong G, Lee Chen Y, Liu K. Chemical hydrography and chlorophyll a distribution in the East China Sea in summer: implications in nutrient dynamics [J]. Continental Shelf Research, 1996, 16 (12): 1561 - 1590.
[113] Gong G, Shiah F, Liu K, et al. Spatial and temporal variation of chlorophyll a, primary productivity and chemical hydrography in the southern East China Sea [J]. Continental Shelf Research, 2000, 20 (4 - 5): 411 - 436.
[114] Tang T Y, Tai J H, Yang Y J. The flow pattern north of Taiwan and the migration of the Kuroshio [J]. Continental Shelf Research, 2000, 20 (4 - 5): 349 - 371.
[115] Yentsch C S, Reiciieht C A. The interrelationship between water soluble yellow substances and chloroplastic

pigments in marine algae [M]. Botan: Marina, 1961.

[116] 潘玉球，苏纪兰，徐端蓉．东海冬季高密水的形成和演化 [A] //黑潮调查研究论文选（三）．北京：海洋出版社，1991，183－192.

[117] 许建平．浙江近海上升流区冬季水文结构的初步分析．东海海洋，1986，4（3）：18－23.

[118] 浦泳修．长江冲淡水扩展方向的周、旬时段变化 [J]．东海海洋，2002，20（2）.

[119] Ferrari G M, Dowell M D. CDOM Absorption Characteristics with Relation to Fluorescence and Salinity in Coastal Areas of the Southern Baltic Sea [J]. Estuarine, Coastal and Shelf Science, 1998, 47 (1): 91－105.

[120] Nieke B, Reuter R, Heuermann R, et al. Light absorption and fluorescence properties of chromophoric dissolved organic matter (CDOM), in the St. Lawrence Estuary (Case 2 waters) [J]. Continental Shelf Research, 1997, 17 (3): 235－252.

[121] Hong H, Wu J, Shang S. et al. Absorption and fluorescence of chromophoric dissolved organic matter in the Pearl River Estuary, South China [J]. Marine Chemistry, 2005, 97 (1－2): 78－89.

[122] Babin M, Stramski D, Ferrari G M, et al. Variations in the light absorption coefficients of phytoplankton, nonalgal particles, and dissolved organic matter in coastal waters around Europe [J]. Journal of Geophysical Research C: Oceans, 2003, 108 (7): 1－4.

[123] Roesler C S, Perry M J, Carder K L. Modeling in situ phytoplankton absorption from total absorption spectra in productive inland marine waters [J]. Limnology And Oceanography, 1989, 34 (8), 1510－1523.

[124] Keith D J, Yoder J A, Freeman S A. Spatial and Temporal Distribution of Coloured Dissolved Organic Matter (CDOM) in Narragansett Bay, Rhode Island: Implications for Phytoplankton in Coastal Waters. Estuarine, Coastal and Shelf Science, 2002, 55 (5), 705－717.

[125] Du C, Shang S, Dong Q, et al. Characteristics of chromophoric dissolved organic matter in the nearshore waters of the western Taiwan Strait. Estuarine [J]. Coastal and Shelf Science, 2010, 88 (3): 350－356.

[126] Kuwahara V S, Ogawa H, Toda T, et al. Variability of Bio－optical Factors Influencing the Seasonal Attenuation of Ultraviolet Radiation in Temperate Coastal Waters of Japan [J]. Photochemistry And Photobiology, 2000, 72 (2): 193－199.

[127] Guo W, Stedmon C A, Han Y, et al. The conservative and non－conservative behavior of chromophoric dissolved organic matter in Chinese estuarine waters [J]. Marine Chemistry, 2007, 107 (3): 357－366.

[128] Nelson N B, Carlson C A, Steinberg D K. Production of chromophoric dissolved organic matter by Sargasso Sea microbes [J]. Marine Chemistry, 2004, 89 (1－4): 273－287.

[129] Nelson N B, Siegel D A, Carlson C A, et al. Hydrography of chromophoric dissolved organic matter in the North Atlantic [J]. Deep Sea Research Part I: Oceanographic Research Papers, 2007, 54 (5): 710－731.

[130] Green S A, Blough N V. Optical absorption and fluorescence properties of chromophoric dissolved organic matter in natural waters [J]. Limnology And Oceanography, 1994, 39 (8): 1903－1916.

[131] Bricaud A, Morel A A B M, Allali K, et al. Variations of light absorption by suspended particles with chlorophyll a concentration in oceanic (case 1) waters: Analysis and implications for bio－optical models [J]. J. Geophys. Res., 1998, 103 (C13): 31033－31044.

[132] Liu J, Li A, Xu K, et al. Sedimentary features of the Yangtze River－derived along－shelf clinoform deposit in the East China Sea [J]. Continental Shelf Research, 2006, 26 (17－18): 2141－2156.

[133] 金祥龙．中国海洋地质 [M]．北京：海洋出版社，1992.

[134] Liu F, Huang H, Gao A. Distribution of suspended matter on the Yellow Sea and the East China Sea and

effect of ocean current on its distribution [J]. Marine Sciences, 2006, 30 (1): 68 - 72.

[135] Lutz V A, Subramaniam A, Negri R M, et al. Annual variations in bio - optical properties at the 'Estacio' n Permanente de Estudios Ambientales (EPEA)' coastal station, Argentina [J]. Continental Shelf Research, 2006, 26 (10): 1093 - 1112.

[136] Siegel D A, Michaels A F. Quantification of non - algal light attenuation in the Sargasso Sea: Implications for biogeochemistry and remote sensing [J]. Deep Sea Research Part II: Topical Studies in Oceanography, 1996, 43 (2 - 3): 321 - 345.

[137] Magnuson A, Harding J L W, Mallonee M E, et al. Bio - optical model for Chesapeake Bay and the Middle Atlantic Bight. Estuarine [J]. Coastal and Shelf Science, 2004, 61 (3): 403 - 424.

[138] Ahn Y, Shanmugam P. Detecting the red tide algal blooms from satellite ocean color observations in optically complex Northeast - Asia Coastal waters [J]. Remote Sensing of Environment, 2006, 103 (4): 419 - 437.

[139] Wang J, Wu J. Occurrence and potential risks of harmful algal blooms in the East China Sea [J]. Science Of The Total Environment, 2009, 407 (13): 4012 - 4021.

[140] Bidigare R R, Ondrusek M E, Morrow J H, et al. In - vivo absorption properties of algal pigments [M]. Orlando, FL, USA: SPIE, 1990: 290 - 302.

[141] Johnsen G, Samset O, Granskog L, et al. In vivo absorption characteristics in 10 classes of bloom - forming phytoplankton: taxonomic characteristics and responses to photoadaptation by means of discriminant and HPLC analysis [J]. Marine Ecology Progress Series, 1994, 105: 149 - 157.

[142] Aguirre - Gomez R, Weeks A R, Boxall S R. The identification of phytoplankton pigments from absorption spectra [J]. International Journal Of Remote Sensing, 2001, 22 (2): 315 - 338.

[143] Hoepffner N, Sathyendranath S. Effect of pigment composition on absorption properties of phytoplankton [J]. Marine Ecology Progress Series, 1991, 73: 11 - 23.

[144] Nelson J R, Guarda S. Particulate and dissolved spectral absorption on the continental shelf of the southeastern United States [J]. J. Geophys. Res., 1995, 100 (C5): 8715 - 8732.

[145] Fujiki T, Taguchi S. Variability in chlorophyll a specific absorption coefficient in marine phytoplankton as a function of cell size and irradiance [J]. J. Plankton Res., 2002, 24 (9): 859 - 874.

[146] Morel A, Bricaud A. Theoretical results concerning light absorption in a discrete medium, and application to specific absorption of phytoplankton [J]. Deep Sea Research Part A, Oceanographic Research Papers, 1981, 28 (11): 1375 - 1393.

[147] Bricaud A, Babin M, Morel A A C. H. Variability in the chlorophyll - specific absorption coefficients of natural phytoplankton: Analysis and parameterization [J]. J. Geophys. Res., 1995, 100 (C7): 13321 - 13332.

[148] Bricaud A & Stramski D. Spectral Absorption Coefficients of Living Phytoplankton and Nonalgal Biogenous Matter: A Comparison Between the Peru Upwelling Area and the Sargasso Sea [J]. Limnology and Oceanography, 1990, 35 (3): 562 - 582.

[149] Yentsch C S. Measurement of Visible Light Absorption by Particulate Matter in the Ocean [J]. Limnology and Oceanography, 1962, 7 (2): 207 - 217.

[150] Cleveland J S. Regional models for phytoplankton absorption as a function of chlorophyll a concentration [J]. J. Geophys. Res., 1995, 100 (C7): 13333 - 13344.

[151] Wang G, Cao W, Yang D, et al. Partitioning particulate absorption coefficient into contributions of phytoplankton and nonalgal particles: A case study in the northern South China Sea [J]. Estuarine, Coastal and

Shelf Science, 2008, 78 (3): 513 – 520.

[152] Pop R M, Fry E S. Absorption Spectrum (380 ~ 700 nm) of Pure Water. Ⅱ. Integrating Cavity Measurements [J]. Applied Optics, 1997, 36: 8710 – 8723.

[153] Sogandares F M, Fry E S. Absorption Spectrum (380 ~ 640 nm) of Pure Water. Ⅰ. Photothermal Measurements [J]. Applied Optics, 1997, 36: 8699 – 8799.

[154] IOCCG, 2000. Remote Sensing of Ocean Colour in Coastal, and Other Optically – Complex, Waters. Sathyendranath, S. (ed.), Reports of the International Ocean – Colour Coordinating Group, No. 3, IOCCG, Dartmouth, Canada.

[155] Schofield O, Bergmann T, Oliver M J, et al. Inversion of spectral absorption in the optically complex coastal waters of the Mid – Atlantic Bight [J]. J. Geophys. Res., 2004, 109 (C12): C12S – C14S.

[156] Yentsch C S, Reiciieht C A. The interrelationship between water soluble yellow substances and chloroplastic pigments in marine algae [J]. Botanica Marina, 1961.

[157] Mobley C D. Light and Water – Radiative Transfer in Natural Waters [M]. San Diege: Academic Press, 1994.

[158] Boss E, Stramski D, Bergmann T, et al.. Why should we measure the optical backscattering coefficient [J]. Oceanography, 2004, 17 (2): 44 – 49.

[159] Sathyendranath S, Platt T. Analytic model of ocean color [J]. Applied Optics, 1997, 36 (12): 2620 – 2629.

[160] Baker E T, Lavelle J W. The Effect of Particle Size on the Light Attenuation Coefficient of Natural Suspensions [J]. J. Geophys. Res., 1984, 89 (C5): 8197 – 8203.

[161] Hofmann A, Dominik J. Turbidity and mass concentration of suspended matter in lake water: A comparison of two calibration methods. Aquatic Sciences, 1995, 57: 54 – 69.

[162] Gordon H R, Morel A Y. Remote Assessment of Ocean Color for Interpretation of Satellite Visible Imagery: a Review [J]. Journal of the Marine Biological Association of the United Kingdom, 1983, 64 (04): 969.

[163] Carder K L, Chen F R, Lee Z P, et al. Semi – analytic MODIS algorithms for chlorophyll a and absorption with bio – optical domains based on nitrate – depletion temperatures [J]. Journal of Geophysics Research, 1999, 104, 5403 – 5421.

[164] 白雁. 中国近海固有光学量及有机碳卫星遥感反演研究 [D]. 博士学位论文，中国科学院研究生院（上海技术物理研究所），2007.

[165] Hoepffner N, Sathyendranath S. Determination of the major groups of phytoplankton pigments from the absorption spectra of total paniculate matter. Journal of Geophysics Research [J], 1993 (90): 22789 – 22803.

[166] Stramski D, Bricaud A, Morel A. Modeling the Inherent Optical Properties of the Ocean Based on the Detailed Composition of the Planktonic Community [J]. Applied Optics, 2001, 40 (18): 2929 – 2945.

[167] Morel A, Prieur L. Analysis of Variations in Ocean Color [J]. Limnology and Oceanography, 1977, 22 (4): 709 – 722.

[168] Balch W M, Holligan P M, Ackleson S G, et al. Biological and optical properties of mesoscale coccolithophore blooms in the Gulf of Maine [J]. Limnology and Oceanography, 1991, 36: 629 – 643.

[169] Subramaniam A, Caprpenter J E, Karentz D, et al. Bio – optical properties of the marine diazotrophic cyanobacteria Trichodesmium spp. I. Absorption and photosynthetic action spectra [J], 1999, 44 (3).

[170] Mahoney K L. Backscattering of light by Karenia brevis and implications for optical detection and monitoring [D]. University of Southern Mississippi, Stennis Space Center, 2003.

[171] Cannizzaro J P, Carder K L, Chen F R. et al. A novel technique for detection of the toxic dinoflagellate, Karenia brevis, in the Gulf of Mexico from remotely sensed ocean color data [J]. Continental Shelf Research, 2008, 28 (1): 137 – 158.

[172] 李炎，商少凌，张彩云，等. 基于可见光与近红外遥感反射率关系的藻华水体识别模式 [J]. 科学通报，2005 (22).

[173] 王其茂，马超飞，唐军武，等 . EOSMODIS 遥感资料探测海洋赤潮信息方法 [J]. 遥感技术与应用，2006，21 (1).

[174] 何贤强，唐军武，白雁，等 . 2003 年春季长江口海域黑水现象研究 [J]. 海洋学报（中文版），2009，31 (3).

论文三：黄渤海海雾遥感辐射特性及卫星监测研究

作　　者：郝增周
指导教师：潘德炉　孙照渤

作者简介：郝增周，男，1980 年 12 月出生，江苏盐城人，博士，副研究员。2002 年毕业于南京气象学院数学系，获学士学位；2007 年毕业于南京信息工程大学大气科学学院，获理学博士学位；2007—2009 年于国家海洋局第二海洋研究所从事海洋遥感博士后研究。2009 年至今工作于国家海洋局第二海洋研究所，从事海洋大气环境参数遥感研究。主要研究方向为海洋大气气溶胶的参数反演；气溶胶与海洋水体环境参数的影响；海上气溶胶的辐射和气候效应；海雾、台风等海洋灾害天气的遥感监测。

摘　要：海雾发生使海面能见度下降，给船只航行、人类生产和生活带来隐患。海洋上常规地面监测站点稀少，难以实现大范围的同步观测，幸运的是，卫星遥感为海雾研究提供了大面积、实时动态监测的重要技术。

本研究利用14轨AVHRR/NOAA17已知黄渤海海雾的先验数据和辐射传输模式模拟数据，对海雾及其他目标物（水体、中、高云系等）的遥感辐射特性进行分析，发掘海雾的主要辐射特性；在此基础上，提出了一个富有物理意义的海雾监测算法，全面探索了5个海雾微物理辐射特性的监测反演技术；分析2006年1月至5月长时间NOAA17数据的监测结果验证了海雾监测算法的精度，并指出了算法的不足，最后对我国自主气象卫星FY-1D进行了算法典型应用。得到了以下主要结论。

（1）海雾在可见光、近红外波段上满足关系：Ch1 > Ch3a > Ch2，甚至出现Ch3a > Ch1 > Ch2的辐射特性。这一辐射特性主要由雾滴尺度与三波段的相对大小引起。该辐射特性的发现为海雾监测和小粒径的云滴判别提供了重要科学依据。

（2）近红外通道Ch3a在中、高云上的不同表现：高云，Ch2≫Ch3a；中低云，Ch2 > Ch3a，说明Ch3a反射率特性可用于云位相的判定。

（3）验证了可见光通道Ch1的反射率变化随云雾层光学厚度的变化较大，近红外通道Ch3a的反射率是云雾滴粒子大小的函数，为联合通道Ch1和Ch3a反射率信息，监测反演海雾的微物理特性提供了基础。

（4）基于辐射特性的分析，设计了一个富有物理意义的黄渤海海雾监测算法：云地分离、位相判别、粒径判断、图像特征分析、高度分析和修补漏点。通过先验数据和连续5个月数据的监测结果分析，验证了该算法对黄渤海海雾具有大范围、近实时的监测能力；对其他卫星FY-1D数据的典型应用试验，表明该算法具有普适性。

（5）分析海雾有效粒径、雾层光学厚度、雾中能见度和液水含量之间的关系，在假定雾滴谱分布模型的前提下，建立了单位体积内雾滴数与能见度、液水含量间的关系，通过事先建立的查询表与实际观测的可见光、近红外反射率信息监测反演了5个海雾微物理特性。

（6）通过长时间序列的数据验证表明，该算法对沙尘影响海域、高云遮挡下的海雾区以及部分低云边缘区会产生错判、漏判现象，为今后算法的改进提供了努力方向。

本论文的主要创新点：

（1）对实际卫星观测数据和辐射模拟数据分析不同目标物的遥感辐射特性，发现海雾在可见光、近红外波段的反射率满足关系：Ch1 > Ch3a > Ch2，甚至Ch3a > Ch1 > Ch2，为海雾监测、小粒径云滴的判别提供了重要科学依据。

（2）根据不同目标物的辐射特性，提出了一个富有物理意义、具有普适性的黄渤海海雾监测算法。经长时间序列卫星数据的监测应用，验证了该算法具有监测海雾事件的能力，并在FY-1D卫星数据上得到了成功典型应用。

（3）首次在国内对海雾微物理特性进行了探索性监测反演，为填补海雾微物理性质数据的空缺提供了技术支持。

关键词：海雾；辐射特性；微物理性质；卫星遥感；光谱反射率；能见度

1 绪论

1.1 研究的目的和意义

雾是一种灾害性天气，从社会经济角度看，雾的发生降低了地面能见度，对交通（公路、航道、机场）运输及安全造成了直接的影响，给人类的生活和生产带来了直接或间接的影响；从生态环境角度看，连续的雾天，助长了低层空气的污染，容易诱发植物病变、影响人类生活健康；从科学问题角度看，雾/低层云的存在，改变了地球—大气系统的辐射预算，对气候变暖产生重要降温效应，在气候系统中可作为一个重要的调节器[1]。因此，对雾生成、发展和消亡过程的深入研究是一个重要的科学问题，具有一定的应用价值。

海雾，顾名思义，发生于海上的雾，其影响区域限定在海洋、岛屿和海滨城市，在这些特定的区域，海雾具体影响到以下方面。

（1）船只航行

海雾发生降低了海上的能见度，使航行的船只迷失航路，造成搁浅、碰撞等重大事故。历史上，由海雾引起的船只碰撞、触礁等事件举不胜举。1993 年 4 月 11 日，我国自行研制的科学考察船“向阳红 16”号离开上海开始执行调查任务，次日凌晨，东海上弥漫着海雾，能见度极差，视距十分有限，使得悬挂塞浦路斯国旗的3.8 万吨级油轮“银角”号，直接与“向阳红 16”号科考船发生碰撞，短短 30 分钟后，“向阳红 16”号就沉入大海。这次海难造成3 人死亡和无法估量的国家财产和资料的损失。2004 年 2 月 19 日至 25 日，在舟山海域发生的两场大雾就引发了 6 起船只碰撞事件；7 月 8 日，在旅顺老铁山水道附近海域，我国货船和韩国空杂货船发生碰撞，我国货船当即沉没，船上 19 名船员全部落水。船只碰撞事故发生后，因雾太大，给海上搜救工作也带来困难。可见，海雾发生就有可能给航道航行带来影响，造成海损事件，导致巨大的经济损失和人员伤亡。

（2）渔业生产

海雾大多出现在冷海面水域上空，尤其在沿着气流方向海水表面温度迅速降低的水域，如我国沿海的舟山和黄海中、北部海域（带寒流性质的中国沿海和黑潮的交汇区）。这些区域是多雾区，同时也是著名的渔场区。这样，渔汛期间，渔船云集，加之雾的频频出现，往往给渔船的安全和生产带来影响。另外，近海的水产养殖也常因大雾影响太阳辐射，使海水透明度变坏，给渔业生产造成损失。

（3）沿岸城市生产和环境

海雾的部分凝结核是盐晶，致使海雾中含有盐分，海雾影响海滨城市时，如遇到输电线路上的绝缘磁瓶，盐分会在上面堆积，海雾长期发生，到一定的程度就会发生雾闪现象，严重时会造成断电事故，给沿海城市的生产和生活带来影响。海雾一般发生在春、夏季，此间正值农产品（如小麦）生长成熟期，如遇上持续的大雾天气，容易诱发小麦病变，轻者减产1成，重者减产2~3成。连续的雾天还助长了沿海城市的空气污染，尤其是二氧化硫、氮氧化合物等废气与水汽作用形成的酸性海雾，对人体健康十分有害。

（4）军事影响

由于海雾作用范围广、强度大，降低了海面能见度。一方面，海雾可以掩盖海上目标，使轻型舰艇可以利用海雾出其不意地实施进攻和撤退；另一方面，海雾对海面通信有重要影响，船舰不能以天文、地理方法测定舰位，航标灯也失去了作用，目视通信方式（如信号旗、信号灯等）都不能使用，直接影响指挥机关的组织指挥，给船舰在雾中航行和编队带来困难，给部队各兵种的协同作战带来麻烦。

鉴于海雾对航海、沿海城市人类生产、生活及海洋军事的重大影响，需要对海雾进行深入的研究，包括：观测研究、机理理论研究和预测预报研究。观测研究是后续深入研究的基础和保障，观测研究主要包括两方面：①海雾发生时间、影响区域和程度；②海雾的物理特性（发生前、发生时、发生后）。海雾现象不像一般的天气参数，发生的相对短暂性对第一个方面的观测提出了一定的时效性。海雾形成—发展—成熟—消亡的机理研究以及海雾的预测预报研究对这两方面的观测提出了一定的精确度，特别是物理特性的观测。因此，作为系统研究海雾的基础，海雾观测研究需要近实时性和一定的精确性。

常规观测中，雾的监测主要依靠地面气象观测站。实际中，在无人居住的海洋上，这种常规观测基本不可行；而仅靠沿海城市、部分岛屿观测站或个别专业科考船只测量，又不能对海雾进行及时、全面的观测；相对数量较多的商用船只的观测（航海日志的形式）也只是在主要航行航线上，同时观测的人员（船员）并不是专业的测量人员，不能保证精度要求，导致实际观测的有效数据较少。种种因素使得常规观测在目前的海雾观测系统中不能实现(实时的观测)。数值模式模拟也是一种获得海雾空间分布、物理特性的方法，但无论是二维模式，还是三维模式在空间分辨率和时间分辨率上都不能满足研究海雾的需求。幸运的是，卫星遥感为研究大气提供了可靠、稳定的数据源，成为解决这一瓶颈的重要技术。人造卫星在一定高度的观测平台上（极轨卫星、静止卫星等）对地球系统进行大面积、多时次的辐射测量。自20世纪80年代开始，无论是视场观测的空间和时间分辨率还是辐射测量的光谱分辨率，卫星观测仪器都有了长足的发展，使得卫星数据源更加可靠、稳定。但是，卫星观测（被动）的是太阳短波和地球长波辐射途径大气和地球表面作用到达卫星高度处的辐射量。这个物理量并不能直接告诉我们有无海雾发生？区域在哪儿？范围多大？强度如何？其物理特性怎样？

为了对海雾的发生时间、影响区域范围及强度，以减少海雾的危害；为了对海雾发生时，雾中微物理特性有所认识，为海雾的预报研究、机理研究提供一定的参考；同时为了充分地利用卫星观测数据，使之更好地用于海雾这一现象的研究，本论文研究将集中解决在无辅助气象观测数据的前提下，利用卫星资料研究海雾的遥感辐射特性，实现海雾的监测和微物理特性的监测反演问题。

1.2 国内外研究现状

20世纪60年代初第一颗气象卫星成功发射以来，卫星探测在大气科学研究中发挥了重大的作用。在不断地研究探索过程中，气象卫星在天气分析和气象研究中取得了明显的效果，同时气象卫星资料还广泛地被应用于农业、海洋、林业、地质、水文等其他领域。然而，利用卫星资料对海雾的研究相对起步较晚：国外研究者于20世纪70年代才开始利用遥感技术识别和预报大雾的研究；在我国起步更晚，90年代后期才逐步开始研究。下面对已经存在的卫星监测大雾研究进行概述。需要指出的是，在已有的研究中，雾和低层云大多是放在一起考虑的。

Hunt从理论上分析了小粒径不透明水云（如雾、低层云）在中红外和远红外波段上存在不同的发射率，这种差异与粒径大小有关，粒径越小，差别越大；其差别引起它们的亮温差，而其他地物（如水体、陆地）却没有这种性质[2]。Eyre等根据Hunt提出的这一理论，利用AVHRR/NOAA通道3（3.7 μm）与通道4（11 μm）的亮温差进行了夜间雾和低层云尝试性的识别工作[3]。这就是现在常说的“双通道差值法”，该方法也是目前唯一一个用于业务化夜晚雾监测的方法。此后，很多研究者（Turner et al. [4]，Allam[5]，De Entrement[6]，Bendix et al. [7]，Lee et al. [8]，Reudenbach and Bendix[9]，Putsay et al. [10]，Bendix[11]，Underwood et al. [12]）利用类似的方法针对不同的卫星传感器进行了云雾识别的研究，发展了双通道差值法，但这种方法仅适合于夜晚，对低层云和雾的分离识别能力较差；另外，在没有中红外通道时，双通道差值法也就无用武之地。为此，Myoung-Hwan AHN等针对静止卫星GMS－5没有中红外通道，考虑静止卫星多时效的特征，提取出几天内晴空无云辐射合成图，并以此为标准，将每一时刻的红外辐射图与之比较，达到监测海雾的目的[13]。这种方法需要精确的辐射合成图，实际操作时存在偏差，同样也不能有效地区分雾和低层云。

20世纪90年代中期以来，美国海军十分重视夜间雾的遥感识别和预报技术，此举推动了雾遥感探测技术的发展。Ellord以美国静止气象卫星（GOES）为研究平台，列举了一些近海岸、平坦洋面的事例，指出双通道红外图像能用于夜间的云雾识别，但该方法并不适合云雾层厚度小于100 m的情况[14]；Thomas等利用GOES－8和GOES－9的红外双通道数据，建立了3套连续的红外图像序列，白天，利用短波红外图像来区分低云和周围的雪地、卷云等；夜间或昼夜交替时，则用红外分裂窗通道的亮温差来监测雾和低层云，并给出了两个具体的实例[15]。Turk等同样以GOES－8和GOES－9数据为基础，研究认为短波红外的反射率信息也可用于云雾的估计，但要用于实际还需大量研究[16]。最近，Bendix利用辐射传输方程计算了MODIS通道1～7上最大和最小的雾反射率，以此为阈值对白天的陆地雾进行了监测，同时根据地形数据对地面雾和抬升雾（或低层云）进行了有效的辨别[17]。

另外，早期部分研究者也从图像本身出发，或者通过目视识别技术，或者分析雾区图像的空间纹理特征实现雾的识别。Wanner和Kunz利用NOAA/AVHRR单通道可见光图像[18]，Greenwald和Christopher利用美国气象静止卫星（GOES）图像[19]从视觉角度识别雾。Karlsson计算红外通道上5×5窗区内的纹理特征对云类型进行了分类[20]。Guls和Bendix同时考虑最大、最小反射率阈值和图像像素的空间变率，仅用可见光通道识别雾[21]。这些方法仅利用单通道的图像特征研究雾的识别技术，具有一定的局限性。

国内雾的遥感监测起步较晚，研究较少，早期的研究多数集中在云类辐射特征和识别上；同时陆地雾的研究远多于海雾的研究。居为民等通过极轨卫星（NOAA）和静止卫星（GMS－5）资料对沪宁高速公路的大雾进行了尝试性监测研究，取得了较好的效果[22]。刘健等根据Mie散射理论，分析了NOAA/AVHRR的通道1、通道3（3.7 μm）波段上，散射效率随半径的变化，说明了通道3的反射率信息与粒子半径密切相关；通过个例分析验证了3通道反射率的高值区与大雾覆盖区之间有良好的对应性，但这一研究仅是定性地分析了短波红外通道在识别云雾方面的能力和潜力[23]。李亚春等用静止气象卫星（GMS-5）资料探讨了白天低云/大雾的遥感监测和识别方法，实现了对沪宁高速公路上大雾的实时监测[24]。周红妹等根据云雾光谱和红外特征，结合光谱和结构分析的方法研究了NOAA卫星云雾自动检测和修复模型，同时指出大陆沿岸海区泥沙含量较大，区分云雾与泥沙问题需要进一步研究[25]。陈伟等和李亚春等分析了卫星图像上雾区光谱和纹理结构特征，分别采用差分盒维数和计盒维数法对气象卫星遥感图像中的的云雾区进行了纹理分析和分类，用设定的维数阈值提取了雾区信息[26,27]。孙涵等用频谱分析法研究了云雾的可见光和红外光谱特征，说明了通道组合法对云雾识别的重要性；同时根据瑞利准则，解释了低太阳高度角时可见光对云雾具有更强的识别能力[28]。纪瑞鹏等分析了NOAA数据5通道光谱特征，指出综合利用近红外、红外通道对大雾监测，能取得较好的效果，通过个例监测说明了卫星遥感技术在大雾灾害监测方面具有宏观、快速、低成本等优点[29]。鲍献文等在光谱分析、结构分析以及分形特征分析的基础上，阐述了全天候海雾遥感监测系统的设计原则和框架，利用GMS5和NOAA卫星资料对黄海海雾个例进行了实验[30]。近几年，随着MODIS数据的推广应用，利用MODIS数据遥感监测大雾研究也越来越多。马慧云等利用MODIS卫星数据，对雾和其他目标物分别采样，进行光谱分析，选择了利于白天和夜晚平流雾监测的波段，采用阈值法对平流雾进行了监测[31]。邓军等用SBDART辐射传输模式模拟了MODIS通道1、通道6、通道20、通道31的云雾光谱辐射特性，表明这四个通道包含有云雾信息，能反映出云雾的微物理性质差别，据此提出了一种多通道阈值法来实现白天大雾的监测[32]。陈林等根据云雾及下垫面在可见光、长波红外和中红外波段上反射及辐射特性差异，通过多通道综合阈值法对MODIS卫星资料进行了陆地大雾个例分析。这些个例监测分析都说明了多通道MODIS数据能够提高低云/大雾的卫星识别能力[33]。最近，马慧云等将多种遥感影像数据组成一组序列影像，对个例辐射雾进行了一次变化检测和动态分析，表明序列影像数据在大雾变化检测研究方面具有很大的潜力[34]。

在雾的物理特性遥感监测反演上，研究才刚刚起步，相关研究报道比较少，主要以监测地面能见度为目的。国外，Eldridge提出雾中能见度与液态水含量有关，二者基本上是一种线性关系[35]。Ippolito同样研究了雾水含量和能见度的关系，针对辐射雾、平流雾建立了雾含水量Lwc（g/m^3）和能见度Vis（km）之间的经验公式[36]。总的来说，这些研究工作都说明了能见度与雾中的液态水含量有关。Bendix利用AVHRR/NOAA平台数据，针对白天和夜晚不同情况分别提出了大雾发生时地面水平能见度的计算方法：白天，在通道1雾反照率的基础上，结合雾的光学厚度及几何高度计算其消光系数；夜晚，利用通道4和通道5计算的雾和空气温度与简单模型计算的近似雾滴分布的关系，计算消光系数，最后，利用大气光学方程Koschmieder定律得到雾发生时的水平能见度。但这种方法只适用于雾区存在高地形的情况，在广阔的海洋上并不适用[37]。另外，早期Stephens用于研究层云的理论与方法，即由理论建立云模型，并计算出所需参数；利用相应的观测数据与模型计算出的数据做对比，根据大气辐射特性，对不一致的地方进行修正，最终发展出一套简化、可靠的云参数计算的模型[38-40]，同样可以应用于大雾物理特性的反演工作中。国内，孙景群分析了大气消光系数和相对湿度的关系，提出了在一定条件下可以根据相对湿度的变化预报气象能见度[41]。王鑫在研究黄海海雾气候特征时，初步讨论了海面能见度的卫星反演问题，利用NOAA16平台上

AVHRR 通道 1 和通道 5 的资料和地面实测能见度资料，通过回归分析，拟合判断海面能见度[42]。吴晓京等应用 MODIS 数据，定量反演了新疆北部具有明显地形差异地区的个例大雾的地面能见度、垂直总水汽含量、雾滴有效半径参数，说明遥感大雾微物理参数的可能[43]。钱峻屏等利用 MODIS 光谱数据和华南沿海及海上能见度数据，对能见度遥感监测和定量反演进行了试验研究，指出对大气辐射消光特性的了解和 MODIS 通道特性分析是决定反演结果的重要因素[44-45]。

通过分析可知，国内外的研究者都分析了不同通道在云雾监测上的能力，指出多通道组合监测的有效性和重要性，在实际监测中取得了一定的效果，但这些研究多以个例分析为主。另外，雾和低层云的区分问题仍未很好地解决，海雾的卫星监测识别研究较少；同时在雾特性反演上，研究很少，国内的研究仍处于定性研究阶段，利用卫星探测资料定量遥感雾滴粒子半径、雾区能见度、雾含水量、雾滴尺度谱分布等微物理特性的研究还尚未展开。

1.3 研究内容和技术路线

1.3.1 拟解决的关键科学问题

基于上述的研究背景和研究状况分析，本论文将集中解决在无辅助气象观测数据的前提下，仅利用卫星资料（NOAA17）研究海雾的卫星辐射特性，实现我国黄渤海域海雾的监测和微物理特性的监测反演问题。围绕这一目标，本论文的研究工作主要围绕以下 4 个问题进行阐述和分析。

（1）海雾的卫星遥感特性分析

卫星高度接受的辐射，可见光波段上，表现为地球表观反射率；红外波段上反映目标物的温度信息。不同地物的物理和辐射特性使其在不同波段上具有不同的反射率和温度特征。海雾与其他地物的异同如何？这些基础的分析能够为卫星监测海雾和反演其特性提供思路和方法。

（2）卫星遥感技术监测海雾算法

在无人居住的海洋上，卫星观测能否提供海雾发生、影响区域？能否建立适合黄渤海海区的海雾算法，实现自动监测能力？

（3）海雾微物理特性的卫星监测反演

观测海雾，不仅关心其发生时间和影响区域，更需要知道海雾发生时的影响程度，理想的是能够对海雾消亡时间做出一定的预报。那么，卫星辐射数据中能否提取出海雾的微物理特性？

（4）海雾监测算法的验证和应用

设计的海雾卫星监测算法对实际海雾事件的监测能力如何？该监测算法的推广应用能力怎样？

1.3.2 研究内容、章节安排和主要结论

本论文包括 7 个章节的内容。

第 1 章：绪论。说明研究的意义和目的；国内外的研究现状分析，在此基础上提出本论

文的研究目标、拟解决的关键科学问题，阐述本论文的主要研究内容。

第 2 章：基本知识和研究数据。对海雾过程和特性的认识是卫星监测海雾和反演特性基础背景知识。就此，本章主要对雾的定义、形成条件和分类进行了简要的阐述，并介绍了研究区域内海雾的特点。最后对论文中研究使用的数据和运用的辐射传输模式进行了说明。

第 3、第 4、第 5、第 6 章分别对上面提出的 4 个问题进行了分析和阐述。

第 3 章：海雾的卫星遥感和辐射模拟波谱特征。通过实际卫星观测数据和大气辐射传输模式模拟数据分析了晴空海表、不同云类在可见光、近红外、红外通道的辐射特性。概括了海雾有别于其他地物所具有的独特辐射特性，同时分析了卫星 5 个通道的辐射特点，为第 4 章节卫星遥感监测海雾算法设计、第 5 章海雾微物理性质反演建立了实际和理论基础。

第 4 章：卫星遥感监测海雾算法设计。根据第 2 章对海雾的认识和第 3 章对海雾卫星遥感信息的分析，提出了一个全新的海雾监测算法，着重从云地分离、相态判别、粒径分析、辐射图像特征及高度特征的判别分析，逐步实现海雾的监测。在这 5 步分析中，提出了各自不同的判别算法，最后对判别结果进行修正处理，主要针对漏判点进行修补。实现了对黄渤海区的海雾自动监测。

第 5 章：海雾微物理性质反演。通过辐射传输模式，建立了不同太阳天顶角、卫星观测角；不同雾层光学厚度、雾滴有效粒径下，通道 1、通道 3 处卫星高度的反射率查询表。在海雾监测结果的基础上，通过通道 1 和通道 3，对监测出的海雾区域、光学厚度和雾滴有效粒径进行反演。在此基础上，对海雾的其他微物理特性（能见度、雾水含量、雾滴谱分布）等进行了反演。

第 6 章：监测算法的验证和应用。利用本研究建立了卫星遥感海雾监测算法，对选取的 14 个先验实例进行监测分析，对 2006 年 1 月至 5 月接收的 NOAA17 数据进行连续自动监测，将监测结果与中国气象局国家卫星气象中心发布的结果进行比对分析，从整体上说明监测算法的可行性。为了推广应用，将算法思想用于几个已知海雾发生的 FY－1D 数据，比对监测结果，对算法的可推广性、可持续性进行了应用说明。

第 7 章：总结与展望。对整个论文工作进行了总结，阐述主要结论和研究的创新点，说明了研究工作的不足，对今后的研究内容和方向进行了探讨。

总的来说，本文研究获得的主要结果为：海雾在可见光、近红外波段具有 Ch1 > Ch3a > Ch2，甚至 Ch3a > Ch1 > Ch2 的反射率关系，为海雾的监测和小粒径云滴的判定提供了基础；在辐射特性分析的基础上，建立了一个富有物理意义的黄渤海海区海雾的自动识别监测算法；建立海雾的微物理特性卫星监测反演算法，得到了雾区内能见度分布、雾水含量、雾滴谱分布等微物理性质；长时间序列的监测结果分析，表明算法对黄渤海海雾具有大范围、近实时的监测能力，对我国自主气象卫星 FY－1D 的典型应用试验，说明算法具有普适性。

2 基本知识和研究数据

王彬华在《海雾》一书中研究的海雾仅指定为，在海洋影响下出现在海上（包括岸滨和岛屿）的雾[46]。而本论文中所说的海雾，指的是出现在海洋上，给船只航行、生产等具有潜在灾害的雾，包括那些在陆上生成随天气系统移到海面上去的雾，广义上说，就是“海上的雾”。雾本身是一种复杂的大气过程，对海雾生成的过程和特性的正确认识是利用卫星遥感技术有效监测海雾的基础。本节从基本概念出发，对雾的定义、生成过程和分类进行了概述；介绍了黄渤海海雾的分布特点；最后对文中研究数据和辐射传输模式做了分析说明。

2.1 雾的定义

《地面气象观测规范》中的规定，大量微小水滴浮游空中且常呈乳白色、水平能见度小于1.0 km时，记为雾；水平能见度在1.0～10.0 km以内时，记为轻雾[47]。规定中，将能见度作为判别雾的条件，这种定义已被广泛地应用在气象观测的天气分析中[48-52]。世界气象组织（World Meteorological Organization，WMO）也对雾有明确的规定：大量微小（通常在显微镜下才能分辨）水滴或冰晶悬浮于近地面空气中的现象，它一般会使地面的水平能见度降低到1 km以下[53]。这里能见度不再是条件而是一种结果。两种规定从不同的角度对同一现象做了各自的说明，都指出了雾滴的组成；雾发生时，地面能见度小于1.0 km。上述两种定义并不适合卫星遥感的研究，结合这两种规定，结合云的特征，本研究将雾归为云类，定义为一种贴地云，云中悬浮着大量微小的水滴或冰晶，地面能见度小于1.0 km。

2.2 雾的生成过程和分类

雾的定义说明雾中悬浮着大量的水滴，这些水滴的生成是大气中的水汽在空气达到饱和或过饱和状态下凝结而成的。水汽凝结必须借助于凝结核，如果空气非常清洁，没有气溶胶粒子作为凝结核的存在，即使达到饱和状态，也不会有凝结现象发生，当空气的过饱和度超过800%时，才能看到被凝结出来的少量水滴[54,55]。在自然条件下的海洋大气中，因为海面蒸发和浪花泡沫飞溅带入低层大气中的盐粒很多，足以供水汽依附而凝结，况且海上供水汽凝结的核也并不止于盐粒，如陆源气溶胶颗粒，所以对于海雾而言，作为水汽凝结的核是充分的。

雾本身是一种复杂的大气过程，像一般的云一样，它的生成是通过一定的途径使空气达到饱和并适当有些过饱和现象来完成的。但是，雾的生成和成云有些不同：成云的空气饱和过程，主要是降低气压的绝热冷却过程（但并不是所有的云都如此）；而雾的生成，一般都出现在几米、几十米至几百米低空，气压变化不是主要的，而是以空气温度和水汽量的改变为主。具体地，如以 f 表示空气相对湿度，定义为实际水汽压 e 与实际温度 T 时的饱和水汽压 e_a 之比，用式（2.1）表示[46]：

$$f = \frac{e}{e_a} \tag{2.1}$$

式（2.1）两边取对数后求导得：

$$\frac{df}{f} = \frac{de}{e} - \frac{de_a}{e_a} \tag{2.2}$$

令 L 为蒸发潜热，A 为功热当量，R_w 为水汽的比气体常数，代入克劳修斯－克拉伯龙方程：

$$\frac{de_a}{e_a} = \frac{L}{AR_w}\frac{dT}{T^2} \tag{2.3}$$

结合式（2.2）、式（2.3）：

$$\frac{df}{f} = \frac{de}{e} - \frac{L}{AR_wT}\frac{dT}{T} \tag{2.4}$$

当 $T=273\text{K}$ 时，$\frac{L}{AR_wT} \approx 19.5$，则式（2.4）为

$$\frac{df}{f} = \frac{de}{e} - 19.5\frac{dT}{T} \tag{2.5}$$

式（2.5）清晰地表明空气中相对湿度 df 增加以达到饱和状态，须通过两种途径：①增大水汽压；②降低温度。就是通常所说的增湿和降温两个途径，当然，这两种作用同时并进，效果更加显著。在海洋上，对于海雾来说，增湿和降温既要提供一定的条件，也须通过必要的程序；增湿常常来自海面蒸发和空中雨滴（降水过程）蒸发，两部分空气混合结果，对一部分空气为减湿，对另一部分空气便是增湿。降温的范围就广泛多了，既有下垫面的辐射，也有空中水汽和雾滴的辐射，同时低空湍流混合甚至接触等等都可以产生冷却作用。但总的来说，海雾的形成，不外乎是通过蒸发和冷却两种途径。

总之，雾的形成，首先在空气中要有凝结核作为依附，其次便是通过增湿或降温或二者兼而有之等不同过程，采取一定的方式（蒸发或冷却）来实现。具体的海雾生成需要如下3个前提条件：①存在一定的凝结核；②水汽的存在；③空气降温。

正因为有不同的过程和方式，所以出现了很多类型的雾，其形成机制也就不完全相同了。王彬华在研究海雾时将海雾按主要形成原因分为4类9种形式[46]，但是，海雾主要以平流雾为主，陆地雾主要以辐射雾为主。下面就平流雾着重说明。

平流雾的主要特征是海面有空气的平流运动，平流在海面上的空气与海面之间，有显热交换，也有潜热交换，随着水温和气温的冷暖差异以及空气湿度大小变化，显热和潜热在海雾生成过程中的交换作用，便有所不同。一般来说，气温高于水温时，从空气输向海面的显热交换居主要地位，有可能促使平流到海面上的暖空气因冷却而凝结成雾，这样的雾叫平流冷却雾。反过来说，气温低于水温时，海水将向平流到海面上的冷空气里蒸发，增加空气的水汽量，也有可能凝结成雾，这样的雾叫平流蒸发雾。当然，平流冷却雾的形成过程，海面蒸发并不是毫无作用；平流蒸发雾的形成过程，显热交换也不是没有影响的。不过在不同类型海雾形成过程所受到的各种作用中，有的是主要作用，有的是次要作用。

表 2.1　海雾的类型和成因

	类型		主要成因
海雾	平流雾	平流冷却雾	暖空气平流到冷海面上的雾
		平流蒸发雾	冷空气平流到暖海面上的雾
	混合雾	冷季混合雾	冷空气与海面暖空气混合形成雾
		暖季混合雾	暖空气与海面冷湿空气混合形成雾
	辐射雾	浮膜辐射雾	海上浮膜表面的辐射冷却而形成雾
		盐层辐射雾	湍流顶部盐层的辐射冷却而形成雾
		冰面辐射雾	冰面的辐射冷却而形成的雾
	地形雾	岛屿雾	岛屿迎风面空气绝热冷却形成雾
		岸滨雾	海岸附近形成的雾

引自：王彬华《海雾》。

2.3　黄渤海海雾的分布特点

我国海域的雾主要集中出现在沿海水域，沿海海雾的主要特点是南少北多。渤海是我国的内海，位置最北，暖流到此已成为强弩之末，也不存在水温不连续带，气候受大陆的影响较大，气流多是由大陆吹向海洋，因而海雾发生较少，全年雾日 10 天左右。但是，海雾分布随渤海湾内各处条件的不同而不同。一般来说，在渤海海峡地区雾稍多些，年雾日可达 20～40 天；其次是秦皇岛至塘沽之间，年雾日在 20 天以上；莱州湾河辽东湾由于盛行沿岸流，海雾出现机会最少，全年雾日还不到 1 天[56]。

渤海海区海雾出现较少，但其年变化有好几个类型：渤海西南部，多出现在冬季，渤海北部则春季 4—5 月较多；渤海海峡一带发生在 4—7 月，7 月最多，4 月为次多月。渤海海雾的这种变化类型可能与大气环流的季节变化和各处的相对位置有关。冬季西南部相对多雾可能与陆地辐射雾有关；北部春季相对多雾可能与此时偏南风有关；渤海海峡 7 月雾最多则与黄海海雾有联系。

黄海海区包括：渤海海峡以东至朝鲜半岛西岸海区，向南至长江口。黄海是我国近海海雾较多的海域，全年雾日在 20～80 天之间；其发生范围也是我国四个海域中最广的，有时整个海域都被雾所笼罩。但各个海区相差很大，黄海海区有以下 3 个多雾中心。

（1）黄海南部沿岸石臼所至吕泗一带，年雾日为 22～44 天，其中，东台沿岸较多，年雾日为 44 天，最长连续雾日为 7 天。

（2）成山头至青岛一带的山东南部沿岸除乳山口和日照雾日较少外，年雾日均在 30 天以上。其中，青岛及其近海的朝连岛、千岩岛一带年雾日为 50 天左右，而石岛、成山头一带为雾区中心，年雾日为 63～83 天；成山头平均每年有雾日 83 天，最多一年可达 96 天，最长连续雾日 29 天。成山头至石岛一带的多雾与这一带沿岸深层水的涌升有一定的关系，由于深层低温水的涌升，是这一带夏季表层水温比附近低 2～3℃以上，成为明显的低温区，这对平流雾的形成是一个有利条件。

（3）辽东半岛东岸大鹿岛到大连一带，年雾日也在31～48天之间。其中大鹿岛最多，为48天，最长连续雾日为18天。

黄海海区虽全年各月均有雾出现，但雾主要集中出现在3—8月。4月在黄海中部出现一个明显的多雾区，雾日在10天左右。5月与4月相比，变化不大。6月，多雾区域北移，此时黄海北部海区的雾日由4月、5月的4～5天，增加到10天左右，成山头的雾日则接近20天。7月，本海区南、北部的雾日分布呈相反的变化，北部海区雾继续增多，达到全年最盛时期，雾日在10天以上，成山头雾日可达25天，成为全年海雾最盛的月份；而南部海区的雾则开始减少。8月，整个黄海的雾明显减少，南部海区雾日减少更为迅速，此时多雾区推进到黄海北部。9月以后整个海区的雾几乎绝迹，可谓海上的“秋高气爽”天气，标志着黄海海雾的结束。

2.4 研究数据和辐射传输模式

2.4.1 NOAA17－AVHRR3（先进的甚高分辨率辐射计）

1960年4月1日，美国成功发射了第一颗气象试验卫星TIROS－1（泰罗斯－1），开创了外太空气象观测的新纪元。至今，世界各国已发射了上百颗气象卫星，中国也拥有自己的气象卫星。气象卫星从空间观测地球大气系统，作为新型的气象探测平台，多年来的实践表明它与地面观测和其他观测相比较，可以实现许多常规探测无法进行的观测，具有许多优点：观测速度快、范围广、项目多、信息量大、测量系统不干扰被测目标物、资料的稳定性和代表性好等。气象卫星观测平台主要有静止轨道（36 000 km）和极地太阳同步轨道（850 km）两种[57]。美国的TIROS系列卫星属极轨气象卫星，它的发展基本上记录了气象卫星的发展，该系列卫星共经历了四代业务卫星。1998年NOAA－K发射成功，标志着第四代业务卫星的开始。

NOAA－17（M）属第四代极轨气象业务卫星，本文研究以此星上的先进的甚高分辨率辐射计（AVHRR3）数据为研究对象。AVHRR3不同于先前的AVHRR1和AVHRR2，AVHRR3新增加了一个1.6 μm（1.58～1.64 μm）的观测通道，它与红外短波窗区3.7 μm（3.55～3.93 μm）交替使用，即白天用1.6 μm通道工作，晚上用3.7 μm工作。表2.1列出了AVHRR3的通道设置和作用，该辐射计所拥有的通道在其他卫星，如：MODIS（见表2.2）、FY－1C、FY－1D（见表2.3）上都设有相对应的波段。AVHRR3的这6个通道属常用通道，图2.1给出了各通道的光谱响应及其对应波段的大气透过率。可见，这6个通道设计时已经尽可能地选择大气窗区，以减少大气吸收气体对观测辐射的影响，因通道Ch2波段设置比较宽，其间大气气体的影响明显，特别是大气水汽的影响。因此，利用AVHRR3/NOAA这些常用通道对海雾进行监测及其特性研究，这条路走通后，利用该研究方法将很容易推广应用到其他卫星传感器上，具有一定的通用性和可持续性，这也正是本研究利用AVHRR3/NOAA17遥感数据进行海雾研究的一个主要原因。

表 2.1 NOAA17/AVHRR3 通道设置及主要用途

波段	空间分辨率（km）	波长范围（μm）	中心波长（μm）	主要用途
Ch1	1.09	0.58～0.68	0.64	白天云和陆地分布
Ch2	1.09	0.725～1.0	0.82	白天水陆边界
Ch3a	1.09	1.58～1.64	1.6	冰雪检测
Ch3b	1.09	3.55～3.99	3.7	夜晚云检测，地表温度
Ch4	1.09	10.30～11.30	10.7	夜晚云检测，地表温度
Ch5	1.09	11.50～12.50	11.9	地表温度

表 2.2 MVISR/FY－1C、D 与 AVHRR3 相对应通道

波段	空间分辨率（km）	波长范围（μm）	中心波长（μm）	主要用途
1	1.1	0.58～0.68	0.64	白天云层、冰、雪、植被
2	1.1	0.840.89	0.86	白天云层、植被、水
3	1.1	3.55～3.95	3.7	云检测，云/地表温度
4	1.1	10.3～11.3	10.7	洋面温度，白天/夜晚云层
5	1.1	11.5～12.5	11.0	洋面温度，白天/夜晚云层
6	1.1	1.58～1.64	1.37	土壤温度、云雪识别
7	1.1	0.43～0.48	0.455	海洋水色
8	1.1	0.48～0.53	0.512	海洋水色
9	1.1	0.53～0.58	0.555	海洋水色
10	1.1	0.90～0.965	0.932	水汽

表 2.3 MODIS/Terra or Aqua 与 AVHRR3 相对应通道

波段	空间分辨率（km）	波长范围（μm）	中心波长（μm）	主要用途
1	0.25	0.62～0.67	0.64	云/气溶胶陆地分布
2	0.25	0.841～0.876	0.86	云/气溶胶/水陆边界
6	0.5	1.628～1.652	1.37	陆地/云/气溶胶性质
20	1.0	3.66～3.84	3.7	云检测，云/地表温度
31	1.0	10.78～11.28	11.0	地表/云温度
32	1.0	11.77～12.27	12.0	地表/云温度

2.4.2 研究、验证和应用数据

为了应用卫星遥感技术监测海雾，选取海雾发生时的卫星数据作为研究对象是必要的；同样连续、长期的卫星数据作为卫星遥感监测海雾结果的验证也是需要的。本研究选择了 11 轨已知海雾发生的历史 NOAA17 卫星资料和 3 轨海雾没有发生的数据作为先验研究数据（见表 2.4），用于分析海雾的遥感辐射特性，但为了表述分析的结论，文中仅以实例 1、实例 2

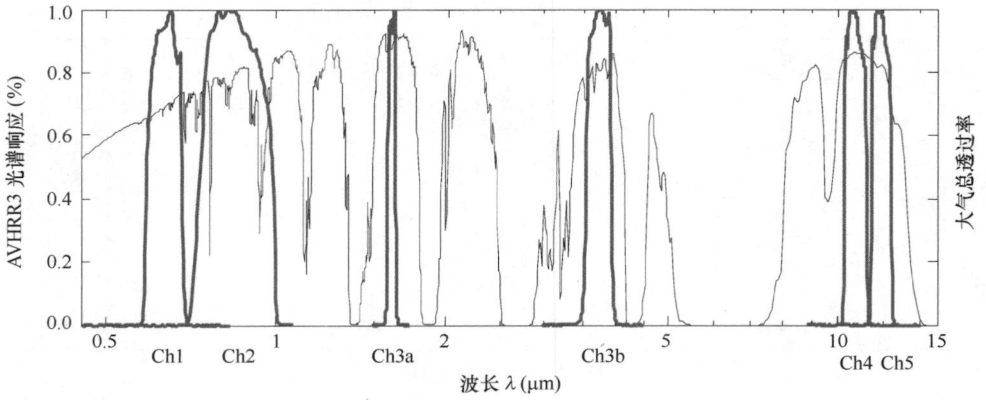

图 2.1　NOAA－17 AVHRR3 各通道光谱响应

作为说明对象。选取了 2006 年 1 月至 5 月期间，国家海洋局第二海洋研究所卫星地面站接收到 142 轨 NOAA17 数据和 3 轨 FY－1D 数据（表 2.5），用于验证和应用文中建立的海雾卫星监测算法。

表 2.4　用于先验研究的历史 NOAA17 数据

序号	数据名称	是否有雾	备注
1	N17_ 200404110134	√	
2	N17_ 200404110313	√	
3	N17_ 200503160253	√	
4	N17_ 200503170230	√	实例 1
5	N17_ 200503180208		
6	N17_ 200503220217		
7	N17_ 200503260225		
8	N17_ 200503270202	√	实例 2
9	N17_ 200503270343	√	
10	N17_ 200504260217	√	
11	N17_ 200504270154	√	
12	N17_ 200504270334	√	
13	N17_ 200504280132	√	
14	N17_ 200504280311	√	

表 2.5　用于验证的 NOAA17 和推广应用的 FY－1D 数据

NOAA－17	FY－1D
2006 年 1 月 12 日至 16 日，2006 年 2 月至 5 月国家海洋局第二海洋研究所地面站接收的 NOAA－17/AVHRR3 数据。其中：2 月 7—26 日、4 月 23—29 日缺测 共 142 轨数据用于验证	根据先验数据中海雾发生情况，选取了 3 轨，如下： F1D_ 200404110058 F1D_ 200503212308 F1D_ 200503270006

2.4.3 Streamer 辐射传输模式

太阳或地表辐射在大气介质中传输，经不同地表反射，与大气介质、气溶胶粒子等作用（吸收、散射）后到达卫星高度，这一过程可通过辐射传输模式进行一定的模拟。只要输入的大气参数足够精确，选择适合研究问题的辐射传输模式进行模拟研究，则其模拟结果跟实际就会吻合较好。目前比较成熟的辐射传输模式有：Lowtran－7[58]、Modtran[59]、6S[60]、RTTOV[61]和 Streamer 模式[62]等，各个模式针对不同的目的而设计，具有对不同现象的模拟能力。表 2.6 列出了 Streamer 模式与其他辐射传输模式的特征比较分析。综合考虑，Streamer 辐射传输模式对云具有较好的模拟能力，能够满足这里云雾的辐射模拟工作，因此本文选用了 Streamer 辐射传输模式进行模拟研究。

表 2.6　不同辐射传输模型的比较

	Streamer	Lowtran/Modtran	6S
数值求解方法	离散坐标法（辐射） 二流近似法（通量）	二流近似法 离散坐标法（Modtran）	连续散射
光谱分辨率	24 个短波波段 105 个长波波段：20 cm^{-1}	20 cm^{-1} Lowtran 2 cm^{-1} Modtran	短波波段：10 cm^{-1}
云	可自定义云物理、光学特性， 不同云位相、多层云类系选择	8 种云模式 可自定义云光学参数	不考虑
气溶胶	6 种气溶胶模型，可自定义	4 种气溶胶模型	6 种光学模型 可自定义
气体吸收	主要气体	主要气体＋痕量气体	主要气体＋痕量气体
大气垂直廓线	标准大气廓线，可自定义	标准大气廓线，可自定义	标准大气廓线，可自定义
地表特征	朗伯体、已建立的 BRDF 和光谱 反射率模型，可定义修正	朗伯体	朗伯体、已建立的 BRDF 和 光谱反射率模型
输入形式	文件输入	有格式文件输入	文件输入
输出物理量	辐射率/反射率/亮温，通量	辐射率	辐射率/反射率

＊表中，主要气体为 H_2O，CO_2，O_2，O_3；痕量气体包括：CH_4，N_2O，CO 等。

当然，Streamer 模式也有其自身的不足和一定的局限性，充分地认识这些不足和局限性，在辐射模拟参数设定和选择上避免不当的选择，可减少模拟数据的误差，使模拟结果能够反映问题的本质，对研究的问题具有一定的可行性和说服力。主要的不足和局限性具体如下。

（1）当没有云位相函数输入时，模式采用默认的 HG 位相函数和不对称因子，此时通量的模拟结果较好，辐射的模拟有误差。

（2）太阳天顶角大于 70°时，考虑球面效应，模拟结果误差较大。

（3）波长低于 3.4 μm 时，不考虑长波辐射的计算；波长高于 4 μm 时，不考虑短波辐射的计算；只有 3.7 μm 波段上，既考虑长波也考虑短波。

（4）吸收气体仅仅考虑了水汽、氧气、二氧化碳和臭氧，其他气体均未考虑。

2.5 本章小结

本章对海雾的定义、形成过程以及海雾类型做了介绍，着重指出：①为了适合卫星遥感研究海雾，本文将海雾定义为一种贴地云，云中悬浮着大量微小的水滴或冰晶，地面能见度小于1.0 km；②海雾的生成需要一定的空气凝结核为依附，通过增湿或降温或二者兼而有之等不同过程，采取一定的方式（蒸发或冷却）来实现；③海雾主要以平流雾为主。通过历史资料和文献记载对黄渤海海区海雾的特征、区域年平均海雾发生日和海雾的地理分布，做了一定的介绍。从气候平均分布上充分地了解了研究区域内海雾频繁发生的季节变化、区域分布。最后对本研究使用的AVHRR3/NOAA17遥感数据和Streamer辐射传输模式进行了比较说明，列出了用于先验研究的NOAA17数据以及用于验证、应用的NOAA17和FY-1D卫星数据。强调了选择AVHRR3/NOAA平台来研究海雾的主要原因：AVHRR3上设置的6个通道包括可见光、近红外和红外波段，在不同的卫星遥感辐射计中属常备通道，具有一定的代表性，因此结合AVHRR3/NOAA上这6个通道来监测海雾，其可行的研究技术路线将可方便地推广应用于其他遥感平台，研究结果具有一定的通用性和可持续性。比较Lowtran/Modtran和6S辐射传输模式，说明了选择的Streamer辐射传输模式更适合且能满足文中对云雾辐射特性的模拟，并指出了该模式的局限性，使在实际模拟时，避免不当的参数选择和设定，以尽可能地减小模拟结果的误差。

3 海雾的卫星遥感和辐射模拟波谱特征

3.1 卫星观测地球大气辐射原理

地球大气系统作为一个整体，一方面要接受入射的太阳辐射，另一方面又要反射、散射太阳辐射并以其自身的温度发射红外辐射，其中的辐射过程是一个十分复杂的问题。整体而言，在卫星观测视场范围内观测到的辐射主要有[63,64]：

（1）地球表面、云（雾）层反射的太阳辐射；

（2）地球大气中大气分子、气溶胶粒子和云层粒子等对太阳辐射的散射辐射；

（3）地球表面、云（雾）层以自身温度发射的红外辐射；

（4）地球大气中吸收气体发射的红外辐射；

（5）地球表面和云（雾）层反射的大气向下的红外辐射。

可见，辐射在大气介质中传输，大气介质对辐射衰减（吸收和散射）的同时，也要发射辐射，使通过气柱的辐射增加。假定辐射强度为I_λ，在其传播方向上通过ds厚度后，辐射强度的变化dI_λ可用下辐射传输方程表示[65,66]：

$$\frac{\mathrm{d}I_\lambda}{k_\lambda \rho \mathrm{d}s} = -I_\lambda + J_\lambda \tag{3.1}$$

式中：k_λ——质量消光截面；

ρ——大气介质的密度；

J_λ——源函数，表示质量发射系数j_λ和质量消光截面的比值（j_λ / k_λ）。

对卫星观测地球大气系统，采用(z,θ,φ)采用三维坐标系，考虑平面平行大气辐射传输，则上述传输方程写为

$$\mu \frac{\mathrm{d}I_\lambda(z,\theta,\varphi)}{k_\lambda \rho \mathrm{d}z} = -I_\lambda(z,\theta,\varphi) + J_\lambda(z,\theta,\varphi) \tag{3.2}$$

其中，$\mu = \cos(\theta)$，引入垂直大气光学厚度：$\tau = \int_z^\infty k_\lambda \rho \mathrm{d}z'$

则有

$$\mu \frac{\mathrm{d}I_\lambda(\tau,\theta,\varphi)}{\mathrm{d}\tau} = I_\lambda(\tau,\theta,\varphi) - J_\lambda(\tau,\theta,\varphi) \tag{3.3}$$

将上式两边同乘$\mathrm{e}^{-\tau/\mu}$，设τ_1为整层大气的光学厚度，由$\tau \to \tau_1$进行积分，得大气层内τ高度处向上的辐射率，即卫星高度τ处接收的辐射：

$$I(\tau,\theta,\varphi) = I(\tau_1,\theta,\varphi)\mathrm{e}^{-(\tau_1-\tau)/\mu} + \int_\tau^{\tau_1} J(\tau',\theta,\varphi)\mathrm{e}^{-(\tau_1-\tau)/\mu} \frac{\mathrm{d}\tau'}{\mu} \tag{3.4}$$

由普朗克黑体辐射理论（见图3.1）知：在可见光、近红外波段，辐射源主要来自太阳

短波辐射；中红外波段，太阳短波辐射和地球长波辐射相当，共同作用；红外波段，主要是地球长波辐射。由于不同的波段上辐射源的差异，辐射在大气中传输的过程也不尽相同的。这样，卫星高度处不同的通道上所接收的辐射将反映各自的遥感信息[67,68]。

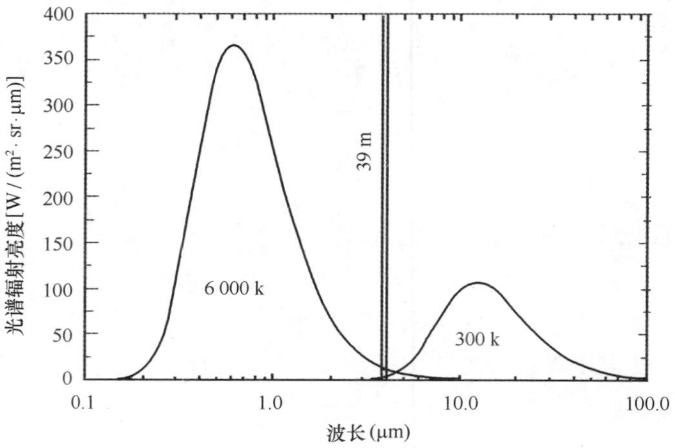

图 3.1　普朗克黑体辐射

3.1.1　卫星高度处的可见光、近红外遥感信息

在可见光、近红外波段，辐射源来自外太空太阳辐射。太阳短波辐射经大气传输，到达卫星高度处，其辐射传输过程可简单地分为两个阶段：首先，太阳辐射通过地球大气到达地球表面；而后到达地球表面的辐射经地表反射再次通过大气到达卫星高度。因此经过这两个过程，到达卫星高度处可接收到短波辐射包括：地球大气对一次散射辐射的反射；多次散射到达卫星高度的辐射；地面反射的太阳辐射透过大气达到卫星高度的辐射；地表面对大气中向下太阳散射辐射的反射透过大气达到卫星高度的太阳辐射[63]。

考虑地面为朗伯面，在大气窗区，大气的透过率近为 1，同时大气中的散射辐射较小，此时卫星接收到的辐射可近似表示为

$$I_{\lambda}^{\text{sat}}(0,\theta,\varphi) = \frac{\rho_L(\lambda)}{\pi}F_0\mu_0 \tag{3.5}$$

可见，卫星观测的辐射可近似地认为与地面的反射率 $\rho_L(\lambda)$ 和太阳天顶角 μ_0 有关。因大气顶太阳辐射 F_0 视为常数，当经过太阳天顶角订正处理后，卫星接收的短波辐射仅与目标物的反射率有关。对 AVHRR3 短波通道 Ch1、Ch2、Ch3a 而言，卫星高度处接收辐射主要来自目标物（地面、云雾层）对太阳辐射的反射辐射，地面和云雾层自身的辐射和大气分子对太阳辐射的散射可以忽略，但大气中云雾粒子的散射辐射要视波段而定。因此该波段上卫星遥感信息主要反映卫星观测视场内目标物的光谱反射特征，可用归一化表观反射率表示。

3.1.2　卫星高度处的红外遥感信息

在红外谱段，卫星接收到的辐射源来自地球自身发射的红外辐射，其在大气中传输的过程不同于太阳短波辐射，长波红外辐射一次通过地球大气，达到卫星高度处。因此，在卫星高度处接收的长波辐射主要包括两部分：①辐射从地面发出后透过大气到达卫星高度的地面

辐射项；②整层大气发出并到达卫星的大气辐射项。

将目标物（地表面、云雾）近似地作为黑体处理，对 AVHRR3 的红外通道 Ch4、Ch5，处于红外大气窗口波段，大气的透过率近为 1，则略去大气效应，即第二部分大气辐射项可以略去，这时卫星高度处接收的辐射可近似为

$$I_{\lambda}^{\text{sat}}(\theta) = \varepsilon_{\lambda} B_{\lambda}(T_{\text{bb}}) \tag{3.6}$$

其中，ε_{λ} 为地物发射率，T_{bb} 为亮度温度，它是指将卫星观测到的辐射看成是普朗克黑体辐射，算出的黑体等效温度。可见，在 Ch4、Ch5 红外通道谱段，卫星接收到的辐射与物体的发射率和温度有关。物体的发射率相对于波长是固定的，因此辐射主要由物体的温度决定：物体的温度越高，卫星接收到的辐射就越大；温度越低，辐射越小。这样，在 Ch3b（夜晚），Ch4、Ch5 红外通道上卫星遥感信息中主要反映下垫面、云雾层的温度特征，可用等效亮度温度表示。

3.2 卫星遥感观测信息分析

由可见光、近红外和红外的卫星辐射测量原理知：在 AVHRR3 可见光波段 Ch1（0.58 ~ 0.68 μm）、Ch2（0.725 ~ 1.0 μm）和近红外波段 Ch3a（1.58 ~ 1.64 μm），卫星遥感信息主要反映观测视场内目标物反射太阳辐射的特性，以表观反射率表示；红外波段 Ch4（10.30 ~ 11.30 μm）、Ch5（11.5 ~ 12.5 μm），卫星遥感信息主要反映视场内目标物的温度特征，以等效亮度温度表示。由于卫星观测视场内地球表面、云层大气的差异，卫星高度处接收辐射信息所反映的表观反射率、等效亮度温度将随视场内地物特性的差异而不同。在对选定的 14 轨先验数据分析的基础上，分析得到了不同地物的表观反射率和等效亮度温度在不同通道上的差异，特别指出了海雾与其他地物的异同点。为了清晰地反映卫星遥感信息，突出差异，文中通过两个具体的事例进行了说明。

实例 1、实例 2（见表 2.4）分别为 2005 年 3 月 17 日 10 时 30 分（见图 3.2）和 3 月 27 日 10 时 02 分（见图 3.3）接收的 NOAA17/AVHRR3 卫星数据，选择这两轨数据的原因在于观测视场范围内地物类型丰富，包括海雾、水体、低云、中云和高云，能够充分地说明所要表现的观测事实。

3.2.1 剖线分析

为了分析不同目标物的所表现的光谱差异，在实例 1、实例 2 辐射图像中，选取了通过不同地物的三条剖线（图 3.2、图 3.3 紫色直线）：剖线 *a* 通过海洋水体和雾区；剖线 *b* 通过高冷云；剖线 *c* 通过中云。图中 *a*、*b*、*c* 标示的位置为剖线分析起始点，图 3.2、图 3.3 右边分别给出了这三条剖线的可见光、近红外三通道上地球表观反射率沿剖线的变化，该变化清晰地反映出不同地物具有各自的卫星观测表观反射率特点。

（1）水体：Ch1 > Ch2 > Ch3a，对清洁水体 Ch1 总小于 10%，甚至更低；泥沙含量高，浑浊的近岸水体 Ch1 也不会超过 20%；

（2）高云：Ch1 > Ch2 > > Ch3a，Ch1 和 Ch2 相似，高于 60%，远远高于 Ch3a；Ch3a 反射率低于 25%；

（3）中云：Ch1 > Ch2 > Ch3a，三通道的反射率都高于 40%，Ch1 相对较高些，Ch2、

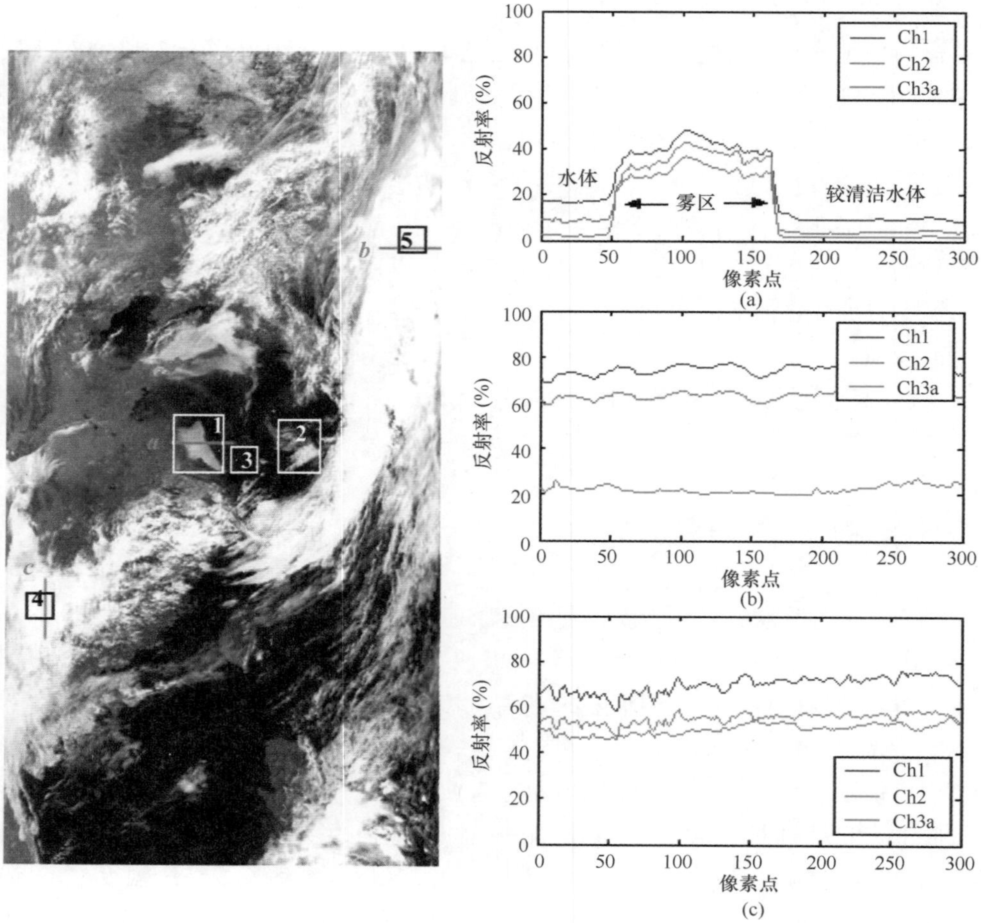

图 3.2　2005 年 3 月 17 日 10 时 30 分 AVHR3/NOAA17 通道 1、
通道 2 合成彩色图（左）和图中剖线变化（右）
（a）过海雾区和水体；（b）高冷云；（c）中云

Ch3a 反射率较接近；

（4）海雾：Ch1 > Ch3a > Ch2，或者 Ch3a > Ch1 > Ch2 三通道反射率都介于 25% ~45% 之间，比较接近，变化相似。

很明显，云类地物在可见光、近红外波段的表观反射率高于晴空水体的，且 Ch1 和 Ch2 的差异不大；而在云类中，海雾具有不同于中云、高云的独特的表观反射率特征：Ch1 > Ch3a > Ch2，或者可能 Ch3a > Ch1 > Ch2。这一特征将利于海雾的识别；同时高云一般都是冷云，由固相冰晶组成，中云由液相水滴组成，高云在 Ch3a 表现出不同于其他云类的独特差异，表明该通道可用于云位相的判别。

雾区在 Ch3a 波段的表观反射率高于 Ch2 波段，甚至出现高于 Ch1 波段，不同于其他中高云类（Ch1 > Ch2 > Ch3a），这种差异主要由云、雾滴粒子的尺度大小不同引起。前述分析知，在 Ch1、Ch2 和 Ch3a 波段上，卫星接收的辐射以短波辐射为主，主要包括两方面：①地球表面、云（雾）层反射的太阳辐射；②地球大气中大气分子、气溶胶粒子和云层粒子等对太阳辐射的散射辐射。

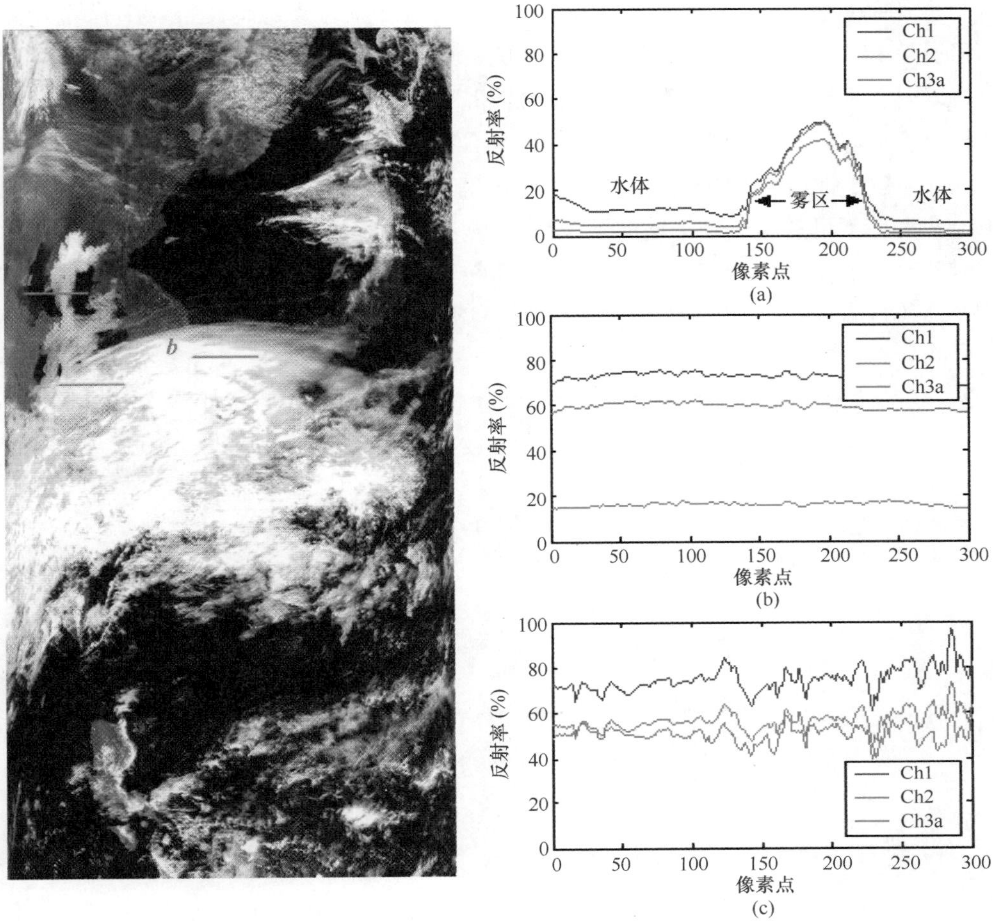

图 3.3　2005 年 3 月 27 日 10 时 2 分 AVHR3/NOAA17 通道 1、通道 2 合成彩色图（左）和图中剖线变化（右）

（a）过海雾区和水体；（b）高冷云；（c）中云

散射是指电磁波通过某些介质时，由于这些介质的折射率具有非均一性，引起入射波波阵面的扰动，造成入射波中一部分能量偏离原传播方向而以一定规律向其他方向发射的过程[47]。由 Mie 散射理论知[46-48]，粒子散射的大小可用散射效率 Q_{sca}（χ，m）表征，其大小与大气折射指数 m 以及粒子半径 r 和入射辐射波长 λ 的相对大小，即粒子尺度参数 $\chi=2\pi r/\lambda$ 有关。散射效率表示辐射通过粒子层时，粒子通过散射从入射辐射中提取的能量与入射辐射能量之比，其大小反映了散射过程从入射辐射中取走的能量多少。通常情况下，雾滴和云滴相比，其粒径小而均匀，雾滴的平均半径大约为几个微米，且雾中常包含有大量半径为 1 μm 的微滴；低层云粒子的半径约 5～6 μm；中云粒子的半径在 10 μm 以上；高云粒子半径在 30 μm 以上。由粒子尺度参数知，同一粒径对不同的波长，同一波段对不同大小粒径，散射效率都有所不同。对于 Ch1（0.64 μm）、Ch2（0.82 μm）、Ch3（1.6 μm）波段，一般中、高云粒子（不考虑冰相云滴，其机制不同）半径远远大于这些波长，散射效率趋于常数 2（见图 3.4），此时三通道接收的辐射受散射影响效果相当，都比较小，对同一目标物中高云类，反射率都较高，卫星接收的辐射与入射辐射大小有关，经云滴作用后仍保持三波段入射辐射的大小关系（Ch1 > Ch2 > Ch3a）。然而对于雾滴或小粒径的低云滴而言，半径为几微米时，仍远大于通道 Ch1 和 Ch2 波段，其散射效率 Q_{sca}（χ，m）也近趋于常数 2，其间的反射率关系仍保持入射辐射的关系 Ch1 > Ch2；对通道 Ch3a（1. 58 ~ 1. 64 μm）来讲，处于近红外波段，其辐射特征以可见光为主导的。云雾滴半径与之相当，或相差不大，此时散射效率 Q_{sca}（χ，m）不再趋于常数 2，高于 2，甚至会达到最大值，这样云雾滴粒子对 Ch3a 波段的散射的作用也较大，不可忽略，结果增加了该波段卫星接收方向上的辐射，打破了三通道在入射前的辐射关系，致使 Ch3a 的反射率高于 Ch2，甚至出现相当或高于 Ch1 波段上的反射率。而对 Ch3b（3. 55 ~ 3. 99 μm）中红外波段，波长与雾滴粒径大小更为相当，似乎散射效率会更大，但是此波段以红外辐射为基本特征，所以对雾滴粒子，就不具有 Ch3a 通道的辐射性质。

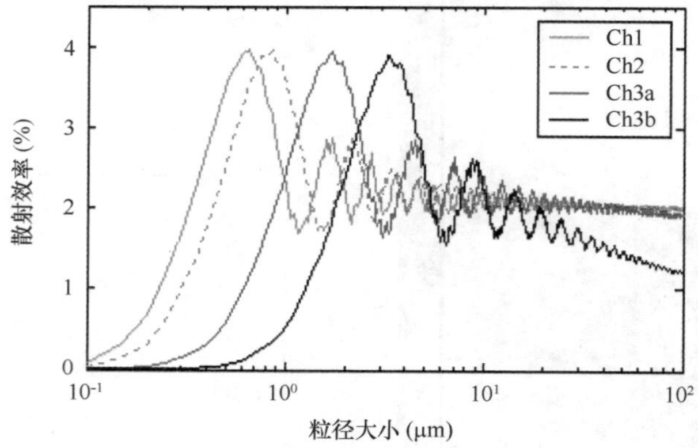

图 3. 4　不同波段上小块云体一次散射的散射效率对粒径大小的变化

上述分析中，对 Ch1、Ch2 中心波长分别为 0. 64 μm、0. 84 μm 而言，无论是云滴还是雾滴，其粒子半径一般都远高于该波长，表明不同大小的云、雾滴粒子在该通道上的散射性质与粒子的大小关系不大，也就是说 Ch1 和 Ch2 波段的辐射对云、雾滴粒子的尺度没有分辨能力。而 Ch3a 波段中心波长为 1. 6 μm，云雾滴粒子半径越小，与该波段波长相当，则散射越大，其辐射对云、雾滴粒子的大小比较敏感，即 Ch3a 波段的辐射对云、雾滴粒子的尺度有一定的分辨能力。

3. 2. 2　频谱分析

剖线分析反映了剖线上每个点的状况，基本能够反映出不同目标物像素点的光谱特征。晴空海洋，云雾总是占有一定的区域，那么整个区域内这些地物的辐射如何，是否对上结论满足，或者发现新的结论，为此我们对事例 1 中的几个具体的云类从整体分析上，统计其频谱分布。如图 3. 2 所示，区域 1：雾区；区域 2：低云区；区域 3：晴空海水区；区域 4：中云区；区域 5：高云区。这些所选区域的地物类型比较单一，区域 1、区域 2 除了少部分晴空海水区，大部分为云区；区域 3 大部分为晴空区；区域 4、区域 5 完全为单一的云区。由于云类和晴空反射率的差异，这样对区域 1、区域 2、区域 3 进行简单地 Ch2 反射率阈值判断，提取出所要研究的云系、水体，对 AVHRR3 的 5 个通道进行了频谱分析，结果如图 3. 5、图 3. 6、图 3. 7、图 3. 8、图 3. 9 所示。

比较这 5 种目标物的频谱分析结果，表明海雾、晴空水体和中、高云类在可见光、近红外三通道的表观反射率之间的关系跟剖线分析的一致。另外：

（1）海水：5 个通道的光谱特征（表观反射率、亮温）变化范围较小，说明海水表面类型均一；

（2）高云：在可见光 Ch1 和近红外 Ch2、Ch3a 上，变化范围也较小，而在红外波段 Ch4、Ch5 上，亮温变化范围较大，温度较低，这些特征都不同于其他云类；

（3）中云：在可见光 Ch1 和近红外 Ch2、Ch3a 上，变化范围也较大，而在红外波段 Ch4、Ch5 上，亮温变化范围较小；

（4）低云：同样具有一般云系的特点，Ch1、Ch2、Ch3a 反射率变化范围较大，Ch4、Ch5 亮度温度范围变化较小。同时 Ch1、Ch2、Ch3a 反射率频谱的锯齿状分布，说明所选低云云顶高度不一，反射率波动变化，极不光滑，辐射图像的纹理特征明显；

（5）海雾：在可见光 Ch1 和近红外 Ch2、Ch3a 上，变化范围也较大，而在红外波段 Ch4、Ch5 上，亮温变化范围较小，五通道的频谱变化多成单峰结构，说明雾顶高度平滑，纹理特征均一；

（6）红外通道 Ch4、Ch5 间，雾区、晴空水体、中低云的亮度温度差异并不明显，存在亮温关系：Ch4 > Ch5；而高云类（冰晶），两通道间的亮温差异较大，且亮温关系为：Ch5 > Ch4，明显不同于一般水云系。表明联合通道 Ch4 和 Ch5 的信息可以用于云类位相的判别；

（7）单独考虑通道 4 或通道 5 的亮温在不同目标物间的关系，从大到小为：一般的水体、雾/低云系、中云、高云，表明随着高度的增加，温度减少，温度信息能够反映高度信息，即根据亮温信息，结合实际的温度垂直廓线，能够推断云层的高度信息。

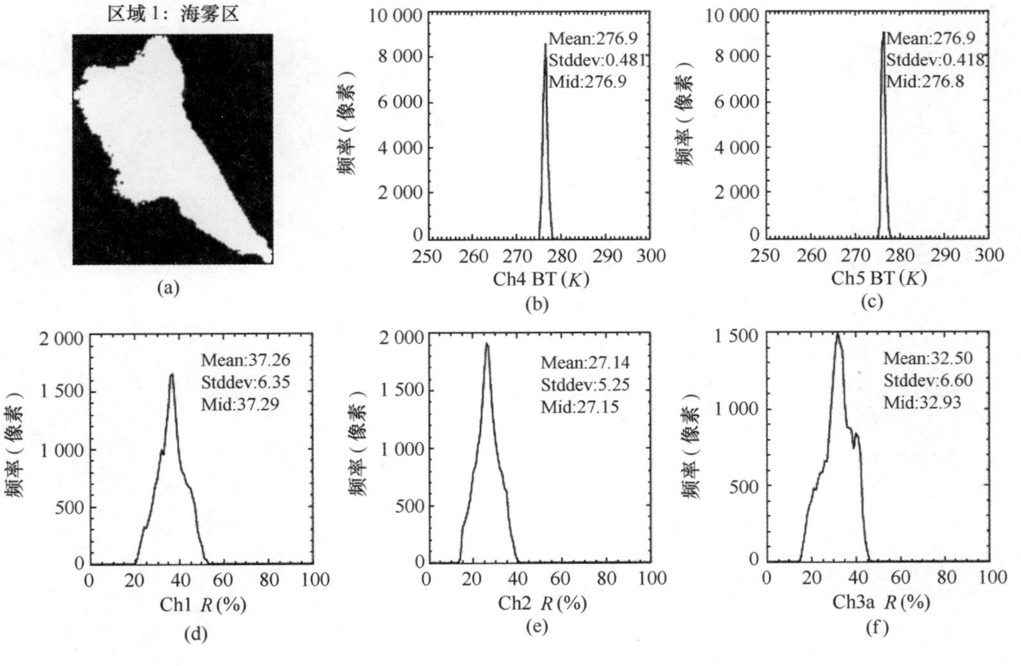

图 3.5 区域 1（海雾区）及该区域内 NOAA17 五通道频谱分布

（a）选定区域；（b）Ch4；（c）Ch5；（d）Ch1；（e）Ch2；（f）Ch3a

第（6）条中指出，高云类 Ch5 波段亮温高于 Ch4 波段亮温，有别于一般云系。我们进

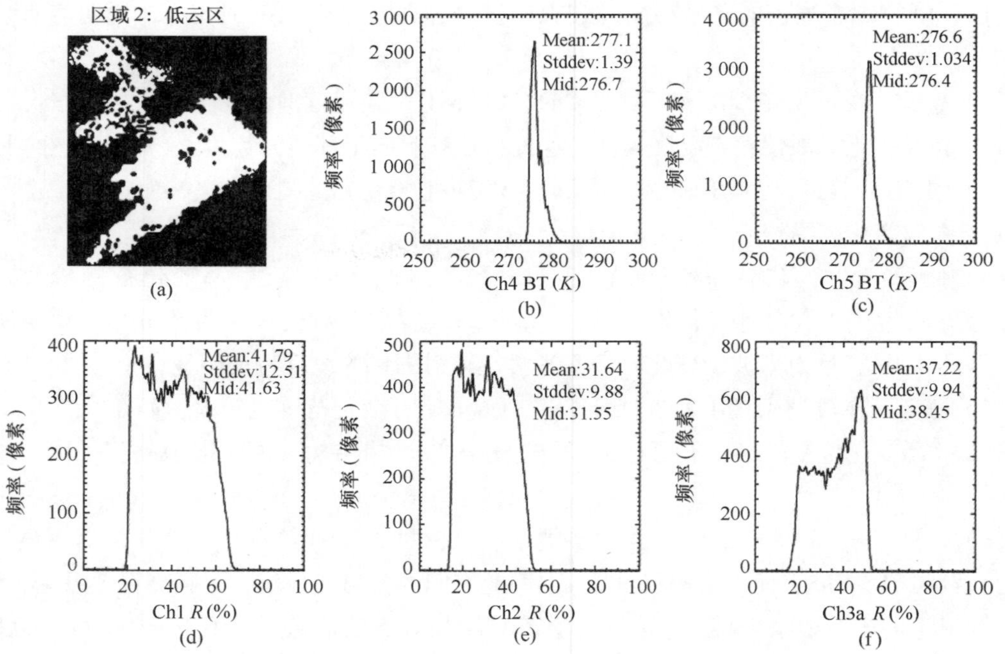

图 3.6　区域 2（云顶高变化较大的低云区）及该区域内 NOAA17 五通道频谱分布

（a）选定区域；（b）Ch4；（c）Ch5；（d）Ch1；（e）Ch2；（f）Ch3a

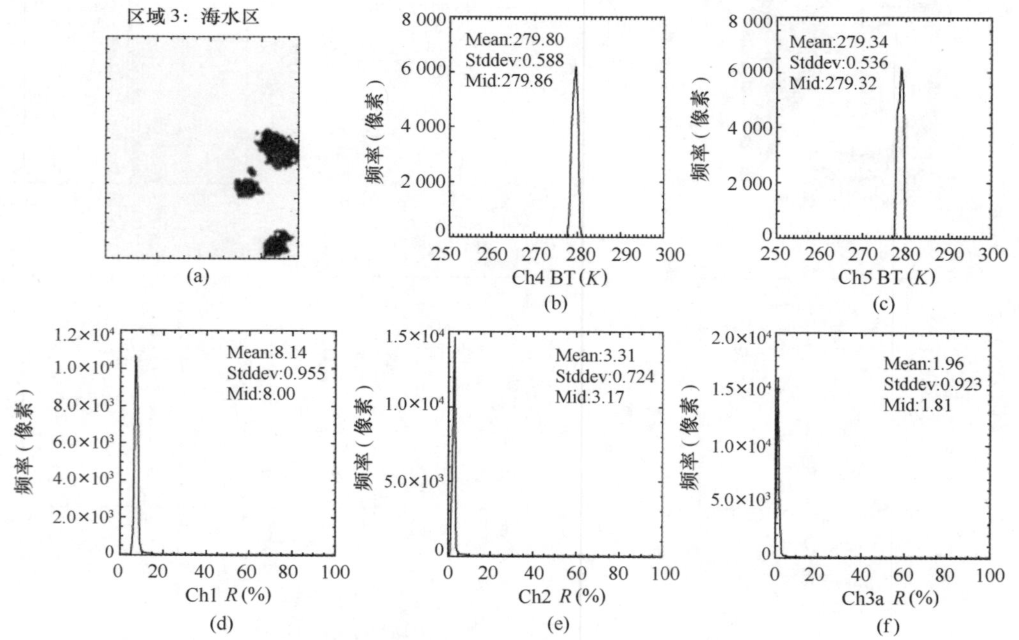

图 3.7　区域 3（海水区）及该区域内 NOAA17 五通道频谱分布

（a）选定区域；（b）Ch4；（c）Ch5；（d）Ch1；（e）Ch2；（f）Ch3a

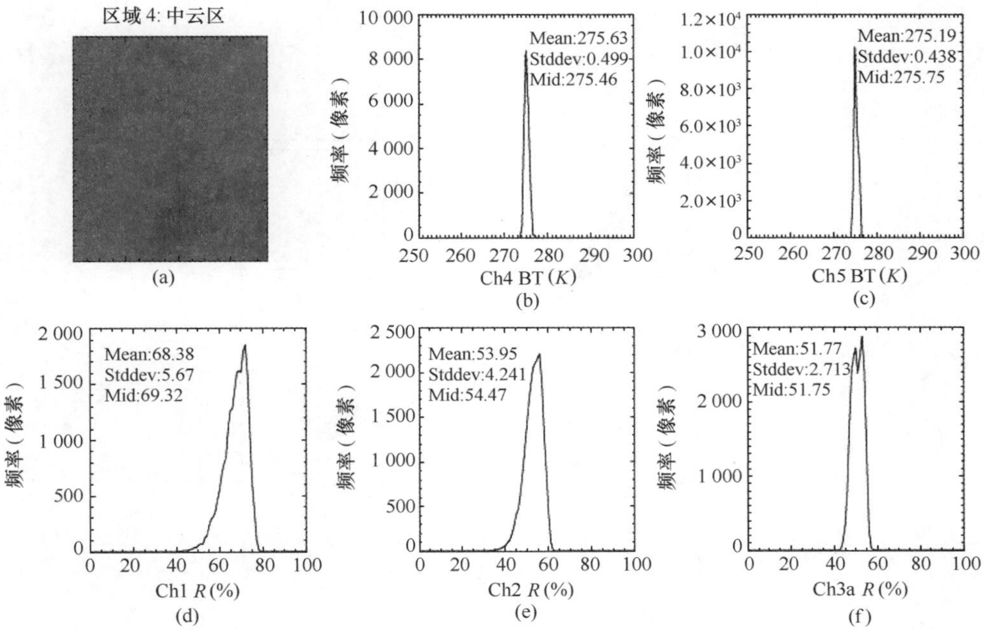

图 3.8　区域 4（中云区）及该区域内 NOAA17 五通道频谱分布

（a）选定区域；（b）Ch4；（c）Ch5；（d）Ch1；（e）Ch2；（f）Ch3a

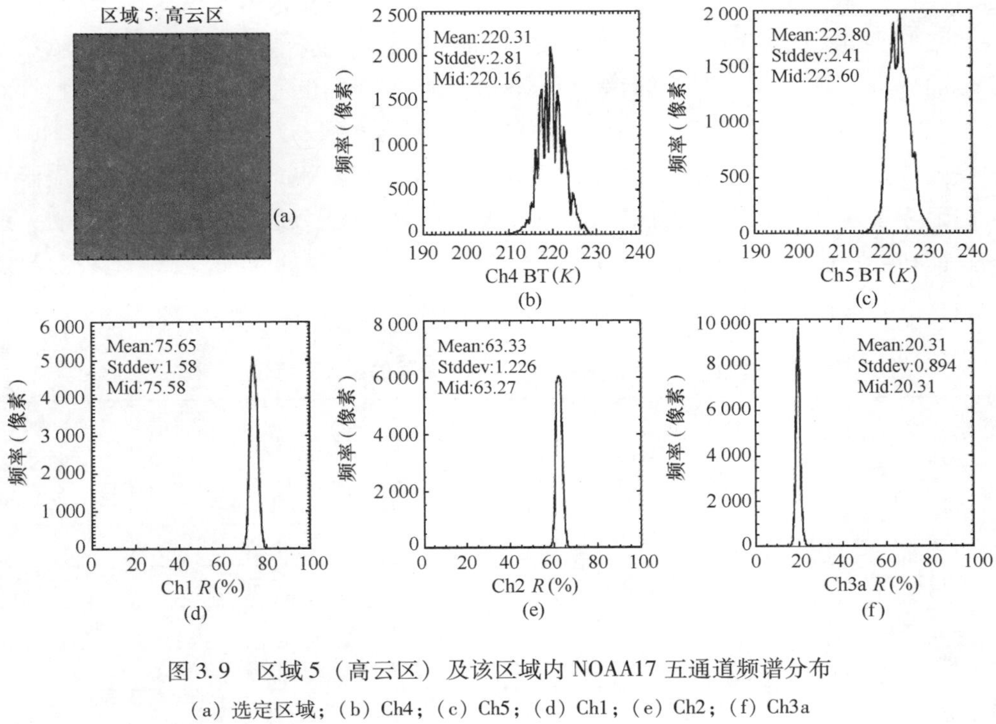

图 3.9　区域 5（高云区）及该区域内 NOAA17 五通道频谱分布

（a）选定区域；（b）Ch4；（c）Ch5；（d）Ch1；（e）Ch2；（f）Ch3a

一步将 5 个区域内的目标亮温转换为辐射亮度，比较了两红外通道的辐射相对变化，定义为（Rad5 – Rad4）/Rad4 称为红外辐射指数，图 3.10 给出了 5 个不同目标物的红外辐射指数和通道 4 亮温的二维散点图，结果表明，对于高云红外辐射指数明显高于其他 4 个目标物。这种差异主要由云中粒子位相的不同引起的。一般地，液相水云系的红外辐射指数低于0.2，(此值是基于大量云系统计的结果)，因此联合通道Ch4和Ch5的信息将有助于云类位相的判别。

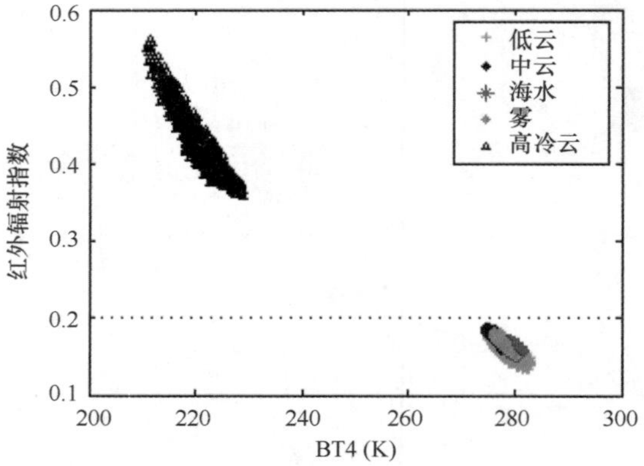

图3.10　五个区域的红外辐射指数和通道4亮温二维散点图

3.3　辐射传输模拟云雾辐射特性

通过实际卫星辐射图像上不同地物的剖线变化和频谱分布清晰地反映出云雾在可见光、近红外和红外通道上的辐射特性（表观反射率和亮度温度）差异，这些辐射差异虽然来自十几个实例的分析，但也具有一定的代表性，基本上能够反映出不同目标物的辐射特性。为了从理论上对之进行验证或再发现，使云雾辐射特性的结论更具广泛性，我们通过Streamer辐射传输模式选择不同太阳、卫星方位参数，结合AVHRR3/NOAA17的波段光谱响应函数，模拟了不同云雾在波段上卫星高度处的反射率，着重对可见光、近红外三个通道间的关系进行了理论验证和再发现。表3.1给出了辐射传输模拟计算中采用的大气、云、地表参数及观测角度常用参数的设置，其他一些参数的设定见其中说明。

表3.1　辐射传输模拟计算中采用的云大气特性

参数	雾	低云	中高云	高云
云高度范围	100～200 m	200～400 m	2～3 km	8～9 km
云滴粒子大小（μm）	$R_e=8$	$R_e=12$	$R_e=15$	$D=50$
云层光学厚度（km）	8	12	15	15
云滴形状、位相	球形水滴	球形水滴	球形水滴	冰晶
大气廓线	中纬度夏季			
气溶胶模型及垂直分布	海洋型，背景对流层气溶胶垂直分布			
地表特征	海洋，反射率：0.06			
太阳高度角	30°，60°			
观测高度角	0°，星下点			

为研究不同云系（高云、中云、低云和海雾）在AVHRR3可见光、近红外三个通道上的

反射率变化情况，具体设计了以下4个模拟试验。

（1）固定太阳天顶角，星下点观测状况下，不同云系在三通道上的反射率随云层光学厚度的变化。

（2）固定云层光学厚度，星下点观测状况下，不同云系在三通道上的反射率随太阳天顶角的变化。

（3）相对方位角为30°，观测扫描角为10°时，不同云系在三通道上的反射率随太阳天顶角的变化。

（4）相对方位角为150°，观测扫描角为10°时，不同云系在三通道上的反射率随太阳天顶角的变化。

图3.11左图给出了试验（1）的模拟结果，右图给出了试验（2）的模拟结果，其中图3.11（a）、（b）高云，冰晶；图3.11（c）、（d）中云，液滴；图3.11（e）、（f）低云，液滴；图3.11（g）、（h）雾；图3.12左图给出了试验（3）的模拟结果，右图给出了试验（4）的模拟结果，其中图3.12（a）、（b）高云，冰晶；图3.12（c）、（d）中云，液滴；图3.12（e）、（f）混合中高云，液滴+冰晶；图3.12（g）、（h）雾。四个试验的模拟结果都清晰地再现了不同云系目标物，在不同的观测状况和云层特点状况下，三通道的表观反射率之间的关系，如海雾：Ch1 > Ch3a > Ch2等，与观测分析的一致，这里不再叙述。不同状况下，目标物在三通道间辐射特征关系的一致性，验证了目标物具有各自的辐射特性的观测结果，具有可信性，其结论为后续研究工作提供了基础，开拓了解决问题的思路。仔细分析模拟的反射率随不同参数的变化结果，发现了另一些有意义的结论。

（1）不同目标物在各自的模拟条件下，反射率随太阳高度角的变化不大，这是合理的，因为比较的反射率是经太阳天顶角归一化后的地球表观反射率。这也说明了卫星观测的反射率只有经太阳天顶角归一化后才具有可比性，才能反映问题的本质。

（2）低云和雾的辐射特性类似，特别是含小粒径液滴的云和雾的辐射特性相近，通过这些辐射特性将其分离基本不可能，因此需要运用其他途径的判断来分离低层云和雾。

（3）对中高云，通道Ch3a对光学厚度的变化不太敏感，Ch1和Ch2的反射率是光学厚度的函数，光学厚度越大，Ch1和Ch2的反射率也越大，Ch3a的反射率趋于一恒定值。对低云/雾系，Ch1、Ch2和Ch3a对光学厚度的变化都敏感，因此对于一般云系，Ch1和Ch2的遥感反射信息是光学厚度的函数，可用于云层光学厚度特性的反演。

（4）云雾的反射率对卫星和太阳的相对方位角的变化影响不大，即卫星从各个方向接收的辐射差异不大，仅对混合云系的通道Ch3a有一定的影响。

为了详细、全面地分析雾的辐射特性，随其他微物理参数的变化，如雾水含量、雾滴粒径等的变化。具体模拟研究了：在太阳天顶角为40°、观测扫描角0°（星下点观测）、雾滴有效粒径取8 μm的情况下，雾层反射率对雾层几何厚度（雾顶高度）、雾水含量和雾滴粒径的变化响应。

图3.13给出了相应的模拟结果。其中图3.13（a）、图3.13（b）分别是固定雾水含量、雾层光学厚度时，雾层反射率随雾顶高度的变化，图3.13（c）、（d）为固定雾层几何高度和光学厚度下，雾层反射率随液水含量和粒径的变化。结果分析表明：

（1）雾层光学厚度一定时，三通道雾层反射率随雾层高度几乎没有变化，即与高度无关。

（2）结合图3.13（a）、图3.13（b）知：雾水含量一定时，三通道反射率是随高度增加

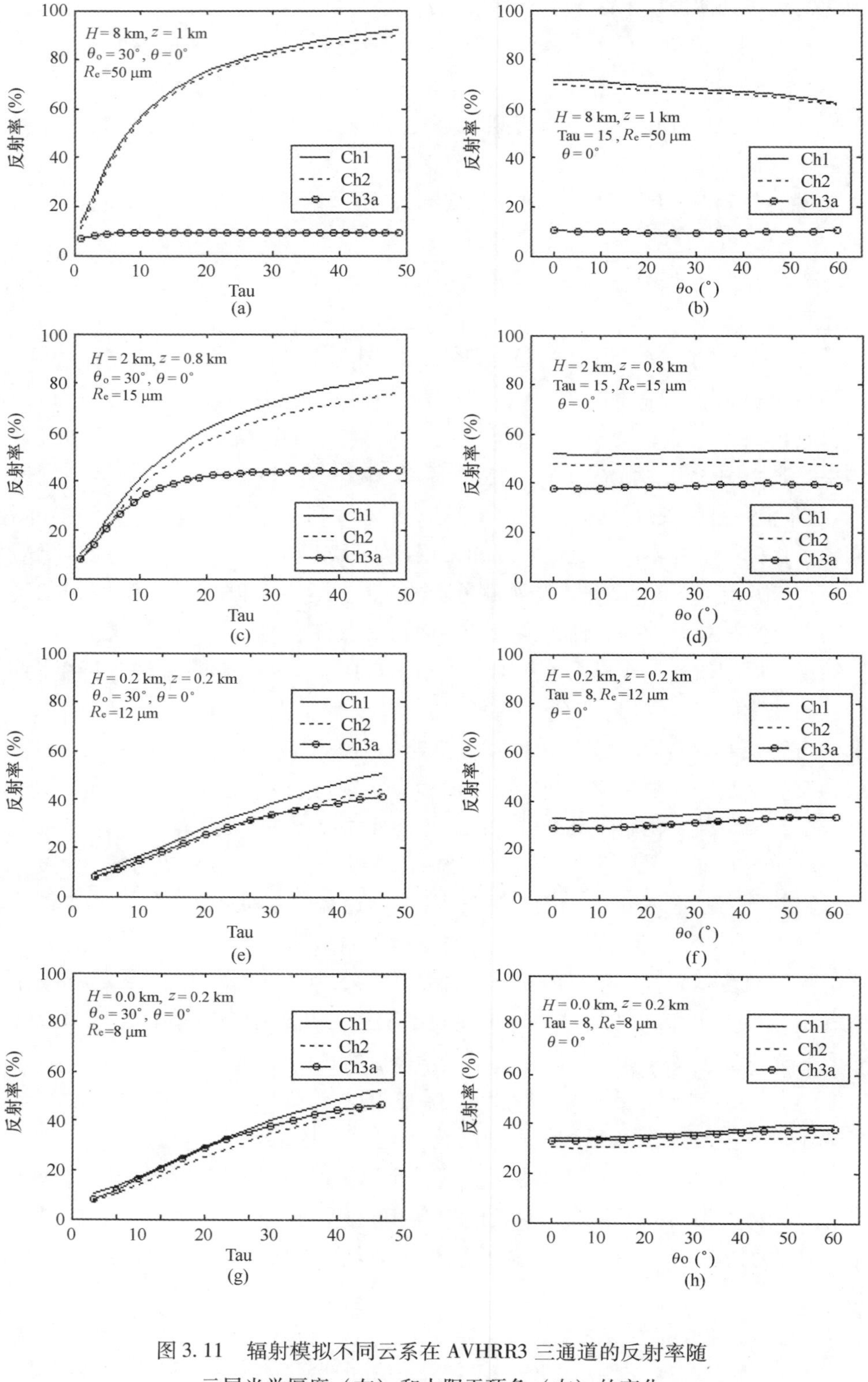

图 3.11　辐射模拟不同云系在 AVHRR3 三通道的反射率随云层光学厚度（左）和太阳天顶角（右）的变化

（a）、（b）高云，冰晶；（c）、（d）中云，液滴；（e）、（f）低云，液滴；（g）、（h）雾，液滴

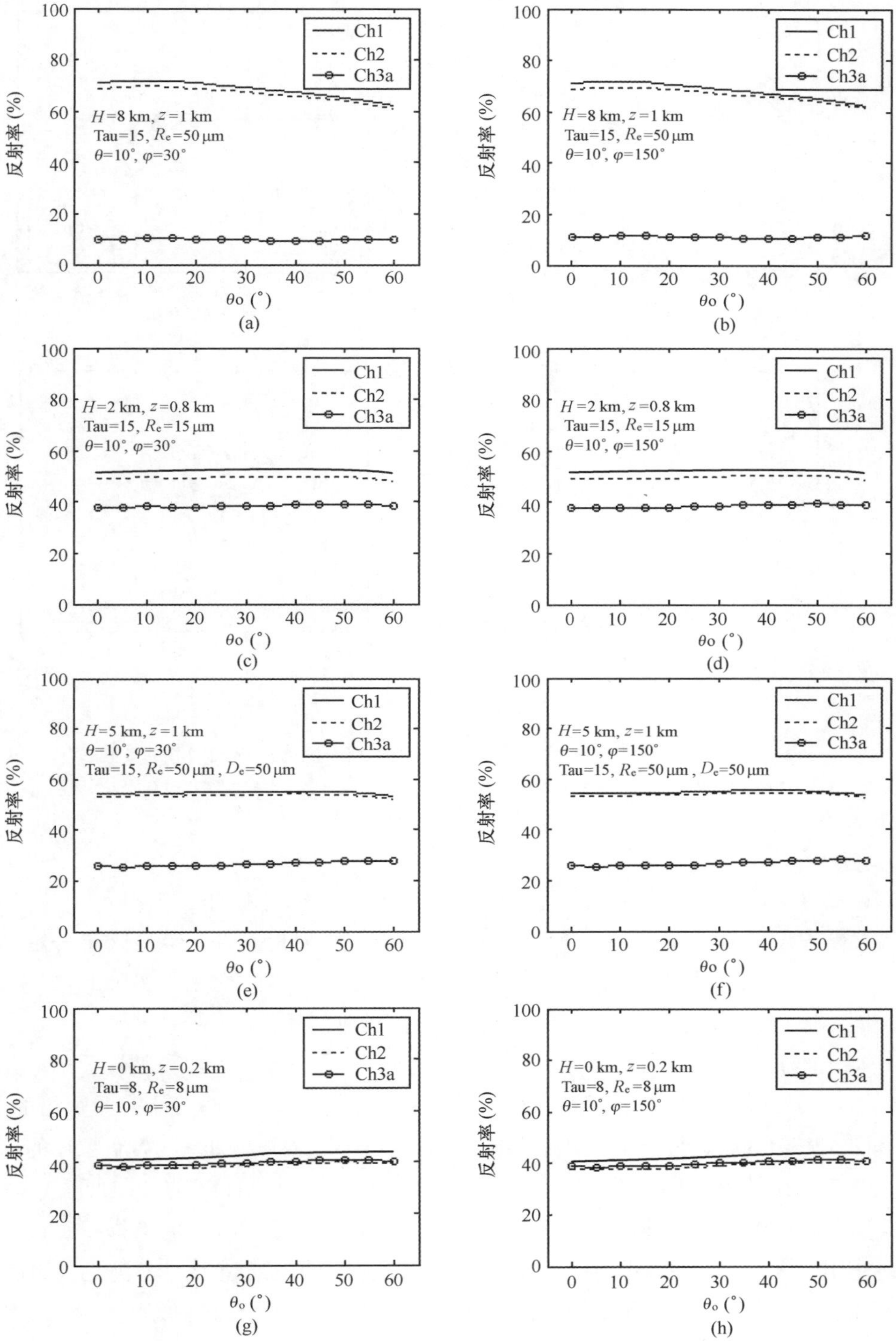

图 3.12　辐射模拟不同云系在 AVHRR3 三通道的反射率随太阳天顶角的变化

左：方位角为 30°，右：方位角为 150°

(a)、(b) 高云，冰晶；(c)、(d) 中云，液滴；(e)、(f) 混合中高云，液滴 + 冰晶；(g)、(h) 雾，液滴

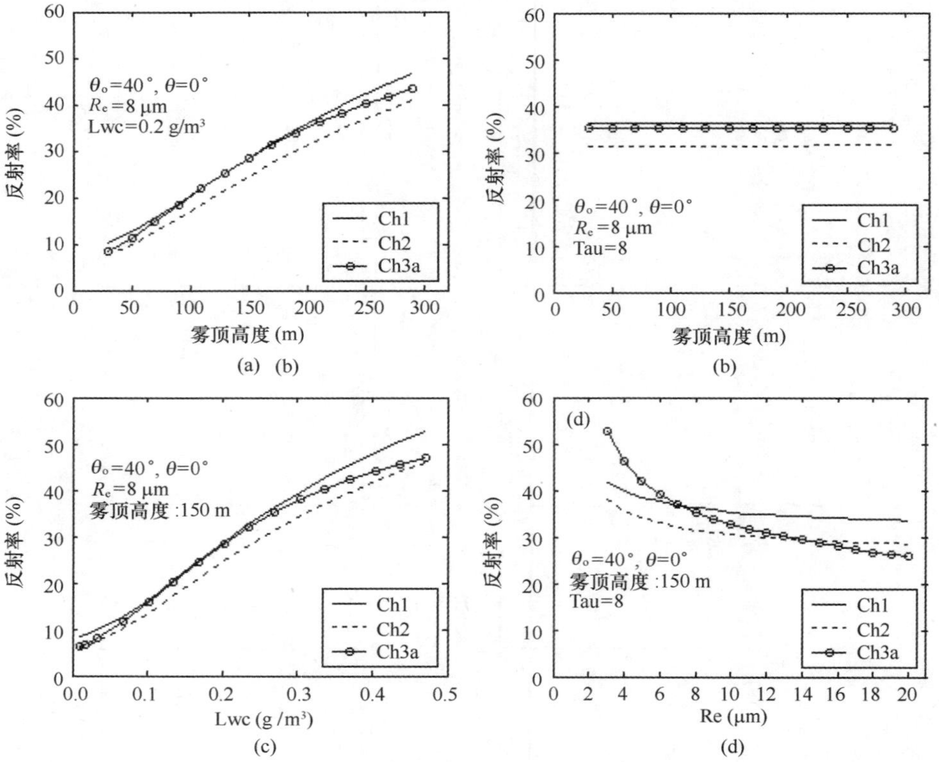

图 3.13 同一观测角度下，海雾区三通道反射率随雾层不同参数的变化

（a）雾水含量一定，随雾顶高度的变化；（b）雾层光学厚度一定，随雾顶高度的变化；（c）随雾水含量的变化；（d）随雾滴粒径的变化

而增加的；高度一定时，三通道反射率随雾水含量的增加而增加的；与图 3.11（g）三通道反射率随光学厚度的增大而增大，三者的增加类似。仔细分析发现，雾水含量一定，高度变化时，实质上就是光学厚度在变化；同样高度一定，雾水含量的变化，实质上也是光学厚度在变化，即三通道的反射率主要随雾层光学厚度的变化而变化。

（3）以上（1）、（2）结论共同反映了：对雾而言，可见光、近红外波段反射率是光学厚度的函数，也表明利用可见光、近红外遥感信息用于反演雾的光学厚度信息是可行的。

（4）图 3.13（d）说明：光学厚度一定，高度一定时，Ch1、Ch2 对雾滴粒径的变化不明显，只是在雾滴粒径较小时，才表现出不大的变化；Ch3a 对雾滴粒径的变化明显。雾滴粒径越小，反射率越高，这跟前述的 Mie 散射理论解释云雾不同反射特性的结果一致，小雾滴粒径的散射作用较大，是反射率明显增大。小粒径云/雾滴的三通道反射率满足关系：Ch3a > Ch1 > Ch2 或者 Ch1 > Ch3a > Ch2，这一特性可用于对云滴粒子大小的判断。

（5）图 3.13（d）表明通道 Ch3a 反射率是雾滴粒子粒径的函数，前三个结论表明可见光的反射率是雾层光学厚度的函数，因此，联立两者，可以联合反演雾层光学厚度和雾滴有效粒径这两个雾滴微物理特性。

3.4 本章小结

本章在对一般辐射传输方程分析的基础上，分别分析了太阳短波和地球长波辐射经大气作用，到达卫星高度处的辐射。结合 AVHRR3/NOAA 通道波段设置的特点，指出可见光（Ch1）、近红外（Ch2，Ch3a）对太阳短波辐射的接收主要反映目标物的反射特征，可用归一化地球表观反射率表示；红外波段（夜晚 Ch3b，Ch4，Ch5）对地球长波辐射的接收主要反映目标物的温度特征，可用等效亮度温度表示。在一定数量实测数据分析的基础上，通过两个实例对海雾、中云、高云及晴空海表的卫星观测辐射数据进行了剖面分析和频谱分析，分析、比较、总结了不同目标物的辐射特性差异；同时通过辐射传输模式模拟了不同观测条件下，不同云类的辐射特性差异。通过实际测量数据和模式模拟数据两种不同的方式，得到了同样的结论，实测结果和模拟结果相符、相互验证。由此总结的不同目标物间的辐射特性差异，为下一步设计卫星遥感监测海雾算法、反演海雾宏观微物理特性不仅提供了实际和理论基础，而且开拓了解决所需问题的思路。本章主要的研究结论有以下几点。

（1）晴空海表在可见光、近红外通道的反射率低于一般云类；对于云类，Ch1 反射率总高于 Ch2 反射率，两通道间的差异不显著，因此，在对云类识别时 Ch1 和 Ch2 可任选其一。

（2）高云一般由冰晶组成，一般中低云系由液相水组成，通道 Ch3a 在高云和一般中低云系的存在差别：高云：Ch2≫Ch3a，远远大于；一般中低云系：Ch2 > Ch3，相当。因此，Ch3a 反射率特征可用于云位相的判别。

（3）高云在红外分裂窗通道 Ch4、Ch5 上，亮温变化幅度较大，且亮温存在 Ch5 > Ch4，两者差异较大；一般中低云系，亮温变化幅度小，亮温存在 Ch4 > Ch5，但两者差异不大。表明联合通道 Ch4 和 Ch5 的信息可以用于云类位相的判别。

（4）Ch1、Ch2 和 Ch3a 在云区和雾区具有不同的辐射关系，在雾区三通道满足关系：Ch1 > Ch3a > Ch2 或者 Ch3a > Ch1 > Ch2；云区：Ch1 > Ch2 > Ch3a，这种差异主要由粒子的尺度与波长的相对大小造成的。对 AVHRR3 的三个通道来说，波段大小是固定的，因此，反射率关系信息的差异主要反映了粒子的尺度大小信息。雾滴尺度一般小于云滴尺度，所以三通道关系特征在海雾监测算法中，可用于粒子尺度大小的判断。

（5）雾区在 AVHRR3 上五个通道的频谱分布表现为单峰结构，表明雾顶高度均匀，则其在图像上纹理光滑均匀；而部分低云的在可见光经红外波段上频谱分布呈锯齿状分布，表明云顶高度不均，其图像的纹理特征明显。因此，研究辐射图像的纹理特征可以消除那些纹理特征明显的云系。

（6）雾和小粒径的低层云具有类似的反射率特征，同时在红外亮温上也表现相同，因此，利用辐射特性区分雾和低层云基本不可行。好在雾/低层云与下垫面背景相比具有较低的亮度温度。因此，利用这种温度差异有助于雾和低层云的分离判别。

（7）通道 1 表观反射率与粒子大小无关，通道 3 的表观反射率依赖于粒子的有效半径，粒子的有效半径越小，在 Ch3a 上的反射率越大，即 Ch3a 反射函数是云雾滴粒子大小的函数；通道 Ch1 的反射率变化随云层光学厚度的变化较大，云雾层光学厚度越大，Ch1 反射率越高，即 Ch1 反射率是云雾层光学厚度的函数。因此，联合通道 Ch1 和 Ch3a 的反射率信息，可以实现云雾层光学厚度和云雾滴粒子有效半径的反演。

4　卫星遥感监测海雾算法设计

4.1　概述

海雾的卫星辐射特性分析和辐射传输模拟分析的结果为设计卫星遥感海雾监测算法提供了实际和理论基础，开拓并指导了我们设计算法的思路，使算法能够更加高效地完成监测海雾的目的。由第2章中对海雾的认识和定义知，海雾被定义为一种贴地云，云中悬浮着大量微小的水滴或冰晶，使地面能见度小于1.0 km。因此，海雾具有以下特征。

（1）海雾是一种云；

（2）海雾以液相水凝物形式存在；

（3）雾滴粒径比较小；

（4）雾区边界清晰，雾顶较光滑；

（5）海雾下边界贴地。

根据这些特性，可方便地将雾在地物中的所属化为图4.1中的形式。

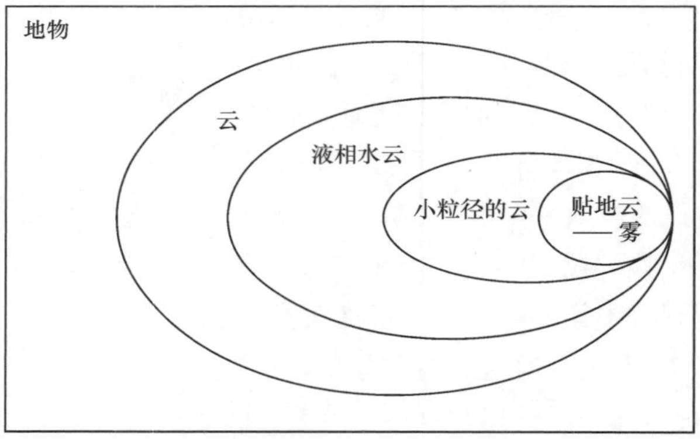

图4.1　雾在地物中的所属位置

4.2　海雾监测算法设计

根据海雾在地物中所占的类别（图4.1）和第3章中对海雾辐射特性的分析结论，本文精心设计了卫星遥感监测海雾算法（见图4.2）。对原始的辐射数据（地球表观反射率和亮度温度）通过云地分离、位相判别、粒径判断、图像特征分析、高度分析和修补漏点这6步分析判断，逐步剔除非海雾地物，最终实现我国黄渤海海域海雾的自动监测。需要指出的是，在算法设计实施中，主要以卫星观测的辐射数据为主，考虑辐射特征，即使在纹理分析时，考虑的对象也不是图像的灰度值，而是辐射值，以加强利用辐射特征识别海雾的目的。事实上，该算法中每一步的工作都可成为一个独立的研究问题，但这里每一步的研究和算法说明仅以监测海雾为目的，尽可能采用高效的方法，下面将逐步对各步骤中的方法进行详细的说明。需要特别指出的是该算法中前三步中采用的是逐像素点判断，后三步采用的是以区域为分析对象进行判别和恢复。

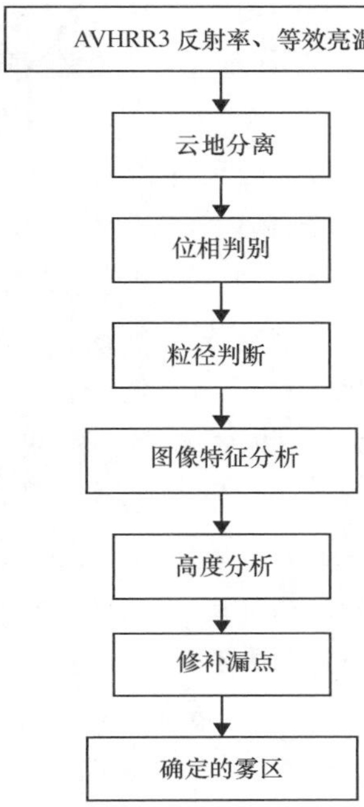

图 4.2　卫星遥感监测海雾算法流程

4.2.1　云地分离

海雾是一种云，云像素点的判别成为海雾监测算法中第一步要做的工作。目前卫星云检测的方法很多，大致可分为三类：阈值法、聚类分析法和人工神经网络法。20 世纪 70 年代，Diday 提出了聚类分析法，其主要思想：将图像分割成一系列像元阵，在像元阵内部，通过聚类分析获得像元阵内各观测像元所代表的云或地表特征。Desbois M 等将聚类分析法用于云分类研究[69]。Peak J E 和 Tag P M 提出了人工神经网络法，通过模拟人脑神经系统的工作原理，具有很强的自组织自适应的学习能力，通过对多个样本的学习，获得样本的知识，并将知识分布存储于网络之中，从而达到对云的理解和识别，其结果对训练资料的选取非常敏感[70]。阈值法是一种较为简单、易于实现、相对成熟的方法。它的思想是：假定一个观测像元内，或者全部被云遮盖，或者全部是地表，将被分析像元不同通道观测到的反射率、亮温、亮温差，与设定的阈值作比较，达到判别该像素是否为云像素[71]。ISCCP 法[72-73]就是一种典型的阈值法，另一个比较成熟的阈值法是 CLAVR 云检测法[74-76]，其差别在于，ISCCP 法是逐像元判别，而 CLAVR 法中判别对象是 2 ×2 的大像元。

这里的云地分离相当于云检测，但有别于云检测。我们不需要精确的云检测，只需将水体背景从卫星图像中清除即可。因此我们选择比较成熟、较易实现的阈值法。对于不同地域、不同季节内的观测，显然不能使用同样的阈值来区分云和地表。因此动态阈值的确定就成了阈值法的关键。2002 年 Alan 提出了一种自动化的动态阈值法，实现了白天陆地的云检测[77]。刘希等利用此方法，针对静止卫星 GMS－5 图像采用双通道动态阈值对进行了自动云检测分析[78,79]。本文在此基础上针对海洋地表特征设计了云地分离算法。

动态阈值法原理：地表和云相比，具有较低的反射率和较高的温度。可见光通道定标后，得到的是表观反射率；红外定标后，得到的是入瞳等效黑体亮温。在对某一通道像元阵的直方图曲线分析中，地表峰值往云一侧直方图曲线斜率最大变率所在位置，比直方图的谷底更适合作为区分云和地表的阈值。

可见，利用直方图确定动态阈值法中，处理通道的选择是有效区分云地的关键。由前分析知雾/低云温度特征与其下面的地表背景相似，在红外图像中很难区分雾/低云和地表，所以通道 4 和通道 5 不宜作为直方图分析的基础。可见光、近红外通道的反射率能够很好地区分这些地物，虽然某些卷云在这些通道上通常模糊不清，但这不是我们考虑的重点，因此我们选择这些波段作为直方图分析的基础。由第 3 章的分析知，云类 Ch1、Ch2 反射率都高于水体，两通道间的差异不显著，对云类识别时 Ch1 和 Ch2 可任选其一；对水体而言，不同于陆地地表，Ch1 比 Ch2 具有更高的反射率，特别在泥沙含量较高、高浑浊的水体上，Ch1 反射率接近部分薄云的反射率。因此，为了更好地区分晴空地表和云雾，减少高反射浑浊水体的影响，我们选择 Ch2 波段进行直方图分析，确定该通道上的动态阈值，以此值来区分地表和云类。图 4.3 为利用 Ch2 通道求动态阈值的算法流程示意图。

下面以实例 1，2007 年 3 月 17 日 NOAA17 数据为例，对动态阈值法去除晴空海表算法中的具体步骤说明。

（1）数据预处理：将已定标的可见光反射率（%）除以太阳天顶角的余弦，归一化至天顶方向；归一化后的反射率扩大 10 倍，使反射率数据（%）落在 0～1 000 之间，这样扩大了数据的动态范围，为后面的计算减少截断误差。近红外波段 Ch2 辐射反射率数据范围在 0～100%，扩展动态后，每隔 10 个等级相当于跨域 1% 的反射率。动态阈值法处理的是单一的地表，陆地像元的存在会影响峰值的选取，从而影响最终确定的阈值。根据卫星数据的经纬度信息和已知的海陆分布数据，对数据进行陆地掩膜（见图 4.6（a）），只保留海洋上的信息。

（2）平滑直方图：对掩膜后的整幅图像统计得直方图（见图 4.4（a）），选择整幅图像是为了减少研究区域的全云覆盖。设平滑间距为 14，以每个平滑间距内像元的个数为纵坐标值，每个平滑间距的中心，如 7，21，…，为横坐标。即横坐标为 7 时，对应的纵坐标为落在 0～14 内的像元数。依此类推，最右边剩下的不能被 14 整除的高值点不做统计。这样得到以 14 为间距平滑后的直方图，见图 4.4（b）。

（3）确定峰值点：求平滑后的直方图的一阶差分，即直方图的变化趋势（斜率），则地物群落的峰值点就落在一阶差分从正值变成负值的地方。由于平滑间距是相同的，为避免浮点运算，只需用相邻平滑间距内的像元个数的差值代表直方图的一阶差分（见图4.5（b））。一阶差分图上，第一个从正值变为负值的点设为峰值点；如果不存在，设阈值点为无效值，转至第（6）步。

（4）精确确定峰值点：为了得到更精确的峰值点，在较小的平滑尺度（平滑间距取 10）上平滑直方图（见图 4.5（a）），求其一阶差分（见图 4.5（b））。在第（3）步中已确定的

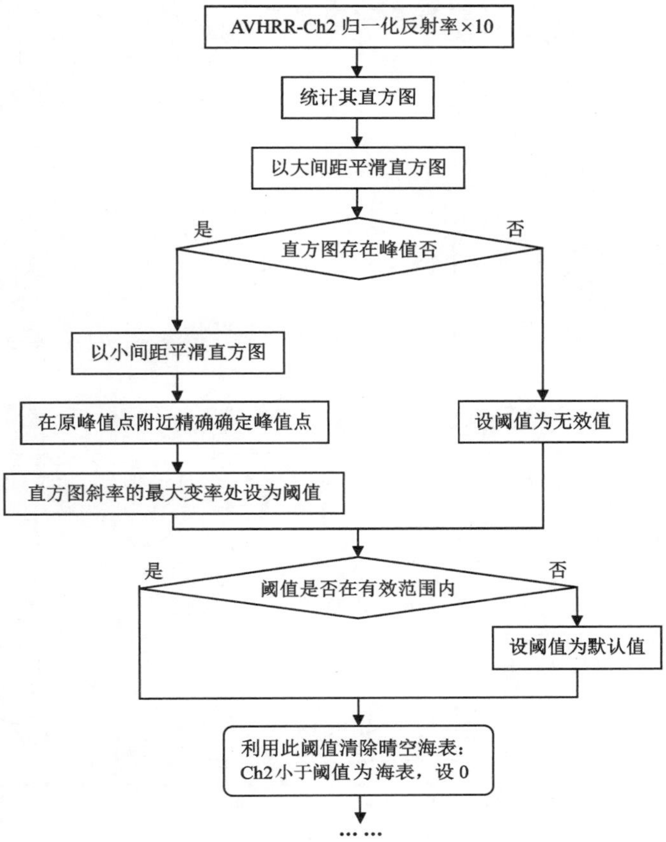

图 4.3　动态阈值去除晴空海表算法流程

峰值点附近，寻找小间距平滑直方图的一阶差分图中由正值变为负值的点，设为峰值点。

（5）确定阈值点：在小间距平滑直方图的一阶差分的基础上，求直方图的二阶差分（见图 4.5（c））。二阶差分反映了直方图斜率的变化率。以峰值点加上两个小平滑间距开始，寻找二阶差分的极大值点，该极大值对应的反射率值，就是斜率变化最多的地方，设为阈值点（/10）；若无极大值点，则以首次出现零点处，设为阈值点（/10）。

（6）验证阈值点：如果整个海区都为云所覆盖（可能性很小），确定的阈值点会过高，或者直方图上不存在海洋水体峰值，此时确定的阈值为无效。以 25% 为阈值上限，验证阈值的真实有效性；否则，阈值设为默认值（12%）。

（7）消除晴空点：以上确定的阈值为判据，对 Ch2 反射率进行判断：低于阈值的，为 0，海表；高于阈值的，为 1，云类。

根据上述动态阈值的判别方法对 2007 年 3 月 17 的通道 2 辐射图像进行了云地分离，图 4.6 给出了通道 Ch2 的原始辐射图像（见图 4.6（a））和云地分离结果（见图 4.6（b）），比较结果表明，监测结果有效地将低反射率的晴空地表清除，确定了云雾区域，为后续判别提供了基础。

4.2.2　相态判别

云滴相态的判别主要根据不同相态云滴的物理和光学特征。在物理理论上，液态云滴能

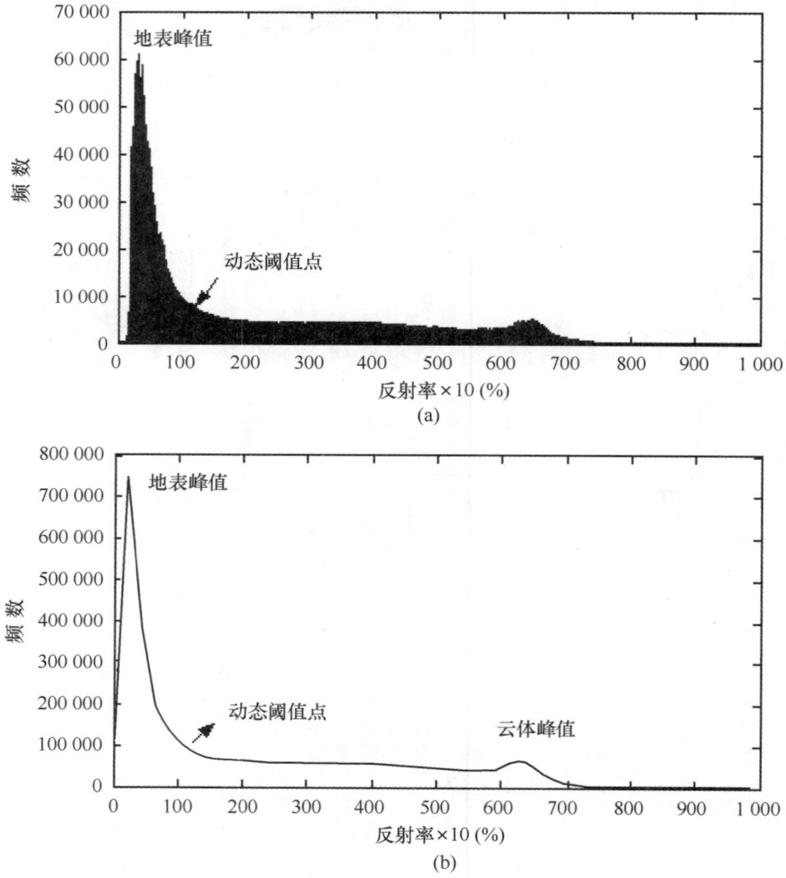

图 4.4　Ch2 原图像直方图和大间距平滑直方图

（a）原图像 Ch2 的直方图；（b）Ch2 大间距平滑直方图（间距：14）

够在 -40℃的温度中存在[80]，但在实际中，当温度在 -10℃的条件下，液态云滴（水）和固态云滴（冰晶）才有可能是同时存在的[81]；在光学性质上，液态水云和固态冰云具有不同的吸收和散射特性。因此，利用物理性质，通过红外通道亮温（如 Ch4）代替云顶温度，认为云顶温度低于某一温度阈值（如 230 K）的为冰相云。那么利用光学性质如何识别云位相？下面就对此问题进行一定的分析。

在现有云位相的判别方法中，研究者主要考虑了水、冰的吸收性质。介质复折射指数的虚部说明了介质的吸收特性，图 4.7 给出水、冰复折射指数虚部随波长的变化。可见，水、冰在不同的短波近红外、长波红外波段具有显著的吸收特征差异：

（1）在 1.67 μm、3.7 μm、11 μm、12 μm 波段上，冰的吸收高于水的吸收。

（2）在 8 ~ 10 μm 波段间，冰和水具有相同的吸收。

（3）在 1.67 μm 波段附近，冰和水的吸收变化不同：冰随波段递减变化，水在这个波段间几乎不变。

（4）在 11 ~ 13 μm 波段间，冰和水具有不同的吸收变率。

（5）冰和水在 11 μm 和 12 μm 波段比 3.7 μm 波段具有高的吸收。

根据这些水、冰吸收特性的不同，许多研究者针对实际的卫星通道设计了不同的云位相

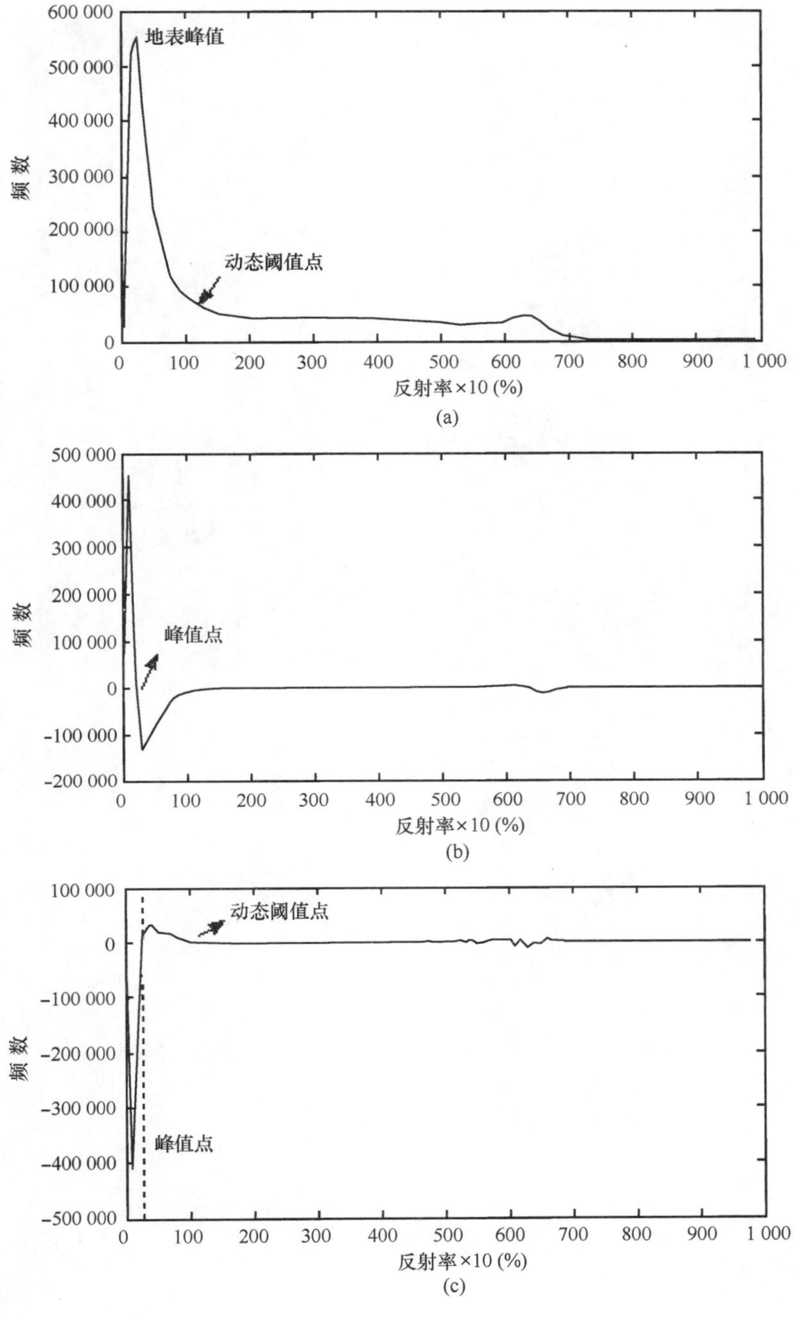

图 4.5　小间距平滑直方图、一阶方差图和二阶方差图

（a）Cha2 平滑直方图（小间距：10）；（b）小间距平滑直方图的一阶方差；（c）Ch2 小间距平滑直方图的二阶方差

判别的方法。Wouter 利用性质（3）定义了光谱形状指数 $S_{1.67}$，分析了不同粒径云系影响该光谱形状指数变化的参数，通过模拟数据确定了该指数的阈值，实现了 AVIRIS 红外数据对海洋上云位相的判别[82]。Key 与 Intrieri 利用性质（5）对 AVHRR 夜晚实测数据，研究了 T_3（3.7 μm）、T_4（11 μm）和 T_5（12 μm）亮温差在水、冰云中的差异，指出，冰云的 T_3-T_4 总是正值或接近于 0，水云的 T_3-T_4 为负值，对薄云 T_4-T_5 可用于位相判别，但效果不好；

(a) (b)

图 4.6　陆地掩膜 Ch2 原始图像和云地分离结果

（a）原始图像；（b）云地分离结果

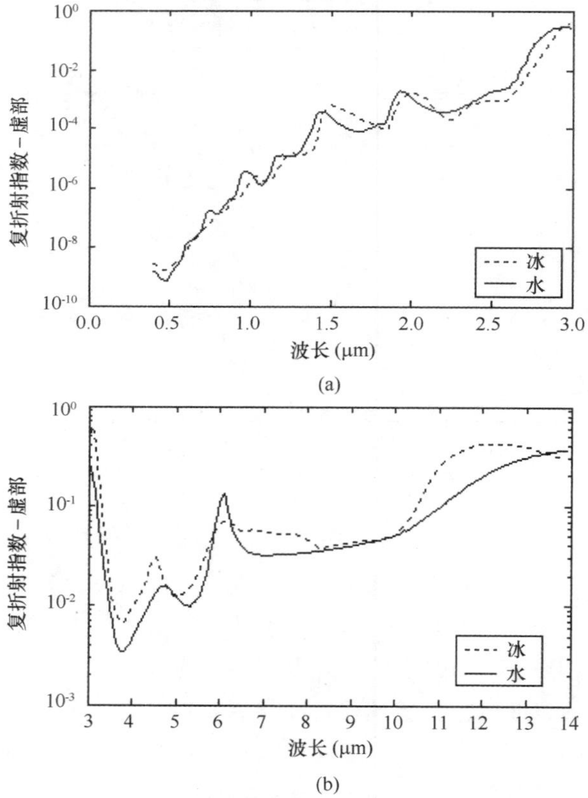

图 4.7　水、冰复折射指数虚部在短波和长波波段的变化

（a）短波；（b）长波

对白天，通过模拟数据研究了短波红外 3.7 μm 反射率在不同位相、粒径的云系的变化，建立了短波红外 3.7 μm 反射率随散射角的函数，通过此函数实现了白天云位相的判别[83]。Strabala 等也从理论上指出在 8 ~ 10 μm 波段间，冰和水的吸收相似，在 10 ~ 13 μm 间，冰的吸收强于水的吸收。因此，10 ~ 13 μm 冰云具有更低的黑体亮温，在 8 ~ 10 μm 间具有相同的亮温，那么冰云在两波段间的黑体亮温差要小[84]。除了利用这些红外性质外，还有联合可见光和红外通道判断云位相。Arking 和 Childs 结合 AVHRR 的可见光通道和中波红外通道、热红外通道定义了一个微物理指数实现了云位相的判别[85]。Griaud 等从可见光通道和热红外通道的局地标准方差图上反演了云顶温度和卷云的微物理指数，用于云位相识别[86]。

冰云和水云在吸收上的差异使云位相的判别成为可能。然而，纯吸收理论不能解释观测光谱的差异。卫星高度处辐射的测量不仅是吸收 - 发射的函数，也是散射和透射的函数。单次散射反照率 ω 表示了粒子对入射辐射的散射强度。不像复折射指数的虚部，单次散射反照率是粒子尺度的函数。图 4.8 给出了 6 种不同粒径水、冰粒子的单次散射反照率随波长的变化。反映的主要信息如下。

（1）小于 1.2 μm 的可见光、近红外波段，水、冰单次散射反照率为 1，即吸收为 0，散射为主。

（2）对不同的粒径，低于 11 μm 波段的粒子散射较强。

（3）一般地，小于 10 μm 波段上，粒子粒径越小，散射越大，在高于 11 μm 波段上，粒子粒径越大，散射越大。

（4）在红外波段，粒子粒径越小，单次散射反照率随波长有明显的变化。

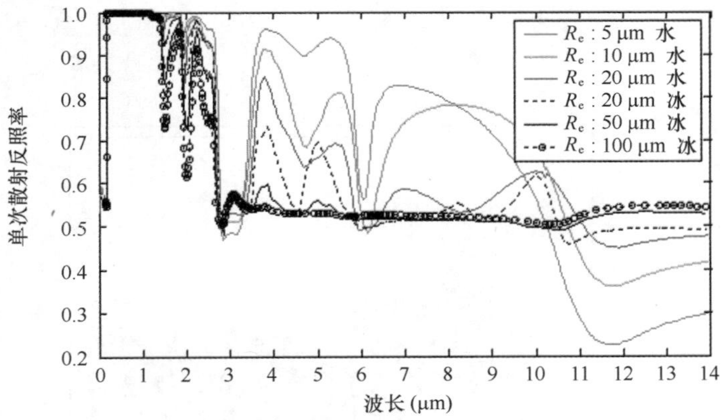

图 4.8　不同粒径水、冰单次散射反照率随波长的变化

针对 AVHRR3 通道设置，结合水、冰的吸收和散射特性，综合分析水、冰的复折射指数虚部和单次散射反照率的变化，我们发现：

（A1）在 11 μm 和 12 μm 波段处，水云的吸收低于冰云，但这两个通道上的变化率（即一阶导数）是水云要高于冰云；水云散射也小于冰云，这两个通道上的变化率同样是水云要高于冰云；因此卫星高度处，两通道接受的辐射差得相对变化存在关系：冰云的将高于水云。

（A2）1.6 μm 波段处，冰的吸收高于水的吸收；冰云的单次散射反照率低于水云，粒径越大，散射越小。这一特征使水云在 1.6 μm 波段上的反射率高于冰云，这一点跟上一章的结论相符。

另外，第 3 章的辐射性质分析中指出：

（B1）高云在红外分裂窗通道 Ch4、Ch5 上，亮温变化幅度较大，且亮温存在关系：Ch5 > Ch4，两者差异较大；一般中低云系，亮温变化幅度小，亮温存在 Ch4 > Ch5，但两者差异不大。表明联合通道 Ch4 和 Ch5 的信息可以用于云类位相的判别。

（B2）高云一般由冰晶组成，一般中低云系由液相水组成，通道 Ch3a 在高云和一般中低云系上存在差别：高云：Ch2 >> Ch3a，远远大于；一般中低云系：Ch2 > Ch3，相当。因此，Ch3a 反射率特征可用于云位相的判别。

结合（A1）、（B1），本文定义了一个红外分裂窗辐射相对变化参数来识别云相态：

$$K = (\mathrm{Rad}_5 - \mathrm{Rad}_4)/\mathrm{Rad}_4 \tag{4.1}$$

式中，Rad_4、Rad_5 分别为 Ch4 和 Ch5 波段的辐射亮度。通过实测数据的分析，该参数 $K > 0.2$ 时（大量实测数据的统计结果），云滴相态为冰晶或以冰相为主的混合相态；$K < 0.2$ 时，云滴相态为水滴或以水滴为主的混合相态。

结合（A2）、（B2），根据文献［83］中指出的由散射角 ψ 表示的 Ch3a 反射率的函数可用于判断云位相。这里的散射角 ψ 定义为 180°减去入射辐射方向和接受辐射方向夹角，即

$$\psi = 180° - \arccos(\cos\theta_0\cos\theta + \sin\theta_0\sin\theta\cos\phi) \tag{4.2}$$

式中：θ_0——太阳天顶角；

θ——卫星天顶角；

ϕ——相对方位角。

为此，本文利用 Streamer 辐射模式，模拟了粒径大小 10 μm 的水滴，粒径为 50 μm 时球形和六角形冰晶组成的 3 种云滴在不同太阳天顶角、卫星天顶角和相对方位角组合下，卫星高度处的反射率。根据式（4.2）确定的散射角 ψ，图 4.9 给出了模拟结果和该散射角 ψ 的散点图。

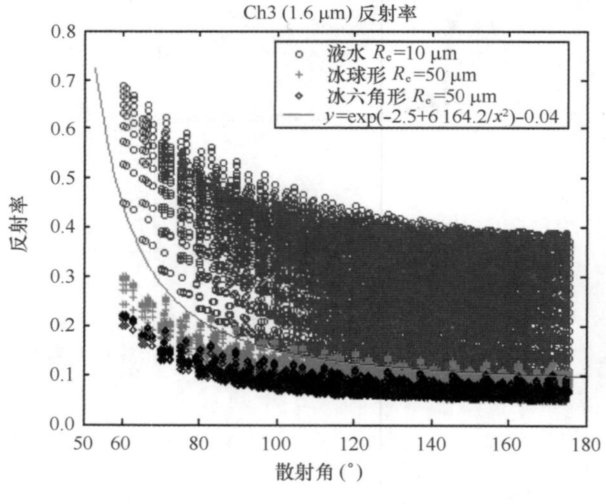

图 4.9　水云、冰云在近外波段 Ch3a 反射率随散射角的变化

选取交界处的冰、水模拟结果，通过最小二乘拟合了交界处 Ch3a 反射率和散射角 ψ 的函数为

$$R'_{\mathrm{Ch3a}} = \exp\left(-2.5 + \frac{6\,146.2}{x^2}\right) - 0.04 \tag{4.3}$$

由图可见，当 $R_{Ch3a} > R'_{Ch3a}$ 时云滴为液相水滴；$R_{Ch3a} < R'_{Ch3a}$ 为冰晶云滴，从而实现了云滴位相的判断。

综上分析，本文运用了以下 4 个判别方式对云的相态进行了判别。

（1）温度阈值判断：物理性质上，温度过冷时，液态水滴不易存在，中纬度不同的季节具有不同的阈值，表 4.1 列出了不同季节的阈值设定值，主要移除了过冷的冰云。T_{Ch4} 小于阈值的，设 0。

表 4.1　通道 4 亮温判断过冷云各月阈值

月份	1	2	3	4	5	6	7	8	9	10	11	12
阈值	220	220	235	245	250	255	255	255	255	245	230	220

（2）红外分裂窗辐射相对变化参数阈值判别：将红外通道卫星观测的亮度温度转换成辐射亮度。按式（4.1）计算研究区域内每一像素点的红外分裂窗辐射相对变化参数 K，参数 K 大于 0.2 的，设 0。

（3）通道 3a 反射率判别：由太阳天顶角、卫星天顶角，观测相对方位角通过式（4.2）计算出每像素点的散射角，利用式（4.3）计算每个像素点的 R'_{Ch3a}，实测 $R_{Ch3a} < R'_{Ch3a}$ 的，设 0。

（4）薄卷云的识别：上方法对薄卷云的监测不明显，为此参考 CLAVR 云检测算法中 FMFT 法，消除薄卷云的像素点。FMFT 法的主要基础是 Ch4 和 Ch5 亮温差受云的影响比大气水汽衰减的影响更大[87-92]。Stower 研究表明，这个检测的阈值是依赖于 Ch4 亮温的函数（动态阀值），且海洋的阀值是一个 Ch4 亮温依赖的五次多项拟合式，阈值是 $BT_{Ch4} - BT_{Ch5}$ 达到无云条件的最大值[74]。考虑实际的情况，FMFT 阀值公式在海洋中被变化为

$$\text{FMFT 阀值} = \begin{cases} 0 & T_4 < 240\text{K} \\ \sum \{a_i \times T_4^i\} & 240\text{K} < T_4 < 287\text{K} \\ 0.154 \times (T_4 - 287) + 2.77 & 287\text{K} < T_4 < 295\text{K} \\ 4.0 & T_4 > 295\text{K} \end{cases} \tag{4.4}$$

其中，参数 a_i 选取如表 4.2。

表 4.2　参数 a_i 值

系数	a_0	a_1	a_2	a_3	a_4	a_5
海洋	9.27066×10^4	-1.79203×10^3	1.38305×10	-5.32679×10^{-2}	1.02374×10^{-4}	-7.85333×10^{-8}

具体的云位相判别算法流程如图 4.10 所示。

4.2.3　粒径判断

一般来说，雾滴要比云滴小，雾滴粒子的平均半径一般为 5 ~ 15 μm。在雾形成或消散时期，半径较小，有时可以小于 1 μm；在比较稳定，持续一定时间的雾中，雾滴半径要大一些，平均半径不到 10 μm；当雾滴不断增大，半径达 50 μm 时，雾滴成为雨滴下降[93]。对 Ch1、Ch2 和 Ch3a 波段，小粒径的雾滴对太阳辐射的散射较强，对 Ch3a 的影响较大。这在上一章雾区辐射特性实例分析和数值模拟结果（见图 4.11）已表明：粒子大小主要对近红外通

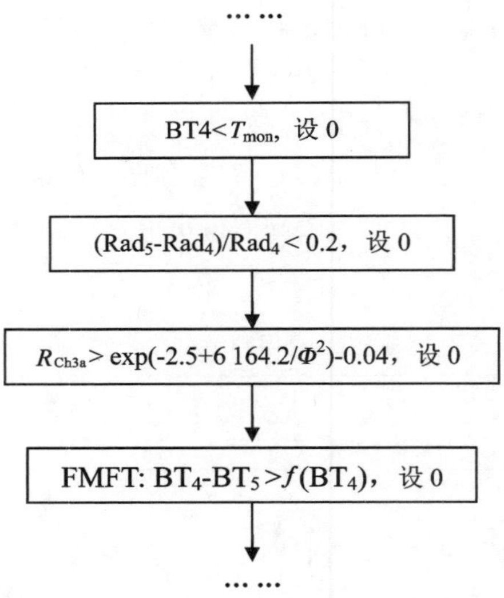

图 4.10　相态判别流程

道 Ch3a 的反射率的产生影响，对 Ch1、Ch2 的反射率影响较小；使得含有小粒径的云系在三通道上的反射率关系满足 Ch1 > Ch3a > Ch2 或者 Ch3a > Ch1 > Ch2，而大粒径的云系仅满足 Ch1 > Ch2 > Ch3a。仅利用这个特点关系，就可以完成对小粒径云滴的判断，如图 4.12 所示。

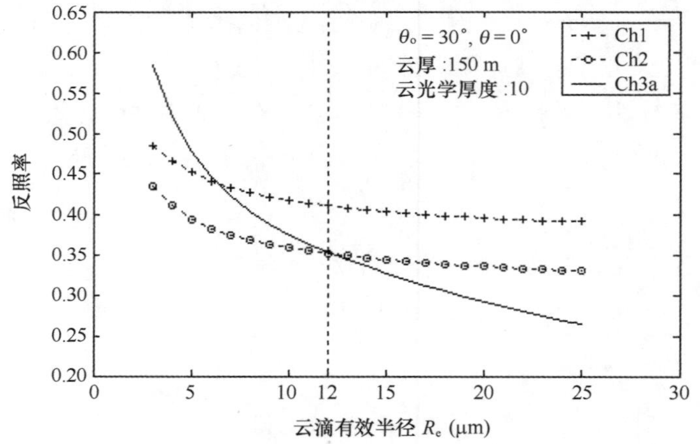

图 4.11　AVHRR3 三通道反射率随云滴有效半径的变化模拟结果

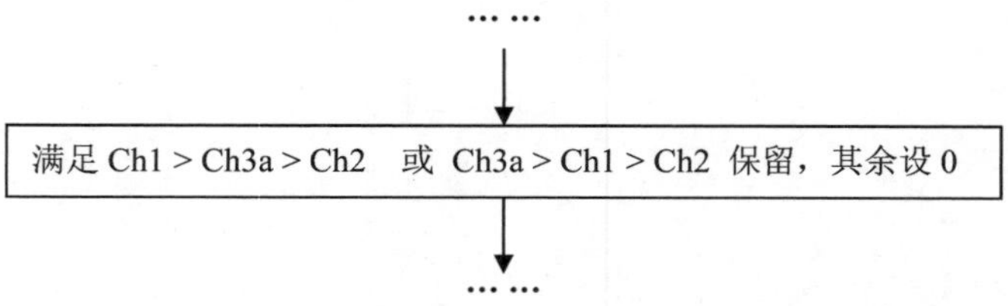

图 4.12　粒径判断流程

由于部分低层云粒子大小也在几微米内，如层状云的云滴也只有 5 ~ 6 μm，粒径大小与海雾的相似，所以此时的判断结果并不能完全将雾区提取出，如图 4. 13 所示。可见，除了图中区域 1、区域 2 的雾区外（已知雾区），还有许多其他非雾云系存在。如何清除这些非雾云系是需要继续思考的问题。

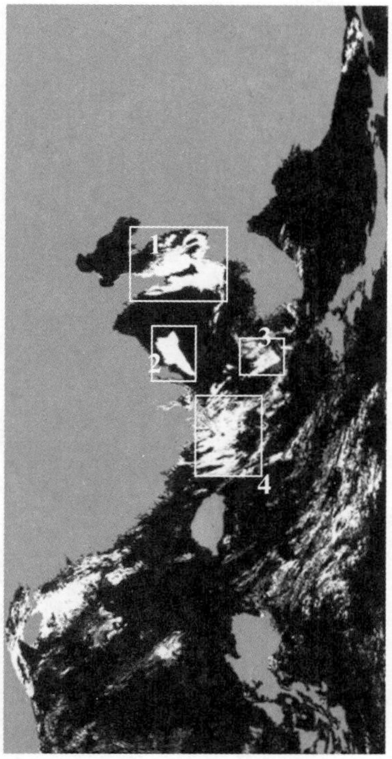

图 4. 13　云地分离、相态判别、粒径判断结果

至此，通过云地分离、位相判别和粒径判断算法逐像元点提取，图 4. 13 给出了实例 1 通过这三步判别的结果。与图 4. 6（a）相比，已经剔除了大部分非雾云系，注意到图中留有的云系是成块的，那些小块不连续的云系是已清除云系主体的边界或零碎块（像素点个数较少），明显是非雾云系，这些零碎点块云区的存在是逐点判断造成的后果。下面的考虑将以区块为研究对象，对整个云系的特征进行分析判断，对于这些很小的区块，已通过控制将直接不予考虑。

4. 2. 4　图像特征分析

大多数海雾属平流雾，是在稳定大气（逆温）条件下，暖湿空气平流到冷的表面上形成的，海雾的云顶高度均匀，所以海雾在图像上纹理光滑均匀；同时海雾受地面的影响大，常常沿着海岸线，其边界光滑整齐清楚。而其他云类，由于云顶高低起伏较大而显得亮度变化也很大，云中较高处显得十分明亮，较低处则灰暗，其纹理散乱，边界不规则。因此，对雾区顶部高度均匀、纹理光滑的特征判别将有助于海雾的识别。如何刻画这些特征成为问题。

4. 2. 4. 1　空间差异判别

海雾雾顶平滑，使得相邻像素点间的辐射差异较小；雾区和周围背景辐射差异较大，表现为边界整齐清楚。为了表现海雾的这一空间特征，定义了一个空间差异参数，构造一个空间差异分布图，即对图像上的任意一像元点，将其周围 8 个像元点与该像元点上辐射特征的差值，构成一个序列，取该序列的标准方差作为该像元点 P 的空间差异值，如图 4.14 所示，记为 D_c。对 Ch1、Ch2 反射率信息，雾内，由于相邻像素点间的差异较小，则 D_c 值较小，对雾的边界点，相邻像素点间的差异较大，则 D_c 值较大；对 Ch4 亮温信息，雾贴地，其温度与地面温度相似，无论是雾区还是雾边界，D_c 值都很小。

4	3	2
5	P	1
6	7	8

图 4.14　计算空间差异 D_c 示意图

空间差异值反映了相邻点辐射相对关系的特征，因此逐点判断不太适合，统计雾区内和非雾云区内的 Ch2 波段上的这种空间差异值，发现雾区内平均空间差异值总是小于 1.0，而非雾云区内差异值却大于 1.0。然而满足这种统计结果要求所选取区域为同一云系，要么全是雾区，要么全是云区。如果该区域内存在云雾连接的现象如实例 2 中已知雾区就和一种云相连时，Ch2 的空间差异值的判断没有意义。注意到这种云雾连接现象一般是云下存在部分雾区，从空间上看，这样的云区和雾区是相连接的。由于这种相连接的云和雾在高度上的差异，其温度将存在差异，表现为 Ch4 亮温上空间差异值在连接带存在高值，在两个独立的雾区和云区内空间差异值 $D_{c,Ch4}$ 变化不大，但它们的空间差异值 $D_{c,Ch2}$ 存在上述差异。因此，对这种云雾相连的区块首先需要通过空间差异值 $D_{c,Ch4}$ 的高变化带将该区块内不同的云系分离，而后再对逐个子区块进行空间差异值 $D_{c,Ch2}$ 均值判断。这样可以实现云雾连体中雾区主体区块的监测。

4.2.4.2　分形维数分析

云雾顶特征的不同，在辐射图像中，表现为雾区纹理光滑均匀，云区纹理散乱。表征图像纹理特征的参数很多，图像分形维数就是一种。分形具有自相似性和标度不变性。自相似性是指图像局部和整体具有自相似性的结构，标度不变性是指分形对象的空间尺度和时间尺度的变化不能改变其空间结果[94]。在卫星辐射图像中，不同种类的云雾具有一定的自相似性和标度不变性，秦其明和陆荣建的研究证实了云类所具有的这种分形特征[95]。

分形维数的表示方式有多种，如 Hausdorff 维数、关联维数、相似维数、计盒维数等[96-99]。本文采用计盒维数法来进行不同云的分形维数计算。该方法由 Sarkar 等[100]提出，该方法的基本思路是：将图像看成三维空间中有不同大小的灰度值构成的一个分形曲面，将大小为 $B \times B$ 的图像按一定的比例尺缩小到 $\delta \times \delta$，其中 $1 < \delta < B/2$，尺度 $r = B/\delta$，在三维坐标（x，y，z）灰度图像空间中，其中（x，y）为二维平面坐标，z 为对应像素的灰度坐标，堆叠一系列底为 $\delta \times \delta$ 高为 h 的盒子，其中 $h = G/r$，G 为图像的最大灰度值。统计图像经过的盒子总数 N。尺度不同，盒子数 N 也不同，分别以 $\log_{10}$（$1/r$）为横坐标，以 $\log_{10} N$ 为纵坐标，将对应得 $\log_{10}$（$1/r$）和 $\log_{10} N$ 的点根据最小二乘法进行直线拟合，直线的斜率即对应为图像的计盒维数。根据分形理论，分形维数反映了分形的复杂度，一般分数维越大，表明分形越复杂，分维数越小，表明分形越规则。由计盒维数的计算方法知，由于雾顶高度变化不

大，其计盒分形维数会比较小。另外，一般曲线的分维数介于 1 ~2 之间，曲面的分维数介于 2 ~3 之间，因此云雾灰度图像的分形维数应该是介于 2 ~3 之间的任意分数，否则没有意义。

本研究利用该计盒维数的计算方法，但不同于 Sarkar 的方法，以研究区域内的 Ch1 波段反射率（×100）为 z 坐标，统计分析了多幅图像中不同云系、雾区的分维数，下面仅以事例 1 中的云系区块为例对云雾的计盒分维数说明云雾的纹理特征，选择的云系区块为图 4. 13 中 4 个区域内的云系，图 4. 15 给出了这 4 个区域的计盒分形维数。这 4 个区域的结果表明：雾区的分形维数较低，低层云次之，中高云系的分形维数最大。

综上，结合这两个辐射图像特征，对前面判别的结果，逐个区块进行分析：为减少不必要的子区块划分，先对选定的区块内 $D_{c,Ch2}$ 的均值判定，满足条件的，则该图像分析判断即结束；不满足的，再进行子区块划分，逐个子区块进行 $D_{c,Ch2}$ 的均值判定；不满足的再经过分形维数判断，以对减少整个子区块的误判，最终完成图像特征分析判断。具体的图像特征分析判断的流程如图 4. 16 所示。

4. 2. 5 高度分析

至此，晴空地表、高冷云、大粒径云滴和顶部不平滑的像素点都已从辐射图像中清除，也许剩下的区域仅是雾区，但也有可能存在似雾的层云类。由于它们的辐射特性类似，图像的特征也类似，高度的差异成了区分它们的最终判据。图 4. 17 给出了利用干湿空气的温度绝热直减率判断低层云/雾顶高度的示意图。

一般的，干空气的温度绝热直减率约 -0. 98 K/100 m，湿空气的温度绝热直减率平均约 -0. 65 K/100 m[101]。假定云、雾区内温度的高度变化满足湿空气的绝热直减率，对低层云下的空气温度随高度的变化满足干空气的绝热直减率，则由图 4. 17 可知，如果在不知云系所属时，考虑相同的云顶和海表温差，采用湿空气的绝热直减率，计算云顶高度，对雾体高度的判断接近正确的；而对低层云系，却扩大了云顶高度的判断，云底高度越高，这种扩大效应越明显。

由上分析，本文采用云雾边界处晴空海表的 Ch4 亮温代替海表温度，利用边界处云雾区的 Ch4 亮温代替云顶高度，通过温差和湿空气温度绝热直减率确定高度估计值，此高度估计值低于 300 m 的为雾区，高于 300 m 的，设 0。具体的高度分析算法流程如图 4. 18 所示。

4. 2. 6 修补漏点

经上五步的判别、判断，已经将海雾的主体区域从其他地物中有效地识别出来。在区块化图像特征分析中，能够较好地从云雾连体大区块中，将雾区块监测出，但在图像特征分析的判断中，无论是空间差异值 D_c 还是区块分形维数判断，限定的阈值是在有限实例统计分析的基础上确定的，该阈值虽具有一定的代表性，但会将雾主体区域内，部分小块雾区给清除了，使得雾主体区域存在大小不等的麻点。另外，在雾主体边界临近的小区域内存在模糊的混合区，其辐射特性不明显，早已被剔除。这些点都应该被认为是雾区，因此为了将完整的雾区识别检测出，本节的修补漏点主要针对上述两种情况进行。利用海雾发生区域是成片而连续的特点，对海雾主体内像素点再进行小粒径判断和 Ch1 可见光上反射率判断，恢复漏判点，同时对雾区边界点反射率判断，最终达到恢复漏点的目的。图 4. 19 给出了修补漏点算法流程。

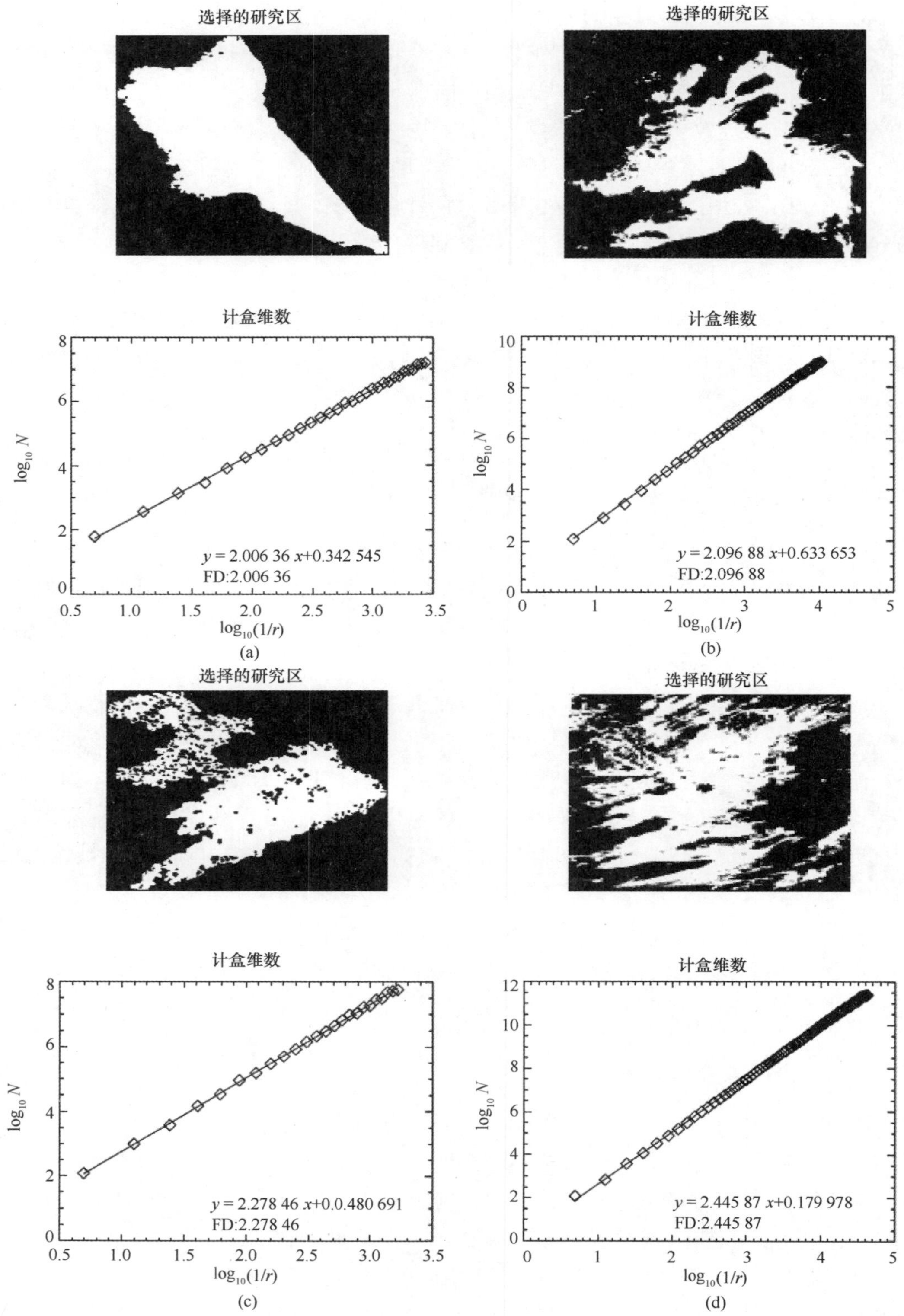

图 4.15　实例 1 中雾区、中云计盒维数分析

（上）为选择的云雾区，（下）为计盒维数

（a）区域 1 – 雾区；（b）区域 2 – 雾区；（c）区域 3 – 低云；（d）区域 4 – 中云

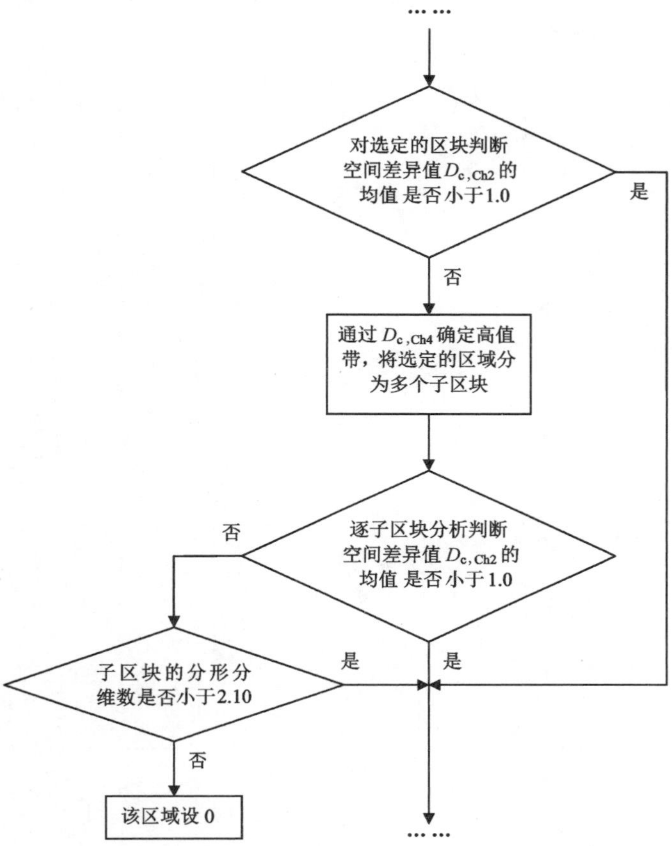

图 4.16　图像特征分析判断流程

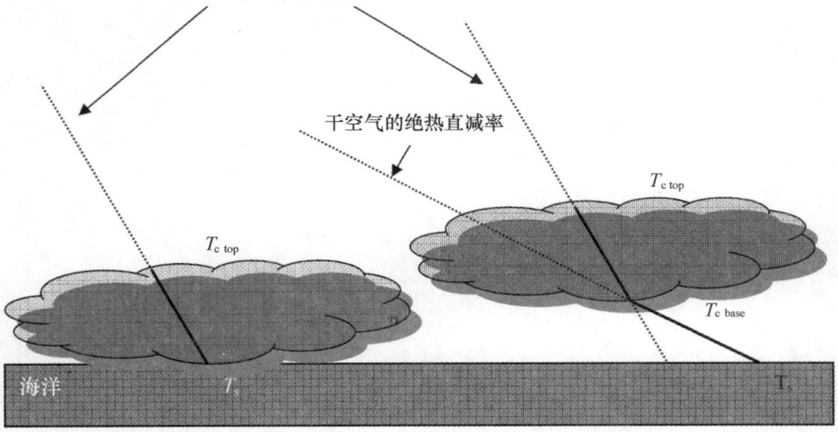

图 4.17　确定雾、地层云顶高度示意图

（粗黑线为到达云雾的实际温度绝热直减率）

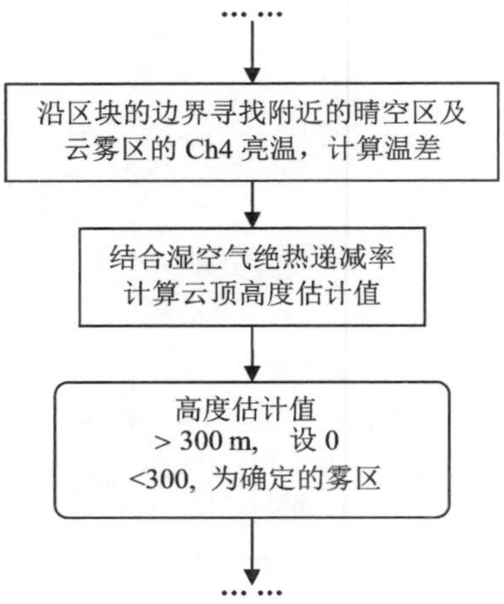

图 4.18　高度估计分析算法流程

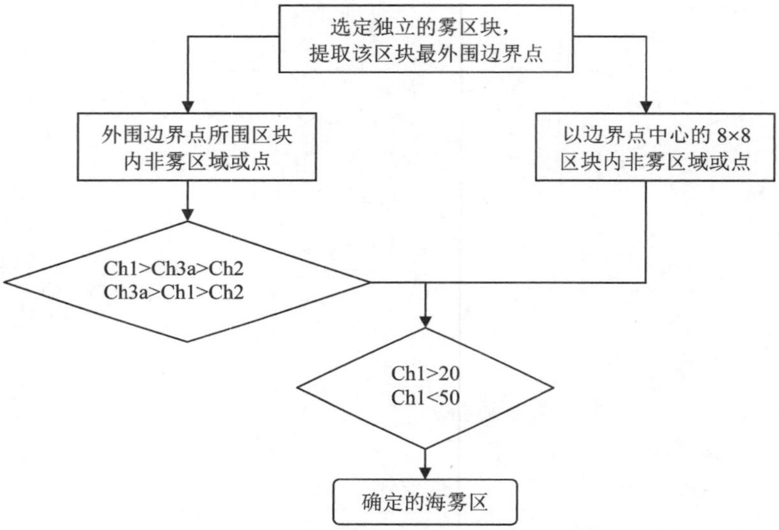

图 4.19　修补漏点算法流程

4.3　实例监测结果

运用上述的6步监测方法，对实例1、实例2中黄渤海海域的海雾进行了有效的识别。其结果如图4.20所示，左图为本章算法自动监测的结果，右图为中国气象局网站公布的结果。两者相比，海雾发生区域的监测结果一致。当然其中也存在着细微差别，分析原因，主要由下列因素造成。

（1）本文算法在对辐射特性研究的基础上，严格的辐射特性判别，使得多层云下的雾区不能满足判别，被认为非雾区。因此本算法对多层云下雾区的监测能力差。

（2）修补漏点是，只考虑了雾主体边界对称且较小的区域，所以对那些沿主体向某一方向狭长延伸的区域没有修补识别。

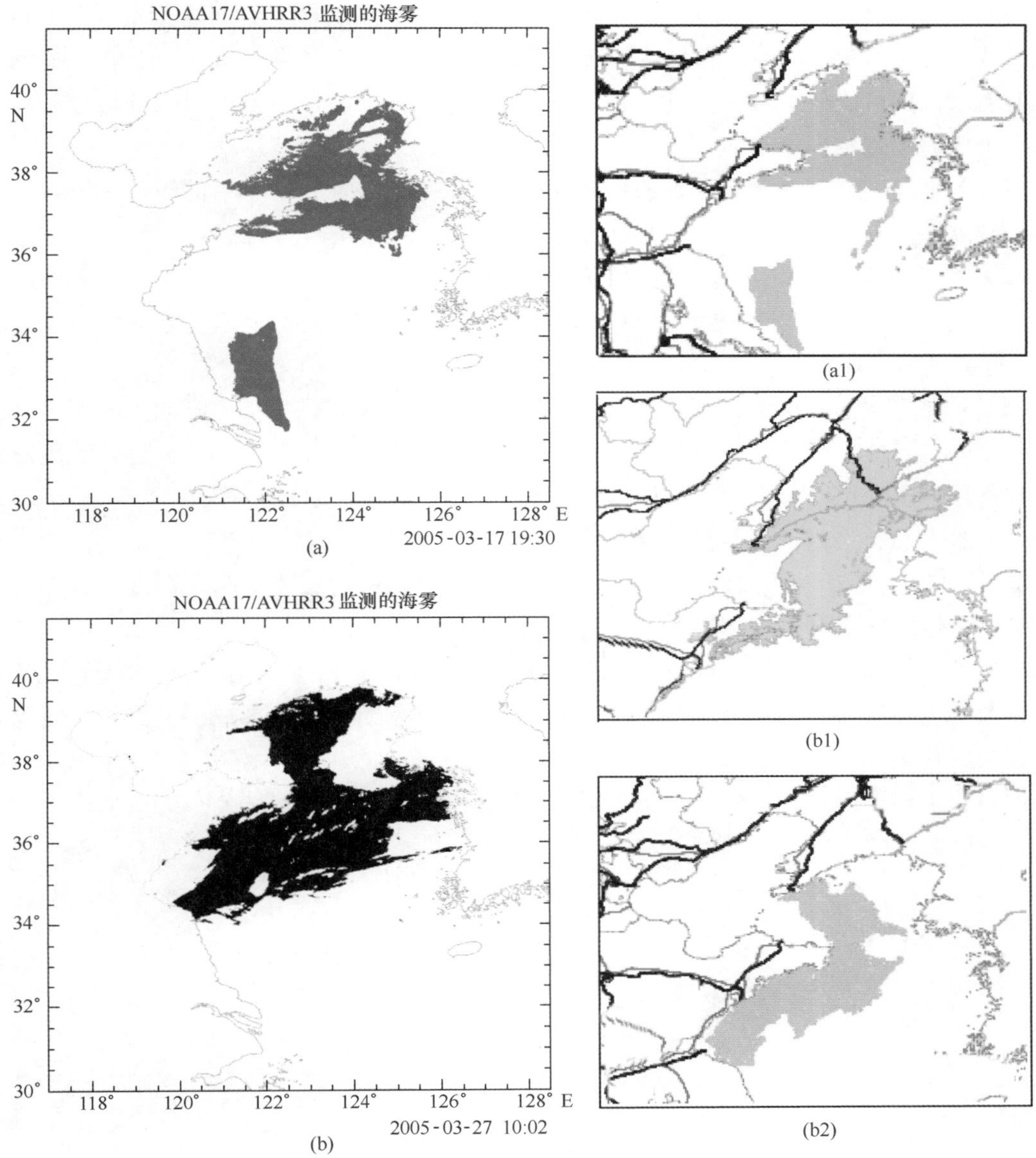

图 4.20 黄渤海海雾实例监测结果

（a）实例 1：2005 年 3 月 17 日；（b）实例 2：2005 年 3 月 27 日；（a1）中国气象局公布的同时次结果

（b1）中国气象局公布的 08 时 02 分结果；（b2）中国气象局公布的 13 时 56 分结果

4.4 本章小结

本章根据海雾的定义确定了海雾在一般地物中所占据的特定位置；利用第 3 章不同地物辐射特性分析的结论，设计了一个全新的、有物理意义的海雾监测算法：经云地分离、位相判别、粒径判断、图像特征分析和高度分析，将海雾主体从一般地物中提取出；针对两种漏判情况进行了相应的修补恢复，完成了自动化卫星监测大片海雾作用区域。每一步分析均建立了各自的算法。

（1）云地分离。采用动态阈值法，指出在海洋上，利用Ch2反射率进行直方图分析，确定动态阈值，可避免对高泥沙含量水体误判为云系的发生；对整轨数据进行分析，使阈值的存在具有较高的可能性。对每轨卫星资料确定各自的阈值，以区分低反射率的地表和高反射率云系，为后续判别提供基础。

（2）位相判别。考虑冰云存在的物理温度条件和水云、冰云对辐射的吸收和散射的光学差异，建立了四种判别方法，消除可能的冰相云系。

（3）粒径判断。海雾粒子半径一般为几个微米，小粒径的云系对Ch3a反射率的影响明显，粒子越小，Ch3a反射率越高。与其他两个反射率通道相比，具有：Ch1 > Ch3a > Ch2，或者Ch3a > Ch1 > Ch2的特点。

（4）图像特征分析。雾顶高度平滑，雾区边界清晰，在图像特征中不同于一般云系。通过定义空间差异值D_c，考虑区块的整体性，计算区块辐射图像的分形维数，逐区块判断，消除了顶部反射率变化较大的云系，并有效地将云雾相连区块中的云块消除。

（5）高度分析。选取云雾和晴空交界区域范围内的云雾、晴空通道Ch4的亮温均值，代替云雾、云雾下晴空区域的温度。用假定的绝热温度直减率和云雾、晴空温差，计算云雾的估计高度，达到判断雾区的目的。

（6）修补漏点。根据雾是成片的、连续发生的特点，针对图像特征判断引起的雾区内麻点现象及雾边界区漏判的区域，进行粒径判断和反射率判断，对结果进行了修补，使监测的雾区连续成片。

最后利用本算法对两个实例进行了雾区监测，与中国气象局网站公布的结果比较，证明算法有较好的监测结果。

5 海雾微物理性质反演

5.1 海雾的微物理性质

海雾的微物理性质包括雾区内能见度、雾水含量、海雾粒子的大小、成分、形状和浓度（谱分布）等。在卫星反演中，常将雾滴看成球形液滴，因此本文中通过卫星反演的海雾微物理特性包括：雾区内能见度、雾水含量、雾滴谱分布、海雾粒子的有效半径和0.55 μm波段处的光学厚度。

在众多微物理参数中，海雾的宏观微物理特性主要表现为它的尺度谱分布：对于球形雾滴半径 $r \to r + \mathrm{d}r$ 间隔内单位体积的所含的雾滴个数用 $N(r)\mathrm{d}r$ 表示，$N(r)$ 是半径为 r 的单位体积粒子的浓度。一般地，雾滴谱表现为雾滴浓度随半径的增加而迅速增加，达到某个极大值后又随粒子半径较缓慢地减少。这种分布通常近似地用修正的 gamma 函数表示如下：

$$N(r) = ar^{\alpha}\exp(-br^{\beta}) \tag{5.1}$$

参数 a,b,α,β 是确定雾滴尺度分布形状的参数。文献［102］、文献［103］给出了几种标准云雾模式的广义 gamma 分布参数如表 5.1 所示。

表 5.1 几种云雾滴谱广义 gamma 分布参数

云型	云高（km）		含水量	众数半径	形状参数		成分
	云底	云顶	(g/m^3)	(μm)	α	β	相态
卷层云	5.0	7.0	0.1	40.0	6.0	0.5	冰
浓积云	1.6	2.0	0.8	20.0	5.0	0.3	水
积云	0.5	1.0	0.5	10.0	6.0	0.5	水
低层云	0.5	1.0	0.25	10.0	6.0	1.0	水
浓霾	0	1.5	0.001	0.05	1.0	0.5	水
雾	0	0.05	0.15	5.0	2.0	1.0	水

表 5.1 中，众数半径也是一个感兴趣的参数，它表示粒子浓度达最大时的粒子半径。确定了尺度谱分布函数，其他的微物理参数根据各自的定义，都与尺度谱分布函数直接或间接关联着。具体如下。

（1）雾滴的总体积（V）可表示为

$$V = \int_0^{\infty} \frac{4}{3}\pi r^3 N(r)\,\mathrm{d}r \tag{5.2}$$

（2）雾水含量（Lwc）为

$$\mathrm{Lwc} = \rho_w V = \frac{4}{3}\pi\rho_w\int_0^{\infty} r^3 N(r)\,\mathrm{d}r \tag{5.3}$$

（3）雾水程（Lwp）

$$\mathrm{Lwp} = \int_0^{z_t}\mathrm{Lwc}\,\mathrm{d}z \tag{5.4}$$

（4）0.55 波段上的雾滴总消光系数（β_{ext}），由定义知

$$\beta_{ext} = \int_0^{r} Q_{ext}(r,m)\pi r^2 N(r)\,\mathrm{d}r \tag{5.5}$$

（5）雾中能见度（Vis），取对比阀值 ε 为 0.02，根据能见度的定义，雾中能见度表示为

$$\mathrm{Vis} = \frac{1}{\beta_{ext}}\ln\left(\frac{1}{\varepsilon}\right) = \frac{3.912}{\beta_{ext}}\,(\mathrm{m}) \tag{5.6}$$

（6）雾层光学厚度（τ）为

$$\tau = \int_0^{z_t}\beta_{ext}\,\mathrm{d}z \tag{5.7}$$

（7）雾滴有效半径（r_e）

$$r_e = \frac{\int_0^{\infty} r^3 N(r)\,\mathrm{d}r}{\int_0^{\infty} r^2 N(r)\,\mathrm{d}r} \tag{5.8}$$

虽然雾滴尺度谱分布联系着雾滴的微物理参数，但是从卫星观测的遥感信息中，并不能直接获得雾滴尺度谱分布。由第 3 章的分析可知，可见光 Ch1 波段卫星观测的反射率跟云雾的光学厚度有关，近红外 Ch3a 波段的反射率对云雾粒子的粒径大小比较敏感。因此，联合 Ch1 和 Ch3a 波段的反射率信息可以反演出雾层的光学厚度和雾滴粒子的有效半径。有了雾层的光学厚度和雾滴粒子的有效半径，根据以上 7 个微物理参数间的关系可以最终反演出雾中能见度、雾水含量及雾滴尺度分布等信息。图 5.1 给出了卫星反演海雾微物理参数的算法流程图，图中，查询表是反演过程中一个重要的环节[104]。

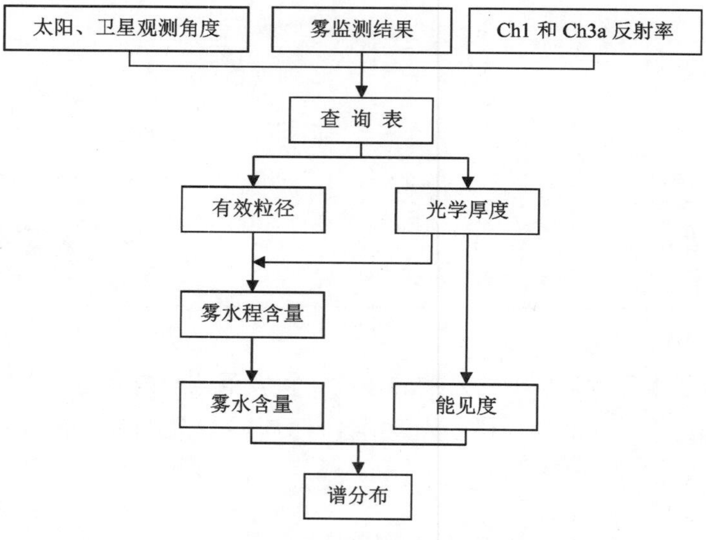

图 5.1　卫星反演海雾微物理特性的流程

5.2 查询表的建立

查询表的建立是后续参数反演的基础。本章针对不同的太阳天顶角下、观测扫描角及相对方位角下，考虑四种雾顶高度时，对 10 种不同雾层光学厚度和 10 种雾滴有效粒径不同组合下，模拟了卫星高度处的 Ch1、Ch2 和 Ch3a 波段的反射率。查询表中主要参数的设定见表 5.2。

表 5.2　查询表建立的主要参数选择

参数	选择设置
大气廓线	中纬度夏季
气溶胶模型	海洋型
气溶胶廓线、总光学厚度	0.16
地表类型、反射率	海洋，0.06
雾层厚度（m）	50 ~ 200，间隔 50
散射角（°）	170.0，135.0，90.0，45.0，10.0
卫星天顶角（°）	60 ~ 0，间隔为 - 10
太阳天顶角（°）	0 ~ 65，间隔为 5
光学厚度	0.5，1，2，4，8，16，32，64，128，150
有效粒径（μm）	2.5，4，6，8，10，12，15，20，25，30

图 5.2 给出了四种观测角度下，不同粒径和光学厚度时 AVHRR3 上 Ch1 与 Ch3a 之间的关系。利用建立的查询表，通过实测的两通道反射率信息，即可确定次观测反射率下雾层的反射率和雾滴粒径。

5.3 雾层光学厚度和雾滴有效半径

卫星反演云光学厚度和有效半径的研究理论基础是云在非吸收的可见光波段上，反射函数主要是云的光学厚度的函数，而在吸收的太阳近红外波段上，反射函数是云粒子大小的函数[105-110]。在第 3 章的辐射特性分析中，指出 AVHRR3 上 Ch1 表观反射率与粒子大小无关，Ch3 的表观反射率依赖于粒子的有效半径，粒子的有效半径越小，在 Ch3a 上的反射率越大，即 Ch3a 反射函数是云雾滴粒子大小的函数；通道 Ch1 的反射率变化随云层光学厚度的变化较大，云雾层光学厚度越大，Ch1 反射率越高，即 Ch1 反射率是云雾层光学厚度的函数。因此，联合 AVHRR3 上通道 Ch1 和 Ch3a 的反射率信息，可以实现云雾层光学厚度和云雾滴粒子有效半径的反演。

图 5.3 给出了观测 Ch1 和 Ch3a 反射率数据在模拟的反射率数据 LUT 中的散点分布。一般地，观测数据会落在模拟数据建立的不同光学厚度和有效半径的某个方格内，通过观测数据与模拟数据的差值，找到观测数据落入的方格。通过该点与方格四顶点的距离关系，双线性插值，估计出该点的雾层光学厚度和雾滴有效粒径。图 5.4、图 5.5 分别给出了两个实例

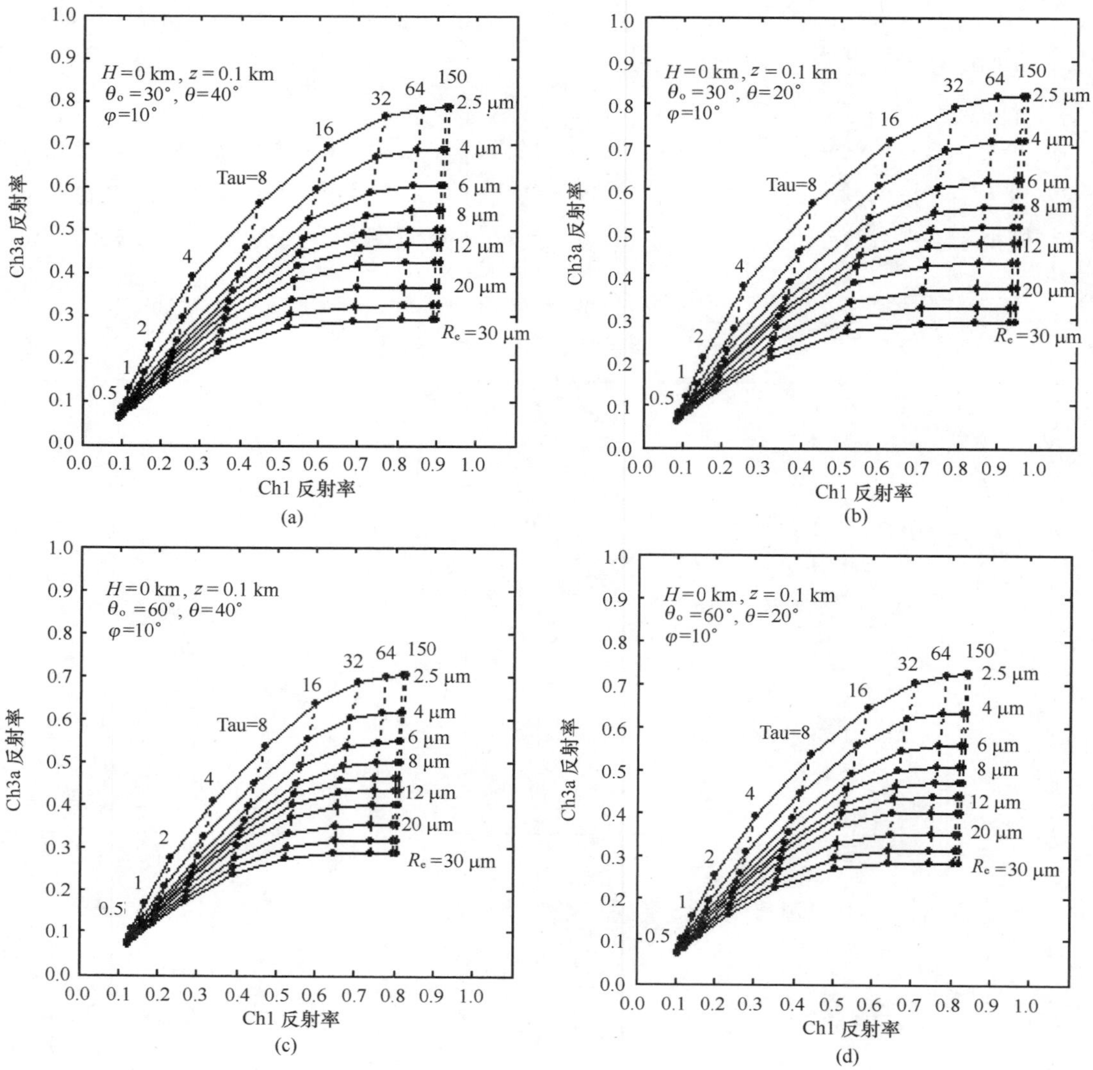

图 5.2　不同太阳、卫星观测角时不同雾层光学厚度（Tau）和雾滴有效粒子（R_e）的海雾在 AVHRR 通道 Ch1 与 Ch3a 反射率之间的关系

（a）$\theta_o=30°$，$\theta=40°$；（b）$\theta_o=30°$，$\theta=20°$；（c）$\theta_o=60°$，$\theta=40°$；（d）$\theta_o=60°$，$\theta=20°$

的光学厚度（τ）和粒子有效半径（r_e）反演结果分布图。雾层光学厚度一般在 15 以下，同时反射率高值区对应的光学厚度也较高，低反射率区又低的光学厚度，与先前的假设一致；雾区内雾滴有效半径（r_e）一般在 4 ~ 8 μm 间，最大的不超过 14 μm，同时大粒径的雾滴主要在雾区边缘。雾内部粒径较小。这些结论都与实际的雾的大小一致，符合客观事实，反演结果是可行的。

5.4　雾水含量和雾中能见度

雾发生时，人们更加关注的是雾区内的能见度，而作为科学研究用，关注的是雾水含量。在确定了雾层光学厚度（τ）和雾滴粒子有效半径（r_e）后，是否可反演出雾水含量和雾中

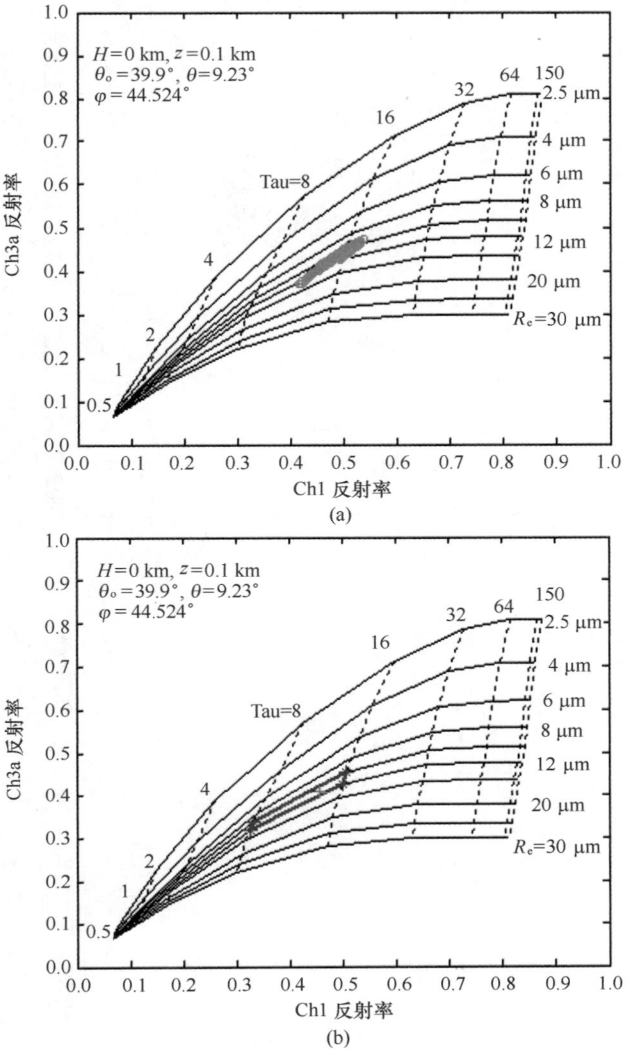

图 5.3　观测 Ch1 和 Ch3a 反射率数据在模拟的反射率数据 LUT 中的散点分布

（a）观测数据；（b）落入的方格

能见度这两个微物理量？回答是肯定的。下面先讨论一下这些物理量的关系。

假定海雾层分布均匀，即不考虑雾滴谱分布随高度的变化。以下我们考虑的问题都以此为基础。

将式（5.3）雾水含量定义代入式（5.4），则雾水程 Lwp 可转化为

$$\mathrm{Lwp} = \frac{4}{3}\pi\rho_w\int_0^{z_t}\int_0^{\infty} r^3 N(r)\,\mathrm{d}r\mathrm{d}z$$

$$= \frac{4}{3}\pi\rho_w Z_t\int_0^{\infty} r^3 N(r)\,\mathrm{d}r \tag{5.9}$$

式（5.5）雾滴消光系数代入式（5.7），同时对于雾滴半径几微米远远大于波长 0.55，此时消光效率因子 Q_{ext}（r，m）可近似为 2，则雾层光学厚度（τ）转化为

$$\tau = 2\pi\int_0^{z_t}\int_0^{r} r^2 N(r)\,\mathrm{d}r\mathrm{d}z$$

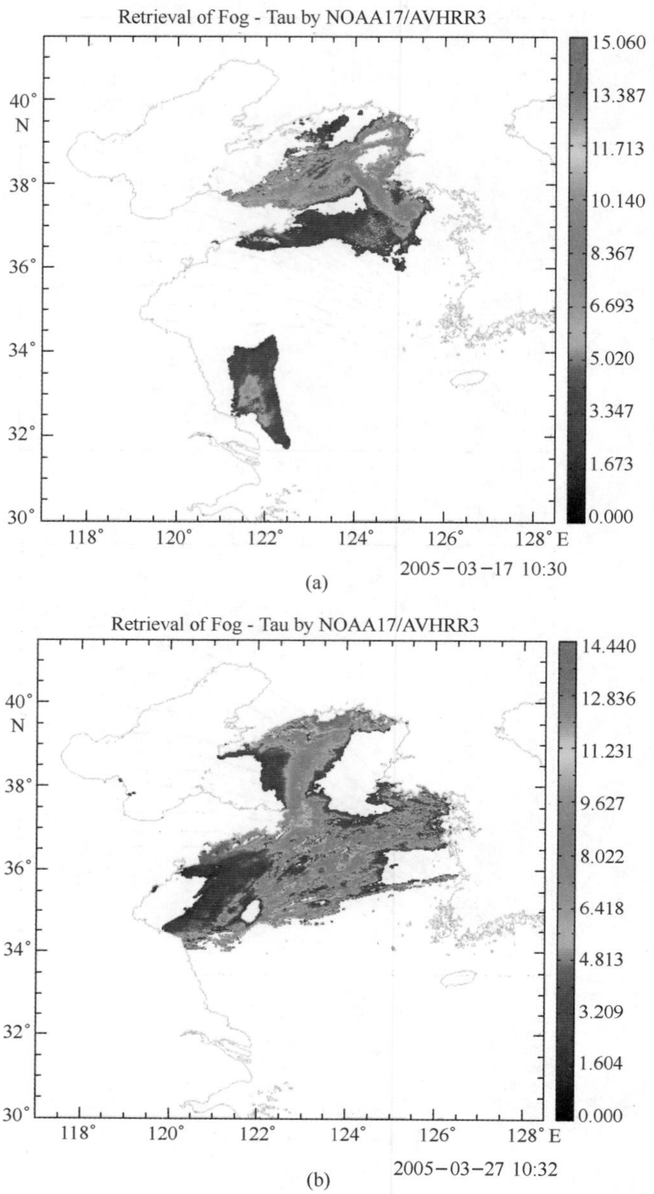

图 5.4　光学厚度（τ）反演结果分布

（a）2005－03－17；（b）2005－03－27

$$=2\pi Z_t\int_0^r r^2N(r)\,\mathrm{d}r \tag{5.10}$$

将式（5.9）与式（5.10）作比得：

$$\frac{\mathrm{Lwp}}{\tau}=\frac{2}{3}\rho_{\mathrm{w}}\frac{\int_0^\infty r^3N(r)\,\mathrm{d}r}{\int_0^\infty r^2N(r)\,\mathrm{d}r}$$

$$=\frac{2}{3}\rho_{\mathrm{w}}r_{\mathrm{e}} \tag{5.11}$$

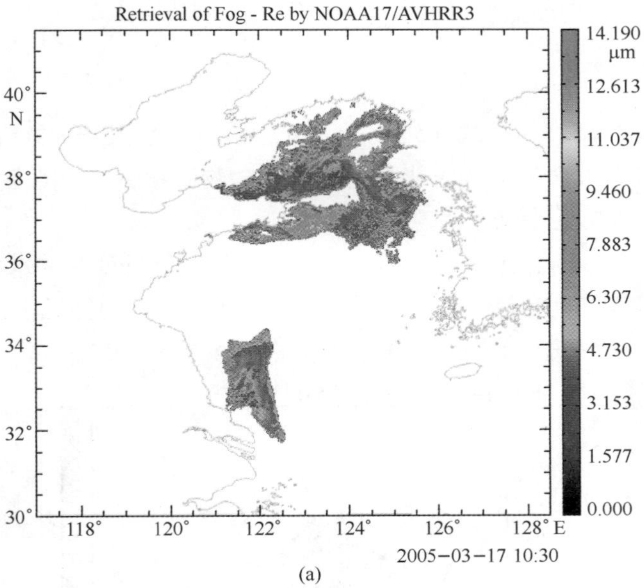

(a)

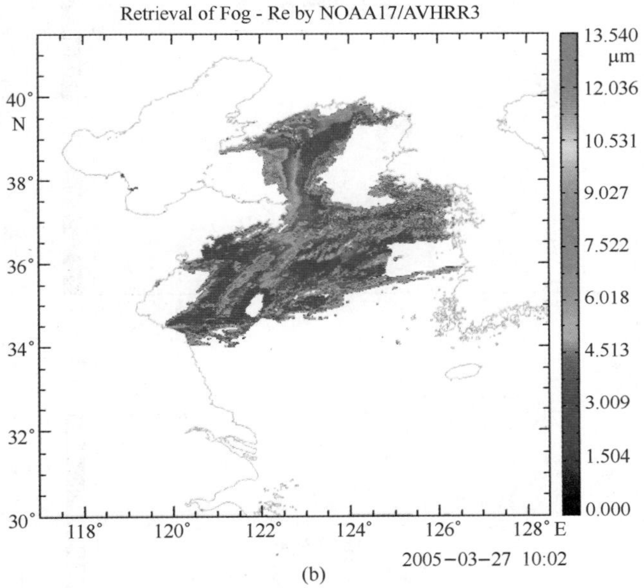

(b)

图 5.5　粒子有效半径（r_e）反演结果分布

（a）2005－03－17；（b）2005－03－27

可见，雾水程表示为

$$\mathrm{Lwp} = \frac{2}{3}\rho_w r_e \tau \tag{5.12}$$

由于海雾层分布均匀，Lwc 随高度是线性增加变化的，式（5.4）雾水含量、式（5.7）雾层光学厚度分别可转为

$$\mathrm{Lwc} = \frac{\mathrm{Lwp}}{Z_t} \tag{5.13}$$

$$\tau = \beta_{\mathrm{ext}} \times Z_t \tag{5.14}$$

此时，式（5.6）雾中能见度可表示为光学厚度的函数

$$\mathrm{Vis} = \frac{3.912}{\tau} \times Z_t \tag{5.15}$$

由式（5.12）、式（5.13）、式（5.15）可知，在雾顶高度已知时，由雾层光学厚度、雾滴有效粒径可推算出雾水含量和雾内能见度这两个微物理参数，可直接表示雾强度的参数。雾顶高度的估算在监测算法中已经确定。

图5.6和图5.7分别给出了实例1和实例2中雾区的能见度和雾水含量分布状况。在这两次海雾事件中，雾区能见度都低于200 m，属浓雾区。边界的能见度高于雾内的，同样反射率高值区的能见度比较低。实例1中雾水含量一般在0.2~0.3 g/m^{3}之间，图中出现的高

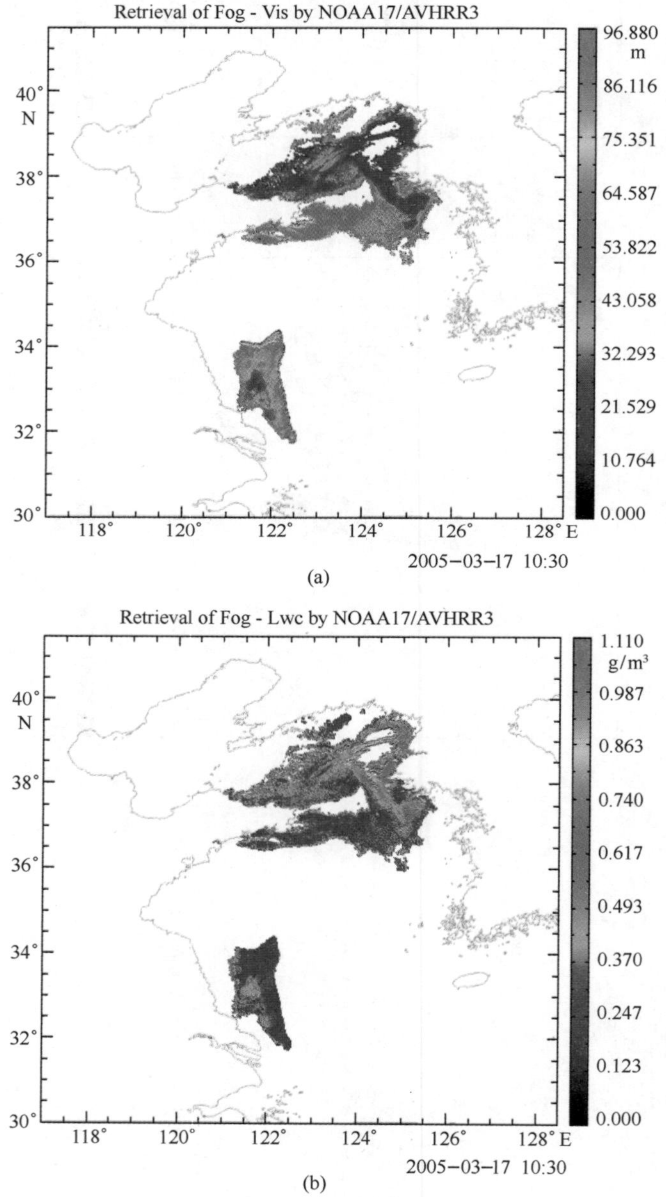

图5.6 2005年3月17日雾区能见度和雾水含量反演结果分布

（a）雾区能见度；（b）雾水含量

达1.0 g/m^3 区上空有云覆盖，说明了监测结果和反演结果的正确；在实例2中雾水含量主要分布：一个区域位于0.2～0.3 g/m^3；另一个区域位于0.5～0.7 g/m^3。这些数值的量级与实际观测值是类似的。

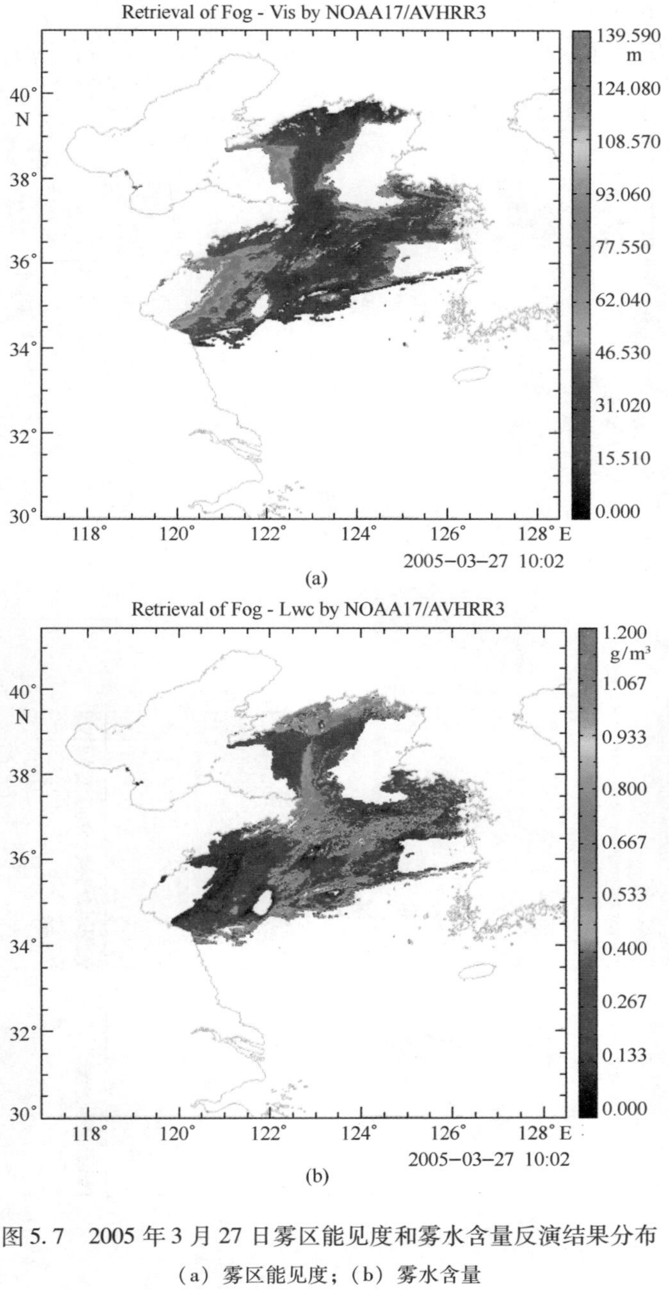

图5.7　2005年3月27日雾区能见度和雾水含量反演结果分布

（a）雾区能见度；（b）雾水含量

5.5　雾滴谱分布

在云雾微物理规律研究中，几乎所有的问题都涉及粒子尺度分布，即雾滴尺度谱分布。因此，从卫星中反演这样的信息，能够让研究者更好地研究它们的微物理变化。

为简化问题，本节首先考虑简单的均匀分布情况，再考虑常用的 gamma 尺度分布模型下，雾滴尺寸谱分布参数确定的问题。

5.5.1 均匀分布情况

首先，假定雾滴为均匀分布，设单位体积内的雾滴总数为 N 个，雾滴半径为 r（m），则雾的含水量为

$$\mathrm{Lwc} = 10^6 N \frac{4\pi}{3} r^3 \quad (\mathrm{g/m^3}) \tag{5.16}$$

0.55 波段上的总消光系数 β_{ext} 为

$$\beta_{\mathrm{ext}} = 2N\pi r^2 \tag{5.17}$$

因此，由式（5.16）和式（5.17）可确定出单位体积内的雾滴总数

$$N_1 = \frac{3\mathrm{Lwc}}{4\pi r^3} 10^6$$

$$N_2 = \frac{\beta_{\mathrm{ext}}}{2\pi r^2} \tag{5.18}$$

取两者的平均值作为均匀分布状态下雾滴总数 N

$$N = (N_1 + N_2)/2 \tag{5.19}$$

通过式（5.19）可确定均匀分布下的雾滴总数 N，图 5.8、图 5.9 分别给出了实例 1、实例 2 均匀分布下的雾滴总数 N 的反演结果。

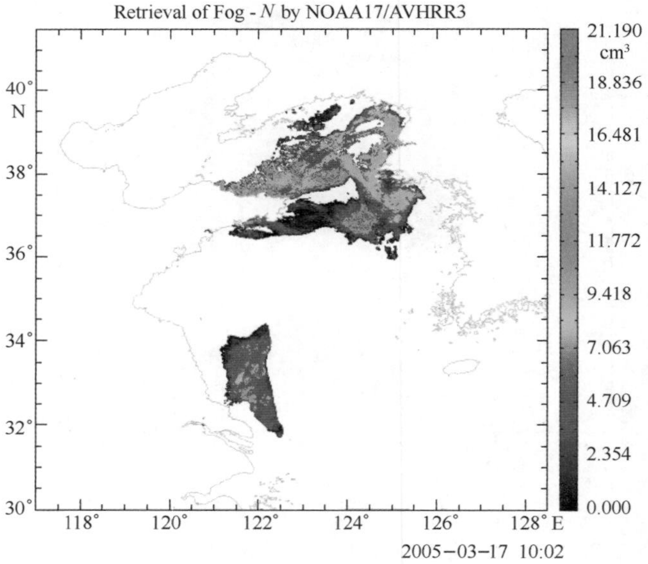

图 5.8 2005 年 3 月 17 日均匀分布下的雾滴总数 N 分布

5.5.2 gamma 雾滴尺度分布模型

前已叙述雾滴谱通常可近似地用修正的 gamma 函数式（5.1）表示。其中，被广泛采用的另一种较为简单的云雾滴谱模型是 $\alpha = 2$，$\beta = 1$ 时的 gamma 雾滴分布模型（Khragian – Ma-

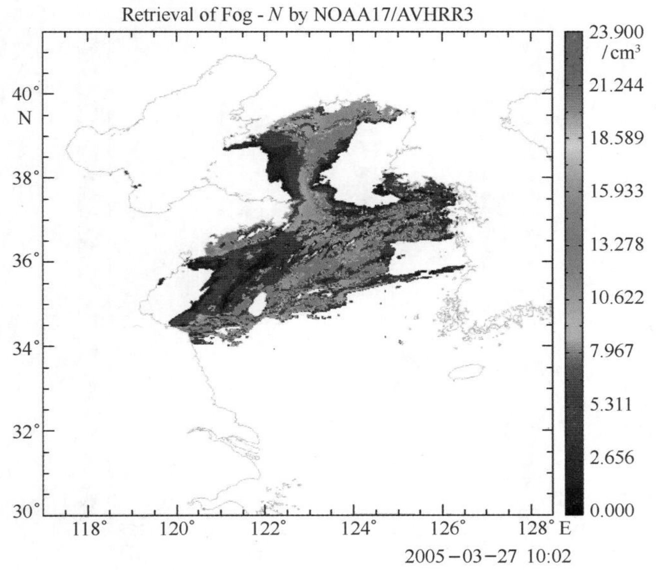

图 5.9　2005 年 3 月 27 日均匀分布下的雾滴总数 N 分布

zin 分布模型）[101]，即

$$n(r) = ar^2\exp(-br) \quad (\mathrm{m}^{-4}) \tag{5.20}$$

这是研究云雾粒子常用的一种模型，在这种模型下云雾尺度分布参数与宏观微物理量之间的关系更为简洁。下面就以此模型为基础，讨论雾滴谱分布与能见度和含水量之间的关系。

在 gamma 雾滴尺度分布情况下，消光系数、能见度和液水含量分别为

$$\beta_{\mathrm{ext}} = \int_0^{\infty} 2\pi r^2 n(r)\,\mathrm{d}r = 2\pi\int_0^{\infty} ar^4 \mathrm{e}^{-br}\mathrm{d}r = \frac{2\pi a4!}{b^5} \tag{5.21}$$

$$\mathrm{Vis} = \frac{3.912}{\beta_{\mathrm{ext}}} = \frac{3.912b^5}{2\pi a4!} \tag{5.22}$$

$$\mathrm{Lwc} = 10^6\frac{4\pi}{3}\int_0^{\infty} ar^5\mathrm{e}^{-br}\mathrm{d}r = \frac{4\pi 5!a}{3b^6}\times 10^6 \tag{5.23}$$

整理得

$$a = \frac{9.781}{\mathrm{Vis}^6\mathrm{Lwc}^5}\times 10^{33} \tag{5.24}$$

$$b = \frac{1.304\times 10^7}{\mathrm{Vis}\cdot\mathrm{Lwc}} \tag{5.25}$$

由上确定的雾含水量和能见度可确定系数 a、b。

在求得雾滴谱参数后，可计算雾滴浓度 N

$$N = \int_0^{\infty} n(r)\,\mathrm{d}r = \frac{2a}{b^3} = \frac{8.222}{\mathrm{Vis}^3\mathrm{Lwc}^2}\times 10^3 \quad (\mathrm{m}^{-3}) \tag{5.26}$$

至此建立了 gamma 分布下，雾滴浓度 N 与雾含水量、雾中能见度的关系式（5.26），由此利用已反演的雾含水量 Lwc 和雾中能见度 Vis，图 5.10、图 5.11 分别给出了实例 1、实例 2 雾滴谱 gamma 分布下的雾滴总数 N 的分布。

gamma 分布下的雾滴总数 N 的分布比均匀分布下的要高。

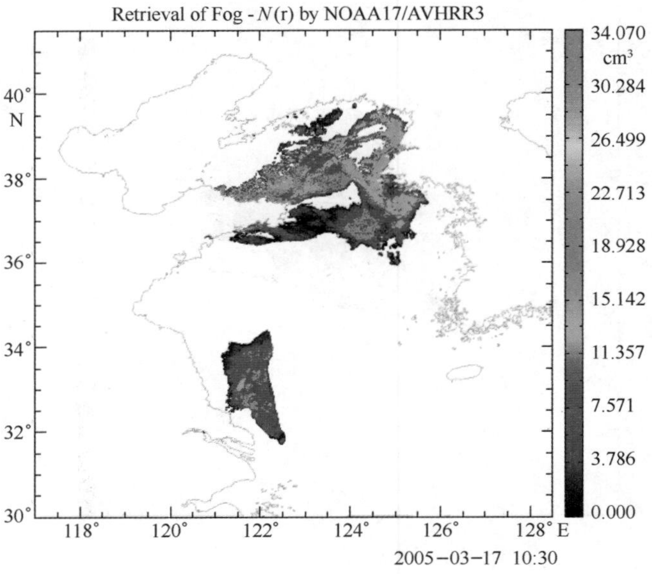

图 5.10　2005 年 3 月 17 日 gamma 分布下的雾滴总数 N 分布

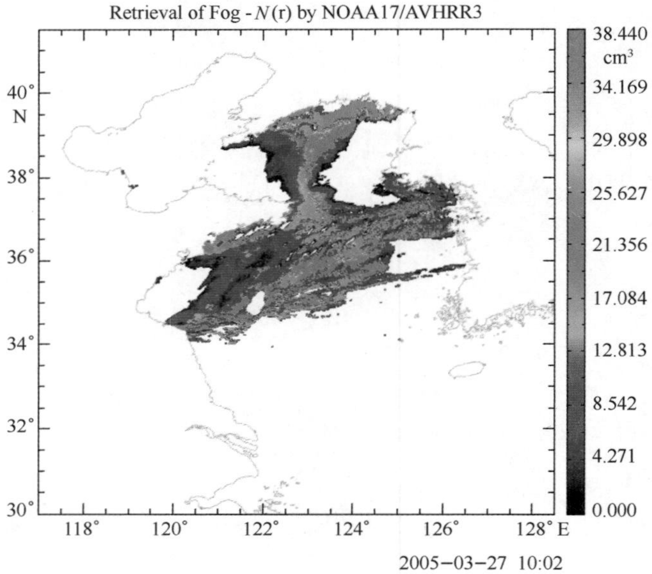

图 5.11　2005 年 3 月 27 日 gamma 分布下的雾滴总数 N 分布

此外，与雾滴尺度分布曲线的峰值相对应的模式半径 r_0

$$r_0 = \frac{2}{b} = 1.534 \times 10^{-4} \mathrm{Vis} \cdot \mathrm{Lwc} \quad (\mathrm{m}) \tag{5.27}$$

由下式还可求得雾滴尺度分布的平均半径

$$r = \frac{1}{N}\int_0^{\infty} rn(r)\,\mathrm{d}r = \frac{3}{b} = \frac{3}{2}r_0 = 2.301 \times 10^{-4} \mathrm{Vis} \cdot \mathrm{Lwc} \quad (\mathrm{m}) \tag{5.28}$$

这两个量也是表示雾滴尺度的参数，这里不再叙述。

5.6 本章小结

本章通过卫星反演的海雾微物理特性：海雾粒子的有效半径、0.55 μm 波段处的光学厚度、雾区内能见度、雾水含量和雾滴谱分布。在不同的海雾粒子有效半径和0.55 μm 波段处的光学厚度下，建立查询表，通过实测数据的比对，利用双线性插值反演了有效半径和光学厚度；通过雾水含量和能见度信息与有效半径和光学厚度的关系，推导了雾滴谱分布与雾水含量和能见度的关系，因此，通过卫星资料反演了海雾的微物理性质。

6　监测算法的验证和应用

本文通过 14 个实例和辐射模拟数据对海雾的卫星辐射特性进行了分析，在此基础上设计了黄渤海海雾发生区域、微物理特性的监测反演算法。为了验证监测算法的可用性、准确性，收集了中国气象局国家卫星气象中心发布的黄渤海海雾事件[111]，以此来验证监测结果。首先，对用于研究分析的先验海雾实例进行了监测算法验证；其次，将本监测算法应用于 2006 年 1 月至 5 月期间国家海洋局第二海洋研究所卫星地面站接收的 NOAA－17 卫星数据进行自动连续监测，分析了监测算法的效率，进一步验证了监测结果。另外，为了保证监测算法的可推广性，将监测算法的思想应用于 FY－1D 卫星数据，选取几个海雾实例，进行了推广应用试验。

6.1　监测算法的先验实例验证

4.3 节已对文中说明实例 1、实例 2 的监测结果进行了比对，效果很好。本节对研究中所选其他 12 个实例（见表 2.4），包括 3 个无雾实例，也进行了先验实例的验证。表 6.1 列出了所选 14 个实例中中国气象局国家卫星气象中心公布的黄渤海海雾事件，以此作为监测判断标准对实例进行了验证。国家卫星气象中心的监测主要以 FY－1D 为主，其过境时间在 7：45 前后，而 NOAA17 过境时间在 10：30 左右，FY－1D 过境时间比 NOAA17 早 2～3 h，在这段时间内海雾可能处于消散状态、可能处于浓度和范围加大状态、可能处于稳定状态等，因此结果比对时，需要结合实际时刻的 NOAA17 卫星图像。对 14 个先验实例监测结果中，出现 1 例错判海雾区（见图 6.3（c）：N17_200504280311），1 例海雾部分漏判区（图 6.2（c）：N17_200504270154）。图 6.1、图 6.2 给出了 7 个实例的 NOAA17 三通道（RGB：Ch1，Ch2，Ch3a）合成图、算法的监测结果和国家卫星气象中心公布的结果。图 6.3 给出了 3 月 16 日 1 轨、4 月 28 日 2 轨国家卫星气象中心未公布但确实存在海雾的 3 个实例三通道合成图和监测结果分布。

表 6.1　所选 14 个实例中黄渤海海雾事件

海雾发生区域	卫星过境时间及名称
黄海海域	2004 年 4 月 11 日 08：55　FY－1D
黄海北部、江苏东部沿海	2005 年 3 月 17 日 07：48　FY－1D
	2005 年 3 月 17 日 10：27　NOAA17
黄海北部	2005 年 3 月 22 日 07：06　FY－1D
黄海北部	2005 年 3 月 27 日 08：03　FY－1D
	2005 年 3 月 27 日 13：56　NOAA16
辽东湾、黄海北部	2005 年 4 月 25 日 07：12　FY－1D
黄海北部、南部	2005 年 4 月 26 日 07：10　FY－1D
黄海中部、南部	2005 年 4 月 27 日 09：52　NOAA17

注：参考中国卫星遥感信息服务网，中国气象局国家卫星气象中心。

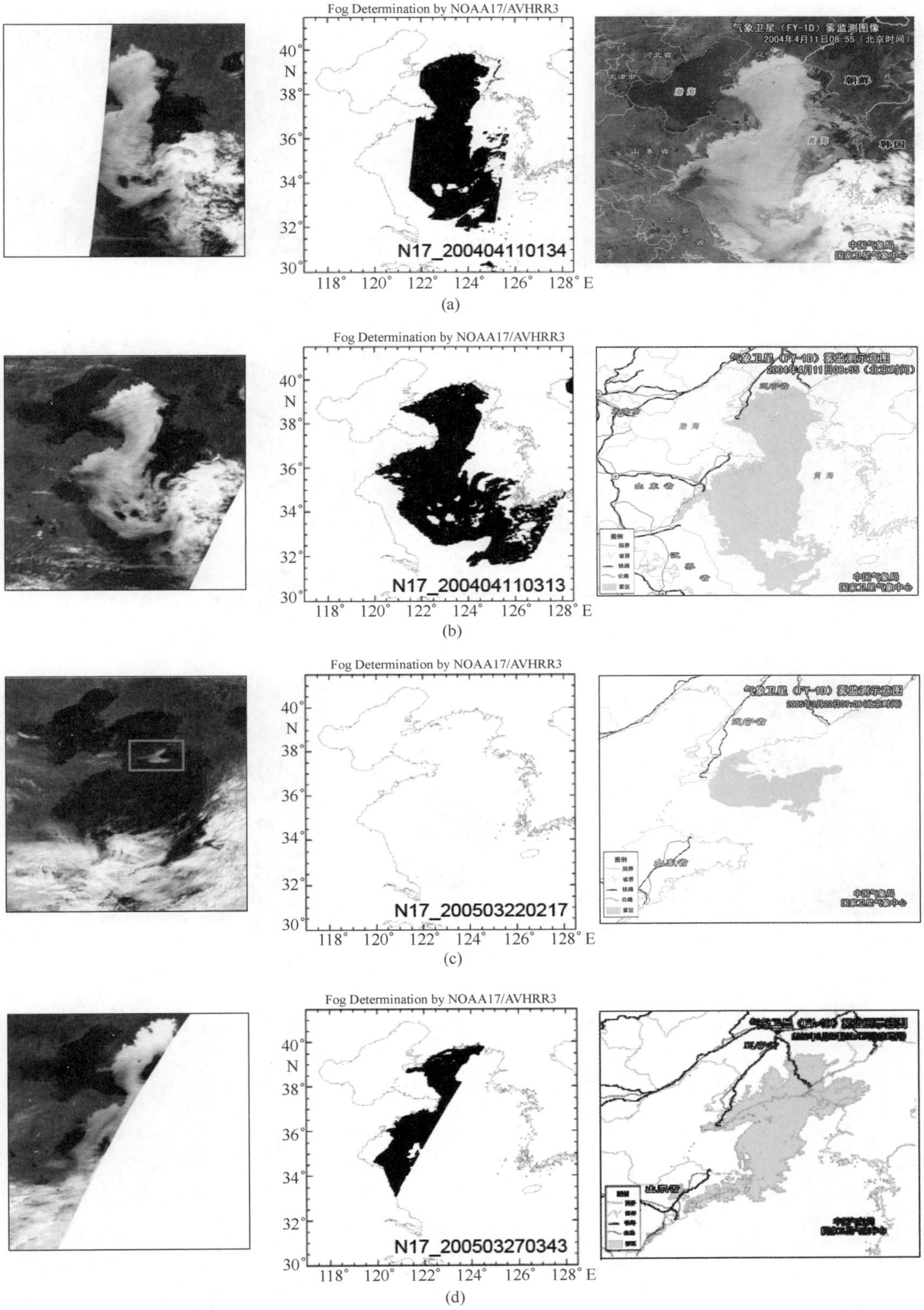

图 6.1　NOAA17 三通道合成图（左）、本文算法的监测结果（中）、国家卫星气象中心公布的结果（右）

（a）N17_ 200404110134；（b）N17_ 200404110313；（b）N17_ 200503220217；（d）N17_ 200503270343

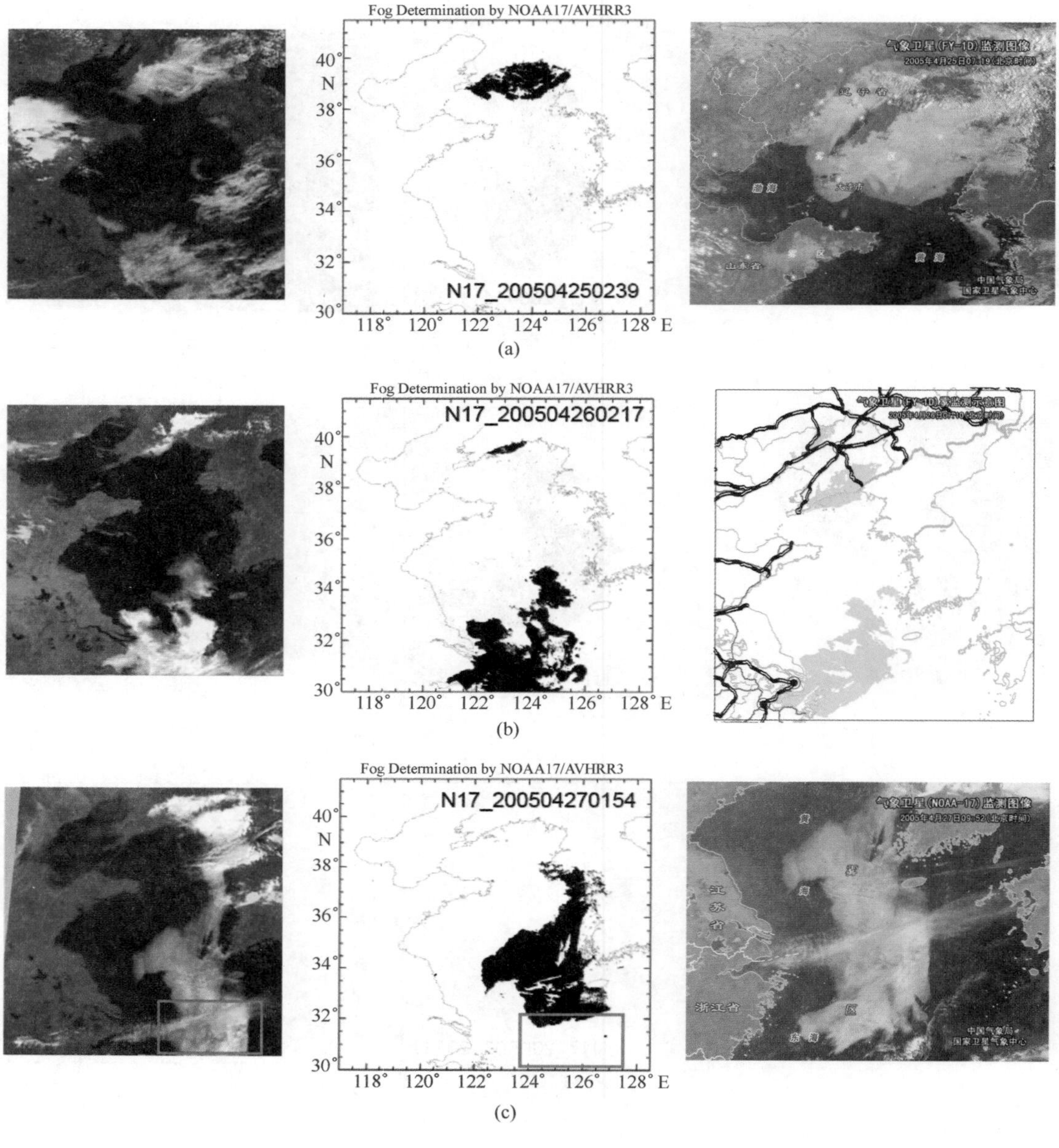

图 6.2 NOAA17 三通道合成图（左）、本文算法的监测结果（中）、国家卫星气象中心公布的结果（右）

（a）N17_ 200504250239；（b）N17_ 200504260217；（c）N17_ 200504270154 出现部分漏判区（红框）

图 6.1 中 2005 年 3 月 22 日 7：06 的 FY－1D 中出现在黄海北部海面的海雾，处于消散阶段，到 10：17 的此海区的海雾已经消散，并抬升南移，这在 NOAA17 的三通道合成图中清晰可见，本论文的监测算法并未将此区域识别为海雾，说明本论文的监测算法对此类事例的识别具有一定的准确性。图 6.3 中 2005 年 4 月 27 日监测结果中由于部分雾区上空有高云存在，使得该覆盖区没能监测出（见图 6.2（c）)，这是所选实例中唯一部分漏判的实例。图 6.3 中 2005 年 4 月 28 日监测结果中对黄海东部和北部的雾区都有效地识别出了，但在渤海湾内出现错误的判断区。据中国干旱气象网报道[112]，这一天北方沙尘正影响渤海海区，从 NOAA17

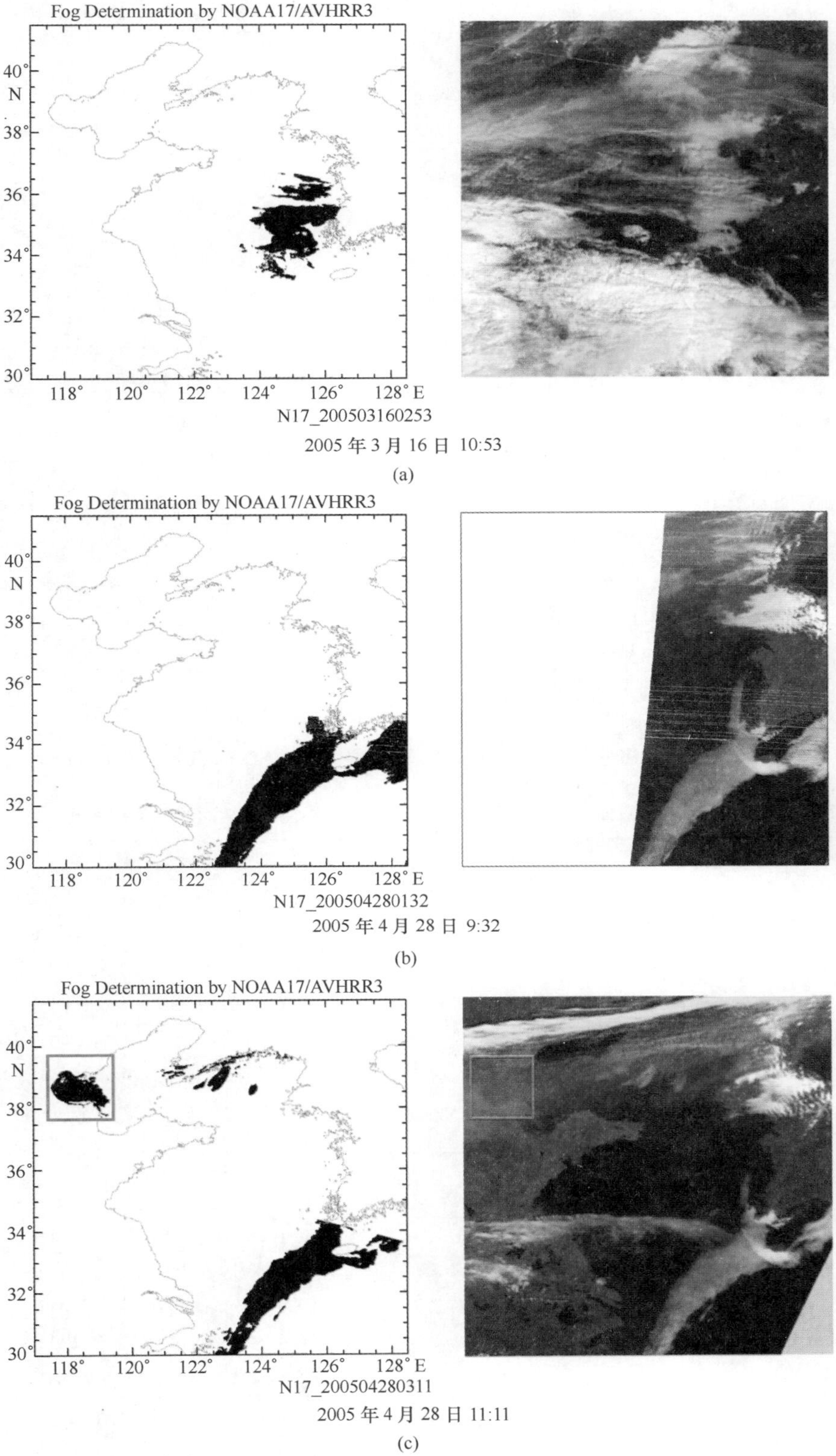

图 6.3　NOAA17 三通道合成图（左）、本文算法的监测结果（右）

（a）N17_ 200503160253；（b）N17_ 200504280132；（c）N17_ 200504280311 出现部分漏判区（红框）

合成图中也清晰可见沙尘影响着渤海，正是这个原因，使得监测结果中出现了错判区。其他实例的监测结果与国家卫星气象中心公布的结果都具有较高的一致性。

总体而言，算法对选择实例的海雾区域监测具有很好的准确性，同时，由于雾区上空高云的存在使监测结果出现漏判区；浮沙影响渤海时，监测算法会将沙尘区错判为海雾区。

6.2 监测算法的应用验证

海雾监测算法的设计是基于先验实例分析海雾辐射特性的，利用此监测算法对选取的NOAA17先验数据进行雾区监测，其结果与国家卫星气象中心公布的结果具有较高的一致性，这是设计的算法应该具有的。但是监测算法不能通过这样的比对验证来说明其优劣，需要通过其他时段、非先验研究数据的检测结果来验证。本节将监测算法对2006年1月至5月期间国家海洋局第二海洋研究所地面站接收的NOAA17数据（表2.5）进行了连续自动海雾监测，分析结果以说明算法的优劣。

表6.2列出了中国气象局国家卫星气象中心发布的2006年1月至5月期间黄渤海海域的海雾发生状况。由于NOAA17数据的缺测（见表2.5），2月7—26日期间发生的海雾无法进行比对验证工作。对2006年1月至5月的NOAA17卫星数据连续自动监测黄渤海海雾发生区域，整个监测结果统计见表6.3。下面分别对国家卫星气象中心公布（表6.2中粗体）的结果与同天NOAA17监测结果进行比对，对国家卫星气象中心未报道的雾监测结果和漏判的区域进行说明，对错判的区域进行分析，从整体上来评价本文建立的海雾发生区域监测算法的优劣性。

表6.2 中国卫星遥感信息服务网发布的黄渤海海雾发生统计（2006年1月至5月）

海雾发生区域	卫星过境时间及名称
渤海湾	2006年1月14日11：33 NOAA17 2006年1月14日14：32 NOAA16
渤海湾	2006年1月15日08：20 FY－1D 2006年1月15日11：10 NOAA17
黄海西部海域	2006年2月11日07：51 FY－1D
黄海西部海域	2006年2月12日07：43 FY－1D
江苏沿海	2006年2月12日10：28 NOAA17
渤海湾	2006年2月13日07：34 FY－1D
渤海和黄海海域	2006年2月14日07：28 FY－1D
黄海北部	2006年2月14日11：22 NOAA17
黄海中部	2006年2月20日08：16 FY－1D
渤海以及黄海北部、东部	2006年3月5日08：08 FY－1D 2006年3月5日10：46 NOAA17 2006年3月5日14：55 NOAA16
黄海中南部	2006年3月7日07：49 FY－1D
黄海中南部	2006年3月10日07：23 FY－1D
渤海东部、黄海中部 山东、江苏沿岸	2006年3月21日07：30 FY－1D 2006年3月21日11：19 NOAA17 2006年3月21日15：10 NOAA16
渤海湾，处于消散阶段	2006年3月31日07：46 FY－1D

续表 6.2

海雾发生区域	卫星过境时间及名称
渤海中部	2006 年 4 月 2 日 07：29　FY－1D
黄海北部、中部、西部	2006 年 4 月 29 日 07：00　FY－1D
黄海东部	2006 年 5 月 1 日 06：43　FY－1D
黄海中部	2006 年 5 月 4 日 15：02　NOAA16
黄海中部	2006 年 5 月 31 日 12：34　NOAA18

注：来源于 http：//dear. cma. gov. cn/is_ nsmc/。

表 6.3　2006 年 1 月至 5 月算法连续自动监测结果统计

数据总轨数	判断有雾的轨数		无雾的轨数	误判数（漏判数）	平均耗时
	报道判数	未报道判数			
142	10	18	97	17（3）	118. 532 s

图 6. 4 给出了本文 NOAA17 监测结果和国家卫星气象中心发布的同时次监测结果。比对表明，两者的监测结果是高度对应的，监测的海雾区域明显一致。图 6. 5 给出了本文监测结果与国家卫星气象中心发布的 FY－1D 监测结果，其中分图（b）、（c）似乎没有将国家卫星气象中心发布雾区有效地识别出，但要注意到两个监测数据在时间上存在 3 个时差。仔细分析，2006 年 3 月 31 日 7：46 FY－1D 显示渤海湾有大雾分布，国家卫星气象中心在发布此海雾事件时，也指出该大雾区受风的影响，处于消散阶段；因此到 10：52 本文算法对 NOAA17 的监测显示该区域没有大雾，监测结果符合实际，从三通道合成图中也可看出渤海湾内原雾区范围缩小，且图像白亮，已不再是雾。另外，2006 年 4 月 2 日 FY－1D 显示的雾区，本算法没有识别出，分析三通道合成图，与原雾区的位置相比，原雾区已向东南方向飘移，从雾区温度和周围水温判断此区域雾区应已抬升为低云，因此本算法未能将其判别。这两个例子都说明了本算法对低云有一定的判断识别能力。其他监测结果的比对表明，两检测结果在海雾发生区域上有很好的对应一致性。

国家卫星气象中心的监测对一些海雾事件并没有很好地监测出，没有相关报道。但没有报道并不表示海雾事件不存在。在没有实测数据或其他数据源比对的情况下，只能通过图像本身目视判别。比较报道的海雾监测结果和三通道合成图的对应位置（见图 6. 4、图 6. 5），发现雾区边界明显、整齐，其色调也较暗，纹理平滑，特别是其边界沿着岸线走向，这是研究中目视判断的主要根据。根据这一标准，通过分析本算法监测出的其他海雾事件及其三通道卫星图像，发现另有 18 轨国家卫星气象中心未监测到的海雾事件，及 17 轨误判的（包括 3 轨漏判的）海雾事件。这样的判断也许存在错误的判别；准确的验证，仍需要实测数据或其他数据源，但文中认为这 18 轨的监测结果是正确的。18 轨海雾事件太多，没能逐一列出，文中只给出了 9 轨监测结果和三通道合成图（见图 6. 6、图 6. 7、图 6. 8）。三通道合成图中，上述的判别标准清晰可见。

通过目视识别认为，142 轨分析数据中错误判断的有 17 轨数据，分析原因主要有三类：①将沙尘影响海域误判为海雾区；②将低云的边缘区域误判为海雾区；③雾区上空高云遮挡时，出现漏判区。在先验数据验证中也出现过 1 例浮尘误判区和高云遮挡漏判区的事例，说明这种误判不是偶然的。

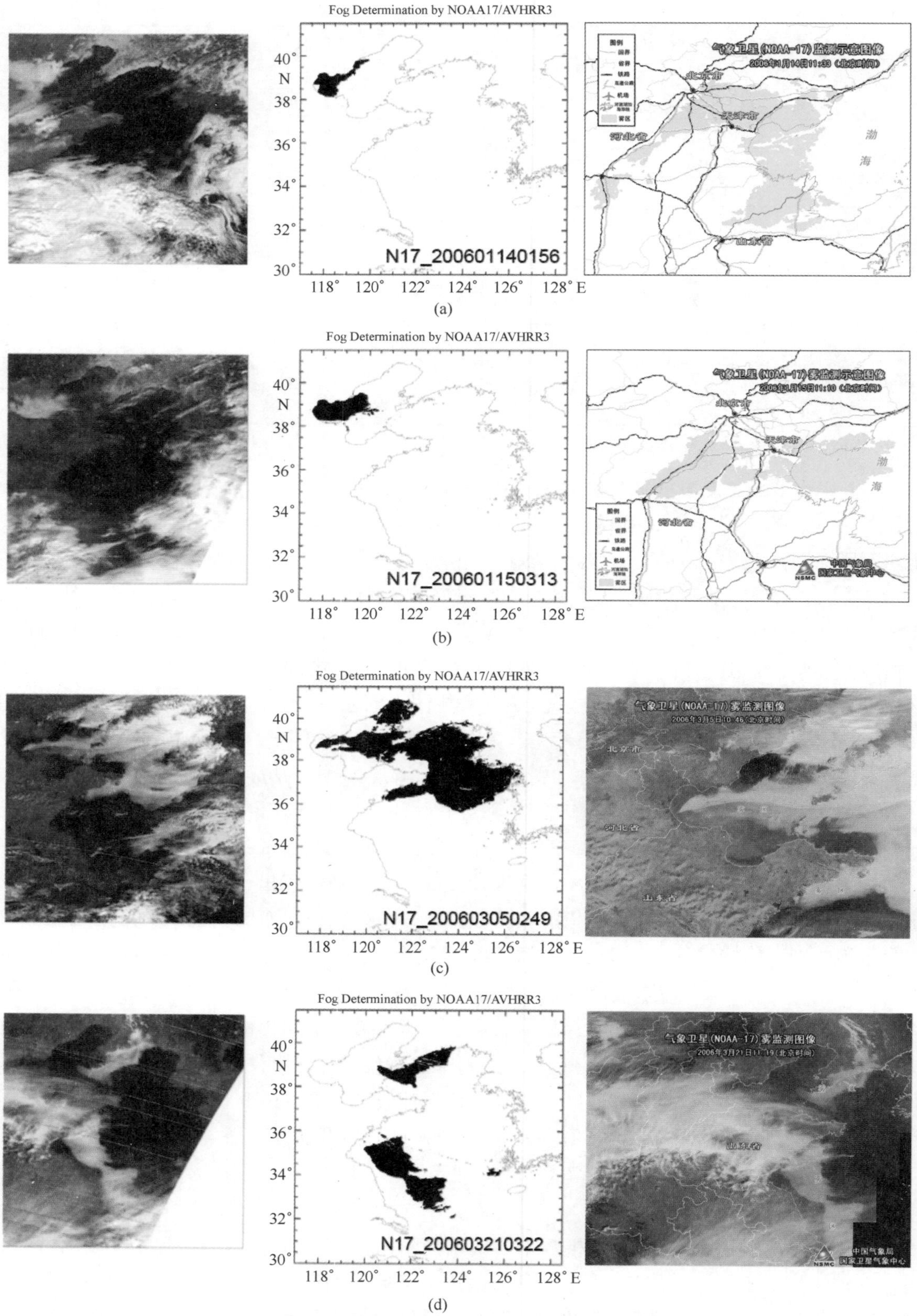

图 6.4　同时次 NOAA17 卫星监测结果比对

（a）N17_ 200601140156；（b）N17_ 200601150313；（c）N17_ 200603050249；（d）N17_ 200603210322

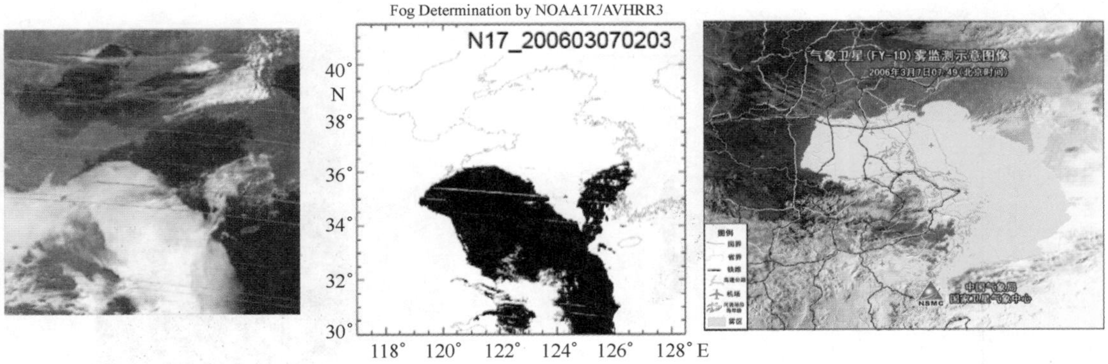

(a)

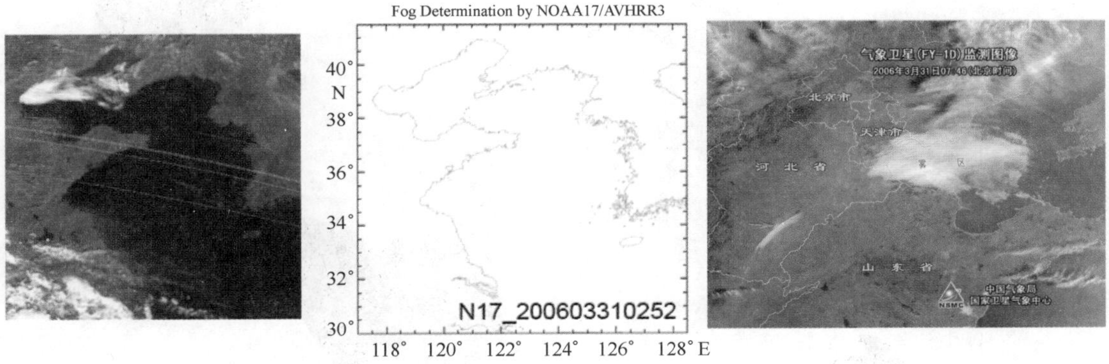

(b)

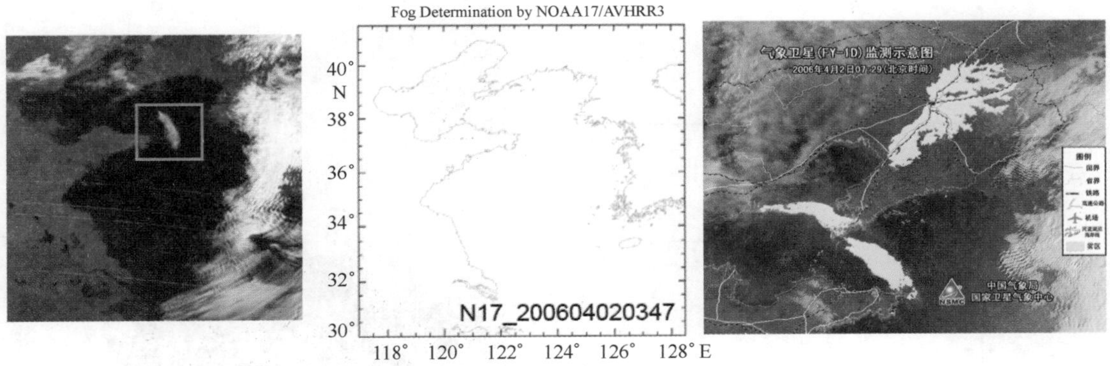

(c)

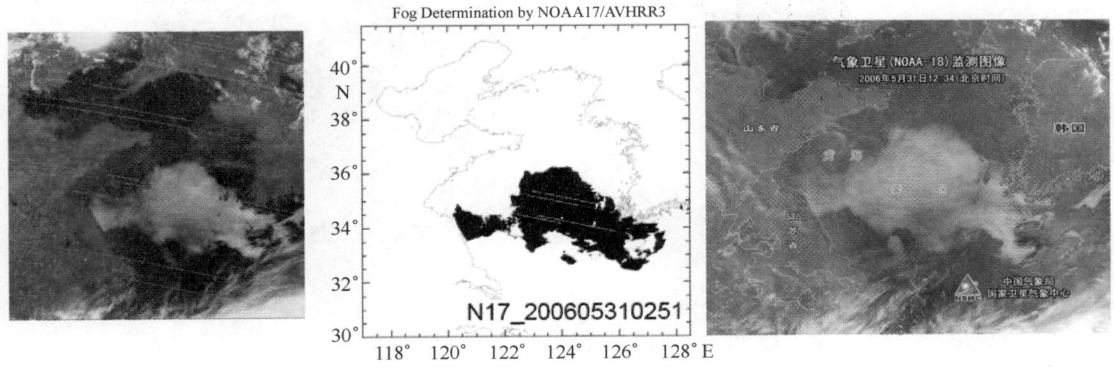

(d)

图 6.5　NOAA17 监测结果与 FY1D 不同时次的比对

（a）N17_ 200603070203；（b）N17_ 200603310252；（c）N17_ 200604020347；（d）N17_ 200605310251

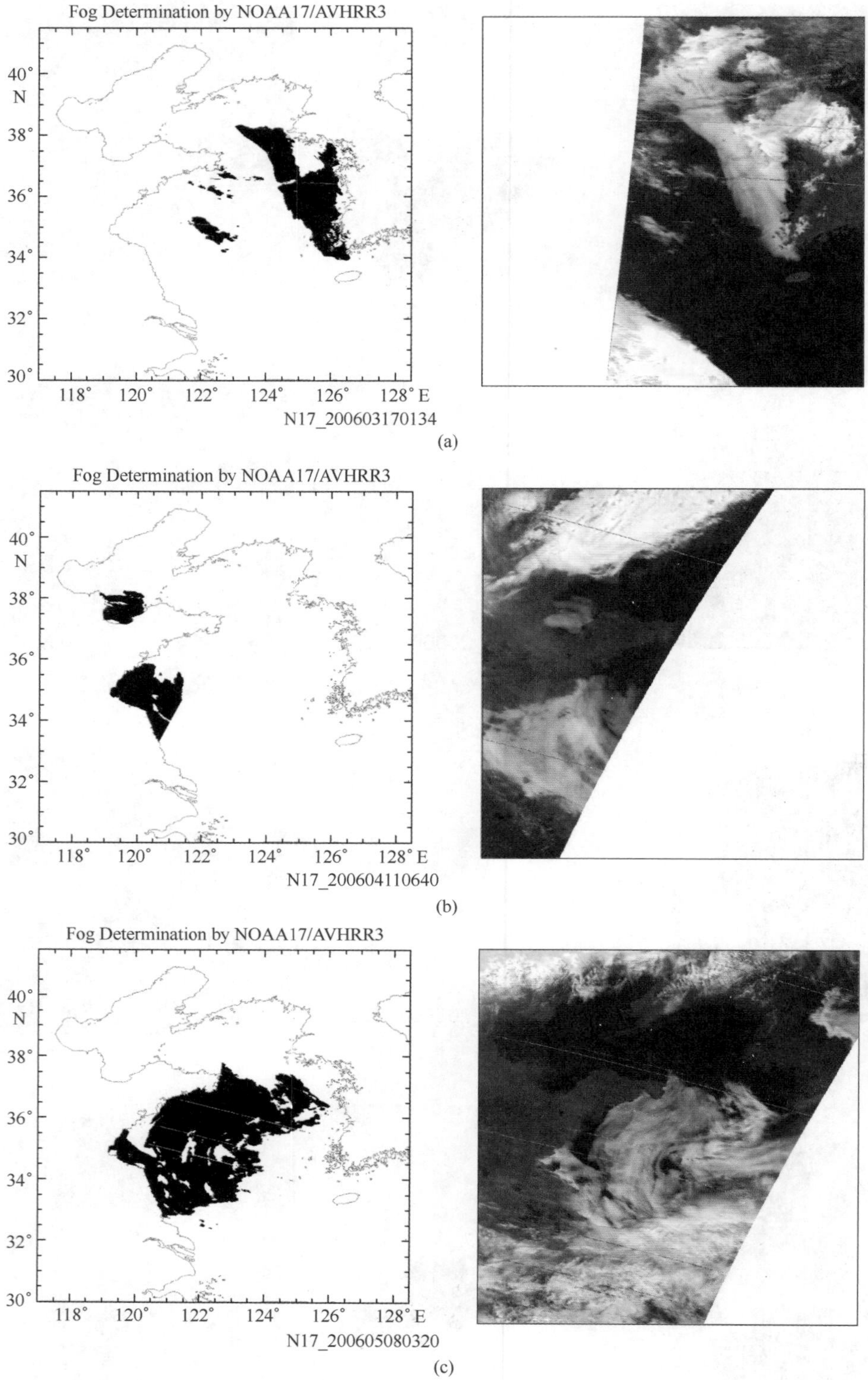

图 6.6　雾区监测结果和对应的三通道合成图（一）

（a）N17_ 200603170134；（b）N17_ 200604110340；（c）N17_ 200605080320

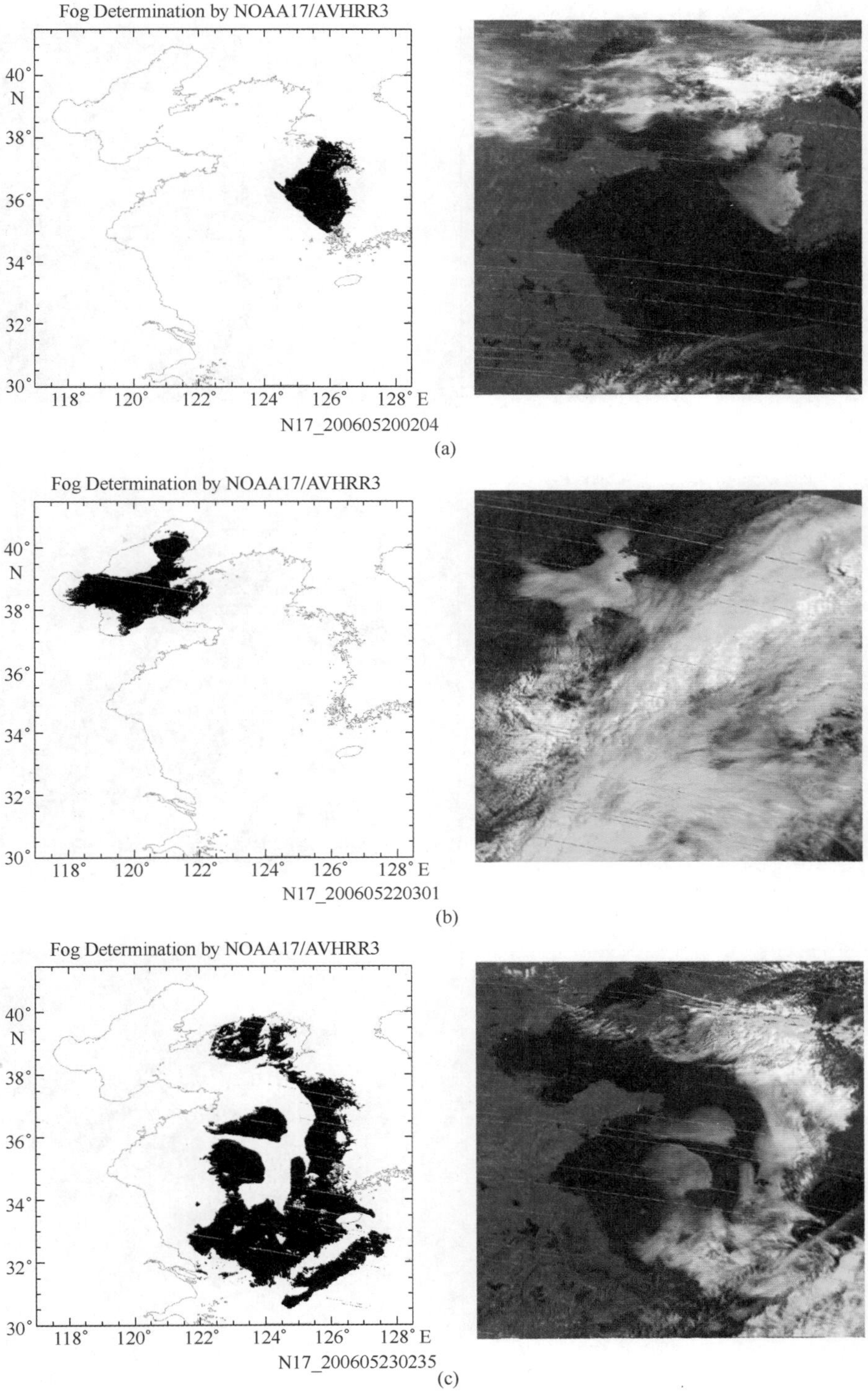

图 6.7　雾区监测结果和对应的三通道合成图（二）

（a）N17_ 200605200204；（b）N17_ 200605220301；（c）N17_ 200605230235

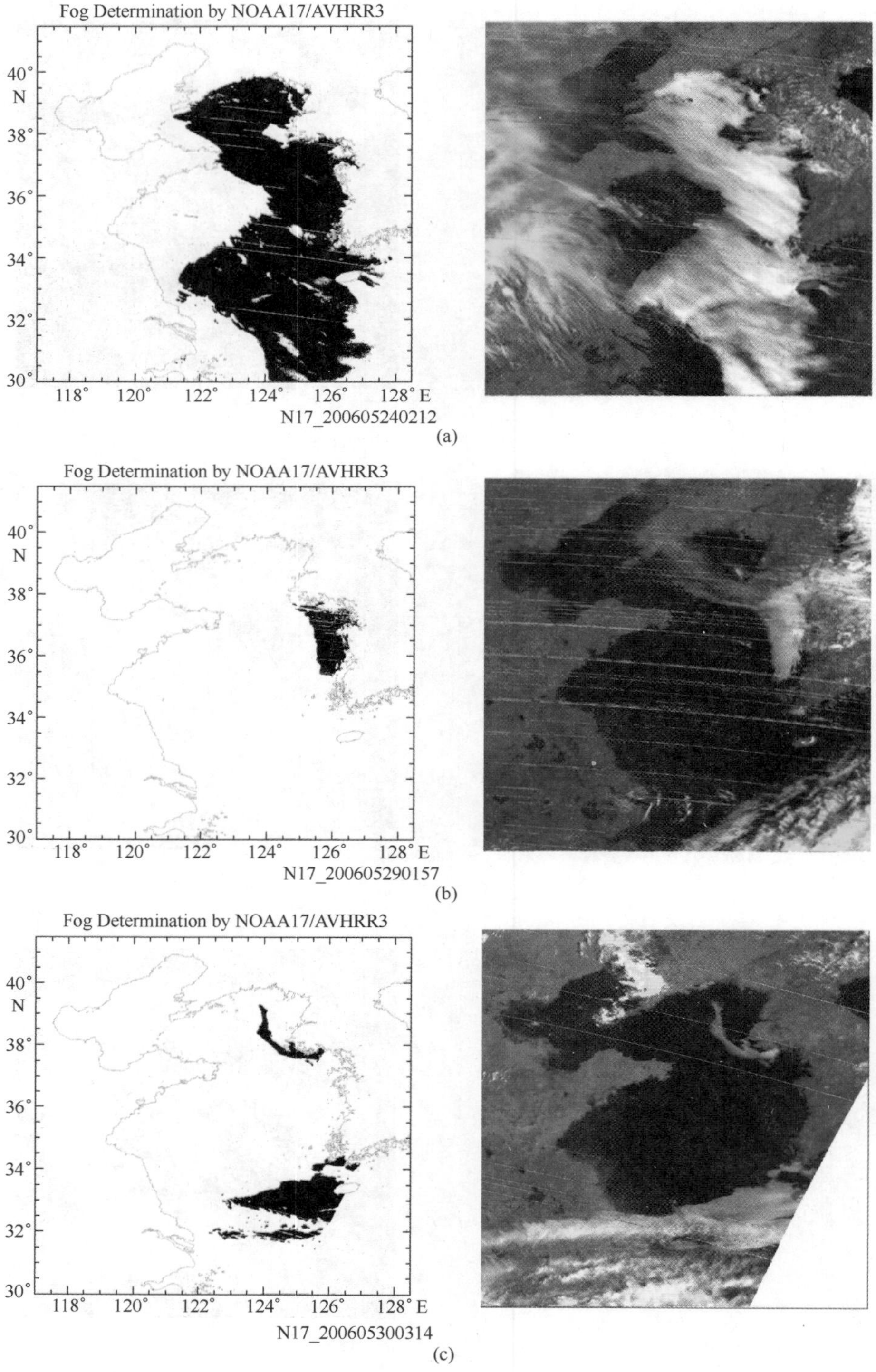

图 6.8　雾区监测结果和对应的三通道合成图（三）

（a）N17_ 200605240212；（b）N17_ 200605290157；（c）N17_ 200605300314

图6.9给出了两个沙尘影响海域错判为海雾区的例子：N17_ 200604170302和N17_ 200603100234的监测结果、三通道合成图及国家卫星气象中心提供的同天FY－1D沙尘监测结果，图中红框清晰地标示了浮沙区被误判为海雾区。2006年3月10日10：34的NOAA－17监测结果中，除了沙尘误判区，报道的海雾区（见表6.2）也有效地被识别出来（图6.9，绿框区）。

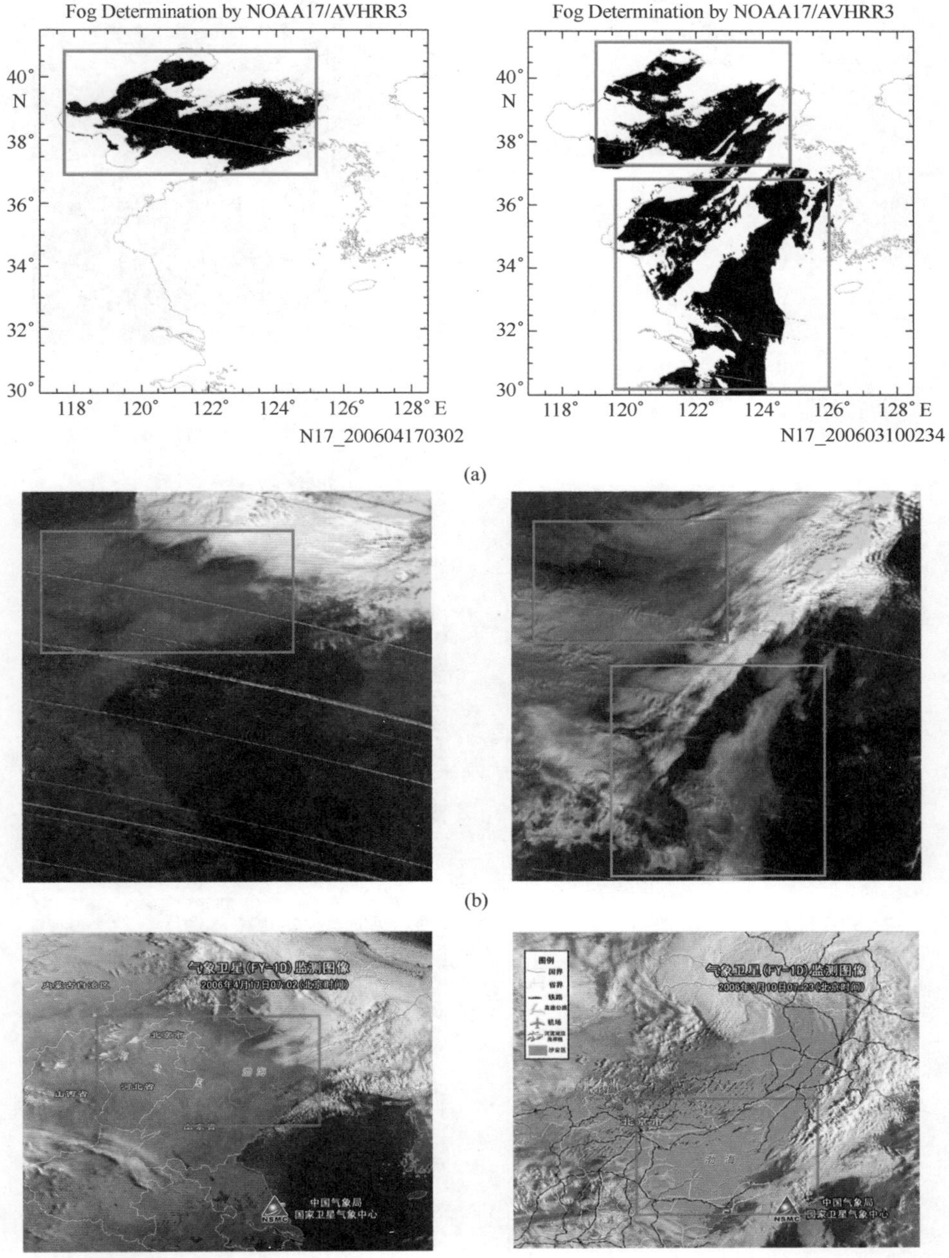

图6.9　沙尘天气影响海域误判为海雾区N17_ 200604170302（左）和N17_ 200603100234（右）

（a）监测结果；（b）三通道合成图；（c）公布的沙尘影响区

图 6.10 给出其他类型错判区 3 个例子：N17_ 200604180239、N17_ 200604190216 和 N17_ 200604220247 的监测结果和三通道合成图，图中红框标示的为误判区，大多为云的边缘区。2006 年 4 月 18 日 10：39 的监测结果中，除了误判区，还有漏判区（图 6.10，绿框

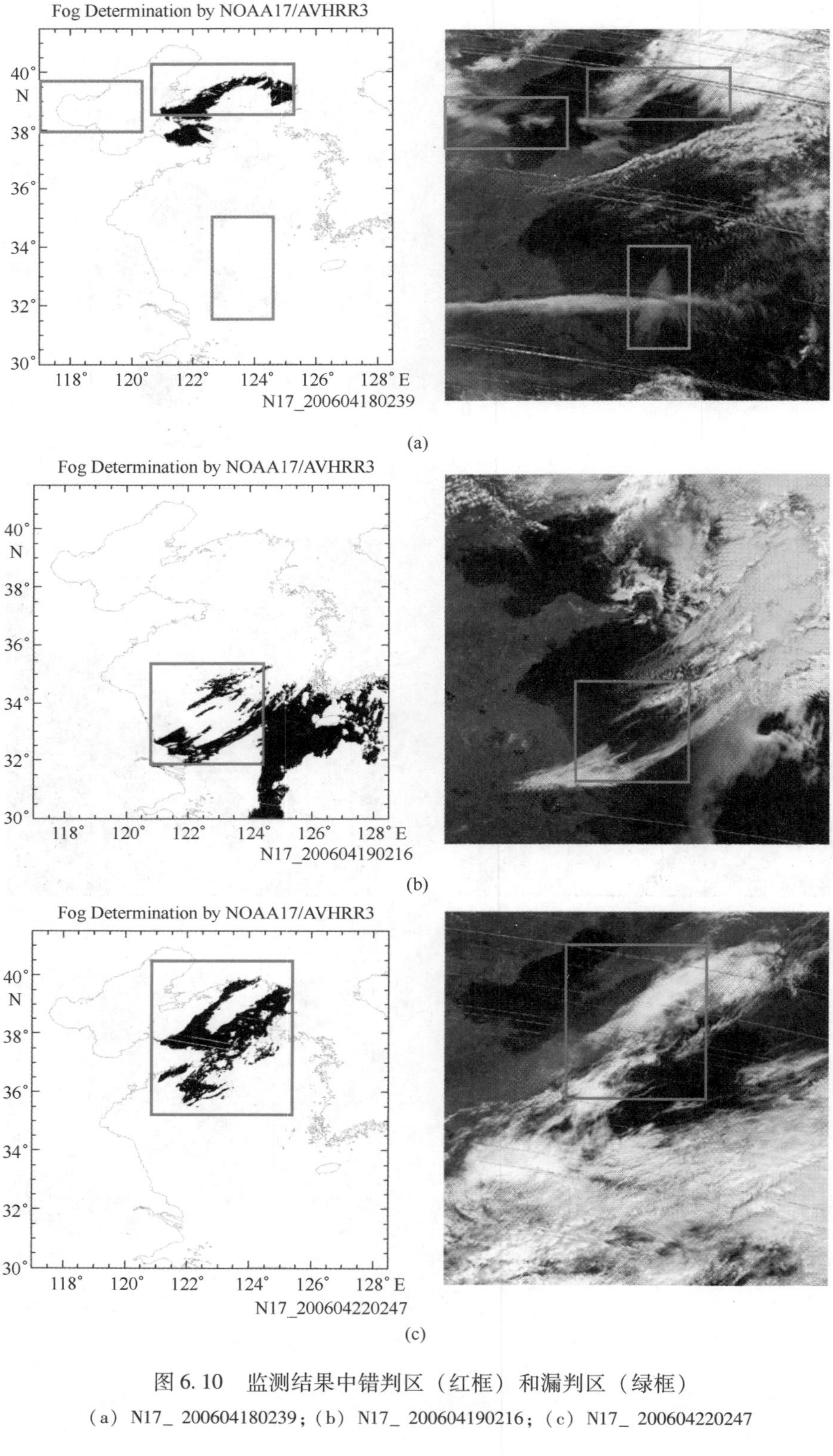

图 6.10 监测结果中错判区（红框）和漏判区（绿框）

（a）N17_ 200604180239；（b）N17_ 200604190216；（c）N17_ 200604220247

区）和判别的雾区。2006 年 4 月 19 日 10：16 的监测结果中，未表示的监测区为真实雾区，这个事例中的误判区因与海雾区相连，监测算法中的区块判别可能导致了这样的误判。

综上各种监测结果的分析、比对，有验证数据源时，本文监测的海雾区域与国家卫星气象中心公布的结果具有较好的一致性，另外本算法对他们未公布的海雾发生也提供了一定的监测。对错判结果的分析，错判的原因主要有三种：沙尘误判区、高云遮挡漏判区和小块低云边缘区。表 6.3 的统计结果表明本文建立的算法平均消时约 2 min，满足海雾事件近实时的监测需求，海雾的误判率不到 10%，说明算法具有一定的准确性。

6.3 推广应用试验——FY－1D

第 2 章中指出，选择 NOAA－17 卫星数据作为研究的主要数据，主要原因是 AVHRR 上设计的 5 个通道具有一般性，在其他卫星上多设有相对应的波段，以 NOAA17 建立的卫星监测算法具有一定的推广性和延续性。为了推广应用、验证本研究建立的海雾卫星监测算法，根据上面监测的海雾事件，从中选取了 3 例 FY－1D 卫星数据（见表 2.5），用于推广监测试验数据。根据设计的算法思想框架，结合 FY－1D 的特点，仅对其中设定的部分参数做一定的修改，简单地对 FY－1D 卫星数据监测海雾做了推广应用试验。图 6.11 给出了 3 个试验实例的监测结果和国家卫星气象中心公布的同时次卫星监测结果。3 个试验实例中的雾区主体都清晰地识别出，只是在边缘细节上存在差异，如 F1D_200404110058 和 F1D_200503270066。造成这种差异主要是没有针对 FY－1D 详细地考虑算法中的每一个细节，这里的目的仅是简单地推广应用试验，精确的 FY－1D 判断和更多的数据验证还需深入的研究。总之，从试验 FY－1D 数据的监测结果看，本文设计的算法框架可直接用于设有相应通道的卫星数据，需要做的仅是根据不同卫星数据的特点，做出相应的修改，以实现精确的海雾识别监测。因此，本文设计的海雾监测思想框架具有一定的推广性和延续性。

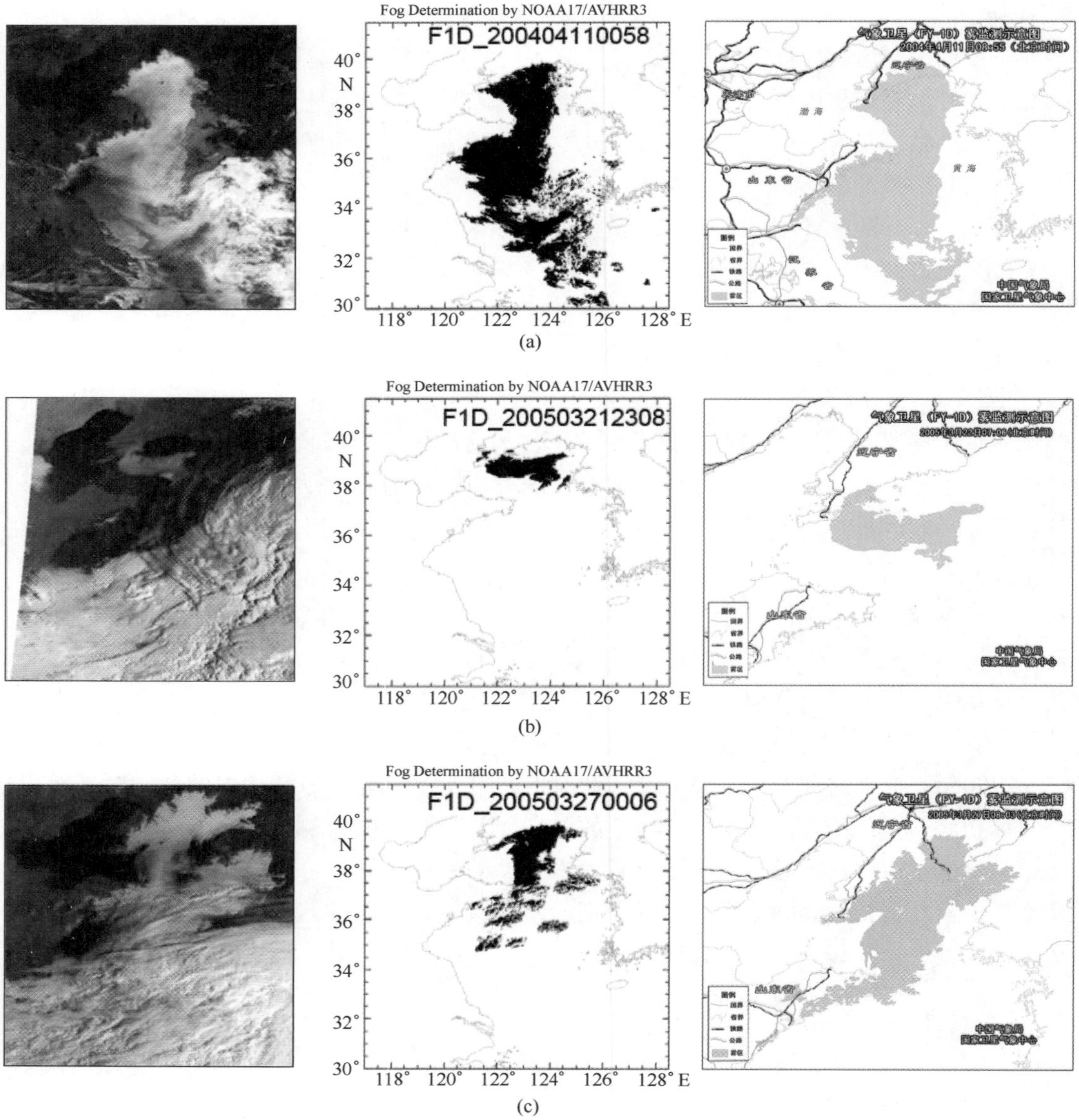

图 6.11　FY－1D 试验数据的监测结果和公布的同时次监测结果

（a）F1D_ 200404110058；（b）F1D_ 200503212308；（c）F1D_ 200503270006

6.4　本章小结

本章对设计的卫星遥感监测海雾算法进行了必要的验证工作，对先验研究数据和 2006 年 1 月至 5 月长时间数据进行了连续自动监测。与中国气象局国家卫星气象中心公布的数据比对验证结果的一致性，对其他未公布海雾事件也得到了有效的监测，结果表明本文建立的监测算法对海雾事件的具有大范围、近实时的监测能力。对中国自主卫星 FY－1D 卫星数据的典型事例应用结果，表明算法具有普适性、可推广性和延续性。在分析错判海雾事件的基础上，指出本算法对三类主要情况识别能力较差：①沙尘影响的海域；②雾区上空存在高云覆盖；③小块低云边缘区，为改进算法，提高海雾监测的精确度提供了研究方向。

7 总结与展望

7.1 论文工作总结

本论文以卫星遥感技术监测海雾为目的，集中解决了三个科学问题：①海雾的卫星辐射特征分析；②利用卫星数据，实现对黄渤海区海雾的发生、作用区域的自动监测；③利用遥感监测手段对海雾区的微物理特性进行反演。通过实测卫星辐射数据和数值模拟数据对海雾及其他地物的辐射特性进行了分析，总结了海雾在不同波段上具有的特性以及不同通道上不同云类的辐射特性。得出的结论指导了卫星监测海雾的算法设计，证实了卫星数据反演海雾微物理特性的可能。通过已知海雾事件和5个月长时间连续数据的自动监测，证实了设计卫星监测算法对海雾事件的监测能力；通过算法思想框架应用于FY－1D卫星数据，说明了监测算法具有一定推广性和延续性。

（1）通过分析不同目标物的卫星辐射特性，得到了许多利于卫星遥感监测海雾的辐射特征：①通道Ch3a在高云和一般中低云系的存在差别：高云：Ch2≫Ch3a，远远大于；一般中低云系：Ch2＞Ch3a，相当，使Ch3a反射率特征可用于云位相的判别；②海雾在Ch1、Ch2和Ch3a三通道间存在关系：Ch1＞Ch3a＞Ch2，甚至Ch3a＞Ch1＞Ch2；通过Mie散射理论解释了这种特征主要由粒径大小导致的，据此可用于粒径的判断；③通道Ch1的反射率变化随云层光学厚度的变化较大，通道Ch3a反射率主要反映了粒子的尺度大小信息，据此联合这两个通道可反演出云雾的光学厚度和有效粒径；④高云、中低云在红外分裂窗通道Ch4，通道Ch5上，亮温变化差异，表明联合通道Ch4和通道Ch5的信息可以用于云类位相的判别；⑤雾/低层云与下垫面背景相比具有较弱的亮度温度差异，扩大这种差异有助于雾和低层云的分离判别。

（2）在海雾辐射特性分析的基础上，根据海雾定义的理解，提出了一个有物理意义的卫星海雾监测算法：云地分离、位相判别、粒径判断、图像特征分析、高度分析和修补漏点，逐步剔除非海雾地物，最终实现我国黄渤海海域海雾的自动监测。在每一步判别中根据各自的重点，提出了不同的判别方法：在云地分离中，不同于精确云检测，利用动态阈值法实现低反射率背景，主要是水体的剔除；位相判别中，从物理和光学辐射特性两个角度剔除固相冰晶冷云系；粒径判别上，以辐射模拟结论中小粒径云系具有的特征，剔除大粒径的水云系；图像特征分析中，以区块为分析对象，对整个区块内云系分类，解决雾云相连的问题，对独立的整个子区块采用空间差异和分形分维数判定云顶高度不一、图像纹理紊乱的云区；高度分析，通过雾区边界处的邻近雾区和晴空区的亮温差和湿绝热温度直减率确定云雾区的高度，来判定雾区；修补漏点，对雾区内麻点和边缘漏判区进行修补，使雾区连续完整。

（3）在区域监测结果的基础上，利用查询表结合Ch1和Ch3a反射率信息对雾区内雾层光学厚度和有效粒径进行了插值反演。详细推导了雾中能见度、雾水含量与光学厚度、有效粒径间的关系；在假定雾滴谱分布模型的基础上，建立了单位体积内的雾滴总数 N 与能见度和雾水含量的关系。通过这些关系分析，对雾区内的微物理特性进行了反演监测。

（4）根据中国气象局国家卫星气象中心提供的海雾事件资料，通过先验研究数据、2006年1—5月长时间数据的自动监测，比对监测结果，对海雾区域监测算法进行了验证，表明算法对黄渤海海雾具有较好的监测能力；分析错误监测结果，认识到，算法对三种情况的识别能力较差：①沙尘影响的区域；②被高云遮挡雾区；③部分低云的边缘小块区。同时将算法思想框架应用于 FY－1D 卫星数据，也有效地将海雾事件识别出来，说明了算法的可推广性和延续性，达到了预期的研究目标。

7.2 创新点分析

（1）本文通过实测数据和模拟数据对不同地物的辐射特性进行了分析，发现海雾在可见光和近红外波段上具有 Ch1 > Ch3a > Ch2，甚至出现 Ch3a > Ch1 > Ch2 的辐射特性。并通过 Mie 散射理论解释了这种辐射特性主要由雾滴尺度与三波段的相对大小不同引起。该辐射特性的发现不仅为海雾监测，同时也为小粒径云滴的判别提供了重要科学依据。

（2）基于海雾辐射特征的黄渤海海雾监测算法富有物理意义和普适性，经验证该算法对黄渤海区的海雾事件监测精度好。该算法已在我国自主气象卫星 FY－1D 海雾监测中得到成功典型应用，并具有推广应用前景。

（3）在国内首次全面的探索了5个海雾微物理特性的卫星监测反演算法，为今后研究海雾形成、发展和消亡机制研究提供难以实测的海雾微物理数据。

7.3 研究展望

海雾在中国不同的海区的发生机制、季节发生等都有所差别，本文仅对黄渤海海区发生的海雾进行了研究，算法框架思想是在物理意义的基础上建立的，没有地域差别。具有同样波段设置的卫星传感器，在监测算法验证中，已确定三种误判的情况，这是今后改进算法、提高监测精度时必须考虑的。由于实测数据的缺测，海雾的微物理参数反演结果验证问题还没有充分展开。现在的验证仅是量级上的验证，这是不够的，收集或测量实际的数据也是必要的。因此，利用遥感技术研究海雾，本文仅开了个头，还有许多工作需要深入的研究，具体如下。

（1）针对沙尘误判区，这是设计算法时没有考虑到的，在今后的研究中需要深入分析浮尘区和海雾区的辐射差异，改进算法，减少或消除这样的误判区；针对另两种误判的情况，考虑加入数字化人工经验的判别方式，填补漏判区，减少错误的低云边缘区。

（2）分析算法对其他海区海雾的识别情况，分析其他海区海雾的辐射特性，扩大算法的监测区域能力；另外，针对其他设有类似波段的卫星资料，细致地分析海雾在上的辐射差异，使算法思想框架推广到其他卫星资料的海雾监测上，使算法的设计更加完善、完备。

（3）海雾微物理特性的反演工作需要细致、深入的研究。需要实测数据的收集或更多的测量，从而对反演结果进行必要的验证工作，充分地分析误差来源，这样才能对微物理特性反演结果有较好的认识，以减小可以避免的监测误差，使卫星遥感技术更好地用于海雾研究。

海雾现象的监测，不像气压、温度这些物理量，对它的监测具有一定的时效性，也需要对其进行短时间间隔的连续监测，以充分了解海雾事件的生成、发展、成熟和消亡的整个生命过程。静止卫星的半时次监测为这样事件的监测提供了可能，虽然现在的静止卫星上未设有近红外（1.6 μm）通道，但根据算法思想框架，针对静止卫星的通道特点，建立适合目前静止卫星的海雾监测算法，也是今后遥感技术研究海雾的重要方向。

附录：符号和公式

雾滴有效半径 r_e：$$r_e = \frac{\int r^3 n(r)\,\mathrm{d}r}{\int r^2 n(r)\,\mathrm{d}r}$$

雾中液态含水量 Lwc：$$\mathrm{Lwc} = \rho_w V = \frac{4}{3}\pi\rho_w \int_0^\infty r^3 N(r)\,\mathrm{d}r$$

雾中液水程 Lwp：$$\mathrm{Lwp} = \int_0^{z_t} \mathrm{Lwc}\,\mathrm{d}z$$

0.55 波段上的雾滴总消光系数 β_{ext}：$$\beta_{ext} = \int_0^r Q_{ext}(r,m)\pi r^2 N(r)\,\mathrm{d}r$$

雾层光学厚度 τ：$$\tau = \int_0^{z_t} \beta_{ext}\,\mathrm{d}z$$

雾中能见度 Vis：$$\mathrm{Vis} = \frac{1}{\beta_{ext}}\ln\left(\frac{1}{\varepsilon}\right) = \frac{3.912}{\beta_{ext}}$$

Khragian - Mazin 分布模型：$$n(r) = ar^2\exp(-br)$$

雾滴浓度 N：$$N = \int_0^\infty n(r)\,\mathrm{d}r$$

参考文献

[1] Houghton J T, Ding Y, Griggs D J, et al. Climate Change 2001: The Scientic Basis. Cambridge: Cambridge University Press, 2001.

[2] Hunt G E. Radiative properties of terrestrial clouds at visible and infrared thermal window wavelengths [J]. Q. J. R. meteorol Soc, 1973, 99: 346 – 369.

[3] Eyre J R, Brownscombe J L, Allam R J. Detection of fog at night using advanced very high resolution radiometer (AVHRR) imagery [J]. Meteo. Magazine., 1984, 113: 266 – 271.

[4] Turner J, Allam R J, Maine D R. A case study of the detection of fog at night using channels 3 and 4 on the advanced very high resolution radiometer (AVHRR) [J]. Meteo. Magazine., 1986, 115: 285 – 290.

[5] Allam R. The detection of fog from satellites. in Proceedings of a Workshop on Satellite and Radar Imagery Interpretation, 1987: 495 – 505.

[6] D' Entremont R R. Low and mid – level cloud analysis using nighttime multispectral imagery [J]. J. Clim. Appl. Meteor, 1986, 25: 1853 – 1869.

[7] Bendix J, Bachmann M. A method for detection of fog using AVHRR imagery of NOAA satellites suitable for operational purposes (in German) [J]. Meteor. Rundsch., 1991, 43: 169 – 178.

[8] Lee T E, Turk F J, Richardson K. Stratus and fog products using GOES – 8 – 9 3.9 – um data [J]. Weather and Forecasting, 1997, 12: 664 – 677.

[9] Reudenbach C, Bendix J. Experiments with a straightforward model for the spatial forecast of fog/low stratus clearance based on multisource data [J]. Meteorological Applications, 1998, 5: 205 – 216.

[10] Putsay M, Kerenyi J, Szenyan I, et al. Nighttime fog and low cloud detection in NOAA – 16 AVHRR images and validation with ground observed SYNOP data and radar measurements [R]. in Proceedings of the 2001 EUMETSAT Meteorological Satellite Conference, EUM P33, 2001: 365 – 373, EUMETSAT, Antalya, Turkey.

[11] Bendix J. A satellite – based climatology of fog and low – level stratus in Germany and adjacent areas [J]. Atmospheric Research, 2002, 64: 3 – 18.

[12] Underwood S J, Ellrod G P, Kuhnert A L. A multiplecase analysis of nocturnal radiation – fog development in the Central Valley of California utilizing the GOES nighttime fog product [J]. Journal of Applied Meteorology, 2004, 43 : 297 – 311.

[13] Myoung – Hwan AHN, EUN – Ha SOHN, Byong – Jun Hwang. A new algorithm for sea fog/stratus detection using GMS – 5 IR data. Adv [J]. Atmo. Sci., 2003 20 (6): 899 – 913.

[14] Ellrod G P. Advances in the detection in GOES scenes over the land [J]. Remote Sens. Environ., 1995, 10: 606 – 619.

[15] Thomas F L, Turk F J, Richardson K. Stratus and fog products using GOES – 8, – 9 3.9um data [J]. Weather and Forecasting, 1997, 12 (3): 664 – 677.

[16] Turk J, Vivekanadan J, Lee T, et al. Derivation and applications of near – infrared cloud reflectances from GOES – 8 and GOES – 9 [J]. J. Appl. Meteorogy, 1998, 37: 819 – 831.

[17] Bendix J, Boris T, Jan C. Ground fog detection from space based in MODIS daytime data – a feasibility study [J]. Wea. Forecasting, 2005, 20: 989 – 1005.

[18] Wanner H, Kunz S. Klimatologie der Nebel – und Kaltluftkorper im Schweizerischen Alpenvorland mit Hilfe von Wettersatellitenbildern [J]. Archives for Meteorology, Geophysics, and Bioclimatology, 1983, B33: 31 – 56.

[19] Greenwald T J, Christopher S A. The GOES I – M imagers: New tools for studying microphysical properties of boundary layer stratiform clouds [J]. Bulletin of the American Meteorological Society, 2000, 81: 2607 – 2620.

[20] Karlsson K G. Development of an operational cloud classication model [J]. International Journal of Remote Sensing, 1989, 10: 687 – 693.

[21] Guls I, Bendix J. Fog detection and fog mapping using low cost Meteosat – WEFAX transmission [J]. Meteorological Applications, 1996, 3: 179 – 187.

[22] 居为民，孙涵，张忠义，等. 卫星遥感资料在沪宁高速公路大雾监测中的初步应用 [J]. 遥感信息，1997, 3: 25 – 27.

[23] 刘健，许健民，方宗义. 利用 NOAA 卫星的 AVHRR 资料试分析云和雾顶部粒子的尺度特征 [J]. 应用气象学报，1999，10 (1): 28 – 33.

[24] 李亚春，孙涵，李湘阁，等. 用 GMS – 5 气象卫星资料遥感监测白天海雾的研究 [J]. 南京气象学院学报，2001，24 (3): 343 – 349.

[25] 周红妹，谈建国，葛伟强，等. NOAA 卫星云雾自动检测和修复方法 [J]. 自然灾害学报，2003，12 (3): 41 – 47.

[26] 陈伟，周红妹，袁志康，等. 基于气象卫星分形纹理的云雾分离研究 [J]. 自然灾害学报，2003: 12 (2): 133 – 139 .

[27] 李亚春，孙涵，徐萌，等. 计盒维数法在云雾遥感监测中的应用研究 [J]. 科技通报，2003: 19 (1): 29 – 31.

[28] 孙涵，孙照渤，李亚春. 雾的气象卫星遥感光谱特征 [J]. 南京气象学院学报，2004，27 (3): 289 – 301.

[29] 纪瑞鹏，代付，班显秀. NOAA/AVHRR 图像资料在大雾灾害监测中的应用 [J]. 防灾减灾工程学报，2004，24 (2): 149 – 152.

[30] 鲍献文，王鑫，孙立潭，等. 卫星遥感全天候监测海雾技术与应用 [J]. 高技术通讯，2005，15 (1): 101 – 106.

[31] 马慧云，李德仁，刘良明，等. 基于 MODIS 卫星数据的平流雾检测研究 [J]. 武汉大学学报（信息科学版），2005，30 (2): 143 – 145.

[32] 邓军，白洁，刘健文，等. 基于 MODIS 多通道资料的白天雾监测 [J]. 气象科技，2006，34 (2): 188 – 193.

[33] 陈林，牛生杰，仲凌志. MODIS 监测雾的方法及分析 [J]. 南京气象学院学报，2006，29 (4): 448 – 454.

[34] 马慧云，李德仁，刘良明，等. 基于 AVHRR、MODIS 和 MVRIS 数据的辐射雾变化检测与分析 [J]. 武汉大学学报（信息科学版），2007，32 (4): 297 – 300.

[35] Eldridge R G, The Relationship Between Visibility and Liquid Water Content in Fog [J]. Journal of the atmospheric sciences, 1971, 28: 1173 – 1186.

[36] Ippolito L J, Propagation Effects Handbook for Satellite System Design [M]. NASA Reference Publication, 1989.

[37] Bendix J. Determination of fog horizontal visibility by means of NOAA – AVHRR [J]. Proc. of IGARSS'95 (Firenze), 1995: 1847 – 1849.

[38] Stephens G L. Radiation profiles in extended water clouds: I Theory [J]. J. Atmosph. Science, 1978, 35: 2111 – 2123.

[39] Stephens G L. Radiation profiles in extended water clouds: II Parameterization schemes [J]. J. Atmosph.

Science, 1978, 35: 2123 - 2132.
[40] Stephens G L. Radiation profiles in extended water clouds: III Observation [J]. J. Atmosph. Science, 1978, 35: 2132 - 2141.
[41] 孙景群. 能见度与相对湿度的关系 [J]. 气象学报, 1985, 43 (2): 230 - 234.
[42] 王鑫. 黄海海雾形成的气候特征及能见度分析 [D]. 青岛: 中国海洋大学硕士论文, 2004.
[43] 吴晓京, 陈云浩, 李三妹. 应用 MODIS 数据对新疆北部大雾地面能见度和微物理参数的反演 [J]. 遥感学报, 2005, 9 (6): 688 - 696.
[44] 钱峻屏, 黄菲, 崔祖强, 等. 基于 MODIS 的海上能见度遥感光谱特征分析与统计反演 [J]. 海洋科学进展, 2004, 22 (增刊): 58 - 64.
[45] 钱峻屏, 黄菲, 王国复, 等. 基于 MODIS 资料反演海上能见度的经验模型 [J]. 中国海洋大学学报(自然科学版), 2006, 36 (3): 355 - 360.
[46] 王彬华. 海雾 [M]. 北京: 海洋出版社, 1983.
[47] 中国气象局. 地面气象观测规范 [M]. 北京: 气象出版社, 2003.
[48] Taylor G I. The formation of fog and mist [J]. Quarterly Journal of the Royal Meteorological Society, 1917, 43: 241 - 268.
[49] Roach W T. Back to basics: Fog Part 1 - Denitions and basic physics [J]. Weather, 1994, 49: 411 - 415.
[50] Roach W T. Back to basics: Fog Part 2 - The formation and dissipation of land fog [J]. Weather, 1995, 50: 7 - 11.
[51] Glickman T S. Glossary of Meteorology. (Boston, USA) [R]. American Meteorological Society (AMS), 2000.
[52] 林晔, 王庆安, 顾松山, 等. 大气探测学教程 [M]. 北京: 气象出版社, 1995.
[53] WMO. International Meteorological Vocabulary, vol. 182 [R]. World Meteorological Organization (WMO), Geneva, Switzerland, 2nd edn, 1992.
[54] 许绍祖, 等. 大气物理学基础 (第 1 版) [M]. 北京: 气象出版社, 1993.
[55] 邹进上, 刘长盛, 刘长保. 大气物理基础 (第 1 版) [M]. 北京: 气象出版社, 1993.
[56] 孙安健, 黄朝迎, 张福春. 海雾概论 [M]. 北京: 气象出版社, 1985.
[57] 许健民, 方宗义, 等. 气象卫星——系统、资料及其在环境中的应用 [M]. 北京: 气象出版社, 1994.
[58] Kneizys F X, Shettle E P, Abreu L W, et al. Users guide to LOWTRAN7, Environmental Research Papers1010, AFGL - TR - 88 - 0177, Air Force Geophysics Laboratory, Hanscom AFB, Massachusetts, USA. 1988.
[59] Snell H E, Anderson G P, Wang J, et al. Validation of FASE (FASCODE for the environment) and MODTRAN3: Updates and comparisons with clear - sky measurements [R]. in SPIE Conference 2578 Proceedings, 1995: 194 - 204.
[60] Vermote E, Tanre D, Deuze J L, et al. Second Simulation of the Satellite Signal in the Solar Spectrum (6S). 6S user guide version 2, Tech. rep, 1997.
[61] Saunders R W, English S, Rayer P, et al. RTTOV - 7: A satellite radiance simulator for the new millennium [R]. in Technical Proceedings of the ITSC - XII, Lorne, Victoria, Australia, 2002.
[62] Key J, Schweiger A J, Tools for atmospheric radiative transfer: Streamer and FluxNet [J]. Computers and Geosciences, 1998, 24 : 443 - 451.
[63] 陈渭民. 卫星气象学 [M]. 北京: 气象出版社, 2003.

[64] 盛裴轩，毛节泰，李建国，等．大气物理学［M］．北京：北京大学出版社，2003.

[65] 廖国男．大气辐射导论（第1版）［M］．北京：气象出版社，1985.

[66] 尹宏．大气辐射学基础（第1版）［M］．北京：气象出版社，1993.

[67] 陈述彭，童庆禧，郭华东．遥感信息机理研究［M］．北京：科学出版社，1998.

[68] 赵英时，等．遥感应用分析原理和方法［M］．北京：科学出版社，2003.

[69] Desbois M，Seze G，Szejwach G. Automatic classification of clouds on meteosat imagery，Application to high－level clouds［J］．Journal of Climatology and Applied Meteorology，1982，21（3）：401－412.

[70] Peak J E，Tag P M. Segmentation of satellite imagery using hierarchical thresholding and neural networks［J］．Journal of A pplied Meteorology，1994，33：605－616.

[71] Hutchison K D，Hardy K R. Theshold functions for automated cloud analyses of global meteorolgical satellite imagery．Int. J. Remote Sens.，1995，16：3665－3680.

[72] Rossow W B，Garder L C. Validation of ISCCP cloud detections［J］．Journal of Climate，1993，6：2370－2393.

[73] Mokhov I I，Schlesinger M E. Analysis of global cloudiness. 1：Comparison of meteor，Nimbus－7 and international satellite cloud climatology project（ISCCP）satellite data［J］．J. Geophys. Res.，1993，98：12849－12868.

[74] Stowe L L，Davis P A，McClain P E. Scientific Basis and Initial Evaluation of the CLAVR－1 Global Clear/Cloud Classification Algorithm for Advanced Very High Resolution Radiometer［J］．Journal of Atmos. and oceanic Technology，1999，16：656－681.

[75] Vemury S，Stowe L L，Anne V R. AVHRR pixel level clear－sky classification using dynamic thresholds（CLAVR－3）［J］．Journal of Atmospheric and oceanic Technology，2001，18：169－186.

[76] Stowe L L，Davis P A，McClain E P. Evaluating the CLAVR（Clouds form AVHRR）phase I cloud cover experimental product［J］．Adv. Space Res.，1993，16：21－24.

[77] Alan V Di，Vitorio，William J E. An automated dynamic threshold cloud－masking algorithm for datime AVHRR Images over land［J］．IEEE Transactionson Geoscience and Remote Sensing，2002，40（8）：1682－1693.

[78] 刘希，许健民，杜秉玉．用双通道动态阈值对 GMS－5 图像进行自动云检测［J］．应用气象学报，2005，16（4）：434－444.

[79] 刘希．双通道动态阈值法和6S模式 GMS 和 FY2B 图像进行自动云检测［D］．南京气象学院，硕士学位论文，2004.

[80] Heymsfield A J，Miloshevich L M，et al. An Observational and Theoretical Study of Highly Supercooled Altocumulus［J］．Journal of the Atmospheric Sciences，1991，48（7）：923－945.

[81] Houze R A. Cloud Dynamics，vol. 53 of International Geophysics Series［M］．San Diego：Academic Press，1993.

[82] Wouter H k，Piet S，Robert B A K. Cloud Thermodynamic－phase determination from near－infrared spectra of reflected sunlight［J］．J. Atmos. Sci.，2002，59：83－96.

[83] Key J R，Iitrieri J M. Cloud particle phase determination with the AVHRR. 2000，Vol39：1797－1804.

[84] Strabala K I，Ackerman S A，Menzel W P. Cloud properties inferred from 8－12 μm data［J］．Journal of Applied Meteorology，1994，33：212－229.

[85] Arking A，Childs J D. Retrieval of cloud cover parameters from multispectral satellite images［J］．J. Climate Appl. Meteor.，1985，24：322－333.

[86] Giraud V，Buriez J C，Fouquart Y. Large－scale analysis of cirrus clouds from AVHRR data：Assessment of

both a microphysical index and the cloud – top temperature [J]. J. Appl. Meteor. , 1997, 36: 664 – 675.

[87] Inoue T. On the temperature and effective emissivity determination of semi – transparent clouds by bi – spectral measurements in the 10 micron window region [J]. J. meteor. Sco. Japan. 1985, 63 (1): 88 – 89.

[88] Luo G, Davis P A, Stowe L L, et al. A pixel – scale algorithm of cloud type, layer, and amount for AVHRR data. Part I: nighttime [J]. J. Atmos. Oceanic. Technol. , 1995, 12: 1013 – 1037.

[89] McClain E P, Pichel W G, Walton C C. Comparative performance of AVHRR – based multichannel sea surface temperatures [J]. Int. J. Remote Sens. , 1989, 10: 763 – 769.

[90] Prabhankara C, Frase R S, Dalu G, et al. Thin cirrus clouds: Seasonal distribution over oceans deduced from Nimbus – 4 IRIS [J]. J. Appl. Meteor. , 1988, 27: 379 – 399.

[91] Saunders R W, Kriebel K T. An improved method for detecting clear sky and cloudy radiances from AVHRR data [J]. Int. J. Remote Sens. , 1988, 9: 123 – 150.

[92] Yamanouchi T, Kawaguci S. Cloud distribution in the antarctic from AVHRR data of NOAA satellite and radiation measurements at the ground surface [R]. United Kingdom, Proc. IAMAP 89 Scientific assemby, Vol2 Reading, University of Reading, 1989.

[93] 梅森 B J. 云物理学 [M]. 中科院大气物理研究所（译）. 北京：科学出版社，1978.

[94] 张济忠. 分形 [M]. 北京：清华大学出版社，1995.

[95] 秦其明，陆荣建. 分形与神经网络方法在卫星数字图像分类中的应用 [J]. 北京大学学报，2000，36 (6): 858 – 864.

[96] Mandelbrot B B. Fractal Geometry of Nature [M]. San Francisco: Freeman, 1982.

[97] Pentland A P. Fractal based description of nature scenes [J]. IEEE Trans. Pattern Anal. Machine Intell, 1984, vol PAMI – 6: 661 – 674.

[98] Orford J, Whalley W. The use of fractal dimension to characterize irregular – shaped particle [J]. Sedimentology 1983, 30: 665 – 668.

[99] Gangepain J, Roques – Carmes C. Franctal approach to two dimensional and three dimensional surface roughness [J]. Wear, 1986, 109: 119 – 126.

[100] Sarkar N, Chaudhuri B B. An efficient approach to estimate fractal dimension in texture image. 1992, 25: 1035 – 1041.

[101] Kokhanovsky A A, Rozanov V V. Cloud bottom altitude determination from a satellite [J]. IEEE GEOSCIENCE AND REMOTE SENSING LETTERS, 2005, VOL. 2, NO. 3: 280 – 283

[102] Ulaby F T, Moore R L, Fung A K. Microwave remote sending (Vol. 1) [M]. Addision – Westley Publoshing company, 1981.

[103] F T 乌拉比，R L 穆尔，冯健超. 微波遥感（中译本）第一卷. 北京：科学出版社，1988: 207.

[104] Taylor J P. Sensitivity of remotely sensed effective radius of clouds droplets to changes in LOWTRAN version [J]. J. Atmos. Sci. , 1992, 49: 2564 – 2569.

[105] Nakajima T, King M D. Determination of the optical Thickness and effective particle radius of clouds from reflected solar radiation measurements. Part I: Theory [J]. J. Atmos. Sci. , 1990, 47 (15): 1878 – 1893.

[106] Nakajima T, King M D. Determination of the optical Thickness and effective particle radius of clouds from reflected solar radiation measurements. Part II: Marine stratocumulus observations [J]. J. Atmos. Sci. , 1991, 48: 728 – 750.

[107] Kawamoto K, Nakajima T, Nakajima T Y. A global determination of cloud microphysics with AVHRR remote sensing [J]. J. Climate, 2001, 14: 2054 – 2068.

[108] Kuji M, Hayasaka T, Nobuyuki K, et al. The retrieval of effective particle radius and liquid water path of low – level Marine Clouds from NOAA AVHRR data [J]. Journal of Applied Meteorology, 2000, 39: 999 – 1016.
[109] Han Q, Rossow W B, Lacis A A. Near – global survey of effective droplet radii in liquid water clouds using ISCCP data [J]. J. Climate, 1994, 27: 465 – 497.
[110] Nakajima T Y, Nakajima T. Wide – area determination of cloud microphysical properties from NOAA/AVHRR measurements for FIRE and ASTEX regions [J]. J. Atmos. Sci., 1995, 52: 4043 – 4059.
[111] http: //dear. cma. gov. cn/is_ nsmc/
[112] http: //www. chinaam. com. cn/gan/Article_ Class2. asp? ClassID = 3

论文四：卫星遥感中国海域气溶胶光学特性及其辐射强迫研究

作　　者：邓学良

指导教师：潘德炉　孙照渤

作者简介：邓学良，男，1981 年出生，博士。2003 年毕业于南京气象学院，获学士学位；2008 年毕业于南京信息工程大学大气科学学院，获理学博士学位。现在安徽省气象科学研究所工作。主要研究方向为大气气溶胶的遥感参数及监测方法等。

摘　要： 气溶胶作为重要的气候因子，对地－气能量系统产生重要的影响。本论文主要是结合多颗传感器的卫星数据（MODIS 气溶胶产品和 CERES 辐射通量数据），系统地分析了中国海域气溶胶的光学特性和辐射强迫。首先利用船测数据和 AERONET 地基观测数据，通过改进了测量方法和验证方法，对 MODIS 气溶胶产品在中国海域的适用性进行了验证；然后利用验证后的 MODIS 数据，分析了我国海域气溶胶的时空分布特征，并结合气象场和化学成分进行了原因说明；进一步利用 MODIS 气溶胶产品，分离出人为气溶胶和沙尘气溶胶成分，并得到它们的时空分布特征；结合 MODIS、CERES 数据和辐射传输模式，设计了气溶胶直接辐射强迫的算法，得到中国海域气溶胶直接辐射强迫的分布，并与 SPRINTARS 气溶胶模式结果进行了比较；最后利用 MODIS 的气溶胶和云产品，对我国海域气溶胶的间接作用进行了分析，得到以下主要结论。

（1）改进太阳光度计测量方法，对中国海域气溶胶进行了船载测量，验证了 MODIS 气溶胶光学厚度的分布特征；利用 AERONET 数据，改进验证方法，证实 MODIS 气溶胶光学厚度与 AERONET 具有很好的相关关系，误差符合 NASA 的要求，说明 MODIS 气溶胶产品适用于中国海域。这为下面的研究打下了基础。

（2）通过分析 MODIS 气溶胶产品，证实我国海域气溶胶光学厚度（AOT）与小颗粒比例（FMF）存在明显的季节变化和空间分布特征。通过分析气象场和化学成分可知，这一特征受风场和降雨的影响，而陆源输送是我国海域气溶胶的主要来源。

（3）利用 MODIS 气溶胶产品中 AOT 与 FMF 的关系，得到了人为和沙尘气溶胶的计算公式，利用这一公式分别获得中国海域人为和沙尘气溶胶各自的分布。分析结果显示，中国海域人为气溶胶和沙尘气溶胶分别存在明显的时空分布特征。

（4）结合 MODIS、CERES 数据和辐射传输模式，设计了计算直接辐射强迫的算法：①剔除云区；②建立无气溶胶晴空条件下的大气顶辐射通量查找表；③将辐射率转化为辐射通量；④计算气溶胶瞬时直接辐射强迫；⑤计算瞬时辐射强迫与日平均辐射强迫之间的修正因子。通过以上 5 步，得到了中国海域气溶胶直接辐射强迫的时空分布特征。并通过与 SPRINTARS 气溶胶模式的比较，证实了利用卫星直接计算我国海域气溶胶直接辐射强迫是可行的。

（5）通过分析 MODIS 的气溶胶和云产品，证实了我国海域气溶胶间接效应是明显存在的。在不同季节由于气溶胶种类的变化和水汽条件的不同，气溶胶对于云的间接作用又是不同的。

本论文的主要创新点：

（1）对 MODIS 气溶胶产品的验证方法进行了改进。首先，通过改进 MICROTOPS II 的测量方法，将适合于陆地测量的太阳光度计应用到海上船载测量。其次，改进了 MODIS 与 AERONET 的验证方法，调整了空间匹配窗口的大小，得到了更好的验证效果。

（2）结合气象场和化学成分数据，分别从气象因素和化学组成两个方面分析了我国海域气溶胶的形成原因。分析可知，我国海域气溶胶主要来源于我国沿海的陆地源，受到风场和降雨的共同作用，形成明显的时空分布特征。

（3）利用 MODIS 气溶胶产品中的 AOT 和 FMF 关系，得到了沙尘气溶胶和人为气溶胶的计算公式，直接从卫星数据中区分了沙尘气溶胶和人为气溶胶成分。

（4）在国内首次结合多颗传感器的卫星数据，直接获得气溶胶瞬时直接辐射强迫。并利用辐射传输模式，将瞬时直接辐射强迫转化为日平均直接辐射强迫。最后利用卫星数据证实了中国海域气溶胶的间接效应的存在。

关键词： 气溶胶；中国海域；卫星遥感；光学特性；辐射

1 绪论

1.1 研究目的和意义

Hidy 和 Brock[1]定义大气气溶胶是气体和在重力场中具有一定稳定性的沉降速度小的质粒的混合系统，是悬浮在大气中的固态和液态颗粒物的总称。大气气溶胶尺度范围常取 10^{-3} μm 的分子团到 10 μm 的尘粒，跨越 5 个量级，相应的其质量变化达到 15 个量级，同时气溶胶的数浓度变化也可以达到 14 个量级。大气气溶胶质粒主要来自地球表面，它既可以通过自然和人为机制直接进入大气，也可以从地球表面自然过程和人为排放的气体中通过化学和光化反应，转化为可凝结分子物质再形成质粒。

近年来，随着人类活动的日益频繁，工业排放的不断增加，全球大气气溶胶的含量显著增加，大气气溶胶作为地－气系统的重要组成部分，气溶胶会引起严重的空气污染，明显削弱太阳辐射，影响天气和气候，危及人类的健康和生态平衡。大气气溶胶所造成的气候、环境和生态等问题日益显著。因此，对大气气溶胶深入研究是一个重要的科学问题，具有一定的应用价值。

作为全球气溶胶排放大国，中国不仅面临着应对气候变化和环境外交的巨大压力，还要面对气溶胶增加导致的区域污染日益严重的问题。获得气溶胶与气候变化及区域大气污染本质联系的准确和系统的科学认识，不仅是当今国际全球变化研究的前沿和焦点命题，也是我国在满足气候变化应对等重要国家需求时需要解决的关键科学问题。所以对我国大气气溶胶进行系统的研究，具有深远的意义。

（1）气候效应。①直接辐射强迫。气溶胶作为大气系统中最不确定的一个要素，对全球的能量平衡起着重要的作用。气溶胶的尺度范围从 10^{-3} μm 到 10 μm，由于气溶胶颗粒的特点，使得它对太阳辐射产生散射、反射和吸收的作用，从而直接影响大气的能量传输，称为气溶胶的直接辐射强迫。直接辐射强迫影响地－气系统的能量平衡，有研究表明，总体来说气溶胶是一个冷室效应，可以部分地抵消二氧化碳的温室效应，加热大气层，而冷却地表和海表，由于它的这一辐射特性，使得气溶胶成为全球气候变化的一个重要因子。②间接强迫。大气气溶胶粒子还可以作为云凝结核或冰核而改变云的微物理和光学特性以及降水效率，从而间接地影响气候，这被称为气溶胶的间接气候效应。然而，由于气溶胶的时空多变性、化学成分的复杂性以及气溶胶—云凝结核—云—辐射之间复杂的非线性关系，气溶胶对气候的间接强迫作用仍是全球气候变化数值模拟和预测中最不确定的因子。

（2）环境效应。有些气溶胶粒子是大气中的污染物质，直接影响着空气质量。特别是产生于工业城市地区的气溶胶由碳等固体粒子和 SO_2、NO_x 在湿润空气环境中的化学反应形成的液态粒子组成[2]。直径小于2.5 μm的气溶胶颗粒（PM 2.5）因为对可见光的消光（散射和吸收）作用导致地面能见度的显著下降；直径在10 μm以下的气溶胶颗粒物（PM 10）可到达人类呼吸系统的支气管区，直径小于5 μm的微粒可到达肺泡区，最终导致心血管和哮喘疾病的增加，直接对人类的健康造成显著的影响，威胁着人类的生存与社会可持续发展。近年来，大气污染是大多数发展中国家在工业化过程中普遍面临的一个难题。

（3）国计民生。中国作为污染物排放量仅次于美国的第二大国，对于气溶胶的影响迫切需要有一个准确的认识。中国不仅面临着应对气候变化和环境外交的巨大压力，还要面对气溶胶增加导致的环境以及气候的变化产生影响。在中国及其沿海，人为气溶胶占据着主导地位，对于人类活动产生的气溶胶及其气候影响有一个清醒的认识，是我国可持续发展的需要，同时也为政府的决策提供科学依据。

鉴于大气气溶胶对气候、环境及国计民生的重大影响，需要对我国气溶胶进行深入的研究。大气气溶胶及其气候影响研究中的重大科学问题，是当今大气科学和国际全球变化研究的前沿与焦点。我国在此领域的研究虽然有许多工作，但比较零散，缺乏系统与深入的研究是最明显的不足，难以应对日益激烈的国家环境外交的需求。近几年我国气溶胶研究已有了快速发展。张小曳[3]2006年在国家重点基础研究发展计划“中国大气气溶胶及其气候效应的研究”项目中提出现阶段我国对于气溶胶研究的主要目标是：①取得对中国大气气溶胶特性、分布和变化的准确与系统的科学认识；②了解中国的大气气溶胶在气候变化中的作用。

在以这一目标为中心的前提下，我国建立以中国气象局为主体的多个气溶胶长期观测站网，对中国大陆的气溶胶进行了长时间、大面积的观测研究，对于内陆气溶胶的时空分布、物理化学特性以及传输机制进行了系统的研究，取得了丰硕的成果。而对于中国海域上空大气气溶胶的分布状况和辐射特性却由于数据资料的缺乏，而知之甚少。

以前我们对海洋上空气溶胶的常规观测，主要局限于船载走航测量。船载走航测量由于成本非常高，使得它无法对海洋上空的气溶胶进行长时间、大面积的系统观测。只能不定期地开展一些小范围的野外科考观测实验，如INDOEX[4]和ACE – Asia[5]等，以此来对海上气溶胶进行观测。但是气溶胶由于自身具有生命周期短、空间变化快、成分复杂等特点，使得有限的船载走航测量无法对一个海域气溶胶整体的分布情况和物理特性进行全面的认识，无法满足对海上气溶胶的研究需要。

随着大气模式的不断发展和成熟，耦合气候系统模式成为研究气溶胶及其他人类活动对气候变化影响的主要工具。过去30多年来国内外已经研制了数十个气候模式，但模式在模拟气候变化方面仍存在很大不确定性，除了模式本身的模拟性能需要极大地提高以外，主要是没有将气溶胶模块耦合进去，这其中包括对气溶胶物理化学、光学特性及其时空分布了解不够，这是国际研究的现状。

在大气气溶胶光学和辐射特性方面，国际上近年来一直大力发展卫星遥感与地基光学遥感相结合的观测技术与反演方法。中高分辨率的成像光谱仪（MODIS、HIRDLS、GLI）、多角度的成像光谱仪（MISR）等星载探测器的一个重要应用方向正是探测全球（包括陆地）的气溶胶光学特性[6]。在地基遥感方面，近年来较重要的研究进展之一是建立了AERONET太阳光度计全球探测网络[7]由此提取气溶胶的光学特性，并用于对卫星遥感气溶胶的检验。

与前面两种气溶胶研究方法相比，卫星遥感海洋上空气溶胶的方法具有明显的优点：

（1）在时间上，卫星观测的频率高。如MODIS一天可以对全球进行两次观测，可以对一个区域进行长时间观测。

（2）在空间上，卫星观测覆盖的范围广。它可以对全球进行观测，无论是海洋还是陆地，都可以进行观测。

有了卫星这一有利的工具，我们就可以对以前无法解决的一系列问题进行说明：中国海域气溶胶的分布情况与中长期变化特征究竟如何？中国海域气溶胶到底受哪些因素的影响？中国海域气溶胶的组成是怎么样的？中国海域气溶胶的辐射特性如何？

为了回答以上这么多问题，弄清楚我国海域气溶胶真实的分布状况，了解我国海域气溶胶产生、发展和消亡的机制，并对其辐射特性进行详细的说明，本论文研究将集中解决利用卫星资料研究我国海域气溶胶的时空分布特征和组成成分特征，并结合气象场资料对这些特征进行原因说明；同时结合多颗传感器的卫星数据，直接分析得到我国海域气溶胶的辐射强迫作用。实现利用卫星遥感的方法对我国海域气溶胶进行一次全面而综合的分析，加深我们对中国海域气溶胶时空分布及其辐射强迫和气候效应及变化规律的认识。

1.2 国内外研究现状

IPCC 第三次评估报告[8]指出，在众多的气候变化影响因子中，最不确定和亟待深入认识的是气溶胶的辐射强迫作用。该报告认为，在工业革命（1750 年）以来的 250 多年间，太阳常数（气候变化自然因素的主要代表）变化的贡献估计为（0.3 ±0.2）W/m^2，CO_2 等温室气体增加引起的全球年均辐射强迫为 2.4 W/m^2，误差大约只有 10%。但是，对各种气溶胶所产生的直接辐射强迫的估计却存在着极大的不确定性，如硫酸盐为 −0.4（−0.2 ~ −0.8）W/m^2；生物质燃烧产生的气溶胶为 −0.2（−0.07 ~ −0.6）W/m^2，不确定性因子高达 4 ~9，其他类型气溶胶辐射强迫的不确定性就更大。除了直接辐射强迫外，大气气溶胶粒子还可以作为云凝结核或冰核而改变云的微物理和光学特性以及降水效率，从而间接地影响气候，这被称为气溶胶的间接气候效应。然而，由于气溶胶的时空多变性、化学成分的复杂性以及气溶胶—云凝结核—云—辐射之间复杂的非线性关系，气溶胶对气候的间接强迫作用仍是全球气候变化数值模拟和预测中最不确定的因子[8]。

大气气溶胶作为重要的气候因子，它的分布特征、光学特性和辐射特性的不确定性将对全球气候及区域天气事件产生极大影响。近年来，为了弄清气溶胶的这些特征，减小它们的误差，国内外开展了大量的科学研究活动，这其中主要包括地面观测、模式分析和卫星遥感等。

1.2.1 地面观测

地面观测气溶胶是气溶胶研究的基础，也是最初研究气溶胶的方法。它可以直接获得气溶胶的各种物理、化学以及辐射特性，被认为是最准确的气溶胶研究手段。虽然现在研究气溶胶的方法很多，但是直接地面观测还是不可缺少的，它可以用作对各种研究结果的验证，所以国内外学者在这一方面做了大量的工作。

当前在国际上建立有两大全球气溶胶光学厚度观测网络：世界气象组织（WMO）的全球大气观测计划（GAW）[9-11]和气溶胶自动观测网（AERONET）[7,12]。它们可以对陆地气溶胶进行大范围长时间的观测。这两个网络在世界范围内可以互相弥补观测的空白区域，并提供相互比较，通过协作组成一个完整的全球气溶胶光学厚度观测网络。同时，国际上还进行了大量海上测量，对全球海洋气溶胶进行了研究，如图 1.1 所示。IGAC 已开展了 4 个大型国际气溶胶实验项目：南半球气溶胶特征实验 ACE－1[13]、北大西洋气溶胶特征实验 ACE－2[14]、印度洋实验 INDOEX[15] 和亚太地区气溶胶特征实验 ACE－Asia[16]。这些计划的目标包括：确定主要气溶胶的物理、化学和光学特性，气溶胶—云—辐射的相互影响等。尤其是 1995—1999 年间进行的 INDOEX 观测计划发现在印度洋上空有一约 3 km 厚，相当于美国陆地面积大小的棕色污染云团，称之为亚洲棕色云团，其中含有大量的含碳气溶胶粒子、硫酸盐、硝酸盐和铵盐气溶胶粒子等。初步发现云团将对包括我国在内的广大地区乃至全球的气候产生很大的影响。尽管 ACE－Asia 和 INDOEX 项目取得了重大进展，但是由于对亚洲气溶胶的物理化学特性和区域尺度的棕色云团的变化规律研究尚处于起步阶段，尚有许多重大科学问题亟待解决[17－21]。

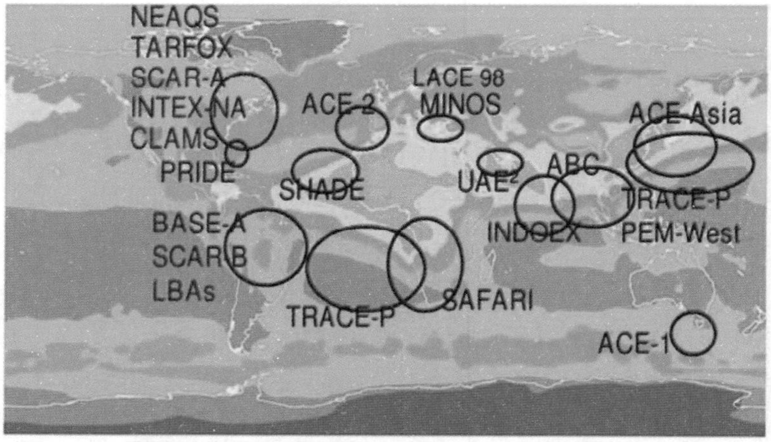

图 1.1　世界上主要的气溶胶野外观测活动

在国内，罗云峰、毛节泰、邱金桓等分别在他们的综合性论述中非常详细地给出了 40 多年来我国科学家在该领域中的主要研究工作，见表 1.1。邱金桓[22]首先提出了由太阳直接辐射和日照时数资料反演了 750 nm 气溶胶光学厚度方法，并分析了中国 10 个太阳辐射站的气溶胶 1980—1994 年间的变化特征。罗云峰[23]由中国 47 个太阳辐射站观测的资料反演了 750 nm 气溶胶光学厚度，发现从 1961—1990 年中国气溶胶光学厚度呈现增加趋势。中国科学院大气物理研究所 CERN 太阳分光观测网（CSHNET）于 2004 年 8 月正式运行，该观测网初步覆盖了中国各类陆地生态系统，观测结果能较好地描述中国部分地区大气气溶胶光学特性的时空分布特征[24,25]。同时，李正强等[26]2000 年对黄海海域气溶胶的分布状况进行了分析，黄海海域大气气溶胶主要由自然来源的气溶胶构成，气溶胶光学厚度在 0.1 左右，光学厚度的日变化不大。谭浩波等[45]2006 年对南海北部气溶胶光学厚度进行了观测研究，对南海北部气溶胶光学厚度的时空分布特征、气溶胶类型和来源等进行了分析。赵崴等[46]2005 年对我国黄海、东海上空春季气溶胶光学特性进行了观测分析，并计算了气溶胶的粒子分布。

表 1.1　近年来中国地面气溶胶光学特性观测研究状况

观测地点	观测时间	观测仪器	气溶胶光学厚度	参考文献
北京	1977—1985	太阳直接辐射表	0.30～0.60（550 nm）	李放等[27]，1996
	1980—1981	多频段太阳辐射计	0.45（500 nm）	毛节泰等[28]，1983
	1983—1984	红宝石激光雷达	0.19～0.51（694 nm）	邱金恒等[29]，1988
	1990—1993	太阳直接辐射表	0.44～0.58（700 nm）	邱金恒等[30]，1995
	1998—2001	CIMEL CE318	0.28～0.71（550 nm）	章文星等[31]，2002
拉萨市	1986-06	10 通道太阳光度计	0.22（519.6 nm）	王鹏举等[32]，1988
香河	1978-10—1978-11	红宝石激光雷达	0.196（激光波段）	陶丽君等[33]，1984
藏北五道梁	1994；1999	直接太阳辐射反演	0.124（550 nm）	李韧等[34]，2004
瓦里关	1998-01—1998-12	BB 型 10 波段光度计	0.07～0.25（550 nm）	张军华等[35]，2002
青海湖	1999-07	CIMEL CE318	0.186（550 nm）	胡秀清等[36]，2001
塔里木盆地	2002-06—2003-11	CIMEL CE318	0.44～0.65（550 nm）	李霞等[37]，2005
敦煌	1999-07	CIMEL CE317	0.12（550 nm）	胡秀清等[36]，2001
兰州	1993	滤光片分光辐射计	0.73（550 nm）	田文寿等[38]，1995
贺兰山	1996	美制 M-120 太阳光度表	0.42～1.27（575 nm）	牛生杰等[39]，2001
台湾	1995	MS-120 型太阳光度计	0.07～0.59（500 nm）	许黎等[40]，1997
合肥	1998	太阳分光光度计	0.52（5.336 nm）	毛节泰等[41]，2001
黄海海域	2000-10—2000-11	CIMEL CE318	0.10（550 nm）	李正强等[26]，2003
青岛	2002-04—2003-10	POM-02 型天空辐射计	0.60（500 nm）	邱明燕等[42]，2004
渤海西岸	2003	CIMEL CE318	0.46（440 nm）	高润祥等[43]，2003
厦门海域	2003-12	CIMEL CE318	0.26（550 nm）	麻金继等[44]，2005
中国 47 个城市	1961—1990	太阳直接辐射日总量	0.18～0.69（750 nm）	罗云峰等[23]，2000
中国 41 个城市	1979—1990	太阳直接辐射日总量	0.29～0.74（750 nm）	罗云峰等[23]，2001
中国 10 个城市	1980—1994	太阳直接辐射日总量	0.17～0.55（700 nm）	邱金恒等[22]，1997

从以上的研究中可以发现，气溶胶的地面观测相对研究时段较短、研究地区单一，只能进行点上的分析，而无法得到面上的信息。同时由于海上物力和人力限制，海上观测几乎是一片空白，有限的航次无法反映广阔海洋上空气溶胶的真实分布，所以说如果仅仅依靠地面测量气溶胶特性的手段，无法满足我们对气溶胶的认识，尤其是气溶胶的辐射特性。

1.2.2　模式分析

模式模拟气溶胶特性的方法可以弥补地面观测的缺点，对全球气溶胶的辐射特性进行研究，并预测气溶胶对未来气候的影响。最先，Charlson 等[47]利用一个简单的“箱模式”，即将全球视为一个整体封闭的箱子，重新估计硫酸盐气溶胶直接辐射强迫的全球平均大小。研究表明：全球平均值约为 $-0.9\ W/m^2$。“箱模式”物理概念明确，但无法描述气溶胶辐射强迫的地理分布。Langner 等[48]推出全球对流层硫循环的三维化学传输模式后，Charlson 等[49]利用一个简单的辐射传输模式估算自工业革命以来，硫酸盐气溶胶直接辐射强迫的大小和全球分布。研究结果表明：全球平均为 $-0.6W/m^2$。1993 年，Kiehl 等[50]利用较复杂的 δ-Eddington 辐射传输模式，使用 Langner 等的对流层硫循环的全球分布，计算了硫酸盐气溶胶直接辐射强迫：全球平均为 -0.29 W/m^2，北半球为 -0.43 W/m^2。由于硫酸盐气溶胶折射指数的虚部很小，对其辐射强迫的研究，通常只考虑散射而忽略其吸收效应。Hansen 等[51]则考虑了一定的气溶胶吸收，使用与 Charlson 和 Kiehl 等相同的对流层硫循环的全球分布，得到其全球平均直接辐射强迫为 -0.25 W/m^2。Chuang[52]将 Langner 的对流层硫循环的化学输送模式耦合进 NCAR/CCM1 气候模式中，估算硫酸盐气溶胶全球平均直接辐射强迫为 -0.92 W/m^2。Taylor 等[53]做了更综合的研究，他们使用与 Langner 等的化学输送模式相似但考虑了季节变化的硫酸盐气溶胶分布的传输模式，与一个大气 - 混合层海洋模式相耦合。模拟结果显示：全球平均为 -0.9 W/m^2。Boucher 等[54]将 Langner 等的输送模式耦合到 CNRS（LMD）/GCM 气候模式中，综合地考虑了硫酸盐粒子的增长和相对湿度的关系，模拟计算了全球及南、北半球直接辐射强迫的大小。1995 年，Pham 等[55]提出了一个新的全球硫循环的三维输送模式，Kiehl 等[56]即用此估算硫酸盐气溶胶直接辐射强迫的大小。全球平均为 -0.66 W/m^2。东亚为 -7.2 W/m^2。Mitchell 等[57]利用 Hadley Centre Climate Model（GCM）模拟研究了硫酸盐气溶胶的直接辐射强迫对气候的影响，并模拟了过去和将来气候的变化情况。1997 年，Catherine 等[58]利用一个三维化学 - 气候耦合模式同时研究了人为硫酸盐气溶胶的直接和间接辐射强迫。

2000 年以后气溶胶模式快速发展，2007 年国际间气溶胶和气候科学组织（AEROCOM）对当今世界上主要的气溶胶模式进行了比较，见表 1.2。可以看出在利用相同的输入场（气象场和源排放清单）的前提下，不同的模式得到的结果差异很大，如气溶胶光学厚度差距达到 2 倍，气溶胶辐射强迫的不确定因子可以达到 3，这些说明虽然气溶胶模式的改进很大，但我们对气溶胶的认识还是不够。

表 1.2　AEROCOM 进行的气溶胶模式的结果比较

模式名称	气溶胶光厚度（550 nm）	人为气溶胶比例（%）	气溶胶辐射强迫（Wm^{-2}）	气溶胶辐射效率（Wm$^{-2}\tau^{-1}$）	参考文献
UMI	0.020	58	-0.58	-28	Liu 等[59]，2002
UIO_ CTM	0.019	57	-0.35	-19	Myhre 等[60]，2003
LOA	0.035	64	-0.49	-14	Reddy 等[61]，2004
LSCE	0.023	59	-0.42	-18	Schulz 等[62]，2006
ECHAM5 - HAM	0.016	60	-0.46	-29	Stier 等[63]，2005
GISS	0.006	41	-0.19	-31	Koch[64]，2001
UIO_ GCM	0.012	59	-0.25	-21	Iversen 等[65]，2002
SPRINTARS	0.013	59	-0.16	-13	Takemura[66]，2005
ULAQ	0.020	42	-0.22	-11	Pitari 等[67]，2002

在国内，钱云等[68]1996 年利用欧拉输送模式对我国 20 世纪 80 年代以来气溶胶直接辐射强迫进行了研究，得到在中东部其值为 -1.38 W/m^2，而在黄河以南为 -4 ~ -10 W/m^2。胡荣明等[69]1998 年利用三维能量平衡模式分析了中国工业硫酸盐气溶胶的辐射强迫，发现最大值的中心出现在长江中下游。高庆先等[70]改用酸沉降模式研究了中国硫酸盐气溶胶的辐射效应，得到的结论是气溶胶直接辐射强迫为 -0.1 ~ -5 W/m^2，且北方高于南方。周秀骥等[71]则是利用全球气候模式 CCM1 NCAR 模式计算得到了中国区域气溶胶直接辐射强迫的年平均

值为 -8.176 W/m^2。吴涧等[72]2002 年重新利用区域模式 RegCM2 计算得到了中国区域的气溶胶直接辐射强迫的均值为 -3.54 W/m^2。张立盛等[73]2001 年使用气候模式 GCM 对全球硫酸盐气溶胶的分布及传输进行了模拟，获得我国中东部气溶胶直接辐射强迫的值约为 -0.5 W/m^2。马晓燕等[74]2004 年利用 IAP/LASGGOALS 海气耦合模式，"显式" 考虑了硫酸盐气溶胶的直接作用，模拟计算了硫酸盐气溶胶的辐射强迫。结果为：全球气溶胶年平均的辐射强迫为 -0.29 W/m^2，空间分布上具有明显的地域性，几个大值地区分别为东亚、西欧和北美。王体健等[75]2004 年根据 2000 年污染源排放资料，利用中尺度气象模式和欧拉输送模式模拟了中国地区硫酸盐气溶胶的分布，估计了硫酸盐气溶胶对地面 - 对流层大气系统造成的直接辐射强迫，并估算了间接辐射强迫。

从以上的研究中可以看出中国区域大气气溶胶辐射强迫研究结果没有可比性，不确定性很大。由于中国气溶胶类型分布具有较大差异，同时缺乏地面系统连续的观测，目前我国模式研究缺乏以观测为基础的精确的气溶胶光学参数化方案和模式比较验证方法，区域大气气溶胶光学特性及辐射效应模拟研究领域仍有很大发展空间[76]。

1.2.3 卫星遥感

20 世纪 70 年代中期，Griggs[77]通过辐射传输的模拟研究指出，对于无云的平面平行大气模型而言，大气顶的可见光和红外波段的向上辐射与气溶胶的光学厚度之间单调相关，这为气溶胶光学厚度卫星遥感提供了理论基础，并由此开始了卫星遥感气溶胶的研究。80 年代，由于陆地表面卫星图像大气订正的需要，陆地气溶胶遥感算法发展起来。这一时期发展了双一多通道反射率算法，陆地上空[78]，海洋上空[79]，结构函数法[80]，热红外对比法[81]，暗像元法[82]和陆地海洋对比法[83]。其中，暗像元算法最初是由 Kaufman 和 Sendra（1988）建立的陆地上空气溶胶光学厚度遥感算法，此后经过不断地改进，它已成为目前陆地上空气溶胶遥感应用最为广泛的算法。

从 20 世纪 90 年代开始，不但卫星传感器设计上开始考虑气溶胶遥感的需要，而且反演气溶胶的算法也有了全新的发展。ATSR -2、AATSR、MISR 等传感器的多角度反射率信息和 POLDER 传感器的极化信息在气溶胶遥感上的应用产生了反射率角度分布法[84,85]与极化法[86]，不仅使气溶胶光学厚度的反演算法得到极大发展，还实现了气溶胶粒子尺度谱分布信息的获取。MODIS 数据被用于全球气溶胶光学厚度反演[87,88]。

20 多年的发展中，可用于气溶胶遥感的卫星传感器不断增加，性能不断提高，反演的参数更加全面。至今，气溶胶遥感传感器主要有：AVHRR 搭载于 NOAA 系列极轨卫星上；TOMS 搭载在 1978 年发射的 Nimbus -7 卫星上；ATSR -2 搭载在 ERS -2 卫星上于 1995 年 4 月发射升空；POLDER 和 OCTS1996 年，搭载于 ADEOSI 卫星上；SeaWiFS 1997 年 NASA 和 Orblmage 合作发射；MODIS 1999 年 Terra 卫星和 2002 年 Aqua 卫星上；MISR 1999 年 Terra 卫星上。表 1.3 是世界主要气溶胶遥感设备及参数。它们不但可以提供气溶胶常规的光学厚度等参数，而且还可以获得气溶胶的有效粒子半径、小颗粒比例和太阳辐射通量等信息，为我们进行气溶胶辐射强迫研究提供了充足的数据源。Yu 等[89]2006 年对利用卫星获得气溶胶辐射强迫的研究进行了总结，见表 1.4。结合多颗传感器数据，并利用辐射传输模式模拟，是近年来对海上气溶胶直接辐射强进行研究的一个新点，也是一个热点。

表 1.3 国际上主要气溶胶遥感设备及它们的参数

卫星设备	工作时间	波段范围	产品参数	参考文献
AVHRR	1979 年至今	5 个波段（0.63～11.5 μm）	AOT、Angstrom 指数	Ignatov et al. [90]，2002
TOMS	1979 年至今	0.33、0.36 μm	Aerosol index、AOT	Torres et al. [91]，2002
POLDER	1996－11—1997－06	8 个波段（0.44～0.91 μm）	AOT、Angstrom 指数	Boucher et al. [92]，2000
	2003－04—2003－10	8 个波段（0.44～0.91 μm）	AOT、Angstrom 指数	Bellouin et al. [93]，2003
	2005－01 至今	8 个波段（0.44～0.91 μm）	AOT、Angstrom 指数	
OCTS	1996－11—1997－06	9 个波段（0.41～0.86 μm）	AOT、Angstrom 指数	Higurashi et al. [94]，2000
	2003－04—2003－10			
MODIS	2000 年至今	12 个波段（0.41～2.1 μm）	AOT、Angstrom 指数等	Bellouin et al. [95]，2005
MISR	2000 年至今	4 个波段（0.47～0.86 μm）	AOT、Angstrom 指数	Kahn et al. [96]，2005
CERES	1998 年至今	长波、短波	辐射通量	Loeb et al. [97]，2002
GLAS	2003 年至今	雷达（0.53、1.06 μm）	气溶胶垂直剖面	Spinhirne et al. [98]，2005
ATSR－2/AASR	1996 年至今	4 个波段（0.56～1.65 μm）	AOT、Angstrom 指数	Holzer－Popp et al. [99]，2002
SeaWiFS	1997 年至今	陆地（0.41～0.67 μm）	AOT、Angstrom 指数	Lee et al. [100]，2004
		海洋（0.765、0.865 μm）		

表 1.4 国际上卫星遥感气溶胶直接辐射强迫的主要研究成果

参考文献	卫星设备	研究时间	气溶胶晴空直接辐射强（W/m^2）
Bellouin et al. [95]，2005	MODIS、TOMS、SSM/I	2002 年	－6.8
Loeb et al. [101]，2005	CERES、MODIS	2000－03—2003－12	－3.8
Remer et al. [102]，2006	MODIS	2001－08—2003－12	－5.7
Zhang et al. [103]，2003	CERES、MODIS	2000－11—2001－08	－5.3
Bellouin et al. [93]，2003	POLDER	1996－11—1997－06	－5.2
Loeb et al. [97]，2002	CERES、VIRS	1998－01—1998－08	－4.6
Chou et al. [104]，2002	SeaWiFs	1998 年	－5.4
Boucher et al. [92]，2000	POLDER	1996－11—1997－06	－5.0
Haywood et al. [105]，1999	ERBE	1987－07—1988－12	－6.7

国内卫星遥感气溶胶的研究始于 20 世纪 80 年代中期。表 1.5 列举了利用卫星对中国区域气溶胶光学特性的研究现状。1986 年赵柏林等[106]利用 AVHRR 资料，进行了海上大气气溶胶的遥感研究，对渤海上空一个点进行了遥感反演；张军华等[109]研究了利用 GMS－5 卫星的可见光通道资料遥感湖面上空大气气溶胶光学厚度的可行性；韩志刚等[116]利用 POLDER 的资料进行了草地上空气溶胶的遥感实验研究；毛节泰等[117]将卫星遥感气溶胶光学厚度和地面多波段光度计在北京地区的遥感结果进行对比，证实 MODIS 气溶胶产品达到了一定精

度；刘桂青等[109]利用长江三角洲地区城市的空气污染指数与MODIS气溶胶光学厚度进行对比。

表1.5 利用卫星对中国区域气溶胶光学特性的研究现状

研究区域	研究时间	卫星设备	气溶胶光学厚度（波段）	参考文献
渤海	1984-11-28	AVHRR	0.19（580~680 nm）	赵柏林等[106]，1986
中国25个湖	1998-02—1999-01	GMS-5	0.08~0.66（550 nm）	张军华等[107]，2003
北京	2000-09—2001-12	MODIS	0.17~0.71（550 nm）	李成才等[108]，2003a
长江三角洲	2001—2002	MODIS	0.3~1.2（550 nm）	刘桂青等[109]，2003
东海岸线	2000年	MODIS	0.4~0.5（550 nm）	李成才等[110]，2003b
四川盆地	2000-09—2001-12	MODIS	0.11~1.05（550 nm）	李成才等[111]，2003c
江西	2001-10-19	MODIS	0.19~0.24（550 nm）	王新强等[112]，2003
中国区域	2001年	MODIS	大值中心的区域分布	田华等[113]，2005
珠江三角洲	夏季平均	MODIS	0.7~0.8（550 nm）	吴兑等[114]，2003
香港	2003-06	MODIS	0.6~0.9（550 nm）	李成才等[115]，2004

从以上分析可以看出，利用卫星数据进行我国区域气溶胶的研究主要集中在气溶胶的光学特性研究上，而且主要是集中在陆地。对于中国海域，尤其对整个海域的研究少之又少。这方面还需要做很多工作，包括中国海域卫星数据的验证、气溶胶分布形式以及传输机制等。同时，国际上利用卫星数据对气溶胶辐射强迫的研究已经开展几年了，但是国外的研究区域主要是全球整个海域或者是他们自己关心的区域，对于中国海域的研究几乎还是空白。国内至今在这方面的工作还没有展开，还有许多工作可以做，所以利用卫星数据直接获得中国区域尤其是中国海域的辐射强迫特性将是我们未来研究的一个重点。

1.3 研究内容和技术路线

1.3.1 拟解决的关键科学问题

基于上述的研究背景和研究状况分析，本论文将集中利用卫星数据（MODIS和CERES），直接对我国海域气溶胶的光学特性和辐射强迫特性等进行分析和研究，实现对我国海域气溶胶有一个总体的认识。围绕这一目标，本论文的研究工作主要围绕以下5个问题进行阐述和分析。

（1）MODIS卫星数据的验证。数据的可靠性是一个研究的基础，MODIS最近改进了算法，将MODIS Collection_ 004数据都更新为MODIS Collection_ 005，而这一数据在中国海域还没有得到过验证，它在中国海域到底有多少精度？它能不能反映中国海域气溶胶的真实情况？

（2）卫星遥感中国海域气溶胶的时空分布。在广阔的中国海域，气溶胶到底是如何分布的？它有什么样的时空特征？它受哪些因素影响？

（3）卫星遥感中国海域沙尘和人为气溶胶。中国海域气溶胶的组成是什么样的？如何能利用卫星数据将它们区分开来？它们各个成分的分布又是什么样？

（4）卫星遥感中国海域气溶胶辐射强迫。气溶胶辐射强迫包括直接和间接两种。在中国海域，我们可以利用卫星直接获得气溶胶直接辐射强迫吗？如果可以，那么如何获得？它的分布如何？而气溶胶的间接作用在中国海域还没有得到证实，它到底存不存在？

（5）模式模拟中国海域气溶胶辐射强迫。以上卫星计算的结果到底可不可信？与模式结果比较的差距有多大？

1.3.2 研究内容、章节安排和主要结论

本论文包括8个章节的内容。

第1章：绪论。说明研究的意义和目的；国内外的研究现状分析，在此基础上提出本论文的研究目标、拟解决的关键科学问题，阐述本论文的主要研究内容。

第2章、第3章、第4章、第5章、第6章、第7章分别对以上提出的5个科学问题进行了分析和阐述。

第2章：中国海域 MODIS 气溶胶数据验证。通过珍贵的船测数据和多年的 AERONET 陆基观测数据对 MODIS Collection_ 005 气溶胶产品在中国各个海区分布特征和数值大小等进行了验证。这为下面各章的研究提供了数据质量保证。

第3章：中国海域气溶胶特性分析。通过分析 MODIS 气溶胶产品，对中国海域气溶胶光学厚度和尺度分布的时空分布特征进行了研究，实现了对我国海域气溶胶整体的认识。并结合气象场资料和实测总悬浮颗粒物数据，对我国海域气溶胶的这一时空特征形成的原因进行了探讨。

第4章：中国海域沙尘和人为气溶胶特性分析。通过 MODIS 气溶胶产品中气溶胶光学厚度和气溶胶小颗粒比例的关系，获得沙尘气溶胶和人为气溶胶的计算方法，实现了对我国海域沙尘气溶胶和人为气溶胶的分离。并对这两种气溶胶各自的时空分布进行了分析。

第5章：卫星遥感中国海域气溶胶直接辐射强迫。结合多颗气溶胶传感器数据（MODIS 和 CERES），利用气溶胶光学厚度和大气顶辐射通量的线性关系，直接获得无气溶胶条件下大气顶的辐射通量的查找表，从而得到气溶胶瞬时直接辐射强迫。再利用 Fu_ Liou 辐射传输模式，计算得到瞬时辐射强迫与日平均辐射强迫之间的转化系数，利用这一系数将瞬时辐射强迫转化为日平均辐射强迫，得到日平均辐射强迫的分布特征。

第6章：中国海域气溶胶间接效应。利用 MODIS 的气溶胶产品和云产品，证实了我国海域气溶胶间接作用的存在。通过分析可以看出，在中国近海，气溶胶对云的间接作用是明显存在，在不同季节由于气溶胶种类的变化和水汽条件的不同，气溶胶对于云的间接作用又是不同的。

第7章：中国海域气溶胶直接辐射强迫数值模拟。利用日本的 SPRINTARS 气溶胶模式，对我国海域气溶胶的分布特征和大气顶短波直接辐射强迫进行了模拟分析，并利用模式输出结果与第5章卫星计算获得大气顶短波直接辐射强迫进行了比较，得到了一致的结果，对第5章的卫星结果进行了验证。

第8章：总结与展望。对整个论文工作进行了总结，阐述主要结论和工作的创新点，说明了研究工作的不足，对今后的研究内容和方向进行了探讨。

2 中国海域 MODIS 气溶胶数据验证

2.1 介绍

气溶胶光学厚度（AOT）是气溶胶最重要的参数之一，是表征大气浑浊度的重要物理量，也是确定气溶胶气候效应的一个关键因子和大气模型的一个重要参量[118]。

现今，探测气溶胶光学厚度主要有三种方法：

（1）陆基探测方法[7,119]。如太阳辐射计、天空辐射计、日射强度计等。

（2）船测观测方法[4][5]。如船只走航观测。

（3）卫星遥感观测方法[6]。如 MODIS、SeaWiFS、TOMS 等。

上面三种方法各有优缺点。首先，陆基探测可以连续观测，由于它是在陆地上直接测量，所以精度是三者中最高的。但是陆基观测只能定点测量，对于大范围的观测无能为力，且在海上无法设置观测点，所以无法反映海洋上空气溶胶的状况；其次，船测方法弥补了陆基观测在海洋上无法观测的缺陷，但是现阶段还没有专门用于船测的气溶胶观测仪器，所以误差较大。同时它无法进行连续观测，只能反映气溶胶的瞬时状态，所以对于海洋上气溶胶长期观测具有明显的缺陷；最后，卫星可以长时间、大面积地对海洋上空的气溶胶进行观测，弥补了以上两种方法的不足，所以目前对于海洋上气溶胶的研究大多是利用卫星的观测结果。但是由于卫星传感器自身的定标和算法引起的误差，必须通过以上两种方法验证后才能用于科学研究。

中分辨率成像光谱仪（MODIS）是 NASA 先后分别搭载在 Terra 和 Aqua 卫星上的一个传感器，具有从可见光、近红外到红外的 36 个通道，覆盖了可见光到中红外（440 ~ 2 135 nm）的 7 个通道，可用于海上气溶胶参数反演。与其他传感器相比，MODIS 能够提供更丰富、更准确的海上气溶胶参数。目前 NASA 建立的 MODIS 资料业务化处理系统能够提供空间分辨率为 10 km 的气溶胶产品。

MODIS_ C005[120]气溶胶产品是 MODIS 最新的气溶胶产品，是 NASA 对 1996 年开始使用的气溶胶的反演算法（ATBD－96）进行重新改进后得到气溶胶产品，是对以前使用的 MODIS_ C004 数据的进一步完善，它对海洋上气溶胶的反演算法改进主要在以下几个方面[121]。

（1）根据 AERONET 观测的结果，把 MODIS 气溶胶模式中 5、6、7 三个粗模态各个波段的折射指数都修改为 1. 35 －0. 001i。这主要是为了改进气溶胶模型和反演得到的细模态的比重值（fine mode weighting），而不会改变 AOT 在 550 nm 的反演结果。

（2）海洋上的云凝结核单位改为个/cm^2，与陆地一致。

（3）质量浓度都乘以系数（4/3）Pi，这是以前遗漏的。

（4）对云量进行重新定义。以前在海洋上，耀斑和沉积物都是被定义为云量，而在新的云量的定义中这些都被剔除。

（5）加入新的气溶胶产品（Aerosol_ Cldmask_ Byproducts_ Ocean），用于气溶胶和云的分离。

通过以上算法的改进，气溶胶产品的精度得到了提高。Hiren[122]在印度利用 MODIS_ C005 和 MODIS_ C004 气溶胶产品分别与 AERONET 观测值进行了比较，发现 MODIS_ C005 气溶胶的产品与 AERONET 相关性明显好于 MODIS_ C004，更加准确。但是在中国海域 MODIS_ C005 气溶胶产品的有效性还没有得到验证，本章通过船测测量和 AERONET 陆基测量两种方法，分别对 MODIS_ C005 的气溶胶产品进行有效性验证。

2.2 船测数据验证

2.2.1 试验介绍

气溶胶光学厚度测量是中国近海海域综合性调查中冬季航次东海区块的光学调查项目的一部分，本航次从 2006 年 12 月 15 日开始，到 2007 年 2 月 13 日结束，历时 60 天。共计对 4 个断面和 5 个连续站进行了气溶胶观测，如图 2.1 所示，获得了我国海域宝贵的气溶胶特性数据。其中站点的选择，既包括了远海气溶胶稀少的区域，也包括了近海气溶胶高值区域。测量时间一般选择在北京时间 8：00 和 16：00 之间，同时要求测量时太阳周围没有云的影响。

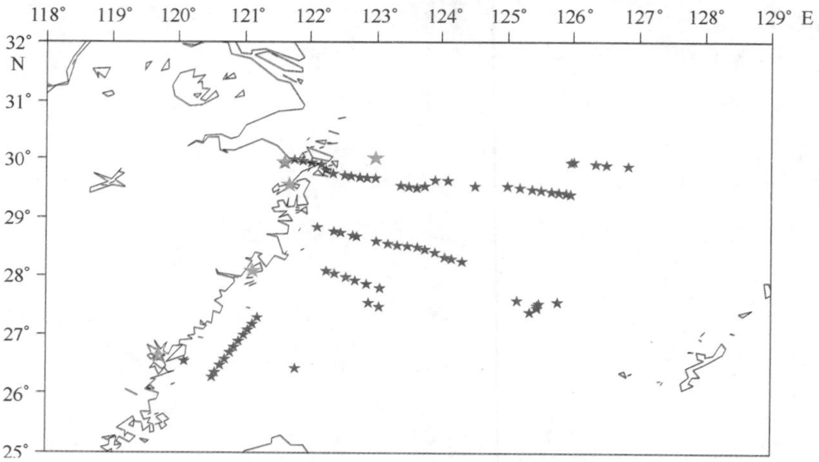

图 2.1 观测站点示意图

（蓝色表示走航站点，红色表示连续观测站点）

本次试验中用来测量大气气溶胶特性的仪器主要采用美国 Solarlight 公司的手持太阳光度计 MICROTOPS Ⅱ[123,124]。MICROTOPS Ⅱ是一款 5 通道手持式太阳光度计，共有 5 个波段：分别为 380 nm、440 nm、500 nm、675 nm 和 870 nm。每一个通道均备有窄波段滤光片，都具有 2.5°的视场角。通过选择不同中心波长，可以用来获得 AOT、太阳直接辐照度、臭氧及水汽总量。该仪器以其精度高、操作简单、易携带和价格低等优点得到广泛应用。

2.2.2 测量和数据处理方法

由于当前还没有为海上观测专门设计的船载太阳光度计，所以大多数海上测量都使用的是为陆地观测设计的太阳光度计，其中包括 MICROTOPS Ⅱ。太阳光度计的观测需要相对稳定的平台，而海上观测时由于船体的摇摆使得数据质量无法保证，所以如何测量才能够最大限度地降低误差，准确地反映气溶胶的真实状况，是一个亟待解决的问题。在进行测量前，我们针对海上的特殊情况，设计了适合船载测量的测量方法和数据处理方法，最大限度地减小由于船体摇摆造成的误差，真实反映我国海域气溶胶特性。

MICROTOPS Ⅱ型太阳光度计的测量原理就是利用仪器测得太阳在各个波段上的电压值来计算出 AOT 在各个波段的值，公式如下[125]：

$$\mathrm{AOT}_{\lambda} = \frac{\ln(V_{0\lambda}) - \ln(V_{\lambda} \times \mathrm{SDCORR})}{M} - \tau_{\mathrm{R}\lambda} \times \frac{P}{P_0} \tag{2.1}$$

式中：$V_{0\lambda}$——对应大气顶处的电压值，由仪器定标得到；

V_{λ}——实测得到的电压值；

SDCORR——日地距离修正因子；

M——大气质量数；

$\tau_{r\lambda}$——瑞利散射的光学厚度；

P——大气压；

P_0——标准大气压 1 013.28 hPa。

可以看出，AOT 直接与仪器测得的电压值 V_{λ} 有关，这也是引起海上测量比陆地上困难最主要的因子。

MICROTOPS Ⅱ在海上测量气溶胶光学厚度的误差，在仪器准确定标的前提下，主要原因是对准太阳的问题。在 MICROTOPS Ⅱ上有一个靶盘，只有太阳光对准靶心，才能记录下真实的电压值，测量到准确的 AOT 值；当太阳光偏离靶心，电压值会变小，则 AOT 的值会变大，而且误差很大，所以对准太阳是海上测量的关键。但由于海上船只的特殊情况，无法保证测量时有一个稳定的状态，所以必须对 Solar Light 公司提供的陆地上的操作流程进行改进。

首先，Porter 等[124]发现 MICROTOPS Ⅱ的出厂默认设置是不适合一些不稳定状态下的测量，尤其是在船上，所以船载测量的第一步是要改进仪器自带程序的设置，见表 2.1。MICROTOPS Ⅱ的默认设置是每组测量进行 32 次采样，采样频率为 50 Hz，保留 4 次最大的电压值进行平均，每次测量 5 组。这一方法适合陆地测量，但不适合于海上。因为船的摇摆并不能保证这 4 个最大电压值都是真正对准太阳时测到，所以必须缩短采样条数，提高采样频率，增加独立采样的组数，以避免由于船的摇摆对仪器稳定状态的影响。Porter 等[124]提出每组测量最大采样条数为 20，但只记录最大的电压值，这种方法大大缩短了采样时间，但在冬季海况恶劣的情况下，这种方法的采样时间还是太长，无法避开船只的摇摆，所以在本次实验中采样频率设为最高的 60 Hz，每组测量的采样条数缩小为 10 条，只记录最大的电压值，每次测量进行 20 组，这样一来基本上可以保证冬季海上的测量。

表 2.1　MICROTOPS Ⅱ参数

	出厂默认设置	修改后海上设置
每组测量条数	32 条	10 条
输出结果	最大的 4 条平均	最大的 1 条
每次测量组数	5 组	20 组
采样频率	50 Hz	60 Hz

其次，数据后处理采用的是等 Kirk[126] 提出的 CoV 的方法，如下

$$\mathrm{CoV} = \frac{S}{X} \tag{2.2}$$

式中：S——每次采样数据的归一化标准差；

X——采样数据的平均值。

数据挑选的原则是：当 CoV 大于 0.05 时，则要去除掉最大的 AOT 的值，然后重新计算 CoV，迭代直到 CoV 小于 0.05 或样本个数不够标准差计算个数为止。

最后，还有一些测量细节需要注意：

（1）测量的姿势最好是坐式，可以尽量保持仪器的稳定。

（2）每次测量前用专业的镜头刷清理镜头，避免海盐等污染物吸附在镜头表面。

（3）每次测量前后进行开关机，避免长时间工作，造成仪器自身温度的升高影响。

（4）测量前开机时镜头盖不要打开，去除暗电流的影响。

（5）仪器放于阴凉处，避免温度变化对测量产生影响[127]。

利用上述方法对 2006 年 1 月 9 日东海 26°N 处 AOT 进行了一次自东向西的连续观测。观测的原始数据如图 2.2（a）所示，经过 CoV 处理后的数据如图 2.2（b）所示。可以看出改进后使用 MICROTOPS Ⅱ可以满足海上恶劣海况下 AOT 的测量，很好地反映了 AOT 的分布状况。从图 2.2（b）可以看出自东向西，AOT 是随着经度的减小而不断增加，明显地反映了人类活动对近岸的影响大于远海，符合客观事实。

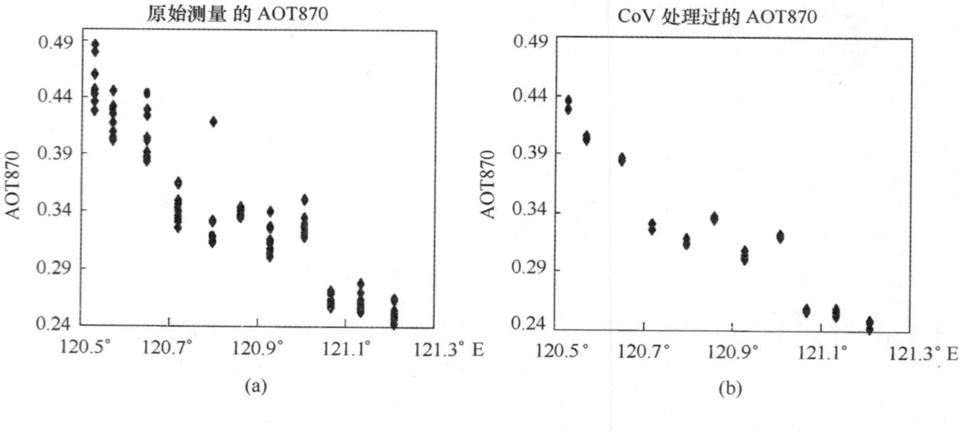

图 2.2　2007 年 1 月 9 日东海试验测得 870 nm 气溶胶光学厚度

（a）原始测量数据；（b）CoV 处理过的数据

通过以上分析，针对冬季海上恶劣条件，介绍了一种简单地使用 MICROTOPS Ⅱ手持式

太阳光度计在海上测量气溶胶光学厚度的方法，详细说明了各个关键技术和注意事项，并对数据进行了分析说明，得到满意的结果。为这次海上测量气溶胶光学厚度提供了技术支持，为更好地研究海上气溶胶特性提供了保证。

2.2.3 数据验证结果

由于船测的时间和波段与 MODIS 不可能完全吻合，且船测自身的误差很大，所以国际上普遍利用精度更高的地面观测对卫星进行数值验证，这将在下一节进行详细描述。而本章中走航船测气溶胶数据只是对卫星数据进行空间趋势验证。

为了对我国海域气溶胶的分布状况进行初步了解，本航次设计了 4 个走航测量断面，如图 2.3 所示。下面将对船测与 MODIS 反演的 AOT 进行空间分布趋势比较。

图 2.3 是船测在 30°N、29°N、28°N、27°N 的 4 个断面的 500 nm 处 AOT 的经向分布。图 2.4 是 MODIS/Terra 在该调查期间 550 nm 处 AOT 的平均图。

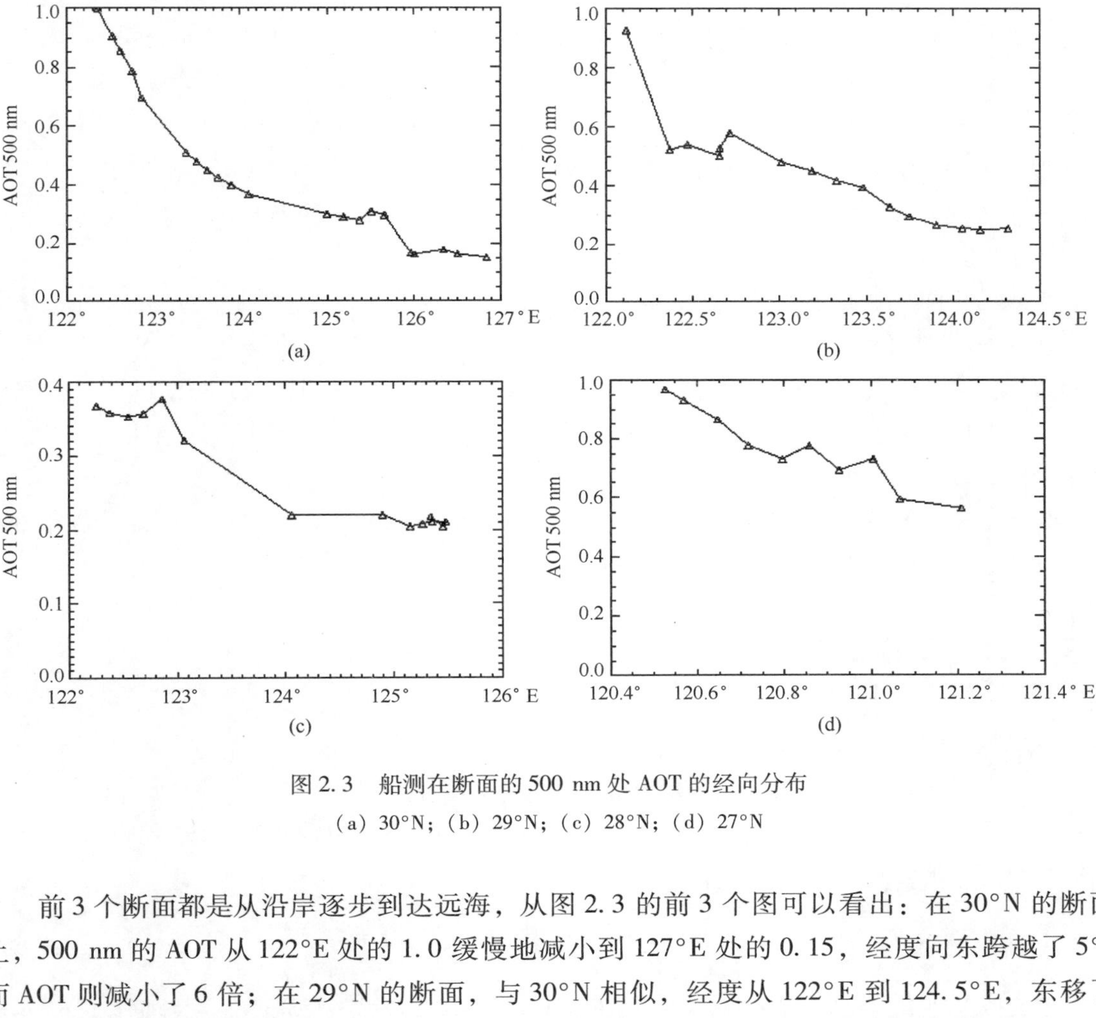

图 2.3 船测在断面的 500 nm 处 AOT 的经向分布

(a) 30°N；(b) 29°N；(c) 28°N；(d) 27°N

前 3 个断面都是从沿岸逐步到达远海，从图 2.3 的前 3 个图可以看出：在 30°N 的断面上，500 nm 的 AOT 从 122°E 处的 1.0 缓慢地减小到 127°E 处的 0.15，经度向东跨越了 5°，而 AOT 则减小了 6 倍；在 29°N 的断面，与 30°N 相似，经度从 122°E 到 124.5°E，东移了 2.5°，同时 AOT 则由 1.0 减小为 0.3，数值变小了 3 倍多；在 28°N 的断面，AOT 从 122°E 时的 0.4 减小为 125°E 时的 0.2，AOT 也是随着离岸距离的增加而减小。从上面 3 个断面的测量可以得到结论：随着经度的增加，即离岸距离的增加，船测的 500 nm 处 AOT 是在逐渐减

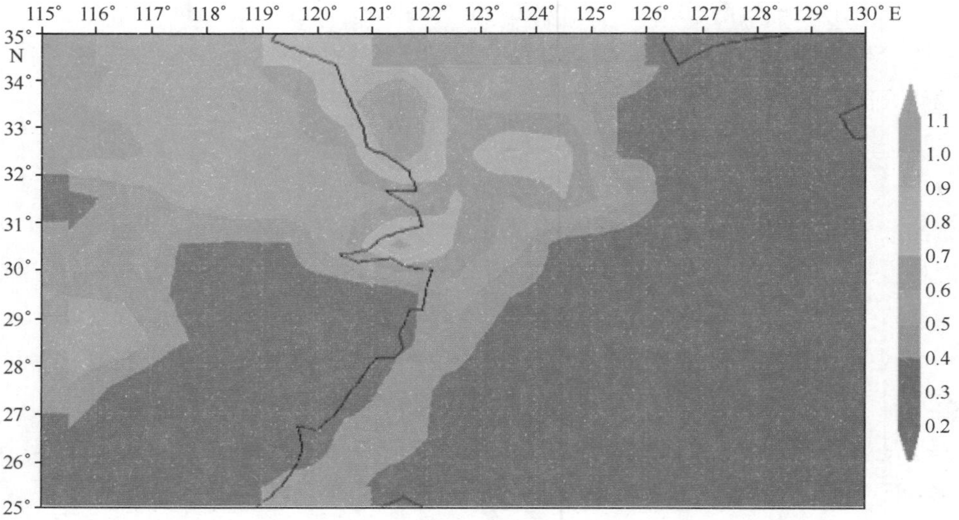

图 2.4　MODIS/Terra 550 nm 处 AOT 在 2006 年 12 月 15 日至 2007 年 2 月 11 日的时间平均图

小的，与以前多个航次的调查结果是一致的[45]。这一特点我们在 MODIS 的平均图中也可以清楚地看到。在图 2.4 中，不仅在 30°N、29°N、28°N 的 3 个断面上，几乎在所有纬度上，AOT 都表现出随着离岸距离的增加而逐渐减小的分布特征，与实测数据的观测结果一致。说明 MODIS 的 AOT 可以反映气溶胶这一渐变趋势。

走航的第四个断面是沿着海岸从南向北走，从图 2.3 中可以看出，由于一直是平行着海岸走航，AOT 的值随经度变化不大，都是大于 0.6 的，且由于都是在近岸，AOT 比其他 3 个断面普遍偏大。再看图 2.4，MODIS 的 AOT 中可以看到在第 4 条断面的位置（27°N、121°E 左右），AOT 基本上是常值，平行于该位置的海岸线上，AOT 变化很小。这与实测的特点也基本一致，说明 MODIS 的 AOT 可以反映沿岸区域的真实分布趋势。

从以上实测的 AOT 与 MODIS 的 AOT 的比较可以看出，MODIS 的气溶胶产品可以很好地反映气溶胶在我国海域的分布特征，表现出实测 AOT 的特点。

2.3　AERONET 数据验证

通过大量航次的调查数据分析，可以初步了解我国海域的气溶胶的分布，验证 MODIS 气溶胶数据的分布趋势。但由于气溶胶时间尺度很小，空间变化很快，船测数据无法在气溶胶观测上与 MODIS 保持时间和波段的一致，所以对于准确的 MODIS 的 AOT 数值验证，必须使用精度更高的地面站点观测。

2.3.1　数据介绍

本文收集了 2001 年至 2004 年所有可获得的 AERONET 气溶胶光学厚度数据以及相对应最新版本 MODIS_ C005 的 MOD04_ L2 气溶胶产品。研究区域限定为中国海域，在研究区域内共选取 6 个有效的气溶胶陆基观测站点。图 2.5 为研究区域范围以及 6 个 AERONET 气溶胶陆基观测站的空间分布。

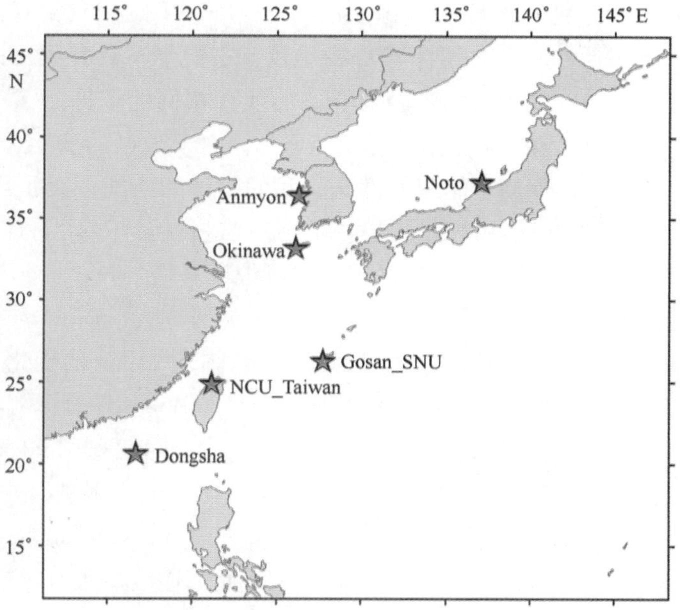

图 2.5　研究区域和 AERONET 地基站点分布

AERONET 是以美国宇航局 NASA 为首建立的全球气溶胶光学特性监测网络，目的是利用地基太阳光度计获取全球具有代表性区域的探测气溶胶光学特性参数的基准资料，用于验证和评估卫星反演的气溶胶光学特性参数的精度。整个网络统一采用法国 CIMEL 公司 20 世纪 90 年代发明生产的多波段太阳直射辐射计，实现了仪器、校验和处理过程的标准化。因此，AERONET 资料有很高的精度，其精度可达 0.01 ~ 0.02[7]，常用来验证卫星气溶胶光学厚度遥感结果。观测通道中心波长位于 340 nm，380 nm，440 nm，500 nm，670 nm，870 nm，1 020 nm，观测时间步长为 15 min。NASA 提供的 AERONET 气溶胶光学厚度数据有 3 种：①level1.0 为未经过严格滤云和最后验证的数据；②level1.5 为经过严格滤云但没有最后验证的数据；③level2.0 为经过严格滤云和最后验证、质量有保证的数据。在验证过程中我们采用质量有保证的二级气溶胶光学厚度数据作为 MODIS_ C005 气溶胶光学厚度的验证数据。

2.3.2　数据验证方法

2.3.2.1　验证数据预处理

由于 AERONET 和 MODIS_ C005 获得的 AOT 数据在时间、空间和波段上都不是完全匹配的，所以在对它们进行比较之前，必须对 AERONET 和 MODIS_ C005 的数据进行时空和波段的匹配处理。

（1）时空匹配

MODIS 观测区域一天可以覆盖全球一到两次；而 AERONET 只是在固定的站点进行单点的观测，一天内可以进行多次测量。MODIS_ C005 的 Level 2 气溶胶产品空间分辨率是 10 km ×10 km，而 AERONET 的观测频率要求达到 15 min/次，所以时空上两个数据非常难匹配。在空间上，首先，MODIS 一个像元的大小是 10 km×10 km，像元值代表的是像元面积内的空间平均值，所以无法简单地拿一个 MODIS 像元值与 AERONET 的站点值进行比较。其次，即使 MODIS 像元可以足够小到与 AEROENT 站点相比较，它们也不具有可比性，因为它们的观测轴不同，由于大气的运动，使得它们观测值并不能代表相同的条件。在时间上与空间的情况类似，MODIS 与 AERONET 在时间上最少也差 5 min，由于云量的变化，在这短短的 5 min 里会产生很大差异。所以为了使验证结果有意义，我们设计的匹配方案是：对 MODIS_ C005 的 550 nm AOT 在以 AERONET 为中心的一定空间区域内进行统计平均，对 AERONET 的观测值在以 MODIS 过境时间为中心的一定时间区域内进行统计平均。

至于空间和时间区域大小的选择，前人已经有很多的研究，Ichoku 等[128]研究表明，MODIS 气溶胶遥感资料空间采样窗口从 30 km × 30 km 到 90 km × 90 km 的变化对窗口平均值和标准差影响很小。Zhao 等[129]在利用 AERONET 数据对 NOAA/AVHRR 全球海洋气溶胶光学厚度进行验证分析时认为 100 km/ ±1 h 的时空匹配窗是最优的，因此采用 90 km × 90 km 的空间采样窗口对 MODIS 气溶胶遥感资料的验证是合适的。本文尝试了多种时空半径的选择方案，在空间窗口上选择了三种方案，分别是：30 km × 30 km，50 km × 50 km 和 70 km × 70 km。在时间窗口上选择了一种方案是：1 h。因为 1 h 以上大气状态改变就很大。

（2）波段匹配

由于我们选择 MODIS_ C005 的气溶胶光学厚度是在 550 nm 波段，而 AERONET 与 550 nm 最邻近的波段是 500 nm，根据 Angstrom 关系式推导得到

$$\frac{\tau(\lambda_1)}{\tau(\lambda_2)} = \left(\frac{\lambda_1}{\lambda_2}\right)^{-\alpha} \tag{2.3}$$

式中：τ——气溶胶光学厚度；

λ——波长；

α——Angstrom 波长指数。

根据式（2.3），只要知道 α 的值，AOT 在 500 nm 与 550 nm 的相对误差可以很容易算出。在中国近海，α 的范围在 0.0 ~ 3.0，所以它们的相对误差最大可以达到 25%。因此，我们必须对两种资料进行波段匹配处理。利用 AERONET 气溶胶光学厚度数据的内插外推运算，进行二次多项式拟合，拟合误差约为 0.01 ~ 0.02，满足验证要求，公式如下：

$$\ln\tau(\lambda) = a + b \times \ln\lambda + c \times (\ln\lambda)^2 \tag{2.4}$$

式中：τ——波长 λ 处的气溶胶光学厚度；

a、b、c——拟合系数，我们利用 AERONET 观测的 7 个波段气溶胶光学厚度，可以拟合得到 550 nm 处的 AOT 值。

2.3.2.2 MODIS_ C005 资料验证方法

在经过时空匹配和波段匹配后，MODIS 和 AERONET 数据就可以进行比较和验证。验证方法主要是对 MODIS_ C005 和 AERONET 气溶胶光学厚度进行线性回归分析

$$\tau_{\mathrm{MODIS}} = A + B \times \tau_{\mathrm{AERONET}} \tag{2.5}$$

式中：τ_{MODIS}——MODIS_ C005 气溶胶光学厚度；

τ_{AERONET}——AERONET 气溶胶光学厚度；

A——截距；

B——斜率。

验证的主要参数为拟合得到的相关系数（r）、斜率（B）、截距（A）和标准差（S），其中最主要的参数是相关系数。在最理想的状态下，拟合的结果应为 $r=1$，$B=1$，$A=0$，$S=0$。但实际情况并不像理想状态，由于误差的存在，使得各个参数只能与理想状态进行比较来判断数据的好坏。

2.3.3 数据验证结果

图 2.6 是 MODIS_ C005 采用 3 种不同大小空间采样窗口方案得到的 550 nm 气溶胶光学厚度与 AERONET 地基观测得到 550 nm 气溶胶光学厚度的拟合结果，表 2.2 是它们拟合参数的比较。从图 2.6 和表 2.2 可以看出，在中国海域，MODIS_ C005 在 550 nm 处的气溶胶光学厚度与 AERONET 观测值具有很好的一致性，3 种空间窗口方案的相关系数分别都接近或大于 0.9，最大达到 0.93。拟合参数中的截距（A）都很小，最大不超过 0.1，而斜率大多在 1 附近，说明 MODIS_ C005 在 550 nm 处的 AOT 不仅与 AERONET 观测值相关性好，而且非常逼近 AERONET 的观测值。根据 NASA 对于 MODIS 在 550 nm 误差要求控制在 $\pm 0.05 \pm 0.05\tau$，中国海域的验证结果有 65% 的点在误差范围内，满足 NASA 要求的 62%（550 nm）。这说明 MODIS_ C005 的 AOT 适合中国海域，可以用于监测和研究中国海域气溶胶的分布状况。

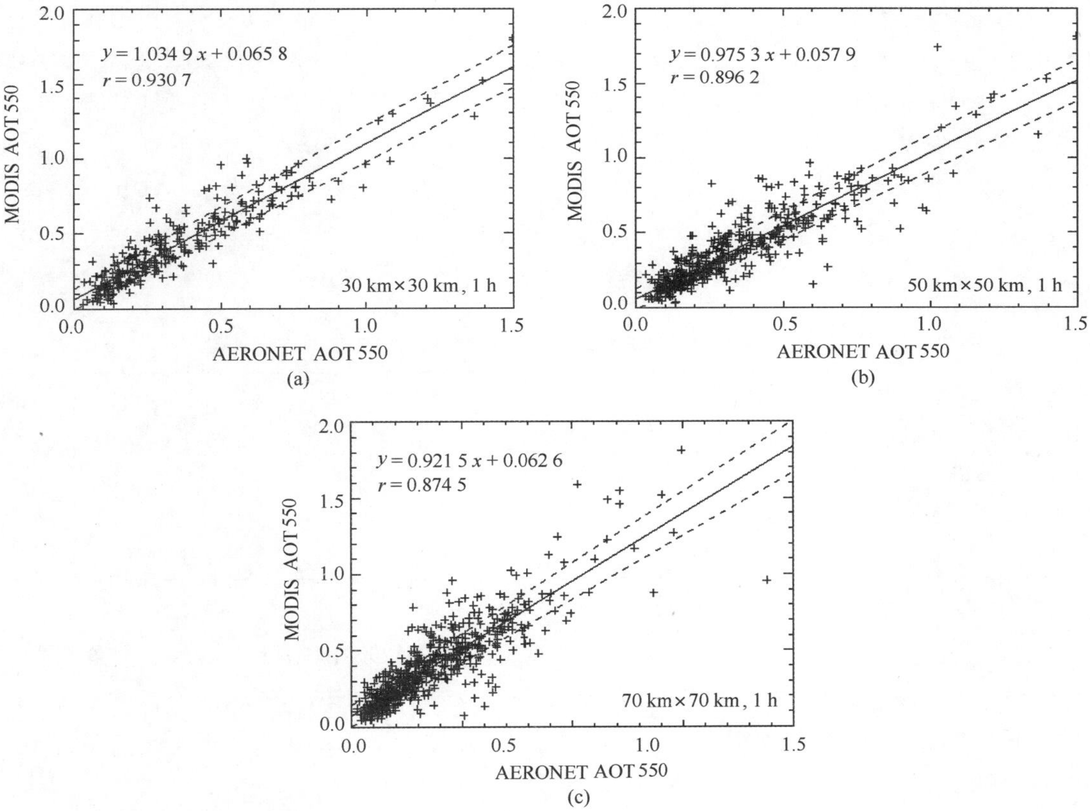

图 2.6 中国海域 MODIS 550nm 气溶胶光学厚度和 AERONET 550 nm 气溶胶光学厚度线性回归分析

（a）空间窗口 30 km×30 km；（b）空间窗口 50 km×50 km；（c）空间窗口 70 km×70 km

同时我们对不同的空间采样窗口方案进行了讨论。国际上使用标准的50 km×50 km的空间窗进行验证，主要是考虑到大气的均一性，认为大范围气溶胶光学厚度的平均值可以减小局部云的剧烈变化造成的误差，这在天气稳定的地区是可行的。但是在中国海域由于大气的分布并不像在远海那样大范围均匀，受到沿海的人为影响和海陆热力差异的影响，具有很强的局部特征，有时很小的范围都会具有不同的大气条件。所以在这种情况下，仍然按照50 km×50 km的验证方法进行采样，会引入周围区域的很大误差，因此在中国海域验证方案应该在不影响采样统计分析的基础上尽量减小空间采样窗的大小。为了说明这一点，本文采用了3种空间窗口采样的方案，分别是30 km×30 km、50 km×50 km和70 km×70 km，对它们进行比较。

从图2.6和表2.2可以明显地看出，随着空间采样窗口的减小，MODIS_ C005和AERONET相关系数有明显的提高，从70 km×70 km时最小的0.874 5上升到30 km×30 km时的0.930 7，这说明空间采样窗口的减小提高MODIS与AERONET的550 nm气溶胶光学厚度相关性。同时，还可以看出在相关系数随着空间窗口增大时，标准差却是减小的，说明窗口越小拟合结果的离散程度越小，这也说明了空间采样窗口的减小并没有引入更大的误差值，空间窗口从50 km×50 km变为30 km×30 km可以更好地代表这一区域的气溶胶光学厚度值，反映局地特征。从斜率上看，3个窗口都是在我们的理想状态值1的周围变化，说明MODIS_ C005和AERONET 550 nm气溶胶光学厚度值非常接近，与陈本清[130]2005年使用MODIS_ C004在台湾海域的验证拟合斜率大多在0.68～0.83来看，MODIS新一代数据具有更好的精度，与AERONET更加接近，这主要还是由于MODIS对海洋上气溶胶算法的改进。最后看截距，3个窗口的截距都是在0～0.098之间，说明由于MODIS传感器和算法引入的误差，使得MODIS_ C005气溶胶光学厚度普遍偏高，这与前人[131]的研究结论是一致的。所以，综合以上4个拟合参数的结果分析，在中国海域采用30 km×30 km空间采样窗口可以更好地验证MODIS气溶胶数据，反映气溶胶的局地特征，得到满意的验证结果。

表2.2 中国海域MODIS与AERONET 550 nm气溶胶光学厚度统计量对比

参数 / 空间窗口	相关系数 r	斜率 B	截距 A	标准差 S
30 km×30 km	0.930 7	1.034 9	0.065 8	0.086
50 km×50 km	0.896 2	0.975 3	0.057 9	0.093
70 km×70 km	0.874 5	0.921 5	0.062 6	0.098

下面我们选取3个数据量最大且分别代表不同海区的AERONET站点：Anmyon（36.539°N，126.330°E）、Gosan_ SNU（33.292 22°N，126.161 67°E）和NCU_ Taiwan（24.966 67°N，121.191 67°E），使用30 km×30 km空间窗和1 h时间窗方案，对我国三个海区的MODIS_ C005的550 nm气溶胶光学厚度进行独立验证。

从图2.7和表2.3可以看出，在拟合结果中三个海区的相关系数都大于0.91，最小的是台湾海域NCU_ Taiwan站达到0.911 4，最大的是渤海海域Anmyon站达到0.950 8，三个站点的MODIS和AERONET 550 nm气溶胶光学厚度的拟合相关性都很好。而且可以看到在AOT大于0.2以上时，MODIS 550 nm气溶胶光学厚度大都是靠近拟合直线，控制在NASA误差值范围内；在而 AOT 小于 0.2 时，MODIS 的 550 nm 处 AOT 偏离出 NASA 误差范围的点变多。说明 MODIS 海上气溶胶反演算在气溶胶光学厚度很小时，误差会增加；而在气溶胶光学厚度变大时，误差逐渐减小。这一结果也与国际研究结果是一致的。其他三个拟合参数，和上面中国海域的总的拟合结果相符合，截距控制在 0.1 以内，斜率在 1 周围变化，而标准差小于 0.1。从这些可以看出，MODIS_ C005 不仅在中国海域整个海区的验证效果良好，而且对于各个海域的独立验证也取得了满意的结果。所以，通过在与 AERONET 的观测值验证，MODIS_ C005 在 550 nm 气溶胶光学厚度与 AERONET 的站点观测数据在中国海域各个海区都具有很好的一致性，适用于中国海域不同海区的科学研究。

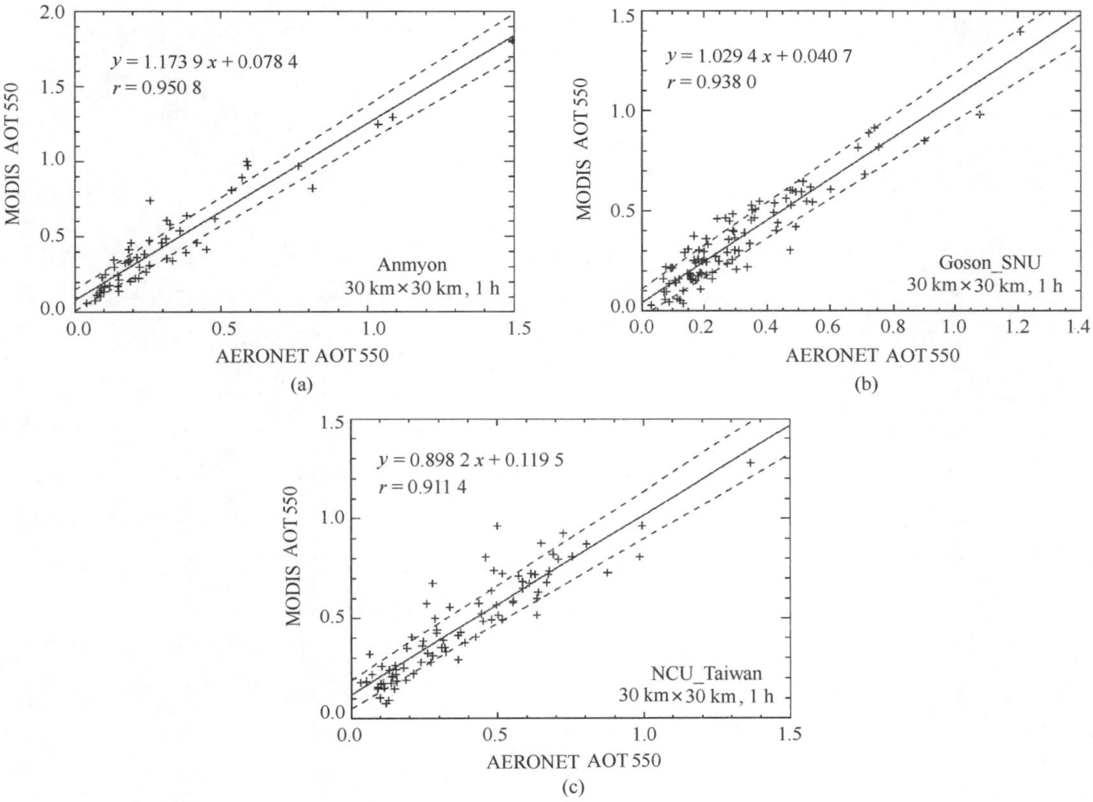

图 2.7　MODIS 550 nm 气溶胶光学厚度分别与 3 个 AERONET 550 nm 气溶胶光学厚度线性回归分析

（a）Anmyon 站；（b）Gosan_ SNU 站；（c）NCU_ Taiwan 站

表 2.3　MODIS 分别与 3 个 AERONET 550 nm 气溶胶光学厚度统计量对比

参数 / AERONET 站	相关系数 r	斜率 B	截距 A	标准差 S
Anmyon	0.950 8	1.173 9	0.078 4	0.091
Gosan_ SNU	0.938 0	1.029 4	0.040 7	0.086
NCU_ Taiwan	0.911 4	0.898 2	0.119 5	0.093

通过对比中国海域 AERONET 数据与 MODIS_ 005 数据在 550 nm 气溶胶光学厚度，可以

得到以下结论。

（1）MODIS_ C005 数据的 AOT 在我国海域与 AERONET 陆基观测到的 AOT 在 550 nm 具有非常好的一致性，相关系数达到 0.9 以上，与前人对于 MODIS Collection_ 004 AOT 的验证结果比较，更加逼近 AERONET 的观测值，具有更高的精度。

（2）通过尝试不同的验证方法，可以发现验证数据的空间采样窗口大小的选择对于验证效果具有很大的影响，在中国海域可以 30 km×30 km 的空间采样窗口验证效果更好，更能真实反映局部观测特征。

（3）最后，通过 MODIS_ C005 气溶胶光学厚度与 AERONET 观测值在中国三个不同海区的独立验证比较，得到 MODIS_ C005 的 AOT 在 550 nm 满足美国 NASA 的设计要求，误差控制在 $\pm 0.05 \pm 0.05\tau$，适用于我国不同海区，可以用于中国各个海区的气象和海洋等多方面的科学研究。

2.4 本章小结

本章通过珍贵的船测数据和多年的 AERONET 地面观测数据，分别对我国海域 MODIS 反演得到的气溶胶光学厚度的分布特征和数值大小进行了详细的验证，取得如下结论。

首先，将用于陆地气溶胶测量的 MICROTOPS Ⅱ太阳光度计，通过修改仪器出厂参数、设计海上测量方法和改进数据后处理方法后，使得 MICROTOPS Ⅱ成功地应用到本次海上测量中，取得了我国海域珍贵的气溶胶实测数据。通过 MODIS 反演获得的 AOT 与船测数据比较看出，MODIS 的 AOT 可以真实地反映出我国海域气溶胶的分布特征，与实测相当一致。

其次，在利用 AERONET 对 MODIS 的 AOT 进行验证中，改进了以往的验证方法，修改了空间匹配窗口的大小，取得了更好的验证效果。利用改进后的验证方法对我国海域的 MODIS 的 AOT 进行了验证。

通过以上船测数据和 AERONET 地面观测数据对我国海域的 MODIS 卫星遥感获得的气溶胶光学厚度的验证结果来看：无论是在分布特征上，还是在数值大小上，MODIS 的 AOT 与实测数据都非常一致，可以应用到我国海域大气气溶胶的科学研究中去，为下一章做好了准备。

3 中国海域气溶胶特性分析

3.1 介绍

中国近海是我国主要的海洋渔业区，也是影响我国气候的重要区域，因此，弄清这个海域的气溶胶的分布状况，对于我国国民经济具有重要的意义。由于这个海区的气溶胶不仅具有海洋气溶胶的特点，而且受到陆源输送的影响，具有明显的混合特性，情况非常复杂。为了弄清我国海域气溶胶的分布特性，近年来很多科学家做了大量的工作。李正强等[26]利用多波段太阳辐射计测量黄海海域的气溶胶光学厚度。赵崴等[46]研究发现，春季无云情况下黄海、东海上空的气溶胶光学厚度在0.2~0.4，海区上空霾层较厚时测量得到的气溶胶光学厚度明显增大，最大接近0.8。

通过大量航次的调查数据分析，可以初步了解我国海域的气溶胶的分布。但由于气溶胶时间尺度很小，空间变化很快，船测数据无法满足长时间大面积的气溶胶观测，所以从20世纪90年代起，科学家开始使用卫星数据对于气溶胶进行分析。Long 等[132]利用 NOAA 的单通道算法成功地描述了全球海洋上的平流层和对流层气溶胶光学厚度的分布情况。Higurashi 等[133]利用 AVHRR 资料采用双通道反演方法反演了全球的气溶胶光学厚度指数。

本章利用上一章验证过的 MODIS 气溶胶产品，对我国海域的气溶胶的时空变化及尺度分布特征进行分析。

3.2 数据介绍

本章收集了2000年至2006年所有可获得的 MODIS_ C005 的 Terra MOD04_ L2 气溶胶产品，包括550 nm 处气溶胶光学厚度 AOT550 和小颗粒比例 FMF。研究区域限定为中国海域（10°—50°N，110°—150°E）。

在分析中，主要用到两个参数：气溶胶光学厚度 AOT 和小颗粒比例 FMF。

在 MODIS 气溶胶产品中，气溶胶光学厚度是气溶胶最重要的参数之一，定义为气溶胶对太阳光通过整层大气的衰减系数，是表征大气浑浊度的重要物理量，也是确定气溶胶气候效应的一个关键因子[118]。

小颗粒比例（FMF）是 MODIS 气溶胶产品新的气溶胶参数，定义为550 nm 处小于1.0 μm 的小颗粒气溶胶光学厚度与总气溶胶光学厚度的比例，计算如式（3.1），可以用于区分小颗粒气溶胶和大颗粒气溶胶[134]。FMF 越大，则小颗粒气溶胶的比例越大；FMF 越小，则小颗粒气溶胶的比例越小。由于人为形成的气溶胶如硫酸盐等，主要是小颗粒气溶胶；而自然气溶胶如沙尘和海盐，主要是大颗粒气溶胶。所以 FMF 还可以用来区分人为气溶胶和自然气溶胶。这对于分析我国海域气溶胶的颗粒分布和形成原因有很大的帮助。

$$\mathrm{FMF} = \frac{\tau_{550,\mathrm{fine}}}{\tau_{550}} \tag{3.1}$$

3.3 气溶胶光学厚度和小颗粒比例的时间变化

3.3.1 季节变化

图 3.1 是 2000 年至 2006 年 6 年平均得到的 550 nm 气溶胶光学厚度的季节分布。从图中可以看出：在冬季，AOT550 分布特点是大值区沿着海岸线分布，随着离岸距离增加而减小。在 30°N 附近达到最大值，在 25°N 以北的海域 AOT550 都大于 0.17，在 25°N 以南远离海岸线的海域 AOT550 在 0.1 ~0.17 之间；在春季，AOT550 的趋势与冬季相似，但由于沙尘等要素的影响，整个海区的 AOT550 都明显增大，范围也在不断扩大，所有海域的 AOT550 都大于 0.17，而且沿着海岸线 AOT550 最大值也明显大于冬季；在夏季，AOT550 的分布发生了显著的变化。主要特点是北部大，南部小。在 30°N 以北，AOT550 保持着冬、春季的分布特点，只是由于降雨等气象条件的改变，AOT550 的数值变小，其最大中心依然在 30°—35°N 之间。而在 30°N 以南的整个海域，AOT550 明显变小，大部分区域的 AOT550 都小于 0.17；在秋季，

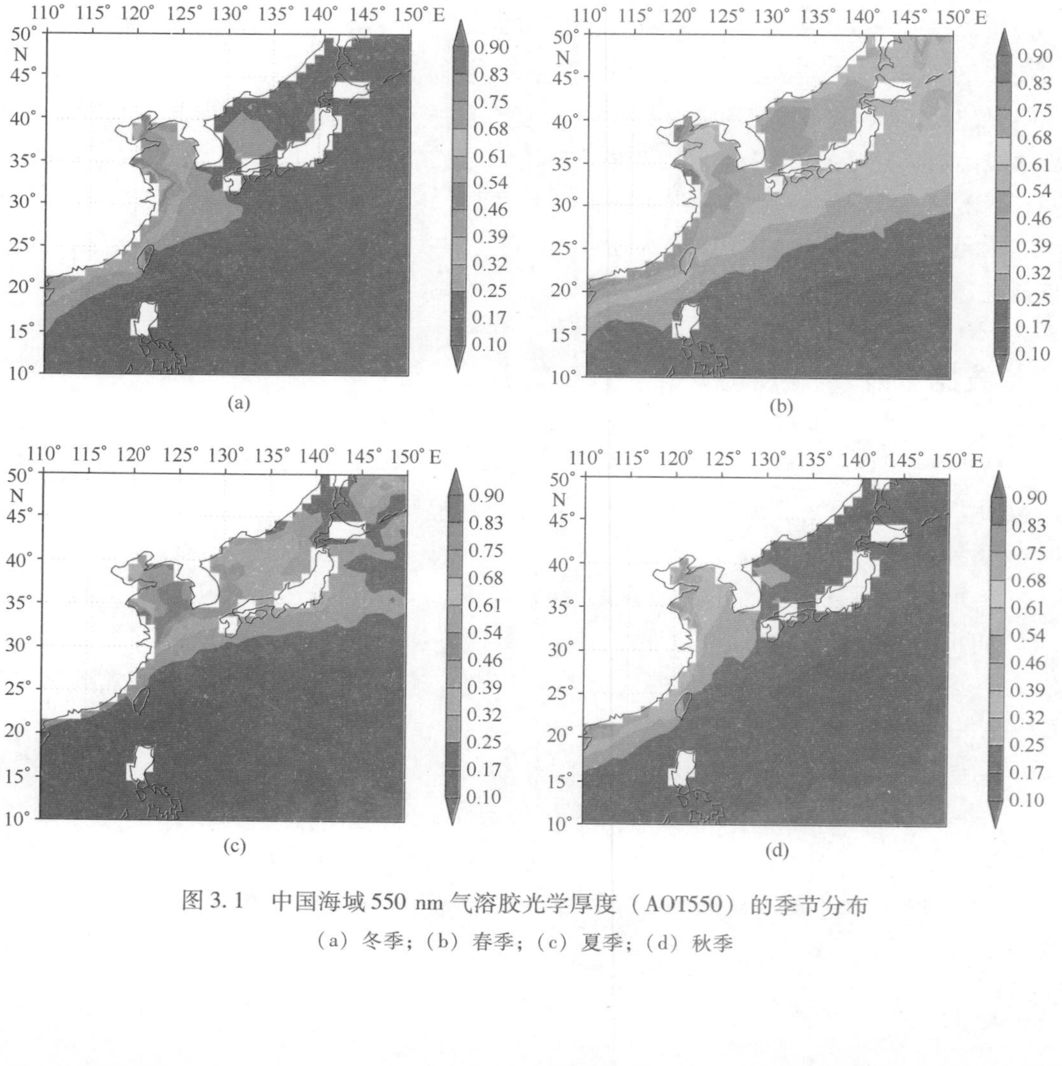

图 3.1　中国海域 550 nm 气溶胶光学厚度（AOT550）的季节分布

（a）冬季；（b）春季；（c）夏季；（d）秋季

AOT550 恢复了冬、春的分布特征，但是数值要小于它们，部分海域的 AOT550 甚至小于 0.1。

图 3.2 是小颗粒比例（FMF）的季节分布。从图中可以看出：在冬季，FMF 分布特点与 AOT550 有些类似，等值线是沿海岸线分布，高值区靠近岸边，最大值位于 30°—35°N 之间，离岸越远 FMF 越小，整个海域的 FMF 都大于 0.42；在春季，FMF 分布特点和冬季相似，数值相当。在台湾和菲律宾海域以及日本海，由于人类活动增多，FMF 出现了大值区；在夏季，和 AOT550 一样，FMF 的分布发生了很大的变化。除了东南沿海，FMF 在整个海区都有不同程度的增大。尤其是在 30°N 以北的大部分海域，FMF 明显变大，数值达到 0.69 以上，使得整个海区呈现北强东弱的分布特征。在秋季，FMF 略有减小，分布也趋于冬季，但数值明显大于冬季。

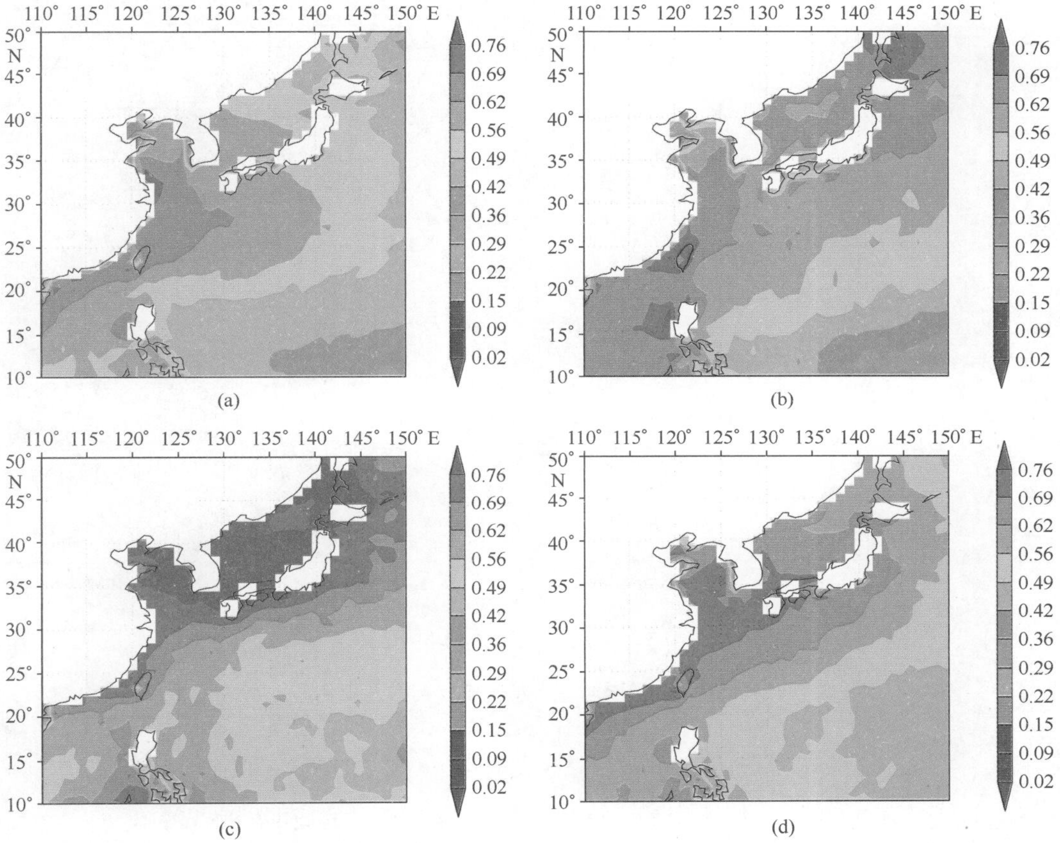

图 3.2　中国海域小颗粒比例（FMF）的季节分布

（a）冬季；（b）春季；（c）夏季；（d）秋季

3.3.2　时间序列

图 3.3 是中国海域区域平均的时间序列，图 3.4 是中国海域 6 年区域平均的月变化。先看图 3.3，AOT550 的变化具有很明显的规律，在每年的 3 月、4 月、5 月达到最大，而在 10 月、11 月、12 月达到最小，呈现出周期震荡，在两个峰值之间出现单调增或减的趋势；而 FMF 也同样具有明显的周期变化，在每年的 7 月、8 月、9 月达到最大，而在 12 月、1 月、2 月、3 月、4 月达到一年中的最小。再看图 3.4，6 年区域平均的月变化，AOT550 在 1—6 月

达到最大，而在7月至12月达到最小，分别在4月和9月达到极值，呈现正弦分布；同时，FMF的变化也是很有规律，在5月至10月达到最大，而在11月至翌年4月达到最小，在4月和9月出现极值，与AOT550不同，FMF在4月是极小值，在9月是极大值，两者位相相反。

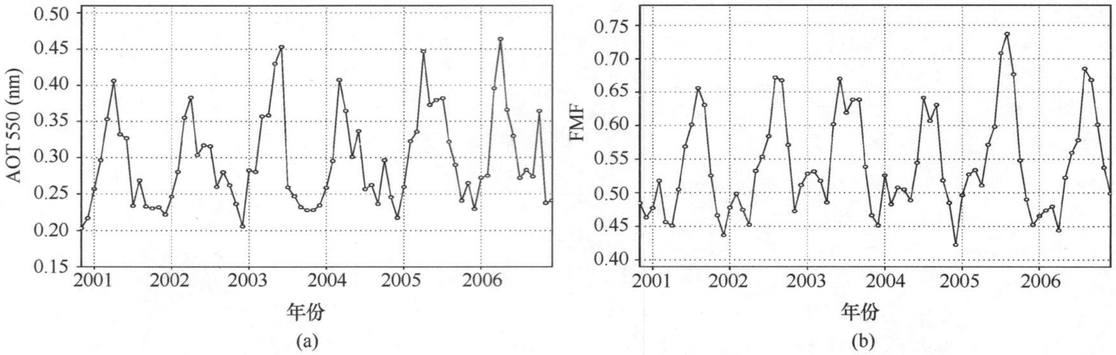

图3.3　中国海域区域平均的时间序列

（a）AOT550；（b）FMF

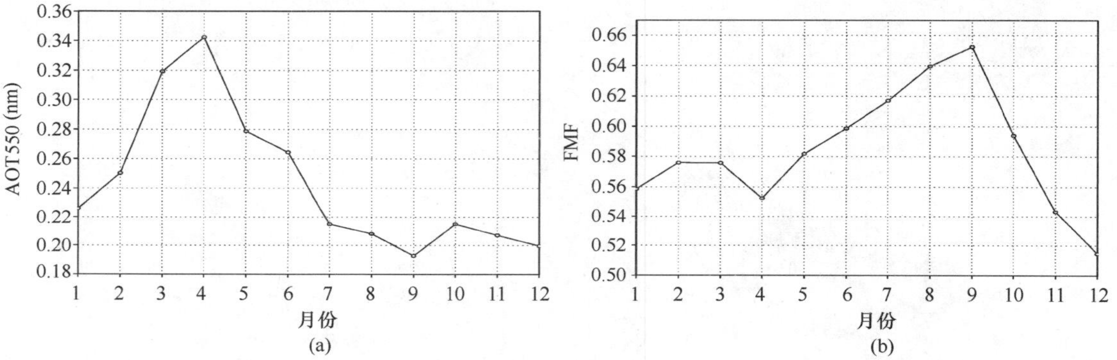

图3.4　中国海域6年区域平均的月变化

（a）AOT550；（b）FMF

通过以上分析，可以看出中国海域AOT和FMF存在明显的周期性季节变化。

3.4　气溶胶光学厚度和小颗粒比例的空间分布

图3.5是AOT550和FMF在经向和纬向的时空分布。图3.6是AOT550和FMF在经向和纬向上的6年平均变化。

首先，纬向上，从图3.5可以看出，在每一年的冬、春季节，AOT550在30°—40°N之间都会出现大值区，而同一区域在夏、秋季节AOT550则相对较小，说明该区域AOT550的季节变化明显。还可以看到在所有时间季节中，随着纬度从10°N向北增加到30°N，AOT550逐渐增大，直到中纬度的AOT550大值区，反映了一个AOT550的纬向变化。从图3.6的6年区域平均我们可以更清楚地看到这点，在30°—40°N出现纬度方向上的大值区，向南北递减，这

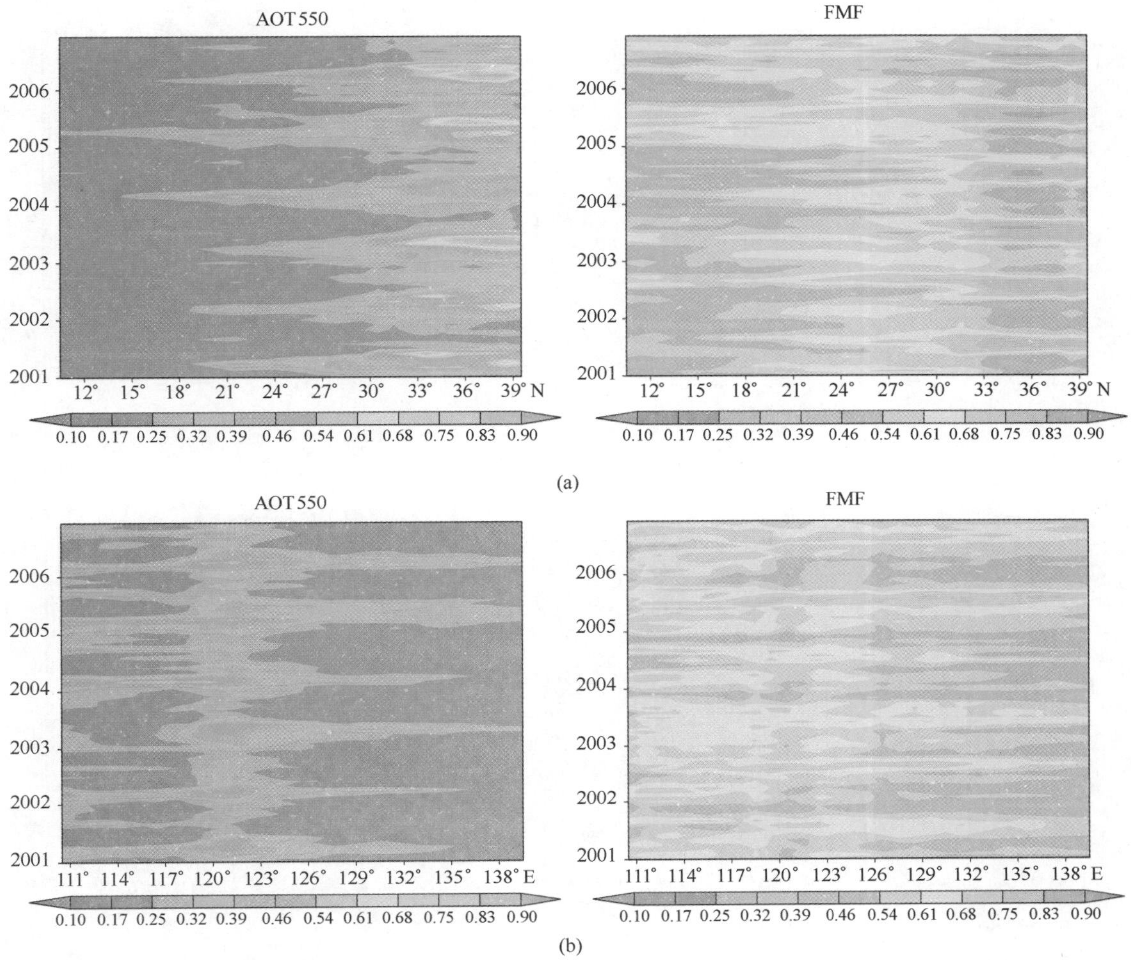

图 3.5　中国海域 AOT550 和 FMF 的经纬向分布

（a）纬向；（b）经向

主要是由于人类活动主要集中在中纬度地区，使这一纬度上 AOT550 大于其他纬度。同样，从图 3.5 中也可以看到 FMF 的纬向变化，FMF 的大值区也是出现在 30°N 以北，但 FMF 的大值区一般出现在夏、秋季节，而冬、春季节相对较小一些。从图 3.6 可以看出，对于整个海域的平均，FMF 是从 10°N 一直增加到 30°N，其后一直到 40°N 都比较稳定，说明在 30°N 的区域以北的气溶胶主要以人为气溶胶为主，因为该区域的人类活动最为剧烈，FMF 比较稳定而且更加接近，而低纬度人为气溶胶不占据主导地位，而且随着纬度减小，人类影响越来越弱，造成 FMF 随纬度减小的趋势。经向上，它们的变化更加明显。图 3.5 中在 120°—123°E，所有时间段都有一个 AOT550 的大值区，这是因为我国的大部分沿海区域都在 120°—123°E 这个范围内，这个海域受人类影响最为严重，所以 AOT550 常年都很大。从图 3.6 看经向的变化更明显，随着经度从 120°E 开始增加，AOT550 不断减小，反映了人类活动对海洋气溶胶的影响随着离岸距离增加不断的减弱。再看 FMF，它的经向变化与 AOT550 类似。在近岸，也就是 125°E 以西 FMF 都很大，说明人类活动作用明显，气溶胶主要以人为气溶胶构成。随着经度不断向东，人类活动的痕迹越来越小，这主要表现在 FMF 减小，这更加说明了我国海

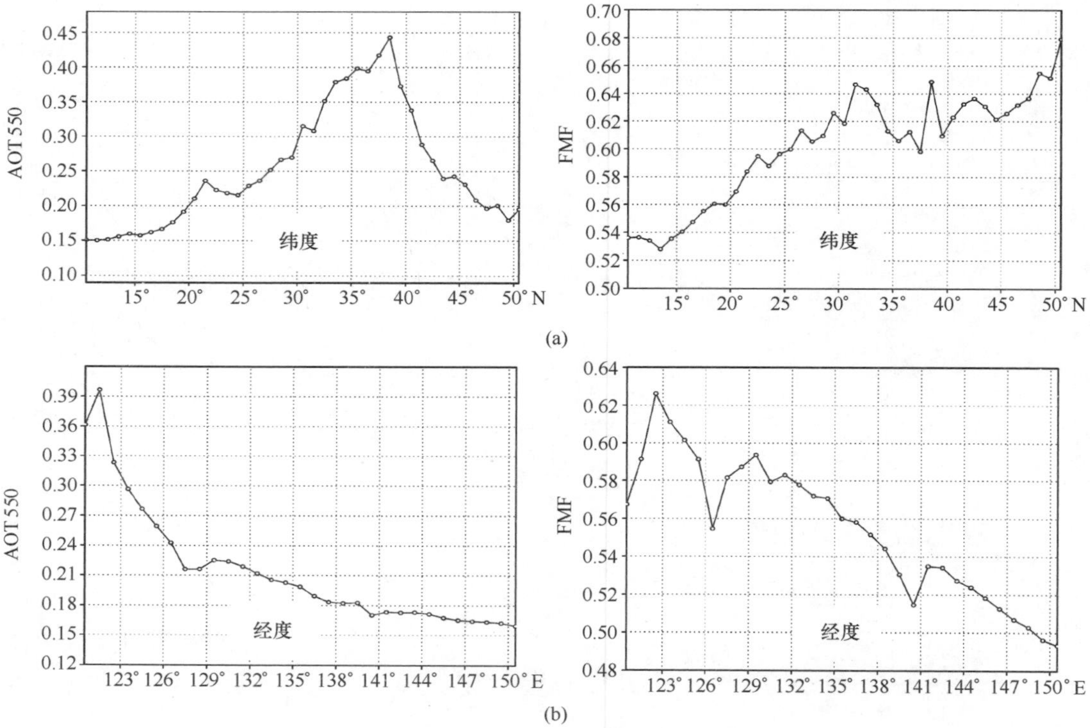

图 3.6　中国海域 6 年区域平均的经纬向变化

（a）纬向；（b）经向

域气溶胶受人类活动的影响是非常严重的。图 3.6 中 FMF 的 6 年的区域平均也说明了这一点，随着经度的不断东移，FMF 不断减小。

从以上分析可以看出，在我国海域气溶胶特性存在着明显的时空分布特征。

首先，我国海域气溶胶光学厚度（AOT550）与尺度分布存在着明显的季节变化。AOT550 在冬、春季最大，而在夏、秋季最小；而 FMF 在夏、秋季达到最大，在冬、春季大到最小。同时气溶胶特性还表现出明显的周期变化，周期为 1 年。

其次，中国海域 AOT 和 FMF 存在显著的空间分布特征。纬向上，AOT550 在 30°—40°N 达到最大，向南北递减；FMF 从南向北逐渐增加，到达 30N° 附近后增加减弱。经向上，AOT550 和 FMF 都是随着经度的增加而减小的。

这种气溶胶的特征分布并不是偶然的，而是受到许多因素的影响。下面我们将利用气象场数据和实测的大气总悬浮颗粒物数据，分别对这一原因进行探讨。

3.5　原因分析

3.5.1　气象场分析

以上分析中可以看出，中国海域气溶胶的时空变化明显。下面从气象场分析它的原因。图 3.7 是 2000—2006 年 6 年的 850 hp 风场的季节平均，图 3.8 是 2000—2006 年 6 年的降雨的季节平均。因为气溶胶主要是指对流层气溶胶，所以我们选取的是 850 hp 风场进行分析，可以看出，冬、春季风场分布类似，在 20°N 以北被西北风控制，而在 20°N 以北被平直的东风控制。而夏、秋季，大部海域都被东风控制，只有 30°—40°N 的小部分地区存在西南风。至于四个季节的降雨，则是夏季最大，秋季次之，冬春最小。这种气象场的分布决定了中国海域气溶胶的分布。

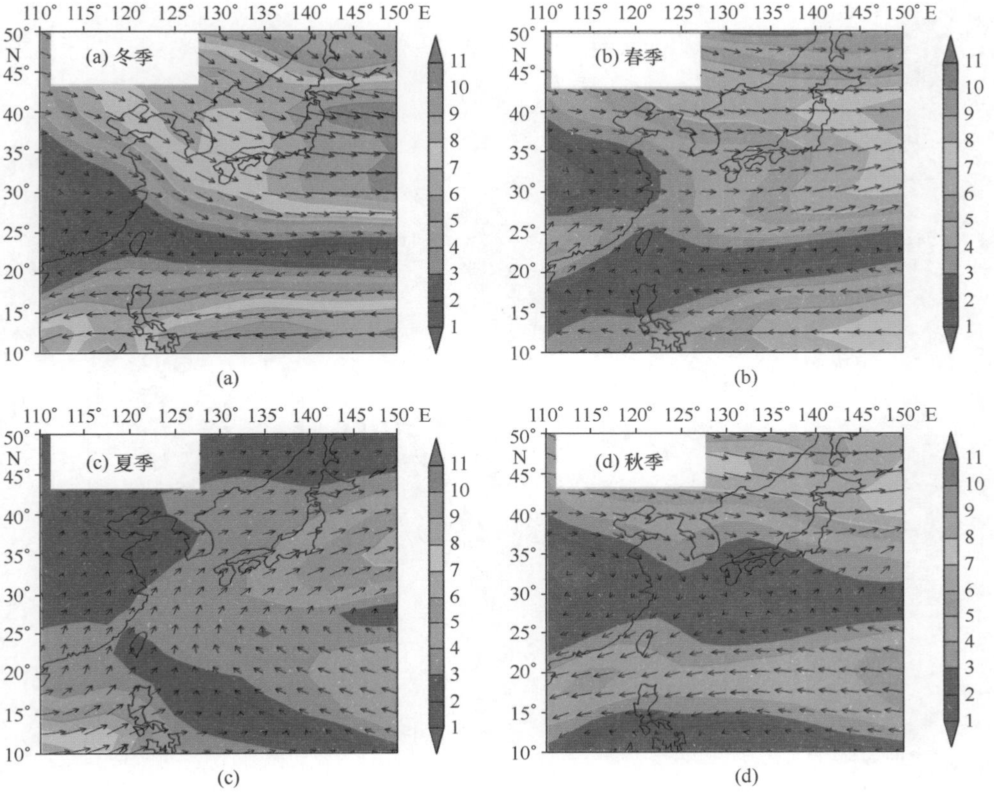

图 3.7　中国海域 2000—2006 年 6 年的 850 hp 风场的季节平均（m/s）

冬季，20°N 的西北风把陆源气溶胶输送到海上，但海上的西风风速明显大于陆地上，在四个季节里也是最大的，这就造成陆源气溶胶到达中国海域后很快就被继续向东输送，并未产生堆积，使得冬季的中国海域 AOT550 并未达到最大值。同时由于海上风速大，造成大颗粒的海盐气溶胶的大量产生，使得 FMF 达到一年中的最小；春季，由于北方沙尘和沿海工业排放的共同作用，借助西北风的输送，大量的气溶胶到达中国海域，同时由于风速的减小和沙尘等大颗粒气溶胶的存在，有利于气溶胶粒子在中国海域的堆积，使其 AOT550 达到一年的最大值。同时，大量沙尘气溶胶的注入，使得 FMF 也很小，仅次于冬季；夏季，大部海域都是东风，这一风场分布不利于陆源气溶胶向海输送，所以 AOT550 出现一年中的最小值。而且在夏季降雨是一年中最多的，把大量的大颗粒气溶胶清除，小颗粒气溶胶比例增加，所以 FMF 达到一年中的最大值；秋季，大部海域依然是被东风控制，在 30°N 以北的沿海出现了很弱的西风，使得中纬度沿海出现了 AOT550 的增加。同时秋季的降雨量仅次于夏季，所以它的 FMF 也很大，只比夏季小，比冬春季都大。总之，AOT550 和 FMF 的时空分布和气象场有非常紧密的关系。

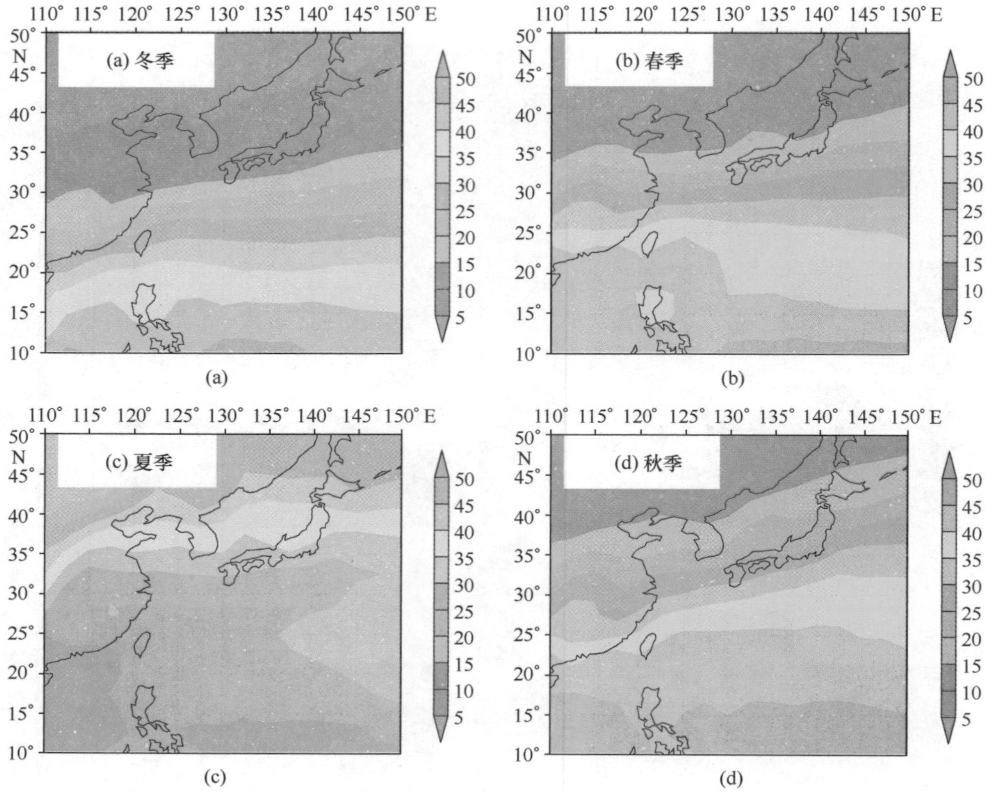

图 3.8　中国海域 2000—2006 年 6 年降雨的季节平均（mm/d）

3.5.2　实测数据分析

通过以上对气象场的分析，可以初步了解我国海域气溶胶分布的形成原因。下面我们将通过分析东海嵊泗海域的大气总悬浮颗粒物实测数据，对中国海域气溶胶的来源进行说明。

大气总悬浮颗粒物（TSP）是指悬浮在空气中，直径小于 100 μm 的颗粒物质。它是大气污染物中数量最大、成分复杂、性质多样、危害较大的一种物质。它是气溶胶的一类。近海海域是大气污染物从内陆向大洋和全球迁移扩散的过渡带，监测近海海域大气污染物，有助于了解海陆大气的相互作用对污染物的迁移、扩散沉降影响，对鉴定大气中污染物来源有重要意义。

本节以 2004 年嵊泗大气监测站监测数据为基础，对嵊泗海域大气总悬浮颗粒物中重金属元素的特征和来源作探讨，从而对我国海域气溶胶的来源进行研究。

3.5.2.1　实验部分

国家近岸海域大气污染物监测网嵊山采样站，位于舟山群岛的东北部，是嵊泗列岛风景区东部的一个面积为 3.7 km^2 小岛，该岛中部高四周低，最高山头海拔 217 m，观测站海拔 57 m。采样设备由风标、控制器及采样器 3 个独立的装置组成，采样扇形角度为 360°；采样滤膜使用瓦特曼（Whatman）41 号纤维素滤膜，检查及编号后的滤膜放入天平室干燥器中平衡 24 h，依次称重，两次称重的偏差不超过 1.0 mg，并标记两张滤膜为“标准滤膜”；采样时间：2 月、5 月、8 月和 10 月，每个样品采集时间为 24 ~ 60 h。

TSP 浓度分析采用重量法[135]。样品带回分析实验室，将样品滤膜和“标准滤膜”放入天平室干燥器中平衡 24 h，称重。并以采样前后“标准滤膜”总量比值校正空白滤膜重量。以采样后滤膜重量减去采样前滤膜重量与标况下体积的比值求得。

金属元素分析采用原子吸收分光光度法[135]。剪去载有大气悬浮颗粒物的滤膜 100 cm^2，放入 100 mL 聚四氟乙烯消解罐中，加入 5 mL 工艺超纯硝酸，1.5 mL 优级纯高氯酸，置于 milestone 消解炉中，在 140℃温度下消解 30 min，并进行同步空白消解。将消解好的样品转移至 50 mL 比色管中，静止过夜，用原子吸收光谱仪测定溶液中 Cu、Pb、Cd、Fe 的浓度，换算成大气中的含量。

3.5.2.2 总悬浮颗粒物中重金属的含量随季节的变化

图 3.9 分别为大气总悬浮颗粒物中重金属 Cu、Pb、Cd 的浓度随季节的变化。从图中可以看出，Cu、Pb、Cd 的浓度有明显的季节变化，其中冬季三种重金属的含量最高，秋季和春季其次，夏季最低。Cu 的含量在冬季是夏季的 17 倍，Pb 的含量在冬季是夏季的 27 倍，Cd 的含量在冬季是夏季的 27 倍，可以看出，这 3 种重金属的浓度具有明显的季节变化。从不同季节分析，可以推断影响其变化的要素一定具有强烈的季节的变化。

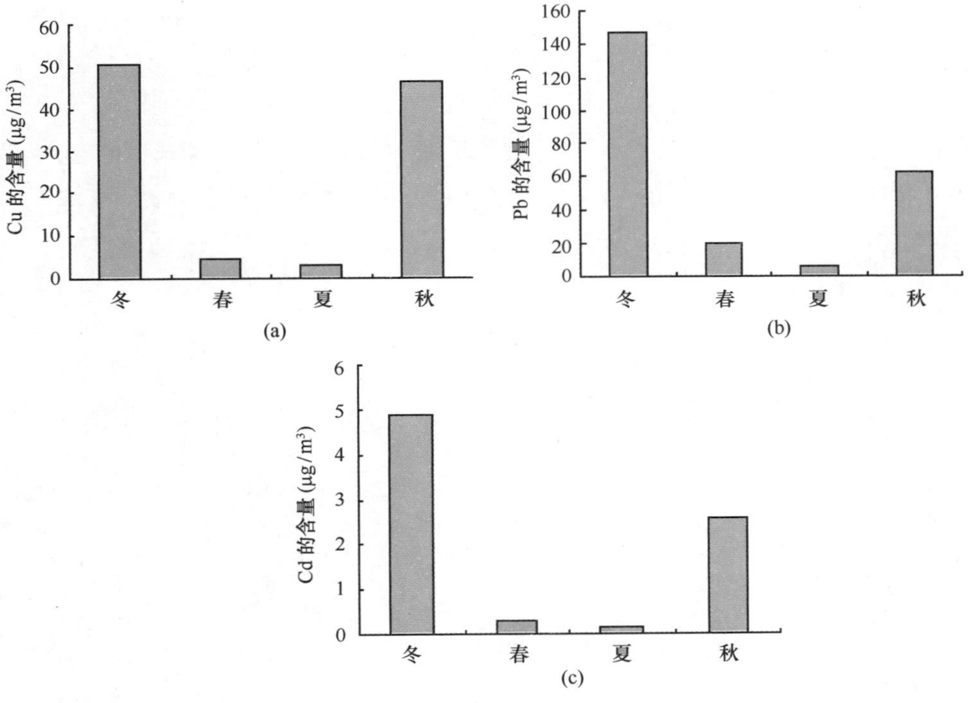

图 3.9 TSP 中重金属 Cu、Pb 和 Cd 的含量季节变化

(a) Cu 含量；(b) Pb 含量；(c) Cd 含量

3.5.2.3 大气总悬浮颗粒物与其中重金属含量的相关关系

为了讨论 TSP 中各重金属元素的关系，计算了 TSP 中三种重金属元素的相关系数，表

3.1 是 Cu、Pb、Cd 含量的相关系数矩阵。从表 3.1 中可以看出，Cu、Pb、Cd 这三种重金属元素的含量之间的相关系数很大，其中，Pb 与 Cd 的相关系数达到了 0.95，说明它们的关系密切，来自同一个源。

表 3.1　TSP 中各重金属含量的相关矩阵

	Cu	Pb	Cd
Cu	1.00	—	—
Pb	0.84	1.00	—
Cd	0.79	0.95	1.00

3.5.2.4　富集因子

富集因子法是一种双重归一化的方法。选择一种相对稳定的元素 R 作参比元素，将大气颗粒物中待考察元素 i 与参比元素 R 的相对浓度 $(X_i/X_R)_{TSP}$ 和地壳中相对元素 i 和 R 的平均丰度比求得相对浓度 $(X_i/X_R)_{EARTH}$，按下式求得富集因子（EF）[136]：

$$EF = (X_i/X_R)_{TSP} / (X_i/X_R)_{EARTH} \tag{3.2}$$

式中，EF 为富集因子；$(X_i/X_R)_{TSP}$ 的 X_i 为 TSP 中某元素含量，X_R 为 TSP 中某相对稳定元素含量；$(X_i/X_R)_{EARTH}$ 的 X_i 为地壳中某元素含量，X_R 为地壳中某相对稳定元素含量，本书中 R 元素选取为 Fe 元素。

为了探讨东海嵊泗海域大气总悬浮颗粒物 TSP 中重金属元素的污染来源问题，采用富集因子，即元素相对含量来分析问题[137]，如表 3.2 所示，计算得到年平均和四季的 Cu、Pb 和 Cd 的富集因子。

表 3.2　TSP 样品中重金属元素的富集因子

季节	Cu	Pb	Cd
冬季	24.20	113.93	250.59
春季	2.13	15.07	14.42
夏季	1.47	4.21	7.88
秋季	22.13	48.12	129.97
年平均	10.64	36.04	100.23

一般认为，大气总悬浮颗粒物中元素富集因子大于 10，则该元素被富集，被认为主要来源于人类活动导致的各种污染因素；富集因子接近 1 的元素则主要是由土壤或岩石风化的尘埃刮入大气引起的。由表 3.2 可见，富集因子由大到小依次为：Cd、Pb、Cu。从年平均来看，Cu、Pb、Cd 都被富集，其中 Cd 的富集程度最为严重，Pb 次之，Cu 只是部分富集；而从不同季节的富集因子来看，可以明显地看到它们的季节变化，冬季三种重金属都被严重富集，而在夏季情况则相反，三种重金属都没有被富集，包括 Cd 在内；在春秋季，富集因子介于两者之间。研究表明，Cd 是一种典型的人类活动进入大气的元素[138]，与工业有很大关系，主要来源于燃煤；Pb 主要是汽车燃烧含铅汽油排放的尾气产生的；Cu 则是工业排放的废气

中的成分[139]。

3.5.2.5 TSP 中重金属的来源分析

嵊泗群岛位于东海西北部，距上海约 70 km，西南是舟山群岛，岛上居民以旅游业和渔业为主，工业污染很少，所以本岛的人为污染对大气总悬浮颗粒物中的重金属含量影响很小，人为污染源主要来自岛外。其源地及季节变化从气象要素场可以很好地说明。来看 2004 年冬季、春季、夏季、秋季的地面风场，如图 3.10 所示。图 3.10（a）是 2 月的地面平均风场，可以看到：冬季，嵊泗岛盛行西北风且风速很大，把上海及其周边城市的污染物输送到东海嵊泗海域，造成冬季在嵊泗岛的 TSP 中重金属含量的严重富集；图 3.10（b）是 5 月的地面平均风场，可以看到：春季，嵊泗盛行的风向开始转变为东南风，风是从海洋吹向大陆，所以春季的重金属含量急剧减少；图 3.10（c）是 8 月的地面平均风场，可以看出：夏季，嵊泗的风向继续在转变为东风，风还是从海洋吹向大陆，陆源的重金属无法输送到达嵊泗，TSP 中重金属主要来自自然源，没有人为的因素，致使夏季所有元素的含量都达到了最低值；图 3.10（d）是 10 月的地面平均风场，可以看出：秋季，嵊泗岛的风向又转变为西北风，有

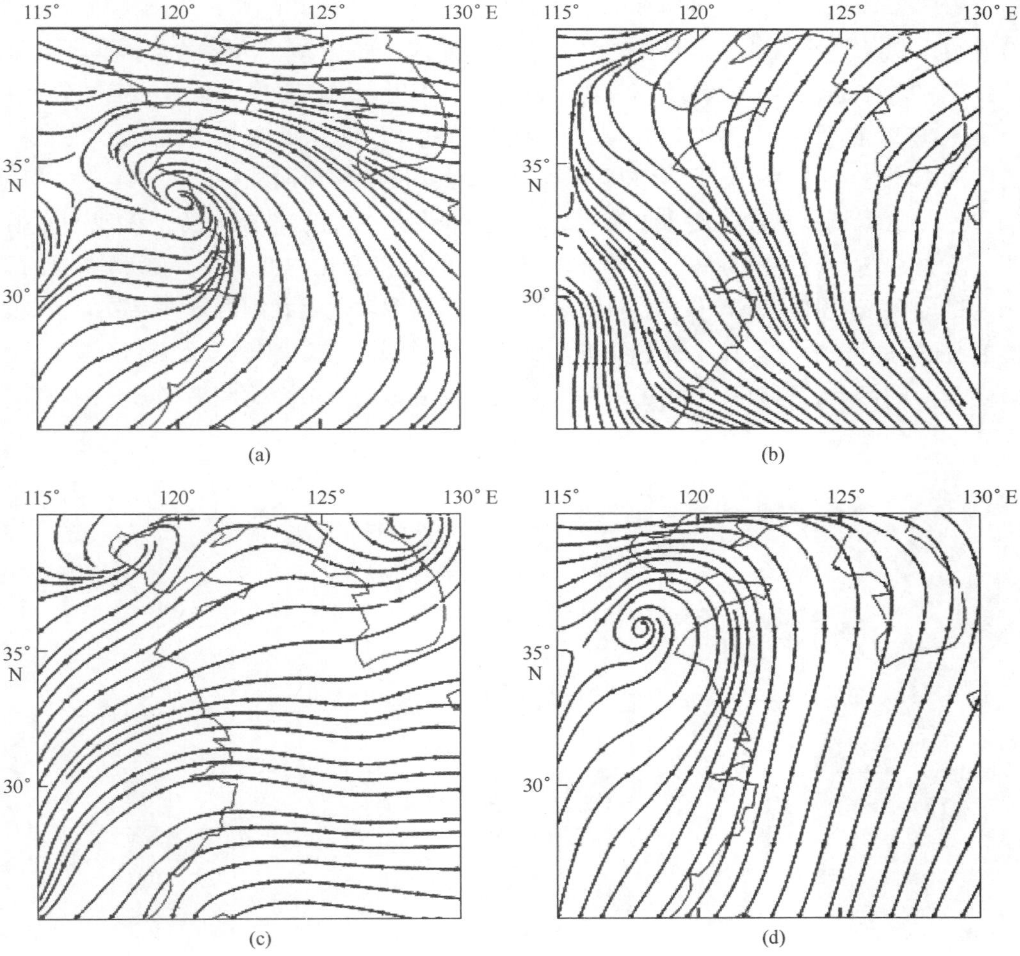

图 3.10　2004 年 2 月、5 月、8 月、10 月的月平均地面风场

（a）2 月；（b）5 月；（c）8 月；（d）10 月

利于陆源污染物的传输，但风速要小于冬季，依然造成重金属含量的严重富集。从以上冬春夏秋四个季节的情况可以看出，盛行风向决定了陆源向嵊泗的TSP中重金属的输送，对于嵊泗TSP中重金属的含量影响很大。可知，嵊泗的TSP中重金属来源于上海及周边城市的污染物的陆源输送。

从以上对东海嵊泗海域TSP中重金属的来源分析可知：嵊泗海域的TSP主要是受到陆源污染物的长距离输送，进而影响我国东海海域。所以可以说，陆源气溶胶的输送是我国海域气溶胶组成的重要来源，也是造成我国海域气溶胶特殊的时空分布特征的重要原因。而陆源输送又受到气象条件（风场、降雨等）的影响，所以使得我国海域气溶胶具有明显的季节变化和沿岸分布的特征。

3.6 本章小结

本章通过分析MODIS气溶胶产品，对中国海域气溶胶的光学厚度分布和尺度分布进行研究，并结合气象场和实测TSP数据对其形成原因进行了探讨，得到以下结论。

（1）在我国海域气溶胶的分布存在着明显的时空分布特征。首先，我国海域AOT550与FMF存在着明显的季节变化。AOT550在冬、春季最大，而在夏、秋季最小；而FMF在夏、秋季达到最大，在冬、春季大到最小。其次，同时AOT和FMF还存在显著的空间分布特征。纬向上，AOT550在30°—40°N达到最大，向南北递减；FMF从南向北逐渐增加，到达30°N附近后增加减弱。经向上，AOT550和FMF都是随着经度的增加而减小的。

（2）利用气象场数据和实测TSP数据，对我国海域气溶胶这种分布特征形成的原因进行了说明。首先，气象场分析可知，中国海域气溶胶的时空变化主要是受风场和降雨的影响。其次，通过分析东海海域TSP中重金属的来源可知，陆源输送是我国海域气溶胶的主要来源，也是造成我国海域气溶胶特殊的时空分布特征的重要原因。而陆源输送又受到气象条件（风场、降雨等）的影响，所以使得我国海域气溶胶具有明显的季节变化和沿岸分布的特征。

4　中国海域沙尘和人为气溶胶特性分析

4.1　介绍

我国海域由于受到陆源输送气溶胶的影响，使得该海域气溶胶成分十分复杂。张立盛等2000年[140]对人为硫酸盐气溶胶的分布进行了分析。Uematsu等[141]2002年对东亚的人为气溶胶做过研究。前人的研究表明，中国海域气溶胶的组成，既受到自然因素的影响，如沙尘、海盐等，同时也受到人为因素的影响，如工业排放等，使得该海域气溶胶的情况十分复杂。为了对中国海域气溶胶的特性有更加清楚的了解，我们必须对该海域不同成分气溶胶的分布进行研究。随着卫星遥感技术的快速发展，使得我们有机会利用卫星数据对我国海域不同气溶胶成分进行研究。

大气气溶胶的分类方式很多，但是按照起源来划分，可以把大气气溶胶分为人为气溶胶和自然气溶胶。卫星数据虽然不能直接测量气溶胶的成分，但是新的设备可以区分出细模态气溶胶和粗模态气溶胶。我们可以通过这一信息，利用卫星数据去区分我国海域气溶胶的组成，对我国海域气溶胶不同成分进行分析。

下面我们将利用卫星数据对我国海域人为气溶胶和自然气溶胶进行区分，并对它们的分布特征进行分析。

4.2　数据介绍

收集了中国海域2000年12月至2006年12月6年的Terra MODIS Collection 5的MOD04_L2气溶胶产品，其中包括了550 nm处气溶胶光学厚度（AOT550）和小颗粒比例（FMF）两个参数。

在MODIS气溶胶产品中，气溶胶光学厚度是气溶胶最重要的光学特性参数之一，定义为气溶胶对太阳光通过整层大气的衰减系数。小颗粒比例（FMF）是MODIS气溶胶产品中重要的参数，定义为550 nm处小于1.0 μm的小颗粒气溶胶光学厚度（AOT_{fine}）与总气溶胶光学厚度（AOT550）的比值，如式（4.1）。它可以用于区分小颗粒气溶胶和大颗粒气溶胶。FMF越大，则小颗粒气溶胶的比例越大；FMF越小，则小颗粒气溶胶的比例越小。由于人为形成的气溶胶如硫酸盐等，主要是小颗粒气溶胶；而自然气溶胶如沙尘和海盐，主要是大颗粒气溶胶。所以FMF还可以用于区分人为气溶胶和自然气溶胶。这对于分析我国海域气溶胶的颗粒分布及形成原因有很大的帮助。

$$\mathrm{FMF} = \frac{\mathrm{AOT_{fine}}}{\mathrm{AOT_{550}}} \tag{4.1}$$

4.3 研究方法

本章利用 Kaufman（2004）[142]提出的利用卫星数据计算人为气溶胶光学厚度 AOT_{anth} 的算法，对其中参数进行了修改，并利用该算法同时计算得到沙尘气溶胶光学厚度 AOT_{dust}。

为了从卫星数据计算得到人为气溶胶和沙尘气溶胶成分，我们必须进行如下假设：

（1）气溶胶分为人为气溶胶和自然气溶胶两类，自然气溶胶中只包括沙尘气溶胶和海盐气溶胶，不考虑自然燃烧所产生的气溶胶，而人为气溶胶中不考虑人类活动所产生的沙尘和海盐气溶胶。

（2）对于同一类气溶胶，FMF 是个常数。即同一类气溶胶中小颗粒气溶胶所占的比例是不变的。

（3）因为海盐气溶胶光学厚度是小量，我们认为它是不变的。Kaufman[142]根据 AERONET 观测数据和 MODIS 数据计算得到海盐气溶胶光学厚度 AOT_{mari} 为 0.06 ± 0.01。

在以上假设的基础上，提出了利用 MODIS 卫星数据计算中国海域 AOT_{anth} 和 AOT_{dust} 方法。首先，对于 MODIS 测得的 AOT550 可以分解为 AOT_{anth}、AOT_{dust} 和 AOT_{mari} 三者之和，如式（4.2）：

$$AOT_{550} = AOT_{anth} + AOT_{dust} + AOT_{mari} \tag{4.2}$$

而对于小颗粒气溶胶的光学厚度（AOT_{fine}），我们可以分解为小颗粒的人为气溶胶、小颗粒的沙尘气溶胶和小颗粒的海盐气溶胶三部分之和，根据 FMF 的定义，由式（4.1）和式（4.2）联合得到式（4.3）：

$$AOT_{fine} = AOT_{550}FMF = AOT_{anth}FMF_{anth} + AOT_{dust}FMF_{dust} + AOT_{mari}FMF_{mari} \tag{4.3}$$

其中，FMF_{anth}、FMF_{dust}、FMF_{mari} 分别是人为气溶胶、沙尘气溶胶和海盐气溶胶中的小颗粒气溶胶比例，对于相同种类气溶胶，它们是常值。

对于式（4.2）和式（4.3），两个方程有 8 个变量。其中，FMF_{anth}、FMF_{dust}、FMF_{mari} 可以通过对于特定区域 MODIS 数据进行分析得到它们的值；AOT_{mari} 在假设中已经取值为 0.06 ± 0.01；FMF 和 AOT_{550} 可以直接从 MODIS 数据中得到；只有 AOT_{anth} 和 AOT_{dust} 两个变量未知。所以联立式（4.2）和（4.3），我们可以得到人为气溶胶光学厚度和沙尘气溶胶光学厚的计算公式：

$$AOT_{anth} = [(FMF - FMF_{dust})AOT_{550} - (FMF_{mari} - FMF_{dust})AOT_{mari}]/(FMF_{anth} - FMF_{dust}) \tag{4.4}$$

$$AOT_{dust} = (AOT_{550}FMF - AOT_{anth}FMF_{anth} - AOT_{mari}FMF_{mari})/FMF_{dust} \tag{4.5}$$

Kaufman 选择了三个典型区域：远海区域（20°—30°S、50°—120°E）认为只有海盐气溶胶存在，秋季的西非海岸（15°—20°N，15°—20°W）认为只有沙尘气溶胶存在，而 7 月的西大西洋沿岸（40°—50°N，70°—90°W）认为只有人为气溶胶存在，通过对这三个典型区域 FMF 值的计算，得到：$FMF_{anth} = 0.92 \pm 0.03$，$FMF_{dust} = 0.51 \pm 0.03$，$FMF_{mari} = 0.32 \pm 0.07$。Jones[143]在 2007 年利用 MODIS、TOMS、MOPITT 数据和 GOCART 模式输出结果，证明 Kaufman 计算得到的 FMF 值明显偏高，对其进行了修正，分别为 $FMF_{anth} = 0.84 \pm 0.04$，$FMF_{dust} = 0.45 \pm 0.05$，$FMF_{mari} = 0.25 \pm 0.07$。Jones 的计算结果更加符合实际，所以本文选取 Jones 的

FMF 值进行计算。

4.4　人为气溶胶和沙尘气溶胶的时间变化

4.4.1　季节变化

图4.1、图4.2 分别是6年平均的人为气溶胶和沙尘气溶胶在中国海域的季节变化。可以看出：冬季，人为气溶胶沿着海岸线分布，随着离岸距离增加，AOT_{anth} 逐渐减小。说明人类的影响和离岸距离联系紧密，随着离岸距离增加，人类的影响逐渐变弱。而且在中纬度30°—35°N 沿岸，我国经济最发达的区域，AOT_{anth} 达到最大，人类的影响最为严重。此时沙尘在中国海域还很弱，只是在渤海、黄海海域里出现。在局地 AOT_{dust} 很大，和人为气溶胶相当，而在其他海区沙尘气溶胶的影响很小；春季，人为气溶胶不断扩大，在我国大部分海域都受到人为气溶胶的影响，除了沿岸地区 AOT_{anth} 出现极大值外，在东海、渤海、黄海和日本海域 AOT_{anth} 都比冬季大很多，说明在春季随着人类活动的增加和风场的有利分布，使得陆源人为气溶胶借助西风输送，控制了我国大部分海域。同时，沙尘气溶胶在春季是高发期，受到陆地上沙尘气溶胶的影响，借助西风的输送，我国海域沙尘气溶胶在春季也明显增加，沙尘气溶胶的影响范围比冬季要扩大很多，在25°N 以北的海域基本上都受到了沙尘气溶胶的影

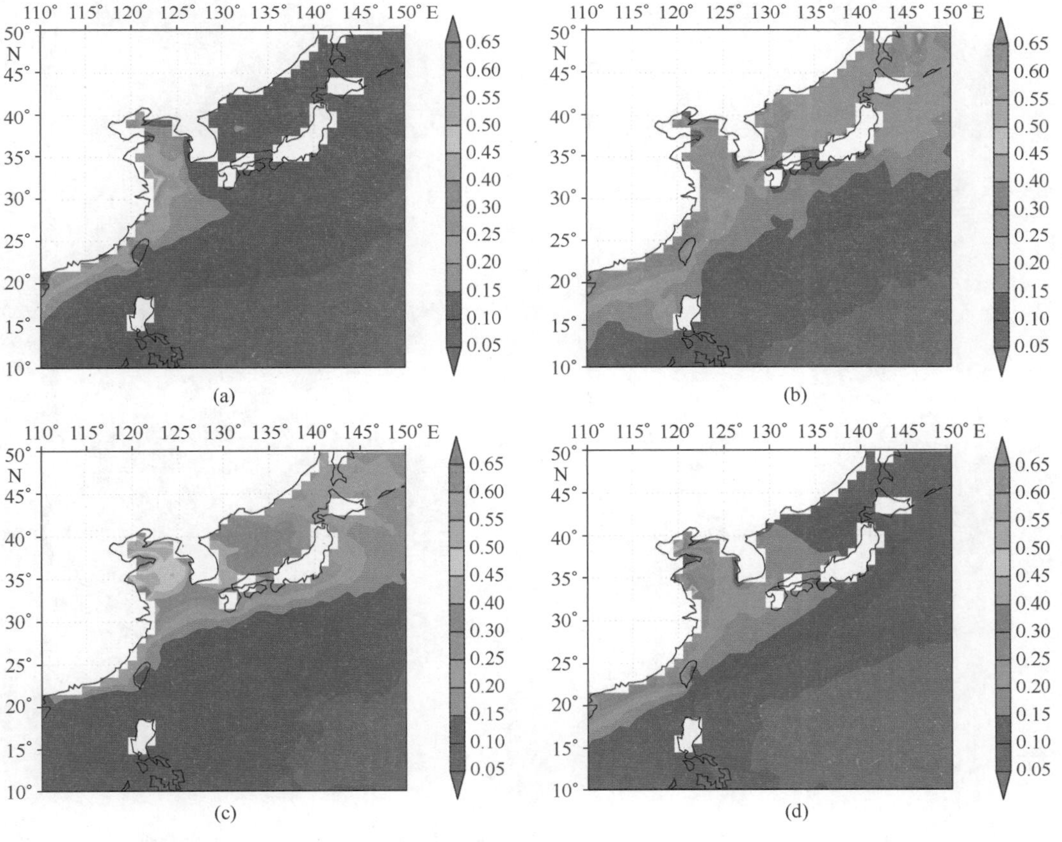

图4.1　2000—2006 年6 年平均的中国海域人为气溶胶光学厚度的季节变化

(a) 冬季；(b) 春季；(c) 夏季；(d) 秋季

响，且输送的距离也很远，最远可以达到 150°E。但也要看到，在 25°N 以南，沙尘的影响还是很小，这是由于沙尘多发生在北方，对我国的海域的影响也只限于北部海域，而对南部海域的影响很小；夏季，人为气溶胶的分布发生了很大的变化，其特点是北部大南部小。与春季比较，AOT_{anth} 在北部海域尤其是渤海、黄海海域的值明显变大，而在东海以南海域，AOT_{anth} 明显变小，这是由于风向的转变造成的，在夏季北部海域是西南风控制，在南部海域是东南风，所以在北部海域借助西南风，把我国沿海的主要人为污染都向北输送，造成北部海域的人为气溶胶的堆积，而在南部海域由于东南风，陆源的人为气溶胶无法向南部海域输送，使得该海域的人为气溶胶减少。至于沙尘气溶胶，在夏季由于降雨是一年中最多的，雨水的沉降作用，使大部分沙尘气溶胶无法远距离传输，只是在离源地很近的沿岸出现；秋季，由于风向转变，在南部恢复平直的东风，在北部恢复了西北风，使人为气溶胶的分布也恢复了冬、春季的形式，沿着海岸线出现高值区，离岸越远，数值越小。数值与冬季相当。同样，秋季的降雨量仅次于夏季，使 AOT_{dust} 也很小，只在渤海沿岸出现很少的沙尘。

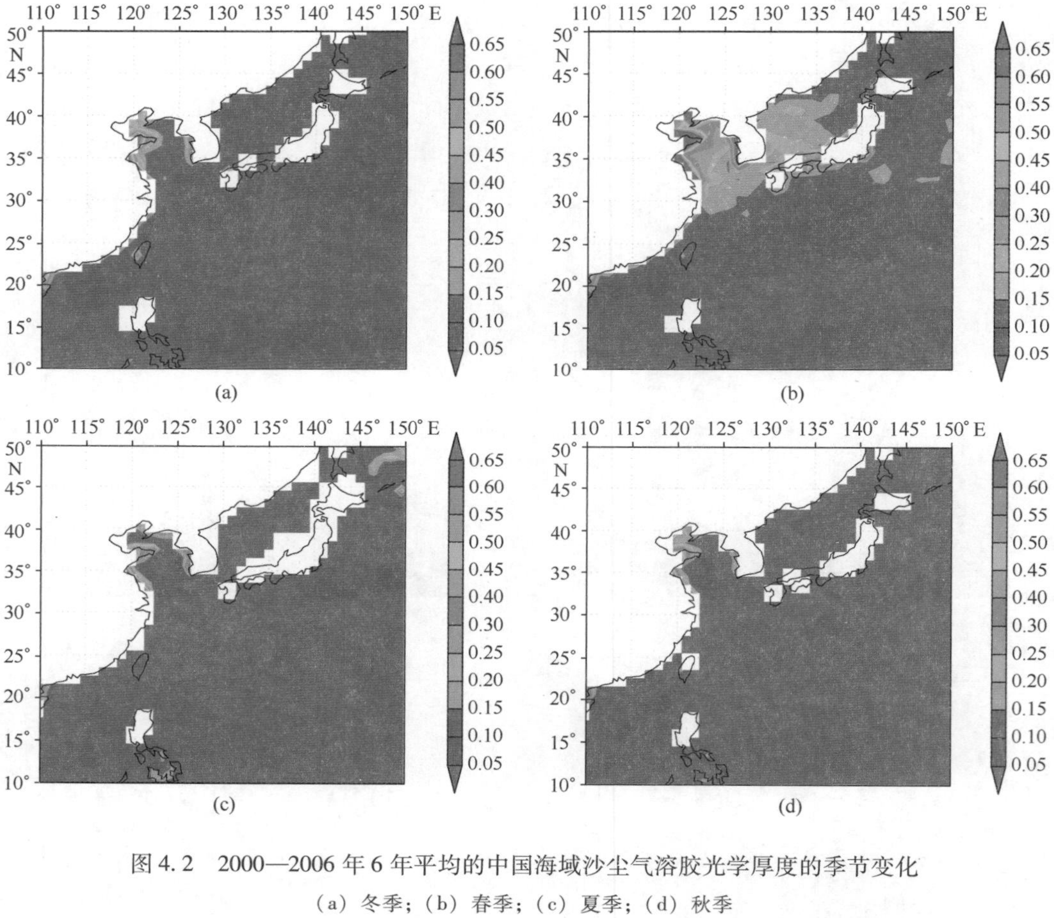

图 4.2　2000—2006 年 6 年平均的中国海域沙尘气溶胶光学厚度的季节变化

（a）冬季；（b）春季；（c）夏季；（d）秋季

4.4.2　时间序列

图 4.3 和图 4.4 分别是整个海域人为气溶胶和沙尘气溶胶在 550 nm 处光学厚度的月平均时间序列和 6 年平均的时间序列。从图 4.3 看，AOT_{anth} 和 AOT_{dust} 在 72 个月的时间序列中存在明显

的周期变化。其中，人为气溶胶在每年的3—9月较大，在2003年5月最大达到0.28，而在每年的10月至翌年2月相对较小，在2001年12月最小值达到0.04；同样，沙尘气溶胶在每年的3—5月最大，在2006年4月最大，达到0.23，而在每年的7—9月最小，在2001年9月最小，达到0.01。

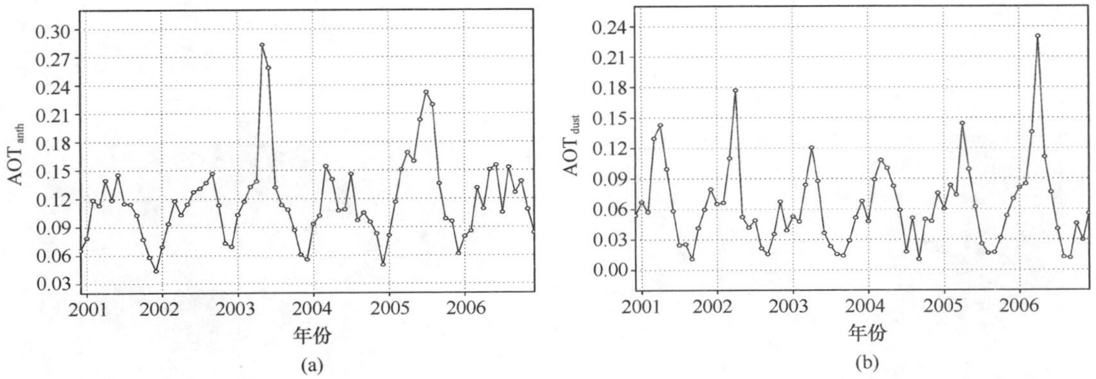

图4.3　整个海域人为气溶胶和沙尘气溶胶在550 nm处光学厚度的月平均时间序列

（a）人为气溶胶；（b）沙尘气溶胶

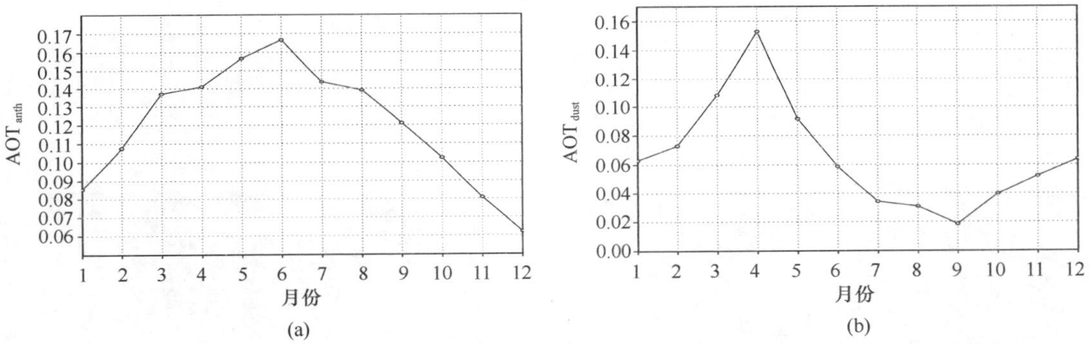

图4.4　整个海域人为气溶胶和沙尘气溶胶在550 nm处光学厚度的6年平均的时间序列

（a）人为气溶胶；（b）沙尘气溶胶

再从图4.4的6年的平均状况看，也可以看到人为气溶胶和沙尘气溶胶的时间变化很明显。AOT_{anth} 在3月至9月相对较大，其中在6月达到最大值0.165；而在10月至翌年2月，AOT_{anth} 较小，在12月达到最小值0.06。从最大值和最小值相差将近3倍，可以看出，人为气溶胶的时间变化非常明显，这主要是由于风向的季节转变引起的。同时我们也要看到，大部分月份 AOT_{anth} 都是大于0.1的，说明人为气溶胶在一年中始终是影响着我国海域。沙尘气溶胶也有明显的时间变化趋势，在3月、4月、5月三个月达到一年中的最大值，而在7月、8月、9月三个月达到一年中的最小值。在沙尘大值的月份，AOT_{dust} 可以达到0.1以上，这个数值已经与人为气溶胶相当，说明沙尘盛行的春季，它对我国海域气溶胶的影响还是很大的。而在降雨最多的夏季和秋季，AOT_{dust} 最小可以达到0.02，比海盐气溶胶还要小，说明在这些季节，我国海域基本上不受沙尘的影响。

结合以上的分析，可以看出人类活动和气象场的季节变化，使得人为气溶胶和沙尘气溶胶存在明显的季节变化。人为气溶胶主要受到风场的影响，而沙尘气溶胶主要受到陆源沙尘和降雨的影响。

4.5 人为气溶胶和沙尘气溶胶的空间分布

图 4.5 和图 4.6 是人为气溶胶和沙尘气溶胶光学厚度的纬向和经向的时空分布图。可以看出人为气溶胶和沙尘气溶胶存在着不同的空间分布特征。

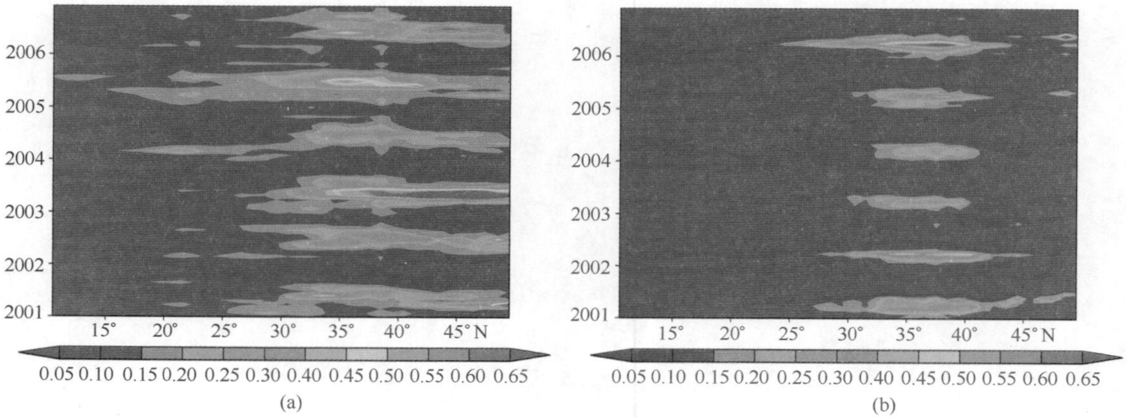

图 4.5　人为气溶胶和沙尘气溶胶光学厚度的纬向时空分布

（a）AOT_{anth}；（b）AOT_{dust}

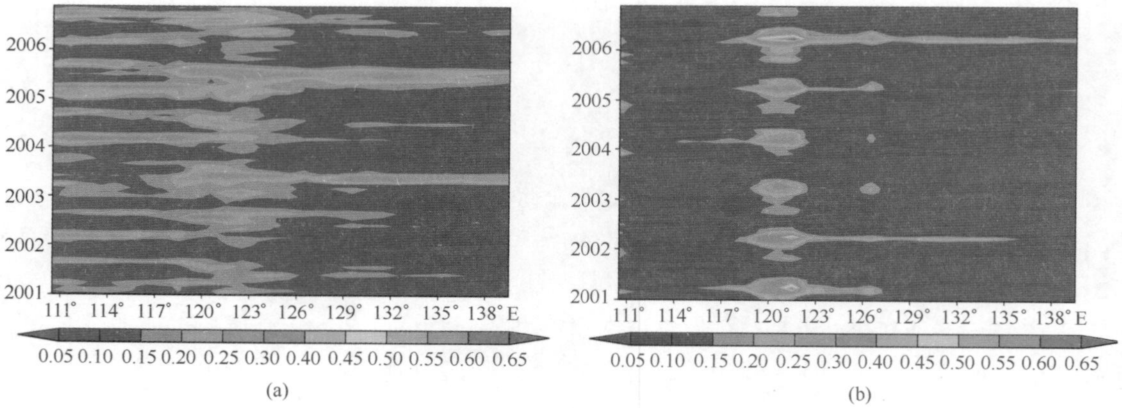

图 4.6　人为气溶胶和沙尘气溶胶光学厚度的经向时空分布

（a）AOT_{anth}；（b）AOT_{dust}

纬向上，在图 4.5 中，人为气溶胶影响的纬向范围很广，几乎从 20°—50°N 的广大纬向区域都存在人为气溶胶，且在中纬度人类活动密集区 30°N 以北出现大值区，最大值在 2003 年的春夏季可以达到 0.65 以上，说明人类的影响很大。而在 20°N 以南由于被东风控制，陆源气溶胶向海的输送很少，AOT_{anth} 很小。与人为气溶胶不同，沙尘气溶胶在纬向上的影响区域则要小很多，主要集中在中纬度 30°—40°N 之间，AOT_{dust} 在春季可以达到 0.6 以上，与人为气溶胶相当，这主要是因为该区域是北方沙尘进入我国海域的入口[144]。而在其他纬度上沙尘气溶胶的值都很小。说明沙尘气溶胶由于为大颗粒气溶胶，不利于传输，使得它的影响范围很窄。

经向上，在图4.6中，人为气溶胶的经向分布与离岸距离有很大的关系。近岸，人类影响很大，在120°—130°E之间AOT_{anth}出现经向极大值，这是因为海岸线集中在120°E附近，受到人类影响最大。同时，在其他经度上同样有人为气溶胶的痕迹，但是数值上要小于近岸。在2003年和2005年的春季AOT_{anth}高值区可以扩展到140°N附近。说明人为气溶胶作为小颗粒气溶胶在有利的风场的条件下，可以传播到很远的区域。与人为气溶胶不同，沙尘气溶胶经向特征非常明显，由于沙尘主要发生在中国北部，它的入海区域集中在黄渤海沿岸，所以在120°E附近受陆源沙尘的影响最大，AOT_{dust}出现最大值。而且由于沙尘作为大颗粒气溶胶不易被远距离输送，所以在其他经度上AOT_{dust}都很小，只有在春季沙尘盛行时才被传输到130°E以东。

图4.7和图4.8是6年平均的经向和纬向AOT_{anth}、AOT_{dust}的变化情况。可以看出：在纬向上，AOT_{anth}在中纬度人类活动聚集区30°—40°N，达到最大，而向南北逐渐减小，人类的影响逐渐减弱。而AOT_{dust}高值区主要集中在30°—40°N狭窄的纬度区域内，在其他纬度上其值都很小，说明沙尘影响的纬向范围很小。

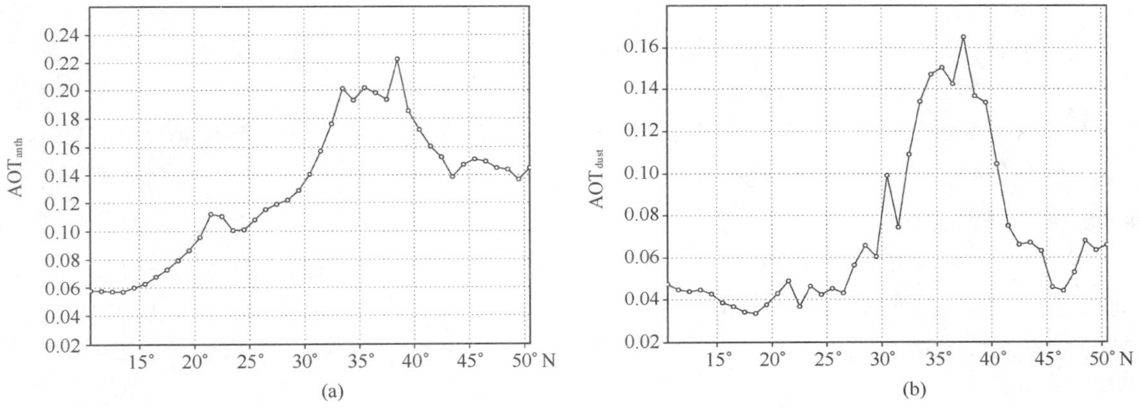

图4.7　人为气溶胶和沙尘气溶胶光学厚度的纬向平均分布

（a）AOT_{anth}；（b）AOT_{dust}

经向上，AOT_{anth}在近岸由于人类活动的影响，120°E附近出现最大值，随着离岸距离增加，向东不断减小，可以很明显地看出人类活动影响的痕迹。而沙尘在120°—125°E狭窄的区域内数值很大，但在其他经度上都很小，说明沙尘对远海的影响很小，它的影响局限在沙尘入海纬度上的近海区域，只有在春季才被传输到130°E以东的区域。

从以上对72个月和6年平均的经纬向变化的分析来看，人为气溶胶和沙尘气溶胶的空间分布特征非常明显，中国海域人为气溶胶主要受陆源人为溶胶和气象风场的影响，在人类活动频繁、离岸近的区域出现高值区，而在远海和南部海域出现极小值。但是大部分海域的人为气溶胶的值都大于0.1，说明人为气溶胶控制着我国的大部海域。而沙尘气溶胶的影响范围相对较小，只是在沙尘入海区域的附近海域有沙尘气溶胶光学厚度的大值区。在远离该区域，沙尘几乎没有影响。只是在沙尘盛行的春季，沙尘才会在西风的传送下，到达较远的海域，

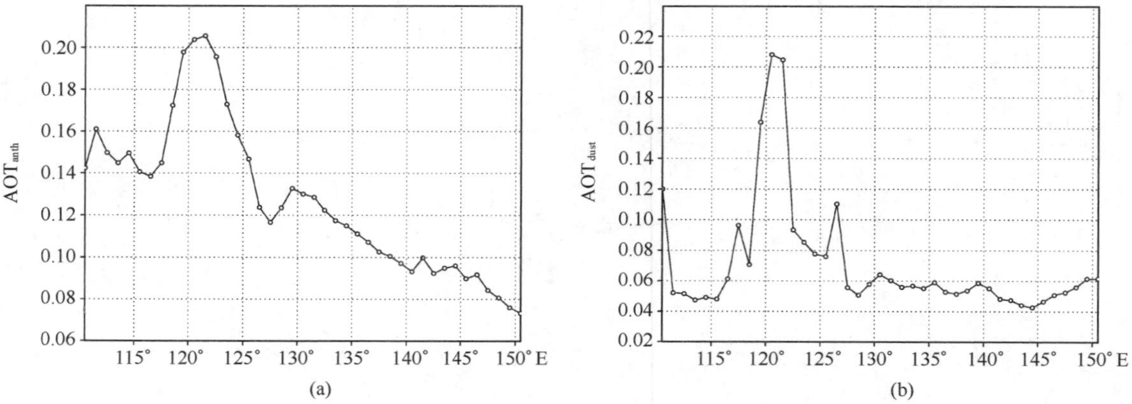

图 4.8　人为气溶胶和沙尘气溶胶光学厚度的经向平均分布

（a）AOT_{anth}；（b）AOT_{dust}

扩大影响范围。

4.6　本章小结

本章首次尝试利用卫星遥感数据对中国海域人为气溶胶和沙尘气溶胶进行分析，了解了中国海域人为气溶胶和沙尘气溶胶的分布，得到以下结论。

（1）由于人类活动和气象场的季节变化，使得中国海域人为气溶胶和沙尘气溶胶都存在明显的时间变化。人为气溶胶受到风场季节变化的影响，而沙尘气溶胶则是受到陆源沙尘和降雨的季节变化影响。

（2）中国海域人为气溶胶和沙尘气溶胶的空间分布特征非常明显，人为气溶胶在人类活动频繁、离岸近的区域出现高值区，但是大部分海域的人为气溶胶的值都大于 0.1，说明人为气溶胶控制着我国的大部分海域，而沙尘气溶胶的影响范围相对较小。

5　卫星遥感中国海域气溶胶直接辐射强迫

5.1　介绍

气溶胶含量的变化引起地气系统能量平衡产生扰动，这种扰动称之为“辐射强迫”[145]，它以地球表面单位面积的能量（W/m^2）来表示，其量值的大小可以表征气溶胶对全球能量平衡产生影响的因子的总的作用和效果。气溶胶辐射强迫的大小，与其含量的时空变化和本身的光学性质有关[146]。

气溶胶的辐射效应主要表现在两个不同方面：①直接辐射强迫。增加太阳辐射向地球外的反射，反射作用的增强使得到达地面的太阳辐射减弱；同时由于其散射和吸收作用改变对大气的辐射加热作用[147]。②间接辐射强迫。气溶胶可以成为云凝结核，通过增加云微滴数量增加云的光学厚度和云层反射率；同时也可能增加云的寿命和平均云量[148]。大气中对流层气溶胶的浓度在最近几年由于人类活动的排放（既有气溶胶粒子本身的直接排放，也有其前体物的排放）而有所增加，从而使得辐射强迫增加[8]。

气溶胶通过直接和间接辐射效应对气候产生深远影响，这是当前大气科学研究的热点问题之一。近20多年来在气溶胶气候效应研究方面已开展了大量工作，如利用区域气候模式[149]和三维全球气候模式[150]等分别研究了硫酸盐气溶胶和烟尘（黑炭）气溶胶的气候效应，但研究结果仍然存在很大的不确定性，原因之一是对气溶胶物理、化学和辐射特性的时空分布特征及演变规律还不甚了解，特别是对亚洲大陆地区气溶胶辐射强迫的研究还有待进一步加强。

随着经济高速发展和人口迅速增加，我国大部分地区气溶胶光学厚度显著上升，是全球气溶胶高值区之一。研究认为我国区域气候变化的一些特点可能与气溶胶有密切关系，如四川盆地气温下降[151]，20世纪80年代以来我国“南涝北旱”的降水变化格局[152]，中国东部地区大气稳定程度增加，降水减少，这些现象可能与我国高气溶胶浓度且吸收较高有关[153]。这些研究表明，气溶胶通过直接和间接辐射强迫在区域乃至全球气候变化中发挥着重要作用，因此加强气溶胶辐射强迫的研究是十分必要也是十分迫切的。目前我国的气溶胶观测网[154]主要集中在陆地上，而在中国海域几乎没有固定的气溶胶观测站，同时船载测量由于观测仪器以及船只等客观因素的限制，存在着观测区域窄、时间短和费用高等缺点，无法对气溶胶进行全方位的观测。进入20世纪90年代以后，利用卫星数据进行气溶胶的观测弥补了船测的缺点，TRMM、Terra、Aqua以及2008年即将升空的Npoess卫星都搭载了专业的测量气溶胶的传感器，对气溶胶的各个参数进行大范围长时间的连续观测，为我们充分了解气溶胶的辐射特性及气候效应提供了条件。

本章利用搭载在同一颗卫星上（Terra）的两个不同的传感器（CERES和MODIS）所提

供的数据，对我国海域的气溶胶直接辐射强迫进行分析和研究。

5.2 研究区域与数据

本章的研究区域为10°—50°N，110°—150°E（图5.1），包括了大部中国海域以及西太平洋海域。研究数据是2000年12月至2001年11月共计12个月的Terra卫星上CERES和MODIS两个传感器的数据，其中CERES产品选取是CER_ SSF_ Terra - FM1 - MODIS_ Edition2B数据[155]，MODIS产品选取是MODIS_ C005的气溶胶和云数据[156]。选取的物理量有：大气顶短波辐射通量（SW_ FLUX）、气溶胶光学厚度（AOT）和云量等。

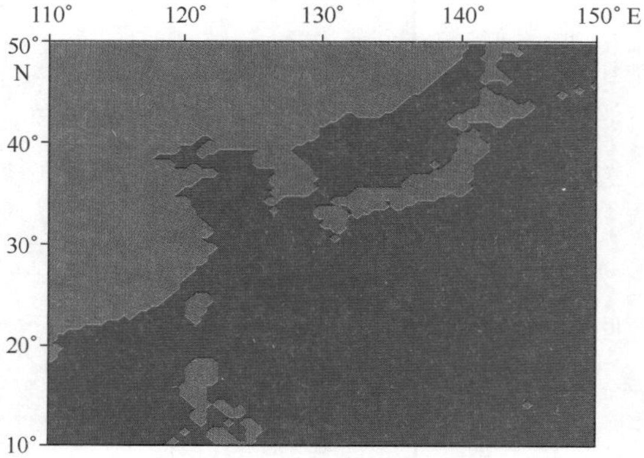

图5.1 研究区域

搭载在TRMM、Terra、Aqua卫星上的辐射探测仪CERES（Clouds and the Earth's Radiant Energy System）主要用来监测地气系统中大气顶短波和长波辐射能量收支状况，有3个宽波段通道，分别是短波通道（0.3 ~ 5 μm）、总通道（0.3 ~ 200 μm）、窗区通道（8 ~ 12 μm）。但该探测仪不能直接获取辐射通量，因此发展了角度分布函数ADMS（Angular Distribution Models）算法，可将所测辐射率转换为基于卫星上的辐射通量，所有反演数据都包含在CERES_ SSF（SSF：Single Scanner Footprint TOA/Surface Fluxes and Clouds）的Level2数据产品中，具体转换公式如下：

$$\hat{F}(\theta_o,\theta,\phi) = \frac{\pi L(\theta_o,\theta,\phi)}{R_j(\theta_o,\theta,\phi)} \tag{5.1}$$

$$R_j(\theta_o,\theta,\phi) = \frac{\pi \bar{L}_j(\theta_o,\theta,\phi)}{\int_0^{2\pi}\int_0^{\frac{\pi}{2}} \bar{L}_j(\theta_o,\theta,\phi)\cos\theta\sin\theta\,\mathrm{d}\theta\mathrm{d}\phi} \tag{5.2}$$

式中：$\hat{F}$——辐射通量；

L——卫星所测的辐射率；

R_j——在第j类情景类型下的角度分布（情景类型是指地表、大气等状况的分布类型）；

θ_o——太阳天顶角；

θ——卫星观测天顶角；

ϕ——卫星相对于太阳的观测方位角。

从上面公式可看出，辐射通量的误差主要取决于 ADMS 模式算法的精确度，而 ADMS 模式对地表类型、天空状况特别敏感，所以准确判断大气及地表状况是 ADMS 算法精确度提高的关键。搭载在 Terra 卫星上的 CERES 由于融合了 MODIS 高空间分辨率资料，且 CERES 上方位旋转扫描方式运作次数的增加可获取更多的角度分布信息，所以在 ADMS 改进方面，相比 ERBE、CERES（TRMM 卫星）具有不可比拟的优势。基于 Terra 卫星上（MODIS 和 CERES 资料融合）发展的 ADMS 模式中对晴空下大气状况和地面类型的确定主要有以下改进[157]：①海洋上的 ADMS 模式中嵌入了风速和订正气溶胶光学厚度的函数；②陆地和沙漠类型区根据网格区域（1°×1°）划分，时间分辨率为 1 个月，而 TRMM 卫星仅有固定的四种地表类型。Loeb 等对比分析了改进的和基于 EBRE 的 ADMS 分别反演的辐射通量产品，进一步证实了改进后反演产品精度明显提高[158]。

MODIS_ C005 气溶胶产品是 MODIS 最新的气溶胶产品，是 NASA 对 1996 年开始使用的气溶胶的反演算法（ATBD－96）进行重新改进后得到气溶胶产品，是对以前使用的 MODIS_ C004 数据的进一步完善，在上文研究中已经证明了 MODIS 数据在中国海域的适用性，这里就不再叙述。

5.3 算法设计

大气气溶胶作为小颗粒粒子，它对太阳光的作用主要集中在短波波段。同时气溶胶与云的相互作用非常复杂，为了比较清楚地了解气溶胶对太阳辐射通量的影响，本章只讨论晴空条件下气溶胶对大气顶（TOA）短波辐射通量的强迫作用。

晴空条件下大气顶气溶胶短波直接辐射强迫是指无气溶胶晴空条件下大气顶的短波辐射通量与有气溶胶晴空条件下大气顶的短波辐射通量的差值，如式（5.3）。它反映了大气气溶胶对于地球系统的能量平衡的影响，IPCC 在 2001 年的报告[8]中将气溶胶的直接辐射强迫作用称为“冷室效应”，与温室气体的“温室效应”相对应，随着工业排放的污染物的不断增加，这种“冷室效应”越来越受到人们的重视。

$$\mathrm{SWARF} = \mathrm{Fclr} - \mathrm{Faero} \tag{5.3}$$

式中：SWARF——晴空条件下大气顶气溶胶短波直接辐射强迫；

Fclr——无气溶胶晴空条件下大气顶的短波辐射通量；

Faero——有气溶胶晴空条件下大气顶的短波辐射通量。

从式（5.3）中可以看出，要得到 SWARF 最主要是得到 Fclr 和 Faero 两个量，而 CERES 辐射率数据通过 ADMS 方法可以转化成卫星过境时的瞬时辐射通量 Faero，所以计算 SWARF 最终归结于计算 Fclr。

通过以上的分析，我们设计了结合两颗传感器（CERES 和 MODIS）的卫星数据，直接计算得到中国海域晴空条件下大气顶气溶胶短波直接辐射强迫的方法，算法流程如图 5.2 所示。

从图 5.2 中的算法流程图可以看出，为了计算中国海域气溶胶直接辐射强迫，我们要经过以下 7 个步骤。

（1）本章计算的是晴空条件下大气顶的气溶胶直接辐射强迫，而没有考虑有云的情况，因为在有云的情况下，气溶胶的直接辐射强迫非常复杂，气溶胶还要与云相互作用，这将在下一章进行阐述，这里不予考虑，第一步要利用 MODIS 的云产品剔除有云区域，确定晴空区域。

（2）确定晴空区域后，为了获得气溶胶直接辐射强迫 SWARF，由式（5.3）可知，首先必须计算得到 Fclr，而 Fclr 的获得主要是利用 CERES 的大气顶辐射通量和 MODIS 的气溶胶光学厚度间的线性关系得到，并建立查找表为接下来的计算提供依据。

（3）Fclr 查找表建立好后，接着就要计算 Faero。Faero 可以直接从 CERES 数据通过 ADMS 方法转化得到，见式（5.1）。

（4）根据观测时不同的太阳天顶角余弦值 $\cos\theta_o$，代回查找表找到对应的 Fclr，并与第 3 步计算得到的 Faero 相减，得到该区域的气溶胶瞬时直接辐射强迫。

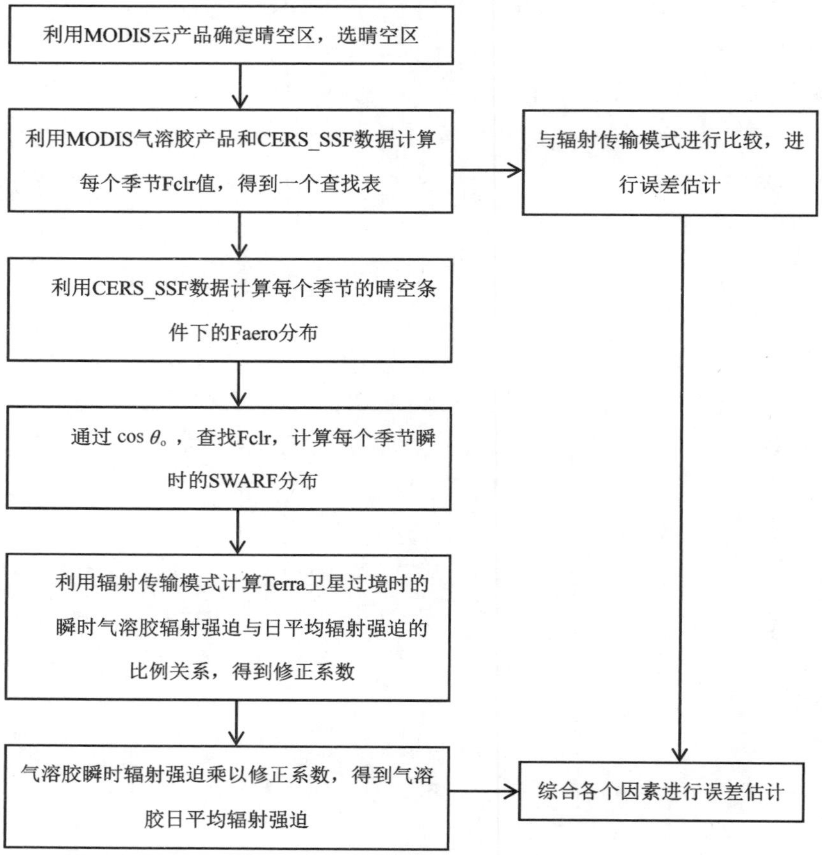

图 5.2　利用卫星数据计算气溶胶直接辐射强迫算法流程

（5）以上计算的都是 Terra 卫星过境时气溶胶瞬时的状态，由于瞬时辐射强迫并不能代表该区域的平均状态，所以通过辐射传输模式计算得到 Terra 卫星每天过境时间（10:30 CST）的瞬时辐射强迫与日平均辐射强迫的比值，作为瞬时辐射强迫转化为日平均辐射强迫的修正因子，建立查找表。

（6）利用第 5 步计算的日平均的修正因子，乘以第 4 步的计算得到的瞬时 SWARF，就可以得到日平均 SWARF。

（7）利用误差估计公式，综合考虑以上 6 步的所有误差，给出误差分析结果。

可以看出前四步计算的是瞬时气溶胶辐射强迫，后三步讨论的是日平均气溶胶辐射强迫，下面我们将利用这一方法对中国海域气溶胶的瞬时直接辐射强迫和日平均辐射强迫进行细致的分析和说明。

5.4　气溶胶瞬时直接辐射强迫

气溶胶瞬时直接辐射强迫是指气溶胶对大气顶瞬时辐射通量的改变量，它通过以下四步实现：剔除云区，确定晴空区；Fclr 查找表的建立；大气顶辐射通量 Faero 的计算；瞬时 SWARF 的计算。

5.4.1　确定晴空区，剔除云区

为了确定晴空区域，必须对数据挑选原则进行一下说明，见表 5.1。

表 5.1　数据挑选条件

表面指数	=17，海洋
CERES 晴空百分比	>99.9 %
MODIS 云覆盖率	<0.1 %
θ_o	<60°
θ	<60°

首先我们研究对象是海洋区域，所以 surface index 选取 17，即下表面为海洋；其次剔除云区，选择晴空区。CERES 自带了晴空比例参数（CERES Clear sky percent）这一变量，我们选取 CERES Clear sky percent 大于 99.9% 的数据认为是晴空区。同时由于 CERES 数据的分辨率为 20 km×20 km，与 MODIS 数据 1 km×1 km 的分辨率相比，分辨率过低，为更好地剔除 CERES 中 Footprint 的有云区域，我们利用高分辨率的 MODIS 云产品对 CERES Footprint 进行第二次的云剔除，如图 5.3 所示，选取在 CERES Footprint 中的 MODIS Cloud Fraction 参数小于 0.1%，认为是晴空无云区。由于 MODIS 相对于 CERES 具有更高的分辨率，所以利用 MODIS 云参数对 CERES 数据进行第二次云剔除，我们认为这是合理的，且可以满足本研究的需要。最后，由于 CERES 数据是太阳天顶角（θ_o）和卫星观测角（θ）的函数，为了尽量选取星下点进行分析，且要保证一点的数据量，所以选取 θ_o 小于 60°和 θ 小于 60°的数据进行分析。

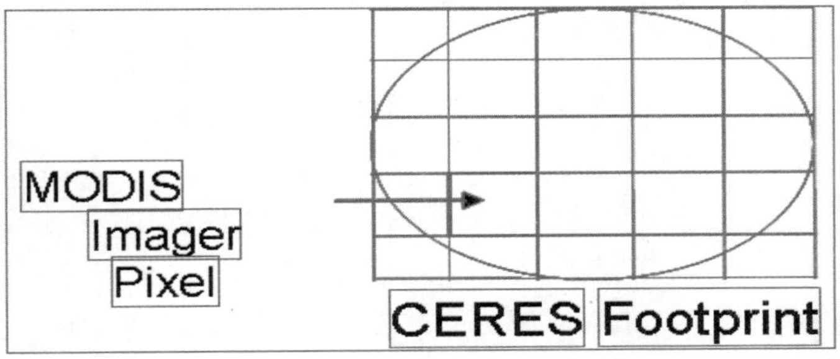

图 5.3　CERES Footprint 与 MODIS Imager Pixel 相对示意图

5.4.2 Fclr 查找表的建立

5.4.2.1 大气顶短波辐射通量与气溶胶光学厚的相关关系

Christopher 和 Zhang[159] 在 2002 年发现 CERES 大气顶短波辐射通量（SW_FLUX）与 MODIS 在 550 nm 处气溶胶光学厚度（AOT550）存在非常好的线性关系，但同时 Christopher 在研究中也强调，他所得到的这一关系是对全球海洋的一个总体状况的分析，并不是对于所有区域都是成立的，而在中国海域这一关系还没有被发现。根据 Christopher 的这一思路，为了弄清中国海域的情况，我们对中国海域 SW_ FLUX 与 AOT550 的关系进行了分析。

由于数据量巨大，研究选取了 2001—2003 年 3 年中国海域的 CERES 数据和 MODIS 数据进行了相关分析。我们采取的相关分析方法是平均 3 年的数据，对 12 个月份分别作相关分析，这样做的理由主要有以下两点：①相同月份中大气的状态相似；②相同月份中气溶胶的种类相似。

只有在这种稳定且相似的大气和气溶胶状态下，我们才能得到真实而稳定的 SW_FLUX 与 AOT550 的相关关系，客观地反映它们之间的关系。

图 5.4 所示为 2001—2003 年的 3 年平均的 12 个月份 AOT550 与 SW_FLUX 线性回归图。从图 5.4 中可以看出，在相同月份中，AOT550 与 SW_FLUX 都存在着明显的线性相关关系。无论是在沙尘气溶胶盛行的春季（3 月、4 月、5 月），还是在由于降雨剧增、气溶胶稀少的夏季（6 月、7 月、8 月），SW_FLUX 都是随着 AOT550 的增加而增加，随着 AOT550 的减小而减小，它们存在着明显的线性相关关系，而且这一关系在一年中的 12 个月都是存在的。同时，我们还要注意到，随着 AOT550 的增大，SW_FLUX 与 AOT550 的相关关系是不断降低的。当 AOT550 >0.4 时，SW_FLUX 与 AOT550 的离散程度加大，相关关系降低；而在 AOT550 <0.4 时，SW_FLUX 与 AOT550 紧密围绕着拟合直线，表现出很好的线性相关关系。这主要是由于当 AOT550 很小时，气溶胶主要由小颗粒气溶胶组成，它们的光学特性类似，对于太阳光的作用效果相同；而当 AOT550 不断增大时，大颗粒气溶胶比例增加，大颗粒气溶胶的光学特性不同于小颗粒气溶胶，造成 SW_FLUX 与 AOT550 的相关关系降低。

再看表 5.2，它是 2001—2003 年的 3 年平均的 12 个月 AOT 与 SW_ FLUX 相关系数。从表 5.2 可以看出，SW_ FLUX 与 AOT550 的相关系数都稳定在 0.9 附近。相关系数最小的在夏季，为 0.790 8；最大的在冬季，为 0.939 4。12 个月中它们的相关系数都很大，同时采样样本数都在 10 000 以上，说明在中国海域 SW_FLUX 与 AOT550 的这种关系是稳定的而且是客观存在的。

从以上的分析可以看出，在中国海域，在相似的大气状态和气溶胶成分下，CERES 的 SW_ FLUX 与 MODIS 的 AOT550 存在着明显的线性相关关系，这与 Christopher 的结论相吻合，说明 Christopher 的结论适合中国海域，可以运用到中国海域气溶胶的研究中。

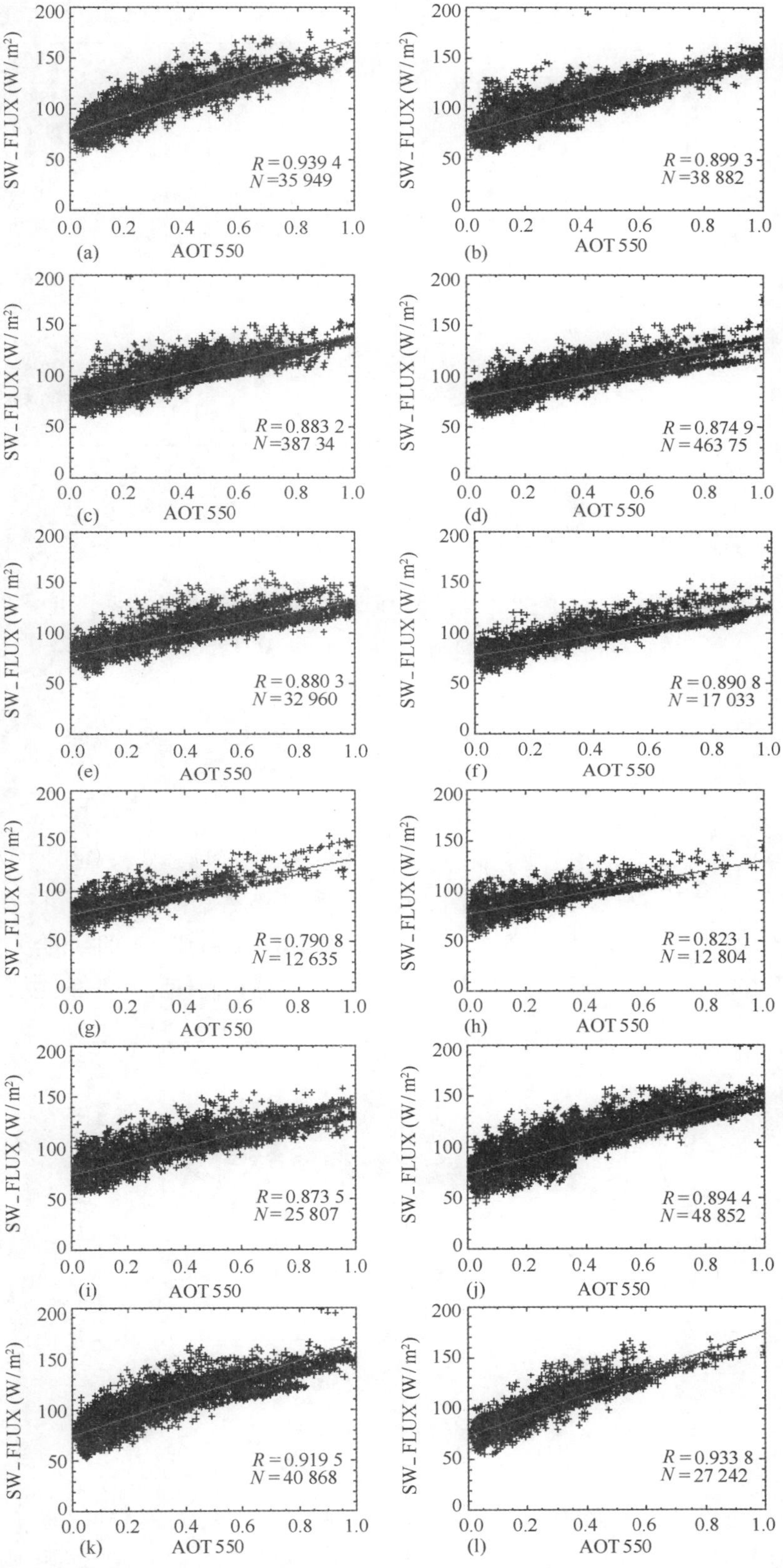

图 5.4　2001—2003 年的 3 年平均的 12 个月 AOT550 与 SW_FLUX 线形回归

（R 为相关系数，N 为样本数）

(a) 1月；(b) 2月；(c) 3月；(d) 4月；(e) 5月；(f) 6月；(g) 7月；(h) 8月；(i) 9月；(j) 10月；(k) 11月；(l) 12月

表 5.2　2001—2003 年 3 年平均的 12 个月 AOT550 与 SW_FLUX 相关系数

月份	SW_ FLXU 与 AOT550 的相关系数	样本数
1	0.939 4	35 949
2	0.899 3	38 882
3	0.883 2	38 734
4	0.874 9	46 375
5	0.880 3	32 960
6	0.890 8	17 033
7	0.790 8	12 635
8	0.823 1	12 804
9	0.873 5	25 807
10	0.894 4	48 852
11	0.919 5	40 868
12	0.933 8	27 242

5.4.2.2　无气溶胶晴空条件下大气顶的辐射通量（Fclr）的计算

根据上一小节的分析结果，SW_FLUX 与 AOT550 存在着线性相关关系，可用式（5.4）表示：

$$SW\_FLUX = Fclr + slope \times AOT550 \tag{5.4}$$

式中：SW_FLUX——晴空条件下大气顶的短波辐射通量；

Fclr——无气溶胶晴空条件下大气顶的短波辐射通量；

slope——斜率；

AOT550——在 550 nm 处的气溶胶光学厚度。

由式（5.4）可知，无气溶胶晴空条件下大气顶的短波辐射通量（Fclr）定义为 AOT550 = 0 时的晴空条件下大气顶的短波辐射通量。但是在现实条件下，我们不可能直接测量得到 AOT550 = 0 时的 SW_FLUX，为此必须通过 SW_FLUX 与 AOT550 的线性关系，拟合得到 AOT550 = 0 时的情况，得到 Fclr 值，如图 5.5 所示。这是我们计算 Fclr 的主要的思路。

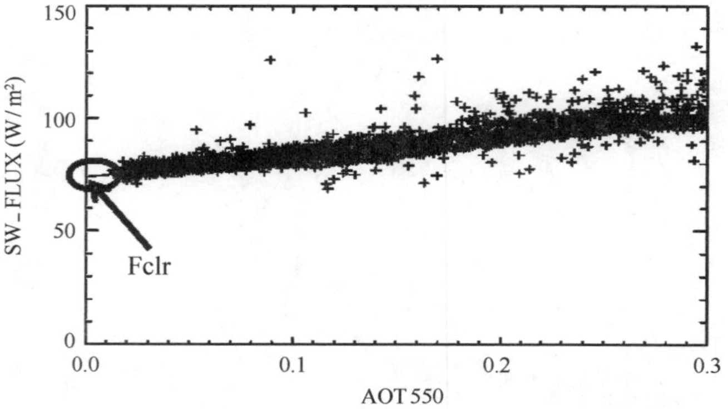

图 5.5　SW_ FLUX 与 AOT550 线性拟合

利用上面的思路，我们就可以开始计算 Fclr 的值了。

为了建立中国海域 Fclr 的查找表，必须考虑到大气的状态、气溶胶的种类以及太阳天顶角对于卫星观测的影响，为此我们进行了如下假设：假设在同一季节、同一海域、同一太阳天顶角范围内，Fclr 是一个常值。

做出这种假设的主要依据如下。

首先，在同一季节里，大气状态和气溶胶组成都是相似的。只有这一假设的前提下，我们才能利用上小节中 SW_ FLUX 与 AOT550 的线性相关关系进行 Fclr 的计算。我们必须注意到：在冬季（12 月、1 月、2 月），盛行西北气流，人为气溶胶借助西风输送到达中国海域，小颗粒人为气溶胶占据主导地位；在春季，西风加强，陆源沙尘气溶胶盛行，大量的沙尘气溶胶通过西风输送到达我国海域，气溶胶逐渐转变为大颗粒粒子；在夏季，降雨增加，且东风盛行，气溶胶粒子被雨水和东风的共同作用下，逐渐沉降，使得在这个季节气溶胶最少，且以小颗粒为主；在秋季，气溶胶恢复陆源输送，在西风的作用下，以小颗粒为主。可以看出，不同季节的大气状况和气溶胶的成分是不同的，为了满足在上小节中的条件，得到 SW_ FLUX 与 AOT550 的线性关系，Fclr 的计算必须是在同一个季节里进行，或者说在大气状况和气溶胶组成相似的条件下进行。

其次，从式（5.1）可以看出，SW_ FLUX 主要是太阳天顶角、卫星观测天顶角和卫星相对于太阳的观测方位角三个变量的函数。而在同一季节里，SW_ FLUX 主要是太阳天顶角的函数。从图 5.6 我们也可以看出，不同季节的太阳天顶角的变化是很剧烈的。在秋、冬季，太阳天顶角很大，且北部远大于南部；在春、夏季，太阳天顶角很小，且整个海域几乎相同。所以在同一季节内，我们还要考虑太阳天顶角对 Fclr 的影响。

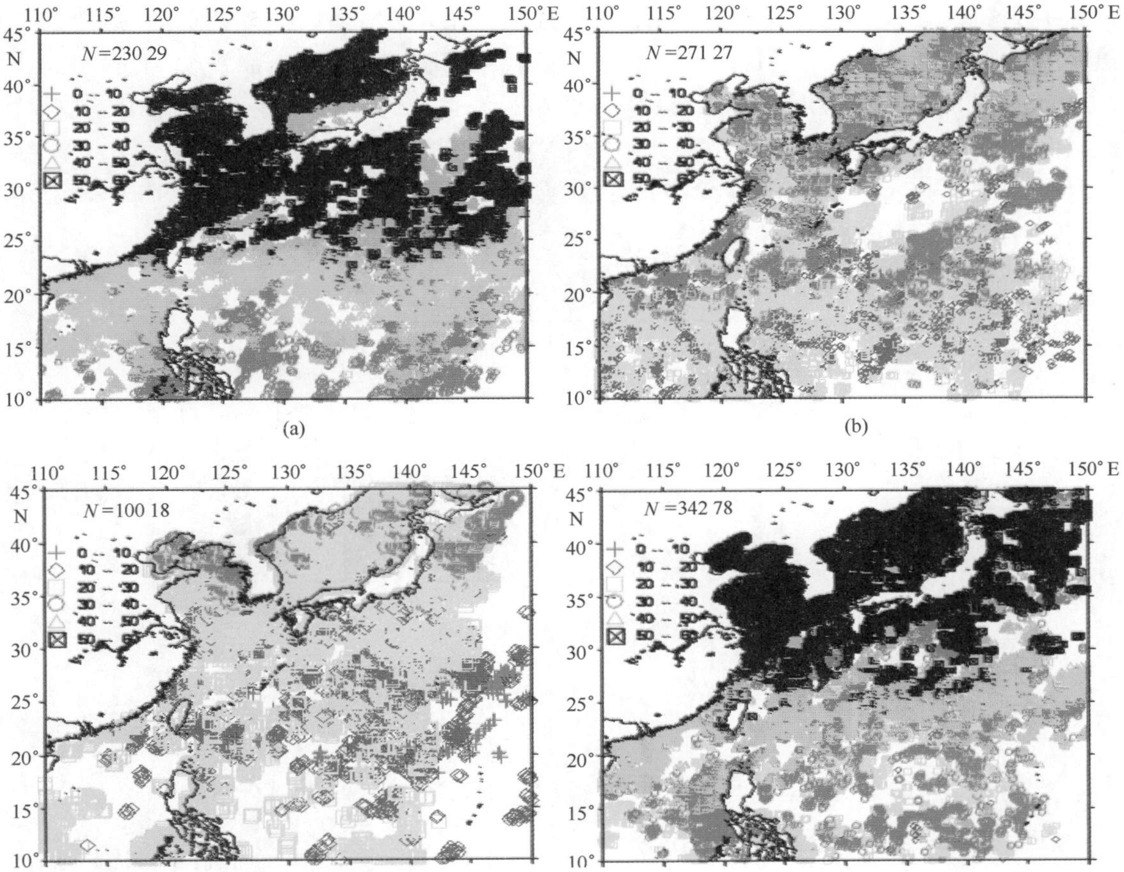

图 5.6　2001 年中国海域太阳天顶角的季节分布（N：样本数）

（a）冬季；（b）春季；（c）夏季；（d）秋季

通过以上假设，我们可以看出：对于中国海域而言，Fclr 主要是季节和太阳天顶角的函数。利用这一关系，我们就可以很容易地计算出中国国海域 2001 年四个季节的 Fclr 的查找表，见表 5.3。

表 5.3　中国海域 2001 年四个季节的 Fclr 的查找表　　单位：W/m^2

季节 \ $\cos\theta_0$	1.0 ~ 0.9	0.9 ~ 0.8	0.8 ~ 0.7	0.7 ~ 0.6	0.6 ~ 0.5
冬季	–	77.926 2	76.144 5	75.846 8	75.508 5
春季	78.104 2	77.166 5	73.287 6	–	–
夏季	78.120 1	75.088 4	–	–	–
秋季	79.857 4	77.151 8	75.588 3	75.216 0	72.545 8

注：θ_0 表示太阳天顶角，“ – ” 代表没有数据。

从表 5.3 可以看出，不同季节不同太阳天顶角余弦值所对应的 Fclr 是不同的，数值在 75W/m^2左右，这与前人的研究结果吻合[160]。同时由于夏季和春季的太阳天顶角都很小，所以 CERES 数据在 $\cos\theta_0$ 很小时大量缺测，无法计算 Fclr。

为了验证这一结果，我们利用 NASA 提供的 Fu – Liou 辐射传输模式对 2001 年年平均的 Fclr 进行了计算，并与卫星拟和计算获得的 Fclr 进行比较，结果如图 5.7 所示。从图 5.7 可以看出，对于不同的 $\cos\theta_0$ ，Fclr 的模式结果和卫星拟合结果在数值上都非常一致，尤其是在 $\cos\theta_0$ 大值时，结果吻合相当好，Fclr 的相对误差控制在 1% 以内；只有 $\cos\theta_0$ 在 0.6 ~ 0.5 的区间内，误差稍大，相对误差达到了 2% 。但对于气溶胶辐射强迫的研究而言，这一误差是可以接受的。与 Fu – Liou 辐射传输模式计算得到的 Fclr 结果比较可知，利用 CERES 大气顶短波辐射通量与 MODIS 在 550 nm 处气溶胶光学厚度的线性关系拟合得到的 Fclr 是可行的，也是可信的。

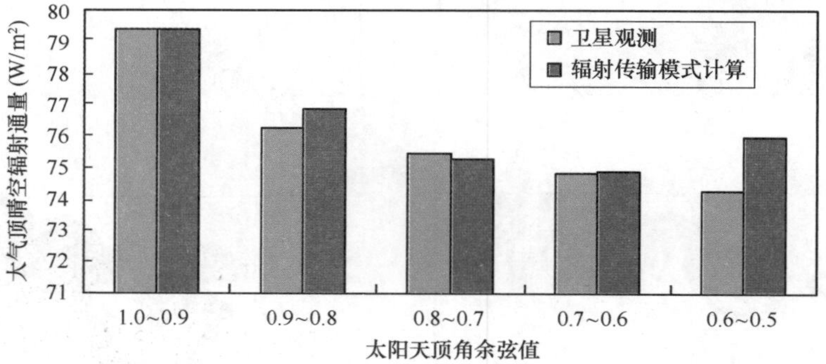

图 5.7　2001 年中国海域年平均 Fclr 的结果比较

5.4.3　有气溶胶晴空条件下大气顶的辐射通量（Faero）和 AOT550

气溶胶直接辐射强迫效应主要受到气溶胶的分布状况影响，所以在进行中国海域气溶胶直接辐射强迫计算前，我们必须先来分析一下该海域气溶胶光学厚度的分布情况，弄清楚该海域的气溶胶的分布特征。同时为了得到 Fclr，我们还必须知道有气溶胶晴空条件下大气顶的辐射通量（Faero），对 Faero 的分布状况进行分析。

首先看 2001 年中国海域 550 nm 处气溶胶光学厚度（AOT550）的分布情况，如图 5.8 所示。从图 5.8 可以看出，2001 年中国海域 AOT550 存在明显的时间和空间分布特点。

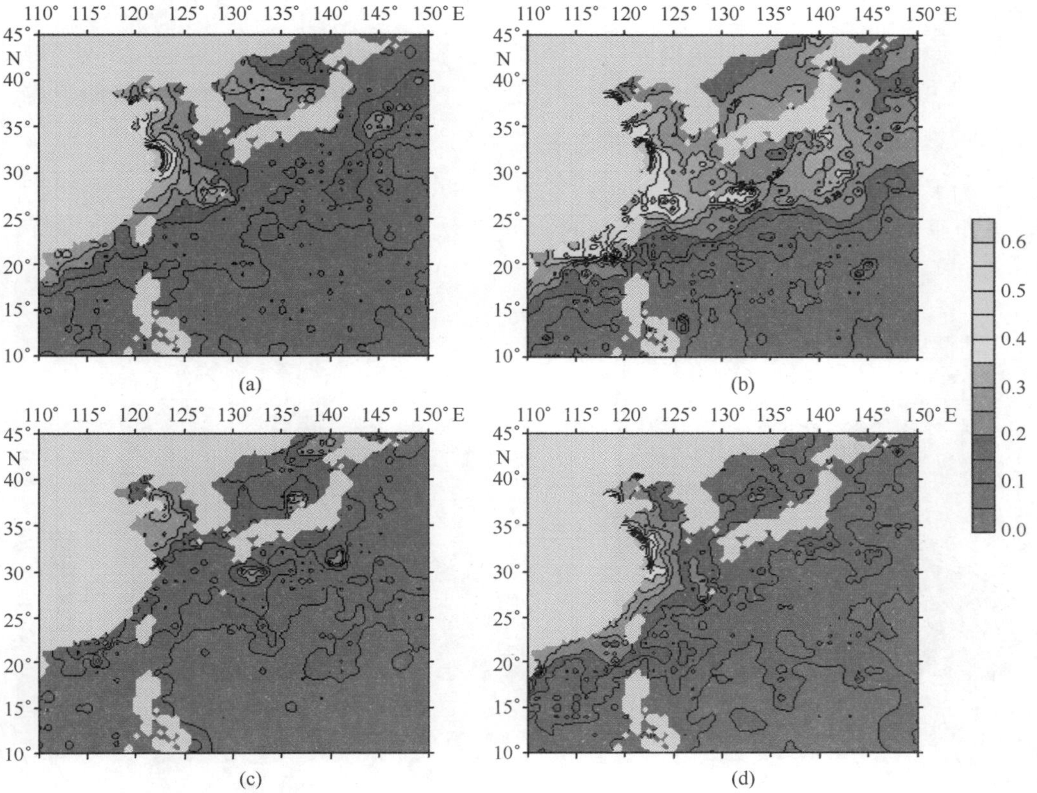

图 5.8　2001 年中国海域 AOT550 的时间和空间分布

（a）冬季；（b）春季；（c）夏季；（d）秋季

第一，时间上存在着明显的季节变化特征。和前文研究的结论相似，AOT550 在春季借助盛行的西风作用，大量的陆源气溶胶和沙尘气溶胶被输送到我国沿海，并迅速占据大部分海域，AOT550 在我国海域达到一年中的最大值；而与此相反，在夏季，由于降水沉降作用和东风的输送作用的共同影响下，AOT550 在整个海域的值都偏小，达到一年中的最小值；而在秋、冬两季，AOT550 的值处于春、夏季的过渡阶段，数值也介于两者之间。

第二，AOT550 又存在着明显的空间分布特征。从四个季节的共同特征看，AOT550 的数值都是近岸大于远海，反映了一个人为影响的作用。在冬、秋两季，AOT550 的分布主要是沿海岸线分布，近岸大于远海的特征非常明显。在近岸，AOT550 大于 0.3，尤其是在长江三角洲沿岸，AOT550 甚至超过了 0.6，而在远海 AOT550 都小于 0.1，AOT550 在近岸和远海差距明显；在春季，AOT550 除了具有沿岸分布的特征，还可以清楚地看到南北分布的特征。在 25°N 以北的海域，AOT550 与其他季节比较普遍偏高，与同时期的南部海域相比也是明显偏高，整个北部海域的 AOT550 都在 0.3 以上，这主要是由于春季该海域受到强的西风的控制，有利于陆源气溶胶尤其是沙尘气溶胶的向海输送。而同时段 25°N 以南的 AOT550 则依然控制在 0.1 以下；在夏季，由于东风控制我国大部分海域，陆源气溶胶无法到达中国海上空，同时降雨在夏季达到一年中的最大值，使得大量的气溶胶被雨水的沉降作用清除，整个海域的 AOT550 基本上都在 0.15 以下，只有在黄渤海海域存在 AOT550 的大值区，中心浓度也只有 0.3。

通过以上分析，可以看出 2001 年中国海域 AOT550 存在明显的时间和空间分布特点，这种特点必然会对气溶胶的辐射强迫作用产生重要的影响。

根据式（5.3）可知，为了获得瞬时气溶胶直接辐射强迫 SWARF，Faero 是必须得到的量，而 CERES 传感器并不能直接测得大气顶的辐射通量，它所测得的是大气顶的辐射率，必须通过 Loeb 改进的角度分布函数（ADMS）将其转化为大气顶的辐射通量，如式（5.1）。图 5.9 是 2001 年中国海域 Faero 的时间和空间分布图。可以看出，Faero 和 AOT550 一样存在明显的时间和空间分布特征，而且无论时间分布上还是空间分布上，Faero 的分布特征与 AOT550 都非常相似。

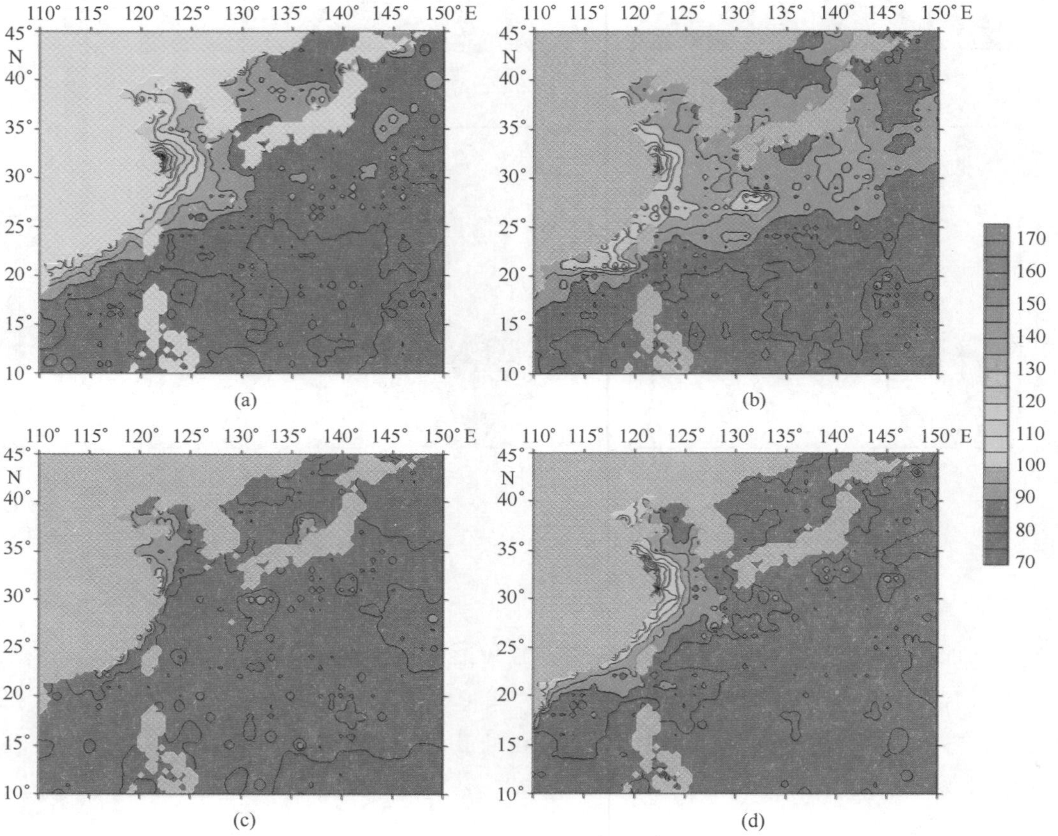

图 5.9　2001 年中国海域 Faero 的时间和空间分布（W/m^2）

（a）冬季；（b）春季；（c）夏季；（d）秋季

在时间上，Faero 存在明显的季节变化特征，春季最大，夏季最小，而在秋、冬两季介于两者之间。在空间上，Faero 主要是沿着海岸线分布，随着离岸距离的增加，Faero 是不断减小的；同时在春季，北部海域 Faero 明显偏大；而在夏季，整个海域 Faero 都明显偏小。

从以上的分析可以看出，Faero 与 AOT550 的分布特征非常相似，说明气溶胶对于大气顶的辐射通量的影响很大。我国沿海作为世界上气溶胶主要的聚集区之一，气溶胶的辐射强迫对于大气顶的辐射通量作用是显著的。

5.4.4 气溶胶瞬时直接辐射强迫的时空分布

气溶胶瞬时直接辐射强迫（SWARF）是指在 Terra 卫星过境的这一个时刻（大约在10：30 CST），气溶胶对于大气顶辐射通量的改变量，它代表的是气溶胶对大气顶辐射通量的瞬时作用的概念。

根据 5.4.2 得到的 Fclr 和 Faero，利用式（5.3），就可以直接得到 SWARF 在中国海域的分布状况，如图 5.10 所示。

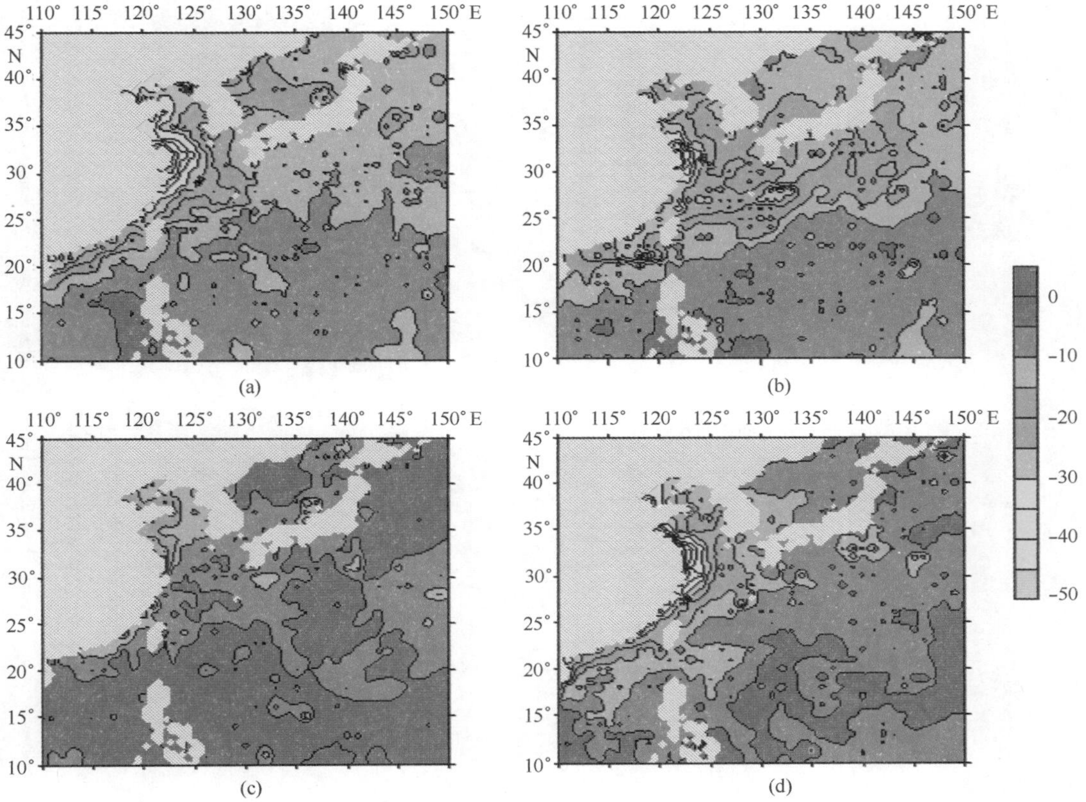

图 5.10 2001 年中国海域瞬时 SWARF 的时间和空间分布（W/m^2）

（a）冬季；（b）春季；（c）夏季；（d）秋季

从图 5.10 中可以看出，SWARF 的时空分布特征与 AOT550 的十分相似。从时间上看，SWARF 与 AOT550 的时间特征相似，其绝对值在春季达到最小，在夏季最大，冬、秋季介于两者之间。在空间上，SWARF 的分布特征与 AOT550 也是非常接近，SWARF 沿着海岸线分布，其绝对值随着离岸距离的增加，SWARF 却是不断减小；在春季，在北部海域的 AOT550 是明显偏大，但同时 SWARF 的绝对值在该区域也是明显偏大的；在夏季，SWARF 只是在黄渤海出现绝对值大值区，与 AOT550 的大值相对应；在冬季，中国沿海和日本海的 AOT550 都有大值区存在，而同时 SWARF 在该区域也出现了绝对值大值区，秋季的情况与冬季相似。

通过以上综合分析 AOT550 和 SWARF 的分布，可以看出它们存在相似的分布特征，说明 AOT550 与 SWARF 存在着紧密的联系，气溶胶对大气顶的辐射通量的影响是明显的，气溶胶直接辐射强迫作用在我国海域是非常重要的。为了进一步说明气溶胶的直接辐射强迫作用，我们给出了 AOT550 与 SWARF 的线性相关图，如图 5.11 所示。从图 5.11 可以看到，在四个季节中 AOT550 与 SWARF 都有非常好的相关关系，相关系数绝对值都大于 0.9，说明 SWARF 主要受到 AOT550 的影响，气溶胶的分布直接决定了气溶胶直接辐射强迫作用。同时也要注意到，它们之间是负相关关系，说明气溶胶减小了进入地球的能量，对整个地球能量系统来说是“冷室作用”。从四个季节来看，AOT550 与 SWARF 都是负相关关系，随着 AOT550 的不断增加，SWARF 是线性递减的。当 AOT550 趋于 0 时，四个季节的 SWARF 同时都趋向于 0，说明当 AOT550 很小，也就是气溶胶很少的时候，气溶胶对于大气顶辐射通量的影响很小，气溶胶直接辐射强迫作用就变得不那么明显了。这一负相关关系与前人的研究是非常一致的。

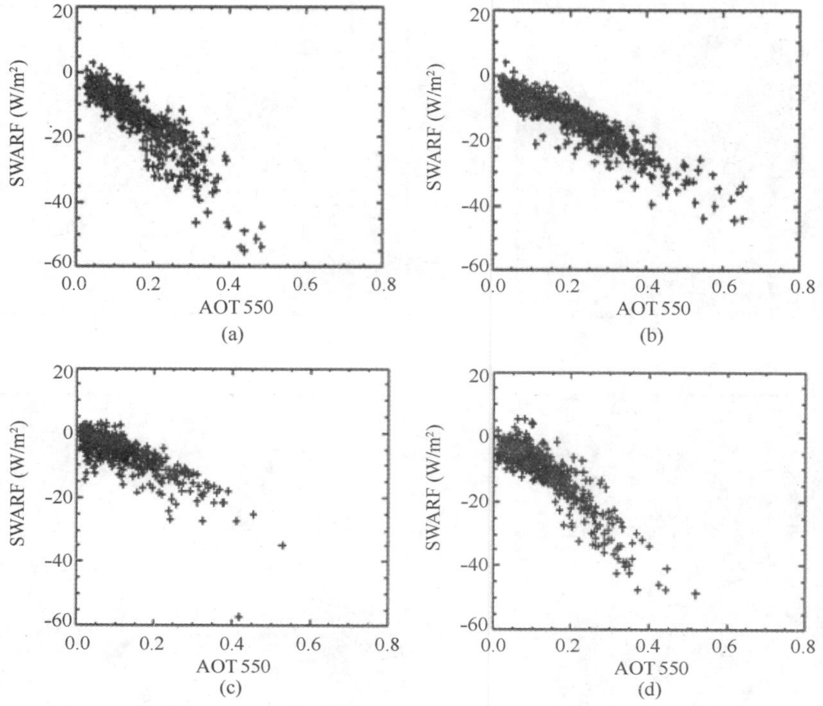

图 5.11　2001 年中国海域瞬时 SWARF 与 AOT550 的线性相关关系

（a）冬季；（b）春季；（c）夏季；（d）秋季

同时也要注意到，在不同季节里，AOT550 与瞬时 SWARF 的相关关系也是有不同的。最明显的是 AOT550 与 SWARF 拟合直线的斜率绝对值有所不同。斜率绝对值在秋、冬季最大，在春、夏季最小。这一斜率反映了气溶胶对大气顶辐射通量的影响能力的高低。为此我们引入了气溶胶辐射强迫效率这一概念。

气溶胶辐射强迫效率（Faero）是指单位气溶胶光学厚度（AOT550）的变化所引起的大气顶辐射通量的改变值，单位是 $Wm^{-2}\tau^{-1}$，如式（5.5）：

$$\mathrm{Faero} = \frac{\mathrm{SWARF}}{\mathrm{AOT550}} \tag{5.5}$$

Faero 反映了气溶胶对于大气顶辐射通量的强迫能力，是气溶胶直接辐射强迫的一个重要指标。Faero 越大，说明 AOT 变化单位大小时，所引起的 SWARF 变化就越大，气溶胶直接辐射强迫的能力就越强；反之，则气溶胶直接辐射强迫的能力就越弱。Faero 随着时间和空间的变化非常剧烈，具有明显的局地性和局时性，而且它还受到气溶胶成分的影响，不同种类气溶胶对于太阳光的作用能力是不同的。对于一个固定区域，在已知该区域 Faero 的前提下，可以很简单地通过 AOT550 的值估算出该区域的气溶胶直接辐射强迫。

表 5.4 给出了 2001 年中国海域 Faero、AOT550 和 SWARF 的季节平均值。从整个海域的情况看，Faero 在冬季和秋季最大，在春季和夏季最小，与 AOT550 和 SWARF 的情况都不相同，这主要是由于在中国海域气溶胶在不同季节的组成成分不同所引起的。

在春季，沙尘暴盛行，陆源气溶胶以沙尘气溶胶为主，借助强烈的西风输送，我国海域尤其是北部海域受沙尘气溶胶影响很大，沙尘是该海域气溶胶的重要组成成分，沙尘气溶胶作为大颗粒气溶胶，它对太阳光的削弱能力要小于小颗粒气溶胶，所以导致在春季 Faero 很小；在夏季，在东风和降雨的共同作用，陆源气溶胶无法到达中国海上空，降雨沉淀了大量的气溶胶粒子，使得此时气溶胶主要以海盐气溶胶为主。和沙尘气溶胶相似，海盐气溶胶作为大颗粒气溶胶，它对太阳光的削弱能力也要小于小颗粒气溶胶，所以夏季的 Faero 也很小；与春、夏不同，在秋、冬两季，陆源气溶胶以小颗粒人为气溶胶为主，借助盛行的西风，大量的人为气溶胶被输送到中国海域，此时该海域上空的气溶胶以小颗粒气溶胶为主，而小颗粒气溶胶对太阳光能力要强于大颗粒气溶胶，所以秋、冬季的 Faero 要大于春、夏两季，达到一年中的最大值。

表 5.4　2001 年中国海域 AOT550、SWARF 和 Faero 的季节平均值

季节	AOT550	SWARF（Wm^{-2}）	Faero（$Wm^{-2}\tau^{-1}$）
冬季	0.139 6	−11.569 5	−82.876 0
春季	0.183 3	−12.334 5	−67.267 5
夏季	0.103 1	−5.600 4	−54.319 4
秋季	0.117 5	−9.616 0	−81.829 5

从以上分析可以看出，在我国海域，气溶胶的瞬时辐射强迫作用非常显著，气溶胶对该区域大气顶的瞬时辐射通量的影响十分明显，气溶胶在该区域的能量系统中起到了十分重要的作用。但是气溶胶瞬时辐射强迫只能表示在卫星过境的某一个时刻气溶胶对大气顶辐射通量的作用，而无法表示气溶胶辐射强迫的一个平均状态。现今的气溶胶模式模拟的气溶胶辐射强迫大都是日平均或月平均后的结果，所以为了与模式结果相比较，我们必须计算日平均气溶胶辐射强迫。

5.5　日平均气溶胶直接辐射强迫（$SWARF_{diurnal}$）

日平均气溶胶直接辐射强迫（$SWARF_{diurnal}$）指的是气溶胶直接辐射强迫在一天中的一个平均值，它反映了气溶胶在一天中对大气顶辐射通量的影响的平均作用。$SWARF_{diurnal}$ 不同于 SWARF，主要有以下两个原因。

（1）太阳天顶角不同。太阳天顶角在一天中是不断变化的，而 SWARF 受太阳天顶角的影响很大，某一时刻下的 SWARF 只能反映在该时刻下特定的太阳天顶角度下，气溶胶对于大气顶辐射通量的作用，有一定的偶然性，不具可比性。而 $SWARF_{diurnal}$ 则是平均了一天中所有太阳天顶角下的 SWARF 后得到的一个平均值，是一个稳定的状态，可以代表该区域气溶胶的辐射强迫作用。

（2）气溶胶特性不同。气溶胶对于大气来说，是很小的颗粒，通常是指悬浮在大气中直径小于10 μm的液态或固态的所有的微小粒子，由于其自身的尺度特点，决定了气溶胶在时间、空间和组成成分上变化都非常快，一个时刻的观测无法真实反映其整体的状态。在这一点上，$SWARF_{diurnal}$ 弥补了SWARF的不足，真实地反映了气溶胶辐射强迫作用。

Kaufman在2000年的研究表明[161]，在 $SWARF_{diurnal}$ 和SWARF的这两个不同点中，太阳天顶角的变化是最主要的，所以在将SWARF转化成 $SWARF_{diurnal}$ 时，主要考虑到太阳天顶角的因素。

5.5.1 修正因子

将气溶胶瞬时辐射强迫转化为日平均气溶胶辐射强迫，主要是通过修正因子，如式（5.6）：

$$\text{修正因子} = \frac{SWARF_{10:30}}{SWARF_{diurnal}} \tag{5.6}$$

式中：$SWARF_{10:30}$——Terra卫星过境时（大约在10：30 CST）气溶胶瞬时辐射强迫；

$SWARF_{diurnal}$——日平均气溶胶辐射强迫。

计算出修正因子后，通过式（5.6），利用在5.4.2中计算获得的气溶胶瞬时直接辐射强迫，就可以直接得到 $SWARF_{diurnal}$。

修正因子的计算主要是通过NASA提供的Fu－Liou辐射传输模式实现。自从20世纪90年代美国付强博士和廖国男教授提出了Fu－Liou辐射传输方案后，该方案在国际上得到了广泛的应用。其有两个显著优点：①它对云和气溶胶光学性质的处理在物理上是合理的并且物理意义清晰，能够直接利用云和气溶胶的物理性质处理云和气溶胶对辐射场的影响；②相关 k－分布法（correlated k－distribution method）的应用，能够很方便地引入其他痕量气体的吸收作用。Fu－Liou辐射传输方案参数见表5.5和图5.12。

表5.5 Fu－Liou短波辐射方案

Fu－Liou短波辐射方案	
波段划分	18个波段，其中短波6个：0.2～0.69 μm，0.69～1.3 μm，1.3～1.9 μm，1.9～2.5 μm，2.5～3.5 μm以及3.5～5 μm
辐射算法	3种：δ－四流近似方案、δ－二流近似方案和GWTSA方案
地面反照率	只对到达地面的总太阳辐射进行考虑
瑞利散射	有
短波吸收气体	H_2O、O_3、O_2、CO_2
气溶胶种类	10种：maritime、continental、urban、waso、ssam、sscm、suso、mitr、minm以及miam等
辐射强迫方案	3种：云辐射强迫、气溶胶辐射强迫和（云＋气溶胶）辐射强迫

NASA正是利用Fu－Liou辐射传输模式对CERES数据进行验证，而本文则利用它进行修正因子的计算，主要有以下几个原因。

（1）在波段划分上，Fu－Liou的设置非常细，共计8个波段，其中短波有6个波段。

（2）气溶胶种类多。Fu－Liou提供了十几种气溶胶种类可供选择，几乎包括所有的气溶胶类型，其中包括了海洋型气溶胶（maritime）、大陆型气溶胶（continental）、城市型气溶胶

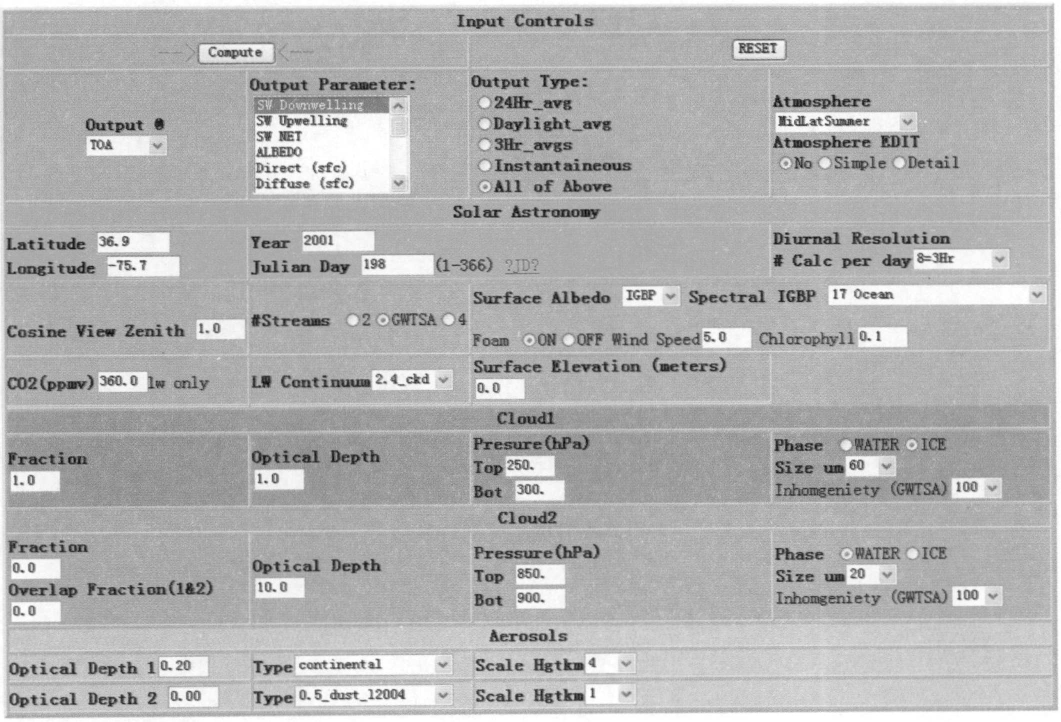

图 5.12　Fu－Liou 辐射传输模式界面

(urban)、水溶型气溶胶（waso)、海盐气溶胶（ssam，sscm)、硫酸盐气溶胶（suso)、矿尘气溶胶（mitr，minm，miam）等。

（3）辐射强迫方案包括了云辐射强迫、气溶胶辐射强迫和（云＋气溶胶）辐射强迫三个方案，可以满足对气溶胶辐射强迫研究的需要。

（4）Fu－Liou 可以对定点进行连续时间的计算，最低时间分辨率达到 1 min。利用这一特点，我们可以对某定点进行一天的连续计算，模拟 Terra 卫星过境时的气溶胶瞬时辐射强。

基于以上 4 点理由，我们选择 Fu－Liou 辐射传输模式进行修正因子的计算，并根据实际需要设计了计算方案。本方案主要思路是利用辐射传输模式计算获得某一点的 Terra 卫星过境时（10：30CST）气溶胶直接瞬时辐射强迫（$SWARF_{10:30}$）和日平均气溶胶辐射强迫（$SWARF_{diurnal}$），然后利用两者比值得到修正因子。最后利用辐射传输模式计算得到的修正因子和卫星测得的气溶胶瞬时直接辐射强迫值，代回式（5.6）中，就可以直接得到日平均气溶胶直接辐射强迫，流程如图 5.13 所示。

图 5.13 清楚地描述了日平均气溶胶直接辐射强迫的计算步骤，其中最为关键的是利用辐射传输模式计算修正因子。但由于缺乏气溶胶的实测数据，无法了解气溶胶的组成成分，所以无法选择辐射传输模式中气溶胶种类。为了消除由于气溶胶种类产生的计算误差，我们在辐射传输模式的模拟过程中，对于每一种气溶胶的修正因子都进行了计算。计算结果并不像我们想象得那么糟糕，不同种类气溶胶的修正因子的差距多大，而且具有相同的时间变化趋势（见图 5.14）。因此，我们可以平均所有种类气溶胶的修正因子，作为最后代入式（5.6）计算的修正因子，这样就减小了由于气溶胶种类不同所引起的修正因子的误差。

由于修正因子的计算量巨大且在小范围内变化不大，所以我们把中国海域划分为 14 个区

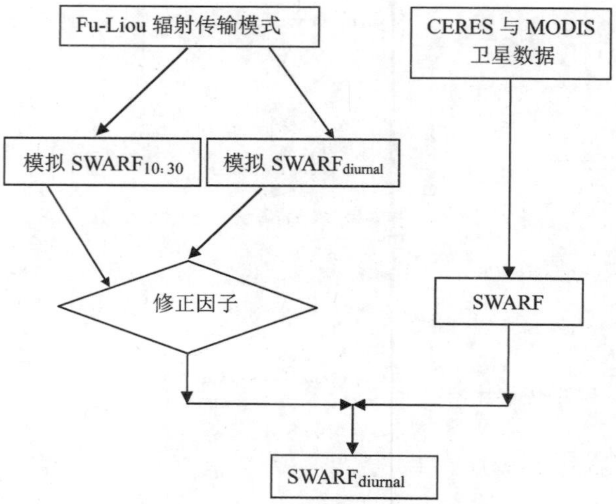

图 5.13　日平均气溶胶强迫 $SWARF_{diurnal}$ 计算流程

域，计算了每一个区域中心点的修正因子值，并以中心点的值代表每一个区域的平均状态。图 5.14 就是中国海域 14 个区域中心点的修正因子的时间序列图。从图 5.14 可以看出，14 个中心点上的修正因子都具有共同的特点：首先，从数值上看，修正因子都是大于 1 的，在高纬地区甚至大于 3.5，这说明在 Terra 过境时的 SWARF 是要大于 $SWARF_{diurnal}$ 的，也就是说 10:30 这个瞬时的气溶胶辐射强迫是要大于日平均值；其次，从气溶胶种类上看，不同种类气溶胶的修正因子相差并不大，数值上非常接近，且在一年 365 天的时间序列上都保持着相同的变化趋势，说明气溶胶种类对修正因子影响有限，太阳天顶角才是它的决定因素，这与 Kaufman 的研究结果一致；再次，从时间上看，14 个点的修正因子的时间变化趋势都是一致的，表现出很强的季节变化。在冬季，当太阳天顶角出现最大值时，修正因子也出现最大值；而在夏季，太阳天顶角出现最小值时，修正因子也出现最小值；在春、秋季，修正因子则处于冬、夏季的过渡阶段。从这一时间变化趋势可以看出，太阳天顶角对于修正因子的影响是很大的。最后，从空间上看，由于在同一时刻高纬度的太阳天顶角要大于低纬度，使得修正因子在高纬度要明显大于低纬度，而在同一纬度上，修正因子者相差不大，这一空间特点归根结底也是太阳天顶角不同所造成的，再次说明了太阳天顶角是影响修正因子的决定因素。

从以上分析可以看出，中国海域的修正因子的主要影响因素是太阳天顶角，而气溶胶种类对它影响不大。由于受到太阳天顶角的影响，修正因子在我国海域具有明显的时空分布特征。为了在不同季节中，将卫星计算得到气溶胶瞬时辐射强迫转化为日平均气溶胶辐射强迫，我们将所有的修正因子在四个季节中做了季节平均，见表 5.6。在表 5.6 中，修正因子表现出了和图 5.14 一样的特点。利用表 5.6 中 14 个区域中心点的修正因子的季节平均值，可以直接通过式（5.6）计算获得中国海域的日平均气溶胶直接辐射强迫。

5.5.2　日平均气溶胶直接辐射强迫时空分布

图 5.15 是通过表 5.6 中的修正因子得到的 2001 年中国海域 $SWARF_{diurnal}$ 的时间和空间分布。表 5.7 是 $SWARF_{diurnal}$ 的季节平均值。可以看出 $SWARF_{diurnal}$ 与前文所述的 SWARF（见图 5.10）分布很相似，但又有所不同。

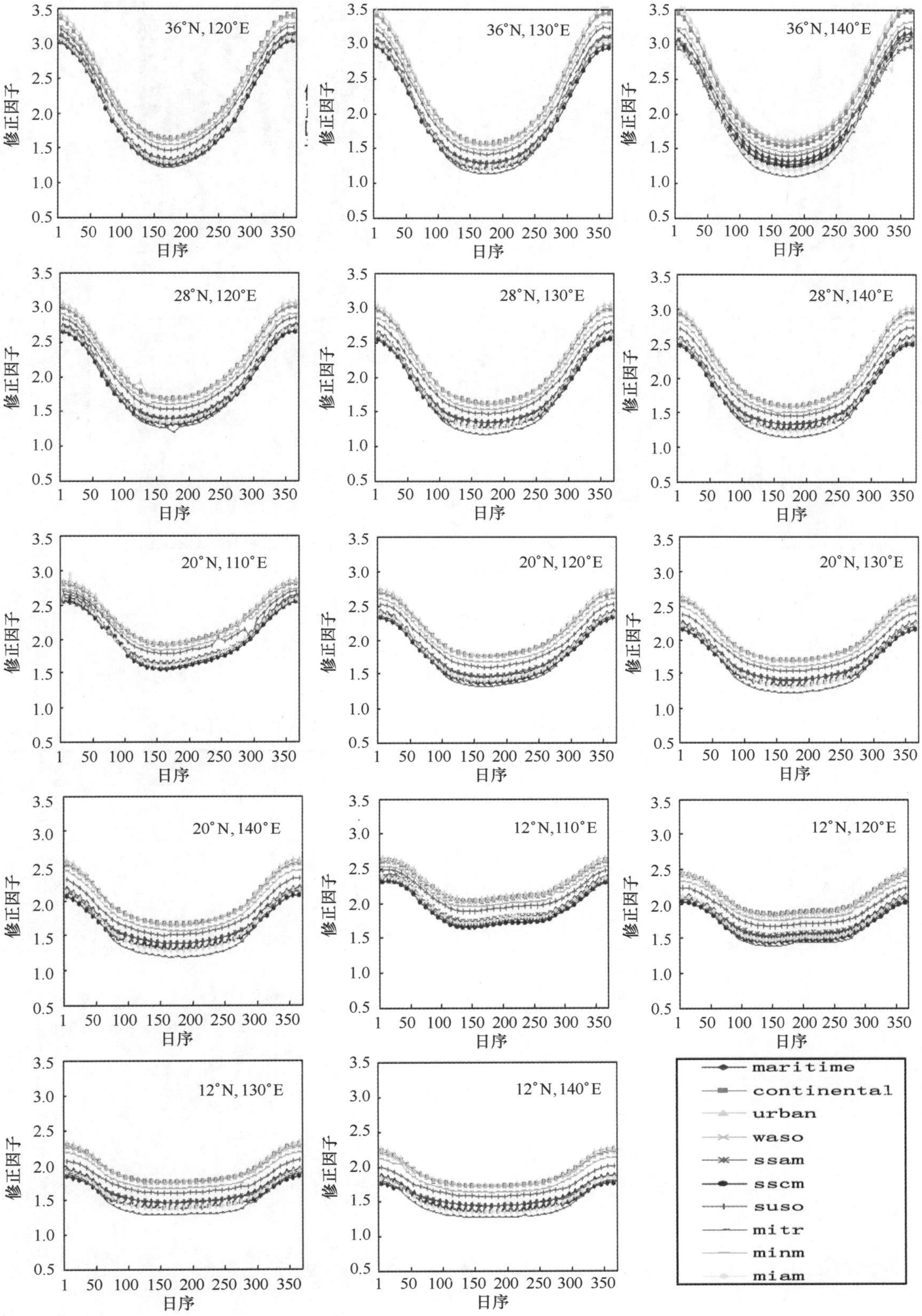

图 5. 14　2001 年中国海域 14 个区域中心点的修正因子时间序列

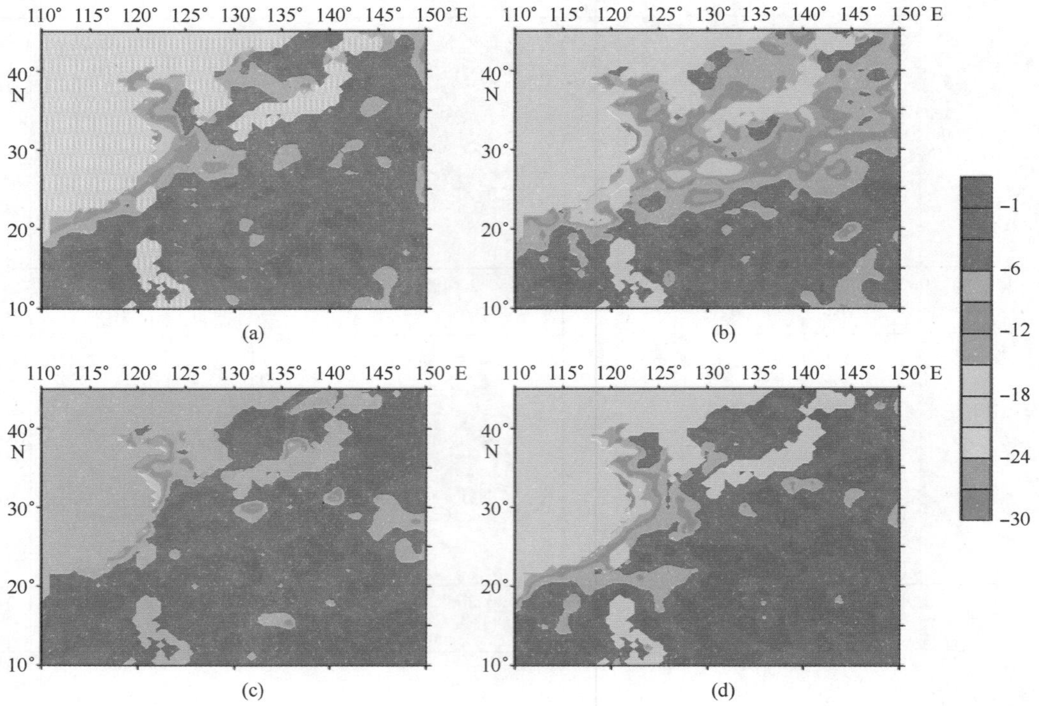

图 5.15　2001 年中国海域 $SWARF_{diurnal}$ 的时间和空间分布（W/m^2）

（a）冬季；（b）春季；（c）夏季；（d）秋季

表 5.6　2001 年中国海域 14 个区域中心点修正因子的季节平均

冬季	110°E	120°E	130°E	140°E
36°N	–	3.023 4	2.994 1	2.995 0
28°N	–	2.706 8	2.602 0	2.537 3
20°N	2.623 6	2.420 0	2.260 1	2.182 4
12°N	2.419 9	2.160 0	1.994 7	1.919 9

春季	110°E	120°E	130°E	140°E
36°N	–	1.827 2	1.717 2	1.698 1
28°N	–	1.767 1	1.649 4	1.603 8
20°N	1.951 0	1.727 7	1.615 1	1.570 5
12°N	1.955 3	1.718 2	1.609 7	1.574 5

夏季	110°E	120°E	130°E	140°E
36°N	–	1.538 6	1.448 5	1.440 1
28°N	–	1.553 2	1.470 3	1.440 7
20°N	1.804 4	1.591 1	1.510 6	1.479 1
12°N	1.892 9	1.659 3	1.564 0	1.532 3

秋季	110°E	120°E	130°E	140°E
36°N	–	2.446 5	2.364 0	2.364 3
28°N	–	2.210 5	2.097 1	2.062 2
20°N	2.220 0	2.012 1	1.890 6	1.856 7
12°N	2.080 9	1.859 5	1.749 9	1.721 4

表 5.7　2001 年中国海域 AOT550 和 $SWARF_{diurnal}$ 的季节平均值　　单位：W/m^2

	AOT	$SWARF_{diurnal}$
冬季	0.139 6	-4.892 5
春季	0.183 3	-7.261 1
夏季	0.103 1	-3.759 0
秋季	0.117 5	-4.515 0

首先，在时间上，$SWARF_{diurnal}$ 在春季达到最大，而在夏季最小，秋、冬季介于两者之间。这与 SWARF 是一致的。

其次，在空间上，$SWARF_{diurnal}$ 也是沿着海岸分布。随着离岸距离的增加，$SWARF_{diurnal}$ 的绝对值是不断减小的。但是与 SWARF 不同的是，在太阳天顶角偏大的区域，如冬季的中国北部海域，大值区的范围明显减小，这是因为修正了太阳天顶角对气溶胶辐射强迫的影响。

最后，在数值上，$SWARF_{diurnal}$ 明显小于 SWARF。在沿岸区域，$SWARF_{diurnal}$ 出现小值区，都数值是小于 $-10\ W/m^2$；在远海，$SWARF_{diurnal}$ 普遍偏大，大于 $-6\ W/m^2$。

从以上对日平均气溶胶辐射强迫的分析可以看出：在中国海域，由于陆源气溶胶的向海输送，使得我国海域上空成为聚集了大量的气溶胶粒子。气溶胶粒子通过自身的光学特性作用于太阳光，使得该海域的气溶胶辐射强迫作用十分显著。同时在陆源气溶胶和气象场的共同作用下，中国海域的气溶胶辐射强迫表现出了明显的时空变化特征，这些都为以后的科学研究提供了依据。

5.6　误差分析

气溶胶直接辐射强迫的误差主要由以下四个原因引起。

(1) CERES 辐射率的定标误差；

(2) 辐射率通过 AMDS 方法转化为辐射通量的误差；

(3) 线性拟合得到 Fclr 的误差；

(4) 修正因子产生的误差。

虽然 Loeb 研究表明云的影响也可能是引入一定的误差，但是考虑到本文使用了两次的云剔除，且使用了高分辨率的 MODIS 云产品对低分辨率的 CERES 辐射通量数据进行分析，所以我们认为云的影响可以忽略。

Wielicki 等 1996 年的研究表明 CERES 辐射率的定标误差在 1% 以内，转化为辐射通量的误差在 $0.8\ W/m^2$；根据 Zhang (2004) 的研究表明 ADMS 在将辐射率转化为辐射通量时所引入的误差为 $0.8\ W/m^2$；MODIS Collection 005 在 550 nm 处的 AOT 的误差为 0.03，而气溶胶在我国海域的辐射强迫效率 Eaero 平均为 $70\ W/(m^2 \cdot \tau)$，所以在线性拟合 Fclr 的误差为 $2\ W/m^2$；由于不同种类气溶胶的修正系数不同，在中国海域的平均值为 2，距平为 0.2，而 SWARF 的均值约为 $-10\ W/m^2$，所以它产生的误差约为 $0.6\ W/m^2$。

假设这四个误差因素间并不具有相关性，则中国海域气溶胶的辐射强迫的总的误差可以

利用式（5.7）计算得到

$$U_t = \exp[\sum(\log_{10}U_i)^2]^{1/2} \tag{5.7}$$

式中：U_i——单个误差因素所引起的独立的误差；

U_t——总的误差。

结合以上四个误差因素，我们可以计算出我国海域气溶胶直接辐射强迫的总的误差是 1.68 W/m^2。

5.7 本章小结

本章利用2000年12月至2001年11月共计12月的Terra卫星上不同传感器的数据，直接对我国沿海的气溶胶辐射强迫进行了研究。结合分析CERES和MODIS数据，通过①剔除云区，确定晴空区；②建立无气溶胶晴空条件下的大气顶辐射通量（Fclr）的查找表；③将辐射率转化为辐射通量；④根据气溶胶辐射强迫定义计算获得气溶胶辐射强迫，设计了利用卫星数据直接获得气溶胶瞬时辐射强迫的算法。

同时为了弥补气溶胶瞬时辐射强迫的不足，我们又利用Fu－Liou辐射传输模式，计算了瞬时辐射强迫与日平均辐射强迫之间的修正因子，利用这一修正因子，得到我国海域气溶胶的日平均辐射强迫，用以分析中国海域上空的气溶胶对大气顶辐射通量的作用。

通过以上的分析研究，本章主要得到以下几点结论。

（1）CERES的大气顶辐射通量与MODIS在550 nm处的AOT在中国海域存在着非常好的线性相关关系，相关系数都在0.9左右。利用这一关系可以直接得到无气溶胶晴空条件下大气顶的辐射通量，与辐射传输模式模拟的结果一致。

（2）Faero与AOT550的分布特征非常相似，说明气溶胶对于大气顶的辐射通量的影响很大。我国沿海气溶胶的辐射强迫效应对于大气顶的辐通量的影响很大。我国沿海气溶胶的辐射强迫效应对于大气顶的辐射通量作用是显著的。

（3）气溶胶瞬时辐射强迫（SWARF）具有明显的时空分布特征：在时间上，具有明显的季节变化，春季最大而夏季最小；在空间上，SWARF沿着海岸线分布，随着离岸距离的增加，而减小。

（4）AOT550与SWARF在四个季节中都存在着相当好的负相关关系，相关系数绝对值大于0.9，说明气溶胶减小了进入地球的能量，对整个地球能量系统来说是“冷室作用”。

（5）利用Fu－Liou辐射传输模式计算结果表明：在中国海域，SWARF向$SWARF_{diurnal}$转换的修正因子的主要影响因素是太阳天顶角，而气溶胶种类对它影响不大。且修正因子都是大于1的，说明SWARF总是大于$SWARF_{diurnal}$。

（6）$SWARF_{diurnal}$与SWARF具有类似的时空分布特征，但是也略有区别。在时间上，$SWARF_{diurnal}$在春季达到最大，在夏季最小；在空间上，$SWARF_{diurnal}$也是沿着海岸分布。随着离岸距离的增加，其绝对值是不断减小的。但是与SWARF不同的是，在太阳天顶角偏大的区域，经过修正转换，大值区的范围明显减小。

在数值上，$SWARF_{diurnal}$明显小于SWARF。在沿岸区域，$SWARF_{diurnal}$出现小值区，数值都是小于－10 W/m^2；而在远海，$SWARF_{diurnal}$普遍偏大，数值都大于－6 W/m^2。

（7）通过误差分析，利用卫星计算 $SWARF_{diurnal}$ 的误差为 1.68 W/m^2。

通过以上分析可知，利用卫星数据直接计算我国海域气溶胶辐射强迫是可行的，并且误差控制在 1.68 W/m^2。同时我国海域气溶胶辐射强迫具有显著的时空分布特征以及受人类影响严重的特征，对我国海域能量系统产生重要的影响。

6 中国海域气溶胶间接效应

6.1 介绍

近年来，由于人类活动的加剧，大量的人为气溶胶和自然气溶胶被排放到大气中，使得气溶胶的浓度不断增加。研究表明气溶胶可以吸收和反射太阳入射光，对于地球来说是一个冷室作用[162]，称为气溶胶的直接效应。气溶胶还通过对云的作用，实现它的间接效应，如图6.1所示。小颗粒气溶胶（$r<1.0\ \mu m$），尤其是硫酸盐，可以很好地作为云凝结核[163]。观测和模式结果都显示，在液态水含量不变的情况下，人为气溶胶浓度增加，会使云凝结核数量增加，导致云滴半径的减小[164]，这就是气溶胶的一次间接作用，也叫作 Twomey 效应[165,166]。变小的云滴减小了云滴粒子间碰并的几率，使得降雨量减少，延长了云的寿命，增加云量，这是气溶胶的二次间接作用[167]。由于气象条件和气溶胶种类的变化，气溶胶的间接作用表现出区域变化和时间变化的特征[168]。

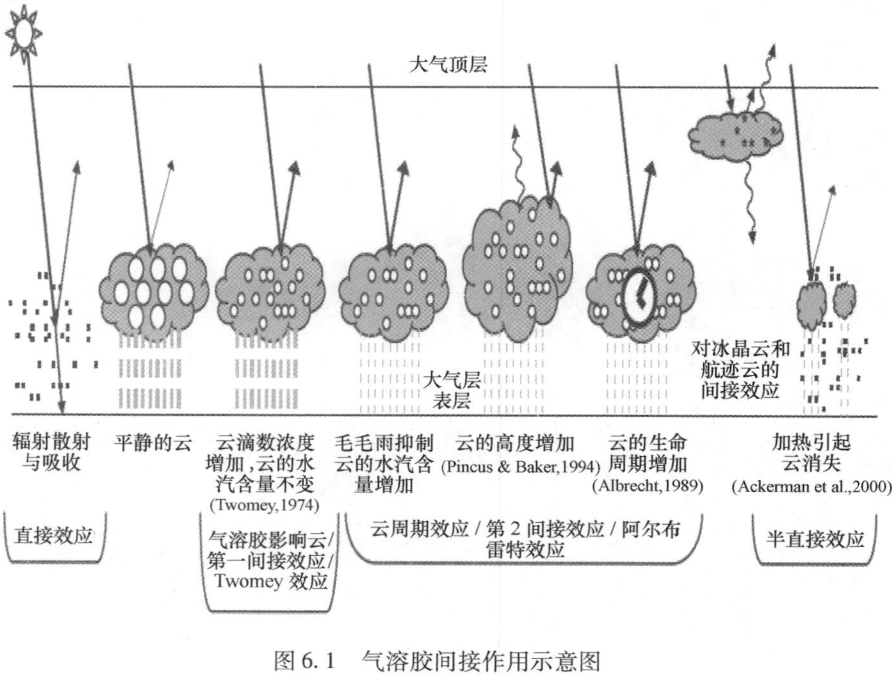

图6.1　气溶胶间接作用示意图

小颗粒吸湿性的人为气溶胶是最好的云凝结核，由于人类活动，它们被大量地输送到近海海域，所以近海是气溶胶间接作用最明显的海域[169,170]。在远海，大颗粒的海盐气溶胶也可以作为云凝结核，但是其形成的云滴尺度要大于近海[171]。因此，在近海，气溶胶的间接效应主要是指人为气溶胶的间接效应，而对于其他类型气溶胶的间接效应很少有研究，如沙尘。但是有研究表明，如果在非吸湿性的沙尘气溶胶外包裹一层可溶性物质如硫酸盐，沙尘也是可以作为云凝结核[172]。

中国近海受到中国内陆气溶胶的影响，是世界上气溶胶浓度最大的区域之一。由于内陆气溶胶和气象场的季节性变化的影响，该海域气溶胶的分布也具有明显的季节特征[173]。在春季，受西北气流和陆源沙尘的共同作用，该海域以沙尘气溶胶为主；在夏季，受到南风和降雨的共同作用，该海域主要是人为气溶胶。

前人对于气溶胶间接效应的研究主要局限于很小的区域[174]或者全球区域[168]，而对于同一区域内由于气溶胶种类的变化导致的气溶胶间效应的变化研究较少。本章正是利用 MODIS 数据分析了中国近海由于气溶胶种类的季节变化引起的气溶胶间接效应的变化。

6.2 数据和方法介绍

本章选取的研究区域为我国渤海、黄海和东海的大部海域（25°—40°N，120°—135°E），该区域受到陆源气溶胶的影响，在夏季以人为气溶胶为主，而在春季则受到沙尘气溶胶的控制。为了对不同种类气溶胶间接效应进行比较，本章只对春季和夏季的情况进行分析。

研究数据选取的是该海域2006 年4 月和8 月的 Terra MODIS 日平均的 1°×1°的气溶胶和云参数数据。其中气溶胶参数包括550 nm 处气溶胶光学厚度（AOT）和小颗粒比例（FMF）；云参数包括云凝结核数（CCN）、云滴有效半径（CER）和云光学厚度（COT）等。我们对每个月的数据在格点上进行月平均，然后对每个月月平均的气溶胶参数和云参数作相关分析，这样能更好地反映它们之间的统计关系，避免异常值的影响。

AOT 定义为气溶胶对太阳光通过整层大气的衰减系数，是表征大气浑浊度的重要物理量[118]，在一定程度上反映了气溶胶的浓度。FMF 定义为550 nm 处小于1.0 μm 的小颗粒气溶胶光学厚度与总气溶胶光学厚度的比例。FMF 越大，则小颗粒气溶胶的比例越大；FMF 越小，则小颗粒气溶胶的比例越小。云凝结核（CCN）指空气相对湿度在过饱和度小于等于1%的条件下，便能使水汽在其上凝结的大气凝结核。它是云形成的必要条件，是真正成为造云致雨的大气凝结核，在海洋空气中占气溶胶总数的10%～20%。云滴有效半径（CER）反映了云滴粒子的尺度信息，当 CER 小于 20 μm 时，MODIS 的 CER 的误差控制在 ±0.5 μm[175]。云光学厚度（COT）是云对入射太阳光的衰减作用，与 AOT 类似。MODIS 数据中根据云的微结构特征把云分为水云、冰云和冰水混合云三类，因为气溶胶主要作用于低层的水云，所以本章只对水云进行研究，不考虑其他两种情况。

下面通过比较和分析 AOT、FMF、CCN、CER 和 COT 之间的关系，来研究中国近海海域气溶胶的间接作用的时间变化特征。

6.3 结果分析

6.3.1 全年

图6.2 是2006 年在中国近海海域（25°—40°N，120°—135°E），AOT、FMF、CCN 和

CER 的 12 个月时间序列。可以看出四个参数都有明显的时间变化规律。在春季，AOT 达到最大，在 4 月出现极大值 0.66，而 FMF 则达到最小，在 4 月出现极小值 0.45，这主要是由于春季西风气流（图 6.3）把陆源沙尘大量输送到中国近海，引起 AOT 的增大和 FMF 的减小；与之同时，CCN 在春季也达到一年中的最大值，而 CER 则出现最小值。在夏季，情况则相反，AOT 达到最小，FMF 则达到最大，这是由于夏季降雨的增多使得大颗粒的气溶胶粒子减少，同时风向的转变（见图 6.3）把大量的人为气溶胶输送到中国近海，使得 AOT 减小和 FMF 增大；CCN 在夏季由于 AOT 的减小，也达到一年中的最小值，而 CER 则出现最大值。

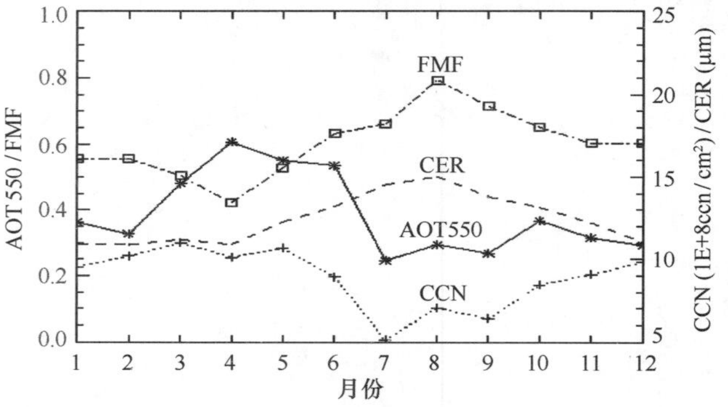

图 6.2　2006 年 AOT、FMF、CCN 和 CER 的 12 个月时间序列

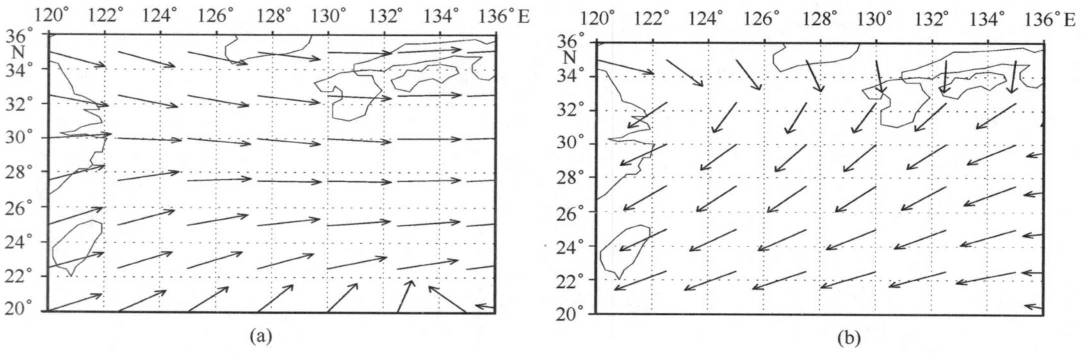

图 6.3　2006 年 4 月和 10 月的 850 hp 风矢量

（a）4 月；（b）10 月

通过分析可以看出，在春季和夏季，由于风向的转变以及陆源气溶胶种类的变化，使得中国近海气溶胶的特性存在明显的时间变化，而气溶胶作为云形成的重要条件，它的变化必定引起云的变化，从图 6.2 可以很清楚地看到：AOT 与 CCN 存在明显的正相关性，而与 CER 存在显著的负相关性，这一结果与前人的研究一致[176]。气溶胶粒子是云凝结核的主要来源，当气溶胶数量增加，云凝结核数量跟着增加，导致云滴半径的减小，实现对云的影响。从 2006 年全年来看，气溶胶对云的作用是很明显的。

同时要注意到，在夏季和春季，由于陆源气溶胶种类和气象场条件的变化，中国近海气溶胶种类存在着明显的变化。在夏季以小颗粒的人为气溶胶为主，而在春季则以大颗粒的沙尘气溶胶为主。而不同种类的气溶胶对于云的作用是不同，为了弄清中国海域由于气溶胶种类的时间变化引起的气溶胶间接效应的变化，我们选取了 4 月和 8 月两个典型的月份进行分析。

6.3.2 夏季

夏季以 8 月为例，在北风的作用下（见图 6.3），中国近海气溶胶主要来自日本、韩国和中国北部沿岸的工业排放，同时 8 月是一年中降雨最多月份，大颗粒气溶胶大都被雨水清除，小颗粒气溶胶的比例达到最大，FMF 出现极大值。Jones[143] 的研究显示，典型人为气溶胶的 FMF 值是 0.84 ±0.04，而图 6.4 中 8 月的 FMF 值大多在这个范围内，说明在 8 月中国近海气溶胶的主要成分是小颗粒的人为气溶胶。

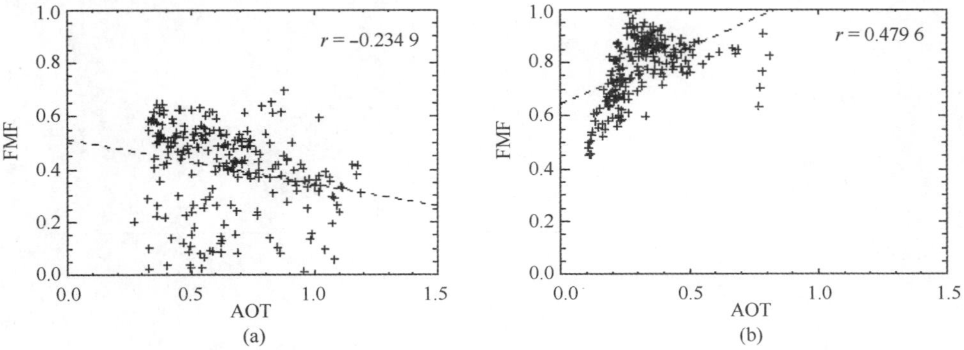

图 6.4　气溶胶光学厚度（AOT）与小颗粒比例（FMF）散点图

（a）4 月；（b）8 月

小颗粒气溶胶是最有效的云凝结核，图 6.5 是 AOT 与 CCN 的线性回归图，在 8 月 AOT 与 CCN 具有极好的正相关，相关系数达到 0.797 0。气溶胶浓度的增大引起大气中的云凝结核数量的增加，说明了小颗粒的人为气溶胶可以很好地充当云凝结核的作用。但是我们也要看到，在 AOT < 0.4 的相关性要明显好于 AOT > 0.5，说明随着气溶胶浓度的增加，气溶胶成为云凝结核的比例在不断地下降。

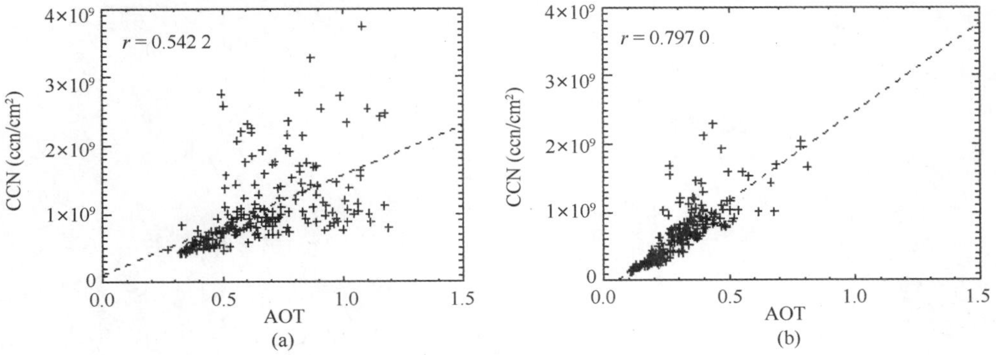

图 6.5　气溶胶光学厚度（AOT）与云凝结核数（CCN）线性回归

（a）4 月；（b）8 月

同时小颗粒气溶胶对云凝结核数量的影响，必然造成云的微物理特性的变化，图 6.6 是 AOT 与 CER 的线性回归图，在 8 月 AOT 与 CER 存在着显著的负相关，相关系数达到 −0.607 4。当气溶胶浓度不断增加时，云滴半径是减小的，说明小颗粒气溶胶浓度的增大使云凝结核数量增加，在同一个月内水汽变化不大的前提下，云凝结核的增多必然减小云滴的有效半径，使得云滴尺度变小。这就是气溶胶的一次间接效应。再看 FMF 与 CER 的线性拟合关系（图 6.7），小颗粒比例和云有效半径相关系数达到 -0.758 7，FMF 越大，CER 就越小，再次说明了小颗粒气溶胶粒子是非常有效的云凝结核，小颗粒气溶胶的比例越大，对云的一次间接效应越明显。所以，可以看出 8 月由于气溶胶主要是小颗粒的人为气溶胶，可以很好地充当云凝结核的角色，从而影响云滴尺度，所以它对云具有显著的一次间接作用。

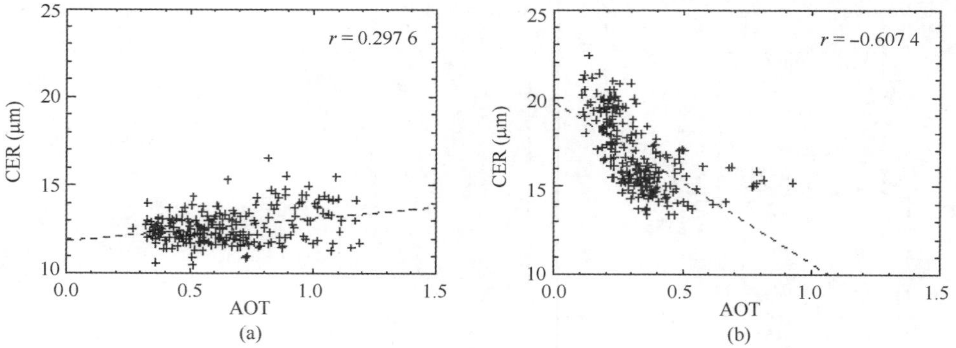

图 6.6　气溶胶光学厚度（AOT）与云滴有效半径（CER）线性回归

（a）4 月；（b）8 月

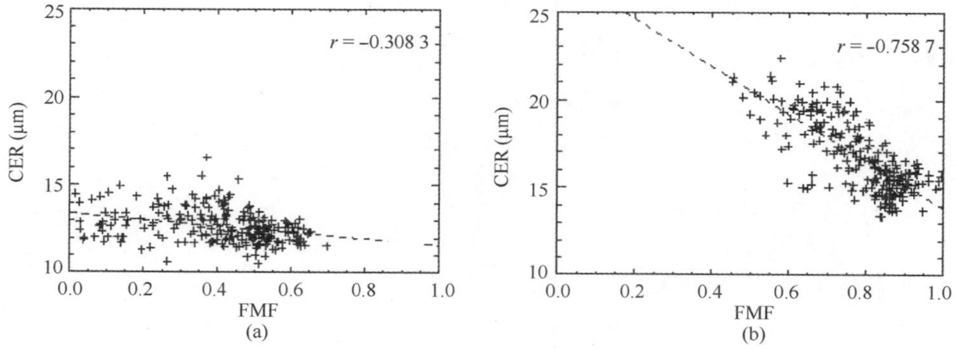

图 6.7　小颗粒比例（FMF）与云滴有效半径（CER）线性回归

（a）4 月；（b）8 月

气溶胶浓度引起云滴有效半径的变化，势必会影响云滴粒子间相互作用，图 6.8 就是 AOT 与 COT 的线性回归关系，气溶胶光学厚度与云光学厚度存在着弱的正相关，气溶胶浓度的增加使得云光学厚度增大，这可能是由于气溶胶浓度增加，通过一次间接作用引起云滴有效半径的减小，因此降低了云滴粒子间的碰并概率，使得大量的云滴粒子悬浮在空气中，无法形成降雨，导致降雨量的减少和云量的增加，最终使云光学厚度变大，这就是气溶胶的二次间接效应。通过分析可以看出，在 8 月的中国近海，这种二次间接效应是存在的。

6.3.3　春季

春季我们选择沙尘最严重的 4 月进行研究。在 4 月，借助西北气流（见图 6.3），大量的陆源沙尘气溶胶输送到我国近海。从图 6.4 可以看出，4 月由于沙尘的注入，AOT 大于 8 月，

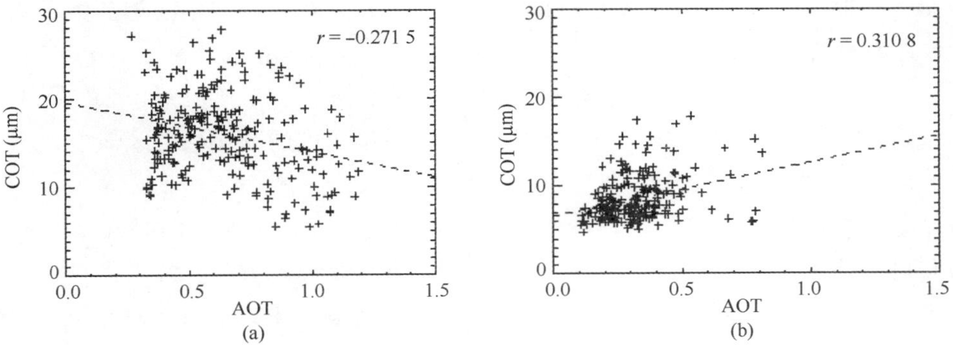

图 6.8　气溶胶光学厚度（AOT）与云光学厚度（COT）线性回归

（a）4 月；（b）8 月

但 FMF 却明显小于 8 月。根据 Jones[17] 对于典型沙尘气溶胶 FMF 的计算，典型沙尘气溶胶的 FMF 值为 0.45 ±0.05，而图 6.4 中 4 月的 FMF 大都在这范围为内，甚至更小，说明在 4 月，中国近海气溶胶类型主要是大颗粒的沙尘气溶胶。下面的分析与夏季的类似，主要是为了研究同一海域由于气溶胶类型的时间变化，对云的作用的差异。

根据国际上的研究结果，沙尘气溶胶在表层包裹一层硫酸盐后可以作为云凝结核[177]，从图 6.5 可以看出，在 4 月，AOT 与 CCN 也具有很好的正相关，这也证明大颗粒气溶胶可以作为云凝结核，但是我们也要看到它们的相关系数要小于 8 月，只有 0.542 2，说明大颗粒沙尘成为云凝结核的比例要小于小颗粒人为气溶胶，这是由于大颗粒气溶胶的粒子半径较大，要求更多的水汽才能被激活成为云凝结核，而春季并不是水汽含量最大的季节，所以虽然 AOT 达到一年中的最大，但 CCN 数量在 4 月和 8 月却是相当，说明大量的沙尘气溶胶未被激活，沙尘成为云凝结核的效率远低于人为气溶胶。

沙尘成为云凝结核后与人为气溶胶一样，可能会影响云滴尺度，但是从图 6.6 看，这种影响很小，在 4 月，AOT 与 CER 由 8 月的负相关变为正相关，而相关系数只有 0.297 3，随着 AOT 的增加，CER 却是缓慢增加，这与 8 月是不同的。这可能是由于春季空气中的水汽含量不足，无法大量地激活沙尘气溶胶成为云凝结核，使得有限的水汽被少量的沙尘粒子消耗，导致云滴有效半径的增加。再从图 6.7 看，FMF 与 CER 虽然也还是负相关，但相关性却要远小于 8 月。综合以上分析可知，4 月，由于中国近海被大颗粒沙尘气溶胶控制，且空气中水汽含量的大幅减少，使得该海域气溶胶对于云的作用很小，气溶胶的一次间接效应不明显。

再来看看气溶胶的二次间接效应。在图 6.8 中，4 月的 AOT 与 COT 为负相关，而在 8 月则是正相关，虽然相关系数都很小，但是从符号上的改变我们可以看出，4 月沙尘气溶胶对于云的二次间接作用不同于夏季，由于大颗粒的沙尘粒子自身具有很大的质量，在它成为云凝结核并吸附有限的水分后，很容易沉淀形成降雨，从而减小了云滴的寿命和云量，导致云光学厚度的减小。这与夏季是不同的，我们称其为负二次间接作用。

6.4　本章小结

本章利用 MODIS 的气溶胶产品和云产品对我国海域气溶胶间接效应进行了研究。通过分析可以看出，在中国近海，气溶胶对云的间接作用是明显存在，但在不同季节由于气溶胶种类的变化和水汽条件的不同，气溶胶对于云的间接作用又是不同的。

（1）夏季，气溶胶以小颗粒人为气溶胶为主，且水汽充足，气溶胶对于云的一次间接作用明显，气溶胶浓度的增加可以减小云滴尺度。同时云滴尺度的减小增加了云的寿命，增加云的光学厚度，因此它也对云进行了正二次间接作用。

（2）春季，气溶胶的间接效应不同于夏季，气溶胶以沙尘为主，同时水汽含量大大减小，气溶胶对于云的一次间接作用并不明显，气溶胶浓度增加，云滴有效半径只是缓慢地增大。而且由于沙尘是大颗粒粒子，它对云的二次间接作用与夏季相反，大颗粒粒子因为自身的重力成为云凝结核后很容易沉降，形成降水，减小了云的寿命，从而减小云光学厚度，实现对云的负二次间接作用。

7 中国海域气溶胶直接辐射强迫数值模拟

7.1 介绍

目前，气溶胶直接辐射强迫主要是利用数值模拟的方法进行研究，并且已经取得了一定的成果。随着人们对气溶胶了解的越来越深入，更加完善的气溶胶模块被加入到全球气候模式中，它考虑了更加复杂的气溶胶的物理和化学作用，使得我们可以更好地模拟气溶胶的辐射强迫作用。Jacobson 等[178]2001 年通过 GATORG 气溶胶模式模拟了全球气溶胶直接辐射强迫，在晴空条件下其平均值为 -0.89 W/m^2。Koch 等[64]2001 年利用 GISS 模式模拟获得全球气溶胶直接辐射强迫值为 -0.63 W/m^2。Kirkevag 等[179]2002 年利用 UIO_ GCM 气溶胶模式，模拟了晴空条件下气溶胶直接辐射强迫，全球的平均值为 -0.35 W/m^2。Reddy 等[61]2004 年利用一个三维化学 - 气候耦合模式 LOA 模式，计算了全球晴空大气气溶胶直接辐射强迫为 -0.53 W/m^2。可见，在实测数据缺少的情况下，利用模式模拟是研究气溶胶的主要方法和手段。

在前文第 5 章中，我们利用卫星数据计算了气溶胶直接辐射强迫，本章将利用气溶胶模式对气溶胶的直接辐射强迫进行数值模拟。

7.2 模式介绍

本章选取的模式是由日本九州大学发展的 SPRINTARS 气溶胶模式。Takemura 在东京大学的全球气候模式 AGCM 中加入了气溶胶化学传输模块，发展形成了新一代的气溶胶模式 SPRINTARS[66,180,181]。它的水平分辨率有 T21（1.1°×1.1°）、T42（2.8°×2.8°）和 T21（5.6°×5.6°）三种。垂直方向上有 20 层，sigma 值分别为 0.995、0.979 99、0.949 95、0.899 88、0.829 77、0.744 68、0.649 54、0.549 46、0.454 47、0.369 48、0.294 5、0.229 53、0.174 57、0.124 4、0.084 7、0.059 8、0.044 9、0.034 9、0.024 9、0.008 3。模式的时间步长为 20 min。

在 SPRINTARS 气溶胶模式中，包括了主要四类气溶胶：含碳气溶胶（有机碳 OC + 黑炭 BC）、硫酸盐气溶胶、沙尘气溶胶和海盐气溶胶。模式自带了 1850 年和 2000 年两套各种气溶胶的源排放清单。其中，含碳气溶胶的清单主要来自于联合国粮食农业组织（FAO）和全球源排放清单（GEIA）；A. S. L 和 Associates 提供了生物燃烧的 SO_2 清单；火山爆发形成的 SO_2 可以由 GEIA 得到；全球环境数据库（HYDE）提供了人口变迁和土地利用数据；沙尘气溶胶和海盐气溶胶主要是通过模式自身的参数计算获得，如植被指数、10 m 处风速、土壤湿度和冰雪覆盖等。

SPRINTARS 中气溶胶的传输模式包括了源排放、垂直对流、水平扩散和干湿沉降等物理过程。模式中的辐射参数化方案选择的是 K 分布和二流离散纵坐标法。分别对短波和长波进行处理。其中气溶胶辐射强迫的计算是在相同的气象场条件下，有气溶胶条件下的辐射通量和无气溶胶条件下的辐射通量的差值。

SPRINTARS 模式通过 NCEP 再分析气象数据提供气象场资料，其中主要包括风速、温度和湿度等。每两个小时气象场参数将被输入模式一次，用来驱动气溶胶传输过程。

最后模式的输出结果既包括气溶胶的各个参数，如气溶胶光学厚度、气溶胶质量浓度和气溶胶辐射强迫等；也包括了云参数，如云量、云滴数浓度等；还包括气象场参数，如降水和气压等。输出的参数十分丰富，可以满足对气溶胶进行全面的研究。

与以前的气溶胶模式相比，SPRINTARS 对气溶胶的模拟更加全面，无论是气溶胶种类，还是气溶胶的物理和化学过程都更加完善，具有其他模式不可比拟的优点。

（1）SPRINATRS 模式几乎包括了所有种类的气溶胶，如黑炭气溶胶、有机碳气溶胶、硫酸盐气溶胶、沙尘气溶胶和海盐气溶胶等。它综合了所有种类气溶胶的共同作用，所以可以更真实地反映气溶胶的作用。

（2）SPRINATRS 中使用了 2000 年的气溶胶源排放清单，避免了由于源排放清单的陈旧而引起的模拟误差。同时它还准备了前工业时期 1850 年的源排放清单，这样就可以模拟人为气溶胶的作用。

（3）SPRINATRS 中对于气溶胶的物理和化学过程考虑得更加仔细，物理过程包括了源排放、垂直对流、水平扩散和干湿沉降等过程；化学过程则包括了硫酸盐气溶胶的各种化学成分间转换等。模式对于各类气溶胶的模拟更加全面和完善。

（4）输出参数十分丰富，包括了气溶胶参数、云参数和气象场参数。这使得我们可以对气溶胶的直接辐射强迫、间接效应和人为气溶胶的影响作不同的分析，全面了解气溶胶对气候的影响。

7.3 模拟方案和资料

本章选取 SPRINTARS3. 58 版本模式模拟，水平分辨率选择 T42（2. 8° ×2. 8°）；垂直方向选择为 20 层；积分步长选择为 20 min；源排放数据选择为模式自带的 2000 年的源排放清单；气象场资料使用 NCEP 一天 4 次的气象场数据，其中包括的参数有风速（u、v）、温度（T）和湿度（Q）。

模式从 2000 年 1 月 1 日开始积分，积分两年到 2001 年 12 月 31 日。模式设定每三个月输出一次结果，为该季节的平均值，输出结果中主要包括 550 nm 处气溶胶光学厚度（AOT550）和晴空条件下大气顶气溶胶对短波的直接辐射强迫值（SWARF）。我们在分析中舍弃第一年即 2000 年的输出结果，只对 2001 年一年的结果进行分析，并利用输出的结果与第 5 章的结果作比较。

7.4 结果分析

图 7. 1 是 SPRINTARS 模拟得到的 2001 年中国海域气溶胶特性的四季分布图。左图是

550 nm 处气溶胶光学厚度（AOT550），右图是晴空条件下大气顶气溶胶对短波的直接辐射强迫值（SWARF）。从模式模拟的结果来看，无论是气溶胶光学厚度，还是气溶胶直接辐射强迫，都和第 5 章中卫星测量的结果非常一致。

在冬季，AOT550 表现出很强的沿海岸线分布的特征。随着离岸距离的增加，AOT550 是不断减小的，其高值中心出现在“长三角”区域，表现出该区域的工业排放对气溶胶含量的影响，而在远海区域 AOT550 普遍偏小。SWARF 表现出和 AOT550 非常相似的分布特征，也是沿海岸分布，在 AOT550 大值区域对应着 SWARF 绝对值的大值区；而在 AOT550 小值区，SWARF 绝对值也出现小值。

在春季，AOT550 和 SWARF 绝对值同时达到一年中的最大值。AOT550 在北部海域明显加强，AOT550 都大于 0.2，AOT550 在近岸可以达到 0.6 以上，在前文中分析了这主要是因为春季沙尘的影响。而南部海域 AOT550 依然很小。同时 SWARF 也在北部海域明显增强，SWARF 的分布与 AOT550 是一致的。

在夏季，AOT550 和 SWARF 的分布形式同时出现明显的变化。AOT550 在整个海域明显变小，达到一年中的最小值。它只是在黄海和渤海区域出现大值区，在其他海区 AOT550 都是小于 0.15 的。在前文中也分析了这主要是由于气象场中降雨和风场季节性转换造成的。而 SWARF 的分布随着 AOT550 的变化，也同时发生了转变。只是在黄海和渤海区域出现 SWARF 绝对值的大值区，其他海区 SWARF 都很小，也出现一年中的最小值。

在秋季，AOT550 和 SWARF 的分布与冬季类似，都表现出沿岸分布的特征，近岸大而远海小，这反映了陆源气溶胶对我国海域气溶胶分布的影响。说明我国海域气溶胶主要来自于陆地上的人为气溶胶。

从以上的模式结果分析可以看出，我国海域的气溶胶存在着明显的时间和空间分布特征。时间上，四季转换明显；空间上，沿岸分布特征显著。同时 AOT550 的分布直接影响着 SWARF 的分布，AOT550 高值区对应着 SWARF 绝对值的高值区，而 AOT550 低值区对应着 SWARF 绝对值的低值区，AOT550 与 SWARF 间有着明显的负相关关系，这些特征都与第 5 章的研究结果是非常一致的。同时从小的细节上看，模式结果和第 5 章的卫星结果也是非常相似的：在春季，中国北部海域的 AOT550 和 SWARF 大值区；在夏季，黄海和渤海海域 AOT550 和 SWARF 的大值区；秋、冬季，AOT550 和 SWARF 的沿岸分布趋势。这些都在两者的结果中得到了相同的体现。所以说，无论是在总体的分布特征上，还是在一些小的细节上，模式模拟的结果与卫星结果都十分一致，说明卫星的结果可以反映我国海域气溶胶直接辐射强迫的特点。

图 7.2 是 SPRINTARS 模式模拟的 SWARF 和第 5 章中卫星直接测量的 SWARF 的季节平均值的比较。可以看出，它们的趋势都是一致的，在春季最大，而在夏季最小，秋、冬两季介于两者之间。模式模拟的结果和卫星测量的结果都反映出了中国海域气溶胶直接辐射强迫的季节变化的特点，且数值上非常接近。但是与模式结果比较，卫星测量的 SWARF 的绝对值在四个季节里都是明显偏大，主要是因为模式的物理化学过程不可能包括所有种类的气溶胶，与实际的测量比较是要偏小的，这与前人的研究是一致的。它们在四个季节的差值分别为 1.2 W/m^2、2.6 W/m^2、0.8 W/m^2 和 1.2 W/m^2。可以看出：在夏季，由于气溶胶含量很少且种类单一，主要是海盐气溶胶和人为小颗粒气溶胶，所以模式模拟的结果和卫星测量的结果差距最小，只有 0.8 W/m^2；而在春季，由于中国海域气溶胶十分复杂，无论是气溶胶含

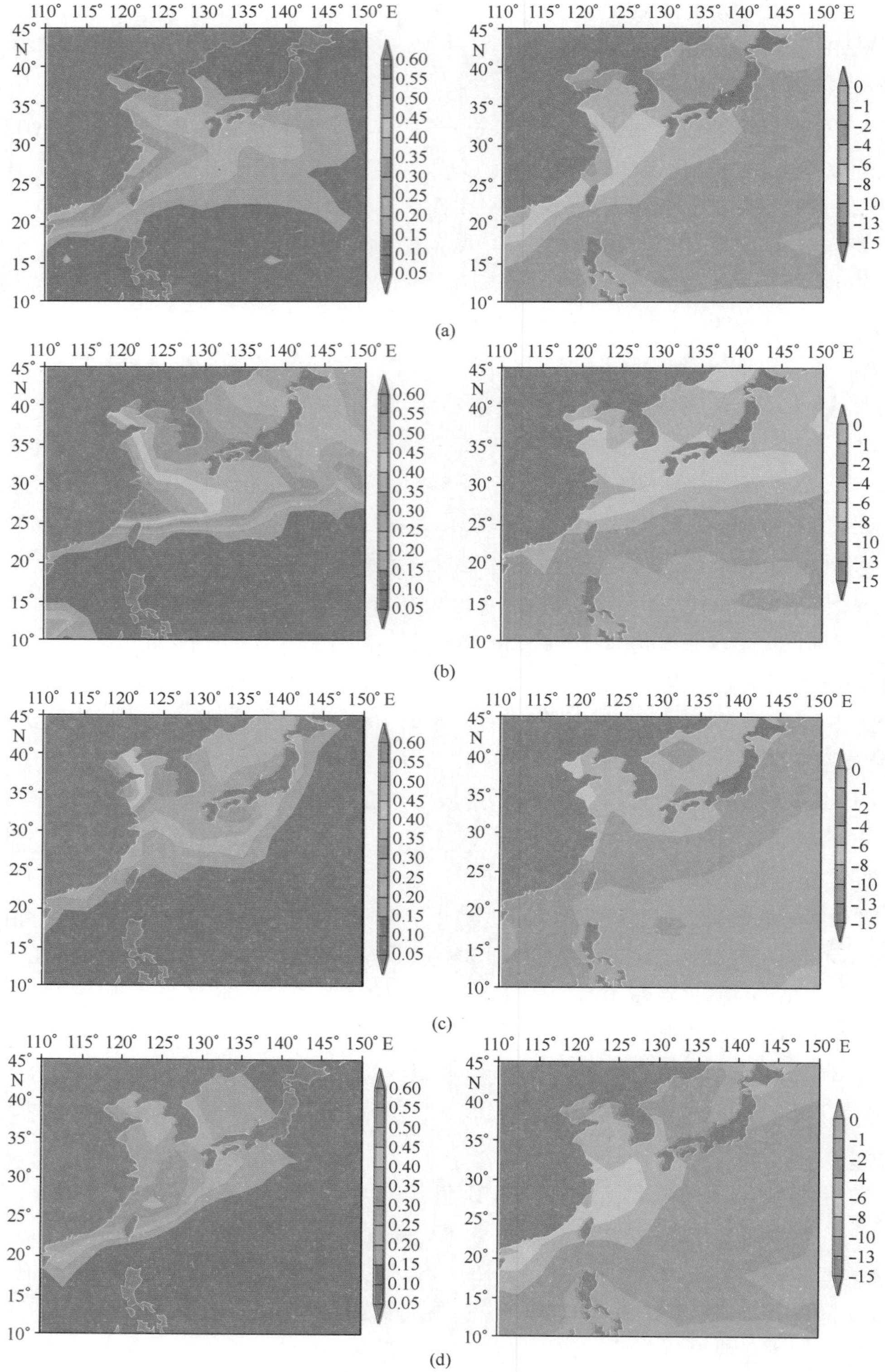

图 7.1　模式模拟 2001 年四季 550 nm 处气溶胶光学厚度（AOT550）和晴空条件下大气顶气溶胶对短波的直接辐射强迫值（SWARF）分布

左图为 AOT550，右图为 SWARF（W/m^2）

（a）冬季；（b）春季；（c）夏季；（d）秋季

量还是气溶胶种类都是一年中最多的。在沙尘气溶胶、海盐气溶胶以及小颗粒的人为气溶胶共同作用下，使得气溶胶的相互作用以及对太阳辐射的作用十分复杂，造成模式模拟结果与卫星直接测量结果差距最大，达到 2.6 W/m^2；而秋、冬季的情况则介于两者之间，都为 1.2 W/m^2。

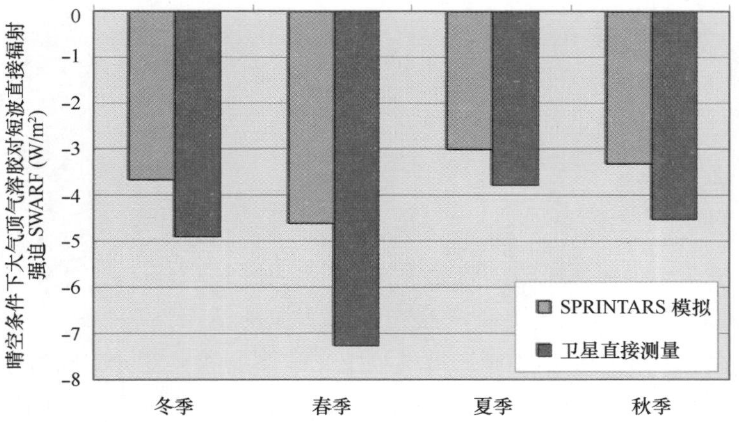

图 7.2　SPRINTAR 模拟的 SWARF 与卫星直接测量的 SWARF 在四个季节的比较

通过以上对模式结果和卫星结果的综合比较上来看，无论是季节分布特征，还是区域平均的数值，模式结果与卫星结果都是非常一致的，两者都是相当吻合。

7.5　本章小结

本章利用日本的 SPRINTARS 气溶胶模式，对 2001 年我国海域气溶胶的分布特征和大气顶短波直接辐射强迫进行了模拟分析，并利用模式输出结果与第 5 章卫星计算获得大气顶短波直接辐射强迫进行了比较，得到了一致的结果，对第 5 章的卫星结果进行了验证。主要得到的结论有：

（1）在时空分布上，模式结果显示我国海域的气溶胶 AOT550 与 SWARF 存在着明显的时间和空间分布特征。时间上，四季转换明显；空间上，沿岸分布特征显著。AOT550 与 SWARF 间有着明显的负相关关系。这一特征与第 5 章卫星的结果非常一致。

（2）在数值上，模式模拟的 SWARF 与卫星直接获得的 SWARF 趋势非常一致，其绝对值都是在春季最大，夏季最小，而秋、冬介于两者之间。卫星直接获得的 SWARF 绝对值在四个季节都要大于模式模拟结果。同时，由于每个季节的气溶胶的种类和浓度的不同，模式结果与卫星结果的差值也不同。

通过以上对模式结果与卫星结果的综合比较上来看，无论是季节分布特征，还是区域平均的数值，模式结果与卫星结果都是非常一致的，两者都是相当吻合。

8 总结与展望

8.1 论文工作总结

本论文以卫星遥感中国海域气溶胶光学特性和辐射特性为目的，集中解决了6个科学问题：①MODIS Collection_ 005 气溶胶产品在中国海域的适用性验证；②利用已经验证过的MODIS气溶胶产品，分析得到了中国海域气溶胶光学厚度和尺度分布的时空分布特征，并结合气象场资料和实测TSP数据对我国海域气溶胶时空特征的原因进行了阐述；③利用MODIS气溶胶产品中气溶胶光学厚度和气溶胶小颗粒比例的关系，实现了对沙尘气溶胶和人为气溶胶的分离，并得到这两种气溶胶各自的时空分布特征；④结合MODIS、CERES卫星数据和辐射传输模式，直接获得中国海域气溶胶直接辐射强迫；⑤利用MODIS的气溶胶和云产品，证实了中国海域气溶胶间接作用的存在；⑥通过数值模拟，验证卫星直接获得的气溶胶直接辐射强迫。

通过对以上6个科学问题的解决，本论文主要得到以下结论。

（1）利用船测数据和AERONET观测数据，验证了我国海域MODIS的气溶胶光学厚度，说明MODIS气溶胶产品在我国海域是适用的。①通过改进后的MICROTOPS II海上测量方法，对我国海域气溶胶进行了一次实测。通过比较MODIS的AOT和船测数据，证实MODIS的AOT可以真实地反映我国海域气溶胶的分布特征。②改进了以往的验证方法，修改了空间匹配窗口的大小。利用改进后的验证方法对我国海域的MODIS的AOT与AERONET实测数据进行了比较，结果显示：在各个海区，MODIS的AOT与AERONET的AOT都非常一致，相关系数达到0.9以上，误差都控制NASA要求的$\pm 0.05\tau$以内。

（2）利用MODIS气溶胶产品，得到中国海域气溶胶的光学厚度分布和尺度分布，并结合气象场和实测TSP数据对其形成原因进行了阐述。①在我国海域气溶胶的分布存在着明显的时空分布特征。首先，我国海域AOT550与FMF存在着明显的季节变化。AOT550在冬、春季最大，而在夏、秋季最小；而FMF在夏、秋季达到最大，在冬、春季大到最小。其次，同时AOT和FMF还存在显著的空间分布特征。纬向上，AOT550在30°—40°N达到最大，向南北递减；FMF从南向北逐渐增加，到达30°N附近后增加减弱。经向上，AOT550和FMF都是随着经度的增加而减小的。②利用气象场数据和实测TSP数据，对这种分布特征的原因进行了说明。从气象场可知，中国海域气溶胶的时空变化主要是受风场和降雨的影响。其次，通过分析东海海域TSP中重金属的来源可知，陆源输送是我国海域气溶胶的主要来源。

（3）尝试利用卫星遥感数据对中国海域人为气溶胶和沙尘气溶胶进行分析，了解了中国海域人为气溶胶和沙尘气溶胶的分布。首先通过AOT与FMF的关系，得到了人为气溶胶和沙尘气溶胶的计算公式，利用这一公式计算获得中国海域人为和沙尘气溶胶的分布：①时间分布上，人为气溶胶在冬、春和秋季的分布相似，整个海域都是沿海岸线分布，随着离岸距离的增加，人为气溶胶不断减少；而在夏季出现北部大南部小的特征。而沙尘气溶胶则在春季达到最大，影响着北部大部海域；而夏秋季达到最小，整个海域基本没有沙尘的存在；在冬季，也只是黄海和渤海的小部海域出现沙尘。②空间分布上，人为气溶胶在人类活动频繁、离岸近的区域出现高值区，而在远海和南部海域出现极小值。而沙尘气溶胶的影响范围相对较小，只是在沙尘入海区域的附近海域有沙尘气溶胶光学厚度的大值区。在远离该区域，沙尘几乎没有影响。只是在沙尘盛行的春季，才到达较远的海域。

（4）结合 MODIS、CERES 卫星数据和辐射传输模式，直接获得中国海域气溶胶直接辐射强迫。算法包括：①剔除云区，确定晴空区；②建立无气溶胶晴空条件下的大气顶辐射通量（Fclr）的查找表；③将辐射率转化为辐射通量；④根据气溶胶辐射强迫定义计算获得气溶胶瞬时直接辐射强迫，⑤利用 Fu – Liou 辐射传输模式，计算了瞬时辐射强迫与日平均辐射强迫之间的修正因子，利用这一修正因子，得到气溶胶的日平均直接辐射强迫。通过这一算法，得到了中国海域气溶胶直接辐射强迫具有显著的时空分布特征：在时间上，$SWARF_{diurnal}$ 在春季达到最大，在夏季最小；在空间上，$SWARF_{diurnal}$ 是沿着海岸分布。随着离岸距离的增加，其绝对值是不断减小的。通过误差分析，利用卫星计算 $SWARF_{diurnal}$ 的误差为 $\pm 1.68\ W/m^2$。

（5）利用 MODIS 的气溶胶产品和云产品对我国海域气溶胶间接效应进行了研究。证实在中国近海，气溶胶对云的间接作用是明显存在的，但在不同季节由于气溶胶种类的变化和水汽条件的不同，气溶胶对于云的间接作用又是不同的。①夏季，气溶胶以小颗粒人为气溶胶为主，气溶胶对于云的一次间接作用明显，气溶胶浓度的增加可以减小云滴尺度。同时云滴尺度的减小增加了云的寿命，增加云的光学厚度，因此它也对云进行了正二次间接作用；②春季，气溶胶的间接效应不同于夏季，气溶胶以沙尘为主，气溶胶对于云的一次间接作用并不明显，气溶胶浓度增加，云滴有效半径只是缓慢地增大。而且由于沙尘是大颗粒粒子，它对云的二次间接作用与夏季相反，大颗粒粒子因为自身的重力成为云凝结核后很容易沉降，形成降水，减小了云的寿命，从而减小云光学厚度，实现对云的负二次间接作用。

（6）利用日本的 SPRINTARS 气溶胶模式，对我国海域气溶胶的分布特征和大气顶短波直接辐射强迫进行了模拟分析，并利用模式输出结果与卫星计算获得大气顶短波直接辐射强迫进行了比较，得到了一致的结果，对卫星结果进行了验证。

8.2 创新点分析

（1）验证方法的改进。首先，通过改进 MICROTOPS II 的测量方法，将适合于陆地测量的太阳光度计应用到海上船载测量，得到了宝贵的海上气溶胶实测数据。其次，改进了 MODIS 与 AERONET 的验证方法，调整了空间匹配窗口的大小，得到了更好的验证效果。

（2）结合气象场和 TSP 数据，分别从气象因素和气溶胶的化学成分两个方面分析了我国海域气溶胶的形成原因。分析可知，我国海域气溶胶主要来源于我国沿海的陆地源，受到风场和降雨的共同作用，形成明显的时空分布特征。

（3）利用 MODIS 气溶胶产品中的 AOT 和 FMF 关系，得到了沙尘气溶胶和人为气溶胶的计算公式，直接从卫星数据中区分了沙尘气溶胶和人为气溶胶成分。

（4）在国内首次结合多颗传感器的卫星数据，直接获得气溶胶瞬时直接辐射强迫。并利用辐射传输模式，将瞬时直接辐射强迫转化为日平均直接辐射强迫。并利用卫星数据证实了我国海域气溶胶的间接效应。

8.3 研究展望

本论文的研究的主要特点是利用卫星遥感数据对气溶胶进行研究。由于卫星在观测时间和空间上的巨大优势，如今国际上已经越来越重视卫星数据在气溶胶研究中的应用。而如何用好卫星数据是一个很大的挑战，基于本文的研究成果，我们认为还有很多工作要做，具体如下。

（1）本文的研究区域选择的是海洋，而利用卫星数据直接获得陆地上空气溶胶辐射强迫的工作在本文中并没有涉及，在国际上这方面的研究也是少的。所以如何利用卫星数据直接获得陆地上空气溶胶直接辐射强迫将是下一步工作的重点。

（2）卫星数据也有自身的缺陷，就是它只能监测，而无法预测，这就必须借助气溶胶模式。如何把卫星数据和模式结合，做到对气溶胶的预测，也是一个非常具有挑战性的工作。卫星数据和模式的结合在国际上一直都没有进展，这主要是因为卫星得到的是在垂直方向上一个整层的量，而模式要求的输入场是一个多层的。但是 GLAS 雷达的发射上空为我们提供了气溶胶剖面的信息，为以后把卫星数据加入到模式中提供了极大的帮助。

参考文献

[1] Hidy G M, Brock J R. The Dynamics of Aerocolloidal Systems (Pergamon, New York, 1970).

[2] 李晓静，刘玉洁，邱红，等．利用MODIS资料反演北京及其周边地区气溶胶光学厚度的方法研究．气象学报，2003，61（5）：550－591.

[3] 张小曳．中国大气气溶胶及其气候效应的研究．地球科学进展，2007，22（1）：12－16.

[4] Ramanathan V, Crutzen P J, et al. Indian Ocean Experiment: An integrated analysis of the climate forcing and effects of the great Indo－Asian haze. Journal of Geophysical Research, 2001, 106: 28371－28398.

[5] Huebert B J, Bates T, Russell T, et al. An overview of ACE－Asia: Strategies for quantifying the relationships between Asian aerosols and their climatic impacts. Journal of Geophysical Research, 2003, 108 (D23): 8633, doi: 10.1029/2003JD003550.

[6] Kaufman Y J, Tanre D, Boucher O. A satellite view of aerosols in the climate system. Nature, 2002, 419: 215－223.

[7] Holben B N, Eck T F, Slutsker I, et al. A federated instrument network and data archive for aerosol characterization. Remote Sensing of Environment, 1998, 66: 1－16.

[8] IPCC. Third Assessment Report, Climate Change 2001: The Scientific Basis. New York: Cambridge University Press, 2001.

[9] WMO. Strategy for the Implementation of the Global Atmosphere Watch Programme (2001—2007), WMO No. 142. World Meteorological Organization, Geneva, 2001: 43－45.

[10] 中国气象局监测网罗司编译．全球大气监测观测指南．北京：气象出版社，2003. 34－50.

[11] WMO. Aerosol measurement procedures guidelines and recommendations, WMO No. 153. World Meteorological Organization, Geneva, 2003: 24－37.

[12] Holben B N, Tanre D, Smirnov A, et al. An emerging ground－based aerosol climatology: aerosol optical depth from AERONET. Journal of Geophysical Research, 2001, 106: 12067－12098.

[13] Bates T S. Preface to special section: First Aerosol Characterization Experiment (ACE－1) Part 2. Journal of Geophysical Research, 1999, 104, p. 21, 645.

[14] Wood R D W, Johnson S R. Osborne. Boundary Layer, aerosol and chemical evolution during the thrid Lagrangian experiment of ACE－2. Tellus, 2000, 52B: 401－422.

[15] Rajeev K, Ramanathan V. Regional Aerosol Distribution and its Long Range Transport over the Indian Ocean. Journal of Geophysical Research, 2000, 105 (D2): 2029－2043.

[16] Alfaro S C, et al. Chemical and optical characterization of aerosols measured in spring 2002 at the ACE－Asia supersite, Zhenbeitai, China. Journal of Geophysical Research, 2003, 108 (D23), 8641, doi: 10.1029/2002JD003214.

[17] Ramanathan V, Crutzen P J, Kiehl J T, et al. Aerosols, climate, and the hydrological cycle. Science, 2001, 294: 2119－2124.

[18] Rates F, Vandingenen R, Vignati E, et al. Formation and cycling of aerosols in the global troposphere. Atmospheric Environment, 2000, 34: 4215－4240.

[19] Barth M C, Rasch P J, Kichl J T, et al. Sulfur chemistry in the national center for atmospheric research community climate model: Description, evaluation, features and sensitivity to aqueous chemistry. Journal of Geophysical Research, 2000, 105: 1387－1415.

[20] Jacobson M Z. GATOR－GCMM: A global－through urban－scale air pollution and weather forecast model 1. Model design and treatment of subgrid soil, vegetation, roads, rooftops, water, sea ice, and snow. Journal

of Geophysical Research, 2001, 106: 5385 - 5401.

[21] Rasch P J, Barth M C, Kiehl J T, et al. A description of the global Sulfur cycle and its controlling processes in the national center for atmospheric research community climate model, version3. Journal of Geophysical Research, 2000, 105: 1367 - 1385.

[22] 邱金桓．中国 10 个地方大气气溶胶 1980 ~ 1994 年间变化特征研究．大气科学，1997，21 (6)：725 - 733.

[23] 罗云峰，等．近 30 年来中国地区大气气溶胶光学厚度的变化特征．科学通报，2000，45 (5)：549 - 554.

[24] 辛金元，王跃思，李占清，等．中国大气气溶胶光学特性及其时空分布联网观测与研究 (1) 一太阳分光辐射观测网的建立和仪器定标分析．环境科学，2006，27 (9)：1123 - 1134.

[25] Xin Jinyuan, Yuesi Wang, et al.. AOD and Angstrom exponent of aerosols observed by the Chinese Sun Hazemeter Network from August 2004 to September 2005. Journal of Geophysical Research, 2007, 112, D05203, doi: 10.1029/2006JD007075.

[26] 李正强，赵凤生，赵藏，等．黄海海域气溶胶光学厚度测量研究．量子电子学报，2003，20 (5)：635 - 640.

[27] 李放，吕达仁．北京地区气溶胶光学厚度中长期变化特征．人气科学，1996，20 (4)：385 - 394.

[28] 毛节泰，王强，赵柏林．大气透明度光谱和浑浊度的观测．气象学报，1983，41 (3)：322 - 332.

[29] 邱金桓，孙金辉，夏其林，等．北京大气气溶胶光学特性的综合遥感和分析．气象学报，1988，46 (1)：49 - 55.

[30] 邱金桓，杨景梅，潘继东．从全波段太阳直接辐射确定大气气溶胶光学厚度 II：实验研究．大气科学，1995，19 (5)：586 - 596.

[31] 章文星，吕达仁，王普才．北京地区人气气溶胶光学厚度的观测和分析．中国环境科学，2002，22 (6)：495 - 500.

[32] 王鹏举，周秀骥．青藏高原大气光学特征的测量与分析．气象科学研究院院刊，1988，3 (1)：46 - 55.

[33] 陶丽君，周诗健．底层大气光学厚度的一些特征．人气科学，1984，8 (4)：427 - 434.

[34] 李韧，季国良．藏北高原五道梁地区的气溶胶特征．高原气象，2004，23 (4)：501 - 505.

[35] 张军华，刘莉，毛节泰．地基多波段遥感西藏当雄地区气溶胶光学特性．大气科学，2000，24 (4)：549 - 555.

[36] 胡秀清，张玉香，张广顺，等．中国遥感卫星辐射校正场气溶胶光学特性观测研究．应用气象学报，2001，12 (3)：257 - 266.

[37] 李霞，胡秀清，崔彩霞，等．南疆盆地沙尘气溶胶光学特性及我国沙尘天气强度划分标准的研究．中国沙漠，2005，25 (4)：488 - 495.

[38] 田文寿，黄建国，陈长和．兰州西固地区冬季太阳辐射与大气浑浊度．高原气象，1995，14 (4)：459 - 466.

[39] 牛生杰，章澄昌，孙继明．贺兰山地区沙尘暴若干问题的观测研究．气象学报，2001，59 (2)：196 - 205.

[40] 许黎，柳中明，石广玉．台湾地区大气气溶胶光学特性的测量与分析．应用气象学报，1997，8 (2)：252 - 263.

[41] 毛节泰，刘莉，张军华．GMS5 卫星遥感气溶胶光学厚度的试验研究．气象学报，2001，59 (3)：352 - 359.

[42] 邱明燕，盛立芳，房岩松，等．气象条件对青岛地区气溶胶光学特性的影响．中国海洋大学学报，

2004, 34 (6): 925 – 930.
[43] 高润祥，张文煌．渤海西岸气溶胶光学厚度测量研究．新疆气象，27 (6): 19 – 25.
[44] 麻金继，杨世植，张玉平．厦门海域气溶胶光学特性的观测研究．量子电子学报，2005，22 (3): 473 – 476.
[45] 谭浩波，吴兑，毕雪岩．南海北部气溶胶光学厚度观测研究．热带海洋学报，2006，25 (5): 21 – 25.
[46] 赵崴，唐军武，高飞．黄海、东海上空春季气溶胶光学特性观测分析．海洋学报，2005，27 (2): 46 – 53.
[47] Charlson R J, Langner J, Rodhe H, et al. Perturbation of the northern hemisphere radiative balance by back scattering from anthropogenic aerosol. Tellus, 1991, 43AB: 152 – 163.
[48] Langner J, Rodhe H. A global three – dimensional model of the tropospheric sulfur cycle. J Atmos Chem, 1991, 13: 52 – 63.
[49] Charlson R J, Schwartz S E, Hales J M, et al. Climate forcing by anthropogenic aerosols. Science, 1992, 255: 422 – 430.
[50] Kiehl J T, Briegleb B P. The relative roles of sulfate aerosols and greenhouse gases in climate forcing. Science, 1993, 260: 311 – 314.
[51] Hansen J, Lacis A. How sensitive is the world's climate? National Geographic Research and Exploration, 1993, 9: 142 – 158.
[52] Chuang C C, Penner J E, Taylor K E, et al. Climate effects of anthropogenic sulfate: simulation from a coupled chemistry climate model. Preprints of the Conference on Atmospheric Chemistry, Nashville, Tennessee. American Meteorological Society, Boston, USA. 1994: 170 – 174.
[53] Taylor K E, Penner J E. Response of the climate system to atmospheric aerosols and greenhouse gases. Nature, 1994, 369: 734 – 737.
[54] Boucher O, Anderson T L. GCM assessment of the sensitivity of direct climate forcing by anthropogenic sulfate aerosols to aerosol size and chemistry. Journal of Geophysical Research, 1995, 100: 26061 – 26092.
[55] Pham M, Megie G, Muller J F, et al. A three – dimensional study of the tropospheric sulfur cycle. Journal of Geophysical Research, 1996, 100: 26061 – 26092.
[56] Kiehl J T, Rodhe H. Modeling geographical and seasonal forcing of climate. Chharlson R J , Heintzenberg J , eds. Chichester : John Wiley, 1995: 1281 – 1296.
[57] Mitchell J F B, Johns T C, Gregory J M, et al. Climate response to increasing levels of greenhouse gases and sulphate aerosols. Nature, 1995, 376: 501 – 504.
[58] Catherine C C, Joyce E P, Karl E T, et al. An assessment of the radioactive effects of anthropogenic sulfate. Journal of Geophysical Research, 1997, 102 (D3): 3761 – 3778.
[59] Liu X H, Penner J E. Effect of Mount Pinatubo H_2SO_4/H_2O aerosol on ice nucleation in the upper troposphere using a global chemistry and transport model. Journal of Geophysical Research, 2002, 107 (D12), doi: 10.1029/2001JD000455.
[60] Myhre G, et al. Modelling the solar radiative impact of aerosols from biomass burning during the Southern African Regional Science Initiative (SAFARI 2000) experiment. Journal of Geophysical Research , 2003, 108, 8501, doi: 10.1029/2002JD002313.
[61] Reddy M S, Boucher O. A study of the global cycle of carbonaceous aerosols in the LMDZT general circulation model. Journal of Geophysical Research, 2004, 109, D14202, doi: 10.1029/ 2003JD004048.
[62] Schulz M, et al. Radiative forcing by aerosols as derived from the AeroCom present – day and pre – industrial

simulations. Atmos. Chem. Phys. Discuss., 2006, 6: 5095 – 5136.

[63] Stier P, et al. The aerosol – climate model ECHAM5 – HAM. Atmos. Chem. Phys., 2005, 5: 1125 – 1156.

[64] Koch D. Transport and direct radiative forcing of carbonaceous and sulfate aerosols in the GISS GCM. Journal of Geophysical Research, 2001, 106 (D17): 20311 – 20332.

[65] Iversen T, Seland O. A scheme for process – tagged SO_4 and BC aerosols in NCAR CCM3: Validation and sensitivity to cloud processes. Journal of Geophysical Research, 2002, 107 (D24), 4751, doi: 10.1029/2001JD000885.

[66] Takemura T, et al. Simulation of climate response to aerosol direct and indirect effects with aerosol transport – radiation model. Journal of Geophysical Research, 2005, 110, D02202, doi: 10.1029/2004JD005029.

[67] Pitari G E, Mancini V, Rizi D T. Shindell. Impact of future climate and emissions changes on stratospheric aerosols and ozone. J. Atmos. Sci., 2002, 59: 414 – 440.

[68] 钱云，符涂斌，胡荣明，等．工业502排放对东亚和我国温度变化的影响．气候与环境研究，1996，1 (2)：143 – 149.

[69] 胡荣明，石广玉．中国地区气溶胶的辐射强迫及其气候响应试．大气科学，1998，22 (6)：919 – 925.

[70] 高庆先，任阵海，姜振远．人为排放气溶胶引起的辐射强迫研究．环境科学研究，1998，11 (1)：5 – 9.

[71] 周秀骥，李维亮，罗云峰．中国地区大气气溶胶辐射强迫及区域气候效应的数值模拟．大气科学，1995，22 (4)：418 – 427.

[72] 吴涧，蒋维相，刘红年，等．硫酸盐气溶胶直接和间接辐射气候效应的模拟研究．环境科学学报，2002，22 (2)：129 – 134.

[73] 张立盛，石广玉．硫酸盐和烟尘气溶胶辐射特征及辐射强迫的模拟估算．人气科学，2001，25 (2)：231 – 242.

[74] 马晓燕，石广玉，郭裕福，等．硫酸盐气溶胶辐射强迫的数值模拟研究．气候与环境研究，2004，9 (3)：454 – 464.

[75] 王体健，等．一个区域气候 – 化学耦合模式的研制及初步应用．南京大学学报，2004，40 (6)：711 – 727.

[76] 夏祥鳌，王明星．气溶胶吸收及气候效应研究的新进展．地球科学进展，2004，19 (4)：630 – 635.

[77] Griggs M. Measurement of atmospheric aerosol optical thickness over water using ERTS – 1 data. Air Pollut Contr Assoc, 1975, 25: 622 – 626.

[78] Fraser R S, Malloney R L. Satellite measurements of aerosol mass and transport. Atmospheric Environment, 1984, 18: 2577 – 2584.

[79] Durkee P A, Jensen D R, Hindman E E. The relationship between marine aerosols and satellite detected radiance. Geophys Res, 1986, 91: 4063 – 4072.

[80] Tanre D C, Devaux M, Herman R, et al. Radiative properties of desert aerosols by optical ground – based measurements at solar wavelengths. Geophys Res, 1988, 93: 14223 – 14231.

[81] Legrand Desbois M, Vovor K. Satellite detection of Saharan dust, Optimized imaging during nighttime. Climate, 1988, 1: 256 – 264.

[82] Kaufman Y J, Sendra C. Algorithm for automatic atmospheric corrections to visible and near – IR satellite imagery. Int. Remote Sens, 1988, 9: 1357 – 1381.

[83] Kaufman Y J, Joseph J H. Determination of surface albedos and aerosol extinction characteristics from satellite imagery. Geophys Res, 1982, 87: 1287 – 1299.

[84] Martonchik, Diner D J. Retrieval of aerosol and land surface optical properties from multi – angle satellite imagery. IEEE Transactions on Geoscience and Remote Sensing, 1992, 30: 223 –230.

[85] Veefind J P, Durkee P A. Retrieval of aerosol optical depth over land using two – angle view radiometry during TARFOX. Geophys Res Lett, 1998, 25: 3135 –3138.

[86] Leroy M, Coauthors. Retrieval of aerosol properties and surface bi – directional reflectances from POLDER/ADEOS. Geophys Res, 1997, 102: 17023 –17037.

[87] Kaufman Y J, Remer L A. Remote sensing of vegetation in the near IR from EOS/MODIS. IEEE Trans. Geosci. Remote Sens. 1994, 32: 672 –683.

[88] Tanre D C, Remer A, Kaufman Y J, et al. Retrieval of aerosol optical thickness and size distribution over ocean from the MODIS Airborne Simulator during TARFOX. Geophys Res., 1999, 104: 2261 –2278.

[89] Yu H, et al. A review of measurement – based assessments of the aerosol direct radiative effect and forcing. Atmos. Chem. Phys., 2006, 6: 613 –666.

[90] Ignatov A, Stowe L. Aerosol retrievals from individual AVHRR channels. Part I: Retrieval algorithm and transition from Dave to 6S Radiative Transfer Model. J. Atmos. Sci., 2002, 59: 313 –334.

[91] Torres O, et al. A long – term record of aerosol optical depth from TOMS: Observations and comparison to AERONET measurements. J. Atmos. Sci., 2002, 59: 398 –413.

[92] Boucher O, Pham M. History of sulfate aerosol radiative forcings. Geophys. Res. Lett., 2002, 29 (9): 22 –25.

[93] Bellouin N, Boucher O, Tanré D, et al. Aerosol absorption over the clear – sky oceans deduced from POLDER – 1 and AERONET observations. Geophys. Res. Lett., 2003, 30 (14), 1748, doi: 10.1029/2003 GL017121.

[94] Higurashi A, et al. A study of global aerosol optical climatology with two – channel AVHRR remote sensing. J. Clim., 2000, 13: 2011 –2027.

[95] Bellouin N, Boucher O, Haywood J, et al. Global estimates of aerosol direct radiative forcing from satellite measurements. Nature, 2005, 438: 1138 –1141.

[96] Kahn R A, et al. Multiangle Imaging Spectroradiometer (MISR) global aerosol optical depth validation based on 2 years of coincident Aerosol Robotic Network (AERONET) observation. J. Geophys. Res., 2005, 110, D10S04, doi: 10.1029/2004JD004706.

[97] Loeb N G, Kato S. Top – of – atmosphere direct radiative effect of aerosols over the tropical oceans from the Clouds and the Earth's Radiant Energy System (CERES) satellite instrument. J. Clim., 2002, 15: 1474 –1484.

[98] Spinhirne J D, et al.. Cloud and aerosol measurements from GLAS: overview and initial results. Geophys. Res. Lett., 2005, 32, L22S03, doi: 10.1029/2005GL023507.

[99] Holzer – Popp T, Schroedter M, Gesell G. Retrieving aerosol optical depth and type in the boundary layer over land and ocean from simultaneous GOME spectrometer and ATSR –2 radiometer measurements –2. Case study application and validation. Journal of Geophysical Research, 2002, 107 (D21), 4578, doi: 10.1029/2002JD002777.

[100] Lee K H, Kim Y J, von Hoyningen – Huene W. Estimation of regional aerosol optical thickness from satellite observations during the 2001 ACE – Asia IOP. Journal of Geophysical Research, 2004, 109, D19S16, doi: 10.1029/2003JD004126.

[101] Loeb N G, Manalo – Smith N. Top – of – atmosphere direct radiative effect of aerosols over global oceans from merged CERES and MODIS observations. J. Clim., 2005, 18: 3506 –3526.

[102] Remer L A, Kaufman Y J. Aerosol direct radiative effect at the top of the atmosphere over cloud free oceans derived from four years of MODIS data. Atmos. Chem. Phys., 2006, 6: 237 – 253.

[103] Zhang J, Christopher S. Longwave radiative forcing of Saharan dust aerosols estimated from MODIS, MISR and CERES observations on Terra. Geophys. Res. Lett., 2003, 30 (23), doi: 10.1029/2003GL018479.

[104] Chou M D, Chan P K, Wang M. Aerosol radiative forcing derived from SeaWiFS – retrieved aerosol optical properties. J. Atmos. Sci., 2002, 59: 748 – 757.

[105] Haywood J M, Ramaswamy V, Soden B J. Tropospheric aerosol climate forcing in clear – sky satellite observations over the oceans. Science, 1999, 283: 1299 – 1305.

[106] 赵柏林，俞小鼎．海洋大气气溶胶光学厚度的卫星遥感研究．科学通报，1986，21：1645 – 1649.

[107] 张军华，斯召俊，毛节泰，等．GMS 卫星遥感中国地区气溶胶光学厚度．大气科学，2003，27（1）：23 – 35.

[108] 李成才，毛节泰，刘启汉，等．利用 MODIS 光学厚度遥感产品研究北京及周边地区的大气污染．大气科学，2003a，27（5）：869 – 550.

[109] 刘桂青，李成才，等．长江三角洲地区大气气溶胶光学厚度研究．环境保护，2003，8：50 – 54.

[110] 李成才，毛节泰，刘启汉，等．利用 MODIS 研究中国东部地区气溶胶光学厚度的分布和季节变化特征．科学通报，2003b，48（19）：2094 – 2100.

[111] 李成才，毛节泰，刘启汉，等．用 MODIS 遥感资料分析四川盆地气溶胶光学厚度时空分布特征．应用气象学报，2003c，14（1）：1 – 7.

[112] 王新强，杨世植，等．基于 6S 模型从 MODIS 图像反演陆地上空大气气溶胶光学厚度．量子电子学报，2003，20（5）：629 – 634.

[113] 田华，马建中，李维亮，等．中国中东部地区硫酸盐气溶胶直接辐射强迫及气候效应的数值模拟．应用气象学报，2005，6（3）：322 – 333.

[114] 吴兑．华南气溶胶研究的回顾与展望．热带气象学报，2003，19（增刊）：145 – 151.

[115] 李成才，刘启汉，毛节泰，等．利用 MODIS 卫星和激光雷达遥感资料研究香港地区的一次大气气溶胶污染．应用气象学报，2004，15（6）：641 – 650.

[116] 韩志刚．草地上空对流层气溶胶特性的卫星偏振遥感正问题模式系统合反演初步实验．北京：中国科学院大气物理研究所博士学位论文，2000.

[117] 毛节泰，李成才，张军华，等．MODIS 卫星遥感北京地区气溶胶光学厚度及与地面光度计遥感的对比．应用气象学报，2002，13（特）：127 – 135.

[118] 李正强，赵凤生．利用静止气象卫星数据确定大气气溶胶光学厚度．量子电子学报，2001，18（4）：381 – 384.

[119] Ohmura A, Deluisi J, Dehne K, et al. Baseline Surface Radiation Network (BSRN /WCRP), a new precision radiometry for climate research. Bulletin of the American Meteorological Society, 1998, 79: 2115 – 2136.

[120] Remer L A, Tanre D, Kaufman Y J. Validation of MODIS aerosol retrieval over ocean. Geophysical Research Letter, 2002, 29 (12): MOD321 – MOD324.

[121] Lorraine Remer, Yoram Kaufman, Didier Tanre, et al. Collection 005 change summary for MODIS aerosol (04_ L2) algorithms. (http: //modis – atmos. gsfc. nasa. gov/C005_ Changes/C005_ Aerosol_ 5. 2. pdf)

[122] Hiren Jethva, Satheesh S K, Srinivasan J. Assessment of second – generation MODIS aerosol retrieval (Collection 005) at Kanpur, India. Geophysical Research Letter, 2007, 34: L19802.

[123] Morys M, Mims F M, Anderson S E. Design, calibration and performance of MICROTOPS II. Hand – held ozonometer [B]. User's Guide, Version 2.42 [M]. Philadelphia: Solar Light Company, 1998. 39

-50.
[124] Portern J N , Miller M , Pietas C, et al. Ship based sun photometer measurements using microtops sun photometer. J Ocean Atmos Tech, 2001, 18: 652-662.
[125] Solar Light Company. MICROTOPS II USER'S GUIDE, 2003.
[126] Kirk D K, Christophe P, Giulietta S F. Sun-Pointing-Error Correction for Sea Deployment of the MICROTOPS II Handheld Sun Photometer. American Meteorological Society, 2003, 20: 767-771.
[127] 高飞，李铜基，陈清莲，等. MICROTOPS II 手持式太阳光度计海上测量关键技术. 海洋技术，2003, 23 (3): 5-9.
[128] Ichoku C, Chu D A, Mattoo S M. A spatio-temporal approach for global validation and analysis of MODIS aerosol products. Geophysical Research Letter, 2002, 29 (12): MOD121-MOD124.
[129] Zhao T X-P, Stowe L L, Smirnov A, et al. Development of a global validation package for satellite oceanic aerosol optical thickness retrieval based on AERONET observations and its application to NOAA/NESDIS operational aerosol retrievals. Journal of the Atmospheric Science, 2002, 56: 294-312.
[130] 陈本清，杨燕明. 台湾海峡及周边海区 MODIS 气溶胶光学厚度有效性验证. 海洋学报，2005, 27 (6): 170-176.
[131] 夏祥鳌. 全球陆地上空 MODIS 气溶胶光学厚度显著偏高. 科学通报，2006, 51 (19): 2297-2303.
[132] Long C S, Stowe L L. Using the NOAA/AVHRR to study stratospheric aerosol optical thickness following the Mt. Pinatubo eruption. Geophysical Research Letter, 1994, 21 (20): 2215-2218.
[133] Higurashi A, Nakajima T. Development of a two channel aerosol retrieval algorithm on global scale using NOAA/AVHRR. J Atmos Sci, 1999, 56 (7): 924-941.
[134] Remer L A, et al. The MODIS aerosol algorithm, products and validation. J. Atmos. Sci., 2005, 62: 947-973.
[135] 国家海洋局. 海洋大气监测技术规程 [M]. 北京海洋出版社，2002.
[136] 章澄昌. 大气气溶胶教程 [M]. 北京：气象出版社，1995.
[137] 李东升，程温莹，汪模辉，等. 成都市大气颗粒物的特性研究. 广东微量元素科学，2005, 12 (12): 47-51.
[138] US-EPA. Air quality criteria for particulate matter [R]. USA: Office of Research and Development, 2001.
[139] Rtha D S, Sahu B K. Source and distribution of metals in urban soil of Bombay, India, using multivariate statistic-caltechniques. Environmental Earth Sciences, 1993, 22: 276-285.
[140] 张立盛，石广玉. 全球人为硫酸盐和烟尘气溶胶资料及其光学厚度的分布特征. 气候与环境研究，2000, 5 (1): 67-74.
[141] Uematsu M, Yoshikawa A, et al. Transport of mineral and anthropogenic aerosols during a Kosa event over East Asia. Journal of Geophysical Research, 2002: 107 (D7&D8): AA3/12 AA3/7.
[142] Kaufman Boucher O, Tanre D. Aerosol anthropogenic component estimated from satellite data. Geophysical Research Letter, 2005, 32, L17804, doi: 10.1029/2005GL023125.
[143] Thomas A Jones, Christopher. MODIS derived fine mode fraction characteristics of marine, dust and anthropogenic aerosols over the ocean, constrained by GOCART, MOPITT and TOMS. Journal of Geophysical Research, 2007, 112, D33010, doi: 10.1029/2007JD008974.
[144] 韩永翔，宋连春，奚晓霞，等. 中国沙尘暴月际时空特征及沙尘的远程传输. 中国环境科学，2005, 25 (Suppl): 13-16.
[145] 车慧正，石广玉，张小曳. 北京地区大气气溶胶光学特性及其直接辐射强迫的研究. 中国科学院研

究生院学报，2007，24（5）：699－704.
[146] Shi G Y. Radiative forcing and greenhouse effect due to the atmospheric trace gases. Science in China（B），1992，35（2）：217－229.
[147] Jacobson M Z. Global direct radiative forcing due to multicomponent anthropogenic and natural aerosols. Nature，2001，409：695－697.
[148] Breon F M，Tanre D，Generoso S. Aerosols effect on the cloud droplet size monitored from satellite. Science，2002，295：834－838.
[149] Zhou X J，Li W L. Numerical simulation of the aerosol radiative forcing and regional climate effect over china. Chinese J. Atmos. Sci.，1998，22（4）：418－427.
[150] Zhang L S，Shi G Y. The simulation and estimation of radiative properties and radiative forcing due to sulfate and soot aerosols. Chinese J. Atmos. Sci.，2001，25（2）：231－242.
[151] Li X W，Zhou X J，Li W L. The cooling of Sichuan province in recent 40 years and its probable mechanism. Acta Meteorologica Sinica，1995，9：57－68.
[152] Menon S，Hansen J，Nazarenko L，et al. Climate effects of Black Carbon Aerosols in China and India. Science，2002，297：2250－2253.
[153] Zhao C S，Tie X X，Lin Y P. A possible positive feedback of reduction of precipitation and increase in aerosols over eastern central China. Geophys. Res. Lett.，2006，33：L11814.
[154] Zhang J H，Mao J T，Wang M. H. Analysis of aerosol extinction characteristics in different area of China. Advance. Atmos. Sci.，2002，19：136－152.
[155] http：//eosweb. larc. nasa. gov/PRODOCS/ceres/table_ ceres. html
[156] http：//ladsweb. nascom. nasa. gov/
[157] Loeb N G，Kato S，Loukachine K. Angular distribution models for Top－of－atmosphere radiative flux estimation from the Clouds and the Earth's Radiant Energy System instrument on the Terra Satellite. Part I：Methodology. J. Atmos. Ocean. Tech.，2005，22：338－351.
[158] Loeb N G，Kato S，Loukachine K，et al. Angular distribution models for Top－of－atmosphere radiative flux estimation from the Clouds and the Earth's Radiant Energy System instrument on the Terra Satellite. Part Ⅱ：Validation. J. Atmos. Ocean. Tech.，2006，submitted.
[159] Christopher S A，Zhang J. Shortwave Aerosol Radiative Forcing from MODIS and CERES observations over the oceans. Geophys. Res. Lett.，2002，29（18），1859，doi：10. 1029/ 2002GL014803.
[160] Jianglong Zhang，Sundar A. Christopher，Shortwave aerosol radiative forcing over cloud－free oceans from Terra：2. Seasonal and global distributions. Journal of Geophysical Research，2005，110，D10S24，doi：10. 1029/2004JD005009.
[161] Kaufman Y J，Holben B N，Tanre D，et al. Will aerosol measurements from Terra and Aqua polar orbiting satellites represent the daily aerosol abundance and properties. Geophys. Res. Lett.，2000，23：3861－3864.
[162] Chrsitopher S A，Zhang J. Cloud－free shortwave aerosol radiative effect over the oceans：Straegies for identifying anthropogenic forcing from Terra satellite measurements. Geophys. Res. Lett.，2004，31，L181，doi：10. 1029/2004GL020510.
[163] Quaas，Boucher，Breon. Aerosol indirect effects in POLDER satellite data and the Laboratoire de Meteorologie Dynamique－Zoom（LMDZ）general circulation model Journal of Geophysical Research，2004，109，doi：10. 1029/2003JD004317.
[164] Bennartz. Global assessment of marine boundary layer cloud droplet number concentration from satellite.

Journal of Geophysical Research, 2007, 112, D02201, doi: 10.1029/2006JD007547.

[165] Twomey S A. The influence of pollution on the shortwave albedo of clouds. J. Atmos. Sci., 1977, 34: 1149 – 1152.

[166] Kaufman Y J, Fraser R S. The effect of smoke particles on clouds and climate forcing. Science, 1997, 277: 1636 – 1639.

[167] Albrecht B. Aerosols, Cloud Microphysics, and Fractional Cloudiness. Science, 1989, 245: 1227 – 1230.

[168] Matsui T, Masunaga H, Kreidenweis S M, et al. Satellite based assessment of marine low cloud variability associated with aerosol, atmospheric stability, and the diurnal cycle. Journal of Geophysical Research, 2006, 111, D17204, doi: 10.1029/2005JD006097.

[169] Jones A, Roberts D L. A climate model study of indirect radiative forcing by anthropogenic sulphate aerosols. Nature, 1994, 370: 450 – 453.

[170] Li S – M, Banic C M, et al. Water – soluble fractions of aerosol and relation to size distributions based on aircraft measurements from the North Atlantic Regional Experiment. Journal of Geophysical Research, 1996, 101: 29111 – 29121.

[171] Lohmann U, Lesins G. Comparing continental and oceanic cloud susceptibilities to aerosols [J]. Geophys. Res. Lett., 2003, 30, doi: 10.1029/2003GL017828.

[172] Rosenfeld D, Rudich Y, Lahav R. Desert dust suppressing precipitation: a possible desertification feedback loop. Proceedings of the National Academy of Sciences, 2001, 98 (11): 5975 – 5980.

[173] 郝增周，潘德炉，白雁. SeaWifs 遥感资料分析中国海域气溶胶光学厚度的季节变化和分析特征. 海洋学研究，2007，25 (1): 80 – 87.

[174] Reid J S, Hobbs P V, Rangno A L, et al. Relationships between cloud droplet effective radius, liquid water content, and droplet concentration for warm clouds in Brazil embedded in biomass smoke. Journal of Geophysical Research, 1999, 104: 6145 – 6153.

[175] Tripathi S N, Pattnaik A, Sagnik Dey. Aerosol indirect effect over Indo – Gangetic plain. Atmospheric Environment, 2007, 41: 7037 – 7047.

[176] Bennartz. Global assessment of marine boundary layer cloud droplet number concentration from satellite. Journal of Geophysical Research, 2007, 112, D02201, doi: 10.1029/2006JD007547.

[177] Levin, Ganor, Gladstein V. The effects of desert particles coated with sulfate on rain formation in the eastern Mediterranean. J. Appl. Meteor., 1996, 35: 1511 – 1523.

[178] Jacobson M Z. Global direct radiative forcing due to multicomponent anthropogenic and natural aerosols. Journal of Geophysical Research, 2001a., 106 (D2): 1551 – 1568

[179] Kirkevag, Iversen. Global direct radiative forcing by process – parameterized aerosol optical properties. Journal of Geophysical Research, 2002, 107 (D20), 4433, doi: 10.1029/2001JD 000886.

[180] Takemura T, Nakajima T, et al.. Single – scattering albedo and radiative forcing of various aerosol species with a global three – dimensional model. Journal of Climate, 2002, 15: 333 – 352.

[181] Takemura T, Okamoto H, Maruyama Y, et al. Global three – dimensional simulation of aerosol optical thickness distribution of various origins. Journal of Geophysical Research, 2000, 105: 17853 – 178735.

论文五：基于卫星遥感研究台风对西北太平洋海域水色水温环境的影响

作　　者：付东洋
指导教师：潘德炉

作者简介： 付东洋，男，1969 年出生，博士，副教授。2000 年毕业于四川大学计算机应用专业，获学士学位；2003 年毕业于成都理工大学地球探测与信息技术专业，获工学硕士学位；2010 年毕业于中国科学院南海海洋研究所，获博士学位。现在广东海洋大学信息学院工作，主要从事卫星海洋遥感研究。

摘　要：随着全球变暖和环境不断恶化，台风、暴雪、沙尘、海啸、地震等恶劣海陆气候和自然灾害呈现增强增多的趋势。台风发生在海洋上空，是对海洋环境、海岛及海上运输、海岸带及海滨城市影响最强烈的天气系统，也是海气相互作用最为直观的表现形式。台风产生的海面气旋式风应力以及强烈的混合过程，对上层海洋与深层海水之间的热量、能量和物质交换产生重大影响，进而改变相应海域海洋环境与生态系统。因此研究海洋对于台风过程的响应特征具有重要的科学意义。

本文主要利用卫星遥感3A级产品——叶绿素a浓度及海表温度资料，基于滑动窗口均值融合算法，在分别研究2001年“百合”及2006年“珍珠”等典型台风对东海海域、南海海域影响的基础上，分析了近10年来台风对西北太平洋海域水色水温的影响程度及其影响这一变化的关键要素。结果表明，台风期间海表温度大幅降低，大尺度海域平均下降1.99℃，台风中心区域下降幅度最大，平均下降达3.12℃，温度的变化相对于台风路径有明显的中心强、周围弱，右边强、左边弱的特征；且在台风过境期间降到了最低。不论大尺度海域还是小尺度台风中心，影响海表温度下降的关键要素是最大风速，大尺度区域相关系数超过了0.5。同时，台风期间叶绿素浓度有显著增长，大尺度平均涨幅达42.4%，而小尺度中心区域平均涨幅为45.45%，即中心区域无明显优势。台风发生期间研究海域叶绿素浓度的大小取决于研究海域无台风时本征叶绿素浓度，其相关系数超过0.96，而台风期间叶绿素浓度的增长率与最大风速、移动速度、等密面位移等要素有关，主要取决于季节性温跃层等密面位移和台风影响因子，在大尺度研究区域，相关系数分别达到0.55和0.71，几乎与本征叶绿素浓度无关，且一类清洁水体涨幅更高；从多次台风的综合效果来看，越南东部、闽浙近岸与台湾海峡海域叶绿素浓度涨幅最大，而长江口、杭州湾和珠江口海域几乎无变化；台风后叶绿素浓度变化有逐渐增长的过程，其最大值一般在台风后第三天出现，平均延迟时间为5.97天，然后降低至台风前的正常水平。

本文还结合遥感手段、一维数值模拟、CTD及船只实测资料，比较分析了2007年台风“百合”期间海水温度与叶绿素浓度变化，初步探讨了台风所致海水温度下降及叶绿素浓度增长的物理与生化机制，认为风致强烈的埃克曼抽吸与垂向混合是最主要的原因，并讨论了上述研究方法的异同及其相结合的意义。

关键词：西北太平洋；海洋遥感；台风；叶绿素a浓度；海表温度

引言

随着温室气体尤其是二氧化碳的急剧增加，全球变暖的趋势日益严重，全球变暖问题已经引起世界范围的广泛关注。伴随这一问题，强台风、沙尘暴、暴雪、海啸、厄尔尼诺、强地震、高温干旱等气候异常及自然灾害频发。DanLing Tang（2009）认为，全球热带气旋（tropical cyclone）、藻华（HABs）有逐年增强增多的势头，而这一变化可能对海洋水色、水温环境及生态系统有重要的影响，并通过浮游植物光合作用等生物泵机理影响大气中二氧化碳的含量。浮游植物初级生产量在海洋环境系统中扮演着重要的角色，其不仅是海洋食物链的基础，而且产生全球半数的氧气并贡献大约一半的全球净初级生产量。Eppley 与 Peterson（1979）指出，海洋中浮游植物与所有绿色植物一样利用二氧化碳、光和营养盐进行光合作用并生长繁殖，因而初级生产量也会影响重要温室气体二氧化碳的吸收。Houghton（2007）、Takahashi 等（2009）认为全球海洋每年从大气吸收约 2 GtC 的 CO_2，约占人类排放 CO_2 的 1/3，在全球变化中起着重要的作用。因此研究台风、沙尘暴等异常气候事件对海洋浮游植物及水色水温环境影响具有重要的意义。

Behrenfeld 等（2006）研究发现，由于升高的温度对于整个热带海洋上层的层化加强，全球变暖趋势导致了全球初级生产量的降低。利用遥感手段、船只实测数据、CTD 及浮标资料针对局部海域，研究了个别典型台风对过境海域的影响，如 2007 年美国学者 Menghu Wang 等研究了 2005 年强台风“Katrina”对墨西哥海域的影响；我国台湾学者 I. I. Lin 等于 2004 年研究了 2003 年台风“启德”对南海海域的影响；2008 年我国学者王东晓、赵辉分析了 2006 年台风“Gonu”对阿拉伯海域的影响，结果发现，台风均使过境海域海表温度急剧降低，同时也促进了相应海域叶绿素浓度及浮游植物初级生产力的提高。但是，在台风对叶绿素浓度及初级生产力的影响上，不同学者对不同海域的研究结果相差悬殊，如 Babin（2004）研究结果表明台风使大西洋海域叶绿素 a 浓度增长不到 1.5 倍，而 I. I. Lin（2003）的研究结果显示台风后叶绿素 a 浓度增长达到 10 ~ 30 倍。Hu 等（2007）指出，海洋浮游植物的变化使有色溶解有机物（CDOM）的变化有一定的滞后性，相应使叶绿素深度的增长有一定的延迟时间。但是，对于西北太平洋海域，气候变化以及台风发生对浮游植物及水色水温环境影响的研究还很少，尤其很少有学者涉及大量台风样本对西北太平洋海域影响的统计分析，即很少研究台风在一般意义上对过境海域水色水温环境影响的程度，更少涉及这一影响的关键要素探讨，可见，很有必要基于多样本对于这一影响进行定量分析。而且，随着遥感技术的发展以及遥感数据的长期积累，研究上述环境变化对海洋生态系统影响的条件已充分具备。因此，本论文利用卫星遥感资料，首先研究了 2001 年台风“百合”及 2006 年台风“珍珠”对东海海域及南海海域叶绿素浓度和海表温度等要素的影响，再对近 10 年来过境西北太平洋海域的热带风暴及台风进行统计，分析了它们对这一海域叶绿素浓度及海表温度影响的平均程度，并研究了这一响应与台风本身之间的关系，统计分析了浮游植物增长的持续时间与延迟效应，然后结合遥感资料和COHERENS海洋物理与生化模型，在一维状态下初步模拟了海表温度和叶绿素a浓度的变化，并与CTD等实测资料相结合，比较分析遥感资料、数值模拟、实测资料等手段研究海洋对台风响应的差异，这为对西北太平洋海域甚至全球海洋浮游生物量以及初级生产量更准确的定量估计提供有价值的参考。

本博士论文的部分内容已在《海洋学报》、《热带海洋学报》等国内中文核心期刊和国际学术会议论文中发表。

1 概述

1.1 前言

随着温室气体尤其是二氧化碳的急剧增加，全球变暖的趋势日益严重，全球变暖问题已经引起世界范围的广泛关注。Zheng 和 Tang（2007）、Lin 等（2003）等研究显示异常天气事件如厄尔尼诺、台风事件对海洋生态系统有显著的影响。本论文主要是利用近 10 年我国国家海洋局第二海洋研究所自主研发的卫星遥感产品，研究了台风对西北太平洋海域海洋水色水温环境的影响与时空变化特征，分析了这一影响与台风本身参量之间的数学关系以及影响这一变化的关键要素，并结合一维数值模拟和 CTD 实测资料初步探讨了其变化机理。

1.2 台风概述

1.2.1 台风等级分类

1989 年世界气象组织规定，按照热带气旋中心附近平均最大风力的大小，把热带气旋划分成热带低压、热带风暴、强热带风暴和台风四类。风力低于 8 级的热带气旋称为热带低压，8 ~ 9 级的称热带风暴，10 ~ 11 级的称为强热带风暴，12 级或 12 级以上的称为台风。在东太平洋、大西洋和澳大利亚中心附近最大风力 12 级或 12 级以上的热带气旋称为飓风（hurricane），在西太平洋及东南亚国家一般称为台风（typhoon），为方便描述，本文凡是统称概念时均称为台风，未严格按等级规定用词。其分类等级见表 1.1。

表 1.1　台风分类与等级

台风等级名	热带低压（TD）	热带风暴（TS）	强热带风暴（STS）	台风（TY）	强台风（STY）	超强台风（SuperTY）
风力等级	6 ~ 7	8 ~ 9	10 ~ 11	12 ~ 13	14 ~ 15	16 以上
底层中心最大风速（m/s）	10.8 ~ 17.1	17.2 ~ 24.4	24.5 ~ 32.6	32.7 ~ 41.4	41.5 ~ 50.9	≥51.0

1.2.2 台风利弊

1.2.2.1 台风的灾害

台风是一种破坏力很强的灾害性天气系统，其危害性主要有以下三个方面。

（1）大风。台风风力强劲，尤其是中心附近最大风力一般在 10 级以上，最强风力达 17 级，台风在生成过程中积蓄和孕育了巨大的能量极具破坏性，给海上船只、海上石油钻井平台、桥梁、近海建筑与码头带来巨大的破坏。

（2）大暴雨。台风是最强的暴雨天气系统之一，在台风过境时，一般能产生 150 ~ 300 mm 降雨，少数台风能产生 1 000 mm 以上的特大暴雨。1975 年第 3 号台风“Nina”在淮河上游产生的特大暴雨，创造了中国大陆地区暴雨极值，形成了河南“75 · 8”大洪水。又如刚过去的 0908 号台风“莫拉克”带来的巨大降水给我国台湾地区造成了近 50 年来最大的灾难。据台湾灾害应变中心 8 月 24 日公布伤亡统计，全台已有 291 人死亡、387 人失踪、45 人受伤，其中几近灭村的高雄县甲仙乡小林村有 129 人死亡、311 人失踪。台湾因台风“莫拉克”造成的直接经济损失达新台币 700 多亿元。

（3）风暴潮。一般台风能使沿岸海水产生增水，江苏省沿海最大增水可达 3 m。“9608”号和“9711”号台风增水，使江苏省沿江沿海出现超历史的高潮位。据大连渔业网公布，2007 年年初发生在大连的百年罕见的风暴潮，使大连海洋渔业总损失达 14 亿元。

1.2.2.2 台风的好处

台风是一把典型的双刃剑，如我国台湾地区，主要的灾害与主要的降水均来自台风。台风在给人们带来不幸和灾难的同时，也有为人类造福的时候，其好处通常表现在以下几个方面。

（1）带来充沛雨水。对某些地区来说，如果没有台风，这些地区庄稼的生长、农业的收成就不堪设想。西北太平洋的台风、西印度群岛的台风和印度洋上的热带风暴，几乎占全球强的热带气旋总数的 60%，给肥沃的土地上带来了丰沛的雨水，形成适宜的气候。

（2）调节气候。靠近赤道的热带、亚热带地区受日照时间最长，干热难忍，如果没有台风来驱散这些地区的热量，那里将会更热，地表沙荒将更加严重。同时寒带将会更冷，温带将会消失。

（3）增加捕鱼产量。每当台风吹袭时翻江倒海，将近海底部的营养物质卷上来，鱼饵增多，吸引鱼群在水面附近聚集，渔获量大幅提高，这也是渔民往往会冒着生命危险在台风来临时还出海捕鱼的原因。

（4）提高海洋初级生产力。Babin（2004）、Menghua Wang（2007）、赵辉（2007）、付东洋（2008，2009）等国内外学者研究指出，台风发生后，在急剧降低海水温度的同时，会促进深层营养盐上升，提高海洋上层浮游植物生长及初级生产力，进而改变海气碳循环和海洋生态环境。

1.2.3 西北太平洋台风概述

西北太平洋位于太平洋西北部，近海主要有中国、韩国、日本、菲律宾、越南、马来西亚等国家，该海域上空形成的热带气旋较世界上其他任何地方都多，年均约 35 个。而这些热带气旋中约有 80% 会发展成台风。平均每年约有 26 个热带气旋达到至少热带风暴的强度，约占全球热带风暴数的 31%，为其他任何地区的两倍以上。西北太平洋海域也是全年各月都有台风发生的唯一地区。5—12 月每月的台风数平均在一个以上。台风出现的盛期为 7—10 月，约占全年台风总数的 70%，其中又以 8 月、9 月最多，约占全年台风总数的 40%。91%

的西北太平洋热带气旋发源于5°—22°N之间，即从南海到我国台湾省—菲律宾以东的洋面上，包括马里亚纳、加罗林及马绍尔群岛所在海域。

1.3 海洋水色遥感概述

从20世纪70年代末以来，随着空间地球观察技术的发展，海洋光学遥感的应用潜力日益显示，1978年美国NASA发射了装载有海岸带水色扫描仪CZCS（Coastal Zone Color Scanner）的雨云7号卫星，它一直工作到1986年，开辟了利用光学遥感监测全球性海洋水色因子的历史，此后，欧共体、日本、印度、韩国都陆续发射了监测海洋环境的可见光遥感卫星，美国于1997年发射了SeaStar卫星，其用于海洋观测的宽视场传感器SeaWiFS空间分辨率达1 km，其后于1999年、2002先后发射了Terra、Aqua卫星，其上的中分辨率光谱仪MODIS也可用于海洋水色水温观测。我国于1988年9月、1990年9月、1999年6月、2002年5月分别发射的FY－1A、FY－1B、FY－1C和FY－1D4颗气象卫星，卫星中的辐射计都配置有专用海洋水色遥感通道。我国台湾于1999年发射了ROCSAT 1号卫星，安装了专用海洋水色成像仪OCI。2001年5月我国发射了专门海洋水色卫星HY－1A，卫星上安装了2个海洋可见光遥感器：海洋水色水温扫描仪COCTS和海岸带成像仪CZI；2002年3月我国发射了“神舟三号”飞船，飞船上安装了中分辨率成像仪CMODIS，主要用于海洋光学遥感。总之，海洋卫星及观测平台的发展为海洋遥感奠定了坚实的基础。潘德炉（2003）指出，海洋光学遥感主要用于水色因子信息提取，即指海水中的叶绿素、悬浮泥沙、可溶有色物质以及其他如化学耗氧量等，近年来对这些水色因子提取模型的精度和稳定性都有较大进展，海洋遥感朝高辐射分辨率、高空间分辨率、高时间分辨率方向发展。

1.4 台风对海洋环境影响的研究现状

实测资料是自然科学研究的基础，出海现场观测是海洋科学研究的基本手段。但是在台风这种极端的天气情况下进行船舶观测是非常困难的。目前的研究一般是在台风发生或者经过的海域布设漂流浮标或者锚定浮标来获取实测海洋数据。观测数据的时间和空间分辨率一般都不高，难以满足需求，因此数值模拟成为人们研究台风期间海洋响应的一种科学、有效的量化研究方法。同时，随着卫星遥感技术的迅速发展，由于遥感资料具有高时间分辨率、高空间分辨率以及高光谱分辨的特点，适于实时和大面积研究海洋响应和环境变化，因而基于大量的遥感资料进行海洋研究已成为目前研究海洋对台风响应的基本手段。

海洋对于台风的响应最显著的特征就是表面温度的下降，早在1958年，Fisher分析了1955年热带气旋Connie和Diana期间的船舶数据，得出热带气旋迫使海面温度下降的结论。Price等（1978，1994）研究了风暴所致混合层加深，并将台风对于海洋的响应分为前后不同的两个阶段：强迫阶段（forced stage）和松弛阶段（relaxation stage）。强迫阶段的斜压反应包括混合层流场和垂直混合导致的海表面和混合层的降温。正压反应主要为地转流和海面凹槽。台风过境后，海洋进入松弛阶段，海洋对于台风的响应主要是对风应力旋度的非局地的斜压反应。Leipper（1967）根据墨西哥湾的Hilda台风期间7天的航测数据得出在台风路径两侧的距离范围内，表面温度下降超过5℃，并指出冷水抽吸是温度下降的主要原因。Dickey等

(1998)利用锚定浮标观测资料分析了台风 Felix 经过百慕大时的降温达到 4℃;Walker 等(2005)给出了台风 Ivan 经过墨西哥湾时引起的降温范围为 3～7℃。台风不但使大面积海域的海表面温度下降,并且台风对海表面温度的影响具有明显的右偏性。Price(1981)利用台风 Eloise 期间的浮标数据得出在台风路径右侧处海表面温度下降最大,海洋的响应具有明显的右偏性。Price(1981)估计台风迫使海表面降温的是由于卷入混合过程造成的表层暖水和次表层冷水的混合。Jacob 等(2000)认为混合层底部的卷入混合作用是台风过后海表面降温的主导因素,占 70% 左右;Jacob 等(2003)得出 10% 的混合层热量耗散是由于表面热通量作用。Prasad 与 Hogan(2007)通过模式计算得出海表面温度降低的主要原因是湍流引起的垂向混合作用。

台风强大的风应力直接作用于混合层,使混合层内产生很大流速,同时,台风引起的抽吸和卷入作用一方面使混合层温度的下降,另一方面也使混合层深度明显加深。Halpern(1974)根据西北太平洋的实测数据得出台风过后混合层深度由原来的 15 m 增加到 25 m。Elsberry 等(1976)用一个两层模式模拟计算了上层海洋对于台风的响应,得到了混合层加深和混合层温度下降的结论。

海洋对于台风响应的另一个重要特征是台风引发的近惯性振荡现象。Brooks(1983)分析了台风 Allen 期间的实测数据,得出在台风的作用下产生了顺时针旋转的近惯性波动,运动轨迹近似椭圆形。台风过后 3 天,近惯性流的流速达到 50 cm/s,持续了大约 5 天的时间。Shay 等(1987)研究了台风的近惯性响应的侧向移动是由于海面风应力的非对称性所致。

随着计算机科学以及计算数学的迅速发展,三维海洋模式成为研究台风期间海洋响应的主要手段。Ly(1994)用一个三维的非线性原始方程模式研究了墨西哥湾对于台风的响应,计算得出的风暴潮和沿岸陷波(CTW)与观测结果具有很好的一致性;Ly 和 Kantha(1992)、Ly 和 O'Connor(1991)还采用该模式分别研究了台风期间的波浪和风暴潮。此外,Hearn 等(1990)采用一个三维模式计算了台风期间的海面高度;Minato(1998)采用 POM 模式计算了 Tosa Bay 对于台风的响应;Hong 和 Yoon(2003)采用 POM 模式计算了包括东中国海、黄海和日本海在内的海域对于台风的响应。

我国对于台风过程中海洋响应的研究起步较晚,由于实测资料的匮乏,研究也相对较少。许东峰等(2005)分析了西北太平洋暖池地区 2002 年和 2003 年的 ARGO 浮标获取的次表层温盐数据,得出了台风过后海表面盐度下降的结论。刘增宏等(2006)、Liu 等(2007)利用 Argo 剖面浮标观测资料,对 2001—2004 年间西北太平洋海洋上层对热带气旋的响应进行了统计分析,结果显示热带气旋引起混合层变深,并且加深程度与气旋经过前混合层的初始深度呈负相关。混合层温度和盐度下降,温度的下降具有明显的右偏现象,但是盐度的变化在气旋路径两侧呈对称分布。郭冬建和曾庆存(1997,1998)采用理论分析与数值计算相结合的方法研究了理想海域中台风引起的潮、流及波的分布。朱建荣和周健(1997)利用一个改进的二层非线性原始方程海洋模式,模拟了东海对于“7202”号台风的响应,得出台风路径右侧海洋降温剧烈,右偏性明显,并且卷入是引起 SST 下降的主要因素,占 83% 左右。李东辉和张铭(2003)采用三维海洋模式计算了南海上层流场对强热带风暴 Frankic(9606)响应过程,认为表层流场结构与气旋型风场相对应,热带风暴经过的海域,海面起伏有不同程度的抬高,但是没有研究温、盐对于台风的响应。黄立文和邓健(2007)运用河口海洋模式 ECOM－si 模拟研究了黄东海对于台风过程的响应,对台风引起的海表面温度的下降、混合层的加深以及上层海洋的流场进行了分析。崔红(2008)基本 POM 模式模拟了 2003 年过境南海海域的强台风“伊布都”对该海域海温、混合层及流场的影响，指出台风过后轨迹两侧SST下降约3～7℃，不同深度温度响应不同，混合层温度下降，温跃层温度上升，混合层深度加深约10～60 m，同时台风引起强烈的近惯性波动。

自从1957年10月4日苏联成功发射了第一颗人造地球卫星以来，世界许多国家相继发射了各种用途的卫星。这些卫星广泛应用于科学研究、宇宙观测、气象与海洋观测、国际通信等许多领域。从20世纪美国发射第一颗海洋遥感卫星以来，全世界便开始了基于卫星资料分析海表温度、波高波向、海面风场等海洋学科的研究。在20世纪60年代，海洋科学家Hazelworth（1968）研究指出，台风尾迹区域的海表温度会有显著的下降，后来有许多学者用更多的手段验证了这一观点。最早采用卫星遥感手段研究海表温度对台风响应的学者是美国科学家Frank M. Monaldo与Todd D. Sikora，他们在1997年使用AVHRR（Advanced Very High Resolution Radiometer）卫星资料，分析研究了1996年过境墨西哥湾的台风Edouard对海表温度的影响，他们发现台风Edouard使墨西哥湾的海表温度大约下降了4℃；1998年，Tommy Dickey与Dan Frye同样采用AVHRR卫星资料研究1995年过境百慕大海域的台风Filex并指出，该次台风使过境海域近400 km的海域海表温度下降了3.5～4℃；2003年Gustave J. Goni分析发现2003年过境西北太平洋海域台风“伊布都”使相应海域海表温度下降了3～4℃；台湾学者I. I. Lin在对2003年掠过我国台湾岛以南的巴林塘海域的中等规模的热带风暴“启德”（Kai－Tak）的研究中指出，在此风暴为期3天停留期间，Kai_ Tak不仅使南海海域海表温度大幅下降，同时叶绿素a浓度增加了近30倍，由此会使相应海域初级生产力大幅增长；2007年，Wei Shi和Menghua Wang利用Aqua卫星上的微波扫描仪提供的海表温度资料（Advanced Microwave Scanning Radiometer EOS（AMSR－E）on Aqua）研究了2005年过境墨西哥湾的台风“Katrina”，他们发现在台风影响的中心区域，由于强烈的上升流及卷吸混合作用，海表温度在短时间内急剧地下降了6～7℃，而离中心相对较远的区域，海表温度大约只下降了1～2℃；由于该次台风在墨西海湾停留时间较长，使该海域叶绿素a浓度从约0.3 mg/m^{3}升到约1.5 mg/m^3，增长幅度也高达5倍；2008年，我国学者王东晓和赵辉博士，基于TRMM（Tropical Rain Measuring Mission）and AMSR－E卫星资料，研究了2007年6月过境阿拉伯海域的台风“Gonu”对海表温度的影响，发现研究海域海表温度下降幅度超过了2℃，且这一低温持续时间超过了10天，同时，混合层深度及相应温度也分别从台风“Gonu”前的31 m和30.58℃变化至52 m和29.7℃；同时浮游植物也旺盛生长，极大地提高了研究海域叶绿素浓度及初级生产力。而Babin（2004）在对1998—2001年过境在大西洋的13次台风的研究中发现，相应海域在台风过后叶绿素a浓度有一定的增长，但其平均增长幅度约33.3%，统计远不及前面几位学者对个别台风研究的结果那么显著。

1.5 研究背景与意义

梁永滔（2008）统计表明，西北太平洋是全球发生台风最多的区域，几乎每个月都发生台风事件，平均每年发生台风30余次，占全球热带风暴的36%。陈玉林（2005）等对1949—2001年期间登陆我国的台风统计研究表明，近53年共有488个台风在我国登陆，约占西北太平洋（包括南海）生成的台风总数的26.6%，平均每年登陆9.2个。崔红（2008）认为该海域台风频发的主要原因有以下三方面：一是西北太平洋是全球最广阔的海面，热带西北太平洋同时又是全球最暖的地方，海水温度多在26～27℃之间，海面上常年维持的高温高湿状态，易使海水大量蒸发，为台风的生成提供了巨大的水汽和热量；二是海区纬度适中，具有一定的地转偏向力，当低层大气向中心辐合、高层向外扩散的初始扰动一旦出现，流向低压中心的空气受地转偏向力的作用而绕中心旋转，低压很快就会发展起来，初生的气旋性环流得以加强；三是这里的高空风较小，有利于上升的温湿空气释放出的潜热积蓄起来，集中的潜热能保存在风眼区的空气中，使热带气旋进一步充实。而西北太平洋热带气旋中的90%以上发源于5°—22°N之间，即马来西亚以北到我国台湾省—菲律宾以东的洋面上，包括南海海域、马里亚纳群岛、加罗林及马绍尔群岛所在海域。因此研究西北太平洋海域对于台风的响应特征具有非常重要的区域代表性。

台风是海气相互作用最为直观的表现形式。台风产生的海面气旋式风应力以及强烈的混合过程，对海洋与大气以及上层海洋与深层海水之间的热量、能量和物质交换产生重大影响；风应力还会诱发海水的气旋式旋转，引起表层海水的辐散，从而产生上升区和下沉区。海水的上升和垂直混合导致海表面温度下降和次表层升温，改变混合层深度，使下层的营养盐通过跃层进入海水真光层。而真光层海水可吸收充足的阳光进行充分的光合作用，从而浮游生物得以迅速增长，叶绿素浓度升高，海洋初级生产力增加，进而改变海洋生态环境。因此研究海洋环境对于台风的响应特征具有重要的科学意义。

基于数值模拟海洋对台风的响应主要集中在海水温度、混合层变化、上升流及近惯性流，即对台风过后海洋物理特性变化的研究上，很少涉及生化响应；而基于遥感手段研究台风的响应集中表现在个别台风对海表温度及初级生产力的研究上，同时由于遥感数据源、研究海域不同，研究结果相关较大，除Babin外，很少涉及较多样本下台风对海温及叶绿素浓度影响的研究统计，尤其是针对西北太平洋海洋海域的研究更少，更少有学者研究影响海洋对台风响应程度的关键要素，因此基于多数据样本，从一般统计意义上回答西北太平洋海域对台风的响应程度及其关键要素是值得关注的问题，对于扩大海洋遥感的应用领域，充分挖掘海量卫星遥感资料中隐含的海洋物理与生化信息，推动海洋遥感应用技术的发展及其与海洋生物地球化学相结合，具有非常重要的学术研究价值。

本论文基于卫星遥感手段，主要关注以下问题。

（1）典型台风对我国东海及南海海域叶绿素浓度、海表温度等要素的影响。

（2）影响台风期间西北太平洋海域海表温度的大小及其变化程度的关键要素，以及该变化的区域特征及其与台风本身参量之间的关系。

（3）影响台风期间西北太平洋海域叶绿素浓度的大小及其变化程度的关键要素，以及该变化的区域特征及其与台风本身参量之间的关系。

（4）一维模式下模拟叶绿素浓度、海表温度对个别台风响应的程度，并比较其与遥感产品、CTD及船只实测资料的差异，分析叶绿素浓度、海表温度对台风响应的物理及生化机制。

上述研究的关注区域与基本技术路线如图1.1、图1.2所示。

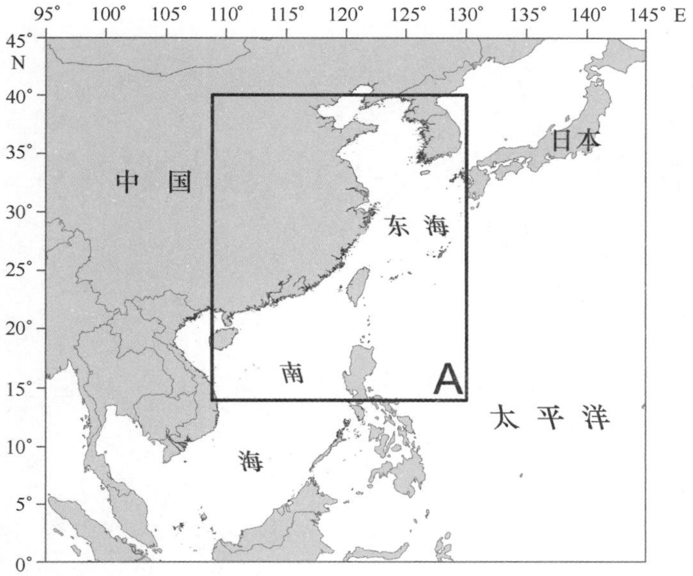

图 1.1　研究区域

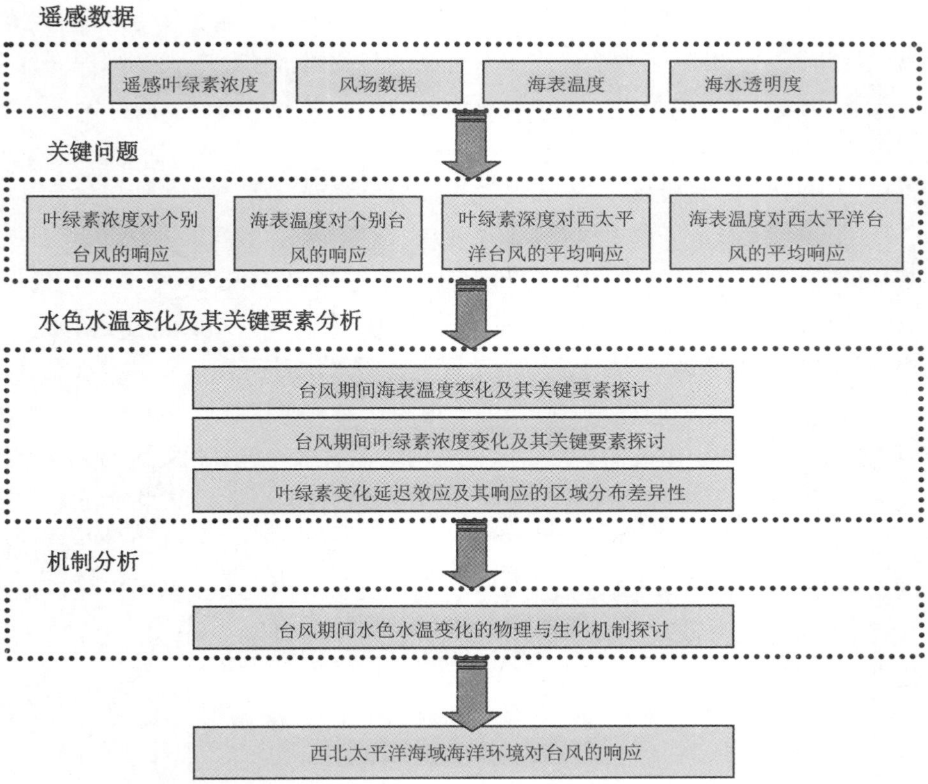

图 1.2　研究流程

2 典型台风对西北太平洋海域环境影响的遥感研究*

2.1 研究对象

热带风暴或者是台风，能引起海洋水体的垂直混合和上升流形成（Price，1998），而Babin等（2004）、I. I. Lin等（2003）、Miller等（2006）学者也分别指出，该垂直混合过程及由此引起的上升流能将海洋深层冷水区中的磷酸盐、硝酸盐等营养盐泵送到海表的真光层并引起浮游植物的旺盛生长。同时，Hu等（2006）指出海洋中浮游植物的变化使有色溶解有机物（CDOM）的变化有一定的滞后时间。另一方面，Acker等（2002）以及Wren和Leonard（2005）认为在近岸海域，由台风引起的夹带作用及上升流会使沉积物再悬浮，从而使悬浮泥沙浓度增大。由此，一些学者认为，台风引起的浮游植物生长及海洋叶绿素a浓度提高是一种误解，他们认为这是由于悬浮泥沙浓度的提高而引起的，然而，Wei Shi和Menghua Wang（2007）在对2005年登陆墨西海湾的台风“Katrina”研究中发现，由于该次台风在墨西海湾停留时间较长，使该区域海表温度从30℃下降到26℃左右，使叶绿素a浓度从约0.3 mg/m^3升到约1.5 mg/m^3；台湾学者I. I. Lin在对2003年掠过我国台湾岛以南的巴林塘海域的中等规模的热带风暴“启德”（Kai－Tak）的研究中指出，在此风暴为期3天停留期间，Kai_ Tak使海表叶绿素a浓度增加了近30倍，单独由此引起的碳元素的固定量是0.8 Mt，或者说是南中国海每年新增量的2%～4%。由此可见，深入定量研究台风对海表温度、海洋叶绿素a浓度及海洋初级生产力的影响，有广泛的现实意义和应用领域。本章分别选择了2001年和2006年过境西北太平洋海域的典型台风，利用卫星遥感资料及相关风场数据，探讨了台风前后相应海域海表温度、叶绿素浓度、海水透明度等要素的变化。结果表明，2001年台风“百合”与2006年台风“珍珠”均对研究海域产生了强烈的影响。台风“百合”使研究海域叶绿素浓度平均升高近30%，局部区域达70%，整个海域海表温度下降3.03℃，局部区域达5.4℃；而台风“珍珠”使研究海域叶绿素浓度平均升高近150%，局部区域在5倍以上，海表温度总体下降3.11℃，局部区域下降5.01℃。

* 本章节内容已分别在《海洋学研究》第24卷第6期和《SPIE》国际会议上发表。

2.2 资料来源和处理方法

2.2.1 卫星遥感数据

（1）SeaWiFS 及 MODIS 叶绿素数据

本文所用叶绿素 a 资料为国家海洋局第二海洋研究所卫星海洋环境动力学国家重点实验室自主研究和提供的海洋宽视域扫描仪 SeaWiFS（Sea-viewing Wide Field-of-view Sensor）及中分辨率影像光谱仪 MODIS（Moderate Resolution Imaging Spectroradiometer）3A 资料，其中 2000 年至 2005 年为 SeaWiFS 卫星数据，其精度为 0.008 3°，即每一个经度或纬度方向有 120 个数据点；而 2006 年至 2008 年为 MODIS 卫星数据（包括 Aqua 及 Terra 卫星），其精度仅为前者的一半，即每一个经纬度方向有 60 个数据点。

（2）海表温度数据

本文所用海表温度数据资料来自国家海洋局第二海洋研究所卫星海洋环境动力学国家重点实验室。其中 2000 年至 2005 年为 NOAA12 – NOAA17 系列卫星数据，精度为 0.01°，即每一个经度或纬度方向有 100 个数据点；而 2006—2008 年为 MODIS（包括 Aqua 及 Terra 卫星）卫星提供的海表温度数据，其精度为 0.016 7°。

（3）海表风应力数据

遥感风场资料取自美国海洋大气预报研究中心（COAPS）月平均风场数据产品（http://www.coaps.fsu.edu），包括 1970 年 1 月至 2003 年 12 月空间分辨率为 1°×1°的伪风应力数据，该资料主要是通过船只走航数据等插值处理获得，并根据风场资料计算台风所致埃克曼抽吸速度大小及流场分布。

2.2.2 滑动窗口均值融合算法流程

基于卫星遥感的叶绿素 a 浓度反演通道在可见光范围内，可见光穿透云层及雨水的能力有限，台风登陆期间，因受云层及雨水的干扰，图像数据缺失较严重，如果仅就一两张图像根本无法进行分析和判断，因此，必须对多张 MODIS 或 SeaWiFS 的 3A 数据进行融合处理。在本论文中，作者采用多天数据资料进行均值融合的方法来研究台风前后叶绿素 a 浓度的整体变化，而没有用插值算法进行补偿，因为在数据量较少的情况下，插值效果不好，对数据既有平滑作用，也导致失真。同时为了更确切地反映台风对研究海域的影响，作者根据研究要素（如海表温度、叶绿素浓度、海水透明度等）在台风前后实际变化的情况确定数据合成的天数，而不是采用 Babin 等学者 8 天数据进行合成；另外，为了进一步研究整个区域内各不同海域台风前后变化的差异性，作者将整个区域进行了 2°×2°大小的区块分割，并从第一区块逐一滑动至最后一区块进行均值融合，同时为了节省数据融合的时间，算法中将区块均为陆地者排除掉，其关键算法流程如图 2.1 所示，其中核心计算式见式（2.1）。

$$\mathrm{Average}(\mathrm{data})_p = \frac{\sum_{i=1}^{N} \mathrm{Value}(i)_p}{N} \tag{2.1}$$

式中：$\mathrm{Average}(\mathrm{data})_p$——研究区域中 P 点若干天某种遥感数据的均值；

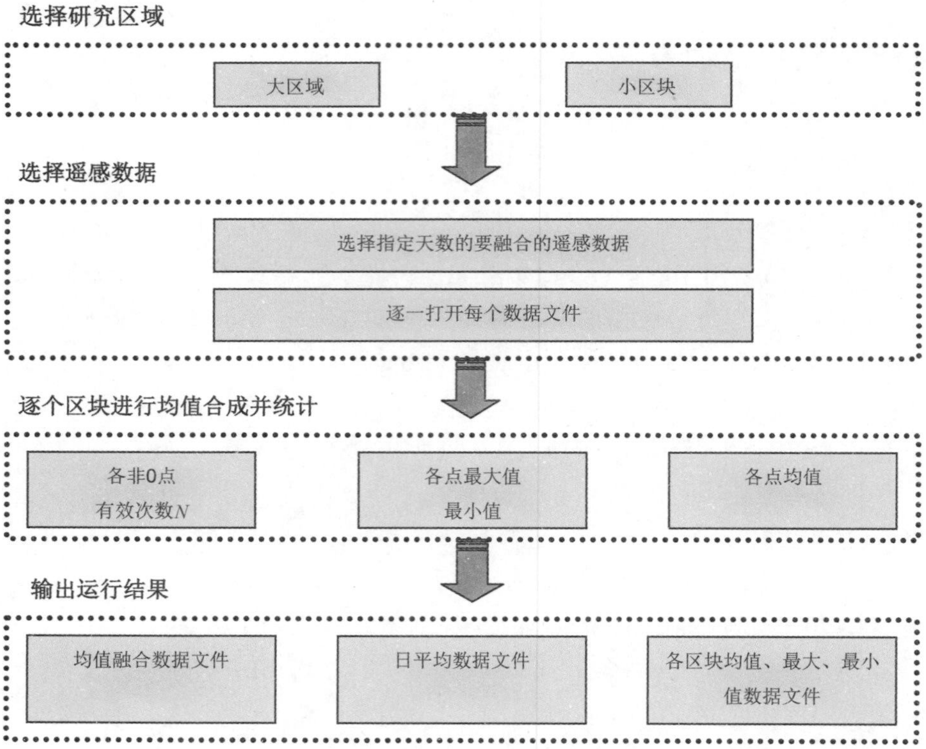

图 2.1　滑动窗口均值融合多天遥感数据算法流程

Value $(i)_p$——P 点第 i 次 MODIS 或 SeaWiFS 卫星资料的叶绿素 a 浓度的数据值，当此值为零时，表示此处被云覆盖，无数据，不作统计；

N——研究区域中 P 点被统计的实际次数，当 $N=0$ 时，表示此处对分析的所有情况（如连续一周）均被云覆盖，则此时 Average $(\text{data})_p=0$，即为数据缺失。

该算法具有如下三方面的优点。

（1）由于可以根据小区块的大小定义相应的二维数组进行数据处理，节省计算运行所需的内存，同时对于陆地区域可以直接地排除，故可节省运行时间，提高运行效率。

（2）在各小区块均值基础上再求均值，减小遥感数据空间分布不均所致误差，使结果更科学合理地反映研究区域海洋参数的大小与变化。

（3）在获得整个研究海域均值的同时还可获得不同海区的差异性，使结果细节性更强。

文中计算以及绘图工作是在 C++编程软件、Matlab v. 6.5 科学计算软件、专业气象和海洋绘图软件 Grads v. 1.8 和 Surfer 8.0 以及 SPSS 16.0 和 Excel 统计软件的帮助下处理完成的。

2.3　200116 号台风“百合”对东海海域的影响

2.3.1　台风“百合”对东海海域叶绿素浓度的贡献

2.3.1.1　东海海域及台风“百合”介绍

东海位于我国的东部，是西太平洋的一个边缘海，西北接黄海，东北以韩国济州岛东南端至日本福江岛与长崎半岛野母崎角连线，与朝鲜海峡为界，经朝鲜海峡与日本海沟相通；东以日本九州、琉球群岛及我国台湾省连线与太平洋相隔；西濒我国上海市、浙江省和福建省；南可至我国广东省南澳岛与台湾省南端猫头鼻连线与南海相通。经纬度范围 21°54′—33°17′N，117°05′—131°03′E 之间，面积约 77×10^4 km^2（孙湘平，2006）。由于东海与长江口、杭州湾等典型二类水体区域直接相连，是海洋光学、生化、物理等学者关注的热点海域。鲁北伟等（1997）研究了春季东海不同水域的表层叶绿素含量，并指出闽浙近岸海域上升流区是叶绿素浓度较高区域；唐军武等（2003）参照 Tassan 模式建立了黄东海近岸二类水体的统计反演模式，对我国近岸二类水体的叶绿素、总悬浮物浓度和黄色物质等水色遥感三要素进行反演；王晓梅等（2006）利用现场实测的表观光学量和固有光学量数据，得到了我国黄海、东海近岸二类水体多个波段的总吸收系数的统计反演模式；冯琳（2009）研究了 1945—2006 年东中国海海表温度的长期变化趋势，发现该海域 62 年来海表温度上升了 0.9℃；随着气候与环境变化，近年来过境东海海域热带风暴不仅强度大，而且路径也变化难测，其中 200116 号台风“百合”就是最典型的一次。

2001 年 9 月 5 日起始于台湾以东近 300 km 的洋面上的台风“百合”可以说是近 10 年来登陆西北太平洋海域最为特殊的一次台风，该次台风起始时为热带低气压，风力为 5 级左右，且纬度相对较高，约为 23°N，而一般情况台风通常起始于低纬度的赤道附近。然后北上，风力逐渐增加，9 月 7 日升级为热带风暴，风力为 9 级；之后风力进一步增强，升级为台风，于 9 月 8 日至 16 日期间，在我国东海海域盘旋，最强风力达 16 级，于 9 月 16 日从北向南在台湾岛东北登陆，然后穿过台湾省继续向西南方向前进，风力也有所减小，最后在我国广东省再次登陆时风力约 10 级，前后持续时间约 15 天，在东海盘旋时间约 8 天，是近 10 年来在某一海域持续时间最长的一次台风，其大致路径及研究区域如图 2.2 所示。该次台风的特殊性主要表现在以下三个方面：一是起始纬度高；二是台风路径奇特，先北上，再盘旋，再南下，为近年之少见；三是持续时间长，对海域环境影响较大。为了深入研究这次台风对该海域（22°—30°N，121°—131°E）的影响，作者将其分割为 20 个小区块，每个区块为 2°×2° 大小，如图 2.2 所示。

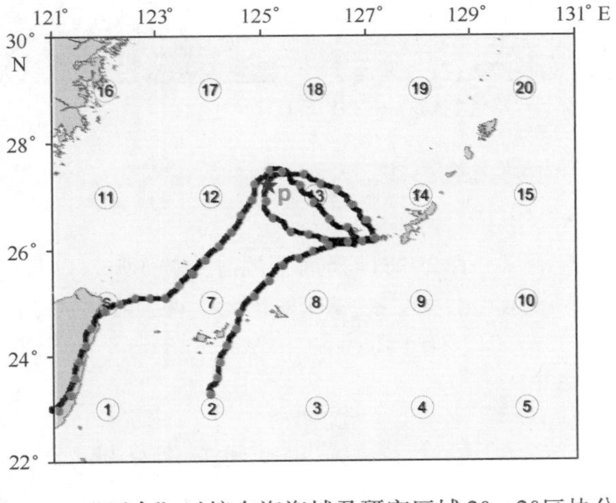

图 2.2 “百合”过境东海海域及研究区域 2°×2°区块分割

（研究区域：22°—30°N，121°—131°E）

2.3.1.2 台风“百合”前后风场比较

2001年9月1日（台风前）和9月9日（台风期间）研究区域风场分布情况如图2.3所示，该风场资料来自于ftp：//podaac.jpl.nasa.gov/pub/ocean_ wind网站提供的2B日平均风场。其中图2.3（a）为9月1日风场情况，从图可见，该日整个研究区域总体上为较均匀的西南风，风速小，最高风速不超过15m/s，且仅在台湾岛东北较小范围的局部海域；而图2.3（b）为9月9日平均风场，整个研究区域为气旋式风场，风速强，台风中心风速最强，最高风速达30 m/s。事实上，在高海况情况下，利用微波遥感反演风场，当风速超过30 m/s时，反演风速误差很大。李芸（2005）对“神舟4号”飞船上微波辐射计反演风速均方根误差分析表明，在低风无雨情况下为0.35 m/s，而高海况更高，通常均低于实际风速。当日最大风速高达38 m/s。图2.4为8月25日至9月30日该研究区域日最大风速变化情况，其中无台风期间为上述2B风场获得的日最大风速，而台风期间风速误差较大，故其最大风速由以下网址提供（仅提供台风期间数据）：http：//weather.unisys.com/hurricane/w_ pacific/，该风速更能准确地反映台风期间研究区域最大风速的变化情况（该风场由美国国家台风中心（NHC）提供，被称为最佳轨迹数据）。从图2.4可以看出，从9月7日到17日，该区域日最大风速几乎均超过了30 m/s，而9月12日达到最强，近48.2 m/s，强风持续时间达11天之久，17日后迅速下降，25日因另一次台风“利奇马”（Lekima）过境台湾海峡使该海域最大风速明显上升，但该次台风已近尾声，且整体上没有进入研究区域，故本次分析未对该台风的影响进行单独研究。

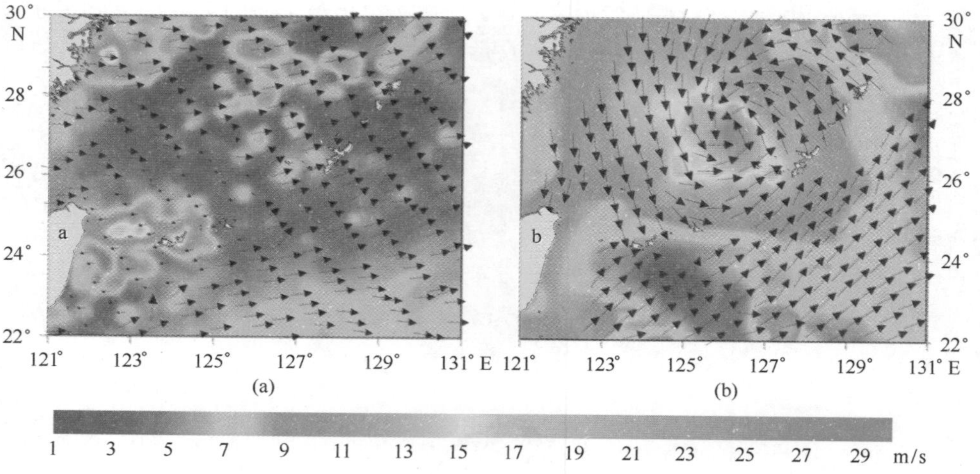

图2.3 台风“百合”过境东海海域前及期间研究区域风场

（箭头表示风速方向，彩色表示风速大小，风速单位：m/s）

（a）9月1日风场；（b）9月9日风场

2.3.1.3 台风“百合”前后叶绿素a浓度的时间变化分析

根据图2.1算法利用SeaWiFS卫星每日遥感叶绿素a浓度资料计算出研究区域在台风“百合”前后日平均叶绿素a浓度（注：计算时若某天数据因天气等原因缺失，则利用相邻两天的均值进行插值补入，下同），计算结果如图2.5所示，其中图2.5（a）为日平均叶绿

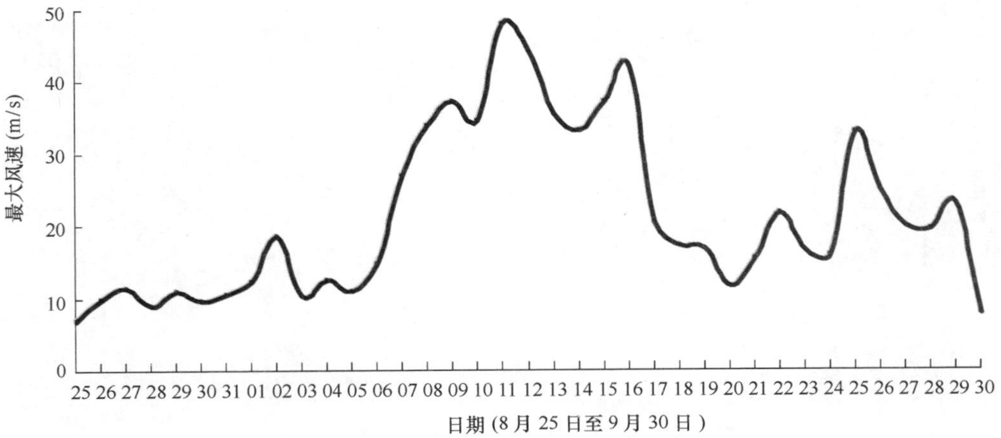

图2.4　2001年8月25日至9月30日台风“百合”研究区域日最大风速

素a浓度，图2.5（b）为5天平均后的总体变化趋势图。从图2.5（a）可以看出，这次台风使研究海域叶绿素a浓度显著增长，从9月6日至18日，叶绿素a浓度总体上均较高，9月13日达到最大值2.55 mg/m^3，18日以后恢复到正常水平，26日又出现了局部的增长，这是由于另一次台风“利奇马”的过境台湾海峡的结果。研究区域从8月25日至9月30日，日平均叶绿素浓度为0.53 mg/m^3；由于日平均可能由于数据缺失带来一定的系统误差，5天平均则可以看出叶绿素总体变化情况，从图2.5（b）可以看出，在台风期间，即从9月6日至20日，叶绿素浓度明显高于台风前的情况，月底又相对较高则是由于受到另一临近台风“利奇马”影响的结果。为了分析研究区域日最大风速与相应叶绿素浓度随时间的变化关系，将它们均进行归一化处理后得图2.6，其归一化公式如式（2.2）（该公式可将结果归一化至0.1~0.9，未归一化到0~1是为了作图时曲线不靠拢水平轴，便于观察）。从图2.6可以非常清晰地看出，9月6日研究区域风力迅速增强，但开始时叶绿素浓度增长却较缓慢，直到台风后第8天，即9月13日才达到最大值，台风“百合”在17日结束后叶绿素浓度仍较高，但已接近台风前的水平。从这一时间序列分析可见，台风“百合”后叶绿素浓度最大增长具有明显的延迟效应，作者将在第3章对这一现象做进一步的深入分析。

$$V_{(0.1\sim0.9)} = 0.1 + (V - \mathrm{Min}V)/(\mathrm{Max}V - \mathrm{Min}V) \times (0.9 - 0.1) \qquad (2.2)$$

2.3.1.4　台风“百合”前后叶绿素a浓度的空间变化分析

叶绿素a浓度是研究海洋水色要素与海洋生态环境最重要的参量，台风不仅能促进海表叶绿素a浓度的增长，而且该增长有一定的延迟效应。因此，为了分析台风“百合”对海表叶绿素a浓度的影响，以8月25日至9月5日为台风前的情况，以9月6日至9月18日为台风期间的情况，（从台风期间叶绿素a浓度日变化关系图可见，这里若只用8 d作为台风期间的值进行合成是不准确的）。图2.7为台风前及台风期间该海域叶绿素a浓度（SeaWiFS 3A产品）均值合成情况，从图可见，图2.7（a）右下角为大片浅的绿黄色区域，表明该区域叶绿素a浓度很低，整体上红黄色区域也比图2.7（b）中红黄色区域少得多，且图2.7（b）右下角主体上为黄色，尽管图2.7（b）中因天气原因有部分数据缺失，但不论是台风作用的中心区域还是边缘区域，台风期间叶绿素a浓度均比台风前有显著的增长。从图2.7（b）还

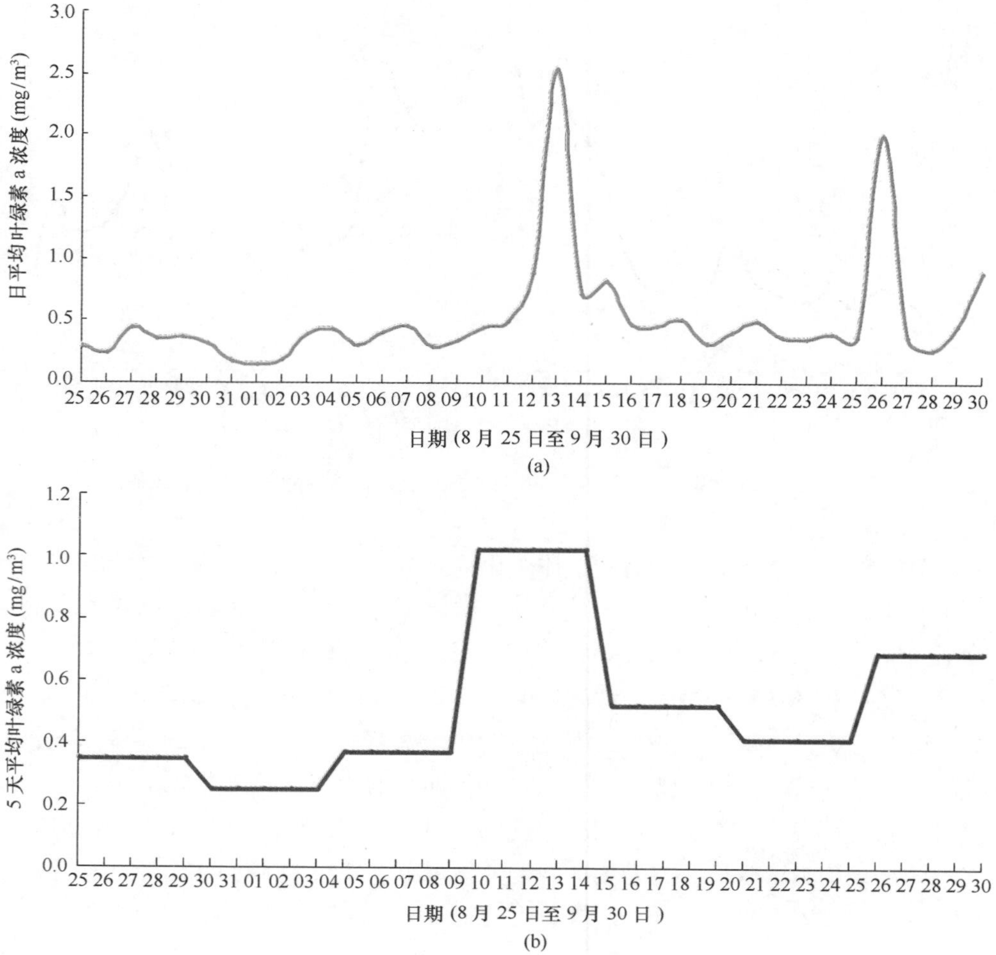

图 2.5　2001 年 8 月 25 日至 9 月 30 日台风“百合”研究区域日平均叶绿素 a 浓度

（a）日平均变化情况；（b）5 天平均变化情况

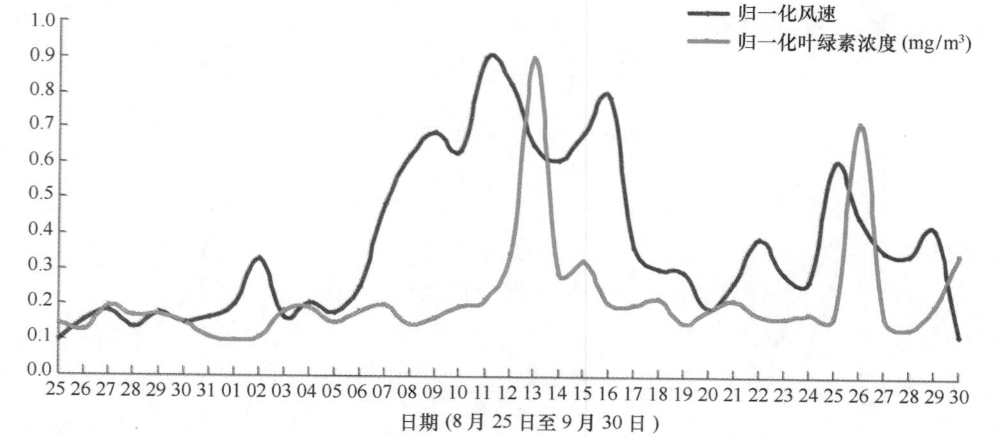

图 2.6　2001 年 8 月 25 日至 9 月 30 日台风“百合”研究区域归一化日平均风速、叶绿素 a 浓度

可看出，在台风盘旋的中心区域，出现了一块浅红色区域，表明该区块台风期间叶绿素 a 浓度有大幅增长，特别是图 2. 2 的 *P* 点附近（27. 5°N，125°E），是台风最强的区域，风力达 15 级，且在该区域停留时间长，叶绿素 a 浓度增长显著。对整个研究区域进行区块分割后进行比较，结果如图 2. 8 所示，其中蓝色小三角连线为台风前叶绿素 a 浓度均值，整个区域平均为 0. 425 mg/m^3，红色点线为台风期间叶绿素 a 浓度均值，整个区域为 0. 537 mg/m^3，其中除浙江近岸的 16 号区块台风期间叶绿素 a 浓度有所减小外，整个海域总体上台风期间较台风前叶绿素 a 浓度平均增长 1. 26 倍，平均增长 26. 35%，16 号区块减小的主要原因可能是由于该区块位于长江口、杭州湾以南的浙江近岸，属于二类水体该海域，悬浮泥沙浓度特别高，遥感反演叶绿素 a 浓度的误差较大所致。另外，台风过境的 8 号、12 号、13 号区块增长最强，达 1. 695 倍，大大超过了其他区域的平均增长，从图像上可以看出，该区域出现明显的藻华现象。就绝对增长量而言，台风盘旋区域以西的海域大于以东的海域。

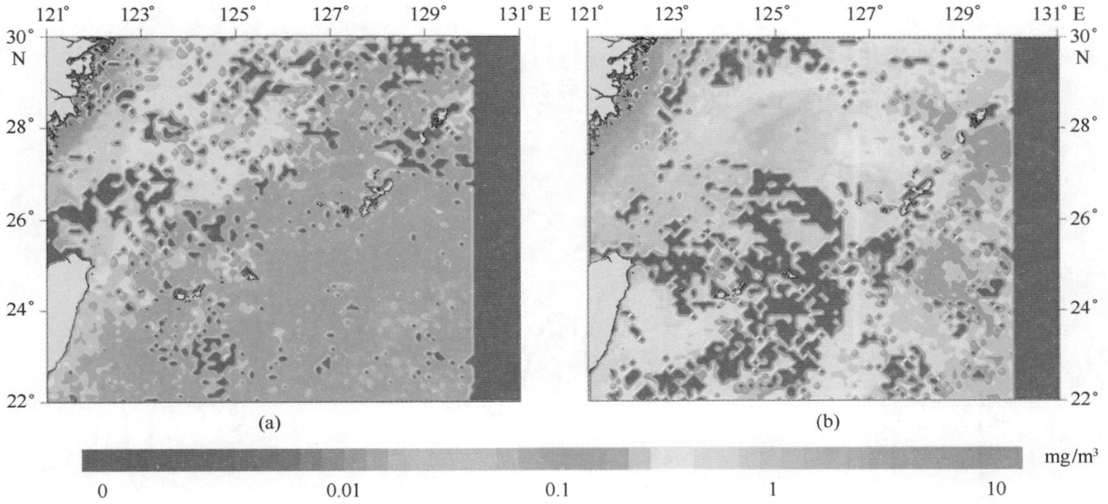

图 2. 7　2001 年台风“百合”前后研究区域叶绿素 a 浓度比较

（a）台风前；（b）台风后

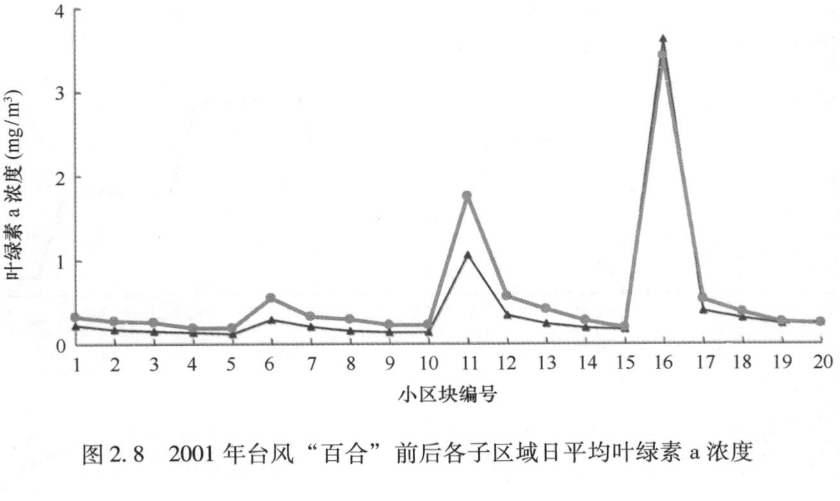

图 2. 8　2001 年台风“百合”前后各子区域日平均叶绿素 a 浓度

2.3.2 台风“百合”对东海海域海表温度的影响

2.3.2.1 台风“百合”前后海表温度的时间变化分析

根据图2.1算法利用NOAA卫星每日遥感海表温度资料计算出研究区域在台风“百合”前后日平均海表温度（注：计算时若某天数据因天气等原因后缺失，则利用相邻两天的均值进行插值补入，下同），计算结果如图2.9（a）所示，该图为2001年8月25日至9月30日海表温度日变化曲线，从图可见，整个时间段最高温度是8月31日，区域平均SST为25.79℃，最低是9月28日，仅18.5℃，台风期间最低温度是9月14日，为21℃，8月25日至9月30的平均海表温度为22.73℃。从图还可以看出，9月6日温度急剧降低，下降幅度超过3℃，17日明显恢复，但还未达到台风前的水平，24日以后，又因另一次临近台风“利奇马”过境台湾而使该海域海温度再一次降低。5天平均SST的变化如图2.9（b）所示，从该图可以清晰地看出台风前后SST的变化趋势，在台风“百合”期间，SST明显低于台风前和台风结束后的情况。为了对比SST的变化与叶绿素a浓度变化趋势上的差异，同样将

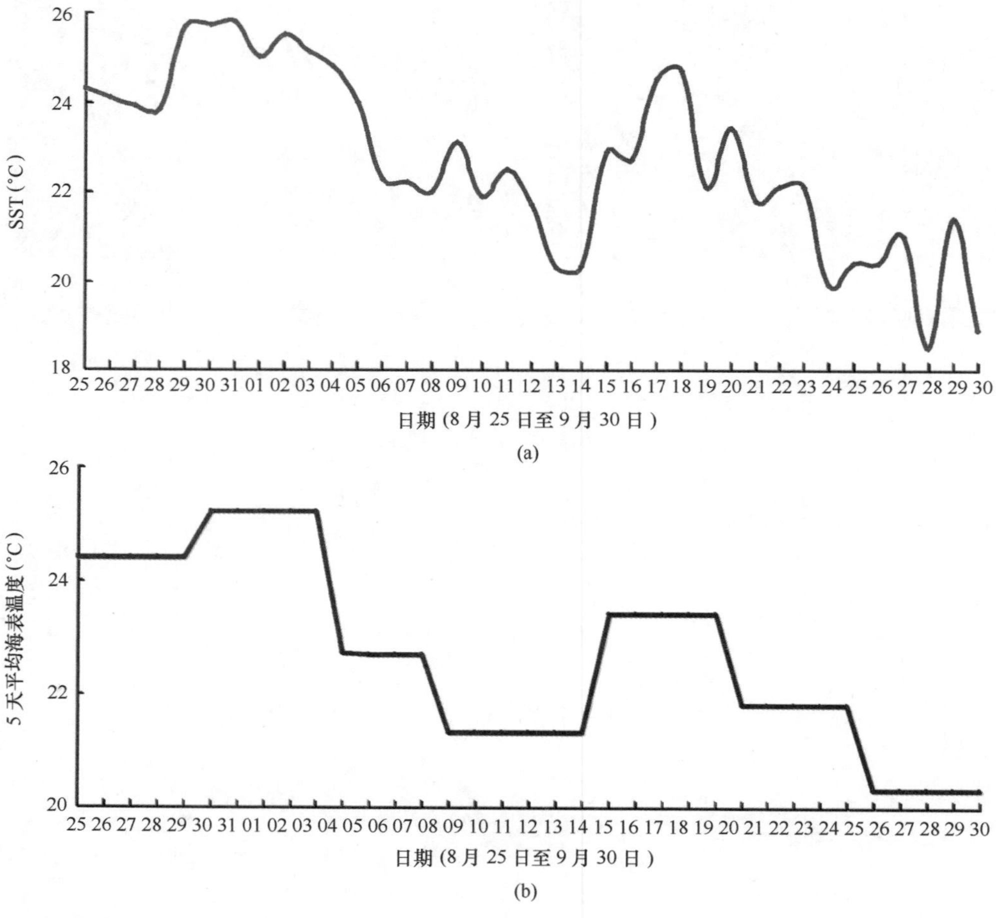

图2.9 2001年8月25日至9月30日台风“百合”研究区域日平均与5天平均海表温度

（a）日平均变化情况；（b）5天平均变化情况

SST 与日平均最大风速按式（2.2）进行了归一化处理，结果如图 2.10 所示（注：若不进行归一化处理，由于风速不仅值较高，且变化幅度大，而海表温度和叶绿素 a 浓度相对幅度较小，在同一图像中，则难以观察其变化情况）。从图 2.10 可见，SST 的变化方向几乎正好与日最大风速变化方向相反，当风速增大时，海表温度则降低，在 9 月 6 日台风“百合”增强时，SST 则迅速降低。降低幅度为最大，接近 3℃；12 日风速最强，SST 也在 13 日、14 日达到台风期间的最低值；当 9 月 17 日风速迅速减弱时，SST 也明显恢复。即总体上 SST 的变化与日最大风速变化在时间上趋于同步，而叶绿素 a 浓度变化尤其是其最高浓度增长却发生在台风后第 8 天，即台风“百合”期间海表温度的最大降幅发生在台风来临初期，而叶绿素 a 浓度最大增长却有一定的延迟时间，本文称之为叶绿素 a 浓度对台风响应的延迟效应，简称延迟效应。

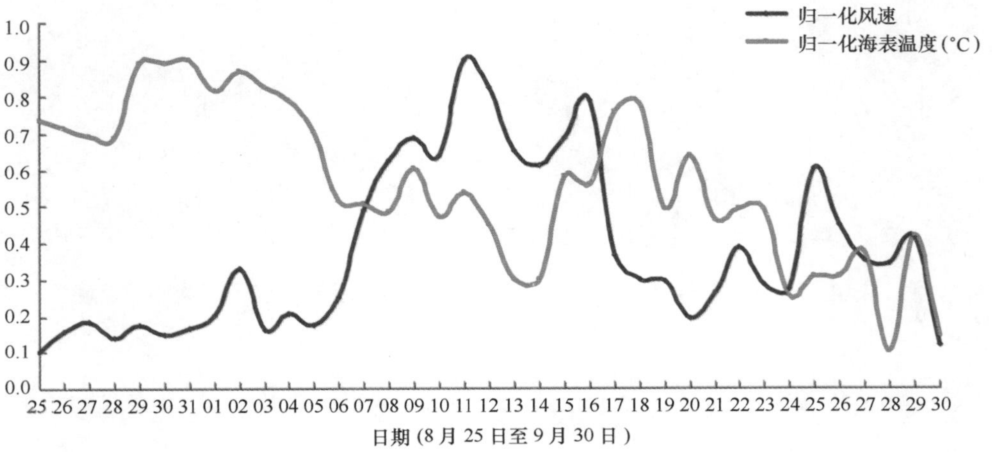

图 2.10　2001 年 8 月 25 日至 9 月 30 日台风“百合”研究区域归一化日平均风速、海表温度

2.3.2.2　台风“百合”前后海表温度的空间变化分析

台风“百合”对海表温度（SST）有较大的影响，台风前后海表温度的变化如图 2.11 所示。其中，图 2.11（a）为台风前（2001 年 8 月 20 日至 9 月 5 日）NOAA 卫星海表温度数据均值融合结果；图 2.11（b）为台风期间（9 月 6—18 日）该海域的海表温度均值融合结果。从图 2.11（b）可见，台风期间海表温度数据有较大的缺失，尤其是台风盘旋的中心区域。但从总体上看，图 2.11（b）中图像颜色较图 2.11（a）有明显的变化，即图 2.11（b）的红色变淡，黄色与绿色区域明显增多，台风期间海表温度有较大降低。整个研究海域海表温度平均从台风前的 25.48 ℃降低至台风期间的 22.45℃，平均降低了 3.03℃，即下降幅度为 12.95%。对整个研究区域进行了如图 2.2 所示的区块分割，就台风前，台风期间的海表温度的变化进行了对比分析，结果如图 2.12 所示。从图 2.12 可以看出，台风期间各个区块海表温度均有不同程度的降低，从图 2.12 可见，蓝色点线为台风前（8 月 20 日至 9 月 5 日）海表温度均值，各个区域相对稳定，整个研究区域较为一致。红色点线为台风期间各区块的海表温度均值，从图中可以看出，台风过境的 8 号、12 号、13 号区块海表温度降低普遍较多，其中 12 号、13 号区域温度下降幅度最大，在台风盘旋的中心区域（26°—28°N，123°—127°E），SST 平均下降了 5.40℃，下降幅度达 21.20%，温度下降最大的是 9 月 14 日，该区域平均仅

为13.48℃。虽然在台风期间受云的影响数据缺失较为严重，特别是在台风盘旋的中心区域更为显著，但是其有效数据点数仍较大，以图2.11（b）中数据缺失较严重的8号区域为例，单独对该区域进行了数据统计，排除异常值（如海表温度为负或零度附近的值），该区域仍有11 906个有效数据点，且温度范围在12.87～29.90℃之内。即有效数据点数超过40%，这与通常的船只实测站点数据相比（船只实测时，整个研究区域通常也仅为100多个站位，在该小区块就更少），数据点数显著增多，因此，该区域统计平均是合理有效的，可以代表台风期间该区域的温度水平。

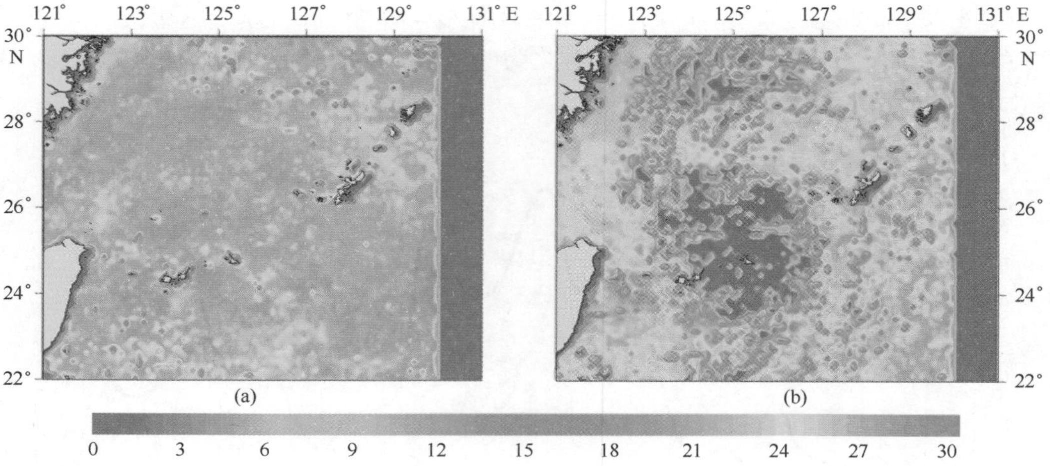

图2.11　2001年台风"百合"前后研究区域海表温度比较

（a）台风前；（b）台风后

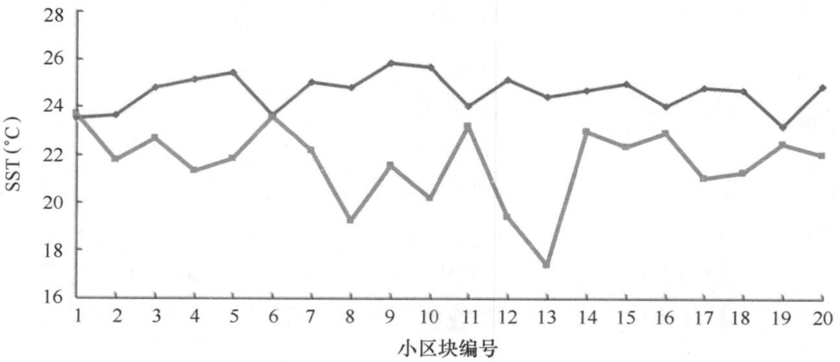

图2.12　2001年台风"百合"期间各子区域海表温度的变化比较

2.3.3　台风"百合"对东海海域海水透明度的影响

台风"百合"对海水透明度的影响如图2.13所示，该图由SeaWiFS卫星3A级透明度数据融合而成。其中图2.13（a）表示台风前（8月25日至9月5日）该海域透明度的均值，图2.13（b）为台风期间（为了与叶绿素a浓度分析时间上的一致性，以9月6日至18日时间段为台风期间）海水透明度的均值合成情况。从图可见，台风中心区域在台风期间有一定的数据缺失，但总体上该海域海水透明度比台风前有较大幅度的降低，台风盘旋中心以南海水透明度下降幅度大于以北的下降幅度，该中心的东南方向下降幅度较大，而东北方向下降幅度较小。台风前、台风期间各区块海水透明度的变化情况如图 2. 14 所示，经统计计算表明，蓝色点线为台风前该海域透明度均值为 16. 85 m，红色点线为台风期间均值仅为 12. 67 m，平均下降了 4. 18 m，下降幅度达 24. 81%，下降最大的是第 8 号区块，即 24°—26°N，125°—127°E 区块，平均下降了 7. 96 m，下降幅度达 47. 6%。台风后整个区域透明度均值为 13. 63 m，可见，台风后海水透明度不仅有较大的降低，而且该降低有较长的持续时间。

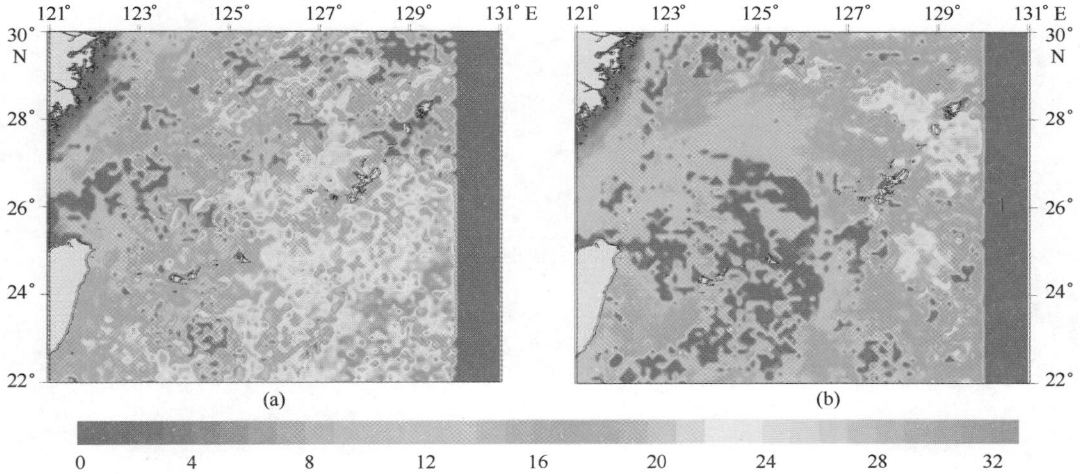

图 2. 13　2001 年台风“百合”前后研究区域海水透明度比较

（a）台风前；（b）台风后

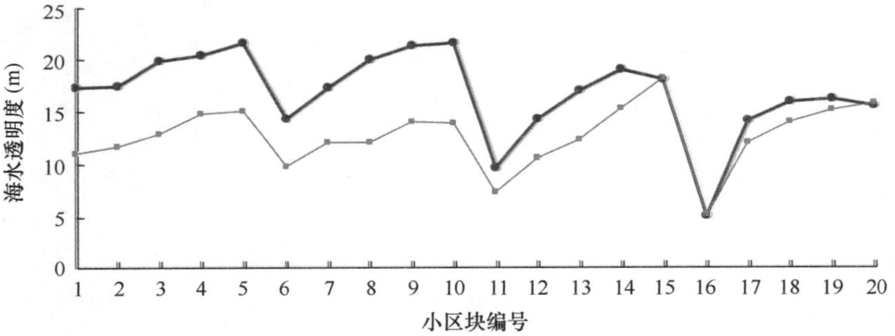

图 2. 14　2001 年台风“百合”期间各子区域海水透明度变化比较

2. 3. 4　台风“百合”前后叶绿素 a 浓度、海表温度、海水透明度变化关系分析

各区块在台风过后海表温度、海水透明度及叶绿素 a 浓度变化百分比如图 2. 15 所示，从图 2. 15 可见，一方面，台风期间叶绿素 a 浓度变化强度大于海水透明度的变化强度，而海表温度变化强度总体上小些；另一方面，台风期间海水透明度和海表叶绿素 a 浓度在台风“百合”盘旋的中心区域以南区域（图 2. 2 中 1 ~ 13 区块内）变化强度大于中心以北的区域，即总体上在 1 ~ 13 区块，海水透明度有较大降低，而叶绿素 a 浓度却有较大增长。此外，从图中还可以看出，海水透明度与叶绿素 a 浓度在变化方向上相反，但各个区块的变化趋势却相

似，即二者的变化具有负相关性。进一步对各区块内海水透明度的下降百分比与叶绿素 a 浓度上升百分比进行了相关性分析，结果如图 2.16 所示，从图 2.16 可以看出，叶绿素 a 浓度的增长百分比与海水透明度下降百分比呈较强的线性相关性，其决定系数达 0.821。温度的变化也与叶绿素 a 浓度变化方向相反，即台风期间海表温度总体上减小，叶绿素 a 浓度总体上增大，但二者的变化没有线性相关性。

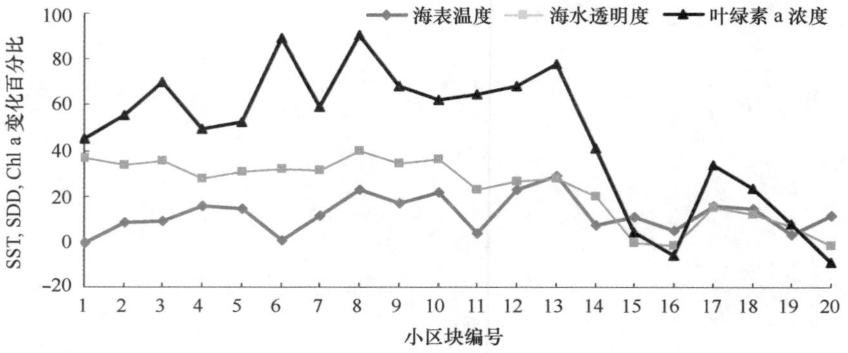

图 2.15　2001 年台风“百合”期间各子区域海表温度、叶绿素 a 浓度、海水透明度变化率

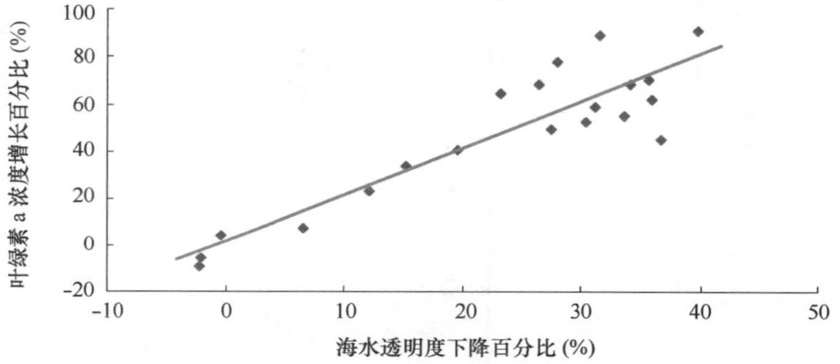

图 2.16　2001 年台风“百合”期间各子区域海水透明度变化率与叶绿素变化率关系

2.4　200601 号台风“珍珠”对南海海域的影响

2.4.1　台风“珍珠”对南海海域叶绿素 a 浓度的影响

2.4.1.1　南海海域及台风“珍珠”介绍

南海位于西北太平洋，是世界上最大的热带边缘海，面积约为 350×10^4 km^2，平均水深达 2 000 m，最大水深达 4 700 m。西北同中国东海相连，东部同西太平洋、爪哇海相接，西部同印度洋相通（见图 1.2）。南海是我国最大的海域，在我国海洋及地理位置中占有极其重要的位置。国内外研究南海特征，尤其是叶绿素及海温的分布与变化的学者很多，如陈楚群（2001）年基于卫星遥感资料分析南海叶绿素浓度的分布；赵辉（2005）研究了南海叶绿素浓度的季节变化及空间分布；王东晓（1998）基于数值模拟研究了南海表层温度年循环情

况；方文东（1997）基于CTD资料研究了南海南部的环流结构；Wyrtki（1961）、Pan等（1998）认为东亚季风在南海上层水动力特征中扮演极其重要的角色；Yang和Liu（1998）以及Liu和Xie（1999）认为夏季西南季风冬季东北季风盛行，冬季东北季风控制整个南海；Wyrtki（1961）、Lau等（1998）认为东亚季风在南海水动力特征及上层环流有非常重要的影响。平均每年有7~8次热带风暴或台风过境南海海域，但由于受所提供的数据区域的限制，仅对南海北部海域（14°—24°N，108°—120°E）进行研究。

200601号热带气旋“珍珠”起始于2006年5月9日西北太平洋海域，大约在8.3°N，132.1°E的宽阔洋面上，最初风力为18 m/s，西北方向。然后逐渐增强为热带风暴，并于12日进入研究区域，同时增强为台风，最大风速超过33 m/s，大约在14°N，115.2°E附近，增强为强台风，最大风速超过了45 m/s，并转向正北方向，5月14日，其风力进一步增强为超强台风，最大风力超过了60 m/s，移动速度约5 m/s，5月17日，风力减弱为台风并在广东省汕头市登陆，18日17时前后风力减弱至18 m/s并逐渐消失。其过境研究海域路径及该区域2°×2°大小的区块分割如图2.17所示。

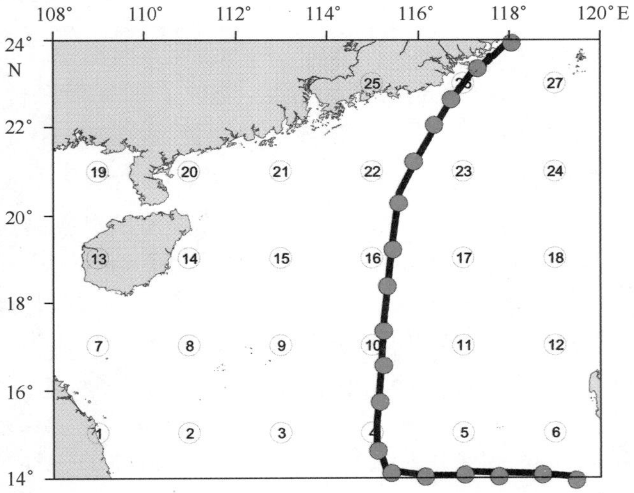

图2.17　2006年5月台风“珍珠”路径及其研究区域与区块分割

2.4.1.2　台风“珍珠”前后日最大风速变化

图2.4为2006年5月1日至5月31日该研究区域日最大风速变化情况，其中无台风期间为从上述2B风场获得的日最大风速，在高海况的情况下，微波遥感反演风速误差较大，通常都比实测值低得多，因而台风期间的最大风速采用以下网址提供的全球台风风速：http://weather.unisys.com/hurricane/w_ pacific/，该风速更能准确地反映台风期间研究区域最大风速的变化情况。结果如图2.18所示，2006年5月研究海域（南海北部海域）最低风速在5月31日仅为5.8 m/s，无台风期间的日平均最大风速为14.5 m/s，而这次台风“珍珠”期间（12—18日），日平均最大风速达到了50 m/s，最高风速在5月15日达到了69.4 m/s，即以高达250 km/h的速度旋转，10级风力半径达400 km，中心最低气压仅为920 hPa，移动速度仅4 m/s，为近年发生在南海海域最强的台风之一。

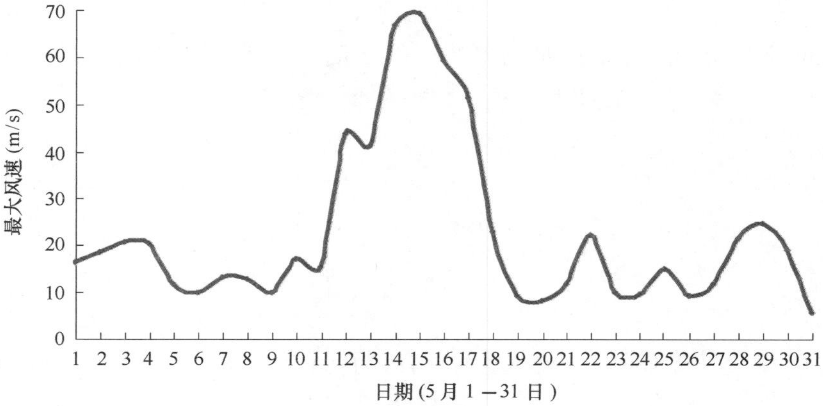

图 2.18　2006 年 5 月台风“珍珠”研究区域日最大风速

2.4.1.3　台风“珍珠”前后叶绿素 a 浓度的时间变化分析

根据图 2.1 算法利用 MODIS（Terra 与 Aqua）两颗卫星每日遥感叶绿素 a 浓度资料计算出研究区域在台风“珍珠”前后日平均叶绿素 a 浓度（注：计算时若某天数据因天气等原因后缺失，则利用相邻两天的均值进行插值补入，该月仅 7 日数据缺失），计算结果如图 2.19 所示，其中图 2.19（a）为日平均叶绿素 a 浓度，图 2.19（b）为 5 天滤波平滑后的总体变化趋势图。从图（a）可以看出，这次台风使研究海域叶绿素 a 浓度显著增长，从 5 月 12 日至 13 日，叶绿素 a 浓度总体上均较高，5 月 17 日达到最大值 1.47 mg/m^3，然后逐渐下降，24 日以后恢复到正常水平。台风前（5 月 1—11 日）平均叶绿素浓度为 0.32 mg/m^3，台风完全消失后（5 月 24—31 日）叶绿素 a 浓度为 0.23 mg/m^3，即该月无台风期间叶绿素平均浓度（台风前和台风完全结束后的平均值）为 0.28 mg/m^3，台风“珍珠”及其影响期间（5 月 12—23 日）平均叶绿素 a 浓度达 0.7 mg/m^3，是该月无台风期间的 2.5 倍，当月最高值在 17 日，其叶绿素 a 浓度是无台风时期的 5.25 倍。从 5 日平滑的图 2.19（b）更能清楚地反映台风前后整体的叶绿素 a 浓度的变化情况，在不计日间变化细节的情况下，整个图像呈较对称的单峰状，台风期间出现明显的平滑峰值，无台风时期平均叶绿素 a 浓度为 0.3 mg/m^3 左右，虽叶绿素 a 浓度最大值因平滑作用而降低，但台风期间总体平均值约为 0.70 mg/m^3，平滑后更能直观地反映台风对叶绿素 a 浓度的总体贡献。为了比较日最大风速与日平均叶绿素 a 浓度的关系，按式（2.2）将它们归一化后结果如图 2.20 所示，它们均呈显著的单峰形状，在无台风期间（不论是台风前还是台风完全消失后）南海海域中平均风力均较小，叶绿素 a 浓度均较低，在台风期间，12 日风力迅速增强，超过了 40 m/s，而叶绿素 a 浓度在 14 日才明显增大，14 日、15 日风力达到最大，超过了 60 m/s，但叶绿素 a 浓度在 17 日、18 日才达到最大值，风力在 17 日、18 日明显减弱并恢复到正常水平，但叶绿素 a 浓度却在 22 日、23 日后才恢复到正常水平，可见，叶绿素 a 浓度的变化总是滞后风力大小的变化，即台风后叶绿素 a 浓度的最大增长与恢复过程，与台风风力变化相比有延迟效应，约 6 天出现叶绿素 a 浓度最大值。

2.4.1.4　台风“珍珠”前后叶绿素 a 浓度的空间变化分析

为了分析台风“珍珠”对研究海域各区域海表叶绿素 a 浓度总的影响，以 5 月 1 日至 11

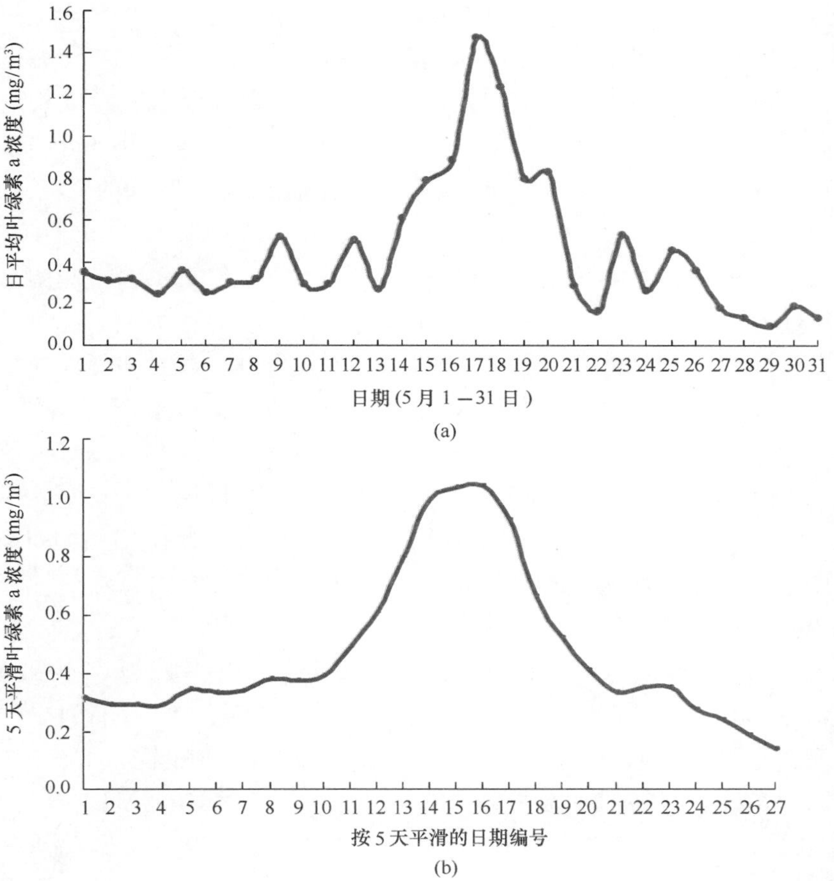

图 2.19　2006 年 5 月台风“珍珠”研究区域日平均与 5 天平滑叶绿素 a 浓度

（a）日平均变化情况；（b）5 天平滑变化情况

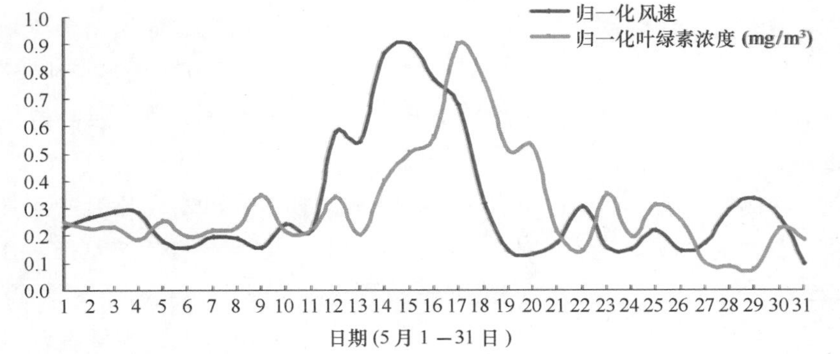

图 2.20　2006 年 5 月台风“珍珠”研究区域归一化日平均风速、叶绿素 a 浓度

日为台风前的情况，以 5 月 12 日至 23 日为台风期间的情况，（从台风期间叶绿素 a 浓度日变化关系图可见，这里若只用 8 天作为台风期间的值进行合成是不符合实际情况的）。图 2.21 为台风前及台风期间该海域叶绿素 a 浓度（Auqa 与 Terra MODIS 两卫星）均值合成情况，从图可见，图 2.21（b）总体上叶绿素 a 浓度明显高于图 2.21（a）所代表的值，尤其是以下

三个局部海域：一是广东湛江近岸及北部湾海域；二是海南岛东部及越南东部海域；三是台风“珍珠”路径右侧海域。由此可见，台风对研究区域叶绿素 a 浓度的贡献具有不均匀性，进一步对该区域进行 2°×2°大小的区块分割，结果如图 2.22 所示，图 2.22 中蓝色折线为台风“珍珠”前各区块叶绿素 a 浓度平均值，红色折线为台风期间各区块的叶绿素 a 浓度平均值，从图可见，几乎所有小的区块台风期间叶绿素 a 浓度都高于台风前的情况，其中 14 号区块（18°—20°N，108°—110°E）位于海南岛东部海域，由 0.16 mg/m^3 增长至 0.73 mg/m^3，增长幅度达 4.43 倍；其次是第 1 号区块（14°—16°N，108°—110°E），位于越南东部海域，由台风前的 0.24 mg/m^3 增长至 0.84 mg/m^3，增长幅度达 3.4 倍；一方面，这两个海域邻近陆地边缘，属二类水体，台风期间由于水体的垂直混合作用增强，泥沙再悬浮导致相应海域悬浮泥沙浓度增高，遥感反演叶绿素 a 浓度偏大；另一方面，此二海域属于夏季强上升流海域，如韩舞雁（1990）指出海南岛东部海域夏季上升流可达 3.8×10^{-3} cm/s；Shaw 和 Chao（1994）、Chu 等（1998）、Xie 等（2003）研究指出越南东部海域更是著名的南海强上升流的区域，并形成很强的离岸激流。Tang 等（2004a，2004b）认为该物理过程可能对南海海洋西北部甚至整个南海生态系统动力施加重要的影响。一般地，夏季西南季风盛行，南海为西南季风控制，整个海域的风应力强度在 0.04 N/m^2 左右。而在越南东南部海域的风应力较大（>0.06 N/m^2），风应力高值中心（也即风激流区）在金兰湾东部约 200 km（>0.06 N/m^2），大约是周围风速的两倍，而且在越南东南部沿岸风的风向大致与岸平行。由于平行海岸的风向有利于沿岸水的埃克曼离岸输送，同时由于风激流的影响，在越南东部离岸方向易于形成反气旋中尺度涡。赵辉（2007）认为这种风应力分布结构可能在一定程度上引起营养盐的自下向上、自沿岸向离岸较强的输运。An 和 Du（2000）、Tang 等（2003，2004a）认为南海位于光照充足的热带海域，因而光照不对浮游植物生长造成限制，从而营养盐的供应成为南海浮游植物生长的唯一限制要素。在强台风“珍珠”的作用下，该上升流会进一步增强，促进了深层冷水区营养盐的上升，从而导致浮游植物的迅速生长及叶绿素 a 浓度的显著提高。第五号区块叶绿素 a 浓度由 0.12 mg/m^3 增加至 0.35 mg/m^3，增长 2.86 倍，该区块水体是一类水体，营养盐是限制该区域浮游植物生长的主要因素，由于台风“珍珠”方向由向西急剧转向正北方向的右侧，风力强劲，水体垂直混合强，同时该剧烈涡旋风场会在该海域产生强烈的上升流，这两方面作用都必将导致营养盐从深层海水上升至表层水体，从而使表层浮游植物在充足的营养盐与光照条件下旺盛生长，因而叶绿素 a 浓度大幅增长。由于台风路径基本在 115°E 上，进一步对其左右两侧的一类水体小区域（14°—22°N，112°—118°E）分为三部分，它们分别位于台风路径的左右两侧，其经度分别是：114°—116°E、112°—114°E、116°—118°E，其纬度均为 14°—22°N，该三部分叶绿素素浓度增长分别为：1.38 倍、1.87 倍、1.69 倍，可见台风路径中心区域叶绿素 a 浓度增长最强，其右侧区域高于左侧区域，即该次台风引起的叶绿素 a 浓度增长具有不显著的右偏现象，这是由于该次台风由南向北移动，右侧风力强于左侧风力的原因所致。

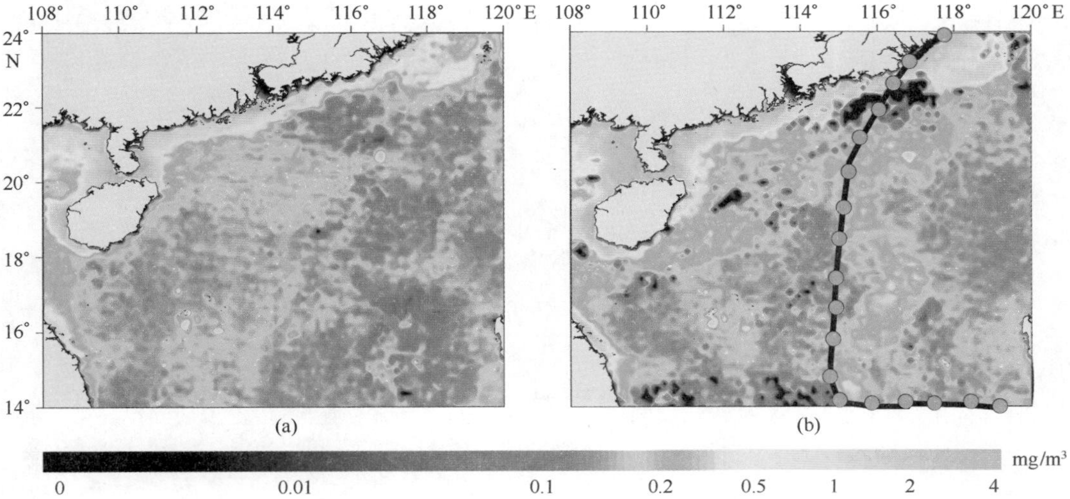

图 2.21　2006 年 5 月台风“珍珠”前后研究海域叶绿素 a 浓度

（a）台风前；（b）台风后

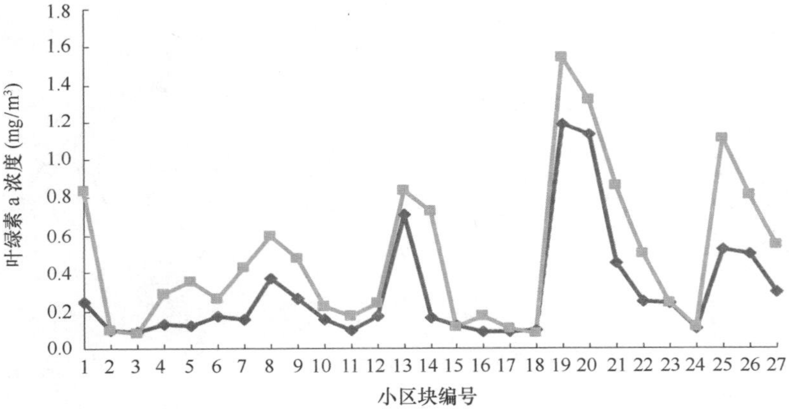

图 2.22　2006 年 5 月台风“珍珠”前后研究海域各子区块叶绿素 a 浓度

2.4.2　台风“珍珠”对海表温度的影响

2.4.2.1　台风“珍珠”前后海表温度的时间变化分析

2006 年 5 月 1—31 日，日平均海表温度由 MODIS（Terra 与 Aqua）两颗卫星资料合成，结果如图 2.23 所示，海表温度由 12 日开始显著下降，24 日逐渐恢复到接近台风前的水平，台风前（5 月 1—12 日）的平均海表温度为 23.88℃；台风期间（5 月 13—20 日）平均海表温度 20.40℃，平均下降了 14.57%。5 月 15 日海表温度最低，仅 18.52℃，比台风前平均下降了 5.36℃，下降幅度为 22.45%，比 5 月 9 日下降了 7.19℃，下降幅度达 28.00%。将 5 月 1—31 日日平均最大风速与日平均海表温度按式（2.2）归一化处理，如图 2.24 所示，12 日台风进入研究区域时，风速迅速增大，同时海表温度迅速降低，15 日左右风力最强，相应海表温度降至最低，18 日台风结束时海表温度有所恢复，25 日左右接近台风前水平。可见，日平均海表温度与日平均最大风速同步变化，而台风引起的叶绿素 a 浓度增长具有延迟效应。

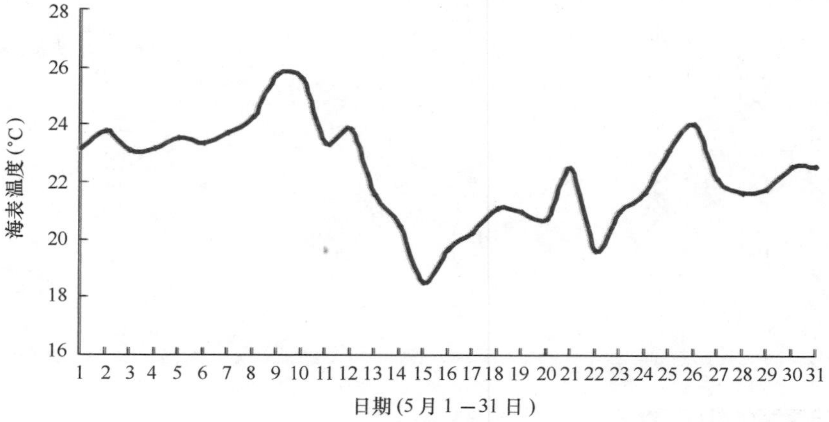

图 2.23　2006 年 5 月台风“珍珠”前后研究海域海表温度日变化

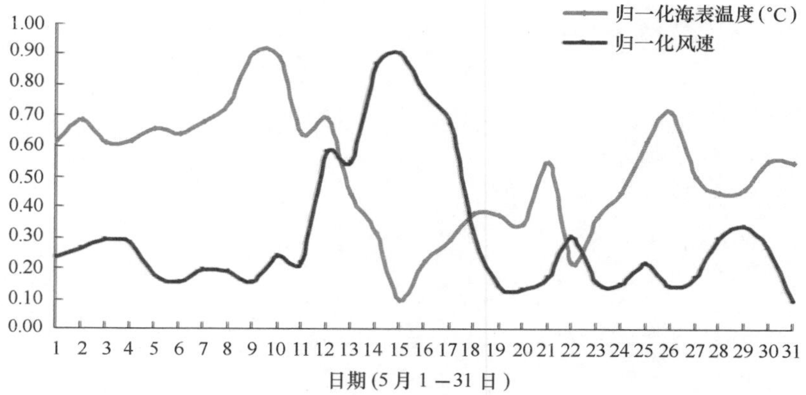

图 2.24　2006 年 5 月研究区域台风“珍珠”归一化日平均风速、海表温度

2.4.2.2　台风“珍珠”前后海表温度的空间变化分析

台风“珍珠”对海表温度（SST）的影响显著。台风前后整个研究海域海表温度的变化如图 2.25 所示。该结果是 MODIS（Aqua 与 Terra）两颗卫星海表温度资料均值融合结果。其中，图 2.25（a）、（b）分别为台风前（2006 年 5 月 1 日至 9 月 12 日）和台风期间（5 月 13—20 日）的情况，从图 2.25（b）可见，台风期间仅越南东部海域海表温度有部分数据缺失，为保证数据的原始性，计算时未对其进行插值处理。但从总体上看，图 2.25（b）中图像颜色较图 2.25（a）有显著的变化，尤其是台风“珍珠”右侧海域出现了明显的“冷水池”，即台风“珍珠”引起的海表温度降低有右偏现象。

进一步对图 2.17 中的各区块的海表温度计算，结果如图 2.26 所示，整个研究海域海表温度明显下降，按各区块海表温度统计平均值计算，台风前为 24.03℃，台风期间为 20.92℃，平均下降 3.11℃。其中处于台风急转弯右侧的第 5 和第 6 区块海表温度下降最显著，第 6 区块由台风前 25.05℃下降到 20.04℃，下降了 5.01℃，下降幅度超过了 20%，这是由于长时停留与更强的风力造成的；其次是第 5 区块，由台风前 24.64℃下降到 19.71℃，下

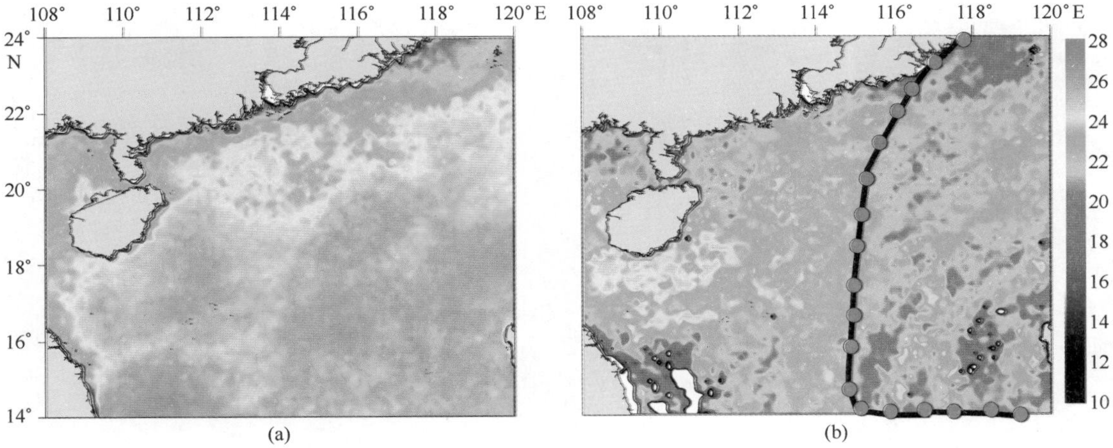

图 2.25　2006 年 5 月台风“珍珠”前后海表温度比较

（a）台风前；（b）台风后

降了 4.93℃，下降幅度达 20%，表明离台风中心越近同时又位于台风路径右侧区域，海表温度的响应最强烈。再次是第 4 区块，由台风前 24.95℃下降到 20.30℃，下降了 4.65℃，下降幅度为 18.63%。沿着台风路径（115°E），进一步对其左右两侧的水体区域（14°—22°N，112°—118°E）分为三部分，其经度分别是：112°—114°E、114°—116°E、116°—118°E，其纬度均为 14°—22°N，这三部分海表温度分别下降 2.44℃、3.10℃、4.16℃，可见沿纬线方向从左至右海表温度下降幅度依次增大，台风路径右侧区域海表温度下降幅度大大高于左侧区域，即该次台风引起的海表温度响应具有显著的右偏现象。这是由于该次台风为气旋式超强台风，在台风中心的右侧区域，实际风速大小等于台风旋转的切向速度加上台风向北的移动速度，而台风左侧实际风速大小等于台风旋转的切向速度减去台风向北的移动速度，因而右侧风力总体上强于左侧风力，从而使海表蒸发更为剧烈，海表水体被大气带走更多的潜热，同时因风力强劲，风动力引起的海水垂直混合与搅拌作用更强，表层高温海水与深层低温海水热交换更充分，从而使表层海水向深层海水传递更多的显热，因而台风路径右侧海表温度下降更为显著。

对台风前后合成的海表温度数据文件，分别在 SPSS 中作柱状图，结果如图 2.27 所示，图 2.27（a）为台风前（5 月 1—12 日）研究区域各点海表温度的分布情况，除去因天气等原因而致的数据缺失点，有近 404 000 个有效点，相应各点统计平均温度为 24.83℃，标准差为 1.24℃，相应海表温度分布很不均匀，这主要是由于研究区域横跨 10 个纬度，高纬海域温度低于低纬海域的温度所致。图 2.27（b）为台风后各点海表温度的分布情况，由于台风“珍珠”期间天气相对恶劣，云覆盖率增加，因而有效数据点相应减少，经统计，研究海域共有近 350 000 个有效样本点。毫无疑问，如果采用船只实测，在相应大小的研究海域能布上 300 个站位，那已是非常密集的了，而采用遥感手段，有效数据量可达船只实测的 1 000 倍，而且船只实测 300 个以上的样本，至少要花费两个月以上的时间，费时费力。更何况，就目前的技术条件，在台风等如此恶劣的海况环境下，很难用船只完成这一现场实测任务。由此可见，与传统的船只实测研究手段相比，利用卫星遥感技术研究海洋环境，在高效率、高时间分辨率、高空间分辨率方面有无法比拟的优越性。图 2.27（b）相应的柱状图整体上

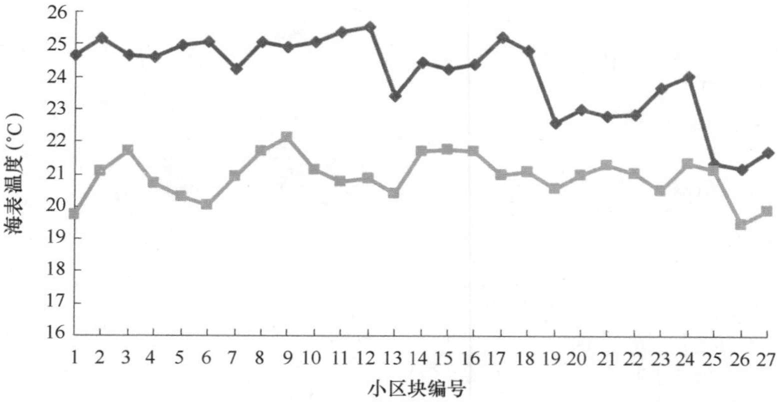

图 2.26 2006 年 5 月台风“珍珠”前后各子区域海表温度比较

向左平移了一定距离，表明研究区域几乎所有点的海表温度都有不同程度的降低；同时超强台风“珍珠”使整个研究海域海表温度的分布更趋均匀化，总体上接近正态分布。平均温度为22.15℃，相应标准差为1.36℃。进一步采用式（2.3）和式（2.4）计算出研究区域各点台风前后的海表温度差（其中 SST_1、SST_2 分别代表台风前后海表温度而 Delt_ SST 二者之差，当某点台风前后有数据缺失时（温度为0°，则二者海表温度差值均计为0°）：

$$\text{Delt\_ SST} = SST_1 - SST_2 \quad (SST_1 \text{ 且 } SST_2 \neq 0) \tag{2.3}$$

$$\text{Delt\_ SST} = 0 \quad (SST_1 \text{ 或 } SST_2 = 0) \tag{2.4}$$

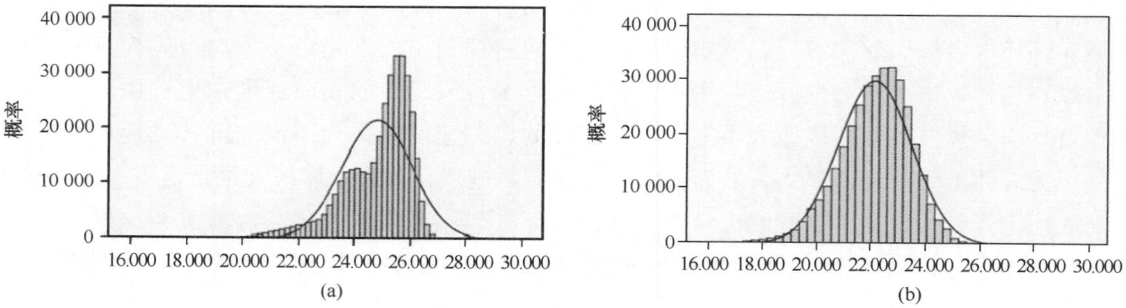

图 2.27 2006 年 5 月台风“珍珠”前后研究区域各点海表温度概率分布

（a）台风前；（b）台风后

结果如图 2.28 所示。图中有效数据点达 336 000 个，但有部分点温度升高的情况，这是由于研究区域超过了 1 000 km^2，台风后出现局部海表温度升高的现象是完全可能的，同时也可能是由于遥感反演误差所致。但从图 2.28 可见，温度升高的点最多升高 2℃左右，且所占的比例很低，不到5%，最大温度降低却超过了8℃，整个海域平均温度降低2.68℃，标准差为1.68℃。整个研究海域海表温度的变化接近正态分布；但温度下降2.4℃的比例最高，最高峰值略低于平均值，表明其分布具有左偏性，温度下降1~4℃占60%以上，可见2006年5月台风“珍珠”对南海海域海表温度产生了巨大的影响。同时，从以上分析可见，对研究区域的海表温度进行三种不同的平均值计算（按天平均、按小区块平均、研究区域所有点的总平均），结果有一定的差异，这是由于统计方法本身不同造成的。从结果来看，按小区块平均结果在其余二者的中间，且当区域分小后，减少了因天气等原因带来的数据分配不均匀所造成的系统误差，因此以后各章中，没有特别指明时，某区域的总平均值均采用各小区块平均后的平均值进行计算（如某区域共分 20 个小区块，则该区域某变量的总平均值是这 20 个小区块的平均值的平均值，而不是该区块所有数据点直接总平均值），这也正是本论文所采用的滑动窗口均值融合算法求均值的基础上再求均值的优越性。

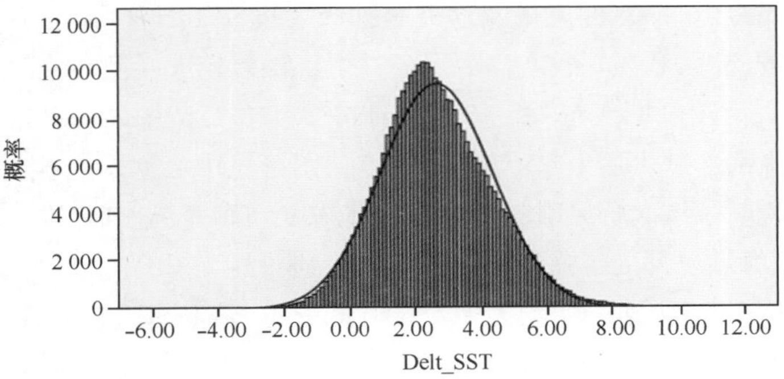

图 2.28　2006 年 5 月台风“珍珠”前后研究区域各点海表温度变化量概率分布

2.4.3　海面风场及埃克曼抽吸速度

埃克曼抽吸速度是海洋上层垂向运动的一个重要因素，它有助于我们理解研究区域的叶绿素分布特征。Sousa（1992）指出区域性的近岸上升流与海洋锋及中尺度涡有关。在台风的作用下，上层海水会形成强大的涡旋，从而推动上升流的形成。进而在海洋上升流的推动下，浮游植物被带到真光层，它们的光合作用系统获得更多的太阳辐射，同时浮游植物生长必需的营养物质被带到真光层，从而引起近表层浮游植物的增长，相应地表现为叶绿素 a 浓度的增长和初级生产力的提高。Bate（1998）认为台风潜在的影响还包括海洋上层生物地理化学性质的变化，比如，向大气排放更多的 CO_2，相应地引起偶然性的输出生产量将趋于阻止 CO_2 的排放。Dickey（2002）指出由于浮游植物藻华减缓了下行辐射量，从而改变了上层海水热通量。因此，上升流在改变浮游植物浓度及初级生产力方面起到了关键作用，其速度基于下列方程获得（Stewart，2002）：

$$W_e = \frac{\left(\frac{\partial \tau_y}{\partial x} - \frac{\partial \tau_x}{\partial y}\right)}{\rho_0 f} \tag{2.5}$$

$$(\tau_x, \tau_y) = \rho_a C_D (u^*, v^*) \tag{2.6}$$

$$f = 2\Omega \sin \Phi \tag{2.7}$$

$$u^* = \sqrt{u^2 + v^2} \tag{2.8}$$

$$v^* = \sqrt{u^2 + v^2} \tag{2.9}$$

式中：W_e——埃克曼抽吸速度；

τ，ρ_0，f——风应力、海水密度以及科氏参数，ρ_0 取值为 1 020 kg/m^3；

ρ_a——空气密度，取值为 1.26 kg/m^3；

Ω——$7.292 \times 10^{-5}/s$；

C_D——风应力拖曳系数据，取值为 1.29×10^{-3}。

在给定风应力数据情况下，我们能够根据式（2.5）计算出埃克曼抽吸速度。夏季，南海为西南季风控制，来自风应力的埃克曼抽吸速度如图 2.29 所示，图 2.29（b）为 5 月 26 日的风场和埃克曼抽吸速度，可见当时风速和埃克曼抽吸速度都相对较小，风速在 10 m/s 左右，上升流或下降流大致在 $5\times10^{-6}\sim2.5\times10^{-5}$ m/s 之间，越南东部海域相对较强。图 2.29（a）为台风期间（5 月 16 日）的风场及埃克曼抽吸速度，当日实际风速超过了 50 m/s，由于这里采用的是微波遥感3B 风场，在高海况条件下，误差较大，反演值比实际值偏小，因而图中标尺为 30 m/s。由图可见，在 18°—22°N，114°—118°E 范围内，台风强烈的涡旋作用产生了强的上升流，最高速度可达 1.4×10^{-3} m/s，从图可见中心涡旋右侧上升流要强于左侧，这也在一定程度上说明了该次台风引起的叶绿素 a 浓度和海表温度响应相对其路径的“右偏现象”；同时其周围海域也形成了强烈的下降流，流速可达 1×10^{-4} m/s，另外，在越南以东海域，上升流速也达 2×10^{-4} m/s，约为无台风时期的 10 倍左右，正是在强烈的上升流和下降流以及垂直混合的作用下，整个南海海域深层冷水区中的营养盐被带到海洋表层，从而导致浮游植物生长及叶绿素 a 浓度的提高，进而促进了南海初级生产力的提高，改善了南海海域的生态及动力环境。

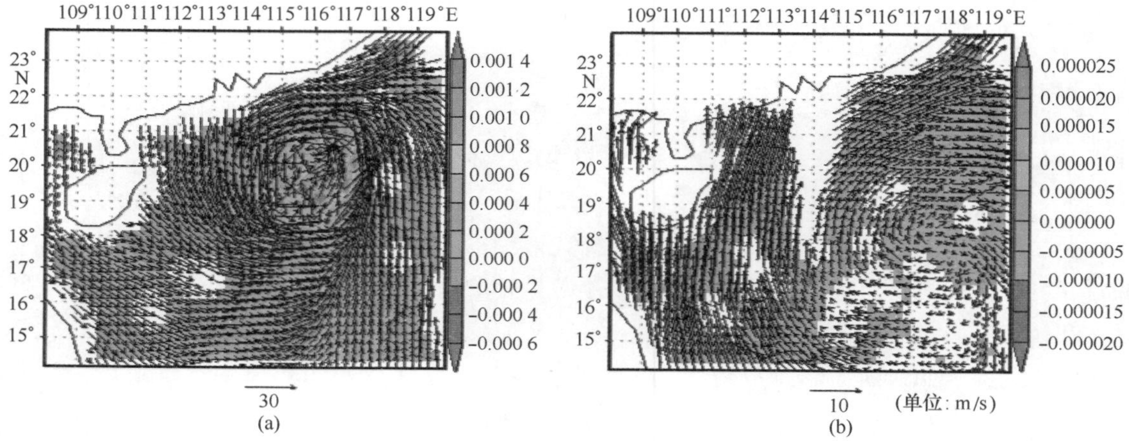

图 2.29　2006 年 5 月台风“珍珠”前后有无台风时埃克曼抽吸速度大小比较

（a）5 月 16 日风场与抽吸速度；（b）5 月 26 日风场与抽吸速度

2.5　两次典型台风对东南海域影响的比较分析

2001 年台风“百合”与 2006 年台风“珍珠”对我国东南海域均产生了一定的影响，现就台风自身特征及其对海洋水色水温环境影响的异同点比较如下。

2.5.1　两次典型台风的相同点

（1）台风路径特殊。2001 年台风“百合”是近年来路径最为特殊的一次，不仅起始纬度高，且在东海多次反时针转向（见图 2.2），最后形成了在东海海域盘旋的轨迹，并在花莲登陆后进入台湾海峡后消失；而 2006 年台风“珍珠”始末经纬度均横跨了 17°左右，且在研究海域的（14°N，115°E）处发生了几乎垂直的急转弯，前进方向由正西转向正北，并且也在台湾海峡结束消失。

（2）强度大，历时长。两次台风均达到强台风（strong typhoon）量级，最高风速均超过了 51 m/s，且从起始到结束均超过了 10 天，在研究海域移动速度慢，历时在 6 天以上。

（3）两次台风均使相应海域叶绿素 a 浓度有所升高。“百合”对叶绿素 a 浓度平均贡献 26%以上，而“珍珠”平均贡献达 150%以上。

（4）两次台风均使相应海域海表温度急剧降低。台风“百合”使整个研究海域海表温度平均下降 3.03℃，局部海域最高达 5.4℃；台风“珍珠”使南海海域平均下降 3.11℃，局部区域最高达 5.01℃。

（5）海表温度及叶绿素 a 浓度响应时间。两次台风使海表温度的响应均非常迅速，即台风来临时，温度显著下降；风速最高时，海表温度下降程度也趋于最大；当台风结束时，海表温度也较快恢复；而叶绿素 a 浓度尤其是最大浓度的响应均有明显的延迟现象。

2.5.2 两次典型台风的不同点

（1）两次台风过境的海域、发生的季节、时间、在研究区域持续的时间均不同。台风“百合”发生在 2001 年秋季东海海域，在研究区域持续时间长达 10 天以上，尽管结束时进入南海海域，但对该海域几乎没有多少影响；而台风“珍珠”发生在 2006 年夏季，主要过境南海海域，在研究区域持续时间约 6 天，本次台风对东海海域不构成影响。

（2）从前面的分析可知，台风“珍珠”强度更大，对南海海域叶绿素 a 浓度的贡献比“百合”对东海域贡献更大；而台风“百合”对东海海域海表温度的影响略高于“珍珠”对南海海域的影响。

（3）由于台风“百合”在东海域成盘旋状态，路径总体上呈圆环形，具有一定的对称性，因此台风“百合”对叶绿素 a 浓度及海表温度的影响上均不具有右偏性；而台风“珍珠”在研究海域几乎沿 115°E 北上，其左右两侧叶绿素 a 浓度及海表温度的响应均不相同，二者均具有右偏现象，且海表温度的右偏性更强。

（4）两次所用卫星遥感产品不同。2001 年台风“百合”分析所用叶绿素 a 浓度资料来自 SeaWiFS，而海表温度资料来自 NOAA 卫星数据；而 2006 年台风“珍珠”分析所用叶绿素 a 浓度和海表温度均来自 MODIS（Terra 与 Aqua）卫星数据。从结果来看，二者的海表温度资料均较为稳定。但 MODIS 的叶绿素 a 浓度资料，尤其是在高海况多云天气情况下数据缺失更严重，数据的稳定性较 SeaWiFS 更差，从而使分析结果系统误差更大些。

2.6 结论

本章首先介绍了区块分割滑动窗口均值融合算法，从研究结果来看，该方法具有一定的优越性。由于研究海域通常选择较大的矩形区域，该算法不仅可以提高效率，节省程序运行的时间（当小区块全属于陆地时，可以直接排除而不参与循环），而且可以减少计算过程中的系统误差，使研究海域某环境变量的平均值更趋合理。同时，还可以在进行大的区域总体分析的基础上，进行局部海区特殊性的讨论，使研究的细节性更强。从研究结果来看，2001 年台风“百合”与 2006 年台风“珍珠”均对研究海域产生了强烈的影响。台风“百合”使研究海域叶绿素 a 浓度平均升高近 30%，局部区块达 70%，整个海域海表温度下降 3.03℃，局部区块达 5.4℃；而台风“珍珠”使研究海域叶绿素 a 浓度平均升高近 150%，局部区块在 5 倍以上，而海表温度总体下降 3.11℃，局部区块下降 5.01℃。同时从台风“百合”引起的海水透明度下降的分析可见，台风后叶绿素 a 浓度增长不可能是由于台风后有更充分的光照，从而使浮游植物光合作用增强所致。而海表叶绿素 a 浓度的增长通常来自两方面：一是海表浮游植物生长；二是次表层高叶绿素 a 浓度上移，张彤辉（2007）认为可能来自季风及邻近海域冷涡的运输。而浮游植物的生长又主要受制于营养盐浓度和光照条件，在光照条件充分甚至透明度总体下降的情况下叶绿素 a 浓度的提高，则无疑主要来自于充分的营养盐供给，而高营养盐通常位于较深次表层的冷水区，因此要能促进海表叶绿素 a 浓度增长，必须使位于次表层冷水区中的高浓度叶绿素和高营养盐上移至海表。而台风完全具备了实现这一目的的机制，一方面它使相应水体垂直混合作用加强，另一方面它促进了上升流和下降流的形成和加强，使相应海域水体垂向混合更加充分，从而使次表层的高营养盐和高叶绿素移向海表，使海表浮游植物生长迅速旺盛，海表叶绿素 a 浓度提高，通过卫星遥感手段则可以很好地观察到这一现象的变化。

3 海表温度受台风影响的关键要素研究

3.1 前言

早在20世纪60年代，海洋科学家Hazelworth（1968）研究指出，台风尾迹区域的海表温度会有显著的下降，后来有更多学者证实了这一观点，如Brand（1971）、Federov（1972）、Black（1979）、Pudov等（1980）、Stramma等（1986）、Shay等（1992）。James F. Price在1981年研究经过大西洋海域的台风Eloise发现：在台风Eloise之后，相应海域海表温度下降了2~3℃，同时他认为这主要是由于海水强烈的垂直混合作用，而海气相互作用的热通量损失则起相对较小的作用；同时，由于风应力的不对称性强烈地驱动了不对称的混合层，从而导致了海表温度变化的右偏现象，即台风路径右侧海表温度下降幅度更大，在本论文第2章对2007年经过南海的台风“珍珠”研究中也有相似的现象。最早采用卫星遥感手段研究海表温度对台风响应的学者是美国科学家Frank M. Monaldo和Todd D. Sikora，他们在1997年使用AVHRR（Advanced Very High Resolution Radiometer）卫星资料，分析研究了1996年过境墨西哥湾的台风Edouard对海表温度的影响，发现台风Edouard使墨西哥湾的海表温度大约下降了4℃；1998年，Tommy Dickey与Dan Frye同样采用AVHRR卫星资料研究1995年过境百慕大海域的台风Filex并指出，该次台风使过境海域近400 km的海域海表温度下降了3.5~4℃；2003年，Gustave J. Goni分析发现2003年过境西北太平洋海域台风伊布都使相应海域海表温度下降了3~4℃；2007年，Wei Shi和Menghua Wang利用Aque卫星上的微波扫描仪提供的海表温度资料（Advanced Microwave Scanning Radiometer EOS（AMSR-E）on Aqu）研究了2005年过境墨西哥湾的台风“Katrina”，他们发现在台风影响的中心区域，由于强烈的上升流及卷吸混合作用，海表温度在短时间内急剧地下降了6~7℃，而离中心相对较远的区域，海表温度大约只下降了1~2℃；2008年，我国学者王东晓和赵辉博士，基于TRMM（Tropical Rain Measuring Mission）与AMSR-E卫星资料，研究了2007年6月过境阿拉伯海域的台风“Gonu”对海表温度的影响，发现研究海域海表温度下降幅度超过了2℃且这一低温持续时间超过了10天，同时，混合层深度及相应温度也分别从台风“Gonu”前的31 m和30.58℃变化至52 m和29.7℃，可见，混合层温度降低的同时其深度大幅加深。从以上的个例研究中可以看出，台风后海表温度有显著的降低，这与笔者在第2章中对两次台风研究结果相一致。西北太平洋海域，近年来过境台风超过了百余次，在本章中，通过对西北太平洋海域近50次台风过境前后海表温度影响进行统计分析，以期发现台风对西北太平洋海域尤其是中国近海海域海表温度影响的平均程度以及影响这一海域海表温度对台风响应的关键要素。

3.2 研究区域、数据和方法

3.2.1 研究区域

本章所涉及的台风研究区域是西北太平洋海域的中国近海及邻近海域，包括南海北部海域、东海海域、南黄海海域及台湾海域与菲律宾海域，经纬度范围分别是 14°—34°N，108°—130°E。

由于数据接收区间的限制，最低纬度为 14°N，最大经度为 130°E，对于个别过境路径超过此范围的台风，该范围以外在本研究中不涉及。个别台风仅在南海或某一局部海域内活动，对其他海域影响甚小或者没有影响，因此研究区域根据实际情况确定，而不是对所有研究对象采用同样大小的研究区域。

3.2.2 数据及处理方法

本章计算海表温度的算法与第 2 章式（2.1）相同，即根据台风前后多天数据进行融合，为了更准确地反映台风前后研究区域海表温度的变化，首先分别计算出台风前后近一个月内研究区域每天的平均温度，然后根据台风进入与离开研究区域的时间，再分别求出台风前、台风期间及台风完全消失后的平均海表温度（这虽然使工作量大幅增加，但计算结果更合理），然后将台风前及台风完全消失后的海表温度进行平均作为无台风时的海表温度，对于个别台风期间因天气等原因数据严重缺失或者根本没有数据的情况，则放弃这次台风的分析，而个别台风前或台风完全消失后数据有缺失者，则采用前后相同的海表温度值进行处理。本章中所用到的台风风场数据由以下网址提供：http：//poet. jpl. nasa. gov 和 http：//weather. unisys. com/hurricane/w_ pacific 以及 www. zjwater. com/typhoneweb/。

其中，相关变量定义如下：

（1）最大风速 v_{max}（m/s）：指台风在研究区域内的最大风速，而不是其整个生命过程中的最大风速。该值由 http：//weather. unisys. com/hurricane/w_ pacific 提供。

（2）平均最大风速 v_{ave}（m/s）：指本次台风在研究区域内每隔 6 h 的最大风速的平均值，每隔 6 h 的最大风速由西太平洋台风网址提供：http：//weather. unisys. com/hurricane/w_ pacific。

（3）移动距离 d（km）：指本次台风在研究区域内移动的距离。计算公式如式（3.1）；对于个别路径特殊的台风（如第 2 章中研究的台风“珍珠”，路径弯曲），则进行分段计算，然后再求各段之和作为台风实际移动距离。

$$d = R \times \arccos(\cos\beta_1\cos\beta_2\cos(\alpha_1 - \alpha_2) + \sin\beta_1\sin\beta_2) \tag{3.1}$$

式中：R——地球半径，取值为 6 378.14 km；

(α_1, β_1)——其中一点的经纬度；

(α_2, β_2)——另一点的经纬度。

（4）移动时间 t（h）：指台风在研究区域内前后经历的时间，也称为停留时间，其值为台风离开研究区域的时间减去台风进入研究区域的时间，单位为小时（h）。由于台风进入与离开研究区域的时间均为估计值，故该值存在一定的偶然误差。

（5）移动速度 u_t（m/s）：即台风在研究区域内的平均移动速度，即移动距离与移动时间之比，单位为m/s，它反应台风在研究区域内移动的平均快慢程度。其定义如下：

$$u_t = \frac{d}{t} \tag{3.2}$$

（6）海表温度SST（℃）：为了更准确地反映台风前后海表温度的变化，根据台风前后近一个月时间内每天海表温度的变化情况，分别计算出台风前（SST_{bef}）、台风期间（SST_{dur}）、台风完全结束后（SST_{aft}）各自的海表温度，然后用台风前和台风完全消失后海表温度的平均值作为无台风时相应研究区域的海表温度（SST_1），台风期间的海表温度（SST_{dur}）作为台风时海表温度（SST_2）。最高海表温度（SST_{max}）和最低海表温度（SST_{min}）分别为无台风期间和台风期间某天的海表温度，如第2章中台风“珍珠”期间，2006年5月10日相应区域的海表温度为SST_{max}，而5月15日相应海表温度为SST_{min}，此二值的差反映台风前后海表温度的最大变化程度。若台风前无数据，则用台风完全消失后的海表温度代替；若台风完全消失后无数据，则用台风前的海表温度进行代替；当然，若台风前后均无数据，自然放弃这次台风的研究。根据上述计算方法，总共获得47次台风资料，见表4.1。

（7）海表温度变化率（SST%）：有无台风时海表温度的百分比，定义为

$$SST\% = \frac{(SST_1 - SST_2) \times 100}{SST_1}\% \tag{3.3}$$

（8）台风权重（W_t）：根据作者前期的研究发现，影响海表温度、叶绿素a浓度变化的最主要的台风参数是台风最大风速和台风移动速度，为此定义为过境研究区域的台风最大风速的平方与其移动速度之比，即 $W_t = (V_{max} \times V_{max}) / u_t$。

（9）标准差（S）：

$$S = \sqrt{\frac{1}{n-1}\sum_{i=1}^{n}(x_i - \bar{x})^2} \tag{3.4}$$

（10）K阶中心矩（U_k）：

$$U_k = \frac{1}{n}\sum_{i=1}^{n}(x_i - \bar{x})^k \tag{3.5}$$

（11）偏度系数（g_1）：

$$g_1 = \frac{U_3}{U_2^{3/2}} \tag{3.6}$$

式中：g_1描述变量的非对称方向和程度，其值为0则为正态分布，$g_1>0$，称正偏度，均值在大于峰值的一边，图像呈右拖长尾形；$g_1<0$，称负偏度，均值在小于峰值的一边，图像呈左拖长尾形；U_2、U_3为二阶和三阶中心矩。

（12）峰度系数（g_2）：

$$g_2 = \frac{U_4}{U_2^2} - 3 \tag{3.7}$$

式中，g_2表示图形的凸平程度，即为在均值附近的集中程度，该值越大，数据分布越集中，反之越离散，为0则为标准正态分布；U_4为4阶中心矩。

（13）成对样本T检验：用来比较成对样本观察数据的均值差异。其检验方法是取每对观

察值的差为统计对象，进行单样本检验，即令 $d_i = x_{1i} - x_{2i}$，$i = 1$，2，…，n，然后对 d_i 作单样本检验，t 统计量为（吴传生，2005；章文波，2006）：

$$t = \frac{\bar{d}}{\sqrt{S_d^2/n}} \tag{3.8}$$

式中，$\bar{d}$ 为样本变量 d_i 的均值；S_d^2 为样本变量的方差；n 为样本数。

3.3 结果与分析

3.3.1 近10年西北太平洋海域所选研究台风统计

根据前述计算及统计方法，求出了相关的各项数据，其结果见表3.1（为了方便，不论是热带风暴或者是台风，表中均采用风暴二字描述）。

表3.1 近10年过境西北太平洋台风及前后海表温度

时间	风暴名	研究区域	v_{max} (m/s)	v_{ave} (m/s)	t (h)	d (km)	SST (℃)		
							SST_{bef}	SST_{aft}	SST_{dur}
2000-08	格美（KAEMI）	14°—24°N，108°—120°E	23.13	14.75	48	681	25.96	25.96	24.08
2000-08	碧利斯（BILIS）	14°—26°N，122°—130°E	71.94	62.78	42	1 180	26.37	24.59	22.81
2000-09	宝霞（BOPHA）	14°—26°N，122°—130°E	28.26	24.00	96	1 702	23.93	25.22	22.16
2000-09	桑美（SAOMAI）	24°—34°N，118°—130°E	64.24	45.38	102	1 404	23.16	22.65	19.71
2000-10	魔羯（YAGI）	24°—34°N，118°—130°E	53.96	32.92	114	1 400	23.32	23.32	22.13
2001-06	飞燕（CHEBI）	14°—26°N，118°—130°E	51.39	33.96	72	1 836	25.99	25.92	23.79
2001-07	榴莲（DURIAN）	14°—24°N，108°—120°E	38.54	28.34	84	1 294	24.20	24.20	22.44
2001-07	尤特（UTOP）	14°—26°N，118°—130°E	41.11	35.25	47	1 432	26.09	25.19	23.44
2001-08	天兔（USAGI）	14°—24°N，108°—120°E	20.56	15.32	54	1 018	25.65	25.65	25.38
2001-08	利奇马（LEKIMA）	18°—26°N，118°—128°E	48.82	26.42	192	1 154	23.15	23.88	21.30
2001-09	百合（NARI）	22°—30°N，121°—131°E	51.00	30.25	250	2 000	25.48	25.48	22.45
2002-08	黄蜂（VONGFENG）	14°—24°N，108°—120°E	28.26	17.19	120	1 098	27.13	27.13	26.76
2002-06	浣熊（NOGURI）	14°—24°N，108°—120°E	25.69	16.95	72	881	22.69	22.69	20.97
2002-07	威马逊（RAMMASUN）	14°—34°N，120°—130°E	56.53	46.62	90	1 955	27.84	27.84	25.77
2002-09	黑格比（HAGUPIT）	14°—24°N，108°—120°E	23.13	17.00	96	1 237	28.65	28.65	26.25
2003-06	苏迪罗（SOUDELOR）	14°—34°N，118°—130°E	59.10	36.10	93	2 388	24.87	25.88	22.95
2003-07	伊布都（IMBUDO）	14°—24°N，108°—120°E	45.04	42.00	54	1 389	29.03	29.03	27.12
2003-08	莫拉克（MORAKOT）	14°—28°N，118°—130°E	33.40	24.23	102	1 578	28.34	28.40	27.28
2003-08	科罗旺（KROVANH）	14°—24°N，108°—120°E	46.25	38.96	70	1 333	28.34	28.34	27.08
2003-08	科罗旺（KROVANH）	14°—24°N，120°—130°E	46.25	35.00	62	1 167	28.03	28.69	26.43
2004-06	灿都（CHANTHU）	14°—24°N，108°—120°E	38.54	30.00	60	1 004	24.39	24.39	23.17
2004-06	电母（DIANMU）	14°—34°N，118°—130°E	66.81	53.89	50	1 074	22.54	22.92	20.53
2004-06	蒲公英（MINDULE）	14°—28°N，118°—130°E	64.24	38.66	177	1 886	24.80	24.40	22.85

续表 3.1

时间	风暴名	研究区域	v_{max} (m/s)	v_{ave} (m/s)	t (h)	d (km)	SST (℃)		
							SST_{bef}	SST_{aft}	SST_{dur}
2004-06	康森（CONSON）	14°—34°N，118°—130°E	48.82	31.25	106	1 986	21.56	22.54	20.46
2004-07	圆规（TIII）	14°—24°N，108°—120°E	21.82	10.00	24	798	25.08	25.08	23.17
2004-08	艾利（AERE）	18°—28°N，120°—130°E	43.68	35.32	105	1 618	23.94	23.30	22.64
2004-08	云娜（RANANIT）	16°—30°N，120°—130°E	46.25	30.57	99	1 644	24.96	24.96	22.87
2004-09	桑达（SONGDA）	20°—34°N，122°—130°E	64.24	53.00	57	1 146	23.50	22.64	21.01
2004-09	米雷（MEARI）	18°—34°N，120°—130°E	59.10	45.74	85	1 365	22.57	23.25	19.95
2004-10	蝎虎（TOKAGE）	14°—34°N，122°—130°E	59.10	43.54	53	1 374	21.14	20.94	18.61
2005-07	海棠（HAITANG）	14°—18°N，118°—130°E	71.94	52.34	78	1 523	26.05	25.47	22.59
2005-07	麦莎（MATSA）	14°—32°N，120°—130°E	49.25	36.32	96	1 615	25.43	24.52	21.82
2005-08	珊瑚（SANVU）	14°—24°N，108°—120°E	33.40	21.67	30	694	24.80	24.80	22.78
2005-09	卡努（KHANUN）	16°—30°N，118°—130°E	59.10	44.59	52	1 303	25.14	25.14	23.24
2005-09	达维（DAMVEY）	14°—24°N，108°—120°E	46.25	29.75	96	1 265	25.98	25.98	23.92
2005-09	泰利（TALIM）	16°—30°N，118°—130°E	64.24	49.09	57	1 237	26.08	25.45	23.66
2005-10	启德（KAI_ TAK）	14°—24°N，108°—120°E	46.25	32.84	48	656	24.47	24.47	22.82
2005-10	龙王（LONGWANG）	16°—28°N，118°—130°E	64.24	55.56	50	1 230	25.26	25.72	23.44
2005-11	布拉万（BOLAVEN）	14°—22°N，120°—130°E	38.54	28.38	54	893	24.99	24.85	22.48
2006-05	珍珠（CHANCHU）	14°—24°N，108°—120°E	62.50	49.80	120	1 640	23.88	23.88	20.40
2006-07	格美（KAEMI）	14°—28°N，118°—130°E	46.25	38.93	80	1 541	27.67	27.61	26.15
2006-07	艾云尼（EWINIAR）	14°—28°N，118°—130°E	64.24	46.35	88	1 189	26.22	27.38	24.86
2006-08	派比安（PRAPIRON）	14°—24°N，108°—120°E	35.97	27.50	88	1 116	25.93	25.93	25.13
2006-08	桑美（SAOMAI）	18°—32°N，118°—130°E	71.94	56.88	39	1 073	27.96	28.03	25.36
2006-09	珊珊（SHANSHAN）	16°—34°N，118°—130°E	61.67	46.72	111	2 169	27.10	27.44	25.37
2007-09	范斯高（FANCISCO）	14°—24°N，108°—120°E	23.13	17.50	60	949	27.06	27.06	25.84
2008-04	浣熊（NEOGURI）	14°—24°N，108°—120°E	48.82	37.31	75	1 116	27.27	27.27	25.14

3.3.2 大尺度下台风对SST影响的关键要素分析

3.3.2.1 近10年研究区域内发生的台风最大风速统计

2000—2008年发生在西太平洋海域的热带风暴和台风共100余次，由于数据缺失的原因，我们选择了47次台风进行统计研究分析，结果如图3.1所示，在所有47次台风中，最大风速最大的有2000年8月发生在台湾以东海域的超强台风“碧利斯”（BILIS）、2005年7月发生在菲律宾海域的台风“海棠”（HAITANG）以及2006年9月发生在东海海域的台风“桑美”（SAOMAI），它们的风速最大均达到71.94 m/s；风速最小的是2001年热带风暴“天兔”（USAGI），最大风速为 20.56 m/s；47 次最大风速的平均值是 47.56 m/s：为强台风量级，由此可见，近年来西太平洋的台风不仅次数频繁，且平均强度大。值得关注的是，在上述数据中，2000—2003 年 4 年内，台风中心附近最大风速超过 51 m/s，即 16 级以上的超强台风次为 7 次，最大风速超过 60 m/s 的超强台风为 2 次，最大风速超过 70 m/s 的超强台风为 1 次；而 2004 年至 2007 年 4 年内，符合上述三种情况的超强台风次数分别为 13 次、10 次、2 次，由此可见，近几年发生在西北太平洋海域的台风有明显的增强趋势。

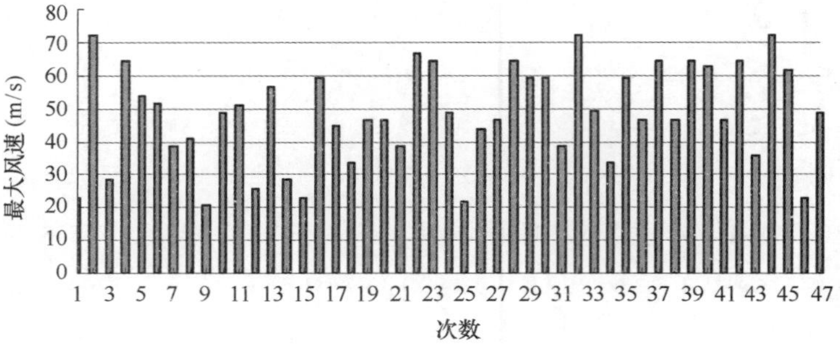

图 3.1　台风在研究区域内最大风速分布情况

由于台风在研究区域停留时间通常会超过 2 ~ 3 天，有的甚至超过 10 天以上，在研究区域内其风力也会时强时弱，风速时高时低，为了了解台风在研究区域内的最大风速，利用台风网提供的每 6 h 最大风速资料，计算出相应的平均最大风速，其分布如图 3.2 所示。从结果可见，47 次台风的平均最大风速是 34.94 m/s，均超过台风量级，从 2000 年至 2003 年台风的平均最大风速达超强台风量级的仅 1 次，而 2004—2007 年台风平均最大风速达超强量级的有 5 次，即这些台风在过境研究区域时尽管风力大小有所变化，但其平均强度均达到了超强台风量级，这再次表明近年发生在西太平洋海域的台风有增强的趋势。

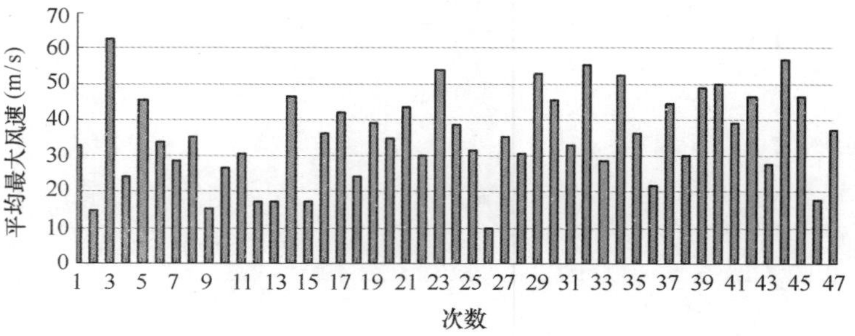

图 3.2　台风在研究区域内平均最大风速分布情况

3.3.2.2　台风前后海表温度及其变化率的统计分析

根据 3.2.1 节数据处理方法，计算出台风前后海表温度的变化量及变化率，统计结果如表 3.2 和图 3.3 所示，从结果可见，在以大尺度为研究区域的情况下（平均研究区域约 1 000 km × 1 000 km），台风前海表温度平均为 25.40℃，台风完全消失后海表温度平均 25.41℃，可见总体上台风前后无风期间海表温度基本一致。台风期间海表温度平均是 23.42℃，海表温度平均降低幅度为 7.91%。海洋研究学者 Babin 对 1998—2001 年间过境大西洋海域的 13 次台风进行统计研究，从其研究结果中可以计算出，台风期间海表温度平均下降 5.14%，这主要是由于 Babin 选择的研究区域更大（约 2 000 km × 2 000 km）的缘故。其中温度降低幅度最小的是 2001 年 8 月台风“天兔”，其海表温度降低幅度达 1.06%，研究区域平均仅降低 0.27℃，海表温度降低幅度最显著的是 2006 年 5 月发生在南海的超强台风“珍珠”，研究区域内平均降低了 3.11℃，其降低幅度达 14.57%。所有样本平均温度降低 1.99℃，标准差是 0.70℃；所有样本温度变化量的统计分析如图 3.4 所示，其偏度系数是 -0.22，峰度系数是 0.37，二者均较小，表示台风期间海表温度的降低接近正态分布。同时图像具有负偏度，表明峰值大于其平均值，即温度降低在 2~2.2℃之间所占比例最高，接近 26%，且图像略呈左拖长尾形；由于峰度系数较小，因而图像分布离散，表明不同台风后海表温度降低程度变化范围较大。

表 3.2　台风前后海表温度变化量基本统计量

样本数	残差	最小值	最大值	平均值	标准误	标准差	偏度系数	峰度系数
47	3.12	0.27	3.48	1.99	0.11	0.70	-0.22	0.37

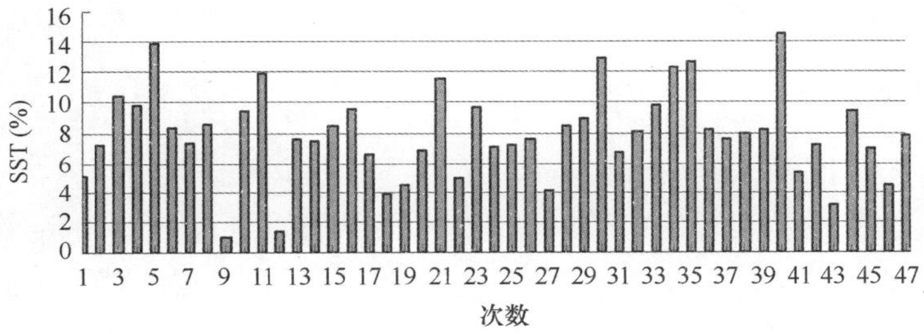

图 3.3　台风在研究区域内海表温度变化率分布情况

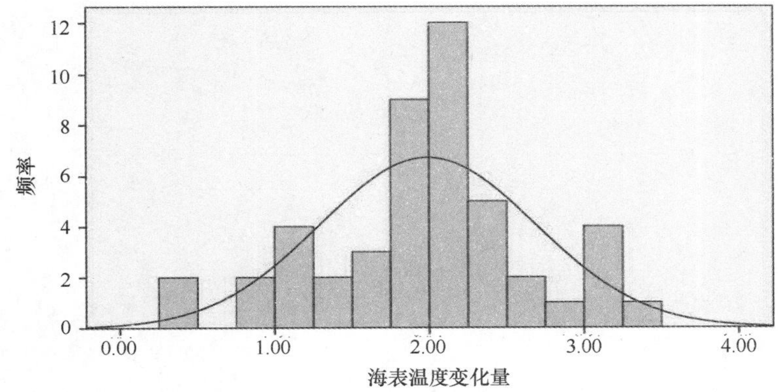

图 3.4　有无台风时研究区域内海表温度变化量分布统计

采用成对样本 T 检验对有无台风时海表温度进行均值差异显著性分析，计算所得样本自由度为 46，统计量 t 值为 19.53，相应的临界置信水平为 0，95% 的置信区间是（1.78，2.19），统计量 t 对应的临界置信水平远小于设置的置信水平 0.05，因而台风对海表温度的影响呈显著水平。

3.3.2.3 台风前后海表温度变化率与台风强度的关系

为了解台风期间海表温度的变化与台风强度的关系，对47次台风前后海表温度变化率（SST%）与相应台风的平均最大风速（v_{ave}）进行最小二乘线性回归分析，结果如图3.5所示。结果表明，台风期间海表温度的变化率与相应的平均最大风速大小之间存在一定的线性正相关性，其相关系数为0.46，相应决定系数为0.213 4，该值表明，21.34%的台风其海表温度的降低幅度由其平均最大风速决定。它们之间的数学关系如下。

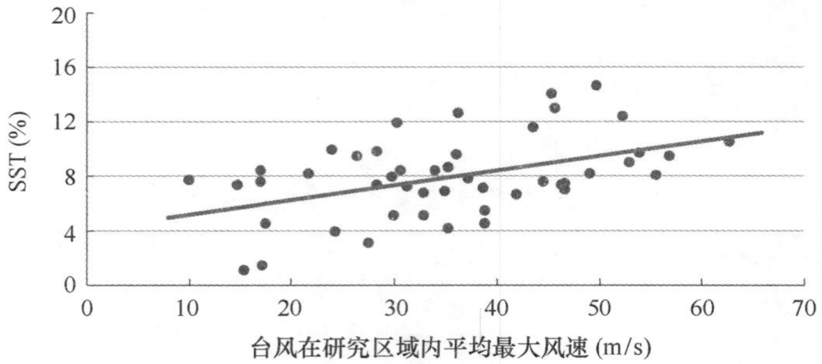

图3.5 研究区域内海表温度变化率与平均最大风速的关系

$$SST\% = 0.107\,6v_{ave} + 4.099\,3 \tag{3.9}$$

进一步对海表温度的变化率与相应台风的最大风速进行相关性分析，结果如图3.6所示。台风期间海表温度的变化率与相应的最大风速大小之间存在更好的线性相关性，其相关系数达0.53，相应决定系数为0.279 2，该值表明，27.99%的台风其海表温度的降低幅度由其最大风速决定。它们之间的数学关系如式（3.10）：

$$SST\% = 0.105v_{max} + 2.871 \tag{3.10}$$

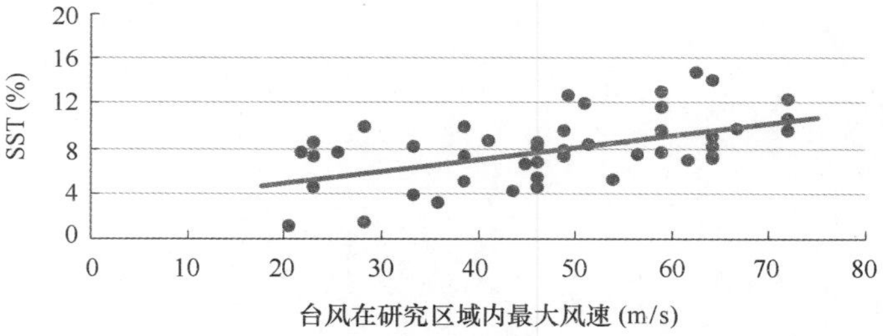

图3.6 研究区域内海表温度变化率与最大风速的关系

通过对SST_1与SST_2之间的相关性分析发现，二者相关系数达0.95，对应的临界置信水平为0，比设置的置信水平0.05小得多，即其置信度远高于95%，即二者具有显著的相关性，其决定系数为0.87，即有87%的样本台风期间海表温度大小由无台风时海表温度决定，结果如图3.7所示。

3.3.2.4 台风前后海表温度变化率与台风移动速度及移动时间的关系

台风移动时间与相应研究区域的大小选择有关，而台风的移动速度则是反映台风在研究区域内移动快慢程度的物理量，由表3.1可以计算出47次台风在研究区域内平均移动速度，

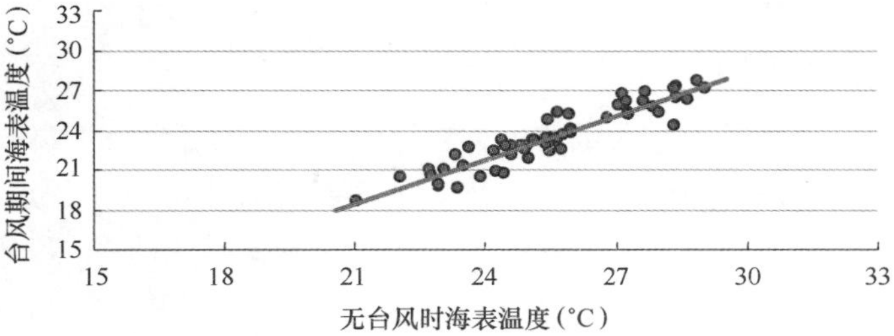

图 3.7　研究区域内有无台风时海表温度的关系

其分布如图 3.8 所示，在 47 次台风中，移动速度最快的是 2004 年热带风暴“圆规”，其移动速度为 9.24 m/s，移动速度最慢的是 2001 年台风“利奇马”，该次台风在研究区域内平均移动速度为 1.67 m/s，所有台风平均移动速度为 5.07 m/s，约为 18.25 km/h。进一步研究台风移动速度与台风期间海表温度的变化率之间的关系，发现它们之间几乎不存在相关性；同时海表温度的变化率与相应研究区域内台风的移动时间之间也不存在相关性。

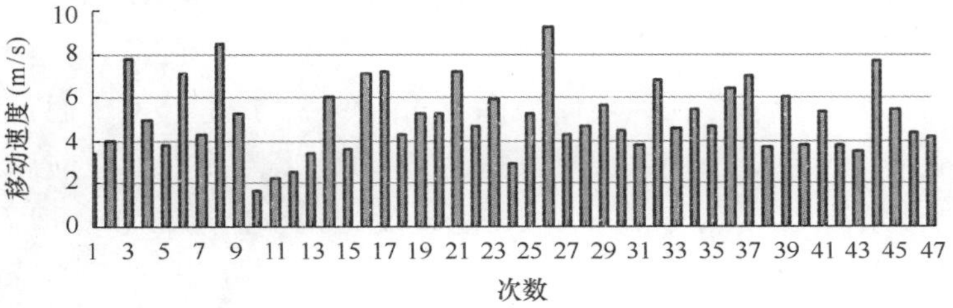

图 3.8　台风在研究区域内移动速度分布情况

3.3.2.5　大尺度下台风对海表温度的影响小结

描述台风本身的物理量通常有台风中心气压、台风风圈半径、台风移动速度和移动时间等，中心气压决定台风最大风速，风圈半径也与台风最大风速正相关，而研究区域内移动时间与研究区域大小选择有关，区域选择越大，则过境时间越长，因此，上述变量中描述台风自身特征相对独立的物理量就是台风移动速度和台风最大风速。通过上述研究发现，台风对海表温度的影响，几乎与台风移动速度无关，而主要取决于台风最大风速，即影响海表温度变化的关键要素是台风最大风速。这是由于台风期间海表温度的降低是海表热能散失的结果，其主要途径是通过海气交换和海水垂直混合向下层传递。当台风风速越强，则海气之间相互热交换越强，表层海水迅速蒸发而释放大量的潜热，该热量被快速流动的大气带走，风速越大，该过程越显著；同时，风速越大，海水垂直混合越充分，海水垂向热交换也越强，海表热量向深层冷水区传递的显热也就越多，因而海表温度下降幅度越显著。上述研究表明，海表温度的变化与台风最大风速之间的决定系数还较低，表明海表温度的变化还与其他要素有关，如不同的研究区域、台风风圈半径、海水温跃层的结构和混合层深度等；同时，由于台风期间遥感资料缺失严重，海表温度的计算与选择的时间段也有一定的关系，因此，要深入研究这一现象，还需要大量的数据样本和实测资料的支持。

3.3.3 小尺度台风中心区域 SST 变化与分析

台风过境期间，不仅台风中心区域的风力最强，它对海表温度的影响也最为显著，为了认识台风中心区域在台风期间海表温度的变化，进一步对其中心较小的区域进行了相应的研究，由于一般台风中心范围较小，这里选择了 2°×2°~4°×4°大小范围，研究结果见表 3.3，对于部分大区域数据缺失较多的样本，可能某小区域内并不严重，因此这里所选样本不与表 3.1 中所选台风完全相同。表中各符号含义与本章第 2 节定义相同。

3.3.3.1 台风中心区域 SST 变化统计

根据表 3.3 可知，台风中心较小区域内，50 次台风中心区域台风移动速度平均为 4.91 m/s，由于所选择的区域相对较小，所选择的区域并非都是整个台风过境过程中风速最强的区域，因此最大风速一般小于或等于表 3.1 中同一台风的最大风速，中心区域最大风速均值为 38.86 m/s。台风中心在台风前的平均温度是 26.07℃，台风完全消失后的平均温度是 25.59℃，台风期间的平均温度为 22.89℃，平均温度降低为 3.12℃，降低幅度为 12.05%，降低幅度在 2~3℃的情况所占比例最高，其次是 3~4℃，二者所占比例达 72.36%。较大尺度区域平均下降 1.99℃高得多。无风期间最高海表温度平均 28.35℃，而台风期间相应中心区域最低海表温度平均仅为 20.61℃，即台风中心区域海表温度在台风前后最大温度差平均达 7.74℃，中心小区域有无台风时相应海域海表温度的大小分布如图 3.9 所示；可见所有台风期间海表温度都有不同程度的降低，2000 年 9 月“桑美”期间研究区域降幅达 7.79℃，最低时仅 1.85℃，可见对不同台风，不同研究区域海表温度下降相差悬殊，这也正是不同学者针对不同台风研究结果相差较大的原因。在台风前后，海表温度最大差异的分布如图 3.10 所示，从图 3.10 可见，台风中心区域海表温度在有无台风前后最大降幅达 12.34℃，同时 2004 年以后的台风有 8 次使海表温度的最大降幅超过了 10℃，这也与 2004 年以后台风强度更强的结论相一致。

表 3.3 台风中心区域海表温度及相关参量统计

日期	风暴名	研究区域	u_t	v_{max}	SST_{bef}	SST_{aft}	SST_{dur}	SST_{min}	SST_{max}
2000-07	KAI—TAK	22°—24°N，118°—120°E	6.7	33	26.59	24.53	22.45	20.5	28.8
2000-08	PRAPIRO	27°—30°N，121.5°—124.5°E	7.3	38	23.53	23.43	20.85	17.24	27.22
2000-08	BILIS	19°—21°N，124°—126°E	6.94	70	27.23	26.53	22.71	21.07	28.69
2000-08	JELAWAT	28°—30°N，124°—126°E	6.63	46	26.60	26.75	24.53	20.24	27.39
2000-08	KAEMI	14°—16°N，109°—111°E	6.00	20	27.78	26.00	23.77	19.68	29.58
2000-09	BOPHA	23°—25°N，123°—125°E	6.60	23	24.97	25.00	21.89	14.49	26.69
2000-09	SAOMAI	26°—28°N，128°—130°E	2.60	56	24.30	24.27	16.50	16.13	25.43
2000-10	YAGI	23°—27°N，124°—128°E	4.86	53	24.34	24.08	20.11	19.24	26.62
2001-06	CHEBI	26°—29°N，119°—122°E	6.9	46	23.89	25.8	19.92	19.22	27.21
2001-07	YUTU	20°—22°N，110°—114°E	5.5	41	27.24	25.82	24.6	18.16	27.24
2001-07	TORAJI	24°—27°N，119°—121.5°E	4.8	35	25.49	26.94	23.42	20.73	27.21
2001-07	DURIAN	19°—21°N，111°—113°E	4.63	35	24.79	24.31	21.85	18.74	26.97

续表 3.3

日期	风暴名	研究区域	u_t	v_{max}	SST_{bef}	SST_{aft}	SST_{dur}	SST_{min}	SST_{max}
2001-08	LEKIMA	19°—21°N，121°—123°E	1.23	33	24.00	24.01	20.17	16.60	26.36
2002-08	KAMMURI	21°—24°N，114°—117°E	3.2	23	27.95	27.46	24.12	22.6	29.09
2002-08	VONGPONG	16°—18°N，110°—112°E	3.0	23	28.1	27.45	25.65	25.38	28.44
2002-08	RUSA	33°—35°N，128°—130°E	5.6	35	26.7	25.48	23.94	23.01	28.29
2002-09	SINLAKU	26°—28°N，126°—128°E	2.71	48	29.01	28.45	24.51	23.63	29.73
2002-09	HAGUPIT	20°—22°N，112°—116	4.17	23	29.69	26.67	25.09	23.19	30.41
2003-06	SOUDELOR	18°—20°N，119°—121°E	3.8	38	27.66	28.75	24.85	24.2	29.99
2003-06	SOUDELOR	29°—31°N，123°—125°E	4.7	50	19.37	21.66	16.73	15.14	23.38
2003-08	MORAKOT	22°—25°N，118°—121°E	4.2	30	27.67	28.34	23.75	22.96	29.33
2003-08	IMBUDO	18°—20°N，113°—117°E	4.86	46	29.82	28.69	26.78	26.19	30.58
2003-08	DROVANH	17°—19°N，115°—119°E	4.85	35	26.73	28.00	24.90	23.63	29.29
2004-07	TIII	21°—24°N，113°—116°E	5.7	23	24.92	24.35	22.59	21.22	26.85
2004-07	CHANTHU	14°—16°N，109°—113°E	4.06	30	24.20	25.11	24.08	19.88	25.77
2004-08	RANANI	26.5°—29.5°N，120°—123°E	7.1	35	24.75	24.7	22.22	22.98	26.72
2004-08	AERE	23.5°—26.5°N，118.5°—121.5°E	6.5	40	24.69	24.51	22.29	20.2	26.63
2004-10	TOKAGE	22°—26°N，126°—128°E	4.08	50	23.02	21.18	19.62	15.67	24.26
2005-07	HAITAN	23.5°—26.5°N，118.5°—121.5°E	3.1	40	24.28	24.98	22.2	21.95	27.73
2005-07	HAITANG	22.5°—25.5°N，121°—124°E	3.2	45	24.61	24.64	22.58	22.41	28.48
2005-08	MATSA	27°—29°N，121°—123°E	4.3	45	24.27	24.35	20.99	17.44	28.37
2005-08	SANVU	21°—24°N，116.5°—119.5°E	6.4	38	24.19	24.95	21.57	17.4	28.98
2005-08	SANVU	20°—23°N，116°—119°E	5.8	30	25.15	24.79	20.78	17.4	28.99
2005-09	TALIM	23°—26°N，121°—124°E	3.6	40	27.75	25.88	24.59	22.01	28.49
2005-09	KHANUN	26°—29°N，121°—124°E	4.1	50	24.27	23.72	21.49	21.35	28.15
2005-09	KHANUN	26.5°—29.5°N，120.5°—124.5°E	4.7	50	24.17	24.26	21.46	21.46	28.11
2005-10	LONGWANG	22°—25°N，117.5°—120.5°E	6.02	40	25.62	25.33	21.8	20.15	26.87
2006-06	JELAWAT	19°—22°N，110.5°—113.5°E	3.9	20	27.02	27.02	23.73	20.05	30.31
2006-07	BILIS	24°—27°N，119.5°—122.5°E	4.5	30	27.28	28.83	25.61	24.04	29.58
2006-07	KAEMI	23°—25°N，118°—120°E	5.4	40	27.61	28.81	24.03	19.83	30.08
2006-08	PRAPIROON	20°—22°N，110°—113°E	5.0	33	26.17	28.14	22.85	20.78	29.69
2006-08	SAOMAI	25°—28°N，120°—123°E	6.3	60	29.02	29.63	26.62	22.46	30.30
2007-09	NARI	24°—27°N，126°—130°E	4.2	50	27.76	27.93	24.98	23.25	30.29
2007-09	NARI	27°—31°N，124.5°—127.5°E	4.6	45	28.5	26.51	24.47	23.48	30.11
2007-09	WIPHA	23°—26°N，122°—125°E	6.3	55	27.25	28.01	24.65	22.3	30.19
2007-09	WIPHA	25°—28°N，120°—123°E	4.0	45	27.53	27.61	22.45	18.17	30.51
2007-09	FRANCISCO	18°—21°N，110°—114°E	7.8	20	26.75	27.66	25.36	21.86	30.19
2008-04	NEOGURI	16°—19°N，110°—113°E	3.5	38	28.26	27.29	24.44	21.79	30.32
2008-04	NEOGURI	19°—22°N，110°—113°E	5.3	26	25.38	24.41	22.03	17.81	29.24

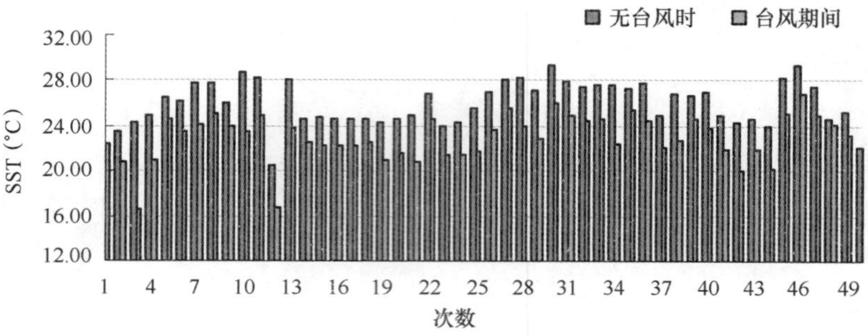

图 3.9　研究小尺度区域内有无台风时海表温度分布

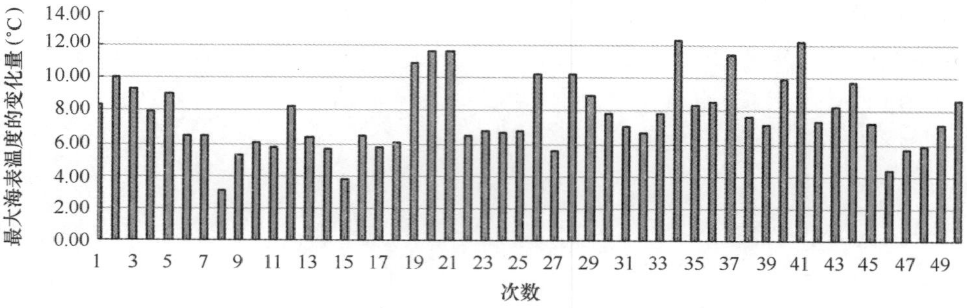

图 3.10　研究区域内有无台风时最大海表温度差分布

3.3.3.2　台风中心区域 SST 变化的关键要素分析

进一步对台风中心最大风速与海表温度的变化率（SST%）进行分析发现，台风中心海表温度的变化率与相应中心最大风速呈正相关，其相关系数为 0.32，如图 3.11 所示。而台风中心海表温度的变化率与相应台风的移动速度（仅中心区域的平均移动速度）呈一定的负相关性，但相关系数仅为 0.23，结果如图 3.12 所示。该结果表明，在台风中心区域，风速越强，在相应区域移动速度越慢，则海表温度的降低幅度越大。为此，进一步分析台风权重与海表温度变化之间的关系，发现二者的相关性达 0.51，结果如图 3.13 所示。该研究表明，相对台风中心小尺度区域而言，不仅海表温度降低幅度增大，在一程度上该降幅与台风中心最大风力的平均呈正比，与移动速度呈反比。也就是说，对于台风中心海表温度的变化，最大风速比台风移动速度的作用更显著。

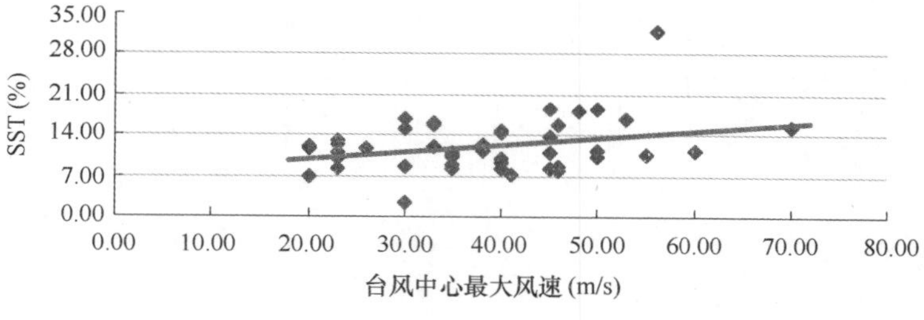

图 3.11　台风中心区域内海表温度变化率与最大风速的关系

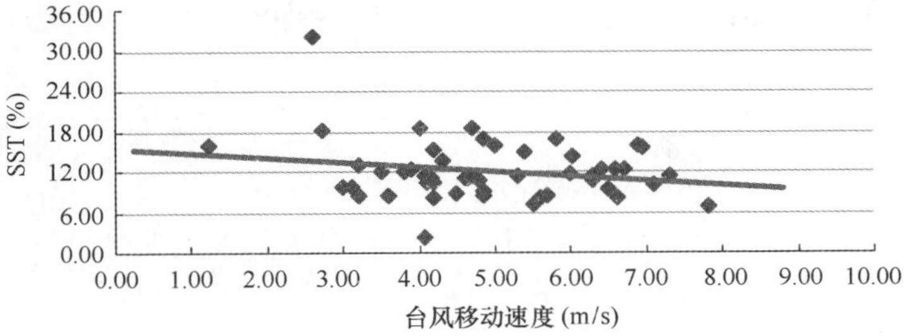

图 3.12　研究区域内海表温度变化率与台风移动速度的关系

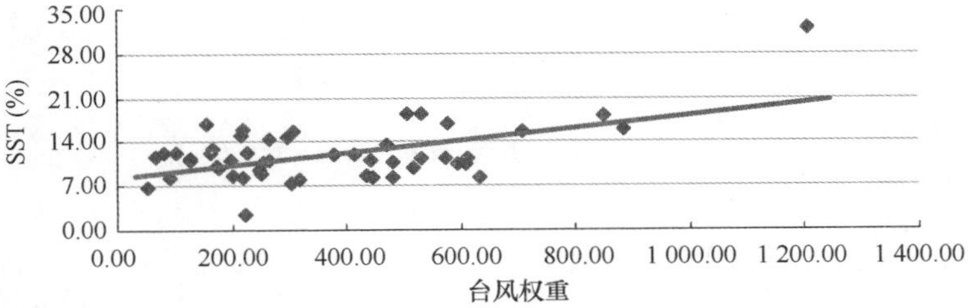

图 3.13　研究区域内海表温度变化率与台风权重大小的关系

3.4　讨论

台风期间海表温度的下降主要取决于海气相互作用、海水垂直混合、海水水平混合的强弱。垂直与水平混合主要表现为显热传导的形式，相应热量损失较少，而海气相互作用主要是表层海水在台风作用下迅速蒸发，带走大量的潜热，风速越快，相应海气相互作用越强，蒸发越快，表层海水热量损失也越快，海表温度迅速降低而且幅度也越大，这与统计分析结果相一致。大尺度的情况下，研究区域在无台风时平均海表温度为 25.41℃，而台风中心小区域在台风前海表温度为 26.07℃，这一遥感统计数据表明，在台风发生前其中心海表温度最高，均值超过了 26℃，这也正是台风能够生成的基本条件。在大尺度的情况下，台风期间海表温度平均下降 1.99℃，而小尺度的台风中心区域海表温度平均下降 3.12℃，这也从另一角度表明风速越强，海表温度下降越显著。上述统计研究进一步证实了这一现象，在大尺度的情况下，海表温度的下降与研究区域的最大风速成正相关，且相关系数超过了 0.5，在小区域时相关系数约为 0.32。在大尺度的情况下，海表温度与台风移动速度没有相关性，但在小尺度的台风中心区域，海表温度的变化程度与台风移动速度呈一定的负相关性，即台风移动速度越慢，海表温度下降更大，但相关性较小。这可能由于以下两方面原因造成的：其一是由于在大尺度的情况下，台风过境研究区域的移动速度变化范围较大，有的台风几乎从停滞不前发展为每小时几十千米的移动速度。而表 3.1 中的移动速度是大尺度研究区域的平均移动速度，它取决于移动的距离和总的时间，而台风过境研究区域的总时间估算误差较大，这影响了结果的分析。而对于台风中心的较小区域内，其移动速度变化不大，相对稳定，该结果更具合理性。其二是台风在某一区域移动速度越慢，停留时间越长，则该海域上层水体与下层水体混合越充分，使高温的表层海水中的热能更充分地传递至次表层甚至更深层的海水中，表层海水损失更多的显热从而导致海表温度下降也越大。但这一影响不如风速大小的影响更显著，这也表明，在台风过境的海域，表层海温下降的主要原因是由于强烈的海气相互作用，表层海水损失巨大的潜热所致。

徐文玲（2007）研究了2000—2005年西北太平洋在台风影响下的SST变化特征。她认为台风对SST的影响与台风自身强度紧密相关，SST降低与气压梯度和气压差的相关系数最高，与台风移动速度的相关系数最低；另外，台风对SST的影响也受到海洋自身结构的影响。刘增宏（2006）利用Argo资料研究了2001—2004年西北太平洋热带气旋对海表温度的影响，发现风速越大，温度下降的幅度有增大的趋势。可见，台风期间海表温度的响应主要与台风强度即风速相关，而与移动速度关系不大，本研究结果与他们的研究结果较一致。

3.5 小结

从上述统计研究结果表明，不论是大尺度研究海域还是更小的台风中心区域，台风期间海表温度均变化显著，主要结论如下。

（1）大尺度的情况下，研究区域在无台风时平均海表温度为25.41℃，而台风中心小区域在无台风时间平均海表温度为26.10℃；在大尺度的情况下，台风期间海表温度平均下降1.99℃，而小尺度的台风中心区域海表温度平均下降3.12℃；下降幅度均呈显著水平。同时相对于台风路径，温度的变化具有明显的中心强、周围弱、右边强、左边弱的特征；这一不对称、不均匀的变化特征正好与台风最大风速不对称、不均匀特征相一致，这从一定的侧面反映了决定台风期间海表温度变化的关键要素是台风的最大风速；台风中心区域海表温度在台风前后最大温度差平均达7.74℃。

（2）不论是大尺度的海域还是小尺度的台风中心，海表温度的下降率均与研究区域的最大风速呈正相关，大尺度研究区域相关系数超过了0.5，小尺度情况下海表温度的下降率与台风权重的相关系数也超过了0.5，而大小尺度下与台风移动速度的相关系数均很低。这再次表明台风期间影响海表温度变化的最关键的要素是台风的最大风速。

（3）决定台风期间海表温度的绝对大小的关键要素是研究海域无台风时的海表温度，二者相关系数达0.95，而与台风最大风速、移动速度、风圈半径等参量之间无相关性。

总之，台风期间，影响其海表温度绝对大小的关键要素是研究海域自身特征，即研究海域无台风时海表温度的大小，与台风无明显关系；而影响台风期间海表温度降低程度的关键要素是台风权重大小，即台风最大风速的平方与移动速度的比值大小，该比值越大，表明风力越强，移动速度越慢，相应降低幅度越大，相对移动速度，最大风速的影响更显著。

另外，相对于台风移动路径，台风期间海表温度的变化总体上表现出中心强、周围弱，右边强、左边弱的特征。且海表温度对台风的响应较快，即台风来临时急剧降低，在台风期间达到最低值，台风过后又较快恢复。

4 叶绿素 a 浓度受台风影响的关键要素研究

4.1 引言

尽管目前关于宽阔海域对台风的生物响应的了解还很少，但浮游植物浓度的增加已被普遍地观察到。与海水温度受台风影响的研究不同，由于很早就有基于数值模拟方法、浮标实测等水温数据的分析，因此台风对海表温度的影响，绝大多数学者的研究结果表明台风期间海表温度一般下降 2 ~ 4℃左右，个别情况可达 5℃以上。然而，由于受台风期间实测数据的限制，并且早期也无遥感产品可供分析，因此针对台风期间叶绿素 a 浓度变化的研究不仅起步晚，而且研究结果也相差甚远。例如，在第 2 章中谈到，台湾学者 I. I. Lin 在对 2003 年热带风暴“启德”（Kai – Tak）的研究中指出，在此风暴为期 3 天的停留期间，Kai – Tak 使巴林塘海峡海表叶绿素 a 浓度增加了近 30 倍；美国学者 Wei Shi 与 Menghua Wang 在对 2005 年台风“Katrina”研究中发现，该次台风使叶绿素 a 浓度从约 0. 3 mg/m^3 升到约 1. 5 mg/m^3，增长幅度也高达 5 倍；2008 年我国学者王东晓与赵辉在对过境阿拉伯海的台风“Gonu”研究指出，该次台风使相应海域叶绿素 a 浓度增长超过 10 倍。以上个例研究表明，台风能极大地促进过境海域叶绿素 a 浓度的提高，促进初级生产力的增长。而 Babin 在对 1998—2001 年过境大西洋的 13 次台风的研究中发现，相应海域在台风过后叶绿素 a 浓度有一定的增长，但其平均增长幅度约 33. 3%，即仅 1. 33 倍，远不及前面几位学者对个别台风研究的结果那么强烈。从本论文第 2 章对过境东海海域的超长时台风“百合”及过境南海海域的超强台风“珍珠”的研究中可以看出，相应海域在台风过后叶绿素 a 浓度均显著增长，前者由无台风时的 0. 425 mg/m^3 增长至 0. 537 mg/m^3，平均增长 26. 35%，后者由无台风的 0. 28 mg/m^3，增长至台风期间的 0. 7 mg/m^3，总体平均增长 154. 5%。综上可见，针对海洋叶绿素 a 对台风响应的程度问题，还处在基于个例研究、百家争鸣的状态，尤其是对于西北太平洋海域，由于受现场实测与遥感数据资源的限制，还很少有学者对这一影响进行一般性的分析，为此，本章主要针对近 10 年过境西北太平洋海域的台风统计研究其对叶绿素 a 浓度的平均贡献，从而一般性地解释台风对这一海域初级生产力的影响程度，并试图认识这一影响与台风及海洋本身参量如最大风速、移动速度、风圈半径、等密面位移等关键要素之间的关系。

4.2 研究区域、数据和方法

本章研究的区域整体位于西太平洋海域，经纬度分别是（14°—34°N，108°—130°E），并根据每次台风影响的主体区域分别选择了中国东海海域、台湾海峡和菲律宾海域以及中国南海海域。这里定义的矩形区域包括远海一类水体区域及近岸二类水体区域，但总体上研究尺度较大，开阔海域的近一类水体是研究区域的主体部分。Morel 和 Prieur（1977）指出一类水体受近岸及海底影响相对较小，处于相对的贫营养状态。Babin（2004）指出在一类水体，有色溶解有机物（CDOM—黄色物质）对光学属性贡献相对较小，这意味着该海域的浮游植物及其生物生产力主要是其营养盐浓度及光学特性的响应，而不是来自陆源物质。

本章数据来源同第 2 章第 2 节所述，同时本章所涉及数据的均值融合算法同第 2 章第 2 节。为了深入了解台风对过境海域叶绿素 a 浓度、海表温度等要素的影响，在第 3 章的基础上，本章利用网址 http：//weather. unisys. com/hurricane/w_ pacific/和 http：//www. zjwater. org/提供的参数，估算了一些学者如 Price（1994）、GreatBatch（1984）、Dickey（1998）研究的其他导出参数，并针对每次台风，估算了关键的物理与生物特性，进而努力定量分析台风在研究区域引进的生态响应。相应参数如下。

（1）沿台风轨迹尺度（L_i）：该参数由 Price 于 1994 年研究台风的强迫响应时提出并定义为

$$L_i = u_t/f \tag{4.1}$$

其中，f 是局地科氏参数，其大小由式（4.2）给出：

$$f = 2\Omega\sin\Phi \tag{4.2}$$

式中，Ω 为常量，其大小为 $7.292\times10^{-5}\mathrm{s}^{-1}$；$\Phi$ 为研究区域台风所经历轨迹的平均纬度，该值利用台风网址提供的路径进行估算获得。

（2）无量纲风速（S）：Price 等（1994）定义无量级风速 S 被用来表示与惯性无风期间相比，研究海域经历的台风的时间尺度，因而被用来表示台风引起的近惯性响应。

$$S = \frac{\pi u_t}{4fR} \tag{4.3}$$

式中，u_t 为台风移动速度，其定义由式（3.5）给出；f 为科氏参数，其大小由式（4.2）给出。

在 Price J. F.（1983）、Babin（2004）的研究中，R 分别表示台风半径和热带风暴半径，由于本研究中既有热带风暴也有强台风，考虑到热带风暴量级有限，为保证每组均有数据，这里 R 表示热带风暴半径，即 R 是 7 级风力半径，因而所计算的 S 偏大，但仍可以通过此参数了解相应台风引起的近惯性响应程度及叶绿素 a 浓度变化与 S 的关系。

（3）马赫数（C）：Price 等（1994）指出，由台风应力涡度驱动的上升流，是引起温跃层密度变化的最重要的物理过程，它是通过上层海水的辐散传输实现的。与台风路径相关的上升流大小程度可由马郝数表示

$$C = \frac{u_t}{c} \tag{4.4}$$

式中，C 为重力模式内波相速度，Dikey（1986）研究该值通常为 1.9 m/s。

（4）上升流时间参数（K）：Greatbatch（1984）在研究上升流的重要性时定义了参数 K，该参数被定义为上升流发生的时间与深层海水夹卷混合发生的时间之比

$$K = \frac{u_t}{Lf} \tag{4.5}$$

（5）等密面位移（η）：Price 等（1994）表示由于台风引起的上升流所产生的季节性温跃层等密面位移，定义为

$$\eta = \frac{\tau}{\rho_0 f u_t} \tag{4.6}$$

（6）风应力（τ）：上式中 τ 表示风应力，根据 Price 等（1994）定义进行计算

$$\tau = \rho_a(0.49 + 0.065u_{10}) \times 10^{-3}u_{10}^2 \tag{4.7}$$

（7）叶绿素 a 浓度（Chl a）：根据式（2.1）进行融合计算某一时间段内的叶绿素 a 浓度。考虑到由于时间和季节的变化本身引起的叶绿素 a 浓度的变化，如从夏季到秋季再到冬季，西太平洋海域叶绿素 a 浓度总体上有增大的趋势，因此，为了更准确地反映台风发生期间台风研究海域叶绿素 a 浓度的平均贡献，作者分别计算了台风发生前后约一个月的时间内研究区域每天的叶绿素 a 浓度的平均值，并由此选择了台风前、台风期间、台风完全结束后三个时间段分别计算出台风前（Chl_{bef}）、台风期间（Chl_{dur}）、台风完全结束后（Chl_{aft}）的研究区域叶绿素 a 浓度平均值，再由台风前和台风完全结束后的平均值表示无台风时的叶绿素 a 浓度。而台风期间叶绿素 a 浓度（Chl_{dur}）并不是仅指台风过境研究区域内 3 ~ 5 天期间的叶绿素 a 浓度，而是整个台风发生前后叶绿素 a 浓度相对较高的时间内叶绿素 a 浓度均值，一般为 8 ~ 15 天内的平均值，该时间天数的选择是根据每天计算的结果进行比较后确定，而不是采用如 Babin（2004）研究中固定的 8 天时间叶绿素 a 浓度均值作为 Chl_{dur}。付东洋（2009）研究指出，在不同区域不同台风后叶绿素 a 浓度增长有不相同的时间延迟效应，因此采用可变的实际天数来计算台风对叶绿素 a 浓度的影响更为准确。由于天气的影响，对于研究区域数据缺失严重或完全缺失的情况，则放弃相应台风的分析。由于该数据的缺失情况与海表温度并不完全一致，因此这里仅获得了 39 次数据样本，结果见表 4.1。

（8）叶绿素 a 浓度增长率（Chl%）：有无台风时研究区域叶绿素 a 浓度的百分比，其定义如下：

$$\text{Chl\%} = \frac{2\text{Chl}_{dur} \times 100}{\text{Chl}_{bef} + \text{Chl}_{aft}}\% \tag{4.8}$$

（9）台风等级（L_t）：指国际台风中心或国家台风网上公布的台风强度量级，见表 1.1。

（10）最大叶绿素 a 浓度（Chl_{max}）：指小尺度的台风中心区域，在台风过境前后研究海域某天的最大叶绿素 a 浓度，该值反映叶绿素 a 浓度对台风中心的最大响应程度。

（11）最大叶绿素 a 浓度延迟天数（days）：指在小尺度台风中心海域，从台风过境研究区域到相应海域叶绿素 a 浓度达到最大时之间的天数，该值用来反映台风过后研究海域叶绿素 a 浓度响应的延迟效应。

（12）台风影响因子（F_t）：为了区别第 3 章所定义的台风权重，进一步研究台风期间叶绿素 a 浓度与台风最大风速及移动速度的关系，特定义台风影响因子

$$F_t = \frac{v_{max}}{u_t u_t} \tag{4.9}$$

4.3 结果与分析

4.3.1 大尺度下台风对叶绿素 a 浓度影响的关键要素

根据第 3 章第 2 节及第 4 章第 2 节所定义的各种物理和生化参量，计算结果如表 4.1 和

表4.2所示。由于2001台风“百合”不仅时间特别长，且路径过于特殊，很难估算研究区域内移动的距离，不能计算出相应的平均移动速度和其他参量，因此未列在表中；另外，根据作者前期的研究，一般仅过境东海的台风对南海的影响很小，同样仅过境南海的台风对东海的影响也非常小，因此，台风的研究区域一般分为东海海域、菲律宾及台湾东部海域和南海海域三种情况。鉴于2003年台风科罗旺（KROVANE）时空跨度大，穿过了菲律宾并过境整个南海海域，将其分为两个区域进行讨论，共39次数据样本。

表4.1　台风的特征参数及卫星反演叶绿素a浓度的响应

时间	台风名	英文名	研究区域	v_{max} (m/s)	t (h)	d (km)	u_t (m/s)	Φ (rad)	R (km)	Chl a (mg/m³)		
										Chl_{bef}	CHL_{aft}	CHL_{dur}
2000-09	派比安	PRAPIROON	24°—34°N，118°—130°E	38.31	48	1162	6.72	29	300	1.4	1.55	2.34
2000-09	桑美	SAOMAI	24°—34°N，118°—130°E	62.24	102	1404	3.82	28.6	600	1.55	1.3	2.18
2000-09	宝霞	BOPHA	14°—26°N，122°—130°E	28.26	96	1702	4.92	20	200	0.37	0.36	0.51
2001-06	飞燕	CHEBI	14°—26°N，118°—130°E	51.39	72	1836	7.08	19.3	500	0.25	0.26	0.32
2001-07	榴莲	DURIAN	14°—24°N，108°—120°E	38.54	84	1294	4.28	19	360	1.01	1.01	1.21
2001-07	尤特	UTOP	14°—26°N，118°—130°E	41.11	47	1432	8.46	18.2	400	0.28	0.32	0.38
2001-08	天兔	USAGI	14°—25°N，108°—120°E	20.56	54	1018	5.24	17.5	120	0.58	0.58	0.73
2002-06	浣熊	NOGURI	18°—32°N，122°—130°E	40.10	66	1346	5.66	25	420	0.47	0.44	0.56
2002-07	威马逊	RAMMASUN	14°—34°N，120°—130°E	56.53	90	1955	6.03	25.6	500	0.47	0.62	0.94
2002-09	黑格比	HAGUPIT	14°—26°N，108°—120°E	23.13	96	1237	3.58	20.7	150	0.53	0.53	0.61
2002-09	森拉克	SINLAKU	20°—32°N，118°—130°E	48.62	84	1104	3.65	26.5	490	0.57	0.47	1.00
2003-06	苏迪罗	SOUDELOR	14°—34°N，118°—130°E	59.10	93	2388	7.13	25	480	0.4	0.4	0.49
2003-07	伊布都	IMBUDO	14°—22°N，120°—130°E	65.13	75	2064	7.64	18	580	0.18	0.18	0.25
2003-08	科罗旺	KROVANH	14°—27°N，108°—120°E	43.72	70	1333	5.29	20	340	0.58	0.58	0.70
2003-08	莫拉克	MORAKOT	14°—28°N，118°—130°E	33.40	102	1578	4.30	20	350	0.35	0.37	0.58
2003-08	科罗旺	KROVANH	14°—24°N，120°—130°E	46.36	62	1167	5.23	17.7	450	0.23	0.2	0.26
2003-08	杜鹃	DUJUAN	16°—28°N，118°—130°E	64.12	42	1251	8.27	21	550	0.31	0.33	0.43
2004-12	南玛都	NANMADOL	14°—24°N，116°—128°E	45.65	60	1838	8.51	17.5	450	0.48	0.41	0.57
2004-05	妮妲	NIDA	14°—26°N，120°—130°E	55.81	48	732	4.24	17.5	500	0.22	0.21	0.32
2004-06	珍珠	CHANCHU	14°—28°N，108°—120°E	30.76	60	1004	4.65	14	250	0.47	0.47	0.66
2004-06	康森	CONSON	14°—34°N，118°—130°E	48.82	106	1986	5.20	23.7	290	0.39	0.4	0.70
2004-06	蒲公英	MINDULE	14°—28°N，118°—130°E	64.24	135	1886	3.88	19.3	460	0.29	0.28	0.44
2004-07	圆规	TIII	14°—29°N，108°—120°E	21.82	24	798	9.24	21	180	0.57	0.57	0.59
2004-08	云娜	RANANIT	16°—30°N，120°—130°E	46.25	99	1644	4.61	22.8	480	0.28	0.28	0.34
2004-08	艾利	AERE	18°—28°N，120°—130°E	43.68	105	1618	4.28	23	480	0.37	0.33	0.53
2004-09	桑达	SONGDA	20°—34°N，122°—130°E	64.24	57	1146	5.58	29.7	500	0.67	0.5	0.70
2004-09	米雷	MEARI	18°—34°N，120°—130°E	59.10	85	1365	4.46	26.5	400	0.54	0.54	0.72
2005-11	布拉万	BOLAVEN	14°—22°N，120°—130°E	38.54	54	893	4.59	15.4	360	0.2	0.2	0.32
2005-07	麦莎	MATSA	14°—32°N，120°—130°E	49.25	96	1615	4.67	23	600	0.71	0.56	0.75
2005-08	珊瑚	SANVU	14°—30°N，108°—120°E	33.40	30	694	6.43	21.5	360	0.62	0.62	0.74
2005-09	达维	DAMVEY	14°—31°N，108°—120°E	46.25	96	1265	3.66	19.8	450	0.51	0.51	0.71
2005-09	泰利	TALIM	16°—30°N，118°—130°E	64.24	57	1237	6.03	23	500	0.48	0.65	0.77
2005-09	卡努	KHANUN	16°—30°N，118°—130°E	59.10	52	1303	6.96	25	400	0.57	0.57	0.67
2006-05	珍珠	CHANCHU	14°—32°N，108°—120°E	62.50	144	1660	3.20	19	540	0.32	0.23	0.70
2006-07	艾云尼	EWINIAR	14°—28°N，118°—130°E	64.24	88	1189	3.75	22.6	450	0.33	0.33	0.55
2006-09	珊珊	SHANSHAN	16°—34°N，118°—130°E	61.67	111	2169	5.43	26.5	400	0.62	0.66	1.05
2007-08	圣帕	SEPAT	14°—32°N，116°—130°E	65.10	102	1635	4.45	20.8	400	0.78	0.78	1.33
2007-09	范斯高	FRANCISCO	14°—33°N，108°—120°E	23.13	60	949	4.39	19.7	170	0.93	0.93	1.30
2008-04	浣熊	NEOGURI	14°—39°N，108°—120°E	48.82	75	949	3.51	18.8	400	0.5	0.68	0.95

表 4.2 台风的特征参数（方程（4.1）、方程（4.9））及卫星反演叶绿素 a 浓度与海表温度的响应

台风名	研究区域	F_t	Tao	L_t	S	η	C	Chl%	SST%
派比安	24°—34°N，118°—130°E	0.85	5.51	50.51	0.13	11.02	3.54	58.64	5.80
桑美	24°—34°N，118°—130°E	4.26	22.14	28.72	0.04	77.85	2.01	52.98	13.80
宝霞	14°—26°N，122°—130°E	1.17	2.34	36.99	0.15	6.39	2.59	39.73	10.09
飞燕	14°—26°N，118°—130°E	1.02	12.75	53.20	0.08	24.19	3.73	25.49	8.33
榴莲	14°—24°N，108°—120°E	2.10	5.61	32.14	0.07	17.61	2.25	19.80	7.27
尤特	14°—26°N，118°—130°E	0.57	6.73	63.57	0.12	10.70	4.45	26.67	8.43
天兔	14°—24°N，108°—120°E	0.75	0.97	39.33	0.26	2.50	2.76	25.86	1.05
浣熊	18°—32°N，122°—130°E	1.25	6.27	42.55	0.08	14.89	2.98	23.08	7.58
威马逊	14°—34°N，120°—130°E	1.55	16.77	45.32	0.06	37.36	3.18	72.48	7.44
黑格比	14°—24°N，108°—120°E	1.81	1.34	26.88	0.14	5.05	1.88	15.09	8.38
森拉克	20°—32°N，118°—130°E	3.65	10.87	27.42	0.04	40.04	1.92	92.31	—
苏迪罗	14°—34°N，118°—130°E	1.16	19.06	53.57	0.09	35.93	3.75	22.50	9.75
伊布都	14°—22°N，120°—130°E	1.11	25.25	57.41	0.08	44.40	4.02	38.89	6.58
科罗旺	14°—24°N，108°—120°E	1.56	8.02	39.73	0.09	20.40	2.78	20.69	4.45
莫拉克	14°—28°N，118°—130°E	1.81	3.74	32.28	0.07	11.70	2.26	61.11	3.85
科罗旺	14°—24°N，120°—130°E	1.70	9.49	39.27	0.07	24.40	2.75	20.93	6.81
杜鹃	16°—28°N，118°—130°E	0.94	24.13	62.14	0.09	39.21	4.35	34.38	4.10
南玛都	14°—24°N，116°—128°E	0.63	9.08	63.91	0.11	14.34	4.48	28.09	—
妮妲	14°—26°N，120°—130°E	3.11	16.16	31.82	0.05	51.29	2.23	48.84	—
珍珠	14°—24°N，108°—120°E	1.42	2.97	34.91	0.11	8.58	2.45	40.43	5.00
康森	14°—34°N，118°—130°E	1.80	11.00	39.09	0.11	28.42	2.74	77.22	7.37
蒲公英	14°—28°N，118°—130°E	4.27	24.26	29.15	0.05	84.04	2.04	54.39	7.06
圆规	14°—24°N，108°—120°E	0.26	1.14	69.37	0.30	1.67	4.86	3.51	7.62
云娜	16°—30°N，120°—130°E	2.17	9.42	34.65	0.06	27.47	2.43	21.43	8.37
艾利	18°—28°N，120°—130°E	2.38	8.00	32.15	0.05	25.14	2.25	51.43	4.09
桑达	20°—34°N，122°—130°E	2.06	24.26	41.95	0.07	58.39	2.94	19.66	8.77
米雷	18°—34°N，120°—130°E	2.97	19.06	33.50	0.07	57.45	2.35	33.33	13.11
布拉万	14°—22°N，120°—130°E	1.83	5.61	34.50	0.08	16.41	2.42	60.00	9.79
麦莎	14°—32°N，120°—130°E	2.26	11.28	35.10	0.05	32.46	2.46	18.11	12.41
珊瑚	14°—24°N，108°—120°E	0.81	3.74	48.26	0.11	7.83	3.38	19.35	8.15
达维	14°—24°N，108°—120°E	3.45	9.42	27.49	0.05	34.61	1.93	39.22	7.93
泰利	16°—30°N，118°—130°E	1.77	24.26	45.28	0.07	54.10	3.17	36.28	8.07
卡努	16°—30°N，118°—130°E	1.22	19.06	52.28	0.10	36.82	3.66	17.54	7.56
珍珠	14°—24°N，108°—120°E	6.10	22.41	24.05	0.03	94.08	1.69	154.55	14.57
艾云尼	14°—28°N，118°—130°E	4.56	24.26	28.19	0.05	86.89	1.98	66.67	7.40
珊珊	16°—34°N，118°—130°E	2.09	21.55	40.77	0.08	53.39	2.86	64.06	7.01
圣帕	14°—32°N，116°—130°E	3.28	25.21	33.44	0.07	76.13	2.34	70.51	3.82
范斯高	14°—24°N，108°—120°E	1.20	1.34	33.00	0.15	4.11	2.31	39.78	4.51
浣熊	14°—24°N，108°—120°E	3.95	11.00	26.40	0.05	42.08	1.85	61.02	7.81

注：“—”表示没有数据。

4.3.1.1 台风对叶绿素 a 浓度影响的统计分析

根据表 4.1 中的 39 次数据样本，计算获得台风前与台风完全消失后研究区域叶绿素 a 浓度均值均为 0.52 mg/m^3，这一数据表明，在较短时间内（如一个月左右），西北太平洋海域平均叶绿素 a 浓度随时间无明显变化。即无台风时研究区域叶绿素 a 浓度平均值为 0.52 mg/m^3，台风期间叶绿素 a 浓度均值为 0.74 mg/m^3，相应各次数据分布如图 4.1 所示。从图可见，所有样本台风期间叶绿素 a 浓度均高于无台风时叶绿素 a 浓度，台风期间叶绿素 a 浓度平均增长 42.40%，最高增长 154.55%，最低增长仅 3.51%，标准差为 27.66%。该研究结果与 Babin 对过境北大西洋 13 次台风的研究结果较一致。13 次过境大西洋台风对该海域叶绿素 a 浓度平均贡献是 33.33%，略低于本研究结果，这可能与研究海域物理和生化特征以及选择的研究区域更大有关。从统计结果来看，台风对过境海域的贡献并没有达到 I. I. Lin 等、Menghua Wang 等学者对个别台风研究的贡献那么大。同时表明，与过境大西洋的台风相比，台风对西北太平洋海域的影响更为显著，对于贫营养的远海区域，能极大地促进相应海域浮游植物的生长和初级生产力的提高，进而改善这些海域的海洋生态环境。

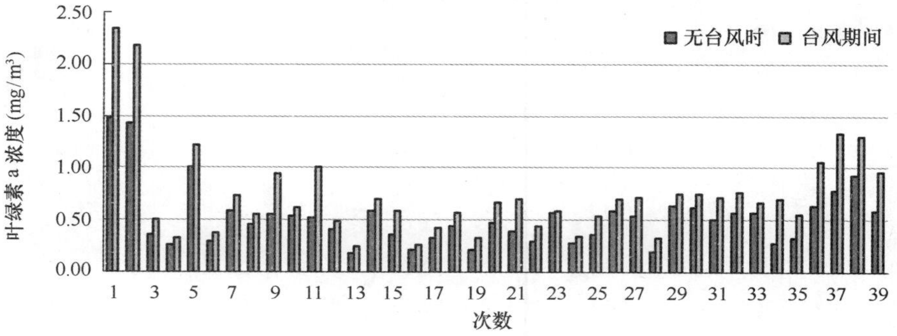

图 4.1 研究区域内有无台风时叶绿素 a 浓度分布

39 次样本台风期间叶绿素 a 浓度变化率的统计分析如图 4.2 所示，其偏度系数是 1.86，峰度系数是 5.73，变量具有正偏度，表明图像略呈右拖长尾形，且峰值小于其平均值，叶绿素 a 浓度增长在 17% ~35% 之间所占比例最高，超过 30%，且由于峰度系数较大，因而图像分布相对集中，表明绝大多数台风后叶绿素 a 浓度增长幅度相差不大，增长幅度在 20% ~70% 之间的约占 70%。

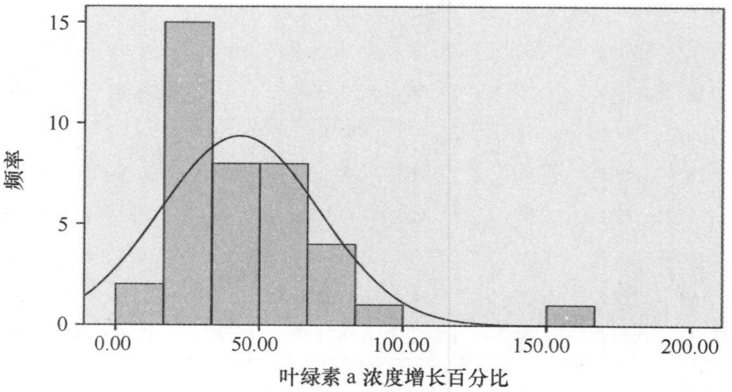

图 4.2 研究区域内有无台风时叶绿素 a 浓度变化率概率分布

进一步对有无台风时叶绿素 a 浓度进行最小二乘线性回归分析，发现台风期间叶绿素 a 浓度与无台风时叶绿素 a 浓度有非常高的线性相关性，该值表明，高达 92% 的样本，在台风期间叶绿素 a 浓度均值取决于研究区域无台风时叶绿素 a 浓度均值，可见，台风期间叶绿素 a 浓度主要由研究海域的本征叶绿素 a 浓度决定，结果如图 4.3 所示，同时，对两组无台风时的数据分析发现，它们之间也存在非常高的线性相关性，表明台风期间或无台风时研究海域叶绿素浓度主要取决于研究海域自身性质，与台风本身无关。进一步分析台风期间叶绿素增长率与无台风时叶绿素浓度的大小关系，发现台风期间叶绿素 a 浓度的增长与无台风时研究区域叶绿素 a 浓度无相关性。

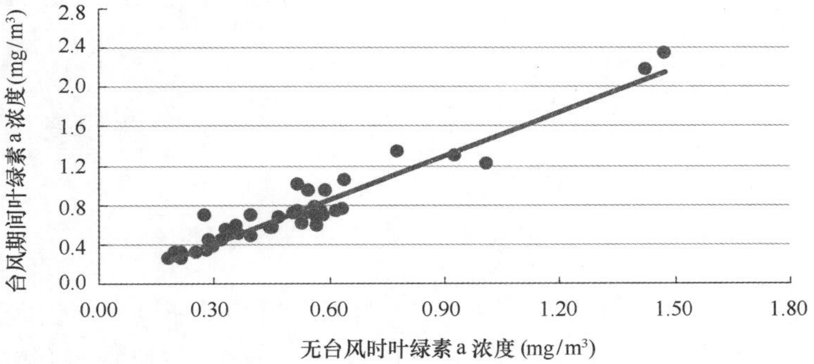

图 4.3　研究区域内有无台风时叶绿素 a 浓度大小的关系

4.3.1.2　台风期间叶绿素 a 浓度增长与台风强度的关系

叶绿素 a 浓度变化与最大风速的关系。台风引起海洋上层浮游植物旺盛生长及叶绿素 a 浓度的提高，自然期望了解这一变化与台风强度的关系。通过对表 4.1 中 39 次样本进行回归分析，发现叶绿素 a 浓度增长百分比与研究区域台风最大风速呈正相关，但相关系数较小，仅为 0.36，而台风期间海表温度的变化与最大风速的相关性达 0.53，可见，台风期间叶绿素 a 浓度的增长与相应区域台风最大风速的相关性较低，这表明叶绿素 a 浓度的变化可能更多地取决于其他要素，结果如图 4.4 所示，相应关系式如式（4.10）所示。

$$y = 0.7002x + 9.314 \tag{4.10}$$

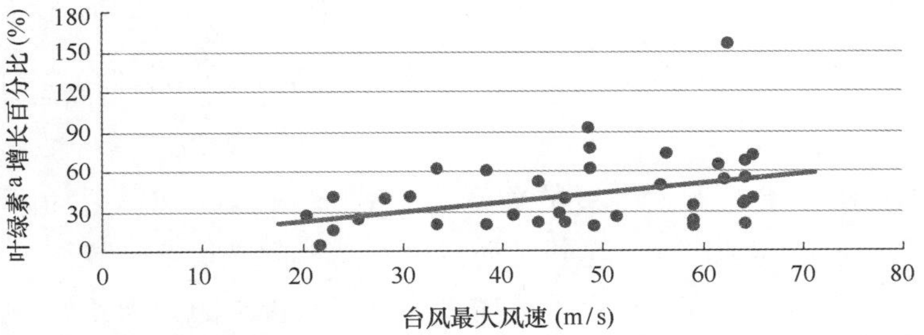

图 4.4　研究区域内台风期间叶绿素 a 浓度增长与最大风速的关系

叶绿素 a 浓度变化与台风应力的关系。进一步对表 4.2 中台风期间叶绿素 a 浓度与相应的风应力进行线性回归分析，发现二者的相关性仅为 0.32，结果如图 4.5 所示。最大风速以及风应力大小是台风强度的量度，从以上分析可以看出，台风期间叶绿素 a 浓度的增长与台风强度呈一定的正相关性，即台风越强，相应区域叶绿素 a 浓度增长也越显著，但其相关性均较低，这表明台风期间叶绿素 a 浓度增长主要因素并不取决于台风强度。

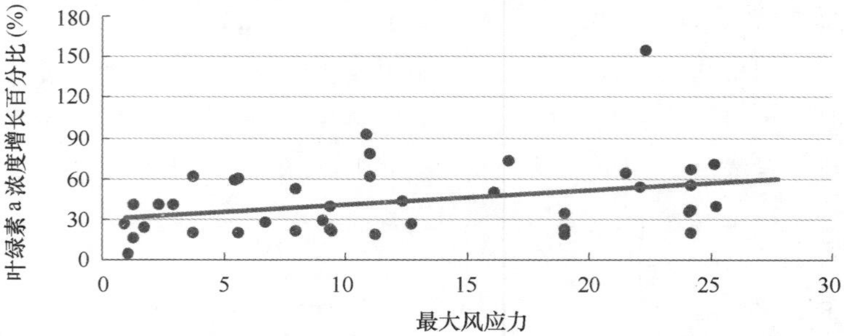

图 4.5　研究区域内台风期间叶绿素 a 浓度增长与风应力的关系

4.3.1.3　台风期间叶绿素 a 浓度增长与台风移动快慢的关系

叶绿素 a 浓度变化与台风移动时间的关系。由于台风移动速度不同，即使是相同大小的研究区域，其过境时间也相差较大，如 2006 年台风“珍珠”过境南海海域（14°—24°N，108°—120°E）长达约 144 h，而 2007 年台风“范斯高”过境同样大小的该海域，仅 60 h 左右。由于它们在相应海域停留时间相差悬殊，引起相应海域海水响应也非常大。对 39 次样本中叶绿素 a 浓度增长与台风移动时间（也即研究区域的停留时间）进行相关性分析，发现二者具有一定的正相关性，其相关系数达 0.60。可见，台风在研究海域停留的时间越长，由此引起的生物响应也越强，叶绿素 a 浓度增长幅度更大。结果如图 4.6 所示。

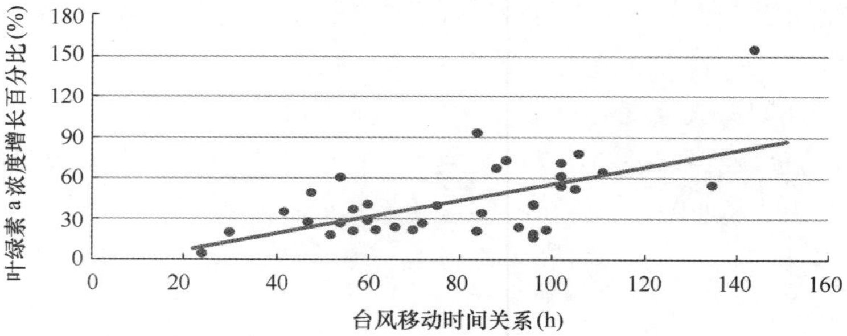

图 4.6　研究区域内台风期间叶绿素 a 浓度增长与移动时间的关系

叶绿素 a 浓度变化与台风移动速度的关系。由于研究区域大小不尽相同，同样的台风，选择的研究区域越大，其停留时间也越长。而台风移动速度是本身的特征，与研究区域大小选择无关，因此，为了避开研究区域大小选择移动时间所带来的人为差异，进一步分析台风移动速度与叶绿素变化之间的关系，发现二者具有一定的负相关性，其相关系数为 0.47，即台风在研究海域移动越慢，相应引起的叶绿素增长越显著，且此相关性大于台风强度与叶绿素 a 浓度变化的相关性，结果如图 4.7 所示。同时，由于马赫数在内波相速度相同的情况下，主要取决于台风的移动速度，即叶绿素浓度与马赫数具有同样的相关系数，这表明台风引起的上升流时间尺度越大，叶绿素增长幅度越高。

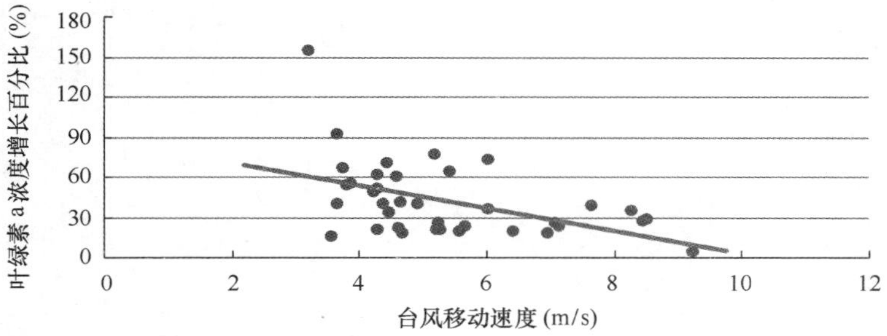

图 4.7　研究区域内台风期间叶绿素 a 浓度增长与移动速度的关系

叶绿素 a 浓度变化与无量纲风速的关系。根据 4.2 节的定义，对于西太平洋海域，相应纬度相差不大，则无量纲风速主要由移动速度和风圈半径决定，该值大小反映台风经由研究区域的时间尺度以及由此引起的近惯性响应，对表 4.1 中 39 次样本进行统计分析发现，叶绿素 a 浓度变化与相应台风的无量纲风速呈负相关性，即台风 7 级风圈半径越小，移动速度越快，相应叶绿素 a 浓度增长幅度越低，结果如图 4.8 所示。二者相关系数仅为 0.40，这可能与风圈半径的选择有关。在 Price（1994）的研究中采用的是台风半径，相应风圈半径更小，这里由于部分研究对象未达到 10 级以上量级，故采用 7 级风圈半径。同时，根据台风网（www.zjwater.com）提供的资料，部分台风未提供相应风圈半径，作者是根据相近海域相同量级的台风风圈大小进行估算获得，因此，表 4.1 中所计算 R 值存在一定的统计误差。

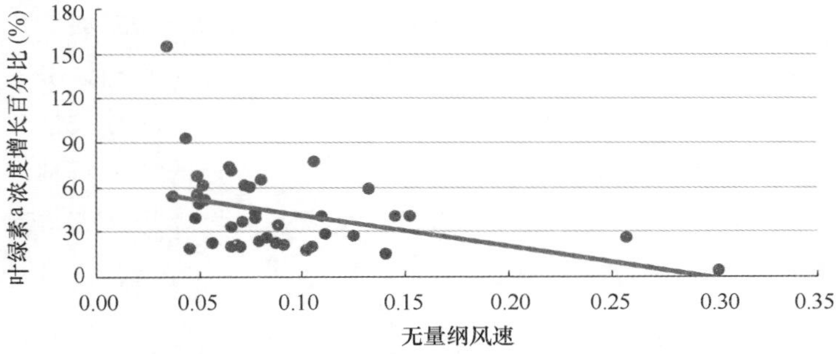

图 4.8　研究区域内台风期间叶绿素 a 浓度增长与无量纲风速的关系

4.3.1.4　叶绿素 a 浓度增长与台风影响因子及等密面位移的关系

叶绿素 a 浓度变化与台风影响因子的关系。表征台风本身属性的物理量主要有台风中心气压、最大风速，平均风速、移动速度、风圈半径大小等，这些物理量之间存在一定的相关性，而台风最大风速和移动速度是相对独立的两个物理量，同时从笔者（2008）的研究分析发现，台风发生期间相应海域叶绿素 a 浓度的变化与最大风速呈正相关，而与移动速度呈负相关，但后者的相关性更大，即移动速度的影响更显著，为此定义了式（4.9）中的台风影响因子，以此来考量这两个要素对叶绿素 a 浓度的总体影响程度，通过对表 4.1 中 39 次样本回归分析发现，二者具有较好的线性正相关性，其相关系数达 0.71，决定系数为 0.499 6。即有约 50% 的台风发生期间其叶绿素 a 浓度的增长由台风影响因子决定，这一结果表明，台风期间叶绿素 a 浓度变化在一定程度上与其最大风速呈正比，与其移动速度的平方呈反比，台风风速越强，移动速度越慢，由此引起的相应海域的生物响应越显著，且移动速度比最大风速的影响更大。结果如图 4.9 所示，相应关系模型如式（4.11）。

$$y = 15.017x + 11.125 \tag{4.11}$$

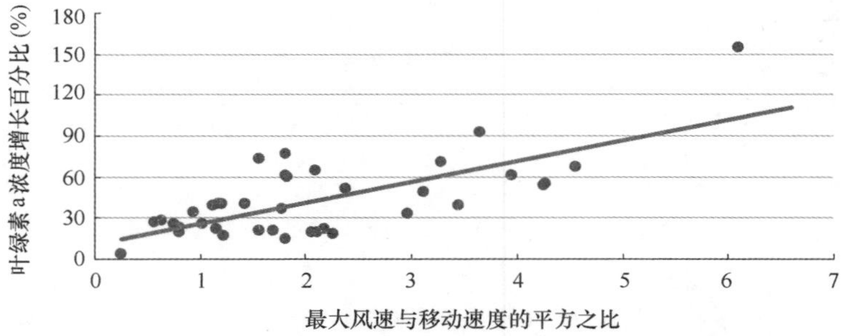

图 4.9　研究区域内台风期间叶绿素 a 浓度增长与台风影响因子的关系

叶绿素 a 浓度变化与等密面位移的关系。对西太平洋海域，研究区域纬度相差较小的情况下，季节性温跃层等密面位移主要由台风应力及移动快慢程度决定，Price（1994）研究指出，台风越强，移动越慢，相应的等密面位移越显著。

经计算表明，39 次样本平均季节性温跃层等密面位移达 31.22 m，这与 Babin（2004）对大西洋 13 次统计平均结果 36.69 m 相比略小。对叶绿素 a 浓度变化与等密面位移进行相关性分析发现，二者具有较高的正相关性，其相关系数为 0.55，结果如图 4.10 所示，这表明台风强度越大，移动速度越慢时，相应海域引起的等密面位移越大，更能促进相应海域浮游植物和叶绿素 a 浓度的提高，也即由台风引起的上升流强度越大，由上升流引起的主温跃层等密面位移越大，相应叶绿素增长幅度也越大。但这比台风影响因子的相关性略小。相应模型如式（4.12）所示，由于缺乏台风期间相应海域硝酸盐跃层变化的数据资料，不能综合分析台风期间等密面位移及营养盐的变化对叶绿素增长的贡献，但从叶绿素 a 浓度增长率与等密面位移的相关性可见，等密面位移越大，表明由台风引起的上升流响应强度越大，相应的叶绿素浓度增长越显著。

$$y = 1.0309x + 31.181 \tag{4.12}$$

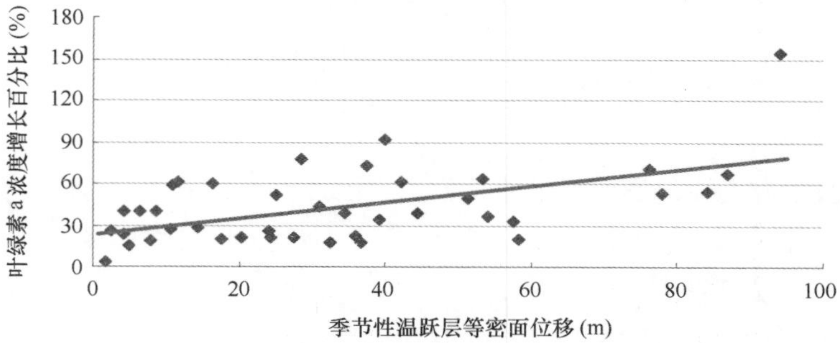

图 4.10　研究区域内台风期间叶绿素 a 浓度增长与等密面位移的关系

4.3.1.5　叶绿素 a 浓度增长与海表温度变化之间的关系

根据已有的资料，在台风前后既有相应的叶绿素 a 浓度数据，又有相应的海表温度数据的记录共36次，见表4.2，故该表中海表温度数据缺失了3次，对这36次数据样本进行统计分析，结果发现海表温度的变化与叶绿素a浓度变化有一定的负相关性，但相关系数很低，仅为0.20。这在一定程度上表明，台风期间海表温度降低的幅度越大，相应区域叶绿素a浓度的增长幅度也越大，这与杨元建（2008）研究台风“玲玲”时的结果一致；亦与赵辉（2007）初级生产力同温度之间存在反相变化趋势，即通常升高的初级生产力对应更低的海表温度相一致。但这一要素的影响远不及台风影响因子显著。

4.3.1.6 大尺度下台风对叶绿素a浓度影响小结

根据上述统计及关键要素分析，在大尺度研究区域的情况下，台风期间叶绿素浓度的绝对大小、增长率以及影响该结果的关键要素表现在以下几个方面。

（1）研究海域台风发生期间与无台风时叶绿素a浓度相比，平均增长幅度达42.4%，呈显著水平。另外，作者也对2000年7月过境南海的台风“启德”（该次台风起于15.7°N，118.1°E，时间为7月3日6时，起始风力仅为4级，并于7月7日增强到13级，7月9日在台湾登陆）做了对比分析，由于这段时间遥感3A产品仅为6月至7月10日的资料，但3B产品（为5日合成产品）有6月至7月底的全部资料（均为SeaWiFS资料），为此，作者以16°—24°N，116°—122°E为研究区域，对它们做了比较分析。通过已有的3A资料分析发现，无台风时（6月21日至7月3日）叶绿素a浓度的平均值为0.31 mg/m^3，台风期间（7月4日至10日）为0.78 mg/m^3，其中7月7日区域均值最大为1.49 mg/m^3。对6月24日至7月23日一个月内的3B产品进行了分析，台风前（6月24日至7月3日）研究区域叶绿素a浓度均值为0.375 mg/m^3，台风期间（7月4日至13日）均值为0.495 mg/m^3，台风完全消失后（7月14日至23日）的均值为0.372 mg/m^3。从上述计算可见，尽管由于3A数据有缺失，与3B资料计算的结果有一定的差异，但是从仅有的3A资料来看，台风期间叶绿素a浓度为台风前的2.5倍，以7月7日最大情况来看，为4.8倍；以3B资料研究结果来看，台风期间叶绿素a浓度平均值是无台风时的1.33倍。该比值与Babin的统计结果一致，而I I Lin对此次台风影响的研究结果偏大。

（2）台风发生期间研究海域叶绿素a浓度的绝对大小主要取决于研究海域无台风时本征叶绿素a浓度，其相关系数达0.96，决定系数达0.92，而台风期间叶绿素a浓度的增长百分比与研究海域本征叶绿素a浓度无关，主要取决于台风的影响。

（3）叶绿素a浓度对台风事件的响应程度主要取决于台风影响因子（台风最大风速与移动速度的平方之比）的大小，其相关系数达0.71，决定系数0.499 6，即在一定程度上，台风期间叶绿素a浓度的增长百分比与最大风速呈正比，与移动速度的平方呈反比。

（4）叶绿素a浓度在台风期间的响应与无量纲风速以及等密面位移也具有一定的相关性，结果表明，无量纲风速越小，台风在相应研究海域的停留的时间尺度越大，叶绿素a浓度增长幅度越大；由上升流引起的台风期间季节性温跃层等密面位移越大，叶绿素a浓度响应越强。

（5）台风期间叶绿素a浓度的变化与由台风引起的温度响应呈一定的负相关性，即台风期间温度下降幅度越大，相应海域叶绿素a浓度增长幅度也较大，但这一相关性较低。

总之，台风期间过境海域叶绿素a浓度呈显著变化，研究海域叶绿素a浓度的绝对大小主要由研究海域无台风时的本征叶绿素a浓度决定，而与台风强度、持续时间、移动速度等要素无明显的相关性；台风期间叶绿素 a 浓度的增长幅度则与最大风速、移动速度、等密面位移、海表温度下降的幅度等要素均有关，在这些要素中，主要取决于台风影响因子大小，即最大风速与移动速度的平方的比值，该比值越大，叶绿素 a 浓度的响应就越强烈，反之越弱。

4.3.2 影响小尺度台风中心区域叶绿素 a 浓度的关键要素

根据第 3 章对台风前后海表温度的定量统计分析可知，在大尺度的情况下，台风期间海表温度平均下降 1.99℃，而小尺度的台风中心区域海表温度平均下降 3.12℃，台风中心强风区域对海表温度的影响较大尺度的过境海域要显著得多。这无疑启发我们思考：小尺度的台风中心区域叶绿素 a 浓度的响应是否与海表温度的响应存在相似的结论？或者说台风中心区域叶绿素 a 浓度的响应比大尺度的过境海域也强得多呢？为此，选择 2°×2°~4°×4°大小的研究尺度，以过境台风中心或近中心区域为研究对象，对近年来发生在西太平洋海域的台风及由其引起的叶绿素 a 浓度的响应进行分析。由于以台风中心较小尺度为研究对象，因此对同一过境台风，则可以选择不同的远近海域进行分析，因此一次台风可获得多个研究样本。同时，对于大尺度海域数据缺失严重的样本，在小尺度情况下则某区域数据可以缺失较少，因而样本总数较大尺度情况下多，一共获得 61 个数据样本，如表 4.3 所示。另外，由于在较小尺度的情况下，台风的强度量级变化不大，因此直接用上述网址提供的热带风暴或台风级别表示台风强度，对于大尺度的情况研究海域台风量级变化很大，因此分别采用最大风速与平均风速来描述其强度。表 4.3 中各变量的含义如第 2 节所述，若台风前因天气原因数据缺失，则采用台风完全消失后的叶绿素 a 浓度值代替，反之，则用台风前的叶绿素 a 浓度代替，故表中部分样本台风前与台风完全消失后叶绿素 a 浓度一致。另外，在小尺度情况下，不同区域台风后叶绿素 a 浓度达到最大值的时间也不尽相同，根据叶绿素 a 浓度的日变化将其达到最大值的时间统计到表 4.3 中，用来分析其延迟效应。

表 4.3 台风中心区域主要参数及叶绿素 a 浓度响应

时间	台风	研究区域	L_t	t	Chl_{bef}	Chl_{aft}	Chl_{dur}	Chl_{max}	days
2000-09	悟空	南海（18°—20°N，113°—115°E）	12	36	0.31	0.24	0.41	0.53	8
2000-09	悟空	南海（17.5°—19.5°N，110°—112°E）	13	36	0.35	0.29	0.47	0.57	7
2000-09	悟空	三亚（17°—19°N，109°—111°E）	14	30	0.47	0.42	0.68	1.17	4
2001-06	飞燕	台湾海峡（22°—24°N，118°—120°E）	15	30	0.73	0.70	1.11	1.76	6
2001-07	尤特	巴林塘海峡（17°—21°N，120°—124°E）	13	30	0.26	0.35	0.54	0.72	4
2001-07	尤特	南海（20°—22°N，117°—119°E）	12	24	0.33	0.36	0.45	0.59	5
2001-07	桃芝	福州（24°—26°N，119°—121°E）	12	24	1.14	0.97	1.53	3.45	12
2001-09	百合	台东（23°—25°N，121°—123°E）	9	48	0.25	0.25	0.37	0.57	5
2001-09	百合	台北，汕尾（22°—24°N，115°—117°E）	9	36	1.47	1.47	2.08	3.70	3
2002-06	浣熊	南海（19°—21°N，112°—114°E）	5	48	0.28	0.24	0.32	0.38	5
2002-06	浣熊	西太平洋（23°—25°N，124°—126°E）	12	28	0.23	0.19	0.26	0.34	3
2002-07	威马逊	西太平洋（23°—25°N，125°—127°E）	16	24	0.17	0.20	0.25	0.30	5
2002-07	娜基利	台湾海峡（23°—25°N，119°—121°E）	7	50	0.69	0.89	1.29	1.51	5
2002-07	风神	黄海（33°—35°N，123°—125°E）	7	18	0.78	0.83	0.95	1.25	5
2002-08	北冕	南海（19°—21°N，115°—117°E）	7	36	0.27	0.34	0.37	0.60	10
2002-08	北冕	南海（19°—21°N，117°—119°E）	7	36	0.26	0.24	0.31	0.39	6

续表 4.3

时间	台风	研究区域	L_t	t	Chl_{bef}	Chl_{aft}	Chl_{dur}	Chl_{max}	days
2002-08	黄蜂	东莎（14°—16°N，113°—115°E）	6	84	0.27	0.31	0.50	0.67	6
2002-08	黄蜂	南海（16°—18°N，111°—113°E）	7	42	0.30	0.27	0.44	0.77	5
2002-08	鹿莎	中日海域（32°—34°N，127°—129°E）	12	15	0.56	0.53	0.65	0.89	9
2002-09	森拉克	西太平洋（25°—27°N，129°—131°E）	14	24	0.15	0.17	0.23	0.35	4
2002-09	森拉克	西太平洋（25.5°—27.5°N，127°—129°E）	14	24	0.19	0.23	0.32	0.43	6
2003-06	苏迪罗	巴士海峡（18°—20°N，122°—124°E）	12	30	0.23	0.14	0.29	0.77	9
2003-07	苏迪罗	台东（23°—25°N，123°—125°E）	17	24	0.27	0.14	0.23	0.29	3
2003-07	伊布都	菲律宾（16.5°—18.5°N，118.5°—120.5°E）	14	24	0.17	0.24	0.31	0.35	4
2003-07	伊布都	南海（18°—20°N，114°—116°E）	14	22	0.17	0.28	0.30	0.45	6
2003-07	天鹅	西太平洋（13°—15°N，116°—118°E）	9	36	0.16	0.16	0.22	0.32	7
2003-07	天鹅	南海（16°—18°N，113°—115°E）	12	30	0.16	0.16	0.27	0.37	6
2003-07	天鹅	三亚（18°—20°N，110°—112°E）	12	30	0.27	0.29	0.45	0.96	7
2003-08	莫拉克	巴林塘海峡（19°—21°N，123°—125°E）	9	30	0.19	0.19	0.25	0.32	10
2003-08	莫拉克	台南（21°—23°N，120°—122°E）	11	24	0.23	0.29	0.32	0.32	10
2003-08	莫拉克	厦门（23°—25°N，118°—120°E）	11	24	1.06	0.89	1.28	2.48	3
2003-08	艾涛	冲绳（22°—24°N，128°—130°E）	15	20	0.14	0.13	0.18	0.30	4
2003-08	艾涛	冲绳（26°—28°N，127.5°—129.5°E）	16	30	0.21	0.16	0.29	0.41	4
2003-08	科罗旺	南海（18°—20°N，113°—115°E）	13	18	0.29	0.23	0.30	0.45	4
2003-08	科罗旺	海口（19°—21°N，110°—112°E）	14	24	0.74	0.85	1.21	1.48	6
2003-09	杜鹃	深圳（21.5°—23.5°N，115°—117°E）	16	24	1.09	0.80	1.45	1.82	4
2003-09	彩云	西太平洋（21°—23°N，126.5°—128.5°E）	7	24	0.15	0.16	0.19	0.24	5
2003-09	彩云	西太平洋（25°—27°N，127°—129°E）	10	20	0.18	0.21	0.24	0.33	11
2004-06	康森	菲律宾（16°—18°N，118°—120°E）	9	32	0.22	0.25	0.32	0.37	6
2004-06	康森	巴林塘海（20°—22°N，120°—122°E）	13	24	0.19	0.28	0.33	0.38	7
2004-06	蒲公英	巴林塘海（18°—20°N，122°—124°E）	15	62	0.18	0.20	0.45	0.64	7
2004-06	蒲公英	西太平洋（17°—19°N，125°—127°E）	14	35	0.20	0.18	0.30	0.37	7
2004-08	云娜	西太平洋（23°—25°N，124°—126°E）	12	27	0.15	0.25	0.27	0.34	10
2004-08	艾利	台东外海（24.5°—26.5°N，122°—124°E）	13	36	0.31	0.36	0.49	0.60	4
2004-09	米雷	西太平洋（23°—25°N，129°—131°E）	14	24	0.14	0.15	0.21	0.30	4
2005-07	海棠	西太平洋（20°—23°N，126°—128°E）	17	26	0.21	0.20	0.32	0.32	7
2005-07	天鹰	南海（17.5°—19.5°N，111°—113°E）	8	22	0.26	0.26	0.31	0.51	5
2005-08	麦莎	东海（25°—27°N，122.5°—124.5°E）	14	24	0.40	0.38	0.53	0.85	4
2005-08	麦莎	西太平洋（17°—19°N，128°—130°E）	11	24	0.21	0.21	0.29	0.35	11
2005-08	珊瑚	南海（19°—21°N，118°—120°E）	10	17	0.26	0.26	0.33	0.44	10
2005-08	泰利	台东（23°—25°N，122°—124°E）	16	26	0.29	0.18	0.34	0.42	3
2005-09	达维	南海（18°—20°N，111°—113°E）	15	37	0.34	0.40	0.67	1.09	3
2006-07	艾云尼	西太平洋（22°—25°N，125°—128°E）	15	48	0.06	0.07	0.12	0.22	4
2006-07	碧利斯	西太平洋（23°—25°N，122°—124°E）	11	40	0.13	0.09	0.19	0.24	5
2006-08	派比安	南海（17°—19°N，115°—118°E）	9	26	0.11	0.14	0.18	0.21	5
2006-08	桑美	西太平洋（24°—26°N，125°—128°E）	15	21	0.08	0.10	0.12	0.16	8
2006-08	桑美	苍南（25°—28°N，120°—124°E）	17	28	0.29	0.35	0.53	1.18	3
2006-09	珊珊	西太平洋（22°—25°N，123°—125°E）	15	39	0.12	0.11	0.19	0.28	5
2006-09	珊珊	西太平洋（19°—22°N，126°—129°E）	13	29	0.09	0.08	0.12	0.14	5
2007-08	圣帕	台湾海峡（23°—26°N，118°—121°E）	13	27	0.65	0.65	0.97	2.72	7
2007-09	韦帕	台东（23°—26°N，122°—125°E）	15	28	0.15	0.13	0.19	0.36	8

4.3.2.1 有无台风时叶绿素 a 浓度的相关性

由表4.3计算的数据可知，研究区域台风前与台风完全消失后叶绿素 a 浓度均值均为0.33 mg/m^3，在台风期间，研究海域平均叶绿素 a 浓度是 0.48 mg/m^3，平均增长幅度为45.45%，增长幅度的均值误差2.65，标准差为20.73%，见表4.4。台风期间最大叶绿素 a 浓度均值是0.74 mg/m^3，其增长幅度达114.73%，最大幅度达321.05%，均值误差8.40，标准差为65.64%。不论是台风期间叶绿素 a 浓度的平均变化还是最大变化，其图像的偏度系数均为正偏度，表明均值在大于峰值的一侧，图像左右不对称，并为右拖长尾形。由表4.3统计获得延迟天数及叶绿素 a 浓度变化率的基本信息，见表4.4。

表4.4　台风前后叶绿素变化量及延迟天数基本统计量

变量	样本数	残差	最小值	最大值	平均值	标准误	标准差	偏度系数	峰度系数
days	61	9	3	12	5.97	0.30	2.34	0.82	−0.14
Chl%	61	119.66	14.22	133.88	45.45	2.65	20.73	1.35	4.21
Chlmax%	61	298.92	22.4	321.05	114.73	8.40	65.64	1.49	1.95

同时，为了减小遥感数据源本身的误差，小尺度情况下几乎没有选择离岸很近的二类水体区域，尤其是我国的长江口、珠江口及湛江港口海域为研究对象，而是选择了其他近岸海域或相对较远的一类水体海域；在大尺度情况下考虑计算方便所选择的矩形区域均包括了上述三个典型的高悬浮泥沙浓度区域，因此在大尺度情况下所得平均叶绿素 a 浓度高于小尺度下平均叶绿素 a 浓度，这正是由于上述三个高悬浮泥沙浓度区域遥感反演叶绿素 a 浓度偏高所致。利用表4.3中的数据可得，采用本章第2节所述算法，即对台风前和台风完全结束后研究海域叶绿素 a 浓度求均值，计算出各样本在无台风时叶绿素 a 浓度，再将其与台风期间相应海域叶绿素 a 浓度进行回归分析，发现与大尺度情况下非常一致，有无台风时中叶绿素 a 浓度具有极高的相关性，其相关系数达0.98（图4.11），这再次表明，西太平洋海域台风期间叶绿素 a 浓度的绝对大小主要取决于无台风时相应海域的本征叶绿素 a 浓度，而与台风的强弱以及持续时间关系不大。

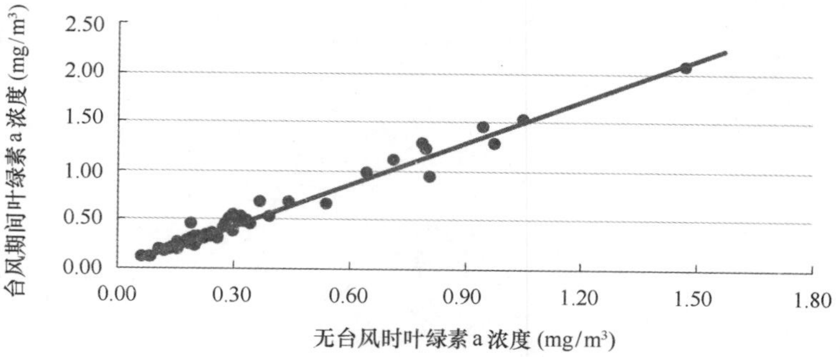

图4.11　研究小区域内有无台风时叶绿素 a 浓度的关系

4.3.2.2 台风中心区域叶绿素a浓度变化与台风参量的关系

在小尺度情况下，对台风期间叶绿素增长率与台风等级（相当于最大风速）进行相关性分析，发现二者具有正相关性，但相关系数仅为0.32，这与大尺度研究区域的情况下非常接近；将其与过境中心区域的移动时间进行相关性分析，二者呈正相关，其相关性为0.59，这同样与大尺度情况下（0.60）非常一致，在相对较小的海域，台风移动时间越长，也即其移动速度越慢，此时叶绿素a浓度增长百分比越大。这一结果表明，不论是小尺度台风中心区域还是大尺度研究海域，台风期间叶绿素a浓度的变化与台风强度相关性较小，而主要与台风的移动速度或者过境海域的停留时间有关。而台风期间海表温度的变化却主要与最大风速相关，而与移动速度或者停留时间相关性较小。进一步对叶绿素的增长率与台风强度和台风移动时间的乘积进行相关性研究，发现二者具有很高的线性相关性，其相关系数达0.84，决定系数达0.71，这表明，在台风中心区域，叶绿素a浓度的增长幅度主要取决于台风强度与移动时间乘积的大小，或者说影响台风期间叶绿素浓度增长幅度的关键要素是台风强度与移动速度大小，台风越强，移动速度越慢，则增长幅度越大，且在这两个要素中，移动速度越慢（或者说某区域停留时间越长），涨幅越显著。这与大尺度情况下所得结论一致，结果如图4.12所示。

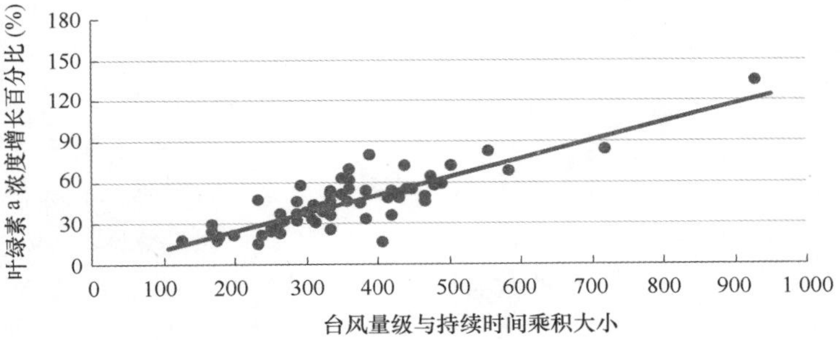

图4.12 研究小区域内叶绿素a浓度增长与台风量级和移动时间的关系

4.3.3 一类、二类水体叶绿素a浓度对台风响应差异性

对西北平洋海域，尤其是长江口、东海近岸海域、南海北部及珠江口海域属典型高悬浮泥沙的二类水体海域，相应遥感反演叶绿素a浓度的误差较高，因此，在小尺度情况下未选择长江口及珠江口为研究对象，为了比较台风对一类、二类水体影响的差异性，上述61个样本中，约一半为近岸二类水体区域，一半为相对较远的一类水体海域，按无台风时叶绿素a浓度均值从高到低排序后，同时根据研究区域选择前31记录为近岸二类水体样本，其余为远海一类水体样本（由于学科的差异以及一、二类水体划分难度大，对一、二类水体没有严格的划分标准，因此，这里仅为一种近似估计），分别得出近岸海域无台风时叶绿素a浓度均值为0.48 mg/m^3，台风期间均值为0.70 mg/m^3，叶绿素a浓度绝对增长0.28 mg/m^3，增长幅度43.90%；远海海域无台风时叶绿素a浓度均值为0.17 mg/m^3，台风期间为0.25 mg/m^3，平均增长0.08 mg/m^3，平均增长幅度46.60%，可见，尽管远海一类水体海域在台风期间叶绿素a浓度的绝对增长量远小于近岸二类水体海域，但其增长百分比却略高于二类水体区域。

不论是近岸二类水体还是远海一水体海域，在台风期间都会发生强烈的垂直混合，从而使上层海水营养盐浓度增加，但对于近岸二类水体，由海水再悬浮则引起悬浮泥沙浓度会大幅增加，从而使海水浊度增大，透明度降低，相应使光合作用下降；而远海一类水体区域则不受近岸泥沙等要素再悬浮的影响，而水体中营养盐浓度却大幅增长，浮游植物在获得充分的营养盐和一定光照情况下会迅速生长，从而使叶绿素 a 浓度增长幅度更大（图 4.13）。

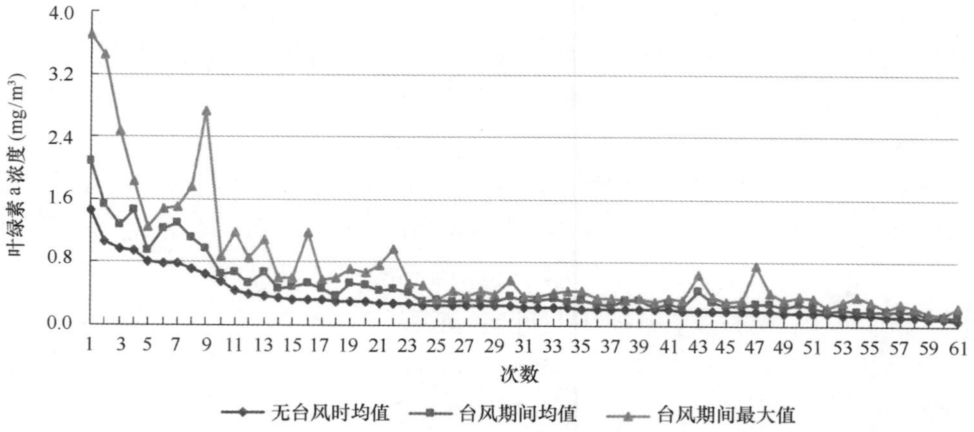

图 4.13　一类、二类水体台风中心区域有无台风时平均与最大叶绿素 a 浓度比较

4.3.4　台风对叶绿素 a 浓度影响的延迟效应

61 次数据样本统计分析发现，所有台风对叶绿素 a 浓度的贡献均有延迟性，在初步分析的过程中，已将个别延迟时间超过半个月以上的情况作为异常值舍去，从表 4.3 中数据来看，台风后叶绿素 a 浓度变化有逐渐增长的过程，其最大值至少在台风后 3 天才出现，最迟的要 12 天才到达最大值，平均延迟时间为 5.97 天，即在台风后 6 天左右相应海域海表叶绿素 a 浓度达到最大值，然后叶绿素 a 浓度慢慢降低至台风前的正常水平，这一结果与海洋对台风约一周的生化响应时间尺度相一致。对台风后叶绿素 a 浓度达到最大值的延迟天数进行直方图统计，结果如图 4.14 所示，台风后叶绿素 a 浓度增长到最大值的时间为 3～7.5 天的总概率约占 70%，台风后叶绿素 a 浓度达到最大的时间超过 10 天的情况很少，约 10%，统计标准差为 2.34 天。该变量的偏度系数是 0.82，峰度系数是 −0.14，同时图像具有正偏度，表明峰

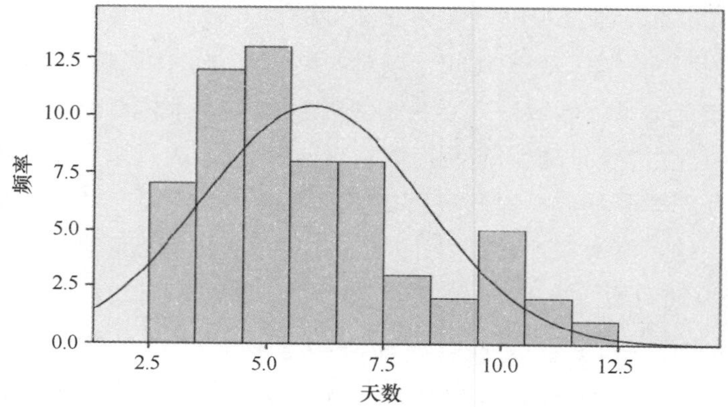

图 4.14　台风期间研究区域内叶绿素 a 浓度延迟时间分布统计

值小于其平均值，即以 5 天为最大概率，约占样本的 21%，且图像略呈右拖长尾形；由于峰度系数较小，因而图像数据分布离散，表明台风后叶绿素 a 浓度增长至最大值的时间变化范围较大，这一点从残差为 9 天且大于均值也可得到验证。

采用成对样本 T 检验对有无台风时叶绿素 a 浓度进行均值差异显著性分析，计算所得样本自由度为 60，统计量 t 值为 -8.59，相应的临界置信水平为 0，95% 的置信区间是（-0.18，-0.11），统计量 t 对应的临界置信水平远小于设置的置信水平 0.05，因而台风对叶绿素 a 浓度的影响呈显著水平。

4.4 叶绿素 a 浓度响应的统合综效

为了分析多次台风对叶绿素 a 浓度影响的区域性差异，将东海（24°—34°N，120°—130°E）及南海海域（14°—24°N，108°—120°E）分小区域进行统计，各区块编号如图 4.15（a）、（b）所示，其中东海海域有 6 次独立的台风，分别是 2000 年“杰拉华”、“莫杰”；2001 年

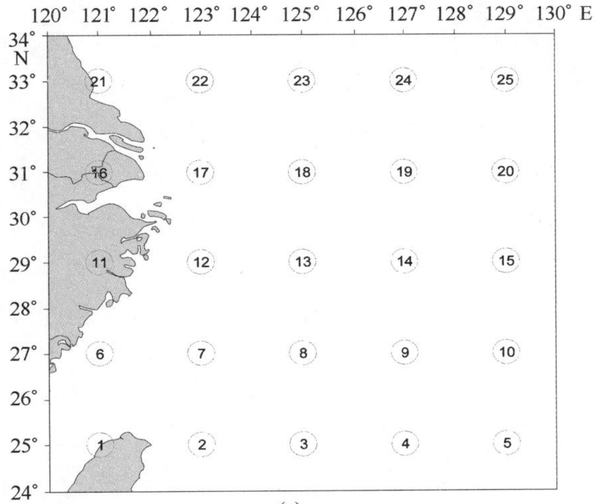

(a)

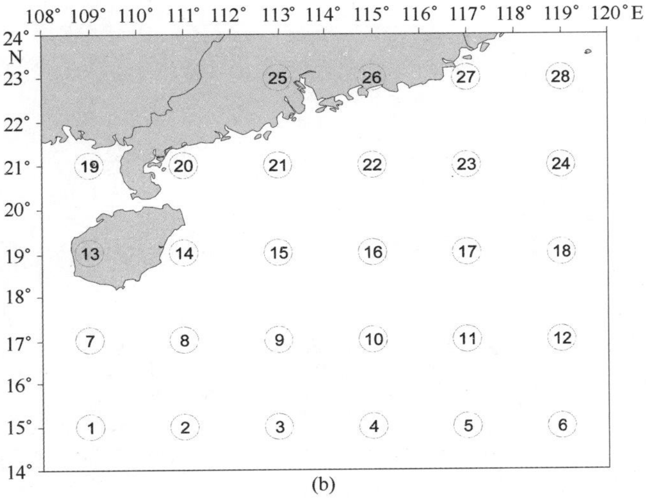

(b)

图 4.15 东海及南海海域区块分布及编号

（a）东海；（b）南海

“海燕”、“百合” 及2006年 “艾云尼”、“珊珊”，将6次台风前后叶绿素a浓度分别按每个单元合成，每个区域的叶绿素增长率如图4.16所示，可见不同区域其增长率明显不同，台湾海峡及福建浙江沿海海域，图中1、6、18区块叶绿素增长幅度比其他区块高得多，11、16、21区块增长幅度是最小的。可能原因是：1、6号区块位于台湾海峡，潘玉萍（2004）研究指出福建沿岸海域存在较强的夏季上升流。台风无疑更加促进了上升流的形成；同时18区块位于长江口锋面，是一类、二类水体的过渡区，台风过后强烈的垂直混合及上升流携带了大量的营养物质到真光层，因而浮游植物旺盛生长，叶绿素增高；而图中11、16、21区块位于长江口及杭州湾域，属典型的高悬浮泥沙和低透明度，台风后悬浮泥沙进一步增加，透明度降低，从而限制了浮游植物光合作用的进行，因此，这些区域叶绿素a浓度几乎没变化。为了研究南海海域不同海区台风后叶绿素a浓度变化的差异，对于南海海域进行同样的分析，将2000—2005年该区域独立台风前后叶绿素a浓度数据进行融合，获得了每个区域的叶绿素a浓度增长的百分比，结果如图4.17所示，增长幅度最大的区域是在接近越南东边海域的1、7号区块，1号区块涨幅是53%，7号增长幅度为28%，越南东部海域是南海上升流最强的区域，台风能进一步增强上升流的影响，从而促进该海域叶绿素a浓度的提高；而珠江口东北海域22、25区块却略有下降，光照条件是影响该海域初级生产力的主要因素，而台风加大了该海域的悬浮泥沙浓度并进一步降低了透明度，从而更加限制了光合作用，因而影响浮游植物生长与叶绿素a浓度的提高。另外也有可能是由于样本有限，包括20号区域在内的湛江港海域，这些区域均属典型二类水体区域，遥感反演叶绿素a浓度误差较大，同时台风期间受云的影响较大，遥感数据缺失相对更多，也可能给这一计算带来偏差。上述分析是造成这些区域变化不大甚至负增长的可能原因。由于受实测数据与研究样本所限，还不能断定这一现象发生的根本原因，有待于通过更多的数据样本以及现场实测进行深入研究。

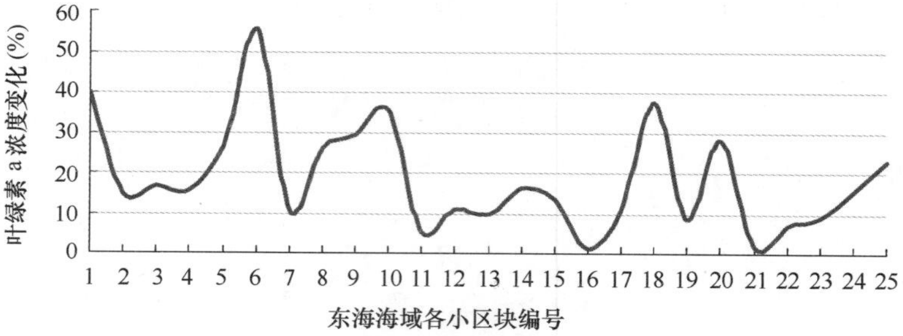

图4.16　东海海域多次台风对各海区叶绿素a浓度综合影响

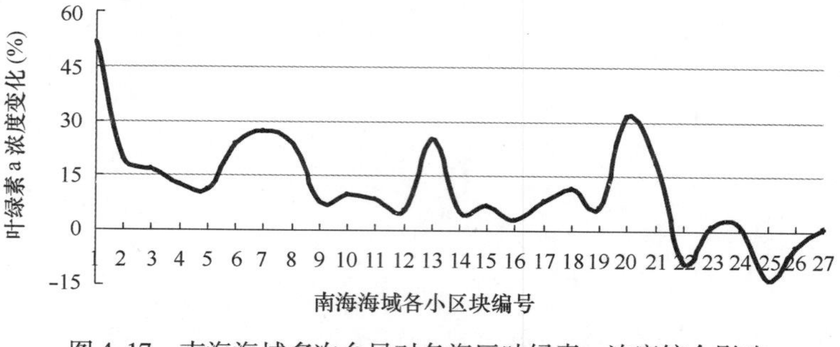

图4.17　南海海域多次台风对各海区叶绿素a浓度综合影响

4.5 讨论

4.5.1 延迟效应的生化及物理机理探讨

Morel A（1989，1996）、Lee Z. P（2007）、李国胜（2003）指出，真光层深度 Zeu（Euphotic Zone Depth）是指光合有效辐照度 PAR（Photosynthetic Available Radiation）下降到表层量值的 1% 的深度，通常在海洋表面 3 ~ 150 m 的水体顶部。只有在真光层，才有充足的阳光，浮游植物才能通过叶绿体进行光合作用，海洋初级生产力主要发生在这一层中，营养盐的提供主要通过各种机制从富营养的深层冷水区输送到真光层，从而得以实现海洋生物量之间的循环。然而在正常情况下，风致上升流的速度很小，有的仅为 10^{-5} cm/s 量级，潘玉萍（2004）研究发现，在夏季我国闽浙外海（25°20′N，120°E）、（27°20′N，120°45′E）的上升流属于较强的上升流，在 10 m 层附近上升流速也仅为 $2\times10^{-3}\sim5\times10^{-3}$ cm/s，浙江近海仅为 1×10^{-4} cm/s，一般情况下，太小的上升流不足以为浮游植物提供丰富的营养物，因而海表真光层长期处于贫营养状态。而在台风期间，由其所致巨大涡旋与负压使台风作用区域海表压强低于周围的海表压强，从而使这一区域形成强大的上升流，使海水垂直混合加强，这一作用将处于较深冷水区域中的磷酸盐、硝酸盐等泵送到真光层，从而使浮游植物获得充足的营养盐而旺盛生长，相应使叶绿素 a 浓度增长。但是，在台风期间，常为阴雨气候，海水的垂直混合与波浪破碎降低了海水透明度，浮游植物因受阳光的影响而不能充分生长，这在一定程度上限制了叶绿素 a 浓度的增长；另一方面，台风过后，海水的垂直混合与上升流相对稳定，则在一定时间后海表营养盐的浓度也出现相对稳定状态，这也在一定程度上限制了叶绿素 a 浓度的进一步增长，即台风不能促进叶绿素的无限增长。同时在台风结束一段时间后，由于海表营养盐的沉降作用，海洋表层又渐渐变回到原来的贫营养状态，因而浮游植物生长受到限制而使叶绿素 a 浓度逐渐降低至台风前的水平。营养盐在上升流及海水垂直混合的带动下，从深层冷水区经真光层到海表必须有一定的时间和过程，这样就导致了海表叶绿素 a 浓度最大增长有一个延迟时间，该延迟时间与研究海域、台风大小、真光层深度等因素有关。下面对这一统计时间的合理性作一粗略估算。由于台风强度大，所致上升流比一般沿岸上升流强度大，Dongxiao Wang 和 Hui Zhao 对 2007 年过境阿拉伯海域的台风“Gonu”研究中指出，在台风前该海域上升流小于 1×10^{-3} cm/s，但台风期间可达 2×10^{-4} m/s，根据第 2 章台风“珍珠”在南海海域引起的上升流在 $1\times10^{-4}\sim1\times10^{-3}$ m/s 之间，考虑多数台风不及“珍珠”强度大，故假设在西太平洋海域台风所致平均上升流约为 1×10^{-4} m/s。同时研究海域真光层深度估算方法如下：利用海水透明度遥感资料，计算出研究区域内海水平均透明度约 16 m，按 yukuya（1980）研究结论 $E=3\mathrm{SDD}$（即真光层深度约为海水透明度 3 倍）计算，则该海域平均真光层深度约为 48 m，可估算出被上升流带到海洋表层的营养盐穿过真光层平均需要 5.56 天。若按何贤强（2002）研究结果（$E=2.56\mathrm{SDD}$），则仅需 4.7 天。另一方面，刘增宏（2006）对 2001—2004 年间过境西太平洋远海海域 67 次热带气旋期间相应的 CTD 数据分析表明，气旋过后 5 天内混合层深度加深的比例最大，表明 5 天内混合层混合程度最为充分，而平均 6 天以后开始减弱。综合上述两方面的作用，从对 61 次数据的统计情况来看，台风后叶绿素 a 浓度平均在 5.97 天达到最大值后就逐渐降低的变化过程具有合理性。

4.5.2 叶绿素 a 浓度与海表温度对台风响应的比较

研究结果表明，不论是小尺度台风中心区域还是大尺度研究海域，台风期间叶绿素 a 浓度的变化与台风强度关系较小，而主要与台风的移动速度或者过境海域的停留时间有关。而台风期间海表温度的变化却主要与最大风速相关，而与移动速度或者停留时间相关性较小。进一步对叶绿素的增长率与台风强度和台风移动时间的乘积进行相关性研究，发现二者具有很高的线性相关性，其相关系数达 0.84，决定系数达 0.71，这表明，在台风中心区域，叶绿素 a 浓度的增长幅度主要取决于台风强度与移动时间乘积的大小，这与大尺度情况下所得结论一致。可见，影响台风期间海表温度和叶绿素 a 浓度变化的关键要素不尽相同，前者是最大风速比移动速度影响更显著，或者主要由论文中所定义的台风权重大小决定，而叶绿素 a 浓度对台风的响应，台风移动速度比最大风速的影响更加显著，或者说由论文中所定义的台风影响因子决定，同时与季节性温跃层等密面位移的大小呈较高的正相关性；而台风期间海表温度与叶绿素 a 浓度的绝对大小主要由无台风时它们的数量大小决定，即由海域自身特征决定，与台风要素几乎无关。

4.6 结论

通过上述研究，影响台风期间西北太平洋海域叶绿素 a 浓度的绝对大小及变化幅度的关键要素及研究主要结论如下。

（1）大尺度研究区域情况下，台风发生期间与研究海域无台风时叶绿素 a 浓度相比，平均增长幅度达 42.40%。而小尺度中心区域平均增长幅度为 45.45%，中心区域最大平均增长幅度达 114.74%。

（2）不论大小研究尺度，台风发生期间研究海域叶绿素 a 浓度的绝对大小主要取决于研究海域无台风时本征叶绿素 a 浓度，其相关系数均超过 0.96，决定系数超过 0.92，而台风期间叶绿素 a 浓度的增长百分比与研究海域本征叶绿素 a 浓度几乎无关，主要取决于台风的影响。

（3）叶绿素 a 浓度对台风事件的响应程度与台风最大风速、台风移动速度、海表温度的下降幅度等因素相关，但主要由台风最大风速和移动速度共同决定，即取决于其影响因子大小，在大尺度研究区域情况下，其相关系数达 0.71，决定系数 0.499 6，即在一定程度上，台风期间叶绿素 a 浓度的增长百分比与最大风速呈正比，与移动速度的平方呈反比。

（4）叶绿素 a 浓度在台风期间的响应与无量纲风速以及等密面位移也具有一定的相关性，结果表明，无量纲风速越小，台风在相应研究海域停留的时间尺度越大，叶绿素 a 浓度增长幅度越大；台风期间由上升流引起的温跃层等密面位移越大，叶绿素 a 浓度响应越强。

（5）台风期间叶绿素 a 浓度的变化与由台风引起的温度响应呈一定的负相关性，即台风期间温度下降幅度越大，相应海域叶绿素 a 浓度增长幅度也较大，但这一相关性较低。不论是小尺度台风中心区域还是大尺度研究海域，台风期间叶绿素 a 浓度的变化与台风强度关系较小，而与台风的移动速度或者过境海域的停留时间相关性更大。而台风期间海表温度的变化却主要与最大风速相关，而与移动速度或者停留时间相关性较小。

（6）对小尺度台风中心区域，在近岸二类水体台风期间叶绿素 a 浓度增长幅度 43.90%；

远海海域平均增长幅度46.60%，可见，尽管远海一类水体海域在台风期间叶绿素a浓度的绝对增长量远小于近岸二类水体海域，但其增长百分比却略高于二类水体区域，这一点也可通过叶绿素浓度的响应与海水深度呈正相关得到验证。

（7）台风后叶绿素a浓度变化有逐渐增长的过程，其最大值至少在台风后3天才出现，平均延迟时间为5.97天，即在台风后6天左右相关海域海表叶绿素a浓度达到最大值，然后叶绿素a浓度慢慢降低至台风前的正常水平。

（8）从多次台风对东海海域及南海海域影响的区域性分布来看，台风期间叶绿素a浓度增长最显著的区域是越南东部区域、台湾海峡相邻的闽浙近岸海域及长江口外锋面海域；而叶绿素a浓度几乎无变化的是长江口及杭州湾海域；珠江口海域的统计结果呈略有减小的趋势。

综上所述，台风期间，影响其叶绿素浓度绝对大小的关键要素是研究海域自身特征，在无台风的情况下，研究海域叶绿素浓度较高者，台风期间也相应较高，反之亦然。即台风期间研究海域叶绿素a浓度大小取决于其本征叶绿素a浓度，与台风无明显关系；而影响台风期间叶绿素a浓度的增长幅度的关键要素是台风影响因子，即台风强度与移动速度平方的比值大小，该比值越大，表明风力越强，移动速度越慢，相应增长幅度越大，相对最大风速，移动速度影响更显著，同时也与等密面位移呈较高的正相关性。

另外，台风期间叶绿素a浓度的变化总体上表现出远海一类水体略高于近岸二类水体，越南东部、闽浙近岸及台湾海峡的增长幅度最大，而高悬沙的长江口、杭州湾和珠江口几乎没有增长；台风后叶绿素a浓度增长有一延迟效应，平均约第6天增长到最大值。

5 水色水温受台风影响的机制探讨*

5.1 引言

由于台风期间天气环境恶劣，很难获得海上实测资料，同时受台风期间多云多雨的干扰，遥感资料也存在较大的数据缺失，因而基于数值模拟研究海洋对台风的响应是最常采用的方式。在数值模型中，Luyten P J 等（1999）开发的 COHERENS 模型是欧洲数国海洋学者开发的模拟工具，在目前流行的物理海洋模型中，是难得的既能模拟海水动力学规律又能模拟生态响应的模型，Li Ning（2008）基于这一模型分析了东海海域杭州湾海水污染扩散的情况及秦山核电站温排水的扩散过程，得到了很好的应用。为了同时研究台风期间海温及叶绿素 a 浓度的变化，因而采用了这一模型。由于遥感技术仅反映海表的特征与变化，为了与台风前后遥感资料进行对比分析，同时也为了结合 CTD 实测资料分析台风期间海表混合层水温的变化，作者通过 NOAA 官方网站仅找到 2007 年 9 月东海海域台风“百合”期间的 CTD 资料（我国近海海域台风期间的 CTD 资料很难找到），因此本文仅采用简单的一维模式模拟 2007 年 9 月发生在东海海域的台风“百合”对海温及叶绿素 a 浓度的影响，同时分析一次大风过后船只实测海温及叶绿素 a 浓度资料，以期从不同的角度研究西北太平洋海域对台风的响应程度及其物理与生化机制。

5.2 研究区域及数据来源

本章的研究区域是我国东海海域（22°—34°N，120°—130°E），遥感数据来源同第 2 章第 2 节说明，数值模拟采用的混合风场数据及太阳或非太阳辐射数据，通过网址 http://dss.ucar.edu/dataset/下载获得。CTD 数据的下载网址是：www.aoml.noaa.gov，上升流模拟计算风场数据同第 2 章第 4 节所述。

5.3 数学模型简介

本文采用的数学模型是由欧盟资助，欧洲数国的海洋学者为了研究北海的生态系统而联合开发的三维水动力生态模式 COHERENS（A Coupled Hydrodynamical Ecological Model for Regional Shelf Seas），其目的是通过水动力和生态模型来了解人类活动及气候事件对海洋环境的影响，并作为模拟和分析海洋物理、生物地球化学过程及监测、预报近海环境变化的工具。

* 本章节部分成果已发表在《SPIE》国际学术会议。

COHERENS 的主要特点是：

（1）水平方向上采用 Arakawa－C 交错网格，流速及压力、水位的计算点交错，可以方便给定固边界和开边界的边界条件。

（2）垂直方向上采用 σ 坐标系。

（3）可任选一维或三维模拟方式；本研究仅采用一维模拟方式。

（4）包含调和分析模块，可对任意参数进行调和分析。

（5）对流项和扩散项各有 4 种不同的离散计算格式可供选择。

（6）采用了过程分裂法，将快过程表面重力波（正压模式）和慢过程重力 σ 波（斜压模式）分开求解。

COHERENS 模型中水动力模块是最基本的一部分，该模块计算水体的传输、对流和紊动参数，然后将其所得的结果用于盐度、温度及生态部分的计算；生态模块是基于 Tett 的假设，将海洋生态系统分为浮游生物、碎屑物质及溶解性物质三大部分，其中浮游生物部分的生长情形受到营养盐及日照强度的控制，在营养盐方面将氮作为模拟的对象，其余的营养盐则假设处于充足的情形，进而计算浮游植物、浮游动物、营养盐、碎屑之间的相互作用。

研究区域及一维模式下相关参数设置。本章的研究区域是我国东海海域（22°—34°N，120°—130°E），2007 年 9 月 12 号台风“百合”从 13 日至 17 日经过此海域，其路径如图 5.1（b），该次热带气旋约 13 日在西太平洋的海域生成，并于 15 日进入研究区域，风力达到 14 级，17 日离开研究区域。因仅进行一维下的简单模拟，考虑到与 CTD 数据对比分析（CTD 数据点为图 5.1 的 *A* 点），故选择的模拟点是图的 *B* 点（27°N，129°E）。遥感数据来源同第 2 章第 2 节说明，数值模拟采用的混合风场数据及太阳或非太阳辐射数据，通过网址下载获得（http：//dss. ucar. edu/dataset/）。水深设为 200 m，模拟层数为 40，表层初始温度为 28℃，并逐步向底层递减，初始硝酸盐浓度表层为 1 $mmol/m^3$，底层为 0.6 $mmol/m^3$，氨盐浓度表层为 0.8 $mmol/m^3$，底层为 1.4 $mmol/m^3$，初始叶绿素 a 浓度为 0.4 mg/m^3，模拟从 9 月 1 日起到 9 月 30 日 30 天内的温度、叶绿素 a 浓度变化情况。

5.4 结果与分析

5.4.1 200712 号台风“百合”对 SST 的影响

首先根据遥感资料研究台风前后整个区域海表温度的变化，研究区域台风“百合”前后海表温度分别用 3—12 日和 13—18 日 Terra 和 Aqua MODIS 资料融合而成，台风前区域平均海海温度是 27.23℃，台风期间的 6 天内平均温度是 25.65℃，整个研究区域平均下降 1.68℃。整个研究海域除台湾海峡外，几乎所有区域海表温度都有不同程度的下降，可能是台湾海峡在“百合”之前有另一台风 Sepat 经过造成的低温所致。海表温度下降最显著的区域（32°—34°N，126°—128°E）是 3.95℃，从而在此区域形成了图 5.1（b）所示的冷水区。

为了观测和对比图中 *A*、*B* 点附近海表温度的变化程度，特选择小区域（24°—30°N，126°—130°E）分析 9 月以来各天的海表温度以及叶绿素变化情况，9 月 3—20 日海表温度的变化如图 5.2 所示，在 9 月 9 日，该区域海表温度略有下降，14 日下降程度最大，从 26.59℃下降至 24.32℃。该小区域台风前（3—12 日）平均海表温度为 27.81℃，台风期间

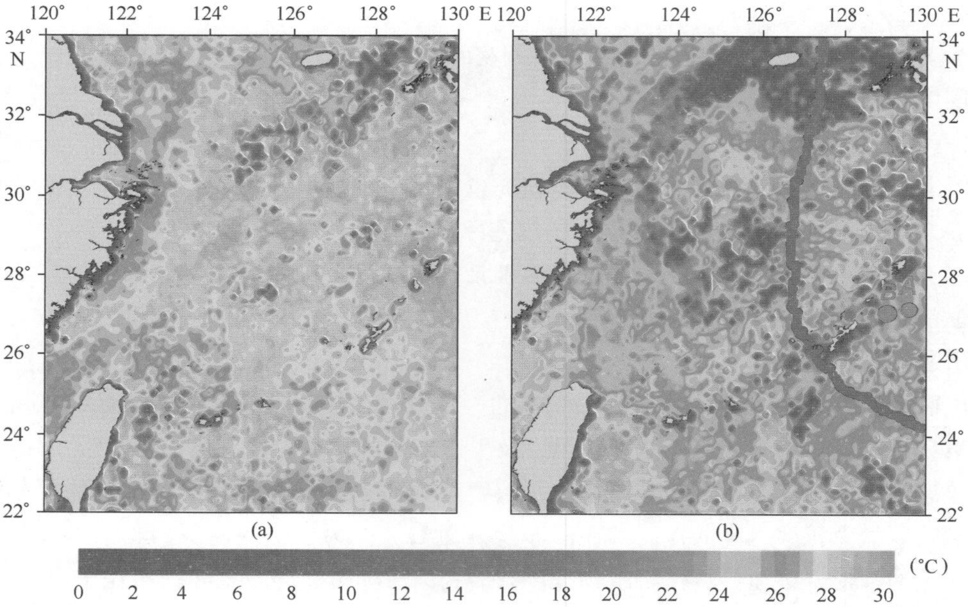

图 5.1　2007 年 9 月研究区域台风“百合”前后遥感海表温度

（a）台风前；（b）台风后

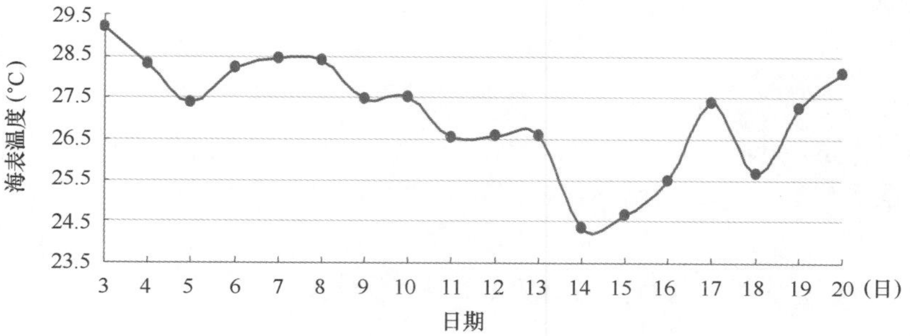

图 5.2　2007 年 9 月 3—20 日研究小区域（24°—30°N，126°—130°E）
遥感日平均海表温度

（13—18 日）平均海表温度为 25.68℃，平均下降幅度为 2.13℃，在一维模式下选择图 5.1 中 *B* 点进行了海温数值模拟，结果如图 5.3 所示，从图可见，海表温度（红色线）模拟结果整体上与遥感反演海表温度在幅度与变化趋势上较一致。台风前基本稳定，略有下降，在 15 日台风进入 *B* 点区域时急剧下降，下降幅度约 2.7℃，然后在 25.6℃左右基本稳定并略有回升。从遥感结果来看，台风前海表温度有逐渐下降的过程，在台风中心过境时期海表温度的下降幅度略大于模拟结果，台风过后也较快回升，而数值模拟结果回升缓慢；从不同水深层次数值模拟结果来看，30 m 深处海水温度变化不显著，但在 15 日有明显的升高，升高幅度超过了 1℃，这一现象表明，台风“百合”引起研究区域 *B* 点附近海表温度急剧下降的同时使下层冷水区有升温的效果，其主要原因：一是台风加剧表层海水蒸发，使其释放大量潜热；二是台风过程中混合层底部流速剪切非常大，使下层的冷水卷入到混合层，混合层温度下降；同时由于台风期间海水的近惯性振荡，把表层高温海水具有热量和能量向下层传递，从而也造成了30 m处水温在台风期间的明显升高。但是，50 m以深的水温在台风前后基本没有变化，仅略微波动升高，可见随着水深的加深，能量耗散加剧，影响减小。海温变化模拟结果与崔红基于POM模式关于2003年台风“伊布都”对南海水温影响的模拟结果相似。

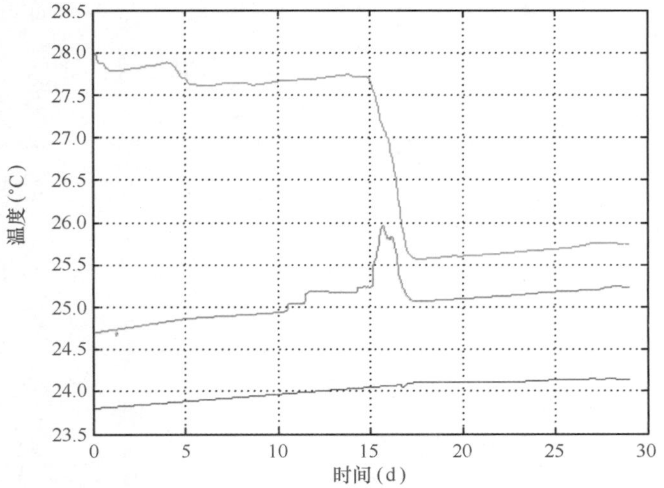

图5.3　2007年9月3—20日研究小区域（24°—30°N，126°—130°E）模拟日平均温度

红色线：海表温度；绿色线：30 m深处水温；蓝色线：50 m以深水温（单位：℃）

5.4.2　200712号台风“百合”对叶绿素a浓度的影响

由于受长江口及杭州湾高悬浮泥沙浓度的影响，该海域遥感反演叶绿素a浓度偏高，台风“百合”前（9月3—12日）研究海域平均叶绿素a浓度是0.86 mg/m³；台风后（9月13—25日）为1.23 mg/m³，平均增长1.79倍，结果如图5.4所示。针对关注的*B*点附近小

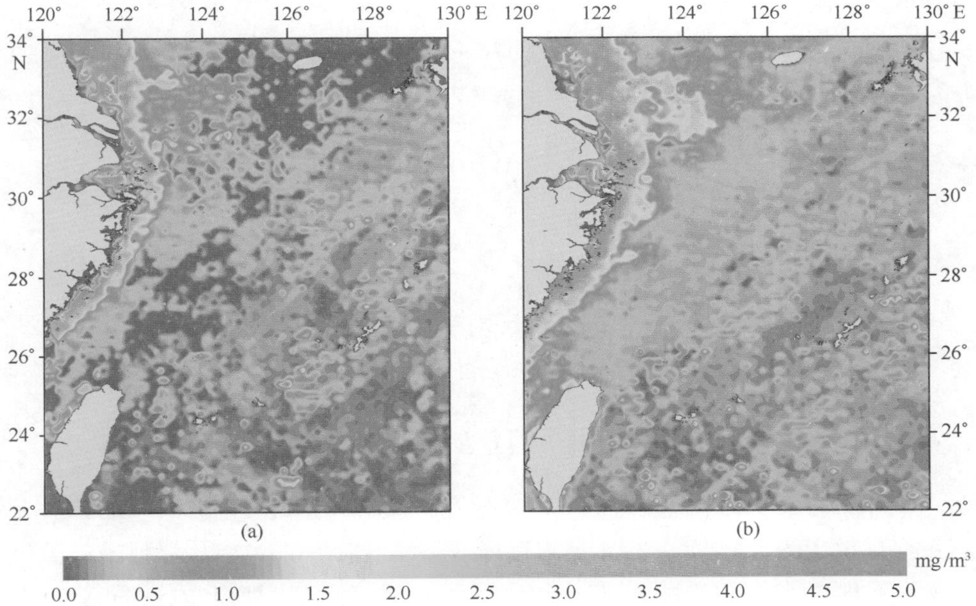

图5.4　2007年9月研究区域台风“百合”前后遥感叶绿素a浓度分布

（a）台风前；（b）台风后

区域（24°—30°N，126°—130°E），台风前后每天叶绿素 a 浓度的变化如图 5.5 所示，台风前后叶绿素 a 浓度分别为 0.13 mg/m^3 和 0.22 mg/m^3，平均增长约 1.7 倍，台风前小区域内叶绿素 a 浓度相对稳定，从 14 日开始升高，20 日达到了 0.37 mg/m^3，然后明显降低并达到台风前水平。海表叶绿素 a 浓度的数值模拟结果如图 5.6 可以看出，台风前叶绿素 a 浓度相对稳定在 0.04 mg/m^3 水平，在 15 日以后开始显著升高，并持续在 30 日左右接近 0.4 mg/m^3。从结果可见，尽管数值模拟叶绿素 a 浓度的大小、响应时间与遥感反演不尽相同，但总体变化趋势较一致，在数值模拟中，风场的影响非常显著，且使叶绿素 a 浓度增长持续时间较长，这可能是由于模式混合层在台风过后近惯性振荡持续较长，营养盐浓度偏高所致。

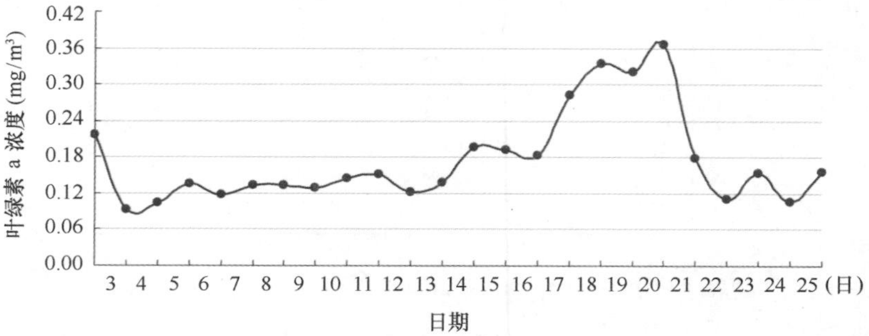

图 5.5　2007 年 9 月 3—25 日研究区域（24°—30°N，126°—130°E）
遥感日平均叶绿素 a 浓度

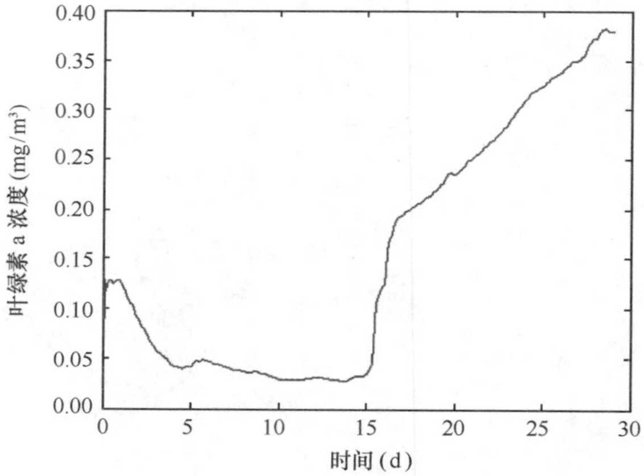

图 5.6　2007 年 9 月 3—20 日研究区域（24°—30°N，126°—130°E）
模拟表层叶绿素 a 浓度

5.4.3　200712 号台风“百合”期间 CTD 实测数据分析

来自 NOAA 网址提供的 Argo 浮标 CTD 数据为分析该次台风对东海海域的影响提供了珍贵的资料，浮标位于图 5.1（b）的 *A* 点附近（27.3°N，129.6°E），该浮标提供了铅直方向台风前（9 月 4 日）、期间（9 月 14 日）和台风后（9 月 19 日）的温盐数据，铅直方向各次温度变化如图 5.7 所示（对应深度从 4 m 至 1 300 m），由图可见，14 日与 19 日的温度曲线整体分布基本一致，这里主要讨论 9 月 4 日和 14 日之间的变化情况，二者随深度变化如图

5.8 所示（在 14 日数据中 79 m、88 m 以及 450 m 左右温度数据缺失，但其不影响图形的整体趋势）。9 月 4 日海表温度（约 4 m 以浅）29.95℃，9 月 14 日为 28.82℃，台风前后水温均大约从 30 m 处开始明显下降，台风前，表层及次表层温度跃层出现在 79～88 m 处，温度从 24.06 ℃ 下降至 22.93 ℃，水温在铅直方向的下降梯度为 0.116℃/m；台风期间，在 128～139 m 处出现不明显的温度跃层，温度从 21℃下降到 20.1℃，水温在铅直方向下降梯度为 0.081℃/m，从 4 m（表层）至 109 m 处，台风前平均温度下降梯度为 0.078℃/m，台风时期为 0.06℃/m，可见台风期间整个表层及次表层海水温度梯度减小，水温更趋于均匀，这表明表层高温海水与深层低温海水在台风期间垂向混合加强。海水深度从 54 m 到 120 m，台风前温度低于台风后温度，即台风前水温从 25.47℃下降至 21.49℃，而台风期间从 25.94℃下降至 21.85℃，即该段水柱温度平均从 9 月 4 日的 23.63℃上升至 14 日的 24.23℃，水温平均上升 0.6℃，这与数值模拟结果相接近。而 9 月 19 日该升温层水体厚度更深，几乎从 40 m 至 200 m 深处的水体温度均高于 9 月 4 日相应深度的温度，这一现象表明，表层水温具有的极大内能在台风作用下部分被空气带走的同时另一部分从上表层通过垂直混合作用传递到次表层，反而使该层水温升高，台风所致表层与次表层水的强烈混合与对流促进了上层水体的温度梯度减小，海洋混合层加深，这与刘增宏（2006）统计结果一致。台风前（9 月 4 日），从 0～760 m，海水温度从 29.95℃下降至 6.63℃，*A* 点铅直方向平均温度 19.06 ℃；台风期间（9 月 14 日）从 28.82 ℃下降至 6 ℃，海水平均温度 17.85 ℃，海表温度（SST）下降 1.13 ℃，铅直方向整体上平均下降 1.21℃，可见，台风对海水温度的影响不论在幅度、持续时间还是在深度上都非常显著。

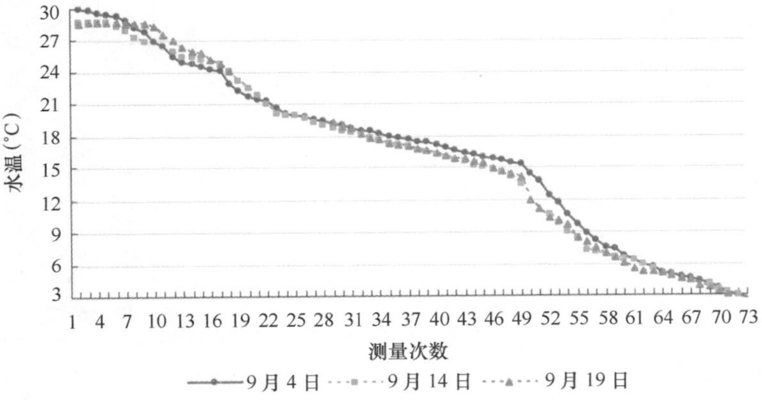

图 5.7　2007 年 9 月 4 日、14 日、19 日研究区域 *A* 点 CTD 温度

尽管台风前后 *A* 点各深度处海水盐度数据有一定缺失，但均具有大洋水体盐度典型的 S 形曲线，两处盐度峰将海水分为三个层次，相应峰处也相应构成盐度的两个跃层。台风前（9 月 4 日），高盐跃层（高盐峰值）出现在 100 m 处，且盐度达 34.9，而台风期间（9 月 14 日）混合层盐度降低，许东峰（2005）认为这主要受台风期间降水、蒸发、混合层内混合增强以及跃层涌升等过程共同作用的结果。刘增宏（2006）研究 2001—2004 年间西北太平洋海域 CTD 数据分析发现，超过 60% 的样本台风期间混合层盐度降低，该个例与此研究结果相吻合。同时高盐跃层深度为 130 m，即盐度跃层加深，且盐度下降为 34.86，这表明在 100 m 以内，盐度梯度也呈减小变化，这是由于表层与中层低盐水垂直混合的结

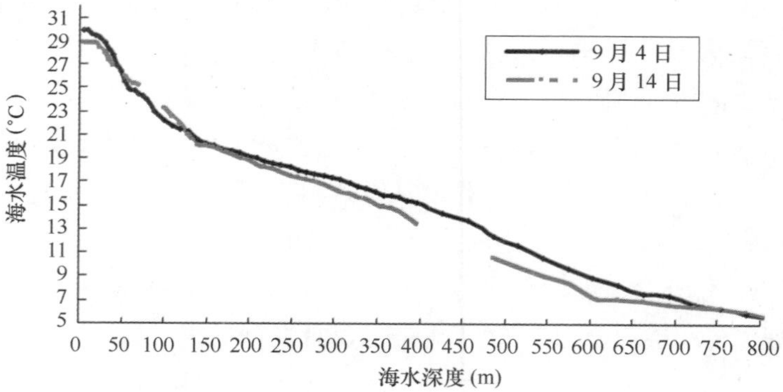

图 5.8　2007 年 9 月 4 日、14 日研究区域 *A* 点 CTD 温度与相应深度的关系

果。900 m 以内海水盐度变化如图 5.9 所示。低盐中层水的盐度跃层（低盐峰值）在台风前深度为 665 m，盐度为 34.18，而台风期间跃层深度变浅至 545 m 处，且盐度为 34.2，即跃层处盐度略有增大，表明下层或底层的高盐水整体上有向上抬升的作用，即在铅直方向海水有向上的涌升效果。

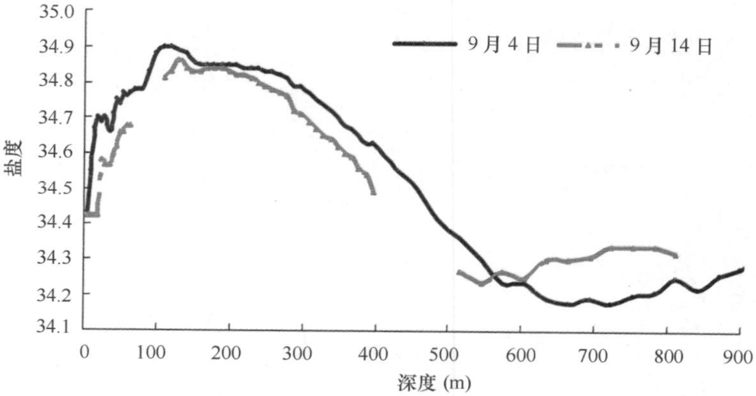

图 5.9　2007 年 9 月 4 日、14 日研究区域 *A* 点盐度随深度的关系

以上分析表明，台风期间表层温度、盐度梯度均向减小的方向变化，这无疑使表层与次表层水更趋向均匀一致，这一变化正是由于表层与次表层水在台风作用下垂向强烈混合与对流的结果，该过程一方面将次表层高叶绿素直接带到表层，同时使高营养盐的次表层水进入表层，相应提高表层海水的营养盐浓度，进而使浮游植物旺盛生长和叶绿素浓度显著提高，相应地增加海洋初级生产力，改善海洋生态环境。

5.4.4　台风所致上升流的数值计算

上升流速度大小是反映下层海水上涌的物理量，根据第 2 章中所介绍的方法，分别模拟计算获得东海海域 2007 年台风“百合”前后上升流的强弱，结果如图 5.10 所示，图 5.10（a）、图 5.10（b）分别表示 9 月 4 日、15 日模拟结果，箭头表示风力大小和方向，彩色表示上升流的强弱程度。结果表明 9 月 4 日风力较小，平均小于 10 m/s，所产生的埃克曼抽吸速度很小，总体上均小于 2×10^{-5} m/s；而 15 日“百合”经过期间，总体风力大，最大风速超过了 50 m/s，图中所标注最大风速小的原因是高海况情况下微波反演风速误差大，整体值均偏小。15 日风场引起的上升流速整体上在 $5\times10^{-5}\sim1\times10^{-4}$ m/s 之间，在台风中心附近最大速度达 3.5×10^{-4} m/s。这一响应能将下层冷水区中丰富的营养盐源源不断地带到混合层，促进浮游植物的生长和叶绿素 a 浓度的提高。

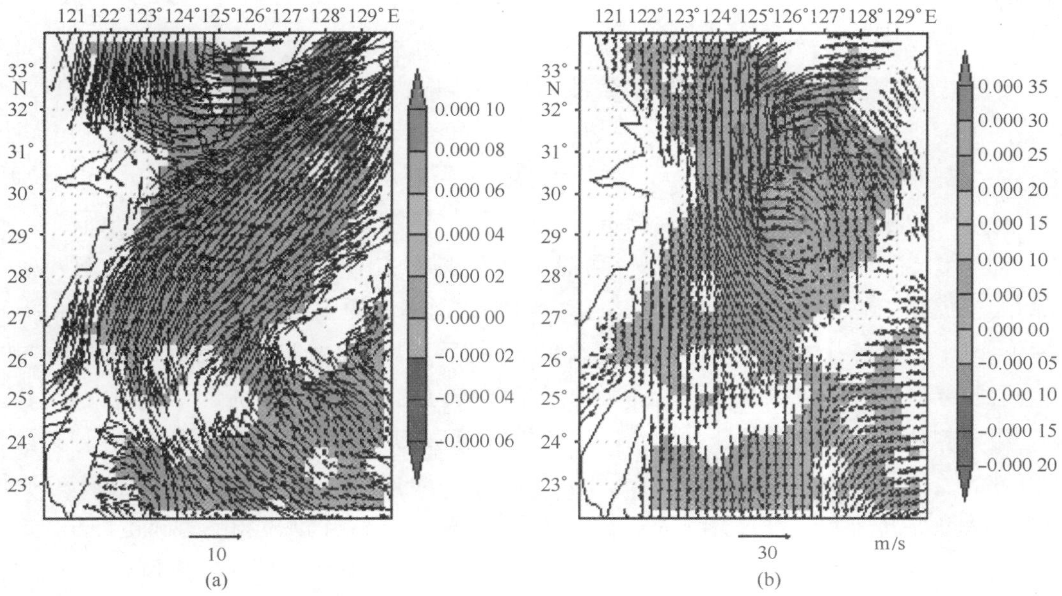

图 5.10　2007 年 9 月 4 日、15 日研究区域风场及相应上升流模拟

（a）9 月 4 日；（b）9 月 15 日

5.4.5　2007 春季出海实测资料分析

2007 年春季，笔者参与了“908”专项长江口及东海海域的光学调查，其部分站位分布图如 5.11 所示，出于本文关注的重点，下面分析 C16－4（31°N，125.343°E）、C16－6（31°N，125.979°E）两站位（如图 5.11 中标注的红色圆点）测量结果与原因。项目计划在 4 月 26 日测完 C16 断面的 C16－6 站点，但由于测量 C16－4 站位后，当晚天气突变，刮起近 9 级大风，出于安全考虑，考察船被迫返航，大风持续约两天以后，天空晴朗，并于 5 月 3 日重新再测该站位，RBR620 水质仪测量以及现场采样并用分光光度法测量所得东海海域表层（0 m）叶绿素 a 浓度分布结果分别如图 5.12 和图 5.13 所示。比较两幅图像发现，尽管测量仪器与方法完全不同，两幅图所表示的叶绿素 a 浓度在细节上有差异，但它们的整体分布非常一致，表明测量过程与方法正确可靠。从图可见，处于 126°E 的 C16－6 站位处的海表叶绿素 a 浓度非常高，均超过了 10 mg/m^3，几乎达到甚至超过了舟山群岛、长江口等近岸海域水平。该站属东海远海区域，受长江口高悬浮泥沙的影响很小，正常情况下叶绿素 a 浓度应比近岸海域低得多，同时，4 月 26 日所测的 C16－4 站位附近也未表现出如此高的叶绿素 a 浓度。进一步比较 C16－4（31°N，125.34°E）及 C16－6（31°N，125°E）剖面温度（temperature）、浊度（Tu）、叶绿素荧光值（FIC）分布，结果分别如图 5.14、图 5.15 所示，从图

5.14（c）可见C16－4站位表层叶绿素a浓度较高，但叶绿素a浓度最高值在约15 m深的次表层，以下逐渐降低，次表层最高叶绿素a浓度也不到2 mg/m^3；而C16－6站位叶绿素最高值在近0 m表层，且其值高达10 mg/m^{3}以上，远高于正常水平，并随水深逐渐减小，30 m以下则很低，次表层叶素a浓度的高峰跃层消失。再看温度的剖面变化情况，如图5.14、图5.15（a）所示，C16－4温跃层出现在23 m附近，而C16－6站位温跃层深度约30 m，即混合层深度更深，由于4月26日至27日大风阴天过后出现了持续晴天，整体上温度高于C16－4站位的温度；另外，Acker等（2002）以及Wren和Leonard（2005）指出近岸叶绿素a浓度增长很可能是由于大风所致悬浮泥沙的再悬浮造成。从图5.14、图5.15（b）可见，两站位的浊度（在一定程度上反映该区域悬浮泥沙浓度和海水透明度的高低）不论在大小和变化趋势上都非常接近，这表明，大风并未引起该海域底层泥沙的再悬浮，C16－6站位叶绿素a浓度很高的原因并非由浊度高及测量误差引起。同时，从相邻的其他站位剖面数据分析发现，都与C16－4站位结果较为一致，可见，并非该海域出现春季藻华的现象引起叶绿素a深度的大幅提高。综合上述分析，正是由于大风引起海水的垂直混合，使混合层加深的同时将低层冷水中的营养盐卷入表层，同时也将次表层高叶绿素直接带到表层，但从C16－4站位次表层叶绿素的大小可以看出，这一影响处于次要位置，更重要的原因是垂直混合及上升流使表层营养盐浓度大幅增加，加之大风过后的持续晴天（这也可以从水温整体上升看出），使该海域的表层及次表层浮游植物在充足的阳光和充分的营养盐的作用下迅速生长，从而使叶绿素a浓度提高。另一方面，测量C16－6站位与测量C16－4站位相隔时间正好6天时间，正好与前述叶绿素a浓度的最大增长延迟时间相一致。根据前面分析，在大风前提下，局部区域在某天出现如此高的叶绿素a浓度是完全可能的。因此，正是这场大风作用，促进了表层叶绿素a浓度的高速增长。

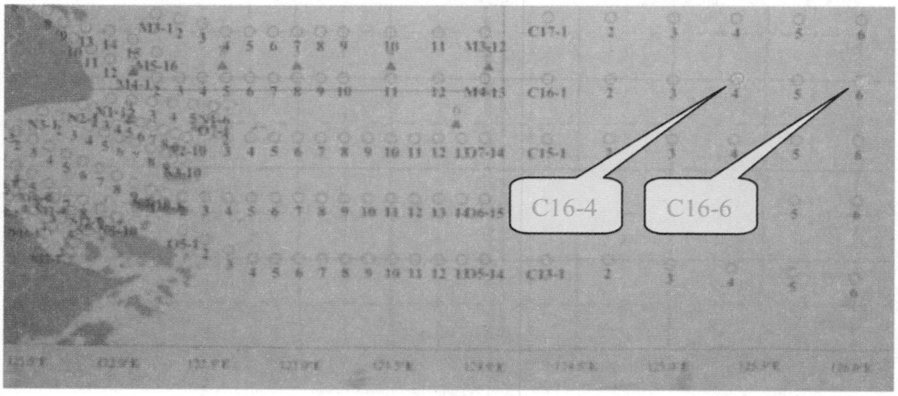

图5.11　2007年春季“908”专项海洋光学抽查（长江口区）部分站位分布

（说明：该图由“908”专项组提供，作者现场拍摄剪辑而成）

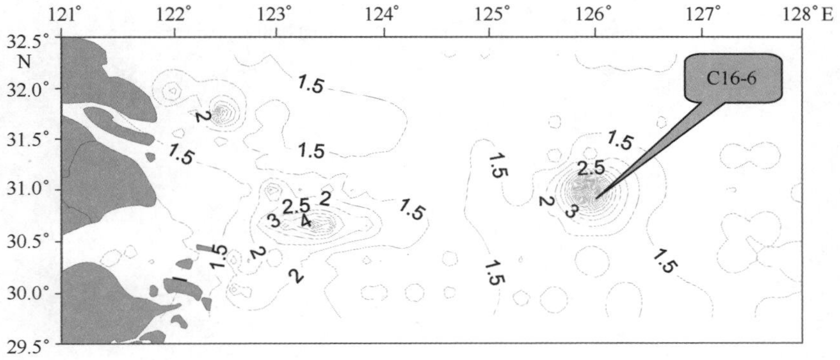

图 5.12　2007 年 5 月 3 日水质仪实测叶绿素 a 荧光值分布（单位：μg/L）

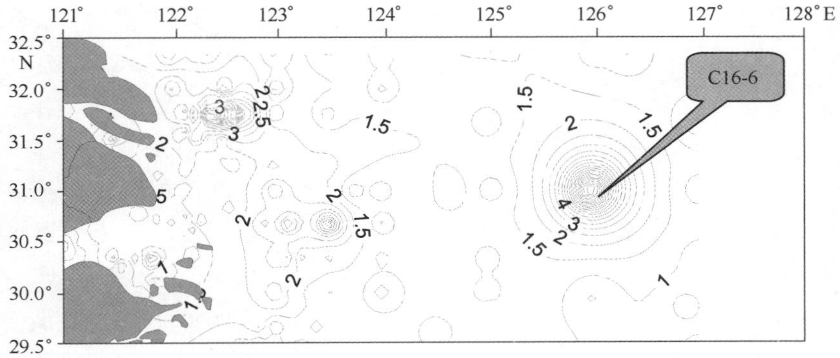

图 5.13　2007 年 5 月 3 日现场采样实测叶绿素 a 浓度分布（单位：μg/L）

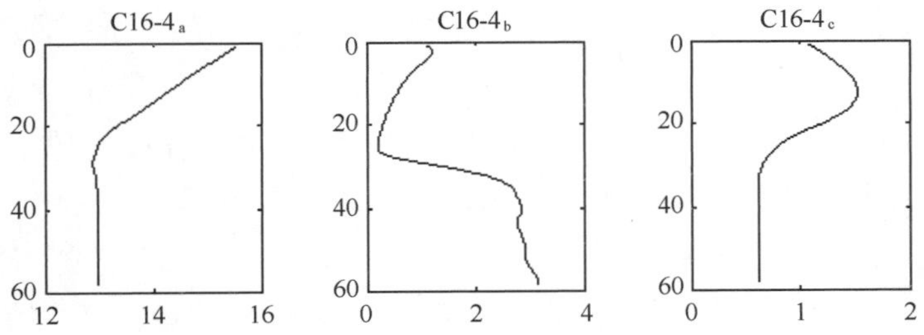

图 5.14　2007 年 4 月 26 日 C16－4 号站位实测温度、浊度、叶绿素 a 浓度随深度的关系

（a）温度；（b）浊度；（c）叶绿素荧光

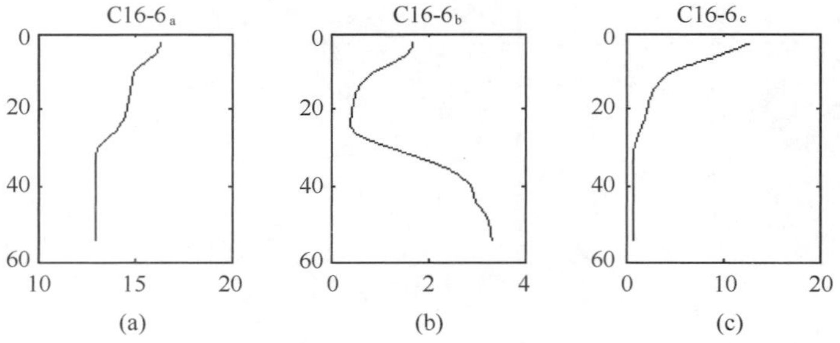

图 5.15　2007 年 5 月 3 日 C16 - 6 号站位实测温度、浊度、叶绿素 a 浓度随深度的关系

（a）温度；（b）浊度；（c）叶绿素荧光

5.5　讨论

5.5.1 遥感与数值模拟的比较分析

遥感手段只能反演表层温度等要素，而数值模拟则可以实现各层次的模拟，且不受时空的限制。从对 2007 年台风“百合”前后的研究来看，不论是数值模拟还是遥感分析，表层温度的变化在大小与趋势上都非常接近，台风结束后遥感海表温度会迅速恢复，从 CTD 测量结果来看，表层水温在 19 日仍持续低温，这可能是由于遥感反演为 0 m 层水温，而这里的 CTD 资料最浅表层是 4 m 水深的缘故。而各层温度的模拟结果与 CTD 各层实测温度比较结果表明，台风期间各层海水温度总体变化趋势一致，即高温的表层水向下传输热量，从而出现了一段比台风前水温还高的水层，但 CTD 实测的该水层深度在 54 m 以深，而模拟结果是在 30 m 处出现，同时这一现象也不如 CTD 实测资料的时间长，这可能是由于缺乏足够的观测资料来提供研究海域各层温度的初始场，同时风场资料为遥感反演所得，而该风力大小比实际值要小得多，从而使结果深度偏浅，响应时间偏短。从实测 CTD 温度可见，台风期间上层海水的温度梯度明显降低，这表明表层高温水与下层低温水混合充分，才促进了整个上层水体的温度更趋均匀，营养盐的卷入、混合层的加深，是促进浮游植物增长的基本动力。另一方面，从上升流的模拟计算表明，台风期间研究海域的上升流速几乎是小风情况下的 10 倍以上甚至更大，这无疑将带动下层海水向上层涌升，且这一深度可远远超过混合层深度，从 CTD 密度资料可见，高密度处密度跃层略有加深，这也反映上层海水的密度混合层加深，表层密度更趋均匀化，海水垂直混合加强；而深层低密度处密度跃层却变浅，即密度线较台风前有向上抬升的效果，这可能是由于强烈的上升流向上带动的结果，这进一步加强了浅层和中层水的向上涌升，并将其中丰富的营养盐带入次表层及表层，从而促进了浮游植物生长和叶绿素 a 浓度的提高。从遥感反演叶绿素 a 浓度和数值模拟的表层叶绿素 a 浓度的变化来看，遥感每天的叶绿素 a 浓度有一定的波动，且叶绿素 a 浓度增长较台风到来有一定的延迟效应，并在一段的时间后恢复到正常水平，遥感观察结果更符合实际情况，而模拟结果在台风一来时就显著增长，并有持续增长的势头，与实际情况有一定差异，这可能是由于该模型是根据北海海域的实测资料和地理环境建立起来的，对东海海域不完全适合，同时对于初始营养盐

浓度大小及在深度方向的变化可能也不够准确，加之，利用数值模拟分析高海况下的生态响应的文献还非常少，从而经验不足而使结果不尽理想，但是，台风期间叶绿素 a 浓度的响应趋势与遥感结果相似，因而数值模拟这一变化仍不失为一种研究手段，这还需要今后深入学习与探索。

5.5.2 出海船测资料的讨论

从前面的分析可见，2007 年 5 月西太平洋东海海域 C16 –6 站位叶绿素 a 浓度显著升高，正是由于测量前发生了一次大风所致。从其升高的结果来看，几乎远离该海域应该拥有的“真实值”，是其邻近点海域的 10 倍以上，是否还存在其他可能原因造成这一参量的猛增呢？根据作者本人的记录，当时天气晴好，测量过程正确，仪器工作正常，也没有发现海水污染等异常现象，可见，测量数据真实可靠。同时，这一测量正是大风一周后的结果，按第 4 章对叶绿素浓度最大增长的延迟效应分析可知，正值叶绿素浓度增长的高峰时刻，因此出现叶绿素浓度远高于临近点的情况是完全可能的。这一结果表明，大风过后海表叶绿素 a 浓度完全有可能出现局部大幅增长，该个例表明海洋叶绿素 a 浓度对风场的响应是一值得深入研究的课题。当然，这仅是个例，同时没有 C16 –6 站位大风前后的对比资料，难以完全说明问题，尽管如此，这次实测资料仍不失为一次强风促进叶绿素及初级生产力增长的难得佐证。

5.6 小结

本章从遥感资料、数值模拟结果、CTD 实测数据及水质仪船测结果四个测面，分析了台风“百合”及 2007 年 4 月 26 日风暴对海水温度及叶绿素 a 浓度的影响，并根据台风期间各层水温、盐度及上升流的变化，分析了台风导致海表温度降低以及叶绿素 a 浓度增长的根本原因。结果表明，台风期间表层与次表层的海水温度与盐度梯度均有一定程度的减小，即表层海水向均匀化方向发展，混合层深度加深，这正是台风加剧海洋上层水体垂直混合与对流的结果；与此同时，台风期间埃克曼上升流速度可达弱风情况下的 10 倍以上，强大的上升流进一步促进了下层海水与表层水的交换，加强了次表层高营养盐海水进入表层。因此，台风促进叶绿素 a 浓度增长的根本动力是上层海水强烈的垂直混合、对流与强大的上升流的共同作用，使表层海水从次表层获得充分的营养盐，从而促进浮游植物光合作用的充分进行及旺盛生长，相应地提高了海表叶绿素浓度，进一步就埃克曼抽吸所致上升流和下降流与垂向混合两方面的作用来比较，作者认为强大的埃克曼抽吸所起的作用更显著，主要是以下几方面的原因。

（1）台风期间埃克曼抽吸所致上升流和下降流的大小是弱风情况时的 10 倍以上，为营养盐的上升提供了强大动力。

（2）上升流穿越真光层的时间尺度与叶绿素 a 浓度的最大响应的时间尺度相一致，且强上升流的海域台风时叶绿素响应也越强。

（3）由上升流引起的季节性温跃层等密面位移的大小与叶绿素 a 浓度的增长率之间的正相关系数达 0.55，表明上升流的强度对叶绿素的响应贡献大。

（4）上升流不仅持续时间长，而且影响深度也比海水垂直混合的影响深度更显著。

（5）叶绿素浓度的响应与马赫数相关系数为 0.47，表明叶绿素增长率与上升流的时间尺度相一致。

（6）而风应力直接将次表层较高的叶绿素浓度带到表层这一影响则处于相对次要的位置。

台风期间，高温表层水巨大的内能被快速流动的空气带走的同时，也部分地通过强烈垂直混合过程传递给低温的次表层水，从而使表层水温进一步降低。不论是遥感资料、数值模拟还是实测数据都提供了很好的验证。同时，热能的散失与传递速度总是快于浮游植物的生长，因此海表温度对台风的响应速度总是快于叶绿素浓度的响应，这也是海表温度会随台风到来迅速降低，台风消失则较快恢复，而叶绿素浓度却有约一周的延迟效应的原因。

以上研究与分析表明，将遥感资料、数值模拟和实测数据相结合，不仅可以从不同角度去研究海洋对台风的响应，还能更好地分析这一变化发生的物理与生化机理，是研究这一现象最好的方式。

6 结论与展望

6.1 结论

本博士论文研究了西北太平洋海域叶绿素 a 浓度、海表温度及海水透明度等要素对台风的响应程度与物理及生化机制，取得了如下一些进展。

首先介绍了基于区块分割的滑动窗口均值融合算法，从研究结果来看，该方法具有一定的优越性。由于研究海域通常选择较大的矩形区域，该算法不仅可以提高效率，节省程序运行的时间；而且可以减少计算过程中的系统误差，使研究海域某环境变量的平均值更趋合理；同时，还可以在进行大区域总体分析的基础上，进行局部小区块特殊性的讨论，使研究的细节性更强。从研究结果来看，2001 年台风“百合”与 2006 年台风“珍珠”均对研究海域产生了强烈的影响。台风“百合”使研究海域叶绿素 a 浓度平均升高近 30%，局部区块达 70%，整个海域海表温度下降 3.03℃，局部区块达 5.4℃；而台风“珍珠”使研究海域叶绿素 a 浓度平均升高近 150%，局部区块在 5 倍以上，而海表温度总体下降 3.11℃，局部区块下降 5.01℃。

从近 10 年台风样本遥感资料的研究中，深入分析了影响台风期间海表温度及叶绿素 a 浓度变化关键要素，并得出了一些基本结论，主要表现在以下几个方面。

（1）大尺度研究区域情况下，台风发生期间与研究海域无台风时叶绿素 a 浓度相比，平均增长幅度达 42.40%。而小尺度中心区域平均增长幅度为 45.45%，中心区域无明显优势，从台风期间某一天的最大变化来看，中心区域最大平均增长幅度达 114.74%。

（2）不论大小研究尺度，影响台风期间研究海域叶绿素 a 浓度绝对大小的关键要素是研究海域无台风时本征叶绿素 a 浓度，其相关系数均超过 0.96，决定系数超过 0.92，而影响台风期间叶绿素 a 浓度的增长率的关键要素是台风本身，与研究海域本征叶绿素 a 浓度几乎无关。

（3）叶绿素 a 浓度对台风事件的响应程度与台风最大风速、台风移动速度、海表温度的下降幅度等因素相关，但核心要素是由台风最大风速和移动速度共同决定，即取决于台风影响因子大小，在大尺度研究区域情况下，其相关系数达 0.71，决定系数 0.499 6，即在一定程度上，台风期间叶绿素 a 浓度的增长百分比与最大风速呈正比，与移动速度的平方呈反比，移动速度影响较最大风速更显著。

（4）叶绿素 a 浓度在台风期间的响应与无量纲风速以及等密面位移也具有一定的相关性，结果表明，无量纲风速越小，台风在相应研究海域停留的时间尺度越大，叶绿素 a 浓度增长幅度越大；台风期间温跃层等密面位移越大，叶绿素 a 浓度响应越强。

（5）台风期间叶绿素 a 浓度的变化与由台风引起的温度响应呈一定的负相关性，即台风期间温度下降幅度越大，相应海域叶绿素 a 浓度增长幅度也较大，但这一相关性较低。不论是小尺度台风中心区域还是大尺度研究海域，台风期间叶绿素 a 浓度的变化与台风强度关系较小，而与台风的移动速度或者过境海域的停留时间相关性较大。而台风期间海表温度的变化却主要与最大风速相关，而与移动速度或者停留时间相关性较小。

（6）对小尺度台风中心区域，在近岸二类水体台风期间叶绿素 a 浓度增长幅度 43.90%；远海海域平均增长幅度46.60%，尽管远海一类水体海域在台风期间叶绿素 a 浓度的绝对增长量远小于近岸二类水体海域，但其增长百分比却略高于二类水体区域。

（7）台风后叶绿素 a 浓度变化有逐渐增长的过程，其最大值至少在台风后 3 天才出现，平均延迟时间为 5.97 天，即在台风后 6 天左右相关海域海表叶绿素 a 浓度达到最大值，然后叶绿素 a 浓度慢慢降低至台风前的正常水平。

（8）大尺度的情况下，研究区域在无台风时平均海表温度为 25.41℃，而台风中心小区域在无台风时平均海表温度为 26.10℃；在大尺度的情况下，台风期间海表温度平均下降 1.99℃，而小尺度的台风中心区域海表温度平均下降 3.12℃；下降幅度均呈显著水平。

（9）台风期间海表温度的绝对大小主要取决于研究海域无台风时的海表温度，二者相关系数达 0.95；不论是大尺度的海域还是小尺度的台风中心，影响海表温度的下降率的关键要素是台风权重的大小，即取决于最大风速的平方与移动速度的比值，且相关系数均超过了 0.5，相对移动速度，最大风速的影响更为显著。

（10）综合前述研究结果可见，台风期间海表温度下降的主要机制是海气相互作用所释放的巨大潜热，其次是海水的垂直混合与卷入，强大的上升流也进一步促进了表层高海水与深层冷水的对流，从而使表层海水温度进一步降低；同时，台风期间叶绿素增长的主要机制是上升流与垂直混合将次表层及以下的高营养盐带入表层，从而促进表层浮游植物旺盛生长，相应叶绿素浓度提高，在这两种机制中，上升流占主导地位，而它们直接将次表层高叶绿素浓度带到表层所起的作用相对较小。

上述分析结果也可从数值模拟及 CTD 实测资料以及船只实测资料得到佐证。从对 2007 年台风“百合”对海洋影响的一维数值模拟及 CTD 实测资料分析来看，不论是数值模拟还是遥感分析，表层温度的变化在大小与趋势上都非常接近，台风结束后遥感海表温度会迅速恢复，从 CTD 测量结果来看，表层（4 m）水温在 19 日仍持续低温，而各层温度的模拟结果与 CTD 各层实测温度比较结果表明，台风期间各层海水温度总体变化趋势一致，即高温的表层水向下传输热量，从而出现了一段比台风前水温还高的水层，但 CTD 实测的该水层深度在 54 m 以深，而模拟结果是在 30 m 处出现，同时这一现象也不如 CTD 实测资料的时间长。从实测 CTD 温度可见，台风期间上层海水的温度梯度明显降低，这表明表层高温水与下层低温水混合充分，才促进了整个上层水体的温度更趋均匀，营养盐的卷入、混合层的加深，是促进浮游植物增长的基本动力。从上升流的模拟计算表明，台风期间研究海域的上升流速几乎是小风情况下的 10 倍以上甚至更大，这无疑将带动下层海水向上层涌升，且这一深度可远远超过混合层深度，从 CTD 密度资料可见，高密度处密度跃层略有加深，这也反映出海水垂直混合加强使上层海水的密混合层加深，密度梯度减小；而深层低密度处密度跃层却变浅，即密度曲线较台风前有向上抬升的效果，这可能是由于强烈的上升流向上带动的结果，这进一步加强了浅层和中层水的向上涌升，并将其中丰富的营养盐带入次表层及表层，从而促进了浮游植物生长和叶绿素 a 浓度的提高。从遥感反演叶绿素 a 浓度和数值模拟的表层叶绿素 a

浓度的变化来看，遥感每天的叶绿素 a 浓度有一定的波动，且叶绿素 a 浓度增长较台风到来有一延迟效应，并在一定的时间后恢复到正常水平，遥感观察结果更符合实际情况，而模拟结果在台风一来时就显著增长，并有持续增长的势头，与实际情况有一定差异。但台风期间叶绿素 a 浓度响应的总趋势与遥感结果相似，因而数值模拟这一变化仍不失为一种研究手段。

6.2 本论文研究的创新点

（1）利用卫星遥感资料进行滑动窗口均值融合算法处理，在提高运行效率的同时，增加了数据统计的精度，并且可以同时获得台风事件对西北太平洋海域的不同区域影响的差异性。从多次样本统计影响来看，台风对越南东部海域、闽浙近岸及台湾海峡海域叶绿素浓度的影响最大，而长江口、杭州湾及珠江口则几乎没有太大影响，同时台风期间Ⅰ类水体叶绿素 a 浓度增长幅度高于二类水体；而海表温度的变化相对台风路径则表现出中心强、周围弱，右边强、左边弱的特征。

（2）在针对个别台风对海洋水色水温影响分析的基础上，首次系统地统计分析了近 10 年来台风对西太平洋海域影响的一般程度，并建立了台风后叶绿素 a 浓度、海表温度与台风参量之间的统计模型，从而定量地回答了西北太平洋海域叶绿素 a 浓度及海表温度对台风的响应程度，分析了影响叶绿素及海表温度变化的关键要素分别是台风影响因子、等密面位移大小及台风权重大小。并发现叶绿素 a 浓度最大增长有 6 天的延迟效应，而海表温度在台风期间就降至最低水平。

（3）从物理与生化机制出发，将遥感资料、CTD 及船只实测数据及数值模拟手段相结合，分析了台风对西太平洋海域叶绿素 a 浓度及海表温度影响的物理与生化机制，并认为台风期间强大的上升流和海水强烈的垂直混合是叶绿素浓度长时增长的根本动力，而次表层较高叶绿素被直接带到表层所起的作用相对较小。

6.3 本论文研究的不足

（1）本文研究主要集中在西北太平洋海域，未涉及其他海域台风事件对海洋环境的影响，因此研究结果仅在一定程度上反映台风对西北太平洋海域的影响程度，其方法能否适合于更大范围，有待深入验证研究。

（2）由于部分台风连着另一个台风，台风的过境时间与区域选择上很难进行严格划分，而数据合成的时间以及区域大小对计算结果均会直接造成影响，同时台风过境研究区域的时间也存在一定的统计误差，而这一选择必然受到人为因素的制约，这些都会给结果分析构成影响，因此，研究结果还存在统计上的不足。

（3）数值模拟是研究台风响应的有力手段，由于本文关注的主题以及时间和经验的有限，仅在一维环境下做一简单的模拟，未进行三维模式下海温、叶绿素 a 浓度、近惯性响应数值模拟，有待于今后进一步深入学习和实践。

6.4 建议与展望

（1）基于遥感手段研究海洋对台风的响应，不能仅就个别台风事件的研究就得出某种结论，不同台风、不同海域、不同季节都存在较大的差异性，甚至不同的遥感产品结果也有所不同，因此综合利用多个样本、多个卫星产品进行综合分析，结果才更加合理。

（2）在以前的文献中，很少有针对这一现象的多手段的综合研究，这主要受限于学科领域和实测资料，比如从事物理海洋的学者往往不涉及生化方面的内容，而从事生化研究的学者也较少涉及物理动力学方面的探讨；另外由于台风期间恶劣的海洋环境，也制约了实测数据的获取，实测数据缺乏更成为这一领域研究的客观限制。从上述探讨性研究表明，将遥感、数值模拟、实测数据相结合研究海洋对台风等恶劣天气响应不仅是可行的，而且是深入研究这一现象的较好方法。

（3）台风期间海洋环境恶劣，但海洋的响应，尤其是叶绿素 a 浓度的响应有约一周的延迟效应，台风过后往往天气状况较好，因此台风过后进行出海实测完全是有可能的，而实测数据是对基于遥感资料及数值模拟所得研究结果的最好支持。因此，在条件许可的情况下，进行出海实测是对这一科学问题进行验证的有力手段；同时，在台风经常经过的海域，尤其是中国近海海域应增设浮标，从而提高实测数据源，为这一现象的深入研究提供充分条件。

（4）在今后的工作中，将继续对西北太平洋海域，尤其是南海海域浮游植物及初级生产力对台风的响应进行深入研究，尤其注重综合运用遥感资料、数值模拟、CTD 及船只实测数据相结合的手段，进一步分析海洋对台风响应的区域差异性及物理生化机制，这无疑是一种期盼，更是一种挑战！

参 考 文 献

陈玉林，周军，马奋华．2005. 登陆我国台风研究概述［J］. 气象科学，25（3）：319－329.

崔红，张书文，王庆业．2009. 南海对于台风伊布都响应的数值计算［J］. 物理学报，58（9）：6609－6615.

崔红．2008. 南海对于台风伊布都响应的数值研究［D］. 中国科学院研究生院，博士论文．

方文东，郭忠信，黄羽庭．1997. 南海南部海区的环流观测研究［J］. 科学通报，42（21）：2264－2271.

冯琳，林霄沛．2009. 1945—2006 年东中国海海表温度的长期变化趋势［J］. 中国海洋大学学报，39（1）：13－18.

冯士筰，李凤岐，李少菁．1999. 海洋科学导论［M］. 北京：高等教育出版社．

付东洋，丁又专，刘大召，等．2009. 台风对海洋叶绿素 a 浓度影响的延迟效应［J］. 热带海洋学报，28（2）：31－37.

付东洋，丁又专，刘大召，等．2008. 台风对中国东南海域叶绿素 a 浓度影响的遥感研究［J］. 广东海洋大学学报，28（4）：73－76.

付东洋，潘德炉，丁又专，等．2009. 台风对海洋叶绿素 a 浓度影响的定量遥感初探［J］. 海洋学报，31（3）：46－56.

郭东建，曾庆存．1998. 理想海域中台风引起的潮、流及波的分析 II. 海岸及陆架的影响［J］. 气候与环境研究，3：15－26.

郭东建，曾庆存．1997. 理想海域中台风引起的潮、流及波的分析 I. 开阔海域的情况［J］. 气候与环境研究，12：323－332.

韩舞雁，王明彪，马克美．1990. 我国夏季最低表层水温海区——琼东沿岸上升流区的研究［J］. 海洋与湖沼，21（3）：167－275.

何贤强．2002. 利用海洋水色遥感反演海水透明度的研究［D］. 国家海洋局第二海洋研究所，硕士论文．

黄立文，邓健．2007. 黄、东海海洋对于台风过程的响应［J］. 海洋与湖沼，38（3）：246－252.

李东辉，张铭．2003. 南海上层流场对 Frankic（9606）强热带风暴响应的数值计算［J］. 海洋预报，20（4）：56－63.

李国胜，梁强，李柏良．2003. 东海真光层浓度的遥感反演与影响机理研究［J］. 自然科学进展，13（1）：90－95.

李芸，王振占．2005. “神州 4 号”飞船微波辐射计亮温反演海面温度、风速和大气水汽含量［J］. 遥感技术与应用，20（1）：133－136.

梁永滔．2008. 台风的概述［J］. 珠江水运，1：50－52.

刘增宏，许建平，朱伯康，等．2006. 利用 Argo 资料研究 2001—2004 年期间西北太平洋海洋上层对热带气旋的响应［J］. 热带海洋学报，25（1）：1－8.

鲁北伟，王荣，王文琪．1997. 春季东海不同水域的表层叶绿素含量［J］. 海洋科学，5：52－55.

潘德炉，李炎．2003. 海洋光学遥感技术的发展和前沿［J］. 中国工程科学，5（3）：39－43.

潘德炉，王迪峰．2004. 我国海洋光学遥感应用科学研究的新进展［J］. 地球科学进展，19（4）：506－512.

潘玉萍，沙文钰．2004. 闽浙沿岸上升流的数据值模拟［J］. 海洋预报，21（2）：86－95.

孙湘平．2006. 中国近海区域海洋［J］. 北京：海洋出版社，1－376.

唐军武，王晓梅，宋庆君，等．2003. 黄东海二类水体水色要素统计反演模式［R］. 第十四届全国遥感技术学术交流会，10.

王东晓．1998. 南海表层水温年循环的数值模拟［J］. 海洋学报，20（4）：25－37.

王晓梅，唐军武，宋庆君，等．2006. 黄海、东海水体总吸收系数光谱特性及其统计反演模式研究［J］. 海洋与湖沼，37（3）：256－263.

王振占，李芸. 2004. “福州4号”飞船微波辐射计定标和检验（I）——微波辐射计外定标［J］. 遥感学报，8（5）：133－136.

吴传生，彭斯俊，陈盛双，等. 2005. 概率论与数理统计［M］. 北京：高等教育出版社，（11）：1－230.

徐文玲. 2007. 台风对海表温度的影响［D］. 中国海洋大学研究生院，硕士论文.

许东峰，刘增宏，徐晓华，等. 2005. 西北太平洋暖池区台风对海表温度的影响［J］. 海洋学报，27（6）：1－6.

杨元建，冯沙，孙亮，等. 2008. 海洋上层对台风婷婷的物理和生物响应［A］. 中国气象学会2008年年会第二届研究生年会分会场论文集.

张彤辉，詹海刚，陈楚群. 2007. 南海表层叶绿素的空间变异分析［J］. 热带海洋学报，26（5）：9－14.

章文波，陈红艳. 2006. 实用数据统计分析及应用［M］. 北京：人民邮电出版社.

赵辉，齐义泉，王东晓，等. 2005. 南海叶绿素a浓度季节变化及空间分布特征研究［J］. 海洋学报，127（4）：45－52.

赵辉，唐丹玲，王素芬. 2005. 南海西北部夏季叶绿素a浓度的分布特征及其对海洋环境的响应［J］. 热带海洋学报，24（6）：31－37.

赵辉. 2007. 南海浮游植物叶绿素及初级生产力对海洋环境的响应［D］. 中国中国科学院研究生院，博士论文.

朱建荣，周健. 1997. 东中国海对热带气旋的响应［J］. 上海水利，46（1）：13－19.

Acker J G, et al. 2002. Satellite remote sensing observations and serial photography of storm－induced neritic carbonate transport from shallow carbonate platforms［J］. Int. J. Remote Sens, 23：2853－2868.

An N T, Du H T. 2000. Studies on phytoplankton pigment：Chlorophyll, total carotenoids and degradation products in Vietnamese waters（The South China Sea, Area IV）［R］, paper presented at 4th Technical Seminar on Marine Fishery Resources Survey in the South China Sea Area IV：Vietnamese Waters, Southeast Asian Fish. Dev. Cent., Bangkok.

Babin S M, Carton J A, Dickey T D, et al. Satellite evidence of hurricane－induced phytoplankton blooms in an oceanic desert［J］. J. Geophys. Res., 2004, 109：C03043.

Babin S M, Carton J A, Dickey T D, et al. 2004. Satellite evidence of hurricane－induced phytoplankton blooms in an oceanic desert［J］. Journal of Geophysical Research, 109：1－21.

Bates N R, Knap A H, Michaels A F. 1998. Contribution of hurricanes to local and global estimates of air－sea exchange of CO_2［J］. Nature, 395：58－61.

Behrenfeld M J, O'Malley R T, Siegel D A, et al. 2006. Climate－driven trends in contemporary ocean productivity［J］. Nature, 444：752－755.

Black P G, Holland G J. 1979. The boundary layer of Tropical Cyclone Kerry［J］. Mon. Wea. Rev., 123, 2007－2008.

Brand S. 1971. The effects on a tropical cyclone of cooler surface waters due to upwelling and mixing produced by a prior tropical cyclone［J］. J. Appl. Meteor., 10：865－874.

Brooks D A. 1983. The wake of Hurricane Allen in the western Gulf of Mexico［J］. J Phys. Oceanogr., 13：117－129.

Chu P C, Fan C, Lozano C J, et al. 1998. An airborne expendable bathythermograph survey of the South China Sea, May 1995［J］. J. Geophys. Res., 103：21637－21652.

DangLing Tang, Zhang XinFeng. 2009. Applications of remote sensing ocean color in oceanic hazards research［R］. International meeting of IOCW. Hangzhou.

Dickey T, Frye D, Mcneil J, et al. 1998. Upper－ocean temperature response to Hurricane Felix as measured by the

Bermuda Tested Mooring. Mon [J]. Weather. Rev. , 126: 1195 – 1201.

Dickey T D, Falkowski P. Solar energy and its biological – physical interactions in the sea [J]. Vol. 12, edited by A. R. Robinson, J. J. McCarthy, B. J. Rothschild. chap. 9, 401 – 440, John Wiley, Hoboken N. J.

Elsberry R S, Fraim T N, Trapnell R N. 1976. A mixed layer model of the oceanic thermal response to hurricanes [J]. J Geophys. Res. , 81: 1153 – 1162.

Eppley R W, Peterson B J. 1979. Particulate organic matter flux and planktonic new production in the deep ocean [J]. Nature, 282: 677 – 680.

Fedorov K N. 1972. The effect of hurricane and typhoons on the upper active ocean layers [J]. Oceanology, 12 (3): 329 – 333.

Fisher E L. 1958. Hurricane and the sea surface temperature field [J]. J Meteor, 15: 328 – 333.

Frank M M, Todd D S, Steven M B. 1997. Satellite Imagery of Sea Surface Temperature Cooling in the Wake of Hurricane Edouard [J]. Monthly Weather Review vol (125), 10: 2716 – 2721.

Greatbatcdh R J. 1984. On the response of the ocean to a moving storm : Parameters and scales [J]. J. Phys. Oceanogr. 14: 59 – 78.

Halpern D. 1974. Observations of the deepening of the wind – mixed layer in the Northeast Pacific Ocean [J]. J. Phys. Oceanogr. , 4: 454 – 466.

Hazelworth J B. 1968. Water temperature variations resulting from hurricanes [J]. J. Geophys. Res. , 73 (16): 5105 – 5123.

Hearn C J, Holloway P E. 1990. A three – dimensional barotropic model of the response of the Australian North west shelf to tropical cyclones [J]. J. Phys. Oceanogr. , 20: 60 – 80.

Hong C, Yoon J. 2003. A three – dimensional numerical simulation of Typhoon Holly in the northwestern Pacific Ocean [J]. J. Geophys. Res. , 108.

Houghton R A. 2007. Balancing the global carbon budget, Annu [J]. Rev. Earth Pl. Sc. , 35, 313 – 347.

Hu C, Muller – Karger F E. 2007. Response of sea surface properties to Hurricane Dennis in the eastern Gulf of Mexico [J]. Geophys. Res. , Lett. , 34, L07606.

Jacob S D, Shay L K, Mariano A J. 2000. The 3D mixed layer response to Hurrine Gilbert [J]. J Phys. Oceanogr. , 30: 1407 – 1429.

Jacob S D, Shay L K. 2003. The role of oceanic mesoscale features on the tropical cyclone – induced mixed layer response: A model study [J]. J. Phys. Oceanogr. , 33: 649 – 676.

Lau K – M, H – T Wu, S Yang. 1998. Hydrologic processes associated with the first transition of the Asian Summer Monsoon: A pilot satellite study [J]. Bull. Am. Meteorol. Soc. , 79: 871 – 1882.

Lee Z P, Weidemmann A, Kindle J, et al. 2007. Euphotic zone depth: Its derivation and implication to ocean – color remote sensing [J]. J GR, 112, C03009.

Leipper D F. 1967. Observed ocean conditions and Hurricane Hilda [J], J Atmos. Sci. , 24: 182 – 196.

Li Ning, Mao Zhi – hua, Zhang Qing – he, et al. 2008. The numerical simulation and remote sensing of the thermal discharge from the Qinshan nuclear power station [R]. Proceeding SPIE (International Society for Optical Engineering) Asia – Pacific Remote Sensing. 7150 – 30.

Li Ning, Mao Zhi – hua, Zhang Qing – he. 2008. Numerical simulation of the pollutant transportation in Chinese Hangzhou Bay with the QSCAT/NCEP wind data [R]. Proceeding SPIE (International Society for Optical Engineering) Europe Remote Sensing. 7110 – 7128.

Lin I – I, Liu W T, Wu C C, et al. 2003. New evidence for enhanced ocean primary production triggered by tropical cyclone [J]. Geophysical Research Letters, 30: 1718 – 1722.

Lin I - I, Liu W T, Wu C C. 2003. Satellite observations of modulation of surface winds by typhoon - induced upper ocean cooling [J]. Geophysical Research Letters, 30 (3): 1131 - 1135.

Liu Z, Xu J, Zhu B, et al. . 2007. The upper ocean response to tropical cyclones in the northwestern Pacific analyzed with Argo data. Chin [J]. J. Oeano. l limnol. , 25 (2): 123 - 131.

Liu W, Xie T X. 1999. Space - based observations of the seasonal changes of South Asian monsoons and oceanic response [J]. Geophys. Res. Letters, 26, 1473.

Luyten P J, Jones J E, Proctor R, et al. . 1999. COHERENS - a Coupled Hydrodynamical - Ecological Model for Regional and Shelf Seas User Documentation [R]. MUMM repot.

Ly L N, Kantha L H. 1992. Hurricane Camille shelf wave simulation using a numerical ocean circulation model [R]. Proceedings: Estuarine and Coastal Modeling, Second Int' l Conference, American Society of Civil Engineers, 586 - 593.

Ly L N, O' Connor W P. 1991. Gulf coast hurricane surge simulation using a numerical ocean circulation model [R]. Proceedings: Marine Technology Society Conference, Vol. II: 1236 - 1241.

Ly L N. 1994. A numerical study of sea level and current response to Hurricane Frederic using a coastal ocean model for the Gulf of Mexico [J]. J Oceanogr. , 50: 599 - 616.

Miller W D, Harding J L W, Adol J. 2006. Hurricane Isabel generated an unusual fall bloom in Chesapeake Bay [J]. Geophysical Research Letters, 33: L06612 (1 - 4) .

Minato S. 1998. Storm surge simulation using POM and a revisitation of dynamics of sea surface elevation short - term variation [J]. Meteorol. Geophys. , 48: 79 - 88.

Morel A, Antoine D, Babin M, et al. 1996. Measured and modeled primary production in the northeast Atlantic (EUMELIJ GOFS program) : the impact of natural variations in photosynthetic parameters on model predictive skill [J]. Deep - Sea Research I, 43 (8): 1273 - 1304.

Morel A, Prieur L. 1977. Analysis of variations in ocean color [J]. Limnol. Oceanogr. , 22: 709 - 722.

Morel A, Berthon J F. 1989. Surface pigments, algal biomass profiles, and potential production of the euphotic layer: Relationships reinvestigated in view remote sensing applications [J]. Limnol. Oceanogr. , 34 (8): 1545 - 1562.

Prasad T G, Hogan P J. 2007. Upper - ocean response to Hurricane Ivan in a 1/25o Nested Gulf of Mexico HYCOM [J]. J Geophys. Res. , 112.

Price J F, Mooers C, Leer J. 1978. Observation and simulation of storm - induced mixed - layer deepening [J]. J. Phys. Oceanogr. , 8: 582 - 599.

Price J F, Sanford T B, Forristall G Z. 1994. Forced stage response to a moving hurricane [J]. J Phys. Oceanogr. , 24: 233 - 260.

Price J F. 1983. Internal wave wake of a moving storm. PartI: scales, energy budget and observations [J]. J Phys. Oceanogr. , 13: 949 - 965.

Price J F. 1981. Upper ocean response to a hurricane [J]. J. Phys. Oceanogr. , 11: 153 - 175.

Pudov V D. 1980. Mesostructure of the temperature and current velocity fields of a baroclinic ocean layer in the wake of Typhoon Virginia [J]. Oceanology, 20 (1): 8 - 13.

Shaw P - T, Chao S - Y. 1994. Surface circulation in the South China Sea [J]. Deep - Sea Res. , 41: 1663 - 1683.

Shay L K, Elsberry R L. 1987. Near - inertial ocean current response to Hurricane Frederck [J]. J. Phys. Oceanogr. , 17: 1249 - 1269.

Sousa F M, Bricaud A. 1992. Satellite - derived phytoplankton pigment structures in the portuguese upwelling area

[J]. J. Geophys. Res., 97: 11343 – 11356.

Stramma L, Cornillon P, Price J F. 1986. Satellite observations of sea surface cooling by hurricanes [J]. J. Geophys. Res., 91: 5031 – 5035.

Takahashi T, Sutherland S C, Wanninkhof R, et al. Climatological mean and decadal change in surface ocean pCO_2, and net sea – air CO_2 flux over the global oceans [J]. Deep – Sea Research II, 56, 554 – 577.

Tang D L, Kawamura H, Doan – Nhu H, et al. 2004b. Remote sensing oceanography of a harmful algal bloom off the coast of southeastern Vietnam [J]. J. Geophys. Res., 109, C03014.

Tang D L, Kawamura H, Lee M A, et al. 2003. Seasonal and spatial distribution of Chlorophyll a and water conditions in the Gulf of Tonkin, South China Sea, Remote Sens [J]. Environ., 85, 475 – 483.

Tang D L, Kawamura H, Dien T V, et al. 2004a. Offshore phytoplankton biomass increase and its oceanographic causes in the South China Sea [J]. Mar. Ecol. Prog. Ser., 268: 31 – 41.

Tommy Dickey, Dan Frye, Joe McNeil, et al. 1998. Upper_ Ocean Temperature Response to Hurricane Ferlix as Measured by the Bermuda Testbed Mooring [J]. Monthly Weather Review., 126, 1195 – 1201.

Walker N D, Leben R R. Balasubramanian S. 2005. Hurricane forced upwelling and chlorophyll a enhancement within cold – core cyclones in the Gulf of Mexico [J]. Geophys. Res. Lett., 32.

Wei Shi, Menghua Wang. 2007. Observations of a Hurricane Katrina – induced phytoplankton bloom in the Gulf of Mexico [J]. Geophysical research letters, VOL. 34, L11607.

Wyrtki K. Physical oceanography of the south – east Asian waters, in Scientific Results of Marine Investigations of the South China Sea and the Gulf of Thailand, 1961, pp. 1 – 195, Scripps Institution of Oceanography, La Jolla, CA, p. 195.

Xie S – P, Q Xie, D Wang, et al. 2003. Summer upwelling in the South China Sea and its role in regional climate variations [J]. J. Geophys. Res., 108, C8001867.

Yang H – J, Q Y Liu. 1998. A summary on ocean circulation study of the South China Sea [J]. Advance in Earth Sciences, 13, 364 – 368.

Zheng G M, Tang D L. 2007. Multi – sensor remote sensing of two episodic phytoplankton blooms triggered by one typhoon in the South China Sea [J]. Mar. Ecol. – Prog. Ser., 333, 6 – 72.

论文六：基于遥感资料的浙江省海岸带生态系统健康研究

作　　者：陈正华
指导教师：潘德炉

作者简介：陈正华，女，1980年出生，博士，副教授。2003年获得兰州大学地理学基地班学士学位；2006年获得兰州大学地图学与地理信息系统专业硕士学位；2009年获得浙江大学地图学与地理信息系统专业博士学位。博士毕业之后进入中国科学院遥感应用研究所的国家环境保护卫星遥感重点实验室任助理研究员，2011年调入广西大学环境学院。主要从事利用遥感和地理信息系统技术进行生态环境监测和评估的应用研究，具体方向为生态健康评估、陆地植被监测、植被生产力监测、海岸带景观生态学等。

摘　要：海岸带是位于陆地和海洋相互作用的过渡地带，各种环境要素和资源构成一个有机的整体。由于全球气候变化和人为活动的影响，近年来海岸带生态系统健康存在着诸多问题，因而有必要研究海岸带生态系统健康。

为了促进海岸带生态系统健康研究以及生态环境的保护和管理，本论文探讨了海岸带生态系统健康概念，以及影响海岸带生态系统健康的因素，并用遥感、年鉴、海洋质量公报等资料来定量化评价浙江省海岸带生态系统健康水平。论文的主要研究内容为：

（1）回顾与总结国内外生态系统健康的内涵与外延，提出海岸带生态系统健康的概念，建立定量化反映生态系统健康状况、具有可操作性的海岸带生态系统健康评价体系。体系的建立包括评价理论模型筛选、指标筛选、基准值确定和权重的确定。

（2）以遥感资料为主要数据来源，利用地理信息系统技术分析近20年来影响浙江省海岸带生态系统健康的因素。特别是对浙江省海岸带的沿海陆域子系统、海岸线子系统和水域子系统进行分析，分别研究三个子系统内多个指标对海岸带生态系统健康状况的表征能力，以及多年来指标的变化情况。沿海陆域子系统中，选取的指标是由1998—2007年10天最大化合成SPOT/VEGETATION NDVI计算得到的年平均NDVI、植被面积减少量、植被重心偏移和像元10年间变化斜率，并利用这些指标建立活力—组织力—恢复力的陆域生态系统健康评价体系；海岸线子系统中，选取的指标是由1985年与1995年TM和2005年ASTER资料提取的三期海岸线得到的发生变化海岸线长度、陆地增加面积和海岸线分维数；水域子系统中，选取的指标是2005—2007年遥感反演的悬浮泥沙浓度、叶绿素浓度、赤潮、海水透明度、温度等，基础地理信息数据库的排污口、港口、航道等的空间分布以及统计资料，并建立一个空间化的人工压力—物理指标—化学指标—生物指标的水体生态系统健康评价体系。

（3）建立压力—状态—响应为框架的浙江省海岸带生态系统健康综合评价体系，计算得到浙江省海岸带连续多年的生态系统健康值，并分析影响其变化的因素。从2005—2007年的评价结果来看，浙江省海岸带生态系统处于不健康状态，三年期间略有好转。

基于以上研究，本论文对海岸带生态系统健康研究领域的贡献有：

（1）在借鉴和吸收国内外研究的基础上，结合研究区的自然环境和人类活动特点，建立浙江省海岸带生态系统健康评价体系。

（2）基于遥感数据和地理信息系统技术，分析影响海岸带生态系统健康的因素，将具有表征海岸带生态系统健康能力的遥感反演参数作为海岸带生态系统健康评价主要指标输入到评价体系中，利用地理信息系统技术处理并分析，获得空间化的海岸带生态系统健康状况评价结果。

（3）利用多年动态监测数据，基于海岸带生态系统健康评价体系，对浙江省海岸带进行生态系统健康动态评价和变化分析。

关键词：生态系统健康；浙江省海岸带；遥感；地理信息系统；空间化

1 绪论

伴随着环境问题日益成为人类关注的热点以及对未来可持续发展的渴望，人们对生态环境问题的关注越来越多。将生态系统健康与人类健康做类比，把“健康”的概念扩展到生态系统，类似对人类治疗疾病似的诊断来对生态系统的状况进行把脉，体现了人类对生态环境的感同身受和美好愿望：通过对生态系统健康的探讨，改进环境管理方式，达到可持续发展及人与自然和谐相处的目的。

1.1 研究背景

人类所有的包括政治、经济、文化在内的活动都必须依托于所栖息的环境。生态系统为人类提供了必不可少的生命维护系统和从事各种活动所必需的最基本的物质资源。最近几十年的大量研究和事实证明许多以人类为主导的生态系统，包括各种生物物理化学系统在内，在区域和全球水平上，已经处于极度压力和功能困难之下[1]。随着人类物质生活水平的提高，世界人口的激增和科学技术的巨大进步，向自然索取和利用自然生产满足自身需求的能力越来越高，地球的面貌就逐渐成为人类意志作用的表现，全球生态系统所承受的压力越来越大。

美国世界观察研究所在发表的《2001 世界咨文》中指出，生态日益恶化和政治推动力的减弱正将全球环境推到危险的十字路口[2]。报告说，新的科学证据表明，许多全球性生态系统正处于危险境地。如今，北极冰帽已经变薄 42%，全球 27% 的珊瑚礁已经消失，这些数字说明地球上一些关键生态系统正在恶化，而生态系统恶化又引发了更多的自然灾害，20 世纪的最后 10 年，自然灾害造成的经济损失达 6 080 亿美元，比之前 40 年造成的损失总和还要多。2002 年联合国发布的研究结果显示全球环境岌岌可危[3]。其恶化主要表现在大气和江海污染加剧、大面积土地退化、森林面积急剧减少、淡水资源日益短缺、大气层臭氧空洞扩大、生物多样性受到威胁等多方面，同时温室气体的过量排放导致全球气候变暖，使自然灾害发生的频率和强度大幅增加。乱砍滥伐、过度耕作使世界 23% 的耕地严重退化，全球三分之一以上的土地面临沙漠化威胁。全球的淡水供应也亮起了红灯。目前，全球一半的江河水流量大幅减少或被严重污染，80 个国家严重缺水。调查显示，人类所患疾病有四分之一与环境恶化直接相关。

大约世界总人口的 60% 聚集在沿海 100 km 范围内，海岸带地区具有巨大的经济效益与潜力。海岸带是自然条件优越的区域，无论降水量、土壤的肥沃度、物种种类，还是居住状况都是其他区域难以比拟的。这个区域有丰富的生物资源，有许多特殊的生态系统，还蕴藏着丰富的潮汐能等其他能源。对全球所有生态系统提供的服务和功能研究表明，37% 的生态价值集中在沿岸与河口系统，而不是在陆地和开阔大洋系统[4]。在全球生态问题突出的大背景之下，区域性生态系统会因地理位置、时间、社会经济发展水平和环境条件而表现出不同的敏感性和脆弱性。海岸带脆弱性源于全球气候变暖、海平面上升，以及快速的经济发展和城市化进程给海岸带带来巨大的环境压力，目前海岸带地区已经成为生态脆弱带。随着经济社会的发展，海岸带地区的地位越来越重要。近几十年来我国也进行了大规模的海洋开发，自然海岸线已所剩无几，与此同时我国的海洋事业取得了许多举世瞩目的成就，然而，由于对海岸带的不合理开发，出现了很多环境资源方面的问题，如大量生物种群面临灭绝等。而今，我国的海域自北到南都不同程度地遭到污染和破坏。

正是在这样的大背景下，生态系统健康学应时而生，方兴未艾，作为环境保护领域一门新兴的科学，它能够反映生态系统内部秩序和组织的整体状况，已被许多国家用于环境管理研究。

1.2 研究意义

海岸带位于陆地和海洋相互交绥的过渡地带，各种环境要素和资源构成一个有机的整体。中国的大陆海岸线长1.8万多千米，另有海岛岸线1.4万多千米，海岸线总长超过3.2×10^4 km，是世界上海岸线最长的国家之一。我国沿海地区是经济发展最迅速的区域，其面积占全国的14%，沿海11个省、自治区、直辖市人口总数约为5.5亿人，人口总数占全国的40%，人口平均密度约为700人/平方千米，国内生产总值（GDP）总产值占全国的60%以上，人均GDP约为3万元。2008年《中国海洋环境公报》研究结果显示，岸线人工化指数达到0.38，上海、天津、浙江、江苏和广东的沿海地区已经处于高强度开发状态。污染海域主要分布在辽东湾、渤海湾、莱州湾、长江口、杭州湾、珠江口和部分大中城市近岸局部水域，海水中的主要污染物是无机氮、活性磷酸盐和石油类[5]。

海岸带生态系统健康是实现社会经济可持续发展的基础，是提高人民生活质量和生活环境的重要保证。它可以满足人们多种需求，有效保护和改善环境，为动植物提供栖息场所，为人类提供食品、能源、陶冶情操和为人们提供游憩场所。在生态健康状态下，海岸带生态系统能够保持稳定性、生物多样化以及对灾害性破坏的自我调节能力，能够从大范围的破坏中恢复，保持生态系统的平衡，并满足现在和将来人类所期望的多目标、多用途、多产品和多服务水平的需要。

目前海岸带除了受全球气候变暖的影响外，人类活动对它的压力逐渐加大，导致出现一系列的问题。在沿海陆地上存在着城市以及城镇人口高度集聚、经济快速发展、高速城市化过程等现象，引起地理要素和地理过程发生较大的变化，导致生态环境脆弱。岸线上存在着农业、养殖业、工业、码头开发等用地需求，导致沿海造地速度快[6]，对土地大量需求以及大幅度进行围垦筑堤等现象，使得可再开发利用的海涂面积越来越少。海岸带水体存在河流入海泥沙量急剧减少、入海污染物显著增加、海底沉积环境受到污染和有害藻类大面积繁殖等现象。总之，由于人类活动规模扩大，开发手段的深入，工农业生产模式转变，海岸带地区所承载的经济产出比重增加，与此同时海岸带环境承受越来越多压力，导致海岸侵蚀、海水入侵、地面沉降、台风增多、水体污染、大气污染、水生生物被破坏等问题产生[7]。

由于海岸带生态系统承受巨大压力，面临极大风险，与此同时，人类对于自然资源和生态环境的态度，已经由仅仅追求经济利益转为追求经济利益的同时兼顾生态利益。目前较少有研究者进行海岸带生态系统健康状况的研究，而定量化地评价海岸带生态系统健康的研究则更少，本研究以浙江省海岸带为例，探讨影响海岸带生态系统健康状况的因素，建设海岸带生态系统健康评价模型和评价体系，并对浙江省海岸带生态系统健康状况做出量化评价。本研究意义主要体现在以下几个方面。

（1）遥感与地理信息系统技术在生态系统健康评价中的深化应用

遥感具有快速、大范围数据获取能力，它与地理信息系统的强大数据处理和分析能力相结合，在大范围、动态的生态系统健康中具有不可替代的优势。采用遥感与地理信息系统相结合的手段，从景观尺度提取对海岸带生态系统健康具有表征作用的指标。在实践操作中具有很好的可行性和客观性，并且其结果能够体现空间异质性，适合于区域性生态系统健康评价。

（2）促进海岸带生态系统健康研究的发展

生态系统健康的提法虽然可以追溯到20世纪40年代[8]，但是该领域的真正兴起是20世纪80年代，作为环境保护领域中一门新兴的学科，它反映生态系统内部秩序和组织的整体情况，已经应用于森林、湖泊、湿地、海岸带、城市等生态系统的评价实践[9-17]。但是，到目前为止仍没有一个生态系统健康概念能得到广泛认可，生态系统健康概念还有众多争议，生态系统健康的本质和内涵值得科研人员进一步探讨；在评价方法上，研究者们针对不同地区的生态系统，提出不同时间尺度和空间尺度的评价体系。

本研究以浙江省海岸带为例对海岸带生态系统健康的理论和评价方法都做了探索性研究，该研究必将丰富生态系统健康的理论、方法和模型，具有一定的理论和实践意义。

（3）促进生态环境保护和管理

“构建和谐社会”不仅仅是人与人之间的和谐，社会的和谐，更广泛地讲，还包括人与自然的和谐。达到发展经济的同时兼顾环境保护，环境保护也服务经济发展。要将该理念融入到经济规划、社会发展建设中，使人口、资源和环境协调发展，就需要切实可行的环境保护和管理策略，这首先就要科学地、客观地反映生态系统的现状。海岸带生态系统健康评价能够反映海岸带所承受的人为压力、生态胁迫的症状以及健康程度，其意义现实而深远。

1.3 国内外研究现状

1.3.1 海岸带生态系统健康概念

生态系统（ecological system，或者 ecosystem）指一定时间和空间范围内，生物（一个或多个生物群落）与非生物环境通过能量流动和物质循环所形成的一个相互联系、相互作用并具有自动调节机制的自然整体。生态系统是一个广泛的概念，其范围根据具体研究目的和研究对象而定。一口池塘、一个湖泊、一片草地或者一片森林都可以视为一个相对独立的生态系统。

生态系统健康（ecosystem health）这个词的概念由来可追溯至20世纪40年代初。1941年美国著名生态学家、土地学家 Aldo Leopold 首先定义了土地健康，并使用“土地疾病”描绘土地功能紊乱[8]。60—70年代以来伴随全球环境日趋恶化，受破坏的生态系统越来越多，破坏程度越来越严重，人类社会面临着生存与发展的强大挑战。进入80年代，人们日益关注胁迫生态系统的管理问题，1984年美国生态学会主办了题为“胁迫生态系统描述与管理的整体方法”的研讨会，从人类活动、社会组织、自然系统及人类健康等社会、经济、生态方面着手，探讨了引发生态系统不健康的症状与机理。1992 年 Island 出版社出版了名为《生态系统健康》（Ecosystem Health）的书。1994 年国际生态系统健康学会（ International Society of Ecosystem Health，ISEH）成立，标志着生态系统健康作为新兴的科技领域的诞生。Blackwell 在 1998 年出版了同样名为《生态系统健康》的书，并且在 90 年代中期创办《生态系统健康》杂志。此刊物以建立作为人类未来发展基础的健康的生态系统为目标，阐明健康的生态系统对人类健康的影响，说明怎样才能防止生态系统的恶化及推进生态系统的健康发展，涉及多个学科：环境科学、应用生态学、经济学、景观生态学、自然资源管理、工程学、人类医学、兽医学、公共健康。Elsevier 在 2000 年创办《生态系统指数》期刊。

关于生态系统健康概念，国内外科学家提出各自的看法。

Karr 等（1986）指出无论是个体生物系统或是整个生态系统，它能实现内在潜力，状态稳定，受到干扰时仍具有自我修复能力，管理它也只需要最小的外界支持，这样的生态系统被认为是健康的[18]。

Schaeffer 等（1988）将生态系统健康定义为“没有疾病（Absence of disease)”，并提出了进行评价的原则及方法。他们首次探讨了有关生态系统健康度量的问题，但没有明确定义生态系统健康[19]。

Rapport（1989）认为生态系统健康的定义可以根据人类健康的定义类推而来，指出生态系统具有稳定性和可持续性，即在时间上具有维持其组织结构、自我调节和对胁迫的恢复能力，可以从活力（Vigor)、组织结构（Organization）和恢复力（Resilience）三方面来描述[20]。活力指新陈代谢及初级生产力，即生态系统的能量输入和营养循环容量，具体指标为生态系统的初级生产力和物质循环，可用初级生产力和经济系统内单位时间的货币流通率来表示；组织结构指生态系统组成及过程的多样性，即系统的复杂性，这一特征会随生态系统的次生演替而发生变化和作用；恢复力即胁迫消失时，系统克服压力及反弹恢复的能力，恢复力表征生态系统维持自身结构与格局，保障生态系统功能和过程的能力。

Haskell 等（1992）认为生态系统健康和生态系统不受疾病困扰的条件是生态系统稳定的和可持续的，或者说生态系统是活跃的，能保持自身的组织和自主性，对压力具有恢复力[21]。

Ulanowicz（1992）提出健康的生态系统向顶点运行的轨迹相对没有受到阻碍，当受到外界影响可能导致生态系统返回到以前的演替状态时，结构能保持原状稳定[22]。

Costanza（1992）认为健康的生态系统没有压力综合征，是活跃的，具有稳定性、可恢复性，在压力下能够保持自组织[23]。

Rapport（1998）将生态系统健康的标准归纳为：活力、恢复力、组织力、生态系统服务功能的维持、管理选择、外部输入减少、对邻近系统的破坏、对人类健康的影响 8 个方面，其中最重要的是前 3 个方面[24,25]。

崔保山等（2001）认为生态系统健康是指系统内的物质循环和能量流动未受到损害，关键生态组分和有机组织被保存完整，且没有疾病，对长期或突发的自然或人为扰动能保持着弹性和稳定性，整体功能表现出多样性、复杂性、活力和相应的生产率，其发展终极是生态整合性[26]。

袁兴中等（2001）认为生态系统健康可以被理解为生态系统的内部秩序和组织的整体状

况，系统正常的能量流动和物质循环没有受到损伤、关键生态成分保留下来（如野生动植物、土壤和微生物区系）、系统对自然干扰的长期效应具有抵抗力和恢复力，系统能够维持自身的组织结构长期稳定，具有自我调控能力，并且能够提供合乎自然和人类需求的生态服务[27]。

肖风劲等（2002）认为，生态系统健康是一门研究人类活动、社会组织自然系统的综合性科学，具有以下特征：①不受对生态系统有严重危害的生态系统胁迫综合征的影响；②具有恢复力，能够从自然的或人为的正常干扰中恢复过来；③在没有或几乎没有投入的情况下，具有自我维持能力；④不影响相邻系统，也就是说，健康的生态系统不会对别的系统造成压力；⑤不受风险因素的影响；⑥在经济上可行；⑦维持人类和其他有机群落的健康，生态系统健康不仅包括生态系统本身的健康，而且还包括经济学的健康和人类健康[28]。

彭建等（2007）认为区域生态系统健康指一定时空范围内，不同类型生态系统空间镶嵌而成的地域综合体在维持各生态系统自身健康的前提下，提供丰富的生态系统服务功能的稳定性和可持续性，即在时间上具有维持其空间结构与生态过程、自我调节与更新能力和对胁迫的恢复能力，并能保障生态系统服务功能的持续、良好供给[29]。

依据是否考虑生态系统对人类社会的服务功能，可以简单地将生态系统健康的概念划分为生物生态学定义和生态经济学定义两类[29]。前者主要局限于生物物理范畴，倾向于强调生态系统的自然生态方面，忽略人类活动的影响和社会经济方面。后者囊括了自然生态方面、生态系统服务、人类活动、与其他生态系统的相互作用。

基于对生态系统健康的探讨以及海岸带独特的生态环境，在参考 20 多年来国内外学者对生态系统健康和海岸带生态系统健康的理解，本文将海岸带生态系统健康定义为：海岸带生态系统活跃，能很好维护其自身的稳定性、持续性和结构、功能的完备性，发挥外界干扰控制、营养物质循环、生物资源控制、栖息地保持、食品生产、审美和休闲娱乐功能以满足人类需要，能够不需要外部支持或者需要少量外部支持的情况下海岸带可从自然或人为干扰中恢复过来，而且不对人类或者相邻的系统造成危害。

1.3.2 海岸带生态系统健康评价方法

评价生态系统健康需要基于功能过程来确定指标，主要的评价方法分为指示物种法和指标体系法。实际上生态系统健康评价的最佳途径是微观与宏观相结合的综合性研究[30]。空间尺度依据评价生态系统健康的地区范围和生态系统的空间大小，存在全球、大陆、国家、区域、地方到生态系统、种群、个体、细胞、基因等的一系列尺度，针对不同的尺度，其健康评价采用的手段有所不同，在大尺度需要将遥感、地理信息系统和景观生态学原理等宏观技术手段与地面研究紧密配合，例如，可以通过土地利用变化评估环境质量的变化，而在小尺度上着重对生态过程进行监测。

鉴于生态系统的复杂性，挑选关键物种、特有物种、指示物种、濒危物种、长寿命物种和环境敏感物种等的数量、生物量、生产力、结构指标、功能指标及其一些生理生态指标来描述生态系统的健康状况，叫指示物种法。该方法是生态系统健康研究中常用的基本方法，比如在水生生态系统中，采用浮游生物、底栖无脊椎动物、营养顶级鱼类等作为指示物种。Sonstegard 将银大马哈鱼作为北美大湖区生态系统健康指标[31]，鲑鱼等作为监测湖泊贫营养化的指示种[16]。Karr 应用生物完整性指数，通过对鱼类类群的组成与分布、物种多样性以及敏感种、耐受种、固有种和外来种的变化来分析海洋生态系统的健康状态[32]。该方法简便易行，但是存在一些问题。指示物种的筛选标准不明确，有些采用了不合适的类群；指示物种的一些监测参数的选择也会给评价带来偏差。所以，很难选择真正能够表征生态系统健康状况的物种作为指标。在指示物种和指标选择的时候需要验证它们对生态系统健康的敏感性和可靠性。

除了指示物种法之外，生态系统健康研究经常用到的是指标体系法，它是选择不同组织水平的类群和考虑不同尺度的前提下对生态系统的各个组织水平的各类信息进行的综合评价。与指示物种法比较，具有的优点是综合了生态系统评价的多项指标，不仅考虑了不同组织水平之间的相互作用以及同一组织水平上不同物种间的相互作用，而且考虑了不同尺度转换时监测指标的变化。

Kay 和 Schneider 强调生态系统健康和完整性的测量应该反映生态系统组织状态的两个方面：功能和结构。他们应用一系列指标，包括生物量输入、输出、产品呼吸、循环、连结性、Finn's 循环指数、优势性来评估 Crystal River 的生态系统健康和完整性[33]。

Dalsgaard 应用的指标包括生物量（B）、收获量（H）、氮生产量（E）、系统管理、P/B、H/E、效率、香依指数、Finn's 循环指数、优势度、能质、结构能质、缓冲能力，来定量比较四种复杂农业生态系统的成熟性和可持续性[34]。

Sherman 建立全球海水生态评估方法[35]。

Trevor 探讨了海洋水色遥感反演数据作为生态健康指标的潜在能力，选用的指标包括大洋生态系统浮游植物生物量的季节循环、生产力和耗散、每年生产力、新生产力、生产与呼吸比率、浮游植物生物量和生产力空间变化、浮游植物功能类型的空间分布、生态区划的划分以及浮游植物粒径结构等[36]。

Maryland 海岸带生态系统健康评价分别对河流、水质、沉积物、有害藻类、生境、生物资源进行研究，在每一个方面分别选取对生态健康具有指示作用的具体指标进行评价，以水质为例选取的具体指标有总氮、总磷、叶绿素 a、溶解氧、综合水质参数[11]。

国内已经对湿地[12,37,38]、草地[39,40]、森林[41-44]、农田[45]、湖泊[46-50]、干旱区[51-53]、流域[54-58]、城市[13,59-63]、区域[29,64]、海洋和海岛[65-69]进行了生态系统健康探讨和评价，对于海岸带生态系统健康评价具有借鉴意义的指标体系研究如下。

唐涛等详细介绍了以着生藻类、无脊椎动物、鱼类为主要指标生物的河流生态系统健康的评价方法，并就其评价原理将这些方法分为预测模型法和多指标法，但是只是在理论上讨论，并没有生态系统健康的应用实例[54]。

罗跃初等认为流域生态系统健康评价必须考虑生态学、物理化学、社会经济和人类健康这四个范畴。提出的评价指标中，大部分指标可通过常规的物理、化学、生物学、野外调查测试和社会经济调查的方法来度量，但有些生态指标是难以度量的，如生态服务功能、生态系统的稳定性、完整性、活力、组织结构、恢复力、流域自然生态系统间的协调性等[55]。

杨建强等研究莱州湾西部海域海洋生态系统健康状况，将其划分为环境子系统、生物群落结构子系统和功能子系统，这三个子系统又由诸多因子组成，构成评价体系的层次关系。其中环境子系统的因子包括透明度、盐度、溶解氧、pH、COD、总氮、总磷、沉积物有机质、沉积物硫化物；生物群落结构子系统的因子包括浮游植物、浮游动物和底栖生物的多样性指数和优势度；生态系统功能子系统由初级生产力表征[9]。

Xu 等利用 1970—1990 年的监测资料，建立了由压力、物理反馈、化学反馈、生物反馈、系统水平反馈和生态系统服务功能反馈指标组成的评估体系，总共 25 个具体指标，用于评价 20 世纪 70 年代、80 年代和 90 年代的香港 Tolo 港生态系统健康状况[10]。

蒋卫国等采用压力—状态—响应模型，以遥感数据及统计监测数据为基础，建立一套湿地生态系统健康评价指标体系，揭示盘锦市湿地生态系统健康状况的空间分布规律。压力用人口密度和人类干扰率表征；状态分为活力、组织力、弹性和功能四个因素，其中活力用平均归一化植被指数表征，组织力用景观多样性指数、斑块丰富度和平均斑块面积表征，弹性用平均弹性度表征，功能用蓄水量和平均总氮浓度表征；响应代表生态系统的变化，用湿地面积变化比例表征[12]。陈鹏采用类似方法，建立了景观尺度的区域生态系统健康评价指标体系研究厦门海湾城市，获取了生态系统健康评价相关宏观生态指标，与蒋卫国等的指标不同之处在于用生态系统服务表征功能，用景观破碎度表征响应[60]。

宋延巍根据海岛生态系统的复杂性特征，将海岛生态系统划分为岛屿、潮间带和近海三个子系统，针对各个子系统的特征及相互关系进行了研究；并以活力、组织力、异质性和协调性构建了海岛生态系统健康评价指标体系。每个指标均由可度量的二级指标构成，采用初级生产力分析、解释结构模型、生境格局分析、生态足迹模型等方法进行测算，研究了长岛生态系统健康状况[70]。

米文宝等选取 pH、悬浮物、溶解氧、化学耗氧量、生物耗氧量、总磷及铵氮 7 项指标进行实测，并计算沙湖水体的综合污染指数，确定了水生环境的外部压力状态。计算并测量了沙湖水生生态系统在宏观尺度上的自由能、结构自由能，群落尺度上的浮游生物生物量、生产量及二者的比例关系，以判定其内部特征的变化情况。综合外部压力状态和内部特征指标体系的计算，评价沙湖的生态系统健康状况[50]。

叶属峰等建立由物理化学指标、生态学指标和社会经济学指标构成的长江河口生态系统健康评价体系，一共包括 30 个具体指标[67]。

孙磊基于压力作用因子识别，构造与压力因子相对应的胶州湾海岸带生态系统健康评价体系。该体系分为近岸陆域、近岸海域和社会经济三个子系统，共包括近岸陆域景观质量、栖息地特征、海洋污染状态、环境调节功能、环境纳污能力、环境交换能力、生物群落结构、生物质量、生物资源承载力、社区居住环境、经济发展水平、社会进步情况等 24 个指标。利用该体系评价了 1988 年、1997 年和 2005 年胶州湾海岸带生态系统健康状态，并且构造了定量化的预测体系[69]。

以上的生态系统健康评价体系虽然是在不同的尺度上研究并且指标繁多，但是大体上可以归结为两类：生态系统内部指标和生态系统外部指标。内部指标表示的是生态系统自身的健康，即生态系统能否维持自身结构、功能的完整性、对于胁迫的恢复性。外部指标表示生态系统对其他系统的影响，其中主要是对人类需求的满足，即对周围系统不构成威胁，满足人类资源需求和经济活动，生态系统服务与功能的正常发挥。所以，以生态学为基础，结合社会、经济，综合运用不同尺度信息的指标体系是生态系统健康评价的发展方向。

1.4 论文逻辑结构

本论文的主旨是基于遥感资料探讨浙江省海岸带生态系统健康状况，逻辑结构如下。

（1）探讨海岸带生态系统健康的理论问题

第1章介绍本研究的背景和意义，总结国内外的海岸带生态系统健康研究现状，分析已有评价方法的不足，并提出把遥感资料和地理信息系统技术运用到大范围动态生态系统健康评价中。

第2章总结影响海岸带生态系统健康的因素，说明研究数据来源、研究方法和技术路线，将海岸带划分为沿海陆域、海岸线和水域子系统，拟用压力—状态—响应理论模型建立能够准确反映生态系统健康状况、具有可操作性并且能够定量的空间化海岸带生态系统健康评价体系。

（2）监测和分析近20多年来影响海岸带生态系统健康的因素

第3章到第5章，分别对浙江省海岸带的沿海陆域子系统、海岸线以及水域子系统进行监测，并分析其变化和对海岸带生态系统健康状况的影响。在陆域子系统中，采用1998—2007年一共10年的10天最大化合成植被指数，研究城市扩张、人类活动对植被的破坏、植被活动能力的变化以及基于像元的斜率所表现的生态系统健康活力、组织力和恢复能力，并比较浙江省沿海县市陆域生态系统健康状况。对于海岸线子系统采用1985年、1995年和2005年三期遥感资料，通过遥感图像处理和信息提取获得每个时期的大陆海岸线，从而得到每个时段海岸线变迁和陆域面积增加状况，这些结果和分维数变化一起作为评价影响生态系统健康的因子，以海岸线变化剧烈的围垦区为例探讨围垦的经济、环境和生态效益。对于水域子系统，收集2005—2007年遥感反演的水质参数、政府公报等资料，分析每项参数对海岸带生态系统健康的影响方式和空间分布变化情况，对近年来浙江省水体状况有深入了解，并建立一个空间化的水体生态系统健康评价模型。

通过单个子系统近20多年来的多源数据分析，对浙江省海岸带的生态健康情况有总体的了解。

（3）建立浙江省海岸带生态系统健康综合评价体系

论文第6章是在对生态系统健康的理论分析和对浙江省海岸带生态系统健康状况了解的基础上，建立动态的压力—状态—响应评价体系，确定了基准值和指标权重，评价了2005—2007年浙江省海岸带生态系统健康变化情况。在此基础之上，分析压力、状态和响应三者在这三年的变化以及健康的变化，提出海岸带保护的建议。

（4）总结与展望

第7章对论文的结论和创新点进行了总结，并展望海岸带生态系统健康研究还需要注意的问题和未来发展方向。

2 浙江省海岸带生态系统健康研究

浙江省是我国的临海省份之一，具有较长的海岸线，人口密度高，生产要素高度聚集，经济发达，近年来由于人为因素对海岸带影响较大，海岸带生态系统承受的压力较大，应该对海岸带生态系统健康状况进行研究，这对其他沿海区域的管理有借鉴意义。

2.1 论文研究内容

为了促进海岸带生态系统健康研究以及生态环境的保护和管理，本论文探讨了海岸带生态系统健康概念以及影响生态系统健康的因素，并用遥感、年鉴、海洋质量公报等资料来定量评价浙江省海岸带生态系统健康水平。本论文的主要研究内容如下。

（1）回顾与总结国内外生态系统健康概念的内涵与外延，提出海岸带生态系统健康的概念，建立定量化准确地反映生态系统健康状况、具有可操作性的海岸带生态系统健康评价体系。体系的建立包括评价理论模型筛选、指标筛选、基准值确定和权重的确定。

（2）以遥感资料为主要数据来源，利用地理信息系统技术分析近20年来影响浙江省海岸带生态系统健康的因素。特别是对浙江省海岸带的陆域、海岸线以及水域子系统分别进行分析和建模，研究各个参数对海岸带生态系统健康状况的影响。

（3）建立浙江省海岸带压力—状态—响应的生态系统健康评价体系。数据主要来源于遥感反演，并收集年鉴、海洋质量公报等资料，计算得到浙江省海岸带2005—2007年的生态系统健康值，并分析影响其变化的因素。

2.2 研究区概况与数据来源

2.2.1 研究区概况

浙江省地处中国东南沿海长江三角洲南翼，东临东海，如图2.1所示。陆域面积10.18×10^4 km^2，占全国的1.06%，是中国陆域面积最小的省份之一，但其经济发达，2007年浙江省GDP占全国GDP的7.01%。浙江省沿海地区经济活动频繁，工商业发达，其GDP几乎占到浙江省的2/3[71]。

浙江省自然气候状况是：年平均气温15.7～17.9℃，其中最高月的气温为25.7～28.6℃，最低月为3.5～7.8℃；全省年平均雨量为1 335 mm，变化幅度在980～2 000 mm，年平均日照时数1 710～2 100 h。温度和降水量均是浙南大于浙北。浙江海域面积26×10^4 km^2。面积大于500 m^{2}的海岛有3 061个，是全国岛屿最多的省份。海岸线总长6 400多千米，居全国首位，其中大陆海岸线2 000多千米，居全国第5位。岸长水深，可建万吨级

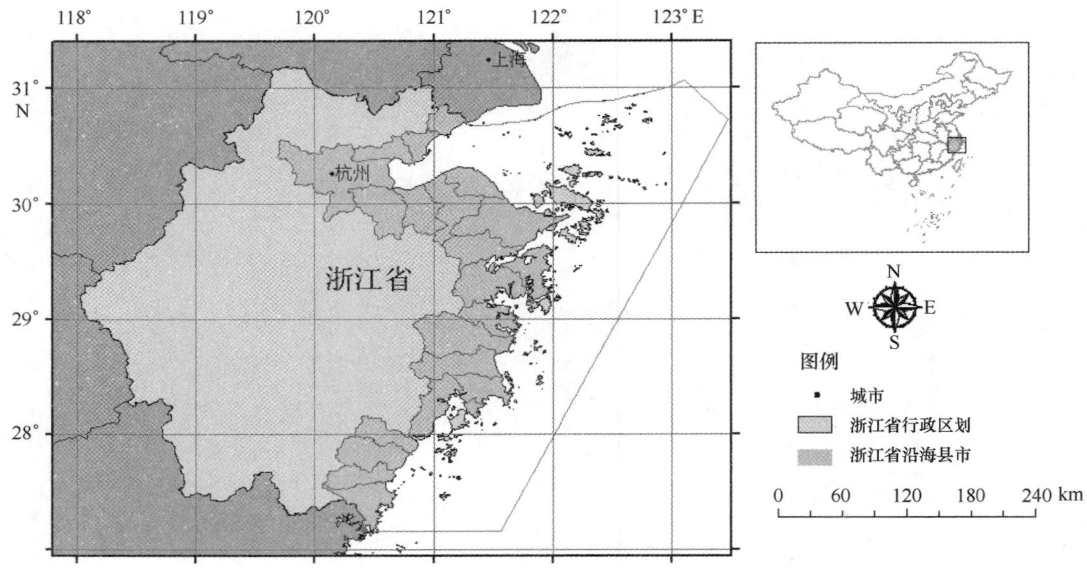

图 2.1 研究区位置

以上泊位的深水岸线 290 km，占全国的 1/3 以上，10 万吨级以上泊位的深水岸线 106 km。

浙江省经济虽然发达，但其经济增长的粗放型方式尚未发生根本改变，经济增长与生态资源、环境安全之间的矛盾比较突出。近年来受自然灾害频繁发生导致的经济损失呈上升趋势。目前浙江省海岸带存在的主要生态问题有：耕地和水资源紧缺，随着人口的增加和经济的发展，这个矛盾更加突出；水土流失严重；工业和农业污染物排放量大，水质污染严重，威胁到人民群众的健康和安全；生物多样性降低，部分物种濒临灭绝；城市规模扩大，热岛效应显著。这些问题成为浙江省经济的可持续发展以及人口健康和安全的隐患[72]。所以浙江省海岸带的管理思路要把握“和谐”这个基本点，实现“自然—社会—经济”的协调发展。

2.2.2 数据来源

本论文收集了大量的遥感数据、基础地理信息数据和统计资料，在 ArcGIS 和 ENVI 软件平台上，对浙江省海岸带陆域子系统、海岸线子系统以及水域子系统分别进行研究，从中提取影响生态系统健康状况的指标，探讨其影响健康状况的方式和程度。数据收集和指标总结见表 2.1，主要分为以下三类数据。

表 2.1 海岸带生态系统健康数据收集与指标总结

海岸带生态系统组分	指标	监测频率	时间跨度	来源
陆域子系统	年平均 NDVI	旬	1998—2007	SPOT/VEGETATION NDVI
	植被面积减少量			
	植被重心偏移			
	像元的 10 年间变化斜率			

续表 2.1

海岸带生态系统组分	指标	监测频率	时间跨度	来源
海岸线子系统	海岸线变化长度	10 年	1985—1995—2005	TM 和 ASTER 数据
	陆地扩展面积			
	分维数			
	对经济促进			文献
	对生物资源影响			
	对水环境影响			
水域子系统	悬浮泥沙浓度	月	2005—2007	MODIS 和 AVHRR L3B
	叶绿素浓度			
	赤潮			
	透明度			
	溶解无机氮			
	活性磷酸盐			
	海洋倾倒量	年		《中国海洋环境质量公报》
	河流泥沙和污染物输送			2005 年《中国河流泥沙公报》 2006 年和 2007 年《长江泥沙公报》
	海洋经济生产总值			《中国海洋经济统计公报》
	港口与航道			基础地理信息数据
	生物资源	5 ~ 10 年	1990—2007	文献

遥感原始数据及反演的产品包括：SPOT/VEGETATION NDVI 时间序列产品；TM 和 ASTER 多光谱数据；MODIS 和 AVHRR 的 L3 级水色产品。

基础地理信息数据包括：60 m 分辨率 DEM；港口、排污口、航道、自然保护区矢量数据；浙江省行政区划矢量数据，包括省、市、县行政界线、地名点、道路、水域等图层。

统计数据包括：2000—2008 年《中国海洋环境质量公报》；2005 年《中国河流泥沙公报》，2006 年和 2007 年《长江泥沙公报》；2003—2008 年《中国海洋经济统计公报》；以及从文献中收集的数据。

2.3 研究方法与技术路线

2.3.1 影响海岸带生态系统健康状况的因素

各种形式的人类活动以及全球变化是影响海岸带生态系统健康状况的主要因素，相互之间影响如图 2.2 所示。主要包括以下几个方面。

（1）城镇规模扩展

随着经济的迅速发展，城市人口增长速度加快，乡镇企业的发展，用地的需求加大，必然造成土地利用方式向城镇用地转移。城镇规模的扩展导致大气污染，江河、湖泊、近海的有机物污染，固体废弃物迅速增加，热岛效应明显，暴雪和暴雨容易造成城市交通瘫痪，所

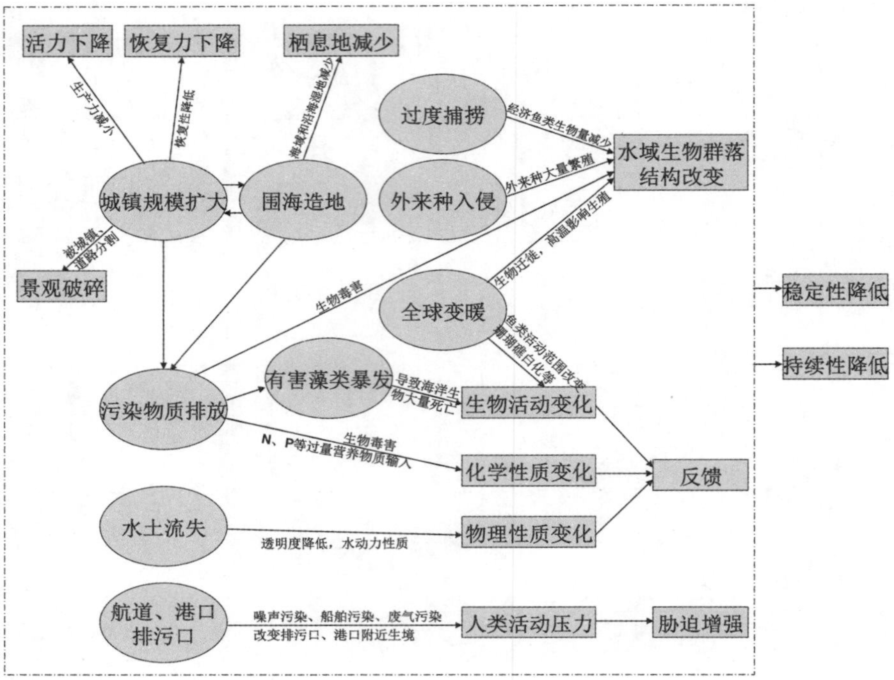

图 2.2　海岸带多个因素对生态系统健康状况的影响

以城市环境安全问题不容忽视。

城市的稳定和可持续依赖于外部物质和能量的输入，从经济上讲，城市具有高效率创造经济价值的能力，但是从生态服务功能来讲，城市向外提供的生态服务少，Costanza 的全球生态资产评估研究中，虽然全球所有生态系统服务价值总和高达 $33\ 268 \times 10^9$ 美元/年，但是城市不具有生态系统服务价值[4]。

（2）水土流失

水土流失是不利的自然条件（坡度陡峭、土质松软、高强度暴雨、地表无林草等植被覆盖等）与人类不合理的经济活动（毁林毁草、陡坡开荒、过度放牧等）相互交织作用产生的。破坏地面完整，降低土壤肥力，造成土地硬石化、沙化，影响农业生产，威胁城镇安全，加剧干旱等自然灾害的发生和发展。水土流失所产生的泥沙会影响到下游河流和沿海水体的物理性质，如悬浮泥沙浓度、浊度、透明度以及水的动力学性质等，破坏水生生物群落的组成、结构和功能，导致水生生态系统健康状况恶化。

（3）污染物质排放

未经处理的工业废水、生活污水排入海洋，农业中大量使用的农药和化肥随地表径流进入河流再进入海洋，其中含有多种有毒污染物和过量养分，它们对水生生态系统产生不同程度的影响。有毒物质造成水生生物的生存环境受胁迫，生命体表现出活力不佳，生理机能受损，甚至死亡，过多的养分引起富营养化。Munawar 等在研究排污对加拿大多伦多水区（安大略湖）生态系统健康的影响时发现，一系列非本地的浮游植物对复杂营养和污染物状况都具有生理响应和生产力变化，营养物质和有毒污染物之间具有复杂的相互作用，最终决定生活在其中的生物健康状况[73]。

杭州湾沿岸是浙江的工业密集区，大量电镀厂、机床厂、化工厂、无线电厂等企业工业废水未经处理直接排入河海造成铅、汞堆积。由于生物富集的作用，海水中的重金属超标直接导致鱼类体内重金属超标。在研究浙江沿海地区经常使用的有机磷农药与海洋微藻的构成关系中发现，由于其在类脂中的溶解度较大，容易伤害细胞的脂膜结构；由于强亲核基团的存在，首先容易进攻碳原子而改变膜及其他细胞器的结构和功能，其次水解产生的剧毒与细胞内的氧化酶结合，阻碍氧化还原反应的正常进行，对微藻细胞构成强大的致毒效应，直接危害微藻的生长[74]。

（4）过度捕捞

人类对经济鱼类的过度捕捞造成资源群体结构遭到破坏，种群数量减少，破坏了生态系统原有的结构，致使其功能发生变化。以2002年为例，东海海区的海洋捕捞总量约占全国海洋捕捞总产量的42%，由于酷渔滥捕，“四大渔产”中的大黄鱼和曼氏无针乌贼资源已经严重衰竭，其他一些资源也相继出现衰退的迹象[75]。对于这样的渔业资源恢复，需要大力发展增养殖，进行人工放流，并加强对其产卵场保护，严格规定其捕捞规格，才能够使其资源得到恢复。由于食物链的作用，鱼类种群数量的减少，会影响其上下营养级种群的存活状态。总之，生态系统中重要组分的变化，将会带来一系列不良影响[30]。

（5）全球变暖

温度直接影响生物的新陈代谢，而新陈代谢是有机体所表现的各种生命活动的基础，另外温度还可以通过与其他环境因子（如海水的溶解气体、黏度变化）的关系而间接影响海洋生物的生活。生物存在一定的最适宜温度，对温度有一定耐受程度。水温升高引起浮游生物和鱼类分布变化，过去40年以来，大西洋东北部的暖水浮游生物向北迁移1 000 km。珊瑚礁对气候变化敏感，当海水表面温度发生变化时，珊瑚礁也随之白化。海洋表面的温度上升有利于风暴的持续时间加长和强度的增加。

（6）海平面上升

海平面上升导致近海低海拔地区被淹没，地面沉降，海水入侵，岛屿消失。造成原有生态系统受损甚至消失。红树林虽然能够很好适应恶劣条件，但是上涨的海平面以及过度砍伐使得处于低势及缺乏沉积物的红树林生态系统极易受到侵害，降低其作为海岸带天然防护林、净化海水、促淤造陆的作用。

（7）围海造地

围海造地导致河口与滨海湿地丧失，生态环境进行彻底、永久的改变。引起水生植物局域灭绝和干旱植物入侵，水生动物消失或者向海迁移，原有湿地陆生动物灭绝。截断了物质、能量和物种交流，破坏了水生生态系统的完整性，威胁水生生态系统的存续，降低对自然灾害如海啸的破坏抵御能力。这种行为对生态的影响是毁灭性的。

（8）外来种入侵

外来种入侵之后，通过竞争、捕食和改变生境，使得原有的生态系统结构和功能破坏，使得渔业生产的产品、产值和品质下降，增加成本。对生物多样性造成影响，特别是侵占了本地物种的生存空间，造成本地物种死亡和濒危，破坏生物结构。外来物种携带的有害病毒，其暴发带来经济损失，并危害人畜健康。

（9）有害藻类暴发

赤潮生物的异常暴发性增殖，导致了海域生态平衡被打破，海洋浮游植物、浮游动物、底栖生物、游泳生物相互间的食物链关系和相互依存、相互制约的关系异常或者破裂，这就大大破坏了主要经济渔业种类的饵料基础，破坏了海洋生物食物链的正常循环，造成鱼、虾、蟹、贝类索饵场丧失，渔业产量锐减；可引起鱼、虾、贝等经济生物瓣鳃机械堵塞，造成这些生物窒息而死；赤潮后期，赤潮生物大量死亡，在细菌分解作用下，可造成区域性海洋环境严重缺氧或者产生硫化氢等有害化学物质，使海洋生物缺氧或中毒死亡；另外，有些赤潮生物的体内或代谢产物中含有生物毒素，能直接毒死鱼、虾、贝类等生物。毒素在贝类体内积累，其含量往往有可能超过食用时人体可接受的水平，引起人体中毒，严重时可导致死亡。

长江口和杭州湾地处上海海滨带的径流带及浙江的主要工业区和人口居住地，工业和生活废水以及由河流带来的两岸的污水大量入海，水体中的碎屑颗粒物及死亡的动植物、动物的粪便等有机碎屑在沉降和再悬浮过程中通过细菌的降解矿化成无机盐，另外大气中磷酸盐的沉降也是来源之一。特别是个体私人工业及养殖业发展迅速的乐清和三门海区，无机氮、活性磷酸盐均值含量和超标率均明显上升。营养盐的不断提高，造成海区富营养化并进一步导致赤潮的发生。

2.3.2 遥感和地理信息系统在海岸带生态系统健康研究的优势

由于近年来生态系统遭受人类活动的破坏已经危及人类自身的生存，因而不仅需要从理论上探讨生态系统健康，更需要应用于实践，对生态系统健康进行定量化的评价，研究内部机理以服务于生态管理政策的制定。但是生态系统健康评价存在以下的困难：①指标选择差别大，即使针对同一生态系统，不同研究背景的研究者也会选择不同的指标，且他们之间的研究不能够直接对比；②研究活动耗时耗钱，且得到的数据仅仅是少量时间点的非连续观测；③对过去或者动态研究可能性很小，对于过去的情况不可能实地观测，只能够是重新整理过去的观测结果，更谈不上动态评价生态系统健康状况。

为了检测在自然或者人为活动扰动下的生态系统结构和功能的动态变化，生态系统健康评价的指标应该遵循以下原则：指标应该能够在一定时间间隔重复观测，以展现可能的差异。连续测量的要求又引起另外一个问题，那就是资源花费承受能力的要求。正如我们看到的，大量的候选指标其测量很难获取，并且花费高昂。因此，测量的时间频率因为重复观测的累计花费太高而减少观测次数。如果指标太昂贵而不能够充分执行以记录变化，那就不具备可操作性[36]。

卫星遥感已成为国家制定生态环境保护及资源开发、利用政策必不可少的技术支撑，被广泛应用于经济、社会可持续发展的诸多领域。遥感是利用遥感器从空中来探测地面物体性质的，它根据不同物体对波谱产生不同响应的原理，识别地面上各类地物。遥感技术主要特点是：①可获取大范围数据资料；②获取信息的速度快，重复观测周期短；③获取信息受条件限制少；④获取信息的手段多，信息量大，根据不同的任务，遥感技术可选用不同波段和遥感仪器来获取信息。

地理信息系统（Geographic Information System，GIS）是一种特定的十分重要的空间信息系统。它是在计算机硬件和软件系统支持下，对整个或部分地球表层（包括大气层）空间中的有关地理分布数据进行采集、储存、管理、运算、分析、显示和描述的技术系统。地理信息系统处理、管理的对象是多种地理空间实体数据及其关系，包括空间定位数据、图形数据、遥感图像数据、属性数据等，用于分析和处理在一定地理区域内分布的各种现象和过程，解决复杂的规划、决策和管理问题。

所以，将遥感的快速和大范围数据获取能力与地理信息系统的强大数据处理和分析能力结合来进行海岸带生态系统健康研究，能够在一定程度上弥补生态系统健康研究的缺憾，在大范围、动态生态系统健康中具有不可替代的优势。

2.3.3 研究方法与技术路线

海岸带位于陆地和海洋相互交绥的过渡地带，海洋与大陆的地理要素和地理过程存在明显差异，各种环境要素和资源构成一个有机的整体。在全球生态问题突出的大背景之下，区域性生态系统会因地理位置、时间、社会经济发展水平和环境条件而表现出不同的敏感性和脆弱性。由于海岸带独特的位置特点，它介于海洋和陆地之间，并且包括周围的陆地和海洋，这也就体现了海岸带生态系统健康研究的复杂性，海岸带研究时必然要包括沿海陆地、海岸线和近岸水体的研究。因此浙江省海岸带生态系统健康的研究要包括以下三个方面。

（1）沿海陆地

东部沿海地区人口的高度积聚、经济的快速发展、高速的城市化过程，引起地理要素和地理过程发生较大的变化，导致生态环境变得脆弱。植被是陆地生态系统的重要组成部分，植被活动情况变化能够表征陆地生态系统的健康状况。

（2）海岸线

农业、养殖业、工业、码头开发的沿海造地速度很快[6]。由于人类活动规模的扩大，开发手段的深入，工农业生产的模式转变，海岸线受到极大的影响，自然海岸线所占比重越来越小。海岸带地区所承载的经济产出比重增加，与此同时环境承受越来越多的压力，比如海岸侵蚀、海水入侵、地面沉降、台风、水体污染、大气污染、水生生物破坏等[7]。正是对土地的大量需求以及围垦筑堤的大幅度进行，使得可再开发利用的海涂面积越来越少。

（3）近岸水体

浙江沿岸水域流系复杂，人类活动造成的影响显著，影响生态环境的自然因素主要有长江径流、风暴潮、上升流等，人为因素包括大型水利工程、航道整治工程、滩涂围垦、废水排放、过度捕捞、疏浚物倾倒、油污染事故等，造成浙江省沿岸水域生态平衡失调，赤潮频发，环境质量下降，水生生物多样性降低，部分物种濒临灭绝。

所以，对于浙江省海岸带的生态系统健康评价，需要同时考虑沿海陆地、海岸线和近岸水体，将它们作为一个整体进行通盘研究。本论文的研究方法和技术路线是在参阅国内外生态系统健康的理论研究和评价方法的基础上，归纳出海岸带生态系统健康的概念以及评价原则，针对浙江省海岸带出现的生态环境问题提出本研究的评价体系和方法。首先基于遥感资料和地理信息系统技术对陆域、海岸线和水域这三个子系统多年生态状况入手，分别探讨各自在近年来的变化情况，分析它们对生态系统健康的影响情况和指示能力。然后在压力—状态—响应的理论模型下，选择具有指示能力的指标，计算2005—2007年三年的海岸带生态系统健康值，进行比较分析，总体技术路线如图2.3所示。

2.3.4 理论模型筛选

从2.3.1节的分析可以看出影响浙江省海岸带生态系统健康的因素众多，所以选择指标体系法来评价具有科学性、合理性和可行性。它的优点是不仅考虑生态系统自身特点，而且

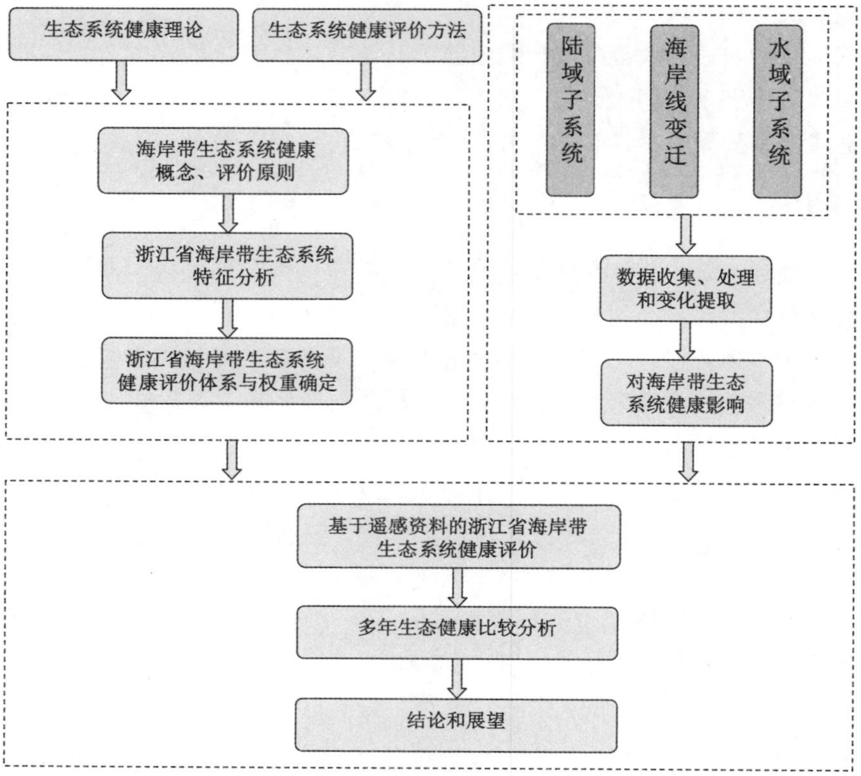

图 2.3　论文技术路线

考虑生态系统与外界的联系和能量输入输出，反映了生态系统的过程、结构、功能演替，强调生态系统与区域环境的演变关系，反映了生态系统的健康负荷能力以及受胁迫之后的恢复能力[66]。

本论文选择的研究区域是沿海县市以及近岸几十千米以内的海域，对于空间化的研究尺度为几十米到千米级，所以本论文选择了联合国经济合作发展署（OECD）提出的压力—状态—响应理论模型建立评价体系[76,77]，如图 2.4 所示。在此基础上，用具体的指标来表征压力、状态和响应，再对浙江省海岸带生态系统健康进行评价。

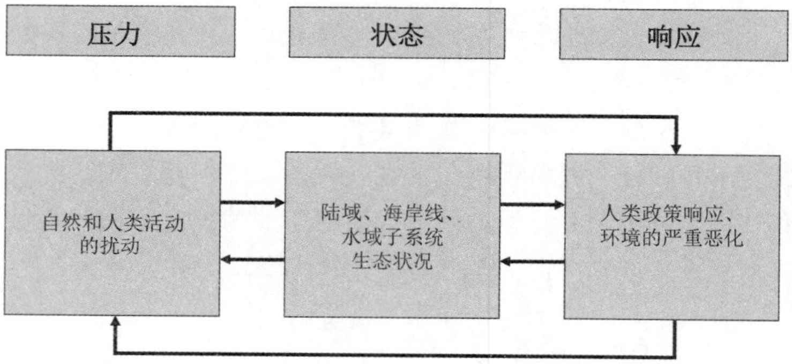

图 2.4　压力—状态—响应理论模型

（1）压力

压力指自然条件变化和人类活动对浙江省海岸带生态系统施加的扰动，包括外界向海岸带施加的有形压力和从海岸带获取的收益，可以用人口数量、人类的工农业活动、污染物排放、海平面上升、海岸带经济产出等度量。

（2）状态

状态指海岸带所处的状况，可以用初级生产力、景观多样性、物种多样性、透明度、悬浮泥沙浓度、水体营养物质浓度等来表征。

（3）响应

响应是指在强大压力扰动下，生态系统表现出来的严重后果和重要变化，这些后果和变化是在没有扰动的情况下不可能出现的，这是生态系统自身的响应。响应另外还包括人类社会应当对海岸带生态恶化做出行动上的反馈，以恢复海岸带的生态功能并防止其退化。具体的指标包括植被面积减少量、赤潮暴发面积、政策制定和执行等。

3　沿海陆域子系统对生态系统健康的影响

土地利用方式的改变、水土流失、污染物质排放等人类的经济活动是影响生态系统健康的主要因素。浙江沿海地区人口的高度积聚、经济的快速发展、高速的城市化过程，用地需求加大，必然造成土地利用方式向城镇用地转移。从经济上讲，城市具有高效率创造经济价值的能力，但是对于区域的生态系统稳定和服务功能的贡献相比较其他地表类型来说少得多。

地表植被对人类社会极其重要，不仅为人类提供食品、纤维、木材等，更重要的是为人类生存创造适宜的环境。目前的研究表明，在短期内，无论是全球、区域还是局部，植被的动态演变主要是受到人类活动的直接和间接影响而发生的人为胁迫演变，即人类对植被的影响在速度和程度上均超过了自然因素。因此，植被是人为因素对环境影响的敏感指标。其中生产力、景观指标、生态恢复能力都能够在对植被的研究中得到，因此可以通过遥感监测的植被活动状况表征陆域生态系统健康水平。

归一化植被指数（Normalized Difference Vegetation Index，NDVI）能够反映植物生长状况，长时间序列 NDVI 构成的时间信号，随地表覆盖类型的不同而不同，在时间上呈现出与植被生物学特征相关的周期和变化，是植被生长状态及植被覆盖度的最佳指示因子，也是季节变化和人为活动影响的重要指示器[78]。

所以，本论文选择 1998—2007 年一共 10 年的 SPOT/VEGETATION NDVI 来研究浙江省沿海县市陆域子系统对海岸带生态系统健康的影响，从长时间序列植被指数中可以提取能够表征系统活力的年平均 NDVI，依据植被面积的减少（即城市、道路、工厂等非植被人工建筑面积的增加）和植被重心变化（植被与非植被的空间转移），表征恢复力的斜率变化。研究所涉及的陆域部分为沿海县市，如图 3.1 所示，包括平湖、海盐、海宁、杭州、绍兴、上虞、余姚、慈溪、宁波、奉化、宁海、象山、三门、临海、台州、温岭、乐清、玉环、温州、瑞安、平阳和苍南，总面积是 $2.7\times10^4\ km^2$。

3.1　遥感数据收集与处理

3.1.1　归一化植被指数简介

从植物的典型光谱来看，控制植物反射率的主要因素有植物叶子的颜色、叶子的细胞构造和植物的水分等。植物叶子中含有多种色素，如叶青素、叶红素、叶黄素、叶绿素等，在相同的波长上其反射率不同。绿色植物的叶子包括上表皮、叶绿素颗粒组成的栅栏组织和多孔薄壁细胞组织（海绵组织）。叶绿素对紫外线和紫色光的吸收率极高，对蓝色光和红色光也强烈吸收。对绿色光则部分吸收部分反射，所以叶子呈绿色，并形成在 0.55 μm 附近的一个小反射峰值，而在 0.33 ~ 0.45 μm 及 0.65 μm 附近有两个吸收谷。叶子的多孔薄壁细胞组

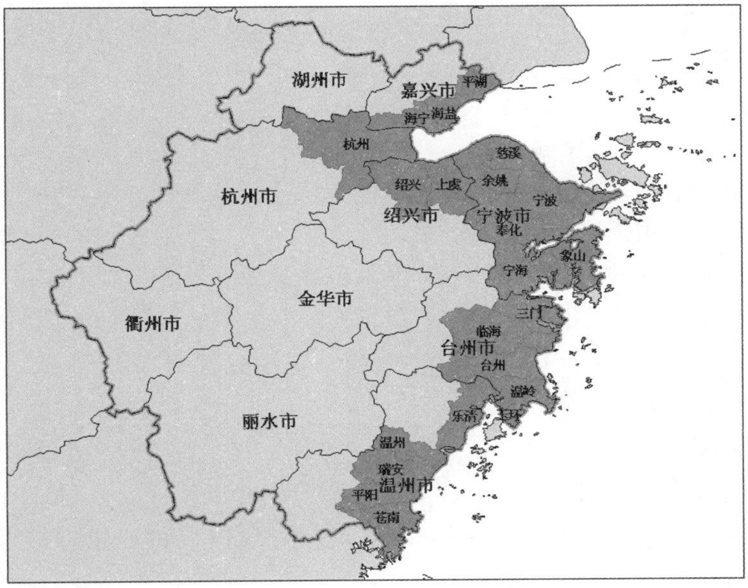

图 3.1　本研究涉及的陆域部分

织对 0.8 ~1.3 μm 的近红外光强烈地反射，形成光谱曲线上的最高峰区。其反射率可达 40%，甚至高达 60%，吸收率不到 15%。叶子在 1.45 μm、1.95 μm、2.6 ~2.7 μm 处各有一个吸收谷，这主要是由叶子的细胞液、细胞膜及吸收水分形成。植物叶子含水量的增加，将使整个光谱反射率降低，反射光谱曲线的波状形态变得更为明显，特别是在近红外波段，几个吸收谷更为突出。绿色植被的反射光谱如图 3.2 所示。

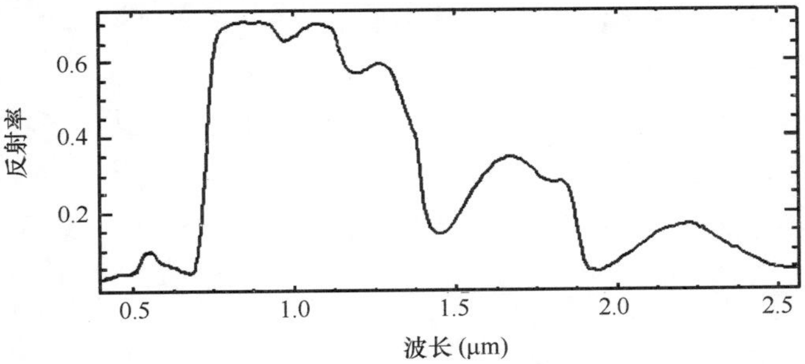

图 3.2　绿色植物有效光谱响应特征

归一化植被指数（Normalized Difference Vegetation Index，NDVI）能够检测植被生长状态、植被覆盖度和部分消除辐射误差等，是植被覆盖和植被生产力的良好指标，广泛应用于植被活动状况的研究[79-82]。

$$\mathrm{NDVI} = \frac{\mathrm{NIR} - R}{\mathrm{NIR} + R} \tag{3.1}$$

式（3.1）中，NIR 表示近红外波段反射率，R 表示红光波段反射率。理论上，NDVI 在 -1 ~1 之间变动。实际上，在冰雪、云、水覆盖地区，NDVI 一般为负值，岩石或裸土的 NDVI 为 0，有植被覆盖的 NDVI 大于 0，其值越高表明植被的覆盖越高，并具有较高的生物量。通常用年均值是否大于0.1来区分植被和非植被[83]。NDVI的局限性表现为对高植被区具有较低的灵敏度。

3.1.2 数据集介绍

VEGETATION传感器于1998年3月24日由SPOT4搭载升空，从1998年4月1日开始接收数据，波段设计主要用于植被的观测。之后于2002年5月3日发射的SPOT5卫星上也搭载该传感器。VEGETATION传感器是一个相对独立的系统，具备完全独立于星上其他传感器的数据记录、数据传输、故障诊断等系统。轨道是太阳同步圆形近极地轨道，轨道高度830 km左右，倾角98.7°。分辨率为1.15 km（星下点），视场宽度为2 250 km，可每天覆盖全球一次。

搭载在SPOT4的VEGETATION传感器有5个波段，其主要功能是连续观测地球表面的天然和人工植被覆盖状况及其状态特征。比如，树冠上的叶绿素、水分和结构特征等。SPOT5优选了其中4个波段以满足观测需求。这4个波段与HRG（几何成像装置）传感器10 m分辨率的多光谱波段是基本一致的，极易与SPOT的多光谱或全色图像复合。每个波段的范围和特征描述如下。

蓝波段：0.43～0.47 μm，在这一波段中地表植被的反射信息最弱，而大气中的烟雾传播效益最强，可用于计算大气中短时间内烟雾分布状况。

红波段：0.61～0.68 μm，波段中心恰好落在叶绿素的吸收峰值0.665 μm处。

近红外波段：0.78～0.89 μm，是最强的植被信息反射波段，并且主要与植物内部细胞结构和植被对土壤的覆盖比率相关。这一优选的波段范围，没有包括近红外的长波部分，这是为了避免大气中水蒸气（吸收峰值0.935 μm）对植被探测的影响。

短波红外波段：1.58～1.75 μm，波段中心在1.65 μm附近，这正是最能反映树冠中的水分含量及其细胞结构特征的峰值。

数据由VITO/CTIV网站[84]进行免费发布。发布之前的预处理包括大气校正、辐射校正和几何校正。本论文选取的是1998年4月1日到2007年12月21日1 km分辨率VGT－S10 NDVI（10天最大化合成归一化植被指数）数据产品，一共351景，裁剪出浙江省沿海县市。

3.1.3 数据集重建

3.1.3.1 数据集重建方法介绍

由于太阳入射角度、观测角度、气溶胶的影响、非各向同性等不确定性因素导致SPOT/VEGETATION NDVI数据结果中包含噪声。虽然在数据发布之前已经进行了预处理，但是依然残留有噪声。下载的数据中包含一个质量控制文件，其中0表示水体，248为质量可靠数据，非248为缺失、云或者雪覆盖等造成的不可靠数据。因此，为了真实地反映出植被的动态变化，有必要对NDVI进行时间序列的重建，即通过一系列预处理方法降低NDVI合成数据中的噪声水平，从而为研究提供更为可靠的长时间序列数据集[85]。

目前已经有多种NDVI时序数据集重建的方法，从所考虑的角度来讲主要分为3种：①时间域上的处理，包括最大值合成法、最佳指数斜率提取法、SG滤波等；②频率域上的处理，主要包括傅立叶变换；③空间域上的处理，主要有地统计方法中的Kriging方法。

（1）最大值合成法

在一定时间间隔之内，对数据求取最大值。该方法能够在有晴空像元存在情况下剔除受云和大气影响的像元，处理过程简单，但没有充分考虑地表双向反射影响。研究合成间隔选择2~4周效果最好，否则间隔过长掩盖了植被短期内的变化[86]。

（2）最佳指数斜率提取（BISE）法

基本原理是使用NDVI的变化率来判定观测值是否可信赖，通过滑动合成时段来防止选择虚假的最大值。该方法的优点是对于那些由假高值引起的NDVI突变有较强的识别和剔除作用。缺点是对时间分辨率要求高，对设定的截取步长和阈值敏感；对由于宽视场角下地物的各向异性或者不同的大气条件而引起的异常高值，剔除效果较差；损失NDVI剖面上的细微差异信息；对NDVI增加并不敏感[86,87]。

（3）物候曲线拟合

将像元和区域生态系统物候轮廓线加入到目标像元的时间数据中，以获取像元水平的空间和时间细节信息和整体性。缺点是不适合8天、10天或者更长时间合成数据；该方法假设没有混合像元；需要预先确定物候曲线[88]。

（4）SG滤波

移动窗口多项式最小二乘拟合平滑法Savitzky－Golay filtering[89]，通过SG滤波模拟整个NDVI时序数据的长期变化趋势，将NDVI值分作两类：真点和假点，再通过局部循环SG滤波的方法使假点逐步被滤波值取代，以更接近于NDVI时序数列的上包络线值。该方法优点是充分利用质量控制数据；对参数的敏感性较低；理论简单并且易于实现；不受数据时间尺度及传感器限制。缺点是对在植被生长季高峰可能被云影响的点无法判断；NDVI正常低值可能被提高[90]。

（5）傅立叶变换

NDVI时序中的一条曲线可以表示成若干条不同频率的正弦曲线的叠加。基于傅立叶变换得到的谱密度图可以区分出一般代表背景的低频部分和一般代表噪声的高频随机成分，可以较好地平滑NDVI时间序列[91,92]。

（6）地统计方法中的Kriging方法

在空间上识别随机变量和趋势变量，利用Kriging评估云和大气对NDVI的影响，优点是能够充分利用空间上的相关信息，用周围的值估计云、雾及阴影区的值。缺点是不能有效利用时间序列上的变化信息[93]。

3.1.3.2 本论文数据集重建方法

经过对数据特点的分析和平滑方法的优缺点比较，本论文建立了如图3.3所示的时间序列重建方法。

第一步：中位数代替明显异常数据

中位数（Media）是从小到大排列的一组数据列中位于中间位置的数，计算方法如式（3.2）所示。

$$M = \begin{cases} x_{\left(\frac{n+1}{2}\right)}, & n\text{ 为奇数} \\ \frac{1}{2}\left(x_{\left(\frac{n-1}{2}\right)} + x_{\left(\frac{n+1}{2}\right)}\right), & n\text{ 为偶数} \end{cases} \tag{3.2}$$

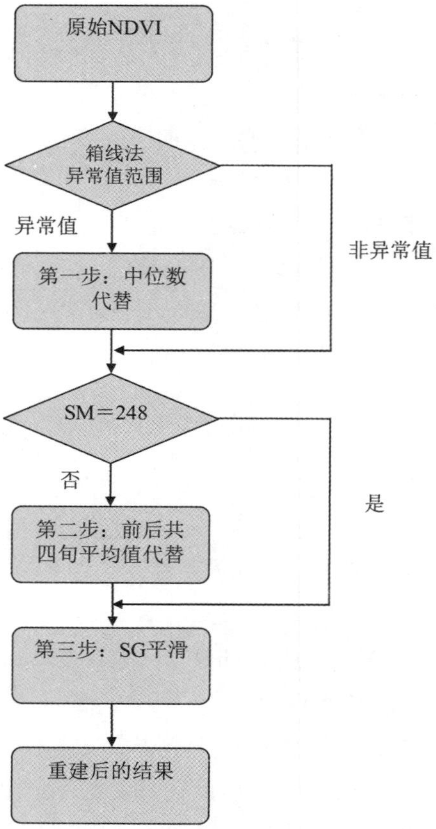

图 3.3　NDVI 数据重建方法流程

在统计上中位数有良好的性质：以中位数为界，大于和小于中位数的数据各占 50%；如果数据的分布是对称的，则中位数和均值、众数是一致的；中位数更为显著的特性是它具有均值所不具有的稳健性，即不受或很少受异常值的影响，因为中位数的本质是数据排序的位置，虽然极大或者极小值的出现对于均值产生影响，但是很少影响排序的位置，即很少影响中位数的值。

分位数（Quantile）是另一种利用数据的位序描述数据特征的统计量。最常用的分位数是 Q_3，Q_1，其含义是小于 Q_3 和 Q_1 的数据的个数分别占数据总数的 75% 和 25%，也分别叫上、下四分位数。它们之间的差值叫级差（Range），记为 H。异常数据是产生均值不稳健的原因，判别一个数据列中的数据是否为异常值，需要一个标准，探索性数据分析技术给出一个简单的判别方法。即非异常数据的分布空间为（$Q_1-1.5H$，$Q_3+1.5H$）。

本论文求取了 1 月到 12 月每个月 NDVI 正常值所处的范围。每个月有三旬 NDVI 图，从 1999 年到 2007 年一共 9 年，所以从这 27 个数中求中位数，上、下四分位数，级差，从而得到非异常数据的分布范围，即可剔除明显的异常值。例如在图 3.4 是一个栅格位置中，有 3 个明显异常值被剔除。其中有两个的 SM 值等于 248，即标记为未受到污染的数据，也就是说 SM 并没有把它们标记为可能存在问题的数据。

第二步：滑动平均内插方法代替 SM 标记的异常值

VEGETATION 自带的质量标记文件 SM 中，当其值为 248 时表示数据质量可靠，0 表示下

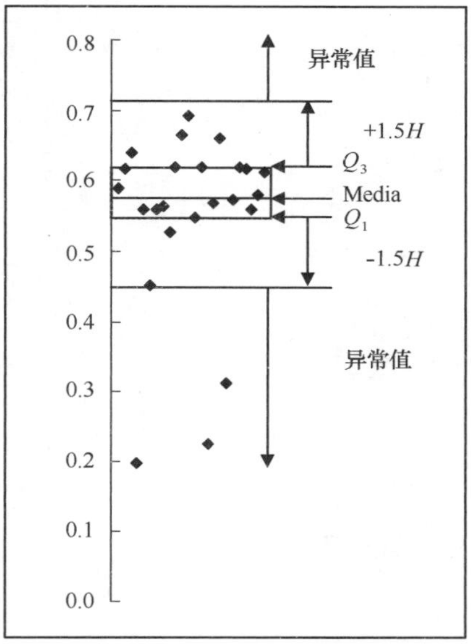

图 3.4　基于箱线图的异常值判断

垫面是水体而非陆地。其他值表示数据存在质量问题，比如云、雾、扫描条带等覆盖产生的低值。在时间序列上，经过对样点的 NDVI 值的自相关性进行分析，得到中国东部植被自然生长过程的连续性，选择滑动平均最佳步长为 2[82]。所以用该点前两旬和后两旬的非异常数据的平均值来代替原值。

第三步：Savitzky - Golay 滤波平滑数据

SG 滤波实质上是移动平均滤波多项式最小二乘拟合平滑方法[89]，能够有效地降低主要由云污染和大气影响时间序列 NDVI 所受的污染。能够应用到不同时间间隔的 NDVI 时间序列重建。而且，能够应用到任意的 NDVI 尺度和任意传感器的 NDVI 数据。与其他降低噪声并建立高质量 NDVI 时间序列的方法类似，该方法基于以下两个假设：①传感器获取的 NDVI 数据主要是关于植被变化，因此 NDVI 时间序列遵循生长和衰败的年内循环；②云和不好的大气状况通常降低 NDVI 值，所以突然的降低被认为是噪声并被去除[90]。该算法理论方法成熟，算法稳定。SG 方法应用到时间序列 NDVI 平滑中，需要根据观测的 NDVI 确定两个参数：步长（Span）和阶数（Degree）。针对中国东部的植被长期序列研究，本论文采用的步长和阶数分别为 7 和 4[82]。

原始值、数据质量及过程中的每个步骤结果如图 3.5 所示。

3.2　沿海陆域子系统指标的年际变化

植被的初级总生产力和初级净生产力通常被用作生态系统内部的活力表征指标[20,94]。由于 NDVI 是陆地植被生产力计算的主要因子[95]，所以本文将采用 NDVI 来表征活力。

景观生态学中的空间异质性、景观结构等能够反映海岸带的退化状况。组织结构和景观指数常用土地利用/土地覆盖数据计算。人类干扰活动主要指人类的农业和工业活动使大范围的自然生态系统被人为生态系统所代替，改变了土地覆盖状况和下垫面性质，干扰的主要方

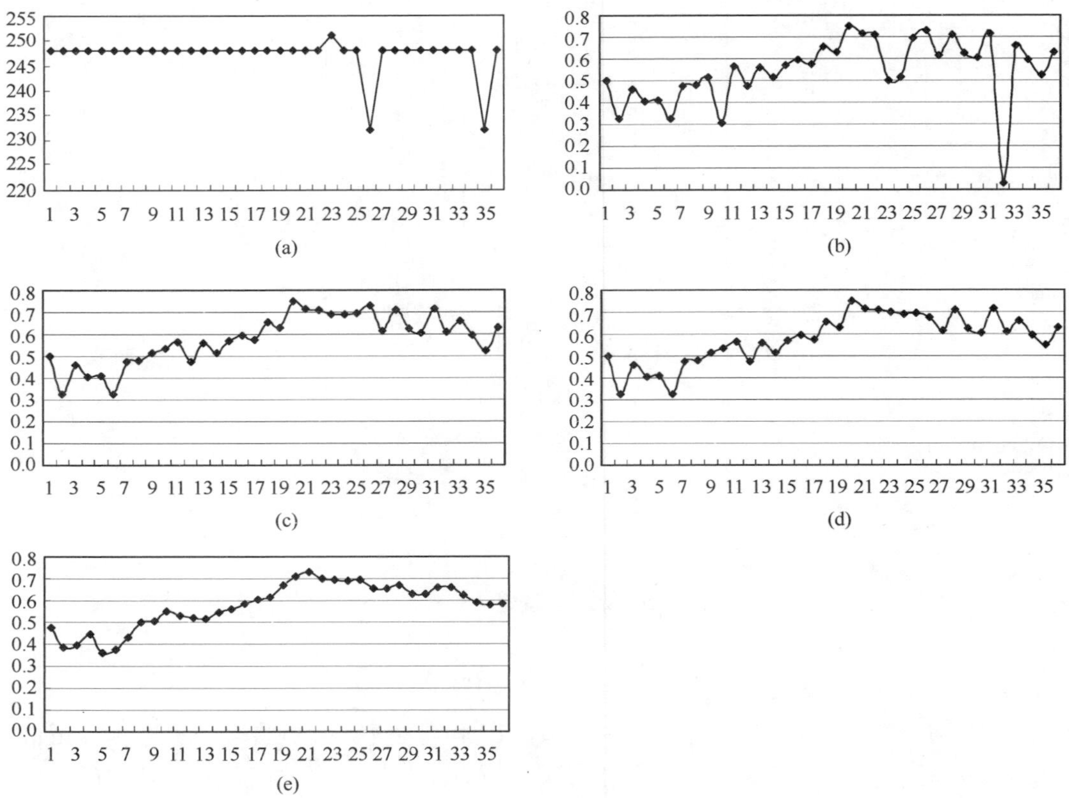

图 3.5 NDVI 重建过程中的结果

（a）SM；（b）原始 NDVI；（c）中位数代替结果；（d）平均值代替结果；（e）SG 结果

式是将森林、草地、水体等转变为农田和城市，可以用人工建筑面积/总面积来表征[60]。

植被重心变化能够反映高低植被覆盖度斑块的大小变化状况，从生态服务功能价值来看，城市的价值为 0，而农田为 92 美元/（$hm^2 \cdot a$），森林为 969 美元/（$hm^2 \cdot a$），草地为 232 美元/（$hm^2 \cdot a$），海岸带为 4 052 美元/（$hm^2 \cdot a$）[4]。在平坦地区，随着快速城市化，农田大规模转化成城市、道路、工厂等。重心的偏移程度可以反映出区域受破坏程度不均衡性，植被的减少表明生态系统原有组织结构被破坏，影响物质流动与能量循环，生态服务功能的发挥，导致生态系统健康降低。

恢复力是指系统在外界压力消失的情况下逐步恢复的能力，这种能力也称为“抵抗力”，通过系统受干扰后能够返回的能力来测量[20,96]，直接测量生态系统的恢复力比较困难，常用生长范围、恢复时间表征恢复力。10 年长时间序列植被指数可以表征在人类活动和自然压力状况下，生态系统具有的保持原有活力状态的能力，如果能够保持原有水平或者活动能力增强说明具有强的恢复力，如果活动能力下降说明具有弱的恢复力，所以对于沿海区域来说像元的多年来变化斜率能够度量生态系统恢复能力。

3.2.1 活力

对于植被 NDVI 动态变化研究，通常采用最大化 NDVI 来分析。这是因为最大化合成 NDVI 不仅能够减少被云覆盖的像元，而且能够消除由于植物物候变化引起的植被反射光谱的不同，还可以降低大气和太阳高度角等因素的干扰和影响。该方法的计算方式是，在一定的时间段内，选择每个像元的最大 NDVI 值来表示在这段时间内的最大光合作用。一般常用的是月最大化合成（Monthly Maximal NDVI，MMNDVI）和年最大化合成（Annual Maximal NDVI，AMNDVI）。在 MMNDVI 的基础上，求年平均 NDVI（Annual Average NDVI，AANDVI），以反映每年地表植被生长活动的平均状态，进而用它来表征生态系统的活力。

由于 1998 年前三个月没有数据，所以在后面的计算中都是用 1999 年的前三个月数据代替。这三个月是每年植被活动能力较小的时期，所以年与年之间的差异并不大，并且由于 NDVI 值小，所以求取年最大化合成 NDVI 也不会受到影响。需要说明的是本研究以 NDVI 为数据来源，针对的是浙江省沿海县市所有陆地像元，不区分植被是自然植被或者人工植被。

图 3.6 是 1998 年到 2007 年一共 10 年期间的年平均 NDVI（即 AANDVI）。表 3.1 是按沿海每个县市统计的 AANDVI。从多年的表中可以看出，植被活力状况总体最好的是奉化、临海、宁海，主要分布在浙江中部沿海多山区的县市，多年的平均值在 0.60 以上；平均值在 0.54 ~ 0.60 之间的是平阳、乐清、三门、台州、苍南和瑞安，主要分布在浙江南部；平均值在 0.50 ~ 0.53 的是余姚、平湖、上虞、海盐、象山、宁波和绍兴，分布在杭州湾的两岸；平均值在 0.42 ~ 0.49 的是温岭、玉环、温州、海宁、杭州和慈溪。

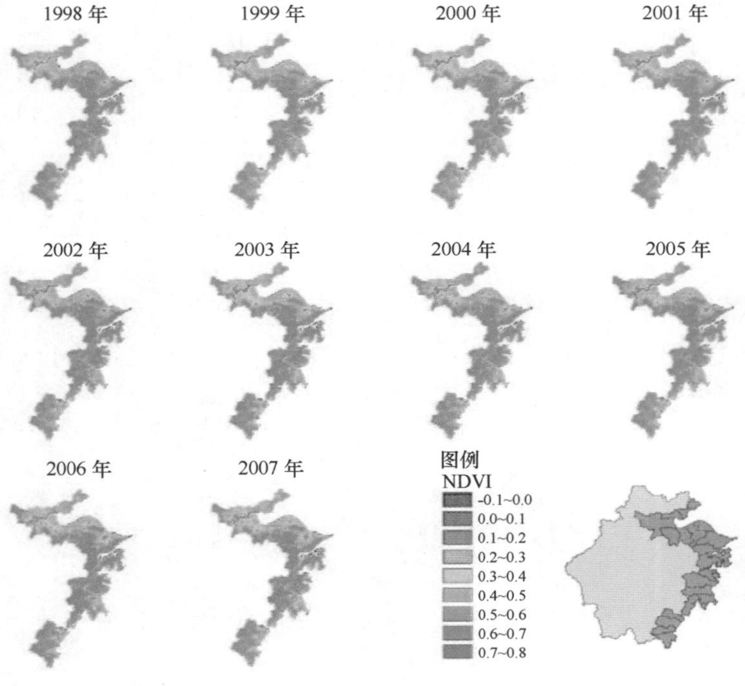

图 3.6　浙江省 1998—2007 年年平均 NDVI（AANDVI）

表 3.1　浙江省沿海县市 1998—2007 年 AANDVI

县市	1998 年	1999 年	2000 年	2001 年	2002 年	2003 年	2004 年	2005 年	2006 年	2007 年	平均值	10 年来的斜率
平湖	0.54	0.53	0.52	0.52	0.53	0.50	0.54	0.53	0.50	0.49	0.52	-0.003 3
海盐	0.54	0.51	0.50	0.51	0.52	0.49	0.54	0.52	0.50	0.50	0.51	-0.001 7
海宁	0.47	0.45	0.44	0.46	0.46	0.45	0.47	0.46	0.45	0.44	0.46	-0.001 3
杭州	0.45	0.43	0.41	0.42	0.44	0.44	0.44	0.45	0.43	0.43	0.44	0.000 7
绍兴	0.52	0.50	0.49	0.48	0.51	0.49	0.50	0.51	0.49	0.49	0.50	-0.001 4
上虞	0.53	0.51	0.50	0.50	0.52	0.52	0.53	0.53	0.52	0.52	0.52	0.001 3
余姚	0.55	0.53	0.52	0.52	0.53	0.53	0.54	0.54	0.52	0.52	0.53	-0.001 0
慈溪	0.45	0.42	0.41	0.42	0.42	0.42	0.43	0.41	0.41	0.40	0.42	-0.002 9
宁波	0.53	0.51	0.50	0.50	0.52	0.51	0.51	0.50	0.48	0.48	0.50	-0.003 4
奉化	0.61	0.60	0.60	0.61	0.63	0.63	0.64	0.64	0.63	0.62	0.62	0.003 2
宁海	0.59	0.59	0.57	0.58	0.61	0.61	0.61	0.61	0.60	0.60	0.60	0.002 7
象山	0.50	0.50	0.48	0.49	0.51	0.52	0.52	0.51	0.51	0.51	0.50	0.002 6
三门	0.57	0.56	0.55	0.56	0.58	0.59	0.58	0.57	0.56	0.57	0.57	0.001 4
临海	0.60	0.59	0.58	0.59	0.60	0.62	0.60	0.59	0.60	0.60	0.60	0.001 8
台州	0.57	0.55	0.54	0.56	0.57	0.58	0.57	0.55	0.57	0.56	0.56	0.000 5
温岭	0.51	0.49	0.48	0.49	0.49	0.50	0.49	0.47	0.50	0.49	0.49	-0.001 0
乐清	0.58	0.56	0.56	0.57	0.58	0.60	0.59	0.56	0.59	0.58	0.58	0.002 3
玉环	0.48	0.47	0.47	0.48	0.49	0.50	0.48	0.47	0.49	0.48	0.48	0.001 1
温州	0.48	0.46	0.45	0.46	0.46	0.49	0.48	0.45	0.48	0.47	0.47	0.000 9
瑞安	0.55	0.52	0.52	0.54	0.54	0.57	0.55	0.53	0.55	0.54	0.54	0.001 9
平阳	0.58	0.57	0.55	0.58	0.58	0.61	0.60	0.58	0.60	0.59	0.58	0.003 4
苍南	0.55	0.54	0.52	0.55	0.55	0.57	0.57	0.54	0.56	0.55	0.55	0.001 9
浙江省	0.53	0.52	0.51	0.52	0.53	0.53	0.54	0.53	0.52	0.52	0.53	0.000 5

对比图 3.6 和图 3.7，NDVI 与 DEM 具有明显的相关关系。较高海拔的山区 NDVI 值较高，沿海平坦地区 NDVI 值较低。这是因为海拔越高的山区，居住的人口稀少，受到人为影

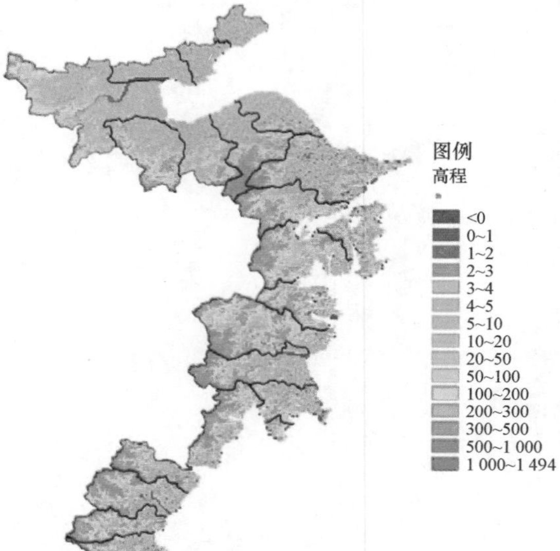

图 3.7　浙江省沿海县市 DEM

响也较小，所以植被生长比较好使得 NDVI 值较高；而海拔越低的平坦陆地，越靠近海岸线，地理环境和经济条件往往比较优越，受到人为影响较大，所以该地区 NDVI 值较低。

在这 10 年期间，浙江省沿海县市总体上的 NDVI 变化不大。但是在不同的地区，也存在异质性。在这 10 年中从 AANDVI 计算得到的变化斜率可以看出，AANDVI 增加情况最明显的是平阳、奉化、宁海、象山和乐清；略有增加的是苍南、瑞安、临海、三门、上虞、玉环；变化不明显的是温州、杭州、台州、余姚、温岭；略有降低的是海宁、绍兴、海盐；降低明显的是慈溪、平湖和宁波。

3.2.2 组织力

3.2.2.1 植被总面积变化

一般认为当 NDVI 小于 0.1 表示下垫面是非植被或者植被极少，比如人工建筑物、沙漠、戈壁、水体或者云。在浙江省，由于没有沙漠和戈壁，在做过水体掩膜之后，当 NDVI 小于 0.1 的情况下，下垫面只可能是以人工建筑为主的城镇。与 30 m 分辨率 TM 比较，城镇面积的提取是可信的，如图 3.8 所示。

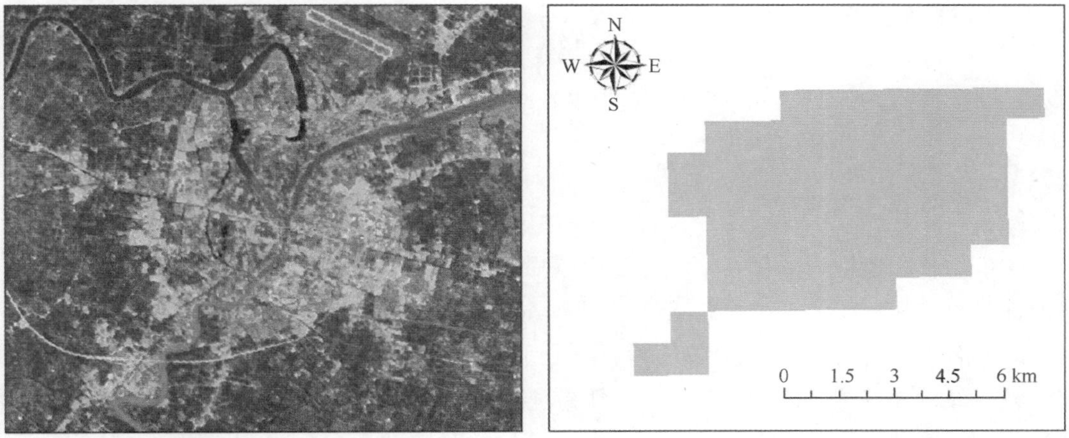

(a) (b)

图 3.8 用 30 m 分辨率对 SPOT/NDVI 提取人工建筑物面积的验证

（a）1995 年宁波市区 TM 图 30 m 分辨率；（b）1998 年 SPOT 数据提取的宁波市区 1 km 分辨率

植被面积的减少可以体现人口增加、土地利用的变化、城市化的进程和海岸带生态系统活力的降低。本研究用 0.1 作为阈值，规定年平均 NDVI 大于 0.1 的是植被，否则为人工建筑。得到浙江省沿海县市的植被面积占行政区划的陆地总面积的百分比折线图，如图 3.9 所示。

从图 3.9 可以看出，浙江省沿海县市在这 10 年中，植被面积总体趋势是下降的，总共减少大约 920 km^2。下降趋势较明显的是宁海、宁波、绍兴、慈溪、杭州、温州，而这几个地区恰好是沿海县市中近 10 年来经济发展最快的地区。随着城市化进展加快，经济发展加速，对土地的需求越来越大，对环境的压力也越来越大。

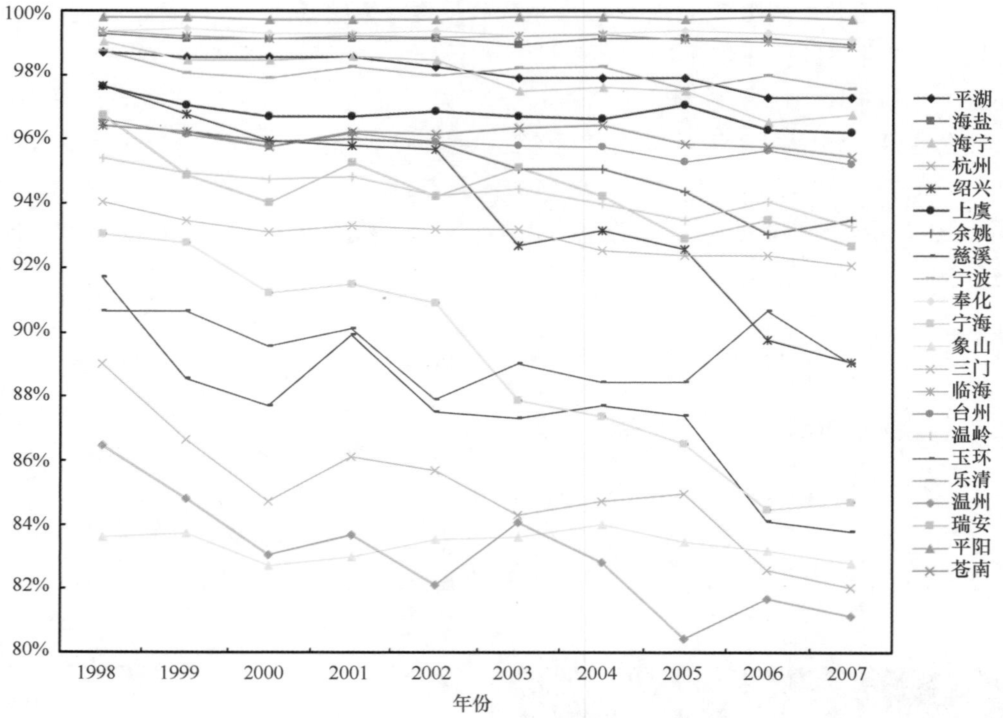

图 3.9　浙江省沿海县市植被面积占行政区划面积百分比

3.2.2.2　植被重心变化

空间事物重心也称为加权平均中心，用以揭示事物在空间上的不均衡性和分布规律，是描述地理对象空间分布的一个重要指标。当重心显著区别于几何中心时，表示重心偏离，表明事物的分布不均衡。重心的移动轨迹可以得到空间目标的变化情况和变化速度。它常常用于宏观经济分析和市场区位选择，还可以跟踪某些空间分布的变化，比如人口变迁、土地类型变化等。利用重心位置的变化，能有效揭示事物的时空动态变化趋势和规律。计算方法如式（3.3）。

$$X_G = \frac{\sum_i W_i X_i}{\sum_i W_i}, \quad Y_G = \frac{\sum_i W_i Y_i}{\sum_i W_i} \tag{3.3}$$

式中：X_G，Y_G——某年植被分布重心的经纬度坐标；

X_i，Y_i——像元中心的经纬度；

W_i——该像元的 NDVI 值。

本论文用 AMNDVI 图像做加权系数计算每个县市的重心所在位置，以获取浙江省内植被分布的总体变化趋势。所得结果如图 3.10 和图 3.11 所示，其中图 3.10 是 1998 年的重心位置，图 3.11 是每个县市在这 10 年期间重心位置分布情况。

在 1998—2007 年期间，重心位置具有明显变化的是杭州、台州。杭州市的重心持续往西偏移，最大距离达到 1.20 km。这与杭州市东面城区城市化进程加快、城市向外扩展有关。在这个地区的农业用地变成建设用地之后植被减少，在杭州的西北部是山区，城市难以向这

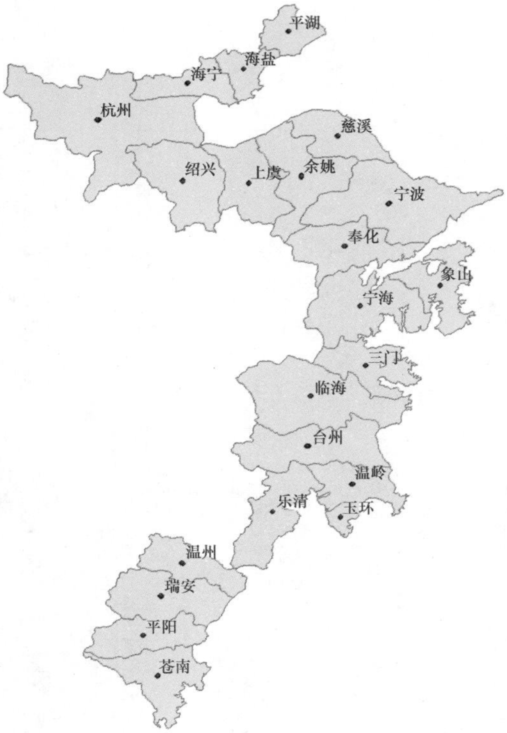

图 3.10　浙江省各县 NDVI 重心

个方向扩展，在北半球植被活动强度增强的大背景下，杭州西北部山区的植被活动强度也增强，所以杭州的重心往西偏移。台州也有类似情况，即东部由于城市化进程加强，植被减少，西部山区植被增加，所以重心持续从沿海向西部内陆偏移，移动的最大距离是 1.21 km。

重心位置移动较明显的是绍兴、余姚、宁波、温州、瑞安，分别往内陆方向偏移 0.84 km、0.90 km、0.89 km、0.92 km、0.77 km。除宁波之外的四个县市均是近海部分地区由于经济的发展和城镇扩展导致植被减少，靠近内陆部分植被变化不大，所以重心向内陆偏移。宁波的大陆岸线长，它的北部沿岸以及宁波市区周围的植被减少幅度非常大，西部和南部的植被变化不明显，10 年来的重心往西南方向偏移。

重心位置移动较小的是上虞、奉化、临海，分别往内陆方向偏移 0.56 km、0.50 km、0.50 km。移动的原因仍然是沿海地区开发导致植被减少，但是减少幅度没有上面所述地区大，所以其重心位置变化情况也较小。慈溪重心移动范围也达到 0.51 km，但是移动没有方向性，这是因为整个地区的植被都呈现减小的趋势，无明显的地区差异，所以导致重心变动无明显方向性。

其余地区 10 年的重心基本上集聚在较小的范围内，可以认为多年以来重心位置基本上不变，表明在这些地区的植被活动变化不大。

重心向内地偏移，表明沿海的经济发展使得大片土地变成城镇和工厂，集聚大量城市和人工建筑物，相对而言，植被集聚在远离沿海的靠内陆地区。在沿海地区，城市斑块扩大，植被斑块减小，且被道路、城镇等分割得更加破碎，不利于生态系统健康和生态服务价值和功能的发挥，其组织力降低。

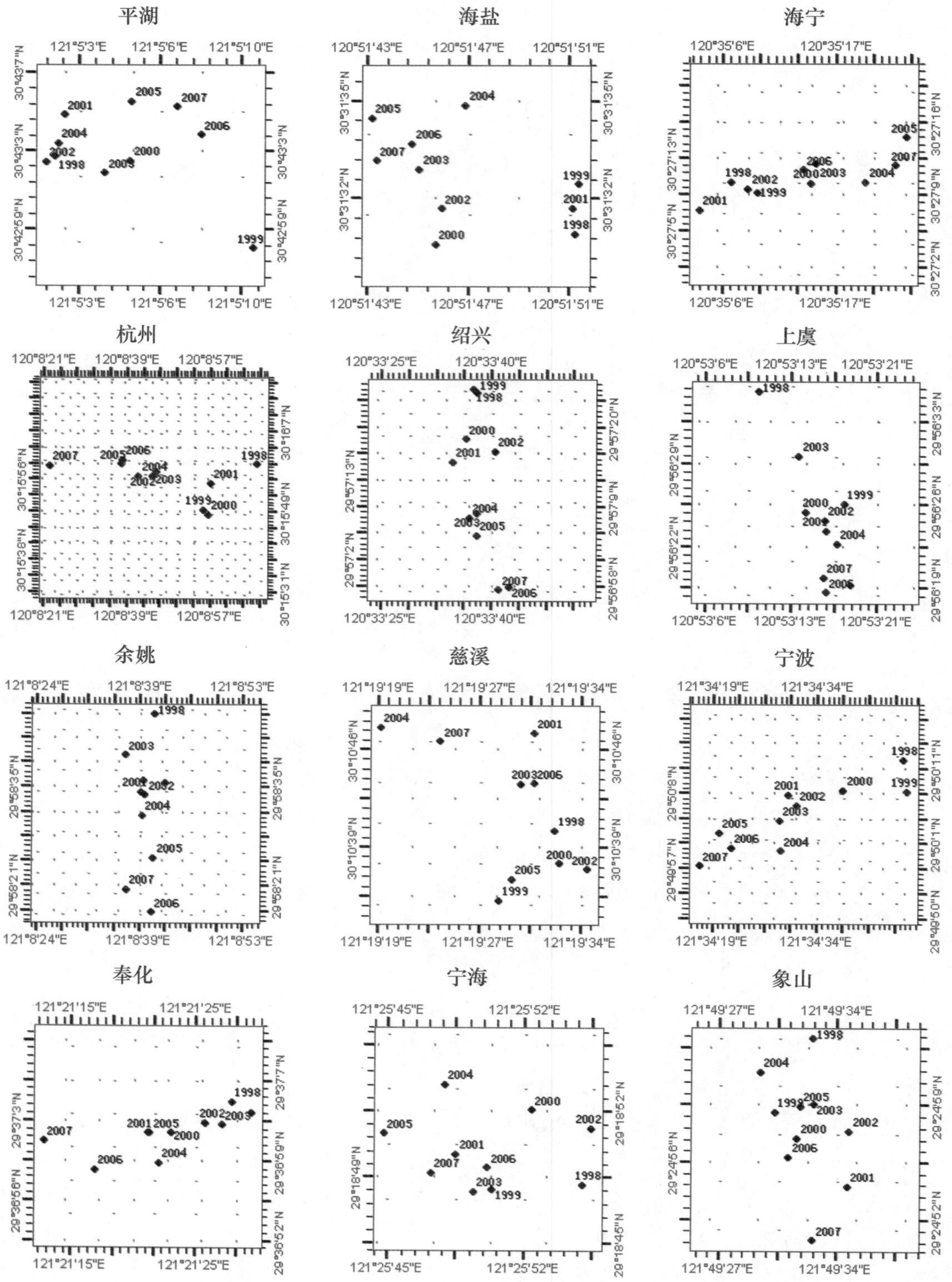

图 3.11　浙江省沿海县市 1998—2007 年重心位置移动情况（1）

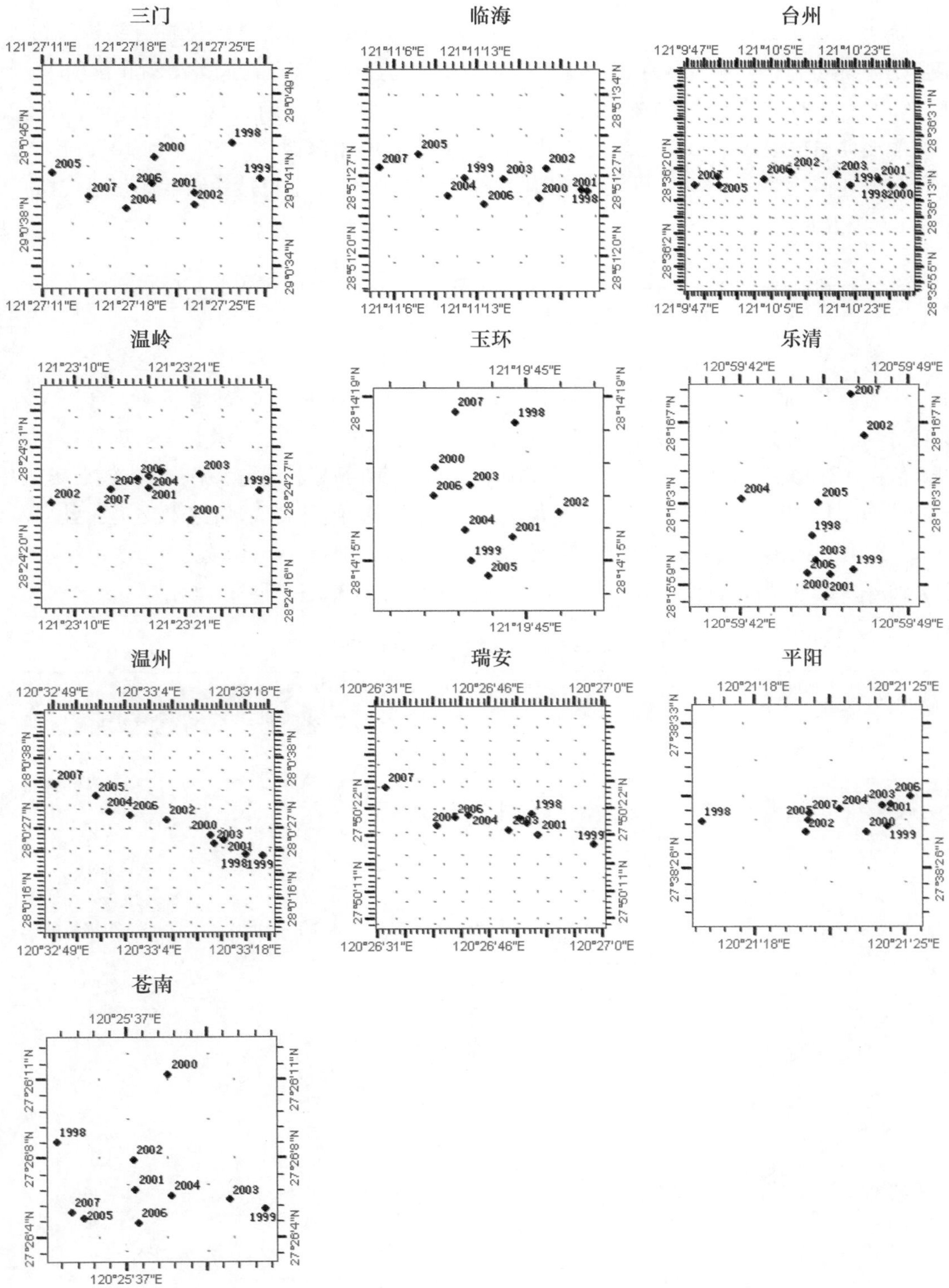

图 3.11　浙江省沿海县市 1998—2007 年重心位置移动情况（2）

3.2.3 恢复力

恢复力指系统克服压力及反弹恢复的能力，恢复力表征生态系统维持自身结构与格局，保障生态系统功能和过程的能力[20]。长时间序列植被指数可以表征在人类活动和自然压力状况下，生态系统具有的保持原有状态的能力。马明国等利用一元线性回归模拟法有效动态地监测中国西北植被覆盖年际变化和模拟其变化趋势，表明中国西北 1982 年到 2001 年以来，植被覆盖普遍退化[81]。Stow 用一元线性回归分析模拟每个栅格上植被的绿度变化率（Greenness Rate of Change，GRC）[97]，绿度变化率用变化斜率 SLOPE 表示，其表达式为

$$\mathrm{SLOPE} = \frac{N \times \sum_{i=1}^{n} i \times \mathrm{SINDVI}_i - \sum_{i=1}^{n} i \sum_{i=1}^{n} \mathrm{SINDVI}_i}{n \times \sum_{i=1}^{n} i^2 - \left(\sum_{i=1}^{n} i\right)^2} \tag{3.4}$$

式中，变量 i 为年份序列号，$i = 1,2,\cdots,n$；SINDVI_i 为第 i 年的 SINDVI 值。

在每个栅格上的 SLOPE 值反映在 n 年的时间序列中，SINDVI 的总体变化趋势。其中，当 SLOPE 值在 0 附近时，表示植被无明显变化趋势，说明能够保持原有活力水平，具有较强恢复力；当 SLOPE >0 时，表示植被增加趋势，绝对值越大表明趋势越明显，说明具有强恢复力；当 SLOPE <0 时，表示植被减少趋势，绝对值越大减小趋势越明显，说明具有弱的恢复力。计算浙江省沿海县市 1998—2007 年 NDVI 的变化斜率 SLOPE，得到的结果如表 3.2 和图 3.12 所示。

表 3.2 浙江省沿海县市变化斜率 SLOPE 分布范围百分比

SLOPE / 县市	栅格总数	−0.067 ~ −0.005 百分比（%）	−0.005 ~ 0.005 百分比（%）	0.005 ~ 0.065 百分比（%）
平湖	623	11.40	68.22	20.39
海盐	578	4.84	63.49	31.66
海宁	830	13.86	55.66	30.48
杭州	3 887	29.69	54.93	15.38
绍兴	1 710	36.55	57.95	5.50
上虞	1 359	21.04	69.24	9.71
余姚	1 618	37.64	57.42	4.94
慈溪	1 024	54.79	37.79	7.42
宁波	2 674	51.94	45.06	2.99
奉化	1 425	11.23	78.88	9.89
宁海	1 903	10.19	83.34	6.46
象山	1 091	12.10	74.15	13.75
三门	1 073	20.50	71.85	7.64
临海	2 484	13.49	79.87	6.64
台州	1 739	25.59	63.25	11.16
温岭	1 027	34.18	61.64	4.19
玉环	182	32.42	58.79	8.79
乐清	1 385	7.22	78.34	14.44
温州	960	25.21	66.04	8.75
瑞安	1 533	14.29	78.08	7.63
平阳	1 063	2.07	88.52	9.41
苍南	1 319	7.66	87.49	4.85
浙江省	3 1487	23.56	66.59	9.85

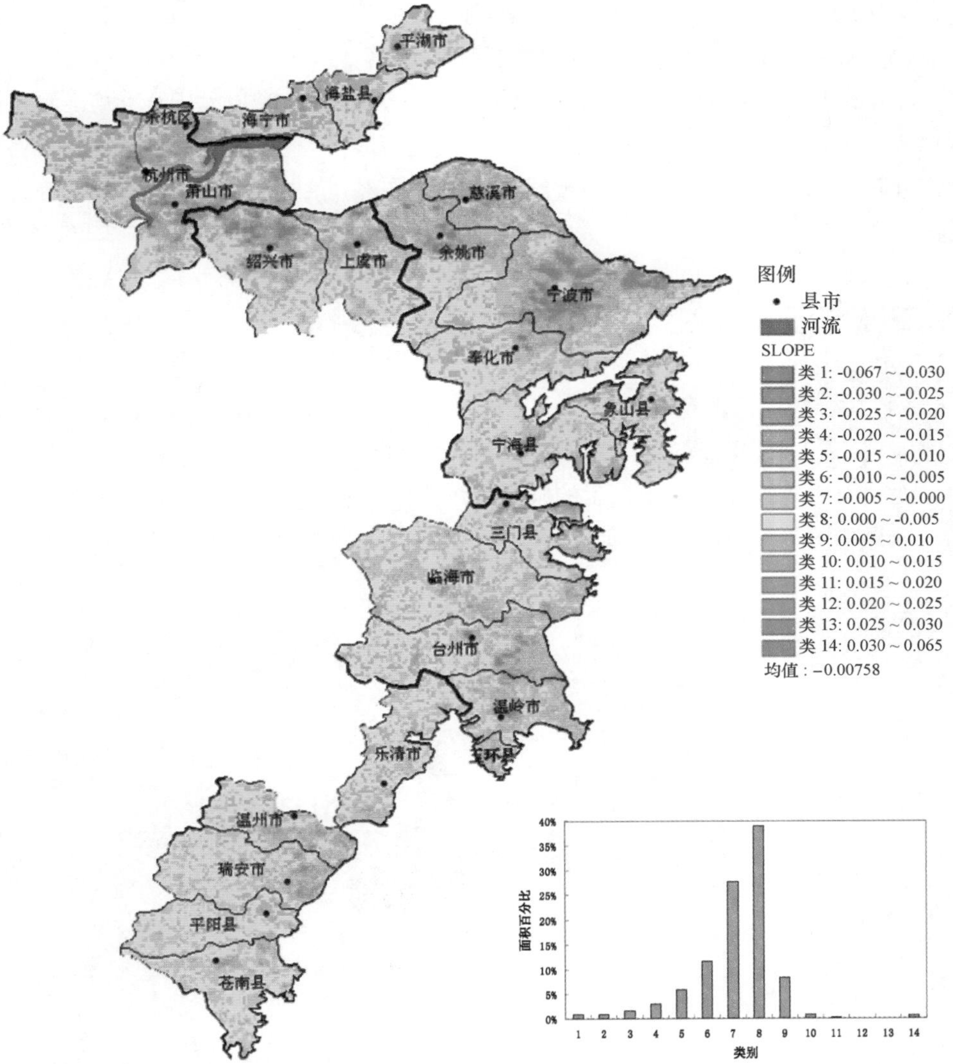

图 3.12 浙江省沿海县市变化斜率分布

-0.005～0.005 之间的栅格数目占了总栅格数目的 66.59%，表明这些栅格在这 10 年期间 NDVI 基本上保持在原有水平，无明显增加或者减少的趋势。大于 0.005 的栅格数目占了 9.85%，主要分布在杭州湾北部的平湖、嘉兴、海宁以及杭州的西北部。小于 -0.005 之间的栅格数目占 23.56%，主要分布在杭州—绍兴—上虞—余姚—慈溪—宁波、台州、温州—瑞安这些地区的沿海地区。浙江沿海县市总的 SLOPE 平均值为 -0.007 58，表明总体来说，植被的活动强度处于下降的趋势。

慈溪和宁波的植被明显下降面积超过总面积的一半，为整个浙江沿海植被破坏最严重的地区，这与其经济高速发展、城市化水平和速度快、城市建设和工业用地明显扩张具有高度相关性。植被下降较严重的地区是杭州、绍兴、上虞、余姚、台州、温岭、玉环和温州，有大约 21%～37% 的面积植被退化。土地利用方式的彻底改变使得区域总的恢复力下降。

植被活动强度降低的区域主要分布在沿海县市的低海拔平坦地区。对比图 3.12 和图 3.7，可以发现，受人类经济开发的影响，坡度较小的平原地区植被全面退化，坡度较大开发成本较高的山区的植被基本上保持原状，或者略微增强。大面积下垫面的改变势必影响整个区域的原有物质输送和能量循环，对局部和大范围的气候和环境造成影响。

大城市中心地带，如杭州、绍兴和宁波的城市中心地带 SLOPE 大于 0.005；而在外围较大区域内由于城市扩展而 SLOPE 小于 -0.005。这主要是因为在该时间段内，加强了城市中心地带生态建设，绿化得到改善，而城市周边地区正在经历由农业用地向城市用地或者工业用地转移的过程。

3.3 沿海陆域子系统变化对生态系统健康评价

Costanza 将综合的健康值定义为 $HI = V \times O \times R$，其中 V 表示活力，O 表示组织力，R 表示反弹力[23]。本论文采用其理论，用 10 年的年平均 NDVI 作为活力，植被占总面积的百分比为组织力，变化斜率为恢复力，用三者的乘积来度量浙江省 1998—2007 年沿海县市生态系统健康状况，结果如图 3.13 和表 3.3 所示。

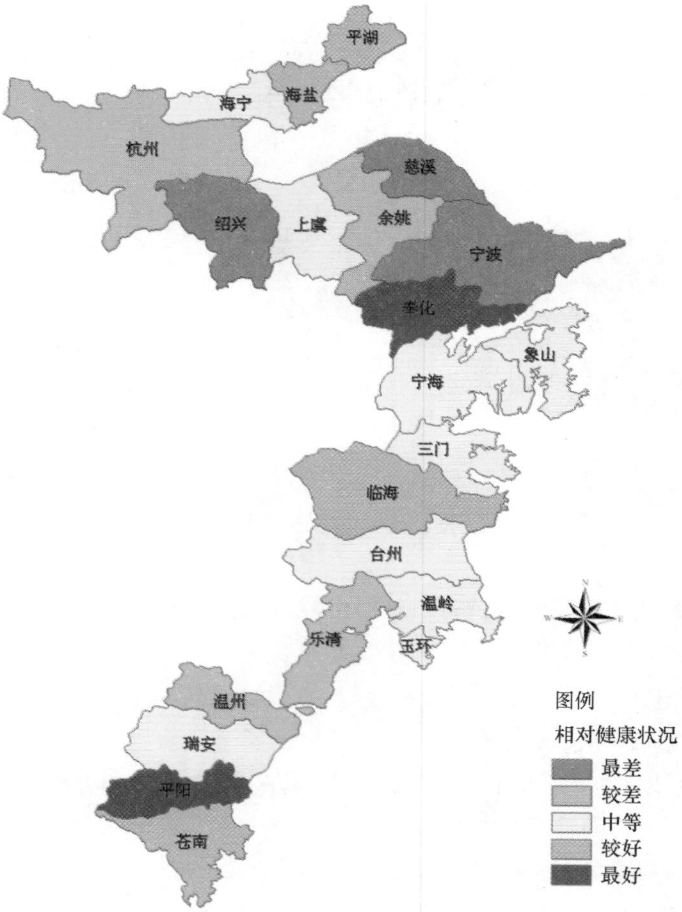

图 3.13 浙江省沿海县市生态系统健康状况

表 3.3　浙江省沿海县市生态系统健康评价

县市	活力	排序	活力变化	组织力	变化	反弹力	级别	健康值
平湖	0.52	11	下降	0.980 9	略有下降	0.386 2	高	0.172 8
海盐	0.51	13	略有下降	0.991 2	稳定	0.417 1	高	0.195 7
海宁	0.46	20	略有下降	0.978 7	略有下降	0.388 9	高	0.162 3
杭州	0.44	21	稳定	0.850 7	明显下降	0.326 3	低	0.106 3
绍兴	0.50	14	略有下降	0.939 1	明显下降	0.295 9	低	0.095 8
上虞	0.52	12	略有上升	0.967 7	略有稳定	0.346 6	中	0.146 7
余姚	0.53	10	略有下降	0.951 4	明显稳定	0.292 0	低	0.118 2
慈溪	0.42	22	下降	0.875 7	明显下降	0.243 1	极低	0.093 9
宁波	0.50	15	下降	0.890 2	明显下降	0.247 1	极低	0.090 9
奉化	0.62	1	上升	0.993 1	稳定	0.376 2	中	0.189 6
宁海	0.60	2	上升	0.890 2	明显下降	0.375 9	中	0.134 2
象山	0.50	16	上升	0.833 3	稳定	0.377 5	中	0.157 6
三门	0.57	6	略有上升	0.929 6	略有下降	0.346 1	中	0.148 7
临海	0.60	3	略有上升	0.991 7	稳定	0.366 2	中	0.173 5
台州	0.56	7	稳定	0.958 3	略有下降	0.334 4	低	0.152 3
温岭	0.49	17	略有下降	0.943 4	略有下降	0.301 7	低	0.132 8
乐清	0.58	4	上升	0.894 5	稳定	0.311 5	低	0.114 7
玉环	0.48	18	稳定	0.980 5	略有下降	0.392 8	高	0.155 5
温州	0.47	19	稳定	0.830 1	明显下降	0.333 1	低	0.107 1
瑞安	0.54	9	略有上升	0.943 3	明显下降	0.364 8	中	0.150 2
平阳	0.58	5	上升	0.997 6	稳定	0.403 2	高	0.188 6
苍南	0.55	8	上升	0.960 6	稳定	0.381 9	高	0.157 6

对于恢复力来说，用变化斜率大于0.005得权重分值为0.5，对维持生态系统弹性度有决定意义，保持区域的稳定性和调节能力方面具有极其重要的作用。对于－0.005～0.005的赋权重为0.4，表示对维持生态系统弹性度有重要作用，但是利用不好，会容易退化而导致生态弹性度的下降。变化斜率小于－0.005的赋值为0.1，对生态弹性度贡献小。

浙江省沿海县市这10年的健康状况趋于下降，活力总体上变化不明显，组织力下降显著，反弹力下降，但是生态系统健康状况存在空间异质性。健康状况最好的是奉化、平阳；较好的是临海、海盐、苍南和平湖；中等的是象山、瑞安、玉环、三门、台州、上虞、海宁、宁海和温岭；较差的是余姚、乐清、温州和杭州；最差的是绍兴、宁波和慈溪。

3.4　小结

浙江省沿海陆域子系统承受着高密度人口，高强度开发和高速城市化进程带来的压力，本论文利用长时间序列植被指数研究了人为活动对海岸带生态系统健康的影响。研究流程是：下载数据→时间序列重建→陆域子系统生态系统健康指标计算，包括年活力、植被总面积、植被变化对组织结构的影响以及恢复力→分析指标对生态系统健康的表征作用→建立活力、组织力和恢复力的评价体系→评价浙江省沿海县市健康状况。具体结论如下。

（1）用年平均 NDVI 表征生态系统活力。在这 10 年期间，浙江省沿海所有县市作为整体考虑，其总体活力有小幅度波动但是变化不大。不同县市存在差异，其中活力增强最明显的是平阳、奉化、宁海、象山和乐清，降低最明显的是慈溪、平湖和宁波。

（2）植被面积减少和重心的移动会影响生态系统的物质循环和能量流动，且植被向非植被的转换会导致生态系统提供服务和功能的减少。浙江省沿海县市在这 10 年中植被面积明显减少，大约减少 920 km^2，减少幅度最明显的是宁海、宁波、绍兴、慈溪、杭州、温州。沿海大城市以及靠近海洋地区由于经济活动的影响，植被活动普遍降低，导致各县市重心向内陆偏移。重心位置变化明显的是杭州、台州，偏移达到 1.20 km，重心位置移动较明显的是绍兴、余姚、宁波、温州、瑞安，分别往内陆方向偏移 0.84 km、0.90 km、0.89 km、0.92 km、0.77 km。

（3）基于像元的变化斜率能够表征生态系统的恢复力。像元变化斜率为 -0.005 ~ 0.005 之间的栅格数目占了总栅格数目的 66.59%，表明一半以上的栅格在这 10 年期间 NDVI 基本上保持在原有水平。变化斜率大于 0.005 的具有较强恢复力地区占总面积的 9.85%，主要分布在杭州湾北部的平湖、嘉兴、海宁以及杭州的西北部。变化斜率小于 -0.005 恢复力较差的地区占总面积的 23.56%，主要分布在杭州—绍兴—上虞—余姚—慈溪—宁波、台州、温州—瑞安这些县市的沿海地区。

（4）用活力、组织力和恢复力来度量浙江省沿海县市陆域生态系统健康状况。平均 NDVI 作为活力，植被占总面积的百分比作为组织力，变化斜率作为恢复力。1998—2007 年，活力总体上变化不明显，植被面积下降导致组织力下降，且反弹力下降。总体来说，这 10 年的生态系统健康状况趋于下降，但是生态系统健康状况存在空间异质性。生态系统健康状况相对最好的是奉化、平阳；较好的是临海、海盐、苍南和平湖；中等的是象山、瑞安、玉环、三门、台州、上虞、海宁、宁海和温岭；较差的是余姚、乐清、温州和杭州；最差的是绍兴、宁波和慈溪。

4　海岸线子系统对生态系统健康的影响

浙江省海岸线曲折而漫长，大陆岸线北起平湖县金沙湾，南至苍南县虎头鼻。大陆海岸线长2 000多千米，占全国大陆海岸线长度的1/10。在广阔的海岸带中，有大小港口50多处，有宁波、舟山、台州、温州等深水良港[98]。

由于河口淤积、气候变暖导致的海平面上升等自然条件的变化，以及围垦、填海造地、海洋工程等人类活动的影响，导致海岸线在不断地发生着变化。浙江省人多地少，随着城市化和工业化的迅速发展以人类开发导致的海岸线变迁巨大，造成一系列生态问题，对海岸带生态系统健康带来影响。比如围垦在短时间、小尺度范围内改变自然海岸格局，对海岸系统产生强烈扰动，造成新的不平衡，有时甚至会引发环境灾害，对海岸环境构成不可逆转的影响和损失。所以有必要对海岸线子系统的变迁进行连续监测，评估对海岸带生态系统健康的影响，以期对填海造地和工程开发的管理提出政策建议，达到可持续开发利用的目的。

本章研究内容是利用1985年、1995年和2005年三个时期遥感资料对浙江省的海岸线变迁情况进行宏观、动态的准确观测，得到每个时期的岸线状况，并分析向海洋推进的速度，以岸线变化剧烈的围垦区为例探讨围垦的经济、环境和生态效益，以评价对海岸带生态系统健康的影响。

4.1　遥感数据收集与处理

4.1.1　数据介绍

本章收集的遥感数据涵盖三个时期，即1985年、1995年和2005年。其中，1985年和1995年的研究使用的是Landsat TM存档数据，浙江省沿海地区每一个时期都是4景，一共8景。2005年的研究使用的是ASTER数据，一共有30景。

Landsat TM从1984年工作至今，轨道高度705 km，轨道倾角98.2°，卫星每天绕地球14.5圈，每天在赤道西移2 752 km，每16天重复覆盖一次，穿过赤道的地方时为9：45 am，扫幅宽度185 km。波段情况见表4.1。

表4.1　TM波段、波长范围及分辨率

波段	波长范围（μm）	分辨率（m）
1	0.45 ～ 0.53	30
2	0.52 ～ 0.60	30
3	0.63 ～ 0.69	30
4	0.76 ～ 0.90	30

续表 4.1

波段	波长范围（μm）	分辨率
5	1.55 ~ 1.75	30
6	10.40 ~ 12.50	120
7	2.08 ~ 2.35	30

ASTER 搭载在太阳同步近极地轨道的 Terra 卫星上，轨道高度 705 km，运行周期 98.88 分钟，下行过赤道地方时为 10：30 ±15。地面重复访问周期为 16 天，设计运行时间为 6 年，ASTER 数据具有高空间、高光谱和高辐射分辨率。含有 3 个独立的光学子系统，分别工作在不同的光谱区：可见光/近红外（VNIR）、短波红外（SWIR）和热红外（TIR）。其波段情况见表 4.2。VNIR 子系统有 3 个光谱波段，空间分辨率为 15 m。波段范围 0.50 ~ 0.90 μm，有利于识别水体混浊度、泥沙含量，能有效反映健康植被与病虫害植被的差异。

表 4.2 ASTER 光谱波段参数

光学子系统	波段序号	光谱分辨率（μm）	空间分辨率（m）
VNIR	1	0.52 ~ 0.60	15
	2	0.63 ~ 0.69	
	3N	0.78 ~ 0.86	
	3B	0.78 ~ 0.86	
SWIR	4	1.600 ~ 1.700	30
	5	2.145 ~ 2.185	
	6	2.185 ~ 2.225	
	7	2.235 ~ 2.285	
	8	2.295 ~ 2.365	
	9	2.360 ~ 2.430	
TIR	10	8.125 ~ 8.475	90
	11	8.475 ~ 8.825	
	12	8.925 ~ 9.275	
	13	10.25 ~ 10.95	
	14	10.95 ~ 11.65	

4.1.2 数据处理技术路线

对于数字遥感图像，首先需要做预处理，包括辐射校正和几何精校正。辐射校正是因为从遥感器得到的测量值与目标物的光谱反射率或者光谱辐射亮度值等物理量不一致，导致不一致的原因在于遥感器本身的光电系统特征、太阳高度、地形以及大气条件等都会引起光谱亮度的失真。几何精校正是指利用地面控制点使遥感图像的几何位置符合某种地理系统，与地图配准，并调整亮度值。也就是在遥感图像的像元与地面实际位置之间建立数学关系，将畸变图像空间中的全部像元转换到校正图像空间去。遥感影像的解译是从遥感对地面实况的模拟影像中提取遥感信息、反演地面原型的过程，从 8 个基本要素进行解译，包括色调或颜色、阴影、大小、形状、纹理、图案、位置、组合等。之后对提取的海岸线进行多时段的变迁分析。海岸线变迁的遥感影像处理技术路线如图 4.1 所示。

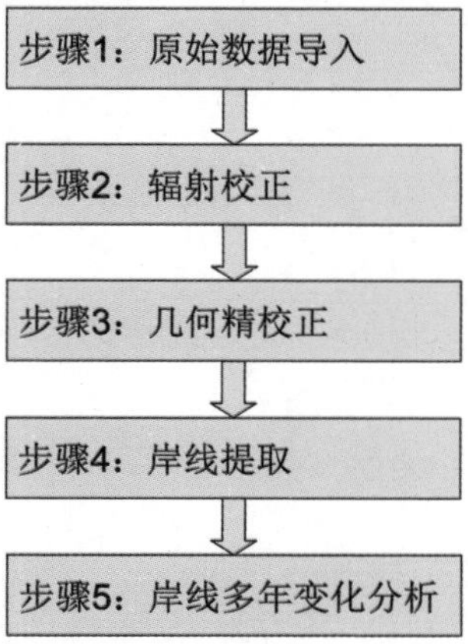

图 4.1　遥感影像的处理技术路线

步骤 1：原始数据导入

从遥感卫星地面站购买的 TM 原始数据是经过转换后的二进制格式数据，以及具有说明功能的头文件。ASTER 数据是 hdf 格式，在遥感处理软件 ENVI 中导入为 img 格式。

步骤 2：辐射校正

（1）遥感器校准

遥感器校正一般是通过定期地面测定，根据测量值进行校准。如陆地卫星 Landsat 4 和 Landsat 5 的遥感器纠正通过飞行前实地测量，预先测出各波段的辐射值 L 和记录值 DN 之间的增益系数（gain）和偏差量（offset）。

$$L = \text{gain} \times \text{DN} + \text{offset} \tag{4.1}$$

（2）大气校正

大气会引起太阳光的吸收、散射，也会引起来自目标物的反射及散射光的吸收和散射，入射到遥感器的能量除来自目标物的光还有大气引起的散射光。大气校正方法大致可分为：利用辐射传输方程式，对辐射传输方程式给出适当的近似值求解，可消除大气影响；利用地面实况数据方法，比较预先已知反射率的地面目标与图像数据，以消除大气影响；卫星同步获取大气信息，在同一卫星平台上，安装专门测量大气参数的遥感器来获取数据进行大气校正。

总体来说，精确的遥感图像辐射校正是很难的。因此，辐射校正常被忽略，或者仅运用一些基于图像本身的技术进行部分校准。庆幸的是，许多遥感运用分析只需要做相对的辐射校正，而不需要做绝对的辐射校正[78]。

步骤 3：几何精校正

得到的遥感数据已经经过粗纠正，即根据卫星轨道公式将卫星的位置、姿态、轨道及扫描特征作为时间函数加以计算，来确定每条扫描线上像元坐标。但是图像仍然存在不小的几何变形，需要利用地面控制点和多项式纠正模型进行进一步的几何校正。

（1）地图投影方式

原始遥感图像通常包含严重的几何变形。几何校正的目的就是要纠正这些系统以及非系统性因素引起的图像变形，使其符合地图投影系统。并且由于地图投影都遵从于一定的地图坐标系统，所以几何校正过程包含了地球参考的过程。本章海岸线变迁研究所采用的投影方式为：

Transverse_ Mercator

False_ Easting：500000.000000

False_ Northing：0.000000

Central_ Meridian：123.000000

Scale_ Factor：1.000000

Latitude_ Of_ Origin：0.000000

GCS_ WGS_ 1984

（2）地面控制点的选取

本论文选用的几何校正参考图是1：50 000地形图。地面控制点的精确选择关系到几何校正结果精度。这是几何校正中最重要的一步，选择控制点应该具有以下特征：①在图像上有明显的、清晰的定位识别标志；②地物不随时间而变化；③在没有做过地形纠正的图像上选择控制点时，尽量在同一地形高度上进行。

（3）多项式纠正模型

地面控制点确定之后，在图像与地图上分别读出各个控制点的坐标（x，y）与（X，Y）。之后选择合适的数学纠正模型，建立它们之间的关系式：

$$x = \sum_{i=0}^{N}\sum_{j=0}^{N-i} a_{ij}X^iY^j \tag{4.2}$$

$$y = \sum_{i=0}^{N}\sum_{j=0}^{N-i} b_{ij}X^iY^j \tag{4.3}$$

式中，a_{ij} 和 b_{ij} 为多项式系数；N 表示多项式次数。

多项式次数确定之后，用所选定的控制点坐标，按最小二乘法回归求出多项式系数。然后用以下公式计算每个地面控制点的均方根误差 RMS。

$$RMS = \sqrt{(x' - x)^2 + (y' - y)^2} \tag{4.4}$$

式中，x，y 为地面控制点在原图像中的坐标；x'，y'为对应于相应多项式计算的控制点坐标。

（4）重采样方法

重新定位后的像元在原图像中分布是不均匀的。需要根据输出图像上各像元在输入图像中的定位，对原始图像按一定规则重新采样，进行亮度值插值计算。采用的内插方法包括：最邻近法，将最邻近的像元值赋予新像元；双线性内插法，使用邻近4个点的像元值进行插值；三次卷积内插法，使用内插点周围16个像元值，用三次卷积函数进行内插。

步骤4：岸线提取

海岸线指海洋和陆地的分界线，但是基于不同的学科和运用目的，海岸线有不同定义。

对于测绘学而言，在海图上，有潮海为多年平均大潮高潮的水陆分界线；无潮海为平均海面的水陆分界线。有些航海图为了航海安全上的需要，所标注的海岸线以最低低潮线为分界线，而有一些航海图上的海岸线会标得比最低低潮线还略微要低一些。在自然地理学上，海岸线通常是用海洋最高的暴风浪在陆地上所达到的线来划定的，在海岸悬崖地区则以悬崖线来划分[99]。在政治领域中，海岸线是指海水面与陆地接触的分界线。由于此分界线会因潮水的涨落而变动位置，大多数沿海国家规定以海水大潮时连续数年的平均高潮位与陆地（包括大陆和海岛）的分界线为准。海岸线也分为大陆海岸线和岛屿海岸线两种。大陆海岸线只统计一地区大陆部分的海岸线长度；岛屿海岸线则统计其全部岛屿的海岸线；二者相加就是该地区的总体海岸线。

以上的海岸线定义均与潮位相关，但是获取的遥感影像数据并不能够满足要求。本章的研究内容是人类活动对浙江省海岸带的改造及对生态系统健康的影响。为抵御台风，再加上近年来大规模围垦，浙江省海岸已经筑有 1 700 多千米海塘[71]。海塘在遥感影像中具有明显特征，具有高反射率，规则的线状结构，在 TM 影像的 432 合成波段上呈现灰白色，与海水、滩涂、农田有鲜明对比。所以本研究的海岸线主要用海堤，没有海堤的基岩海岸主要用山体作为海陆界线。

浙江省海岸线是在 ArcGIS 软件中采用人工解译方法进行提取。首先在 1985 年 TM 遥感图像上叠加 20 世纪 70 年代地形图，修改发生变化的海岸线，得到 1985 年海岸线矢量图。之后在 1995 年 TM 遥感图像上叠加 1985 年海岸线图，修改发生变化的海岸线，得到 1995 年海岸线矢量图。最后在 2005 年 ASTER 遥感图像上叠加 1995 年海岸线图，修改发生变化的海岸线，得到 2005 年海岸线矢量图。经过叠加运算得到三个时期海岸线的变迁情况。

4.2 海岸线子系统变迁研究

4.2.1 海岸线变迁的结果

利用多期遥感数据，采用以上步骤，得到 1985 年、1995 年和 2005 年三个时期的海岸线，如图 4.2 所示。海岸线变化长度和面积增加分别见图 4.3 和图 4.4。从图中可以看出，海岸线不断向海洋推进，发生了剧烈变迁。

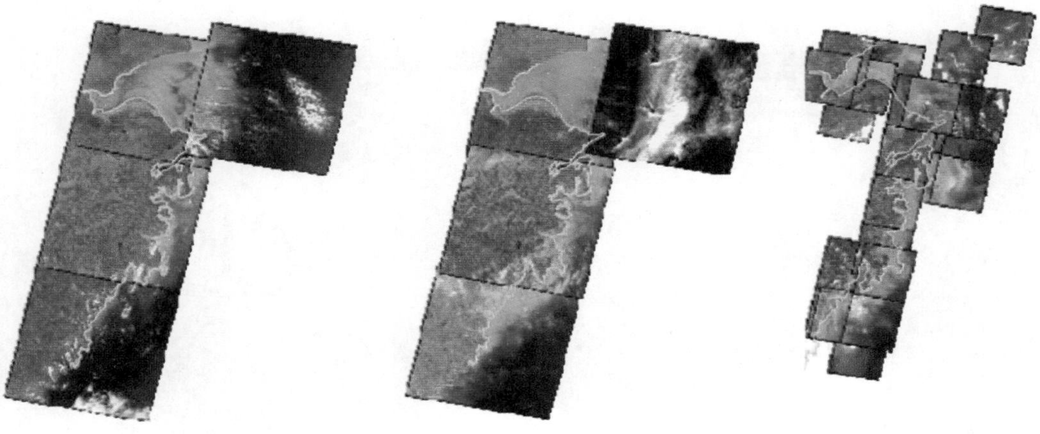

(a)　(b)　(c)

图 4.2　1985 年 TM、1995 年 TM 和 2005 年 ASTER 遥感资料提取的海岸线

（a）1985 年 TM；（b）1995 年 TM；（c）2005 年 ASTER

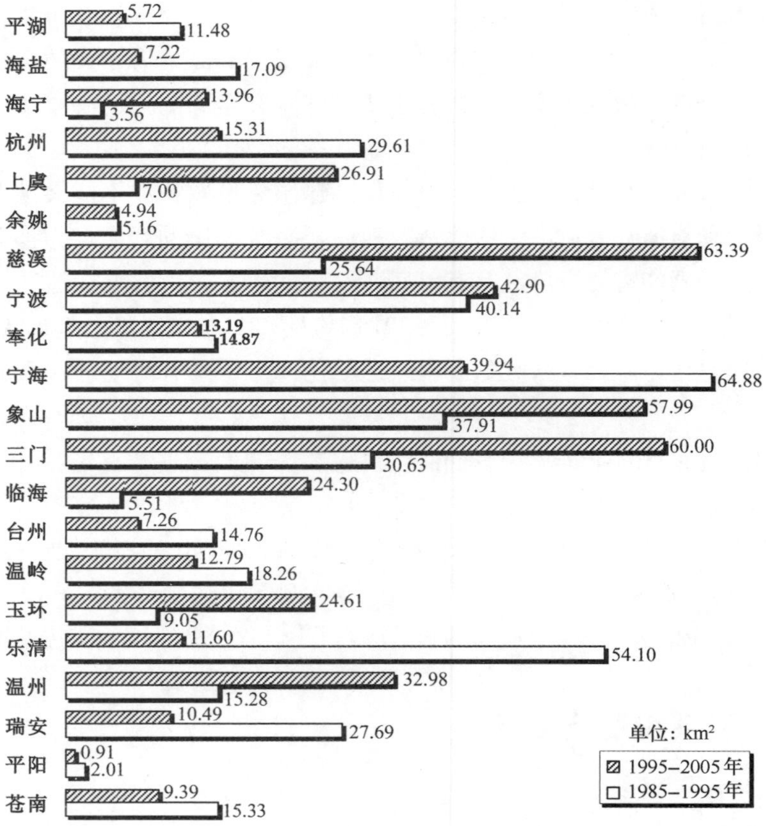

图4.3　浙江省沿海县市1985—1995年和1995—2005年两个时期海岸线变化长度

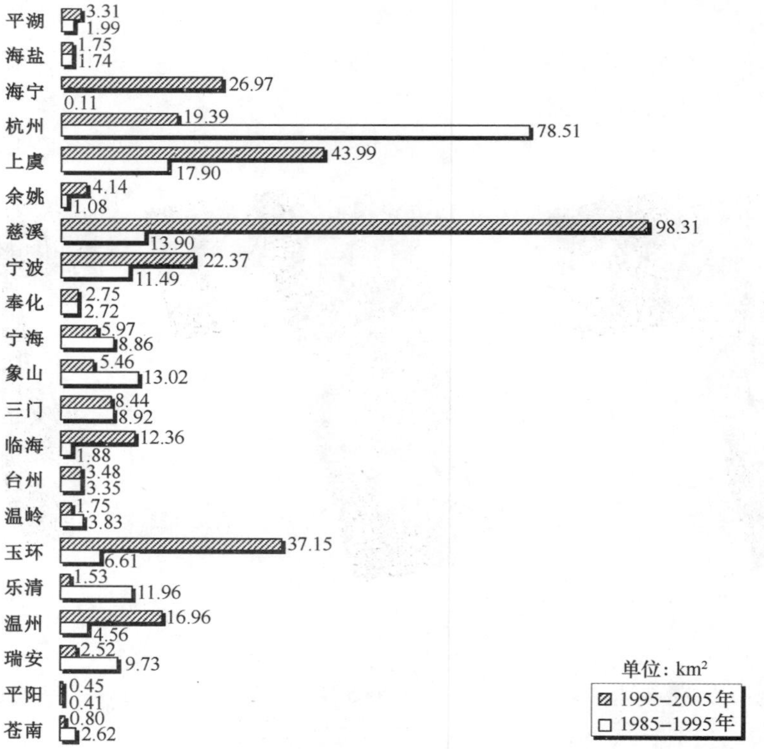

图4.4　浙江省沿海县市1985—1995年和1995—2005年两个时期增加的陆地面积

在研究时段的20年中，无论是在位于杭州湾以北的侵蚀岸段还是在杭州湾以南的淤积岸段，海岸线均向海洋推进。1985—1995年期间，整个浙江省大陆海岸线中发生变化的长度为449.93 km，占1985年大陆海岸线总长度2 070.92 km的21.73%，新增陆地面积205.24 km^2。1995年到2005年期间，大陆海岸线中发生变化的长度为485.80 km，占1995年大陆海岸线总长度2 011.85 km的24.15%，新增陆地面积319.85 km^2。

1985年到1995年期间，海岸线变化长度最大的是宁海，达到64.88 km，之后依次是乐清54.10 km，宁波40.14 km，象山37.91 km，三门30.63 km，杭州29.61 km，瑞安27.69 km，慈溪25.64 km。在这10年中，陆地面积增加最多的前6位县市分别是杭州78.51 km^2，上虞17.90 km^2，慈溪13.96 km^2，象山13.02 km^2，乐清11.96 km^2，宁波11.49 km^2。

1995年到2005年期间，海岸线变化长度最大的是慈溪，达到63.39 km，三门60.00 km，象山57.99 km，之后依次是宁波42.90 km，宁海39.94 km，温州32.98 km。在这10年中，陆地面积增加最多的慈溪增加的面积是98.31 km^2，上虞/绍兴43.99 km^2，玉环37.15 km^2，海宁26.97 km^2，宁波22.37 km^2，杭州19.39 km^2。

4.2.2 海岸线变化较大区域

20世纪80年代以前，浙江省进行了大规模的海涂围垦，且由于社会经济条件和技术水平的限制，围涂都是在小潮高潮位以上的高滩上进行，80年代之后围涂技术得到进一步提高，到80年代末，已经可以在平均潮位进行围涂，到90年代以后，滩涂资源自然淤涨速度跟不上围涂建设发展需求，围涂已经逐步降到小潮低潮位附近[71]。

由4.2.1节的统计数据可以看出，1985—1995年和1995—2005年两个时期增加的陆地面积都相当大。从总体空间分布上看，围垦主要发生在杭州湾的南岸，越往南造地幅度存在下降的趋势，如图4.5所示。杭州湾以北的海岸线由于水流侵蚀作用较强，变化较小。杭州湾南岸由于泥沙堆积，形成滩涂易于开发利用。下面将对大陆岸线变化较大地区分别做详细的分析。

（1）海宁—杭州—绍兴—上虞岸段

如图4.6所示，1997年，在海宁黄湾镇尖山脚下实施尖山治江围垦的宏伟工程。从遥感解译结果统计，增加的面积为26.97 km^2。杭州、绍兴—上虞从1985年以来，进行了大规模的造地。在杭州的萧山岸段，1985年的岸线到了1995年的时候，完全被新的岸线代替，钱塘江被束窄，新增陆地速度为7.85 km^2/a。1995—2005年期间，萧山岸段再往杭州湾推进，但是速度没有前10年快，新增陆地速度为1.94 km^2/a。两个时期面积分别增加76.70 km^2和39.70 km^2。1985—1995年期间，绍兴—上虞市岸线在曹娥江入海口附近向北面推进，与萧山的围垦活动一起将曹娥江束窄，围垦速度为1.79 km^2/a。1995—2005年期间，在上一个10年围垦区的东面进行大规模围垦，围垦速度为4.40 km^2/a。钱塘江和曹娥江入海口附近，两江的泥沙淤积存在大量滩涂，便于围垦，主要成为农田和水产养殖场。

（2）慈溪岸段

如图4.7所示，慈溪海岸线变化特点是在原来弧形基础上不断平行地往海洋方向推进。推进速度在1985—1995年期间较小，仅为1.40 km^2/a，在1995—2005年期间速度快，达到9.83 km^2/a。

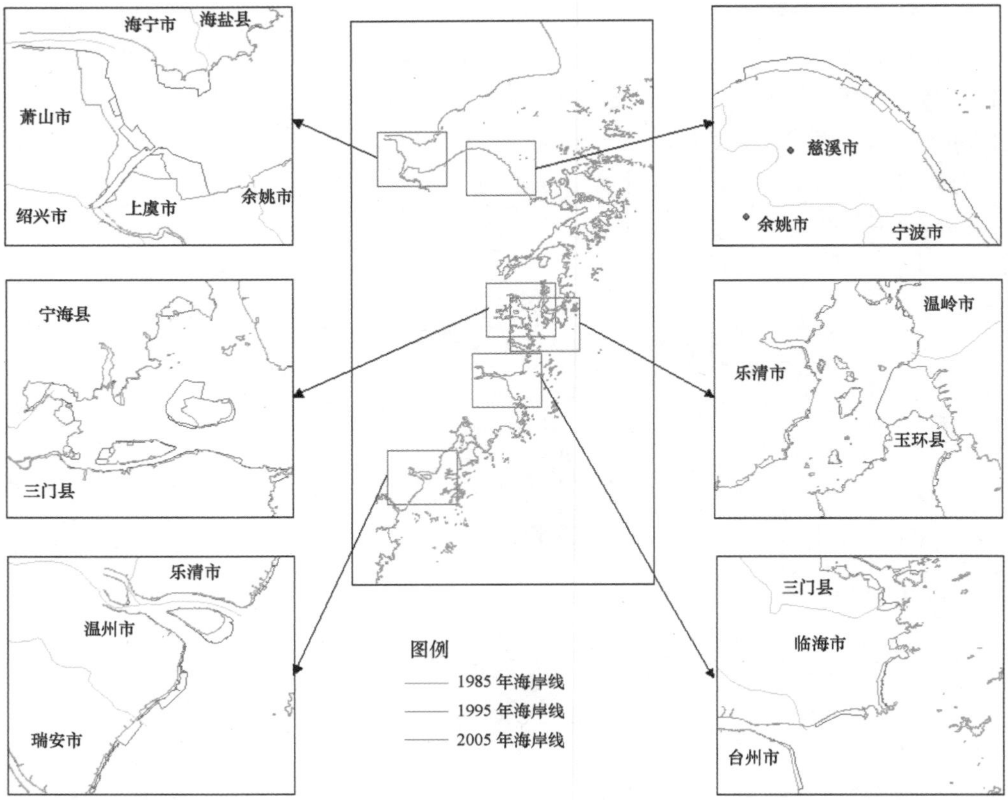

图 4.5　浙江省海岸线变化较大区域

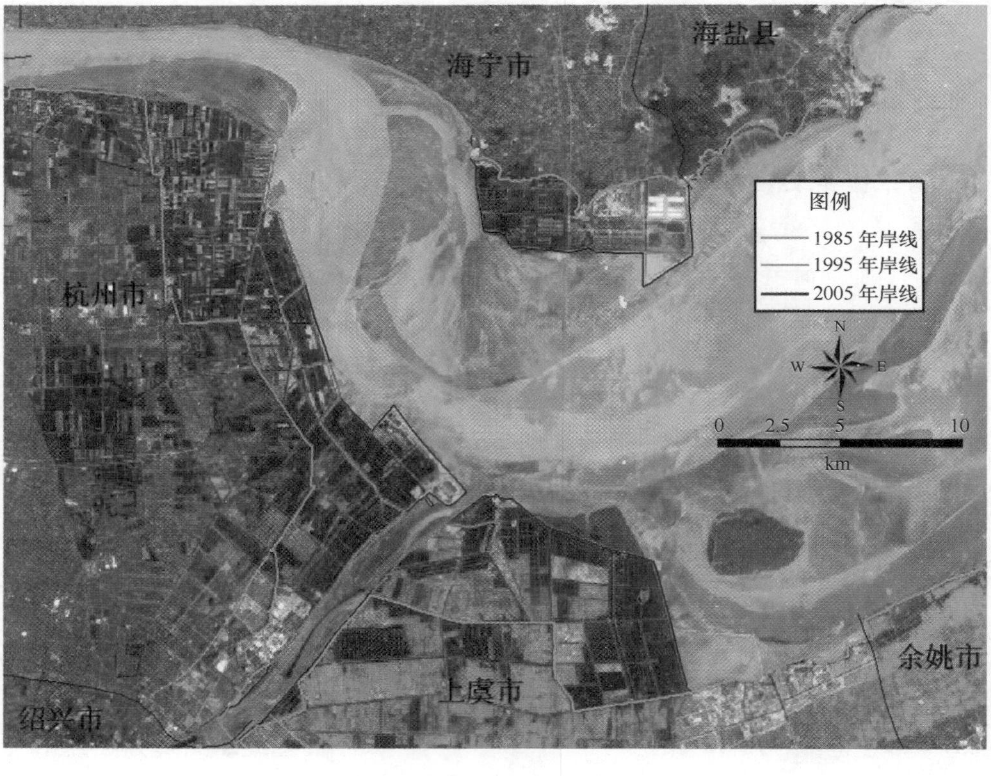

图 4.6　海宁—杭州—绍兴—上虞海岸线变迁

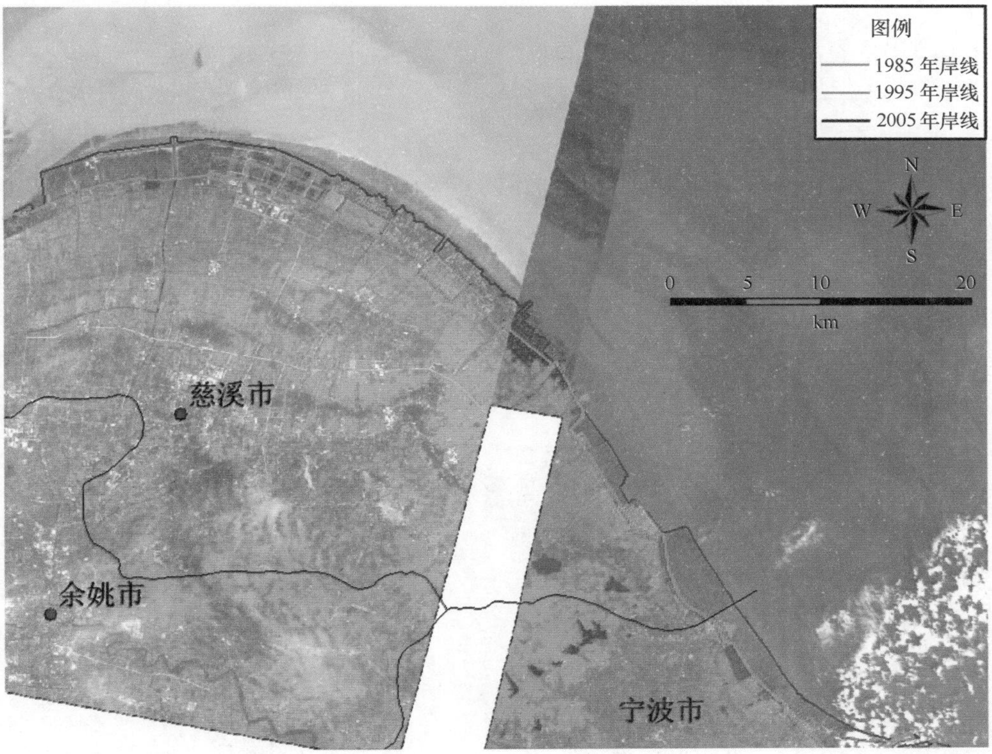

图 4.7　慈溪—宁波海岸线变迁

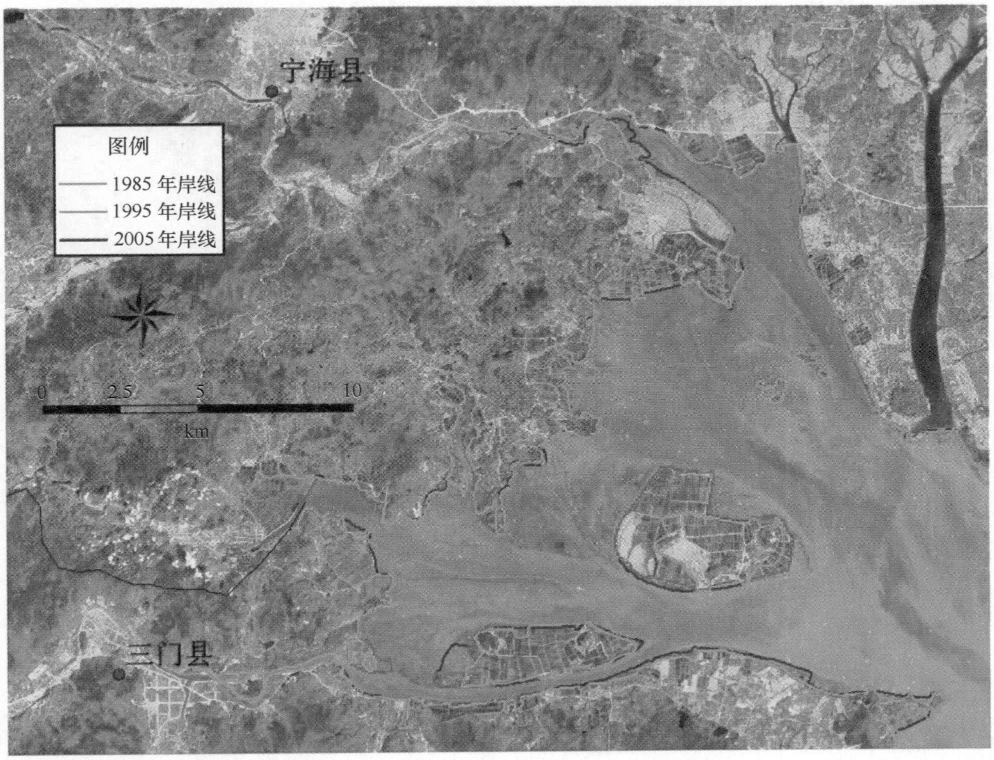

图 4.8　宁海—三门县海岸线变迁

（3）宁海—三门县岸段

如图 4.8 所示，宁海县 1985—1995 年时期和 1995—2005 年时期变化的海岸线长度分别是 64.88 km 和 39.94 km，陆地面积增加速度相当，分别为 0.89 km^2/a 和 0.60 km^2/a。三门县两个时期变化的海岸线长度分别为 30.62 km 和 60.00 km，陆地面积增加速度分别为 0.89 km^2/a 和 0.84 km^2/a。这两个县的海岸线变化特点是，四处围垦但是规模小，表现在统计数据中是发生变化的岸线长，但是增加的陆地面积小。

（4）玉环岸段

如图 4.9 所示，玉环由玉环岛、楚门半岛和 135 个外围岛屿构成，在 1985—1995 年时期，在沙门镇围垦约 6 km^2。2001 年，漩门二期工程是蓄淡围垦工程，将玉环岛和楚门岛从东面用 7.84 km 长的堤坝连接起来，形成 37.15 km^2 滩涂和水域。

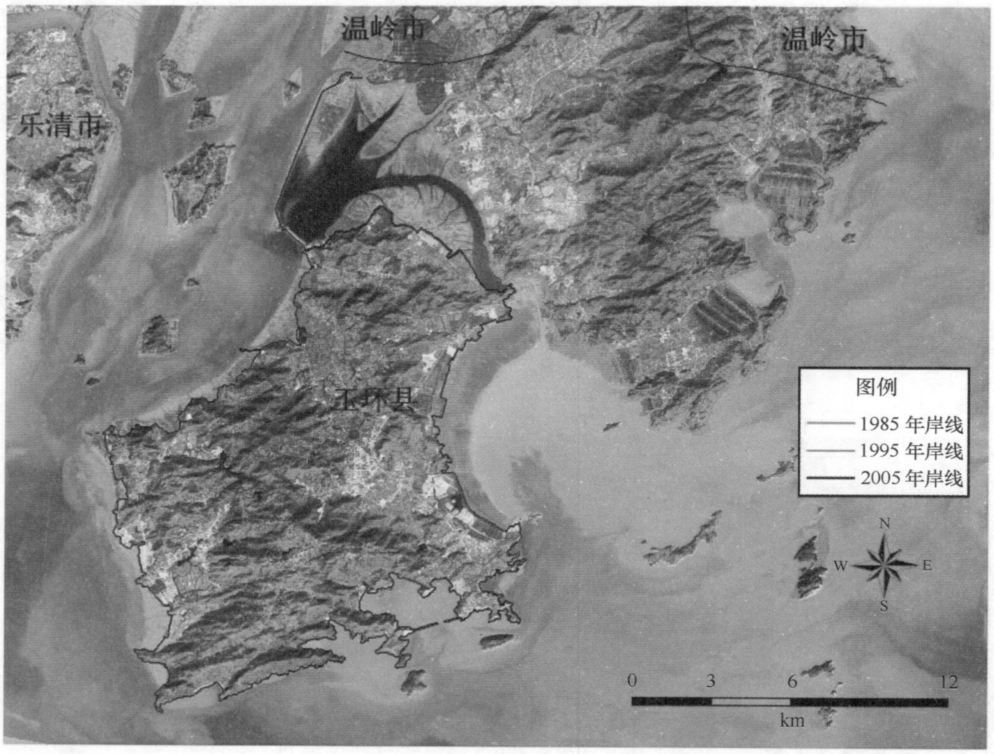

图 4.9 玉环海岸线变迁

（5）瓯江口附近岸线

如图 4.10 所示，乐清南部、温州、瑞安北部在这 20 年的岸线变化规律是与原来岸线平行向海洋推进。变化较大的地方是瓯江出海口南北 35 km 左右范围内岸段，再往南海岸线基本上无变化。温州前 10 年的海岸线变化速度较缓慢，陆地面积增加速度为 0.46 km^2/a，后 10 年增加速度较快，为 1.70 km^2/a。瑞安的围垦是前 10 年速度较快，后 10 年速度较慢。

4.2.3 海岸线分维数研究

遥感信息空间尺度效应研究的目的是寻找遥感信息与空间分辨率的关系，进而寻求空间尺度效应的应用。分形是指在形态和信息等方面具有自相似性，分形学作为处理不规则形状

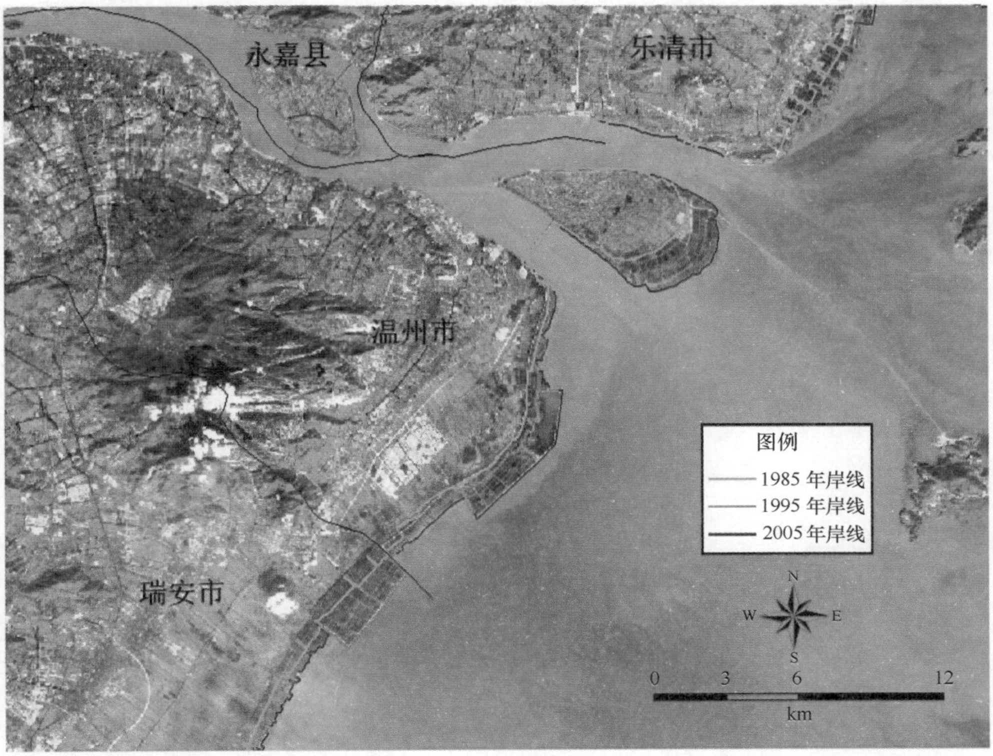

图 4.10　乐清—温州海岸线变迁

的几何学正广泛应用于不同科学领域，由于它能对空间形态的生成、演化、发展过程进行解释，因此对以人类活动空间为主体研究对象的地理学有着极其重要的意义[100]。分维数（fractal dimension）可以直观地理解为不规则几何形状的非整形维数。而这些不规则的非欧几里得几何形状可统称为分形（fractal）。自然界的许多物体，包括各种斑块及景观，都具有明显的分形特征。近年来，分维方法已经被广泛应用在生态学空间格局分析中[101]。

关于“海岸线到底有多长”正是分析学最早试图解决的问题，而利用遥感和地理信息系统分析得到分维数的研究却较少[100,102]。在 ArcGIS 中将矢量海岸线转化成栅格，栅格大小分别为 4 m，8 m，16 m，32 m，64 m，128 m，得到不同尺度下浙江省海岸线长度，尺度越小海岸线越长。求解复杂曲线的分形维数的基本模型是

$$L = KS^{1-D} \tag{4.5}$$

式中，L 为在观测尺度 S 下的曲线长度；K 为常数；D 为曲线的分形维数。

对其两边取自然对数得到：

$$\ln L = (1 - D)\ln S + \ln K \tag{4.6}$$

式（4.6）给出了描述曲线长度特征随观测尺度变化的规律，是一种对数函数关系。因此，针对遥感信息，只要符合分形几何体特征的线状信息，其长度与遥感的空间分辨率的关系也可以用式（4.6）进行描述。针对多组 $\ln L$ 和 $\ln S$，通过最小二乘法求取斜率，即（$1 - D$），从而得到分维数 D，见表 4.3。

浙江省海岸线分维数集中在 1～1.061 5，与青海湖的 1.023 7[100] 接近，小于江苏海岸线分维数 1.096 2[103]，说明浙江省海岸线复杂程度总体不大。上虞、慈溪、杭州、海盐、余姚

分维数最小，表明海岸线结构最简单，是规则的几何形状，分布在海盐—慈溪一线。乐清、象山、玉环、温岭、临海的分维数最高，表明海岸线结构复杂，越接近自然状态，人工改造的痕迹较小。其余县市的分维数中等，人工改造的强度介于两者之间。

表 4.3　浙江省海岸线分维数及三期变化

县市	1985 年	1995 年	2005 年	所处级别	变化情况
平湖	1.023 6	1.025 8	1.019 6	中 - 中 - 中	稳定
海盐	1.019 4	1.017 5	1.015 5	低 - 低 - 低	略下降
杭州	1.008 8	1.010 6	1.008 4	低 - 低 - 低	稳定
海宁	1.030 1	1.019 0	1.001 0	中 - 低 - 低	下降
慈溪	1.011 6	1.008 3	1.018 6	低 - 低 - 低	略上升
余姚	1.008 5	1.013 2	1.016 0	低 - 低 - 低	略上升
上虞	1.003 9	1.005 0	1.000 0	低 - 低 - 低	略下降
宁波	1.046 2	1.038 2	1.035 9	高 - 中 - 中	略下降
象山	1.051 7	1.048 5	1.039 9	高 - 高 - 中	略下降
奉化	1.037 1	1.037 3	1.048 3	中 - 中 - 高	先稳定后上升
宁海	1.035 7	1.032 2	1.027 8	中 - 中 - 中	略下降
三门	1.046 0	1.041 2	1.034 2	高 - 中 - 中	略下降
临海	1.043 3	1.035 3	1.038 1	高 - 高 - 高	稳定
台州	1.025 3	1.022 7	1.021 6	中 - 中 - 中	稳定
乐清	1.061 5	1.047 6	1.046 9	高 - 高 - 高	先下降后稳定
温岭	1.044 6	1.041 6	1.038 2	高 - 中 - 中	略下降
玉环	1.042 6	1.045 2	1.045 0	高 - 高 - 高	略上升
温州	1.016 8	1.036 2	1.009 8	低 - 中 - 低	先上升后下降
瑞安	1.043 8	1.007 2	1.035 6	高 - 低 - 中	先下降后上升
平阳	1.024 3	1.026 6	1.039 8	中 - 中 - 中	上升
苍南	1.036 1	1.034 4	1.032 5	中 - 中 - 中	略下降

从遥感数据中提取三个时期海岸线状况，利用地理信息系统软件进行浙江省海岸线的分维研究，得到不同时期海岸线的复杂程度和人工对海岸线的改造情况，从而可以了解海岸带生态系统健康的人为干扰强度和对生物栖息环境的破坏程度，说明遥感和 GIS 技术在海岸带生态系统健康研究中具有重要意义。

4.3　海岸线子系统中典型围垦区对生态系统健康影响分析

围垦工程在短时间、小尺度范围内改变自然海岸格局，对海岸带生态系统产生强烈扰动，造成新的不平衡，有时甚至会引发环境灾害，对海岸环境构成不可逆转的影响和损失[104]。对于人类的港湾开发、填海造地等工程，不同领域的专家主要从围垦对水沙动力环境、海岸带物质循环、沿岸水环境、潮滩生物生态学和盐沼恢复与生态重建等方面进行探讨[105]，以评价对海岸环境的影响。

钱塘江和曹娥江出海口附近海岸线从1985年到2005年，变化相当显著。如图4.6所示，该围垦区位于杭州湾的最东面，临江近海，交通发达，区位优势十分明显。从1985年到1995年，面积增加94.60 km^2。1995年到2005年面积增加83.68 km^2。海岸线在这20多年来快速向杭州湾推进，最快速度达560 m/a。本节针对这一带的海岸线变迁，从以下几个方面对围垦的影响进行分析。

4.3.1 围垦的经济效益

从多期的影像监测结果得到，钱塘江和曹娥江出海口附近滩涂在20世纪80年代到最近被大量围垦，主要用于农产品种植、采捕水产和水产品养殖。在1985年，水产养殖只占研究区很小部分，只是零星分布，没有明显的聚集。1995年水域占研究区的比例迅速增长，主要分布在新围垦地区。2005年水域面积占研究区的比例进一步增加，且靠近海岸线3 km内基本上全部是该类土地利用类型，甚至以前作为农田的土地也改造成了养殖田。这是针对传统渔场缩小以及渔业资源衰退给渔业发展带来的压力，浙江省调整渔业发展思路，明确提出了“主攻养殖”的目标，并出台了一系列扶持政策产生的水产养殖发展热潮。

围垦是人类利用海洋空间的一种古老方式，其带来的直接好处是可缓解沿海地带经济发展与用地不足的矛盾，整治弯弯曲曲的岸线可为港口建设提供岸线资源。浙江省濒临东海，海域辽阔，岸线曲折，港湾众多，海域来沙比较丰富，围垦滩涂是浙江扩大陆域土地面积的一个重要途径。例如，萧山1949年耕地面积为 5.38×10^4 hm^2，2000年时为 5.30×10^4 hm^2，只减少了1.49%，这完全得益于围垦来弥补人口增加一倍多以及城市扩张、工厂和住房的修建造成的耕地减少[106]。海岸带的滩涂开发利用，可在某些岸段创造高于一般土地上百倍的经济价值。萧山围垦面积大，气势宏，收效快，效益高，是全省之最[107]。

4.3.2 围垦对水沙动力的影响

海宁—杭州—绍兴—上虞沿线的海岸线位于杭州湾的东部，钱塘江和曹娥江出海口附近。钱塘江河口河床宽浅，主槽摆动频繁，汹涌的钱塘江更具有极大的破坏力。为了减轻涌潮的危害，缩窄江道，稳定河槽，自20世纪60年代开始，钱塘江河口进行大规模治江围涂，从钱塘江河口至澉浦河段共围垦土地110万亩，海宁八堡以上江道缩窄到2 km左右，减少澉浦以上河段的进潮量，控制主槽的平面摆动，稳定江道。同时，治江围涂也获得大量土地。围垦之后钱塘江潮汐强度减小，可利用土地面积增加，水体污染增强，岸滩植物被清除，动物急剧减少或者消亡。

通过一些实测资料分析和潮流数值模拟计算显示，钱塘江河口区的大范围围涂，对杭州湾水域潮汐水流和海床产生了一些不可逆的影响[108]。①高潮位抬升，涨潮历时缩短，潮波变形加剧；②落潮最大流速减小，落潮断面潮量减小；③杭州湾上游段淤积，杭州湾北岸深槽的场前以上段有所淤积，累积淤 0.76×10^8 m^3，澉浦附近深槽水深平均淤浅2 m，场前至金山段深槽沿程有所冲刷，其中乍浦附近深槽水深平均刷深3 m左右；④大范围围涂对场前以上有淤积的影响。

4.3.3 围垦对水环境的影响

围垦区的经济快速发展，城市建设规模的扩大和城乡一体化进程加快，垦区的水资源和水环境问题日益突出。以萧山围垦区为例，存在的问题：一是垦区淡水资源的严重不足；二是地表水体的污染和水质的恶化。

钱塘江河口地区独特的古地理环境严格控制着地下水的分布、水量和水质。总体来看，围垦地区地下淡水资源严重缺乏[109]。人工河网是淡水的另外一个重要来源，主要用于农业灌溉。高速发展的地方乡镇工业给农民带来富裕，但是由于大量工业废水注入，造成地表水体严重污染，水质日益恶化，对围垦区生态环境构成了不可低估的影响。导致水体污染的还有居民生活污水和农田退水[109]。农田退水对地表水的污染，主要来自化肥与农药。所以科学使用化肥，控制有机类农药的使用，不仅可降低水污染程度，也有利于土壤保护。海水养殖废水也会污染沿海水质、潮滩底质。围垦区和沿海近岸地表水大都属于四类和超四类，主要污染物为总磷（TP）、化学耗氧量（COD）和生物需氧量（BOD5），严重影响生态系统功能发挥。

4.3.4 围垦对生物的影响

围垦会导致河口与滨海湿地丧失，原来的大面积滩涂生态环境被彻底、永久的改变。围垦后，随着水利和各种淋盐改碱设施不断完善，堤内潮滩湿地与外部海域全部或部分隔绝，垦区内盐度不断降低，陆域环境初步取代了潮滩环境，潮滩类动物便很快绝迹。以江苏省为例，沙蚕在围垦后一两个月便可全部死亡，蟛蜞生命力较强，头两年仍生存较好，但是5年以后生存量已经很少[110]。陆源动物消亡速度往往快于潮滩动物，原因是被猎捕，或土地的不断开垦利用、食物源被破坏而消亡。

垦区利用方式归纳起来有三类：一是海水养殖；二是淡水种植业；三是工业。它们大都是通过排水等对其附近潮滩动物产生影响[110]。

海水养殖主要以对虾养殖为主。对虾养殖池中大量动植物性残饵经过高温腐烂后悬浮于水中，成为“肥水”，并通过虾池换水排入海中，使一些有害藻类大量繁殖，水质变坏，危害潮滩动物，有时还可能形成赤潮，造成更大的危害。

淡水种植通过两个方面影响潮滩动物：一是以粮棉为主的种植业要消耗大量淡水，使排海淡水明显减少，使潮滩动物失去了大量从淡水中得到的微生物、菌藻类等饵料；二是围垦后排水闸兴建改变了排水特性，季节性排水改变了原潮滩动物的生长环境，使潮滩动物量下降。

工业生产导致的废水对潮滩污染日益加重，也对潮滩动物产生不可忽视的影响。

4.4 海岸线子系统变化对生态系统健康的影响

浙江省海岸线从1985—2005年的海岸线变化长度、陆地增加面积以及分维数如图4.11所示。在研究时段的20年中，海岸线均向海洋推进。宁海、象山、三门、乐清本身的海岸线长，发生变化长度也大，但是陆地增加并不明显，主要是通过养殖业向外蚕食海洋，沿线都对生态环境产生扰动，但是扰动的幅度较小。除此之外，慈溪、宁波、杭州、温州的变化海岸线较长。杭州、上虞、慈溪陆地面积增加大，主要是向外大面积扩张，对海岸线变迁地区环境的扰动幅度大。海宁、玉环的海岸线变化主要是一两个大型工程，在很短时期内将大片海域改造。浙江省海岸线分维数集中在1～1.061 5，表明海岸线复杂程度总体不大。海盐—

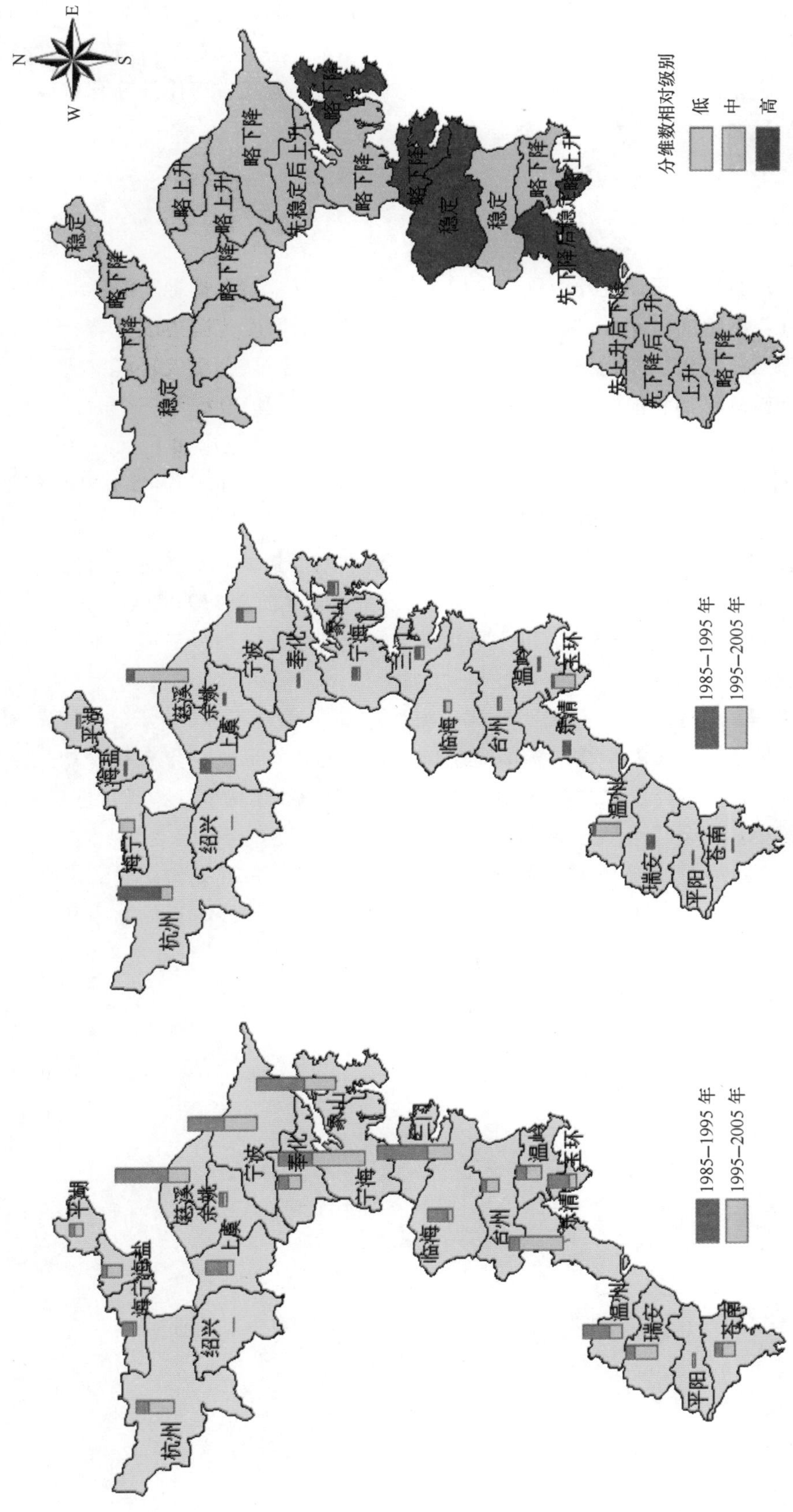

图 4.11　浙江省海岸线变化总结

(a) 海岸线变化长度；(b) 陆地增加面积；(c) 分维数变化

慈溪一线以及温州分维数低，表明海岸线结构最简单，是规则的几何形状。乐清、象山、三门、玉环分维数高，表明海岸线结构复杂，越接近自然状态，人工改造的痕迹较小。其余县市的分维数中等，人工改造的强度居于两者之间。总体来说，浙江省海岸线变化幅度大，人类活动对其造成的压力大。

4.5 小结

浙江省海岸线曲折而漫长，近几十年来主要由于人类围垦、填海造地、海洋工程等的影响，导致海岸线在不断地向海洋推进。这些活动在短时间、小尺度范围内改变着自然海岸格局，对海岸带生态系统产生强烈扰动，造成新的不平衡，有时甚至会引发环境灾害，对海岸带环境构成不可逆转的影响和损失。所以利用 1985 年、1995 年和 2005 年三个时间段内的遥感影像数据对大陆海岸线多年来变迁进行连续的研究，研究的具体结论如下。

（1）在研究时段的 20 年中，整个浙江省大陆岸线均向海洋推进。1985—1995 年期间，整个浙江省大陆海岸线中发生变化的长度为 449.93 km，占 1985 年大陆海岸线总长度的 21.73%，新增陆地面积 205.24 km^2。1995—2005 年期间，大陆海岸线中发生变化的长度为 485.80 km，占 1995 年大陆海岸线总长度的 24.15%，新增陆地面积 319.85 km^2。

（2）海岸线变化剧烈的是海宁—杭州—绍兴—上虞，慈溪，宁海—三门，玉环，瓯江口这几个岸段。陆域面积增加大的是慈溪、杭州、上虞、温州、玉环。

（3）浙江省海岸线分维数较小，说明浙江省海岸线复杂程度不大。上虞、慈溪、杭州、海盐、余姚分维数最小，表明海岸线结构最简单，是规则的几何形状，分布在海盐—慈溪一线。乐清、象山、玉环、温岭、临海的分维数最高，表明海岸线结构复杂，越接近自然状态，人工改造的痕迹较小。其余县市的分维数中等，人工改造的强度介于两者之间。

（4）以杭州—绍兴—上虞典型围垦区为例，探讨了围垦的多方面效益。对海岸带生态系统健康的影响包括岸线处于人工胁迫压力之下，受干扰强度大，岸线附近的陆生和水生动植物都受到扰动，甚至有的物种面临消失的危险，围海造地和工程开发不可避免地带来水体、大气的污染，使生态系统健康受损。

5　水域子系统对生态系统健康的影响

随着沿海地区经济的高速发展，沿海地区城市化进程不断加剧，海洋资源开发强度加大，给海岸带和海洋环境造成了很大影响，严重影响了海岸带的生态系统健康。

浙江沿岸水域流系复杂，影响海岸带生态系统健康的因素很多，一方面是自然因素，主要包括长江径流、风暴潮、上升流等；另一方面是人为因素，如大型水利工程、航道整治工程、滩涂围垦、废水排放、过度捕捞、疏浚物倾倒、油污染事故等，造成了浙江省海岸带水域生态平衡失调，赤潮频发，环境质量下降，水生生物多样性降低，部分物种濒临灭绝。目前东海的水质污染严重程度位居我国沿海几大海区之首，严重污染海域集中在杭州湾和宁波近岸。

水质是指水和其中所含杂质共同表现出来的综合特性。水质参数通常用水中杂质的种类、成分和数量来表示。遥感水质监测是通过研究水体反射光谱特征与水质指标浓度之间的关系，建立水质指标反演算法。海洋遥感技术作为一种全新的观测手段，可以准实时地获得水体表面以及一定深度水体的水质参数在空间和时间上的变化状况，还能够发现一些常规方法难以揭示的污染源和污染物迁移特征。总体而言，从精度上讲目前遥感方法通常低于常规监测方法，但是遥感技术正是通过这种精度上的损失换取水环境研究的区域性、动态性和同步性[111]，是水质监测的发展方向之一。与生态系统健康相关的指标，例如叶绿素浓度、悬浮泥沙浓度、海水透明度、赤潮、温度的监测等都能够通过海洋遥感技术较准确地反演[112]，甚至没有光学活性的指标，比如溶解无机氮、活性磷酸盐等也能够通过与具有光学活性的指标建立区域性的经验算法得以反演[113]。技术上的进步使得利用遥感资料获取生态系统健康评价指标，进行海岸带生态系统的健康评价成为可能。

本章对水域生态系统的研究是利用浙江省海岸带2005—2007年遥感反演的水质数据和文献、公报等公布的近年来浙江水体状况相关的资料，分析该水域对海岸带生态系统健康的影响能力，从中选取一些指标建立一个空间化的水体生态系统健康模型。

选取的分析范围是浙江省近海海域27°10′—31°3′N，120°32′—123°28′E。投影方式为WGS_ 1984_ UTM_ Zone_ 51N，总面积3.87×10^4 km^2，如图5.1所示。

5.1　遥感反演水质参数

5.1.1　遥感反演水质参数方法

近年来海洋水色遥感技术发展迅速，水色遥感器日益增多和相关算法精度的提高，使得反演海水的水质信息成为可能。卫星上搭载的水色传感器有CZCS、MOS、OCTS、POLDER、SeaWiFS、MODIS、OCM、OSMI、MERIS等，并且还有众多计划发射的水色遥感器。

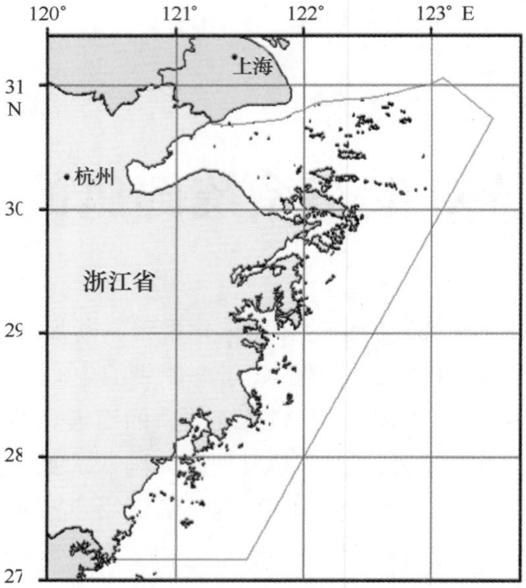

图 5.1　浙江省海岸带的水域研究区域

遥感监测水质的基本原理是传感器接收到水体散射和反射太阳光辐射形成的光谱特征[78,114,115]，而传感器接收到的辐射能量由以下因素决定：大气光学特征、水体光学性质、表面粗糙度、日照角度与观测角度、气－水界面的相对折射率，某些情况下还涉及水底反射光等。水体的光谱特性（即水色）主要表现为体散射而非表面反射，它包含一定深度水体的信息，且这个深度随时空而变化。水体的光谱特征主要决定于水体中浮游生物含量（叶绿素浓度）、悬浮物浓度（混浊度）、黄色物质，以及其他污染物、底部形态、水深、水面粗糙度等因素[78]。水体中所含成分（如浮游植物、溶解性有机物、悬浮颗粒物等）不同，导致对不同波长光的吸收和散射不同，并引起反射率、向上辐射、颜色等表观参数的改变。电磁波与水体相互作用的辐射传输过程如图 5.2 所示。

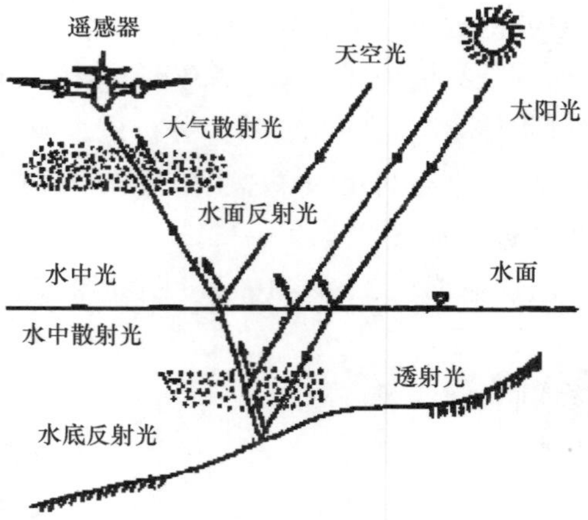

图 5.2　电磁波与水体相互作用

水质参数的遥感反演方式主要分为三种：经验法、分析法和半分析法。

经验法是基于实测数据与遥感数据之间的统计关系来反演水质参数值，而不研究其内在物理机制。其优点是简单，在对物理机理了解不够深入的情况下也能够反演出一定精度的水质参数值。其缺点是经验法建立的水质参数与遥感数据之间因果关系不能保证，缺乏物理依据，可信度不高，受实测样本数及变化范围限制，具有明显的季节性和区域性，导致通常不具有普适性。

分析法是指用生物光学模型描述水体组分与辐照度比之间的关系，模拟水体的辐照度比。水体中各组分是用其单位吸收系数和单位散射系数表示，用辐射传输模型模拟光在大气和水体中的传播，然后从遥感数据反演水体各组分的含量。其优点是具有明确的物理意义，水质参数反演结果可靠，且不受时间和地域限制，适用性强。其缺点是模型建立之初需要测量的数据参数较多，比如水体的固有光学特性、表观光学特性及水质参数值等，特别是水体的固有光学参数（如纯水、浮游藻类、CDOM、非色素悬浮颗粒的吸收系数和散射系数）的测量对设备条件要求较高。

半分析法是在分析算法的基础上对某些部分采用经验关系，将已知的水质参数光谱特征与统计分析模型（比如线性光谱分解模型）相结合，选择最佳的波段或波段组合作为相关变量估算水质参数值的方法，具有较好的物理解释性及适用范围。这种方法得到的算法对于不同时间和海域的水质参数估算需要进行参数校正。

本论文使用的浙江省沿海水质遥感参数数据来源于国家海洋局第二海洋研究所卫星海洋与环境动力国家重点实验室提供。该实验室能实时自动接收和预处理 EOS/TERRA，EOS/AQUA，NOAA，FY 系列，HY 系列，SeaStar 等卫星数据，以海洋作为主要研究目标，为海洋环境监测、海洋资源保护和开发以及在其他领域的研究提供了连续、长期、稳定的空间信息源。3 级遥感数据产品采用等经纬度投影，空间精度为 0.016 7°。由于美国 NASA 提供的 SeaDAS 标准大气校正模块在处理我国海区存在大气过校正问题，为此该实验室开发出适合我国近海二类水体的大气校正算法[116-118]，获得各波段的归一化离水辐亮度，再反演得到单轨的专题产品，以一个月为周期融合单轨产品得到月平均遥感专题产品。

5.1.1.1 悬浮泥沙浓度的遥感反演

泥沙进入水体，引起水体的光谱特性发生变化。水体反射率与水体混浊度之间存在密切的相关关系。随着水中悬浮泥沙浓度的增加，即水的混浊度的增加，水体在整个可见光谱段的反射亮度增加，水体由暗变得越来越亮。620 nm 光谱谱段是光谱响应对泥沙含量的敏感区，随着泥沙含量的增大，峰值向红光波段移动，即所谓的“红移现象”。一般地，当水体含沙量增加时，各波段的反射率都普遍增大，但是其增幅各不相同，反射率增大幅度最大的波长与反射率波谱最大峰值位置相同，由于反射率最大峰值受位移特性的影响，各波段的反射率对含沙量的响应灵敏度实际上是含沙量的函数。另外由于悬浮泥沙的物质组成地区差异很大，波谱反射率也具有地区性特点。

一般来说，对可见光遥感而言，580～680 nm 对不同泥沙浓度出现辐射峰值，即对水中泥沙反应最敏感，是遥感监测水体混浊度的最佳波段，被 NOAA、FY 气象卫星及 HY 卫星选择。当然泥沙含量的多寡具有多谱段响应的特性。因而水中悬浮泥沙含量信息的提取，除用可见光红波段外还多用近红外波段数据（与红波段数据正相反，其光谱反射率较低，且受水体悬浮固体含量的影响不大），利用两波段的明显差异，选用不同组合可以更好地表现出海水中悬浮固体分布的相对等级。目前悬浮泥沙浓度的反演主要分为以下两种。

（1）经验、半经验法

通过遥感数据与地面同步或准同步实测样点数据间的统计相关分析，确定光谱反射率和含沙量间的相关系数，建立相关模型，如线性关系式、对数关系式、Gordon 关系式、负指数关系式、统一关系式等。

线性关系式关系简单，误差较大；对数关系式在悬浮物浓度不高时精度较高。李京提出了反射率与悬浮物含量之间的负指数关系式，并成功地应用于杭州湾水域悬浮物的调查[119]；黎夏推导出一个统一式，其形式包含 Gordon 表达式和负指数关系式，并将该模式应用于珠江口悬浮物的遥感定量分析[120]；Mahtab 等利用地物光谱仪模拟 TM 波段设置，对不同浓度悬浮物光谱反射率进行测量研究，结果表明 TM4 波段是估测悬浮物浓度的最佳波段，并建立 TM4 波段反射率估测悬浮物浓度的二次回归模型，该模型估测效果优于线性模型[121]。

（2）分析法

以大气物理和海洋光学的基本特性为依据，从理论上导出反射率随悬浮泥沙含量变化的基本关系。根据辐射在水中传输的特征，建立反射率与吸收系数、后向散射系数等水体固有光学量之间的定量关系；然后确定含沙量与吸收系数、散射系数等的关系，根据这两个关系，导出泥沙含量定量遥感模型。

Hoogenboom 等基于物理分析方法提出矩阵反演模型，从水下辐照度提取水体叶绿素和悬浮物[122]；Moore 等利用不同波段的水面反射比理论关系模型反演悬浮物浓度，并提出用近红外波段水体及大气光学的双层模型对水质模型进行大气校正[123]。

本论文使用的产品是采用改进的 Tassan 模型[124]，计算方法如下：

$$\ln(\mathrm{TSM}) = 5.385 + 0.991 \times [R_{rs}(551\ \mathrm{nm}) + R_{rs}(667\ \mathrm{nm})] \times \frac{R_{rs}(551\ \mathrm{nm})}{R_{rs}(531\ \mathrm{nm})} \tag{5.1}$$

式中，TSM 为水体悬浮泥沙浓度，单位为 mg/L；R_{rs}为遥感反射率，单位为 sr^{-1}。

图 5.3 为利用该模型得到的 2007 年 2 月和 8 月悬浮泥沙浓度。

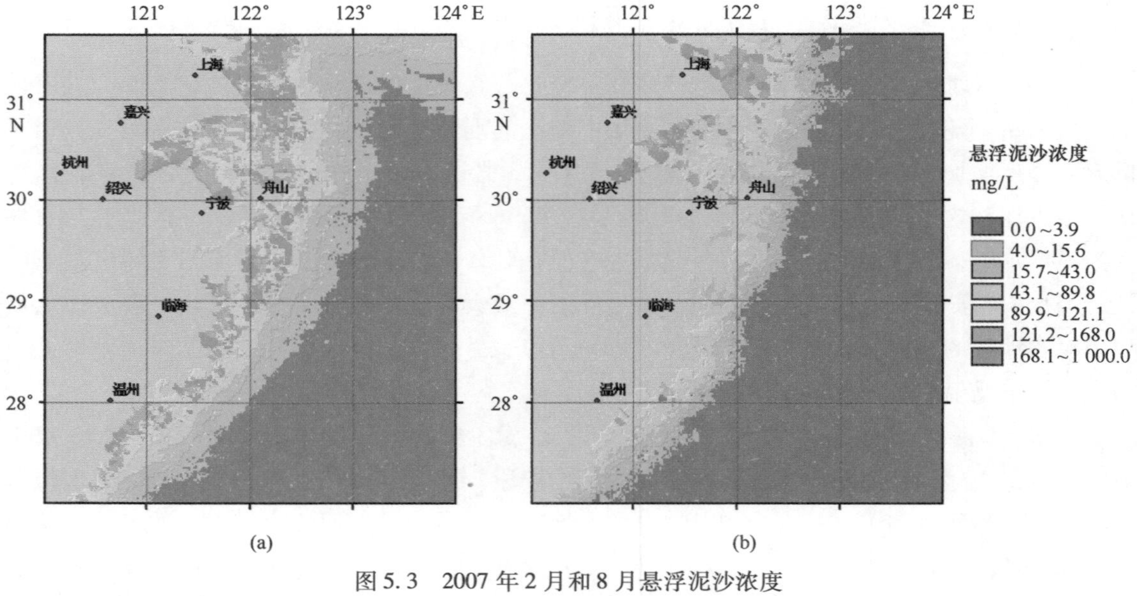

图 5.3　2007 年 2 月和 8 月悬浮泥沙浓度

（a）2 月；（b）8 月

5.1.1.2 叶绿素浓度反演

水中叶绿素浓度是浮游植物分布的指标，是衡量水体初级生产力（水生植物生物量）和富营养化作用的最基本的指标。研究它与水体光谱响应间的关系是十分重要的。当然，这种指示作用的有效性还与浮游植物光合作用的环境因素（如营养盐、温度、透明度等）以及叶绿素含量变化的制约条件有关。

根据叶绿素含量的不同，在 430 ~ 700 nm 光谱谱段会有选择地出现较明显的差异。叶绿素在 440 nm 和 670 nm 附近有两个吸收峰，在 550 ~ 570 nm 有一反射峰，是由叶绿素和胡萝卜素弱吸收以及细胞的散射作用形成，该反射峰值与色素组成有关，可以作为叶绿素定量标志；因为藻青蛋白的吸收峰在 624 nm 处，所以 630 nm 附近出现反射率谷值或呈肩状；在波长 685 nm 附近有明显的荧光峰，是由于浮游植物分子吸收光后，再发射引起的拉曼效应激发出的能量荧光化的结果，叶绿素的吸收系数在该处达到最小。685 ~ 715 nm 荧光峰的出现是含藻类水体最显著的光谱特征，其存在与否通常被认为是判定水体是否含有藻类叶绿素的依据，荧光峰的位置和数值是叶绿素浓度的指示。

Gitelson 首先观察到叶绿素在 700 nm 附近反射峰的位置随着藻类叶绿素浓度增大向长波方向移动[125]。内陆水体的大量悬浮物和 CDOM 使背景光学特性发生显著变化，叶绿素在蓝波段范围的吸收可能会被 CDOM 的吸收掩盖，悬浮物浓度和叶绿素浓度通常有很大的相关性，这将影响到叶绿素最佳监测波段的选择和反演算法的精度。叶绿素遥感是通过实验研究水体反射光谱特征与叶绿素浓度的关系，建立叶绿素算法。通常有分析法和经验、半经验法。

（1）经验、半经验法

建立遥感归一化离水辐亮度与现场光学测量的特定水色要素浓度之间的关系。最简单的线性对数回归分析是蓝绿波段比值法。目前 NASA 采用的计算方法有 Gordon 双通道法、Clack 三通道法、Morel 算法、MODIS 经验算法等[126]。

Quitbell 通过实验研究悬浮物质对藻类反射率的影响，认为 R710 ~ R665 波段组合估算叶绿素要优于近红与红外反射率比的估算效果[127]。马超飞等首先将水体划分为大于 4 mg/dm^3 为中高混浊度水体，总悬浮物浓度小于 5 mg/dm^3 为中低浊度水体，在两种水体类型中间设计一个重叠区域，利用三次多项式拟合叶绿素 a 浓度[128]。陈楚群等用灰色系统理论分析各波段组合与叶绿素浓度之间的关联度，表明 TM3 和 TM4 两个波段的乘积是估算沿岸海水表层叶绿素浓度的最佳波段组合[129]。

（2）分析法

利用各种辐射传输模型，如 Plass 等提出的 Monte Carlo 模型和 Gordon 等提出的准单次散射近似等来模拟光在水体和大气中的传播过程，并利用所谓的生物 - 光学模型来确立各水色成分浓度与水体的离水辐射度光谱之间的对应关系。

Donald（2001）利用实测数据与实验分析结果建立了水体表面遥感反射率的分析方法，并用于预测瑞典 Malaren 湖的水下辐射反射率的光谱变化情况，分析了影响光谱变化的各种因素，并根据测得的水下辐射反射率，利用反向模型来反演叶绿素的浓度[130]；Hoogenboom 等基于分析法提出矩阵反演模型，从水下辐照度提取水体叶绿素，从原理上考虑了水体各组分的相互作用[122]。

本论文采用的是 OC4V4 算法[131]，图 5.4 为 2007 年 2 月和 8 月叶绿素浓度分布情况。

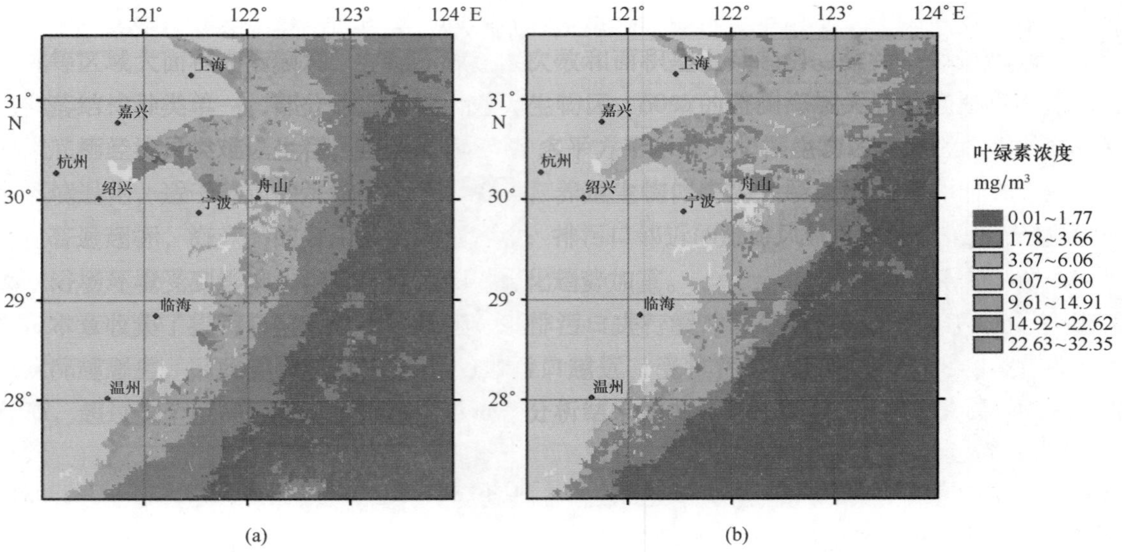

图 5.4　2007 年 2 月和 8 月叶绿素浓度分布情况

(a) 2 月；(b) 8 月

5.1.1.3　赤潮监测

赤潮是生物体所需的磷、氮、钾等营养物质在湖泊、河口、海湾等缓流水体中大量富集，引起藻类及其他浮游生物迅速繁殖，水体溶解氧含量下降、水质恶化、鱼类及其他生物大量死亡的现象。

目前尚无十分有效的方法防止赤潮发生，只能够通过监测与预报的手段来减少赤潮灾害所造成的损失，利用遥感方式进行快速、同步、大范围的监测是未来发展的主要趋势。目前已经探索开发利用叶绿素 a 浓度、海面温度、荧光高度等方法进行赤潮探测。

（1）叶绿素 a 算法

在赤潮的形成过程中，由于赤潮浮游植物体内都含有叶绿素 a 等色素，所以表层海水叶绿素 a 含量通常达到 10 mg/m^3 以上，甚至较快地达到每立方米几百毫克。与之形成鲜明对比的是邻近的普通海水叶绿素 a 浓度虽然也会增加，但增加速度缓慢，而且只增加到一个相对较低水平[132]。

（2）海表温度算法

海水温度是赤潮暴发的条件之一。赤潮形成时，海水表面聚集生物细胞和其分泌的黏液，既易于吸收太阳辐射又可以阻隔水面下辐射能的发散，因此水体的表面温度一般要比周围高 2 ~4℃[133]。当表层海水温度日变化率达到一定数值时即可判断赤潮形成。

（3）荧光算法

浮游植物叶绿素 a 在 683 nm 处存在荧光辐射峰，且荧光峰高度同叶绿素 a 浓度之间存在很强的相关关系。随着叶绿素 a 浓度增大，荧光峰逐渐增高。而且，荧光峰随叶绿素 a 浓度的变化还会出现“红移现象”，在荧光峰增高的同时伴随着峰值位置朝红外方向移动[134]。Gitelson 对“红移现象”进行了多年研究，得到荧光峰值位置和相应叶绿素浓度相关关系的回归公式[135]：

$$峰值位置 = 683.51 + (0.268 \pm 0.0075)\ C_{Chl} \tag{5.2}$$

图 5.5 为 2007 年 7 月发生的一次赤潮的范围。

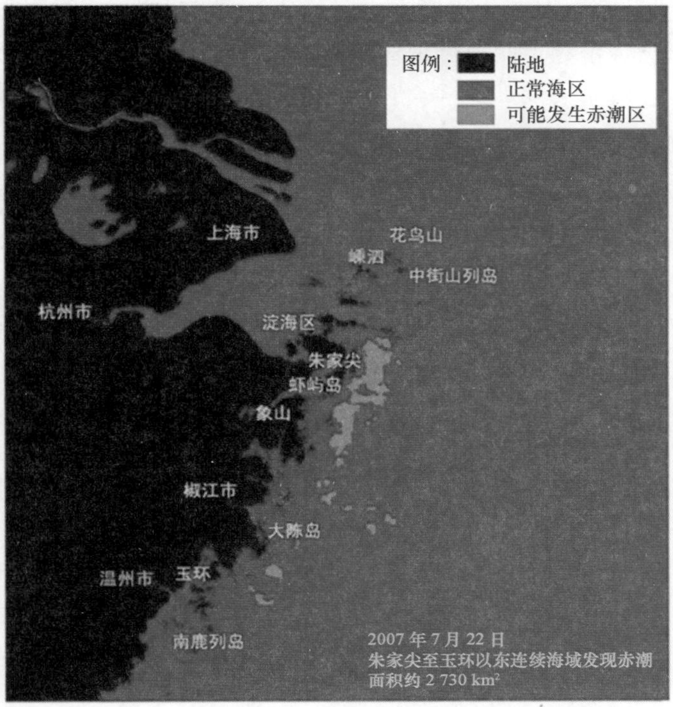

图 5.5　2007 年 7 月 22 日发生赤潮的范围

5.1.1.4　海水透明度反演

海水透明度是描述海水光学特性的基本参数之一，它与海水中的悬浮物、叶绿素、黄色物质的含量和成分密切相关。监测海水透明度的时空变化，对研究海水的理化特性、渔业生产及生态系统健康状况等都具有特别重要的意义。在近海和湖泊水质监测中，透明度是十分直观的指示参数。利用透明度可以反映水体的污染情况。透明度的现场测量方法是用直径为 30 cm 的白色赛克圆盘进行测量，表征光线能穿透水体的最大深度，单位为米（m）。

遥感经验法基于实测离水辐亮度，建立透明度与离水辐亮度或者遥感反射率波段组合的回归关系，而不研究其内在联系[136]。经验法建立的模式具有局限性，大气校正精度有限，受实测样本数及变化范围限制，导致通常不能应用在如卫星等大范围海区的透明度反演。

本论文算法采用何贤强等提出的海水透明度间接遥感反演模型[137]。该模型是利用二流方程和对比度传输理论得到水下物体的能见度模型，进而应用于透明度盘观测，得到透明度与水体固有光学量等的关系模式：

$$Z_d = \frac{1}{4(a + b_b)} \ln\left[\frac{\rho_p \alpha \beta (a + b_b)}{C_a f b_b}\right] \tag{5.3}$$

式中，Z_d 为透明度，单位为 m；a 为吸收系数；b_b 为后向散射系数；α 为水面折射因子；β 为水面反射因子；ρ_p 为透明度盘表面反射率；C_e 为肉眼对比度阈值。

吸收系数 a 和后向散射系数 b_b 属于水体固有光学性质。透明度 Z_d 可以根据叶绿素浓度、悬浮物浓度计算得到，这两个参数可由遥感反演得到。

图 5.6 为浙江省沿海 2007 年 2 月和 8 月海水透明度情况。

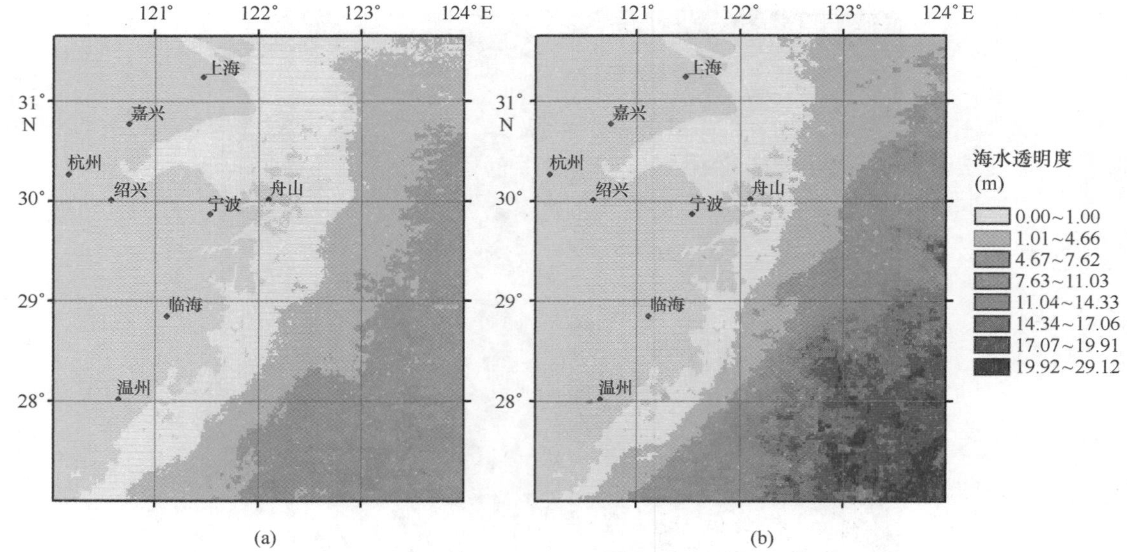

图 5.6　2007 年 2 月和 8 月海水透明度情况

(a) 2 月；(b) 8 月

5.1.1.5　营养盐浓度反演

由于近年来“长三角”地区经济的高速发展，导致每年通过河流进入东海的营养盐浓度不断增加[138]。海水中氮、磷等元素组成的某些盐类是海洋植物生长必需的营养盐。由陆地排入海洋的污水中富含氮、磷等营养盐，引起海水中浮游植物异常生长，使近岸海域的海水高度富营养化。因此，氮、磷是海水水质标准中最主要的评价参数之一。虽然氮、磷等参数不具备光学活性，无法直接从传感器上反演，但是可以根据它们在研究海域内的特殊化学行为，建立它们与光学活性参数的关系，从而间接反演得到[113,139]。

在各种形式的氮化合物中，能被海洋浮游植物直接利用的是溶解无机氮（Dissolved Inorganic Nitrogen，DIN），包括硝酸盐氮、亚硝酸盐氮和氨氮。通过黄色物质分布可以间接反映出 DIN 在研究海域内的分布趋势。直接采用实测时间范围内卫星水体黄色物质吸收系数（440 nm）和现场实测 DIN 进行相关性分析和线性拟合。

$$C_{\mathrm{DIN}} = 1.4065 \times A_{\mathrm{ACD_{SAT}}} - 0.0359 \qquad R_2 = 0.7415,\ n = 16 \tag{5.4}$$

式中：C_{DIN}——水体中溶解无机氮的浓度，单位为 mg/L；

$A_{\mathrm{ACD_{SAT}}}$——卫星遥感获得的 440 nm 黄色物质和有机碎屑的吸收系数，单位为 m^{-1}。

溶解态无机氮在研究海域的分布主要表现为以下几个特点：①溶解无机氮浓度总体上表现为由近岸的淡水端向远水端逐渐下降的趋势；②溶解无机氮严重污染主要分布在长江口、杭州湾以及象山港等区域；③外海海水溶解无机氮含量低，在无机溶解氮高值区域有低值的外海海水侵入；④锋面上等值线分布密集，表现为溶解无机氮的快速混合扩散行为。图 5.7 为浙江省沿海 2007 年 2 月和 8 月溶解无机氮浓度情况。

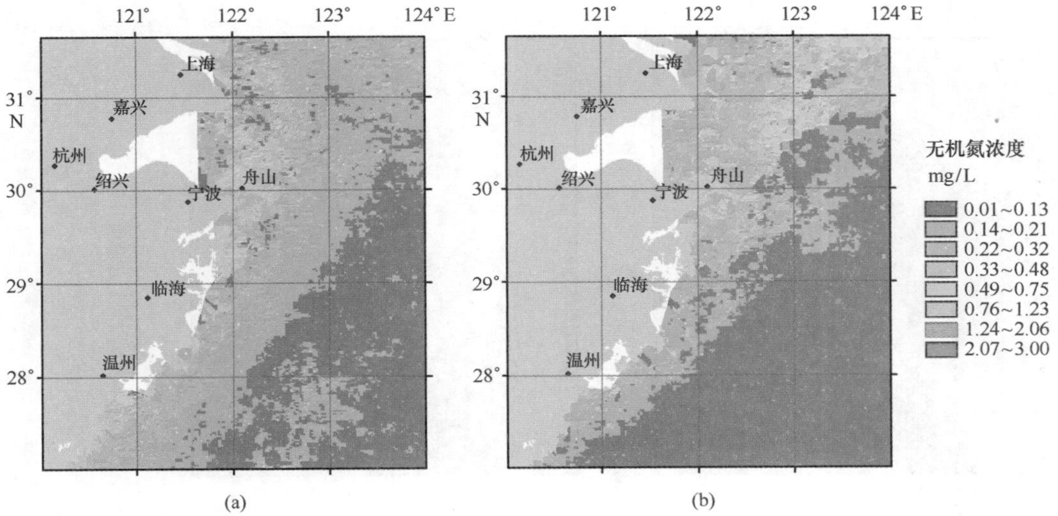

图 5.7　2007 年 2 月和 8 月无机氮浓度情况
(a) 2 月；(b) 8 月

将调查得到的悬浮物浓度对颗粒态总磷进行相关性分析发现，研究海域悬浮物浓度与颗粒态总磷均呈强的正相关关系，增加其他时段关于悬浮物浓度和其中颗粒态总磷含量数据对拟合结果影响不大，表明在区域范围内，悬浮物浓度与颗粒态总磷含量之间的关系是稳定的[113]。

在研究区域内磷酸盐总体分布趋势主要表现为以下几个显著特征：①磷酸盐浓度近岸高，远岸低；②长江口、杭州湾水体为磷酸盐严重污染，大部分海域超过四类海水水质标准；象山港、三门湾、乐清湾等部分海域磷酸盐浓度超过海水水质三类标准；③咸淡水交互锋面上磷酸盐浓度下降幅度大，锋面上等值线分布密集；④不同水团之间磷酸盐含量特征不同，外海海水磷酸盐浓度低，长江冲淡水磷酸盐浓度高，因此在磷酸盐浓度分布图上反映出几个水团的相互作用[113]。

图 5.8 为浙江省沿海 2007 年 2 月和 8 月活性磷酸盐浓度分布情况。

值得说明的是，氮、磷营养盐分布除受物理输运机制影响外，还受到生物过程的影响，目前国际上还没有成熟的营养盐遥感反演算法，本文中采用的氮、磷数据也只是作为营养盐遥感反演过程中的初步探索结果，与实际的氮、磷浓度之间存在一定偏差。

5.1.2　时间序列水质数据缺值处理

对于获取到的数据，首先需要进行数据补缺的预处理，否则数据的缺失会造成之后的空间分析不能进行或者结果存在严重偏差。即使是每月融合的 L3B 产品仍然存在由于所选用的遥感数据缺失或者被云覆盖而造成的数据缺失。因此根据导致数据缺失机理，选择合适的分析方法和解释估计的结果。采用插值的方法补充缺失的实例诸如：①在同一时刻不同地点的数据中出现数据丢失，则可以利用空间上的相关性，采用一定的插值方法补充完整；②在不同时刻同一地点数据中出现数据丢失，可以使用时间序列分析的方法来补充数据完整[140]。因为 3B 数据是月融合数据，而海洋上悬浮泥沙浓度、叶绿素浓度、赤潮发生、海水透明度、

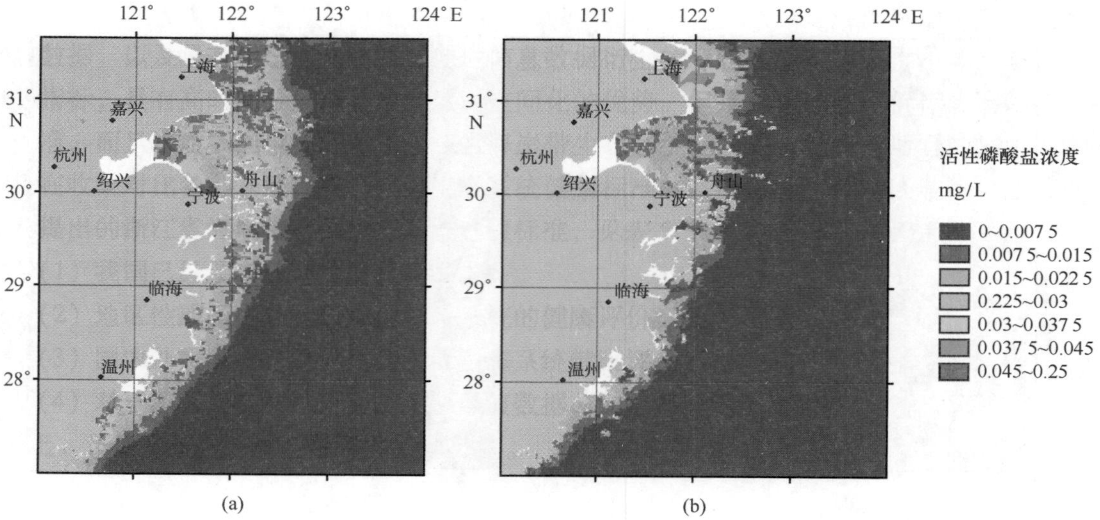

图 5.8　2007 年 2 月和 8 月活性磷酸盐浓度
（a）2 月；（b）8 月

营养盐浓度的变化周期通常小于一个月，所以不可能用前一个月和后一个月的情况来推测当前月的水色参数空间分布情况，所以对这些缺失数据的插值只能够运用空间相关性来分析。

遥感资料反演的水色产品补缺就是需要在未获得数据的栅格估计一个变量值的过程。Tobler 地理学第一定律表明在空间上接近的点比那些远远分开的点更相似，这是利用周围有数据栅格值对缺失数据栅格进行插值的基本假设。

本论文采用的是反距离倒数权重插值。选用该方法的原因如下：首先是因为在 0.016 7° × 0.016 7°栅格大小范围内，水色参数只可能与最邻近的栅格相关，而且在时间上与上一个月或者下一个月相关性不大；其次是因为算法比较简单，容易实现。假设未知栅格周围的 8 个栅格的距离为 1，再外面 16 个栅格的距离为 2，如图 5.9 所示。反距离权重插值算法如式（5.5）所示：

$$V_e = \frac{\sum_{i=1}^{n} \frac{v_i}{d_i}}{\sum_{i=1}^{n} \frac{1}{d_i}} \tag{5.5}$$

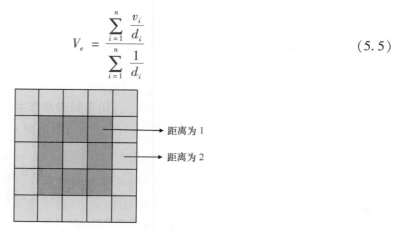

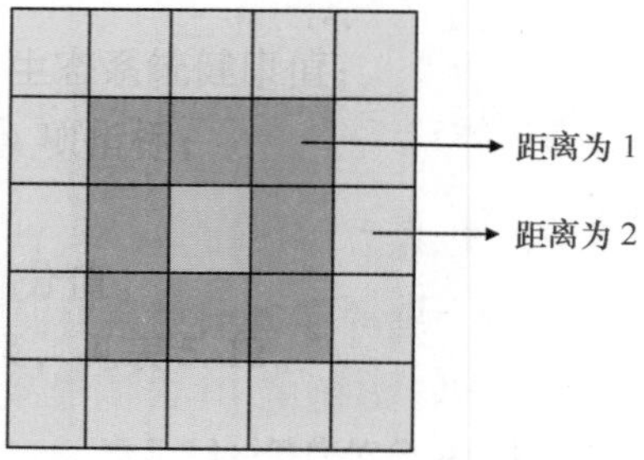

图 5.9　反距离插值中距离设置示意图

式中，v_i 为第 i 个栅格点的参数值；d_i 为第 i 个栅格点与未知栅格之间的距离；n 为给定区域内有值点的数目。

计算过程中，选择补缺栅格周围24个栅格进行插值。当参与运算的栅格数目大于8个才进行运算，否则暂时不运算，仍然赋值0，当还有未计算的缺失栅格时再重新检测出缺失栅格所处位置并再插值，直到所有缺失栅格都被插值。这样是为了避免仅仅有邻近的较少值来进行补缺。并且运算的方向是从海洋向陆地方向，因为沿陆地边缘通常没有数据。插值前后对比如图5.10所示。

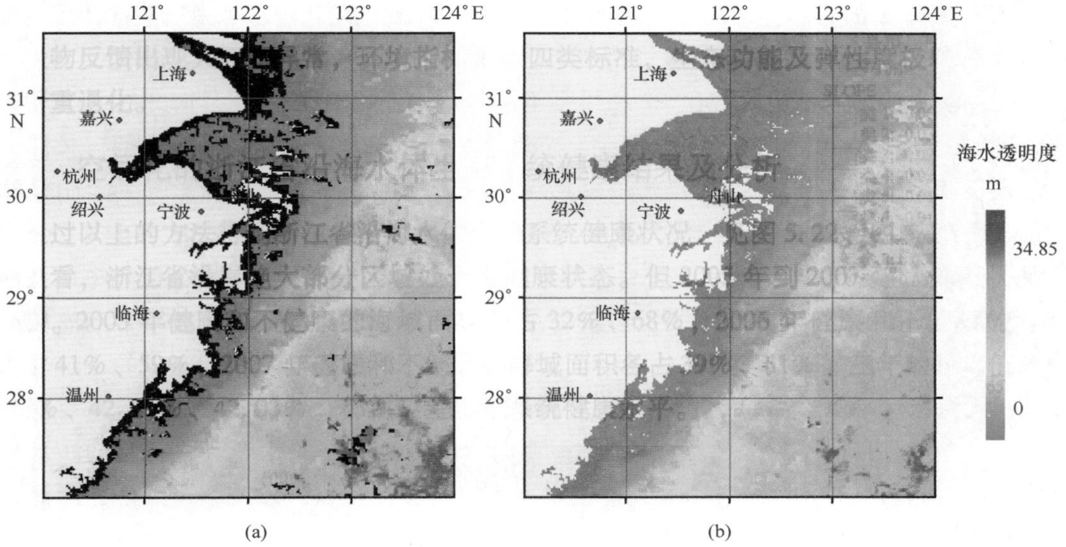

图5.10 插值前后海水透明度对比

（a）未插值L3B原始数据；（b）插值后L3B数据

5.2 遥感反演水质参数对生态系统健康的影响

在全世界范围内，河口和海岸带都在面临水质问题，这是由于人口数量在海岸带地区增加以及人类活动对环境压力加大的结果。海岸带普遍存在营养物质富集、沉积物和高浓度污染物输入，导致有害的低氧环境出现并使栖息地的动物和植物受到胁迫，需要科学家、资源管理者、政府官员和公众共同努力、协同合作，才能够保持健康的海岸带生态系统。

遥感快速水质监测具有广泛需求，原因是：①通过遥感反演的水质参数结果具有空间化的优势，走航船测往往只有离散的站点数据；②遥感具有快速获取资料和反演的能力，而常规走航船测不能够满足紧急事件比如赤潮、大量油污染等的实时监测需求；③10天到一个月时间间隔合成的长时间序列遥感数据产品对于生态环境监测和生态系统健康评估充分体现其高效和低成本的优势。

5.2.1 悬浮泥沙浓度的生态效应和时空变化

近岸海域悬浮泥沙会影响水体的生态条件和河道、海岸带冲淤变化过程，对海岸带的水质、生态、环境具有指示作用，颗粒悬浮物的性质和含量是评价水域生态系统功能特征的重要指标，对海岸工程和港口建设等也具有重要意义。水环境系统中，泥沙通过对污染物的吸附与解吸，直接影响着污染物在水固两相间的赋存状态。伴随着泥沙在水体中的运动，污染物在水体和底泥之中的赋存状态也发生变化。所以泥沙作为主要载体，影响污染物在水体中的迁移转换过程，从而影响环境的状态[141]。悬浮泥沙含量的增加直接影响水体透明度和混浊度，使得进入水中的光线穿透能力降低，沉水植物生长受限。

《中国海洋水质标准》（GB 3097—1997）提出人为引起的悬浮物质浓度≤10 mg/L 时为一类和二类水体，≤100 mg/L 为三类水体，≤150 mg/L 为四类水体。Cheaspeake 海湾水质研究提出总悬浮颗粒浓度在≤15 mg/L 时能够保证沉水植物的生态恢复，大于这个数值沉水植物不能生长[142,143]，因此在 Maryland 海湾生态系统健康评价中采用 15 mg/L 为阈值[11]。

长江冲淡水冲出河口之后，在 10 月到翌年 4 月主要向南转，5—9 月向北转，已有大量的研究证明，长江入海泥沙进入杭州湾，随着沿岸流南下最远可至福建沿海北部，长江泥沙部分进入长江口外海区域[144]。而杭州湾悬浮泥沙浓度受径流和上升流的影响具有明显的季节变化。长江口附近、东海近海流系配置示意图如图 5. 11 所示。2005—2007 年 2 月和 8 月的悬浮泥沙分布状况如图 5. 12 所示，统计结果如表 5. 1 和表 5. 2 所示。总体特征是冬季泥沙浓度高于夏季，2 月浙江省海岸带平均泥沙浓度是 8 月浓度的两倍以上，不到 25% 的海域能够达到 Maryland 海湾生态系统健康评价中小于 15 mg/L 这个标准。这是因为冬季的长江冲淡水和钱塘江入海流量小，长江冲淡水沿着岸线主要向南流，冲淡水的泥沙含量高，悬浮泥沙在杭州湾以及浙江省其他沿岸海域停留和聚集。8 月，一方面长江来水量大，长江冲淡水泥沙浓度低；另一方面长江入海的方向为直接往东面入海，所以杭州湾以及整个浙江近海泥沙浓度较 2 月小得多，50% 以上的海域能够达到小于 15 mg/L 这个标准。

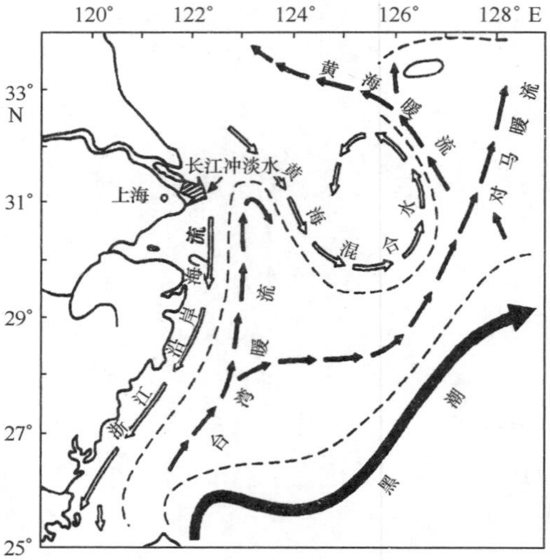

图 5. 11　长江口附近、东海近海流系配置示意图[144]

表 5. 1　浙江省海岸带悬浮泥沙浓度统计值　　单位：mg/L

年份	2 月			8 月		
	范围	平均值	标准偏差	范围	平均值	标准偏差
2005	0 ~ 1 000. 00	187. 23	267. 83	0 ~ 314. 40	31. 00	40. 80
2006	0 ~ 1 000. 00	81. 37	87. 82	0 ~ 256. 70	33. 55	42. 05
2007	0 ~ 1 000. 00	89. 57	107. 63	0 ~ 389. 00	34. 23	44. 23

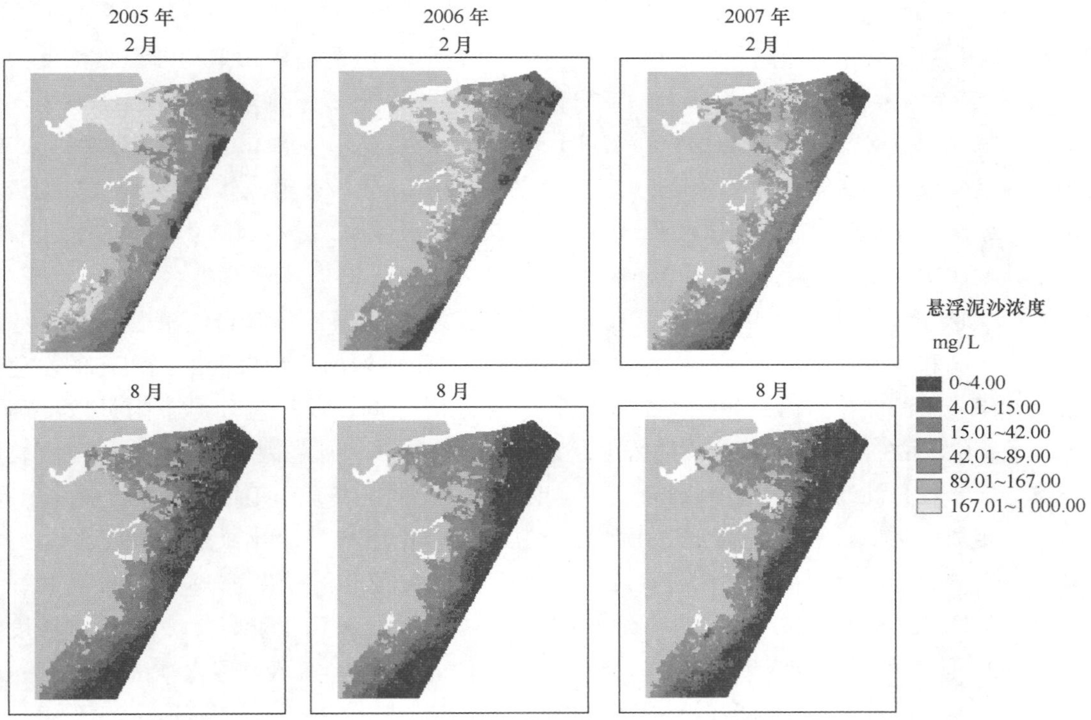

图 5. 12　浙江省海岸带 2005—2007 年 2 月和 8 月悬浮泥沙浓度

表 5. 2　浙江省海岸带悬浮泥沙浓度分级统计　　单位：mg/L

时间 \ 面积百分比(%) \ 浓度分级		0～5	5～10	10～15	15～50	50～100	100～200	200～1 000
2005 年	2 月	3. 89	4. 05	6. 65	16. 44	20. 86	28. 59	19. 46
	8 月	33. 61	13. 05	5. 62	24. 79	16. 38	5. 46	1. 02
2006 年	2 月	7. 16	8. 91	6. 87	20. 97	21. 48	28. 03	6. 53
	8 月	37. 85	8. 24	6. 01	19. 85	19. 80	7. 65	0. 54
2007 年	2 月	8. 58	8. 97	6. 16	19. 27	20. 82	28. 11	8. 07
	8 月	41. 56	5. 93	3. 80	19. 25	21. 03	7. 40	1. 00

2005—2007 年这三年中，2005 年 2 月的悬浮泥沙浓度最高，是其他两年 2 月平均值的两倍以上。从 2005 年到 2007 年，悬浮泥沙浓度趋于下降。而在 8 月，悬浮泥沙浓度略有上升。2005 年长江口的输沙量是 2.16×10^8 t，而 2006 年是 0.848×10^8 t，2007 年是 1.38×10^8 t。因而 2005 年 2 月杭州湾和近岸的泥沙浓度极高。

5. 2. 2　叶绿素浓度的生态效应和时空变化

浮游藻类是海岸带生态系统中的生产者，是鱼类和贝类的食物来源。叶绿素 a 含量可以反映海区浮游植物浓度的高低，通常在河流入海口以及上升流附近，因为营养物质丰富而具有较高的叶绿素浓度，从而形成渔场，比如舟山渔场。但是叶绿素浓度过高之后导致水体透明度和溶解氧含量降低，对水中生命体不利，因而它又是海域富营养化的重要指标。

一般大洋的叶绿素 a 含量小于 2 μg/L，如果叶绿素 a 含量在短时间内从正常值上升到 10 μg/L 以上，即可预警赤潮即将发生。联合国经济合作发展署提出，平均叶绿素浓度大于 8 μg/L 为富营养化。Maryland 海湾生态系统健康评价中，以叶绿素浓度大于 15 μg/L 为不健康[11,142,143]。《地表水环境质量标准》（GHZB1—1999）中规定一类水体叶绿素浓度≤1 μg/L，二类水体≤4 μg/L，三类水体≤10 μg/L，四类水体≤30 μg/L，五类水体≤65 μg/L。对云南省湖泊叶绿素 a 浓度作为富营养化水平的指标划分，一类水体≤2 μg/L，二类水体≤10 μg/L，三类水体≤20 μg/L，四类水体≤40 μg/L，五类水体≤60 μg/L[145]。

本论文收集了 2005—2007 年 2 月和 8 月叶绿素浓度数据，并对它们进行统计，如图 5.13、表 5.3 和表 5.4 所示。浙江省海岸带水体随离岸距离增加，在附近出现明显的水色分界带，叶绿素 a 浓度分布由近岸向东逐渐增高，到外海降低，在水色分界带附近浓度高达 15～20 μg/L。而在长江口和杭州湾的浓度通常小于 7.5 μg/L。这是因为长江冲淡水虽然营养盐丰富，但是在长江口附近，泥沙含量高，透明度低，限制了光合作用，叶绿素含量并不高；入海一段距离之后，泥沙含量降低，透明度增高，光合作用增强，叶绿素含量较高。2 月，较高叶绿素分布范围是舟山群岛附近海域、浙江中部和南部海区的沿海。8 月，较高叶绿素分布范围整体往东移动。2 月的平均叶绿素浓度范围是 5～8 μg/L，大部分海区叶绿素浓度小于 10 μg/L。8 月的平均叶绿素浓度范围是 3～5 μg/L，95% 以上海区叶绿素浓度小于 10 μg/L。总体来说，长江冲淡水与浙江沿岸流域的叶绿素含量较高，初级生产力高，高于附近的黑潮表层水和台湾暖流表层水。从 2005 年到 2007 年，2 月的平均叶绿素浓度降低，但是 8 月的平均叶绿素浓度升高。

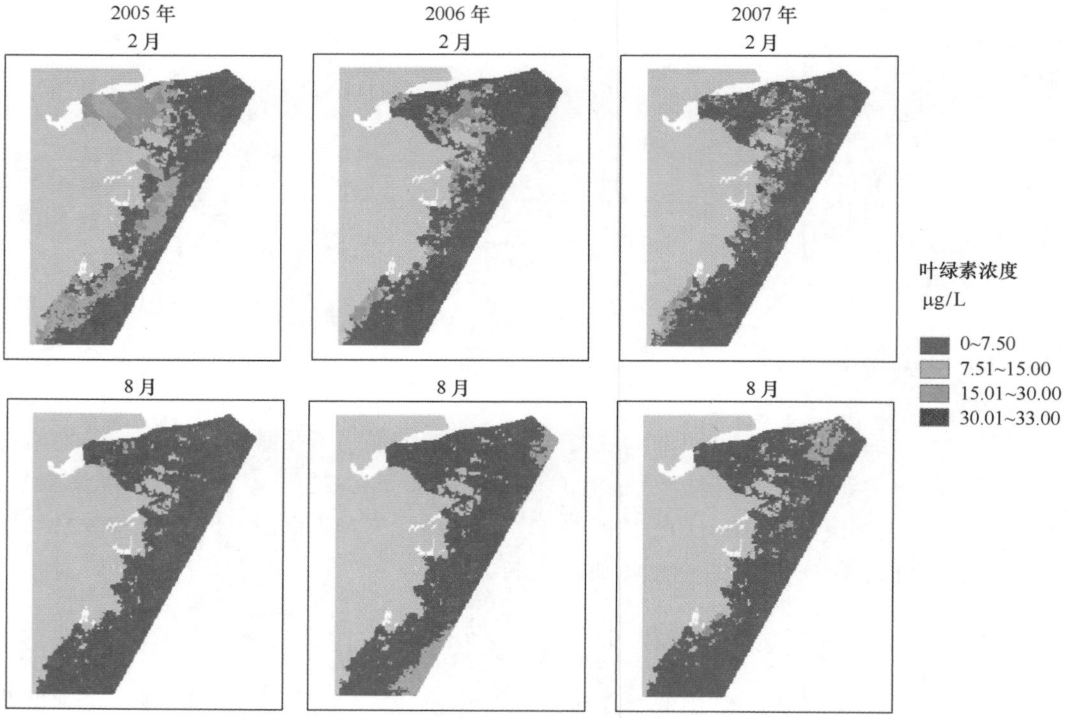

图 5.13　浙江省海岸带 2005—2007 年 2 月和 8 月叶绿素浓度

表 5.3　浙江省海岸带叶绿素浓度统计值　　单位：μg/L

年份	2 月			8 月		
	范围	平均值	标准偏差	范围	平均值	标准偏差
2005	1.04 ~ 30.24	8.02	5.77	0.37 ~ 19.30	3.25	1.39
2006	0.60 ~ 31.27	5.17	4.67	0.34 ~ 20.84	3.57	1.79
2007	1.15 ~ 32.35	5.07	3.84	0.44 ~ 28.11	4.38	2.33

表 5.4　浙江省海岸带叶绿素浓度分级统计　　单位：μg/L

面积百分比(%) 浓度分级 年份	2 月					8 月				
	0 ~ 2	2 ~ 5	5 ~ 10	10 ~ 20	>20	0 ~ 2	2 ~ 5	5 ~ 10	10 ~ 20	>20
2005	6.10	34.62	30.16	24.61	4.54	14.08	80.50	4.93	0.48	0.00
2006	13.13	56.01	20.64	7.28	2.95	16.96	69.74	12.55	0.72	0.04
2007	7.26	56.82	29.14	5.43	1.35	9.88	61.56	26.76	1.54	0.26

5.2.3　赤潮的生态效应和时空监测

近年来我国发生的大面积赤潮主要是甲藻类赤潮，其形成的主要原因是海水富营养化、氮磷比失衡和具备赤潮生物适宜的环境气候条件。2001 年到 2005 年 5 年的监测结果统计显示，全国海域总共发生赤潮 453 次，累计面积 93 260 km^2；主要发生在东海，其中浙江近岸海域赤潮发生次数和面积占全海域 5 年累计发生次数和面积的 38% 和 61%，可见浙江省沿海地区是赤潮多发区。图 5.14 为 2005—2007 年全国和东海赤潮发生次数和面积。

富营养化一直是长江口外海域、浙江中南部以及黄渤海等近岸海域严重的生态问题，为赤潮的频发提供了适宜的物质条件。氮磷比失衡导致浮游植物群落结构改变，使具有光合性和非光合性两种营养方式的甲藻类在浮游植物群落中所占比例大幅攀升，最终形成甲藻类赤潮。而海水富营养化、氮磷比失衡等，主要是陆源排放导致海域出现的异常结果，尤其是农药、化肥的大量使用以及沿海污水和废水处理能力提高的速度缓慢；大量有机物质和含氮、含磷物质通过各种途径进入海洋，在合适的环境气候条件下，必然发生赤潮[146-148]。

赤潮对海岸带生态系统健康的破坏表现在以下几个方面。

一是赤潮发生后提高 pH，降低水体透明度和溶解氧含量，释放有毒物质，损害海洋环境。大量的藻类光合作用过程消耗水体中大量的 CO_2，导致海水 pH 值由通常的 8.0 ~ 8.2 之间上升到 8.5 以上，有时甚至可达 9.3，影响生活在其中的各类海洋生物的生理活动，导致生物种群结构改变。赤潮区的水面由于漂浮着厚厚一层赤潮生物，减小水体的透明度，降低阳光到达水体的深度，导致生长于深层的水草、造礁珊瑚及生活于水草中的海洋动物大量死亡，底层生物量锐减。

二是赤潮生物分泌抑制剂或毒素使其他生物减少，消亡阶段还可使水体缺氧。处在消失期的赤潮大量死亡分解，水体中溶解氧大量被消耗；同时在缺氧条件下，分解的赤潮生物产生大量有害气体，在这种情况下，海洋生态系统有可能受到严重危害。

三是危害水产养殖、捕捞业以及旅游业。赤潮对水产生物的毒害方式主要有以下几种：

①赤潮生物分泌黏液或死亡分解后产生的黏液，附着在鱼虾贝类的鳃上，使它们窒息死亡；②鱼虾贝类吃了含有赤潮生物毒素的赤潮生物后直接或间接积累发生中毒死亡；③赤潮生物死亡后分解过程消耗水体中的溶解氧，鱼虾贝类由于缺少氧气窒息死亡；④赤潮破坏了旅游区的秀丽风光，油污似的赤潮生物及大量死去的海洋动物被冲上海滩，臭气冲天。

四是危害人体健康。赤潮发生海域的水产品能富集赤潮毒素，人们不慎食用能对身体健康产生威胁。赤潮水体与皮肤接触后，可出现皮肤瘙痒、刺痛、出红疹；如果溅入眼睛，则疼痛难忍，有赤潮毒素的雾气能引起呼吸道发炎，所以不能在赤潮发生水域游泳或做水上活动。

本论文收集了2005—2007年3年来赤潮发生的数据，东海海域发生赤潮次数每年均在50次以上，如图5.14所示。从发生次数和面积上看，远远高于渤海、黄海以及南海。发生的面积为2005年最大，之后逐年降低。浙江省沿海的舟山、韭山列岛、南麂列岛、渔山列岛、象山以及长江口外是赤潮发生频率高的地区。图5.15是赤潮发生的主要区域分布示意图。

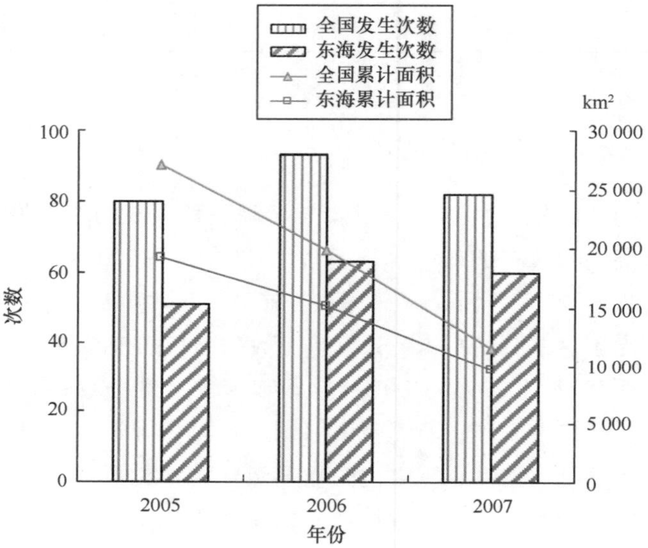

图5.14　2005—2007年全国和东海赤潮发生次数和面积[146-148]

5.2.4　海水透明度的生态效应和时空变化

海水透明度表征光线所能穿透水体的最大深度，它是海岸带浮游植物和海草生产力和生长的基础。水体富营养化能够导致透明度SDD下降，说明透明度能够表征富营养化水平。水体透明度低是湖泊生态修复与重建过程中遇到的主要难题，提高水体透明度是湖泊生态修复与重建的关键[145]。颗粒悬浮物浓度与水体透明度呈显著相关性，而悬浮泥沙是造成水体透明度低的主要原因。透明度低导致水中沉水植物获取的光能减少，物种丰富度减少，这又进一步影响水质和水体透明度。

在Maryland海湾的生态系统健康评价中，透明度大于0.96 m的时间多于40%是健康的[142]，在这样的状况下，海草能够在海湾中生存。GHZB1－1999中规定一类水体透明度大于等于15 m，二类水体透明度大于等于4 m，三类水体透明度大于等于2.5 m，四类水体透明度大

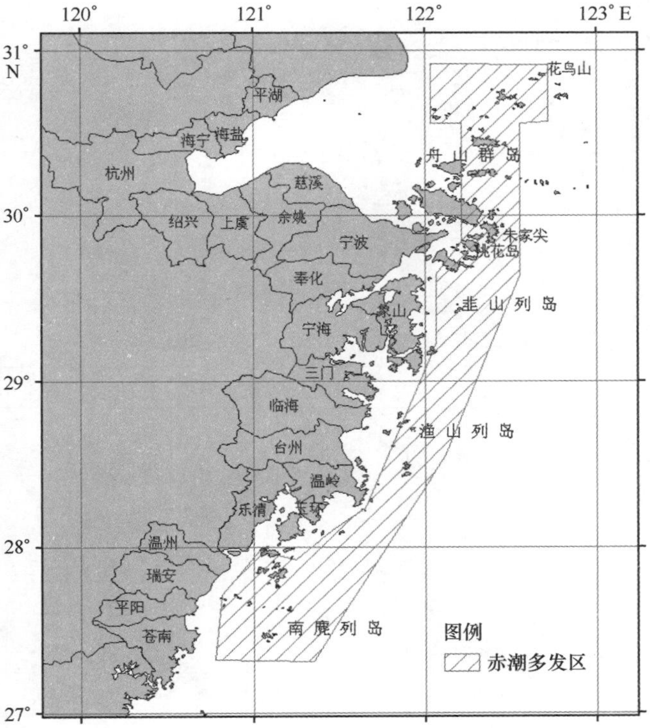

图 5.15　赤潮发生的主要区域分布示意图

于等于 1.5 m，五类水体透明度大于等于 0.5 m。《地表水环境质量标准》（GB 3838—2002）并没有反映透明度的指标，没有相关的国家标准和行业标准对其进行评价。国际上通常认为水体透明度小于 0.5 m 是湖泊富营养化的重要特征。云南省重点水库水体透明度指标标准是一类水体透明度大于等于 5 m，二类水体透明度大于等于 2.5 m，三类水体透明度大于等于 1 m，四类和五类水体均透明度大于等于 0.5 m[145]。

本论文收集了 2005—2007 年 2 月和 8 月水体透明度数据，如图 5.16 所示，并对数据进行统计，如表 5.5 和表 5.6 所示。2 月水体透明度低，整个研究范围内平均水体透明度不足 1 m，最低的是 2005 年 2 月平均水体透明度仅 0.4 m，仅有 11% 的面积水体透明度大于 1 m。影响的主要因素是悬浮物浓度高。8 月水体透明度平均值都超过 2 m。这很大程度上与 8 月长江冲淡水转向东面入海而不是往南沿浙江沿岸南下有关。

表 5.5　浙江省海岸带水体透明度统计值　　单位：m

年份	2 月			8 月		
	范围	平均值	标准偏差	范围	平均值	标准偏差
2005	0 ~ 3.33	0.40	0.56	0 ~ 10.13	2.04	1.95
2006	0 ~ 7.25	0.71	1.07	0 ~ 14.39	2.63	2.81
2007	0 ~ 4.65	0.82	1.07	0 ~ 10.56	2.00	2.01

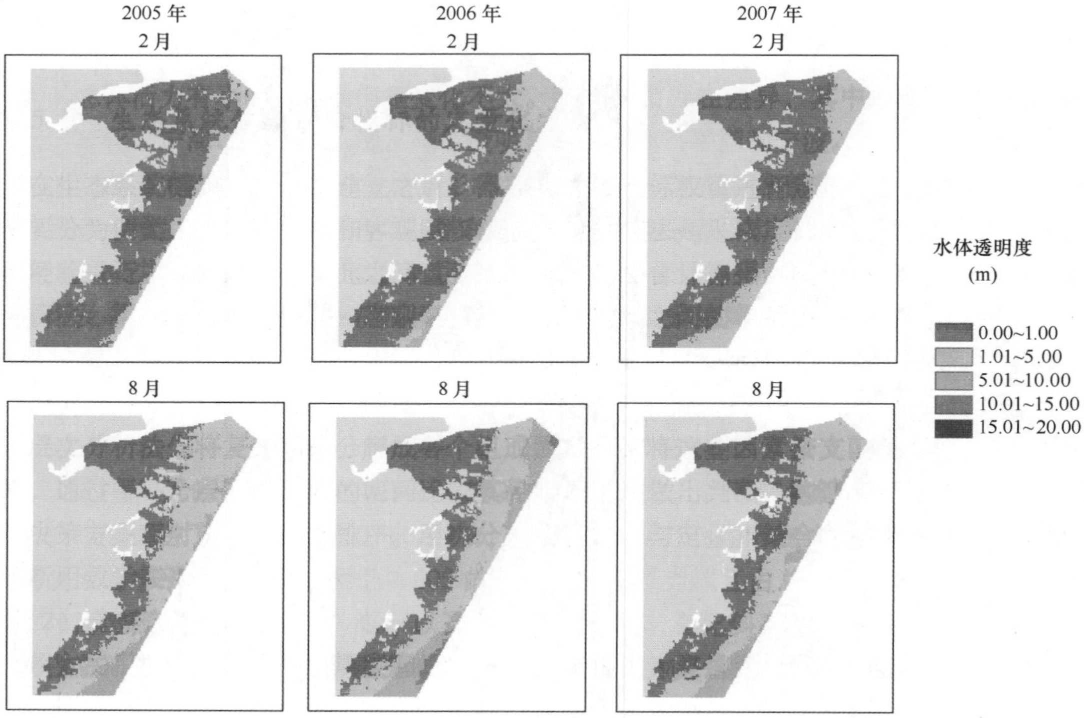

图 5.16　浙江省海岸带 2005—2007 年水体 2 月和 8 月的水体透明度

表 5.6　浙江省海岸带水体透明度分级统计　　单位：m

透明度分级 / 面积百分比(%) / 年份	2 月				8 月			
	0 ~ 1	1 ~ 5	5 ~ 10	10 ~ 15	0 ~ 1	1 ~ 5	5 ~ 10	10 ~ 15
2005	89.32	10.68	0.00	0.00	42.05	49.23	8.71	0.01
2006	78.43	20.26	1.31	0.00	41.87	39.71	16.15	2.27
2007	72.74	27.28	0.00	0.00	47.97	44.25	7.80	0.01

2005—2007 年，总体来说是水体透明度值升高，尤其以 2 月最为明显。由 2005 年的 0.40 m 上升到 2007 年的 0.82 m。2005 年 8 月和 2007 年 8 月的平均水体透明度值接近，都大于 2 m，2006 年平均值稍高。

5.2.5　海水温度的生态效应和时空变化

温带和亚热带海区表层水温周年变化较明显，浙江省海岸带的纬度处于 27°—31°N，受大陆气候影响，近岸浅水区的水温周年变化较大，沿岸海区多分布广温性生物。热电、核电厂的废热水排放能够改变局部水温。温度影响海洋生物迁移，例如，东海的带鱼在春季从外海向近海移动，并向北进行生殖洄游，秋末冬初向南洄游，在舟山形成渔汛。对于海洋生物来讲，温度影响其分布范围、新陈代谢和生长发育。不同的生物所能忍受的温度范围不同，一般低温对生命的破坏作用不如高温大，因此全球变暖会对海洋生物圈造成重要影响。

水温升高会使氧气溶解率降低，生物的新陈代谢加快，这两者都对水体溶解氧含量产生负面影响，很容易导致在高温情况下鱼类因缺氧而死亡，同时大大降低鱼类生长速率，出现

"鱼浮头"的现象。鱼是一种变温动物，它们适应温度变化的方法是改变栖息水域，如果其原有栖息水域水温升高，鱼类往往选择向水温较低的更高纬度或者外海水域迁移。鱼类的产卵和孵化受温度影响也非常明显，一些冷水性鱼类，在其正常的性发育过程中需要较低的温度，冬季温度的升高无疑会降低繁殖率。

海水温度升高、海平面上升会对沿海湿地产生影响。海平面上升和强烈的风暴活动能进一步侵蚀低洼海岸线，导致盐沼和红树林丧失，珊瑚礁白化，重要的野生动物也会受到威胁。

GB 12941—91 的 A 类和 B 类标准是水温不高于近 10 年当月平均水温 2℃，C 类标准是水温不高于近 10 年当月平均水温 4℃。GHZB1—1999 标准是人为造成的环境水温变化应限制在：周平均最大温升≤1℃，周平均最大温降≤2℃。GB 3097—1997 海水水质标准一类和二类水体是人为造成的海水温升夏季不超过当时当地 1℃，其他季节不超过 2℃，三类和四类水体人为造成的海水升温不超过当时当地 4℃。

本论文收集了 2005—2007 年 2 月和 8 月温度数据，其分布如图 5.17 所示，统计结果如表 5.7 所示。

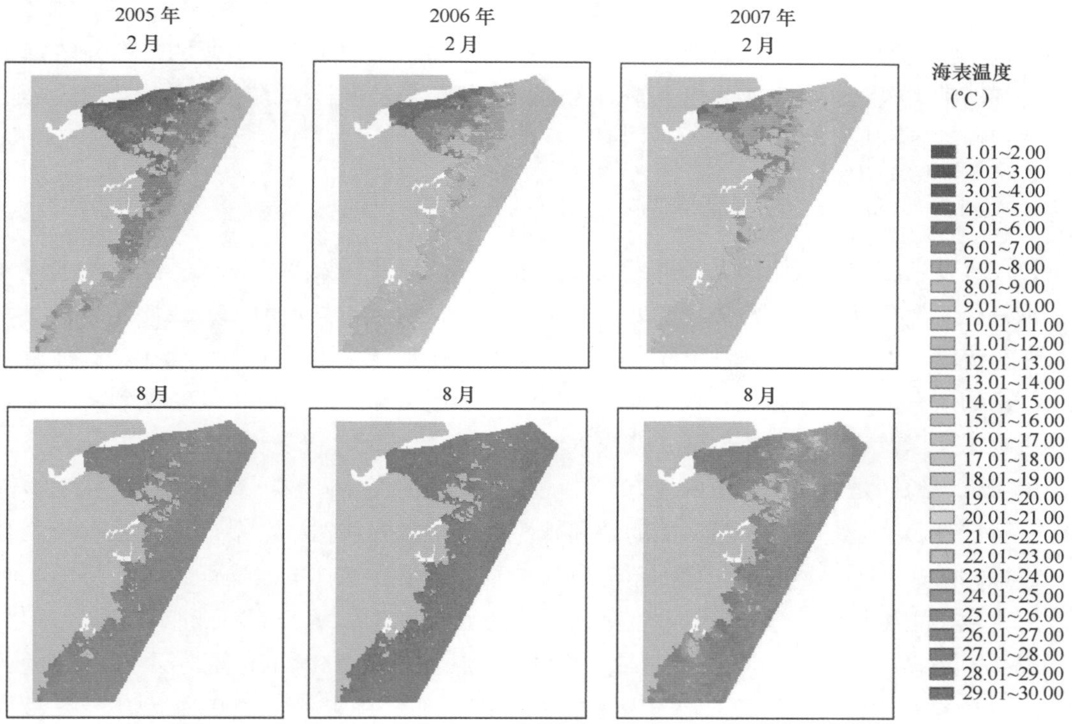

图 5.17　浙江省海岸带 2005—2007 年的 2 月和 8 月海表温度

表 5.7　浙江省海岸带海表温度统计值　　单位:℃

年份	2 月			8 月		
	范围	平均值	标准偏差	范围	平均值	标准偏差
2005	3.25 ~ 13.60	7.84	1.91	19.34 ~ 30.48	27.55	0.89
2006	5.13 ~ 16.29	9.44	2.34	23.84 ~ 30.73	28.46	0.79
2007	4.62 ~ 12.41	9.06	1.49	21.15 ~ 29.58	25.35	0.93

5.3 非遥感反演参数对生态系统健康的影响

5.3.1 海洋倾倒的生态效应

2001—2007 年海洋倾倒区的监测结果显示，实施海洋倾倒的废物主要包括清洁疏浚物，海洋倾倒量总体呈逐年增加的趋势。对于整个东海，2005 年和 2006 年的倾倒量差不多，但是 2007 年比 2006 年增加了大约 50%。

2005 年，浙江 11 个使用倾倒区，倾倒量 $1\ 909 \times 10^4\ m^3$，签发 112 份许可证[146]。

2006 年，浙江 11 个使用倾倒区，倾倒量 $1\ 604 \times 10^4\ m^3$，签发 50 份许可证[147]。

2007 年，东海使用倾倒区 18 个，倾倒量 $9\ 408 \times 10^4\ m^3$，签发 221 份许可证[148]。

国家海洋局对倾倒区及其周边环境状况进行了监测。监测内容主要是水深、底栖生物种类和数量。监测结果表明，监测倾倒区底栖环境状况基本维持稳定，水深和底栖生物群落结构未因倾倒活动而产生明显变化。个别倾倒区有轻微淤浅，多数倾倒区内水深无明显变化，存在底栖生物密度下降、生物量减少和群落结构趋于简单的现象。个别倾倒区部分站位活性磷酸盐和石油类含量较高。90% 以上倾倒区的环境状况未发生显著的变化，海洋倾倒区的基本功能得以继续维持[146-148]。

5.3.2 河流物质输送的生态效应

长江以及浙江省内入海的河流携带大量淡水、泥沙以及污染物质进入浙江沿海水体。长江无论是径流量还是泥沙，污染物都处于全国第一，且远高于其他河流，钱塘江、椒江和甬江虽然径流量不大，但是入海污染物总量大，营养盐年输送量不断增加，长江口、杭州湾和舟山群岛的所有近岸海域，氮、磷浓度大大超过海水四类标准。同时水体还受到微量有毒有害有机物污染以及重金属污染，这是造成近岸海域环境污染和生态损害的主要原因。

由于沿岸地区是咸淡水交汇的地方，环境条件复杂多变，许多重要理化特征和生物特征都具有特殊性。生态系统结构具有脆弱性和敏感性，河流物质输入对沿岸地区具有较大的影响，影响相关的若干环境因子，比如营养物质浓度、水质、水体的自净能力等，将影响河口及近海水域水生生物的栖息环境，改变生物群落的结构、组成、分布特征和生产力。

表 5.8 是 2005—2007 年长江径流量和输沙量，长江流域 2005 年总体上属于平水少沙年，2006 年属于枯水少沙年，2007 年属于偏枯水少沙年。图 5.18 是长江 2005—2007 年每月径流量和输沙量。表 5.9 是影响浙江沿海的前三大河流污染物质总量。

表 5.8 2005—2007 年长江径流量和输沙量

	1950—2005 年平均	2005 年	2006 年	2007 年
年径流量（$\times 10^8\ m^3$）	9 034	9 015	6 886	7 708
年输沙量（$\times 10^8$ t）	4.14	2.16	0.848	1.38
年平均含沙量（kg/m^3）	0.461	0.239	0.123	0.179

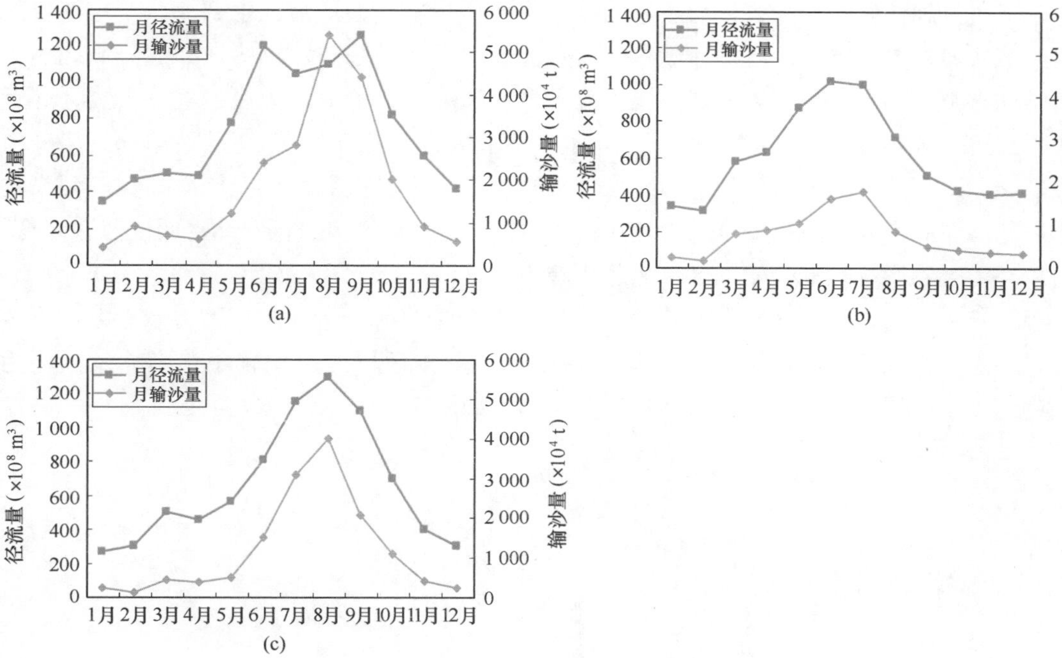

图 5.18　2005—2007 年长江每月径流量和输沙量

（a）2005 年；（b）2006 年；（c）2007 年

表 5.9　2005—2007 年三大河流污染物质总量　　单位：t

	河流（排名）	COD	营养盐	油　类	重金属	砷	合　计
2005 年	长　江（一）	5 126 446	133 709 *	33 586	27 682	2 613	5 324 036
	钱塘江（四）	639 600	41 924 *	4 916	875	47	687 362
	甬　江（七）	148 575	14 149	741		7	163 472
2006 年	长　江（一）	5 047 978	1 215 409	29 416	16 690	1 765	6 311 259
	钱塘江（三）	863 200	63 592	4 720	1 223	854	933 589
	椒　江（六）	758 620	9 842	848	112	70	769 492
2007 年	长　江（一）	4 912 731	1 426 835	36 401	20 928	2 162	6 399 057
	钱塘江（三）	686 747	57 308	4 240	1 287	48	749 630
	椒　江（六）	465 349	5 500	281	130	54	471 314

* 是氨氮、磷酸盐的总和。

5.3.3　排污口的生态效应

由于工业和生活污水大量排海，特别是部分排污口连续超标排放，致使排污口邻近海域生态环境持续恶化。陆源污染物排海量持续增加导致我国近 50% 的邻海水域受到污染，排污口邻近海域劣四类水质区面积占监测总面积的 82%，四类和三类水质面积占 13%，全部监测区域沉积物质量劣于三类海洋沉积物质量标准。主要超标污染物为无机氮、活性磷酸盐和石油类等[146－148]。

排海污水中的高浓度营养盐导致海域水体营养盐失衡及富营养化，近 70% 的海域富营养化严重，无机氮和活性磷酸盐含量均超过四类海水水质标准；造成浙江中部海域、长江口外海域等区域大面积赤潮频发，有毒赤潮发生次数和面积呈上升趋势。排污口邻近海域底栖生物群落结构种类单一，部分邻近海域出现无生物区，60%的监测海域无底栖经济贝类，邻近海域底栖经济贝类难以生存，甚至出现了30多平方千米的无底栖生物区。排污口邻近增养殖区环境退化，适于养殖的水域面积急剧缩减，养殖生物体内粪大肠菌群及镉、油类等污染物含量普遍超标，海产品的食用安全风险增加；排污口邻近的旅游风景区水体透明度普遍降低，海水浴场环境受到影响；港口航运区环境恶化趋势加重。

本章收集了排污口空间分布数据，对于排污口进行缓冲区分析，离排污口越近，生态环境状况越恶劣，因此健康状况越差；离排污口越远，受排污口的影响越小。影响范围定为4 km，超过这个范围，将不受排污口影响。分析结果如图5.19所示。

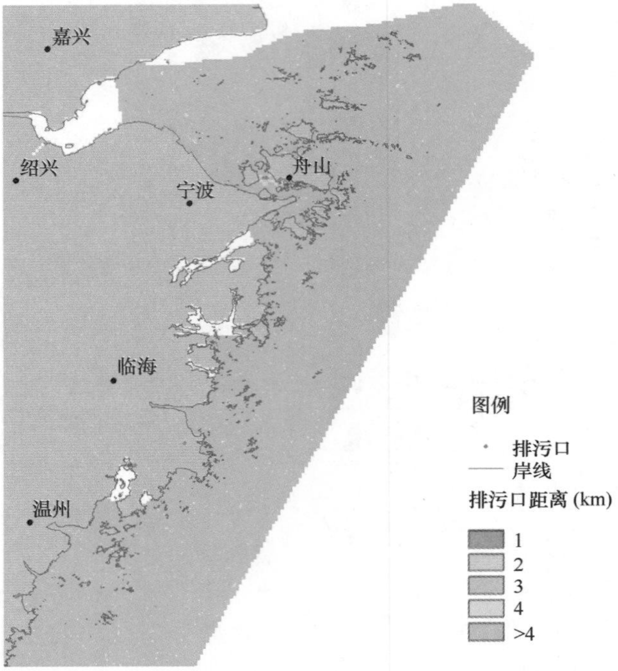

图5.19　排污口缓冲区

5.3.4　港口与航道的生态效应

浙江省海岸线总长6 600 km，居全国之首。岸长水深，可建万吨级以上泊位的深水岸线290.4 km，占全国的1/3以上，10万吨级以上泊位的深水岸线105.8 km。全省已经形成以宁波、温州、舟山港为全国沿海主要港口，台州，嘉兴港为地方重要港口，其他地方小港为配套的沿海港口群。

港口处于水陆交界区域，是天然的生态环境敏感区，也是人类活动功能的重要承载区。港口建设导致污染，对水陆域动植物产生影响。港口吹填、防波堤建设等将使得港口所在地动力条件发生变化，改变港区附近湿地、滩涂生境。

海运业也给海洋的生态环境带来巨大影响，船舶、军舰声呐对海洋生物造成的噪声污染，阻止鲸鱼等物种之间的联络；全球物种的交流，可能造成外来物种入侵；频频发生的船舶污染事故，尤其是油轮、化学品船海上污染事故危害十分严重，在发生船舶污染后，有些海洋生物丧失或改变其肢体器官功能和繁殖能力，还有些海洋生物数量锐减，面临灭绝的危险。海水一旦污染后很难恢复，海洋生物的生存环境也受到极大破坏。海运业的废气排放量约占全球废气排放量的1/4，含有废物、油料和毒质等有害物质的机舱舱底污水，油船/化学品船的压载水、洗舱水和压舱水被直接排放到海洋中。

本论文收集了港口和航道资料，对它们分别做了缓冲区分析，结果如图5.20和图5.21所示。

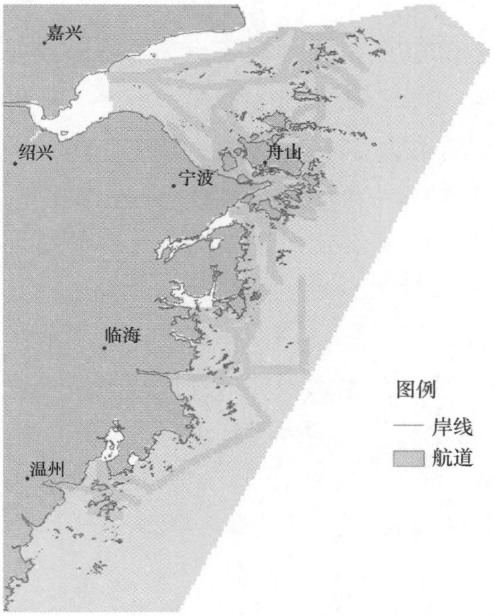

图5.20　航道缓冲区

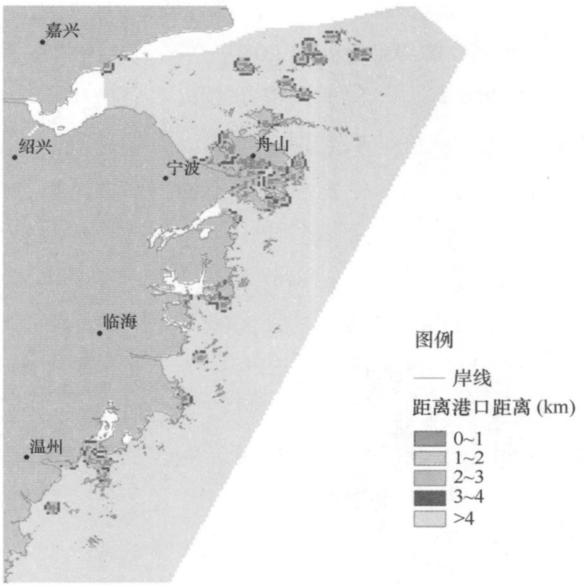

图5.21　港口缓冲区

5.3.5　生物资源变化

沿岸生态系统受曲折海岸线和复杂多变的浅水水深的制约，在沿岸生态系统中，潮间带生物、底栖生物和中上层浮游生物群落间的相互作用，促进了营养物质的循环，提高了初级生产力和沿岸生态系统支持与海洋系统有关的商品和服务的能力。与陆地和深海大洋系统相比，物理和生物过程发生变化的时间尺度更短（频率更高），变化也更为复杂。因此，沿岸生态系统的种群和过程比大洋和陆地系统变化更大，变化的时空尺度更短。

（1）河口的影响

河口大量的营养物质育肥着河口及邻近海域，使其成为初级生产力和浮游生物最丰富的水域。河口的生物种群大多数为季节性洄游种类，其生物量的高低与长江径流量的大小密切相关。近年来，水利工程的修建造成径流量和携带泥沙能力下降，引起河口营养物质浓度发生变化，影响生物的肥育。径流量减小，冲淡水与海水的交汇区上移，冲淡水面积减小，水生生物的生活空间被压缩[149]。1998年的研究数据表明，长江口的浮游生物和底栖生物分别比1982—1983年减少69%和88.6%，中华鲟、白鳍豚、胭脂鱼等国家保护种类几乎灭绝[150]。

（2）排污口附近

排海污水中营养盐的高浓度导致海域水体富营养化及营养盐失衡，近70%的海域富营养化严重，无机氮和活性磷酸盐含量均超过四类海水水质标准；造成浙江中部海域、长江口外海域、杭州湾区域大面积赤潮频发，有毒赤潮发生次数和面积呈上升趋势。排污口邻近海域底栖生物群落结构种类单一，部分邻近海域出现无生物区，60%的监测海域无底栖经济贝类，近海域底栖经济贝类难以生存，甚至出现了30多平方千米的无底栖生物区。海产品的食用安全风险增加。

（3）文献资料中收集的生物资源多年变化情况

纪焕红等以南麂列岛2004—2005年的调查数据与1990年比较，2004年种类组成及种类数的变化表现为：种类组成类群数明显减少；春季主要类群由水母类变化为毛颚类；种类数总体下降；优势种的类别发生变化[151]。王金辉等根据东海监测中心1997—2002年的长江口及邻近水域的浮游生物和底栖生物多样性现状，与此前20年的调查资料比较，得出结论：长江口及邻近水域的生物多样性比较丰富，但是在人类活动影响下，长江口河口区和冲淡水区浮游生物和底栖生物的物种大幅减少；优势浮游生物的生物量增加，部分种类异常增殖发生赤潮，底栖生物生物量明显减少；群落结构趋于简单，表现为单种优势，生物多样性下降[152]。刘录三等于2005—2006年进行的4个航次调查中，分别对长江口及毗邻海域进行了大型底栖动物取样工作。在最西侧的口内水域与杭州湾，底栖生物种类组成最为单调，生物多样性指数最低，群落结构极为脆弱；在紧邻该底栖生物贫乏带的东侧，也就是口外水域与舟山海区，底栖生物种类组成呈现复杂化，生物多样性指数较高，群落结构显著好于口内水域及杭州湾。

1949年以来东海区海洋捕捞业的发展大致经历了4个阶段[153,154]。①恢复和初步发展阶段（1949—1958年），渔获物以经济鱼种为主，渔获质量高，优质鱼种约占70 %。②海区捕捞力量迅速发展，总产量明显提高，单位产量处于比较稳定阶段（1959—1974年），渔获物主要以大黄鱼、鳓鱼、带鱼为主，同时虾蟹类和鲐鲹的产量显著上升，但小黄鱼和乌贼的产量则已明显下降。③海洋捕捞力量继续迅速发展，但是总产量徘徊不前，单位产量明显下降，渔业处于初步过度捕捞阶段（1975—1983年），渔获物以绿鳍马面鲀、虾蟹类和鲐鲹类为主，鲳类、马鲛类的产量也明显上升，但是数量较多的带鱼和大黄鱼的产量迅速下降，小黄鱼产量也继续下降，出现了过度捕捞状况。④海洋捕捞力量盲目增长，渔业从初步过度捕捞演变到严重过度捕捞阶段（1984—2000年），渔获物组成再次明显变化，虾蟹类、头足类等一年生生物及低营养级鱼类的产量明显上升。林龙山等利用1997—2004年东海区底拖网渔业资源调查资料，分析了18种主要经济鱼类的渔业生物学特征。结果表明大部分鱼类已经出现个体小型化，15种鱼类的开发率过高，处于超额开发状态，建议加强保护和管理以利于鱼类资源的可持续利用[155]。凌键忠等统计1956—2002年东海区捕捞品种中经济价值较高、在渔业中占重要地位的11个种类的产量，分析研究了东海区11个主要捕捞种类历年来的资源变动特征、资源利用状况及其变动趋势。结果表明：11个主要捕捞种类的渔业资源状况可分为3种类型，分别为过度捕捞已严重衰退的资源；充分利用并开始衰退的资源和尚有潜力的资源，其中大黄鱼、鳓鱼资源已进入资源衰退期，带鱼、鲐鲹鱼类、墨鱼和小黄鱼等处在充分利用并开始衰退期，虾蟹类、鲳鱼、马鲛鱼、鲷科鱼类和海鳗等资源尚有潜力[75]。

5.4 空间化的浙江省水体生态系统健康评价

5.4.1 空间化的浙江省沿海水体生态系统健康指标权重

本章选取遥感反演数据以及基础地理信息数据进行空间化水体健康状况的评价，选取的指标是确实能够反映该研究地区水体生态状况的少数几个具有空间属性的指标。

由于水体承受了人类活动带来的巨大压力，其反馈具有物理、化学和生物方面，所以建立的准则层包括这四个方面。分别在准则层下建立可操作的指标层，在建立评价体系的基础上，调查10位专家意见，利用层次分析法（AHP）对评价因子进行权值分析，确定权重，结果见表5.10。

表5.10 浙江省沿岸水体生态系统健康状况指标因子及权重

目标层	准则层	权重值	指标层	归一化权重值 W_w
水体生态系统健康评价	人类压力	0.110 4	排污口	0.026 6
			航道	0.023 2
			港口	0.060 6
	物理指标	0.232 9	透明度	0.232 9
	化学指标	0.389 1	悬浮泥沙浓度	0.055 6
			溶解无机氮	0.166 8
			活性磷酸盐	0.166 8
	生物指标	0.267 6	叶绿素浓度	0.267 6

5.4.2 空间化的浙江省沿海水体生态系统健康指标分级和计算

《中华人民共和国国家标准——海水水质标准》（GB 3097—1997）按照海域的不同使用功能和保护目标，将海水水质分为以下四类。

第一类：适用于海洋渔业水域、海上自然保护区和珍稀濒危海洋生物保护区。

第二类：适用于水产养殖区、海水浴场、人体直接接触海水的海上运动或娱乐区，以及与人类食用直接有关的工业用水区。

第三类：适用于一般工业用水区、滨海风景旅游区。

第四类：适用于海洋港口水域、海洋开发作业区。

总共列出了35项监测指标。

另外《中华人民共和国景观娱乐用水水质标准》（GB 12941—91）按照水体的不同功能，分为以下三大类。

A类：主要适用于天然浴场或其他与人体直接接触的景观、娱乐水体。

B类：主要适用于国家重点风景游览区及那些与人体非直接接触的景观娱乐水体。

C类：主要适用于一般景观用水水体。

总共列出了21项指标。

本论文以评价浙江省海岸带水体生态系统健康为目标，收集基于遥感资料的空间化水质参数数据，以及具有生态意义的基础地理信息数据衍生的专题数据作为评价水体生态系统健康的指标，具有高时间分辨率、成本低、空间化的优势。但是水体健康评价标准不等同于水质标准，而且水质标准也并非对于浙江省海岸带生态系统健康评价是完全适宜的，所以本研究是在收集对比各种水质标准、水体生态系统健康标准的基础之上，针对区域特色和数据特点而提出的浙江省海岸带水体生态系统健康标准，见表5.11。它借鉴了以下标准。

（1）我国已经颁布的环境质量标准。

（2）地区性或国内外类似水生体态系统的健康评价标准。

（3）国内外文献中已经使用的水体生态系统健康评价标准。

（4）对于还只是探索性研究的遥感反演数据，如溶解无机氮和活性磷酸盐，采用2005年2月上、下四分位数，中位数作为阈值分割。

表5.11　空间化的浙江省沿海水体健康评价指标分级量化标准

级别	一	二	三	四	五
标准化分值（I_w）	100	75	50	25	0
透明度（m）	≥5	2.5～5	1～2.5	0.5～1	0～0.5
悬浮泥沙浓度（mg/L）	0～5	5～10	10～15	15～100	≥100
溶解无机氮（mg/L）	0至下四分位数		下四分位数—中位数	中位数—上四分位数	≥上四分位数
活性磷酸盐（mg/L）	0至下四分位数		下四分位数—中位数	中位数—上四分位数	≥上四分位数
叶绿素（μg/L）	≤2	2～4	4～10	10～15	≥15
赤潮	不发生				发生
距离排污口（km）	>4	3～4	2～3	1～2	≤1
航道（km）	≥5				<5
港口（km）	>4	3～4	2～3	1～2	≤1

将浙江省沿岸水体生态系统健康指标划分为5个级别，分别对应的分值是100分，75分，50分，25分和0分。针对每一个栅格，健康值为

$$HI_w = \sum_{i=1}^{n} W_{wi} I_{wi} \tag{5.6}$$

式中，HI_w——基于栅格的水体生态系统健康值；

i——第i项指标，一共有n项指标；

W_{wi}——第i项指标的权重；

I_{wi}——第i项指标的标准化分值。

对计算得到的结果进行分级，见表5.12。

表5.12　健康值分级原则

	很好	较好	一般	较差	很差
水体健康值（HI_w）	75～100	60～75	45～60	30～45	0～30

生态系统健康级别为很好的是指水体生态系统受人类活动干扰极小，承受的压力极小，物理、化学、生物反馈无异常现象，各种环境指标达到大洋水平，系统极稳定；较好级别水体生态系统是指承受的压力较小，生态功能比较完善，环境指标接近大洋水平，无生态异常现象；一般级别水体生态系统是指外界压力较大，系统尚且稳定，但是敏感性强，已有少量的生态异常出现，可发挥基本的海岸带生态系统生态功能；较差级别水体生态系统是指外界压力大，物理、化学、生物异常较多，生态功能及弹性度比较弱，已经不能满足维持海岸带生态系统的需要，生态系统开始退化；最差级别水体生态系统承受外界压力很大，物理、化学、生物反馈出现大面积异常，环境指标劣于四类标准，生态功能及弹性度极弱，生态系统已经严重退化。

5.4.3　空间化的浙江省沿海水体生态系统健康结果及分析

通过以上的方法得到浙江省沿海水体生态系统健康状况，见图 5.22、图 5.23 和表 5.13。总体上看，浙江省沿岸绝大部分区域处于不健康状态。但 2005 年到 2007 年，健康状况有细微好转。2005 年健康和不健康的海域面积各占 32%、68%，2006 年健康和不健康的海域面积各占 41%、59%，2007 年健康和不健康的海域面积各占 39%、61%。三年的平均值分别为 38.75%、42.84%、42.03%，都在较差生态系统健康水平。

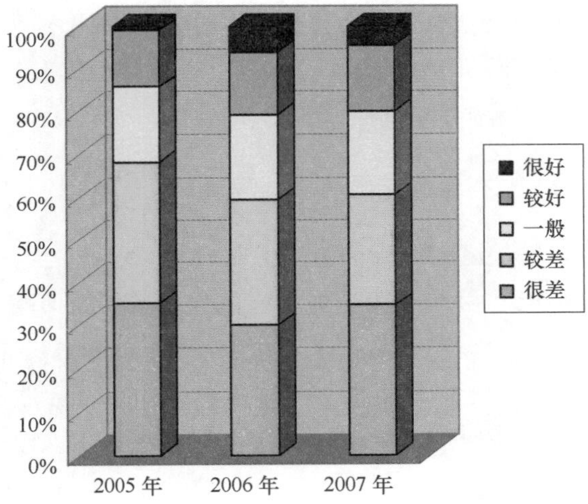

图 5.22　浙江省水体生态系统健康评价结果

表 5.13　浙江省水体生态系统健康评价结果统计

百分比	2005 年	2006 年	2007 年
很差	35%	30%	35%
较差	33%	29%	26%
一般	18%	20%	19%
较好	13%	15%	16%
很好	1%	6%	4%
平均	38.75%	42.84%	42.03%

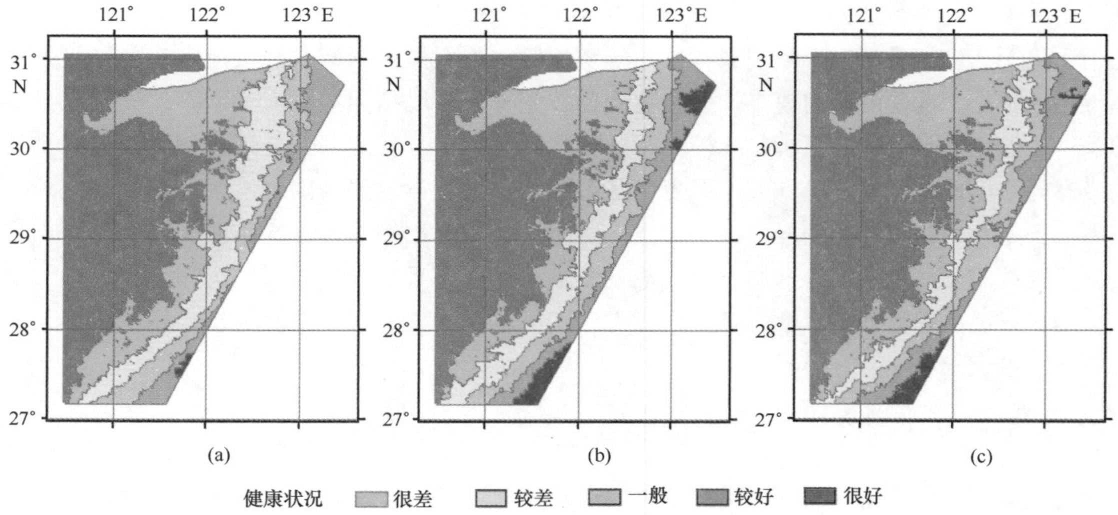

图 5.23　浙江省水体生态系统健康评价结果分布

（a）2005 年；（b）2006 年；（c）2007 年

浙江省沿海海域生态系统健康状况很差的是杭州湾和沿海附近区域，人类活动造成的负面影响显著。这些区域生态系统受损严重，包括物种多样性降低、系统结构简单化、能量流动效率降低、物质循环不畅、服务功能减弱、系统稳定性降低等，对其修复需要加大投入，加强沿岸植被生态功能，人工清淤，控制污染源，加强渔业管理等。

5.4.4　与其他研究结果的对比研究

除舟山群岛、乐清湾内保护区的健康值基本上都小于45，处于较差状况之外，其他海域的自然保护区健康值均大于45，并且比附近的非自然保护区健康值略高。

为了评价海岸带生态系统健康，国家海洋局在 18 个近岸海域生态监控区开展生态监测。监控区总面积达 5.2×10^4 km²，主要生态类型包括海湾、河口、滨海 湿地、珊瑚礁、红树林和海草床等典型海洋生态系统。监测内容包括环境质量、生物群落结构、产卵场功能以及开发活动等。其中在杭州湾有一个面积为 5 000 km² 的监测区。2005 年到 2007 年的《中国海洋质量公报》报道，杭州湾处于不健康。为对比本研究与公报上的结果，在地图上选取杭州湾内一个面积大约为 5 000 km² 的区域，如图 5.24 中画斜线部分所示，计算 2005 年到 2007 年的健康值分别是 18.28，23.71，26.34，处于很差生态系统健康状态。可见，本研究的结果与海洋局公布结果具有可比性。

5.5　小结

沿海水体状况是海岸带生态系统健康模型中的重要部分，在这一章分析沿海水体状况对海岸带生态系统健康的影响。本章的内容是收集 2005—2007 年遥感反演的水质参数，文献、公报等公布的近年浙江近海与水体状况相关的资料，通过分析，对近年来浙江省水体状况有深入了解，流域水土流失、污染物排放、过度捕捞、有害藻类暴发，导致生态系统活力降低、

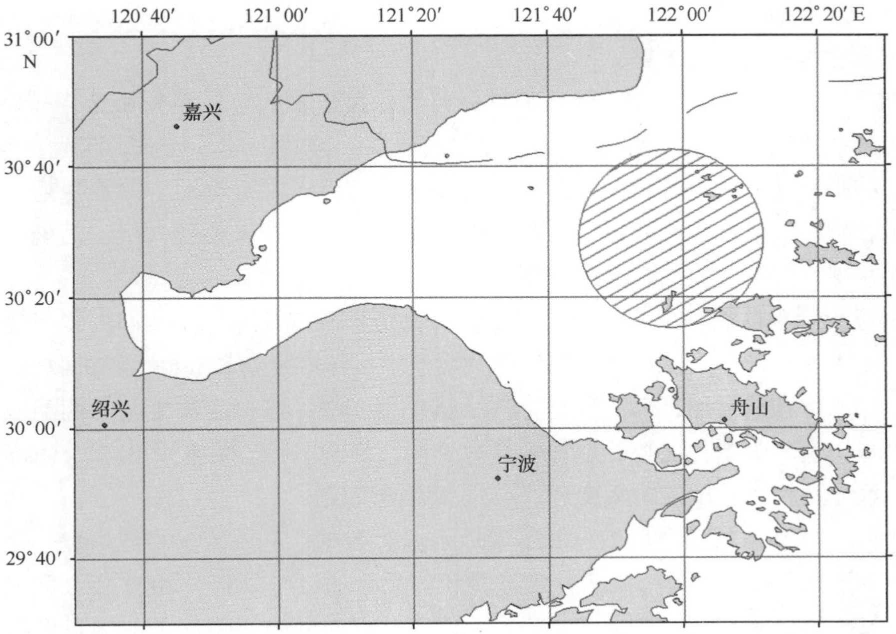

图 5.24　与国家海洋局公布的杭州湾健康状况比较

抵御自然和人为干扰的能力下降、营养和有害物质的自然净化能力受阻、食品生产安全风险增加、生物多样性降低、渔业资源减少、休闲娱乐功能降低。之后选取这些数据建立一个空间化的水体生态系统健康评价体系。具体结论如下。

（1）浮游植物是海岸带生态系统中的生产者，通常在河流入海口以及上升流附近因为营养物质丰富而具有较高的叶绿素浓度。但是浮游植物过高之后导致水体透明度和溶解氧含量降低，对水中的生命体不利，因而它又是海域富营养化的重要指标。某些藻类大规模繁荣导致赤潮发生，提高 pH 值，降低水体的透明度和溶解氧含量，释放有毒物质，损害海洋环境，影响生活在其中的各类海洋生物的生理活动甚至造成生物死亡，底层生物量锐减，导致生物种群结构改变，并危害水产养殖、捕捞业、旅游业以及人类健康。

（2）近岸海域悬浮泥沙影响水体的生态条件和河道、海岸带冲淤变化过程。泥沙通过对污染物质的吸附与解吸，直接影响着污染物质在水固两相间的赋存状态和迁移转换过程。海水透明度与颗粒悬浮物浓度呈显著相关性，它表征光线所能穿透水体的最大深度，而悬浮泥沙是造成水体透明度低的主要原因。透明度低导致水中沉水植物获取的光能减少，物种丰富度减少，这又进一步影响水质和水体透明度。

（3）近岸浅水区的水温周年变化较大，热电、核电厂的废热水排放能够改变局部水温。大范围的温度影响海洋生物分布范围、新陈代谢和生长发育。一般高温对生命的破坏作用比低温大，水温升高会使氧气溶解率降低，生物的新陈代谢加快，降低鱼类生长速率，降低繁殖率。所以全球变暖会对海洋生物圈造成重大影响，而且导致海平面的上升和强烈的风暴活动能进一步侵蚀低洼的海岸线，造成盐沼和红树林丧失，珊瑚礁白化。

（4）长江以及浙江省内入海的河流携带大量淡水、泥沙以及污染物质进入浙江沿海水体。入海污染物总量大且不断增加，长江口、杭州湾和舟山群岛的所有近岸海域，氮、磷浓度大大超过了海水四类标准。同时水体还受到微量有毒有害有机物污染以及重金属污染，造成近岸海域环境污染和生态损害。

（5）排污口邻近海域劣四类水质区面积占监测总面积的82%，四类和三类占13%，全部监测区域的沉积物质量劣于三类海洋沉积物质量标准。倾倒区的环境状况未发生显著变化，海洋倾倒区的基本功能得以继续维持。港口的建设改变港区附近湿地、滩涂生境，对水陆域动植物产生影响。海运业也给海洋生态环境带来噪声污染、外来物种入侵，污染事故造成海洋生物数量锐减，有的甚至面临灭绝的危险。

（6）文献资料中收集的生物资源多年变化情况是长江口及邻近水域的生物多样性比较丰富，但是在人类活动影响下，长江口河口区和冲淡水区浮游生物和底栖生物的物种大幅减少；优势浮游生物的生物量增加，部分种类异常增殖发生赤潮，底栖生物生物量明显减少；群落结构趋于简单，表现为单种优势，生物多样性下降。自20世纪80年代以来，海洋捕捞力量盲目增长，渔业从初步过度捕捞演变到严重过度捕捞阶段。

（7）利用空间化的遥感反演数据和基础地理信息数据，从压力、物理指标、化学指标和生物指标建立浙江省沿海水体生态系统健康评价体系，通过对2005—2007年之间的生态系统健康计算，发现浙江省这几年的水体生态系统健康状况总体是不健康的，但是健康状况略有好转。空间分布规律是杭州湾和浙江省中部南部的近海生态系统健康状况很差，越远离岸边生态系统健康状况越好。通过与海岸带生态区划和国家海洋局公布的生态系统健康评价进行比较，表明结果具有较高的可信度。

6　浙江省海岸带生态系统健康综合评价

通过分别就沿海陆域、海岸线以及水域子系统内多个指标的时空变化对浙江省海岸带生态系统健康影响的探讨，以及浙江省海岸带生态系统健康状况的长时间序列空间分析和研究，对浙江省最近20多年来海岸带生态生态系统健康变化有了总体了解。总体来说，由于人类活动规模扩大，开发手段深入，工农业生产模式转变，海岸带地区所承载的经济产出比重增加，因此环境承受着越来越多的压力。

对1998—2007年浙江省沿海陆域子系统研究，表明经济快速发展，城市以及城镇人口高度集聚、快速城市化过程，引起地理要素和地理过程发生较大的变化，近海地区和城市周边普遍由于土地利用方式改变和人类活动干扰而导致活力降低，小部分山区植被因活动强度的增加而活力增强，城市面积扩展迅速导致陆域组织力下降，且恢复力下降。总体来说，这10年陆域生态系统健康状况趋于下降。

1985—2005年，海岸线变化剧烈，由于对土地的大量需求而进行大规模围海造地活动，整个浙江省大陆海岸线均向海洋推进，总共增加陆域面积525 km^2，主要用于农业、养殖业、工业、码头开发等，这些开发活动虽带来巨大的经济效益，但对海岸带生态系统健康则有负面影响。

对2005—2007年浙江省近岸水域水体生态状况研究，发现水体受长江影响较大，冬季水体状况比夏季差。近年来由于人类经济活动加强和入海污染物显著增加，水体化学、物理、生物状况受到的影响大。以人类压力、物理指标、化学指标和生物指标建立空间化水域生态系统健康评价体系进行评价，表明这三年来水域生态系统处于不健康状态。

6.1　浙江省海岸带生态系统健康评价体系

6.1.1　浙江省海岸带生态系统健康综合评价指数的建立

海岸带生态系统健康评价是诊断人为和自然因素引起海岸带生态系统退化所造成的海岸带生态系统的结构紊乱和功能失调，是海岸带生态系统丧失服务功能和价值的一种评估。

建立的浙江省海岸带生态系统综合健康指数（Integrated Health Index，IHI）计算公式如下：

$$IHI = \sum W_i I_i \tag{6.1}$$

式中：IHI——浙江省海岸带生态系统综合健康指数；

W_i——指标 i 的归一化权重值；

I_i——第 i 种指标的归一化值。

6.1.2 评价指标体系建立原则

对海岸带生态系统健康进行评价，指标体系的建立是首要和关键的步骤，指标体系建立的好坏直接关系到评价的科学性和准确程度。本论文的目的是建立一个理论依据可靠、实践操作可行的生态系统健康评估体系，以期对浙江省海岸带生态系统健康进行长期监测和评价，为环境管理政策的制定提供咨询意见。虽然前文收集和处理得到了许多资料和结果，对生态系统健康评价都是有意义的，但是对于整个海岸带的以年为单位的动态评价来说，还要考虑数据的可获取性、实效性、重要性和可替代性等，从中筛选出指标建立生态系统健康评价体系。而筛选必须遵循以下原则。

（1）能够完整、准确地反映海岸带生态系统的本质特性

海岸带生态系统健康评价指标体系必须基于生态系统实际，指标概念清晰，具有明确的科学内涵。生态系统内部和系统之间相互联系、相互影响，所以需要将生态学、经济学、物理化学等各方面的因素考虑周全，这样的评价才具有说服力和可信度。

（2）尽可能采用遥感数据和地理信息系统技术进行空间化动态监测

遥感所具有的宏观动态监测能力，应该在海岸带生态系统健康评价中充分发挥出来，体现其大面积监测和能用于空间化分析的优势。时间序列遥感资料及其反演数据为海岸带生态系统健康评价提供大量的数据来源，应该充分利用以反映海岸带生态系统的发展变化。地理信息系统能够对地理数据进行采集、储存、管理、运算、分析、显示和描述，能够用于分析和处理在一定地理区域内分布的各种现象和过程，解决复杂的规划、决策和管理问题。两者相结合进行海岸带生态系统健康评价具有数据来源丰富、空间动态分析的优势。

（3）体现人类在海岸带生态系统的作用

扩张城市、修建工厂和道路、填海造田、修建码头等，都对生态系统产生了巨大的影响，人类对自然的改造能力随着科技进步而越来越大，所以人类的行为对于生态系统健康状况的恶化具有不可推卸的责任，应该把人类最近20多年来的社会经济活动纳入评价体系。

（4）指标具有可操作性和可比性

建立一个评价体系，如果不具备可操作性，则缺乏实践意义。可操作性要求指标在技术上有效而且可行，具有充分的科学含义，对于体系表征的含义清晰，能够与现有的监测数据和技术水平相适应，构造简单、经济成本低，信息量丰富。可比性要求评价体系具有能够对不同时期、不同地区的健康状况进行比较的能力。

6.1.3 评价指标基准值确定

生态系统健康评价指标处于健康状态还是不健康状态需要通过与一定标准进行比较来确定。但评价指标涉及社会、经济、环境多个领域，除少数反映水质状况的指标有国家水质标准之外，绝大多数指标并没有类似的标准。因此需要确定归一化的基准值，以方便评价海岸带生态系统健康状态，本论文基准值参考以下标准。

（1）国家已经颁布的环境质量标准，例如悬浮泥沙浓度有海水水质标准GHZB1—1999。

（2）如果没有国家标准，采用地区性或者国内外类似生态系统的健康评价标准，例如叶绿素浓度在其他海湾生态系统健康研究中建立的标准。

（3）如果没有国家标准和其他地区的研究标准，则用平均值作为基准值，如对于入海污

染物总量等没有制定相应的标准，所以采用平均值。

6.1.4 评价指标体系

本论文选择了联合国经济合作发展署（OECD）提出的压力—状态—响应理论模型建立评价体系[76,77]。压力指人类活动和自然条件变化对浙江省海岸带生态系统施加的扰动，包括外界向海岸带施加的有形压力和从海岸带获取的收益；状态指海岸带所处的状况；响应是指在强大压力扰动下，生态系统表现出来的严重后果和重要变化，这些后果和变化是在没有扰动的情况下不可能出现的，这是生态系统自身的响应，响应另外还包括人类社会为防止海岸带生态恶化而采取的行动，比如禁渔等。

根据该模型，用具体指标来表征压力、状态和响应，对浙江省海岸带生态系统健康进行评价。浙江省海岸带生态系统健康评价体系总目标层下设3个准则层，9个指标层，形成目标层、准则层和指标层的三层结构。目标层是生态系统健康状态，准则层包括压力（B_1）、状态（B_2）和响应（B_3）共3个方面，指标层包括9个方面，如图6.1所示。

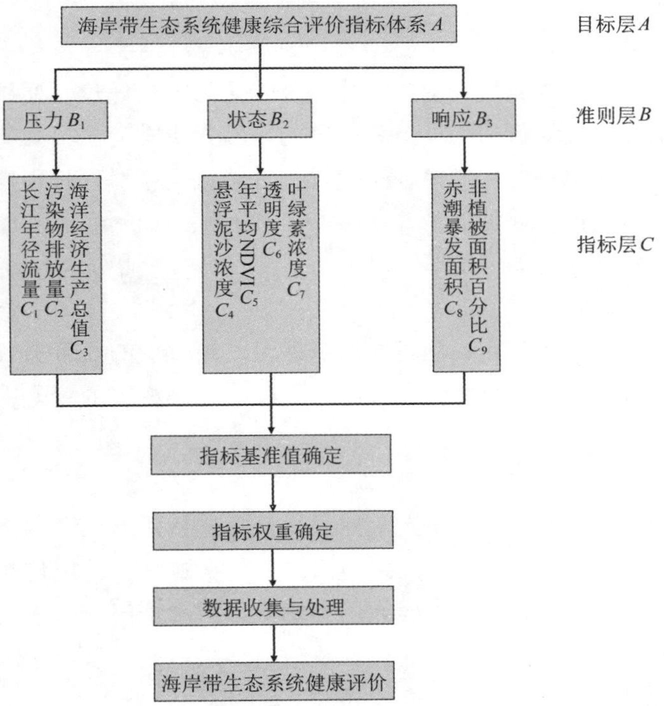

图6.1 浙江省海岸带生态系统健康评价体系构建

在确定基准值的基础之上，确定多层次综合排序的评价指标权重体系。将前面章节处理的结果以及一部分统计数据代入体系中，动态评价2005—2007年浙江省海岸带生态系统健康状况。

6.1.5 评价指标权重

6.1.5.1 生态系统健康评价指标的定量化方法

在生态系统健康评价体系建立之后，需要对评价指标权重进行定量化。国内外提出的方法主要分为两类：主观赋权法和客观赋权法。主观赋权法是采取定性和定量相结合，由专家根据经验进行主观判断划分彼此之间重要性，再进行综合计算得到每个指标的权重，比如层次分析法、模糊综合判断法等；客观赋权法是根据指标之间的相关关系或各项指标数据的内在关系来确定权重，如主成分分析法、神经网络法、灰色关联度法、TOPSIS 法等。

（1）层次分析法（AHP）

层次分析法先将复杂系统分解成各个组成因素，又将这些因素按支配关系组成递阶层次结构，通过每一个层次各元素的两两比较其相对重要性做出判断，构造判断矩阵，通过计算确定决策方案相对重要性的总排序。层次分析法是定性与定量相结合的决策方法，将人的主观判断用数学表达方式处理。

（2）模糊综合判断法

该方法根据模糊数学的隶属度理论把定性评价转化为定量评价。模糊综合评价是对受多种因素影响的事物做出全面评价的一种十分有效的多因素决策方法，其特点是评价结果不是绝对的肯定或否定，而是以一个模糊集合来表示。其特征是：对评价因素进行相互比较，以评价因素最优的为评价基准，评价值为 1（若采用百分制，评价值为 100 分），其余欠优的评价因素依据欠优程度得到相应的评价值。

（3）主成分分析法

主成分分析法的主要目的是在处理多变量数据时，用较少的变量去解释原来资料中的大部分变异，许多相关性很高的变量转化成彼此相互独立或不相关的变量，最终根据计算出的样本进行综合判断。

（4）神经网络法

这种方法模仿神经元工作方式，由大量神经元互相连接而形成的网络系统，各个神经元的工作是并行的，神经元的运行是从输入到输出的值传递过程，在值传递的同时完成了信息的存储和处理。一个网络包括有多个神经元层：输入层、隐蔽层及输出层。输入层负责接收输入及分发到隐蔽层，隐蔽层负责所需的计算及输出结果给输出层，而用户则可以看到最终结果。具有的优点是自适应、自组织、高效并行处理的能力。

本论文调查了 10 位专家意见，选用主观赋权法中的层次分析法确定评价指标的权重，原因有 4 点：①人类对于生态系统健康的关注归根到底还是为了追求自身的健康，所以任何生态系统健康与否的评价都受人类价值观影响；②主观赋权法可以通过时间序列、空间序列的纵向、横向比较来探讨生态系统健康程度的高低变化，避免人为确定权重的不确定性；③虽然客观赋权法在确定权重的过程中较为客观，但所确定的权重只受评价指标具体数据影响，有时得到的权重与实际重要程度完全不相符，而主观赋权法虽然权重确定较为主观，但一般能够基本反映评价指标间的相对重要性差异[29]；④主观赋权法较客观赋权法在生态系统健康研究中应用更加广泛[9,37,47,59,60,67]。基于以上考虑，可以认为主观赋权法比客观赋权法更可靠。

6.1.5.2 层次分析法

层次分析法（Analytical Hierarchy Process，AHP）是一种定性与定量相结合的决策分析方法[156]。它是一种将决策者对复杂系统的决策思维过程模型化、数量化的过程。应用这种方法，决策者通过将复杂的问题分解为若干层次和若干因素，在各因素之间进行简单的比较和计算，就可以得出各因素的权重。该方法的优点是：①思路简单明了，便于计算；②所需要的定量数据较少，但对问题的本质，包含的因素及其内在关系分析得很清楚；③可用于复杂的非结构化的问题，以及多目标、多准则、多时段等类型问题的决策分析，具有较广泛的实用性[157]。所以，本论文使用层次分析法对评价体系的准则层、指标层各因素进行权重分析。

基本原理是用各因素的相互重要程度来表示，判断矩阵表示为式（6.2）：

$$\boldsymbol{B} = \begin{bmatrix} \frac{w_1}{w_1} & \frac{w_1}{w_2} & \cdots & \frac{w_1}{w_n} \\ \frac{w_2}{w_1} & \frac{w_2}{w_2} & \cdots & \frac{w_2}{w_n} \\ \cdots & \cdots & \cdots & \cdots \\ \frac{w_n}{w_1} & \frac{w_n}{w_2} & \cdots & \frac{w_n}{w_n} \end{bmatrix} \tag{6.2}$$

为书写方便，通常采用 $b_{ij} = \frac{w_i}{w_j}$。

由判断矩阵 $\boldsymbol{B}$ 构成各因素两两之间的重要性判断。然后，求解判断矩阵的最大特征值 λ_{max} 和它所对应的特征向量，就可以得出这一组事物的相对重要性。在地学研究中，对于一些无法测量的指标，只要引入合理的标度来度量指标之间的相对重要性，就能为相关决策和评价提供依据。

层次分析法的建模步骤分为以下 6 步。

（1）明确问题

弄清楚问题的范围，所包含的因素，各因素之间的关系，以便尽量掌握充分的信息。

（2）建立层次结构

将问题所含的指标进行分组，把每一组作为一个层次，按照目标层、准则层、指标层的形式排列起来。这种层次结构常用结构图表示，图中标明上下层元素之间的关系。本论文建立的层次结构如图 6.1 所示。

（3）构造判断矩阵

该步骤是层次分析法的一个关键步骤。判断矩阵表示针对上一层次中的某元素而言，评定该层次中各有关元素相对重要性的状况。b_{ij} 表示对于 A_k 而言，元素 B_i 对 B_j 的相对重要性的判断值。b_{ij} 一般取 1，3，5，7，9，其意义为：1 表示 B_i 与 B_j 同等重要；3 表示 B_i 较 B_j 重要一点；5 表示 B_i 较 B_j 重要很多；7 表示 B_i 较 B_j 更重要；9 表示 B_i 较 B_j 极端重要。而 2，4，6，8 表示相邻判断的中值。

（4）层次单排序

层次单排序的目的是对于上层次中的某元素而言，确定本层次与之有联系的元素重要性次序的权重值。它是本层次所有元素对上一层而言的重要性排序的基础。单层次排序的任务可以归结为计算判断矩阵的特征根和特征向量问题，即对判断矩阵计算满足式（6.3）的特征根和特征向量。

$$\boldsymbol{BW} = \lambda_{\max} \boldsymbol{W} \tag{6.3}$$

式中：$\lambda_{\max}$ ——$\boldsymbol{B}$ 的最大特征根；

$\boldsymbol{W}$——对应于 $\lambda_{\max}$ 的正规化特征向量，$\boldsymbol{W}$ 的分量 W_i 就是对于元素单排序的权重值。

当判断矩阵 $\boldsymbol{B}$ 具有完全一致性时，$\lambda_{\max} = n$ 。但是，在一般情况下是不可能的。所以需要检验判断矩阵的一致性。

$$CI = \frac{\lambda_{\max} - n}{n - 1} \tag{6.4}$$

当 $CI=0$ 时，判断矩阵具有完全一致性；反之，CI 值越大，判断矩阵的一致性就越差。一般而言，一阶和二阶判断矩阵总是具有完全一致性，对于二阶以上的判断矩阵，其一致性指标 CI 与同阶的平均随机一致性指标 RI（表 6.1）之比，来检验其一致性。如果 $CR \geqslant 0.10$ 时，则需要调整判断矩阵，直到满意为止。

$$CR = \frac{CI}{RI} < 0.10 \tag{6.5}$$

表 6.1　平均随机一致性指标

阶数	1	2	3	4	5	6	7	8	9	10
RI	0	0	0.58	0.90	1.12	1.24	1.32	1.41	1.45	1.49

（5）层次总排序

利用同一层次中所有层次单排序的结果，就可以计算针对上一层次而言的本层次所有元素的重要性权重值，这就是层次总排序。层次总排序需要从上到下逐层顺序进行。对于高层，本层次单排序就是其总排序。

（6）一致性检验

为了评价层次总排序的计算结果的一致性，类似于层次单排序，也需要进行一致性检验。为此需要计算下列指标：

$$CI = \sum_{j=1}^{m} a_j CI_j \tag{6.6}$$

$$RI = \sum_{j=1}^{m} a_j RI_j \tag{6.7}$$

$$CR = \frac{CI}{RI} \tag{6.8}$$

式中：CI——层次总排序的一致性指标；

CI_j——与 a_j 对应的 B 层次中判断矩阵的一致性指标；

RI——层次总排序的随机一致性指标；

RI_j——与 a_j 对应的 B 层次中判断矩阵的随机一致性指标；

CR——层次总排序的随机一致性比例。同样，当 $CR<0.10$ 时，层次总排序的计算结果具有令人满意的一致性；否则，就需要对本层次的各判断矩阵进行调整，从而使层次总排序具有令人满意的一致性。

6.1.5.3 浙江省海岸带生态系统健康指标权重

根据层次分析法原理和建立的浙江省海岸带生态系统健康评价体系，构建该评价体系判断矩阵。两两之间相对重要性的判断矩阵是通过调查10位专家意见，以及对浙江省海岸带多年环境状况研究的基础上对打分结果调整而形成的，通过计算得到指标权重。

（1）准则层对于目标层的相对重要程度判别

准则层（*B*层）对于目标层（*A*层）的相对重要性判别和各准则层权重结果见表6.2。

表6.2 海岸带生态系统健康评价指标判断矩阵及权重向量

A	B_1	B_2	B_3	权重
B_1	1.00	0.33	1.00	0.210 6
B_2	3.00	1.00	2.00	0.548 5
B_3	1.00	0.50	1.00	0.240 9
	一致性检验	$\lambda_{max}=3.018\ 3$	$CI=0.009\ 2$ $RI=0.58$ $CR=0.015\ 8<0.1$	

（2）指标层对于准则层的相对重要程度判别

将各准则层（*B*层）所控制的指标因素（*C*层）相对重要性进行分析，并计算其权重，结果见表6.3、表6.4和表6.5。

表6.3 压力指标判断矩阵及权重向量

B_1	C_1	C_2	C_3	权重
C_1	1.00	0.20	0.33	0.109 6
C_2	5.00	1.00	2.00	0.581 3
C_3	3.00	0.50	1.00	0.309 2
	一致性检验	$\lambda_{max}=3.003\ 7$	$CI=0.001\ 8$ $RI=0.58$ $CR=0.003\ 2<0.1$	

表6.4 状态指标判断矩阵及权重向量

B_2	C_4	C_5	C_6	C_7	权重
C_4	1.00	2.00	2.00	1.00	0.329 8
C_5	0.50	1.00	1.00	1.00	0.202 4
C_6	0.50	1.00	1.00	0.33	0.152 4
C_7	1.00	1.00	3.00	1.00	0.315 5
	一致性检验	$\lambda_{max}=3.018\ 3$	$CI=0.039\ 2$ $RI=0.90$ $CR=0.043\ 6<0.1$		

表 6.5 响应指标权重

B_3	权重
C_8	0.6
C_9	0.4

（3）指标层对目标层合成权重排序

在每层进行了对上一层的权重计算之后，可以得到指标层对目标层的归一化权重，如表6.6所示。

表 6.6 指标层（*C* 层）对目标层（*A* 层）的合成权重排序

层次	B_1 0.210 6	B_2 0.548 5	B_3 0.240 9	归一化权重 W_i
C_1	0.109 6			0.023 1
C_2	0.581 3			0.122 4
C_3	0.309 2			0.065 1
C_4		0.329 8		0.180 9
C_5		0.202 4		0.111 0
C_6		0.152 4		0.083 6
C_7		0.315 5		0.173 1
C_8			0.600 0	0.144 5
C_9			0.400 0	0.096 4

对于浙江省海岸带生态系统健康评价这个总的目标而言，指标层中悬浮泥沙浓度和叶绿素浓度指标的权重值最高，分别是0.180 9和0.173 1。长江年径流量的权重值最低，为0.023 1。入海污染物、NDVI年平均值、赤潮暴发面积和非植被面积百分比的权重分别是0.122 4、0.111 0、0.120 5、0.120 5，表明浙江沿海的泥沙和叶绿素浓度对整个海岸带生态系统健康影响程度最大。其次是植被变化所表征的人类活动对陆域地表环境的破坏，污染物质通过河流的输送进入沿岸水体，受严重影响的地区会导致藻类大面积暴发，影响健康状况。长江径流总量能够表征淡水补充和对污染物质稀释运移作用，它和海洋生产总值、透明度对健康的影响较小。

与生态系统健康呈正相关的指标，其值越大表明生态系统健康状况越好，这样的指标有径流量、年平均NDVI和透明度。其余指标与海岸带生态系统健康负相关。

6.2 浙江省海岸带生态系统健康综合评价结果

由于各项指标的数据性质、量纲不同，有必要先进行归一化处理。然后根据建立的浙江省海岸带生态系统综合健康指数，如式（6.1）所示。得到浙江省2005—2007年海岸带生态系统综合健康数值，结果见表6.7。

表 6.7 2005—2007 年浙江省海岸带生态系统健康指数

准则层	指标层	归一化权重 W_i	指标值			归一化值 I_i				$W_i \times I_i$		
			2005 年	2006 年	2007 年	基准值	2005 年	2006 年	2007 年	2005 年	2006 年	2007 年
压力 B_1	C_1 长江年径流量（$\times 10^8\ m^3$）	0.023 1	9 015	6 886	7 708	9 034[a]	0.38	0.29	0.33	0.008 8	0.006 7	0.007 5
	C_2 污染物排放量（$\times 10^4$ t）	0.122 4	617	801	762	727[b]	0.39	0.30	0.31	0.047 4	0.036 5	0.038 4
	C_3 海洋经济生产总值（亿元）	0.065 1	5 860	6 147	7 748	6 585[b]	0.37	0.35	0.28	0.024 0	0.022 9	0.018 2
状态 B_2	C_4 悬浮泥沙浓度（mg/L）	0.180 9	110.07	58.45	61.90	15[c]	0.21	0.40	0.38	0.038 8	0.073 1	0.069 0
	C_5 年平均 NDVI	0.111 0	0.526 9	0.525 0	0.521 0	0.524 3[b]	0.33	0.33	0.33	0.037 2	0.037 1	0.036 8
	C_6 透明度（m）	0.083 6	1.22	1.67	1.41	2.5[d]	0.28	0.39	0.33	0.023 7	0.032 5	0.027 4
	C_7 叶绿素浓度（mg/L）	0.173 1	5.64	4.42	4.72	4[d]	0.38	0.30	0.32	0.066 0	0.051 8	0.055 3
响应 B_3	C_8 赤潮暴发面积（km^2）	0.144 5	19 270	15 170	9 787	14 742[b]	0.24	0.30	0.46	0.034 1	0.043 3	0.067 1
	C_9 非植被面积百分比（%）	0.096 4	7.29	8.04	8.32	7.89[b]	0.36	0.33	0.31	0.034 7	0.031 4	0.030 3
IHI_{year}										0.314 7	0.335 3	0.350 1

注：a. 1955—2005 年平均值；b. 2005—2007 年三年平均值；c. 沉水植物的生态恢复标准[142,143]；d. 按 GHZB1—1999 中二类水体标准；C_1 长江年径流量来源于《长江泥沙公报》；C_2 污染物排放量和 C_8 赤潮暴发面积来源于《中国海洋环境质量公报》，污染物排放量是长江和浙江入海的污染物最多两条河流的总量，赤潮暴发面积是统计的整个东海范围内；C_3 海洋经济生产总值来源于《中国海洋经济统计公报》，且统计范围是"长三角"地区；其余数据由前面的工作计算获得。

从计算结果看出，2005—2007 年浙江省海岸带的综合生态系统健康指数依次为 0.314 7、0.335 3 和 0.350 1，生态系统处于不健康状态，但是健康指数逐年略有增大，表明生态系统健康逐年稍有改善。

2005—2007 年，压力得分越来越小，表明海岸带承受的压力越来越大。长江携带大量泥沙、营养物质和污染物质入海，对浙江的杭州湾以及中部和南部沿海造成很大影响。长江水量远高于浙江其他河流，以 2005 年为例，水量是钱塘江的 45 倍，但是水量相对于历史时期较小，对污染物质的稀释能力降低。长江污染物总量在中国所有河流中排名第一。浙江入海河流所流经的地区经济发达，城市密集，工业、生活以及农业产生的污染物多，2005—2007 年，长江与浙江河流污染物总量之比在 4 ~6 之间。这三年来海洋经济生产总值稳步上升。河流携带营养物质造成海域富营养化，长江河流以及杭州湾水体均呈富营养化状态，且形势依然非常严重。杭州湾海域水体营养盐比例严重失衡，且富营养化状态比较稳定，杭州湾主要污染物为无机氮、活性磷酸盐和石油类[146-148]。杭州湾的污染负荷没有缓和态势，湾内水体动力条件不利于污染物质扩散和浓度降低。这三年的压力得分总值是逐渐降低，表明受来水量、入海污染物质、海洋经济发展的影响，海岸带所承受的压力越来越大。

这三年的状态得分总值是 2006 年最高，2007 年略低，2005 年最低。近岸海域悬浮泥沙影响水体的生态条件和河道、海岸带冲淤变化过程。在水环境系统中，泥沙作为污染物质的主要载体，能够影响污染物在水体中的赋存状态和迁移转换过程，从而影响水体环境[141]，它与水体透明度呈显著相关性，且是造成水体透明度低的主要原因。透明度降低之后，使得进入水中的光线穿透能力降低，物种丰富度减少，这又进一步影响水质和水体透明度。2005年的泥沙含量大约是后两年的两倍，2006年与2007年泥沙含量值比较接近，透明度的变化趋势刚好与泥沙含量相反。浮游藻类是海岸带生态系统中的生产者，是鱼类和贝类的食物来源，叶绿素a含量可以反映海区浮游植物生物量高低。总体来说，浙江省沿海水体叶绿素浓度高，浮游植物生产力高。沿海县市植被主要受到人类活动的影响，表现在低海拔平坦地区植被活动能力降低，但是少量山区的植被活动能力增强，在这三年间的平均NDVI略有下降。三年的状态得分是先升高后降低。

2005—2007年，响应得分总值是逐渐上升。赤潮发生的主要原因是海水富营养化、氮磷比失衡和具备赤潮生物生长的适宜环境气候条件等，浙江省沿海地区是赤潮多发区，因为富营养化一直是长江口外海域、浙江中南部的生态问题，为赤潮的频发提供了适宜的物质条件。从2005年到2007年，赤潮发生面积处于下降趋势。非植被土地覆盖类型，比如城镇、道路等，占总面积的百分比在近10年持续上升。随着人类对海岸带生态系统重要性的认识，对生态环境的破坏行为也会逐渐被约束，所以虽然在本论文没有将人类政策和改善生态环境的活动作为指标并量化添加到体系中，但是可以预测它对于响应得分是会逐渐升高的。

6.3 浙江省海岸带生态系统健康恢复的对策建议

目前浙江省海岸带生态系统已经处于不健康状态，虽然恶化趋势已经基本得到遏制，但是随着未来压力的持续增强，生态系统健康的恢复仍然面临许多困难，因此提出以下相应的对策和建议。

（1）在海岸带地区建设项目中，须进行严格的环境评价，加强海岸带管理相关立法工作，并严格执法，做到“有法可依，有法必依，执法必严，违法必究”，以确保海岸带生态安全。

（2）加强海岸带土地利用的管理。由于海岸带经济发展和人口增长，用地需求大，必须合理统筹来编制综合用地计划。

（3）加强对海岸带重要区域的保护，如湿地、红树林、珍稀海洋生物和海草床等，避免进行大规模土地和海洋开发，只能发展生态旅游和生态农业项目。

（4）修复受损海岸带生态系统。研究海岸带生态系统的结构特征、能量和物质平衡，对邻近水域的影响及水质的修复原理，增强海岸带防风固沙、护岸阻浪，以及维护生物多样性的生态功能，建立以适度干扰（如生态养殖）修复海岸带生态系统的模式。

7　结论与展望

7.1　结论

以遥感技术为代表的对地观测系统的建立为地球科学提供了全新的数据来源，而地理信息系统具有强大的空间分析功能，将它们结合起来研究海岸带生态系统健康与传统的观测手段相比，具有明显的优势。本论文基于遥感资料和统计数据，在地理信息系统的支持下探讨浙江省海岸带的生态系统健康，得到的结论如下。

（1）海岸带生态系统健康理论和评价体系

在总结国内外相关研究成果的基础上，提出针对中国海岸带生态系统健康的概念。制定建立海岸带生态系统健康评价体系的准则，即指标能够完整、准确地反映海岸带生态系统的本质特性，尽可能采用遥感动态监测数据和地理信息系统手段，体现人类在海岸带生态系统的作用，指标具有可操作性和可比性。

以压力—状态—响应模型为框架构造评价体系。基于体系构建原则，选择切实能够表征生态系统健康的指标，借鉴已有环境标准、国内外相关健康标准来建立指标基准值，再通过层次分析方法建立指标的权重，最终对浙江省海岸带生态系统健康状态进行评价。该评价方法具有有效性与实用性，能够为海岸带资源保护与利用提供科学依据。

（2）详细分析影响海岸带生态系统健康的因素

分别从陆域子系统、海岸线子系统和水域子系统三个方面分析了近年来的浙江省海岸带环境状况和生态系统健康变化。

陆域子系统中由于城市化的进程加剧和工业的快速发展，植被面积减少，平坦地区活动强度普遍存在下降，非植被的城镇斑块扩大，所以活力降低，稳定性下降，永久性建筑的修建造成物种交流隔断，生态脆弱性增强，生态系统的组织结构发生变化，反弹力也下降。

海岸线子系统中由于受人类围垦、填海造地、海洋工程等的影响，导致海岸线在不断地向海洋推进。这些活动在短时间、小尺度范围内改变自然海岸格局，对海岸带生态系统产生强烈扰动，造成新的不平衡，有时甚至会引发环境灾害，对海岸环境构成不可逆转的影响和损失。以杭州—绍兴—余姚典型围垦区为例，探讨围垦带来经济效益的同时，海岸线处于人工胁迫压力之下，受干扰强度大，岸线附近的陆生和水生动植物都受到扰动，甚至有的面临消失的危险。围海造地和工程开发不可避免地带来水体、大气的污染，使海岸带生态系统健康受损。

水域子系统中由于海洋资源开发强度加大，污染物排放、过度捕捞、有害藻类暴发，导致生态系统活力降低，抵御自然和人为干扰的能力下降，营养和有害物质的自然净化能力受阻，食品生产安全风险增加，生物多样性降低，渔业资源减少，休闲娱乐功能降低。

（3）遥感和地理信息系统对生态系统健康评价的有效促进

遥感具有大面积可重复监测、高时效性的优点。所以本论文所采用的指标能够极大改善测量和理解海岸带生态系统复杂性、反馈和状态的能力。地理信息系统具有分析和处理在一定地理区域内分布的各种现象和过程的能力。在分析已有的海岸带生态系统健康评价体系和模型优缺点的前提下，建立基于以遥感资料并整合统计资料的浙江省海岸带生态系统健康评价体系，计算具有空间化属性，并能够适用于动态监测的模型结果，可以用于分析和对比连续多年的生态系统健康状况。实现空间数据与属性数据的保存、查询和分析集成系统，充分利用数据库资源，制定健康评价的规范化指标，可以实现快速的生态系统健康评价。

（4）2005—2007 年浙江省海岸带生态系统健康变化情况

选择长江年径流量、污染物排放量、海洋经济生产总值、悬浮泥沙浓度、年平均 NDVI、透明度、叶绿素浓度、赤潮暴发面积、非植被面积百分比共 9 个指标评价了 2005—2007 年浙江省海岸带生态系统状况，发现总体上处于不健康状况，但是三年来生态系统健康状况略有好转。其中海岸带承受的压力逐年增加，状况是 2006 年的最好，另外两年较低，响应逐年增加。

7.2 论文创新点

为了促进海岸带生态系统健康研究以及生态环境的保护和管理，本论文基于遥感与地理信息系统技术，探讨了海岸带生态系统健康概念，以及影响生态系统健康的因素，并用海岸带生态系统健康评价体系来定量化评价浙江省海岸带生态系统健康水平。基于以上研究，本论文提出的创新点如下。

（1）在借鉴和吸收国内外研究的基础上，结合研究区的自然环境和人类活动特点，建立基于遥感资料的浙江省海岸带生态系统健康评价体系。

（2）分析影响海岸带生态系统健康的因素，将具有表征海岸带生态系统健康能力的遥感反演参数作为海岸带生态系统健康评价指标输入到评价体系中，利用地理信息系统技术处理和深入分析，并获得海岸带生态系统健康状况的空间化结果。

（3）利用多年动态监测数据，基于海岸带生态系统健康评价体系，对浙江省海岸带进行生态系统健康的动态评价和变化分析。

7.3 存在的问题与展望

生态系统健康研究虽然只有 20 多年的历史，却受到了广泛关注，但是对它的评价还处于实验和摸索阶段，尚未形成一套成熟的方法。全面评价海岸带生态系统健康状况这个目标，始终会受到数据收集难度和对生态系统认识程度的限制。本研究利用遥感反演资料作为主要数据来源，构建了海岸带生态系统健康状况评价体系，能够定量化地反映生态健康状况。虽然本研究取得了一定的研究成果，但是还有很多问题值得今后继续研究和探讨。

（1）海岸带生态系统健康观点的不统一

“生态系统健康”这个词语从 20 世纪 80 年代开始使用，虽然对其已经研究了 20 多年，但由于每个生态系统有着不同的组分、结构和功能，所以生态系统健康的概念仍然比较模糊和抽象。生态系统是一个动态的过程，有自身的发展规律，很难判断哪些是演替过程中的症状，哪些是干扰或者不健康的症状。

（2）海岸带环境胁迫与生态作用机理有待于深入研究

环境胁迫与生态系统间的作用关系是生态系统健康研究的一个重要内容，需要综合考虑生态、经济和社会因子，而对于时间模糊性与空间异质性并存的海岸带生态系统而言，这种关联的确定更为复杂[69]。为解决海岸带环境胁迫日益强化的现状，需进一步做好海岸带环境胁迫与生态作用机理研究。

（3）海岸带评价指标的选择

影响海岸带健康的因素来自于多个方面，且相互之间存在一定的相关性。进行海岸带生态系统健康评价时要求综合考虑各因子间复杂的相互关系，随着人类对环境的日益关注和科技的进步，更多的环境标准将被制定并执行，对健康的评价指标数目的期望会更多，这势必会加大数据收集的工作量，并提高评价结果受质疑的可能性。

本研究的综合健康指数是对前面三个子系统研究的浓缩，选取的指标是最能够体现生态系统健康，并且是非次级产生的。也有可能因为数据收集和部分的主观判断，导致的一些具有潜在有用信息的指标被完全排除在外，在生态系统健康评估中出现这样的问题是不可避免的。

（4）空间尺度的影响

生态系统健康评价对于尺度很敏感，在不同的时间尺度及空间尺度上，海岸带生态系统健康评价的指标不尽相同。在利用船测研究港湾或者河口的小尺度的生态系统健康时，通常在研究区范围内布点采样，采用的健康指标除了遥感之外会用到的叶绿素浓度、悬浮泥沙浓度、透明度、污染物入海量等，还有溶解氧、浮游植物多样性、浮游动物多样性、底栖动物丰度等指标。这些指标在大尺度的遥感反演数据中不可能体现，但是遥感具有的数据获取可重复性、可对比性的优势又是现场采样所不具备的。所以需要综合运用不同尺度信息建立指标体系，这样才能够全面了解生态系统健康状况。

（5）指标分级

对于海岸带生态系统健康研究，健康的相对比较和绝对阈值的诊断都是很重要的。在本论文中两种方式都有用到。一部分指标使用相对比较，比如海洋经济生产总值、长江径流量、排污口和港口影响距离等；另外一部分指标使用绝对阈值的诊断，绝对阈值来源于水质标准或者别的研究者的成果，比如悬浮泥沙浓度、海水透明度、叶绿素浓度等。绝对阈值的诊断是未来研究的关键主题。

参考文献

[1] Vitousek P M, Mooney H A, Lubchenco J, et al. Human Domination of Earth's Ecosystems. Science, 1997, 277: 494 - 499.

[2] 美国世界观察所. 国情咨文, 2001.

[3] 联合国再敲环境警钟. 森林与人类, 2002.

[4] Costanza R, d'Arge R, Groot Rd, et al. The value of the world's ecosystem services and natural capital. Nature, 1997, 387: 253 - 260.

[5] 2008年中国海洋环境质量公报. 国家海洋局, 2008.

[6] 丁丽霞, 周斌, 张新刚, 等. 浙江大陆淤涨型海岸线的变迁遥感调查. 科技通报, 2006, 22: 292 - 298.

[7] 冯砚青, 牛佳. 中国海岸带环境问题的研究综述. 海洋地质动态, 2004, 20: 1 - 5.

[8] Leopold A. Wilderness as a land laboratory. Living Wilderness, 1941, 6: 3.

[9] 杨建强, 崔文林, 张洪亮, 等. 莱州湾西部海域海洋生态系统健康评价的结构功能指标法. 海洋通报, 2003, 22: 58 - 63.

[10] Xu F L, Lam K C, Zhao Z Y, et al. Marine coastal ecosystem health assessment: a case study of the Tolo Harbour, Hong Kong, China. Ecological Modelling, 2004, 173: 355 - 370.

[11] Wazniak C E, Hall M R. Maryland's Coastal Bays Ecosystem Health Assessment 2004. Annapolis, MD. 2005.

[12] 蒋卫国, 李京, 李加洪, 等. 辽河三角洲湿地生态系统健康评价. 生态学报, 2005, 25: 408 - 414.

[13] 颜文涛, 袁兴中, 邢忠. 基于属性理论的城市生态系统健康评价. 生态学杂志, 2007, 26: 1679 - 1684.

[14] Boesch D F. Measuring the Health of the Chesapeake Bay: Toward Integration and Prediction. Environmental Research Section A, 2000, 82: 134 - 142.

[15] Bricker S B, Ferriera J G, Simas. T. An integrated methodology for assessment of estuarine trophic status. Ecological Modelling, 2003, 169: 39 - 40.

[16] Edwards C J, Ryder R A, Marshall T R. Using lake trout as a surrogate of ecosystem health for oligotrophic waters of the Great Lakes. Journal of Great Lakes Research, 1990, 16: 591 - 608.

[17] Fréona P, Drapeau L, David JHM, et al. Spatialized ecosystem indicators in the southern Benguela. ICES Journal of Marine Science, 2005, 62: 459 - 468.

[18] Karr J R, Fausch K D, Angermeier P L, et al. Assessing Biological Integrity in Running Waters: A Method and its Rationale. Champaign: Illinois Natural History Survey, Special Publication 5, 1986.

[19] Schaeffer D J, Henricks E E, Kerster H W. Ecosystem health: Ⅰ. Measuring ecosystem health. Environmental Management, 1988, 12: 445 - 455.

[20] Rapport D J. What constitutes ecosystem health? Perspective in Biology and Medicine, 1989, 33: 120 - 132.

[21] Haskell B D, Norton B G, Costanza R. What is ecosystem health and why should we worry about it? In: Costanza R, Norton B, Haskell BD, editors. Ecosystem Health - New Goals for Environmental Management. Washington D. C.: Island Press. 1992.

[22] Ulanowicz R E. Ecosystem health and trophic flow networks. In: Costanza R, Norton B, Haskell BD, editors. Ecosystem Health - New Goals for Environmental Management. Washington DC: Inland Press. 1992.

[23] Costanza R. Toward an operational definition of health. In: Costanza R, Norton B, Haskell BD, editors. Ecosystem Health - New Goals for Environmental Management. Washington, DC: Inland Press, 1992: 239

－256.
[24] Rapport D J. Defining ecosystem health. In：Rapport D J，Costanza R，Epstein P R，editors. Ecosystem health. Malden：Blackwell Sciences，1998.
[25] Rapport D J，Costanza R，McMichael A J. Assessing ecosystem health. Trends in Ecology & Evolution，1998，13：397－402.
[26] 崔保山，杨志峰．湿地生态系统健康研究进展．生态学杂志，2001，20：31－36.
[27] 袁兴中，刘江，陆健健．生态系统健康评价——概念构架与指标选择．应用生态学报，2001，12：627－629.
[28] 肖风劲，欧阳华．生态系统健康及其评价指标和方法．自然资源学报，2002，17：203－209.
[29] 彭建，王仰麟，吴健生，等．区域生态系统健康评价．生态学报，2007，27：4877－4885.
[30] 马克明，孔红梅，关文彬，等．生态系统健康评价：方法与方向．生态学报，2001，21：2106－2116.
[31] Sonstegard R A，Leatherland J F. Great lake coho salmon as an indicator organism for ecosystem health. Marine Environmental Research，1983，14：1－4.
[32] Karr J R. Assessment of biotic integrity using fish communities. Fisheries，1981，6：21－27.
[33] Kay J J，Schneider E D. Thermodynamics and measurements of ecosystem integrity. In：McKenzie D，editor. Ecological Indicators. Amsterdam：Elsevier，1991：159－182.
[34] Dalsgaard J P T. Applying systems ecology to the analysis of integrated agricultur－aquaculture farms. NAGA，The ICLARM Q，1995，18：15－19.
[35] Sherman K，Duda A M. An ecosystem approach to global assessment and management of coastal waters. Marine Ecology Progress Series，1999，190：271－287.
[36] Trevor P，Shubha S. Ecological Indicators for the Pelagic Zone of the Ocean. Remote Sensing of Environment，2008，112：3426－3436.
[37] 崔保山，杨志峰．湿地生态系统健康评价指标体系Ⅱ．方法与案例．生态学报，2002，22：1232－1239.
[38] 崔保山，杨志峰．湿地生态系统健康的时空尺度特征．应用生态学报，2003，14：121－125.
[39] 陈正华，王建．利用遥感数据建立干旱半干旱地区草地生态系统健康模型——以山丹县为例．遥感技术与应用，2005，20：558－562.
[40] 郝敦元，高霞，刘钟龄，等．内蒙古草原生态系统健康评价的植物群落组织力测定．生态学报，2004，24：1672－1678.
[41] 丛沛桐，王瑞兰，王珊林，等．东灵山辽东栎林生态系统健康仿真与评价研究．系统仿真学报，2003，15：640－642.
[42] 陆凡，李自珍．固沙区时间尺度上生态健康状况分析．西北植物学报，2003，23：1596－1600.
[43] 肖风劲，欧阳华，傅伯杰，等．森林生态系统健康评价指标及其在中国的应用．地理学报，2003，58：803－809.
[44] 谢春华．北京密云水库集水区森林景观生态健康研究．北京林业大学博士学位论文，2005.
[45] 谢花林，李波卜，王传，等．西部地区农业生态系统健康评价．生态学报，2005，25：3028－3036.
[46] 张凤玲．城市河湖生态系统健康评价．生态学报，2005，25：3019－3027.
[47] 刘永，郭怀成，戴永立，等．湖泊生态系统健康评价方法研究．环境科学学报，2004，24：723－729.
[48] 赵臻彦，徐福留，詹巍，等．湖泊生态系统健康定量评价方法．生态学报，2005，25：1466－1474.
[49] 龙邹霞，余兴光．湖泊生态系统弹性系数理论及其应用．生态学杂志，2007，26：1119－1124.
[50] 米文宝，樊新刚，刘明丽．宁夏沙湖水生生态系统健康评估．生态学杂志，2007，26：296－300.

[51] 李文龙，王刚，李自珍．人工固沙林生态系统健康的模糊综合评价及实例分析．西北植物学报，2004，24：443－448.
[52] 陆凡，李自珍．干旱区生态系统健康评价的指标、模型及应用．西北植物学报，2004，24：538－541.
[53] 曹宇，欧阳华，肖笃宁．额济纳天然绿洲景观健康评价．应用生态学报，2005，16：1117－1121.
[54] 唐涛，蔡庆华，刘建康．河流生态系统健康及其评价．应用生态学报，2002，13：1191－1194.
[55] 罗跃初，周忠轩，孙轶，等．流域生态系统健康评价方法．生态学报，2003，23：1606－1614.
[56] 戴全厚，刘国彬，田均良，等．侵蚀环境小流域生态经济系统健康定量评价．生态学报，2006，26：2219－2228.
[57] 龙笛，张思聪．滦河流域生态系统健康评价研究．中国水土保持，2006：14－16.
[58] 李春晖，郑小康，崔嵬，等．衡水湖流域生态系统健康评价．地理研究，2008，27：565－573.
[59] 周文华，王如松．基于熵权的北京城市生态系统健康模糊综合评价．生态学报，2005，25：3244－3251.
[60] 陈鹏．基于遥感和GIS的景观尺度的区域生态健康评价——以海湾城市新区为例．环境科学学报，2007，27：1744－1752.
[61] 官冬杰，苏维词，周继霞．重庆都市圈生态系统健康评价研究．地域研究与开发，2007，26：102－106.
[62] 刘耕源，杨志峰，陈彬，等．基于能值分析的城市生态系统健康评价．生态学报，2008，28：1720－1728.
[63] 郁亚娟，郭怀成，刘永，等．城市病诊断与城市生态系统健康评价．生态学报，2008，28：1736－1747.
[64] 刘明华，董贵华．RS和GIS支持下的秦皇岛地区生态系统健康评价．地理研究，2006，25：930－938.
[65] 孟伟．渤海典型海岸带生境退化的监控与诊断研究．中国海洋大学博士学位论文，2005.
[66] 祁帆，李晴新，朱琳．海洋生态系统健康评价研究进展．海洋通报，2007，26：97－104.
[67] 叶属峰，刘星，丁德文．长江河口海域生态系统健康评价指标体系及其初步评价．海洋学报，2007，29：129－136.
[68] 周祖光．海南岛生态系统健康评价．水土保持研究，2007，14：201－204.
[69] 孙磊．胶州湾海岸带生态系统健康评价与预测研究．中国海洋大学博士学位论文，2008.
[70] 宋延巍．海岛生态系统健康评价方法及应用．中国海洋大学博士学位论文，2006.
[71] 周斌，丁丽霞．浙江海涂土壤资源利用动态监测系统的研制与应用．北京：中国农业出版社，2008.
[72] 苏晓明，王长金．和谐社会稳定的环境基础——浙江生态安全问题的现状及其对策．马克思主义与现实，2006.
[73] Munawar M，Munawar I F，McCarthy L，et al. Assessing the impact of sewage effluent on the ecosystem health of the Toronto Waterfront（Ashbridges Bay），Lake Onrario. Journal of Aquatic Ecosystem Health，1993，2：287－315.
[74] 邹立，李永琪．用QSAR法研究有机磷农药对海洋扁藻的构效关系．海洋与湖沼，1999，30：206－211.
[75] 凌建忠，李圣法，严利平．东海区主要渔业资源利用状况的分析．海洋渔业，2006，28：111－116.
[76] Land Quality Indicators and their Use in Sustainable Agriculture and Rural Development Proceeding of the Workshop organized by the Land and Water Development Division FAO Agriculture Department，1997.
[77] Walz R. Development of Environmental Indicator Systems：Experiences from Germany. Environmental Management，2000，25：613－623.

[78] 赵英时．遥感应用分析原理与方法．北京：科学出版社，2003.
[79] Zhang X，Friedl M A，Strahler A H，et al. Monitoring vegetation phenology using MODIS. Remote Sensing of Environment，2003，84：471 - 475.
[80] 方精云，朴世龙，贺金生，等．近20年来中国植被活动在增强．中国科学：C辑，2003，33：554 -565.
[81] 马明国，董立新，王学梅．过去21年中国西北植被覆盖动态监测与模拟研究．冰川冻土，2003，25：232 -236.
[82] 韩贵锋．中国东部地区植被覆盖的时空变化及其人为因素的影响研究．华东师范大学博士学位论文，2007.
[83] Zhou L M，Tucker C J，Kaufmann R K，et al. Variations in northern vegetation activity inferred from satellite data of vegetation index during 1981 to 1999. Journal of Geophysical Research，2001，106：20069 -20083.
[84] http：//free. vgt. vito. be/.
[85] 顾娟，李新，黄春林．NDVI时间序列数据集重建方法评述．遥感技术与应用，2006，21：391 -395.
[86] Viovy N，Arion O，Belward A S. The best index slope extraction（BISE）：A method for reducing noise in NDVI time -series. International Journal of Remote Sensing，1992，12：1585 -1590.
[87] Lovell J L，Graetz R D. Filtering Pathfinder AVHRR Land NDVI data for Australia International Journal of Remote Sensing，2001，22：2649 -2654.
[88] Moody E G，King M D，Platnick S，et al. Spatially complete global spectral surface albedos：Value -added datasets derived from Terra MODIS land products. IEEE Transactions on Geoscience and Remote Sensing，2005，43：144 -158.
[89] Savitzky A，Golay M J E. Smoothing and differentiation of data by simplified least squares procedures. Analytical Chemistry，1964，36：1627 -1639.
[90] Chen J，Jönsson P，Tamura M，et al. A simple method for reconstructing a high quality NDVI time -series data set based on the Savitzky - Golay filter. Remote Sensing of Environment，2004，91：332 -344.
[91] Verhoef W. Application of Harmonic Analysis of NDVI Time Series（HANTS）. In：Azzali S，Menenti M，editors. Fourier Analysis of T emporal NDVI in the Southern African and American Continents. Wageningen：DLO Winand Staring Centre，1996：19 -24.
[92] Roerink G J，Meneti M，Verhoef W. Reconstructing cloud free NDVI composites using Fourier transform of time series. International Journal of Remote Sensing，2000，21：1911 -1917.
[93] Chappell A，Seaquist J W，Eklundh L. Improving the estimation of noise from NOAA/AVHRR NDVI for Africa using geostatistics. International Journal of Remote Sensing，2001，22：1067 -1080.
[94] Costanza R，Norton B，Haskell B J. Ecosystem Health：New Goals for Environmental Management. Washington DC：Island Press. 1992.
[95] 陈正华，麻清源，王建，等．利用CASA模型估算黑河流域净第一性生产力．自然资源学报，2008，23：263 -273.
[96] Pimm S L. The complexity and stability of ecosystems. Nature，1984，307：321 -326.
[97] Stow D，Daeschner S，Hope A，et al. Variability of the Seasonally Integrated Normalized Difference Vegetation Index across the North slope of Alaska in the 1990s. International Journal of Remote Sensing，2003，24：1111 -1117.
[98] 浙江省统计局，浙江经济年鉴．杭州：浙江人民出版社，1987.
[99] 丁登山．自然地理学原理．北京：高等教育出版社，1996.
[100] 张灿龙，邓自旺，倪绍祥，等．遥感与GIS的青海湖岸线分维研究．地球信息科学，2006，8：141 -

145.
[101] 常学礼，邬建国．分析模型在生态学中的应用．生态学杂志，1996，15：35－42.
[102] 张华国，黄韦艮．基于分形的海岸线遥感信息空间尺度研究．遥感学报，2006，10：463－468.
[103] 陈霞，王建，朱晓华．用分形方法研究海岸线的长度．海洋科学，2002，26：32－35.
[104] 郭伟，朱大奎．深圳围海造地对海洋环境影响的分析．南京大学学报：自然科学版，2005，41：286－296.
[105] 李加林，杨晓平，童亿勤．潮滩围垦对海岸环境的影响研究进展．地理科学进展，2007，26：43－51.
[106] 浙江省统计局．2001 年萧山统计年鉴．北京：中国统计出版社，2001.
[107] 毛明海．杭州湾萧山围垦区环境变化和土地集约利用研究．经济地理，2002，22：91－95.
[108] 倪勇强，林洁．河口区治江围涂对杭州湾水动力及河床影响分析．海洋工程，2003，21：73－77.
[109] 任荣富，梁河．钱塘江南岸萧山围垦地区水资源与水环境问题初探．浙江地质，2000，16.
[110] 陈才俊．围垦对潮滩动物资源环境的影响．海洋科学，1990：48－50.
[111] 王桥，杨一鹏，黄家柱．环境遥感．北京：科学出版社，2005.
[112] 何贤强．利用海洋水色遥感反演海水透明度的研究．国家海洋局第二海洋研究所硕士学位论文，2002.
[113] 张霄宇．遥感技术在河口颗粒态总磷分布及扩散研究中的应用初探．海洋学报，2005，27：51－56.
[114] 李铁芳．卫星海洋遥感信息提取和应用．北京：海洋出版社，1999.
[115] 杨一鹏，王桥，王文杰，等．水质遥感监测技术研究进展．地理与地理信息科学，2004，20：6－12.
[116] 何贤强，潘德炉，白雁，等．基于矩阵算法的海洋——大气耦合矢量辐射传输数值计算模型．中国科学：D 辑，2006，36：860－870.
[117] 何贤强，潘德炉，白雁，等．基于辐射传输数值模型 PCOART 的大气漫射透过率精确计算．红外与毫米波学报，2008，27：303－307.
[118] 毛志华，黄海清．我国海区 SeaWiFS 资料大气校正．海洋与湖沼，2001，32：581－587.
[119] 李京．水域悬浮固体含量的遥感定量研究．环境科学学报，1986，6：166－173.
[120] 黎夏．悬浮泥沙遥感定量的统一模式及其在珠江口中的应用．环境遥感，1992，7：106－113.
[121] Mahtab A L, Runquist D C, Han L H. Estimation of suspended sediment concentration in water using integrated surface reflectance. Geocarto International, 1998, 13: 11－15.
[122] Hoogenboom H J, Dekker A G, Althuis I A. Simulation of AVIRIS sensitivity for detecting chlorophyll over coastal and inland waters. Remote sensing of Environment, 1998, 65: 333－340.
[123] Moore G K. Satellite remote sensing of water turbidity. Hydrological Sciences Bulletin, 1980, 25: 415－421.
[124] Tassan S. Local algorithms using SeaWiFS data for the retrieval of phytoplankton, pigments, suspended sediment, and yellow substance in costal waters. Applied optics, 1994, 33: 2369－2378.
[125] Gitelson A. The peak near 700 nm on radiance spectra of algae and water relationship of its magnitude and position with chlorophyll concentration. International Journal of Remote Sensing, 1992, 13: 3367－3373.
[126] 刘良明．卫星海洋遥感导论．武汉：武汉大学出版社，2005.
[127] Quibell G. The effect of suspended sediment on reflectance from fresh water algae. International Journal of Remote Sensing, 1991, 12: 177－182.
[128] 马超飞，蒋兴伟，唐军武，等．HY－1 CCD 宽波段水色要素反演算法．海洋学报，2005，27：38－44.
[129] 陈楚群，施平，毛庆文．应用 TM 数据估算沿岸海水表层叶绿素浓度模型研究．中国环境遥感，

1996, 11: 168 - 175.

[130] Donald C P, Strömbeck N. Estimation of radiance reflectance and the concentrations of optically active substances in Lake Mälaren, Sweden, based on direct and inverse solutions of a simple model. The Science of The Total Environment, 2001, 268: 171 - 188

[131] Keith D J, Yoder J A, Freeman S A, et al. Application of the SeaWiFS OC4 Chlorophyll Algorithm to the Waters of Narragansett Bay, Rhode Island [R]. ASLO TOS Ocean Research Conference. Honolulu, Hawaii, 2004.

[132] 丛丕福，张丰收，曲丽梅．赤潮灾害监测预报研究综述．灾害学，2008，23：127 - 130.

[133] 顾德宇，许德伟，陈海颖．赤潮遥感进展与算法研究．遥感技术与应用，2003，18：434 - 440.

[134] 赵冬至，丛丕福．渤海叉角藻赤潮的光谱特征研究//渤海赤潮灾害监测与评估研究文集．北京：海洋出版社，2000.

[135] Gitelson A A. Algorithms for Remote Sensing of Phytoplankton Pigments in Inland Waters. Advance Space Research, 1993, 13: 197 - 201.

[136] 傅克忖，曾宪模，任敬萍，等．由现场离水辐亮度估算黄海透明度几种方法的比较．黄渤海海洋，1999，17：19 - 24.

[137] 何贤强，潘德炉，黄二辉，等．中国海透明度卫星遥感监测．中国工程科学，2004，6：33 - 37.

[138] 沈志良，刘群，张淑美，等．长江和长江口高含量无机氮的主要控制因素．海洋与湖沼，2001，32：465 - 473.

[139] 张霄宇．基于海洋水色遥感产品的沿海水质评价研究．中国科学院上海技术物理研究所博士学位论文，2006.

[140] Anderson O. Time series analysis and forecasting: The Box - jenkins approach London and Boston: Butterworths. 1976.

[141] 禹雪中，钟德钰，李锦秀，等．水环境中泥沙作用研究进展与分析．泥沙研究，2004：75 - 81.

[142] Dennison W C, Orth R J, Moore K A, et al. Assessing water quality with submersed aquatic vegetation. Bioscience, 1993, 43: 86 - 94.

[143] Stevenson J C, Staver L W, Staver K W. Water quality associated with survival of submersed aquatic vegetation along an estuarine gradient. Estuaries, 1993, 16: 346 - 361.

[144] 曹沛奎，谷国传，董永发．杭州湾泥沙运移的基本特征．上海：上海科学技术出版社，1989.

[145] 王立前，张榆霞．云南省重点湖库水体透明度和叶绿素 a 建议控制指标的探讨．湖泊科学，2006，18：86 - 90.

[146] 2005 年中国海洋环境质量公报．国家海洋局，2005.

[147] 2006 年中国海洋环境质量公报．国家海洋局，2006.

[148] 2007 年中国海洋环境质量公报．国家海洋局，2007.

[149] 姜翠玲，严以新．水利工程对长江河口生态环境的影响．长江流域资源与环境，2003，12：547 - 551.

[150] 陈吉余，陈沈良．南水北调工程对长江河口生态环境的影响．水资源保护，2002，24：10 - 13.

[151] 纪焕红，叶属峰，刘星，等．南麂列岛海洋自然保护区浮游动物的物种组成及其多样性．生物多样性，2006，14：206 - 215.

[152] 王金辉，黄秀清，刘阿成，等．长江口及邻近水域的生物多样性变化趋势分析．海洋通报，2004，23：32 - 39.

[153] 郑元甲，陈雪忠，程家骅．东海区生物资源环境底层生物资源．上海：上海科技出版社，2003.

[154] 赵传细，陈永法，洪港船．东海区渔业资源调查和区划．上海：华东师范大学出版社，1990.

[155] 林龙山，郑元甲，程家骅，等．东海区底拖网渔业主要经济鱼类渔业生物学的初步研究．海洋科学，2006，30：20－25．

[156] 王莲芬，许树柏．层次分析法引论．北京：中国人民大学出版社，1989．

[157] 徐建华．现代地理学中的数学方法．兰州：高等教育出版社，1994．